现代环境生物技术

(第3版)

王建龙 文湘华 编著

清华大学出版社
北 京

内容简介

现代环境生物技术是现代生物技术与环境科学紧密结合形成的新兴交叉学科，本书系统讲述了现代生物技术的主要内容及其在环境学科中的重要应用。首先介绍了酶工程、基因工程、细胞工程和发酵工程的基本原理，然后分章介绍了生物技术在环境污染治理及资源化中的应用，内容涉及污染治理、污染预防、清洁能源、废物资源化、环境生物监测与安全性评价等。本书既注重基础知识、基本概念的介绍，也注重该领域的最新发展，内容全面新颖、深入浅出、概念准确、通俗易懂。本书可用作环境科学与工程及相关专业高年级本科生、研究生的教材和教学参考书，也可供相关专业教师及科技人员参考。

图书在版编目(CIP)数据

现代环境生物技术/王建龙，文湘华编著. —3 版. —北京：清华大学出版社，2021. 9(2023. 8重印)
ISBN 978-7-302-58949-5

Ⅰ. ①现… Ⅱ. ①王… ②文… Ⅲ. ①环境生物学—教材 Ⅳ. ①X17

中国版本图书馆 CIP 数据核字(2021)第 173716 号

责任编辑：柳　萍
封面设计：何凤霞
责任校对：赵丽敏
责任印制：丛怀宇

出版发行：清华大学出版社
网　　址：http://www.tup.com.cn，http://www.wqbook.com
地　　址：北京清华大学学研大厦 A 座　　邮　　编：100084
社 总 机：010-83470000　　邮　　购：010-62786544
投稿与读者服务：010-62776969，c-service@tup.tsinghua.edu.cn
质量反馈：010-62772015，zhiliang@tup.tsinghua.edu.cn
印 装 者：三河市君旺印务有限公司
经　　销：全国新华书店
开　　本：185mm×260mm　　印　　张：40　　字　　数：971 千字
版　　次：2001 年 10 月第 1 版　2021 年 11 月第 3 版　　印　　次：2023 年 8 月第2次印刷
定　　价：118.00 元

产品编号：087092-01

《现代环境生物技术》第1版于2001年出版，是国内出版最早的环境专业的相关研究生教材；第2版于2008年出版，并被教育部研究生工作办公室推荐为“研究生教学用书”。此书自出版以来，承蒙广大读者厚爱，已成为多所大学高年级本科生、研究生的教材或教学参考书。

时光荏苒，转眼间到了2020年，据此书第1版的出版发行已近20年了。其间，生命科学一直经历着突飞猛进的发展，取得了巨大成就，不断更新甚至颠覆着我们的传统认识，也极大推动着环境生物技术的发展。环境生物技术经历着理念上从“处理”到“全面资源化”的变化，面临一系列技术上的挑战。

在此书近20年的使用过程中，我们不断收到读者对本书的建议。我们在教学过程中，也深深感受到学生们对本课程的热情。他们以不懈的钻研精神努力学习，关注现代环境生物技术的发展，对本书及课程的内容提出了建设性意见和建议。我们也一直在思考如何使此书、使这门课程不断与时俱进，尽可能完善本书，使内容更加系统、丰富，更适合读者需求，使本书成为精品教材。

与第1版和第2版相比，第3版我们重点做了以下修改：

(1) 调整了一些章节中部分内容的顺序，增强了系统性与合理性，使读者更容易理解学习与系统掌握环境生物技术的全貌。

(2) 增加并更新了部分内容，特别是增加了二氧化碳的生物转化，以及近年来环境生物技术领域出现的一些新理论、新技术和新方法。

(3) 列出了近年来新发表的一些重要文献。

生命科学理论与技术的快速发展，与环境污染治理、废物资源化需求紧密结合，使现代环境生物技术成为一门处于不断发展之中的学科，新技术、新方法不断涌现。我们十分清楚，无论如何努力，此书也不可能涵盖所有相关内容。我们期望不断对此书进行修改与完善，为大家学习现代环境生物技术提供有益的帮助。

作　者

2020年仲夏于清华园

《现代环境生物技术》一书第1版自2001年出版以来，承蒙广大读者厚爱，此书已成为多所大学高年级本科生、研究生教材或教学参考书。在几年的使用过程中，我们不断收到读者对本书的肯定意见，也听到了不少对本书的建议。我们在自己的教学过程中，也深深感受到学生们对本课程的热情。他们以不懈的钻研精神努力学习，关注现代环境生物技术的发展，对课程及本书的内容提出了许多建设性的意见。环境生物技术近年来随着现代生物学理论及技术的发展，正处于快速发展阶段，不断产生着新的理论与方法。这些都促使我们鼓励自己，尽所能改编此书，使其内容更加系统、丰富，更适合读者的需求。

与此书的第1版相比，第2版我们重点做了以下修改：

(1) 增强了书的系统性与合理性，调整了一些章节中部分内容的顺序，使读者更容易学习与系统掌握生物技术的全貌。

(2) 增加了大量新内容，重点是近年来发展起来的一些新的理论与方法。

以此奉献给读者，希望为大家学习现代环境生物技术提供有益的帮助。

现代环境生物技术发展迅猛，我们十分清楚，无论如何努力，均不可能涵盖所有相关内容。我们期望不断对此书进行修改与完善。

作者在此衷心感谢读者，悉心倾听批评意见。

本书出版得到了光华基金会和清华大学核能与新能源技术研究院课程体系建设工作小组的支持，清华大学出版社为本书的出版提供了大力帮助，特此致谢。

作　者

2008年仲夏于清华园

第1版 前言 PREFACE

工业革命极大地改变了人类社会文明发展的进程，使人们在享受工业文明创造的丰硕果实的同时，也遭受了随之而来的环境污染和生态破坏的危害。环境保护越来越受到人们的关注。尽管环境污染日益加剧，污染状态更加复杂，但人们对环境质量的要求却越来越高，传统的治理技术已难以满足越来越严格的环境标准。

现代环境生物技术是现代生物技术与环境科学紧密结合而形成的新兴交叉学科，是一种经济效益和环境效益俱佳的、解决复杂环境污染问题的有效手段，是当代环境学科发展的主导方向之一。

我们在清华大学环境科学与工程系为研究生开设现代环境生物技术这门课程已有数年，该课程开设以来，不仅本系的研究生，其他系(包括化学系、化工系、生物系、材料系等)的研究生及外校研究生们也纷纷选修该课，受到了同学们的普遍欢迎和好评。

本书基本上以讲授提纲为骨架，结合作者多年的科研经验与成果，并参考国内外有关书籍及该领域的最新进展编写而成。本书在编排上分为两大部分，首先从基础理论与技术特点等方面对现代生物技术的四大分支领域，即酶工程、基因工程、细胞工程和发酵工程进行了深入介绍，然后介绍了现代环境生物技术的应用领域。在具体授课时，可根据需要选用。在本书的编写过程中，我们力求内容全面新颖、深入浅出，概念准确，语言通俗易懂，尽量反映出现代环境生物技术的全貌、最新成果和发展方向。

本书可供相关专业的高年级本科生和研究生作为教材或教学参考书，也可供相关专业的教师和研究人员参考。由于作者水平有限，加之时间紧迫，书中难免出现这样或那样的问题，在此，衷心欢迎读者提出宝贵意见！

作　者

2000 年 10 月于清华园

目录
CONTENTS

概　述

1.1　生物技术概论

1.1.1　生物技术的定义

生物技术(biotechnology)是一门具有悠久历史的学科。早在几个世纪以前,人类就已经开始使用生物技术生产食品。20世纪中叶,DNA双螺旋结构的发现及基因重组的成功,使生物技术的发展进入了一个崭新的阶段。在发展的长河中,生物技术的定义也经历了不断发展与完善的过程,其内涵与外延都有所拓展。

"生物技术"一词首先由匈牙利工程师Karl Ereky于1917年提出,他当时是指用甜菜作为饲料进行大规模养猪,即利用生物将原材料转变为产品的技术。

1981年,国际纯粹及应用化学联合会将生物技术定义为:"将生物化学、生物学、微生物学和化学工程应用于工业生产过程(包括医药卫生、能源与农业产品)及环境保护的技术"。

1982年,国际合作与发展组织对生物技术的定义为:"应用自然科学及工程学的原理,依靠微生物、动物、植物体对物料进行加工,以提供产品为社会服务的技术。"

现代生物技术已被世界各国视为一种高新技术。我国早在1986年初制定的《高技术研究发展计划纲要》中就将生物技术列于航天技术、信息技术、激光技术、自动化技术、新能源技术和新材料技术等高技术之首位。同年,国家科委制定《中国生物技术政策纲要》时,将生物技术定义为:以现代生命科学为基础,结合先进的工程技术手段和其他基础学科的科学原理,按照预先的设计改造生物体或加工生物原料,为人类生产出所需产品或达到某种目的。

先进的工程技术手段是指基因工程、酶工程、细胞工程和发酵工程等新技术。

改造生物体是指获得优良品质的动物、植物或微生物品系。

生物原料是指生物体的某一部分或生物生长过程中所能利用的物质,如淀粉、糖蜜、纤维素等有机物,也包括一些无机化合物,甚至某些矿石。

为人类生产出所需的产品包括粮食、医药、食品、化工原料、能源、金属等各种产品。

达到某种目的则包括疾病的预防、诊断与治疗，环境污染的检测与治理等。

1.1.2 传统生物技术与现代生物技术

传统的生物技术几乎与人类的文明发展史一样源远流长，并与人类的生存息息相关。一般认为传统生物技术以酿造为代表，以微生物发酵为主题；而现代生物技术，则以重组DNA与转基因技术为主导。

传统生物技术主要是通过微生物的初级发酵来生产产品，它一般包括三个重要步骤。

(1) 上游处理过程。主要指对原料进行加工，作为微生物营养和能量的来源。

(2) 发酵和转化。指使目的微生物大量生长，产物大量积累。发酵过程在反应器内进行。

(3) 下游处理过程。主要指所需目的产物的分离与纯化过程。

传统生物技术在发展过程中，其技术手段、产品类型、应用领域都取得了很多辉煌的进步与发展。例如，20 世纪 40 年代微生物次级代谢产物抗生素的大规模发酵成功，使生物技术产业成为社会发展的支柱产业，有力地推动了科学技术及经济的发展。但传统生物技术多局限在传统化学工程和微生物工程的领域内，其提高微生物生产能力、产品质量和产量的手段和效率都非常有限。

1953 年，美国生物学家沃森(J. D. Watson)和英国物理学家克里克(F. H. C. Crick)提出了 DNA 双螺旋结构分子模型。DNA 双螺旋结构的发现，标志着现代分子生物学的诞生，揭示了世界上千差万别的生命物种个体在分子结构和遗传机制上的统一性，并为后来以DNA 重组为主要手段的基因工程奠定了理论基础。

1973 年，美国加利福尼亚大学旧金山分校的 Herber Boyer 教授和斯坦福大学的Stanley Cohen 教授合作，进行了人类历史上第一次有目的的基因重组实验，并获得了成功。这一成功使决定所有生命遗传性状的基因都有通过生物技术得以跨越生物种类的界限进行重组的可能，标志着现代生物技术的诞生，使生物技术迅速完成了从传统技术向现代技术的飞跃性转变，一跃而跻身高技术行列。

现代生物技术的诞生，使得传统生物技术中的生物转化过程变得更为有效，利用它所提供的方法可以人工创造或定向改良真核细胞，植物、动物等真核生物细胞，这些细胞可用于生产有用物质或被培育成新的工程生物品系。DNA 重组技术可以简化许多有用化合物和大分子的生产过程，植物和动物都可以作为生物反应器来生产新的或改造过的基因产物。现代生物技术的诞生和发展对生命科学的许多其他领域都产生了革命性的影响，从而使得生命科学日新月异，成为 21 世纪科学发展的方向。

1.1.3 现代生物技术的发展

表 1-1 列出了现代生物技术发展史上经历的一些重要事件，这些事件都曾对生物技术的发展起到过重要的推动作用，每一个事件的背后都蕴藏着生物学家不懈的努力和科学智慧。从中，我们也可以追踪生物技术的发展历程。

表1-1 现代生物技术发展史上的重要事件

年份	事件
1917	Karl Ereky 首次使用“生物技术”这一名词
1943	大规模工业生产青霉素
1944	Avery、MacLeod 和 McCarty 通过实验证明 DNA 是遗传物质
1953	Watson 和 Crick 发现了 DNA 的双螺旋结构
1958	Crick 提出了遗传信息传递的中心法则
1961	Monod 和 Jacob 提出操纵子学说
1961	*Biotechnology and Bioengineering* 杂志创刊
1966	Nireberg 等破译遗传密码
1967	发现 DNA 连接酶
1970	Smith 和 Wilcox 分离出第一个限制性内切酶 HindⅡ
1970	Baltimore 和 Temin 等发现逆转录酶，打破了中心法则，使真核基因的制备成为可能
1971	Crick 对中心法则进行了补充，提出了三角形中心法则
1972	Khorana 等合成了完整的 tRNA 基因
1973	Boyer 和 Cohen 建立了 DNA 重组技术
1975	Kohler 和 Milstein 建立了单克隆抗体技术
1976	第一个 DNA 重组技术规则问世
1976	DNA 测序技术诞生
1977	Itakura 实现了真核基因在原核细胞中的表达
1978	Genentech 公司在大肠杆菌中表达出胰岛素
1980	美国最高法院对经基因工程操作的微生物授予专利
1981	第一台商业化生产的 DNA 自动测序仪诞生
1981	第一个单克隆抗体诊断试剂盒在美国被批准使用
1982	用 DNA 重组技术生产的第一个动物疫苗在欧洲获得批准
1983	基因工程 Ti 质粒用于植物转化
1988	美国对肿瘤敏感的基因工程鼠授予专利
1988	PCR 技术问世
1990	美国批准第一个体细胞基因治疗方案
1997	英国培养出第一只克隆绵羊多莉
1998	美国批准艾滋病疫苗进行人体实验
1998	日本培养出克隆牛，英、美等国培养出克隆鼠
2001	完成人类基因组草图
2002	美国科学家利用体细胞在小鼠体内培养出人体肾脏

1.1.4 现代生物技术的特点及研究内容

现代生物技术是以DNA重组技术的建立为标志，以分子生物学、微生物学、生物化学、遗传学、细胞生物学、免疫学、生理学等学科为支撑，结合了化学、化工、计算机、微电子等学科，从而形成的一门多学科互相渗透的新兴综合性学科(图1-1)。

现代生物技术在不断发展中，形成了一系列分支技术，主要有农业生物技术、医药生物技术、植物生物技术、动物生物技术、食品生物技术、环境生物技术等。现代生物技术的发展，极大地推动了这些相关应用技术领域的发展。

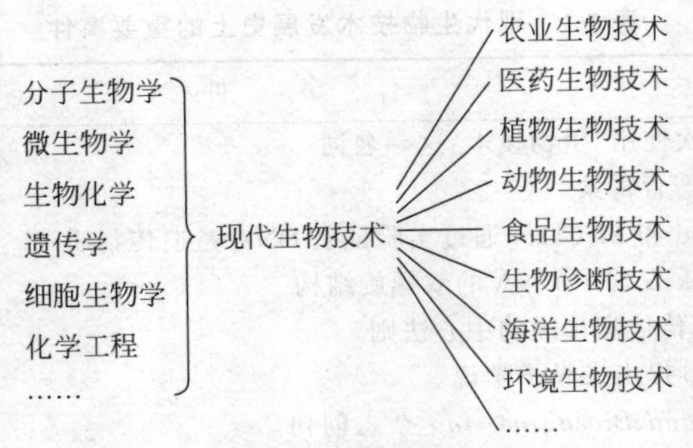

图 1-1 现代生物技术涉及的学科

现代生物技术领域的研究中使用了大量的微机控制的、自动化程度高的先进仪器和设备，如超速离心机、电子显微镜、高效液相色谱仪、DNA 合成仪、DNA 序列分析仪等(表 1-2)。这些代表了现代微电子学和计算机技术与生物技术的结合和渗透。没有这种结合与渗透，生物技术的研究就不可能深入到分子水平，就不会有今天的现代生物技术。

表 1-2 现代生物技术中使用的主要仪器

名 称	用 途
1. DNA 自动测序仪	自动测定核酸的核苷酸序列
2. 蛋白/多肽自动测序仪	测定蛋白质、多肽的氨基酸序列
3. 半自动 DNA 测序仪	测定核酸的核苷酸序列
4. DNA 自动合成仪	合成已知寡核苷酸序列
5. 蛋白/多肽自动合成仪	合成已知氨基酸序列的蛋白质或多肽
6. 生物反应器	细胞的连续培养
7. 发酵罐	微生物细胞培养
8. 热循环仪(聚合酶链反应仪、PCR 仪)	DNA 快速扩增
9. 序列分析软件	核酸/蛋白质序列分析
10. 基因转移设备	将外源 DNA 引进靶细胞
11. 色谱软件	控制色谱仪，收集和处理数据
12. 高效液相色谱仪	物质的分离与纯化及纯度鉴定
13. 电泳设备	物质的分离与纯化及纯度鉴定
14. 凝胶电泳系统	蛋白质和核酸的分离与分析
15. 毛细管电泳仪	质量控制，组分分析
16. 超速、高速离心机	分离生物大分子物质
17. 电子显微镜	观察细胞及组织的超微结构

前已述及现代生物技术主要包括基因工程、酶工程、细胞工程和发酵工程。这些技术并不是各自独立的，而是相互联系、相互渗透的(图 1-2)。其中基因工程技术是核心技术，它能带动其他技术的发展，如通过基因工程对细菌或细胞改造后获得的工程菌或细胞，必须通过发酵工程或细胞工程来生产有用物质。

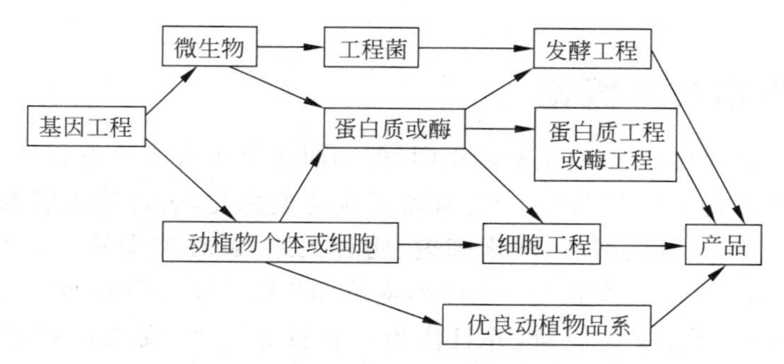

图 1-2 基因工程、酶工程、细胞工程与发酵工程之间的关系

1.1.5 现代生物技术的应用

现代生物技术已广泛用于农业、畜牧业、医药、化工、食品、能源与环境保护等众多领域(图 1-3),渗透于人类发展、生产和生活的方方面面,为人类提供了很多便利。毋庸置疑,随着现代生物技术的日新月异,其应用将更加广泛和高效。

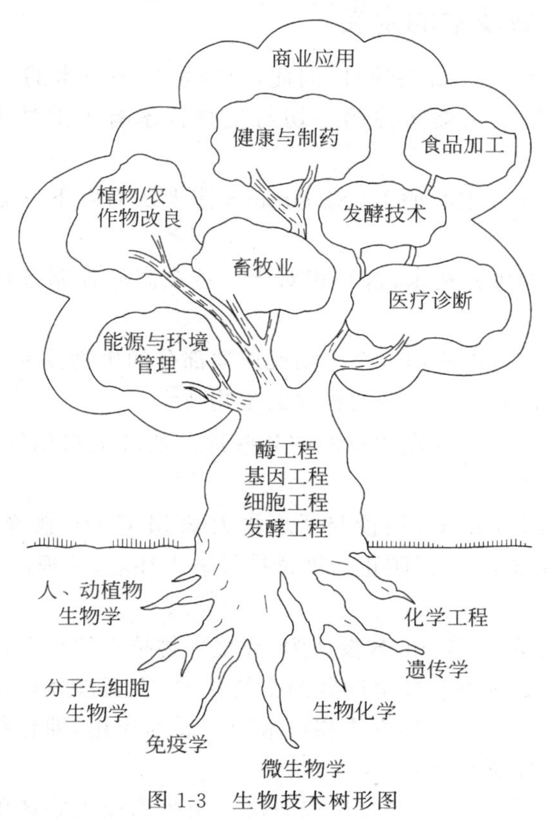

图 1-3 生物技术树形图

1.2 环境生物技术概论

人类社会的发展创造了前所未有的文明，但同时也带来许多生态环境问题。由于人口的快速增长，自然资源的大量消耗，全球环境状况急剧恶化，表现为水资源短缺、土壤荒漠化、有毒化学品污染、臭氧层破坏、酸雨肆虐、物种灭绝、森林减少等。人类的生存和发展面临着严峻的挑战，迫使人类进行一场"环境革命"来拯救人类自身。在这场环境革命中，环境生物技术担负着重大使命，并且作为一种行之有效、安全可靠的手段和方法，起着核心的作用。

环境生物技术是现代生物技术应用于环境污染防治的一门新兴边缘学科。它诞生于20世纪80年代末期，以高新技术为主体，并包括对传统生物技术的强化与创新。环境生物技术涉及众多的学科领域，主要由生物技术、工程学、环境学和生态学等组成。它是生物技术与环境污染防治工程及其他工程技术的结合，既有较强的基础理论要求，又具有鲜明的技术应用的特点。

1.2.1 环境生物技术的定义

由于环境生物技术是一门新兴学科，因此，对环境生物技术的定义也有多种。广义上讲，凡是自然界中涉及环境污染防控的一切与生物技术有关的技术，都可称为环境生物技术。

德国国家生物技术研究中心的 K. N. Timmis 博士认为以下三方面的内容属于环境生物技术：

(1) 在环境中应用的生物技术，这是相对于一些在高度控制条件下的密闭反应器中进行的生物技术而言；

(2) 涉及环境中某些可以看作一个生物反应器部分的生物技术；

(3) 作用于一些必定要进入环境的材料的生物技术。

他将环境生物技术定义为应用生物圈的某些部分使环境得以控制，或治理将会进入生物圈的污染物的生物技术。

美国亚利桑那大学 Rittmann 教授与斯坦福大学 McCarty 教授认为，环境生物技术主要应用微生物改进环境质量，包括防止污染物排放进入环境，治理污染环境以及为人类社会提供有用资源。

美国密歇根州立大学的 Tiedje 教授认为，环境生物技术的核心是微生物学过程。

环境生物技术是认识和解决环境问题的生物技术，主要涉及环境质量的监测、评价、控制以及废弃物处理过程中的生物学方法和技术的发展与应用，即包括环境检测与评价的生物技术和污染净化的生物强化技术。

严格来说，环境生物技术指的是直接或间接利用生物或生物体的某些组成部分或某些机能，建立降低或消除污染物产生的生产工艺，或者能够认识环境过程、高效净化环境污染、同时又生产有用物质的工程技术。

1.2.2 现代环境生物技术的发展

现代生物技术的发展,为环境生物技术向纵深发展增添了强大的动力,它无论是在生态环境保护方面,还是在污染预防和治理方面,以及环境监测方面,都显示出独特的功能和优越性。

环境生物技术作为生物技术的一个分支学科,它除了包括生物技术所有的基础和特色之外,还必须与污染防治工程及其他工程技术相结合。生物技术的每一个成就,都会迅速在环境生物技术领域得到应用,而环境生物技术的发展也会推动生物技术的进步。

环境生物技术可分为高、中、低三个层次:

(1) 高层次是指以基因工程为主导的现代污染防治生物技术,如基因工程菌的构建、抗污染型转基因植物的培育等;

(2) 中层次是指传统的生物处理技术,如活性污泥法、生物膜法,以及其在新的理论和技术背景下产生的强化处理技术和工艺,如膜生物反应器、微生物燃料电池等;

(3) 低层次是指利用天然处理系统进行废物处理的技术,如氧化塘、人工湿地系统等。

环境生物技术的三个层次均是污染治理不可缺少的生物技术手段。高层次的环境生物技术需要以现代生物技术知识为背景,为寻求快速有效的污染治理与预防新途径提供了可能,是解决目前出现的日益严重且复杂的环境问题的强有力手段。中层次的环境生物技术是当今废物生物处理中应用最广泛的技术,中层次的技术本身也在不断改进,高技术也在不断渗入,因此,它仍然是目前环境污染治理中的主力军。低层次的环境生物技术,其最大特点是充分发挥自然界生物净化环境的功能,投资运行费用低,易于管理,是一种省力、省费用、省能耗的技术,在今后相当长的时间中,在环境整治及生态修复中发挥重要作用。

各种工艺与技术之间存在相互渗透或交叉应用的现象,有时难以确定明显的界限。某项环境生物技术可能集高、中、低三个层次的技术于一身。例如,废物资源化生物技术中,所需的高效菌种可以采用基因工程技术构建,所采用的工艺可以是现代的发酵技术,也可以是传统的技术。这种三个层次的技术集中于同一环境生物技术的现象并不少见。

环境生物技术已经取得了辉煌的成绩,也面临许多难题,而这些难题的解决,依赖于现代生物技术的发展,又推动着现代生物技术的发展。人们有理由相信,最终环境问题解决的希望寄托在现代环境生物技术的进展和突破上。

1.2.3 环境生物技术的研究范围

国际上认为21世纪生物技术产业化的十大热点中,环境污染监测、有毒污染物的生物降解和生物降解塑料三项属于环境生物技术的内容。

现代环境生物技术应用现代生物技术,服务于环境保护。目前环境生物技术面临的任务有:

(1) 具有目标功能的基因工程菌及植物的研发,其从实验室进入模拟系统和现场应用过程中的遗传稳定性、功能高效性和生态安全性等方面的问题;

(2) 开发废物资源化和能源化技术,利用废物生产单细胞蛋白、生物塑料、生物农药、生物肥料以及利用废物生产生物能源,如甲烷、氢气、乙醇等;

(3) 建立绿色清洁生产新工艺，如生物制浆、生物絮凝剂、煤的生物脱硫、生物冶金等；

(4) 开发对环境污染物的生理毒性及其对生态影响的检测技术。

1.3 本书内容

环境生物技术是一门新兴的学科，其发展历史并不长。本书重点讨论现代生物技术在环境领域的应用，特别是在环境领域中的一些新的应用方向。

本书共分 10 章，论述和讨论了现代环境生物技术的主要内容。

首先，介绍现代生物技术中与环境问题紧密联系的主要内容，包括酶工程、基因工程、细胞工程和发酵工程，它们在环境领域的重要应用方向及案例。接着，分章介绍了现代环境生物技术的主要内容，包括污染预防和治理、清洁能源、废物资源化和环境生物监测与安全性评价等。

第 1 章为概述，简要介绍了生物技术的定义、发展过程、涉及的主要学科和应用，环境生物技术的定义和主要研究内容。

第 2 章为酶工程。酶工程是现代生物技术的主要内容之一，是酶学和工程学相互渗透结合发展而成的一门新学科。它从应用的角度研究酶，是在一定的生物反应装置中利用酶的催化性质进行生物转化的技术。随着现代生物技术的发展和环境污染的日益加剧，酶在废物处理和资源化中的应用越来越受到重视。

第 3 章为基因工程。基因工程又称 DNA 重组技术，是在分子水平上对基因进行操作的复杂技术。本章首先介绍了基因工程的分子生物学基础知识，然后介绍了基因工程操作的基本原理和方法，最后介绍了基因工程在环境中有毒有害难降解污染物处理及环境监测中的应用。

第 4 章为细胞工程。细胞工程是在细胞水平上研究、开发和利用各类细胞的工程，它的发展建立在细胞融合的基础上。人们可以根据需要，经过科学设计，在细胞水平上改造生物的遗传物质。本章介绍了细胞工程的基础知识，包括微生物细胞、植物细胞和动物细胞，内容涉及原生质体制备、细胞融合、杂种细胞的筛选，单克隆抗体的制备等。此外，还介绍了细胞工程在环境污染治理中的应用，包括利用细胞融合技术构建环境工程菌，抗污染型植物的培育，利用抗体或抗体片段处理微污染水等。

第 5 章为发酵工程。发酵工程是将微生物学、生物化学和化学工程学的基本原理有机地结合起来，利用微生物的生长和代谢活动来生产各种有用物质或分解有害物质的工程技术。发酵工程是一门具有悠久历史、又融合了现代科学的技术，是现代生物技术的重要组成部分，是生物技术产业化的重要环节。本章介绍了发酵工程的基本原理和方法、发酵工程的监测、反应过程动力学等，此外，还介绍了代谢工程和代谢调控。

第 6 章为污染治理生物技术。介绍了废物生物处理的基本原理，废水生物处理的新技术，如膜生物反应器、微生物燃料电池等以及脱氮除磷研究的最新进展。虽然大部分内容属于中层次的环境生物技术，但它是现代生物技术应用于环境污染治理不可缺少的部分，是现代生物技术应用的基础。此外，还介绍了生物修复技术、废气的生物处理技术、难降解有机物的生物处理、有机废物的堆肥技术、重金属的生物吸附等。

第 7 章为污染预防生物技术。变革传统的生产工艺，开发新技术、新工艺，实行清洁生产，逐渐从末端治理走向过程控制，将污染消灭在生产过程中，是可持续发展的必然要求。现代生物技术在清洁生产中具有广阔的应用前景。本章主要介绍煤的生物脱硫技术、化石燃料的生物脱氮技术、生物制浆、微生物湿法冶金以及利用生物合成代替传统的化工合成等。

第8章为生物技术与能源。能源是人类赖以生存的物质基础之一，随着地球上化石燃料能源的不断耗竭，寻找、改善及提高可再生能源利用率和开发新能源技术，以最大限度地开采不可再生能源，仍是人类获取能源的主要方法。利用生物技术提高不可再生能源的开采率以及创造更多的可再生能源将是能源生产的有效技术之一。在不远的将来，能源主要来自生物技术的看法将成为事实。本章主要介绍利用生物技术进行石油开采、利用有机废弃物生产乙醇、生物制氢以及产甲烷等技术。新版对这些内容进行了全面的充实与更新。

第9章为废物资源化生物技术。随着资源的不断耗竭和环境污染的日益加剧，简单的废物处理已不能满足社会发展的要求，废物资源化是环境污染治理的必由之路。废水处理与聚羟基丁酸酯（PHB）生产组合工艺的研究，可以在处理废水的同时获得生产可降解塑料的原料PHB，是污染治理与资源化相结合的一条新思路。筛选或构建具有高活性纤维素分解酶的菌种，加强对农作物秸秆的利用研究，利用纤维素、半纤维素原料生产单细胞蛋白（SCP）等是目前废物资源化研究的重要内容。本章主要介绍聚羟基丁酸酯的生产和单细胞蛋白的生产。新版充实并更新了部分内容。

第10章为环境生物监测与安全性评价。内容包括生物传感器、DNA传感器、PCR技术、FISH技术、DNA芯片技术、现代生物技术的安全性问题和伦理问题。

酶工程

2.1 概述

酶，是一切生命活动的序幕，它决定着机体内一切化学反应过程，是机体所有化学变化的激动者。酶学，无论从理论上讲还是从应用上讲，都是现代生物技术领域中一个十分重要的学科。酶学已成为一门内容广泛、发展迅速的学科，它的分支遍及众多领域，并与许多学科紧密联系，特别是同生物化学、物理化学、微生物学、遗传学、植物学、农学、药理学、毒理学、生理学、医学以及生物工程的关系更为密切。由于酶的独特的催化功能，近年来，它在工业、农业、医药和环境保护等各个方面的应用越来越广泛。

2.1.1 对酶的认识历程

早在几千年前，人类已开始利用微生物酶来制造食品和饮料。我国在 4 000 多年前，就已经在酿酒、制酱过程中，利用了酶的催化作用。然而，真正认识酶的存在和作用，是从 19 世纪开始的。1833 年，Payen 和 Persoz 从麦芽的水抽提物中，用酒精沉淀得到一种对热不稳定的活性物质，它可促进淀粉水解成可溶性的糖。他们把这种物质称为淀粉酶(diastase)，并指出了它的热不稳定性，初步触及了酶的一些本质问题。19 世纪中叶，Pasteur 等对酵母的酒精发酵进行了大量研究，指出酵母中存在一些使葡萄糖转化为酒精的物质。1878 年，Kunne 首先把这种物质称为酶(enzyme)，这个词来自希腊文，意思为“在酵母中”(in yeast)。在发酵作用是否必须在活酵母细胞中进行的问题上，微生物学家 Pasteur 和化学家 Liebig 展开了争论，前者强调发酵是活酵母参与的结果，后者则认为发酵是纯化学反应，艰苦的论战持续了数十年，一直到 Pasteur 去世的第二年，即 1896 年，Buchner 无意之中发现酵母无细胞抽提液也能将糖发酵成酒精，这表明酶不仅在细胞内，而且在细胞外也可在一定条件下进行催化反应，从而结束了争论，并阐明了发酵是酶的作用的化学本质。他们的成功为 20 世纪酶学和酶工程学的发展揭开了序幕。Buchner 因此获得了 1911 年诺贝尔化学奖。其后，人们对酶的催化作用理论和酶的本质进行了广泛的研究。

1894 年，Fischer 对一些代谢碳水化合物的酶进行了研究，发现了酶对底物（酶作用的物质）的专一性现象，在实验研究的基础上，提出了锁匙（lock-key）模型，成功地解释了酶和底物的专一性。

Fischer 理论认为，酶与底物分子或底物分子的一部分之间，在结构上有严格的互补关系。当底物契合到酶蛋白的活性中心时，很像一把钥匙插入一把锁中。

1903 年，Henri 在研究蔗糖酶水解蔗糖的反应中发现酶与底物之间存在某种关系，并提出酶与底物的作用是通过酶与底物形成络合物而进行的。1913 年，Michaelis 和 Menten 根据中间络合物学说，导出了著名的 Michaelis-Menten 方程，简称米-门方程。1925 年，Briggs 和 Handane 对米-门方程做了一项重要修正，提出了稳态学说。

上述研究为酶学研究奠定了理论基础。

20 世纪初，在对酶的化学本质的认识方面，进行了另一场延续 20 年之久的论战。德国著名化学家 Willstatter 进行了大量的酶的提纯工作，提出了酶是一类吸附在蛋白质载体上的催化剂的假说。美国化学家 Sumner 花费 9 年时间，于 1926 年从刀豆中提取了不负载任何其他催化剂的脲酶蛋白质结晶，从此确立了酶的化学本质是蛋白质的观点，为酶化学奠定了基础，并因此获得了 1946 年诺贝尔化学奖。

Sumner 获得的第一个结晶酶是脲酶，它催化尿素水解产生二氧化碳和氨。事实上，如果当时有更灵敏的分析方法，Sumner 有可能认为制剂中存在的极少量的镍（约千分之一）是用于催化反应的。回顾历史，对 Sumner 来说，可能当时没有如此灵敏的测定方法是幸运的。此后，对一系列酶的研究都一再证明了酶是具有生物催化活性的特殊蛋白质这一概念。

20 世纪 50—60 年代，通过一系列观察发现酶具有相当的柔性，Koshland 于 1958 年提出了“诱导契合”理论，以解释酶的催化理论和专一性，同时也搞清了某些酶的催化活性与生理条件变化有关。1961 年，Monod 提出了“变构模型”，用以定量解释某些酶的活性可以通过结合小分子（效应物）进行调节，从而提供了认识细胞中许多酶调控作用的基础。

1969 年，首次报道了由氨基酸单体化学合成牛胰核糖核酸酶，由于制品的化学纯度和催化活性很低，只是定性地证明了酶与非生物催化剂没有区别。

重组 DNA 技术用于酶学研究引起人们的高度重视。已经证实，用定点突变法（site directed mutagenesis）在指定的位点进行突变，可以改变酶的催化活性和专一性。这一发现有助于认识酶的作用机制，并为设计所需要的特定性质的酶开辟了新领域。

2.1.2　酶及其应用研究发展

酶是什么？从 20 世纪 40 年代起，就开始探讨这个命题。半个多世纪过去了，教科书中也曾一直把酶定义为生物体内产生的具有催化功能的特殊蛋白质。在 Pasteur 认为发酵是酵母细胞生命活动的结果之后 20 年，Buchner 兄弟又证明了发酵并非需要完整的活细胞，30 年后美国化学家 Sumner 终于证实了酶的本质是蛋白质。然而，近年来发现，除了“经典”酶以外，某些生物分子也具有催化活性。1982 年，美国 Colorado 大学的 Cech 教授等研究发现，四膜虫的 rRNA 前体能在完全没有蛋白质的情况下进行自我加工，催化得到 rRNA 产物。也就是说，RNA 本身可以是一个生物催化剂。Cech 将这种具有酶活性的 RNA 称为“ribozyme”。1983 年，美国 Yale 大学的 Altman 博士和丹佛国家犹太医院的 Pace 博士发现核糖核酸酶 P（由 RNA 和蛋白质组成）中的 RNA 组分能单独催化前体 tRNA 从 5′末端切除某些核苷酸片段,而成为成熟的 tRNA,显示出该 RNA 组分具有核糖核酸酶的活性。这些结果对酶的传统概念提出了挑战,提出了酶并不一定是蛋白质的问题。

1986 年,Pollack 和 Tramontano 同时报道了用事先设计好的过渡态类似物作为半抗原,按一般单克隆抗体制备程序获得具有催化活性的抗体。这是抗体酶(abzyme,是 antibody 与 enzyme 的组合词)研究中的一个突破,它是利用现代生物学与化学的理论与技术交叉研究的成果,是抗体的高度选择性与酶的高效催化性巧妙结合的产物,为酶的结构功能研究和抗体与酶的应用等方面开辟了一个新的研究领域。

关于酶的概念,正在进行新的争鸣。但酶是生物体产生的一类特殊的催化剂,这一点仍是学者们的共识。今后,关于酶的本质是否仍会有新发现,例如多糖和脂是否也有酶活性有待研究。酶的本质不限于蛋白质已是毫无疑问了。

1894 年,日本科学家首次从米曲霉中提取出淀粉酶,并用作治疗消化不良的药物,从而开创了人类有目的地生产和应用酶制剂的先例。1908 年,德国科学家从动物的胰脏中提取出胰酶(胰蛋白酶、胰淀粉酶和胰脂肪酶的混合物),并用于皮革的鞣制。同年,法国科学家从细菌中提取出淀粉酶,并用于纺织品的退浆。1911 年,美国科学家从木瓜中提取出木瓜蛋白酶,并用于除去啤酒中的蛋白质浑浊物。此后,酶制剂的生产和应用就逐步发展起来了。然而,在此后的近半个世纪内,酶制剂的生产一直停留在从现成的动植物和微生物的组织或细胞中提取酶的方式。这种生产方式不仅工艺比较复杂,而且原料有限,所以很难进行大规模工业生产。1949 年,科学家成功地用液体深层发酵法生产出了细菌 α-淀粉酶,从此揭开了近代酶工业的序幕。

生物酶具有许多突出的优点,但其容易受物理、化学等条件变化的影响,不能广泛取代工业催化剂。因此,自 20 世纪 60 年代起,模拟酶(model enzyme)的研究开始引起关注。模拟酶是一类利用有机化学方法合成的具有类似酶的性质的非蛋白质分子。其结构比天然酶简单,化学性质稳定。在模拟酶应用方面,固氮酶的模拟最令人瞩目。此外,由于环境保护与资源开发的需求,各种木质素酶、漆酶、半纤维素酶和纤维素酶等的研究也成为热点,已有相关书籍出版与大量文献发表。

2.1.3 酶工程的研究内容

生物体是一个十分复杂的生产机器,它生产有机物质的能力令最现代化的有机化工厂也望尘莫及。而生物体内维持复杂化学反应高效进行的原因,就在于生物细胞内具有一系列能催化生物反应的特殊催化剂——酶。生物体内有许多酶,每种酶各尽其职,催化专一的化学反应,如脂肪酶只管分解脂肪,淀粉酶只管分解淀粉等。酶不仅可以高效、专一地催化特定的化学反应,而且具有反应条件温和、反应产物容易纯化等优点。酶催化反应耗能低,污染小,操作简单,易控制。因此,它与传统的化学反应相比,具有较强的竞争力。

酶工程是现代生物技术的主要内容之一,是随着酶学研究迅速发展,特别是酶的应用推广,使酶学和工程学相互渗透结合,发展而成的一门新的技术学科。酶工程从应用的角度出发研究酶,是在一定的生物反应装置中利用酶的催化性质进行生物转化的技术,是生物技术的重要组成部分。

酶工程是利用酶的催化作用进行物质转化(合成有用物、分解有害物)的技术,是将酶学理论与化工技术结合而形成的新技术。

酶工程的主要任务是：通过预先设计，经过人工操作控制而获得大量所需的酶，并通过各种方法使酶发挥其最大的催化功能，即利用酶的特定功能，借助工程学手段为我们提供产品或分解有害物质。

上一节已经述及，随着核酶、抗体酶以及模拟酶的发现，对酶的物质本质的认识也在拓展，但绝大多数酶是特殊蛋白质。因此本章的多数内容仍限于酶蛋白的讨论。

酶工程的研究领域涉及酶的生产、酶的分离纯化、酶分子修饰、酶固定化、酶反应动力学、酶反应器、酶的应用等，具体包括以下内容：

（1）酶制剂的分离、纯化、大批量生产及新酶的开发；

（2）酶生产中基因工程技术的应用；

（3）酶的固定化技术；

（4）酶分子改造与化学修饰，以及酶结构与功能的研究；

（5）多酶反应器的研究与应用；

（6）酶抑制剂、激活剂的开发与应用研究；

（7）酶的应用性开发；

（8）模拟酶、合成酶及酶分子的人工设计、合成的研究；

（9）与其他生物技术领域的交叉和渗透。

2.2　酶的催化特性

酶是一类特殊的催化剂，是生物体产生的具有催化功能的特殊生物大分子。

酶作为催化剂，它具备一般催化剂的特性，即参与化学反应过程时可以改变化学反应的速度，但不改变化学反应的性质，即不改变反应的方向和平衡点。在反应前后，酶的组成和质量不发生变化。

酶又是不同于一般催化剂的生物催化剂。

和化学催化剂相比，酶具有高效率、高度专一性、活性可调节等特点。

1. 催化效率高

在相同条件下，酶的存在可以使一个反应的反应速度大大加快。

由于酶具有极高的催化效率，因此对酶催化的模拟一直引起极大的关注。而对酶作用机制研究的最终目的，也在于对酶的高催化效率进行模拟以用于工业中的催化化学反应。对酶反应速度与非酶反应速度比较的结果表明，各种非酶反应速度可以有很大变化，相差 10^{16}，但各种酶催化反应却相差不远。表 2-1 给出各种非酶催化反应速度的比较。

表 2-1　非酶催化反应速度的比较（25℃）

反　　应	半反应时间	相对速度
二氧化碳的水化	秒	1
脯氨酸顺反异构	分	60
磷酸二酯键水解	三年	10^8
腺嘌呤脱氨	百年	10^{10}
乳酸脱羧	千万年	10^{16}

酶之所以具有如此高效的催化能力，主要由于：

（1）酶可以极大地降低反应所需的活化能。酶促反应所需的活化能远低于非酶催化反应，更低于非催化反应。例如 H_2O_2 的分解反应，在不同条件下所需的活化能如表 2-2 所示。

表 2-2　H_2O_2 分解反应的活化能

催化剂	反应活化能/(kJ/mol)
过氧化氢酶	8.36
胶态钯	48.94
无催化剂	75.24

（2）酶催化是多种催化因素的协同作用，形成酶催化高效性的主要因素有：酶与底物的邻近效应和定向效应、酶与底物相互诱导的扭曲变形和构象变化的催化效应、广义的酸碱催化、共价催化及酶活性中心微环境的影响。在一个具体的酶催化反应中，往往是上述因素中的几个因素同时起作用，从而表现出酶催化功能的高效性。这是一般化学催化剂所无法比拟的。

2. 专一性强

酶的专一性是指酶对它的催化对象有严格的选择性，即一种酶只能催化一种或一类结构相似的底物进行某种类型的反应，主要取决于酶分子结合位点的空间结构与底物分子结构的契合度。

酶作用的专一性一直受到人们的高度关注。酶对化学键、对化学基团、对化学基团在空间的分布位置，甚至对同一分子中碳原子的来源新与旧都可以作出选择。这种选择性是普通化学催化剂至今无法相比和实现的。

如果没有酶的专一性，在细胞中有秩序的物质代谢将不复存在。酶的专一性对酶工程的发展具有重要意义。

早在 19 世纪，Fischer 就根据酶作用的高度专一性对酶的作用机制提出了著名的锁钥学说(lock and key theory)，图 2-1(a)为该学说示意图。

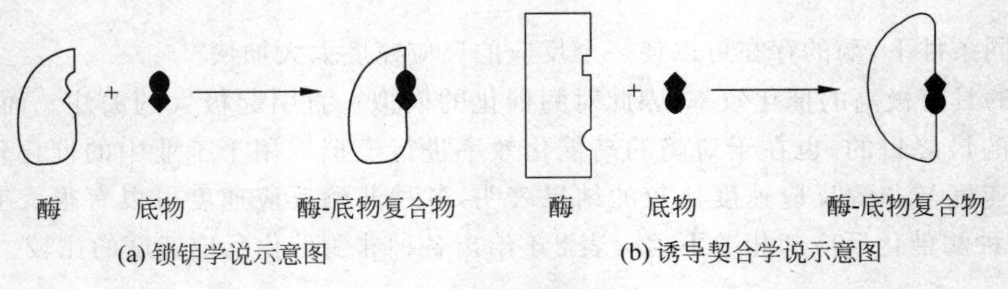

图 2-1　酶与底物的结合

该学说认为底物和酶在结构上严密互补，正如一把钥匙只能开一把锁一样，这是酶进行催化作用的基础。这一学说同时也意味着，和底物一样，酶分子活性部位具有严密的刚性结构。上述学说也称为刚性模板(template)学说。

酶既可催化一个反应的正向反应，又可催化此反应的逆向反应。上述的这种刚性模板学说，无法解释酶活性中心的这种刚性结构如何既能适应一个可逆反应的底物，又适合此反应的产物。

20世纪中期，Koshland首先认识到底物的存在可以诱导酶活性部位发生一定的结构变化，并提出了著名的诱导契合学说(induced-fit theory)(图2-1(b))。该学说认为，酶分子与底物邻近时，酶分子受底物诱导，构象发生有利于与底物结合的变化，最终形成酶与底物的互补契合。X射线衍射分析结果证实，绝大多数酶与底物结合时，确有显著的构象变化。

但到目前为止，人们通常仍然认为酶活性部位有严密的空间结构，因而是相对刚性的。并且，所有说明酶高催化效率的现代学说，如邻近效应、定向效应、张力效应、酸碱共同催化以及酶与底物过渡态中间物的紧密结合等，也都建立在这一概念的基础之上。

一般来说，一种物质分子能否成为某种酶的底物，必须具备两个条件：

(1) 该分子上有被酶作用的化学键；

(2) 该分子上有一个或多个结合基团能与酶活性中心结合，并使其敏感键对准酶的催化基团。

酶的专一性按其严格程度的不同，可分为两大类。

(1) 绝对专一性(absolute specificity)

一种酶只能催化一种物质进行一种反应，这种高度的专一性称为绝对专一性。这种专一性包括酶对光学异构体的选择性，对几何异构体的选择性。

(2) 相对专一性(relative specificity)

一种酶能够催化一类结构相似的物质进行某种相同类型的反应，这种专一性称为相对专一性，包括基团专一性和键专一性。

不同的酶的专一性程度不同，有些酶的专一性(键专一性)较低，如肽酶、磷酸(酯)酶、酯酶，只要求化学键相同，分别作用于肽、磷酸酯、羧酸酯等。生物分子降解中常见到低专一性的酶，而在生物合成中则很少有。在污染物降解领域，这些专一性较低的酶，可能会更具有经济适用性。

3. 酶活性可调节

生命是严格有序的。一方面这种有序过程依赖于酶的催化作用；另一方面，酶又必然受到这个有序过程的严格调控。诸如酶合成的诱导或阻遏，酶的有限降解，酶分子的修饰，底物、产物或其他分子引起的别构调节等，调控方式多种多样。机体内不同反应体系的酶，采取不同方式进行调控，严密而灵巧，这更是一般催化剂所不具有的特性。酶水平的调控是代谢调控的基本方式。

关于酶活性可调控的特点，早已引起关注。酶的量、酶的半衰期、酶的活性都是可以控制的。

从生物化学角度来说，某种生物有或无某种生物化学反应，首先是由于有或无某种酶决定的。从遗传学来说，是由于有或无这种酶的基因。分子生物学既从酶，也从基因水平研究酶促反应。有某种酶的基因不一定就有某种酶，因为生物合成的酶同样有一个后加工、运输等问题，酶催化的底物有时并不和含有这种酶的细胞、细胞器在一起。

酶的调控方式有很多，主要介绍以下几种。

(1) 酶浓度的调节

酶浓度的调节主要有两种方式：一种是诱导或抑制酶的合成；另一种是调节酶的降解。

例如，在分解代谢中，β-半乳糖苷酶的合成平时处于被阻遏状态，当乳糖存在时，抵消了阻遏作用,于是酶受乳糖的诱导而合成。

调节酶降解的例子是,动物肝脏的精氨酸酶,在动物饥饿时,其含量增加,这可能与抑制了这种酶的降解有关。

(2) 生理调节或激素调节

这种调节也和生物合成有关,但调节方式有所不同。

(3) 共价修饰调节

这种调节方式本身又是通过酶催化进行的。在一种酶分子上,共价地引入一个基团,从而改变它的活性。引入的基团又可以通过第三种酶的催化除去。常见的引入基团是磷酰基。磷酸化酶和使它磷酰化的激酶以及糖原合成酶就是以这种方式调节它们的活性的。

(4) 酶原的活化

一些酶在体内是以一种非活化的前体形式合成出来的,称为酶原。

酶原的活化是指体内合成的非活化的酶的前体,在适当条件下,受到氢离子或特异性蛋白酶限制性水解,切去某段肽或断开酶原分子上某个肽键而转变为活性的酶(图 2-2)。

事实上这也是一种共价调节的方式,但是在生物体内是不可逆地单方向进行的。消化系统的一些水解酶,如胰蛋白酶就是如此。凝血系统中的一些酶也是以这种方式进行调节以控制其活性。

(5) 抑制剂的调节

酶的活力受到大分子抑制剂或小分子物质抑制,从而影响它们的活力。大分子抑制剂有如胰脏的胰蛋白酶抑制剂,小分子抑制物质,如一些反应的产物。

(6) 反馈调节

许多物质的合成是由一连串的反应组成的,催化此物质生成的第一步的酶,往往可以被它的终端产物抑制。

这种对自我合成的抑制称为反馈抑制,如图 2-3 所示。

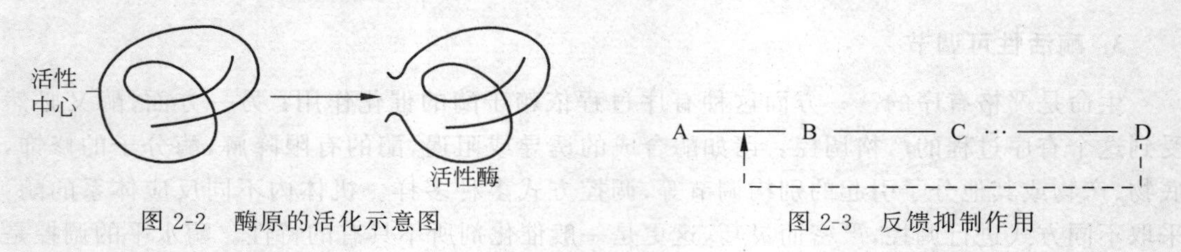

图 2-2 酶原的活化示意图　　图 2-3 反馈抑制作用

(7) 金属离子和其他小分子化合物调节

有一些酶需要 K^+ 活化,Na^+ 往往可以代替 K^+,但 Na^+ 不能活化这些酶,有时还有抑制作用。这一类的酶有 L-高丝氨酸脱氢酶、丙酮酸激酶、天门冬氨酸激酶和酵母丙酮酸羧化酶。相反,有一些酶需要 Na^+ 活化,K^+ 起抑制作用,如肠中的蔗糖酶可以受 Na^+ 激活。二价金属离子如 Ca^{2+}、Zn^{2+}、Mg^{2+}、Mn^{2+} 往往也为一些酶表现活力所必需,它们的调节作用还不很清楚,可能和维持酶一定的三级结构、四级结构有关,有的和底物的结合和催化反应有关。这些离子的浓度变化都会对活力有些影响。

丙酮酸羧化酶是催化从丙酮酸合成葡萄糖这一途径中限制速度步骤的一种酶,丙酮酸的浓度影响这个酶的活力,其催化的反应如下:

$$ATP+丙酮酸+HCO_3^- \rightleftharpoons 草酰乙酸+ADP+无机磷$$

丙酮酸、乳酸、辅酶Ⅰ和还原辅酶Ⅰ四种化合物又通过乳酸脱氢酶维持平衡。因此，丙酮酸的浓度是由辅酶Ⅰ和还原辅酶Ⅰ的比值决定的，而还原辅酶Ⅰ和辅酶Ⅰ的总量在体内差不多是恒定的。还原辅酶Ⅰ的浓度相对地提高了，丙酮酸的浓度就要降低。

与此相类似的ATP、ADP、AMP的总量在体内也差不多是恒定的，其中ATP、ADP、AMP的相对量的变化也可以影响一些酶的活性。Atkinson提出将能荷(energy charge)作为一个物理量，这个物理量数值的变化与某些酶的活力变化有一定关系：

$$能荷=\frac{[ATP]+\frac{1}{2}[ADP]}{[ATP]+[ADP]+[AMP]}$$

式中：[ATP]、[ADP]和[AMP]表示这些腺苷酸的浓度。能荷的数值从0到1：当腺苷酸全部以AMP的形式存在，能荷数值等于0；当腺苷酸全部以ATP的形式存在，能荷数值为1。细胞内的能荷数值在0.8～0.9，在这个范围内，能荷数值的增加可以使和ATP再生有关的一类酶，如果糖磷酸激酶、丙酮酸激酶、丙酮酸脱氢酶、异柠檬酸脱氢酶和柠檬酸合成酶等反应速度降低，而使另一类和利用ATP有关的酶，如天门冬氨酸激酶、磷酸核糖焦磷酸合成酶等的反应速度增加。

此外，还有酶的区域化(compartmentation)和多酶复合体等都与酶活力的调节控制有密切的关系。

2.3　酶的分类与作用原理

2.3.1　酶的分子组成与结构

绝大多数酶是蛋白质，具有蛋白质的物理化学性质。其一级结构是由α-氨基酸按一定顺序经脱水缩合连接后结合形成的一条多肽链。氨基酸是其组成的基本单位，氨基酸序列由对应基因所编码。依靠肽链中氨基酸残基亚氨基(—NH—)上的氢原子和羰基上的氧原子之间形成的氢键，使其按一定的规律卷曲或折叠形成特定的空间结构，即二级结构，是主链原子的局部空间排布，不涉及侧链的构象。肽链还可以按照一定的空间结构进一步形成更复杂的三级结构和四级结构。

酶的结构直接影响其催化活性和稳定性等关键性能，揭示酶的结构是酶学与酶工程研究的核心。

1. 蛋白质的一级结构

测定蛋白质一级结构最常用的方法有三种：Edman降解法、通过编码蛋白质的基因核苷酸序列推导蛋白质氨基酸序列、质谱法。

(1) Edman降解法。20世纪50年代由瑞典化学家Edman发明。基本原理是用修饰剂(苯异硫氰酸酯)对酶蛋白的N-末端氨基酸残基进行修饰，然后从多肽链上切下修饰的残基，经层析鉴定后，余下的多肽链被回收进行下一轮降解循环。Edman降解法在蛋白质氨基酸序列测定中应用广泛，基于Edman机理的自动序列分析技术发展迅猛。但是Edman降解法仍有一些局限性，如不能对环形肽链和N端封闭的肽进行测序等。

（2）通过编码蛋白质的基因核苷酸序列推导蛋白质氨基酸序列。蛋白质一级结构的所有信息都以三联体核苷酸的方式编码在遗传物质DNA上。通过测定编码蛋白质的基因核苷酸序列，可以推导出蛋白质的氨基酸序列，目前大多数蛋白质序列的信息都是用这种方法获得的，有多个电子数据库，储存序列资料的量以惊人的速度不断增加。这种方法与Edman降解法相比，具有方便、快速、准确的优点，但仍具有一些不足，例如难以测定转译后加工所导致的氨基酸残基的修饰。

（3）质谱法。质谱法是将被测物质离子化，按离子的质荷比分离，测量各种离子谱峰的强度，从而获得物质组成的一种分析方法。质谱测序常用的质谱有两种，即电喷雾离子化质谱（ESI-MS）和基质辅助的激光解析离子化质谱（MALDI-MS）。应用质谱法对蛋白质分子进行测序是对Edman降解法的一个很好补充，它可对N端封闭的肽进行测序，并可以通过碰撞诱导断裂得到部分至完全的序列信息后，获得MS-肽谱，实现对修饰的氨基酸残基的测定，并确定其位置，包括二硫键的分布。质谱测序的方法一般是先用几种不同的蛋白水解酶对蛋白质进行酶解，然后用高压液相色谱法（HPLC）等对酶解片段进行分离，对得到的纯肽或简单的混合肽测定其各组分，最后从不同蛋白水解酶酶解片段顺序中找到其重叠部分，分析得到整个蛋白质氨基酸排列顺序。

2. 蛋白质的二级结构

蛋白质的二级结构主要包括α-螺旋、β-折叠、β-转角和无规则卷曲等。测定蛋白质的二级结构最常用的有圆二色光谱法（CD）和傅里叶变换红外光谱法（FTIR）。

（1）圆二色光谱法。这是研究稀溶液中蛋白质结构的一种快速、简单、较准确的方法，基本原理是测定样品中光学活性物质对左右圆偏振光的吸光率之差。蛋白质的圆二色性主要由活性生色基团及折叠结构两方面决定。在蛋白质或多肽中，主要的光学活性生色基团是肽链骨架中的肽键、芳香氨基酸残基及二硫键。另外，有的蛋白质辅基对蛋白质的圆二色性也有影响。

（2）傅里叶变换红外光谱法。其原理是当样品受到频率连续变化的红外光照射时，分子吸收了某些频率的辐射，并由其振动或转动运动引起偶极矩的净变化，产生分子振动和转动能级从基态到激发态的跃迁，使相应于这些吸收区域的透射光强度减弱。记录红外光的百分透射比与波数或波长的关系曲线，就得到红外光谱。红外光谱的形成是以分子的振动为基础，在酶分子中，这些振动（化学键的伸缩、扭曲、旋转等）能定位到分子中特殊的键和基团，主要有C═O，—COOH，COO—，O—H，S—H等。

3. 蛋白质的高级结构

蛋白质的三级结构是指整条肽链中全部氨基酸残基的相对空间位置，也就是整条肽链所有原子在三维空间的排布位置。测定蛋白质的三级结构最常用的方法有三种：X射线衍射技术、核磁共振技术和三维电镜重构技术。这些技术在最近十年均取得了突出的进步，特别是三维电镜技术中的冷冻电子显微镜技术，在分析酶的三维结构方面发挥了重要作用。

蛋白质分子中各个亚基的空间排布及亚基接触部位的布局和相互作用，称为蛋白质的四级结构。蛋白质分子常常由两条或两条以上肽链组成，每条肽链各自形成了独立的三级结构，分子中的每一个具有独立三级结构的肽链称为亚基。研究蛋白质的四级结构涉及蛋白质分子中亚基的种类、分子质量大小和亚基在整个分子中的空间排布，包括亚基键的接触位点和作用力。电子显微镜是研究蛋白质四级结构的有力工具。它可以对一些具有四级结构的蛋白质样品进行观察，看到各亚基的排列情况，还能看到一些四级结构的细节。扫描隧道显微镜和原子力显微镜是近年发展起来的又一类型的方法。与电子显微镜相比，这类方法有两个特点：一是它们可对溶液中的分子进行观察，避免了使用电子显微镜时制作样品的过程；二是它们的分辨率在 10 Å(1 Å$=10^{-10}$ m)的水平，也正是蛋白质四级结构所要研究的范围。影像显示也是近年出现的一种可以连续观察的技术。X 射线晶体衍射分析同样是研究蛋白质四级结构的有效方法，因为这一方法除了测定亚基的空间结构外，还可以测出各亚基间的相对拓扑布局。

2.3.2　酶的分类及命名

根据酶的存在部位，可以将其分为胞内酶与胞外酶。胞内酶存在于细胞内部，主要催化细胞合成和呼吸作用；胞外酶能透过细胞作用于胞外物质，大多为水解酶。

根据酶的存在方式，可以将其分为组成酶与诱导酶。组成酶的产生与基质存在与否无关；诱导酶是在持续的物理、化学因素影响下，微生物在体内产生出的适宜新环境的酶。许多难降解物质在降解过程中会作为诱导物，诱导微生物产生特殊的降解酶。

根据酶的组成，可以将其分为单成分酶和双成分酶(全酶)。单成分酶完全由蛋白质组成，这类酶本身就具有催化活性，分子质量多在 13～35 kD，多半能分泌到胞外，催化水解，多为胞外酶。多数酶是双成分酶(全酶)，由蛋白质(酶蛋白，又称主酶)与非蛋白质(又称辅助因子)组成。蛋白质本身并无活性，需要与辅助因子一起才能使酶具有活性。辅助因子可以是有机化合物，也可以是无机离子。根据辅助因子与酶结合的松紧程度，可将其分为辅酶与辅基，结合松且可用透析方法除去的是辅酶；结合紧，不可用透析方法除去的是辅基。酶蛋白决定催化反应的专一性，辅助因子决定催化性能。

1961 年国际生化联合会酶委员会(Enzyme Commission)根据酶的催化反应特性制订了酶的国际系统分类命名原则。

酶分类命名的基础是酶的专一性。根据酶委员会建议，把已有的酶分为六大类，分别以 1,2,3,4,5,6 的编号表示。各大类根据更具体的酶反应性质分为若干亚类、亚亚类，如表 2-3 所示。

表 2-3　酶的国际分类

分类号	名　称	催化反应类型		举　例
1	氧化还原酶	电子转移	$A^- + B \longrightarrow A + B^-$	乙醇脱氢酶
2	转移酶	官能团转移	A—B+C ⟶ A+B—C	己糖激酶
3	水解酶	水解反应	A—B+H_2O ⟶ A—H+B—OH	胰蛋白酶
4	裂解酶	C—C、C—O、C—N 键和其他键裂解，通常形成双键	A(X)—B(Y) ⟶ A═B+X—Y	丙酮酸脱羧酶
5	异构酶	分子内基团转移	A(X)—B(Y) ⟶ A(Y)—B(X)	马来酸异构酶
6	连接酶或合成酶	化学键形成与 ATP 水解偶联	A+B ⟶ A—B	丙酮酸羧化酶

国际酶学会提出了四位数字编号系统，根据该规则，每一种酶都有一特定的、唯一的编号。

一般来说，酶都用“-ase”作后缀，即酶的英文名称是在其相应的底物后加上后缀“-ase”构成，如 urease 催化水解 urea，fructose 1，6-bisphosphatase 催化水解 fructose 1，6-bisphosphate。但也有一些例外，这些例外主要是在习惯上已经广泛采用，得到了公认而又不至于引起误解的那些酶的名称，如胰蛋白酶(trypsin)。属于肽-肽键水解酶这一小组里的酶，基本上仍采用习惯名称。

四位数字编号系统中，每个酶用四个用圆点隔开的数字编号，编号前冠以 EC(Enzyme Commission)缩写符号。

编号的第一个数字表示这个酶属于哪一大类(见表 2-3)。

编号的第二个数字表示在类以下的大组，即亚类。对于氧化还原酶类来说，这个数字表示氧化反应供体基团的类型，转移酶类表示被转移基团的性质，水解酶类表示被水解键的类型，裂解酶类表示被裂解键的类型，异构酶类表示异构作用的类型，连接酶类表示生成键的类型。

编号的第三位数字表示大组下面的小组即亚亚类。各个数字在不同类型、不同大组中都有不同的含义。

编号的第四位数字是小组中各种酶的特定序号。

例如：胰蛋白酶(trypsin)EC3.4.21.4

第一位，表示大类，3 属于水解酶类；

第二位，表示亚类，4 表示肽水解酶类，水解肽键；

第三位，表示亚亚类，21 表示丝氨酸蛋白水解酶类；

第四位，表示酶在亚亚类中的序号。

“EC”规定在有关以酶为主要论题的文章里，应该把其编号、系统命名和来源在第一次叙述它时写出。以后可以按各人习惯，或者采用习惯名称，或者采用系统命名的名称。

各类酶的分类和编号的简单说明见表 2-4。

表 2-4　酶的国际分类表——大类及亚类(表示分类名称、编号、催化反应的类型)

1. 氧化还原酶类 (亚类表示底物中发生氧化的基团的性质)	2. 转移酶类 (亚类表示底物中被转移基团的性质)
1.1　作用在 $-\overset{|}{C}H-OH$ 上	2.1　碳基团
1.2　作用在 $-\overset{|}{C}=O$ 上	2.2　醛或酮基
1.3　作用在 $-\overset{|}{C}H-\overset{|}{C}H$ 上	2.3　酰基
1.4　作用在 $-\overset{|}{C}H-\overset{|}{N}H_2$ 上	2.4　糖苷基
1.5　作用在 $-\overset{|}{C}H-\overset{|}{N}H$ 上	2.5　除甲基之外的烃基或酰基
1.6　作用在 NADH、NADPH 上	2.6　含氮基
	2.7　磷酸基
	2.8　含硫基

续表

3. 水解酶类 （亚类表示被水解的键的类型） 3.1 酯键 3.2 糖苷键 3.3 醚键 3.4 肽键 3.5 其他 C—N 键 3.6 酸酐键 3.7 C—C 键 3.8 卤素键 3.9 P—N 键 3.10 S—N 键 3.11 C—P 键	5. 异构酶类 （亚类表示异构的类型） 5.1 消旋及差向异构酶 5.2 顺反异构酶 5.3 分子内氧化还原酶 5.4 分子内部转移酶
4. 裂解酶类 （亚类表示分裂下来的基团与残余分子间的键的类型） 4.1 C—C 4.2 C—O 4.3 C—N 4.4 C—S 4.5 C—X 4.6 P—O	6. 合成酶类 （亚类表示新形成的键的类型） 6.1 C—O 6.2 C—S 6.3 C—N 6.4 C—C 6.5 磷酸酯键

2.3.3 酶催化反应原理

人们通过长期的生产实践和科学实验，证实了酶的存在，也认识了酶的本质。酶作为生物催化剂，能降低反应的活化能，这可以从图 2-4 来说明。

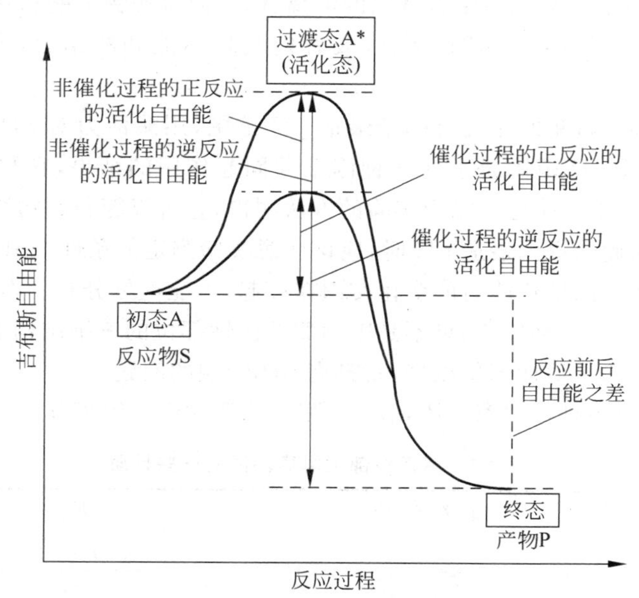

图 2-4 非酶催化过程和酶催化过程反应自由能的变化

在一个化学反应体系中，反应开始时，反应物（S）分子的平均能量水平较低，处于“初态”（initial state）（A）。在反应的任一瞬间，反应物中都有一部分分子具有比初态更高一些的能量，高出的这一部分能量称为活化能（activation energy），使这些分子进入“过渡态”（transition state）（即活化态，A^*），这时就能形成或打破一些化学键，形成新的物质——产物（P），即S变为P。这些具有较高能量、处于活化态的分子称为活化分子，反应物中这种活化分子越多，反应速度就越快。活化能的定义是：在一定温度下1 mol底物全部进入活化态所需要的自由能（free energy），单位为J/mol或kJ/mol。

由于在催化反应中，只需较小的能量就可使反应物进入“活化态”，所以和非催化反应相比，活化分子的数量大大增加，从而加快了反应速度。如表2-2所示，H_2O_2的分解，当没有催化剂时需活化能75.24 kJ/mol，用胶态钯作催化剂时，只需活化能48.94 kJ/mol，而当有过氧化氢酶催化时，活化能下降到8.36 kJ/mol。

酶作为催化剂参加一次反应后，酶分子立即恢复到原来的状态，继续参加反应。所以一定量的酶在短时间内能催化大量的底物发生反应。

2.3.4 酶催化反应的影响因素

1. pH

研究pH对酶反应的影响，结合X射线衍射和其他方面的研究结果，可以得到关于酶作用机制方面的重要信息。酶分子上有许多酸性、碱性氨基酸的侧链基团，这些基团随着pH的变化可以处于不同的解离状态。侧链基团的不同解离状态或者直接影响底物的结合和进一步反应，或者影响酶的空间结构，从而影响酶的活性。pH对酶的活性的影响有下列几个主要方面：

（1）酸或碱可以使酶的空间结构破坏，引起酶活性丧失，这种失活或者可逆或者不可逆，可逆失活是指当pH适当改变后，活力完全恢复。

（2）酸或碱影响酶活性部位催化基团的解离状态，使得底物不能分解成产物。

（3）酸或碱影响酶活性部位结合基团的解离状态，使得底物不能和它结合。

（4）酸或碱影响了底物的解离状态，或者使底物不能和酶结合，或者结合后不能生成产物。

由于上述种种原因，酶的作用有一个最适pH范围，用酶活力对pH作图，往往得到钟罩形曲线。酶的最适pH范围是上述几种因素共同起作用的结果，它和酶的最稳定的pH不一定相同。最适pH目前还只能用实验的方法测得，它可以随着底物浓度、温度和其他条件的变化而变化，因此在提到最适pH时，应该注意实验测定的条件。pH的影响比较复杂，构象的变化往往和结合、催化能力的变化交织在一起，不能截然分开。本章只考虑活性部位基团的解离情况。非活性部位，如果不是影响酶的活性部位的三维结构的那些基团，可以不予考虑，这并不是说除了活性部位以外，就没有pH影响的问题。

酶活性中心含有各种可解离基团，表2-5列出酶活性部位解离基团的一些性质。

表2-5 酶活性部位解离基团的一些性质

基　团	解离反应	pK_a	$\Delta H^{\ominus}$/(kJ/mol)
α-羧基	$—COOH \rightleftharpoons —COO^- + H^+$	3.0～3.2	±6.3
β-,γ-羧基		3.0～5.0	

续表

基 团	解离反应	pK_a	$\Delta H^{\ominus}$/(kJ/mol)
咪唑基	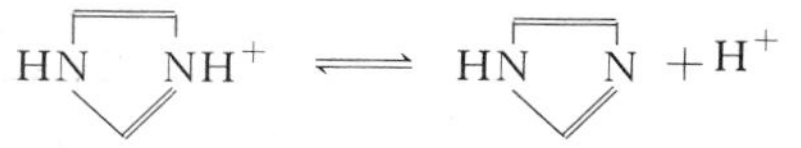 咪唑 NH^+ ⇌ 咪唑 N + H^+	5.5～7.0	29～31
α-氨基 ε-氨基	$-NH_3^+ \rightleftharpoons -NH_2 + H^+$	7.5～8.5 9.5～10.6	42～54
巯基	$-SH \rightleftharpoons -S^- + H^+$	8.0～8.5	27～29
酚基	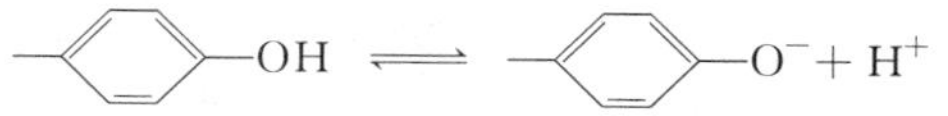 $-C_6H_4-OH \rightleftharpoons -C_6H_4-O^- + H^+$	9.8～10.5	25
胍基	$-NH-C(=NH_2^+)-NH_2 \rightleftharpoons -NH-C(=NH)-NH_2 + H^+$	11.6～12.6	50～54

如果酶中所含—COOH和—NH_2 可分别解离成—COO^- 和—NH^{3+}，若加入 OH^- 或 H^+ 于有活性酶液中，则 pH 的变化必然引起其中一个或两个基团的解离形式变化，从而影响酶的活性，如图 2-5 所示。

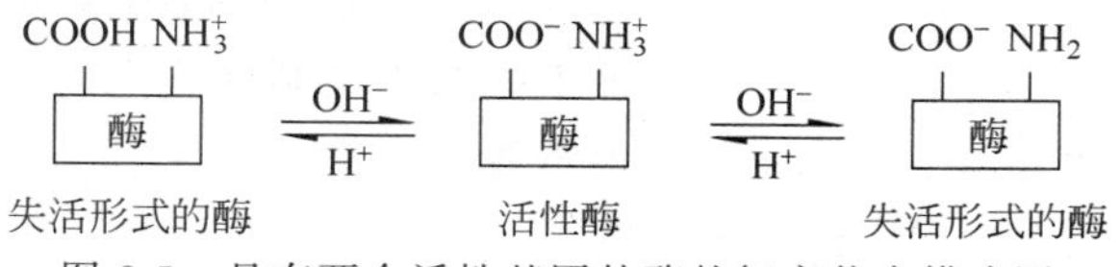

图 2-5 具有两个活性基团的酶的解离状态模式图

可以看出，所谓最适 pH 就是上述有活性形式的中间体的浓度为最大值时的 pH。

用实验方法测定不同条件下酶反应速度，用酶活性对 pH 作图可得 pH-酶活性曲线，大部分酶的 pH-酶活性曲线近似于钟罩形(图 2-6)。

从图 2-6 中曲线 A 得出，该酶最适 pH 为 6.8。但该曲线只能说明 pH 高于 6.8 或低于 6.8 都能使酶促反应速度降低，而不能说明其降低原因是由于酶蛋白变性还是由于酶和底物产生了不正常的解离状态。

图 2-6 中曲线 B 是根据酶在不同 pH 保温后，再调回到 pH 6.8 测定反应速度的数据作出的。曲线 B 说明：在 pH 6.8～8 及 5～6.8 内，反应速度的降低不是由于酶蛋白变性失活造成的，而是由于酶或底物形成了不正常的解离形式所致。而在 pH>8 和 pH<5 范围，反应速度的降低除上述原因外，还增加了酶不可逆变性失活这一因素。

图 2-6 中，pH 5～8 称为该酶的稳定 pH 范围。

虽然大部分酶的 pH-酶活性曲线如图 2-6 所示，近于钟罩形，但并不是所有的酶都如此，有的只有钟罩形的一半，有的甚至是直线，如图 2-7 所示。

木瓜蛋白酶的底物虽在环境 pH 影响下会发生电荷变化，但此种变化对催化作用没有什么影响。又如蔗糖转化酶，它作用于电中性的底物蔗糖时，在 pH 3.0～7.5 间酶活性几乎不变，其 pH-酶活性曲线与木瓜蛋白酶的曲线极为相似。

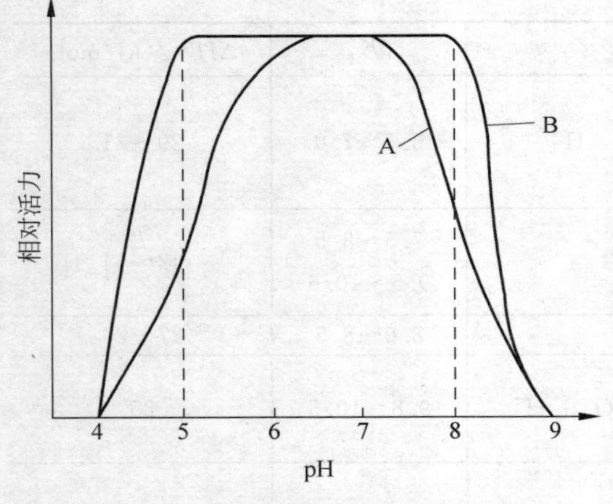

图 2-6 pH 对酶促反应的影响

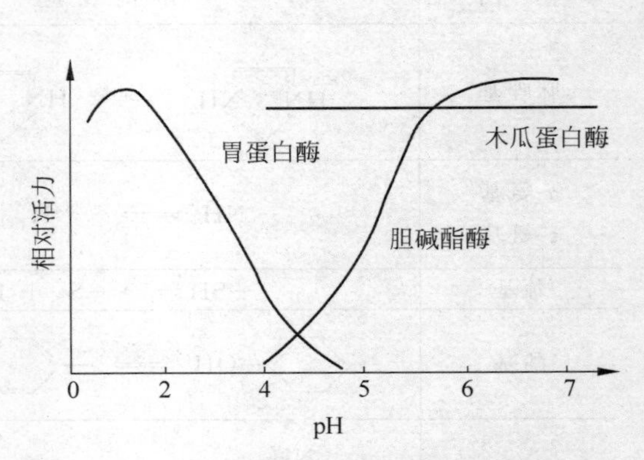

图 2-7 三种酶的 pH-酶活性曲线

应当指出的是,酶在试管反应中的最适 pH 与它所在正常细胞的生理 pH 并不一定完全相同。这是因为一个细胞内可能会有几百种酶,不同的酶对此细胞内的生理 pH 的敏感性不同,也就是说此 pH 对一些酶是最适 pH,而对另一些酶则不是,不同的酶表现出不同的活性。这种不同对于控制细胞内复杂的代谢途径可能具有很重要的意义。

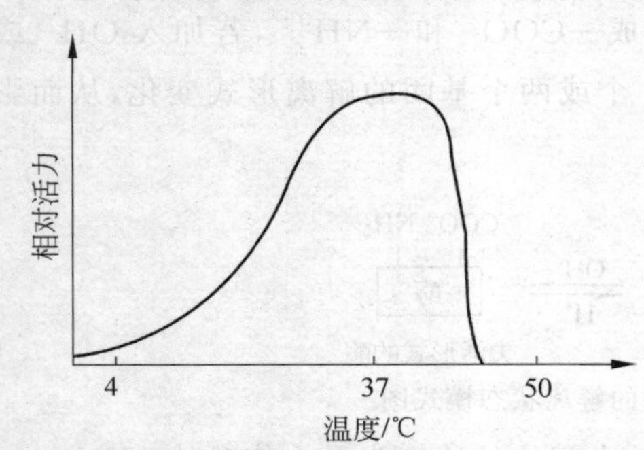

图 2-8 温度对酶促反应速度的影响

2. 温度

温度对酶反应速度也有很大的影响,如图 2-8 所示,有一个最适温度。在最适温度的两侧,反应速度都比较低,也是钟罩形曲线。从温血动物组织中提出的酶,最适温度一般在 35~40℃之间,植物酶的最适温度稍高,在 40~50℃,从细菌中分离出的某些酶(如 Taq DNA 聚合酶)的最适温度可达 70℃。

温度对酶促反应影响的原因是多方面的。概括起来主要有两个方面:

(1) 温度对酶蛋白稳定性的影响,即对酶变性热失活作用;

(2) 温度对酶促反应本身的影响,其中可能包括影响酶和底物的结合,影响 v_{max},影响酶和底物分子解离状态,影响酶与抑制剂、激活剂和辅酶的结合等。

最适温度不是酶的特性常数,因为酶反应和化学反应一样,温度在一定范围内升高,速度增大。进一步升高温度,由于酶发生热失活,随着温度增加,速度反而减小。酶热失活和底物浓度、pH、离子强度等许多因素有关。

研究温度对酶作用的影响常常把热失活和温度对反应速度的影响分别开来,因为二者机制不同。

3. 酶浓度的影响

在酶促反应中,如果底物浓度足够大,足够使酶饱和,则反应速度与酶浓度成正比。这种正比关系可由米-门方程推导出。

2.4　酶催化反应动力学

酶催化反应动力学(kinetics of enzyme-catalyzed reactions)的研究内容包括酶催化反应速度以及影响此速度的各种因素。

19世纪末20世纪初，许多人致力于研究酶的催化反应速度问题，并希望用数学原理或质量作用定律解释酶反应的进程。1902年，Henri通过对蔗糖酶水解蔗糖的实验工作，观察到在温度、pH及酶浓度恒定的条件下，在底物浓度低时，反应速度随底物浓度直线上升，而在底物浓度高时，反应速度上升很少，当底物浓度增加到某种程度时，反应速度达到一个极限值。

据此，Henri提出酶和底物的作用是通过酶和底物生成中间络合物而进行的。他认为在底物转化成产物之前，必须先与酶形成中间络合物，然后再转变成产物而重新释放出游离酶。

1909年，Sorenson指出了pH对酶活力的影响。1913年，Michaelis和Menten用快速平衡法推导了单底物的酶促反应动力学方程——Michaelis-Menten方程，即米-门方程。1925年，Briggs和Haldane对酶动力学引入稳态的概念，对米-门方程进行了重要的修正。平衡态和稳态都用于解释酶的动力学性质。

直到20世纪50年代中期，大多数单底物酶促动力学研究都基于米-门方程。60年代，Dalziel、Alberty、Hearon等用平衡法或稳态法解释双底物或三底物的酶促反应。后来，King和Altman建立了一种推导复杂的稳态反应的图解法，经Cleand系数转换规则，可将复杂的酶促反应表示成简单的动力学方程。1965年，Monod、Wyman、Changeus等建立了变构酶动力学模型。

2.4.1　底物浓度对酶催化反应速度的影响

早在20世纪初，酶被底物饱和的现象就已被观察到，而这种现象在非酶促反应中是不存在的。

后来发现，底物浓度的变化对酶反应速度的影响很复杂。在一定的酶浓度下，将反应初速度(v)对底物浓度([S])作图，得图2-9所示的形式。

从图2-9可以看到，当底物浓度较低时(底物浓度从零逐渐增高)，反应速度与底物浓度的关系呈正比，表现为一级反应。随着底物浓度的增加，反应速度不再按正比升高，在这一段，反应表现为混合级反应。如果再继续加大底物浓度，曲线表现为零级反应，这时，尽管底物浓度还可以不断加大，反应速度却不再上升，趋向一个极限，说明酶已被底物所饱和。所有的酶都有此饱和现象，但各自达到饱和时所需的底物浓度并不相同，甚至差异极大。

学者们曾提出了各种假说，试图解释上述现象，其中比较合理的是“中间产物”假说。该学说于1902年由Henri提出，他认为：酶和底物的作用是通过酶和底物生成络合物而进行的：

$$\mathrm{E}+\mathrm{S} \overset{K_s}{\rightleftharpoons} \mathrm{ES} \xrightarrow{k} \mathrm{E}+\mathrm{P} \tag{2-1}$$

式中：E——自由酶；

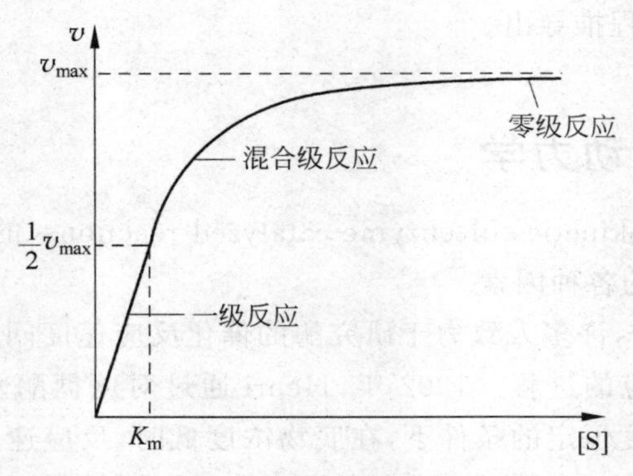

图 2-9 酶反应速度与底物浓度的关系

v_{max}:最大反应速度;K_m:米-门常数

S——底物;

ES——酶-底物络合物;

P——产物;

K_s——ES 的解离常数;

k——ES 络合物分解的反应速度常数。

1912 年 Michaelis 与 Menten 在假设 E、S 和 ES 之间迅速达到平衡的前提下导出以下方程:

$$v=\frac{k[E_0][S]}{K_s+[S]}=\frac{v_{max}[S]}{K_s+[S]} \tag{2-2}$$

其中$[E_0]$表示酶的总浓度,并把 v_{max} 称为最大反应速度($v_{max}=k[E_0]$)。由于该方程式长期以来与大量实验结果基本符合,也已经为广大酶学工作者所普遍接受,通常把这个方程称为米-门方程。

2.4.2 Briggs 和 Haldane 的稳态处理法

1925 年 Briggs 和 Haldane 对米-门方程的推导做了一项很重要的修正。他们考虑了比式(2-1)更有普遍性的反应式:

$$E+S\underset{k_{-1}}{\overset{k_1}{\rightleftharpoons}}ES\underset{k_{-2}}{\overset{k_2}{\rightleftharpoons}}E+P \tag{2-3}$$

最后虽然得到和式(2-2)相同的方程式,但是分母的常数 K 的含义不同,我们称这个常数为 K_m,它的含义不是 ES 的解离常数,而是由一些速度常数组成的一个复合常数。

在讨论 Briggs-Haldane 的修正前,先看一下米-门方程在推导过程中引入了哪些假设,对于理解这个方程和在应用它时应该注意哪些条件,会有一些帮助。

(1) 式(2-1)中没有考虑 $E+P\xrightarrow{k_{-2}}ES$ 逆反应。k_{-2} 显然是一个不等于零的常数,要忽略这一步反应,必须有$[P]\to 0$。这就是说,米-门方程只适用于反应的初速度。在测量初速度时,P 的浓度很低,可以忽略。通常把底物浓度变化在 5%以内的速度作为初速度。

(2) 底物浓度是以初始浓度$[S_0]$计算的,这就要求底物浓度远大于酶的浓度,否则由于

ES的存在，[S]就不能用[S_0]代替。

(3) E和ES之间存在平衡，ES分解生成产物的速度不足以破坏E和ES之间的平衡。

在Briggs-Haldane的修正中，上述的(1)、(2)两点假设仍然保留，但是用稳态代替了平衡态。所谓稳态就是指这样一种状态：反应进行一段时间，系统的中间物浓度由零逐渐增加到一定的数值，在一定时间内，尽管底物浓度和产物浓度不断地变化，中间物也在不断地生成和分解，但当中间物生成和分解的速度接近相等时，它的浓度改变很小，这种状态叫做稳态。用数学式表示有：

$$d[ES]/dt = 0 \tag{2-4}$$

或

$$d[ES]/dt = k_1[E][S] - (k_{-1} + k_2)[ES] = 0 \tag{2-5}$$

稳态建立和维持的时间与酶、底物的浓度以及k_1，k_2，k_{-1}的数值有关。

酶反应过程中的各种物质的浓度随时间变化的关系见图2-10。

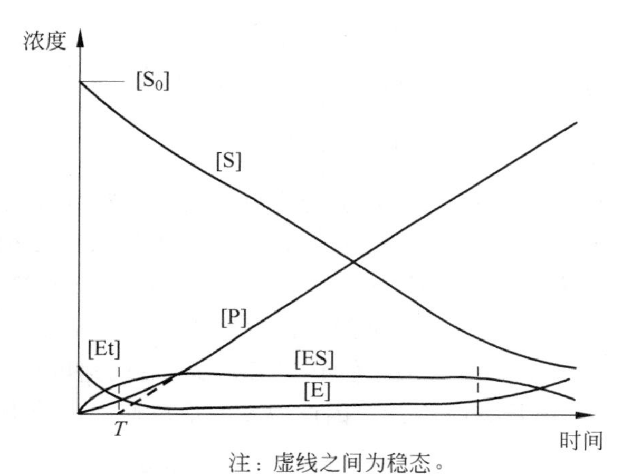

注：虚线之间为稳态。

图2-10　酶反应过程中浓度与时间的关系曲线

[Et]=[E]+[ES]

根据Briggs-Haldane的修正，可得下式：

$$v = \frac{k_2[E_0][S_0]}{K_m + [S_0]} \tag{2-6}$$

其中

$$K_m = \frac{k_2 + k_{-1}}{k_1} \tag{2-7}$$

式(2-6)和Michaelis-Menten推导的方程有相同的形式，但K_m的含义和他们得到的方程中的K_s不同，具有较大的普遍性。当$k_2 \ll k_{-1}$时，

$$K_m = \frac{k_{-1}}{k_1} = K_s \tag{2-8}$$

为了纪念Michaelis和Menten，习惯上把式(2-2)和式(2-6)都称为Michaelis-Menten方程。米-门方程和实验测定的酶反应初速度与底物浓度的关系在大多数情况下相符，见图2-11。

按照“稳态平衡”假设，酶促反应分两步进行：

第一步：酶(E)与底物(S)作用，形成酶-底物中间产物(ES)：

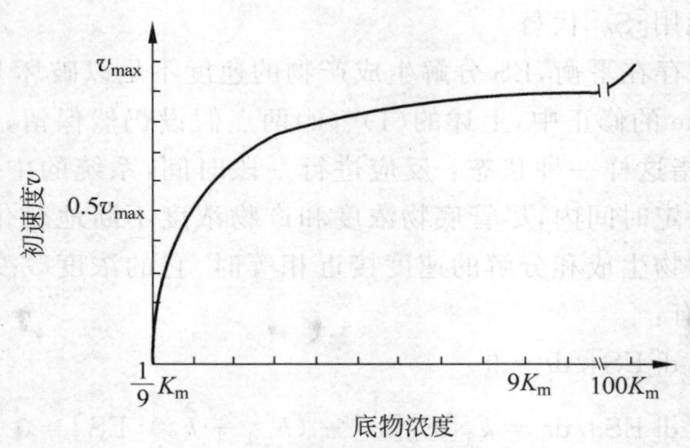

图 2-11 底物浓度与初速度的关系

$$E + S \underset{k_{-1}}{\overset{k_1}{\rightleftharpoons}} ES \tag{2-9}$$

第二步:中间产物分解,形成产物(P),释放出游离酶(E):

$$ES \underset{k_{-2}}{\overset{k_2}{\rightleftharpoons}} P + E \tag{2-10}$$

这两步反应都是可逆的。它们的正反应与逆反应的速度常数分别为 k_1, k_{-1}, k_2, k_{-2}。

由于酶促反应的速度与酶-底物中间物(ES)的形成及分解直接相关,所以必须先考虑 ES 的形成速度及分解速度。Briggs 及 Haldane 的发展就在于指出 ES 的量不仅与式(2-9)平衡有关,有时还与式(2-10)平衡有关,不能一概都把式(2-10)略去不计。

ES 的形成量与 E、S 及 P 的量有关。但 P 与 E 形成 ES 的速度极小(特别是在反应处于初速度阶段时,[P]很小),故可忽略不计。因此,ES 的形成速度可用下式表示:

$$\frac{d[ES]}{dt} = k_1([E] - [ES])[S] \tag{2-11}$$

式中:[E]——酶的总浓度;

[ES]——酶与底物所形成的中间产物的浓度;

[E]-[ES]——游离状态的酶的浓度;

[S]——底物浓度。

通常底物浓度比酶浓度过量很多,即[S]≫[E],因此被酶结合的 S 量,也即[ES],它与总的底物浓度相比,可以忽略不计。所以[S]-[ES]≈[S],而 ES 的分解速度则取决于两个反应:

$$ES \xrightarrow{k_{-1}} S + E$$

与

$$ES \xrightarrow{k_2} P + E$$

此两反应速度之和为 ES 分解的总速度:

$$-\frac{d[ES]}{dt} = k_{-1}[ES] + k_2[ES] \tag{2-12}$$

当整个酶反应体系处于动态平衡,即稳态时,ES 的形成速度与分解速度相等,即[ES]保持动态的稳定。所以式(2-11)与式(2-12)相等,即

$$k_1([E]-[ES])[S]=k_{-1}[ES]+k_2[ES]$$

$$\frac{([E]-[ES])[S]}{[ES]}=\frac{k_{-1}+k_2}{k_1} \tag{2-13}$$

令

$$K_m=\frac{k_{-1}+k_2}{k_1}$$

代入式(2-13)，得

$$\frac{([E]-[ES])[S]}{[ES]}=K_m \tag{2-14}$$

由此式可得出动态平衡时的[ES]：

$$[ES]=\frac{[E][S]}{K_m+[S]} \tag{2-15}$$

因为酶反应的速度 v 与[ES]成正比，所以

$$v=k_2[ES] \tag{2-16}$$

将式(2-15)的[ES]值代入式(2-16)得

$$v=k_2\frac{[E][S]}{K_m+[S]} \tag{2-17}$$

当底物浓度很高时所有的酶都被底物所饱和，而转变成 ES 复合物，即[E]=[ES]时，酶促反应达到最大速度 v_{max}，所以

$$v_{max}=k_2[ES]=k_2[E] \tag{2-18}$$

以式(2-17)除以式(2-18)得

$$\frac{v}{v_{max}}=\frac{\dfrac{k_2[E][S]}{K_m+[S]}}{k_2[E]}$$

因此得

$$v=\frac{v_{max}[S]}{K_m+[S]} \tag{2-19}$$

这就是米-门方程，K_m 称为米-门常数。这个方程式表明了当已知 K_m 及 v_{max} 时，酶反应速度与底物浓度之间的定量关系。

2.4.3 关于米-门方程的讨论

(1) 酶反应的初速度和底物浓度的关系为一双曲线，此双曲线的两条渐近线为 $v=v_{max}$ 和 $[S]=-K_m$（图 2-12）。双曲线两部分对应的中心点为 $(-K_m, v_{max})$。实验测量的只不过是双曲线的实线部分。[S]和 v 的关系列于表 2-6。

表 2-6 米-门方程中[S]与 v 的关系

[S]	v	[S]	v
$1\,000K_m$	$0.999v_{max}$	$1K_m$	$0.50v_{max}$
$100K_m$	$0.99v_{max}$	$0.33K_m$	$0.25v_{max}$
$10K_m$	$0.91v_{max}$	$0.10K_m$	$0.091v_{max}$
$3K_m$	$0.75v_{max}$	$0.01K_m$	$0.01v_{max}$

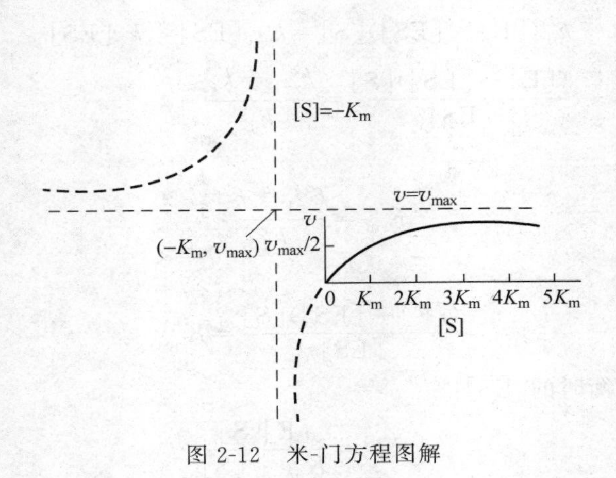

图 2-12　米-门方程图解

当底物浓度足够高时，双曲线趋于 $v=v_{max}$ 的渐近线，v_{max} 是酶被底物充分饱和时可能达到的最大速度，通常称为最大反应速度，当速度为最大反应速度一半时，这时的[S]等于 K_m。

(2) 当底物浓度很低，即[S]≪K_m，但是仍远大于酶浓度，这时[S]仍可用[S_0]表示：

$$v=\frac{v_{max}[S_0]}{K_m}=\frac{k_2[E_0][S_0]}{K_m} \tag{2-20}$$

式中，k_2/K_m 为反应的二级速率常数，文献中常用来作为对酶催化同系化合效率进行比较的一个特性常数。

(3) 当 $v=v_{max}$ 时，反应初速度与底物浓度无关，只和[E_0]成正比，表明酶的活性部位已全部被底物占据；当 $v=v_{max}/2$ 时，则表示活性部位一半为底物饱和。当 K_m 已知时，任何底物浓度下活性部位被底物饱和的分数可以用下式表示：

$$f_{ES}=\frac{v}{v_{max}}=\frac{[S_0]}{K_m+[S_0]} \tag{2-21}$$

当然这是一种简单的情况，在反应经历复杂的机制时，f_{ES} 并不代表酶活性部位被底物饱和的分数。

(4) 由式(2-7)可知，当 $k_2 \ll k_{-1}$ 时，$K_m=k_{-1}/k_1$，即 $K_m=K_s$。换言之，当ES的分解为反应限制速度步骤时，K_m 等于ES络合物的解离常数，可以作为酶和底物结合紧密程度的一种度量。在不知道 K_m 确实等于 K_s 之前，用 K_m 表示酶和底物的亲合力是不确切的。拿式(2-7)来说，K_m 增加可以是 k_1 和 k_{-1} 的影响，也可以是 k_2 的影响。K_m 的物理意义，一般情况下，只表示使酶活性部位一半被底物占据时所要求的底物浓度。一些常用酶的 K_m 列于表 2-7。

表 2-7　某些常用酶的 K_m 值

酶	底　物	K_m/(mol/L)
蔗糖酶	蔗糖	2.8×10^{-2}
	棉子糖	3.5×10^{-1}

续表

酶	底物	K_m/(mol/L)
胰凝乳蛋白酶	*N*-苯甲酰酪氨酰胺	2.5×10^{-3}
	N-甲酰酪氨酰胺	1.2×10^{-2}
	N-乙酰酪氨酰胺	3.2×10^{-2}
	甘氨酰酪氨酰胺	2.5×10^{-3}
溶菌酶	(*N*-乙酰氨基葡萄糖)$_6$	6×10^{-6}
β-半乳糖甙酶	乳糖	4×10^{-3}
苏氨酸脱氨酶	苏氨酸	5×10^{-3}
碳酸酐酶	CO_2	8×10^{-3}
青霉素酶	苄基青霉素	5×10^{-5}
丙酮酸羧化酶	丙酮酸	4×10^{-4}
	HCO_3^-	1×10^{-3}
	ATP	6×10^{-5}
精氨酸-tRNA 合成酶	精氨酸	3×10^{-6}
	tRNA	4×10^{-7}
	ATP	3×10^{-4}

(5) 在式(2-2)中,我们用 v_{max} 代替 $k_2[E_0]$,k_2 为一级反应速度常数,其单位为 s^{-1} 或 min^{-1},$[E_0]$用活性部位当量浓度表示,k_2 表示酶的每个活性部位在单位时间内,催化底物起反应的分子数,这个常数又叫做转换数,简称 T. N. 。碳酸酐酶是转换数最高的酶之一,为 36×10^6 min^{-1},每个酶分子在 1 min 内可以催化 3 600 万个底物分子反应。一些酶的 T. N. 值列于表 2-8。

表 2-8 某些酶的 T. N. 值

酶	T. N. 值/s^{-1}	酶	T. N. 值/s^{-1}
碳酸酐酶	600 000	胰凝乳蛋白酶	100
乙酰胆碱酯酶	25 000	DNA 聚合酶 I	15
青霉素酶	2 000	色氨酸合成酶	2
乳酸脱氢酶	1 000	溶菌酶	0.5

2.4.4 米-门常数的意义

当酶促反应处于 $v=v_{max}/2$ 的特殊情况时:

$$\frac{v_{max}}{2}=\frac{v_{max}[S]}{K_m+[S]}$$

$$\frac{1}{2}=\frac{[S]}{K_m+[S]}$$

所以有

$$[S]=K_m$$

由此可以看出 K_m 值的物理意义,K_m 值是当速度达到最大反应速度一半时的底物浓度,它的单位是 mol/L,与底物浓度的单位一样。

米-门常数是酶学研究中的一个极重要的数据，关于 K_m 还可作以下几点分析：

（1）K_m 值是酶的特征常数之一。一般只与酶的性质有关，而与酶浓度无关。不同的酶，K_m 值不同，如脲酶为 25 mmol/L，苹果酸酶为 0.05 mmol/L。各种酶的 K_m 值在 $1\times10^{-8}\sim1$ mmol/L 或更高一些的区间。

（2）如果一个酶有几种底物，则对每一种底物，各有一个特定的 K_m 值（表 2-7）。并且，K_m 值还受 pH 及温度的影响。因此，K_m 值作为常数只是相对于一定的底物、一定的 pH、一定的温度条件而言。测定酶的 K_m 值可以作为鉴别酶的一种手段，但是必须在指定的实验条件下进行。

（3）表 2-7 中数据指出，同一种酶有几种底物就有几个 K_m 值，其中 K_m 值最小的底物一般称为该酶的最适底物或天然底物，如蔗糖是蔗糖酶的天然底物，*N*-苯甲酰酪氨酰胺是胰凝乳蛋白酶的最适底物。

$1/K_m$ 可近似地表示酶对底物亲合力的大小，$1/K_m$ 越大，表明亲合力越大，因为 $1/K_m$ 越大，K_m 就越小，达到最大反应速度一半所需要的底物浓度就越小，显然最适底物与酶的亲合力最大，不需很高的底物浓度就可以很容易地达到 v_{max}。

K_m 值随不同底物而异的现象可以帮助判断酶的专一性，并有助于研究酶的活性中心。

（4）K_m 不等于 K_s，只有在特殊情况（$k_2 \ll k_1, k_{-1}$）下，K_m 才可看作是 K_s。

Michaelis 等曾规定 K_m=[反应物]/[产物]=[E][S]/[ES]，但 1961 年国际酶学会议建议将这个早年规定的 K_m 值改称为底物常数（substrate constant）K_s，这个 K_s 值实际上是 ES 的解离平衡常数，而不是 E 与 S 生成 ES 反应的平衡常数，所以 $K_s=k_{-1}/k_1$。

Briggs 和 Haldane 推导米-门方程时，是假定在理想的实验条件下，严格地定义：

$$K_m=\frac{k_{-1}+k_2}{k_1}$$

从某种意义上讲，K_m 是 ES 分解速度和 ES 形成速度的比值，所以 $1/K_m$ 表示形成 ES 趋势的大小。

然而，在某些酶的酶促反应中，形成 ES 的平衡迅速建立，ES 形成的速度大大地超过 ES 分解的速度，如脲酶、胰蛋白酶、蔗糖酶、乳酸脱氢酶等，因此 k_1 和 k_{-1} 远远大于 k_2。在这种情况下 $ES \xrightarrow{k_2} P+E$ 是整个反应中最慢的一步，也就是限制整个反应速度的一步。既然 k_2 相对地说是极小的，就可忽略不计，于是式(2-7)就可以简化为

$$K_m=\frac{k_{-1}}{k_1} \tag{2-22}$$

此式与早年 Michaelis 和 Menten 确立的式子在形式上一样。

在过去的文献中常把 K_m 与 K_s 混用，这是不严格的。只有在 $k_2 \ll k_1, k_{-1}$ 的特殊情况下，K_m 与 K_s 两者才有共同的含义。上面提到 $1/K_m$ 可近似地表示酶与底物亲合力的大小，严格地说，应该用 $1/K_s$ 表示，只是当相对地说 k_2 极小时，才能用 $1/K_m$ 来近似地说明酶与底物结合的难易程度。

（5）在没有抑制剂（或仅有非竞争性抑制剂）存在时，ES 分解速度和 ES 形成速度的比值符合米-门方程，称为 K_m。而在另外一些情况下，不符合米-门方程，此时的比值称为表观米-门常数 K_m'。

(6) K_m 值与米-门方程的实际用途：可由所要求的反应速度(应到达 v_{max} 的百分数)，求出应当加入底物的合理浓度；反过来，也可以根据已知的底物浓度，求出该条件下的反应速度。

如果要求反应速度到达 v_{max} 的99%，求其底物浓度：

$$99\% = \frac{100\%[S]}{K_m + [S]}$$

$$99\% K_m + 99\%[S] = 100\%[S]$$

所以

$$[S] = 99K_m$$

如要求反应速度达到 v_{max} 的90%，求其底物浓度：

$$90\% = \frac{100\%[S]}{K_m + [S]}$$

$$90\% K_m + 90\%[S] = 100\%[S]$$

得

$$[S] = 90K_m$$

根据米-门方程，以 v 对[S]作图，可得到与实验结果(见图2-12)相符的曲线。这种一致性，从一个方面反映了米氏学说的正确性。不过只有动力学的结果还是不够充分的，几十年来还积累了很多其他的证据，直接或间接地证明了中间产物学说的正确性。这些证据包括：竞争性抑制现象，酶受底物保护不易变性等，特别是后来直接获得了ES复合物，如胰凝乳蛋白酶水解乙酰对硝基酚时形成乙酰化胰凝乳蛋白酶，又如它水解三氟乙酰对硝基酚时，形成三氟乙酰化胰凝乳蛋白酶。三氟乙酰化胰凝乳蛋白酶很稳定，可以得到结晶。又如醛缩酶，也可形成很稳定的ES复合物。但是，必须指出，现在的酶促动力学还只能较好地反映较为简单的酶作用过程，对于更复杂的酶作用过程，特别是对生物体中的多酶体系，还不能全面地概括和解释。米-门方程只假定形成一个ES中间物，但实际上许多酶在催化过程中可以形成多种中间物：$E+S \rightleftharpoons ES \rightleftharpoons EZ \rightleftharpoons EP \rightleftharpoons E+P$ 等。再加上许多酶促反应不止有一种底物，也不止产生一种产物，对这种过程进行动力学分析是很复杂的，必须借助电子计算机，才可能进行运算。

2.4.5 米-门常数的求法

从酶的 v-[S]图上可以得到 v_{max}，再从 $v_{max}/2$ 可求得相应的[S]，即 K_m 值。但实际上即使用很大的底物浓度，也只能得到趋近于 v_{max} 的反应速度，而达不到真正的 v_{max}，因此测不到准确的 K_m 值。为了得到准确的 K_m 值，可以把米-门方程的形式加以改变，使它成为相当于 $y=ax+b$ 的直线方程，然后图解法求出 K_m 值。

1) Lineweaver-Burk 法

又称双倒数作图法，这是最常用的方法。

将米-门方程改写成以下形式：

$$\frac{1}{v} = \frac{K_m}{v_{max}} \cdot \frac{1}{[S]} + \frac{1}{v_{max}} \tag{2-23}$$

实验时选择不同的[S]测定相对应的 v。求出两者的倒数，以 $1/v$ 对 $1/[S]$ 作图，绘出直线，外推至与横轴相交，横轴截距即为 $1/K_m$ 值。此法因为方便而应用最广，但也有缺点：实验点过分集中于直线的左端，作图不易十分准确（见图 2-13）。

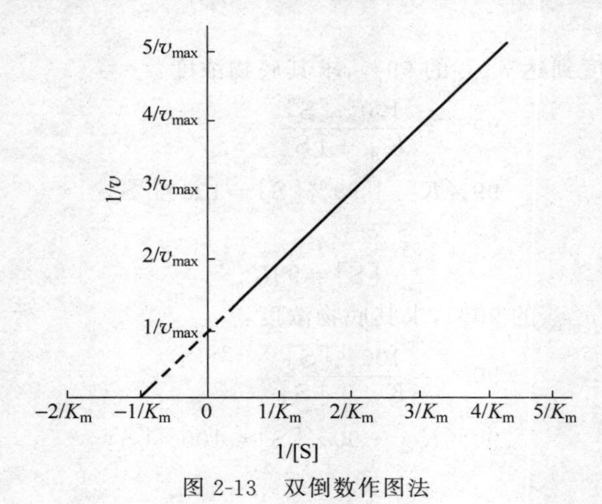

图 2-13 双倒数作图法

2）Eadie-Hofstee 法

将米-门方程改写成

$$\frac{v}{[S]}=\frac{v_{max}}{K_m}-\frac{v}{K_m} \tag{2-24}$$

用 $v/[S]$ 对 v 作图可得一直线，如图 2-14 所示。直线的斜率为 $-1/K_m$，纵轴截距为 v_{max}/K_m，横轴截距为 v_{max}。

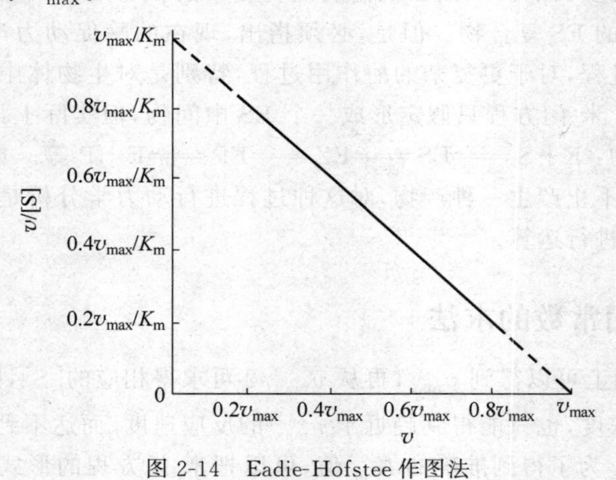

图 2-14 Eadie-Hofstee 作图法

3）Woolf 作图法

将米-门方程改写为

$$v=v_{max}-\frac{vK_m}{[S]} \tag{2-25}$$

用 v 对 $v/[S]$ 作图，也可得到 K_m 和 v_{max}，如图 2-15 所示。

前面几种作图法较为常用。用双倒数方法作图，底物浓度很低时，v 的数值很小，取倒

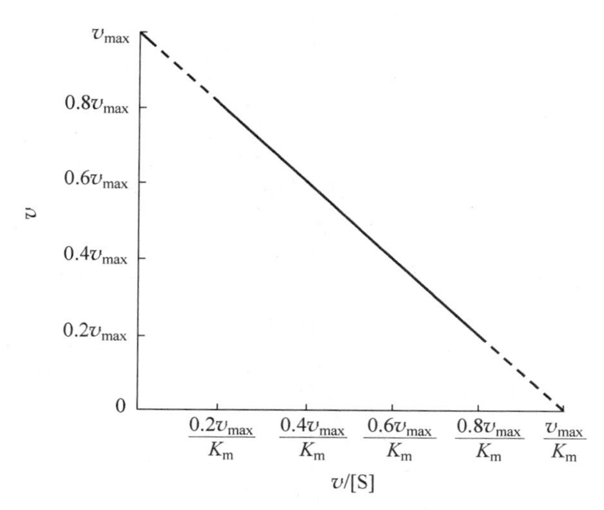

图 2-15　Woolf 作图法

数以后，这些点有时会偏离直线很远，这样大大影响了这两个动力学常数的准确测定。利用线性回归分析，使得速度大的数据在作图中起较大的作用，这样结果才比较可靠。

Woolf 和 Eadie-Hofstee 作图法一般不推荐用于统计处理。因为双倒数法中两个变量 $1/[S]$和 $1/v$ 是分开的，[S]可以通过选用准确的称重和量器避免误差，v 的测定误差是不可避免的。v 项在方程两边都存在，统计处理就复杂多了。

4）Eisenthal 和 Cornish-Bowden 作图法

1974 年，Eisenthal 和 Cornish-Bowden 提出了基于米-门方程的另一种作图法。

在固定酶浓度时，双倒数关系式为

$$\frac{1}{v}=\frac{K_m+[S]}{v_{max}[S]} \tag{2-26}$$

所以有

$$\frac{v_{max}}{v}=\frac{K_m+[S]}{[S]}=\frac{K_m}{[S]}+1 \tag{2-27}$$

以 v_{max} 对 K_m 作图可以得一直线。

把 S 的浓度标在横轴的负半轴上，测得的 v 数值标在纵轴上，相应的[S]和 v 连成直线，这一簇直线交于一点，这一点的坐标为(K_m，v_{max})，如图 2-16 所示。

从图 2-16 可以看出，任意一个[S]点和对应的 v 轴所形成的小三角形都与该[S]点和 K_m 处虚线所形成的大三角形相似。前一种情况，三角形两直角边之比为 $v/[S]$，而后一种情况，两直角边之比则为 $v_{max}/(K_m+[S])$。这正好与米-门方程相符：

$$\frac{v}{[S]}=\frac{v_{max}}{K_m+[S]} \tag{2-28}$$

5）米-门方程的积分形式

米-门方程是一个微分方程，其 $v=d[P]/dt=-d[S]/dt$。

根据从米-门方程重排所得的线性方程作图求 K_m 和 v_{max} 时，在实验过程中所取数据必须限于初速度阶段，即只能是小于 5%的底物转变为产物的阶段。但有些情况下，如产物浓度过低难以测定，或产物根本不能直接测定，而必须通过测定底物浓度的降低来反映产物

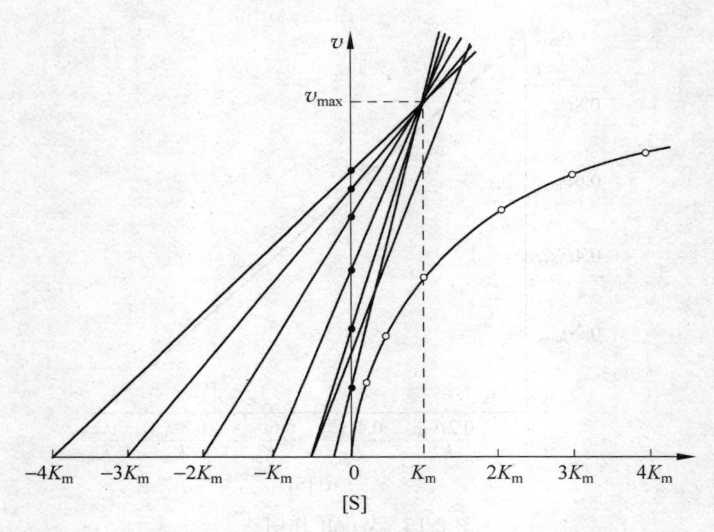

图 2-16　Eisenthal 和 Cornish-Bowden 作图法

的量，若只限于5%的底物发生反应就难以准确测定其降低量。如果用积分速度方程处理，就不受这种限制。

在产物不产生抑制，且逆反应不进行，在任何给定时间内的反应全过程的速度仅由[S]决定时，米-门方程的积分式可描述反应的全过程。由

$$v=-\frac{\mathrm{d}[\mathrm{S}]}{\mathrm{d}t}=\frac{v_{max}[\mathrm{S}]}{K_m+[\mathrm{S}]}$$

整理重排得

$$v_{max}\mathrm{d}t=-\frac{K_m+[\mathrm{S}]}{[\mathrm{S}]}\mathrm{d}[\mathrm{S}] \tag{2-29}$$

在任意两个时刻（如 t_0 和 t）及相对应的两个底物浓度（$[\mathrm{S}_0]$和[S]）之间积分：

$$v_{max}\int_{t_0}^{t}\mathrm{d}t=-\int_{[\mathrm{S}_0]}^{[\mathrm{S}]}\frac{K_m+[\mathrm{S}]}{[\mathrm{S}]}\mathrm{d}[\mathrm{S}]=-K_m\int_{[\mathrm{S}_0]}^{[\mathrm{S}]}\frac{\mathrm{d}[\mathrm{S}]}{[\mathrm{S}]}-\int_{[\mathrm{S}_0]}^{[\mathrm{S}]}\mathrm{d}[\mathrm{S}]$$

得

$$v_{max}t=2.3K_m\lg\frac{[\mathrm{S}_0]}{[\mathrm{S}]}+([\mathrm{S}_0]-[\mathrm{S}])$$

上式可重排成各种线性形式，如：

$$\frac{2.3}{t}\lg\frac{[\mathrm{S}_0]}{[\mathrm{S}]}=-\frac{1}{K_m}\frac{[\mathrm{S}_0]-[\mathrm{S}]}{t}+\frac{v_{max}}{K_m} \tag{2-30}$$

在反应期间，通过测量不同时刻的底物浓度，以$\frac{2.3}{t}\lg\frac{[\mathrm{S}_0]}{[\mathrm{S}]}$对$\frac{[\mathrm{S}_0]-[\mathrm{S}]}{t}$作图得一直线，其斜率为$-1/K_m$，纵轴截距为$v_{max}/K_m$（图 2-17）。

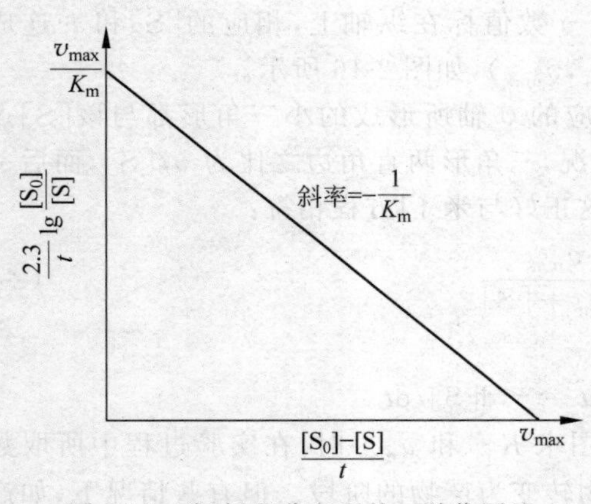

图 2-17　米-门积分方程的一种作图法

2.5 酶的抑制作用

2.5.1 抑制作用及其类型

凡是阻遏反应速度的作用，都可称为抑制作用。引起抑制作用的物质，称为抑制剂。

按照抑制作用的方式，可分为不可逆抑制作用和可逆抑制作用两类。

抑制剂与酶的某些必需基团以共价键的方式作用，引起酶的活性丧失。抑制剂和酶作用后不能用物理的方法，如透析、超滤等除去抑制剂恢复酶活性，称为不可逆抑制作用。

抑制剂与酶以非共价键方式可逆结合，阻遏酶活性，而酶的活性在用物理方法除去抑制剂后能完全恢复，这种作用叫做可逆抑制。

2.5.2 区分可逆和不可逆抑制作用的动力学方法

区分可逆抑制作用和不可逆抑制作用除了采用透析、超滤、凝胶过滤等方法除去抑制剂之外，还可以用动力学方法区别。

方法 1

一定量的抑制剂与一定量的酶溶液混合在一起，作用一定时间后，取出不同量的酶，测定其反应初速度，用反应初速度对酶浓度作图，见图 2-18。

不同酶浓度的初速度与酶浓度的关系为一直线。不可逆抑制剂的作用相当于降低了酶浓度，但结果仍为一直线，只是斜率降低了。在可逆抑制作用的情况下，出现向下弯曲的曲线。

方法 2

在酶溶液中加入一定量的抑制剂，然后测定酶活力，同样用反应初速度对酶浓度作图，结果如图 2-19 所示。

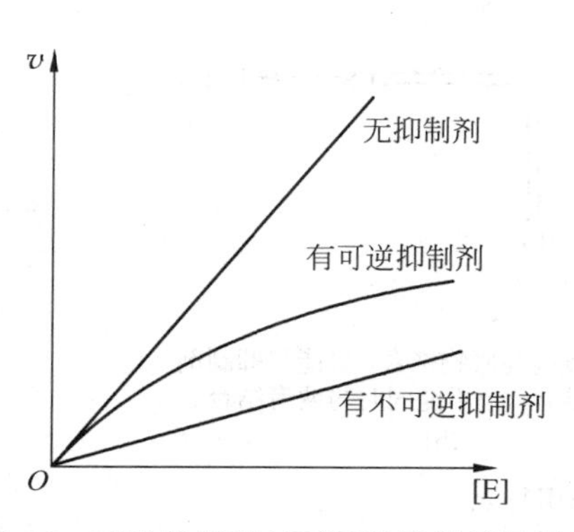

图 2-18　可逆抑制剂与不可逆抑制剂区别(1)

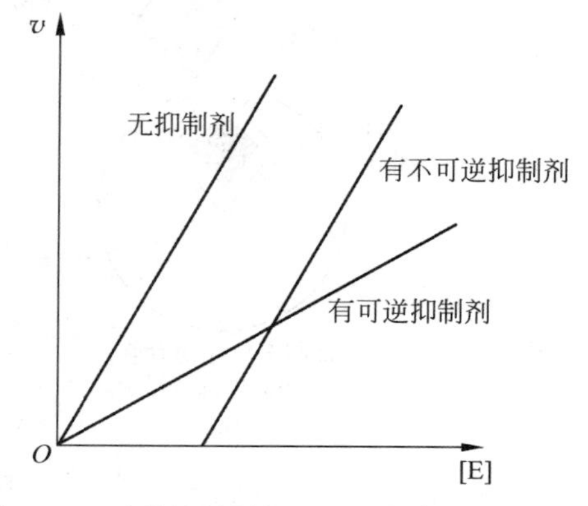

图 2-19　可逆抑制剂与不可逆抑制剂的区别(2)

不加抑制剂时，初速度对酶浓度作图为一直线。当加入一定量不可逆抑制剂时，抑制剂使一定量的酶失活，只有加入的酶量大于不可逆抑制剂的量时，才表现出活力。不可逆抑制剂的作用相当于把原点向右移动。当加入一定量可逆抑制剂时，得到的是一条斜率较低的直线。

方法 3

在不同抑制剂浓度下，对每一个抑制剂浓度都作一条初速度与酶浓度关系的曲线，如图 2-20 所示。

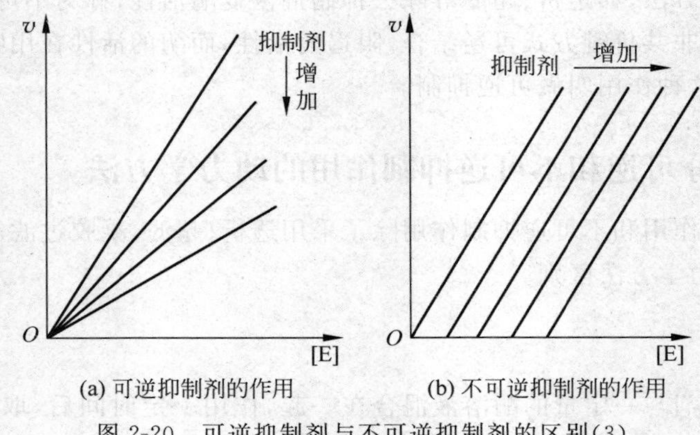

图 2-20 可逆抑制剂与不可逆抑制剂的区别(3)

这样，可逆抑制剂和不可逆抑制剂的不同作用方式可以更加清楚地区分出来。

2.5.3 竞争性抑制作用

抑制剂可与酶的活性中心结合，与底物竞争，阻止底物与酶的结合，降低酶反应速度(图 2-21)。可以通过增加底物浓度解除这种抑制作用。

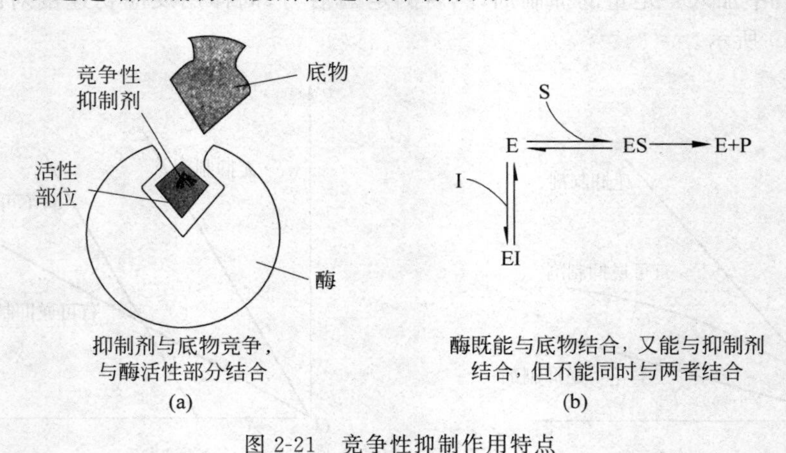

图 2-21 竞争性抑制作用特点

酶不能同时与底物(S)、抑制剂(I)结合：

$$ES + I \not\longrightarrow ESI$$

$$EI + S \not\rightarrow ESI$$

所以,有 ES,有 EI,而没有 ESI:

$$[E]=[E_f]+[ES]+[EI]$$

其中,$[E_f]$为游离酶浓度;[E]为酶的总浓度。

根据米-门学说原理,可导出

$$\frac{1}{v}=\frac{K_m}{v_{max}}\left(1+\frac{[I]}{K_i}\right)\frac{1}{[S]}+\frac{1}{v_{max}}$$

式中,K_1 为 EI 的解离常数。

以 v 对[S]及以$\frac{1}{v}$对$\frac{1}{[S]}$作图,如图 2-22 所示。该反应的 v_{max} 不变,但 K_m 增大。

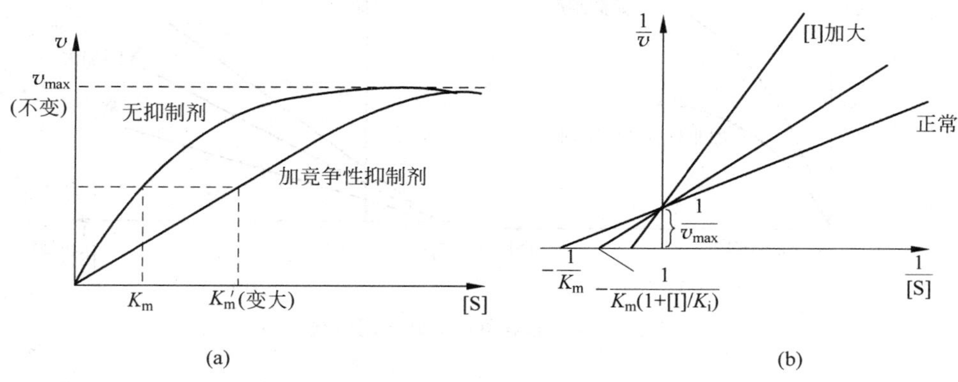

图 2-22　竞争性抑制曲线

2.5.4　非竞争性抑制作用

在非竞争性抑制作用中,酶可以同时与底物及抑制剂结合,两者没有竞争作用。但中间产物 ESI 不能进一步分解成产物,因此酶活性降低。这类抑制剂与酶活性中心以外的基团相结合(图 2-23)。

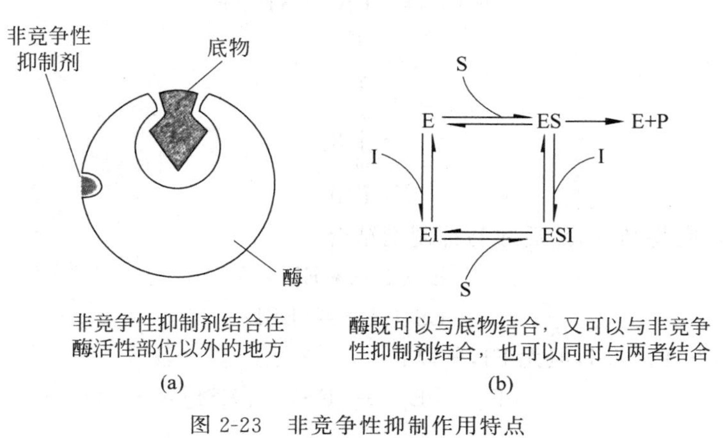

图 2-23　非竞争性抑制作用特点

酶与底物结合后，可再与抑制剂结合；酶与抑制剂结合后，也可再与底物结合。所以这种抑制有 ES、EI 及 EIS(EIS＝ESI)：

$$[E]=[E_f]+[ES]+[EI]+[EIS]$$

经过推导可得：

$$\frac{1}{v}=\frac{K_m}{v_{max}}\left(1+\frac{[I]}{K_i}\right)\frac{1}{[S]}+\frac{1}{v_{max}}\left(1+\frac{[I]}{K_i}\right) \tag{2-31}$$

式中：K_i——ESI 的解离常数。

非竞争性抑制作用曲线如图 2-24 所示。

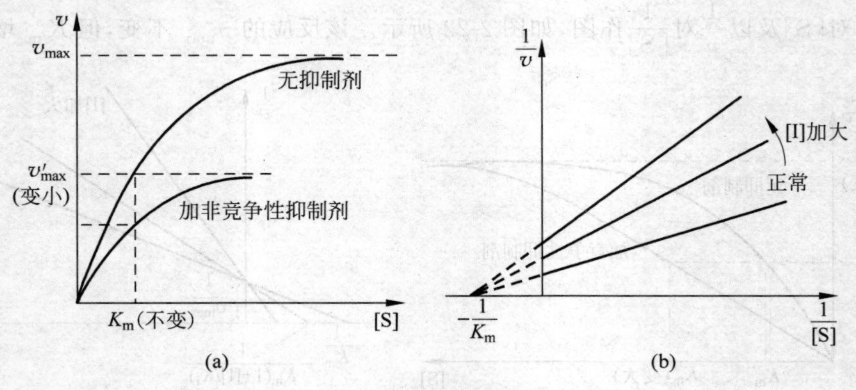

图 2-24 非竞争性抑制作用曲线

增加底物浓度不能解除这种非竞争性抑制作用，因此反应的 v_{max} 减小。由于非竞争性抑制作用不改变酶与底物的亲合力，因此，K_m 不变。

2.5.5 反竞争抑制作用

酶只有在与底物结合后，才能与抑制剂结合。

这类抑制存在着以下的平衡：

$$\begin{array}{c} E+S \overset{K_m}{\rightleftharpoons} ES \longrightarrow P+E \\ + \\ I \\ \Big\Updownarrow K_i \\ ESI \end{array}$$

酶蛋白必须先与底物结合，然后才与抑制剂结合：

$$E+I \not\longrightarrow EI$$

$$ES+I \rightleftharpoons ESI$$

这种抑制剂有 ES、E_f、ESI，但无 EI，所以：

$$[E]=[E_f]+[ES]+[ESI] \tag{2-32}$$

代入$\frac{v_{max}}{v}=\frac{[E]}{[ES]}$，再经推导后得到下式：

$$\frac{1}{v}=\left(\frac{K_m}{v_{max}}\right)\frac{1}{[S]}+\frac{1}{v_{max}}\left(1+\frac{[I]}{K_i}\right) \tag{2-33}$$

可见，在反竞争性抑制作用下，K_m 及 v_{max} 都变小，见图 2-25。

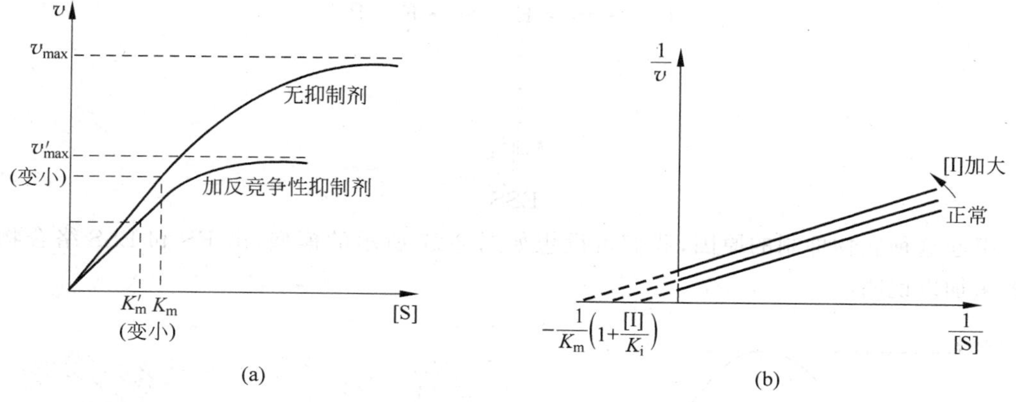

图 2-25 反竞争性抑制曲线

无抑制剂和有抑制剂各种情况下的最大酶促反应速度 v_{max} 与 K_m 总结于表 2-9 中。

表 2-9 有无抑制剂存在时酶催化反应速度与 K_m 值

类 型	公 式	v_{max}	K_m
无抑制剂(正常)	$v=\frac{v_{max}[S]}{K_m+[S]}$	v_{max}	K_m
竞争性抑制	$v=\frac{v_{max}[S]}{K_m\left(1+\frac{[I]}{K_i}\right)+[S]}$	不变	增加
非竞争性抑制	$v=\frac{v_{max}[S]}{\left(1+\frac{[I]}{K_i}\right)(K_m+[S])}$	减小	不变
反竞争性抑制	$v=\frac{v_{max}[S]}{K_m+\left(1+\frac{[I]}{K_i}\right)[S]}$	减小	减小

凡符合米-门公式的 K_m，就是米-门常数 K'_m(在正常情况下及非竞争性抑制的情况下)；凡不符合米-门公式的 K_m，被称为表观 K'_m，即 K_m(在加入竞争性抑制剂时)。

2.5.6 底物抑制作用

底物抑制也是单底物酶促反应中一种重要的抑制作用。该类抑制的速度随底物浓度的变化曲线，不呈双曲线规律，而是速度达一最大值后，如果底物浓度再进一步增加，速度就急剧下降，如图 2-26 所示。

底物抑制的机理可设想为酶-底物络合物在形成后，接着又被第二个底物分子络合，生成一个不活泼的“双重络合物”ESS，这个双重络合物不能再进一步分解为产物，如下式所示，因而影响了酶活性。

$$\begin{array}{c} E+S \rightleftharpoons ES \longrightarrow E+P \\ + \\ S \\ k_2 \Big\downarrow\!\!\Big\uparrow k_1 \\ ESS \end{array}$$

引起这种底物抑制的原因，我们可设想如图 2-27 所示的模型，由 ES 和 ESS 络合物的结构来加以说明。

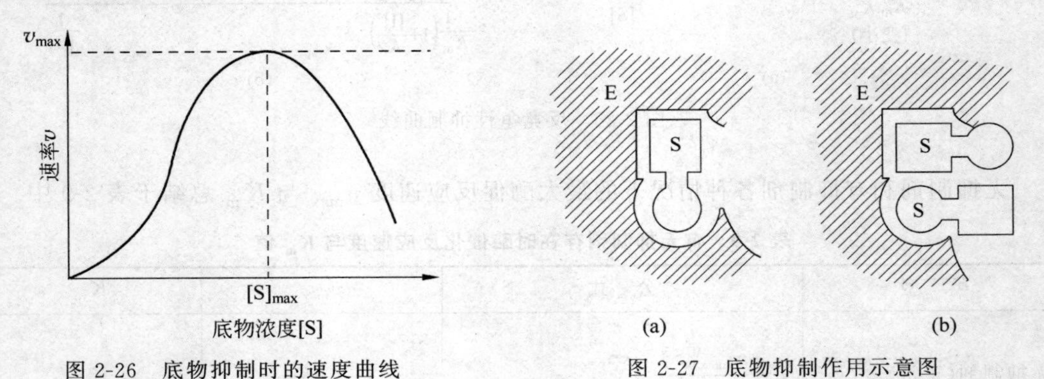

图 2-26　底物抑制时的速度曲线　　　　图 2-27　底物抑制作用示意图

在图 2-27(a)中，酶与底物的结合是处于最佳构型，因而它所形成的络合物能进一步分解为产物；在图 2-27(b)中的 ESS 络合物，两个底物分子各占活性位置的一部分，它们两者都是处于错误的方向。由于酶催化的活性与其精巧的空间结构有着密切的关系，因此，毫无疑问，如图 2-27(b)中所示的错误结合，肯定不能起到催化作用，当然也就得不到产物。

对这类底物抑制的酶促反应，可得其反应速度：

$$v=\frac{v_{max}[S]}{K_m+[S]+k_1[S]^2} \tag{2-34}$$

或

$$v=\frac{v_{max}}{1+K'_m/[S]+[S]/k_2} \tag{2-35}$$

以 $1/v$ 对 $1/[S]$作图，得到的不是直线而是 U 形曲线（图 2-28）。

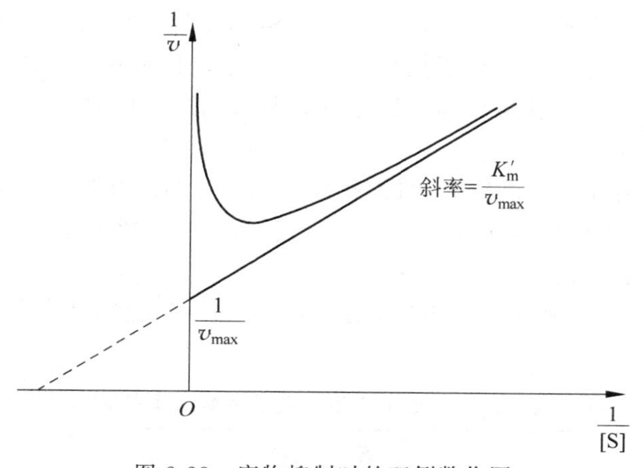

图 2-28　底物抑制时的双倒数作图

2.6　酶的生产及分离纯化

2.6.1　酶的生产

酶的生产是酶工程研究的重要内容，酶作为生物催化剂普遍存在于动物、植物和微生物中。广义上讲，一切生物体都可以作为酶的来源。在实际中，对酶源的要求是：①酶含量丰富；②提取、纯化方便。

酶的早期来源为动物脏器，如从哺乳动物的胃中提取胃蛋白酶。后来发展为也可从植物种子中提取蛋白酶，如从无花果中提取无花果蛋白酶，从菠萝中提取菠萝蛋白酶。现在主要以微生物作为酶源。

微生物作为酶源具有以下优越性。

(1) 易得到所需的酶类。微生物种类繁多，已鉴定的约 20 万种，加上未鉴定的及人工改良的菌种，使我们有可能从种类繁多的微生物中选出生产所需酶的微生物。几乎自然界中存在的所有酶，都可以在微生物中找到。

(2) 易获得高产菌株。可人为地控制微生物的培养条件，通过菌种筛选或人工诱变微生物，使其定向高产我们所需的某种酶。如产 α-淀粉酶的淀粉液化芽孢杆菌，其酶蛋白可占整个蛋白质的 10%。从 1 t 培养液得到的淀粉酶相当于从几千头猪胰脏中提取的 α-淀粉酶量。

(3) 微生物生长周期短。微生物的生长周期一般都较短，由几小时到几十小时。而植物的生长周期为几个月，动物则以年为单位。所以，在相同的时间内，可得到较多的微生物酶源。

(4) 生产成本低。微生物的培养原料，大部分比较廉价，为一些工业生产副产物，或农业加工废弃物等，如麸皮、米糠、豆饼、玉米浆、废糖蜜等。有些酶生产需要一些特殊原料，但与酶的应用价值相比，也是非常经济的。

(5) 生产易管理。微生物的培养，分固体培养和液体培养。固体培养，简单易学，条件易重复，长期以来，人们对此已积累了相当多的经验。而液体培养，也达到工业化阶段，各种类型的自控发酵罐体积大，自动化程度高，可自如地控制培养条件，实验室研究易放大，可迅速得到所需菌体或酶。

(6) 提高微生物产酶能力的途径较多。由于培养微生物的条件易于控制和改变，如诱变、基因重组、细胞融合等技术可用于提高酶产量。且微生物易产生诱导酶，可改变培养条件，加大目的酶的产量，甚至获得原本不产生的某些目的酶。而要人为地改变动植物的性能及性状就不那么容易了。

(7) 通过微生物培养条件的研究，可大幅度提高酶产量或定向改造酶（如高温淀粉酶），甚至得到诱导酶（induced enzyme）。简单地改变培养基的组成或培养条件，如温度、pH、通气量等，即可使微生物产酶量提高数十倍。

由于以上优点，目前工业上应用的酶，绝大多数来自微生物（表 2-10），且这种趋势有增无减。

表 2-10　工业上应用的主要酶类及其来源

分　类	酶　名	来　源
氧化还原酶类	葡萄糖氧化酶	霉菌
	过氧化物酶	萝卜
	过氧化氢酶	微生物
	类固醇（甾族化合物）水解酶	微生物
	尿酸酶	酵母
	细胞色素 C	心肌、酵母
转移酶类	环糊精葡萄糖基转移酶	细菌
	转氨酶	细菌
水解酶类	α-淀粉酶	微生物、麦芽、胰脏
	β-淀粉酶	细菌、大豆、大麦
	纤维素酶	霉菌
	葡萄糖淀粉酶	霉菌
	转化酶（β-D-果糖呋喃糖苷酶）	酵母
	果胶酶（多聚半乳糖醛酸酶）	霉菌、细菌
	乳糖酶（β-D-半乳糖苷酶）	微生物
	半纤维素酶	霉菌
	酸性蛋白酶	霉菌
	中性蛋白酶	微生物
	碱性蛋白酶	细菌
	粗制凝乳酶	霉菌、胃
	胃蛋白酶	胃
	胰蛋白酶	胰腺
	胰凝乳蛋白酶	胰腺
	木瓜蛋白酶	木瓜
	菠萝蛋白酶	菠萝
	溶菌酶	蛋清
	脲酶	豆类
	蜜二糖酶	霉菌
	肽酶	微生物
	核糖核酸酶	霉菌
	脂肪酶	微生物
	氨基酰化酶	霉菌
	青霉素酶	霉菌

续表

分　类	酶　名	来　源
裂解酶类	天冬酸酶 柚苷酶 橙皮苷酶 花色素酶 果胶去除酶	细菌 霉菌 霉菌 霉菌 细菌
连接酶类(合成酶)	T_4-连接酶	微生物
异构酶	木糖(葡萄糖)异构酶	细菌

以微生物作为酶源,虽然具有上述优点,但同时必须注意:微生物生产酶的同时,也会产生毒素、抗生素等生理活性物质,因此,使用之前必须纯化处理。否则,如用于食品或医药工业,则会带来危害。2014年12月,我国发布了GB 2760—2014《食品安全国家标准　食品添加剂使用标准》,该标准是食品安全国家标准的重要组成部分,其中表C.3《食品用酶制剂及其来源名单》对食品用酶制剂及其微生物来源进行了更新,涉及54种不同酶的微生物来源菌种,该标准于2015年5月24日实施。其配套标准GB 25594—2010《食品安全国家标准　食品工业用酶制剂》对酶制剂来源微生物做了明确的技术要求:"微生物生产菌种应进行分类学和(或)遗传学的鉴定,由基因重组技术的微生物生产的酶制剂不应检出生产菌,微生物来源的酶制剂不得检出抗菌活性。"美国食品药品监督管理局(Food and Drug Administration,FDA)对食品和药物都有严格的检查制度。一般公认,黑曲霉、酵母、枯草杆菌等生产的酶是安全的,但若用其他微生物作为酶生产菌,则要进行毒性检查。

对酶生产菌的要求:

(1) 不是致病菌,也不产生毒素,这一点对食品用酶和医药工业用酶尤其重要;

(2) 不易变异退化,不易感染噬菌体;

(3) 产酶量高,酶的性质符合应用的要求,而且最好是产生胞外酶;

(4) 能利用廉价的原料,发酵周期短,易培养。

2.6.2　酶的分离纯化

生物大分子的结构是目前各种生命现象研究的关键问题。目前尚不能原位研究细胞内生物大分子的结构,因此,要想从分子水平上去研究生物大分子的结构与功能,首先要解决的是如何完整(不破坏其结构)、纯净(不含其他杂质)地获得这种生物大分子。

对酶进行分离提纯有两方面的目的:一是为了研究酶的理化性质(包括结构与功能、生物学作用等),对酶进行鉴定,必须用纯酶;二是作为生化试剂及用作药物的酶,常常也要求有较高的纯度。

酶的分离与纯化工作是酶学研究的重要组成部分,也是酶制剂生产的重要内容。视原料的不同,酶的分离与纯化步骤也会有所不同。一般酶的纯化步骤包括预处理与酶抽提、粗分离、细分离、酶结晶等,如图2-29所示。

建立灵敏、特异、精确的检测手段,是评估纯化方法,判断酶产率、活性、纯度的前提。酶活性指其转化底物的速率,可以用底物的减少速率或产物的生成速率表达。酶活性单位

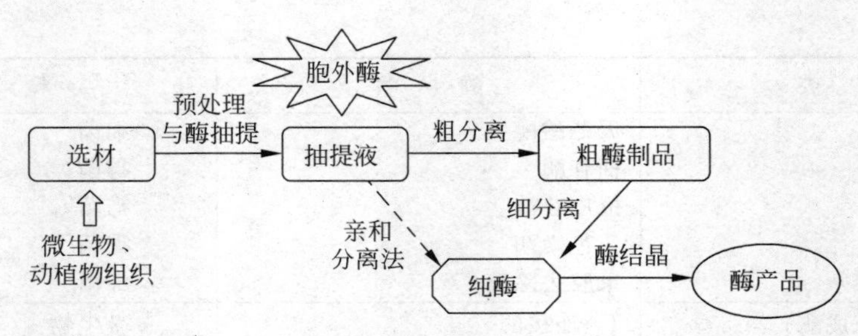

图 2-29 酶分离纯化的一般步骤

(U)指在一定条件下、一定时间内，将一定量的底物转化为产物所需的酶量。一般指在酶的最适条件下(25℃)，1 min 内催化 1 μmol 的底物转化为产物的酶量。但极端环境酶的活性有特殊的定义与表达方式。

生物大分子的分离纯化涉及一系列理论与技术。酶本身是蛋白质，所以用于蛋白质分离纯化的方法一般也适用于酶的分离纯化。此外，酶是具有催化功能的蛋白质，因此，根据酶与底物、底物结构类似物、辅助因子、抑制剂等的特异亲合力，可发展酶独特的亲合层析(affinity chromatography)技术。

所有的分离与纯化方法，都是根据分离物质间不同的物理、化学和生物性质的差异而设计的。主要方法可概括于表 2-11 中。

表 2-11 酶分离纯化的常用方法

物质间性质的差异	设计的分离纯化方法
溶解度的差异	盐析法 PEG 沉淀法 有机溶剂沉淀法 等电点沉淀法
热稳定性的差异	热处理沉淀法
电荷性质的差异	离子交换层析法 电泳法
分子大小和形状的差异	凝胶过滤法 超滤法 透析法 离心法
亲合力的差异	亲合层析法
疏水作用的差异	疏水层析法
分配系数的差异	双水相系统萃取法

1. 酶提取

1) 生物材料的破碎

由于酶的种类繁多，稳定性不同，且它们所在的组织、细胞结构与强度也各异，因此，依酶在生物体中存在的不同部位及状态，须采用不同的方法，把细胞破碎，再将内含物提取出来。

根据各种生物组织和细胞的不同特点和处理量，采用合适的破碎方法。

(1) 机械法　主要有组织捣碎法和研磨法。

(2) 物理法　主要有超声破碎法、渗透压法、冻融法和冷冻干燥法。

(3) 化学法　主要有溶剂处理法、表面活性剂处理法等。

(4) 酶解法　主要有自溶法和酶解法。

2) 酶的提取

酶提取(extraction of enzyme)时，要将酶从细胞破碎液中最大限度地溶解出来，与此同时若能尽可能地把杂质除去(使它们不溶)则更为理想。酶提取要选择适当的缓冲液，并在低温下操作。

酶提取的原理是“相似相溶”，即极性溶质易溶于极性溶剂，非极性溶质易溶于非极性溶剂，可根据酶的特点选用不同的溶液进行提取。常用的方法有：

(1) 酸、碱、盐溶液提取，包括稀酸、稀碱溶液提取，盐溶液提取和变性剂的使用；

(2) 有机溶液提取。

2. 酶分离的沉淀技术

经过细胞破碎及提取过程，得到了含目的酶的无细胞提取物，称粗提取物(crude extract)。要从中得到目的酶，尚需经过许多步骤，可先使用一些沉淀技术，对粗提取物进行初步分离。

此过程的目的是：

(1) 将不同种类的生物质大致区分开；

(2) 将含目的酶的粗蛋白质混合液浓缩，以减小体积。

沉淀法多种多样，常用的有盐析法、PEG沉淀法、有机溶剂沉淀法、等电点沉淀法、热变性沉淀法等。

1) 盐析法

低浓度的中性盐可增加电解质类物质(蛋白质、酶及其复合物)的溶解度，称为盐溶(salting in)；但当盐浓度继续增加时，蛋白质的溶解度反而降低而析出，称为盐析(salting out)。

盐析法就是建立在此原理上的一种简便有效的分离方法。

(1) 基本原理

盐析过程中，盐离子与蛋白质分子争夺水分子，减弱了蛋白质的水合程度(失去水合外壳)，使蛋白质溶解度降低，此外盐离子所带的电荷部分中和了蛋白质分子上所带的电荷，使其静电荷减少，也易使蛋白质沉淀。

由于各种蛋白质有不同的相对分子质量和等电点，所以不同的蛋白质将会在不同的盐浓度下析出。

蛋白质是含许多亲水基团的两性电解质，因此，蛋白质的盐析需要较高的中性盐浓度。在浓盐溶液中，蛋白质的溶解度与溶液中的离子强度遵守Cohn方程：

$$\lg S=\beta-K_{s}I \tag{2-36}$$

式中：S——蛋白质的溶解度；

I——离子强度；

β——常数，假设 $I=0$ 时，蛋白质溶解度的对数值，即 $\beta=\lg S_0$，S_0 是蛋白质在纯水

$(I=0)$中的溶解度,在一定温度下,对一定的蛋白质,S_0 为常数;

K_s——盐析常数,它与蛋白质的结构和性质有关,也与中性盐的价数和离子半径有关。

离子强度 I 可按下式计算:

$$I=\frac{1}{2}\sum c_i Z_i^2 \tag{2-37}$$

式中:c——离子浓度;

Z——离子的价数。

(2) 影响因素

① 蛋白质的浓度 一般地,蛋白质浓度越低,各组分间的相互作用越小,分离效果越好。但浓度太低,会造成体积过大,给离心回收带来困难,一般以 2.5%~3.0%为宜。

② 介质的pH 在一定条件下,蛋白质在等电点处的溶解度最低,pH越偏离等电点,则该蛋白质越不易沉淀。

③ 温度 由于中性盐对蛋白质有一定的保护作用,故可以在室温下进行盐析操作。但分离对温度敏感的蛋白质和酶时,最好在 4℃下进行。

④ 盐类型 单价盐对沉淀蛋白质效果很差。

盐析法条件温和,且中性盐对蛋白质分子有保护作用,故它是一种广泛采用的"初提纯步骤"。

$(NH_4)_2SO_4$ 是常用的盐,其在水中溶解度大,且受温度影响小,对酶无害处,且起稳定作用,分级效果好且价廉易得。

2) PEG 沉淀法

聚乙二醇(polyethylene glycol,PEG)是水溶性非离子型聚合物,其分子式为 $HO(CH_2CH_2O)_nH$,$n>4$,常记作 PEG-××,××表示平均相对分子质量。用 PEG 分离蛋白质与用$(NH_4)_2SO_4$ 一样有效,且 PEG 对蛋白质的活性构象起保护作用,所以,近年来被广泛用作蛋白质分离的有效沉淀剂。

(1) 基本原理

有人认为,PEG 为非离子聚合物,可与蛋白质之间形成溶解度低的复合物,或是除去蛋白质分子上的水合外壳,引起蛋白质分子周围介电常数降低,从而改变蛋白质分子中的亲水、疏水基团间的空间关系而导致蛋白质沉淀出来。但这种说法缺乏足够的实验证据,目前多数人接受的是空间排阻学说。

空间排阻学说认为,PEG 分子在溶液中形成网状结构,与溶液中的蛋白质分子发生空间排挤作用,从而使蛋白质分子凝聚而沉淀下来。

PEG 沉淀蛋白质的过程遵循下列方程:

$$\lg S + f_s = x - \alpha c \tag{2-38}$$

式中:S——蛋白质的溶解度;

f_s——溶液中蛋白质自身相互作用的摩擦系数;

c——PEG 的浓度;

x,α——在一定条件下的常数。

(2) 影响沉淀过程的因素

① 蛋白质的分子质量　蛋白质分子质量越大，α 越大，则将其沉淀所需的 PEG 浓度 c 越小。

② 蛋白质浓度　蛋白质浓度高时，f_s 大，S 小，易于沉淀。但蛋白质浓度越高，不同种蛋白质分子间的 f_s 值也越大，从而使不同蛋白质在不同 PEG 浓度下出现沉淀的分段作用减弱，减少了沉淀作用的分辨性。一般，PEG 浓度低于 10 g/L。

③ pH 值　pH 越接近蛋白质的等电点，则所需的 PEG 浓度越低。一般，pH 在 4.9～8.6 内对沉淀作用影响不大。

④ 离子强度　一般地，低离子强度(0.3 mol/L 以下)对沉淀影响不大，而离子强度过高(2.5 mol/L 以上)则影响沉淀作用，使分段效果不明显。

⑤ 温度　因 PEG 对酶有稳定作用，故在 0～30℃都可以应用 PEG 沉淀法。一般，以 20℃时分辨率最高，10℃以下则分辨率下降。温度升高不影响 x 值，但会使 α 值变小。温度的影响，因蛋白质种类的不同而不同。

⑥ PEG 聚合度　对于某一种蛋白质而言，PEG 聚合度越高，则使之沉淀下来所需的 PEG 量越小。但 PEG 聚合度过高(如 PEG 20 000)，其黏度增大，操作不便，不易离心。目前多采用 PEG 6 000。

PEG 相对分子质量对人血清蛋白溶解度的影响如图 2-30 所示。

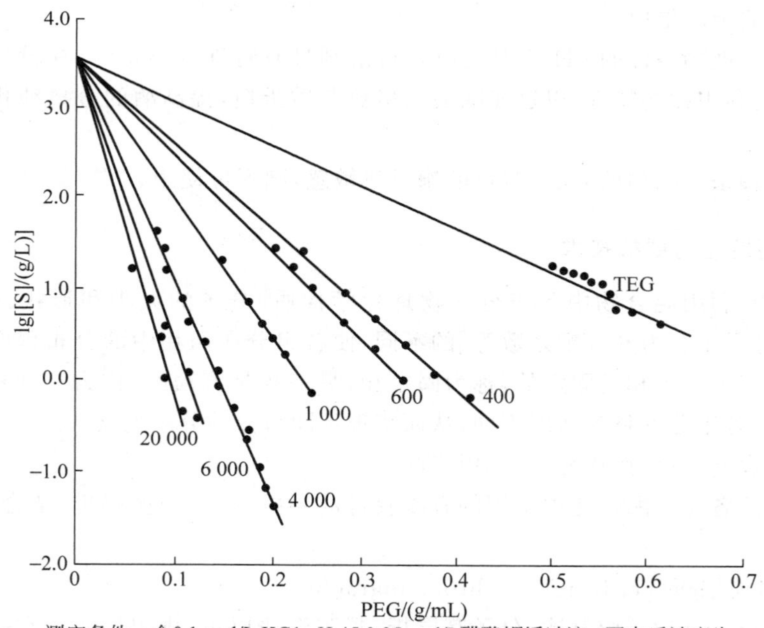

测定条件：含0.1 mol/L KC1,pH 45,0.05 mol/L醋酸钾缓冲液，蛋白质浓度为 20 mg/mL(PEG 4 000测定所用的蛋白质浓度为2～125 mg/mL)；TEG是$HO(CH_2—CH_2)_4H$。

图 2-30　PEG 相对分子质量对人血清蛋白溶解度的影响

3) 有机溶剂沉淀法

由于不同的蛋白质在有机溶剂中有不同的溶解度，故可在低温下，使用有机溶剂将目的蛋白质沉淀出来。其基本原理为：随有机溶剂的加入，介质的介电常数(dielectric constant)下降，使蛋白质分子间的静电作用力增强；同时，有机溶剂还可降低蛋白质分子表面的水合程度，从而导致蛋白质溶解度下降，直至最后沉淀下来。常用的有机溶剂有乙醇、丙酮等。

由于有机溶剂能使酶变性，一般应在低温下操作。同时加入适量中性盐，可增加蛋白质溶解度，降低变性作用，并提高分级效果。

使用有机溶剂沉淀法有两种方式：

(1) 用有机溶剂分级沉淀有用的蛋白质；

(2) 若目的酶在有机溶剂中的稳定性强，可采用使杂蛋白变性的方式，使目的酶得到初步纯化。

4) 等电点沉淀法

蛋白质在其等电点(pI)处，其净电荷为零，分子间的排斥力最小，其溶解度最低，易于沉淀。因此，可调节介质的pH，把目的酶与杂质蛋白分开。

蛋白质在pI附近一定范围的pH下都可发生沉淀，只是沉淀程度不一样。此外，相当多的蛋白质pI点很接近。所以，该法的分级效果及回收率均不理想，一般只用于酶的粗分离。

5) 热变性沉淀法

多数蛋白质都易热变性，对于一种热稳定酶，适用此方法。通过控制一定的温度处理，可使大量的杂质蛋白变性、沉淀而除去，提纯效果很好。

采用添加主要的辅助因子、底物等方法，使目的酶的热变性温度提高，既可保护目的酶，又可除去更多的杂质蛋白。

若目的酶对极端条件的pH或温度或有机溶剂具有特殊的稳定性，在设计分离纯化方法时，应尽可能利用这些特性，以迅速除去大多数杂质蛋白，提高酶的分离纯化效率与酶的回收率。

此法为一种条件剧烈的方法，若目的酶对热敏感，则不可使用。

3. 酶分离纯化的层析技术

层析分离是利用混合物中各组分的物理化学性质[分子的大小和形状、分子极性(电荷)、吸附力、分子亲合力和分配系数等]的不同，使各组分在两相中的分布程度不同而达到分离。层析分离中一个相是固定的，称为固定相，另一相是流动的，称为流动相。当流动相流经固定相时，各组分的移动速度不同，从而实现不同组分的分离纯化。

层析分离设备简单，操作容易，应用广泛。

层析法各式各样。酶纯化中常用的有凝胶过滤层析、离子交换层析、亲合层析、高效液相色谱层析等。

1) 凝胶过滤层析(gel filtration chromatography)

凝胶过滤层析又称凝胶过滤、分子筛层析、凝胶渗透层析、排阻层析。它是依据分子筛效应，按分子的大小及形状来分离样品。因此，也可用于蛋白质分子质量的测定。

凝胶是具有网状结构的多孔性高分子聚合物。在凝胶层析中使用的凝胶都制成颗粒状，经一定方法处理后装进凝胶层析柱使用。将含有不同分子质量的蛋白质混合物样品加到柱内，再用洗脱液洗脱时，酶液中各组分分子在柱内同时进行上下移动和不定向的分子扩散运动。大分子物质由于分子直径大，难于进入凝胶颗粒的微孔，只能分布在凝胶颗粒的间隙中。随流动相向下移动，大分子以较快的速度流过层析柱。而小分子物质能进入凝胶颗粒的微孔中，不断地进出于一个个凝胶颗粒的微孔，这样使小分子物质向下移动的速度小于大分子物质。因而,酶液中各组分按相对分子质量从大到小的顺序先后流出层析柱,实现酶的分离纯化(如图2-31所示)。

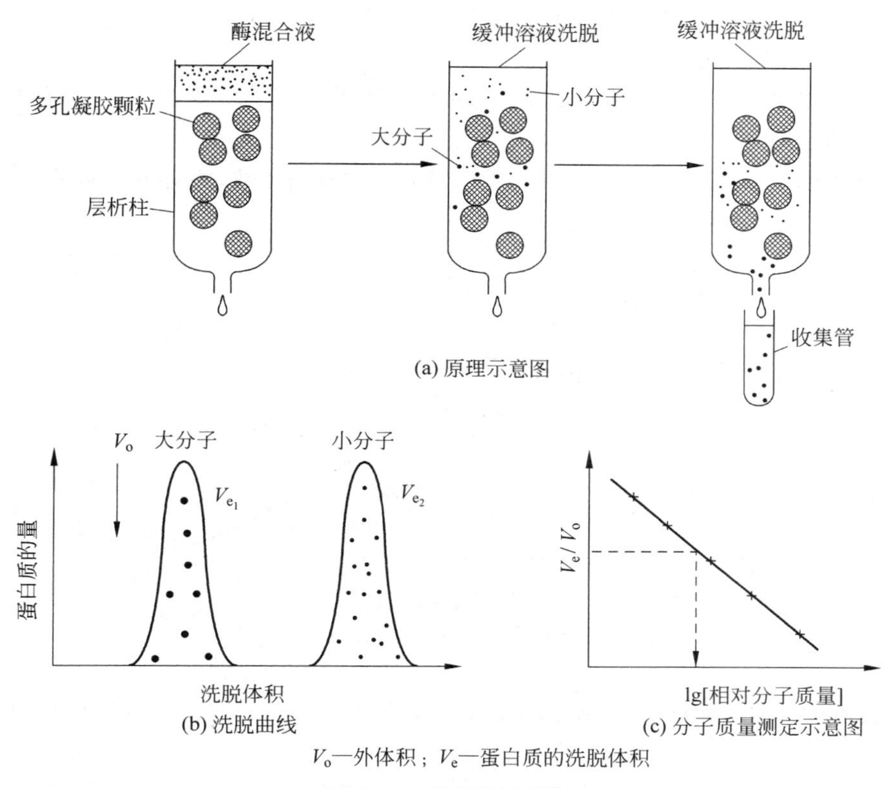

图2-31　凝胶过滤层析

常采用分配系数定量描述各组分的流出顺序。

分配系数定义为当某一溶质流经层析柱时,流质在流动相和固定相之间的分配比例,用K_d表示:

$$K_d=(V_e-V_o)/V_i \tag{2-39}$$

式中:V_e——洗脱体积,表示某一组分物质从加进层析柱到洗脱液中该组分出现峰值时所需洗脱液的体积;

V_o——外体积,也称空体积,即为层析柱内凝胶颗粒之间空隙的体积;

V_i——内体积,为层析柱内凝胶颗粒内部各微孔体积的总和。

从式(2-39)可知,当某组分的$K_d=0$时,$V_e=V_o$,表示该组分分子足够大,完全不进入凝胶微孔,洗脱时最先流出。若某组分的$K_d=1$,则$V_e=V_i+V_o$,说明该组分分子可自由扩散,进出全部凝胶微孔,该小分子组分洗脱时最后流出。其他组分的K_d值均分布在0～1,洗脱时K_d小的先流出,K_d大的后流出。

上述V_e,V_o和V_i与凝胶种类、凝胶型号、凝胶处理方法、装柱量多少以及装柱质量等因素都密切相关。对于不同的凝胶柱,其数值往往不同。所以,需要在装好柱后,在用于酶液分离之前,通过实验,测定该层析柱的V_o和V_i,并对某些已知组分的V_e进行测定,从而计算出K_d值。在装好柱后,应尽量维持相同的使用条件,使各组分的K_d值保持一定,即保持各组分的流出顺序，从而达到良好的分离效果。

由于 V_i 值很难精确测定，因此常把整个凝胶都作为固定相，而分配系数 K_{av} 定义为

$$K_{av}=(V_e-V_o)/(V_i+V_p)=(V_e-V_o)/(V_t-V_o) \tag{2-40}$$

式中：V_p——凝胶颗粒的体积；

V_t——总床体积，即层析柱中凝胶床所占的总体积，对任何一个凝胶柱，均有 $V_t=V_o+V_i+V_p$。

图 2-32 表明 K_{av} 可作为一系列蛋白质相对分子质量的函数，相对分子质量在此线性范围内的物质均可进行分段分离。

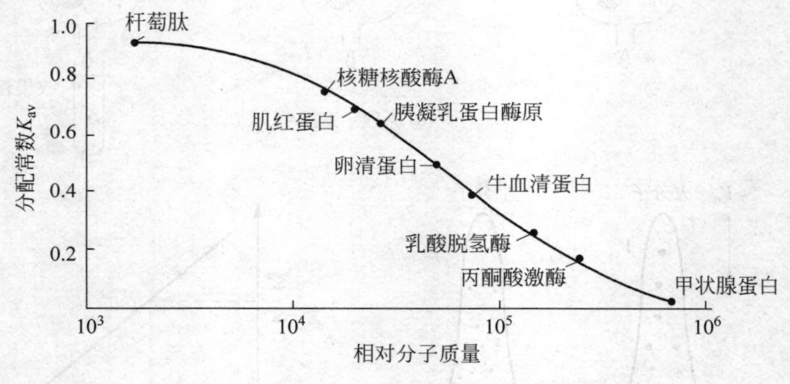

图 2-32　Sephadex G-200 的选择性曲线

此法具有的优点：条件温和，操作简便，分离范围广，回收率高，层析柱可反复使用，无需再生处理。

常用的主要凝胶有交联葡聚糖凝胶（Sephadex）、聚丙烯酰胺凝胶（Bio-Gel P）等。

2）离子交换层析

离子交换层析利用离子交换剂上可解离基团对各种离子的亲合力不同，成功地用于蛋白质分离。近年来，离子交换层析已广泛应用于生物高分子的分离纯化，包括蛋白质、酶、核酸、病毒、噬菌体等的纯化和分析。

离子交换层析的基本原理为：蛋白质是两性电解质，不同蛋白质由于其 pI 不同，在 pH 相同的介质中电离状况会不同，分子所带电荷种类和数量就不同，与离子交换剂的静电吸附能力也不同。通过吸附和改变离子强度或 pH 解吸洗脱，可使蛋白质依据其静电吸附能力由弱到强的顺序而分离开来（见图 2-33）。

用作离子交换剂基质的物质有多种，如葡聚糖凝胶、琼脂糖凝胶、纤维素、聚丙烯酰胺凝胶、合成树脂等。

生物大分子依据其与离子交换剂结合力的不同，而不同程度地被吸附于离子交换剂上，通过改变离子强度或（和）pH 使大分子再从离子交换剂上分别先后地被洗脱下来。

常用的洗脱方法有两种：

（1）梯度洗脱　逐步地、连续地改变缓冲液离子强度或 pH，使混合物中的各组分先后逐个地进入吸附平衡状态而互相分离。

（2）阶段洗脱　用具有不同洗脱能力的缓冲液相继进行洗脱。具体选择离子交换基团时，有两种情况可作为不同的考虑。

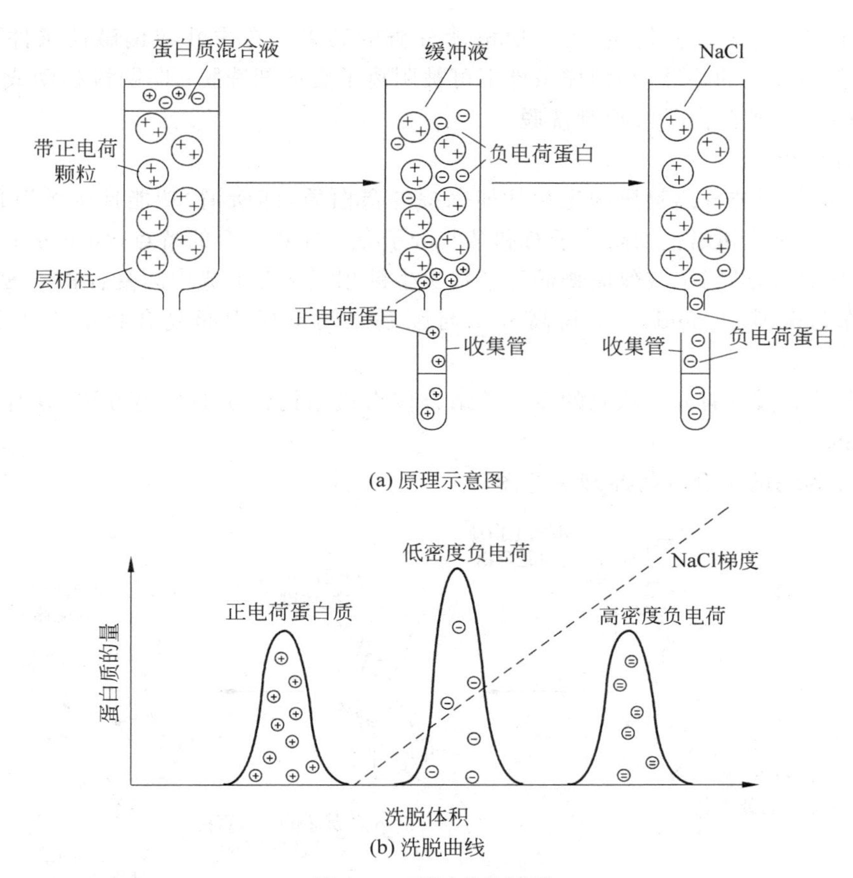

图 2-33　离子交换层析

① 对已知等电点的物质在高于其等电点的 pH,用阴离子交换剂洗脱；在低于其等电点的 pH,用阳离子交换剂洗脱。参见图 2-34。

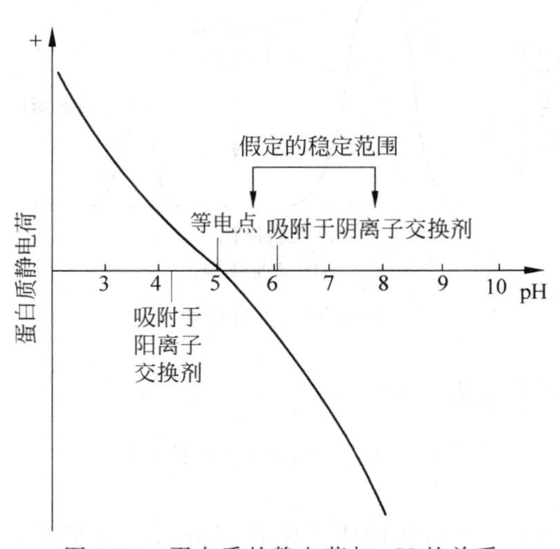

图 2-34　蛋白质的静电荷与 pH 的关系

② 对于未知等电点的物质，可参照电泳分析的结果。在中性或偏碱性条件下进行电泳，向阳极移动较快的物质，在同样条件下可被阴离子交换剂洗脱；向阴极移动或向阳极移动较慢的物质，可被阳离子交换剂洗脱。

3）亲合层析

亲合层析利用被分离物质的生化功能来提纯蛋白质，即所谓“功能性提纯”(functional purification)。它是利用生物高分子有和某些分子专一性相结合的特点，如酶分子能和其专一底物、抑制剂、辅助因子或效应物通过某些次生键相互结合形成中间复合物。这类专一结合的分子称为配基(ligand)；生物高分子与配基之间形成中间复合物的能力称为亲合力(affinity)。

亲合层析是利用酶分子独有的专一性结合位点或结构性质的分离方法，具有分离效率高、速度快的特点。

图 2-35 为酶的亲合层析原理示意图。

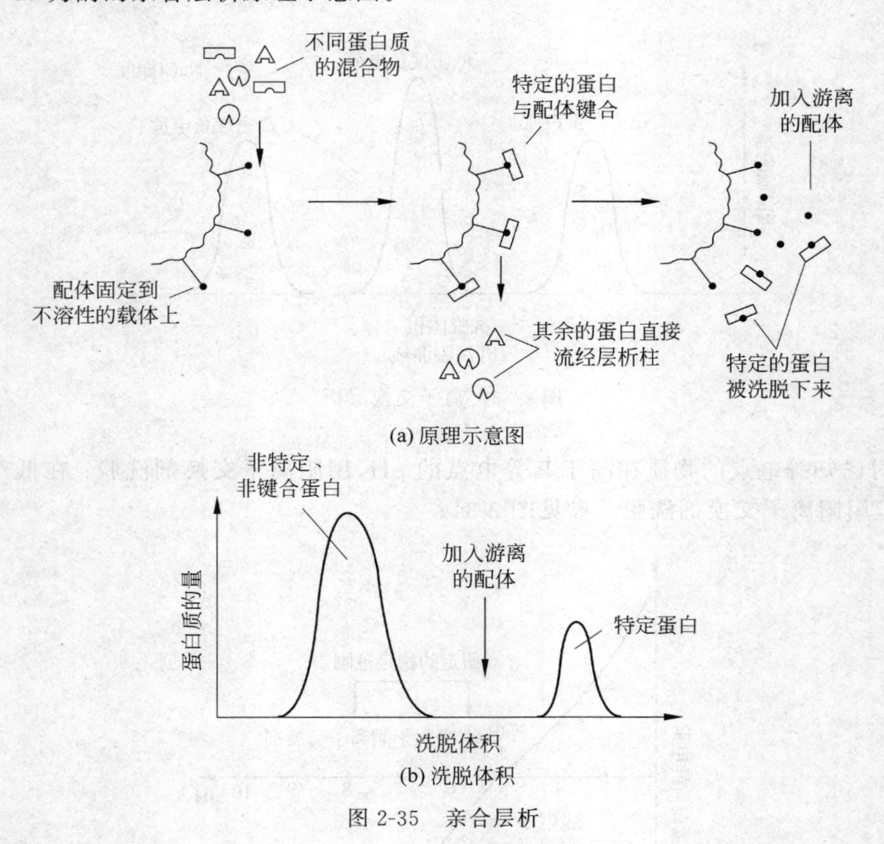

图 2-35 亲合层析

酶的催化作用过程可表示为

$$E+S \underset{k_{-1}}{\overset{k_1}{\rightleftharpoons}} ES \xrightarrow{k_2} E+P$$

此反应的前半部，即 $E+S \underset{k_{-1}}{\overset{k_1}{\rightleftharpoons}} ES$，便构成了亲合层析的理论基础。此过程不仅具有高度的生物学特异性，而且有明显的空间化学特异性。

亲合层析要求底物与酶的结合表现出明显的亲合性，即反应速度常数 $k_1 \gg k_{-1}$，同时要选择适当的条件，使 $ES \xrightarrow{k_2} E+P$ 不至于发生。

基于上述原理，首先选一惰性支持物为载体，再选一种能与酶专一结合的化合物作为配基，即两者偶联制成亲合吸附剂。配基可以是目的酶的竞争性抑制剂、底物、辅助因子等。当含有目的酶的混合液通过亲合层析柱时，只有与配基有专一亲合力的那个酶才能被吸附，其余无关部分均随溶剂流从柱内直接通过。目的酶被吸附的程度，与实验条件下的亲合力常数有关。改变洗脱条件，可解除目的酶与亲合吸附剂的专一结合，而将目的酶洗脱下来。

由此可见，载体的选择，配基的选择，载体与配基的偶联方式，以及吸附和洗脱的条件等，都是亲合层析技术中需要考虑的重要因素。

理想载体应具备如下条件：

(1) 应具有均一、坚实、多孔的网状结构，从而使其在连接配基之后，仍有比较大的表面和良好的流动性。载体的大孔网状结构能使蛋白质分子无阻地顺利通过，且能使连接在载体表面、孔隙内的配基充分暴露出来。这对于和配基亲合力弱的酶分子($k_{-1} \geqslant 10^{-4}$ mol/L)尤有必要。

(2) 应是亲水的惰性物质，对蛋白质没有非特异性吸附。

(3) 具有一定条件下可被活化和改变的各种化学基团，以便可偶联各式各样的配基。

(4) 具有良好的化学稳定性，能经受 pH 和温度的变化，能经受有机溶剂、蛋白质变性剂(如尿素和盐酸胍)的处理，且当洗脱剂中有离子降解剂(如 Triton)时，仍是稳定的。

最常用的载体是琼脂糖(agarose)，它是以 β-D-半乳糖和 3,6-脱水-α-L-半乳糖为基本单位，由 1,4 位相连，构成的直链多糖。在凝胶状态，多糖链形成平行的双螺旋，链之间由氢键连接，这些多糖交错在一起，形成多孔的网状结构，见图 2-36。

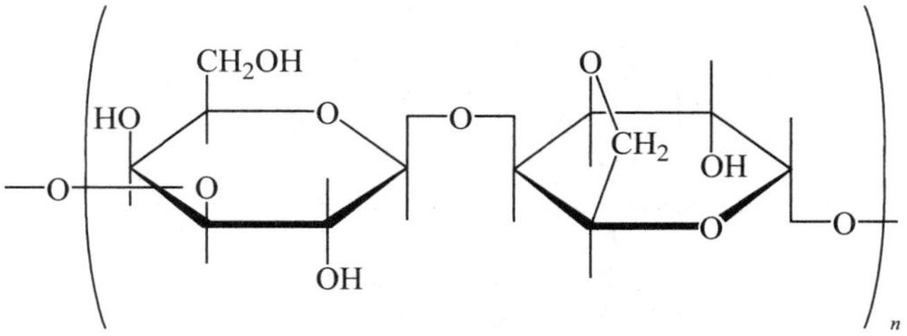

图 2-36 琼脂糖的基本单元结构

琼脂糖凝胶的商品名为 Sepharose 或 Bio-GeL A。根据琼脂糖含量的不同，有几种规格，从 1%～10%，相应的型号从 1B 到 10B。分离的相对分子质量范围各不相同：1B 的分离范围是 100 万到 1 500 万；10B 的分离范围是 1 万到 50 万。琼脂糖凝胶的优点是多孔，流动性好，取代基团多，非专一性吸附很小。当用卤化氰活化时是很稳定的，有较大的取代容量。但化学稳定性还不甚理想。为了改善琼脂糖凝胶的性能，可用双环氧化合物将其交联，所得交联琼脂糖凝胶不仅保持原有的多孔性和流动性，而且增加了化学稳定性，且耐高温，如 Sepharose CL-2B。近年来，国内外发表的亲合层析报告，绝大部分都是用琼脂糖凝胶完成的。

亲合层析中常用的特异性配基列于表 2-12。

表 2-12　亲合层析中常见的互为配基的物质

酶	底物的类似物、抑制剂,辅助因子	核酸	互补的碱基顺序、组蛋白、核酸聚合酶、连接蛋白
抗体	抗原、病毒、细胞	激素、维生素	受体、大体蛋白
外源凝集素	多糖、糖蛋白、细胞表面受体、细胞	细胞	细胞表面特异性蛋白、外源凝集素

选择配基时,应考虑以下几点:

(1) 配基与酶的亲合力;

(2) 配基与载体的结合方式。

目的酶与配基的亲合性吸附主要发生在酶活性部位与配基分子特定部位间。这个中间复合物的形成不仅要求保持酶分子四级结构的完整性,而且要求有足够的空间。而当配基被偶联到载体上之后,由于其固定化而不再像在溶液中那样可以自由地把其结构上的各个部位暴露于外。这时当目的酶与配基结合时,往往由于配基在载体上的紧密排列而造成空间障碍,从而使亲合吸附难以发生。如果我们在载体和配基之间引入手臂,情况将大为改善。这在下面的例子中表现得更明显:将配基 D-色氨酸甲基乙酯连到琼脂糖上之后,用以提纯 α-糜蛋白酶是无效的;而若在配基和琼脂糖之间加一个 ω-氨己酰作为"手臂",把 D-色氨酸甲基乙酰伸展出去,再用来对 α-糜蛋白酶进行亲合层析提纯,则很有效。这种现象在低亲合力的蛋白质-配基系统中或高分子质量酶蛋白分子的情况下,表现尤为明显,如图 2-37 所示。

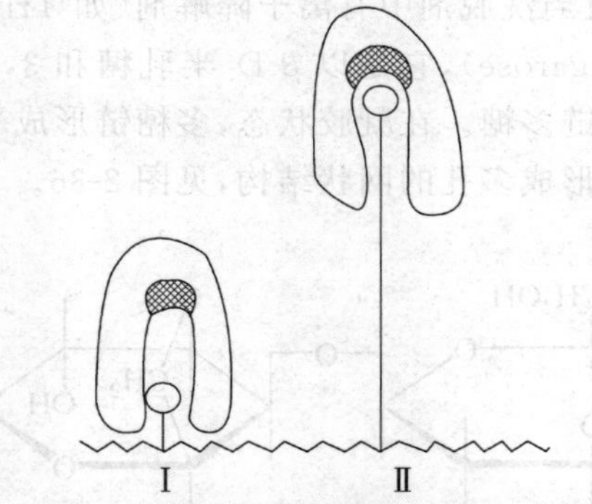

○代表配基;阴影代表配基和酶结合的部位;
Ⅰ表示配基直接与载体相连;
Ⅱ表示配基接在"手臂"上再与载体相连

图 2-37　在亲合层析中引入"手臂"的示意图

常用的"手臂"有:ω-氨烷基化合物,通式是 $NH_2(CH_2)_nR$,R 代表羧基或氨基,n 等于 2～12,是"手臂"的碳原子数,根据需要,它可以是 2,4,6 及 12,见图 2-38。

4) 高效液相色谱

高效液相色谱(high performance liquid chromatography,HPLC)是近年来迅速发展起来的一种新型分析分离技术,它具有效率高、速度快、灵敏度高、易于自动化等优点。

典型的 HPLC 仪器如图 2-39 所示。

高压泵以恒定的流量把储液槽中的液体经阻尼装置和混合器输入柱中。可调节泵的流速和压力。阻尼装置可使泵出的液体流速恒定(而不是脉冲式)。混合器可将两个泵的液体均匀混合,也可以在此加入样品。在泵和进样装置之间的压力表会显示出柱入口处的压力。

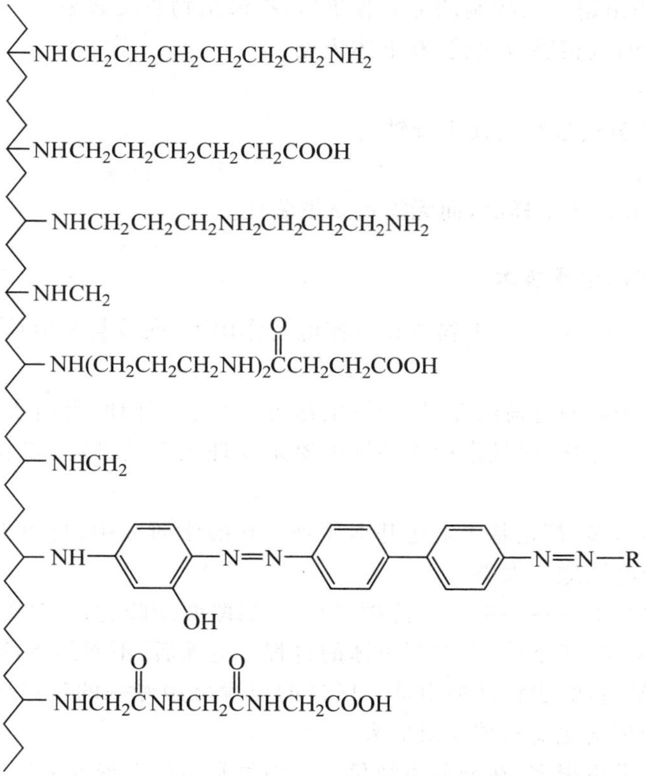

$-NHCH_2CH_2CH_2CH_2CH_2CH_2NH_2$

$-NHCH_2CH_2CH_2CH_2CH_2COOH$

$-NHCH_2CH_2CH_2NH_2CH_2CH_2CH_2NH_2$

$-NHCH_2$

$-NH(CH_2CH_2CH_2NH)_2\overset{O}{\overset{\|}{C}}CH_2CH_2COOH$

$-NHCH_2$

$-NH-C_6H_3(OH)-N{=}N-C_6H_4-C_6H_4-N{=}N-R$

$-NHCH_2\overset{O}{\overset{\|}{C}}NHCH_2\overset{O}{\overset{\|}{C}}NHCH_2COOH$

图 2-38 亲合层析中常用的“手臂”

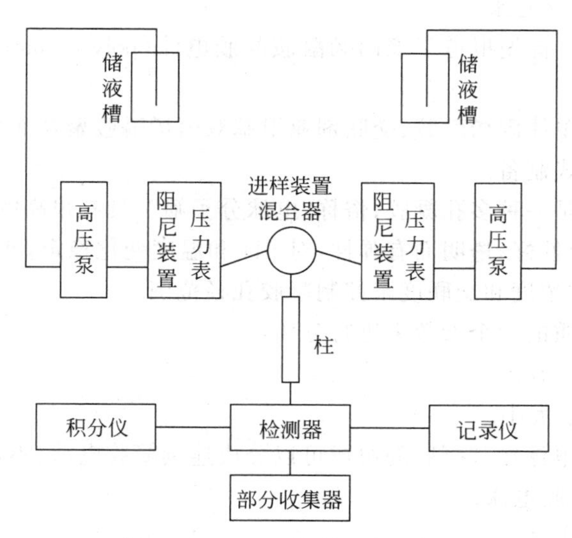

图 2-39 HPLC 仪器组成示意图

离开柱子后的样品组分，用检测器（紫外、荧光等）检测并用记录仪给出色谱图。也可用连续积分仪，把检测仪器给出的线性信号变成数字信号，从而给出各色谱峰的准确定量数值。若需收集样品,可采用由记录仪控制的部分收集器,把流出物收集起来。

HPLC与普通的液相层析比较,有下述优点:

(1) 分辨率高;

(2) 快速,整个分离过程仅几十分钟;

(3) 灵敏度高;

(4) 一根柱可分析多个样品,而无需重新填装柱。

4. 酶分离纯化的电泳技术

电泳(electrophoresis)是带电物质在直流电场作用下,向着与其电荷相反的电极移动的现象。

由于蛋白质分子表面电荷的差异,应用电泳方法可将不同的蛋白质分子分离开来。电泳法不仅可用于酶的纯化,而且常用于酶纯度鉴定及理化性质测定(如pI、亚基相对分子质量等)。

电泳方法种类繁多,都是基于上述基本原理。在酶学研究中,自由界面电泳很少应用,用得较多的是区带电泳这一大类。

区带电泳是样品溶液在一惰性支持物(如聚丙烯酰胺凝胶、淀粉凝胶、琼脂糖凝胶、醋酸纤维素薄膜、硅胶薄层、滤纸等)上进行电泳的过程。电泳后,不同的蛋白质组分被分离形成带状区间,故称区带电泳,也称区域电泳。区带的位置可用专一的蛋白质染料染色显示,有些也可利用伴有颜色变化的酶催化反应来显示。

区带电泳的种类也很多,在酶分离纯化工作中最常用的有聚丙烯酰胺凝胶电泳、等电聚焦等。

1) 聚丙烯酰胺凝胶电泳

1959年,B. J. Davis首先报道了聚丙烯酰胺凝胶电泳(polyacrylamide gel electrophoresis, PAGE)。

聚丙烯酰胺是由单体丙烯酰胺、交联剂亚甲基双丙烯酰胺聚合而形成的凝胶,常用化学聚合和光聚合两种方式制备。

聚丙烯酰胺凝胶是一种多孔凝胶,俗称"电泳分子筛",具有很高的分辨率。它的优点是机械强度好,化学稳定性好,透明而有弹性,对pH和温度变化稳定,非特异性吸附和电渗都很小,并且可通过单体浓度和交联度来控制凝胶孔径范围。

该法可根据蛋白质的两个参数来进行分离:

(1) 蛋白质的静电荷;

(2) 蛋白质的分子大小。

聚丙烯酰胺凝胶电泳按其凝胶的组成可以分成连续凝胶电泳、不连续凝胶电泳、浓度梯度凝胶电泳和SDS-凝胶电泳。

(1) 连续凝胶电泳

连续凝胶电泳采用相同浓度的单体和交联剂,用相同pH和相同浓度的缓冲溶液制备成连续均匀的凝胶,然后在同一条件下进行电泳。在电泳过程中,生物大分子按照分子大小和净电荷的不同而具有不同的迁移率,从而彼此相互分开,其原理示意图如图2-40所示。

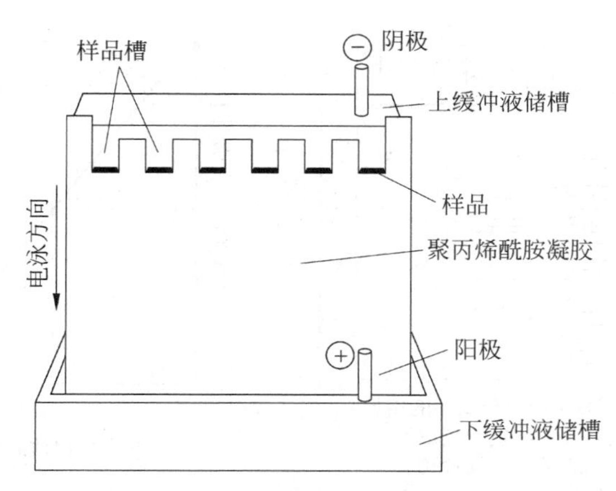

图 2-40 聚丙烯酰胺凝胶电泳

(2) 不连续凝胶电泳

所谓不连续，是指凝胶孔径大小、缓冲液成分及 pH 均不同，并在电场中形成不连续的电位梯度，从而使样品浓缩成一个极窄的起始区带。这样可以通过三个物理效应来提高分辨率：①浓缩效应；②分子筛效应；③电荷效应。

不连续凝胶电泳的凝胶层由上至下分别如下：

① 样品凝胶 为大孔胶，可将样品预先加在其中再聚合，可防止对流，避免样品跑到上面的缓冲液中。

② 浓缩凝胶 为大孔胶，样品容易进入，有防止对流作用，样品可在其中浓缩。

③ 分离凝胶 为小孔凝胶，样品在其中进行电泳和分子筛分离。

蛋白质分子在大孔凝胶中受到的阻力小，速度快，运动到小孔凝胶处遇到的阻力大，速度减慢，从而在大孔胶与小孔胶界面处就会使区带变窄。

(3) 浓度梯度凝胶电泳

浓度梯度凝胶电泳使用的凝胶，其丙烯酰胺浓度由上至下形成由低到高的连续梯度。梯度凝胶内部孔径由上而下逐渐减小，电泳后不同分子质量的物质停留在与其大小相对应的位置上，因此，浓度梯度凝胶电泳适用于测定蛋白质的分子质量。

2) SDS-聚丙烯酰胺凝胶电泳(SDS-PAGE)

在聚丙烯酰胺凝胶制备时，加入 1%～2%的十二烷基磺酸钠(sodium dodecyl sulfate, SDS)，制成 SDS-聚丙烯酰胺凝胶。SDS-聚丙烯酰胺凝胶电泳主要用于测定蛋白质的分子质量。

前已述及，蛋白质在聚丙烯酰胺凝胶电泳中，其迁移率主要决定于其所带的电荷以及分子的大小和形状。

1967 年，Shapiro 等发现，在聚丙烯酰胺凝胶中加入一定量的 SDS 后，蛋白质分子的电泳迁移率主要取决于其分子质量大小，而与分子形状及所带电荷无关。在一定条件下，对一定相对分子质量范围的蛋白质来说，其电泳迁移率与相对分子质量的对数呈直线关系，如图 2-41 所示。

SDS 是一种阴离子表面活性剂，在还原剂(如巯基乙醇)存在下，SDS 能破坏蛋白质亚

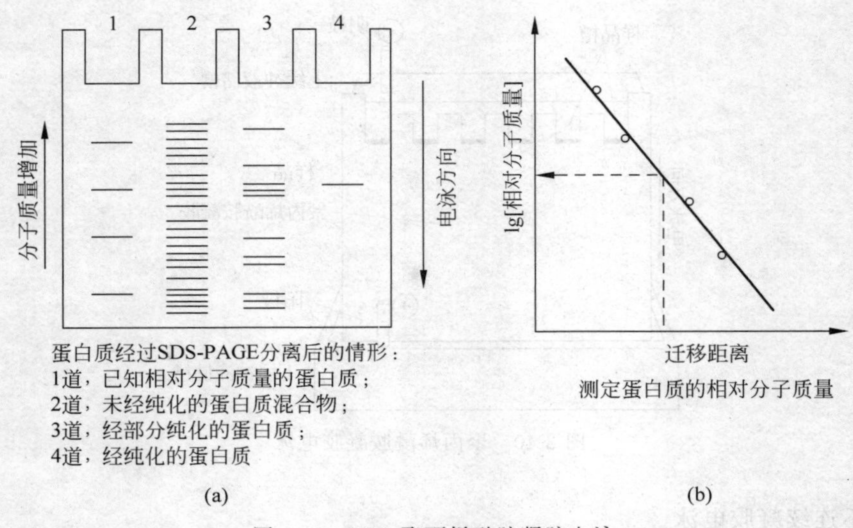

图 2-41 SDS-聚丙烯酰胺凝胶电泳

基间的非共价键，使含有亚基的蛋白质解离成单个的亚基。在一定条件下，1.4 g SDS 与 1 g 蛋白质或亚基结合形成 SDS-蛋白质复合物，由于 SDS 阴离子带负电荷，SDS-蛋白质复合物上结合的大量阴离子，掩盖了蛋白质之间原来的电荷的差异，而且 SDS 与蛋白质结合后，引起蛋白质构象的变化，在水溶液中都变成椭圆形，其短轴长度都为 18 Å 左右，而其长轴长度则与蛋白质分子质量成正比，为此，SDS-蛋白质复合物在凝胶电泳中的迁移率不再受其原有电荷和分子形状的影响，而只决定于蛋白质的分子质量，见图 2-42 和图 2-43。

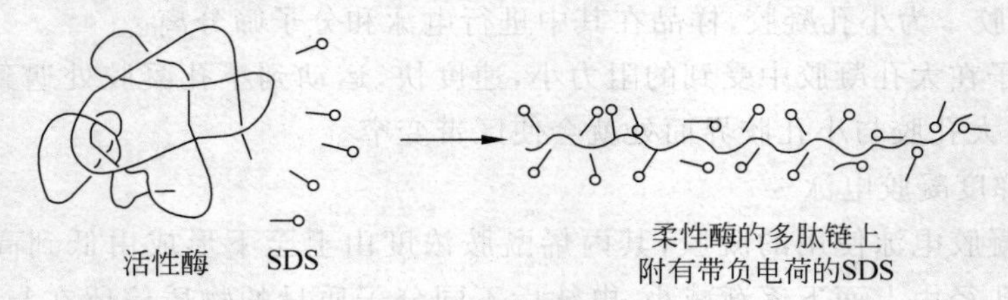

图 2-42 活性酶与 SDS 的反应

3）等电聚焦

等电聚焦是在 1966 年，Vesterberg 等合成载体两性电解质以后才发展起来的电泳技术，已成功地用于蛋白质的分离纯化及其等电点的测定。

基本原理为：带有电荷的蛋白质分子可在电场中泳动，其电泳迁移率随其所带电荷不同而彼此不同。等电聚焦就是在电解槽中放入载体两性电解质，当通以直流电时，即形成一个由阳极到阴极逐步增加的 pH 梯度。当把两性大分子放入此体系中时，不同的大分子即移动并聚焦于相当于其等电点 pH 的位置，从而达到以下两个目的：

（1）依等电点的不同将两性大分子彼此分开，分辨率高，可用于分析和制备。

（2）测定等电点，以鉴定蛋白质。在等电聚焦后，测定蛋白质最高浓度部位的 pH，即其等电点 pI 值。

等电焦聚法的分辨率可高达 0.01 pH 单位。

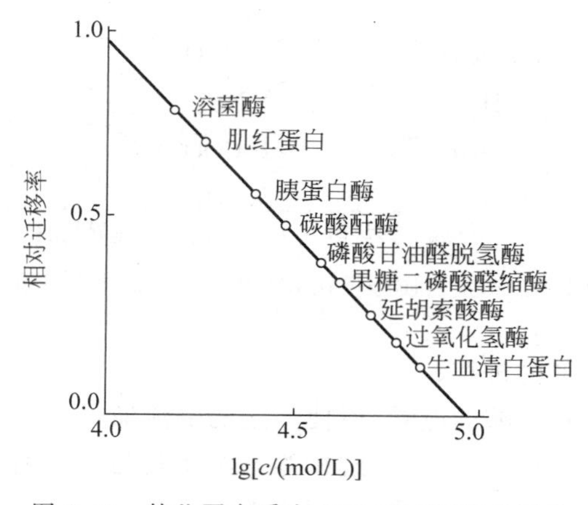

图 2-43　某些蛋白质在 SDS-PAGE 中的行为

在电场中，带正电荷的蛋白质向负极移动，反之亦然。这就是电泳。对于普通电泳，在直流电场中，pH 是均一的、相对稳定的，各种带电分子依其电荷符号和数量的不同，而向不同方向以不同速度移动。随着电泳时间和所走距离的加长，由于分子扩散，区带越走越宽。而等电聚焦的主要特点是在电泳槽中有一个从正极到负极 pH 逐渐增加的 pH 梯度。当蛋白质靠近正极时，处于低于其等电点的环境，带正电、向负极移动；反之，则向正极移动。最后都聚集在相当其等电点的位置上，不再移动。测出各聚焦区带处的 pH，便测出了它们的等电点，如图 2-44 所示。

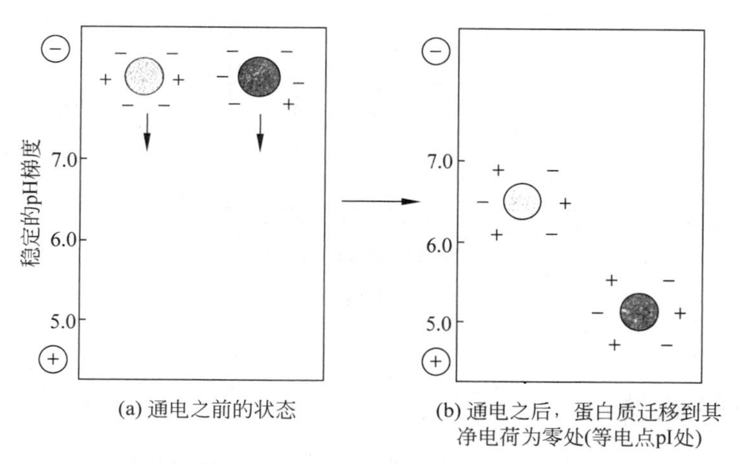

图 2-44　等电聚焦

载体两性电解质是具有 pH 梯度的物质，它是由多种氨基与羧基比例不同的多氨基多羧酸的混合物构成的。当在电场中通以直流电时，它们便依各自氨基与羧基比例的不同而按其等电点的次序排列，从而在两极间形成一个由阳极到阴极逐渐增加 pH 的平滑梯度。在防止对流的情况下，这种 pH 梯度是稳定的，只要有电流存在，它就保持不变。

在 pH 梯度中，蛋白质分子表面电荷变化示意图如图 2-45 所示。

理想载体两性电解质应具备的条件：

(1) 在等电点处必须有足够的缓冲能力，以便能使 pH 梯度稳定，不致被样品蛋白质或

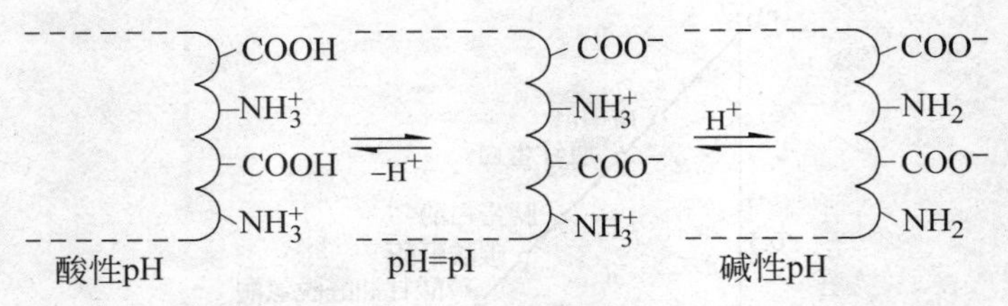

图 2-45 蛋白质分子在 pH 梯度中表面电荷变化

其他两性物质改变 pH 梯度的进程；

(2) 在等电点处必须有足够的电导，以使一定的电流通过；

(3) 分子质量要小，以便用分子筛或透析等方法将其与被分离的高分子物质分开；

(4) 化学组成应不同于被分离物质，以便不干扰其测定；

(5) 应不与被分离物质发生反应或使之变性。

在聚丙烯酰胺凝胶电泳(PAGE)的基础上，加入不同 pH 范围的载体两性电解质，便构成了按不同蛋白质 pI 对它们进行分析和鉴定的技术。1975 年，O'Farrell 等以 IEF 为第一向，以 SDS 为第二向进行了双向凝胶电泳，结合同位素标记技术，分离并检出了大肠杆菌细胞中存在的 1 100 多个蛋白质组分。图 2-46 为其原理示意图。

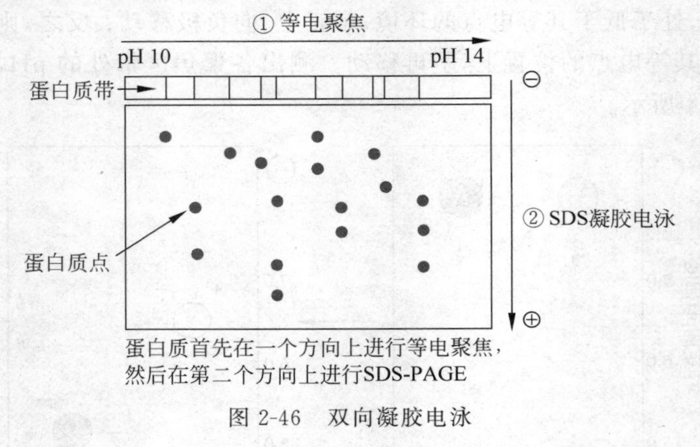

图 2-46 双向凝胶电泳

2.7 酶分子修饰

通过各种方法使酶分子结构发生某些改变，从而改变酶的某些特性和功能的过程，称为酶分子修饰。

酶是由各种氨基酸通过肽键连接而成的高分子化合物，具有完整的化学结构和空间结构。酶的结构决定了酶的性质和功能。只要使酶的结构发生某些精细的改变，就有可能使酶的某些特性和功能随着改变。

酶作为生物催化剂，具有催化效率高、专一性强和作用条件温和等显著的特点，但是在另一方面，酶也具有稳定性差、活力不够高等弱点，使酶的应用受到限制。为此，人们进行了酶分子修饰方面的研究。

酶分子经过修饰后，可以显著提高酶的使用范围和应用价值。例如可以提高酶活力，增加酶的稳定性，消除或降低酶的抗原性等。故此，酶分子修饰成为酶工程中具有重要意义和应用前景的领域。尤其是20世纪80年代以来，随着蛋白质工程的兴起与发展，可把酶分子修饰后的信息储存在DNA之中，经过基因克隆和表达，就可通过生物合成方法不断获得具有新的特性和功能的酶，使酶分子修饰展现出更广阔的前景。

酶分子修饰技术不断发展，修饰方法多种多样。主要有金属离子置换修饰、大分子结合修饰、肽链有限水解修饰、酶蛋白侧链基团修饰、氨基酸置换修饰以及物理修饰等。

就酶的改造而言，现在进行的工作有如下几个方面：

(1) 使酶的活性结构加固，增加其稳定性。酶的失效不外乎由下述四种原因引起：

① 活性中心中特定的氨基酸被修饰；

② 外界因素引起了立体障碍；

③ 酶蛋白变性引起高级结构改变；

④ 肽链被水解。

为增加酶的稳定性可采用以下办法：

① 选择相应的产酶菌，如耐热菌，耐酸、碱菌。

② 添加惰性蛋白、盐类、底物、辅酶等配体物质，以及某些有机溶剂如多聚醇等，并在低温下保存。

③ 添加强度变性剂，但这类方法目前还只有理论探索意义。其原理是酶的一级结构决定它们只选取在热力学上较稳定的特定的高级活性结构，因此当酶分子处于变性失效时，如果加入强度变性剂，使变性的酶分子进一步彻底松散，然后在需要活性酶的时候，再设法移去变性剂，使酶自然地恢复到活性结构。

④ 进行化学修饰，特别是进行分子内、分子间交联，使酶活性结构得到维持和加固。例如，用还原剂处理可以保持和恢复巯基酶的活性；将淀粉酶制成聚碳酸酯卤化衍生物后可以经受长时间高温处理；用戊二醛交联修饰的磷酸化酶在耐热、抗冷等方面有保护作用；可用右旋糖酐、肝素等修饰胰凝乳蛋白酶、枯草杆菌蛋白酶、尿激酶等以增强其稳定性。

(2) 改变酶的活性，其中包括某些调节酶在修饰后对效应物的反应性能的改变。化学修饰可以针对活性中心部位，也可以在活性中心以外的残基上进行，而且后者的可行性一般更大。但值得强调的是，控制修饰条件十分重要，修饰后酶的活性可能上升，也可能下降，专一性以及对辅助因子的要求都可能改变。

(3) 消除免疫性或抗原性以利于医疗应用。为此，可以用小分子试剂进行修饰。例如，用亚硝酸脱去天门冬氨酸酶N-末端异亮氨酸的氨基与赖氨酸的ε-氨基后，酶的活力不变，但它在体内的半衰期比天然酶长2倍，疗效也显著提高。这一修饰也可用水溶性大分子，特别是应用聚乙二醇进行保护性修饰。

近年来，由于化学修饰、基因工程，特别是蛋白质工程的发展，使我们可按需要定向改造酶，甚至创造出自然界尚未发现的新酶。通过对结构基因部位定向诱变，可以获得各种生化性能更佳的新酶品种。

对酶进行修饰的目的如下：

(1) 提高酶活力；

(2) 改进酶的稳定性；

(3) 允许酶在一个变化的环境中起作用；

(4) 改变最适 pH 或温度；

(5) 改变酶的特异性使它能催化不同底物的转化；

(6) 改变催化反应类型；

(7) 提高过程的反应效率。

2.7.1 酶分子的化学修饰

酶分子化学修饰的途径主要有主链的剪接切割、侧链的化学修饰及辅助因子置换。其目的在于改变酶的一些性质,创造出天然酶不具备的某些优良性状,扩大酶的应用以达到较高的经济效益。

酶分子化学修饰的常见方法有：

(1) 部分水解酶蛋白的非活性主链；

(2) 利用小分子或大分子物质对活性部位或活性部位以外的侧链基团进行共价修饰；

(3) 辅酶因子的置换。

酶分子中可被修饰的侧链包括：氨基(末端氨基及赖氨酸上的氨基)、巯基(半胱氨酸)、胱氨酸的二硫键、组氨酸的咪唑基、色氨酸的吲哚基、甲硫氨酸的硫醚键、羧基(天冬氨酸、谷氨酸及末端羧基)、精氨酸的胍基等。

常用的修饰试剂有以下几类：

(1) 酰化试剂,如琥珀酸酐对氨基的修饰；

(2) 烷化剂,如碘乙酸对巯基的修饰；

(3) 形成酯和酰胺的试剂,如用甲醇-盐酸对羟基的修饰；

(4) 氧化还原试剂,如巯基乙醇对二硫键的修饰；

(5) 亲电子试剂,如硫对酪氨酸的修饰。

对酶进行化学修饰时,应注意：

(1) 对修饰剂的要求　一般地,要求修饰剂具有较大的分子质量、良好的生物相容性和水溶性,修饰剂表面有较多的反应基团,且修饰后酶的半衰期较长；

(2) 对酶性质的了解　应熟悉酶活性部位的情况、酶反应的最适条件、酶分子侧链基团的化学性质以及反应活性等；

(3) 反应条件的选择　尽可能在酶稳定的条件下进行反应,避免破坏酶活性中心功能基团,因此须仔细控制反应体系中酶与修饰剂的比例、反应温度、反应时间、盐浓度、pH 条件,以得到酶与修饰剂高结合率及高酶活性回收率。

大多数酶经过修饰后,其性质会发生一些变化,如酶的热稳定性、抗各类失活因子能力、半衰期、最适 pH 等酶学性质。

一些酶经过化学修饰后其催化活性的变化见表 2-13。

表 2-13　酶的化学修饰对其催化活性的影响

酶	化学修饰	影　响
α-淀粉酶(枯草杆菌)	修饰活性部位的色氨酸	产物中葡萄糖和麦芽糖的百分比加大
α-胰凝乳蛋白酶	向反应混合物中加吡哆醛	可使带有自由氨基的 D-芳香族氨基酸酯水解,减少对正常底物的活力

续表

酶	化学修饰	影响
木瓜蛋白酶	用7-α-溴乙酰-10-甲基异嗯烷将活性部位的半胱氨酸烷基化	起始二氢尼古丁酰胺的氧化作用
凝乳酶	用各种酐进行酰化	使牛奶凝结力增加100%以上

2.7.2　酶分子的生物修饰

生物酶工程又称高级酶工程，它是酶学和以基因重组技术为主的现代分子生物学技术相结合的产物。

重组DNA技术的建立，使人们在很大程度上摆脱了对天然酶的依赖，特别是当从天然材料获得酶蛋白极其困难时，重组DNA技术更显示出其独特的优越性。

该技术在分子水平上直接操作DNA，是生物科学中最精细、最先进技术的综合。它是在分子水平上，把某种生物的基因转移到另一种生物细胞中去，并在新细胞中扩增和表达。因此，是理想的改造酶的新方法。

自从基因工程技术于20世纪70年代问世以来，酶学进入了一个十分重要的发展时期。它的基础研究和应用领域正在发生革命性的变化，生物酶工程的诞生充分体现了基因工程对酶学的巨大影响。如图2-47所示生物酶工程主要包括三个方面：

(1) 用基因工程技术大量生产酶(克隆酶)；

(2) 修饰酶基因，产生遗传修饰酶(突变酶)；

(3) 设计新酶基因，合成自然界从未有过的新酶。

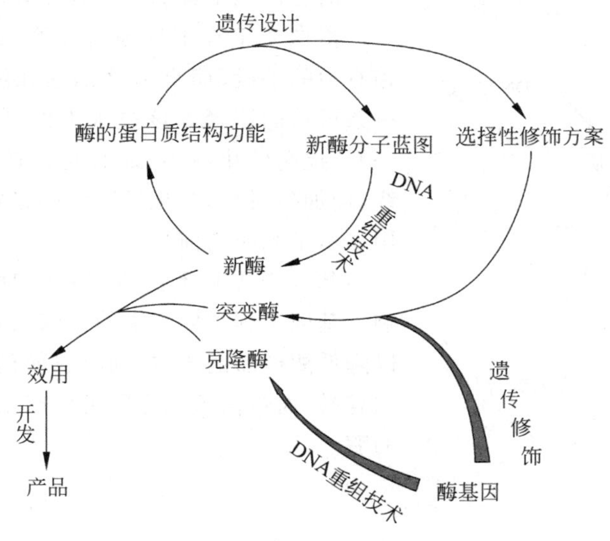

图2-47　生物酶工程示意图

近10年来，该技术的发展使得人们较容易地克隆各种各样天然的酶基因，使其在微生物中高效表达，并通过发酵进行大量生产。

酶基因克隆及表达的大致步骤如图2-48所示。

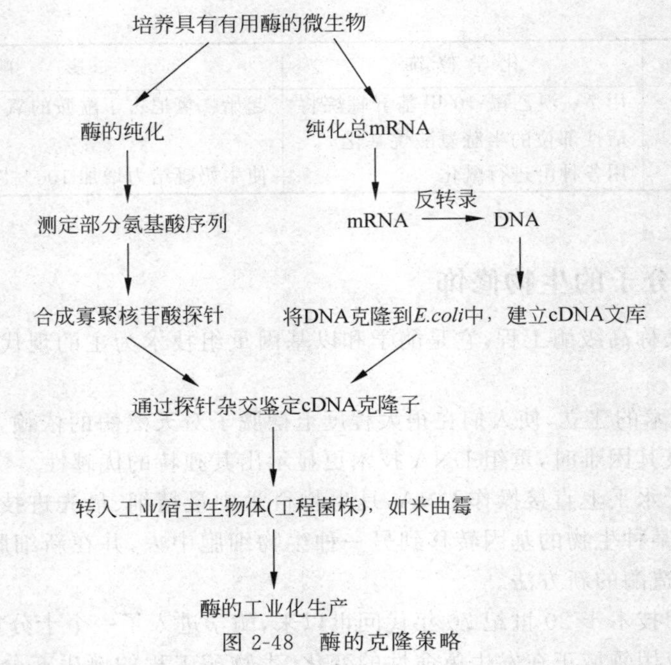

图 2-48 酶的克隆策略

酶的蛋白质工程是在基因工程的基础上发展起来的，而且仍然需要应用基因工程的全套技术。所不同的是，基因工程的目的在于高效率表达某些目的酶(蛋白质)，而蛋白质工程则是通过结构基因的改造达到修饰蛋白质分子结构，从而改变该蛋白质的性能甚至创造出自然界中尚未发现的新蛋白质的目的。

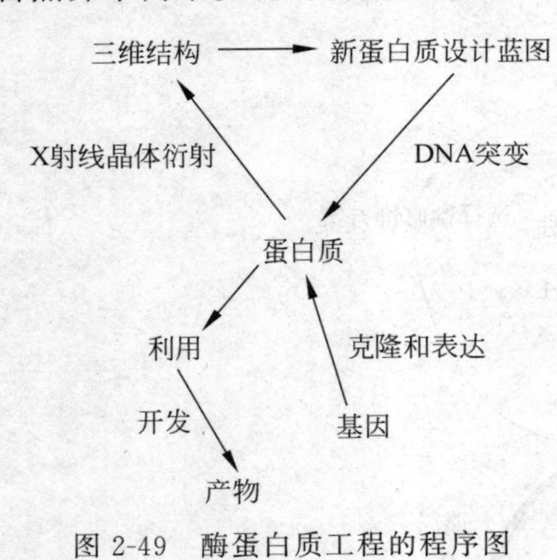

图 2-49 酶蛋白质工程的程序图

酶蛋白质工程的工作程序如图 2-49 所示。

蛋白质工程不仅为研究酶的结构与功能提供了强有力的手段，而且为修饰已知酶，创造新酶开辟了一条可行的途径。该技术不但可以改变酶的底物专一性，提高催化活力，而且可以改变酶的 pH 作用曲线，增加酶对物理、化学因素的稳定性，为酶的工业应用显示了光明的前景。

基因工程和蛋白质工程将对酶工业产生重大影响。基因工程主要解决的是酶大量生产的问题，它可以降低酶产品的成本，同时也使稀有酶的生产变得更加容易，而蛋白质工程则可生产出完全符合人们要求的酶。

2.8 酶固定化

随着酶学研究的不断深入和酶工程的发展，工业化生产的酶越来越多，酶的应用也越来越广泛。酶在食品、轻工、医药、化工、分析检测、环境保护和科学研究等方面的应用均已取得了显著的成效。然而在使用酶的过程中，人们也注意到酶的一些不足之处。例如：

（1）酶的稳定性较差，在温度、pH 和无机离子等外界因素的影响下，容易变性失活。

（2）酶一般都是在水溶液中与底物反应，这样酶在反应系统中，与底物和产物混在一起，反应结束后，即使酶仍有较高的活力，也难于回收利用。这种一次性使用酶的方式，不仅使成本较高，而且难于连续化生产。

（3）酶反应后杂质与产物混在一起，给进一步的分离纯化带来一定的困难。

为此，人们针对酶的不足寻求其改善方法。其办法之一就是固定化技术的应用。

固定化酶的研究始于 20 世纪 50 年代，1953 年，德国的 Grubhofer 和 Schleith 采用聚氨基苯乙烯树脂为载体，经重氮化活化后，分别与羧肽酶、淀粉酶、胃蛋白酶、核糖核酸酶等结合，而制成固定化酶。1969 年，日本的千烟一郎首次在工业生产规模应用固定化氨基酰化酶从 DL-氨基酸连续生产 L-氨基酸，实现了酶应用史上的一大突破。此后，固定化技术迅速发展，促使酶工程作为一个独立的学科从发酵工程中脱颖而出。在 1971 年召开的第一届国际酶工程学术会议上，确定固定化酶的英文名称为 immobilized enzyme。

固定化酶是指固定在载体上并在一定的空间范围内进行催化反应的酶。固定化酶既保持了酶的催化特性，又克服了游离酶的不足之处，具有增加稳定性，可反复或连续使用以及易于和反应产物分离等显著优点。

用于固定化的酶，起初采用的都是经提取和分离纯化后的酶。随着固定化技术的发展，也可采用含酶菌体或菌体碎片进行固定化，直接应用菌体或菌体碎片中的酶或酶系进行催化反应，称为固定化菌体或称固定化死细胞。1973 年，日本首次在工业上成功地应用固定化大肠杆菌菌体中的天门冬氨酸酶，由反丁烯二酸连续生产 L-天门冬氨酸。

2.8.1 固定化方法

将酶与水不溶性的载体结合，制备固定化酶的过程称为酶的固定化。

固定在载体上并在一定的空间范围内进行催化反应的酶称为固定化酶。

固定化所采用的酶，可以是经提取分离后得到的有一定纯度的酶，也可以是结合在菌体（死细胞）或细胞碎片上的酶或酶系。固定在载体上的菌体或菌体碎片称为固定化菌体，它是固定化酶的一种形式。在固定化细胞（活细胞）出现之前，也有人将固定化菌体称为固定化细胞。

固定化酶和固定化菌体都是以酶的应用为目的，其制备方法和应用方法基本相同。

酶的固定化方法多种多样，新的方法层出不穷。但归纳起来可分为三类，即吸附法、结合法和包埋法（图 2-50）。

1. 吸附法

利用各种固体吸附剂将酶或含酶菌体吸附在其表面上而使酶固定化的方法称为物理吸附法，简称为吸附法。

物理吸附法常用的吸附剂有活性炭、氧化铝、硅藻土、多孔陶瓷、多孔玻璃、硅胶、羟基磷灰石等。

吸附法制备固定化酶或细胞，操作简便，条件温和，不会引起酶变性失活，载体廉价易得，而且可反复使用。但由于靠物理吸附作用，结合力较弱，酶与载体结合不牢固而容易脱落，所以使用受到限制。

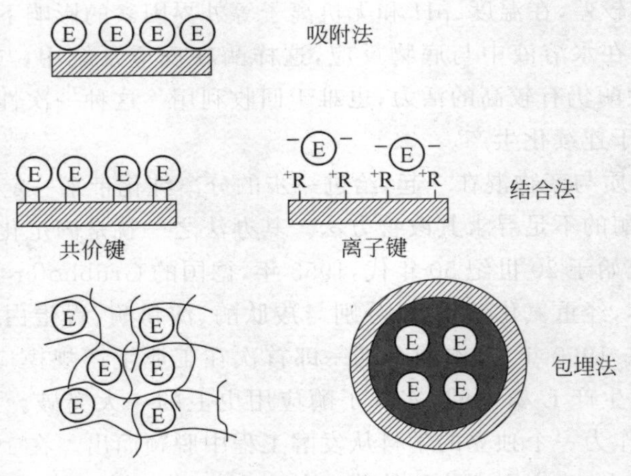

图 2-50 固定化方法

2. 包埋法

将酶或含酶菌体包埋在各种多孔载体中，使酶固定化的方法称为包埋法。

包埋法使用的多孔载体主要有琼脂、琼脂糖、海藻酸钠、角叉菜胶、明胶、聚丙烯酰胺、光交联树脂、聚酰胺、火棉胶等。

包埋法制备固定化酶或固定化菌体时，根据载体材料和方法的不同，可分为凝胶包埋法和半透膜包埋法两大类。

1）凝胶包埋法

凝胶包埋法是指将酶或含酶菌体包埋在各种凝胶内部的微孔中，制成一定形状的固定化酶或固定化菌体，大多数为球状或片状，也可按需要制成其他形状。

常用的凝胶有琼脂凝胶、海藻酸钙凝胶、角叉菜胶、明胶等天然凝胶以及聚丙烯酰胺凝胶、光交联树脂等合成凝胶。天然凝胶在包埋时条件温和，操作简便，对酶活性影响甚少，但强度较差。而合成凝胶的强度高，对温度、pH 变化的耐受性强，但需要在一定的条件下进行聚合反应，才能把酶包埋起来。在聚合反应过程中往往会引起部分酶的变性失活，应严格控制好包埋条件。

2）半透膜包埋法

半透膜包埋法是指将酶包埋在由各种高分子聚合物制成的小球内，制成固定化酶。

常用于制备固定化酶的半透膜有聚酰胺膜、火棉胶膜等。

半透膜的孔径为几十至几百纳米，比一般酶分子小，固定化的酶不会从小球中漏出来。只有小于半透膜孔径的小分子底物和小分子产物可以自由通过半透膜，而大于半透膜孔径的大分子底物或大分子产物却无法进出。因此，半透膜包埋法仅适用于底物和产物都是小分子物质的酶的固定化，例如脲酶、天门冬酰胺酶、尿酸酶、过氧化氢酶等。

半透膜包埋法制成的固定化酶小球，直径一般只有几微米至几百微米，称为微胶囊。制备时，一般将酶液分散在与水互不相溶的有机溶剂中，再在酶液滴表面形成半透膜，将酶包埋在微胶囊之中。

3. 结合法

选择适宜的载体,使之通过共价键或离子键与酶结合在一起的固定化方法称为结合法。根据酶与载体结合的化学键不同,结合法可分为离子键结合法和共价键结合法。

1) 离子键结合法

通过离子键使酶与载体结合的固定化方法称为离子键结合法。

离子键结合法所使用的载体是某些不溶于水的离子交换剂,常用的有 DEAE-纤维素、TEAE-纤维素、DEAE-葡聚糖凝胶等。

用离子键结合法进行酶固定化,条件温和,操作简便。只需在一定的 pH、温度和离子强度等条件下,将酶液与载体混合搅拌几个小时,或者将酶液缓慢地流过处理好的离子交换柱,就可使酶结合在离子交换剂上,制备得到固定化酶。

用离子键结合法制备的固定化酶,活力损失较少。但由于通过离子键结合,结合力较弱,酶与载体的结合不牢固,在 pH 和离子强度等条件改变时,酶容易脱落。所以用离子键结合法制备的固定化酶,在使用时一定要严格控制好 pH、离子强度和温度等操作条件。

2) 共价键结合法

通过共价键将酶与载体结合的固定化方法称为共价键结合法。

共价键结合法所采用的载体主要有纤维素、琼脂糖凝胶、葡聚糖凝胶、甲壳质、氨基酸共聚物、甲基丙烯醇共聚物等。

酶分子中可以形成共价键的基团主要有氨基、羧基、巯基、羟基、酚基和咪唑基等。

要使载体与酶形成共价键,必须首先使载体活化,即借助于某种方法,在载体上引进某一活泼基团。然后此活泼基团再与酶分子上的某一基团反应,形成共价键。

使载体活化的方法很多,主要的有重氮法、叠氮法、溴化氰法和烷化法等。

比较各种类型固定化方法的特点,可以为选择适合的方法提供必要的依据。表 2-14 对各类方法作了简要的比较。

表 2-14 各类固定化方法的优缺点比较

特　点	吸附法	包埋法	共价结合法
制备难易	易	易	难
结合力	弱	强	强
酶活力	高	高	中
底物专一性	无变化	无变化	变化
再生	可能	不可能	不可能
固定化费用	低	中	中

4. 新型固定化方法与纳米材料固定化酶

1) 新型固定化方法

近年来,在现有的固定化技术的基础上,又发展出一些新型固定化技术和方法,如定点固定化、利用等离子体技术固定化、酶结晶交联固定化、多酶系统共固定化等。上述常用的固定化方法多利用酶分子上的氨基进行固定化。由于酶分子常带有多个氨基，造成固定化酶在载体上有多种取向，形成随机固定化，这通常会造成酶活性的损失。定点固定化可以使酶分子在载体表面形成高度有序的酶分子二维排列，而提高固定化酶的活性。其中生物素-亲合素亲合法得到广泛的关注。这种方法将生物素融合在酶分子的N-末端或C-末端，利用生物素和亲合素的亲合性，将酶分子定点固定在带有亲合素的载体材料上。

等离子体技术能够产生各种能量粒子对载体材料进行表面修饰，引入羟基、氨基、羧基、羰基等，然后利用共价耦联或交联法实现酶的固定化。

酶结晶交联技术是先将酶结晶，再对酶分子进行交联处理的固定化技术。这种技术酶活性损失较少，且稳定性好，是一种很有前景的酶固定化技术。因为酶的结晶技术要求很高，作为一种替代，也可采用酶沉淀交联技术。

多酶体系普遍存在于自然界中，生物体中的物质代谢和自然界中生物的共生现象都是由各种各样的多酶体系所维系的。它是一个高效而精确的系统，高度协调地维持着一系列酶反应之间的平衡。微生物体内多酶体系在催化过程中表现出高选择性、高效率和高协调性，为构建多酶反应体系、优化改造生物催化过程提供了借鉴。因此，将两种或多种有联系的酶共同固定化构成更为复杂的生物转化系统，同时将复杂的生物反应过程简化，形成了酶固定化研究的新方向。

与单一酶固定化相比，多酶系统共固定化具有下列的优点：①将不同酶的催化特性有机结合起来，共同对底物发生作用；②多酶共固定化提供了一个多酶的微环境，一个酶的产物是另一个酶的底物，这样就减少了底物扩散的阻力和时间，极大地提高了催化效率；③有利于产物的测定、分离。典型的多酶系统共固定化是各种过氧化物酶与葡萄糖氧化酶的共固定化，利用葡萄糖氧化酶产生的 H_2O_2 来启动过氧化物酶的催化反应循环，避免了因补加 H_2O_2 对过氧化物酶活性的影响，提高了过氧化物酶的稳定性。

2）纳米材料固定化酶

纳米材料是20世纪80年代中期发展起来的新型材料，纳米微粒（1～100nm）具有独特的结构状态与物理化学性质。近年来，随着纳米技术的发展，多种纳米材料被用于固定化酶，包括纳米金属、纳米金属氧化物、磁性纳米颗粒、多孔与有机聚合物纳米颗粒等（表2-15），显示了独特的优势。这些优势包括高比表面积带来的高固定化酶负荷与单位活性、高机械强度、高效电子转移促进作用、在无水有机溶剂中维持转化功能等。纳米材料固定化酶在溶液中呈布朗运动，在水溶液中其活性往往高于自由酶。磁性纳米颗粒固定化酶还可以通过加磁场的方式回收，具有良好的分离性能。一些研究表明，固定化在纳米颗粒上的酶蛋白可以很好地维持其高级结构，从而提高其稳定性与催化性能。

前面介绍的各种常用固定化方法与新型固定化方法在纳米材料固定化酶中均有应用，一些特殊方法，如场增强固定化方法在纳米材料固定化酶中也有研究与应用。

目前，纳米材料固定化酶的研究与应用热点是生物传感器、生物转化与蛋白质组学分析。

但纳米颗粒固定化酶也有一些不足，比如制备成本高等。

表 2-15 纳米材料固定化酶及其应用

酶	纳米材料	应用
酪氨酸酶(tyrosinase)	SWNT(单壁碳纳米管)	多巴胺传感器
葡萄糖氧化酶(glucose oxidase)	SWNT	生物传感器
	双金属硅纳米颗粒	葡萄糖检测
	石墨氧化物/氢氧化钴/几丁质复合物	葡萄糖燃料电池
辣根过氧化物酶(horse radish peroxidase)	SWNT	过氧化氢检测
乙酰胆碱酯酶(acetylcholinesterase)	MWNT(多壁碳纳米管)	有机磷农药和神经药剂检测
	硅溶胶-凝胶	马拉硫磷与高灭磷检测
	纳米锌颗粒	毒死蜱与卡巴呋喃检测
乙醇脱氢酶(alcohol dehydrogenase)	磁性纳米颗粒	7-甲氧基-2-四氢萘酮还原
酯酶 Lipase	聚丙烯腈纳米纤维	三油酰甘油酯的酯基转移
漆酶(laccase)	SWNT	复合燃料电池
α-淀粉酶(α-amylase)	磁性 Fe_2O_3 纳米颗粒	淀粉水解
胰蛋白酶(trypsin)	磁性纳米颗粒	蛋白质消化

在实际工作中若要进行某种酶的固定化研究，首先必须对酶的性质有所了解，然后根据实际条件和要求，选择适当的固定化方法，这样才可能得到预期的效果。这里所说的酶的性质主要是：

(1) 酶的稳定性，包括热稳定性、pH 稳定性、对某些化学试剂的敏感性；

(2) 酶的活性中心和必需基团的性质；

(3) 酶的抑制剂和激活剂；

(4) 载体的来源、价格、机械性能、载体的功能基团和交联度等。

如果是制备生产上应用的固定化酶，显然必须优先考虑使用试剂和原材料易得、便宜、制备简便易行的固定化方法。

酶固定化之后，首先应当测定固定化酶的活力，以确定固定化过程的活力回收率。然后研究它的最适反应条件(底物浓度、pH、温度、离子强度等)，考察固定化酶的稳定性，探讨不稳定原因，以便改善载体和微环境的理化性质。

2.8.2 固定化酶性质的变化

酶经过固定化后，其催化反应特征会发生变化，具体表现主要有以下几方面：

1) 酶活力回收率变化

酶活力回收率是指固定化酶所保留下来的酶的活力与游离酶在固定化之前的酶活力之比，也叫固定化效率、残存活力等。

游离酶经过固定化后，酶活力往往下降。

2) 底物专一性变化

对于作用于大分子底物的酶，当其固定化于水不溶性载体之后，往往由于空间障碍，而使酶对分子质量大的底物的催化活性大大下降。

3）反应的最适 pH 变化

酶固定化后的反应最适 pH 往往会发生不同程度的变化。

4）反应最适温度的变化

固定化酶的最适反应温度，往往高于游离酶的最适反应温度。

5）米-门常数变化

酶被固定化后，米-门常数的变化仍是考察酶与底物的反应性能的重要参数。这种变化可以从表 2-16 所列的固定化酶的 K'_m 值与游离酶的 K_m 值之比值看出。

表 2-16　某些固定化酶 K'_m 与游离酶 K_m 的变化

酶	载体	固定化方法	底物	K_m/(mmol/L)	K'_m/K_m
无花果酶	醋酸纤维素	肽键结合法	苯甲酰精氨酸乙酯		0.9
肌酸激酶	醋酸纤维素	肽键结合法	ATP、肌酸		10
天冬酰胺酶	尼龙或聚脲	微胶囊	ASn		10^2
氨基酰化酶	DEAE-葡聚糖			8.7	1.53
	DEAE-纤维素			3.5	0.61
木瓜蛋白酶	火棉胶	酶膜(厚 470 μm)	苯甲酰精氨		4.8
		(155 μm)	酰胺		1.8
		(49 μm)			1.1
碱性磷酸酯酶	火棉胶	酶膜(厚 8.8 μm)	p-硝基苯		306
		(2.6 μm)	磷酸		89
		(1.6 μm)			54

表 2-16 表明：不同载体、不同固定方法，可以使米-门常数发生不同程度的改变；不同的酶用相同的载体、相同的固定化方法固定化，米-门常数也有不同的变化。总的来说，酶在固定化以后，一般都表现为 K_m 值增大，即 K'_m/K_m 大于 1。

对 K_m 值的变化有各种解释，但主要从载体电荷性质与底物电荷性质的异同来推测。如醋酸纤维素为多价阴离子载体，无花果酶的底物苯甲-L-精氨酶乙酯带正电荷，故静电引力作用有助于底物向酶分子移动，表观 K_m 值减少。

微胶囊固定化酶多表现为 K_m 值增大现象，底物进入微胶囊的障碍所造成的底物浓度低于游离酶的底物浓度可能是主要原因。

6）最大反应速度的变化

固定化酶的最大反应速度（v'_{max}）与游离酶的 v_{max} 值大多基本相同，少数例外。例如，用多孔玻璃的重氮化结合法所得的固定化转化酶的 v_{max} 没有变化，而用聚丙烯酰胺凝胶包埋的同一种酶的 v'_{max} 值，则比游离酶的 v_{max} 值增大 30 倍。

总之，固定化酶的反应特征与溶液酶相比，总会在某些方面有所不同，至于引起这种变化的机理探讨，目前则还很肤浅。所以对固定化酶设计的理论指导作用有限，这是值得引起重视的问题。

2.9　酶反应器

2.9.1　酶反应器的类型

以酶为催化剂进行反应所需要的设备称为酶反应器。

酶反应器(生物反应器)是使生物工程技术转化为产业的关键技术。

酶反应器的种类很多,如图 2-51 所示。

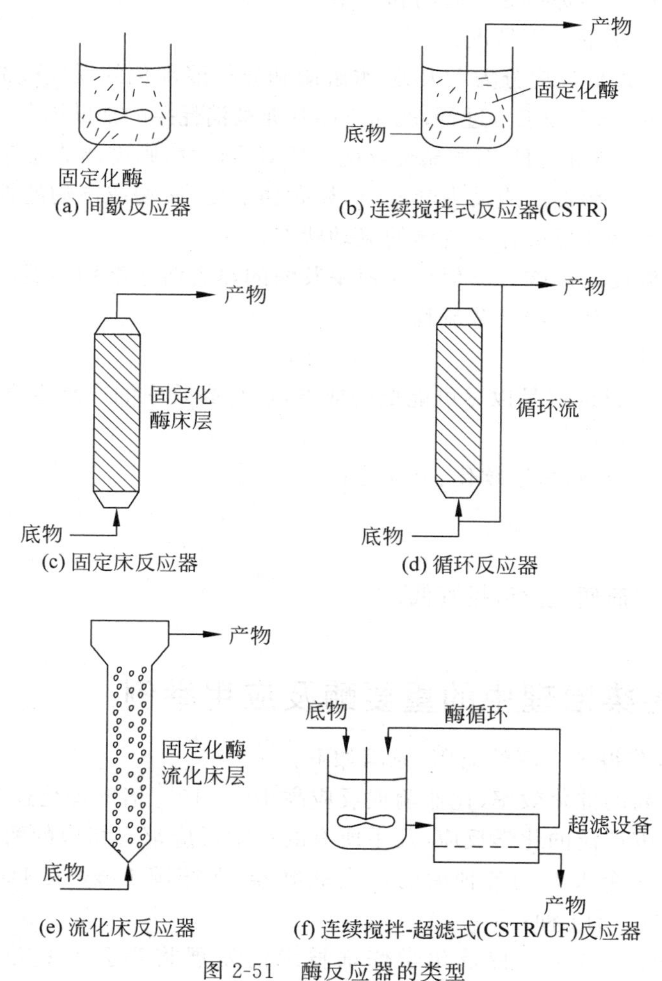

图 2-51　酶反应器的类型

酶反应器型式的选择应综合考虑如下因素:

(1) 催化剂的形状和大小;

(2) 催化剂的机械强度和密度;

(3) 反应操作的要求(如 pH 是否可控制);

(4) 防止杂菌污染的措施;

(5) 反应动力学方程的类型;

(6) 底物（溶液）的性质；

(7) 催化剂的再生、更换的难易；

(8) 反应器内液体的塔存量与催化剂表面积之比；

(9) 传质特性；

(10) 反应器制造成本和运行成本。

2.9.2 酶反应器的设计原则

酶反应器设计的基本原则是：通用和简单。

在进行设计前应了解以下情况：

(1) 反应类型　酶促反应分为六大类，水解酶和异构酶催化的反应较简单。而另一些酶类需辅助因子，为维持反应的正常进行，就需不断补充被消耗掉的辅助因子。有些酶促反应会产酸、产碱，改变反应系统的pH，有些酶促反应会耗氧或产气，则需调节通气量，控制氧分压。

(2) 动力学性质　酶促反应动力学性质，如底物浓度、底物或产物的抑制、扩散作用等。

(3) 反应器的类型及反应器内流体的流动状态。

(4) 热传递及温度的影响　酶促反应速率及酶的热失活速率均与温度有关。

(5) 需要的生产量和生产工艺流程。

(6) 操作稳定性。

酶反应器的设计目标就是以尽可能低的成本，进行高效率的产品生产。其要求是：

(1) 容积生产率高；

(2) 反应条件易控制，易连续化、自动化；

(3) 耗能低；

(4) 污染少；

(5) 反应器加工简便，易行，投资低。

2.10 环境污染治理中的重要酶及应用举例

酶在各个领域获得了广泛的应用，原因如下：

(1) 酶具有很高的催化效率（比非酶促反应高 $10^9 \sim 10^{12}$ 倍的催化速率）；

(2) 可催化范围广泛的化学反应（几乎所有的化学反应都有相应的酶促反应）；

(3) 大自然是一个天然的各种酶的巨大储藏器，在德国 Enzyme Database -BRENDA 中，目前收录的酶有 7 314 种；

(4) 基因工程、蛋白质工程及化学修饰技术的发展将为我们提供更多的定向改造了的酶。

工业上使用的主要酶类有氧化还原酶、转移酶、水解酶、裂解酶、合成酶、异构酶。表 2-10 列出了工业上应用的主要酶类及其来源，其中 85% 是水解酶类，如 α-淀粉酶，β-淀粉酶、纤维素酶、蛋白酶等。水解酶中有 70% 为蛋白水解酶，26%为碳水化合物水解酶，4%为脂类水解酶。只有少数氧化还原酶具有商品意义。

酶在环境污染防治的一些领域具有突出的应用优势，相关研究也一直受到研究者的关注。但由于成本及一些技术原因，实际应用的案例尚不多见。

生物处理技术是去除不同介质中污染物最有效的方法，认识酶在各种生物处理过程的作用机理，对于提高生物处理效能十分重要。随着分析手段的进步，近年来相关研究也取得了一些进展，比如对于氨氧化过程、N_2O 排放过程中酶的作用机理与控制方法等。

本节以腈化物降解酶与氨氧化酶为例，讨论了酶在环境领域的应用研究进展，在腈化物降解酶部分，重点讨论了其应用领域与相关酶的酶学特性。在氨氧化酶部分，讨论了相关酶的酶学特性与基因特性。之后，讨论了酶在水处理与土壤修复中的应用。

2.10.1　腈化物降解酶

1. 概述

腈化物(nitrile)是指含有氰基的有机化合物(R—CN)，是化学工业中广泛生产和使用的一类有机物。腈化物(如乙腈、丙腈、丁腈、丙烯腈等)是重要的化工和化纤工业原料。例如，乙腈用作溶剂，己二腈用作合成尼龙-6,6 的前体物，丙烯腈用作合成丙烯酸系纤维和塑料的前体物，有机腈类除草剂(如 2,6-二氯苯基腈、3,5-二溴-4-羟基苯基腈等)，也广泛用于农业生产(如水稻、小麦、大麦、玉米等)。随着社会经济的发展，这些腈化物的工业产量和用量不断增加，已经广泛分布在环境中。在这些腈化物的生产过程中会产生并排放大量的废水，如果不适当控制，最终也会进入环境。此外，环境中的腈化物还可以由植物产生，也可以是微生物代谢的中间产物。大多数有机腈化物具有强烈的生物毒性、致癌性和致突变性。因此，需要对环境中(如土壤等)及工业废水中的这些腈化物进行有效的处理、处置。

腈化物经过酶催化转化可能形成的产物如图 2-52 所示。

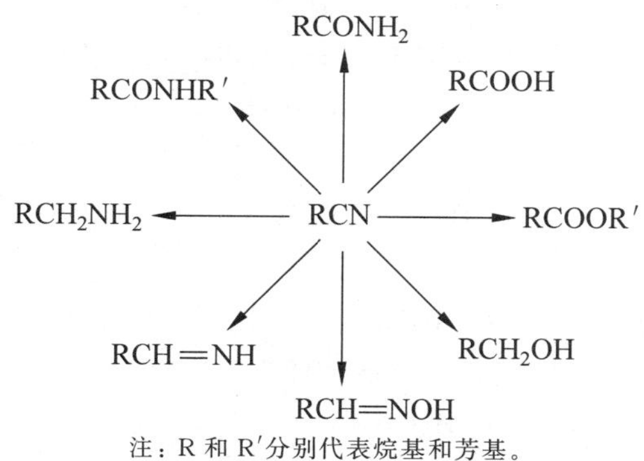

注：R 和 R′分别代表烷基和芳基。

图 2-52　腈化物酶催化转化的反应产物

2. 腈化物降解酶的分布及主要应用领域

腈化物降解酶包括腈化物水解酶(nitrilase)(EC 3.5.5.1)、腈化物水合酶(nitrile hydratase，NHase)(EC 4.2.1、84)和酰胺酶(amidase)。在植物和真菌中能够检测出腈化物降解酶活性的相对较少，在细菌中则可以经常检测到腈化物降解酶的活性。研究表明，可以检测到腈化物水合酶活性的细菌包括 *Acinetobacter*，*Arthrobacter*，*Bacillus*，*Comamonas*，*Corynebacterium*，*Rhodococcus* *Pseudonocardia*，*Klebsiella*，*Nocardia* 以及 *Pseudomonas* 等，它们可以利用腈化物作为唯一的碳源和氮源进行代谢。腈化物降解酶在微生物中的生理作用目前尚不清楚。在植物中,腈化物降解酶用于营养物代谢,特别是 glucosinolates 的降解和吲哚乙酸的合成。在某些更高等的植物中,需要腈化物降解酶用于氰化物的脱毒。

从 *Bacillus pallidus* 分离纯化的腈化物水合酶的底物专一性总结于表 2-17。

表 2-17 从 *Bacillus pallidus* 分离纯化的腈化物水合酶的底物专一性

腈化物	分子式	30 min 内底物被利用的比例/%
直链饱和腈化物		
acetonitrile	CH_3CN	28.2 ±1.1
propionitrile	CH_3CH_2CN	19.3 ±1.9
butyronitrile	$CH_3CH_2CH_2CN$	25.9±2.6
3-hydroxypropionitrile	$HOCH_2CH_2CN$	0.0
4-chlorobutyronitrile	$ClCH_2CH_2CH_2CN$	17.4±1.2
valeronitrile	$CH_3CH_2CH_2CH_2CN$	22.9±3.4
支链饱和腈化物		
isovaleronitrile	$(CH_3)_2CHCH_2CN$	0.0
isobutyronitrile	$CH_3(CH_3)CHCN$	17.9±3.0
直链不饱和腈化物		
acrylonitrile	$CH_2{=}CHCN$	36.9±0.9
allyl cyanide	$CH_2{=}CHCH_2CN$	19.3±1.0
crotonitrile(isomer x)a	$CH_3CH{=}CHCN$	38.4±0.5
crotonitrile(isomer y)a	$CH_3CH{=}CHCN$	56.2±0.3
trans-3-pentenenitrile	$CH_3CH{=}CHCH_2CN$	10.9±0.8
2-pentenenitrile	$CH_3CH_2CH{=}CHCN$	8.0±0.3
支链不饱和腈化物		
methacrylonitrile	$CH_2{=}C(CH_3)CN$	36.5±3.6
环/芳香腈化物		
benzonitrile	C_6H_5CN	0.0
cinnamonitrile	$C_6H_5CH{=}CHCN$	0.0
cyclopenteneacetonitrile	$C_5H_7CH_2CN$	0.0
二腈化物		
malononitrile	$CNCH_2CN$	0.0
glutaronitrile	$CN(CH_2)_3CN$	0.0
adiponitrile	$CN(CH_2)_4CN$	0.0

测试条件:浓度为 50 mol/L 的腈化物与腈化物水合酶(265.4 μg/mL) 在 40℃下保温 30 min,然后利用气相色谱测定剩余腈化物的浓度。

引自:Rebecca A Cramp, Don A Cowan. Molecular characterisation of a novel thermophilic nitrile hydratase. Biochimica et Biophysica Acta, 1999, 1431, 249~260

在植物激素吲哚乙酸的生物合成、腈化物的生物转化以及腈化物污染环境的生物修复领域，腈化物降解酶正不断引起人们的关注(图 2-53)。

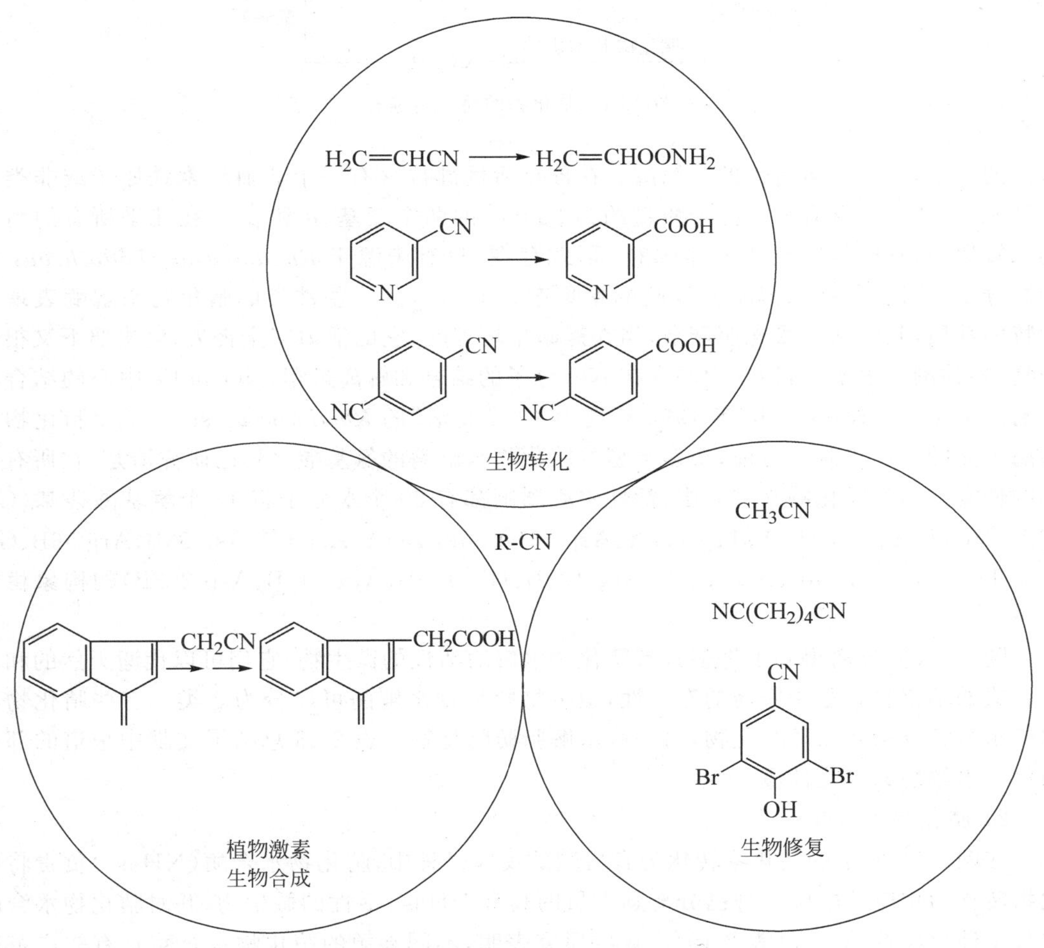

图 2-53 腈化物降解酶的主要应用领域

3. 腈化物代谢的酶学

早在 20 世纪 30 年代，为了解释一些化学合成的氰基衍生物对植物生长的促进作用，有人提出某些植物器官能够将腈化物转化成酸。Thimann 和 Mahadevan 认为这是一个酶促反应，并于 1964 年从大麦叶子中正式分离到这种酶，定名为腈化物水解酶。1980 年，Asano 首次报道了一种可以与酰胺酶一起降解乙腈的酶，定名为腈化物水合酶。目前的研究表明，腈化物的酶水解通过两种途径：①腈化物水解酶直接水解腈化物，形成相应的有机酸和氨；②腈化物水合酶催化有机腈水合，形成中间产物酰胺，然后在酰胺酶的作用下转化为相应的有机酸和氨(图 2-54)。

1）腈化物水解酶

腈化物水解酶(nitrilase)是腈化物代谢过程中的第一个酶，大约在 40 年前被发现，它在植物中将吲哚-3-醋酸腈转化为吲哚-3-醋酸。在腈化物降解酶中，它是目前研究得最多、最

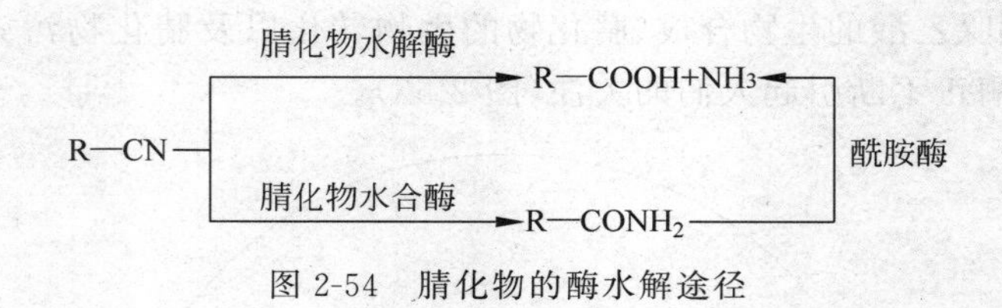

图 2-54 腈化物的酶水解途径

深入的一个，是一个可溶性的金属酶。在催化活性部位含有一个非血红素铁原子或非类可啉钴原子，此外还含有相对分子质量约为 23 000 的两个亚基（α 和 β）。在几乎所有的腈化物水解酶中，它们均以杂四聚体$(\alpha\beta)_2$形式存在，只有来源于 *Rhodococcus rhodochrous* J1 的高分子质量腈化物水解酶有较高的聚集态$(\alpha\beta)_{10\sim11}$。一些铁类的腈化物水解酶表现出独特的性质，其酶活力受光照调节，当在黑暗中培养时，它的活力完全丧失，但光照下又很快恢复，各种测试表明，活性铁中心存在 NO 分子的结合和解离过程，NO 和 Fe 中心的结合将使酶活力尽失。Kobayashi 等 1992 年提出了“光复活”的 *Rhodococcus* sp. N771 腈化物水解酶可能的作用机制。目前，很多类型的腈化物水解酶的氨基酸序列已研究清楚，在所有已知的铁类和钴类腈化物水解酶中，活性中心周围都有 20 个水分子将 17 个氨基酸残基（Gln 90A、Ser 110A、Leu 111A、Trp 117A、Asp 161A、Glu 165A、Asp 6B、Asp 53B、Arg 56B、Glu 60B、Tyr 72B、Tyr 73B、Arg 128B、Arg 133B、His 139B、Arg 141B、Asp 202B）的构象稳定下来。

随后，人们分离得到了许多具有腈化物水解酶活性的微生物，它们可以代谢天然的和人工合成的腈化物。基于底物的专一性，微生物腈化物水解酶可以分为 3 类。有些腈化物水解酶水解芳香腈或杂环腈化物，另一些水解脂肪腈化物。表 2-18 总结了文献中报道的部分腈化物水解酶的生化性质。

2）腈化物水合酶

在图 2-52 所示的腈化物转化为有机酸的反应过程中，腈化物水合酶（NHase）负责将腈化物转化为相应的酰胺。现已分离到大量的具有 NHase 活性的微生物，并对腈化物水合酶进行了纯化和特性研究（表 2-19）。这些研究表明，不同来源的腈化物水合酶具有较广范围的物理活性性质和底物专一性。尽管该酶分子具有相等物质的量的 α 和 β 亚单位，但对于不同微生物来源的酶，其总量有所变化。腈化物水合酶是含有钴或铁的金属酶。根据酶中所含金属离子的不同，NHase 可以分为两大类：铁 NHase 和钴 NHase。腈化物水合酶含有金属离子的理由主要有两点：①对于—CN 水合反应，金属离子是非常好的催化剂；②在酶的折叠过程中需要金属，这些金属离子可以促进酶中亚单位多肽的稳定和折叠。

NHase 催化反应的可能机理为：①腈化物接近与金属结合的氢氧根离子，该离子作为亲核试剂进攻腈化物中的碳原子（图 2-55，机理Ⅰ）；②与金属结合的氢氧根离子作为一般的碱，激活水分子，然后进攻腈化物中的碳原子（图 2-55，机理Ⅱ），形成酰亚胺，最终重排成酰胺（图 2-55）。

3）酰胺酶

酰胺酶（amidase）能够水解酰胺形成有机酸和氨。其几乎总是与腈水合酶一同表达。这些酶涉及原核生物和真核生物细胞内的氮代谢。不同微生物产生的酰胺酶的特性总结于表 2-20。

表 2-18 不同微生物中某些腈化物水解酶的特性

微 生 物	酶的类型	相对分子质量/10^3	pH[1]	温度 T/℃[2]	底物专一性
细菌					
Nocardia sp. NCIB 11216	诱导酶	560	(8.0)		芳香腈
Nocardia sp. NCIB 11215	诱导酶	560	7.0～9.5(8.0)	10～50(40)	芳香腈和杂环腈
Rhodococcus rhodochrous J1	组成酶	78	(7.5)	<50(45)	芳香腈
R. rhodochrous K22	组成酶	650	6.0～8.0 (6.5)	<50(50)	脂肪腈
R. rhodochrous PA-34	诱导酶	45	6.0～9.0 (7.5)	30～50 (35)	脂肪腈
Rhodococcus sp. ATCC 39484	诱导酶	560	5.5～9.5 (7.5)	25～40 (30)	芳香腈
R. rhodochrous NCIMB 11216	诱导酶	45.8	(8.0)	(30)	芳香腈
Arthrobacter sp. J1	诱导酶	30	(8.5)	(40)	芳香腈
Alcaligenes faecalis JM3	诱导酶	260	5.8～9.3 (7.5)	20～50 (45)	arylacetonitriles
Acinetobacter sp. AK226	诱导酶	580	5.8～8.0 (8.0)	<60 (50)	脂肪腈和芳香腈
Alcaligenes faecalis ATCC	诱导酶	32	6.5～8.0 (7.5)	<50 (40～45)	arylacetonitriles
Comamonas testoteroni			(7.0)	(25)	adiponitrile
Pseudomonas fluorescens DSM 7155	诱导酶		(9.0)	(55)	arylacetonitriles
Bacillus pallidus Dac 521	诱导酶	600	6.0～9.0 (7.6)	<70 (65)	芳香腈
Klebsiella ozaenae	组成酶	37	(9.2)	(35)	bromoxynil
真菌					
Fusarium solani	诱导酶	620	7.8～9.1		芳香腈
Fusarium oxysporum	组成酶	550	6.0～11.0	(4)	脂肪腈和芳香腈
Cryptococcus sp. UFMG-Y28	诱导酶				benzonitrile

① 括号内表示最适 pH；

② 括号内表示最适温度。

表 2-19 不同微生物中某些腈化物水合酶的特性

微 生 物	酶的类型	相对分子质量/10^3	金属	PQQ①	pH②	温度 T/℃③	底物专一性	光激活
细菌								
R. rhodochrous J1								
(1)高分子质量酶	诱导酶	1 101	Co	+	(8.8)	(40)	芳香腈	—
(2)低分子质量酶	诱导酶	505	Co	+	6.0~8.5(6.5)	<50(35~40)	脂肪腈	—
Rhodococcus sp. N 774	组成酶	70	Fe	+	7.0~8.5(7.7)	(35)	脂肪腈	
Rhodococcus sp. N 771	组成酶	70	Fe	+	6.0~8.0(7.8)	<35(30)	脂肪腈	
Rhodococcus equi A4	诱导酶	60		—			脂肪腈	
Rhodococcus erythropolis				—			steroidal nitrile	
Rhodococcus sp. YH3-3	诱导酶	130	Co	—	2.5~11.0	40~60	脂肪腈和芳香腈	
Pseudonocardia thermophila JCM3095	组成酶		Co	—		60(60)	acrylonitrile	
Agrobacterium tumefaciens IAMB-261	诱导酶	102	Cu,Fe		6.5~9.5 (7.5)		indole-3-acetonitrile	
Agrobacterium tumefaciens d3	诱导酶	69	Fe	—	7.0~10.0 (7.0)	<50(40)	2-arylpropio-nitriles	—
Arthrobacter sp. J1	诱导酶	420	Fe	—	(7.0~7.2)	(35)	脂肪腈	
Brevibacterium sp. R 312	组成酶	85	Fe	+	6.5~8.5 (7.8)	(25)	脂肪腈	
Pseudomonas chlororaphis B 23	组成酶	100	Fe	+	6.0~7.5 (7.5)	20(20)	脂肪腈	
Pseudomonas putida NRRL-18668	组成酶	54	Co	+			脂肪腈	
Brevibacterium imperalis CBS489-74	组成酶	6		—	5.8~7.4 (6.0)		acrylonitrile	
Corynebacterium sp. C5	组成酶	61.5	Fe	+	(8.0~8.5)			
Bacillus sp. RAPc8			Fe	—	(7.0)	>50(60)	alkylnitrile	
真菌								
Myrothecium verrucaria	诱导酶	170	Zn		(7.7)	(55)	cyanamide	

① “+”表示存在,“−”表示不存在;
② 括号内表示最适 pH;
③ 括号内表示最适温度。

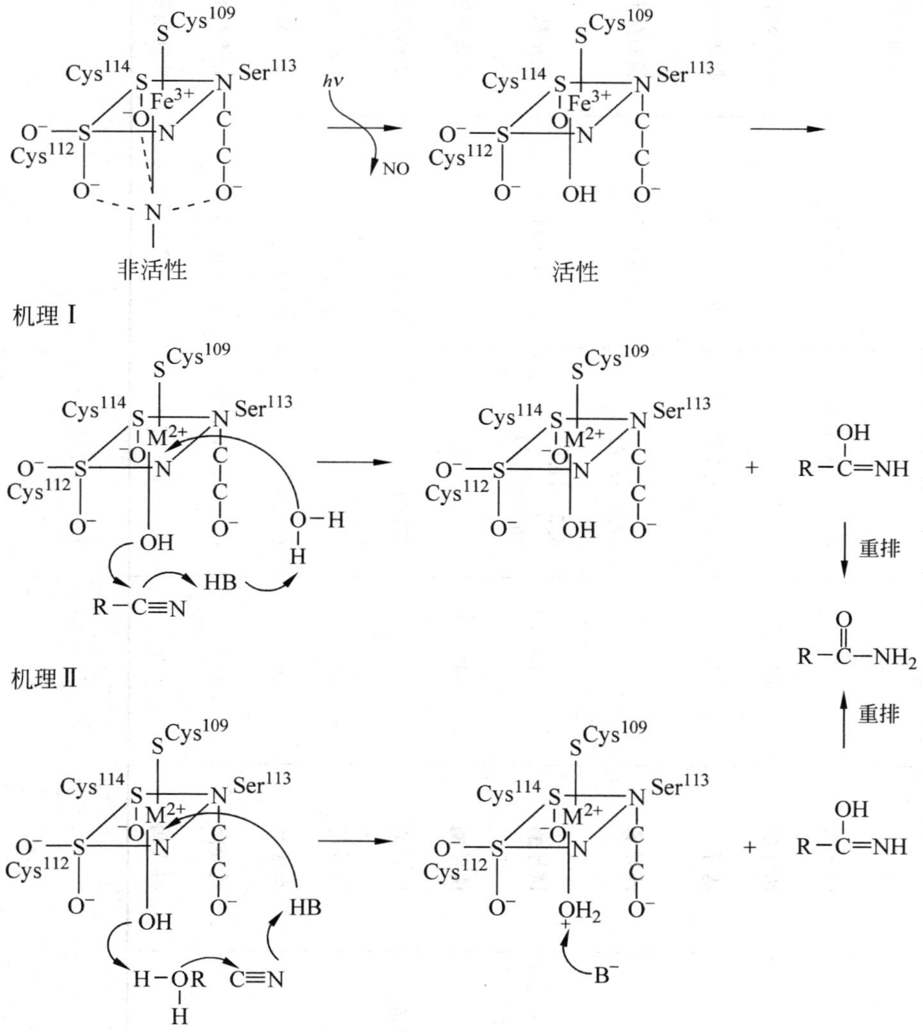

$S^{Cys^{109}}$
Cys^{114} S — N Ser^{113} $h\nu$
Fe^{3+}
O^-—S ^-O N C
Cys^{112} C NO
O^- N O^-

非活性

$S^{Cys^{109}}$
Cys^{114} S — N Ser^{113}
Fe^{3+}
O^-—S O N C
Cys^{112} C
O^- OH O^-

活性

机理Ⅰ

$S^{Cys^{109}}$
Cys^{114} S — N Ser^{113}
M^{2+}
O^-—S ^-O N C
Cys^{112} C
O^- O^- O—H
OH H
HB
R—C≡N

$S^{Cys^{109}}$
Cys^{114} S — N Ser^{113}
M^{2+}
O^-—S ^-O N C
Cys^{112} C
O^- OH O^-

+ R—C(OH)=NH

重排

R—C(=O)—NH_2

重排

机理Ⅱ

$S^{Cys^{109}}$
Cys^{114} S — N Ser^{113}
M^{2+}
O^-—S ^-O N C
Cys^{112} C
O^- OH O^- HB
H—OR C≡N
H

$S^{Cys^{109}}$
Cys^{114} S — N Ser^{113}
M^{2+}
O^-—S ^-O N C
Cys^{112} C
O^- $\overset{+}{O}H_2$ O^-
B^-

+ R—C(OH)=NH

图 2-55 腈化物水合酶的光激活和酶催化机理

引自：Endo I，et al. An enzyme controlled by light：the molecular mechanism of photoreactivity in nitrile hydratase. Trends Biotechnol，1999，17：244～248

表 2-20 不同微生物中某些酰胺酶的特性

微 生 物	酶的类型	相对分子质量	pH①	温度 T/℃②	底物专一性
Arthrobacter sp. J1	诱导酶	320	7.0～9.0 (7.0)	30～45(35)	脂肪酰胺
Brevibacterium sp. R312	诱导酶	120			aryloxypropionamides
Klebsiella pneumoniae NCTR1	诱导酶	62	5.0～8.5 (7.0)	30～65 (65)	脂肪酰胺
Pseudomonas chlororaphis B23	诱导酶	105	5.9～9.9 (7.0～8.6)	25～50 (50)	脂肪酰胺
Ochrobactrum anthropi SV3	诱导酶	40	6.5～11.0 (8.5～9.5)	35～50 (45)	氨基酸
Agrobacterium tumefaciens d3	诱导酶	490			芳香酰胺
Bacillus stearothermophilus BR388	诱导酶		(7.0)	(55)	底物广谱的酰胺酶
Rhodococcus sp.	诱导酶	118			arylpropionamide
Rhodococcus sp.	组成酶	360	(8.5)	(40)	脂肪酰胺
Rhodococcus erythropolis MP50	诱导酶	480	6.0～9.0 (7.5)	40～60 (55)	芳香酰胺
Rhodococcus rhodochrous M8	组成酶	150	5.0～8.0 (7.0)	40～65 (55～60)	脂肪酰胺

① 括号内表示最适 pH；

② 括号内表示最适温度。

与 NHase 不同，只有在某些微生物中（如 *K. pneumoniae* 和 *Rhodococcus* sp. R312），其酰胺酶与金属结合。腈化物水解酶与酰胺酶催化反应的机理类似（图 2-56）。

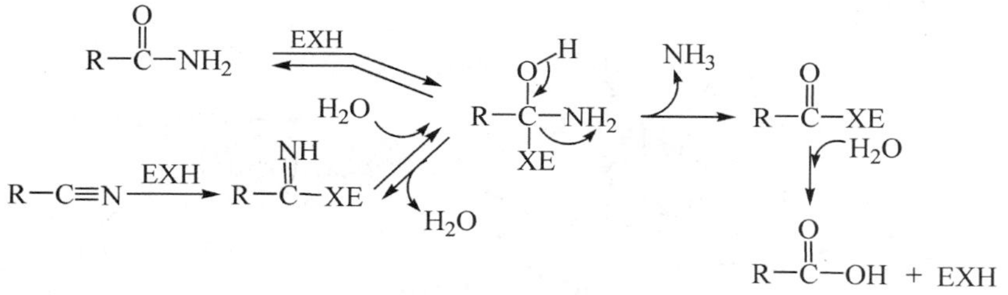

图 2-56　酰胺酶催化反应的机理

图 2-56 表示的酰胺酶催化反应的机理，涉及腈化物的水解。酰胺中的羰基受到亲核进攻，形成四面体中间产物，然后脱去氨基，进一步转化为酰基-酶复合物，随后水解生成有机酸。

2.10.2　氨氧化酶

硝化反应是氮循环的重要步骤。在硝化反应中，氨氧化过程是速率限制步骤，氨氧化微生物在废水生物脱氮以及氮元素的地球生物化学循环过程中起着十分关键的作用。氨氧化细菌属于专性化能自氧菌，从氧化 NH_4^+ 为 NO_2^- 的过程获得能量，利用 CO_2 为碳源进行细胞合成。现代分子生物学技术为氨氧化细菌的研究提供了有力的手段。下面简要介绍细菌氨氧化的酶学，主要包括氨氧化过程涉及的酶以及与氨氧化酶有关的基因。

1. 氨氧化过程涉及的酶

NH_4^+ 氧化为 NO_2^- 的过程需要经过以下两个步骤：

$$2H^+ + NH_4^+ + 2e^- + O_2 \longrightarrow NH_2OH + H_2O + 2H^+$$

$$NH_2OH + H_2O \longrightarrow HONO + 4e^- + 4H^+$$

上述两个反应分别由氨单氧合酶（ammonia monooxygenase，AMO）和羟胺氧化还原酶（hydroxylamine oxidoreductase，HAO）催化，其中 AMO 催化 NH_3 氧化为 NH_2OH 的反应，HAO 催化 NH_2OH 氧化为 NO_2^- 的反应。在细胞内（*in vivo*）和细胞外（*in vitro*）进行的一系列研究，获得了关于 AMO 和 HAO 的结构与活性、它们与其他酶的关系等方面的大量信息（图 2-57）。最近，在环境领域的研究进一步揭示了氨氧化菌的氨氧化酶与一系列还原酶，如亚硝酸还原酶（NIR）和一氧化氮还原酶（NOR）的关系。

1）氨单氧合酶

AMO（EC 1.14.99.39）是一种细胞膜结合酶，类似于颗粒甲烷单氧合酶（particulate methane monooxygenase，pMMO）。许多间接证据表明，在 *N. europaea* 以及其他可能的 Proteobacteria 的 L 和 Q 亚类自养菌中，AMO 包含 3 个亚单位，即 AMO-A，AMO-B 和 AMO-C，其结构和大小各不相同，位于细胞的细胞膜/壁膜间隙中。在含 ^{14}C 标记的 $^{14}C_2H_2$ 中培养 *N. europaea* 细胞时，AMO 的活性会丧失，一个多肽（AmoA，27 kD）被标记。因此，人们认为 AmoA 中有氧化 NH_3 的催化位点。对 *N. europaea* 中编码氨单氧合酶的基因测序结果表明，第 2 个多肽（AmoB，38 kD）可以与 AmoA 一起纯化。关于 AMO 的第 3

个多肽（AmoC，31.4 kD）的信息是间接的。对 *Nitrosomonas europaea* 和 *Nitrosospira* sp. NpAV 中 *amo*C、*amo*A 和 *amo*B 基因转录的研究发现，AmoC、AmoA 和 AmoB 的基因一起转录到单链 mRNA 中。

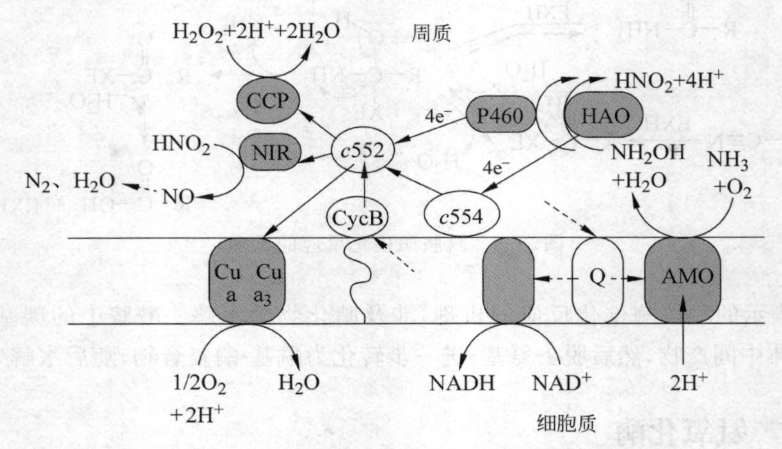

图 2-57　*Nitrosomonas* 细胞内 N-氧化和电子传递系统的组分

AMO—氨单氧合酶；HAO—羟胺氧化还原酶；P460—细胞色素 P460；Q—泛醌－8；CycB—四聚体血红素膜 c-细胞色素；*c*552—细胞色素 *c*552；CCP—二聚体血红素 *c*553 过氧化物酶；NIR—亚硝酸还原酶；CuCuaa3—细胞色素氧化酶

实线箭头和虚线箭头分别表示已知的和假设的电子传递途径。

AMO 由于其在能量代谢中的基本功能，AMO 可能是组成酶。从异养硝化菌 *Paracoccus denitrificans* 中分离纯化具有活性的 AMO，结果发现该酶仅由 2 个亚单位组成（而不是像在其他自养硝化菌中由 3 个亚单位组成），并且具有 AMO 和 pMMO 的某些共同特征。对异养硝化菌 *Pseudomonas putida* 催化的氨氧化反应的生理和分子生物学特性研究及其 DNA 测序分析显示，其与 *N. europaea* 的 *amo* A 基因具有部分同源性，AMO 可以在该微生物中表达。

氨氧化细菌中 AMO 的 3 个亚单位由 *amo* 启动子基因 *amo*C、*amo*A 和 *amo*B 进行编码。一旦细胞破碎，AMO 会迅速失去活性。但是，人们仍然有可能在细胞外检测 AMO 的活性。利用铜离子在细胞外激活 *Nitrosomonas europaea* 中氨单氧合酶的活性，结果表明，Cu^{2+} 是 AMO 的辅助因子。Cu^{2+} 选择性螯合剂可以使完整细胞中的 AMO 失去活性。在无细胞抽提物中加入 Cu^{2+} 可以激活 AMO 的活性。在 *Nitrosomonas europaea* 细胞的 AMO 中可能存在铁中心。关于 AMO 中蛋白质和金属组分特性的进一步表征以及催化反应机理的深入探讨，有待继续开展。

不同来源的氨氧化基因有明显的序列差异。2005 年，科学家首次分离获得了氨氧化古菌（ammonia-oxidizing archaea，AOA），并证实了其具有氨氧化活力，拓展了对氨氧化过程的认识。最近，有研究者对来自氨氧化古菌 *Nitrosocaldus yellowstonii* 的 *amo*B 进行了研究，发现其在折叠结构与铜结合位点方面具有很高的保守性（与 AMO/pMMO 家族的其他单加氧酶相比较），以及一些可能与其功能和稳定性有关的独特的结构特征。

AMO 可以催化较广范围的底物加氧反应。

AMO 除可以氧化 NH_3 以外，还可以氧化一系列的底物，将 C—H 键氧化成醇，将 C═C 键氧化成环氧化合物。反应底物包括烷烃、芳烃、卤代烃等。推测与其他单加氧酶类似，AMO首先是活化氧分子，随后发生基质的氧化。这为生物修复受氯代烃污染的环境提供了一种新的途径(图2-58)。

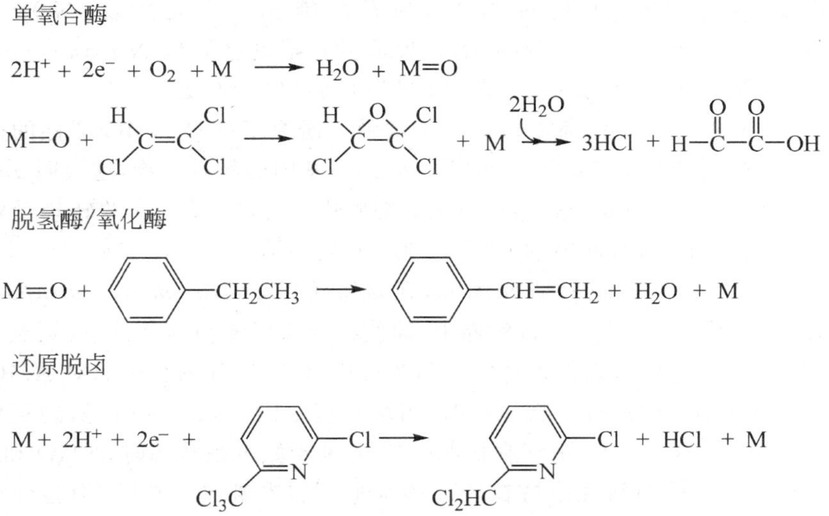

单氧合酶

$$2H^+ + 2e^- + O_2 + M \longrightarrow H_2O + M{=}O$$

$$M{=}O + ClHC{=}CCl_2 \longrightarrow \text{(环氧化物 } ClHC(O)CCl_2\text{)} + M \xrightarrow{2H_2O} 3HCl + H{-}\overset{O}{\overset{\|}{C}}{-}\overset{O}{\overset{\|}{C}}{-}OH$$

脱氢酶/氧化酶

$$M{=}O + C_6H_5{-}CH_2CH_3 \longrightarrow C_6H_5{-}CH{=}CH_2 + H_2O + M$$

还原脱卤

$$M + 2H^+ + 2e^- + \text{2-氯-6-}(Cl_3C)\text{吡啶} \longrightarrow \text{2-氯-6-}(Cl_2HC)\text{吡啶} + HCl + M$$

图2-58 *Nitrosomonas* 细胞内由AMO催化的几种反应(AMO用M表示)

2) AMO和pMMO的同源性

硝化细菌AMO与甲烷营养型细菌的pMMO是同源的，这两种细菌具有许多相同的特征。它们的启动子几乎一样，其基因核苷酸序列的高度相似性表明它们有共同的起源。有人提出，氨氧化菌和甲烷氧化菌中的*amo*基因在早期的进化中独立成3个体系。甲烷营养型细菌能够利用pMMO和独特的HAO(不同于氨氧化菌中的HAO)的联合作用，将氨氧化为亚硝酸。甲烷营养型细菌和氨氧化细菌在土壤和水域生境中占据相同的位置，分别消除O_2和甲烷以及氨的浓度梯度。在自然界中，这两种细菌的相互作用非常复杂，到目前为止，人们了解得还不多。

3) 羟胺氧化还原酶

羟胺氧化还原酶(HAO)的结构非常复杂，该酶以溶解态位于壁膜间隙，但定位在胞质膜中，为同源三聚体，每一个亚单位包含8个*c*-型的血红素。其中7个血红素通过*c*-型的血红素典型的硫醚键与蛋白质共价结合。第8个血红素为P460，另外还有一个通过酪氨酸残基与蛋白质相连的共价键，位于NH_2OH氧化的活性部位。HAO的晶体结构显示了每一个亚基中血红素的定向以及电子在酶中流动的潜在途径。

在AMO催化的反应中，O_2中的一个O原子插入NH_3分子中，另一个O原子被还原成H_2O，该反应需要2个额外的电子。因为NH_3分子是这些细菌的唯一还原剂来源，所以生成H_2O分子需要的电子必须来自NH_2OH分子的随后氧化。在HAO催化氧化NH_2OH分子过程中释放的4个电子中，2个电子流向NH_3的氧化，剩下的2个电子用于其他需要还原剂的细胞过程，如细胞生物合成和ATP的形成。

4) 酶功能的调节

氨氧化代谢产物NO_2^-对*Nitrosomonas europaea*细胞中AMO活性的影响研究表明，NO_2^-对AMO活性有抑制作用，从而对*Nitrosomonas europaea*细胞产生毒性作用。

Nitrosomonas europaea 细胞中的亚硝酸盐还原酶(nitrite reductase,NirK)并不是产生气体氮氧化物所必需的。借助于周质的含铜亚硝酸盐还原酶,微生物细胞可以克服 NO_2^- 产生的部分负面影响,提高微生物对 NO_2^- 的忍耐能力。研究发现,NO_2^- 可以刺激 *Nitrosomonas europaea* 细胞中的 NH_3 氧化反应。氨限制会导致 *Nitrosomonas europaea* 细胞丧失 AMO 活性,而细胞的其他功能,如 HAO 活性保持不变。

Sayavedra-Soto 等在转录、翻译和后翻译水平上研究了氨对 AMO 活性的调节。利用 RT-PCR,可以在相同的转录产物中检测出 3 种 *amo* 基因的所有产物,这表明 *amo*C 是 *amo* 操纵子的一部分。在 *Nitrosomonas europaea* 细胞中,*amo* 以及 *hao* 的转录受氨分子的诱导。但在氨饥饿条件下,这些基因的 mRNA 在 8 h 内会消失。

蛋白质印迹和酶活性测量等研究表明,在氨饥饿的 *Nitrosomonas europaea* 细胞中,HAO 可以保持稳定长达 72 h。在自然界中,即使在氨浓度波动的条件下,氨氧化的两种关键酶,AMO 和 HAO,仍然可以保持稳定。氨浓度限制在 24 h 内会引起对 AMO 活性的专性抑制,但对 HAO 的活性没有影响。然而,当培养基中没有氨存在时,氨的氧化活性变化很小。当 *Nitrosomonas europaea* 细胞长期(342 d)处于氨饥饿状态时,AMO 和 HAO 的活性仍然保持稳定,细胞的酶活性维持在较高的水平。加入氨或羟胺后,细胞会马上产生响应,亚硝酸盐的浓度立即增加,而不需要进行最初的蛋白质合成。

2. 氨氧化酶的基因

1）氨单氧合酶基因

AMO 的 3 个多肽由 3 个相邻的基因 *amo*C,*amo*A 和 *amo*B 编码(图 2-59)。在 *N. europaea* 的基因组中,AMO 在 2 个几乎相同的(>99%)基因拷贝中也有第 3 个基因拷贝 *amo*C(60% 相同)。其他的 NH_3 氧化细菌(如 *Nitrosomonas cryotolerans*,*Nitrosococcus oceanus*,*Nitrosospira* sp. NpAV)的 *amo* 基因,与 *N. europaea* 的 *amo* 基因高度相似。在不同的 NH_3-氧化细菌中,基因簇 *amo*CAB 出现在 3 个拷贝中。在生长的 *N. europaea* 细胞中可以检测出 AMO 的 3 个转录产物,分别对应于 *amo*C,*amo*AB 和

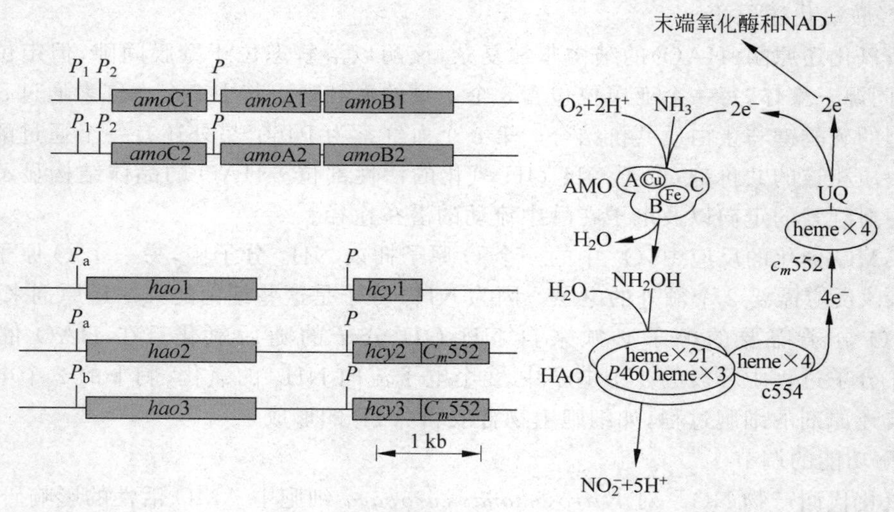

图 2-59 氨氧化途径及其相关基因

*amo*CAB。关于 AMO mRNAs 的知识,目前还不太清楚,它们可能来自 *amo*CAB mRNA 的加工,也可能来自 *amo*C 和 *amo*A 的转录。转录的起始位点在 *amo*C 起始密码子上游的 166 bp 和 103 bp 处,以及在 *amo*C 和 *amo*A 基因间区中 *amo*A 起始密码子上游 114 bp 处。

通过研究带有 *amo*A 基因(*amo*A1 或 *amo*A2)拷贝的 *N. europaea* 变异株发现,这两种拷贝是功能性的,并且有不同的表达。带有 *amo*A1 的变异株,其生长比野生性细胞慢 25%;而带有 *amo*A2 的变异株,其生长速率与野生性细胞相同。在变异株中 *amo*A 的转录水平与其生长速率呈现出相似的变化趋势。

研究表明,在 *amo*A2 或 *amo*B2 基因中进行诱变的菌株,其响应与野生型细胞相似,而在 *amo*A1 或 *amo*B1 基因中进行诱变的菌株,其响应与野生性细胞不同,并且这两种菌株的响应互不相同。

由于 *amo* 基因的启动子是相同的,因此对于这些菌株表现出的不同响应,我们必须找出不同的解释,或许它们在基因组中的位置起重要作用。在 *N. europaea* 中,NH_3 似乎诱导整个的转录响应。Sayavedra-Soto 等(1996)的研究表明,用 NH_4^+ 和 $^{14}CO_2$ 处理微生物细胞,然后提取总 RNA,进行凝胶电泳分析,可以检测出范围较广的标记 mRNA。相反,只能检测出少量的标记蛋白质。基因 *amo*CAB 和 *amo*AB 的转录只有在 NH_4^+ 存在时才能被诱导,即使在有阻碍 NH_3 作为能源的 AMO 抑制剂存在时也如此。这些结果表明,NH_3 具有双重作用,即作为基因表达的信号以及作为能源。

与 *amo*CAB 和 *amo*AB mRNAs 不同,*amo*C mRNA 非常稳定,即使在 NH_3 移去 72 h 以后可以检出。Hommes 等(2001)分析了 *amo*C 基因的 2 个转录起始位点,结果发现它们对于 NH_4^+ 的存在响应不同。在 NH_4^+ 不存在时,转录可以在两个潜在的启动子开始(也就是说,来自稳定的 *amo*C mRNA);在 NH_4^+ 存在时,从远端的启动子开始的转录占优势(也就是说,来自 *amo*CAB 和新的 *amo*C mRNAs)。

2) 羟胺氧化还原酶基因

编码羟胺氧化还原酶的基因 *hao*,长度为 1 710 bp,表达为单顺反子转录产物。该基因也编码 18~24 氨基酸前导序列,特别是周质蛋白质,它们在 HAO 的转运和成熟期间被去除。

N. europaea 的基因组包含 3 个分隔的 HAO 基因拷贝。除了在一个基因拷贝中有 1 个核苷酸差别外,*hao* 基因 3 个拷贝的编码区域是相同的。

HAO 的氨基酸似乎是硝化细菌特有的,因为还没有发现其与数据库中已有的序列相似。*hao* 的 2 个基因拷贝,*hao*1 和 *hao*2,在起始密码子上游 160 bp 几乎是一样的,第 3 个基因拷贝 *hao*3,在起始密码子上游 15 bp 与其他 2 个拷贝出现差异。对转录产物进行的分析表明,*hao*1 和 *hao*2 的转录起始位点在起始密码子上游 71 bp,*hao*3 的转录起始位点在起始密码子上游 54 bp。上述 3 个转录起始位点均含有 σ^{70} 启动子序列。与 AMO 相似,HAO 的 mRNA 也被 NH_4^+ 诱导,但程度要弱一些。然而,3 个拷贝的表达是否不同,目前尚不清楚。任何 1 个 *hao* 基因拷贝破坏的变异株,其生长与野生型菌株没有明显的差别。

Hirota 等(2000)研究了菌株 *Nitrosomonas* sp. ENI-11 中的 AMO 和 HAO,基因图谱表明:*hao*1 位于 *amo*CAB1 上游 23 kb,*hao*2 位于 *amo*CAB2 下游 15 kb,*hao*3 位于 *amo*CAB2 上游 87 kb。在 *Nitrosomonas* sp. ENI-11 中 *amo*CAB 的 2 个拷贝被 388 kb 分隔,而在 *N. europaea* 中被 1 626 kb 分隔。与 *N. europaea* 不同,在 *Nitrosomonas* sp. ENI-11 中产生的 3 个单一的 *hao* 变异株,其生长速率分别为野生型菌株的 68%~75%,其

HAO活性(依赖于NH_2OH的NO_2^-形成)为野生型菌株的58%～89%。

现代分子生物学技术为氨氧化细菌的研究提供了有力的工具,人们对氨氧化微生物的生物化学和分子生物学特性有了较为深入的研究,弄清了氨氧化过程涉及的关键酶及其基因,并且可以对某些氨氧化细菌进行基因操作,为控制废水生物脱氮工艺以及富营养化水体的生物修复提供了新信息。

3. 全程氨氧化微生物及其酶

从发现硝化作用至今,科学家们从未停止对硝化作用的研究。自1890年Winogradsky证实硝化作用是由两群不同的化能自养细菌主导完成的以来,人们一直认为硝化过程分为两个步骤,即首先通过氨氧化微生物(AOB)将氨氧化为亚硝酸盐,再通过亚硝酸氧化细菌(NOB)将亚硝酸盐氧化为硝酸盐。然而,2015年年底,3个科研团队分别在不同环境中发现了3种不同的经过纯培养的细菌(van Kessel等,Daims等)和一种未经纯培养的细菌(Pinto等)均能够进行从铵到硝态氮的单步完全硝化过程,这些细菌被称为全程氨氧化微生物(comammox),这些发现完全颠覆了统治科学界100多年的分步硝化过程,使得硝化作用和硝化微生物的研究再次成为热点。

新发现的这些全程氨氧化微生物的基因组中既包含了用于氨氧化的氨单加氧酶(AMO)和羟胺氧化还原酶(HAO)的全套基因,而且还具有亚硝酸盐氧化所必需的亚硝酸盐氧化还原酶(nitrite oxidoreductase, NXR)基因,其中,氨单加氧酶是由*amo*A、*amo*B、*amo*C 3个亚基组成的三聚体膜结合蛋白。后续一些研究发现,不同来源的全程氨氧化微生物的基因组具有不同的特征,显示出很高的基因多样性,关于其相应的酶系统的研究仍在进行中。

2.10.3 酶在废水处理中的应用

酶在废水处理中的应用越来越受到重视,这是因为:

(1) 难降解有机污染物的排放日益增多,使用传统的化学和生物处理方法通常很难达到令人满意的去除效果,需要找到一个比现行方法更快捷、更经济、更可靠、更简便的方法;

(2) 人们已逐渐认识到酶可有效降解某些特定的污染物;

(3) 生物工程技术的发展使酶的生产成本降低。

大多数废水处理过程可分为物理化学过程和生物处理过程。酶的处理介于二者之间,因为它所参与的化学反应是建立在生物催化剂作用的基础上的。将酶直接用于污染物治理时,与传统的生物方法相比,其过程存在以下一些潜在的优势:

(1) 可以处理生物难降解化合物;

(2) 可以处理各种浓度污染物,尤其是低浓度有机污染物;

(3) 可以在各种pH、温度和盐度环境下使用;

(4) 不存在冲击负荷效应;

(5) 不存在与生物生长及其适应相关的滞后效应;

(6) 减少污泥产量(不产生污泥);

(7) 过程控制简易。

此外,酶处理方法可以直接应用于某些具有生物毒性的有机物的降解,且可能具有比直接应用生物本身更好的安全性。因此，酶处理方法成为一种有前途的污染防治措施。

1. 含芳香族化合物废水处理

芳香族化合物，包括酚和芳香胺，属于优先控制污染物(priority pollutant)。石油炼制厂、树脂和塑料生产厂、染料厂、织布厂等很多工业企业的废水中均含有此类物质。大多数芳香族化合物都有毒，在废水被排放前必须把它们去除。

下面介绍几种具体的酶类及其应用。

1) 过氧化物酶(peroxidase)

过氧化物酶是由微生物或植物所产生的一类氧化还原酶(oxidoreductases)。它们能催化很多反应，但都需要有过氧化物[如过氧化氢(H_2O_2)]的存在来激活。过氧化氢(H_2O_2)首先氧化酶，然后酶才氧化底物。研究和应用较多的过氧化物酶有辣根过氧化物酶(horseracish peroxidase，HRP)、木质素过氧化物酶(lignin peroxidase，LiP)及其他酶类。

(1) 辣根过氧化物酶

辣根过氧化物酶(HRP，EC 1.11.1.7)是酶处理废水领域中应用最多的一种酶。有过氧化氢存在时，它能催化氧化很多种有毒的芳香族化合物，其中包括酚、苯胺、联苯胺及其相关的异构体。反应产物是不溶于水的沉淀物，很容易用沉淀或过滤的方法将它们去除。HRP 特别适于废水处理还在于它能在一个较广的 pH 和温度范围内保持活性。

HRP 的应用都集中在含酚污染物的处理方面，使用 HRP 处理的污染物包括苯胺、羟基喹啉、致癌芳香族化合物(如联苯胺、萘胺)等。

提高酶的使用寿命和减少处理费用有以下几种方法：选择合适的反应器结构，将酶固定化，使用添加剂(如硼酸钾、明胶、聚乙二醇)防止酶被沉淀的多聚物带走，增加诸如滑石之类的吸收剂以防止酶被氧化产物抑制。

(2) 木质素过氧化物酶

木质素过氧化物酶，也叫木质素酶(ligninase)，是白腐真菌酶系统的一部分。LiP 可以处理很多难降解的芳香族化合物和氧化多种多环芳烃、酚类物质等。最近的研究表明，木质素对新型污染物，如内分泌干扰物(EDCs)、药品与个人护理用品(PPCPs)也具有高效降解作用。LiP 在木质素解聚中的作用已被证实。它的作用机理与 HRP 十分相似。

木质素酶的应用依赖酶的高水平发酵。自从 1983 年 Tien 和 Glenn 两个小组同时发现和分离出在降解中起关键作用的木质素过氧化物酶之后，木质素酶的发酵研究便受到国内外研究人员的广泛关注，在近几年更是出现了较多的报道。一般认为木质素酶是白腐真菌在氮、碳或者硫营养限制时产生的次级代谢产物。木质素降解酶的产生和调节机制比较复杂，受培养基组成、培养方式和培养条件的影响极为显著。目前，一方面对白腐真菌产木质素酶的调控策略没有统一的认识；另一方面由于发酵技术的不成熟，尚未有大规模发酵生产木质素酶的报道。

木质素酶的稳定性是其应用的关键，酶的固定化技术是解决其应用稳定性问题最有效的方法之一。目前在国外，已经开展了一些木质素降解酶固定化的研究工作。如以多孔陶瓷、琼脂糖、活性硅胶、聚合物整体柱等不同材料为载体，固定化木质素过氧化物酶，用于对持久性有机污染物的降解、制浆废水和偶氮染料的脱色、含酚废水的处理等；以琼脂糖、多孔硅珠、大孔树脂等为载体材料，固定化锰过氧化物酶，研究其催化活性特性及其对制浆废水的生物漂白、三氯酚的降解等。

(3) 植物来源的酶

从西红柿中提取的过氧化物酶可用来使酚类化合物聚合。一些植物的根也可用于污染物的去除。

植物过氧化物酶在处理2,4-二氯酚浓度高达850 mg/L的废水时，去除速率与纯的HRP差不多。去除速率与反应混合体系的pH、植物原料颗粒大小、原料用量、是否有过氧化氢参与等因素有关。

2) 聚酚氧化酶(polyphenol oxidases)

聚酚氧化酶代表另外一类催化酚类物质氧化的氧化还原酶。它们可分为两类：酪氨酸酶和漆酶。它们都需要氧气分子的参与，但不需要辅酶。

(1) 酪氨酸酶(tyrosinase)

酪氨酸酶(EC 1.14.18.1)，也叫酚酶或儿茶酚酶，催化两个连续的反应：①单分子酚与氧分子通过氧化还原反应形成邻苯二酚(*o*-diphenols)；②邻苯二酚脱氢形成苯醌，苯醌非常不稳定，通过非酶催化聚合反应形成不溶于水的产物，这样用简单的过滤即可去除。

酪氨酸酶已成功地用于从工业废水中沉淀和去除浓度为0.01～1.0 g/L的酚类。酪氨酸酶用甲壳素固定化后处理含酚废水，2 h内去除率达100%。固定化酪氨酸酶可防止被水流冲走及与苯醌反应而失活。固定化酪氨酸酶使用10次后仍然有效。因此，固定酪氨酸酶于甲壳素上可有效去除有毒酚类物质。

(2) 漆酶(laccase)

漆酶由一些真菌产生，通过聚合反应去除有毒酚类。而且，由于它的非选择性，能同时减少多种酚类的含量。事实上，漆酶能氧化酚类成十分活泼的相应阴离子自由基团。漆酶的去毒功能与被处理的特定物质、酶的来源及一些环境因素有关。

2. 造纸废水处理

木材造纸工业纸浆中含有5～8 g/100 mL的木质残余物，使得纸浆呈褐色。目前常用的漂白剂是氯气或二氧化氯。但漂白操作过程会产生黑褐色废水，其中含有对环境有毒有害和致突变的氯化物。

1) 过氧化物酶和漆酶

辣根过氧化物酶和木质素过氧化物酶已应用于造纸废水脱色，它们的固定化形式的处理效果比游离形式好。LiP作用的机理为：通过将苯环单元催化氧化成能自动降解的阳离子基团而降解木质素。漆酶还可通过沉淀作用去除漂白废水中的氯酚和氯化木质素。

2) 分解纤维素的酶(cellulolytic enzymes)

制浆和造纸废水处理产生的污泥纤维素含量高，可用于生产乙醇等能源物质。所使用的酶是由纤维二糖水合酶(EC 3.2.1.91)、纤维素酶(EC 3.2.1.14)和β-葡萄糖酶(EC 3.2.1.21)组成的混合酶系。脱墨操作中产生的低含量纤维质废物可转化为可发酵的糖类。所使用的酶在高浓度墨存在时不被抑制。

3. 含氰(腈)废水处理

据估计，全世界每年使用的氰化物为300万t，主要是在化学合成、人造织物、橡胶工业、制药工业、矿石浸取、煤处理、电镀等领域。而且,很多植物、微生物和昆虫也能分泌自己体内的氰化物。因为氰化物是新陈代谢抑制剂,对人类和其他生物有致命的危害,因此处理氰化物非常重要。

1) 氰化物酶

氰化物酶能把氰化物转变为氨和甲酸盐,是一步反应。*Alcaligenes denitnficans*(一种革兰氏阴性菌)可产生氰化物酶,该酶有很强的亲合力和稳定性,且能处理浓度低于 0.02 mg/L 的氰化物。

氰化物酶的动力学性能服从米-门方程。氰化物酶的活性既不受废水中常见阳离子(如 Fe^{2+}、Zn^{2+} 和 Ni^{2+})的影响,也不受诸如醋酸、甲酰胺、乙腈等有机物的影响。最适 pH 是 7.8~8.3。

适合于氰化物酶的反应器有扩散型平板膜反应器,它的优点在于可减少酶流失与失活。氰化物通过半透膜与膜里面的酶反应,反应产物再渗透回溶液。

2) 硫氰化物水解酶

硫氰化物是焦化废水中的一种主要污染物。此外,在炼焦过程中还会形成其他一些副产物,如氰化物、氨、酚等。特别是氰化物,毒性非常高,必须通过加硫反应转化成硫氰化物。形成的硫氰化物可以通过常规的废水处理工艺,如活性污泥法,得到处理。然而,硫氰化物的降解机理尚不十分清楚。

Katayama 等(1998)从活性污泥中分离出 *Thiobacillus thioparus* THI 115 菌株,对硫氰化物的降解进行了研究,提出了可能的代谢机理:在硫氰化物水解酶(thiocyanate hydrolase)作用下,硫氰化物(—SCN)通过水解,形成羰基硫化物和氨(图 2-60)。从 *T. thioparus* THI 115 纯化得到的硫氰化物水解酶为六聚物,由三个不同的亚单位组成。

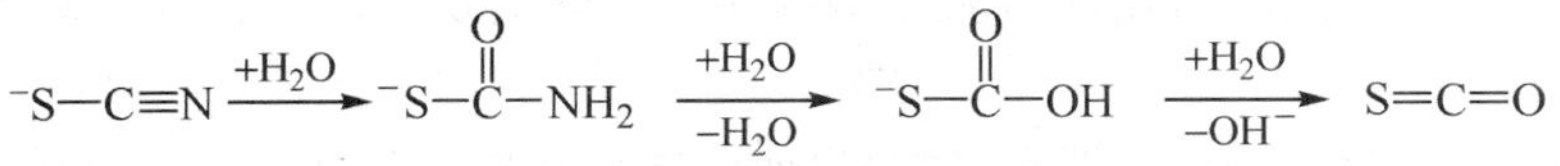

$$^{-}S-C\equiv N \xrightarrow{+H_2O} {}^{-}S-\overset{O}{\overset{\|}{C}}-NH_2 \underset{-H_2O}{\xrightarrow{+H_2O}} {}^{-}S-\overset{O}{\overset{\|}{C}}-OH \underset{-OH^-}{\xrightarrow{+H_2O}} S=C=O$$

图 2-60 硫氰化物水解酶的反应机理

3) 腈化物降解酶

微生物降解是去除工业废水中高毒性有机腈化物的有效方法。含有不同腈化物水解酶(腈化物水解酶、腈化物水合酶、酰胺酶)的微生物可以代谢大量的有机腈化物,如乙腈、丙腈、丁腈、丙烯腈等。这些微生物可以利用有机腈化物为底物进行生长和代谢。Wyatt 和 Knowles 研究表明,利用混合微生物菌株,可以处理丙烯腈生产过程中排放的废水,COD 去除率达到 75%,可检测的有毒化合物的去除率达 99%。该研究表明,利用特殊的微生物种群降解这些有毒废物,比传统的活性污泥工艺更具有优势。Battistel 等于 1997 年报道,利用腈化物水解酶在温和条件下处理乳胶废水,可以有效地去除聚合物乳液引起的丙烯腈污染。

Graham 等研究了利用有机腈水合酶-酰胺酶对腈化物进行生物转化。他们利用能够转化有机腈的微生物(嗜热 *Bacillus* spp.),用其游离的细胞悬浮液以及包埋在海藻酸钙凝胶中制成的固定化细胞,在缓冲培养基中,对丙烯腈进行生物转化。

4. 食品加工废水处理

食品加工工业是工业废水的主要来源之一。其他工业废水大多是有毒的,必须转化为无毒物质，而食品工业废水易于分解或转化为饲料或其他有经济价值产品。酶可应用于食品工业废水处理，以净化废水并获得高附加值产品。

1）蛋白酶

蛋白酶(protease)是一类水解酶，在鱼肉加工工业废水处理中得到了广泛应用。蛋白酶能使废水中的蛋白质水解，得到可回收的溶液或有营养价值的饲料。其步骤是，蛋白酶首先被水中固体蛋白吸收，酶使蛋白质表面的多肽链解开，然后更紧密的内核才逐渐被水溶解。

一种从 *Bacillus subtilis* 中提取的碱性酶(EC 未知)可用于家禽屠宰场的羽毛处理。羽毛占家禽总重的5%，在其外表坚硬的角质素破坏后，是一种高蛋白的来源。通过 NaOH 预处理、机械破碎和酶的水解，可成为一种高蛋白含量的饲料成分。

2）淀粉酶

淀粉酶是一种多糖水解酶，多糖转变为单糖和发酵能同时进行，淀粉酶用于含淀粉废水处理，可使大米加工产生的废水中的有机物转化为酒精。淀粉酶还可减少活性污泥法处理废水的时间。

淀粉酶和葡萄糖酶可用于光降解和生物降解塑料的生产。食品加工时产生的奶酪乳浆或土豆废水富含淀粉。首先使用 α-淀粉酶，使淀粉由大分子化合物转变为小分子化合物，再用葡萄糖酶将其变成葡萄糖(多于90%的淀粉可转变为葡萄糖)。葡萄糖经乳酸菌发酵得到乳酸，用于生产可降解塑料。塑料的降解速度可通过乳酸与其他原料的比例来控制，一般是95%的乳酸和5%于环境无害的其他原料。

3）微生物脂酶

微生物脂酶(甘油酯水解酶，EC 3.1.1.3)在现代生物技术中起着十分重要的作用并获得了广泛的应用。脂酶是生物体内脂类物质(三酰甘油酯)生物转化过程中不可缺少的催化剂。除其生物学意义外，脂酶在食品加工、生物医学、化工及环境保护等众多领域中有着巨大的应用前景。

脂酶具有在液相和非液相(即有机相)界面间起催化作用的独特性能，使其与酯酶不同。脂酶界面激活的概念源自于以下事实，即脂酶的催化活性通常依赖于底物的聚集状态。可以认为，脂酶的激活涉及酶的活性部位的暴露和结构变化，这种变化需要在有水包油液滴存在下通过构象的改变来实现。

脂酶的活性与反应体系的表面积有关。最近对几种脂酶的结构研究结果为深入理解其水解活性、界面激活和立体选择性提供了一些思路。脂酶能催化一系列反应，包括水解、醇解、酸解、酯化和氨解等。

尽管对脂酶的研究已有多年，且脂酶可利用微生物发酵大量获得，但脂酶的早期应用仅局限于油脂化学、乳品加工等行业。近年来，脂酶的应用领域不断拓宽，已涉及制药、杀虫剂生产、单细胞蛋白生产、化妆品生产、废物处理及生物传感器等领域。

脂酶广泛存在于自然界的动植物中，尤其在微生物包括细菌、真菌体内。

在生物技术领域中，人们更多地关注利用微生物作为酶源的脂酶。大量的微生物可以用来生产脂酶，其中以假丝酵母(*Candida* sp.)、假单胞菌(*Pseudomonas* sp.)和根霉(*Rhizopus* sp.)为其重要的酶源。

脂酶应用于被污染环境的生物修复以及废物处理是一个新兴的领域。石油开采和炼制过程中产生的油泄漏，脂加工过程中产生的含脂废物以及饮食业产生的废物，都可以用不同来源的脂酶进行有效的处理。例如，脂酶被广泛地用于废水处理。Dauber 和 Boehnke 研究出一种技术，利用酶的混合物，包括脂酶，将脱水污泥转化为沼气。一项日本专利报道了直接在废水中培养亲脂微生物来处理废水。脂酶的另一重要应用是降解聚酯产生有用物质，特别是用于生产非酯化的脂肪酸和内酯。脂酶在生物修复受污染环境中获得了广泛的应用。一项欧洲专利报道了利用脂酶抑制和去除冷却水系统中的生物膜沉积物。脂酶还用于制造液体肥皂，提高废脂肪的应用价值，净化工厂排放的废气，降解棕榈油生产废水中的污染物等。利用米曲霉(*Aspergillus oryzae*)产生的脂酶从废毛发生产胱氨酸，更加显示出了脂酶应用的诱人前景。利用亲脂微生物，特别是酵母菌，从工业废水生产单细胞蛋白，显示了脂酶在废物治理中应用的另一诱人前景。脂酶在环境污染物的治理中的应用总结于表 2-21。

表 2-21　脂酶在环境污染治理中的应用

脂酶来源	处理对象	脂酶来源	处理对象
米曲霉	废毛发	微生物	脱水污泥
假单胞菌	石油污染土壤	微生物	聚合物废物
假单胞菌	有毒气体	微生物	废水
米根霉	棕榈油厂废物	微生物	废食用油
酵母	食品加工废水	微生物	生物膜沉积物

使用酶处理废水主要是通过沉淀或无害化去除污染物。酶也可用于废水预处理，使污染物在下一流程更易于去除。但是，在应用酶时，要特别注意处理过程中有无有毒物质的产生。因此，在应用酶进行具体实际操作前，一定要对酶反应是否可能产生有毒物质进行充分研究。

要妥善处置在酶处理过程中产生的固相沉淀物如酚类沉淀物。若用燃烧处理，则必须控制燃烧过程中有害气体的产生。最好考虑沉淀物的综合利用。

为了成功地应用酶处理工艺，必须考虑酶的费用。由于酶的生产过程较复杂，价格仍较高。

对于高浓度污染物的处理，酶的用量多，处理费用高。酶更适于低浓度、高毒性污染物质的处理。

来源于多种植物与微生物的酶可在废水处理应用中发挥重要作用。酶能作用于特定的难降解污染物，通过沉淀或转化为无害物而把它们去除。它们也可改变特定废水的性能使之更易于后续处理或有利于废物转化为有附加值的产品。

酶处理有着广阔的应用前景。酶反应副产物的特性和稳定化、反应残余物的处理、处理费用问题必须进行深入研究。

2.10.4　酶在土壤修复中的应用

1. 概述

利用微生物和植物修复受污染环境是现代环境生物技术中一个日益发展、备受关注的领域。在污染物的细胞转化过程中，第一步往往是由细胞释放的胞外酶作用，使大分子化合物降解为可以进入细胞内部的小分子化合物,然后在细胞的新陈代谢作用下进行进一步降解。

生物修复,无论是一种自发的,还是人工控制的策略,在环境中有害化学物质的清除方面发挥着非常重要的作用,是现代环境生物技术的主要内容。生物修复主要利用微生物、植物以及微生物-植物的联合作用,因为它们的酶系统催化功能十分强大,可以改变有机污染物的结构和毒性,或者使它们完全矿化,形成无害的无机终端产物。

环境中最常见的污染物,根据其可生物降解性可以分为:简单的碳氢化合物($C_1 \sim C_{15}$)、醇类、酚类、胺类、酸类、酯类和酰胺类等,这些都是非常容易生物降解的化合物。相反,多氯联苯(PCBs)、多环芳烃(PAHs)以及农药等污染物,是非常难生物降解的。通常,化合物的结构越复杂,就越难生物降解。关于化合物的可生物降解性,可以根据定量结构活性关系(QSAR)进行理论预测。

2. 胞外酶

污染物必须与微生物的酶系统接触才能发生降解。如果污染物是溶解性的,它们能够很容易进入细胞内;如果是不溶性的,那么首先需要转化成溶解性的或微生物能够容易获得的产物。对于不溶性物质的细胞转化来说,第一步通常是由胞外酶催化的反应。对于一些天然化合物,如纤维素,这一过程非常快;而对于许多难降解污染物来说,该步骤很慢。

胞外酶包括大量的氧化还原酶和水解酶。这些酶将大分子化合物转化为细胞能够容易吸收的小分子物质,随后,这些小分子物质被彻底矿化。例如,PAHs被胞外氧化酶部分氧化,形成的产物的极性和水溶性都增加,因此,生物降解性增加。然而,氧化还原酶也可能将溶解性的有毒物质氧化成不溶性的、不能进入细胞内部的产物,从而对细胞起保护作用(图2-61)。

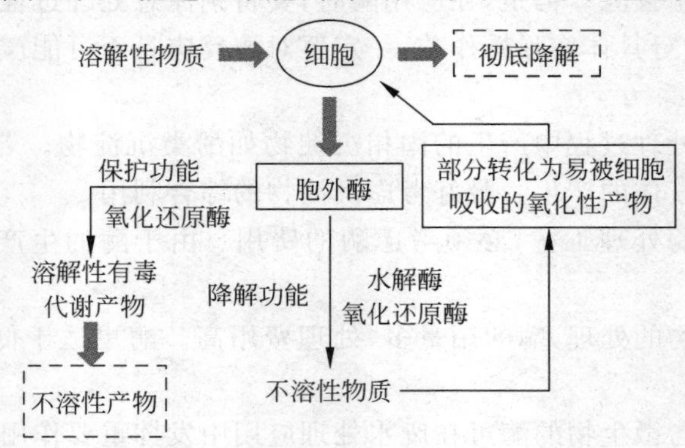

图2-61 胞外酶在细胞代谢中的作用

1) 植物根区胞外酶

与植物根区相关的微生物,通常称为根际微生物。植物的根部可以将一些降解酶释放到周围环境中,促进毒性有机污染物的生物降解。这些酶通常是与植物细胞壁相关的酶,可以将污染物转化为更易被植物根部或根际微生物吸收的中间产物。

表2-22总结了一些过氧化物酶、漆酶、单酚单氧合酶、酯酶的活性,这些酶都是植物产生的酶。

表 2-22 在未灭菌的土壤-植物根区中可提取酶的活性(植物生长 56 d 后)

植物种类	过氧化物酶(邻甲氧基苯酚)/(mol/(L·min))	漆酶(ABTS)/(μmol/(L·min))	单酚单氧合酶(DL-DPOA)/(μmol/(L·min))	FDA 水解酶(荧光素二乙酸酯)/(μmol/(L·min))
对照土壤	0	0.14	0.48	0.034
Fabaceae				
Alfaalfa	1 984.7	48.6	33.1	0.30
Soybean	11.1	0.033	0.80	0
Gramineae				
Grass mixture	443.3	196.3	79.3	4.34
Maize	2.6	0.074	0.61	0.004
Solanaceae				
Tobacco	15.4	0.14	0.67	0.046
Tomato	0	0.017	0	0

引自:Gramms G,Voigt K D,Kirsche B. Oxidoreductase enzymes liberated by plant roots and their effects on soil humic material. Chemosphere,999;38:1481～1494.

2)微生物胞外酶

白腐真菌产生的木质素降解酶体系(lignin-degrading enzyme systems,LDS)主要包括木质素过氧化物酶(lignin peroxidase,LiP)、依赖锰的过氧化物酶(Mn-dependent peroxidase,MnP)和含铜的酚氧化酶-漆酶(laccase,L)。这些酶与 H_2O_2-产生系统及纤维素和半纤维素分解酶一起,可以协同降解木材。

表 2-23 总结了真菌降解污染物的一些新的发现。

表 2-23 白腐真菌胞外氧化酶对污染物的降解

污染物	酶	酶的来源	污染物的去除率
偶氮染料	漆酶	*Pycnoporus sanguineis*	大于 60%
生物聚合物(牛皮纸、木质素)	LiP、MnP	白腐真菌	非常高
纸浆漂白废水	漆酶	*P. sanguineis*	85%
CCl_4、$CHCl_3$	LiP、MnP、CDH	*Phanerochaete chrysosporium*	大于 50%
PAHs	LDS,漆酶	*P. chrysosporium*,*Trametes versicolor*	70%～100%,高
PCBs(1～6 个 Cl)	LiP、MnP	*Coriolopsis polyzona*,*Pleurotus ostreatus*,*T. versicolor*	非常高
PCP	LDS	*P. chrysosporium*,*T. versicolor*,*Inonatus dryophilus*	90%,非常高
TNT、RDX	LiP、MnP、CDH	白腐真菌	30%～50%,高

说明:CCl_4—四氯化碳;$CHCl_3$—氯仿;PAHs—多环芳烃;PCBs—多氯联苯;PCP—五氯酚;TNT—2,4,6-三硝基甲苯;RDX—六氢-1,3,5-三硝基-1,3,5-三嗪;CDH—纤维素二糖脱氢酶;LDS—木质素降解酶体系;LiP—木质素过氧化物酶;MnP—依赖锰的过氧化物酶。

污染物生物降解效率取决于污染物的种类和产生酶的真菌。难降解有毒污染物,如 PAHs 或多氯取代的 PCBs,可以被各种白腐真菌有效地矿化(表 2-23)。在有些情况下,除了 LDS,其他酶的参与对于污染物的矿化过程也非常关键。例如,纤维素二糖脱氢酶可以促进 LDS 对 TNT 的降解和四氯化碳(CCl_4)的降解。

水解酶(hydrolases)是污染物生物转化过程中涉及的另一种微生物酶。一些细菌和真菌产生的胞外氧化还原酶包括蛋白酶、碳水化合物酶(例如纤维素酶、酰胺酶、木聚糖酶)、酯酶、磷酸酶和肌醇六磷酸酶等。这些酶对于活微生物来说是生理活动所必需的。某些酶(如蛋白酶和碳水化合物酶)催化大分子化合物(如蛋白质和碳水化合物)的水解,形成较小分子的化合物,随后被细胞吸附和吸收。其他酶,如磷酸酶和肌醇六磷酸酶,将有机磷化合物水解成无机磷化合物,为植物和微生物提供营养物质。

由于水解酶的底物选择性低,因此,它们在一些污染物(包括不溶性污染物)的生物修复中起着关键作用。表2-24列出了天然和人工合成的不溶性化合物生物转化过程中涉及的一系列水解酶,以及它们的优先底物和酶的主要来源。

表2-24　天然和人工合成的不溶性材料及其水解酶

材料种类	酶	酶的来源
天然材料		
纤维素材料	纤维素酶	*Trichoderma resei*, *Penicillium funiculosum*
甲壳质	壳多糖酶	*Actinobacteria*
角蛋白	角蛋白酶	*Chysosporium keratinophilum*
硫酸盐纸浆	木聚糖酶、β-木糖苷酶	*Sreptomyces thermoviolaceus*
污水污泥	蛋白酶、磷酸盐酶	硫酸盐还原菌
淀粉材料	淀粉酶	*Bacillus licheniformis*
人工合成材料		
尼龙	尼龙降解酶	白腐真菌
聚乳酸	解聚酶、碱性蛋白酶	*Amycolatopsis*, *Bacillus* sp.
聚丙烯酸酯	纤维素二糖脱氢酶	白腐真菌
聚胺酯	酯酶	*Curvularia senegalensis Corynebacterium*, *Comamonas acidovarans*
聚乙烯醇	酯酶、漆酶	*Pseudomonas vesicularis*, *Pycnoporus cinnabarinus*

生活垃圾中含有大量来自动物饲养、加工和处置过程中的角蛋白废物和废纸。研究表明,*C. keratinophilum* 真菌产生的胞外蛋白酶可以水解角蛋白废物;来自 *Penicillum funicolosum* 和 *Tricoderma resei* 的纤维素酶,可以处理不同来源的废纸。

3. 无细胞酶和生物修复

上述污染物的生物转化,有些依赖于细胞存在时胞外酶的作用。换句话说,污染物的降解由胞外酶启动,但需要完整细胞的存在。

利用无细胞酶(cell-free enzymes)对受污染场所进行生物修复是一种颇有应用前景的方法。与微生物细胞相比,无细胞酶具有其自身的一些优点,最显著的优点就是其独特的底物专一性和催化能力。在许多不适合微生物细胞生存的环境,酶可以在有毒污染物,甚至是难降解污染物存在时发挥作用,也就是说,酶可以在相对宽广的环境范围(如相对宽广的温度、pH和盐度范围,高或低的污染物浓度范围)应用。此外,微生物代谢的抑制剂和微生物捕食者的存在以及污染物浓度的急剧变化,对酶活性的影响都不大。

表2-25说明了无细胞酶用于不同污染物生物降解的情况。

表 2-25　污染物的无细胞酶生物降解

污染物	酶	酶的来源	性质
蒽、芘	LiP、MnP、漆酶	*Nematoloma forwardii*	活性高(藜芦醇)
沥青质	氯过氧化物酶	*Cladariomyces fumago*	在有机溶剂中活性高
碳呋喃	氨基甲酸酯水解酶	*Achromobacter* sp.，*Pseudomonas* sp.	专一性高
氰化物	氰化酶、氰化物水合酶	*Alcaligenes denitrificans*，几种真菌	通常为诱导酶，在固定化状态非常稳定
激素类化合物	MnP、漆酶	*Trametes versicolor*	70%～100%转化率
腈化物	腈化物水解酶、腈化物水合酶、酰胺酶	*Nocardia* sp.，*Rhodococcus* sp.，*Fusarium solani*	直到 60℃ 和 pH 6.0～11.0 都非常稳定
PCP、DDT、PCBs、林丹	脱卤酶、漆酶	某些微生物	对—SH 化合物敏感，立体专一性
酚类化合物、PAHs	MnP、LiP、漆酶	白腐真菌	可在不同条件下使用
拟除虫菊酯、对硫磷、二嗪农	氯过氧化物酶、过氧化物酶	*Agrobacterium*，*Pseudomonas* sp.，*Flavobacterium* sp.，*Nocardia* sp.，*Bacillus cereus*	在 50℃ 和 pH 6.0～11.0 非常稳定

从表 2-25 可以看出，无细胞酶可以用于降解多种不同的污染物，各种农药、难降解有机污染物(如沥青质、PCBs、多氯酚、PAHs)及其他有毒污染物，都可以用无细胞酶进行生物转化(图 2-62)。这些酶可以来自真菌、细菌和植物细胞，可以是氧化还原酶，也可以是水解酶。

来自不同真菌的漆酶都能够去除多种酚类化合物，去除率与酚类化合物的结构、苯环上取代基的类型和数目密切相关。来自 *Cerrena unicolor* 的漆酶降解酚类污染物的结果如表 2-26 所示。

表 2-26　来自 ***Cerrena unicolor*** 的无细胞漆酶生物降解酚类污染物

污染物	—OH 数目	取代基(数目)	污染物去除率/%
邻氯酚	1	Cl(1)	18
对氯酚	1	Cl(1)	20
2,4-二氯酚	1	Cl(2)	66
对羟苯基乙醇	1	$—CH_2CH_2OH$	73
邻羟苯基乙醇	1	$—CH_2CH_2OH$	28
间羟苯基乙醇	1	$—CH_2CH_2OH$	11
邻苯二酚	2		100
间苯二酚	2		40
甲基邻苯二酚	2	$—CH_3$	76
羟基对羟苯基乙醇	2	$—CH_2CH_2OH$	86
连苯三酚	3		100
3,4,5-三羟基苯甲酸	3	—COOH	98

从白腐真菌提取的胞外酶，如木质素过氧化物酶、锰过氧化物酶和漆酶，从蘑菇提取的酪氨酸酶(Tyr)和辣根过氧化物酶(HRP)，可以胞外氧化三环和四环的多环芳烃，如蒽、菲、芘、荧蒽等。

木质素过氧化物酶对蒽、芘的转化率分别为 58.6%和 34.2%；而锰过氧化物酶对蒽、芘的转化率分别为 31.5%和 11.2%。当有介体物质存在时，如藜芦醇(对于 LiP)、还原性

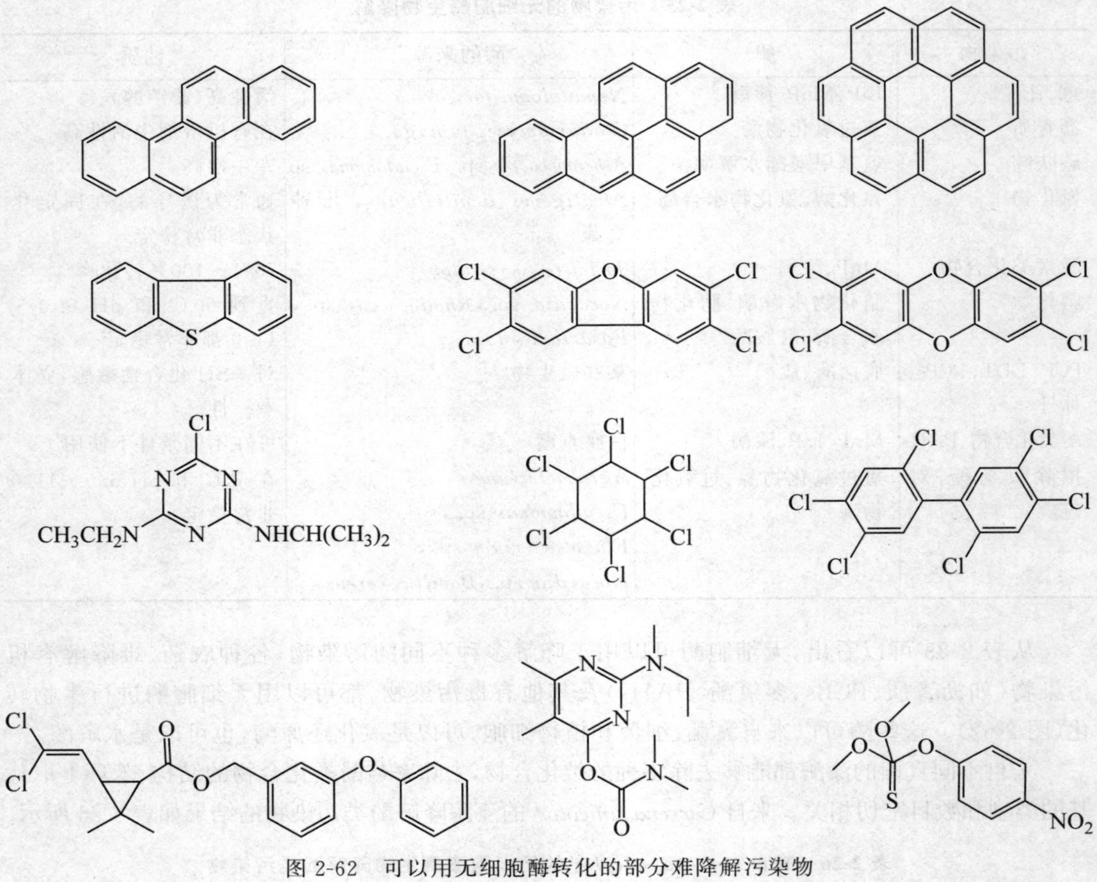

图 2-62 可以用无细胞酶转化的部分难降解污染物

的谷胱苷肽（GSH）（对于 MnP）和 ABTS（对于漆酶、Tyr 和 HRP），PAHs 的转化率会提高。

真菌的氧化酶用于内分泌干扰物（endocrine-disrupting chemicals）的降解是一个新的研究领域。双酚 A[bisphenol A；2,2-*bis*（4-hydroxyphenyl）propane，BPA]和壬基酚（nonylphenol，NP）广泛用于工业和生活中，是典型的内分泌干扰物。从*T. versicolor* IFO 7043 分离并部分纯化的漆酶也能够去除这两种污染物，对 BPA 和 NP 的去除率分别为 70%和 60%。在反应过程中添加介体物质 HBT（1-hydroxybenzentriazole）可以极大地提高漆酶的活性。

对于内分泌干扰物的生物降解，人们更关注的是其内分泌干扰活性的去除。Tsutsumi 等（2001）利用酵母菌体外筛选实验评价了酶作用对 BPA 和 NP 的雌激素活性去除情况，结果表明，锰过氧化物酶和漆酶在 12 h 内都能够有效去除 BPA 和 NP 的雌激素活性。当有 HBT 介体物质存在时，漆酶在 6 h 内就能达到同样的结果。

双酚 A 和壬基酚的生物转化机理可能是在酶的氧化作用下发生聚合和部分降解。

另一种人们感兴趣的无细胞酶是能够降解腈化物的所谓腈化物降解酶。

4. 胞外酶用于土壤修复的局限性

在受污染场所（特别是土壤环境中），当污染物发生转化时，需要胞外酶启动这一过程。

研究表明，白腐真菌及其胞外氧化酶都能够分解土壤中一系列性质不同的污染物，然而，与实验室的深层液体培养相比，污染物的转化和矿化效率并不高。

在自然环境中，有一些因素限制酶的催化活性。无论是胞外酶、胞内酶，还是无细胞提取酶，用于实际生物修复的效果，既取决于污染物的性质，又取决于酶的性质。

1）污染物方面的局限

在实际受污染的环境，污染物都不是单一的，通常是多种污染物同时存在，其他污染物的存在，对酶的转化效率的影响可能是正面的，也可能是负面的，甚至可能出现协同效应(synergistic effect)。关于漆酶和过氧化物酶降解一些有毒有机污染物，如氯代苯胺、氯酚或溴酚、萘酚等，已有不少研究报道。Bollag 及其同事(1998，1999)研究了其他共存底物或腐殖质前体物存在时对上述两种酶催化效率的影响。他们还研究了漆酶和过氧化物酶对一种非常难降解的除草剂 bentazon 的转化，探讨了各种腐殖质前体物对酶降解 bentazon 的影响(表 2-27)。

表 2-27　共底物对过氧化物酶转化除草剂 bentazon 的影响

腐殖质单体	漆酶②(pH 4.0)	过氧化物酶③(pH 3.0)
	降解率	
Bentazon①	0	6
＋邻苯二酚	100	95
＋阿魏酸	9	19
＋邻甲氧基苯酚	10	9
＋3,4-二羟基苯甲酸	40	65
＋连苯三酚	0	0
＋间苯二酚	2	0
＋丁香醛	39	49
＋香草酸	6	94
＋咖啡酸	59	27

① 所有物质的浓度均为 1 mmol/L；

② 从 *Polyporus pinsitus* 中提取，在 25℃下培养 24 h，酶浓度为 4 U/mL；

③ 从辣根中提取，在 25℃下培养 24 h，酶浓度为 6 U/mL。

Bollag 等(2003)研究表明，不同来源(*Cerrena unicolor*、*Trametes villosa*)的漆酶用于降解 2,4-二氯酚(2,4-DCP)时，当有其他氯酚共存时，不同的氯酚，如 4-氯酚(4-CP)、2,4,6-三氯酚(2,4,6-TCP)对其有不同的影响(表 2-28)。

表 2-28　漆酶作用后底物去除率和漆酶的残留活性　　%

底　　物	底物去除率	漆酶残留活性
单一酚		*Cerrena unicolor*
2,4-DCP	66	34
对羟苯基乙醇	11	88

续表

底　　物	底物去除率	漆酶残留活性
间苯二酚	40	76
甲基邻苯二酚	76	24
羟基对羟苯基乙醇	86	18
连苯三酚	100	89
3,4,5-三羟基苯甲酸	98	83
		Trametes villosa
混合酚		
2,4-DCP	66	34
＋4-CP	56	56
＋2,4,6-TCP	58	58
＋2,4-D	82	20
		Cerrena unicolor
邻苯二酚	77	20
＋西玛三嗪	46	30
＋4-CP＋2,4,6-TCP	50	35
＋2,4-D＋西玛三嗪	0	95
＋邻苯二酚＋西玛三嗪	39	60
＋2,4-D＋邻苯二酚	100	0
		Rhus vernicifera
邻苯二酚	58	70
＋甲基邻苯二酚(M)	38	11
＋对羟苯基乙醇(T)	100	66
＋羟基对羟苯基乙醇(H)	99	27
＋M＋T	16	9
＋T＋H	95	29
＋M＋H	56	10
＋M＋T＋H	63	11

漆酶降解 2,4-DCP 也可能受到其母体前体物 2,4-D、其他的酚(如邻苯二酚或西玛三嗪)的影响(表 2-28)。同时,他们还模拟了酚类化合物的二元、三元和四元混合系统,设计这些系统是为了模拟实际的橄榄油加工废水的成分,这些化合物都是橄榄油加工废水的主要成分。

2) 酶本身的局限

酶应用于实际环境的生物修复方面,也受到来自酶本身的限制。酶在污染物转化过程中可能会失去活性。从表 2-28 可以看出,在进行污染物转化后,漆酶会部分甚至完全失去其催化活性。漆酶活性降低取决于化合物中酚的类型、转化程度以及不同酚类污染物的组合。通常,酚的浓度越高,酶活性的丧失就越严重。在污染物聚合过程中会吸附或包裹部分酶,从而阻止了酶与污染物的进一步相互作用,这可能是酶活性丧失的原因。在土壤中,酶以复合物的形式存在,土壤中的矿物质和有机颗粒物会限制酶的运动,影响酶的活性(图 2-63)。

土壤中的酶分子可能被这些基质所吸附、固定或包埋,产生所谓的“天然固定化酶”。因而酶分子可能失活或发生降解,结果导致酶分子动力学、稳定性和移动性的改变,这些变化

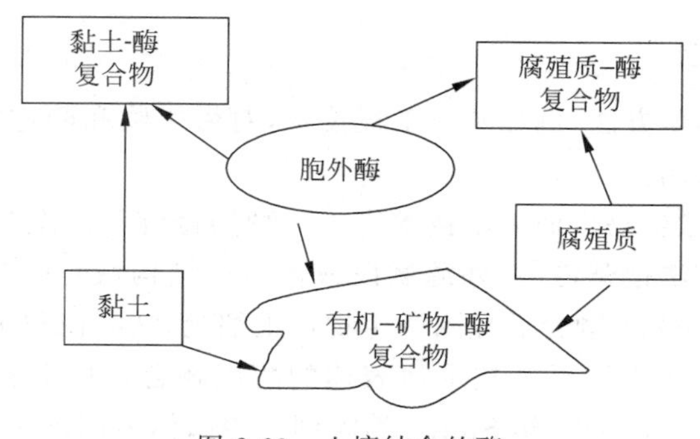

图 2-63 土壤结合的酶

反过来又会影响酶的应用范围。

人们研究了不同的土壤成分存在时，不同来源的漆酶对 2,4-DCP 的去除效率。研究的土壤成分包括蒙脱石(M)、被不同量的羟基铝所覆盖的蒙脱石(AM3 和 AM18，即每克蒙脱石含 3 mmol 和 18 mmol 的铝)、腐殖酸(HA)、HA 和 AM18 的混合物、不同含量有机质的砂和土壤等。结果表明，与对照实验(也就是只有酶而没有土壤成分的实验)相比，不同的土壤成分对漆酶降解 2,4-DCP 影响也不同(图 2-64)。

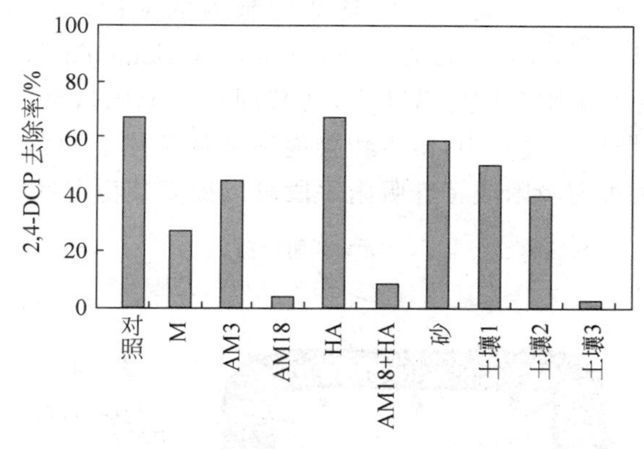

图 2-64 黏土、黏土-腐殖质复合物、砂和土壤存在时漆酶去除 2,4-DCP 的情况

M—Na-蒙脱石；AM—被不同量的羟基铝所覆盖的蒙脱石(AM3 和 AM18)；HA—腐殖酸

酶与土壤组分结合形成固定化酶，不仅影响酶对共存底物的响应，还影响酶对反应底物的作用。研究表明，当酸性磷酸酯酶与土壤中不同的组分结合，例如有机组分单宁酸、无机组分蒙脱石、有机-无机组分的复合物[$Al(OH)_x$-单宁酸-蒙脱石]，形成的固定化酶与游离酶相比，对阿特拉津等农药降解行为会发生变化。可能的原因包括：①游离酶与固定化酶的状态不同，酶与土壤组分结合后会形成非均相体系；②在酶与固定化载体之间会发生相互作用；③酶固定化后，其蛋白质分子构象会发生变化；④酶分子周围的载体产生的微环境会影响酶的催化活性。至于分离出来的酶，严重制约其实际应用的因素之一是酶的分离与纯化的成本。对于一种特定酶生产菌株，纯化酶的生产需要经过复杂、昂贵的分离和纯化步骤。利用农业废弃物作为碳源发酵生产酶，可以大大降低酶的生产成本。

5. 酶的修饰和改造

利用现代分子生物学方法，例如基因工程技术，对微生物和酶进行改造，有助于促进酶在环境污染治理中的应用。

广义地讲，可以将微生物表面展示技术作为一种酶修饰和改造技术。微生物表面展示技术是利用基因重组方法把靶蛋白（外源肽段或蛋白质结构域）基因序列与特定的载体蛋白基因序列（又叫定位序列）融合后导入微生物宿主细胞，从而使靶蛋白表达并定位于微生物细胞表面。通过微生物表面展示技术使表达的酶以融合蛋白形式展示在微生物细胞表面，并发挥酶催化作用。自 1985 年 Smith 等人创建噬菌体表面展示技术以来，微生物表面展示技术一直是研究热点，并在很多领域得到了应用。

有机磷农药广泛地用作农业和家用杀虫剂，是最有毒的化合物之一。从土壤微生物中分离出的有机磷水解酶（organophosphorus hydrolase，OPH）可以有效地降解这些杀虫剂。然而，分离纯化 OPH 成本较高，限制了其应用。利用整细胞进行污染物脱毒更加有效，但是，有机磷跨越细胞膜的转移障碍限制了其应用。OPH 的表面表达可以克服细胞膜的转移限制（图 2-65），这正如金属硫蛋白的表达可以增加细胞对金属的结合力一样。与在细胞内部表达 OPH 的整细胞相比，在细胞表面表达 OPH 的整细胞，降解对硫磷的速率提高了 7 倍。与经过纯化的 OPH 相比，表达在完整活细胞内的 OPH 更加稳定、活力更强。在 37℃下的 1 个月内，可以保持 100％的活性（Chen and Mulchandani，1998）。通过物理吸附将这种新型的生物催化剂吸附到固定载体上，代替固定化 OPH，是一种用于杀虫剂脱毒的有效手段。然而，在长期运行过程中，微生物会逐渐地从载体上脱落，从而降低了固定化细胞系统的有效性。利用可逆吸附或特殊吸附手段可以提高其稳定性。

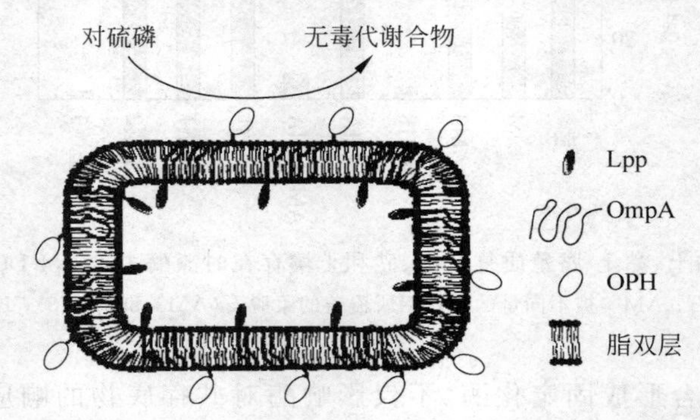

图 2-65　利用锚定并展示在 *E. coli* 细胞表面的有机磷水解酶进行对硫磷脱毒

Lpp—脂蛋白；OmpA—孔形成蛋白

引自：Chen W，Mulchandani A. The use of live biocatalysts for pesticides detoxification. Trends Biotechnol，1998，16：71～76

Francisco 等（1993）研究表明，通过将源自 *Cellulomonas fimi* 的纤维素结合区域（cellulose-binding domain，CBD）锚定到 *E. coli* 细胞表面，可以使细胞与纤维素材料产生特殊的高亲合力的附着作用。Wang 等（2002）采用这种方法将降解有机磷的微生物细胞牢固地附着到纤维素载体表面，并用于长期实验。为了使相同转运机制的直接竞争最小，可以利用脂蛋白-外膜蛋白 A（Lpp-OmpA）和冰核蛋白（INPNC）分别将 OPH 和 CBD 锚定到细胞表面。电镜观察结果表明，表面锚定 CBD 的整细胞，其固定化非常特殊，它们在不同的固定化载体上，几乎都附着形成单层细胞。固定化细胞降解对硫磷的速率非常快，在 45 d 的运行过程中，几乎保持 100%的催化效率。这是首次报道将两个不同的功能部分一起固定到 *E. coli* 的细胞表面。

尽管有机磷的酶水解可以将其毒性降低近 120 倍，但是，这种酶水解会形成对硝基酚(PNP)，该化合物仍然是优先污染物。Shimazu 等开发了一种新方法，他们在 PNP 降解菌 *Moraxella* sp. 表面锚定 OPH，使单一微生物具备快速降解有机磷和 PNP 的能力，从而使有机磷和 PNP 可以同时被降解。这也是首次报道在 *E. coli* 以外的革兰氏阴性菌表面表达功能酶。

虽然 OPH 可以水解范围广泛的有机磷，但是，水解效率差别很大。例如，有些广泛使用的有机磷杀虫剂，如对硫磷、甲基对硫磷、二嗪农等，与对氧磷相比，其水解速率慢 30～1 000 倍。人们利用 DNA 随机重组和筛选序列循环来提高 OPH 对降解性很差的底物的活性。因为这些杀虫剂不能穿过微生物细胞膜，Cho 等为了分离到改进底物专一性的新酶，利用部分冰核蛋白将 OPH 变异酶展示在 *E. coli* 细胞表面。经过两轮 DNA 随机重组和筛选，分离到几株改进的变异株，其中一株变异株水解甲基对硫磷的速率比野生型菌株快 25 倍。

除了用于有机污染物脱毒，微生物细胞表面展示技术还可以用于制备整细胞免疫吸附剂，去除有毒污染物。例如，Dhillon 等利用 PAL 脂蛋白，将抗阿拉特津的抗体片断 scFv 成功地锚定在 *E. coli* 细胞表面。然而，研究中发现这种方法严重抑制了微生物的生长，并且表达的水平也非常低。因此，离实际应用还有一定的距离。

总之，微生物胞外酶在有毒污染物的生物降解过程中非常重要。然而，它们大规模应用于受污染土壤的生物修复目前仍然存在一些限制因素。例如，当环境中同时存在多种污染物时，通常会对目标污染物的降解产生负面影响，从而影响酶的效率。酶的分离、纯化成本较高以及酶在恶劣环境下的不稳定，也会制约酶在土壤修复中的应用。

现代分子生物学技术可以对酶和微生物进行改造，设计并开发出新的酶，为酶在实际环境修复中应用开辟了新途径。

2.11 酶工程发展展望

我国酶工程的发展，最早始于酶制剂的应用。α-淀粉酶和葡萄糖淀粉酶的用途最广，占我国酶制剂的产量和产值的大部分，主要用于食品、轻纺及医药工业中。此外，蔗糖酶用于高果糖浆的制造；α-半乳糖苷酶(蜜二糖酶)可水解甜菜糖蜜中的棉籽糖生成半乳糖和蔗糖，提高蔗糖收率；β-半乳糖苷酶用于乳制品加工；果胶酶用于果汁和果酒的澄清；纤维素酶用于饲料加工；葡萄糖氧化酶用于临床上尿糖的检定及食品储藏；蛋白酶用于皮革、丝绸的脱毛脱胶及洗涤剂工业等。20 世纪 70 年代以来，我国已相继建成 40 多家酶制剂工厂，生产酶制剂 20 多种，在食品、轻化工及医药工业中得到了广泛的应用。

与国外相比，我国酶工程研究与开发，仍有较大差距，特别是在高产菌株的选育、酶制剂的制备工艺、产品质量等方面。在固定化酶和固定化细胞的研究方面也需强化，并争取能较广泛地用于生产。新型生物反应器的研制也是我们应予重视的领域。在酶工程方面应加强酶制品和酶技术在临床诊断、分析、医药工业和环境保护等方面的应用研究，以及研究和改进食品工业用的酶制剂、洗涤剂用酶制剂的生产工艺，培养高产菌种，增加酶制剂品种，提高产品质量。

酶工程的重点研究领域有如下方面。

(1) 生物传感器的研究　生物传感器为酶工程开拓了新的发展领域。

(2) 多酶反应器的研究　多酶反应器是使生物技术转化为产业的关键技术。

(3) 酶的改造和新酶的开发　基因工程和蛋白质工程为酶的开发和改造提供了新途径。

(4) 模拟酶的研发与应用。

(5) 酶的分离提纯技术　是酶的研究和应用的基础。

(6) 酶的应用领域的扩展和生产工艺的改进。

我国在基因工程、蛋白质工程等方面，已开展了改造酶、开发新酶的研究，生物传感器的研究也取得一些进展。我们已充分认识到酶工程在生物技术中的重要位置，它不仅是发酵工程的理论基础，而且基因工程和细胞工程的发展也离不开酶工程的密切配合(如工具酶)。因此，酶工程在生物技术与产业之间起着重要的衔接作用，它不仅是一种手段，而且是生物技术研究成果转化为产业所不可缺少的重要环节。

利用酶制作的生物传感器在环境污染监测中应用越来越广泛，酶在清洁生产工艺、废物生物处理及资源化、水体水质修复中正在发挥重要作用。利用基因工程和蛋白质工程扩展酶的代谢途径，结合合成生物方法，将为治理难降解有毒有机污染物提供重要方法。

基因工程

3.1 基因工程的发展

基因是控制所有生物的构造与性能的基本遗传单位。科学界预言，21 世纪是基因工程世纪。

基因工程是在分子水平上对生物遗传特性进行人为干预，对生物基因进行改造，利用生物生产人们需要的特殊产品。随着 DNA 的内部结构和遗传机制的秘密一点点呈现在人们眼前，生物学家不再仅仅满足于探索、揭示生物遗传的秘密，而是开始在分子水平上干预生物的遗传特性。

如果将一种生物 DNA 中的某个遗传密码片段连接到另外一种生物的 DNA 链上去，将 DNA 重新组织一下，理论上就可以按照人类的愿望，设计出新的遗传物质并创造出新的生物类型。这与过去培育生物繁殖后代的传统做法完全不同，它很像技术科学的工程设计，即按照人类的需要把这种生物的这个“基因”与那种生物的那个“基因”重新“施工”，“组装”成新的基因组合，创造出新的生物。这种完全按照人的意愿，从重新组装基因到新生物产生的生物科学技术，称为“基因工程”。基因工程是生物工程的一个重要分支，它和酶工程、细胞工程和发酵工程共同组成了生物工程。

基因工程走过了怎样的历程呢？1866 年，奥地利遗传学家孟德尔发现生物的遗传基因规律；1868 年，瑞士生物学家弗里德里希发现细胞核内存有酸性和蛋白质两个部分，酸性部分就是后来所谓的 DNA。1882 年，德国胚胎学家瓦尔特弗莱明发现细胞核内存在大量的分裂的线状物体，实质上是后续研究揭示的染色体。1944 年，美国科学家证明 DNA 是大多数生物的遗传物质，而不是蛋白质。1953 年，美国生化学家 Watson 和英国物理学家 Crick 发现了 DNA 的双螺旋结构，奠定了基因工程的基础。1980 年，第一只经过基因改造的老鼠诞生。1997 年，第一只克隆羊诞生。1999 年，美国科学家破解了人类第 22 对染色体的基因序列图，“人类基因组计划”迈出了成功的一步。进入 21 世纪，基因工程技术飞速发展，所取得的成就也不胜枚举。2001 年，人类基因组框架图完成；之后多种动植物与微生物的全基因组测序完成；2003 年美国得克萨斯州农业机械大学宣布成功克隆白尾鹿；2005 年美国国立卫生研究院(NIH)启动肿瘤基因组计划；2013 年 *Science* 杂志将基因编辑技术 CRISPR/Cas9(成簇间隔短回文重复序列/关联蛋白)列为 2013 年年度十大科技进展之一，受到人们的高度重视。同年 CRISPR/Cas9 被用于编辑小鼠细胞及植物基因；2014 年首个应用基因重组技术培育的绿光蚕宝宝在日本问世；2016 年 NIH 批准了第一个 CRISPR 基因编辑临床试验，编辑 T 细胞治疗癌症；2017 年基因疗法成功延长了 15 名身患严重遗传性疾病——Ⅰ型脊髓性肌萎缩症(SMA1)患儿的生命，让他们有机会重获健康，同年，哈佛大学 D. Liu 教授利用携带了"魔剪"CRISPR 的油脂递送系统成功破坏了导致小鼠耳聋的基因突变，这或将使治疗遗传性耳聋迎来转折点。基因工程相关研究不仅为筛选和研制新药提供了基础数据，也为利用基因进行检测、预防和治疗疾病、控制环境污染展现了深远的前景。可以预测，基因工程技术将会发挥更大的作用，造福社会，造福人类。

人们公认，基因工程诞生于 1973 年，它是数十年来无数科学家辛勤劳动的成果、智慧的结晶。从 20 世纪 40 年代起，科学家们从理论和技术两方面为基因工程的产生奠定了坚实的基础。概括起来，从 20 世纪 40 年代到 70 年代初，现代分子生物学领域理论上的三大发现及技术上的三大发明对基因工程的诞生起到了决定性的作用。

1. 理论上的三大发现

1）20 世纪 40 年代发现了生物的遗传物质是 DNA

1934 年，O. T. Avery 在一次学术会议上首次报道了肺炎双球菌(*Diplococcus pneumoniae*)的转化。当时 Avery 的论文没有得到公认。事隔 10 年，这一成果才得以公开发表。事实上，Avery 不仅证明了 DNA 是生物的遗传物质，而且也证明了 DNA 可以把一个细菌的性状转给另一个细菌，理论意义十分重大。Avery 的工作是现代生物科学革命的开端，是基因工程的先导。

2）20 世纪 50 年代弄清了 DNA 的双螺旋结构

1953 年，Watson 和 Crick 发现了 DNA 的双螺旋结构。随后 X 射线衍射证明 DNA 具有规则的螺旋结构。

3）20 世纪 60 年代确定了遗传信息的传递方式

1961 年，J. Monod 和 F. Jacob 提出了操纵子学说。以 Nireberg 为代表的一批科学家，经过艰苦努力，确定了遗传信息是以密码方式传递的，每三个核苷酸组成一个密码子，代表一个氨基酸。到 1966 年，全部破译了 64 个密码，编排了密码字典，叙述了中心法则，提出遗传信息流，即 DNA→RNA→蛋白质。从分子水平上揭示了遗传现象。

2. 技术上的三大发明

1）工具酶

从 20 世纪 40 年代到 60 年代，虽然从理论上确立了基因工程的可能性，为基因工程设计了一幅美好的蓝图，但是，科学家们面对庞大的双链 DNA 分子，仍然束手无策，不能把它切割成单个的基因片段。尽管那时酶学知识已得到相当的发展，但没有任何一种酶能对 DNA 进行有效的切割。

1970 年，Smith 和 Wilcox 从流感嗜血杆菌(*Haemophilus influenzae*)中分离并纯化了

限制性核酸内切酶 *Hind* Ⅱ，使 DNA 分子的切割成为可能。1972 年，Boyer 实验室又发现了 *Eco*RⅠ核酸内切酶。以后，又相继发现了大量类似于 EcoRⅠ的限制性核酸内切酶，从而使研究者可以获得所需的 DNA 特殊片段，为基因工程提供了技术基础。对基因工程技术的突破起重要作用的另一发现是 DNA 连接酶。1967 年，世界上 5 个实验室几乎同时发现了 DNA 连接酶。1970 年，美国 Khorana 实验室发现了 T_4DNA 连接酶，具有更高的连接活性。

2）载体

有了对 DNA 切割和连接的工具酶，还不能完成 DNA 体外重组的工作，因为大多数 DNA 片段不具备自我复制的能力。为了能够在宿主细胞中进行繁殖，必须将 DNA 片段连接到一种特定的、具有自我复制能力的 DNA 分子上。这种 DNA 分子就是基因工程载体。基因工程载体的研究先于限制性核酸内切酶。从 1946 年起，Lederberg 开始研究细菌的性因子——F 因子，以后相继发现其他质粒，如抗药性因子（R 因子）、大肠杆菌素因子（CoE）。

1973 年，S. Cohen 首先将质粒作为基因工程的载体使用。

3）逆转录酶

1970 年，Baltimore 等和 Temin 等分别发现了逆转录酶，打破了中心法则，使真核基因的制备成为可能。

具备了以上的理论与技术基础，基因工程诞生的条件已经成熟。

1972 年，斯坦福大学的 P. Berg 等在世界上第一次成功地实现了 DNA 体外重组。他们使用限制性内切酶 *Eco*RⅠ，在体外对猿猴病毒 SV40 的 DNA 和 λ 噬菌体的 DNA 分别进行酶切，再用 T_4DNA 连接酶把两种酶切的 DNA 片段连接起来，获得了重组 DNA 分子。

1973 年，斯坦福大学的 S. Cohen 等成功地进行了另一个体外重组 DNA 实验并成功地实现了细菌间性状的转移。

他们将大肠杆菌的抗四环素（TC^r）质粒 pSC101 和抗新霉素（Ne^r）及抗磺胺（S^r）的质粒 R6-3，在体外用限制性内切酶 *Eco*RⅠ切割，连接成新的重组质粒，然后转化到大肠杆菌中。结果在含四环素和新霉素的平板中，选出了抗四环素和抗新霉素的重组菌落，即表型为 TC^rNe^r 的菌落，这是基因工程发展史上第一次成功实现重组体转化的例子。基因工程从此诞生。

基因工程在 20 世纪取得了很大的进展，这至少有两个有力的证明：转基因动植物和克隆技术。转基因动植物由于植入了新的基因，使得动植物具有了原来没有的全新的性状，这引起了一场农业革命。如今，转基因技术已经开始广泛应用，如抗虫西红柿、生长迅速的鲫鱼等。1997 年世界十大科技突破之首是克隆羊的诞生。这只叫"多莉"的母绵羊是第一只通过无性繁殖产生的哺乳动物，它完全秉承了给予它细胞核的那只母羊的遗传基因。"克隆"一时间成为人们关注的焦点。尽管有伦理和社会方面的忧虑，但生物技术的巨大进步使人类对未来的想象有了更广阔的空间。

3.2 基因工程的分子生物学基础

自从 1953 年 Watson 和 Crick 提出 DNA 的双螺旋结构模型以来，分子生物学经过 20 年的探索和研究，终于在 1973 年初取得了决定性的突破，产生了一门全新的学科——基因工程。基因工程的理论基础是分子生物学，它的出现不仅带动了现代生物技术产业的发展，也使生命科学的研究产生了革命性的变化。

3.2.1 DNA的结构与功能

基因工程的核心是DNA重组技术。生物界中，每个细胞都含有脱氧核糖核酸(deoxyribonucleic acid,DNA)。DNA携带着决定生物遗传，细胞分裂、分化、生长以及蛋白质生物合成等生命过程的信息。DNA的结构与基本性质是基因工程操作的基础。

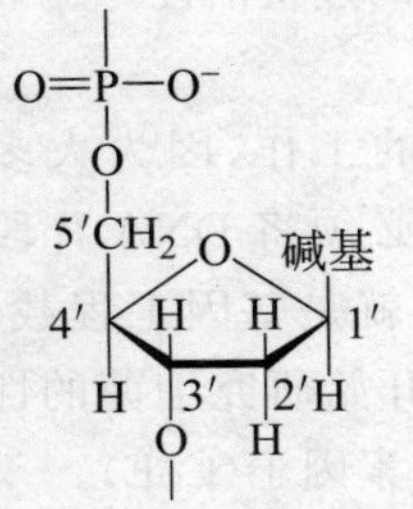

图3-1 核苷酸的结构

1. DNA的组成

DNA是由大量的脱氧核糖核苷酸组成的极长的线状或环状大分子。DNA分子的基本单位是脱氧核糖核苷酸，它由碱基、脱氧核糖和磷酸基三部分组成(图3-1)。

核苷酸分子中有4种碱基，即腺嘌呤(A)、鸟嘌呤(G)、胸腺嘧啶(T)和胞嘧啶(C)。4种碱基的结构如图3-2所示。

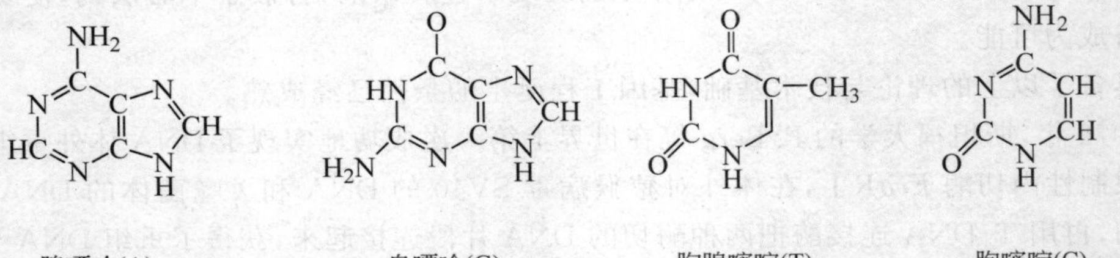

图3-2 4种碱基的结构

DNA中的嘌呤和嘧啶碱基携带遗传信息，其中的糖和磷酸基则起结构作用。DNA分子中的骨架由磷酸二酯键连接的多个脱氧核酸组成，在整个分子中不变。一个脱氧核糖核苷酸中五碳糖的3′羟基，通过一个磷酸二酯键与邻近五碳糖的5′磷酸基相连，见图3-3。

2. DNA结构

1953年，Watson和Crick提出了DNA的双螺旋结构模型，如图3-4所示。这一理论的要点是：

(1) 两链平行反向且右旋；

(2) 两链之间碱基以氢键配对互补，A═T，G≡C；

(3) 螺旋每周含10个碱基对，每周垂直升高340 nm，螺旋直径200 nm；

(4) 核主链在螺旋外侧，碱基对平面在内侧且与主链垂直。

这一理论的核心是碱基配对互补。

此理论模型的意义在于，通过碱基配对互补，可以解释：

(1) 细胞减数分裂和有性生殖-配子与受精卵的形成，即DNA双链分开和来自双方 配子的单链DNA分子重新组合成双链；

(2) 个体发育　一个受精卵的DNA双链通过互补复制而重复合成；

(3) 遗传与变异　DNA分子碱基序列具有保守性、可变性，碱基是突变的最小单位；

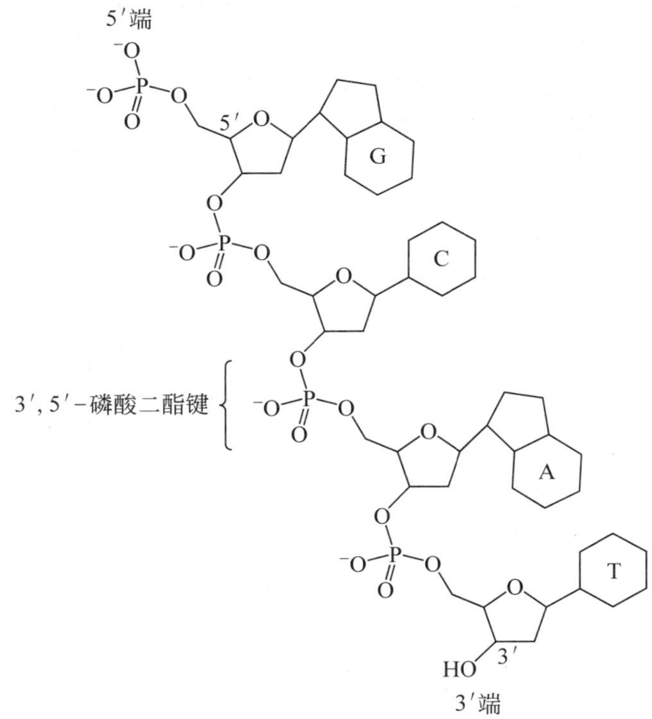

5′端

3′, 5′-磷酸二酯键

3′端

图 3-3　磷酸二酯键和 DNA 链的共价结构

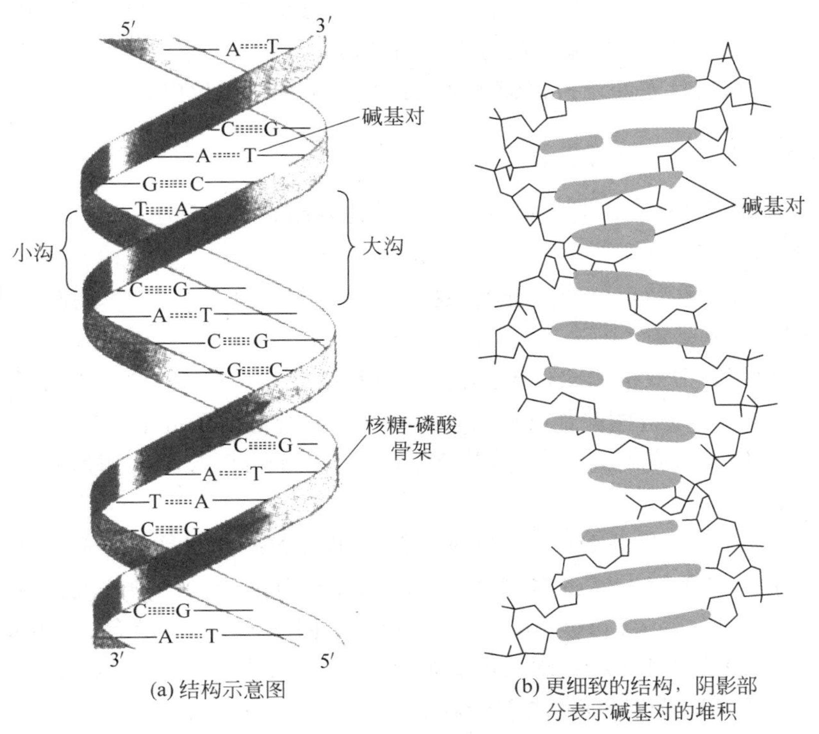

(a) 结构示意图

(b) 更细致的结构，阴影部分表示碱基对的堆积

图 3-4　DNA 双螺旋结构

（4）性状控制　蛋白质生物合成时密码与反密码的配对识别。

这一理论历经半个世纪的检验，在基本内容不变的基础上，得到了如下补充：

（1）DNA分子双链可左旋，发现Z-DNA；

（2）DNA分子每圈碱基数具可变性，发现A-DNA；

（3）发现三股DNA；

（4）超螺旋结构普遍存在。

碱基配对是DNA分子结构的主要特性，即一条链中的A总是与另一条链中的T配对，一条链中的G总是与另一条链中的C配对，两条链中的碱基序列总是互补的(图3-5)。

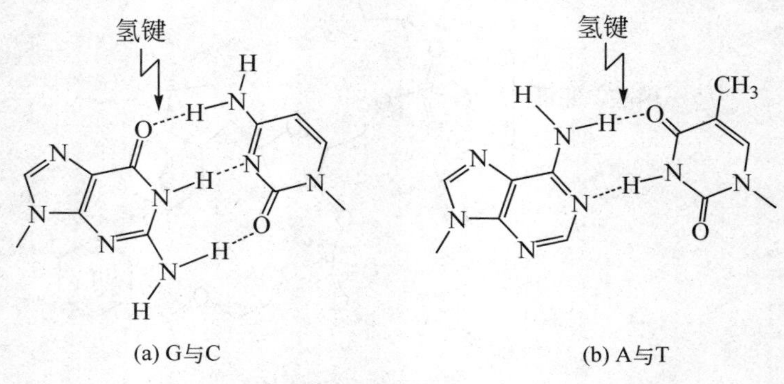

图3-5　碱基互补配对

决定DNA双螺旋结构的因素有氢键的形成、碱基的堆积力、磷酸基之间的静电斥力、碱基分子内能的作用等。在这些因素中，互补碱基的氢键结合力和相邻碱基的堆积力有利于维持DNA双螺旋构型，磷酸基团的静电斥力和碱基分子的内能不利于DNA维持双螺旋结构。DNA分子结构状态的维持依赖于上述诸种因素的总体效应。

3. DNA的复制

对遗传物质的关键性要求是它必须能够准确地复制。

DNA复制有如下特点：

（1）DNA的复制从特定的位点开始，这个特定的位点称为复制起始点，在复制起始点双链DNA解旋，形成复制叉。

（2）半保留复制，即双链DNA分子在复制过程中，DNA的两条链各自作为新链合成时的模板。复制后，每一双链体都是由一条亲链和一条新合成的子链组成(图3-6)。

（3）DNA复制具有高度的忠实性，其复制的忠实性同DNA聚合酶所具有的自我校正功能密不可分。

（4）虽然DNA聚合酶是DNA复制的主酶，然而DNA复制是多种酶和蛋白因子协同有序工作的结果。如螺旋失稳蛋白(helix-destabilizing protein)或称单链DNA结合蛋白(single strand DNA binding protein，SSB)，其功能是同单链DNA结合，使相关的DNA双螺旋失掉稳定性，有利于DNA双螺旋的解旋；DNA解旋酶(DNA helicase)的功能是在复制叉处使双螺旋DNA解旋；DNA拓扑异构酶(DNA topoisomerase)通过分别在DNA双螺旋的一条链和两条链的不同位点产生断裂和重新连接的方式，帮助DNA双螺旋有效地旋转、解旋，并能在复制完成后在DNA双链中引入超螺旋，帮助DNA缠绕、折叠；DNA连接酶则将DNA片段通过3′,5′-磷酸二酯键连接起来。

4. DNA作为遗传物质的优点

DNA作为遗传物质有许多优点，其中最主要的是：

(1) 信息量大，可以微缩；

(2) 表面互补，电荷互补，双螺旋结构说明了精确复制的机理；

(3) 核糖的2′位脱氧，在水溶液中稳定性好；

(4) 可以突变，以求进化；

(5) 有T无U，基因组得以稳定。

然而，如果DNA是最初的遗传物质，那么由于DNA复制需要酶，而酶是蛋白质，蛋白质又是由DNA的核苷酸序列编码的，这就成了一个鸡生蛋、蛋生鸡的问题。20世纪80年代初发现RNA拟酶，这个问题才得到解决。RNA拟酶集信息传递作用和酶学催化作用于一身，很可能是最初的遗传物质。在这个基础上，一个由RNA世界到RNA蛋白质世界，由RNA蛋白质世界到DNA世界的进化图景，已被科学界广泛接受。

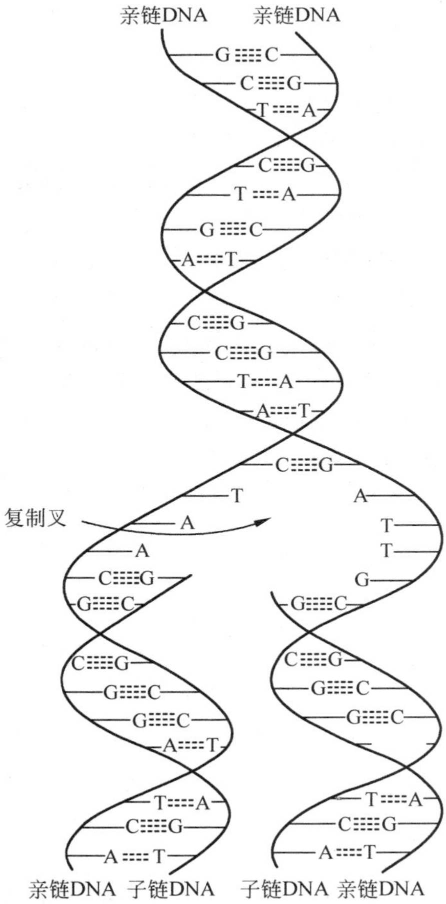

图3-6　DNA半保留复制

3.2.2　DNA的变性、复性与杂交

在加热或某些试剂的作用下，DNA配对碱基之间的氢键结构受到破坏，双链DNA的多核苷酸链能完全分离，分离过程称为变性(denaturation)或熔解(melting)。

能使DNA变性的试剂称为变性剂，如尿素、甲酰胺等。

变性的DNA为单链DNA。

变性DNA在一定条件下能恢复其双螺旋结构，这个过程叫DNA复性(renaturation)。

DNA的变性与复性作用示意图如图3-7。

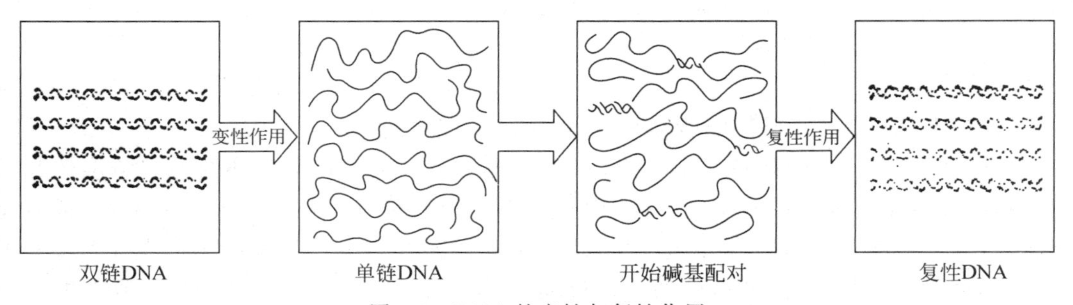

图3-7　DNA的变性与复性作用

1. 变性

DNA 的变性,不仅受外部条件的影响,而且也取决于 DNA 分子本身的稳定性。如 G+C 含量高的 DNA 分子就比较稳定,因为 G 与 C 之间有三对氢键,而 A 与 T 之间只有两对氢键。环状 DNA 比线状 DNA 稳定。

DNA 变性后由于分子构象的变化,溶液的黏度大大降低,沉降速度加快,紫外吸收值升高,利用这些性质,可以观察研究 DNA 变性的过程。

研究 DNA 变性过程常用的方法是光吸收法(260 nm 处)。

升高温度可使 DNA 变性,且变性作用在很窄的温度范围内发生,导致紫外吸收作用增强。以温度对紫外吸收值作图,得到一条 S 形曲线。DNA 变性温度范围的中间点称为 DNA 熔点(melting temperature)。通常以吸光度值达到最大值一半时的温度作为熔点温度,以 T_m 表示,见图 3-8。

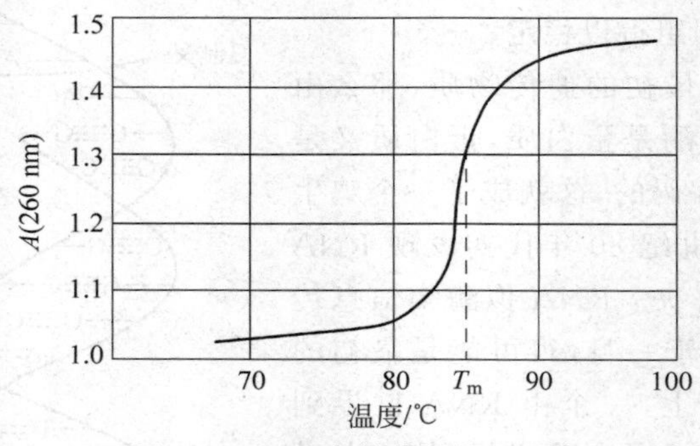

图 3-8　DNA 变性作用的 T_m 值

各种 DNA 的曲线形式大体相同,但 T_m 的位置受 DNA 组成及变性条件的影响。

T_m 值与 DNA 分子中 G+C 含量密切相关。G+C 含量高,T_m 大;G+C 含量低,T_m 小。

低离子强度溶液中 T_m 低,且熔点范围也较宽;高离子强度溶液中 T_m 高,熔点范围也变窄。

在 0.15 mol/L NaCl + 0.015 mol/L 柠檬酸钠溶液中,可用以下经验公式求出 DNA 分子中 G+C 的含量:

$$(\text{G}+\text{C 的质量分数})\times 100=(T_m-69.3)\times 2.44 \tag{3-1}$$

通过测定 DNA 的 T_m 值,即可求出其 G+C 含量。

2. 复性

变性的 DNA 在一定条件下能够复性,由单链形成双链。

复性的过程为:当两条链互相碰撞,一条链的某个区域遇到了互补的另一条链的配对碱基时,就在这个区段形成双链核心,然后从核心向两侧对应互补链扩大互补配对,最后完成复性过程。显然,复性过程的限制因素是分子间的碰撞过程。不完全变性的 DNA 分子容易迅速地复性,而且不需要这样的碰撞过程。复性 DNA 分子不一定是起初原有的一对互补链,大部分复性 DNA 双链分子都不是原配,但并不影响复性后 DNA 应有的结构和性质。复性后的DNA一系列物理、化学性质得到恢复。

1）影响DNA复性的因素

影响DNA复性的因素主要有如下方面。

（1）DNA分子的大小和顺序复杂性　简单顺序的DNA分子，彼此形成互补链比较容易，因此复性很快。复杂顺序的DNA分子，在分子互相碰撞过程中，必然会碰到很多非互补链，影响互补速度，即使有互补配对机会，有时也会出现错配，错配的区域还要解开，直至找到正确的互补配对，才能完全复性。因此，在同样条件下，顺序复杂的DNA比顺序简单的DNA所需的复性时间要长。另外，DNA片段大，扩散慢，互补链碰撞的机会少，复性也较慢。

（2）样品的浓度　同一种DNA溶液，当浓度高时，互补顺序相碰的机会增加，复性也比较快。

（3）溶液的离子强度　如果两条单链DNA带有很多同性电荷，它们会互相排斥，互补区域碰撞机会少，不易结合。因此在复性溶液中加入一定的盐浓度，以减少斥力，可加快复性速度。

（4）温度　温度低，分子运动的速度减慢，减少了互补链的碰撞机会，同时增加了错配链解链的困难。因此，复性一般要求在比熔点温度（T_m值）低25℃的条件下进行为宜。

2）DNA复性的条件

发生复性必须满足两个条件：

（1）盐浓度必须高到足以消除两条链中的磷酸基团的静电斥力，通常用0.15～0.5 mol/L NaCl；

（2）温度必须高到足以破坏其随机的链内氢键，但温度不能太高，否则不能形成和维持稳定的链间碱基配对。

3）复性动力学

DNA的变性与复性是一个双链与单链的相互转变过程，即

$$\text{dsDNA} \underset{k_2}{\overset{k_1}{\rightleftharpoons}} 2\text{ssDNA}$$

用二级反应动力学方程表示为

$$\frac{\mathrm{d}c}{\mathrm{d}t} = -k_2 c^2 \tag{3-2}$$

式中：c——单链DNA（ssDNA）的浓度，mol/L；

t——时间，s；

k_2——单链DNA结合的速度常数，L/(mol·s)。

当$t=0$，$c=c_0$时，将上式积分并重排得

$$\frac{c}{c_0} = \frac{1}{1 + k_2 c_0 t} \tag{3-3}$$

以$\frac{c}{c_0}$对$c_0 t$作图可得到如图3-9所示的曲线。

当$c/c_0=1/2$时，$c_0 t=1/k_2$，此时$c_0 t$值定义为$c_0 t_{1/2}$。

实验表明，复性的反应速度常数k_2与DNA复杂度成反比，$k_2 \propto \frac{1}{X}$，则

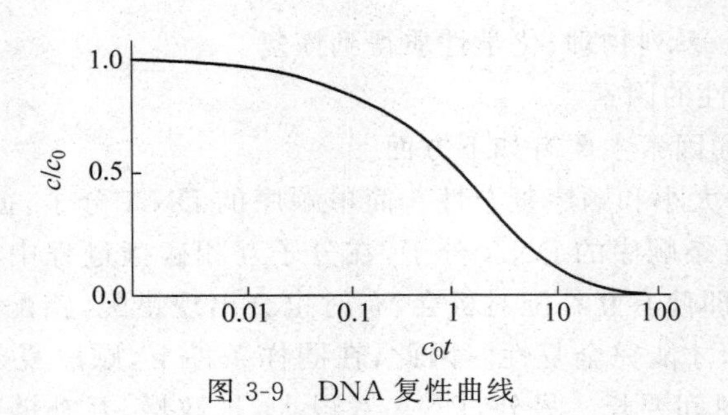

图 3-9　DNA 复性曲线

$$c_0 t_{1/2} = \frac{1}{k_2} \propto X$$

X 表示 DNA 分子序列的复杂度。如果 DNA 分子均为非重复的核苷酸对，复杂度最大，X 的单位是核苷酸对。

X 值与 $c_0 t_{1/2}$ 的关系为

$$X = k_2 c_0 t_{1/2} \tag{3-4}$$

DNA 分子序列的复杂度定义为：DNA 中最长的没有重复序列的核苷酸对的个数值。

如果 DNA 核苷酸总浓度相等，片段越短则浓度就越高，复性所需的时间 $t_{1/2}$ 也就越短，$c_0 t_{1/2}$ 也就越小。

因此，根据 $c_0 t_{1/2}$ 可以判断基因片段 DNA 分子的大小。

3. 杂交

当复性的 DNA 分子由不同来源的两个单链 DNA 分子形成时，称为杂交(hybridization)。

复性是分子杂交的理论基础。

不仅 DNA-DNA 的同源序列之间可以进行杂交，而且 DNA-RNA 之间只要存在有互补的碱基序列也可以进行杂交。不同来源的两条 DNA 单链之间的互补序列在特殊条件下，形成的杂交分子并不要求两条 DNA 链完全互补，少量偏差(错配、缺失)对形成杂交分子并不产生很大影响。

杂交过程可以在溶液中进行，也可以使一种 DNA 结合到固相载体上然后进行杂交。

利用分子杂交可以求出特定基因的频率、异源 DNA 的相似程度，配合电镜方法可以了解基因组织、基因定位。

分子杂交技术广泛应用于生物工程、核酸结构分析及功能探讨中，也是研究分子遗传学的重要手段。

3.2.3　遗传信息的传递方向——中心法则

生命界除了某些病毒是以 RNA 作为其遗传信息的载体外，绝大多数生物将其遗传信息储存在 DNA 分子中，而其功能的实现则是通过蛋白质分子。

1958 年，Crick 提出了遗传信息传递的中心法则，1970 年，Crick 重申了中心法则的重要性，提出了更为完整的图解形式(图 3-10)。

DNA 通过以自身为模板进行复制而使遗传信息代代相传，并通过 RNA 最终将遗传信息传给蛋白质分子。

利用DNA为模板合成RNA的过程叫转录。

以RNA为模板合成蛋白质的过程叫翻译。

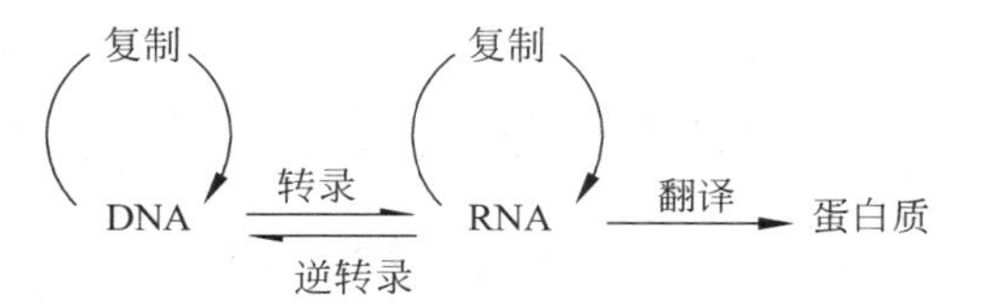

图3-10　遗传信息传递的中心法则

1. RNA的转录

转录是基因表达的关键一步，DNA分子中所储存的遗传信息，必须转录成信使RNA(mRNA)，才能指导蛋白质的生物合成过程，合成具有生物活性的蛋白质。

RNA合成过程包括：

(1) RNA聚合酶结合于DNA分子上的特定位置；

(2) 使DNA双链解旋，起始RNA合成；

(3) RNA链的延伸；

(4) RNA合成的终止和释放。

RNA聚合酶是RNA合成的关键酶。在原核生物中只有一种RNA聚合酶，催化所有种类RNA的合成；在真核生物中有三种不同的RNA聚合酶，分别称为RNA聚合酶Ⅰ、Ⅱ、Ⅲ。RNA聚合酶能在DNA模板上起始一条新链的合成，起始的核苷酸一般为嘌呤核苷酸，而且在RNA链的5′端保持这一三磷酸基团。

RNA合成以四种核糖核苷三磷酸为底物，即ATP、GTP、CTP和UTP。

RNA转录以一条DNA链为模板，按照碱基互补的原则(A＝U，G≡C)进行转录。

2. 逆转录和逆转录酶

逆转录(reverse transcription)是相对于转录而言的。

我们将以DNA为模板，在RNA聚合酶(依赖于DNA的RNA聚合酶)的催化下合成RNA的过程称为转录，而将以RNA为模板在逆转录酶(依赖于RNA的DNA聚合酶)催化下合成DNA的过程称为逆转录。

逆转录酶是一种特殊的DNA聚合酶，它们以RNA或DNA为模板。逆转录酶被逆转病毒(retrovirus)RNA所编码，在逆转病毒的生活周期中，负责将病毒RNA逆转录成cDNA，进而成为双螺旋的DNA，整合到宿主细胞的染色体DNA中。

逆转录和逆转录酶的发现，使得我们可以用真核mRNA为模板，通过逆转录而获得为特定蛋白质编码的基因。

利用逆转录酶所建立的cDNA文库(cDNA library)为基因的分离和重组提供了重要的手段，而近年来发展起来的逆转录-多聚酶链式反应(RT-PCR)则为这一技术锦上添花。

3. 翻译——蛋白质的生物合成

通过转录将储存在DNA分子中的遗传信息传递给为蛋白质编码的mRNA，翻译就是将在mRNA中存在的核苷酸编码信息转变成多肽链中特定的氨基酸顺序。

翻译过程是一个非常复杂的生物反应过程，需要大约二百多种以上的生物大分子，其中包括核糖体、mRNA、tRNA、氨酰tRNA合成酶、各种可溶性的蛋白因子(起始因子、延伸因子、释放因子)等参加并协同作用。此处不详细介绍，可参阅有关书籍。

3.3 基因工程概要

3.3.1 基因工程的概念

基因工程是在分子生物学和分子遗传学综合发展基础上诞生的一门崭新的生物技术科学。一般来说，基因工程是指在基因水平上的遗传工程，它是用人为的方法，将所需要的某一供体生物的遗传物质即DNA大分子提取出来，在离体条件下用适当的工具酶进行切割后，把它与作为载体的DNA分子连接起来，然后与载体一起导入某一更易生长、繁殖的受体细胞中，以让外源遗传物质在其中“安家落户”，进行正常复制和表达，从而获得新物种的一种崭新的育种技术。

这个定义表明，基因工程具有以下几个重要特征：首先，外源核酸分子在不同的寄主生物中进行繁殖，能够跨越天然物种屏障，把来自任何一种生物的基因放置到新的生物中，而这种生物可以与原来生物毫无亲缘关系，这种能力是基因工程的第一个重要特征；第二个特征是，一种确定的DNA小片段在新的寄主细胞中进行扩增，这样实现很少量DNA样品“拷贝”出大量的DNA，而且是大量没有污染供体生物的任何其他DNA序列的、绝对纯净的DNA分子群体。

基因工程包括基因的分离、重组、转移以及基因在受体细胞内的保持、转录、翻译表达等全过程。

基因工程又称DNA重组技术，是在分子水平上对基因进行操作的复杂技术，基因工程的实施至少要有四个必要条件：

(1) 工具酶；

(2) 基因；

(3) 载体；

(4) 受体细胞。

从本质上讲，基因工程强调了外源DNA分子的新组合被引入到一种新的宿主生物中进行繁殖。这种DNA分子的新组合是按照工程学的方法进行设计和操作的。这就赋予基因工程跨越天然物种屏障的能力，克服了固有的生物种间的限制，使定向创造新物种成为可能。这是基因工程的最大特点。

基因工程问世以来，各种名称相继问世，在文献中常见的有遗传工程(genetic engineering)、基因工程(gene engineering)、基因操作(gene manipulation)、重组DNA技术(recombinant DNA technique)、分子克隆(molecular cloning)、基因克隆(gene cloning)等，这些术语所代表的具体内容彼此相关，在许多场合下被混同使用，难以严格区分，不过它们之间还是存在一定的区别。

上述概念针对的都是DNA。遗传工程、基因工程、DNA重组之间的差别在于：遗传工程是发生在遗传过程中的自然界原本存在的导致变异的一种现象，即自然出现的不同DNA链断裂并连接成新的DNA分子，新的DNA分子含有不同于亲本的DNA片段；DNA重组是人们根据遗传工程原理，利用限制性内切酶在体外对DNA进行的人工操作，即采用酶法，将来源不同的DNA进行体外切割与连接，构成杂种DNA分子，在自然界一般不能自发实现；基因工程是遗传重组和DNA重组的目的和结果，无论是利用自然的还是人工的

(DNA 重组),最终目的是要实现基因重组。从操作对象是 DNA 说来,DNA 重组是本质和根本的。所以,DNA 重组在广义上包括了遗传重组和基因重组。

克隆(clone)一词,当作为名词时,是指从同一个祖先通过无性繁殖方式产生的后代,或具有相同遗传性状的 DNA 分子、细胞或个体所组成的特殊的生命群体。当作为动词时,是指从同一祖先生产这类同一的 DNA 分子群或细胞群的过程。

在体外重组 DNA 的过程中,以能够独立自主复制的载体为媒介,把外源 DNA(片段)引入宿主细胞进行繁殖。实质上是从一个 DNA 片段增殖了结构和功能完全相同的 DNA 分子群的过程,也是为遗传同一的生物品系(它们都带有重组 DNA 分子)成批地繁殖和生长提供了有效的途径。因此,基因工程也称为基因克隆或 DNA 分子克隆。

3.3.2 基因工程的实验步骤

DNA 分子很小,其直径只有 2 nm,约相当于$\frac{1}{500\text{万}}$ cm,在它们身上进行“手术”是非常困难的。因此,基因工程实际上是一种“超级显微工程”,对 DNA 的切割、缝合与转运,必须有特殊的工具。首先,要把所需基因——目的基因——从供体 DNA 长链中准确地剪切下来。1968 年,W. Arber 博士、D. Natnans 博士和 H. O. Smith 博士等第一次从大肠杆菌中提取出了限制性内切酶,能够在 DNA 上寻找特定的“切点”,认准后将 DNA 分子的双链交错地切断。人们把这种限制性内切酶称为“分子剪刀”。这种“分子剪刀”可以完整地切下个别基因。自 20 世纪 70 年代以来,人们已经分离提取了 400 多种“分子剪刀”,其中许多“分子剪刀”的特定识别切点已被弄清。有了形形色色的“分子剪刀”,人们就可以有目标地对 DNA 分子长链进行切割。由于限制性内切酶的发现,Arber,Natnans,Smith 共享了 1978 年诺贝尔生理和医学奖。DNA 的分子链切开后,还得缝接起来以完成基因的拼接。1976 年,科学家们在 5 个实验室里几乎同时发现并提取出一种酶,这种酶可以将两个 DNA 片段连接起来,修复好 DNA 链的断裂口。这种酶叫做 DNA 连接酶。从此,DNA 连接酶就成了名符其实的“缝合”基因的“分子针线”。只要在用同一种“分子剪刀”剪切的两种 DNA 碎片中加上“分子针线”,就会把两种 DNA 片段重新连接起来。把“拼接”好的 DNA 分子运送到受体细胞中去,必须寻找一种分子小、能自由进出细胞,而且在装载了外来的 DNA 片段后仍能照样复制的载体。基因的理想运载工具是病毒和噬菌体,病毒不仅在同种生物之间,甚至可以在不同的生物之间转移。还有一种理想的载体是质粒。质粒能自由进出细菌细胞,当用“分子剪刀”把它切开,再给它安装上一段外来的 DNA 片段后,它依然如故地能自我复制,因此它是一种理想的载体。有了限制性内切酶、连接酶及载体,进行基因工程就可以如愿以偿了。把目的基因装在载体上,载体将目的基因运到受体细胞是基因工程的重要一步。一般情况下,转化成功率为一百万分之一。为此,科学家们创造了低温条件下用氯化钙处理受体细胞和增加重组 DNA 浓度的办法来提高转化率。采用氯化钙处理后,能增大体细胞的细胞壁透性,从而使杂种 DNA 分子更容易进入。目的基因的导入过程是肉眼看不到的。需要在携带 DNA 的载体上设计标志。例如,用一种经过改造的抗四环素质粒 pSC 100 作载体,将一种基因移入自身无抗性的大肠杆菌时,如果基因移入后大肠杆菌不能被四环素杀死,就说明转入获得成功了。

概括起来,基因工程的实验步骤可以用 5 个字来描述:切、接、转、增、检。“切”就是把基因从 DNA 上切下来;“接”就是将切下来的基因接到合适的载体上;“转”就是转移到所

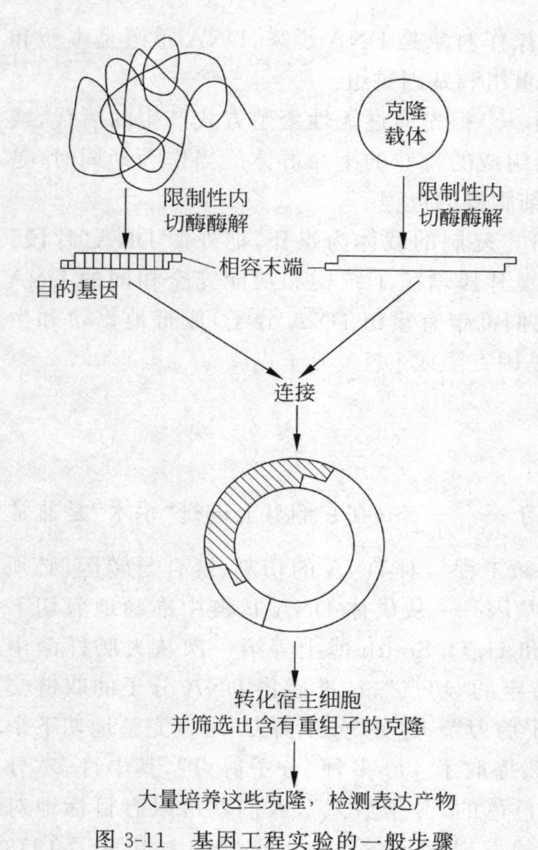

图 3-11 基因工程实验的一般步骤

期望的生物体内；“增”就是使其增殖并表达；“检”就是进行检查。

基因工程包括以下主要内容：

(1) 带有目的基因的 DNA 片段的获取；

(2) 在体外，将带有目的基因的 DNA 片段连接到载体上，形成重组 DNA 分子；

(3) 重组 DNA 分子导入受体细胞(也称宿主细胞或寄主细胞)；

(4) 带有重组体的细胞扩增，获得大量的细胞繁殖群体；

(5) 重组体的筛选。

基因工程实验的一般步骤如图 3-11 所示。

3.3.3 基因工程操作的基本技术

基因工程的基本实验方法，除密度梯度超速离心、电子显微技术之外，还有 DNA 分子的切割与连接、核酸分子杂交、凝胶电泳、细胞转化、DNA 序列结构分析和基因的人工合成等多种新技术新方法。

3.4 基因工程工具酶

基因工程的操作，是分子水平上的操作，它依赖于一些重要的酶作为工具来对基因进行人工切割和拼接等操作。

基因工程的关键技术是 DNA 的连接重组。在 DNA 连接之前必须进行加工，把 DNA 分子切割成所需片段，有时为便于 DNA 片段之间的连接，还须对 DNA 片段末端进行修饰。一般把 DNA 分子切割、DNA 片段修饰和 DNA 片段连接等所需的酶称为工具酶。

基因工程涉及的工具酶种类繁多、功能各异，就其用途可分为三大类：①限制性内切酶；②连接酶；③修饰酶。几种重要的工具酶的酶学性质及用途列于表 3-1。

表 3-1 几种重要工具酶的酶学性质及用途

酶	来源	活力	底物	辅助因子	特点	主要用途
限制酶(Ⅱ型)	微生物	内切	dsDNA	Mg^{2+}	特异性的识别与切割，产生平头或黏性末端的 DNA 片段	1. DNA 重组 2. 组建新质粒 3. 组建物理图谱 4. 制备探针 5. DNA 顺序分析 6. 分子杂交

续表

酶	来源	活力	底物	辅助因子	特点	主要用途
连接酶	T_4 噬菌体	连接两个片段的 3′-OH 和 5′-Pi	dsDNA	Mg^{2+}、ATP	活力：黏性末端多于平头末端	1. DNA 重组 2. 组建新质粒
DNApol Ⅰ	*E. coli*	5′→3′聚合 5′→3′外切 3′→5′外切	ssDNA dsDNA dsDNA、ssDNA	Mg^{2+}	对 dsDNA 的外切，被 5′→3′聚合活性抑制	1. 制备探针 2. DNA 序列分析
逆转录酶	RNA 肿瘤病毒	RNA→DNA 合成 DNA→DNA 合成 RNAaseH 解旋	ssRNA ssDNA RNA · DNA cccDNA	Mg^{2+}	RNA 指导 DNA 指导 杂交双链 解超螺旋	制备 cDNA
核酸酶 SⅠ	米曲霉	切单链	ssDNA ssRNA	Zn^{2+}		1. 证明基因中的间隔顺序 2. 组建新质粒
TTE	牛胸腺	加核苷酸到 3′末端	ssDNA	Mg^{2+}	Co^{2+} 存在，可用 dsDNA 为模板	1. 人工黏性末端 2. 组建新质粒
Bal31	乳白短杆菌	外切	dsDNA	Ca^{2+}	5′、3′两端同时等速外切	组建物理图谱
APE	细菌、牛肠	切去磷酸	dsDNA ssDNA	Mg^{2+}		阻止片段或载体自身环化
TaqDNA 聚合酶	水生嗜热菌	5′→3′聚合 5′→3′外切	ssDNA dNTP	Mg^{2+}	75～80℃时活性最高	体外 DNA 扩增链式反应

3.4.1 限制性内切酶

限制性内切酶是 20 世纪 60 年代末在细菌中发现的，它能够水解 DNA 分子骨架的磷酸二酯键，使一个完整的 DNA 分子切成若干段。限制酶对细菌有保护作用，某些入侵的噬菌体由于 DNA 链被限制性酶切断而不能在细菌中繁殖，“限制”因此而得名。限制酶不能切开细菌本身的 DNA，这是因为细菌 DNA 的腺嘌呤和胞嘧啶甲基化（—CH_3）而受到保护之故。

1. 定义

识别和切割 dsDNA 分子内特殊核苷酸顺序的酶统称为限制性内切酶，简称限制酶（restriction endonedeases）。

2. 命名

对于限制性内切酶的命名，H. O. Smith 和 D. Natnans 提出的命名规则已为广大学者所接受。其命名原则为：根据分离出此酶的微生物的学名进行命名，一般取 3 个字母，即微生物属名前的第一个字母大写，种名的前两个字母小写。如果该微生物有不同的变种和品系，则后接变种和品系的第一个字母。从一种微生物细胞中发现几种限制性内切酶，则根据发现和分离的顺序用Ⅰ、Ⅱ、Ⅲ等罗马数字表示。

如从 *Haemophilus influenzae* D 株分离到的两种限制性内切酶分别命名为 *Hind* Ⅰ、*Hind* Ⅱ。从 *Escherichia coli* R 株分离到的第一种限制性内切酶命名为 *Eco*RⅠ。从 *Bacillus amyloliquefacies* H 株分离到的两种限制性内切酶分别命名为 *Bam*HⅠ、*Bam*HⅡ等。

3. 分类

从原核生物中已发现了约400种限制酶，常用的有几十种，可分为3类。

1）Ⅰ类和Ⅲ类限制性内切酶

Ⅰ类和Ⅲ类限制性内切酶在同一蛋白分子中兼有甲基化作用及依赖于ATP的限制性内切酶的活性。Ⅲ类酶在识别位点上切割DNA，然后从底物上解离下来。Ⅰ类酶结合于特定的识别位点，但却没有特定的切割位点，酶对其识别位点进行随机切割，很难形成稳定的、特异性切割末端。所以，Ⅰ类和Ⅲ类限制性内切酶在基因工程中基本不用。

2）Ⅱ类限制性内切酶

Ⅱ类限制性内切酶有如下特点：

(1) 识别特定的核苷酸序列，其长度一般为4、5、6个核苷酸，且呈二重对称。

(2) 具有特定的酶切位点，即限制性内切酶在其识别序列的特定位点对双链DNA进行切割，由此产生特定的酶切末端。

所以，Ⅱ类限制性内切酶是基因工程中使用的主要工具酶。

限制性内切酶在基因工程中的主要用处是通过切割DNA分子，对其含有的特定基因片段进行分离、分析。几乎所有在基因工程中使用的限制性内切酶都已商品化。查阅各公司的样本手册，就可以找到各种酶反应条件。

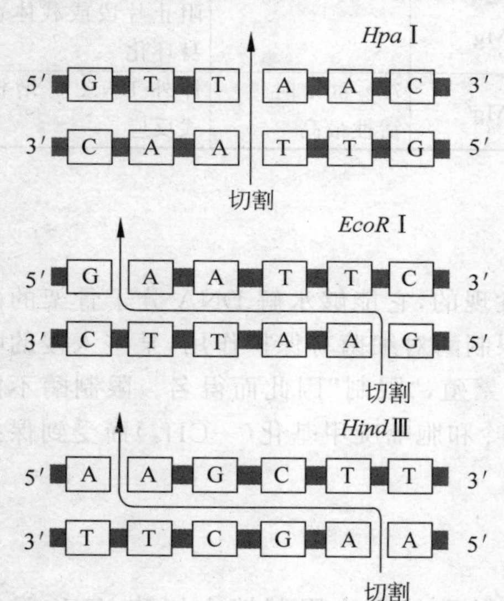

图 3-12　限制性内切酶识别特定的碱基序列

4. 限制性内切酶的性质

从应用上看，限制性内切酶的专一性很重要，下面介绍它对碱基的特异性及切断双链DNA的方式。

1）识别序列

限制性内切酶在双链DNA分子上能识别的特定核苷酸序列称为识别序列或识别位点(图3-12)。

限制性内切酶对碱基序列有严格的专一性，这就是它识别碱基序列的能力，被识别的碱基序列通常具有双轴对称性，即回文序列(palindromic sequence)。

一些限制性内切酶的识别位点见表3-2。

表 3-2　一些限制性内切酶的识别位点

限制性内切酶	识别位点	产生的末端类型	限制性内切酶	识别位点	产生的末端类型
Bbu Ⅰ	GCATG↓C C↑GTACG	3′突出	*Not* Ⅰ	GC↓GGCCGC CGCCGG↑CG	5′突出

续表

限制性内切酶	识别位点	产生的末端类型	限制性内切酶	识别位点	产生的末端类型
Sfi Ⅰ	GGCCNNNN↓NGGCC CCGGN↑NNNNCCGG	3′突出	*Sau*3A Ⅰ	↓GATC CTAG↑	5′突出
*Eco*R Ⅰ	G↓AATTC CTTAA↑G	5′突出	*Alu* Ⅰ	AG↓CT TC↑GA	平末端
Hind Ⅲ	A↓AGCTT TTCGA↑A	5′突出	*Hpa* Ⅰ	GTT↓AAC CAA↑TTG	平末端

注：N表示任意碱基。

2）切割位点

限制性内切酶对双链DNA分子的作用是切割磷酸二酯链，它仅水解3′酯键，产生3′羟基、5′磷酸基的片段。

Ⅱ类限制性内切酶的切割位点处在识别序列区内，DNA分子两条链断开后产生的末端因所用的酶不同而不同。一类是两条链交错对称断开，产生的DNA末端的一条链多出一至几个核苷酸，成为突出末端，又称黏性末端。另一类则是在切割两条链时产生两端平整的DNA分子，称为平末端。

限制性内切酶切割DNA的位点和切割片段的末端如图3-13所示。

经限制性内切酶切割产生的DNA分子片段，不管是黏性末端，还是平末端，5′端一定是磷酸基团，3′端一定是羟基基团。

有一些限制性内切酶虽来源不同，但有相同的识别序列，称为同裂酶（isoschizomer）。如*Bam*H Ⅰ和*Bst* Ⅰ具有相同的识别序列GGATCC。

有些限制性内切酶虽识别序列不同，但切割DNA分子产生的限制性片段具有相同的黏性末端，这样的酶称为同尾酶（isocaudamer）。如*Taq* Ⅰ、*Cla* Ⅰ和*Acc* Ⅰ为一组同尾酶，其中任何一种酶切割DNA分子都产生5′端CG凸出的黏性末端。同尾酶在DNA片段重组时特别有用。

限制性内切酶的识别位点在DNA分子中出现的频率不同，识别位点序列短的限制性内切酶就会更频繁地切割DNA分子。

经限制酶切割后产生的DNA片段称为限制性片段，不同限制酶切割DNA后所形成的限制性片段长度不同。设A或T在DNA分子中出现的频率为x，G或C出现的频率为y，则限制酶在该DNA分子上切割频率（或位点频率）F可用下式表示：

$$F = x^n y^m$$

式中：n——限制酶识别顺序内双链A═T碱基对数目；

m——限制酶识别顺序内双链G≡C碱基对数目。

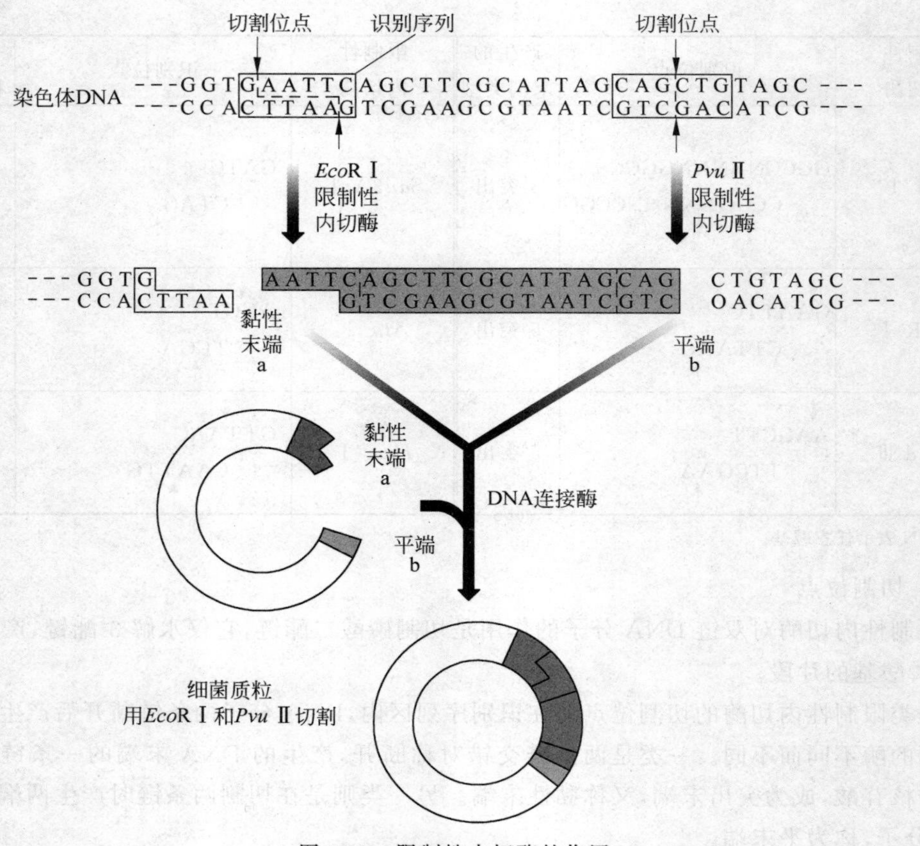

图 3-13　限制性内切酶的作用

若构成 DNA 分子的碱基对数目 B 及限制酶识别位点核苷酶顺序均为已知，则限制酶在 DNA 分子上理论切割位点数 N 为

$$N=BF$$

假定在 DNA 分子中 4 种核苷酸残基数量相等，则识别顺序为 4 个碱基对顺序的限制酶在该 DNA 分子中切割位点出现几率为$(1/4)^4$，或平均 256 个碱基对出现一个切割位点；对于识别 6 个碱基对顺序的限制酶，切割位点出现几率为$(1/4)^6$，或平均 4 096 个碱基对出现一个切割位点。即限制性片段平均长度分别为 256 个和 4 096 个碱基对。

3.4.2　连接酶

用于将两段乃至数段 DNA 片段拼接起来的酶称为连接酶。

基因工程中最常用的连接酶是 T_4DNA 连接酶。它催化 DNA 5′磷酸基与 3′羟基之间形成磷酸二酯键。

除 T_4DNA 连接酶外，还有大肠杆菌的 DNA 连接酶，其催化反应基本与 T_4DNA 连接酶相同，只是催化反应需要辅助因子 NAD^+ 参与。

T_4DNA 连接酶的作用原理如图 3-14 所示。

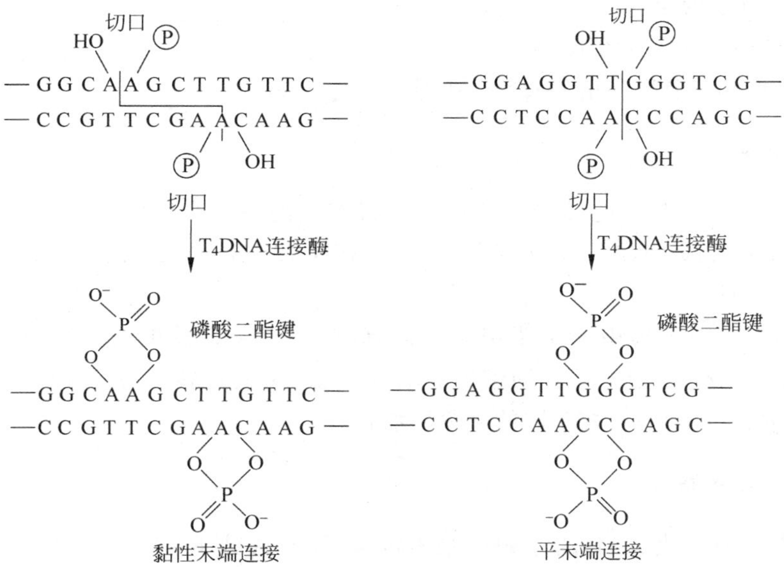

切口　HO　Ⓟ

—GGCAAGCTTGTTC—
—CCGTTCGAACAAG—

Ⓟ　OH　切口

T_4DNA连接酶

磷酸二酯键

—GGCAAGCTTGTTC—
—CCGTTCGAACAAG—

黏性末端连接

切口　OH　Ⓟ

—GGAGGTTGGGTCG—
—CCTCCAACCCAGC—

Ⓟ　OH　切口

T_4DNA连接酶

磷酸二酯键

—GGAGGTTGGGTCG—
—CCTCCAACCCAGC—

平末端连接

图 3-14　T_4DNA 连接酶的作用原理

3.4.3　修饰酶

1. DNA 聚合酶

目前常用的 DNA 聚合酶(DNA polymerase)有大肠杆菌 DNA 聚合酶Ⅰ、大肠杆菌 DNA 聚合酶Ⅰ大片段(Klenow fragment)、T_4 噬菌体 DNA 聚合酶、T_7 噬菌体 DNA 聚合酶以及耐高温 DNA 聚合酶(如 *Taq* DNA 聚合酶)等。

不同来源的 DNA 聚合酶具有各自的酶学特性。

耐高温的 DNA 聚合酶(如 *Taq*)由于其最佳作用温度为 75～80℃，目前广泛用于聚合酶链式反应(polymerase chain reaction，PCR)及 DNA 测序。

无论哪种 DNA 聚合酶，其功能都是把脱氧核苷酸连续地加到 DNA 分子引物链的 3′末端，催化核苷酸的聚合作用。

当存在单链 DNA 模板及带 3′羟基的引物时，其反应可表示为

$$\text{DNA-OH} \xrightarrow[\text{dATP、dTTP、dCTP、dGTP、Mg}^{2+}]{\text{DNA 聚合酶}} \text{DNA-(pdN)}_n + n\text{PPi}$$

DNA 聚合酶在基因工程中有多种用途，如：

(1) DNA 分子的体外合成；

(2) 体外突变；

(3) DNA 片段探针的标记；

(4) DNA 的序列分析；

（5）DNA分子的修复；

（6）聚合酶链式反应(PCR)等。

具体的操作和注意事项请参阅有关工具书。

2. 逆转录酶

逆转录酶是一种有效地转录RNA产生cDNA的酶。产物DNA称cDNA，即互补DNA(complementary DNA)，该酶又称为依赖于RNA的DNA聚合酶(RNA-dependent DNA polymerase)。

逆转录酶在基因工程中的主要用途是以真核mRNA为模板，合成cDNA，用以组建cDNA文库，进而分离为特定蛋白质编码的基因。近年来将逆转录与PCR耦联建立起来的逆转录PCR(RT-PCR)使真核基因的分离更加有效。

3. T_4多核苷酸酶

T_4多核苷酸酶催化ATP的γ-磷酸基团转移至DNA或RNA片段的5′末端。在基因工程中主要用于：

（1）标记DNA片段的5′端，制备杂交探针；

（2）基因化学合成中，寡核苷酸片段5′磷酸化；

（3）用于测序引物的5′磷酸标记。

4. 碱性磷酸酶

目前采用的碱性磷酸酶有两种，即来源于大肠杆菌的细菌碱性磷酸酶(BAP)和来源于牛小肠的牛小肠碱性磷酸酶(CIP)。CIP的比活性比BAP高出10倍以上，而且对热敏感，便于加热使其失活。

碱性磷酸酶的功能是将DNA或RNA 5′末端的磷酸基团变为羟基，反应表示如下：

$$5'\text{p DNA 或 } 5'\text{p RNA} \xrightarrow{\text{碱性磷酸酶}} 5'\text{HO DNA 或 } 5'\text{OH RNA}$$

碱性磷酸酶可用于：

（1）去除DNA片段中的5′磷酸，以防止在重组中的自身环化，提高重组效率，如图3-15所示。

（2）在用[γ-^{32}P]ATP标记DNA或RNA的5′磷酸前，去除DNA或RNA片段的非标记5′磷酸。

除上面介绍的一些工具酶外，还有一些工具酶在基因工程的操作中被广泛应用，如核酸酶BAL31、脱氧核糖核酸酶Ⅰ(Dnase Ⅰ)、外切核酸酶Ⅲ等，这些核酸酶可用于核酸分子的修饰或降解。

基因工程工具酶为基因的分离、重组、修饰提供了必要的手段，有关其反应条件、注意事项可参阅各实验指南及各生物工程公司提供的样品手册。

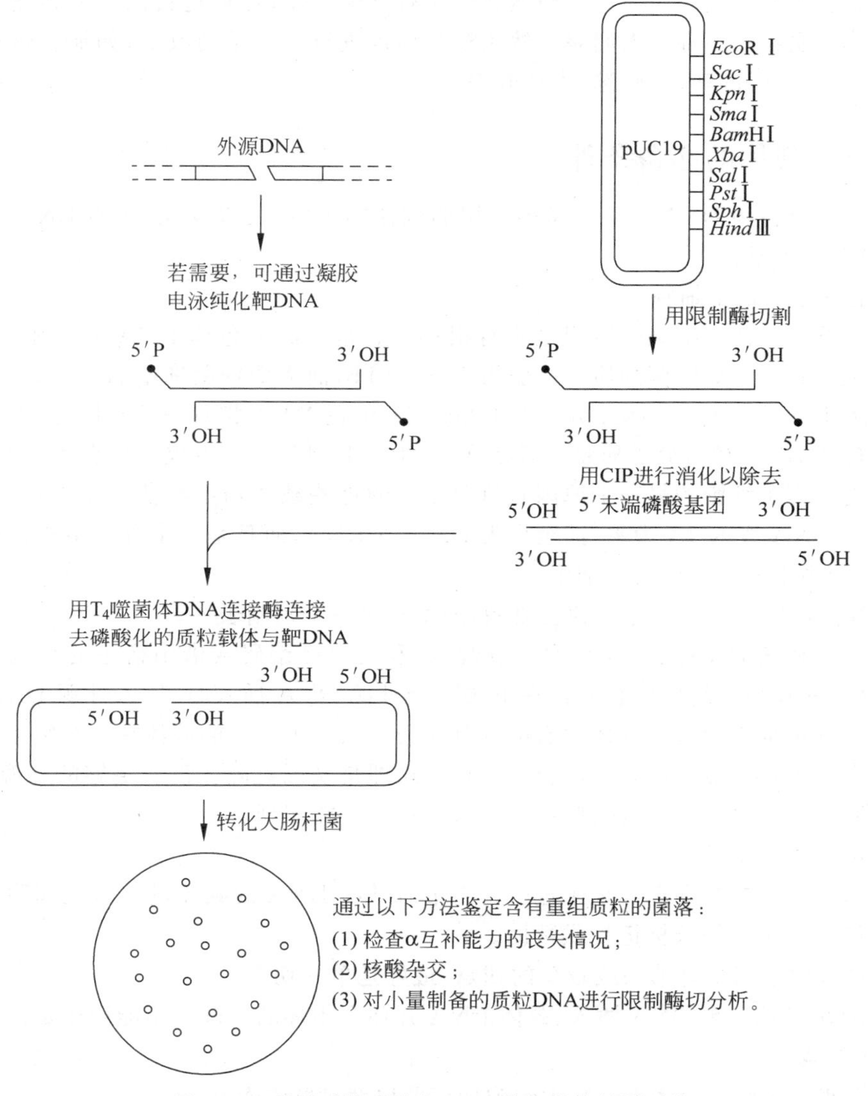

图 3-15　利用碱性磷酸酶(CIP)防止载体的再环化

3.5　基因工程载体

目的基因(DNA 片段)很难直接透过受体细胞的细胞膜进入受体细胞，即使进入，也会受到细胞内限制性酶的作用而分解。此外，由于它自身常无 DNA 复制所需信息，在细胞分裂时不能复制给子细胞，就会丢失，所以人们要把它连在一些能独立于细胞染色体之外复制的 DNA 片段上，这些 DNA 片段就叫载体。换句话说，要将外源 DNA 片段导入受体细胞，必须选择适当的载体(vector)，即外源基因必须先同某种传递者结合后才能进入细菌和动植物受体细胞。这是关键步骤之一。

基因工程载体是能将外源 DNA 片段(基因)带入受体细胞的传递者，载体决定了外源基因的复制、扩增、传代乃至表达。当然载体还有其他作用，如促进目的基因转化、表达等。常用的载体有质粒和病毒。人们对天然质粒及病毒进行了一系列改造，如加上耐药性基因片段等，提高了基因的转化、筛选、表达效率。

3.5.1 载体的必备条件

通过对现有各种 DNA 重组技术中采用的载体的了解，可以发现，作为 DNA 重组的载体，一般具备以下条件。

（1）能够进入宿主细胞

载体能够进入宿主细胞的原因是本身很小。和宿主的染色体 DNA 分子相比，载体的大小显得微乎其微。如细菌的质粒一般为 1～200 kb，而大肠杆菌细胞的 DNA 分子为 4×10^6 bp，质粒仅占大肠杆菌 DNA 分子的 1/20。SV40 的 DNA 相对分子质量为 3×10^6，而高等生物染色体 DNA 相对分子质量一般都在 1×10^{12} Da 以上，前者仅占后者的 $1/(3\times10^5)$。载体能够进入宿主细胞的另一个原因是目前已知的这些载体均不具备独立生存的能力，载体本身是以 DNA 或 RNA 为主，甚至全为 DNA 或 RNA，而且是一个分子结构。载体进入宿主细胞，相当于一个分子进入细胞。

（2）载体可以在宿主细胞中独立复制，即本身是一个复制子

载体必须在其 DNA 分子中包含复制起点，利用自己编码或借用宿主的复制酶进行复制，否则就不能在宿主细胞中长期存在下去。当外源 DNA 插入时，插入外源 DNA 片段的大小和插入的量都不能破坏载体原有的复制能力。人工重组后的载体在一个宿主细胞中起初可能只有一个，但经过复制后可实现多拷贝，这即是基因克隆。没有足够的外源 DNA 的拷贝数，则筛选重组体是不可能进行的，高效表达也不能实现。

（3）要有筛选标记

区分重组与否要靠筛选标记来进行。携带有外源 DNA 的载体进入宿主细胞与否以及进入后复制与否全靠筛选标记提供帮助。

（4）对多种限制酶有单一或较少的切点，最好是单一切点

限制酶切点是外源 DNA 插入、载体 DNA 开环和闭环的基础。不能用于重组的载体是 DNA 的无效载体。

携带外源 DNA 的载体进入宿主细胞后无非以两种状态存在：

（1）结合态　载体和宿主染色体 DNA 整合在一起，单拷贝，被整合的可以是载体本身加外源 DNA，也可以是一部分，但至少要将外源 DNA 整合；

（2）并存　即独立存在于宿主细胞中，多拷贝。

也有两种状态兼有的。哪一种状态更有利要依 DNA 重组的目的而定，如果是为了稳定遗传，单拷贝的整合型为妥；如果为了基因克隆，则需要多拷贝型。

随着 DNA 重组技术的不断改进，对载体的要求在逐步改变。上述基本要求主要是从原核生物 DNA 重组中得出的。到了真核生物阶段，外源 DNA 引入宿主的方法得到了改进，出现了各种细胞学方法、物理方法，这些方法的引入大大突破了原有对重组 DNA 片段大小的限制，增强了外源 DNA 进入宿主的能力。此外，由于筛选重组体技术的改进，原来规定载体或外源 DNA 上有选择标记的要求，已经被杂交技术、免疫学技术等替换，从而扩大了 DNA 重组技术使用的范围。

因此，作为DNA重组的载体最基本的要求有两条：①自主复制能力；②可利用的限制酶切点。

其他要求在有些载体中已不存在。

3.5.2 载体的分类

通过对各种载体的分析，还可以看出，DNA重组使用的载体可以分为三大类。

第一类载体为克隆载体。是以繁殖DNA片段为目的的载体。这类载体较小，复制不受寄主的严格控制，即自身有很强的复制能力，在细胞内可以有很高的拷贝数，寄主的DNA复制停止时，这类载体仍能扩增。pBR 322系列、pUC系列、M13系列载体均属于克隆载体。

第二类载体为穿梭载体。既能在真核细胞中繁殖又能在原核细胞中繁殖。这类载体有真核细胞和原核细胞两种复制点。穿梭载体常用于真核生物DNA片段在原核生物中的繁殖，然后再转入真核细胞宿主。

第三类载体为表达载体。在基因工程中，人们进行DNA重组的目的是要获得表达产物。目的基因不仅要进入宿主，而且要高效表达，其要求很高。

由于DNA重组技术已有六十余年历史，已有大量的知识积累。人们对载体的要求已不仅是上述那些最基本的要求。理想的表达载体应当是：拷贝数高，具有强启动子和稳定的mRNA，具有高的分离稳定性和结构稳定性，转化频率高，宿主范围广，插入外源基因容量大而且可以重新完整地切出，复制与转录应和宿主相匹配，最好是可调控的，而且在宿主不生长或低生长速率的情况下，仍能高水平地表达目的基因。完全达到这些要求的载体还很少。特别是用于动物细胞的载体，目前主要是病毒，进入宿主的目的基因多为一个基因。以基因簇或多个基因同时进行重组还有不少困难。载体携带的目的基因多了，转化频率会受影响。高效启动子发现的还不多。

从DNA重组的原理分析，DNA重组技术是有一定局限的，并非任何基因都可进行DNA重组，实际上在应用和理论研究中也没有这种必要。一次重组中基因数也是有限的，不能占据宿主细胞过多空间。外来的目的基因数和宿主的遗传物质含量的比例是有限定范围的。根据DNA重组技术的用途不同，挑选和构建合适的载体，协调载体和宿主之间的关系，是DNA重组技术实际操作中经常要考虑的问题。

这里要特别强调“载体”这个概念的使用，通常所说的“载体”是指将外源或目的DNA携带进宿主的运载者，但在基因重组表达时，也常将表达系统——宿主称为载体。要注意二者的区别，不可混淆起来。

目前，人们在基因工程中选用的载体主要有：

(1) 质粒　环状双链小型DNA分子，种类甚多，有的可在细菌细胞内独立复制，有的亦可用于动植物细胞。例如，根瘤土壤杆菌所携带的Ti质粒常用作植物细胞基因工程的载体。人工改造的质粒常用的有pBR 322天然质粒、派生质粒pmB1、pSC101等。

(2) 噬菌体　常用的是λ噬菌体。经构建后，常用于细菌细胞。常见的还有Mu噬菌体载体。

(3) 病毒　例如猿猴空泡病毒SV40常用作动物细胞基因工程的载体。

(4) 黏粒(cosmid，装配性质粒)　由质粒和Mu噬菌体的cos位点结合构建而成的一种大容量克隆载体。

在基因工程操作中，根据运载的目的 DNA 片段大小和将来要进入的宿主的不同而选用不同的载体。

3.5.3 用于原核生物宿主的载体

1. 质粒载体

质粒（plasmid）是能自主复制的双链环状 DNA 分子，它们在细菌中以独立于染色体之外的方式存在，一个质粒就是一个 DNA 分子，其大小可从 1～200 kb（1 kb＝1 000 bp（base pair，碱基对））。

质粒广泛存在于细菌之中，在某些蓝藻、绿藻和真菌细胞中也存在质粒。

质粒 DNA 的特点如下：

（1）双链环状；

（2）相对分子质量很小；

（3）自主或半自主复制；

（4）不同生物质粒中的基因种类不同。

细菌质粒为 F 因子、R 因子、大肠杆菌素因子等。

酵母质粒为 2 μ 质粒、3 μ 质粒等。

理论上，所有细菌株系都含有质粒。有些质粒携带有帮助其自身从一个细胞转入另一个细胞的信息，即 F 质粒。有些则表达对一种抗生素的抗性，即 R 质粒。还有一些携带的是参与或控制一些不同寻常的代谢途径的基因，如降解质粒。

每个质粒都有一段 DNA 复制起始位点的序列，它帮助质粒 DNA 在宿主细胞中复制。质粒的复制和遗传独立于染色体，但其复制和转录依赖于宿主所编码的蛋白质和酶。

质粒按其复制方式分为松弛型质粒和严紧型质粒。前者的复制不需要质粒编码的功能蛋白，其复制完全依赖于宿主提供的半衰期较长的酶（如 DNA 聚合酶Ⅰ、Ⅲ以及 DNA 和 RNA 聚合酶等）进行。因此在一定的情况下，即使蛋白质的合成并非正在进行，质粒的复制依然进行。当在抑制蛋白质合成并阻断细菌染色体复制的氯霉素等抗生素存在时，其拷贝数可达 2 000～3 000 个。后者的复制则要求同时表达一个由质粒编码的蛋白质。

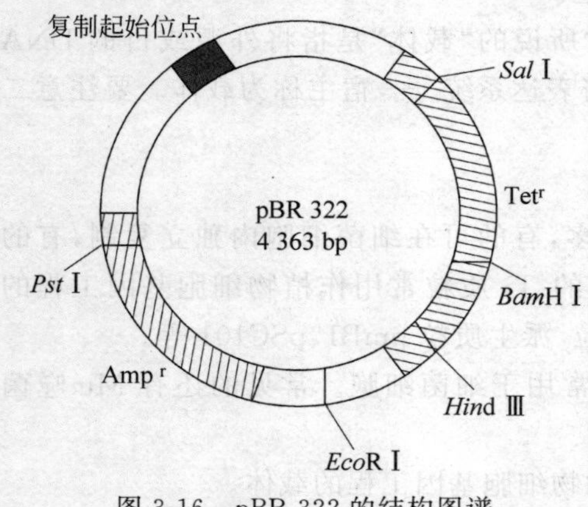

图 3-16　pBR 322 的结构图谱

利用松弛型质粒组建的载体称做松弛型载体（如 pBR 322），而利用严紧型质粒组建的载体叫严紧型载体（如由 pSC 101 为基础组建的载体）。

基因工程中大多数使用松弛型载体。

1）质粒载体 pBR 322

pBR 322 是人们研究最多、使用最广泛的一种质粒载体，至今仍广泛应用，它具备一个优秀载体的所有特征，其图谱如图 3-16。

通常用一个小写字母 p 来代表质粒，而用一些英文缩写或数字来对这个质粒进行描述。

以 pBR 322 为例，BR 代表研究出这个质粒的研究者 Bolivar 和 Rogigerus，322 是与这两个科学家有关的数字编号。

pBR 322 大小为 4 363 bp，由人工改造而来，有一个复制起点、一个抗氨苄青霉素基因、一个抗四环素基因、多种限制酶切点，可容纳 5 kb 左右外源 DNA。

pBR 322 上有 36 个单一的限制性内切酶位点，其中包括 *Eoc*R Ⅰ、*Hind* Ⅲ、*Bam*H Ⅰ、*Sal* Ⅰ、*Pst* Ⅰ、*Pvu* Ⅱ 等常用酶位点。而 *Bam*H Ⅰ、*Sal* Ⅰ 和 *Pst* Ⅰ 分别处于四环素和氨苄青霉素抗性基因上，pBR 322 带有一个复制起始位点，它可以保证这个质粒只在大肠杆菌里行使复制功能。

这个质粒的最方便之处是当将外源 DNA 片段在 *Bam*H Ⅰ、*Sal* Ⅰ 和 *Pst* Ⅰ 位点插入时，可用引起抗生素基因的失活来筛选重组体。如一个外源 DNA 片段插入到 *Bam*H Ⅰ 位点时，由于外源 DNA 片段的插入使四环素抗性基因(Tet)失活，可以通过 Amp^r Tet^s 来筛选重组体。利用氨苄青霉素和四环素这样的抗性基因既经济又方便。

将纯化的 pBR 322 分子用一种位于抗生素抗性基因中的限制性内切酶酶解，产生一个单一的线性具黏性末端的 DNA 分子，把这些线性分子与用同样的限制性内切酶酶解的目的 DNA 混合，在 ATP 存在的情况下，用 T_4 DNA 连接酶处理，产生一些不同连接的混合产物，包括质粒自身环化的分子。要减少这种不必要的连接产物，切开的质粒可以用碱性磷酸酯酶处理，除去质粒末端的 5′磷酸基团，T_4 DNA 连接酶不能把两个末端都没有磷酸基团的线状质粒 DNA 连接起来。目的 DNA 带有磷酸基团，它与碱性磷酸酶处理过的质粒 DNA 混合连接后，T_4 DNA 连接酶形成的两个磷酸二酯键使这两个分子连接在一起，如图 3-17 所示。

在这个重组分子上还有两个切口，转化以后这些切口就会由宿主细胞 DNA 连接酶系修复。

2）质粒载体 pUC 18/19

这对载体由 2 686 bp 组成，带有 pBR 322 的复制起始位点，一个氨苄青霉素抗性基因和一个大肠杆菌乳糖操纵子 β-半乳糖苷酶基因(*lac* Z′)的调节片段，一个调节 *lac* Z′基因表达的阻遏蛋白(repressor)的基因 *lac* Ⅰ，还有多个单克隆位点(如图 3-18)。

由于 pUC 质粒含有 Amp^r 抗性基因，可以通过颜色反应和 Amp^r 对转化体进行双重筛选。

除 pBR 322 和 pUC 系列质粒以外，还有许多其他克隆载体。从原理上讲，这些载体都能满足 DNA 重组技术所需要的两大基本要素：一是克隆位点的可选择性；二是鉴定插入 DNA 重组质粒方法的简单性。

2. 噬菌体载体

质粒载体可以克隆的 DNA 最大片段一般在 10 kb 左右，但要构建一个基因文库，往往需要克隆更大一些的 DNA 片段。为此，人们将噬菌体发展成为一种载体。

噬菌体内含大小不一且感染率高的 DNA，它们形式多样，如双链环形、单链环形、双链线形、单链线形等。

λ噬菌体含双链线形 DNA，因野生型内含限制酶切点多而常用改造后的变种。charon 系列有插入和替换型两种，带有来自大肠杆菌的 β-半乳糖苷酶基因 *lac* Z。

M13 噬菌体含单链环状 DNA，改造后的 M13 mp8，加入了大肠杆菌的 lac 操纵子，常

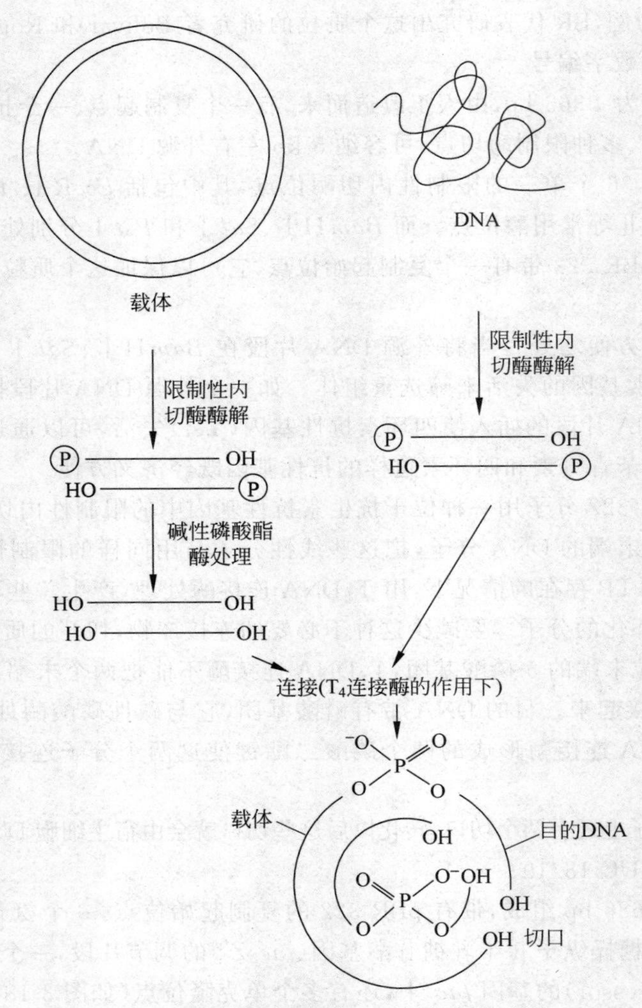

图 3-17　外源基因克隆入质粒载体的过程

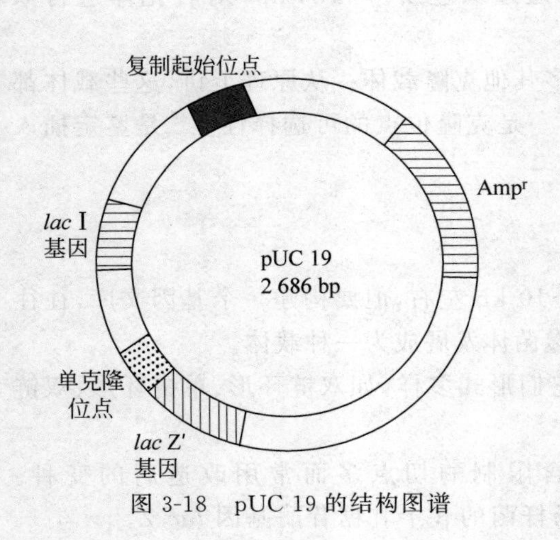

图 3-18　pUC 19 的结构图谱

用于核酸测序。

λ噬菌体之所以可作为构建基因克隆载体的材料，是因为它有以下几方面的特性：

（1）λ噬菌体含有线性双链 DNA 分子，其长度为 48 502 bp，两端各有由 12 个核苷酸组成的 5′端凸出的互补黏性末端（cohesive end，cos），当 λDNA 进入宿主细胞后，互补黏性末端连接成为环状 DNA 分子。连接处称为 cos 位点（图 3-19）。

（2）λ噬菌体为温和噬菌体，λDNA 可以整合到宿主细胞染色体 DNA 上，以溶原状态存在，随染色体的复制而复制。

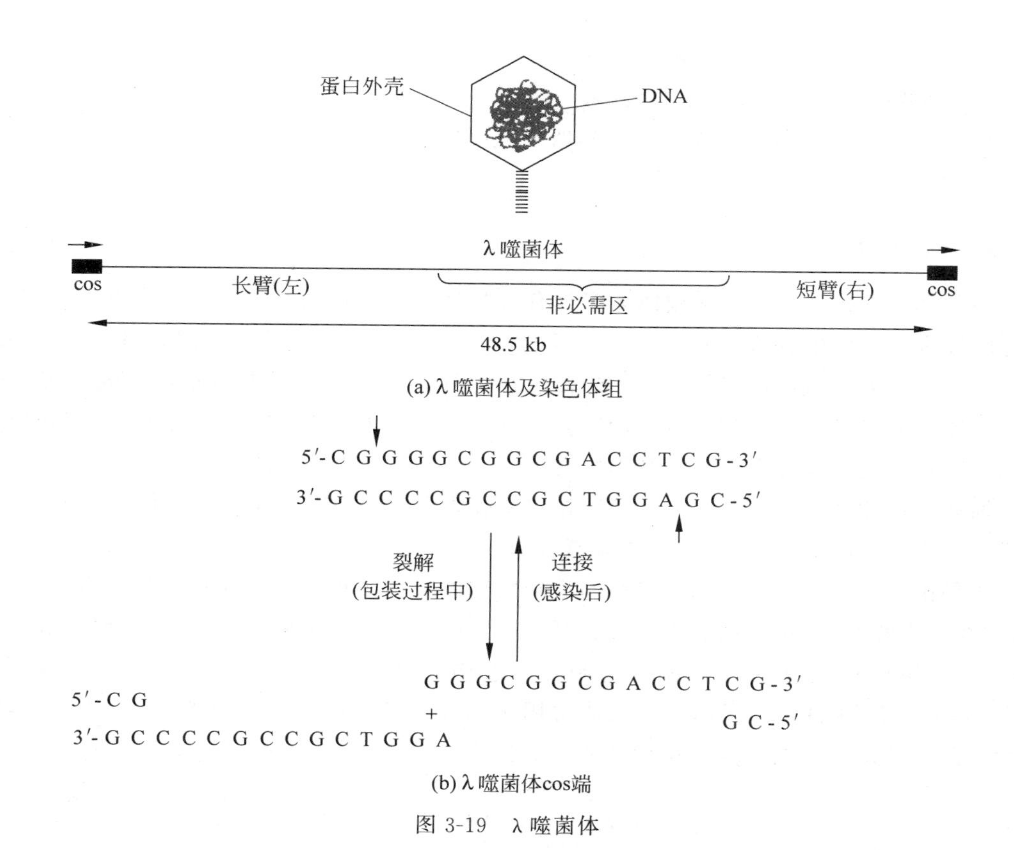

(a) λ噬菌体及染色体组

(b) λ噬菌体cos端

图3-19　λ噬菌体

(3) λ噬菌体能包装λDNA长度的75%～105%，约38～54 kb，即使不对λDNA进行改造，也允许承载5 kb大小的外源DNA片段带入受体细胞。

(4) λDNA上的D基因和E基因对噬菌体的包装起决定性作用，缺任何一种基因都将导致噬菌体不能包装。在宿主(受体)细胞中积累大量供包装用的其他壳蛋白。

(5) λDNA分子上有多种限制性内切酶的识别序列，便于用这些酶切割产生外源DNA片段的插入和置换。但是有的酶在λDNA上有多个识别序列，有的识别序列位于必需基因区域，将影响外源DNA片段的插入和置换。

构建λ噬菌体载体的基本途径如下：

(1) 抹去某种限制性内切酶在λDNA分子上的一些识别序列，只在非必需区保留1～2个识别序列。若保留1个识别序列，可供外源DNA插入；若保留2个识别序列，则2个识别序列之间的区域可被外源DNA片段置换。

(2) 用合适的限制性内切酶切去部分非必需区，但是由此构建的λDNA载体不应小于38 kb。

(3) 在λDNA分子的合适区域插入可供选择的标记基因。

根据以上策略，可以构建一系列利用不同限制性内切酶识别序列作为克隆位点的λ噬菌体克隆载体。

值得指出的是，没有适用于克隆所有DNA片段的万能λ噬菌体载体。因此，必须根据实验需要选择合适的载体。在选择时应考虑：

（1）所要用的限制性内切酶；

（2）将要插入的外源 DNA 的大小；

（3）载体是否需要在 *E. coli* 中表达所要克隆的 DNA；

（4）筛选方法等。

3. 人工载体

用于真核生物宿主的人工载体大多具有大肠杆菌质粒的抗药性和噬菌体的强感染力，同时能够携带真核生物大片段 DNA 的目的基因。如柯斯质粒是将 λ 噬菌体的黏性末端（cos 位点序列）和大肠杆菌质粒的抗氨苄青霉素和抗四环素基因相连而获得的人工载体，含一个复制起点、一个或多个限制酶位点、一个 cos 片段和抗药基因，能加入 40～50 kb 的外源 DNA，常用于构建真核生物基因组文库。

柯斯质粒载体（cosmid vector）又称黏质粒载体，是将质粒和 λ 噬菌体 DNA 包装有关的区段（cos 序列）相结合构建而成的克隆载体。

这种由带 cos 位点的 λDNA 片段与质粒构建的载体既可以按质粒载体的性质转化受体菌，并在其中复制，又可以按 λ 噬菌体性质，进行体外包装转导受体细胞。通过 cos 位点连接环化后，按质粒复制的方式进行复制。一般构建的柯斯质粒载体小于 20 kb，可承载 30 kb 左右的外源 DNA 片段，这种载体常用于构建真核生物基因组文库，它综合了质粒载体和噬菌体载体二者的优点。用柯斯质粒载体克隆大片段 DNA 的过程如图 3-20 所示。

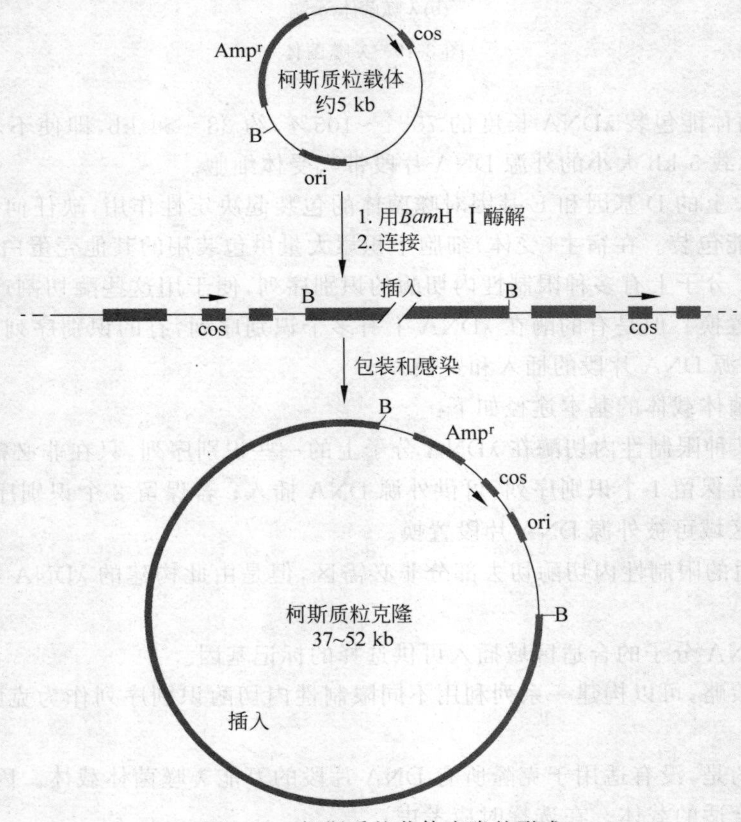

图 3-20 柯斯质粒载体克隆的形成

3.5.4 用于真核生物宿主的载体

由于真核细胞基因表达调控要比原核细胞基因复杂得多，所以用于真核细胞的克隆和表达的载体也不同。目前所用的真核载体大多是穿梭载体(shuttle vector)，这种载体可以在原核细胞中复制扩增，也可以在相应的真核细胞中扩增、表达。由于在原核体系中基因的重复、扩增、测序等易于进行，所以利用穿梭载体，首先将要表达的基因装配好后再转到真核细胞中去表达，这为真核细胞基因工程操作提供了很大的方便。作为真核生物基因表达载体应具备如下条件：

(1) 含有原核基因的复制起始序列和筛选标记，以便于在 *E. coli* 细胞中进行扩增和筛选；

(2) 含有真核基因的复制起始序列和真核细胞筛选标记；

(3) 含有有效的启动子序列，保证其下游的外源基因进行有效的转录起始；

(4) RNA 聚合酶Ⅱ所需的转录终止序列和 poly(A)加入的信号序列；

(5) 具有合适的供外源基因插入的限制性内切酶位点。

当然，对于外源基因的高效表达，还须考虑其他因素。

1. 酵母质粒

酵母的 2 μ 质粒来自酿酒酵母，内含复制起始区和能够使质粒在供体中稳定存在的 STB 序列。此质粒为双链环状，6 813 bp，与原核生物的质粒不同，2 μ 质粒常被组蛋白包围。

2. 人工染色体载体

以 λ 噬菌体为基础构建的载体能装载的外源 DNA 片段只有 24 kb 左右，而柯斯质粒载体也只能容纳 35～45 kb，然而许多基因过于庞大而不能作为单一片段克隆于这些载体中，特别是开展人类基因组、水稻基因组工程的工作要容纳更长 DNA 片段的载体。这就促使人们开始组建一系列的人工染色体。

由于酵母 2 μ 质粒在使用过程中的局限性，人们构建了多种质粒。

(1) 整合质粒(YIP) 由大肠杆菌质粒和酵母的 DNA 片段组成，可与受体或宿主的染色体 DNA 同源重组，整合进入宿主染色体中，故只能以单拷贝方式存在，常用于遗传分析。

(2) 复制型载体(YRP) 同样由大肠杆菌质粒和酵母的 DNA 片段组成，但酵母 DNA 片段不仅提供抗性基因筛选标记，而且带有酵母的自主复制顺序(ARS)。由于大肠杆菌质粒本身也有一个复制点，所以这类质粒既可在大肠杆菌，又可在酵母中复制和存在，故称为穿梭载体。通过穿梭载体，人们可首先在大肠杆菌细胞中大量扩增真核基因，然后再转入酵母中进行表达。

(3) 附加体型载体(YEP) 由大肠杆菌质粒、2μ 酵母质粒和酵母染色体的选择标记构成。由于 2 μ 质粒内含自主复制起点和使质粒在酵母细胞中稳定存在的 STB 区，所以这类载体在酵母细胞中独立存在。

上述三种类型的人工质粒都含有酵母细胞染色体 DNA 片段，相当于一条酵母人工染色体(yeast artificial chromosome，YAC)，但整合型的质粒进入宿主后并不单独存在。原核生物宿主的载体都是单独存在的。

1）YAC

YAC是在酵母细胞中克隆外源DNA大片段克隆体系，由酵母染色体中分离出来的DNA复制起始序列、着丝点、端粒以及酵母选择性标记组成的能自我复制的线性克隆载体（图3-21）。

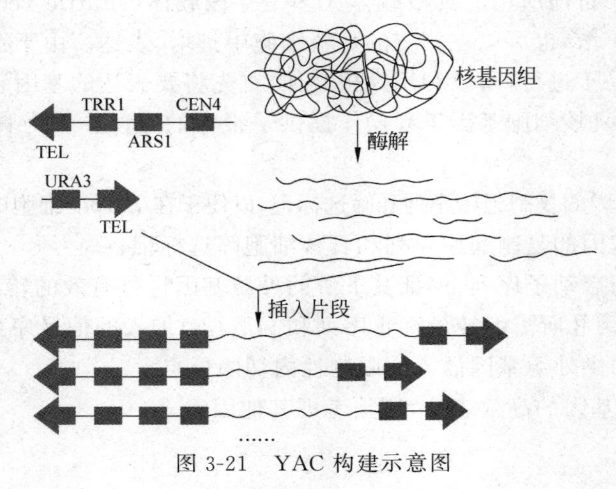

图3-21　YAC构建示意图

真核生物染色体有几个部分最为关键：

（1）着丝点（centromere，CEN）　它保证染色体在细胞分裂过程中正确地分配到各子细胞中；

（2）端粒（telomere，TEL）　它位于染色体的末端，对于染色体末端的复制和防止染色体被核酸外切酶切断具有重要的意义；

（3）自主复制序列（autonomously replicating sequence，ARS）　即在染色体上多处DNA复制起始的位点，与质粒的复制起始位点有些类似。

实际上YAC载体是以质粒的形式出现的，这就是为什么可以看到pYAC这个名称的原因。当用于克隆时，先要用酶进行酶解，形成真正意义上的人工染色体（图3-22）。

实验结果表明，每个YAC可以装进100万碱基以上的DNA片段，比柯斯质粒的装载能力要大得多。YAC既可以保证基因结构的完整性，又可以大大减小核基因库所需的克隆数目，从而降低文库的操作难度。

2）BAC

BAC（细菌人工染色体，bacterial artificial chromosome）是以细菌F因子（细菌的性质粒）为基础组建的细菌克隆体系。其特点为：拷贝数低，稳定，比YAC易分离，对外源DNA的包容量可达300 kb。BAC可以通过电穿孔导入细菌细胞；其不足之处是对无选择性标记的DNA的产率很低。

3）PACs

PACs（P_1-derived artificial chromosomes）是将BAC和P_1噬菌体克隆体系（P_1-clone）的优点结合起来产生的克隆体系，可以包含100～300 kb的外源DNA片段。

4）MAC

MAC（哺乳动物人工染色体，mammalian artificial chromosome）是一类正在研究中的

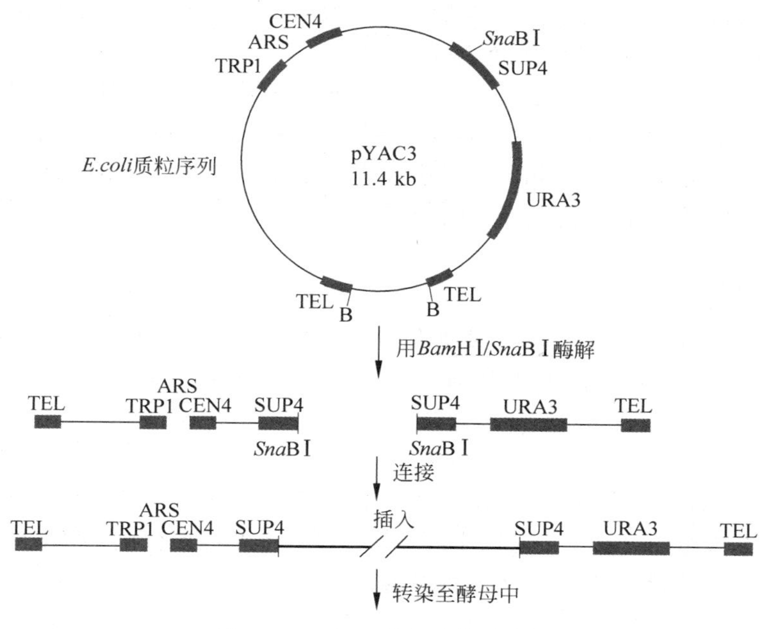

图 3-22 pYAC 载体克隆示意图

人工染色体。

3.5.5 用于植物宿主的载体

由于植物细胞的特殊结构,外源基因导入植物细胞的方法目前还很有限。

1. Ti 质粒

Ti 质粒是土壤农杆菌的质粒(tumor-inducing plasmid of agrobacterium tumefaciens)。土壤农杆菌通过植物伤口侵入植物后,Ti 质粒的 T 区整合到植物染色体中。T 区的 DNA 长约 20 kb,它携带的基因有两个功能:一是决定植物形成冠瘿瘤;二是控制冠瘿碱的合成。所以 Ti 质粒是诱发肿瘤的质粒。Ti 质粒能够进入植物细胞并能整合到植物染色体 DNA 分子中的功能确定之后,人们自然希望 Ti 质粒能够用作植物宿主的载体。

Ti 质粒的缺点是 DNA 分子太长(200 kb,环状双链)和限制酶切点多,导致宿主产生冠瘿瘤而成为不分化的不良植株。

解决 Ti 质粒 DNA 分子太长的办法是仅选其 DNA 分子的核心部分——T 区。T 区的 DNA 能自发整合到植物染色体 DNA 分子中。

解决诱发肿瘤缺点的方法是使 T 区的抑制细胞分化的部分产生突变。具体做法有两种:整合型法和双载体系统法。

(1) 整合型法 用限制酶将完整 Ti 质粒中的 T-DNA 切去并分离出 T-DNA,并用 pBR 322 取代 T-DNA 中编码致癌的基因和冠瘿碱基因,再将目的 DNA 插入到这一重组 Ti 质粒中,由此获得杂化的 T-DNA。将杂化的 T-DNA 转入土壤农杆菌中,此杂化的 T-DNA 和完整的 Ti 质粒发生同源重组,结果杂化 T-DNA 取代了完整 Ti 质粒中原来的 T-DNA 区(整合）。这种带有目的DNA、选择标记和无致癌能力的Ti质粒通过土壤杆菌再侵染宿主植物，最终使所需的DNA导入植物染色体DNA中。

（2）双载体系统法　由两种分别含T-DNA和致病区的Ti突变质粒构成。第一种是将杂化的T-DNA插入到一种质粒中，这种质粒小，可提供单酶切位点；第二种除了不含T-DNA外，其余和完整Ti质粒相同。当这两种质粒共存于农杆菌中时，由于功能互补（但并未取代），杂化的T-DNA仍能整合到植物细胞的染色体DNA分子中。

2. 植物DNA病毒

已知以DNA为遗传物质的植物病毒有花椰菜花叶病毒、雀麦条纹病毒和双生病毒。这些病毒因宿主范围窄，可插入片段短，易丢失，插入外源DNA后感染力下降等原因，至今使用很少。

3. 植物转座子

转座子（transposon）最早由美国著名的遗传学家B. Mclintock在玉米中发现。它是指在一个生物体基因组中可从一个基因座位转移到另一个基因座位的DNA片段。转座子能在植物基因组中频繁转移，有望成为一种新的植物载体。

3.5.6 用于动物宿主的载体

哺乳动物细胞用于外源DNA表达采用的载体至今很有限，目前主要是用猿猴空泡病毒40（SV40）。SV40病毒内含双链环状DNA，5 243 bp，只能插入2.5 kb的外源DNA，感染宿主主要为猴细胞，容易在使用过程中发生重组而产生有危险性的野生型。

改造后出现的SV40病毒载体有两大类。

（1）取代型　外源DNA直接插入在缺陷型的病毒基因组中，为了弥补被取代的这部分DNA的功能，必须同时使用一种与之互补的辅助病毒。

（2）病毒-质粒重组型　将病毒基因组中维持其在哺乳动物中复制的序列分离，并和细菌质粒重组，这类质粒在大肠杆菌和哺乳动物细胞中均可复制，属于穿梭载体。

用于哺乳动物宿主的病毒载体还有RNA病毒、痘病毒、人腺病毒、乳头瘤病毒等。

3.6 目的基因的获得

3.6.1 概述

基因是具有遗传功能的DNA分子上的片段，平均约含1 000 bp。一个DNA分子中含有许多基因，不同基因分子含碱基对的数量和排列序列不同，并具有自我复制能力。各种基因在染色体上均有其特定的位置，称为位点。如果染色体上基因缺失、重复，或在新的位置上与别的基因相邻，改变了原有的排列序列，都会引起某些性状的变异。

根据功能的差异，基因可分为结构基因、调节基因和操纵基因。

（1）结构基因　决定某一种蛋白质分子结构的相应一段DNA，可将携带的特定遗传信息转录给mRNA，再以mRNA为模板合成特定氨基酸序列的蛋白质。

（2）调节基因　调节基因带有阻抑蛋白，控制结构基因的活性。平时阻抑蛋白与操纵基因结合,结构基因无活性,不能合成酶或蛋白质。当有诱导物与阻抑蛋白结合时,操纵基因负责打开控制结构基因的开关,于是结构基因就能合成相应的酶或蛋白质。

(3) 操纵基因 操纵基因位于结构基因的一端,与一系列结构基因合起来形成一个操纵子。

作为一个能转录和翻译的结构基因必须包括转录启动子、基因编码区和转录终止子。

启动子是 DNA 上 RNA 聚合酶识别、结合和促使转录的一段核苷酸序列。转录 mRNA 的第一个碱基被定为转录起始位点。基因编码区包括起译码 ATG、无终止的碱基序列和休止码 TAA(或 TAG、TGA)。终止子是一个提供转录停止信息的核苷酸序列。

基因工程的主要目的是通过优良性状相关基因的重组,获得具有高度应用价值的新物种。为此,须从现有生物群体中,根据需要分离出可用于克隆的此类基因。这样的基因通常称为目的基因。目的基因主要是结构基因。

目的 DNA 或目的基因应不含多余成分,纯度高,片段大小适合重组操作。

3.6.2 目的基因的获得方法

DNA 是十分庞大的生物分子,病毒含有几千到几十万个核苷酸,原核生物的 DNA 分子平均为 10^6 个碱基对,真核生物的 DNA 分子可达 10^9 个碱基对。按每个基因平均 1 000 个碱基对进行粗略计算,大肠杆菌有 3 000～4 000 个基因,而人类细胞的基因数目可高达 200 万个。虽然其中某些基因,特别是真核细胞内的一些基因是多拷贝的,在基因组内有多个甚至极多个重复,实际基因数要比上述推算的基因数少得多。尽管如此,原核细胞和真核细胞基因组内的基因数目仍然是极为惊人的。如此巨大的基因组不可能直接全部进行重组,因此,基因工程遇到的第一个难题就是要分离出所需要的目的基因。

许多能够编码蛋白的 DNA 序列因生物合成过程的多次加工和运输,仅靠用遗传密码推断出基因结构有难度。特别是真核生物的基因内部的调控结构,如启动子、内含子等,实际上无法直接从染色体上的 DNA 中获得,由此产生了基因分离的两种方法。

(1) 基因库 也叫基因组文库,是指用克隆的方法将一种生物的全部基因组长期以重组体方式保持在适当的宿主中。某种生物细胞基因组的 DNA 经限制酶切割,然后与合适载体重组并导入宿主中,这样保存的基因组是多拷贝、多片段的,当需要某一片段时,可以在这样的“图书馆”中查找。

(2) 基因文库 也叫 cDNA 文库。首先获得 mRNA,反转录得 cDNA,经克隆后形成文库。cDAN 文库和基因库的不同之处在于,cDNA 文库不包含 mRNA 拼接过程中除去的内含子等成分,便于 DNA 重组的使用。为了获得目的基因而首先采取建文库的过程,实际上等于是增加了基因或 DNA 重组的面或量,自然也就增加了筛选的面和量。

人们熟知的一些目的基因,例如乙型肝炎病毒抗原基因、生长激素基因和干扰素基因等都是仅有几千个、几百个甚至更少碱基对的 DNA 片段,人生长激素释放抑制素基因只有 42 个碱基对。要从数以万计的核苷酸序列中选出这样小的目的基因,真可谓是“大海捞针”。

经过基因工程学工作者艰苦细致的探索研究,现在已经掌握了分离和制备目的基因的一些有效方法,目前获得目的基因主要有 4 条途径。

(1) 从生物基因组群体中分离目的基因

原核生物基因组较小,基因容易定位,用限制性内切酶将基因组切成若干片段后,可以直接用带有标记的核酸探针,从中选出目的基因。对于真核生物,可以先制作基因文库,然后“钓取”所需要的带有目的基因的片段。

(2) 人工合成目的基因 DNA 片段

人工合成目的基因 DNA 片段有化学合成法和酶促合成法两条途径。一般是采用 DNA 合成仪来合成长度不是很大的 DNA 片段。

(3) PCR 反应合成 DNA

聚合酶链式反应(polymerase chain reaction,PCR)是以 DNA 变性、复制的某些特性为原理设计的。在实际操作中经常会采用 PCR 技术获取所需要的特异 DNA 片段,但前提条件是必须对目的基因有一定的了解,需要设计引物。

(4) mRNA 差异显示法获得目的基因

mRNA 差异显示(mRNA differential display)是 1992 年由哈佛医学院 Peng 等建立的。原理是先用 PCR 技术扩增所有的 mRNA,生成 cDNA 群体,再用测序凝胶电泳获取所需要的目的基因,然后再次用 PCR 扩增。简单地讲,就是从基因的转录产物 mRNA 来反转录成 cDNA 作为目的基因。

3.6.3 原核生物目的基因的获得

1. 基因库的构建

DNA 重组实验的目的往往是分离某一编码蛋白质的基因,在原核生物中,结构基因通常会在基因组 DNA 上形成一个连续的编码区域,但在真核生物细胞中,外显子往往会被内含子分开。

在原核细胞中,目的 DNA 通常在染色体 DNA 中的含量非常少。要克隆原核基因,首先要用限制性内切酶对总 DNA 酶解以获取包含某生物体所有基因的 DNA 片段集。如果把每一个片段与载体连接并分别导入受体细胞,如大肠杆菌,这样就能得到包含该生物体全套基因的库,称为基因库(gene library)、基因组文库(genomic DNA libary)或 DNA 文库。通过基因库的构建,就可以根据需要随时从基因库中选择目的基因。基因库的构建步骤如图 3-23 所示。

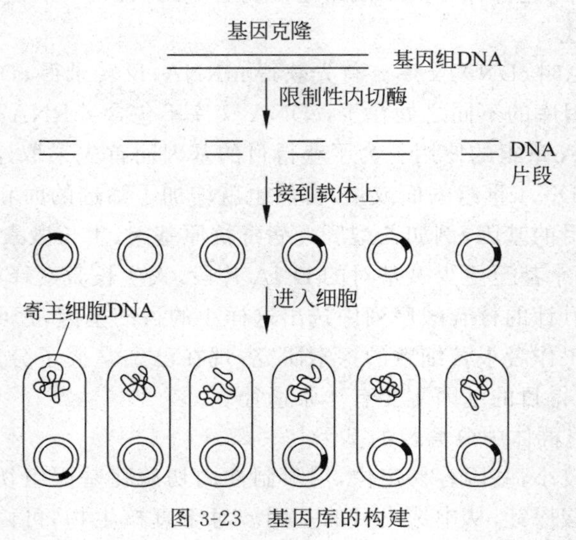

图 3-23 基因库的构建

基因库有着非常广泛的用途，如用以分析、分离特定的基因片段，通过染色体步查(chromosome walking)研究基因的组织结构，用于基因表达调控研究，以及人类和动植物基因组工程的研究等。

一个完整的基因库应该包括目的生物体所有的基因组 DNA。

由于限制性内切酶的位点在基因组 DNA 上并不是随机排列的，有些片段会太大而无法克隆，这时基因文库就不完整。要找到一些特异的目的 DNA 片段就要难一些。

2. 基因文库的筛选

DNA 文库有 3 种通用的鉴定方法：①用标记的 DNA 探针进行 DNA 杂交；②用抗体对蛋白质进行免疫杂交；③对蛋白质的活性进行鉴定。

1）DNA 杂交法

通常人们着眼于某一感兴趣的蛋白质，首先找到编码这个蛋白质的基因，从基因文库中"钓"得该基因，然后进行后面的基因工程操作步骤。首先需要制备探针(probe)。探针是根据所需基因的核苷酸顺序制成一段与之互补的核苷酸短链，并用同位素标记。图 3-24 就是用 DNA 分子杂交的方法从基因文库中钓取目的基因。

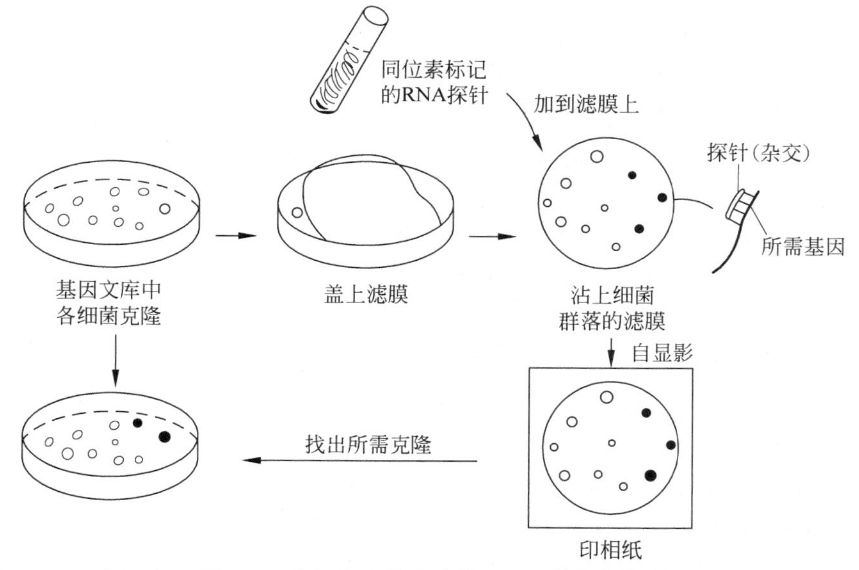

图 3-24　用 DNA 分子杂交的方法从 DNA 文库中钓取目的基因

2）免疫反应法

如果没有 DNA 探针，还可以用其他方法来筛选文库。例如，一个目的基因 DNA 序列可以转录和翻译，那么只要出现这种蛋白质，甚至只需要蛋白质的一部分，就可以用免疫的方法来检测。在技术方面，这个过程与 DNA 的杂交过程有许多共同之处。

先对文库中所有的克隆都进行培养，然后转到膜上，对膜进行处理，使菌裂解，同时释放出蛋白质附着于膜上，这时加入针对某一目的基因编码的蛋白质的抗体(一抗)，反应后多余的杂物经洗脱除去，再加入针对一抗的第二种抗体(二抗)，二抗上通常都连有一种酶，如碱性磷酸酶等，再次洗脱后就加入该酶的一种无色底物。如果二抗与一抗结合，无色底物就会

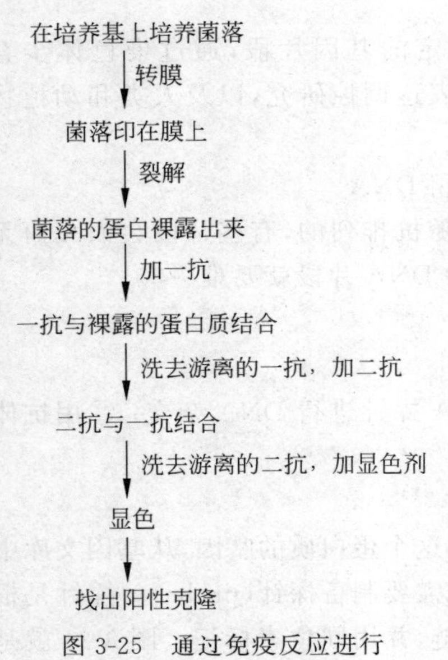

图 3-25　通过免疫反应进行基因文库的筛选

被连在二抗上的酶水解,从而产生一种有颜色的产物(图 3-25)。

3) 酶活性法

如果目的基因编码一种酶,而这种酶又是宿主细胞所不能编码的,那么就可以通过检查酶活性来筛选目的基因。

3.6.4　真核生物目的基因的获得

上述通过建立基因文库的方法来筛选目的基因,也同样适用于真核生物。不同的是真核生物基因组比原核生物要大得多,一般选择识别 6 个或更多个碱基序列的限制性内切酶来酶解真核生物基因组 DNA。下面重点讨论如何通过 cDNA 方法、化学合成方法和 PCR 方法获得真核生物的目的基因。

1. cDNA 文库的建立

真核生物基因的结构和表达控制元件与原核生物有很大的不同。真核生物由于外显子与内含子镶嵌排列,转录产生的 RNA 须切除内含子拼接外显子才能最后表达,因此真核生物的基因是断裂的。真核生物的基因不能直接在原核生物表达,只有将加工成熟的 mRNA 经逆转录合成互补的 DNA(cDNA),再接上原核生物的表达控制元件,才能在原核生物中表达。此外,mRNA 很不稳定,容易被 RNA 酶分解,因此对真核生物须建立 cDNA 文库来进行克隆和表达研究。所谓 cDNA 文库是指细胞全部 mRNA 逆转录成 cDNA 并被克隆的总和。

建立 cDNA 文库与基因组文库的最大区别是 DNA 的来源不同。基因组文库是取现成的基因组 DNA,cDNA 文库则取细胞中全部的 mRNA 经逆转录酶生成的 DNA(cDNA),其余步骤二者相类似。

cDNA 文库最关键的特征是它只包括在特定的组织或细胞类型中已被转录成 mRNA 的那些基因序列,这样使得 cDNA 文库的复杂性要比基因组文库低得多(图 3-26)。由于不同的细胞类型、发育阶段以及细胞所处的特定状态是由特定基因的表达状态所决定的,因此各自的 mRNA 的种类就不同,由此而产生独特的 cDNA 文库。在建立 cDNA 文库时,如果选择的细胞或组织类型得当,就容易从 cDNA 文库中筛选出所需的基因序列。

cDNA 文库的组建包括如下步骤:

(1) 分离表达目的基因的组织或细胞。

(2) 从组织或细胞中制备总体 RNA 和 mRNA。

(3) 合成第一条 cDNA 链(图 3-27)。第一条互补 DNA 链的合成需要 RNA 模板、cDNA 合成引物、逆转录酶、4 种脱氧核苷三磷酸以及相应的缓冲液(Mg^{2+})等。

(4) 合成第二条 cDNA 链。cDNA 第二条链的合成目前通常有 3 种方法。

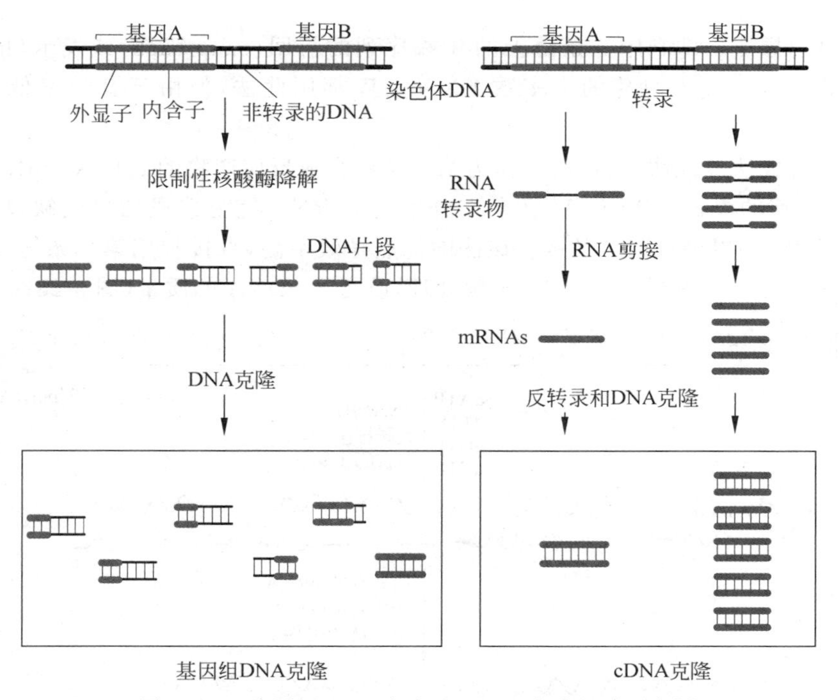

图 3-26　基因组 DNA 文库及 cDNA 文库组建示意图

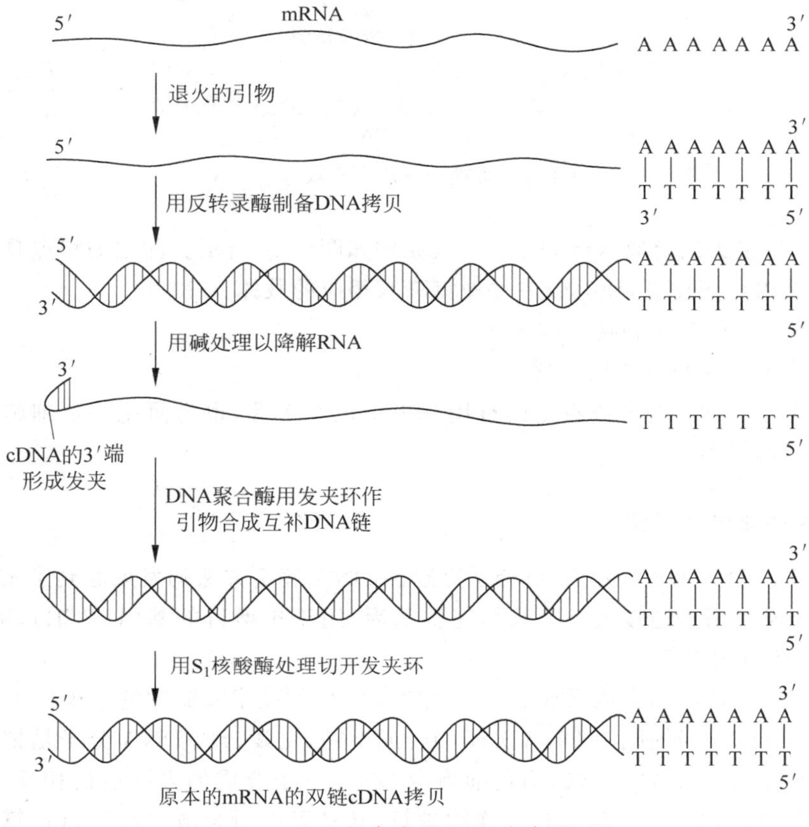

图 3-27　cDNA 的合成原理图(自身引导法)

① 自身引导法　即利用一条链上的3′端序列的折回(snap-back)或发卡(hairping)自引导合成(图3-27)。过去组建的大多数DNA文库都用此法,但由于其效率低,目前已不多用。

② 置换合成法　此法的特点是,作为第一条链合成反应产物的cDNA：mRNA杂交分子充当切口平移的模板。RNaseH在杂交分子上的RNA链上造成切口或缺口,产生一系列mRNA引物,用以合成第二条链。该法的优点是效率高,直接利用第一条链反应生成的产物,无需进一步处理和纯化;省去S1酶处理,改善了cDNA的质量(图3-28)。

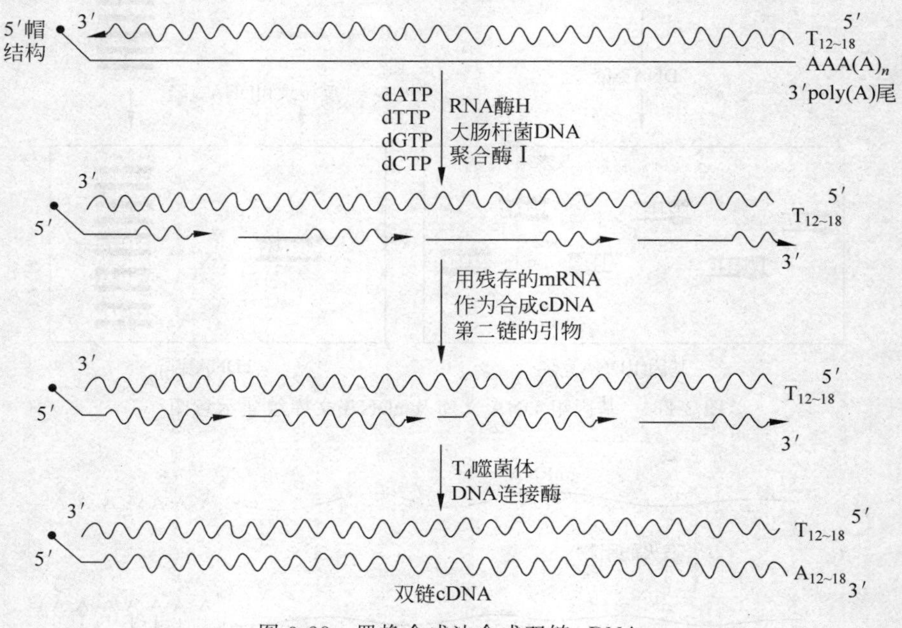

图3-28　置换合成法合成双链cDNA

③ 引物-衔接头法合成双链cDNA　其原理如图3-29所示。此法的特点是将cDNA两端加上限制性内切酶位点,使其较方便地克隆入相应的载体。

(5) cDNA的甲基化和接头的加入。

(6) 双链cDNA与载体的连接。

cDNA文库的建立为分离特定的有用基因提供了来源,也为研究特定细胞中基因表达的相对水平开辟了道路。

2. DNA的化学合成法

通过化学法合成DNA分子,对分子克隆和DNA鉴定方法的发展起到了重要作用。合成的DNA片段可用于连接成一个长的完整基因,用于扩增目的基因(PCR),引入突变,作为测序引物,还可用于杂交。

单链DNA短片段的合成已成为分子生物学和生物技术实验室的常规技术。

化学合成DNA与细胞中DNA分子的合成不同,化学合成DNA分子是把新的脱氧核糖核苷酸加到DNA双链的5′端,而在细胞中DNA分子合成的方向恰恰相反。整个DNA的化学合成过程可以在一个反应柱上连续进行,并且可以对合成过程进行计算机控制。目

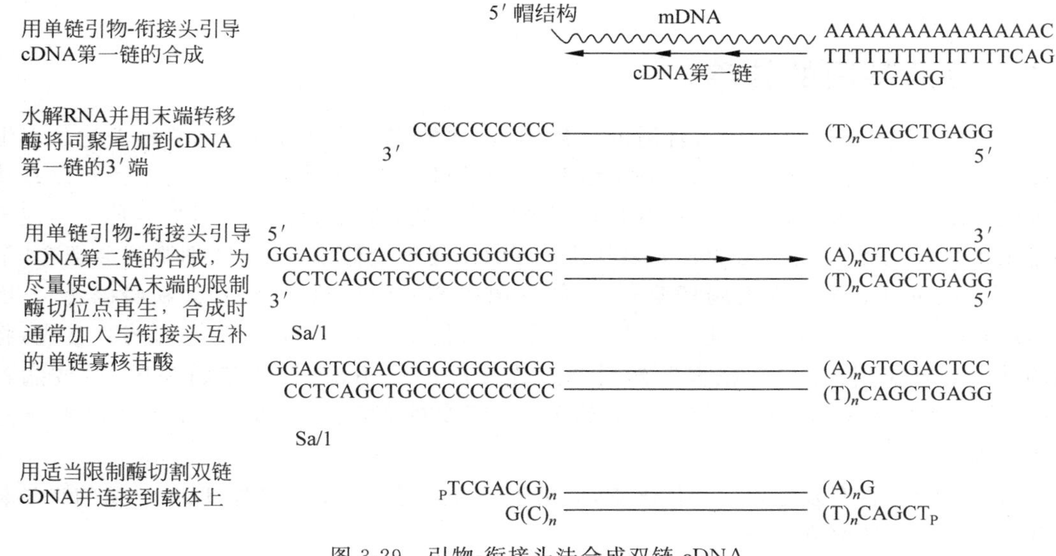

图 3-29　引物-衔接头法合成双链 cDNA

前常用的化学合成 DNA 的方法是磷酰胺法。

为了保证 DNA 化学合成的产率，要求每步的效率都在 98%以上（表 3-3），所以在反应过程中要对偶联效率加以监控。常用的方法是利用分光光度计检测每步反应中脱下的三苯甲基的浓度，从而推测出反应的效率。

表 3-3　化学合成 DNA 的产率与偶联效率的关系　　%

偶联效率	DNA 合成的产率				
	20 碱基	40 碱基	60 碱基	80 碱基	100 碱基
90	12	1.5	0.18	0.02	0.003
95	36	13	4.6	1.7	0.6
98	67	45	30	20	13
99	82	67	55	45	37
99.5	90	82	74	67	61

3. PCR 法

前已述及，PCR 是在体外通过酶促反应快速扩增特异 DNA 片段的技术。它要求反应体系具有以下条件：

（1）要有与被分离的目的基因两条链各一端序列互补的 DNA 引物（约 20 bp）；

（2）具有热稳定性的酶，如 Taq DNA 聚合酶；

（3）dNTP；

（4）作为模板的目的 DNA 序列。

一般，PCR 反应可扩增出 100～5 000 bp 的目的基因。

3.7 目的基因的转移

重组体 DNA 分子只有导入合适的受体细胞，才能进行大量复制、扩增和表达。重组 DNA 进入受体的过程叫“转化”，得到重组 DNA 的细胞叫“受体细胞”。目的基因难以直接进入受体细胞。因为地球上的生物都是长期进化的产物，都有保卫自身不受异种生物侵害和稳定地延续自己种族的功能。如果外来的 DNA 闯进受体细胞，受体细胞就会把它“消灭”。当外来的 DNA 进入大肠杆菌时，大肠杆菌内部的内切酶就会使其“粉身碎骨”。因此，目的基因的直接导入行不通。在这种情况下，人们就要采用 DNA 重组技术。首先，将目的基因与质粒用内切酶“裁剪”，然后通过连接酶的作用，将目的基因和质粒（或病毒 DNA）重新组合起来形成重组 DNA。重组 DNA 就能在质粒（或病毒 DNA）的“带领”下进入受体细胞。

目的基因能否有效地导入受体细胞，取决于是否选用了合适的受体细胞、合适的克隆载体和合适的基因转移方法。

3.7.1 受体细胞及其分类

DNA 重组使用的受体细胞，也称宿主细胞或表达系统，为目的基因的表达，包括为复制、转录、翻译、后加工、分泌等提供条件。

基因克隆的受体细胞，从实验技术上讲，是能摄取外源 DNA（基因）并使其稳定维持的细胞；从实验目的上讲，是有理论研究价值和应用价值的细胞。

基因工程发展到今天，从原核到真核细胞，从简单的真核，如酵母菌，到高等的动植物细胞都能作为基因工程的受体细胞，针对不同的受体细胞，应选择不同的基因载体。

原核生物细胞是一类很好的受体细胞，容易摄取外界的 DNA，增殖快，基因组简单，便于培养和基因操作，普遍被用作 cDNA 文库和基因组文库的受体菌，或者用来建立生产目的基因产物的工程菌，或者作为克隆载体的宿主。目前用作基因克隆受体的原核生物主要是大肠杆菌。

真核生物细胞作为基因克隆受体近年来也受到重视，如酵母菌和某些动植物的细胞。由于酵母菌的某些性状类似原核生物，所以较早被用作基因克隆受体。虽然动物细胞也被用作受体细胞，但由于体细胞不易再分化成个体，所以采用生殖细胞、受精卵细胞或胚胎细胞作为基因转移的受体细胞，由此培养成转基因动物。

并不是所有的细胞都适合作为受体细胞。受体细胞选择的一般原则：根据所用的载体体系及各种受体细胞的基因型进行选择，要使重组体的转化或转染效率高，能稳定传代，受体细胞基因型与载体所含的选择标记匹配，易于筛选重组体以及外源基因可在其内高效表达和稳定积累等。

目前已使用的受体细胞有三大类。

（1）微生物表达系统

最早使用和至今仍最广泛使用的受体细胞是大肠杆菌，其次是酵母和枯草杆菌。

大肠杆菌表达产物常以包涵体，即不正常的折叠形式存在，故无生物活力。大肠杆菌无分泌产物至培养液的能力，为了获得表达产物，需将菌体破碎收集，故分离过程费时费力。

目前已有改进后的大肠杆菌宿主，利用病毒和大肠杆菌等的分泌机制补充大肠杆菌的外分泌能力。

枯草杆菌主要用于外分泌型表达，缺点是表达产物容易被枯草杆菌分泌的蛋白酶水解。重组质粒在枯草杆菌中不太稳定。

链霉菌培养方便，外分泌能力强，常用于抗生素抗性基因和生物合成基因表达。

乳酸菌用于提高食品质量。编码在质粒上的乳糖代谢、柠檬酸吸收、蛋白酶等基因与食品工程密切相关。

假单胞菌用于构建环境保护所需的具有多种降解能力的工程菌。

棒状杆菌主要用于氨基酸基因工程。

啤酒酵母安全不致病，不产生内毒素，而且是真核生物，对其肽链糖基化系统改造后，已广泛用于真核生物基因的表达。

丝状真菌的DNA和载体整合，用于大量生产胞外蛋白，但丝状真菌外分泌能力甚差。

(2) 植物细胞表达系统

在植物细胞中使用的载体很有限，目前主要是农杆菌，所以双子叶植物表达系统使用较多。

(3) 动物细胞表达系统

哺乳动物细胞具有很强的分泌和蛋白质合成后的修饰能力，但培养条件苛刻，成本较高，且易污染。

昆虫细胞既能表达原核基因，又可表达哺乳动物基因，且有较强的分泌能力和修饰能力。

关于表达系统的使用，有几个问题需要明确：

(1) 融合系统与融合蛋白

目的基因插入宿主某蛋白质的基因中形成的表达系统为融合表达系统。此系统表达的目的基因产物和宿主的蛋白质杂合在一起而形成融合蛋白。融合蛋白的形成有助于防止表达产物被宿主水解，或者还可以通过融入的宿主信号肽而分泌到体外。但融合蛋白的分离纯化比较麻烦。通常是目的基因表达产物的N端和宿主蛋白相融合。

(2) 瞬时表达系统与稳定表达系统

进入宿主的目的DNA如果没有和宿主DNA整合，随着细胞生长，宿主内目的基因数量递减直至消失，表达过程因此只能持续数天，这样的表达系统为瞬时表达系统。如果目的基因整合到宿主染色体DNA中稳定遗传，则成为稳定表达系统。以表达产物为DNA重组目的时，自然需要有稳定表达系统。

(3) 目的基因的导入方法

高等动植物细胞为宿主时主要采用显微注射、电穿孔等物理和细胞学方法，原核细胞为宿主时采用转导、转化等方法导入目的基因。

3.7.2 目的基因的导入方法

上面介绍了实现基因工程的四个基本要素：工具酶、基因、载体和受体细胞，有了这四个条件就可以在实验室进行基因的重组、筛选、表达。

目的基因导入受体细胞之前，一般须先把含目的基因的DNA片段组入合适的克隆载体。

选用克隆载体的注意事项：

（1）为使组入的目的基因能在受体的细胞中有效表达，应选用具有强启动子的表达载体。

（2）克隆载体应便于同含目的基因的DNA片段连接。

（3）根据确定的受体细胞，选用相应的克隆载体，因为不同生物类型的受体细胞有各自适用的克隆载体。

有时当克隆载体确定后，为使含目的基因的DNA片段能组入克隆载体，往往还需对DNA片段末端进行适当的加工修饰。

根据实验设计，确定合适的克隆载体和含目的基因的DNA片段，选用限制性内切酶切割，并用DNA连接酶连接，则可以得到预期的重组DNA分子。

1. 重组DNA分子导入原核细胞

1）氯化钙导入法

把外源DNA分子导入细菌细胞的过程称为转化。原核细胞的转化过程就是导入外源DNA的过程。转化过程包括制备感受态细胞和转化处理。

感受态细胞（competent cell）是指处于能摄取外界DNA分子的生理状态的细胞。

制备感受态细胞，应注意以下几点：

（1）在最适培养条件下培养受体细胞至对数生长期，培养时一般控制受体细胞密度OD_{600}在0.4左右；

（2）制备的整个过程温度控制在0～4℃；

（3）为提高转化率，可选用$CaCl_2$溶液。

用氯化钙法使大肠杆菌处于感受态，从而将外源DNA导入细胞，至今仍然是应用最广的方法。

目前$CaCl_2$转化方法的机制尚不清楚，可能是细胞壁被打了一些孔，DNA分子即从这些孔洞中进入细胞，而这些孔洞随后又可以被宿主细胞修复。

大肠杆菌是用得最广泛的基因克隆受体，需经诱导才能变成感受态细胞，而有些其他细胞自然就可以转变为感受态细胞，或改变培养条件和培养基就可实现这种转变。

2）电穿孔法

外源DNA分子还可以通过电穿孔法转入受体细胞。

所谓电穿孔法（electroporation），简单地说，就是把宿主细胞置于一个外加电场中，采用脉冲高压电在细胞壁上打孔，瞬间击穿质膜，DNA分子随即进入细胞，从而使外源DNA高效导入细胞。

电穿孔方法的操作条件因细胞而异，通过调节电场强度、电脉冲的频率和用于转化的DNA浓度，可将外源DNA导入细菌或真核细胞。其基本原理是：在适当的外加脉冲电场作用下，细胞壁（膜）由于电位差太大而呈现不稳定状态，从而产生孔隙使高分子（如ATP）和低分子物质得以进入细胞质内，但还不至于使细胞受到致命伤害，当移出外加电场后，被击穿的膜孔可自行复原。

电压太低DNA不能进入细胞膜，电压太高细胞产生不可逆损伤，故电压在300～600 V

为宜。以时间 20～100 ms，温度 0℃为宜，使穿孔修复迟缓，DNA 进入机会多。

用电穿孔法实现基因导入比 $CaCl_2$ 转化法方便。对细菌而言，其转化率可高达 10^9～10^{10} 转化体/μg DNA。该法采用电穿孔仪进行，导入效率与电位差和细胞大小有关系，动植物细胞通常只需数百伏，而小细胞的细菌需要数千伏。最初电穿孔仅用于动植物细胞，现在已经有专门用于细菌、真菌的电穿孔仪出售。

3）λ噬菌体导入法

以λ噬菌体为克隆载体，可以与较大的目的基因重组，只要导入的基因大小不破坏噬菌体外壳蛋白包装就行。这种克隆载体的好处是噬菌体本身具备感染特性，因此导入效率很高。

2. 重组 DNA 分子导入真核细胞

基因工程有时需要将外源基因导入真核细胞，以进行基因改造和表达。常用的真核细胞包括酵母细胞、动物细胞和植物细胞。酵母菌由于生长条件简单，成为真核生物基因工程优先选择的宿主细胞。酵母细胞存在细胞壁，因此需先将细胞壁用纤维素酶水解掉，然后用氯化钙和聚乙二醇(PEG)刺激使重组 DNA 被吸收，再将无细胞壁的酵母细胞置于琼脂平板上培养，就能生出细胞壁来。

外源 DNA 导入动植物细胞的方法多种多样，主要有以下几类。

1）磷酸钙介导的转染法

这是将外源基因导入哺乳类动物细胞进行瞬时表达的常规方法。

磷酸钙转染法的基本原理是：利用 Ca^{2+} 沉淀外源 DNA(DNA 上的磷酸基带负电)，沉积在细胞质膜上而促进吸收(可能通过细胞吞噬)。

哺乳动物细胞能捕获粘附在细胞表面的 DNA-磷酸钙沉淀物，使 DNA 转入细胞。

先将重组 DNA 同 $CaCl_2$ 混合制成 $CaCl_2$-DNA 溶液，随后与磷酸钙形成 DNA-磷酸钙共沉淀微粒，黏附在细胞表面，通过内吞作用进入受体细胞，达到转染目的。

2）脂质体介入法

脂质体(liposome)是由人工构建的磷脂双分子层组成的膜状结构，把用来转染的 DNA 分子包在其中，通过脂质体与细胞接触，将外源 DNA 分子导入受体细胞。其原理为：细胞膜表面带负电荷，脂质颗粒带正电荷，以电荷间引力将 DNA、mRNA 及单链 RNA 导入细胞内。该法的优点是稳定、温和。

3）脂质转染法

用人工合成的阳离子类脂，与外源 DNA 结合，借助类脂容易穿越脂膜的特性将 DNA 导入。

DEAE-dextran(二乙胺乙基葡聚糖)是一种高分子多聚阳离子试剂，能促进哺乳动物细胞捕获外源 DAN 分子。其作用机制尚不清楚，可能是其与 DNA 结合从而抑制核酸酶的作用或细胞结合，从而促进 DNA 的内吞作用。

4）显微注射法

利用哺乳动物细胞便于注射的特性，对于较大的细胞，如卵细胞，采用极细的玻璃注射器针头将外源 DNA 注射入细胞内。

5) Ti 质粒导入法

此法的宿主细胞是裸子植物和双子叶植物。利用根瘤土壤杆菌的一段转移 DNA(T-DNA),它能携带基因转入到植物细胞内并与染色体 DNA 整合。这种方法须先将目的基因插入 T-DNA,借助土壤杆菌将外源基因导入细胞。土壤杆菌可以从植株伤口侵入,吸附在植物细胞壁上,T-DNA 随即进入植物细胞内,土壤杆菌并不进入植物细胞。

6) 病毒导入

外源基因插入病毒 DNA 中,利用病毒的感染特性将 DNA 导入细胞。

7) 基因枪(高速微弹发射装置)

金属微粒在外力作用下达到一定速度后,可以进入植物细胞,但又不引起细胞致命伤害,仍能维持正常的生命活动。利用这一特性,先将含目的基因的外源 DNA 同直径 1 μm 左右的惰性重金属钨、金等金属微粒混合,使 DNA 吸附在金属微粒表面,随后用基因枪轰击,通过氦气冲击波使 DNA 随高速金属微粒进入植物细胞。此方法可直接处理植物器官或组织,是当今普遍应用的植物转基因方法。

8) 原生质体融合法

将带重组质粒的细菌原生质体同受体细胞进行短暂的共培养,经过细胞膜融合,将重组 DNA 导入细胞。

9) 多聚物介导法

PEG 和多聚赖氨酸等是协助 DNA 转移的常用多聚物,尤以 PEG 应用最广。这些多聚物同二价阳离子(如 Mg^{2+}、Ca^{2+}、Mn^{2+}等)和 DNA 混合,可在原生质体表面形成颗粒沉淀,使 DNA 进入细胞内。

这种方法常用于酵母细胞以及其他真菌细胞。处于对数生长期的细胞或菌丝体用消化细胞壁的酶处理变成球形体后,在适当浓度的聚乙二醇 6 000(PEG 6 000)的介导下将外源 DNA 导入受体细胞中。

10) 激光微束穿孔法

利用直径很小、能量很高的激光微束引起细胞膜可逆性穿孔的原理,用激光处理细胞,处于细胞周围的重组 DNA 随之进入细胞。

此方法适用于活细胞中线粒体和叶绿体等细胞器的基因转移。

总之,基因导入的方法多种多样,可根据具体要求进行选择。具体操作可参考有关实验手册。

3.8 重组体的筛选

目的基因和载体重组并进入宿主后,并非能全部按照预先设计的方式重组,由于操作的失误及不可预测因素的干扰等,真正获得目的基因并能有效表达的克隆子一般来说只是一小部分,而绝大部分仍是原来的受体细胞,或者是不含目的基因的克隆子。为了从处理后的大量受体细胞中分离出真正的克隆子,目前已建立起一系列筛选和鉴定的方法。

重组体筛选的方法很多,概括起来有三类:

(1) 生物学方法,包括遗传学方法、免疫学方法和噬菌斑的形成等;

(2) 核酸杂交方法,通过 DNA-DNA、DNA-RNA 碱基配对的原理进行筛选,以探针的使用为核心，包括原位杂交、Southern 杂交、Northern 杂交等；

(3) 物理方法，如电泳法等。

无论哪一种筛选方法，最终目的是要证实基因是否按照人们所要求的顺序和方式正常存在于宿主细胞中。

3.8.1 传统生物学方法

1. 遗传学方法

1) 利用抗生素抗性基因

这是使用最早且最广泛的方法。前述对 DNA 重组载体的要求之一——带有筛选标记即是为这一方法而设计的。质粒常携带抗药性基因，如四环素抗性基因(Tet^r)、氨苄青霉素抗性基因(Amp^r)、卡那霉素抗性基因(Kan^r)，当编码有这些抗药性基因的质粒携带目的 DNA 进入宿主细胞后，便可在内含这些抗菌素的培养基中生长。但必须清楚地认识到，筛选的目的是要证实携带有目的 DNA 的质粒存在而并非是这类质粒单独存在，因为不携带目的基因的质粒进入宿主与 DNA 重组无关。为了防止这一误检，人们采用插入缺失的方法，即在体外故意将目的 DNA 插入到原质粒的某个抗性基因之中，使其失活，这样，由此得到宿主细胞便可在内含这一抗菌素的培养基中存活，其余的被抑制或杀灭，这一方法称为插入失活检测法。在实际操作中，同一质粒往往有两种抗药性基因，其中一个插入失活后，另一个仍完整存在，故筛选时要经过两次才能确认是其中一个抗药性基因被插入，这样就显得较麻烦。

例如，pBR 322 质粒上有两个抗生素抗性基因，抗氨苄青霉素基因(Amp^r)上有单一的 *Pst* Ⅰ位点，抗四环素基因(Tet^r)上有 *Sal* Ⅰ和 *Bam*H Ⅰ位点。当外源 DNA 片段插入到 *Sal* Ⅰ/*Bam*H Ⅰ位点时，使抗四环素基因失活，这时含有重组体的菌株从 Amp^r Tet^r 变为 Amp^r Tet^s。这样，凡是在 Amp^r 平板上生长，而在 Amp^r、Tet^r 平板上不能生长的菌落就可能是所要的重组体(图 3-30)。

此外，有时小片段的 DNA 插入不能导致一些抗性基因失活，可能是这种插入不破坏此基因的阅读框所致。

利用抗药性基因进行筛选的另一方法是直接筛选法。

由于在一种质粒上往往具有两种抗药性基因，用插入失活检测法时要在分别含两种抗生素的平板上进行筛选，为了做到在一个平板上直接筛选，可将插入缺失重组后转化的宿主细胞培养在含四环素和环丝氨酸的培养基中，重组体 Tet^s 生长受到抑制，非重组体 Tet^r 虽能使细胞生长，但因环丝氨酸可在蛋白质合成时掺入而导致细胞死亡，受到抑制的重组体 Tet^s 因仅仅是受抑制，故接种到另一培养基中时便可重新生长。

2) 营养缺陷互补法

宿主细胞在营养代谢上缺什么基因，重组后进入的外来 DNA 同时补充什么基因。由此实现营养缺陷互补。如宿主细胞有的缺少亮氨酸合成酶基因。有的缺少色氨酸合成酶基因。这一方法使用选择性培养基，实际上就是恰好缺少宿主细胞不能合成的那种物质。

由插入失活而建立的一种更直观的检测方法是 β-半乳糖苷酶显色反应。用于宿主为 *lac*Z 基因缺陷的大肠杆菌，正常情况下大肠杆菌的乳糖操纵子中 *lac*Z 基因编码的 β-半乳

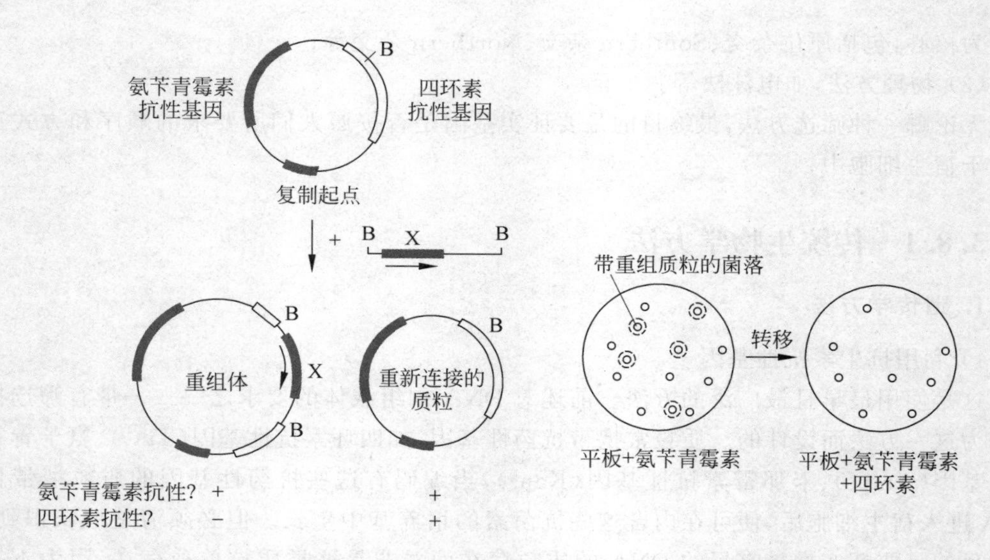

(a) 利用抗生素抗性基因插入失活进行筛选　　(b) 复制平板

图 3-30　利用抗生素抗性基因筛选重组体

糖苷酶分解乳糖为半乳糖和葡萄糖，当用异丙基硫代半乳糖苷（IPTG）代替乳糖为诱导物时，如果插入的外源 DNA 使处于质粒上的 *lac* Z 基因失活，则重组细胞不能使乳糖水解。而内含 IPTG 的培养基同时含 5-溴-4-氯-3-吲哚-β-D-半乳糖苷（x-gal），x-gal 相当于乳糖，x-gal 被水解，菌落呈蓝色，否则无色。要使 x-gal 被水解，处于质粒上的 *lac* Z 基因和缺少 *lac* Z 基因的宿主大肠杆菌应相互补。由于 *lac* Z 基因处于乳糖操纵子的前 59 个密码子区段，一般称为 α 序列，故称这种互补为 α 互补。无 α 互补，无 x-gal 水解，便无蓝色出现。

例如 pUC 质粒载体含有 β-半乳糖苷酶基因（*lac* Z′）的调节片段。

具完整乳糖操纵子的菌体能翻译 β-半乳糖苷酶（z），如果这个细胞带有未插入目的 DNA 的 pUC 19 质粒，当培养基中含有 IPTG 时，*lac* I 的产物就不能与 *lac* Z′的启动子区域结合，因此，质粒的 *lac* Z′就可以转录，进而翻译。*lac* Z 蛋白会与染色体 DNA 编码的一个蛋白形成具有活性的杂合 β-半乳糖苷酶，当有底物 x-gal 存在时，x-gal 会被杂合的 β-半乳糖苷酶水解成一个蓝色的底物，即那些带有未插入外源 DNA 片段的 pUC 19 质粒的菌落呈蓝色。如果 pUC 19 质粒中已插入目的 DNA 片段，那么就会破坏 *lac* Z′的结构，导致细胞无法产生功能性的 *lac* Z 蛋白，也就无法形成杂合 β-半乳糖苷酶，因而菌落是白色的。

由此可以根据菌落的蓝、白颜色，筛选出含目的基因的重组体。

这一方法大大简化了在这种质粒载体中鉴定重组体的工作。

2. 免疫学方法

免疫学方法是一个专一性强、灵敏度高的检测方法。在某些情况下，如待测的重组体既无任何基因表现特征，又无易得的杂交探针，那么免疫学方法则是筛选重组体的重要途径。使用这种方法的先决条件是重组基因可在受体细胞内表达，并且有目的蛋白的抗体。

用自制或现有的同位素或其他方法标记的抗体和目的基因表达产物进行免疫反应，因宿主不同，非分泌型的宿主要对其菌落进行溶解和固定（原位放射免疫反应），分泌型的可进一步对蛋白质进行电泳分离，然后在膜上固定，固定后的表达产物后进行免疫反应。如果直接在培养基上进行免疫反应（沉淀法），在菌落周围将产生白色沉淀圈，可用于判断是否有目的蛋白的存在。目前更常采用的方法是酶联免疫检测方法，具体内容将在细胞工程部分讨论。

3. 利用噬菌斑筛选

λ载体中重组的外源DNA达到λDNA的75%～105%长度时，进入λ宿主的重组的载体会在培养平板上形成清晰的噬菌斑，所以噬菌斑的形成不仅要使重组后的λ载体进入宿主，而且要使重组后的λ载体能自动包装成有活性的噬菌体颗粒。

3.8.2 核酸杂交法

利用碱基配对的原理进行分子杂交是核酸分析的重要手段，也是鉴定基因重组体的常用方法。

核酸杂交法的关键是获得携带有放射性荧光或其他易识别标记的探针，探针的DNA或RNA顺序是已知的。

根据实验设计，先制备含目的DNA片段的探针，随后采用杂交方法进行鉴定。

核酸分子杂交的方法有多种，如原位杂交、点杂交、Southern杂交等。

核酸分子杂交的基本原理是：具有互补的特定核苷酸序列的单链DNA或RNA分子，当它们混合在一起时，其特定的同源区将会退火形成双链结构。利用放射性同位素^{32}P标记的DNA或RNA作探针进行核酸杂交，即可进行重组体的筛选与鉴定（图3-31）。

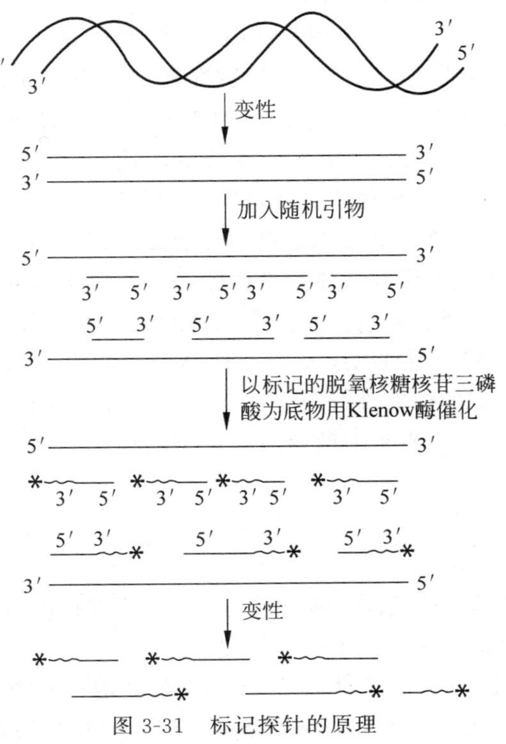

图3-31 标记探针的原理

^{32}P 标记的脱氧核糖核苷三磷酸的结构式如图 3-32 所示。

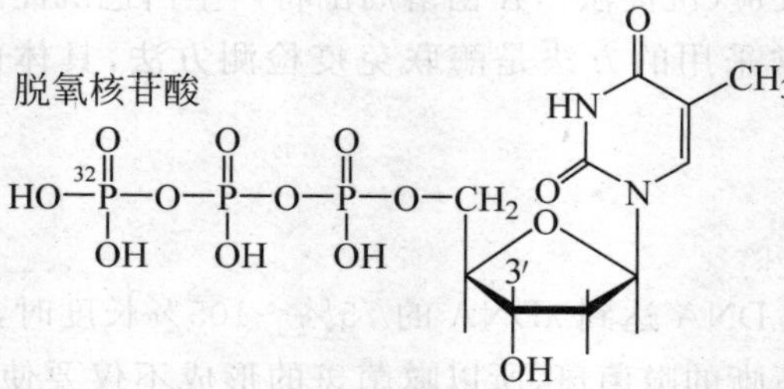

图 3-32 ^{32}P 标记的脱氧核糖核苷三磷酸

为了操作方便，在大多数核酸杂交反应中，核酸分子都要转移或固定在某种固体支持物上。常用的固体支持物有醋酸纤维素滤膜、重氮苄氧甲基（DBM）-纤维素、氨基苯硫醚（APT）-纤维素、尼龙膜及滤纸等。

在核酸杂交中固体支持物的选择取决于以下因素：

（1）核酸的特性，如分子的大小；

（2）杂交过程中涉及步骤的多少；

（3）杂交反应的灵敏度等。

1. 原位杂交（*in situ* hybridization）

让含重组体的菌落或噬菌斑由平板转移到滤膜上并释放出 DNA，变性并固定在膜上，再同 DNA 探针杂交的方法称为原位杂交。

1975 年，由 Grunstein 和 Hogness 提出在醋酸纤维素滤膜原位裂解细菌菌落，并使释放出的 DNA 非共价结合于膜上，与相应的放射性标记的核酸探针进行杂交。利用这种方法能迅速地从数百个菌落中鉴定出含有目的 DNA 序列的菌落。1980 年 Hanahan 和 Meselsoh 又把这个方法加以改进，用于高密度菌落的检测，大大提高了检测效率。原位杂交也随之成为有效的手段，广泛地用于筛选基因组 DNA 文库和 cDNA 文库等。

原位杂交可分为原位菌落杂交和原位噬菌斑杂交，二者的基本原理是相同的。

将转化后得到的菌落或重组噬菌体感染菌体所得到的噬菌斑原位转移到硝酸纤维素滤膜上，得到一个与平板菌落或噬菌斑分布完全一致的复制品。通过菌体或噬菌体裂解、碱变性后，通过烘烤（约 80℃）将变性 DNA 不可逆地结合于滤膜上，这样固定在滤膜上的单链 DNA 就可用各种方法标记的探针进行杂交。通过洗涤除去多余的探针，将滤膜干燥后进行放射自显影。最后将胶片与原平板上菌落或噬菌斑的位置对比，就可以得到杂交阳性的菌落或噬菌斑（图 3-33）。

2. Southern 杂交

将重组体 DNA 用限制酶切割，分离出目的 DNA 后进行电泳分离，再将其原位转至薄膜上，固定后用探针杂交的方法称为 Southern 杂交。

由 E. M. Southern 于 1975 年设计的 Southern 杂交是一种很好的检测重组 DNA 分子的手段之一。其原理是根据 DNA 分子中两条单链核苷酸互补的碱基序列能专一地按 A＝

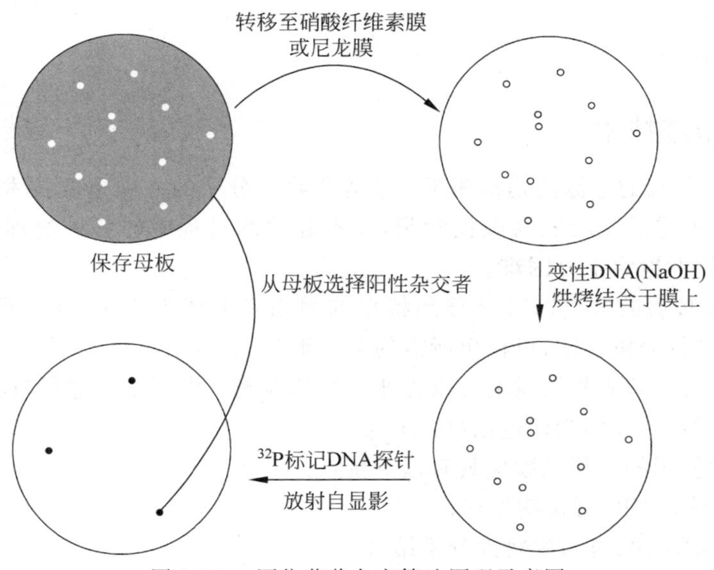

图 3-33　原位菌落杂交筛选原理示意图

T，C≡G 配对，即在一定条件下单链 DNA 上的碱基与另一链上的碱基形成氢键，从而使两条单链杂交变成双链 DNA 分子。

该方法与原位杂交的最大区别是：用于杂交的核酸需经分离、纯化、限制酶解、凝胶电泳分离，然后转移到硝酸纤维素滤膜等固体支持物上，再与相应的探针杂交。凝胶中 DNA 片段的相对位道在 DNA 转移到滤膜的过程中继续保持着，而滤膜上的 DNA 与 ^{32}P 标记的探针杂交，通过放射自显影确定与探针互补的每一条带的位置，从而可以确定某一特定序列 DNA 片段的位置与大小(图 3-34)。

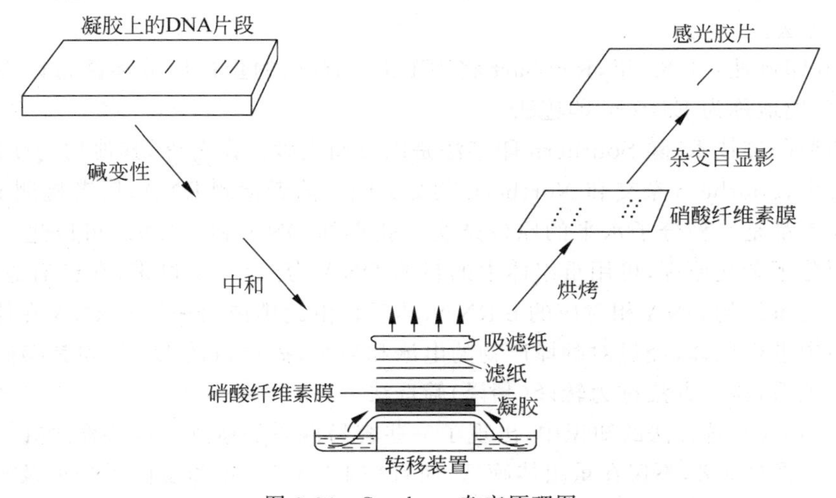

图 3-34　Southern 杂交原理图

在分子杂交中，将 DNA 从凝胶转移到固体支持物上的常用方法有：

(1) 毛细管转移法；

（2）真空转移法；

（3）电转移法。

3.8.3 印迹技术

以 PAGE 为基础的电泳法是检测蛋白质等生物大分子的一项重要技术，我们在上一章讨论过。由于聚丙烯酰胺凝胶易破损断裂，经不起检测过程中的各种物理及化学处理，因此，若直接在凝胶上检测十分困难。

将完成 PAGE 后的分离区带转移到特定的固相膜上产生印迹，然后再用各种方法检测，对这些印迹进行分析鉴定，以检出所需的某一组分。

将分离区带转移到固相纸膜上可以方便后续的检测。由于这一过程与墨迹被吸印到吸墨纸上的过程类似，所以称为印迹法（blotting）。

印迹技术中使用的固相纸膜应具有以下特点：

（1）质地柔软，耐用，可长期保存；

（2）具有化学基团，可与生物大分子结合。

常用的有硝酸纤维素膜（nitrocellulose membrane）。

印迹转移后，可利用抗原-抗体、酶-底物、DNA-相应 RNA 等物质间的特异亲合力，以这些成对物中的一方作探针，进行标记，如酶标记、荧光标记、放射性同位素标记、特异性染色等。印迹技术是分析、鉴别生物大分子的有效技术。

上述的 Southern 杂交又称 Southern 印迹法，是以 RNA 为探针检测 DNA 的技术。此外，还有 Northern 印迹法、Western 印迹法和 Eastern 印迹法，简介如下。

Northern 印迹法：Alwine 等将 Southern 印迹法应用于 RNA 检测，风趣地称为 Northern 印迹法。

Western 印迹法：1981 年，Burnett 将 Southern 印迹法应用于蛋白质检测，风趣地称为 Western 印迹法。

Eastern 印迹法：1982 年，Reinhart 将 IEF-PAGE 后的蛋白质分离区带以电驱动方式印迹转移，风趣地称为 Eastern 印迹法。

以上四种印迹技术，除 Southern 印迹法是以发明人姓氏命名外，其他均为诙谐的称谓。

可以看出，Southern 杂交和 Northern 杂交类同。前者检测 DNA，后者检测 mRNA，两种方法实际上都是一种分子水平的原位杂交。获得的 DNA 和 mRNA 可以进一步做序列分析。利用分子杂交原理，可用重组体中的目的 DNA 为探针，反过来，在已有总的 mRNA 中筛选出与已重组的 DNA 相对应的 mRNA，然后将由此挑选而来的 mRNA 在体外的无细胞翻译体系中进行翻译，经过对翻译产物的电泳和显影，搞清目的 DNA 和其编码的蛋白质之间的对应关系，这一方法称为转译（翻译）筛选法。

在重组 DNA 筛选方法的知识中，出现了一些容易混淆的概念。这些概念在分子生物学中具有非常重要的意义，不仅在重组体筛选，而且在 DNA、RNA 和蛋白质分离及测序中经常遇到。理顺这些概念，有助于将 DNA 重组、生物大分子分离和测序的原理真正搞清楚。

1）关于印迹技术的概念

印迹是将 DNA、RNA 或蛋白质固定于固体支持物的过程。

通常使用的支持物为硝酸纤维素膜或尼龙膜，有时也有 Whatman 滤纸等。

印迹的目的是减少待测物质的流动性，防止丢失、扩散，保持原有的位置，便于反复使用，容易进行斑点和序列分析，简化分离手续。

Southern 杂交、Northern 杂交和 Western 印迹、Eastern 印迹实际上都是印迹技术。

Southern 杂交针对的是检测 DNA，Northern 杂交检测对象是 RNA。由于 DNA 是重组对象，mRNA 是重组 DNA 的转录产物，DNA 和 RNA 在检测前所处的位置不同，前者在重组体中或经限制酶切割后经电泳分离得到，后者是转录产物，以游离态经电泳分离得到，前者可以不经限制酶切割和电泳分离而直接在宿主所处的菌落中定位，后者必须经电泳分离才可定位于薄膜上。Western 印迹和 Eastern 印迹针对的是翻译产物蛋白质，经电泳分离和定位于薄膜上之后不能进行核酸杂交，只能用免疫学方法进行检测。Southern 和 Northern 定位后的 DNA 和 RNA 可以用核酸杂交方法进行检测。

2）关于原位检测技术的概念

“原位”一词有两种含义。

一种是指菌落或噬菌斑原位。将含重组体的宿主细胞在培养基的原位影印到固体膜上后，裂解释出核酸或蛋白质。若检测对象为核酸，用核酸杂交（Southem 杂交和 Northern 杂交）；若检测对象为蛋白质，用原位放射免疫反应或 Western 印迹法或 Eastern 印迹法进行。

“原位”一词的另一含义是在电泳凝胶平板上的原位，也可以转移（或影印）到固体膜上。

通过上述对比分析可以看出，印迹技术和原位检测技术实际上是密切相关的。原位检测是通过印迹技术实现的。通过印迹，实现了菌落原位和电泳带的原位，实现原位的目的在于从一大堆或一批多态组分中进行专一挑选。

3.9 DNA 序列分析

生物学原理认为，核酸分子携带生命活动的全套信息，核酸由核苷酸的线性排列构成它的一级结构。阐明核酸，特别是 DNA 的核苷酸排列顺序是认识基因的结构、调节和表达的基础。DNA 序列分析是指通过一定的方法确定 DNA 上的核苷酸排列顺序，是基因工程中的重要技术之一，在基因的表达、结构与功能的研究中是必不可少的。

1953 年，Watson 和 Crick 提出 DNA 双螺旋结构模型以后，人们就开始探索研究 DNA 一级结构的方法。但是由于没有找到分别降解四种脱氧核糖核酸[腺嘌呤脱氧核糖核酸（A）、鸟嘌呤脱氧核糖核酸（G）、胞嘧啶脱氧核糖核酸（C）、胸腺嘧啶脱氧核糖核酸（T）]的专一酶，长期以来只能通过测定 RNA 的序列来推测 DNA 的序列。所用方法是先将 DNA 用酸水解或外切酶降解，再经双向电泳层析将其分开。这种方法既费时又不准确，测定 10～20 个核苷酸序列往往要花费 1～2 年的时间。

1977 年，英国剑桥大学的 Fred Sanger 和美国哈佛大学的 Alan Maxam 及 Walter Gilbert 领导的两个研究小组几乎同时发明了 DNA 序列测定方法，这为发展快速高效的 DNA 测序方法带来了曙光。Sanger 的方法是用酶法合成 DNA，而 Maxam-Gilbert 采用的是化学断裂法。前者更简便，更适合于光学自动探测，因此大多数的 DNA 自动测序仪都采用这种方法。Sanger 的酶法又称双脱氧链末端终止法，它是将模板 DNA 复制成分别终止于 A、C、G、T 四种基本核苷酸的 DNA 片段。

DNA 序列分析技术极大地促进了基因的分离与鉴定、基因的表达调控及基因的结构与功能的研究。

DNA 序列分析已从手工操作发展到自动分析。

DNA 序列分析主要由以下三部分组成：

(1) 具有不同长度的 DNA 片段的产生和标记；

(2) 聚丙烯酰胺凝胶电泳；

(3) DNA 序列的显示，即测序胶放射自显影或在自动测序仪上通过自动记录荧光信号读取 DNA 序列。

目前，通用的 DNA 序列分析法有两种：

(1) Maxam-Gilbert 化学降解法；

(2) Sanger 双脱氧法(酶法)。

这两种方法虽然其原理大相径庭，但同样都生成互相独立的若干组带放射性标记的寡核苷酸，每组寡核苷酸都有固定的起点，但却随机终止于特定的一种或者多种残基上。由于 DNA 上的每一个碱基出现在可变终止端的机会均等，因此上述每一组产物都是一些寡核苷酸混合物，这些寡核苷酸的长度由某种特定碱基在原 DNA 全片段上的位置决定。然后在可以区分长度仅差一个核苷酸的不同 DNA 分子的条件下，对各组寡核苷酸进行电泳分析，只要把几组寡核苷酸样品加于测序凝胶中若干个相邻的泳道上，即可从凝胶的放射自显影片上直接读出 DNA 上的核苷酸顺序。

3.9.1 Maxam-Gilbert 化学降解法

1977 年，由 Maxam-Gilbert 提出此法，其原理是先用特异的化学试剂修饰 DNA 分子中的不同碱基，然后用哌啶切断多核苷酸链。

利用四组不同的特异反应，可以将末端(3′端或 5′端)用放射性标记的 DNA 分子降解，形成不同长度的寡核苷酸，这些寡核苷酸的长度相当于从特异反应引起的切点到标记末端之间的 DNA 长度。可以通过凝胶电泳将每组反应中不同长度的寡核苷酸分离开来，对照四组不同的反应所产生的电泳带的位置，即可读出所测定的 DNA 序列。

Maxam-Gilbert 法要对原 DNA 进行化学降解。在这一方法中，一个末端标记的 DNA 片段在 5 组互相独立的化学反应中分别得到部分降解，其中每一组反应特异地针对某种或某一类碱基。因此生成 5 组放射性标记的分子，从共同起点(放射性标记末端)延续到发生化学降解的位点。每组混合物中均含有长短不一的 DNA 分子，其长度取决于该组反应所针对的碱基在原 DNA 全片段上的位置。各组均通过聚丙烯酰胺凝胶电泳进行分离，再通过放射自显影来检测末端标记的分子。

四组特异反应分别如下。

(1) G 反应　用硫酸二甲酯处理 DNA，使鸟嘌呤上的 N_7 质子甲基化。甲基化的鸟嘌呤与脱氧戊糖之间的键在中性环境中加热断裂，鸟嘌呤碱基脱落，多核苷酸骨架在鸟嘌呤处发生断裂，如图 3-35(a)所示。

(2) G+A 反应　用甲酸使 A 和 G 嘌呤环上的 N 原子质子化，从而使其糖苷键变得不稳定，再用哌啶使嘌呤脱落。

(3) T+C 反应　用肼使 T 和 C 的嘧啶环断裂，再用哌啶除去碱基。

(4) C 反应　当有 NaCl 存在时，肼只与 C 发生反应，不与 T 反应，断裂的 C 可用哌啶除去。

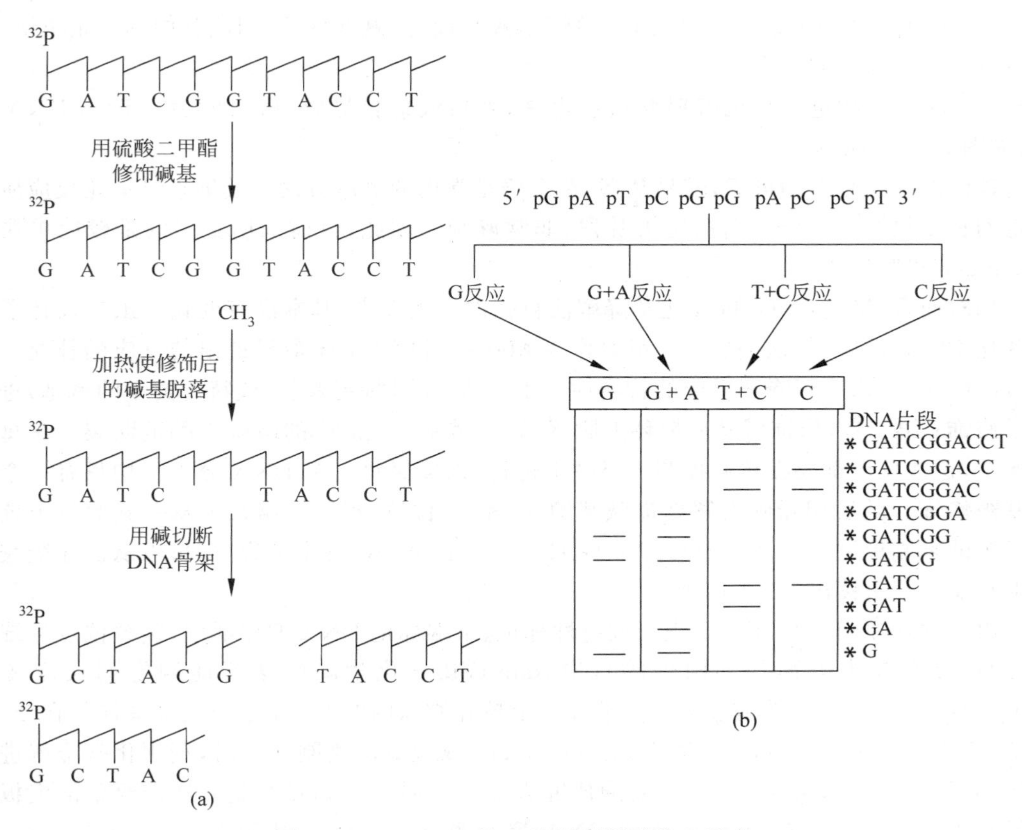

图 3-35　Maxam-Gilbert 法测序原理及 G 反应

哌啶也可在经过化学修饰的位点使 DNA 的糖-磷酸链断裂。

Maxam-Gilbert 化学降解法所用的修饰技术列于表 3-4。

表 3-4　Maxam-Gilbert 化学降解法的修饰技术

碱基	特异修饰方法[①]
G	在 pH8.0 下，用硫酸二甲酯对 N_7 进行甲基化，使 C_8—C_9 键对碱裂解具有特异的敏感性
A+G	在 pH2.0 下，哌啶甲酸可以使嘌呤环的 N 原子质子化，从而导致脱嘌呤，并因此削弱腺嘌呤和鸟嘌呤的糖苷键
C+T	肼可打开嘧啶环，后者重新环化成五元环后易于除去
C	在 1.5 mol/L NaCl 存在下，只有胞嘧啶可同肼发生明显可见的反应
A>C	在 90℃下，用 1.2 mol/L NaOH 处理可使 A 位点发生剧烈的断裂反应而 C 位点的断裂反应较微弱

① 热呱啶溶液(90℃，1 mol/L 水溶液)可以在经过化学修饰的位点使 DNA 的糖-磷酸链发生裂解。

Maxam-Gilbert 化学降解法的过程如下：

(1) 用限制性内切酶将 DNA 切成大约 250 bp 的片段；

(2) 用碱性磷酸酶除去 DNA 片段 5′端的磷酸基；

(3) 用 T_4 多核苷酸激酶和(γ^{32}P)ATP，使 DNA 片段 5′端带上同位素标记；

(4) 用聚丙烯酰胺凝胶电泳纯化待测 DNA 片段,经碱变性后,回收其中的一条单链,分别进行上述四组不同反应;

(5) 反应产物进行聚丙烯酰胺凝胶电泳,然后放射自显影,从 X 线片上读出 DNA 序列,如图 3-35(b)所示。

该法的优点是准确可靠,较易掌握,至今仍是常用的测序方法。其缺点是一轮反应所能测定的长度只有 250 bp。若测定大片段,非常麻烦。因此,目前采用更多的是较简单快速的 Sanger 双脱氧法。

相对而言,Maxam-Gilbert 化学降解法自初次提出以来,基本没有变化。虽然设计了另一些化学降解反应,但这些反应一般只作为 Maxam 和 Gilbert 最早提出的反应的补充。这一方法的成败,取决于降解反应的特异性。第一步,先对特定碱基(或特定类型的碱基)进行化学修饰;第二步,修饰碱基从糖环上脱落,修饰碱基 5′ 和 3′ 的磷酸二酯链断裂。在每种情况下,这些反应都要在精心控制的条件下进行,以确保每一个 DNA 分子平均只有一个靶碱基被修饰。随后用哌啶裂解修饰碱基的 5′ 和 3′ 位置,得到一组长度从一到数百个核苷酸不等的末端标记分子。比较 G、A+G、C+T、C 和 A>C 各个泳道,即可以从测序凝胶的放射自显影片上读出 DNA 序列。

由于种种原因(如采用 ^{32}P 进行放射性标记、末端标记 DNA 的比活度、裂解位点的统计学分布、凝胶技术方面的局限性等),Maxam-Gilber 化学降解法所能测定的长度要比 Sanger 法短一些,它对放射性标记末端 250 个核苷酸以内的 DNA 序列效果最佳。在 20 世纪 70 年代 Maxam-Gilbert 化学降解法和 Sanger 双脱氧法刚刚问世时,利用化学降解进行测序不但重现性高,而且也容易为普通研究人员所掌握。Sanger 双脱氧法需要单链模板和特异寡核苷酸,并需获得大肠杆菌 DNA 聚合酶 Ⅰ Klenow 片段的高质量酶制剂,而 Maxam-Gilbert 化学降解法只需要简单的化学试剂。但随着 M13 噬菌体和噬菌粒载体的发展,也由于现成的合成引物唾手可得以及测序反应日臻完善,双脱氧链终止法如今远比 Maxam-Gilbert 化学降解法应用得广泛。然而,化学降解法较之链终止法具有一个明显的优点:所测序列来自原 DNA 分子而不是酶促合成所产生的拷贝。因此,利用 Maxam-Gilbert 化学降解法可对合成的寡核苷酸进行测序,可以分析诸如甲基化等 DNA 修饰的情况。

3.9.2 Sanger 双脱氧法

1. 测序原理

DNA 的复制需要 DNA 聚合酶、单链 DNA 模板、带有 3′-OH 末端的单链寡核苷酸引物,以及 4 种 dNTP(dATP、dGTP、dTTP 和 dCTP)。聚合酶用模板作指导,不断地将 dNTP 加到引物的 3′-OH 末端,使引物延伸,合成出新的互补 DNA 链。如果加入一种特殊核苷酸——双脱氧核苷三磷酸(ddNTP),因它在脱氧核糖的 3′位置缺少一个羟基(图 3-36),故不能同后续的 dNTP 形成磷酸二酯键,因此,DNA 链的合成被终止(图 3-37)。如存在 ddCTP、dCTP 和三种其他的 dNTP(其中一种为 α-^{32}P 标记)的情况下,将引物、模板和 DNA 聚合酶一起保温,即可形成一种全部具有相同的 5′-引物端和以 ddC 残基为 3′端结尾的一系列长短不一片段的混合物。经变性聚丙烯酰胺凝胶电泳分离制得的放射性自显影区

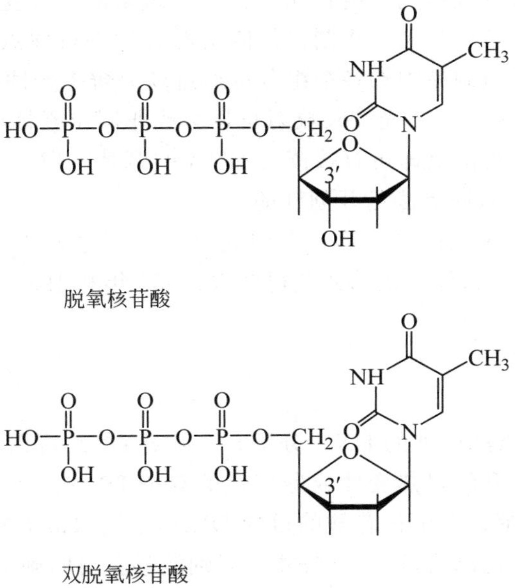

脱氧核苷酸

双脱氧核苷酸

图 3-36 脱氧核苷酸及双脱氧核苷酸结构的比较

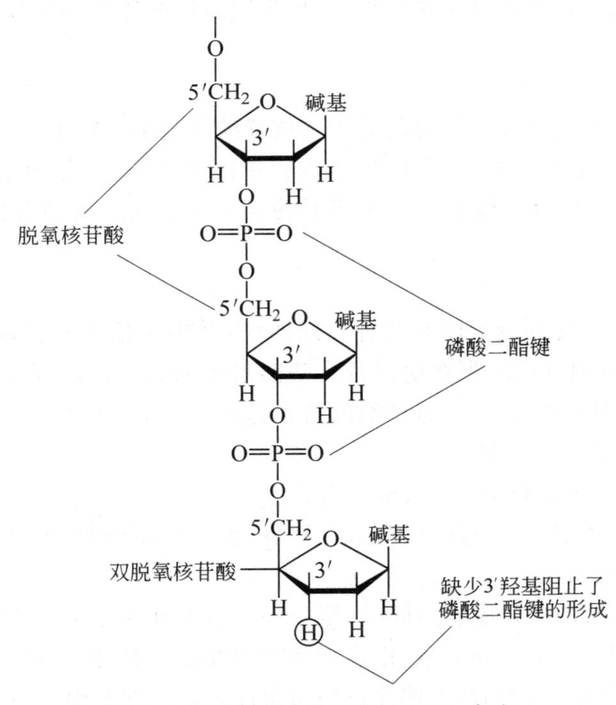

图 3-37 双脱氧核苷酸终止 DNA 合成

带图谱，将为新合成的不同长度的 DNA 链中 C 的分布提供准确信息，从而将全部 C 的位置确定下来。利用类似的方法，在 ddATP、ddGTP 和 ddTTP 存在的条件下，可同时制得分别以 ddA、ddG 和 ddT 残基为 3′端结尾的三组长短不一的片段。每一种 dNTPs 和 ddNTPs

的相对浓度可以调整，使反应得到一组长几百至几千碱基的链终止产物。它们具有共同的起始点，但终止在不同的核苷酸上。将制得的四组混合物平行地点加在变性聚丙烯酰胺凝胶电泳板上进行电泳，每组制品中的各个组分可通过高分辨率变性凝胶电泳，按其链长的不同得到分离。凝胶处理后可用X光胶片放射自显影或非同位素标记进行检测，制得相应的放射性自显影图谱，从所得图谱即可直接读得DNA的碱基序列。

从原理上讲，Sanger双脱氧法是开创性的。

值得一提的是，Sanger是世界上第一个建立蛋白质测序方法的科学家，也是第一个解决DNA测序问题的科学家，他一生因此获得两次(1958年和1980年)诺贝尔奖。

2. 测序所用的试剂

1）模板

测序的模板即含有被测序列的DNA分子。有两类DNA可以用作Sanger双脱氧法测序的模板：纯单链DNA和经过热变性或碱变性的双链DNA。从重组M13噬菌体中分离得到的单链DNA，可携带数百个核苷酸的目的DNA、采用双链DNA模板的方法既简单又方便，然而只是在得到改进以后，这一方法才发展到能够获得明确可信结果的水平。Sanger双脱氧法测序有两个因素是至关重要的，即模板DNA的质量和所用DNA聚合酶的种类。

模板的质量与数量同测序结果密切相关，模板同引物的比例一般采用物质的量比1∶2为宜。

2）引物

利用一个与模板链特定序列互补的合成寡核苷酸作为DNA合成的引物。在许多情况下，可将靶DNA片段克隆于M13噬菌体，以取得单链DNA分子作为模板。但也可以采用变性的双链DNA作为模板。适于M13噬菌体重组克隆的通用测序引物一般长15～29个核苷酸。

3）DNA聚合酶

通常用于双脱氧法序列测定的有几种不同的酶，其中包括大肠杆菌DNA聚合酶Ⅰ的Klenow片段，T7噬菌体DNA聚合酶以及从嗜热水生菌(*Thermus aquaticus*)分离的耐热DNA聚合物(Taq DNA聚合酶)。这些酶的特性差别很大，可大大影响通过链终止反应所获得的DNA序列的数量和质量。

(1) 大肠杆菌DNA聚合酶Ⅰ Klenow片段

这种酶是最初用于建立Sanger双脱氧法的酶，也是至今仍然广泛用于DNA序列测定的酶。经常碰到两个问题：

① Klenow片段的持续合成能力低，以至一些片段并非由于ddNTP的掺入，而是因为聚合酶在模板上随机解离而终止合成，因而导致背景增高。由于该酶不能沿模板进行中长距离移动，因此利用该酶进行的标准测序反应所得序列的长度有限。通常，这一反应只能得到大约250～350个核苷酸的序列。如果分两步进行反应，所得序列的数目可以翻一番。其中第一步是初始标记步骤，采用低浓度的dNTP，而随后的第二步是链延伸-链终止反应，含有ddNTP和高浓度的dNTP。然而即使有了这些改进，用Klenow酶所测序列的长度通常还是不如持续合成能力较强的测序酶。

② 这种酶对模板中的同聚核苷酸段或其他含牢固二级结构的区域进行复制的效能

很低。将聚合反应的温度提高到55℃,可以缓解但并不能彻底解决这一问题。有时可采用一些dNTP类似物,如dITP(2′-脱氧次黄苷15′-三磷酸)或7-脱氮-dGTP(7-脱氮-2′-脱氧鸟苷-5′-三磷酸),来获取模板中可形成稳定二级结构的相应区段的序列信息,但Klenow酶对这些类似物的作用不如测序酶有效,这也许是因为它们使Klenow酶原已较低的持续合成能力进一步降低。总而言之,可以选用大肠杆菌DNA聚合酶Ⅰ Klenow片段测定从引物5′位置起250个碱基以内的一段DNA序列,但不宜用它来测定更长一段DNA序列或者具有二重对称和(或)同聚核苷酸段的DNA序列。

(2) 反转录酶

尽管日常测序工作并不广泛使用反转录酶,但有时用这个酶可解决一些由于模板DNA中存在A/T或G/C同聚核苷酸区而引起的问题。

(3) 测序酶

测序酶(sequenase™)是一种经过化学修饰的T7噬菌体DNA聚合酶。该酶原来具有很强的3′→5′外切核酸酶活性,经过修饰后,这一活性大部分被消除。测序酶2.0版是测序酶的基因工程产品,它完全缺失了3′→5′外切核酸酶活性,极其稳定,其活性要比经化学修饰的测序酶高2倍。测序酶持续合成能力很强,聚合速率很高,对诸如dITP和7-脱氮-dGTP等用于提高分辨率、使测序凝胶某些区段上的压缩条带得以分开的核苷酸类似物具有广泛的耐受性。它是测定长段DNA序列的首选酶。测序酶可以沿模板移动很长的距离,因而一套反应常常就可以测定数百个核苷酸的DNA序列。实际上,测得序列的长度更多是受聚丙烯酰胺凝胶的分辨能力而不是受该聚合酶的特性所制约。为了充分利用测序酶极高的持续合成能力,可采用两步测序反应。第一步采用低浓度的dNTP和较低的温度,以便将合成反应限制在适度之下并确保放射性标记dNTP的有效掺入,这步反应的产物是仅仅延伸了20~30个碱基的引物。再将第一步反应等分于4组1套的标准反应系统中,每组反应中都含有高浓度的dNTP和一种ddNTP。这样聚合反应就得以继续,直至造成链终止的核苷酸掺入正在增长的链中。

(4) Taq DNA聚合酶

Taq DNA聚合酶适用于测定在37℃形成大段稳定二级结构的单链DNA模板序列。这是因为Taq DNA聚合酶在70~75℃活性最高,在这样的温度下即使G/C丰富的模板也无法形成二级结构。

4) 放射性标记的dNTP

直至几年前,实际上所有DNA测序反应都用[α-^{32}P]dNTP来进行。然而^{32}P发射的强β粒子造成两个问题:①由于发生散射,放射自显影片上的条带远比凝胶上的DNA条带更宽、更为扩散,因此将影响到所读取的序列(尤其是从放射自显影片的上部所读取的序列)的正确性,并将制约从单一凝胶上能读出的核苷酸序列的长度;②^{32}P的衰变会引起样品中DNA的辐射分解,因此用^{32}P进行标记的测序反应只能保存一两天,时间长了DNA将被严重破坏,以至测序凝胶上模糊不清、真假难辨。

5) dNTP类似物

在二重对称的DNA区段(特别是GC含量高者)可以形成链内二级结构,在电泳过程中不能充分变性。因此将引起不规则迁移,使邻近的DNA条带压缩在一起,以至难以读出序列。这种压缩现象归因于DNA二级结构的存在,而且不可能通过改变测序反应中所用

DNA 聚合酶的种类而得以减轻。但是凝胶中的压缩区段往往可以通过采用核苷酸类似物进行分辨。这类 dNTP 类似物有 dITP 或 7-脱氮-dGTP 等。这些类似物与普通碱基的配对能力较弱，而且是测序酶和 Taq DNA 聚合酶等 DNA 聚合酶的合适底物。但对某些压缩条带，7-脱氮-dGTP 无济于事；同样，dITP 也无补于另一压缩条带（尤其是得于 GC 丰富区的压缩条带）的分辨。如果需要采用类似物，首先可试用 dOTP，如果压缩条带用 dITP 或 7-脱氮-dGTP 都无法分辨，则转而测定另一条链的 DNA 序列几乎总能如愿以偿。如上所述，两种形式的测序酶和 Taq DNA 聚合酶对核苷酸类似物的耐受性优于大肠杆菌 DNA 聚合酶Ⅰ Klenow 片段。此外，制造厂商声称，在测定含稳定二级结构的模板序列时，测序酶 2.0 版要优于原来的测序酶。测序酶 2.0 版持续合成能力强于测序酶，其作用总是一气呵成，很少半途而废，因而消除了“鬼”带。而且，测序酶 2.0 版对诸如 dITP 类核苷酸类似物的耐受性也优于原来的测序酶。

这些测序试剂都可以从试剂公司购买，并附有详细的操作说明。

Sanger 双脱氧测序法如图 3-38 所示。

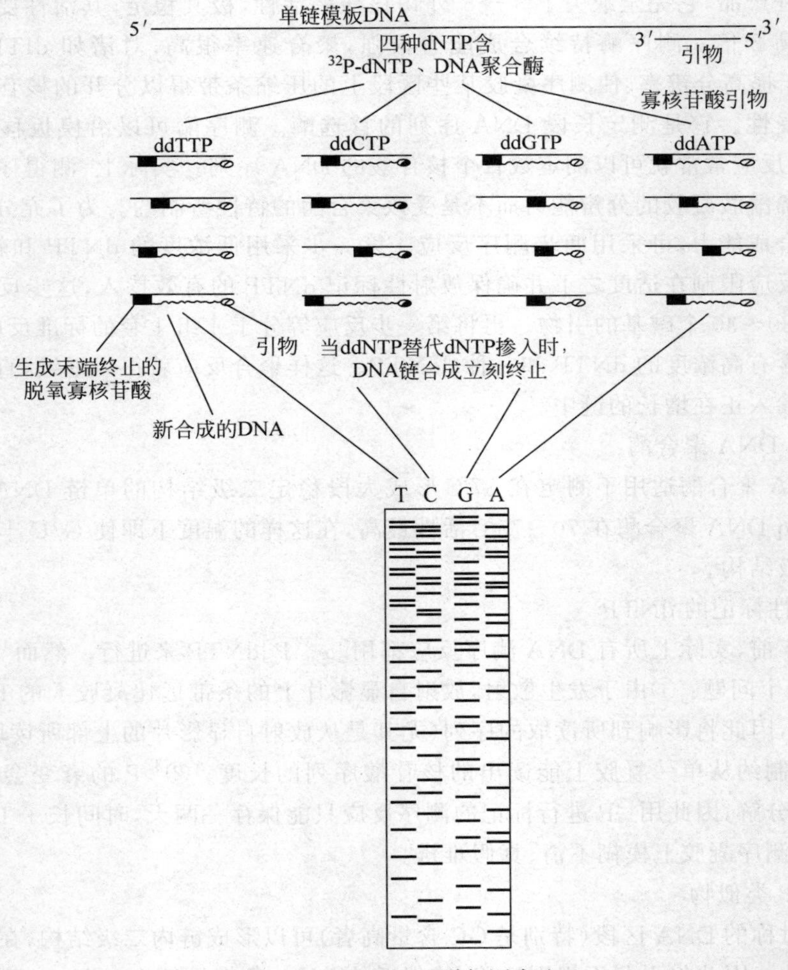

图 3-38 Sanger 双脱氧测序法

DNA序列分析技术的发展，为人类最终解译人类基因组序列开辟了道路，目前这一技术已从手工操作发展到全自动化。

3.10　基因工程微生物在污染治理中的应用

基因重组技术是现代生物技术发展的基础，与其他现代生物学手段，如酶工程、细胞工程及代谢工程等相结合，有目的地修饰与改造基因片段、微生物、植物细胞与动物细胞等，并应用于提升污染物检测精度与广度、解决难降解污染物降解难题、提高资源转化率等方面，其研究持续成为学术研究热点，也在环境工程应用中发挥着日益重要的作用，创造着巨大的可能性。本节将重点讨论基因工程菌在污染物降解中的应用。

随着工业发展，大量的合成有机化合物进入环境，其中很大部分难于生物降解或降解缓慢，如多氯联苯、多氯烃类化合物，其水溶性差，难生物降解，致使在环境中的持留时间长达数年至数十年。

基因工程为改变细胞内的关键酶或酶系统提供了可能，从而可以：

(1) 提高微生物的降解速率；

(2) 拓宽底物的专一性范围；

(3) 维持低浓度下的代谢活性；

(4) 形成降解有毒污染物的新型催化活性(表3-5)；

(5) 改善微生物的其他生物学特性(表3-6)等。

表3-5　形成降解有毒污染物的新型催化活性

污染物	微生物细胞	说　明
樟脑、萘、水杨酸	*Pseudomonas putida*, *Pseudomonas aeruginosa*	引入几个稳定的质粒
氯代甲基芳香化合物	*Pseudomonas* sp.	引入三种受体的五种芳香化合物降解途径中的相关酶基因
4-苯甲酸乙酯	*Pseudomonas putida*	修饰儿茶酚-2,3-双氧合酶
三氯乙烷	*E. coli*	引入 *Pseudomonas mendocina* 的基因降解三氯乙烷
多氯联苯(PCBs)	*E. coli*	引入 *Pseudomonas* sp. 的基因降解PCBs
3-氯联苯	*Pseudomonas* sp. *Acinetobacter* sp.	突变株，能耐受3-氯苯甲酸

表3-6　改善微生物的生物学特性

特　性	微生物细胞	说　明
提高生长速率	*Methylophilus methylotrophus*	谷氨酰胺脱氢酶系统取代谷氨酸/谷氨酰胺合成酶系统
	Aspergillus nidulans	过量表达甘油醛-3-磷酸脱氢酶
提高细胞密度	*E. coli*	引入 *Z. mobilis* 乙醇产生基因，改变乙酸到乙醇的代谢方向
提高与氧代谢相关过程的速率	*E. coli*	引入 *vhb* 基因，提高氧的利用率
絮凝	*E. coli*	引入絮凝基因

续表

特　　性	微生物细胞	说　　明
提高对金属离子的耐受性	*E. coli*	克隆合成巯基的基因
提高对盐和低温的耐受性	*E. coli*	过量表达富含脯氨酸的多肽
增强环境适应性(生物膜形成)	*Bacillus subtilis* N4	引入 *nit*,形成乙腈降解生物菌膜
生物发光检测有机金属化合物	各种受体细胞	引入 *Xenorhabdus luminescens* 的 *lux* 基因

3.10.1　微生物基因改造的设计蓝图

上一节总结了在污染物降解中,可以采用基因工程方法达到的目标。这些目标的达成是以对各种细胞代谢功能与实现这些功能所涉及的代谢途径的认识为基础的。早期的工作具有较强的试验性,其实这样尝试一直在进行中,有成功的例子,比如自 1974 年以来不断发表的成果;也有很多失败的例子,这些在文献中并不常见。成功与失败的经验对于后续的研究都是宝贵的借鉴与积累。随着科学的发展,对细胞代谢规律的研究也日趋深入,并诞生了以分析与调控细胞功能为核心的新学科——代谢工程(metabolic engineering),相关内容将在"发酵工程"一章讨论。本节将重点讨论具有较长历史,并一直是热点的以提升微生物降解污染物能力为目的的微生物改造蓝图设计理念与案例。

1. 设计复合代谢途径

细胞是生命运动的基本功能单位,其所有的生理生化过程(即细胞代谢活性的总和)是由一个可调控的、大约有上千种酶催化反应高度偶联的网络以及选择性的物质运输系统来实现的。在大多数情况下,细胞内生物物质的合成、转化、修饰、运输和分解各过程需要经历多步酶催化的反应,这些反应又以串联的形式组合成为途径,其中前一反应的产物恰好是后一反应的底物。

根据底物在代谢反应中对通用性酶和特异性酶的使用要求,可将细胞内所有的生物分子分成两大类。

(1) 一级基因产物,如 tRNA、rRNA、多糖、酯类、蛋白质和核酸等,其生物合成和分解只需要有限的几种通用性的酶及蛋白因子,包括 RNA 聚合酶、RNA 剪切酶、DNA 聚合酶、糖苷酶、脂酶、氨酰基-tRNA 合成酶、肽基转移酶、核酸酶等。

(2) 二级基因产物,如氨基酸、维生素、抗生素、核苷酸等小分子化合物,它们的生物全合成和降解少则涉及几个基因,多则需要几十个基因所编码的酶系,而且这些酶大都具有使用的特异性。上述合成和分解二级基因产物的酶系及其催化的生化反应,构成了一个个相互联系的代谢网络。对代谢网络进行解析不难看出,它们均由若干个串联和并联的简单子途径组成,其中各子途径的并联交汇点称为节点。

严格地讲,细胞代谢途径实质上就是与一组特定的流入和流出代谢物质相联系的任何一个合理的可观察的生化反应序列。某一代谢途径的代谢流(metabolic flux)表示为流入代谢物被途径加工成流出代谢物的速率。强调代谢途径的合理性和可见性十分重要。首先,人为臆想一个毫无意义的反应或者在生物细胞中根本不存在的酶系是毫无价值的;其次,如果不能被实验所观察,再合理的反应序列也是无用的。

虽然在特定的流入代谢物和流出代谢物之间存在着多个不同的生化反应序列，但如果这些反应序列的代谢流不能被分别确定的话，就不能获得对细胞代谢途径改造有用的信息。

1974年，Chakrabarty在假单胞菌属的恶臭假单胞菌（*Pseudomonas putida*）和铜绿假单胞菌（*Pseudomonas aeruginosa*）两个菌种中，分别引入几个稳定的重组质粒，从而提高了两者对樟脑和萘等复杂有机物的降解活性，这是代谢工程技术的第一个应用实例。在此之后的十几年中，人们更加注重代谢工程的应用方法和目的，通常表现在对细胞内特定代谢途径进行功能性改造，并积累了多个成功的范例。

利用对不同底物具有降解活性的酶的组合构建新的复合代谢途径，已应用于卤代芳烃、烷基苯乙酸等的降解。通过引入编码新酶的活性基因，或对现有的基因物质进行改造、重组，构建新的微生物，用于氯代芳烃混合物的降解。

硝基芳香族化合物，如炸药，即2,4,6-三硝基甲苯（简称TNT），由于苯环上有强的吸电子基团（—NO_2），因此难以好氧生物降解，有关TNT作为微生物唯一碳源的报道极少，并且硝基脱除后形成的甲苯或其他芳香族衍生物难以进一步降解。最近有研究报道，分离出一株假单胞菌（*Pseudomonoas*），可以利用TNT作为唯一氮源，但形成的代谢产物甲苯、氨基甲苯和硝基甲苯不能被进一步降解。因为该微生物不能利用甲苯为碳源生长。将具有甲苯完整降解途径的TOL质粒pWWO-Km导入该微生物，可以扩展微生物的代谢能力，构建的微生物可以利用TNT为唯一碳源和氮源生长，尽管TNT能被这种复合降解途径所代谢，但由于硝基甲苯还原形成的氨基甲苯仍然难以被降解。对该微生物进一步修饰，构建新的微生物消除其硝酸盐还原反应，可以使TNT完全降解。

2. 拓宽氧化酶的专一性

许多有毒有害有机物，如芳香烃、多氯联苯（PCBs）、氯代烃等，其最初的代谢反应大多由多组分氧合酶催化进行。这些关键酶的底物专一性阻碍了一些有机物的代谢，如多氯联苯的异构体等。如何拓宽这些酶的底物范围以有效降解环境中的这类物质，是环境生物技术领域研究的一个重要方面。

在构建降解微生物时，最经常使用的菌之一是假单胞菌（*Pseudomonas*）。对于多氯联苯-联苯降解菌*P. pseudoalcaligenes*和甲苯-苯降解菌*P. putida* F1，其最初双氧合酶编码基因的遗传结构、大小和同源性是相似的。然而，*P. pseudoalcaligenes*不能氧化甲苯，而*P. putida* F1不能利用联苯为碳源生长。将两种双氧合酶不同组分的编码基因“混合”，可以构建复合酶体系，以拓宽其底物专一性（图3-39）。

将编码终端甲苯双氧合酶组分的基因*tod*C1和*tod*C2导入*P. pseudoalcaligenes*，见图3-39(c)，可以构建重组菌株，使其能够氧化甲苯并利用其作为生长底物。甲苯双氧合酶活性必需的组分铁氧化还原蛋白（FD）及其还原酶，显然可由宿主细胞中的联苯双氧合酶组分提供。

用甲苯双氧合酶中的类似基因代替联苯双氧合酶中的终端铁硫蛋白的亚单元编码基因，可以构建杂合多组分双氧合酶，见图3-39(d)。这些新的杂合酶既可以氧化甲苯，又可以氧化联苯。由此可以看出，通过取代相关酶中的一些组分，可以改变其底物的专一性。

三氯乙烯（TCE）是一类存在广泛且难以生物降解的有机污染物，某些氧合酶可以进攻该分子，尽管氧化速率通常很低。甲苯双氧合酶对TCE具有部分活性，但在催化过程中易

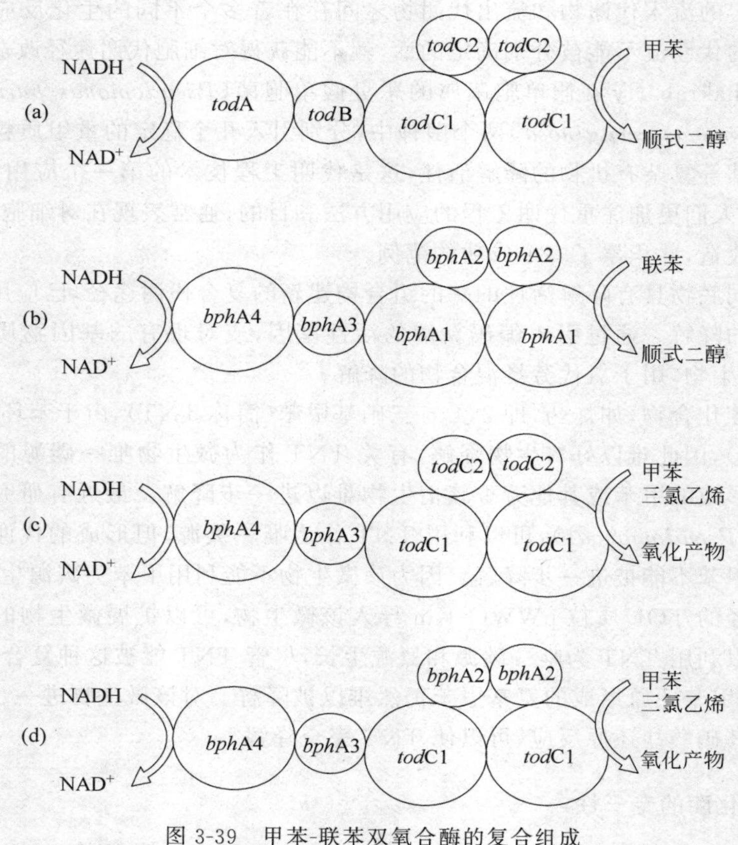

图 3-39 甲苯-联苯双氧合酶的复合组成

(a) 野生型甲苯双氧合酶的亚单元组分;
(b) 野生型联苯双氧合酶的亚单元组分(野生型酶有严格的底物专一性);
(c) 包含甲苯双氧合酶终端组分(由 *tod*C1 和 *tod*C2 编码)和联苯双氧合酶部分组分的杂合酶体系,该体系扩充了对甲苯和三氯乙烯的底物专一性;
(d) 由氧合酶组分结合构建的杂合酶,该酶由含有甲苯双氧合酶的大亚单位(由 *tod*C1 编码)和联苯双氧合酶的小亚单位(由 *bph*A2 编码)的氧合酶与联苯双氧合酶构建成,具有扩充的底物专一性

失活。*P. pseudoalcaligenes* 中天然的联苯双氧合酶不能氧化 TCE,但实验发现,构建的包含甲苯双氧合酶大氧合酶亚单元的杂合联苯双氧合酶体系可以氧化 TCE,并且其氧化速率为天然甲苯双氧合酶的 3 倍。这是一个令人振奋、具有十分重要意义的结果,但一直未见进一步深入的研究报道。如果复合酶在 TCE 氧化过程中比甲苯双氧合酶更稳定,那么利用这种方法构建出新的酶系统,拓宽其底物专一性,在环境污染物降解应用方面中将大有所为。

拓宽联苯双氧合酶底物专一性范围的另一应用是降解 PCBs。工业用 PCBs 的混合物,如 Aroclors 有 60～80 种同系物。处理受 PCBs 污染的土壤时,要求微生物能降解绝大多数或所有的这些同系物。因此,如何拓宽联苯双氧合酶的底物范围,成为近期研究的热点。

Bopp 的研究表明,*Pseudomonas* sp. LB400 中的联苯双氧合酶能氧化较广谱的 PCBs 同系物,包括一些六氯代联苯,但对一些对位取代的同系物,如 4,4′-,2,4,4′-,2,4,3′,4′-氯代联苯的降解很慢。*P. pseudoalcaligenes* KF707 中的联苯双氧合酶对 PCBs 的作用范围较窄，但能降解对位取代的同系物。上述两种酶系统的 DNA 完整序列已经知道，并且两者具有很高程度的序列同源性。这些联苯双氧合酶中的两个组分是完全相同的，其他组分也显示出 95%以上的等同性。

Erickson 等认为，将 *P. pseudoalcaligenes* KF707 联苯双氧合酶的终端组分中的氨基酸引入到 *Pseudomonas* sp. LB400 双氧合酶终端组分中，可以增加后者酶对对位取代的 PCBs 的降解活性。利用定位诱变，在 LB 400 酶终端组分中改变 4 个氨基酸，即将区域 335～341 中的 TFNNIRI 改变成 KF707 中的 AINTIRT。当诱变质粒转入到 *E. coli* 细胞后进行 PCBs 同系物专一性分析，结果发现新的酶对对位取代的 PCBs 具有降解活性，并同时保留了 LB400 联苯双氧合酶较广谱的底物范围。上述实验表明，可以通过对关键酶类的基因改造来拓宽其对底物降解的专一性范围。

3.10.2 基因工程微生物应用举例

1. 增强无机磷的去除

磷是引起水体富营养化的重要因素之一。无机磷可以用化学法沉淀去除，但生物法更为经济。受微生物本身的限制，活性污泥法只能去除城市废水中 20%～40%的无机磷。

有些细菌能够以聚磷酸盐的形式过量积累磷。大肠杆菌(*E. coli*)中控制磷积累和聚磷酸形成的磷酸盐专一输运系统和 poly P 激酶由 pst 操纵子编码。通过对编码 poly P 激酶的基因 *ppk* 和编码用于再生 ATP 的乙酸激酶的基因 *ack A* 进行基因扩增，可以有效地提高 *E. coli* 对无机磷的去除能力(图 3-40)。重组体 *E. coli* 中包含有高拷贝数的含有 ack A 和 ppk 基因的质粒，并能高水平地表达相应的酶活性，与缺乏质粒的原始菌株相比，重组体的除磷能力提高 2～3 倍。实验观察到，含有 poly P 激酶和乙酸激酶扩增基因的菌株除磷速率最高。该菌株可在 4 h 内，将 0.5 mmol/L 的磷酸盐去除约 90%，而对照菌株在相同的时间内仅去除 20%左右。此结果显示，通过基因工程改进酶的活性，在无机污染物如磷的处理方面也大有潜力。

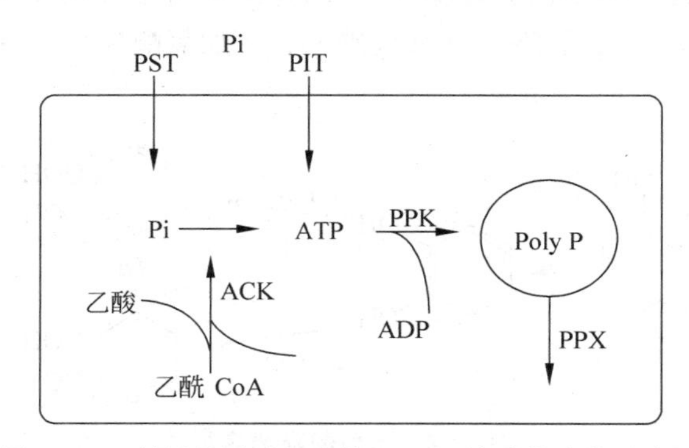

图 3-40 利用基因过程改善 *E. coli* 除磷能力的示意图

Pi—磷酸盐；ACK—乙酸激酶；PIT—低亲合力的磷酸盐转移系统；
PST—专一的磷酸盐转移系统；PPX—胞外聚磷酸盐；CoA—辅酶 A

2. 芳香族化合物生物降解

1）苯及烷基取代苯的降解

苯的降解主要是在双加氧酶的作用下攻击苯环，形成邻苯二酚，邻苯二酚进一步通过间位或邻位双加氧酶的作用，产生粘康酸半醛或粘康酸，然后进一步降解。

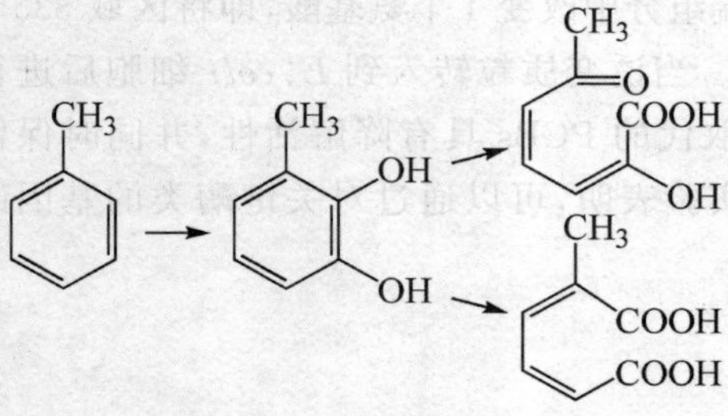

对于烷基取代苯，取代基团的存在使苯环的降解出现两种可能：先攻击苯环或先攻击侧链。如果侧链很长，微生物就不会降解苯环，因为侧链的氧化已经足够提供生长的能量；而对于侧链较短的烷基取代苯，一般是通过加氧酶的作用，在2,3碳位上形成二酚，再由2,3-双加氧酶或1,2-双加氧酶将其开环裂解。其中，以甲苯降解酶系统的研究较多。降解途径如图3-41所示。

图 3-41 甲苯的降解途径

甲苯降解酶的基因位于质粒pWWO上，可利用不同类型的芳烃，如甲苯、二甲苯作为唯一碳源和能源。质粒上的代谢基因组成两个操纵子，*xyl*CBA编码降解甲苯和二甲苯为苯甲酸和羟基苯甲酸的降解酶基因，*xyl*DLEGFJKIH编码降解苯甲酸和羟基苯甲酸为乙醛和丙酮酸的降解酶基因。尽管甲苯的降解酶具有很广泛的底物范围，但它却不能利用苯作为底物，这限制了对石油污染物的降解。

已有研究表明，克隆编码甲苯还原酶的基因*tod*C1C2BA，并将重组质粒导入*P. putida* mt-2中，则可以彻底降解苯、甲苯和二甲苯。

2）苯酚类污染物的降解

苯酚是一种常见的酚类物质。苯酚的好氧降解途径是：苯酚先被分解为邻苯二酚，然后经过邻位和间位途径裂解，最后形成三羧酸循环中间物。厌氧代谢的第一步是将苯酚羧化为4-羟基苯甲酸。苯酚的降解基因通常成簇排列，位于大质粒上或染色体上。在好氧菌中，苯酚羟化酶基因是降解苯酚的关键基因，编码苯酚降解途径的第一个酶，将苯酚转化为邻苯二酚；邻苯二酚2,3-双加氧酶(Cat A)，或1,2-双加氧酶(C23O)将邻苯二酚开环裂解，如图3-42所示。

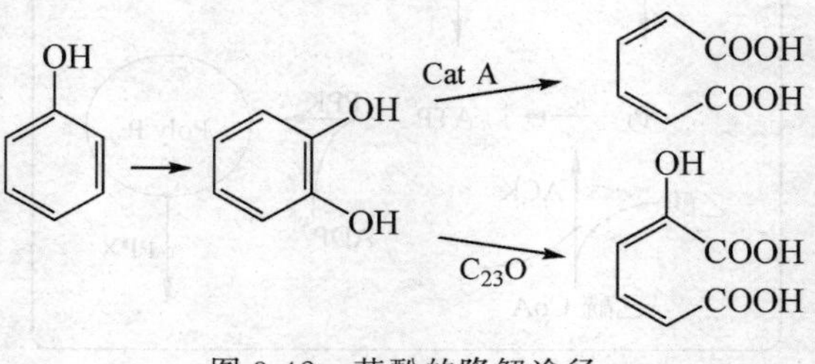

图 3-42 苯酚的降解途径

Giovanni等研究了*Candida aquaetextoris*酵母对4-壬基苯酚(*p*NP)的生物降解，结果显示，主要的代谢物为对羟基苯乙烯酸和4-乙酰苯酚。进一步的研究认为，对羟基苯乙烯酸可以被继续降解，但4-乙酰苯酚则会积累。通过分析4-乙酰苯酚的分子结构，可以发现它是苯酚的对位衍生物，如果在*C. aquaetextoris*酵母中引入苯酚羟化酶基因，使得

C. aquaetextoris 酵母也可产生苯酚羟化酶，则4-乙酰苯酚也有可能被进一步降解；另外，*p*NP也是苯酚的衍生物，苯酚羟化酶基因的引入，也可能使得*p*NP第一步就发生羟化，再经由开环而被降解。可以认为，对于其他的苯酚衍生物，如果邻位没有被取代，都可以先由苯酚羟化酶羟化，然后再被降解。

3）氯代芳香化合物的降解

氯代芳香化合物是指芳香烃及其衍生物中一个或几个氢原子被氯原子取代后的产物，氯原子的引入引起芳烃本身结构改变，造成氯代芳香化合物的生物降解性比芳烃类化合物要低很多。

氯苯是化学性质较为稳定的一类化合物。因为氯原子有较高的电负性，强烈吸引苯环上的电子，使苯环成为一个疏电子环，很难发生亲电反应。与碳氢化合物相比，由于氯原子的引入其生物降解性大大降低，因此生物处理很难降解氯苯类化合物。但是有些微生物通过自然变种，或通过形成诱导酶，能够将氯苯类化合物降解或部分转化。氯苯类化合物降解的关键在于脱氯，根据脱氯过程中电子得失，将氯苯类化合物生物降解分为氧化脱氯和还原脱氯。

对于氯取代基在3个以下的氯苯，好氧条件下的降解基本上是先开环再脱氯。即在双加氧酶和脱氢酶的作用下，将氯苯转化为相应的氯代邻二酚，再由可使苯环发生邻位裂解的酶催化氯代邻二酚邻位开环，生成相应的氯代粘康酸，此产物在内酯化过程中脱除氯原子并被氧化成氯代马来酰基乙酸，最终进入三羧酸循环。

一氯苯的降解途径如图3-43所示。

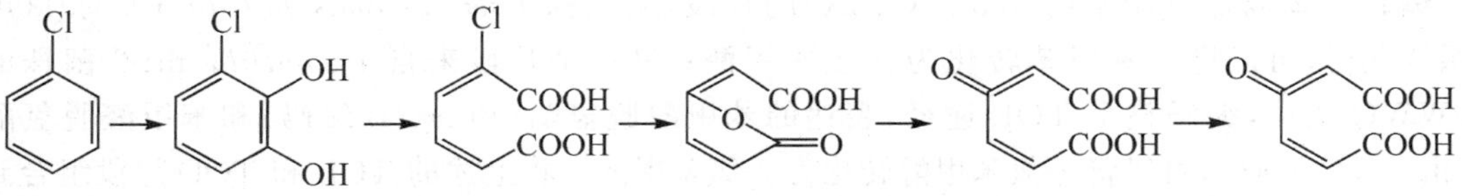

图3-43 一氯苯的降解途径

在双加氧酶作用下发生双羟基化反应，生成3-氯邻二酚。此中间体邻位裂解后形成2-氯-2,4-二烯-己二酸（即2-氯-粘康酸）。脱氯过程发生在粘康酸内酯化形成4-羧甲烯基-2-丁烯-4-内脂的过程中。产物含有不饱和双键，可以被逐步还原，生成只含一个不饱和键的顺丁烯二酰基乙酸（即马来酰基乙酸）和碳链完全饱和的3-羰基-己二酸，最终进入三羧酸循环。

二氯苯和三氯苯的降解，基本上与一氯苯类似。第一步也是双氧化作用生成二酚，氧化位点是连续两个没有氯取代基的碳原子，再经过开环降解。但如果氯取代基达到4个或更多，则将进行先脱氯后开环再脱氯的催化反应，即在单加氧酶作用下，由羟基取代氯原子，再经过单加氧酶的进一步作用，形成开环裂解的中间体氯代邻二酚，才能进一步降解。

在氯苯的降解途径中，邻苯二酚是不稳定的中间物，因此由氯苯到氯代邻二酚是关键步骤，双加氧酶和脱氢酶是关键酶。根据代谢工程原理，增加其编码基因的拷贝数，加快此步骤，从而可以加速氯苯到中间产物的转化，提高降解速率。同时，增加裂解酶的活力，可消除邻二酚的积累，使得整个途径顺利进行。

氯苯的还原脱氯是指得到电子的同时去掉一个氯取代基，并释放出一个氯离子的过程。

其厌氧生物降解机制主要是在酶催化作用下由氢取代氯，发生脱氯反应，使得氯取代基减少，再通过氧化脱氯途径降解。

另外，共代谢机制也是降解氯苯类化合物的一种途径，即选择易被微生物利用的、与目标降解物结构类似的生长基质，诱导微生物产生使目标降解物转变的酶，从而使得氯苯降解。

PCBs 是一组由一个或多个氯原子取代联苯分子中的氢原子而形成的氯代芳香族化合物，有极强的稳定性，在自然界中很难被降解。研究表明，对于氯取代位点集中在一个苯环上的氯代联苯，一些细菌，可通过在无氯取代苯环的 2,3 碳位上间位开环降解一氯、二氯、三氯及一些四氯联苯。降解途径是在 2,3-双加氧酶的作用下生成氯代苯甲酸和 4-羟基戊酸，4-羟基戊酸可被降解菌株彻底矿化，氯代苯甲酸需被其他微生物进一步降解。一般而言，双加氧酶优先攻击无氯取代的苯环，但如果 2,3-碳位上无障碍，氧化反应也可以发生在有氯取代的环上。由于自然界中的 PCBs 降解菌株的修复效率比较低，所以有必要通过基因构建的方法获得高效的工程菌。Brenner 等通过研究，确定了假单胞菌 LB400 中表达 2,3-联苯双加氧酶（*bph*A）、2,3-二氢双醇脱氢酶（*bph*B）、2,3-二羟联苯 1,2-双加氧酶（*bph*C）及 2-羟-6-氧-6-苯基-2,4-二烯水解酶（*bph*D）的基因序列，并利用 2,3-双加氧酶途径和拓宽宿主范围的质粒构建重组菌株，4 个 PCBs 降解酶基因的长度为 12.4 kb，含有上述降解酶基因的大肠杆菌可以直接利用 PCBs，而且不需要联苯诱导。

2-氯甲苯也是一类较难降解的氯代芳香族化合物。Maria 等对 2-氯甲苯的代谢降解途径进行了深入的研究，并构建了可以降解 2-氯甲苯的假单胞工程菌。组合的途径包括：一个编码甲苯双加氧酶基因（*tod*C1C2BA）的片段，从菌株 *Pseudomonas putida* F1 的 TOD 系统获得，可以将 2-氯甲苯转化为 2-氯苯甲醛；另一个片段来自 *P. putida* mt-2 菌株的 pWWO 质粒，编码整个 TOL 途径，表达的苯甲醇脱氢酶（由 *xyl*B 编码）和苯甲醛脱氢酶（由 *xyl*C 编码），可以将 2-氯苯甲醇转化为 2-氯苯甲酸。将上述的 TOL 和 TOD 片段组合到单个的 mini-Tn5 转座子，再将此转座子整合到 2-氯苯甲酸降解菌 *P. aeruginosa* PA142 和 *P. aeruginosa* JB2 的染色体上，可以将 2-氯甲苯矿化。具体的降解途径是：2-氯甲苯转化为 2-氯苯甲醇，再转化为 2-氯苯甲醛，然后转化为 2-氯苯甲酸。PA142 先将 2-氯苯甲酸转化为邻苯二酚，再经由三羧酸循环而降解；而 JB2 则将 2-氯苯甲酸转化为 3-氯邻苯二酚，然后由三羧酸循环降解，如图 3-44 所示。

4）多环芳烃的降解

多环芳烃（PAHs）是指 2 个或 2 个以上的苯环稠合在一起形成的一类化合物，在环境中性质稳定，具有强烈的毒性。PAHs 不易被微生物降解。

在微生物分泌的单加氧酶和双加氧酶催化作用下，把氧加入到苯环上，形成 C—O 键，再经过加氢、脱水等作用而使 C—C 键断裂，苯环数减少。其中真菌产生单加氧酶，加一个氧原子到苯环上，形成环氧化物，然后，加入 H_2O 产生反式二醇和酚。细菌产生双加氧酶，加两个氧原子到苯环上，形成过氧化物，氧化为顺式二醇，脱氢产生酚。最后，这些中间产物由微生物进一步降解。

萘是最简单的多环芳烃，生物降解途径与其他芳香化合物基本相同，第一步是双加氧酶进攻苯环形成 1,2-羟基萘，随后在第 1 个和第 9 个碳原子间断裂开环，苯环数减少。其他多环芳烃的结构相对要复杂一些，降解也较难。细菌和真菌降解苯并（a）芘的机理显示，细菌

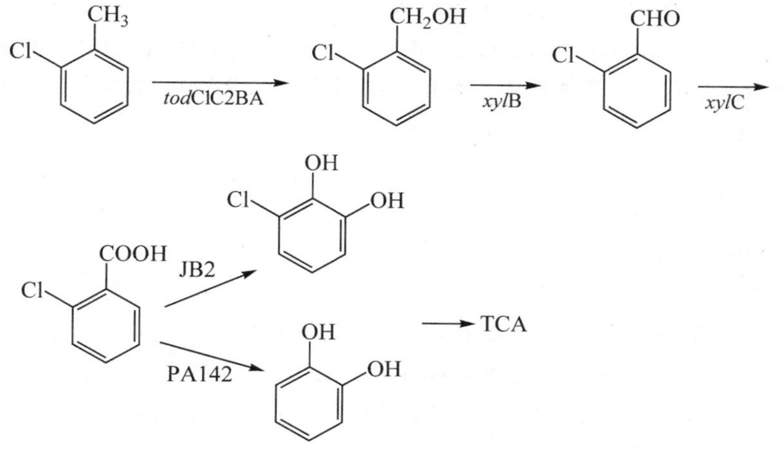

图 3-44 2-氯甲苯的降解途径

*tod*C1C2BA—编码甲苯双加氧酶的基因；*xyl*B—苯甲醇脱氢酶；

*xyl*C—苯甲醛脱氢酶；JB2 和 PA142—2-氯苯甲酸降解菌

双加氧酶从不同位点进攻苯并(a)芘，先是形成顺二氢二醇型中间产物，然后是一系列的酶促反应；真菌代谢苯并(a)芘最初的产物是反二氢二醇，代谢中起作用的都是 P-450 单加氧酶。根据代谢工程原理，可以通过分析细菌和真菌的代谢网络，确定双加氧酶和单加氧酶所对应的基因，并增加这些基因的拷贝数，强化苯并(a)芘到中间产物的转化。

综上所述，各类芳香族化合物的生物降解途径基本上是一致的，先由双加氧酶或单加氧酶的作用，形成邻二酚类物质，然后在邻苯二酚-2,3-双加氧酶或 1,2-双加氧酶的作用下，开环进入后续降解步骤。因此，在实际的应用中，把上述几个酶的编码基因克隆并重组成一个质粒，导入已发现的假单胞菌等芳香族化合物的降解菌，将大大提高转化降解的速率。

根据代谢工程的基础理论，通过操作，原则上可以将所有的降解酶基因和质粒集合到某一菌株，人工制造出降解各类芳香族化合物的超级工程菌。但在实际的操作中，往往存在一些问题，无法达到预期的改造效果。

生物细胞经过人工的改造，引入外源基因或改变原有的代谢途径，理论上可以达到特定的目的，但细胞本身是一个整体，物质流的改变必然会影响到能量流，过量的某种基因的表达，可能导致细胞出现供能不足和内部生理功能的混乱，从而影响到对污染物的降解。对此，可以考虑利用共代谢降解，通过投加特定的基质，诱导产生新的降解酶，减少酶的表达数量，不致出现能量不足的情况。

由于质粒的遗传具有相对的独立性，引入微生物细胞的质粒，经过几代的培养，很可能丢失，导致工程菌失效；进入环境的质粒也可能污染其他的菌种，造成潜在的环境风险性。可以将目标基因直接整合到菌株的 DNA 上，增加遗传的稳定性。

另外，芳香族化合物的水溶性一般都比较差，因此在利用微生物降解时，由于不大容易进入细胞而使生物利用度较低，通过投加一定量的表面活性剂，可以促进芳香族化合物进入水相，从而更好地被降解。

随着人们对芳香族化合物污染的重视程度的提高以及科学研究的深入，芳香族化合物污染治理取得了一定的进展。生物修复技术是芳香族化合物污染环境治理最有前景的手段。对生物降解途径的研究，特别是基因序列研究的不断深入，应用代谢工程原理分析降解途径，并在此基础上构造高效的降解途径，构建高效的基因工程菌，同时寻找最佳的降解条件，为大气、水体、土壤各环境体系中芳香化合物污染的综合治理，最终控制和解决芳香化合物污染问题提供了有力手段。

3. 染料的生物降解

1）偶氮染料

偶氮染料广泛应用于印染、食品、化妆品等行业，每年全球染料总产量的一半为偶氮染料。废水中残存的偶氮染料组分有毒且难降解，化学稳定性强，具有致癌、致畸、致突变的“三致”作用。近些年来发现了多种降解偶氮染料的菌株，这些菌株多数是从染料废水处理厂污泥或土壤中获得，它们主要通过产生偶氮还原酶对偶氮染料进行脱色，还原为苯胺并进一步降解。其还原机理如图 3-45 所示。

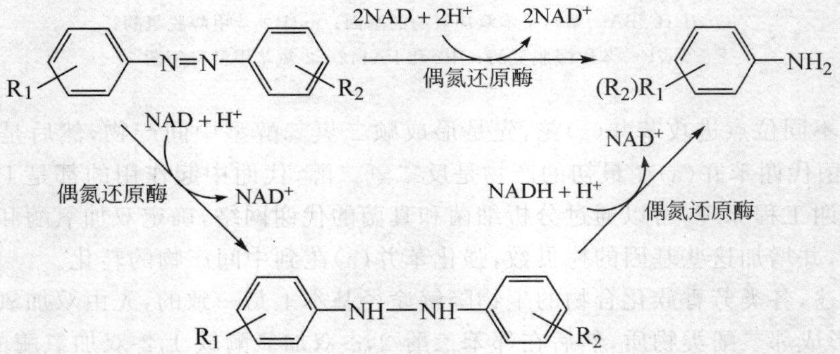

图 3-45 偶氮还原酶降解偶氮染料的可能机理

表 3-7 中列出了多种不同来源的偶氮还原酶及其对应的基因。将编码偶氮还原酶的特异性基因克隆到大肠杆菌中可提高表达量。Suzuki 重组表达的 *Bacillus* OY1-2 偶氮还原酶活性提高了 10 倍；Blümel 重组表达的 *Xenophilus azovorans* KF46F 偶氮还原酶活性提高了 50 倍。

表 3-7 偶氮还原酶及其基因

来源细菌	碱基数量/bp	蛋白质相对分子质量/10^3	基因位置	形态
芽孢杆菌 OY1-2	537	20	DNA	线性
大肠杆菌		23	DNA	线性
粪肠杆菌	627	23	DNA	线性
Pigmentiphaga kullae	603	20.5	DNA	线性
枯草芽孢杆菌	698		mRNA	线性
成团肠球菌		28		线性
Xenophilus azovorans	846	30	DNA	线性
球形红细菌	537	18.7	DNA	线性
芽孢杆菌 SF		62	DNA	线性
铜绿假单胞菌		29	DNA	线性
金黄色葡萄球菌		85	mRNA	线性

2）蒽醌染料

蒽醌染料是仅次于偶氮染料的第二大类染料，具有色彩鲜艳，牢度优良，染色性能好的特点。但蒽醌染料及其中间体（如溴胺酸）具有毒性和致癌性，随工业废水进入环境水体后，对生态系统和人类健康造成不利影响。近年来发现了数种降解蒽醌染料的菌株。Itoh先后报道了*Bacillus subtilis*、*Pichia anomala*和*Coriolus versicolor*能够降解蒽醌。有研究表明，在缺氧条件下用*Aeromonas hydrophila* DN 322降解苋菜红、大红GR、活性红KE-3B、活性艳蓝K-GR等蒽醌染料，去除率可达到85%以上。在微生物降解蒽醌染料时，一般认为首先产生一种还原酶，催化还原染料分子的共轭双键，使其结构发生变化，从而达到脱色的目的。

自20世纪70年代末到80年代，细菌的降解基因克隆工作开始成为关注热点，众多微生物学家与分子生物学家认识到基因工程菌（genetically engineered microorganisms，GEMs）在生物修复中的巨大潜力，并开展了大量GEMs构建与其污染物降解能力评估的研究。近年来的一些研究开始关注利用植物内生菌与根际微生物及其与植物协同作用，进行污染场地的生物修复。

目前已构建了数以千计的污染物降解GEMs，也已证实这些GEMs在培养皿与小型生物反应器中显示了比野生菌更强的降解能力，但真正工程应用的GEMs并不多见。原因是多方面的。有研究发现，在自然与工程环境中，最常作为GEMs的*Pseudomonas*、*Rhodococcus*（红球菌）、快速生长菌等，并非是降解相关污染物的主要贡献者，有时甚至没有发挥任何作用。而围绕GEMs的应用稳定性、安全性等问题的争论也一直没有停止。因此，深入研究GEMs的生存能力、水平基因转移风险等是必要的。

细胞工程

人类对细胞的认识与显微镜的发明关系密切。英国实验主义哲学家、物理学家胡克(Robert Hooke,1635—1703)用自制的显微镜观察软木切片,发现软木是由许多小室组成的,并在其 1665 年发表的《显微图谱》(*Micrographia*)中,将这些小室称为细胞(cell,原意小室),首次描述了细胞的存在。其实他看到的是软木组织中死细胞的细胞壁,但他的工作标志着细胞的发现。

之后,学者们不断在显微镜下看到生物体中的细胞、细胞核、细胞内容物等。1838 年,德国植物学家施莱登(M. J. Schleiden)提出所有植物都是由细胞组合而成的,这一结果在 1939 年被德国动物学家施旺(T. Schwann)在动物实验中证实。由此首次提出了"细胞学说"(Cell Theory):"细胞是有机体,动物、植物都是细胞的集合物",标志着细胞生物学的诞生。之后,德国科学家魏尔肖(Virchow)补充了细胞学说,认为所有的细胞都来自于已有细胞的分裂。细胞学说的建立揭示了生物界的统一性和生命的共同起源,是 19 世纪自然科学的三大发现之一。

细胞学说的建立不仅说明了生物界的统一性和共同起源,成为建立生物界进化发展学说的基础,而且也开辟了生物学研究的一个新时期,促使细胞学发展为一门学科,并渗透到生物学的其他分支。

细胞工程的主要研究对象是细胞,这是不言而喻的。在最近的几十年,随着基因工程以及其他生物技术的发展,细胞工程有了长足的进步。

细胞工程是指应用细胞生物学和分子生物学等学科的理论与技术,按照人们的要求,有计划地大规模培养生物组织和细胞以获得生物及其产品,或改变细胞的遗传组成以获得新的、具有目标性状的生物品种及其产品,为社会和人类生活服务的技术。它主要由两部分构成:其一是上游工程,包含细胞培养、细胞遗传操作和细胞保藏三个步骤;另一个则是下游工程,是将已转化的细胞应用到生产实践中去,以生产生物产品的过程。

细胞工程的理论基础是细胞全能性学说,其研究的对象是所有以细胞为基础的生物体,研究目标包括在细胞、组织和器官水平上对生物进行遗传改良,生长发育调控,或进行特殊产物的生产。

细胞水平上的生命活动，是连接着分子水平上的各种生物大分子和个体水平上的各种器官系统的综合生命活动。围绕着生命活动这个中心，分子水平上研究的是 DNA 的复制与转录、RNA 的翻译、蛋白质执行各种生命活动；细胞水平的是细胞增殖、分化、死亡；而个体水平上则是遗传和发育。

细胞工程的发展建立在细胞融合的基础上，人们可以根据需要，经过科学设计，在细胞水平上改造生物的遗传物质。它所要求的技术条件、实验设备及试剂、经费等均比基因工程要求的低一些。利用细胞工程技术，可以大量培养细胞组织乃至完整个体。迄今为止，人们从基因水平、细胞器水平以及细胞水平等多层次上开展了大量研究工作，在细胞培养、细胞融合、细胞代谢物的生产和克隆等方面取得了辉煌的成绩。

细胞工程与基因工程的关系如图 4-1 所示。可以看出：除在被转移遗传物质的水平及遗传物质的转移方法方面细胞工程与基因工程有着明显差异外，在选择、纯化、鉴定等方面，二者的步骤与方法基本类似，仅仅是针对不同的实验对象采用不同的方法而已。

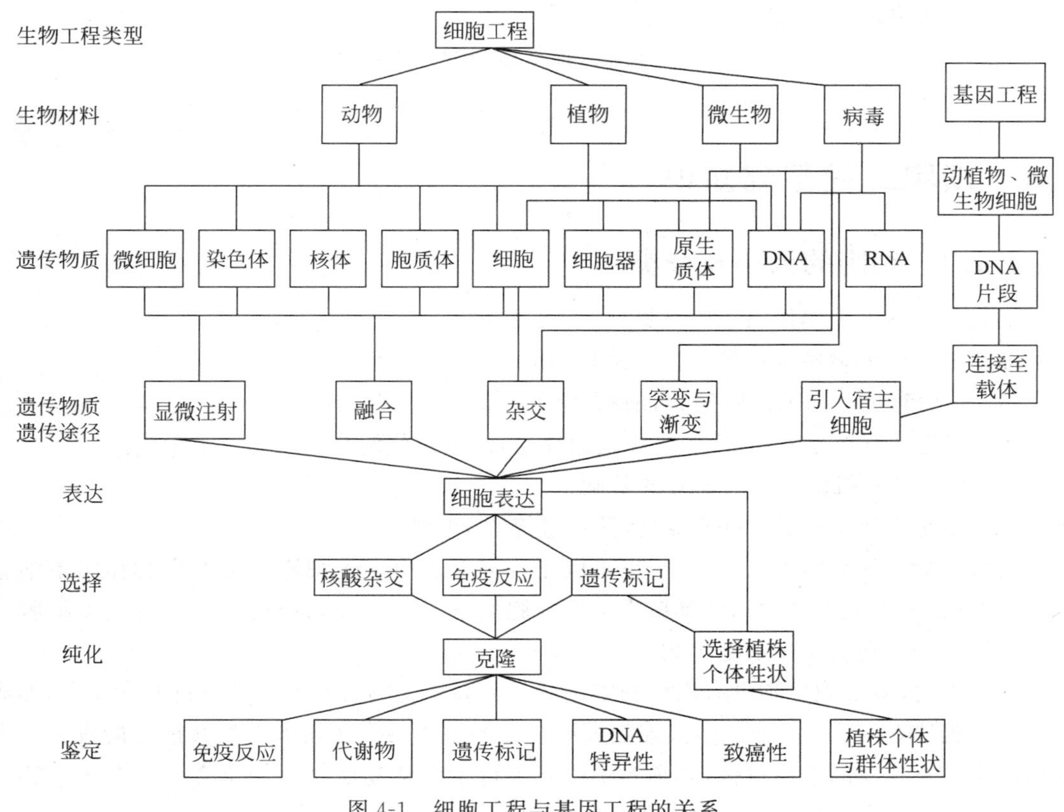

图 4-1　细胞工程与基因工程的关系

两大工程相互渗透，如细胞工程中利用细胞杂交方法来制备单克隆抗体；基因工程中利用单克隆抗体来选择转移基因表达的阳性物质，极大地提高了选择的速度与效率；细胞工程也采用提取 DNA 和 RNA 直接转入细胞的方法等。

细胞是最基本的生命单位，也是通过生物技术制造具有经济、医疗、环境检测与修复等价值的新物种与产品的基础。细胞工程的发展得益于相关学科的进步，也促进着生物学科与工程的发展。

目前，细胞工程所涉及的主要技术有：动植物组织和细胞的培养技术、细胞融合技术、细胞器移植和细胞重组技术、体外授精技术、染色体工程技术、DNA 重组技术和基因转移技术等。这些技术有些在细胞水平上，有些在基因水平上，它们之间是密切联系的，基因工程技术不断渗透到现代细胞工程中来，在细胞工程的研究开发中发挥着重要作用。细胞工程的主要技术及其应用如图 4-2 所示。

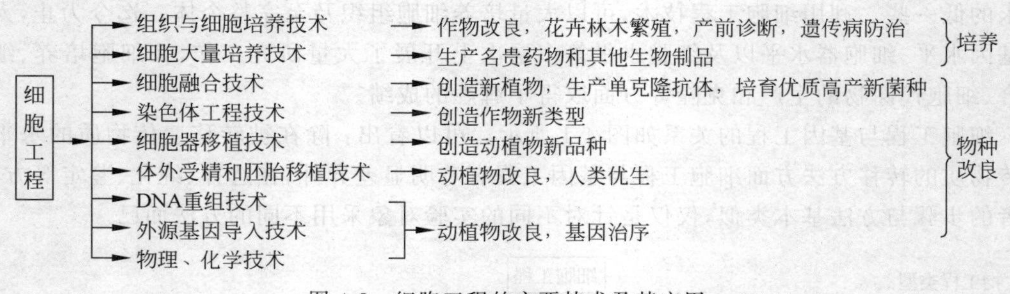

图 4-2　细胞工程的主要技术及其应用

4.1　细胞工程基础知识

4.1.1　细胞的大小及分类

细胞是细胞工程操作的主要对象。

细胞是一切生物最基本的结构单位和功能单位：

(1) 一切有机体都由细胞构成，细胞是构成有机体的基本单位；

(2) 细胞具有独立的、有序的自控代谢体系，细胞是代谢与功能的基本单位；

(3) 细胞是有机体生长与发育的基础；

(4) 细胞是遗传的基本单位，细胞具有遗传的全能性。

组成生物体的细胞可以是一个，也可以是许多个。由一个细胞构成的生物体叫单细胞生物。细菌、某些原生动物和低等植物是单细胞生物。由许多细胞构成的生物叫多细胞生物。高等动植物和人是多细胞生物。

一般来说，多细胞生物没有固定的细胞数目。高等生物含有的细胞数目非常巨大，如成年人的细胞约有 6×10^{13} 个。多数细胞大小在 20～100 μm，必须借助显微镜才能看见。由于细胞是一个独立的生命单位，必须容纳得下进行生命活动所必需的全套生物分子，因此，细胞的体积有一个下限。

细胞独立生存所需的空间（细胞体积）的最小极限应是多大？我们知道，一个细胞生存与增殖必须具备的结构装置与机能是：细胞膜、遗传信息载体 DNA 与 RNA、进行蛋白质合成的一定数量的核糖体以及催化主要酶促反应所需要的酶，这些在支原体细胞内已基本具备。支原体是目前发现的最小最简单的细胞。从保证一个细胞生命活动运转所必需的条件看，有人估计完成细胞功能至少需要 100 种酶，这些酶分子进行酶促反应所必须占有的空间直径约为 50 nm，加上核糖体（每个核糖体直径约为 10～20 nm）、细胞膜与核酸等，可以推算出来，一个细胞体积的最小极限直径不可能小于100 nm，而现在发现的最小支原体细胞的直径已接近这个极限。因此，比支原体更小更简单的细胞，又要维持细胞生命活动的基本要求，似乎是不可能存在的。所以说，支原体是最小最简单的细胞。

细胞要维持生命活动，就必须和周围环境进行物质交换，要求体积和表面积有一个恰当比例。体积太大，表面积相对减小，不利于物质交换，因而，细胞体积的增大有一个上限。细胞最大体积的极限主要受以下几个因素的限制。

(1) 细胞的相对表面积与体积的关系

细胞的相对表面积与体积成反比关系，细胞体积越大，其相对表面积就越小，细胞与周围环境交换物质的能力就越小。有些细胞为了增加表面积，会形成很多的细胞突起。卵细胞一般与外界交换物质较少，故表面积与体积的关系不受此规律的限制。

(2) 细胞的核与质之间有一定的比例关系

不论细胞体积大小相差多大，但各种细胞核的大小差异却不大。我们知道，一个细胞核内所含有的遗传信息量是有一定限度的，能控制的细胞质的活动也是有限度的，因此一个核能控制细胞质的量也必有一定限度，细胞质的体积不能无限增大。

(3) 细胞内物质的交流与细胞体积的关系

细胞内的物质从一端向另一端运输或扩散是有时间与空间关系的，如果细胞的体积很大，势必影响物质传递与交流的速度，细胞内部的生命活动就不能灵敏地调控与缓冲。有一些原生动物细胞的伸缩泡可能起着细胞内环境调节的作用。

由于上述种种因素的影响，细胞作为生命活动的基本单位，其体积必然要适应其代谢活动的要求，应有一定的限度，因此数百微米直径的细胞应被认为是上限了。卵细胞之所以不受此限制，是因为其早期胚胎发育是受储存在卵细胞质内的mRNA与功能蛋白质调控的，并利用预先储存在卵细胞质内的养料，因此在细胞质内存储了大量的mRNA、蛋白质与养料，同时卵细胞与周围环境交换物质很少，卵细胞的体积大主要由细胞质扩增所致。

各种细胞的直径：支原体0.2～0.4 μm，细菌2～4 μm，动植物细胞20～40 μm，单细胞生物约200 μm(图4-3和表4-1)。

表4-1　各类细胞直径的比较

细胞类型	直径大小/μm	细胞类型	直径大小/μm
最小的病毒	0.02	动植物细胞	20～30(10～50)
支原体细胞	0.1～0.3	原生动物细胞	数百至数千
细菌细胞	1～2		

细胞的形状是由其机能和所处的环境条件决定的。与它所构成的生物一样，细胞的形态也多种多样、形形色色，有圆的、方的、扁平的、不规则的等。

在多细胞生物中，结构与功能相同的细胞通过间质紧密地集合在一起就成为组织。高等动物有上皮、结缔、肌肉和神经四大组织。高等植物有分生、薄壁、保护、输导、机械、分泌六大组织。

由各种不同的组织结合在一起行使一定的生理功能的单元称为器官。植物的根、

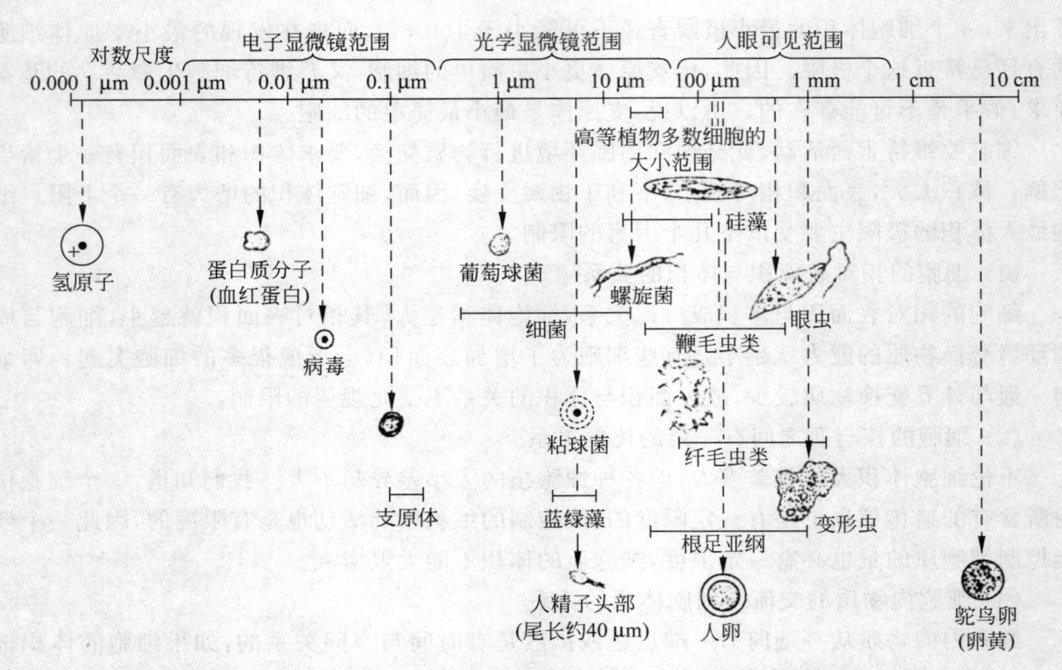

图 4-3 氢原子、蛋白质分子、各种微生物细胞和动植物细胞的直径大小

茎、叶是营养器官;花、果实、种子是繁殖器官。动物的器官则更复杂,如感觉器官、消化器官等。

各种组织和器官有序地结合在一起,彼此协调,就构成了一个完整的生物体。

构成生物的细胞,根据其结构特征,可以分为两大类:原核细胞和真核细胞。两者的主要区别见表 4-2。

表 4-2 原核细胞和真核细胞的主要区别

特征	原核细胞	真核细胞
细胞膜	有(多功能性)	有
核膜	无	有
染色体	由一个环状 DNA 分子构成的单个染色体,DNA 不与或很少与蛋白质结合	2 个以上染色体,染色体由线状 DNA 与蛋白质组成
核仁	无	有
线粒体	无	有
内质网	无	有
高尔基体	无	有
溶酶体	无	有
核糖体	70S(包括 50S 与 30S 的大小亚单位)	80S(包括 60S 与 40S 的大小亚单位)
光合作用结构	蓝藻含有叶绿素 a 的膜层结构,细菌具有菌色素	植物叶绿体具有叶绿素 a 与 b
核外 DNA	细菌具有裸露的质粒 DNA	线粒体 DNA,叶绿体 DNA

续表

特征	原核细胞	真核细胞
细胞壁	细菌细胞壁主要成分是氨基糖与壁酸	动物细胞无细胞壁，植物细胞壁的主要成分为纤维素与果胶
细胞骨架	无	有
细胞增殖(分裂)方式	无丝分裂(直接分裂)	以有丝分裂(间接分裂)为主

原核细胞在进化上处于较原始的阶段，结构简单，构成的生物种类相对较少；真核细胞在进化上处于较高级阶段，结构较复杂，构成的生物种类繁多。

细菌、放线菌等细胞属于原核细胞。原核细胞小，DNA裸露于细胞质中，不与蛋白质结合。胞内无膜系构造细胞器，胞外由肽聚糖组成细胞壁，它是细胞融合的主要障碍。原核细胞由于其生长迅速，无蛋白质结合的DNA，易于人们进行遗传操作，因此，它们又是细胞改造的良好材料。

酵母、动植物等细胞属于真核细胞，体积较大。在光学显微镜下可以观察到，真核细胞分成三个部分：细胞核、细胞质和细胞膜。植物细胞膜外面，还有一层细胞壁。在电子显微镜下，这些部分呈现出非常复杂而精细的结构。

学术界一直将细胞分为原核细胞与真核细胞。直到近二十几年，大量分子进化与细胞进化的研究表明，原核生物在极早的年代就演化成了两大类：古细菌(archaeobacteria)与真细菌(eubacteria)。1977年美国的伍兹(Carl Woese)教授根据相关研究成果，绘制了细胞系统进化树，将细胞划为三界，即原核细胞、古核细胞与真核细胞，这一分类获得了科学界认可。

4.1.2 细胞周期

一切生物都是靠细胞分裂增加细胞数目而实现生长发育的。细胞分裂的方式有三种：无丝分裂、有丝分裂和减数分裂。

无丝分裂是一种最简单的分裂方式，只出现在低等生物或动植物的某些器官和组织内，大多以横裂或纵裂的方式由一个细胞变成两个子细胞。

有丝分裂是细胞分裂的主要方式，其实质是染色体经过复制变成双份，并平均分配到两个子细胞中，从而保证遗传物质的稳定传递。细胞的有丝分裂包括间期、前期、中期、后期和末期五个阶段。一个间期细胞经过有丝分裂变成两个子细胞，两个子细胞经过一段间期之后又进行新的有丝分裂。细胞的这种生长和分裂的周期叫做细胞周期，是一个新细胞诞生到它分裂成两个新细胞的时间。

减数分裂是发生在生殖细胞形成过程中的一种特殊类型的有丝分裂，其特点是细胞核和细胞质连续分裂两次，而染色体仅复制一次，所以最后得到的子细胞染色体数目是原来母细胞的一半。减数分裂是一种相当复杂的分裂类型，这种分裂方式是进行有性生殖的真核生物所特有的。它是保持物种每一个体染色体数目恒定的关键。

4.2 微生物细胞工程

细胞工程始于对真核生物的研究与操作，细胞工程的论著中也多讨论植物细胞工程与动物细胞工程。鉴于微生物在环境领域的应用更为广泛，本节将讨论其相关内容。

4.2.1 微生物细胞工程的主要内容

微生物细胞工程应用微生物进行细胞水平的研究和生产，具体内容包括各种微生物细胞的培养、遗传性状的改造、微生物细胞的直接利用或获得细胞代谢产物等。

(1) 微生物的培养

包括不同微生物的营养要求以及各种微生物的培养方法，此部分内容将在“发酵工程”部分详细介绍。

(2) 遗传性状的改造

改变微生物的遗传性状，主要是为了进行基础性遗传学研究或选育高产菌株，前者属“遗传学”内容。进行微生物育种的途径很多，主要有物理或化学诱变、DNA 重组等。诱变育种将在“发酵工程”部分介绍。DNA 重组技术已在“基因工程”中有所论述。

微生物原生质体融合技术由于操作简单，应用广泛，近年来日益受到人们的重视，这是本节的主要内容。

(3) 微生物细胞的应用

包括应用微生物细胞本身，如生产单细胞蛋白(single cell protein，SCP)，或利用微生物细胞进行有用产物的生产，这些将在后续内容中介绍。

本节主要讨论微生物细胞原生质体融合技术，这主要有以下两方面考虑：

(1) 原生质体融合是进行细胞遗传重组的最简便方法，其优点很多，特别是在不具有接合作用的菌株之间，或对感受态尚不了解的菌株，除去细胞壁之后，原生质体之间可以比较容易地进行细胞质融合，进而核融合。

(2) 通过 DNA 重组技术，携带外源 DNA 的载体，在适当的条件下可以进入受体细胞，如 pBR 322 可以较容易地进入大肠杆菌细胞中，但对链霉菌、酵母菌、丝状真菌，这种转化是十分困难的。因此，消除细胞壁的原生质体是目前将重组 DNA 技术用于上述微生物的关键环节。为使重组 DNA 技术成功，受体菌原生质体的形成与再生都是十分重要的。

图 4-4 是微生物原生质体融合过程的示意图。

在原生质体融合的基本过程中，经培养获得大量菌体细胞，用脱壁酶处理脱壁，制成原生质体。将两种不同菌株的原生质体混合在一起，使原生质体彼此接触、融合，使融合的原生质体在合适的培养基平板上再生出细胞壁，并生长繁殖，形成菌落，最后测定参与融合的性状重组或产量变化情况，以筛选出重组子。

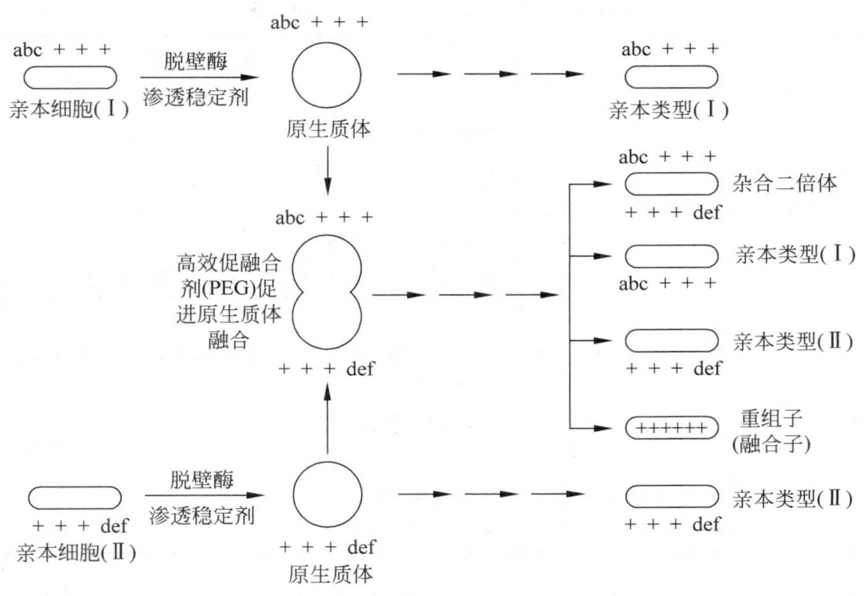

图4-4　微生物原生质体融合简单示意图

a～f—亲本细胞遗传标记(营养缺陷型)

4.2.2　微生物细胞融合的步骤

根据进化的程度及细胞结构分化程度，可将微生物分为原核生物和真核生物两大类。两者的主要差别在于核的结构。真核生物细胞有一真正的细胞核，即由核膜包裹的结构，核膜内是含有遗传物质的染色体结构。原核细胞则没有真正的核，其遗传物质包含于裸露在细胞内的单个DNA分子中。

微生物细胞融合的基本步骤如下。

1. 原生质体及其制备

细菌细胞外有一层成分不同、结构相异的坚韧的细胞壁，形成了抵抗不良环境因素的天然屏障。正是这一层坚厚的细胞壁，阻止了不同细胞间内含物的接触、混合，从而阻止了遗传信息的重组。

为了进行细胞融合，必须先除去细胞壁。目前常用的方法是酶解法。

溶菌酶广泛存在于动植物、微生物细胞及其分泌物中，它能特异地切开肽聚糖中*N*-乙酰胞壁酸与*N*-乙酰葡萄糖胺之间的β-1,4-糖苷键，从而使革兰氏阳性菌的细胞壁溶解。但由于革兰氏阴性菌细胞壁组分与革兰氏阳性菌的差异，处理革兰氏阴性菌时，除了溶菌酶外，一般还需添加EDTA，才能除去它们的细胞壁，制得原生质体。

原生质体的形成率可按下式计算：

$$原生质体形成率=原生质体数/经酶处理的总菌数$$

根据微生物细胞壁的不同结构和组成，可采用不同的脱壁方法。各种微生物细胞的脱壁方法如表4-3所示。

表 4-3　不同微生物细胞的脱壁方法

微　生　物	细胞壁主要成分	脱　壁　法
革兰氏阳性细菌	肽聚糖	
芽孢杆菌		溶菌酶处理
葡萄球菌		溶葡萄球菌素处理
革兰氏阴性细菌	肽聚糖、脂多糖	
大肠杆菌		溶菌酶、EDTA 处理
棒状杆菌		溶菌酶（生长时加 0.8 U/mL 青霉素钠盐）
放线菌		
链霉菌	肽聚糖	溶菌酶处理（菌丝生长培养基中补充甘氨酸，加量随菌种而异）
小单胞菌		溶菌酶处理（补充甘氨酸 0.2%～0.5%）
真菌		
霉菌	纤维素、几丁质	纤维素酶、蜗牛酶
酵母	葡聚糖、几丁质	蜗牛酶

细胞壁溶解后，原生质体即以球状体的形式开始释放，由于原生质体对渗透压很敏感（图 4-5），必须使用渗透压稳定剂维持其稳定性，常用的渗透压稳定剂有蔗糖、KCl、NaCl 及多种糖和糖醇。

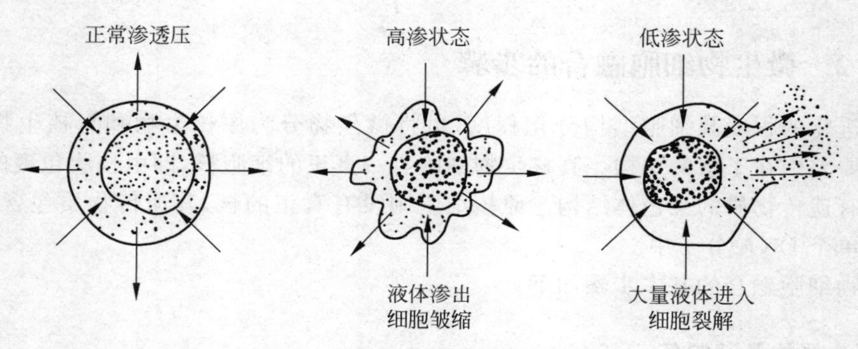

图 4-5　渗透压对原生质体的影响

使原生质体回复到原来的细胞形状需要再生出细胞壁，将原生质体置于高渗再生固体培养基中，经培养后有一定比例的原生质体可再生出细胞壁。

2. 融合重组

细胞融合就是把两亲株的原生质体混合在一起，促进融合，然后将融合液涂布在平板上再生，检出重组子，如图 4-6 所示。

3. 原生质体再生成细胞

使原生质体再生成细胞，是细胞融合的一个关键环节，不同微生物的原生质体所要求的再生条件不同。

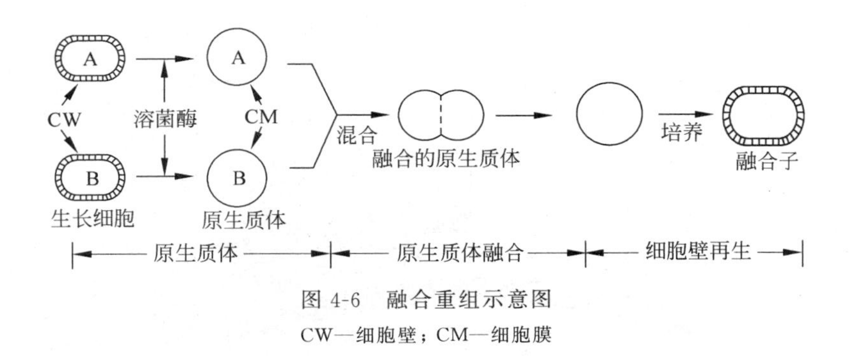

图 4-6　融合重组示意图

CW—细胞壁；CM—细胞膜

再生频率的测定可利用原生质体对渗透压敏感的特性来设计，将原生质体涂布于再生培养基平板之前用水稀释处理，使原生质体破裂失活，然后再涂平板，这样长出的菌落代表非原生质化的细胞数。未经水稀释而用高渗稳定剂进行稀释的原生质体在再生平板上长出的菌落数为原生质体和非原生质化细胞的总和。两者之差即为原生质体再生细胞数。再生频率可按下式计算：

再生频率＝(原生质体再生细胞数/总菌落数)×100％

制备不同菌株的原生质体时，其原生质化细胞的多少和再生频率的高低，将影响融合重组的频率。

4. 融合重组的测定

通常采用染色体标记的遗传重组体来检测，如果两亲株的遗传标记为营养缺陷型 A^+B^- 及 A^-B^+，或抗药性标记为 Sm^rTc^s 及 Sm^sTc^r，则其重组子应为原养型 A^+B^+ 或双重抗性 Sm^rTc^r。

检出重组子的方法有直接法和间接法。

(1) 直接法

将融合液涂布在不补充两亲株生长所需营养物或补充两种药物的再生平板上，直接筛选出原养型或双重抗药性的重组子。

(2) 间接法

将融合液涂布在营养丰富的再生平板上，使亲株和重组子都再生，然后用印影法复制到选择培养基上以检出重组子。融合频率可按下式计算：

融合频率＝融合子数/再生的原生质体数

4.2.3　原生质体融合

1. 原核细胞的原生质体融合

细菌是最典型的原核生物，它们都是单细胞生物，根据细胞壁的差异可将细菌分成革兰氏阳性菌和革兰氏阴性菌两大类，前者肽聚糖约占细胞壁成分的90％，而后者在细胞壁上除了部分肽聚糖外，还有大量的脂多糖等有机大分子，如图4-7、表4-4所示。

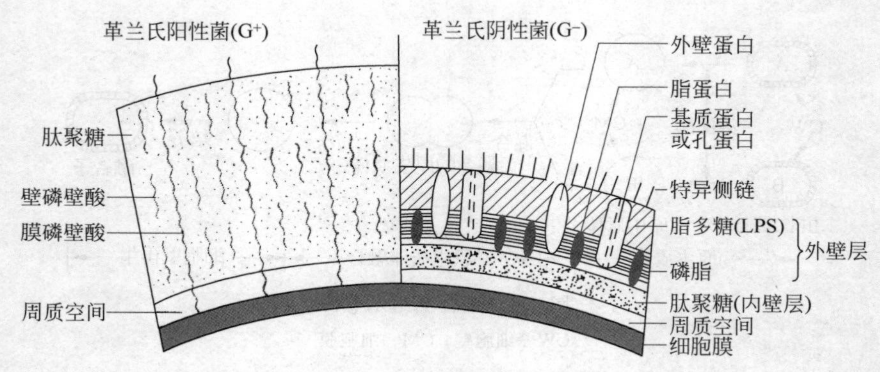

图 4-7 革兰氏阳性菌与革兰氏阴性菌细胞壁的比较

表 4-4 革兰氏阳性菌与革兰氏阴性菌细胞壁成分的比较

成 分	占细胞壁干重的比率	
	革兰氏阳性菌	革兰氏阴性菌
肽聚糖	含量很高(30%～95%)	含量很低(5%～20%)
磷壁酸	含量较高(<50%)	0
类脂质	一般无(<2%)	含量较高(约 20%)
蛋白质	0	含量较高

1）革兰氏阳性菌的原生质体融合

早在 1925 年就有人观察到细菌原生质体及其融合，随后有人采用显微摄影术，证实拟杆菌(*Bacteroids*)原生质体的融合。稍后，用同样的方法观察到普遍变形菌(*Proteus vulgaris*)、炭疽芽孢杆菌(*Bacillus anthracis*)的原生质体融合。这个时期的研究特征是：①原生质体形成就发生融合；②融合频率相当低，无法估计；③参与融合的亲本均为野生型，有相同的遗传背景。

1976 年发表的关于两株革兰氏阳性菌枯草杆菌和巨大芽孢杆菌融合的报告，是真正在细菌中成功实现原生质体融合的例子。与早期研究的不同点主要是参与融合的亲本细胞都是带有各种遗传标记的突变型，包括营养缺陷型、对抗生素敏感型、温度敏感型、呼吸缺陷型、带有形态及颜色标记等，如果导致互补，则说明原生质体融合获得成功。

革兰氏阳性菌细胞融合的主要步骤如下：

(1) 培养细胞 分别培养带遗传标记的双亲本菌株至对数生长中期，此时细菌细胞壁中肽聚糖含量最低，对溶菌酶最敏感，细胞壁最易被降解，容易得到原生质体。

(2) 收集细胞 分别离心收集菌体细胞，以高渗培养基制成菌悬液，以防止下阶段原生质体破裂。

(3) 细胞融合 混合双亲本菌株，加入适量溶菌酶，作用 20～30 min，离心后得到原生质体，用少量高渗培养基制成菌悬液，加入 10 倍体积的聚乙二醇(体积分数 40%)促进原生质体凝集融合，数分钟后，加入适量高渗培养基稀释。

(4) 重组子筛选 涂接于选择培养基上进行筛选，长出的菌落可能已结合双方的遗传因子，要经数代筛选及鉴定才能确认已获得重组菌株。

2）革兰氏阴性菌的原生质体融合

革兰氏阴性菌，如大肠杆菌细胞壁中的肽聚糖层远比革兰氏阳性菌薄，但是革兰氏阴性菌的细胞壁结构复杂，有一层较厚的脂类、多糖和蛋白质组成的复杂外层，一般溶菌酶对它没有作用。因此，用溶菌酶处理制备的不称为原生质体，而称为原生质球，因为它上面还残留部分细胞壁。

对革兰氏阴性菌而言，在加入溶菌酶数分钟后，添加 0.1 mol/L 的 EDTA 共同作用 15～20 min，则可使 90%以上的革兰氏阴性菌转变为可供细胞融合用的球状体。

细菌间细胞融合的检出率在 10^{-5}～10^{-2}。

2. 真核细胞的原生质体融合

真菌主要有单细胞的酵母类和多细胞的丝状真菌类。同样，降解它们的细胞壁，制备原生质体是细胞融合的关键。

真菌细胞壁成分比较复杂，主要由几丁质及各类葡聚糖构成纤维网状结构，其中夹杂少量的甘露糖、蛋白质和脂类，可用消解酶（zymolase）或蜗牛酶进行处理，也可用纤维素酶、几丁质酶等处理，原生质体得率在 90%以上。

真菌原生质体融合与前述的原核细胞融合类似，但由于真菌一般都是单倍体，融合后，只有那些形成真正单倍重组体的融合子才能稳定传代，具有杂合双倍体的异核体的融合子遗传特性不稳定，需经多代考证才能断定是否为真正的杂合细胞。

原生质体融合重组作为基因转移的一种有效方法，需经历三个主要阶段，即细胞融合形成异核体，不同核融合产生二倍体，融合核交换和重组生成重组体。

4.3　植物细胞工程

对于植物细胞工程的定义和范围，目前没有统一的看法。一般认为，以植物细胞为基本单位，通过在离体条件下进行培养、繁殖或人为的精细操作，使细胞的某些生物学特性按预先设计发生改变，从而改良品种或制造新种，或加速繁殖植物个体，或获得有用物质的过程统称植物细胞工程。

4.3.1　植物组织培养

植物组织培养技术是一种将植物的组织、器官或细胞在适当的培养基上进行无菌培养，并重新再生细胞或植株的技术。

植物组织培养的历史可追溯到 20 世纪初。1902 年，德国植物学家 Harberlandt 依据细胞理论，提出高等植物的器官和组织可以不断分裂直至单个细胞，而分离出的每一个细胞都有进一步分裂和发育的能力，即“植物细胞具有全能性”。由于技术上的限制，他培养的离体细胞未能分裂。1904 年，Hanning 成功地培养了萝卜和辣菜根的离体胚，成为植物组织培养的鼻祖。30 年代，我国的李继侗等人进行银杏胚的离体培养，发现胚乳提取物能促进离体胚生长，为把维生素和其他有机物作为培养基中不可缺少的成分提供了重要依据。1934 年，美国人 White 以番茄根为材料，建立了第一个无性繁殖系，离体根的培养获得真正成功。Gautheret 发现维生素、生长素等物质对培养物的生长发育起着促进作用。1955 年，

Miller 等发现了激动素能促进细胞分裂，激动素可以代替腺嘌呤促进生芽，这是植物组织培养中的一项重要进展，促使两年后 Steward 顺利地从胡萝卜的组织培养中分化长出了胚状体乃至整株。60 年代 Cocking 等首先创建了原生质体的融合技术。1972 年，Carlson 等获得了第一株体细胞杂种植物。自此以后，细胞培养的组织培养工作在世界范围内蓬勃开展。各种细胞、组织的培养技术也日臻完善，为其在生产上应用奠定了理论和技术基础。

严格地讲，植物组织培养有如下几种：

(1) 植物培养　幼苗及较大植株的培养。

(2) 胚胎培养　成熟及未成熟胚胎的离体培养。

(3) 器官培养　离体器官以及从植物各器官的外植体增殖而成的愈伤组织的培养。

愈伤组织是指植物组织在离体状态下，给以一定条件，使已经分化并停止生长的细胞重新分裂生长而形成的没有组织结构的细胞团。

(4) 悬浮细胞培养　能保持较好分散性的离体细胞或很小的细胞团的液体培养。

(5) 原生质体培养　培养裸露的原生质体，使其在特殊的培养基上重新生成细胞壁，分裂、分化形成植株。

由于植物组织培养是对离体部分进行培养，因此可以用于研究被培养部分在不受植物体其他部分影响的情况下表现出的生长、分化、器官形成及代谢规律，并且可以研究培养条件对其生长和分化的影响，在理论研究及生产应用上均有重要意义。

植物细胞和组织培养的理论基础是植物细胞的全能性，即植物体每个分化细胞都具有分化成一个完整植株的潜在能力。在完整的生物体中，细胞受到物理或化学因素束缚，一旦摆脱这些束缚后，它们的全部潜能就会表现出来。这种细胞全能性的表现，已在 200 多种植物中得到了证实。

由培养的细胞或组织发育成一棵植物，一般要经历如下阶段。

(1) 预备阶段　选择合适的外植体，除去病原菌及杂菌，配制适宜的培养基。

组织培养的培养基包括：①基本成分，如蔗糖或葡萄糖、氮、磷、钾、镁等；②微量无机物，如铁、锰、硼酸等；③微量有机物，如激动素、吲哚乙酸、肌醇等。

(2) 诱导去分化阶段　外植体是已分化成器官的切段，组织培养应首先让这些器官切段去分化，使各细胞重新处于旺盛有丝分裂的分生状态，培养基中添加较高浓度的生长素(吲哚乙酸)有利于诱导外植体产生愈伤组织。

(3) 继代增殖阶段　愈伤组织长出后经 4～6 周的细胞分裂，须进行移植，即继代增殖，以扩增细胞数，有利于收获更多的胚状体或小苗。

(4) 生根成芽阶段　愈伤组织经过重新分化形成胚状体，继而长成小植物。

(5) 移栽成活阶段　将小植株移栽至室外以利于生长。

1. 植物细胞与组织的培养方法

细胞培养是将机体内某一组织取出，使其分散成单个细胞，在人工条件下培养，使细胞能够生长和不断增殖，由于一种组织内往往包含两种或两种以上的细胞，在培养过程中又不易分开，所以又称组织培养，或统称为细胞与组织培养。

细胞与组织培养技术，不仅能在体外大量增殖细胞，而且还能在细胞水平上诱发变异和进行选择，以及保持与增殖有用变异的能力，能较快地获得具有有用性状的细胞株。

(1) 固体培养

固体培养就是在培养基中加入一定量的凝固剂,加热溶解后,分装于培养容器中,冷却后即得固体培养基。

该法优点是实验设备简单,培养时占用面积小。缺点是培养物只有一部分表面与培养基接触,对营养物质的吸收不均匀而使培养基内产生营养物质的浓度差异,使愈伤组织生长不平衡;插入到固体培养基内的外植体基部,容易出现气体交换不畅的现象;由于受重力和光线等因素的影响,很难培养出均匀一致的细胞群体。

(2) 液体培养

液体培养又分静止和振荡培养两类。

振荡培养又分为:

① 连续浸没培养　组织浸没于培养基中。

② 定期浸没培养　组织能间歇地浸入液体或浮于气体中。

(3) 细胞悬浮培养

将植物细胞和小的细胞聚集体悬浮在液体培养基表面上进行培养,并保持其良好的分散状态。

细胞液体培养可分为分批培养、半连续培养和连续培养。

(4) 单细胞培养

单细胞培养可以获得无性繁殖系,并可以对培养细胞进行遗传、生理和生化等方面的研究,是一种很有用的细胞学实验研究技术。常用的方法有:

① 微室培养　为进行单细胞活体连续观察而建立的一种微量细胞培养技术。

② 平板培养　为分离单细胞无性系,并对不同的无性系进行研究,揭示它们在生理、生化和遗传学上的差异而设计的一种单细胞培养技术。

③ 看护培养　用一块愈伤组织来看护单细胞使之生长和增殖的方法。Muir 于 1954 年首先用此法培养出烟草单细胞株。

(5) 固定化细胞培养

细胞固定化后密集而缓慢的生长有利于细胞的分化和组织化,从而有利于次生物质的合成。此外,细胞固定化后不仅便于对环境因子参数进行调控,而且有利于在细胞团间形成各种化学物质和物理因素的梯度。

起源于 20 世纪 90 年代的微流控技术,在细胞培养与研究中获得了越来越多的应用,已成为细胞培养与研究的重要工具。

2. 细胞培养与次生代谢产物生产

1) 利用植物作为生物反应器生产有用物质

利用植物作为生物反应器可以充分发挥植物的生物合成能力,应用转基因植物生产糖类物质已有一些成功的报道。

利用转基因植物作为生物反应器生产人类所需的各种原料已成为一个颇具前途的新领域。现在已有多种物质可用培养转基因植物来进行生产,包括重要药用植物的有效成分、香料、调味品、蛋白酶抑制剂、植物肿瘤抑制剂、色素等(表 4-5 和表 4-6)。

表 4-5 植物细胞与组织培养物产生的有用物质

生物碱	查耳酮	植物生长调节物质	香水
过敏原	调味品	激素	酚
氨基酸	联酮	免疫化学物质	色素
蒽醌	食品乳化剂	类胰岛素物质	多糖
抗白血病物质	酶(同工酶)	橡胶	蛋白质
抗微生物物质	酶抑制剂	脂类	调味香料
抗肿瘤物质	乙烯	药物	甾、甾醇、皂角苷
苯甲酸衍生物	类黄酮	萘醌	皂角配质
苯并吡喃酮	香味剂	商用油	糖
苯醌	食物	挥发油	甜味剂
生物转化物质	香料	鸦片	丹宁
碳水化合物	呋喃酮	有机酸	萜烯、类萜
强心苷	呋喃香豆灵	多肽	植物病毒抑制剂

表 4-6 利用植物作为生物反应器生产油脂、糖和蛋白质

化合物种类	化合物类型	基因来源	应用范围	转基因植物
脂肪	中等长度脂肪酸	加利福尼亚月桂	食品工业、去污剂、其他工业部门	油菜
	单不饱和脂肪酸	兔	食品工业	烟草
	聚羟基丁酸	*Alcaligenes eutriphus*	可降解塑料	拟南芥、油菜、大豆
	饱和脂肪酸	油菜	食品工业、糖果制造业	油菜
糖	无支链淀粉	马铃薯	食品工业、其他工业部门	马铃薯
	环化糊精	*Klebsiella pneumoniae*	食品工业、医药工业	马铃薯
	多聚果糖	*Bacillus subtilis*	食品工业、其他工业部门	烟草、马铃薯
	淀粉	大肠杆菌	食品工业、其他工业部门	马铃薯
医药蛋白	抗体	鼠	增强免疫能力	烟草
	抗原	细菌、病毒	口服疫苗	烟草、番茄、马铃薯、莴苣
	抗原	病原物	亚基疫苗	烟草
	enkephalin	人	麻醉剂	油菜、拟南芥
	上皮生长因子	人	特殊细胞的增殖	烟草
	红细胞生成素	人	调节红细胞水平	烟草
	生长激素	鲑鱼	生长调节	烟草、拟南芥
	水蛭素	人工合成	凝血酶抑制剂	油菜
	人血清蛋白	人	原生质扩张剂	烟草、马铃薯
	干扰素	人	抗病毒	萝卜
工业用酶	α-淀粉酶	*Bacillus licheniformis*	淀粉的水解	烟草、苜蓿
	β-葡聚糖酶	*Trichoderma reesi*	酿酒	大麦细胞
	依赖于锰的木质素过氧化酶	*Phanerbchaete chrysosporium*	漂白和制备纸浆	苜蓿
	植酸酶	黑曲霉	饲料	烟草
	葡聚糖酶	*Clostridium thermocellum*	饲料、纸浆制备、造纸、蛋糕制作	烟草

聚羟基烷酯(polyhydroxy alkanoate,简称 PHA)可以用于制造可生物降解塑料,它是以乙酰-CoA 为前体合成的。现在主要用微生物发酵法生产,成本高。利用转基因植物生产 PHA,可以降低成本,从而有利于推广可降解塑料的使用。

聚3-羟基丁酸酯(poly-3-hydroxybutyrate,PHB)是PHA家族中含C3～C5单体的断链脂肪酸共聚体。自1992年Poirier等在转基因拟南芥中成功表达*phb*B、*phb*C基因,并在其叶片中获得PHB之后,在各种植物,包括拟南芥、马铃薯、油料作物等中表达与生产PHA,关于加强植物体内碳代谢调控、脂肪酸代谢调控以及PHA合成的生化与分子机制等方面的研究一直受到关注。有研究把来源于产碱杆菌的有关基因转入拟南芥后,可以在转基因拟南芥中大量生产PHB,其产量达到叶子鲜重的10%。

2) 利用细胞培养方法生产有用物质

由于植物组织与细胞的培养技术,尤其是植物细胞的悬浮培养技术的发展及单细胞培养的成功,加之卓有成效的各种类型生物反应器的问世,使得植物细胞有可能像微生物那样,在发酵罐中大量连续培养,从而生产出过去只能从植物中提取的一系列产品。

与整体植物的栽培比较,用细胞培养方法生产有用物质有以下优点:

(1) 在可控制的条件下生产,可以通过改变培养条件,获得大量新细胞或代谢产物。节省能源,减少占用种植面积。

(2) 细胞培养在无菌条件下进行,可以排除病毒和虫害的侵扰。

(3) 可以进行特定的生物转化反应。

(4) 可以探索新的合成路线和获得新的有用物质。

因此,利用细胞培养技术生产有用物质的研究不断扩展和深化。

植物细胞发酵罐培养,包括以下三个步骤:

(1) 细胞株的建立　包括培养愈伤组织,将愈伤组织进行单细胞分离,筛选优良的单细胞无性繁殖系,诱变和保存细胞株等。

原始细胞株的选择很关键,要尽量选择①生长速度快的细胞;②目的产物含量高的细胞。

(2) 扩大培养　将优良的细胞株经过多次扩大繁殖,得到大量细胞,用做大罐发酵时的接种材料。

(3) 发酵生产　生产所需要的代谢产物或植物产品。

3. 提高次生代谢产物产量的方法

植物次生代谢,是指植物细胞在生长的停滞期,分泌一大类非植物生长发育所必需的小分子有机化合物的代谢过程。这些小分子化合物包括植物抗毒素、萜类、生物碱、异黄酮等,具有很高的药用与经济价值。

影响次生代谢产物生产的因素归纳于表4-7。

表4-7　次生代谢产物生产的影响因素

物理条件	季节
温度	极性
光(光照时间、光强、光质)	休眠
通气(O_2)	分化
渗透压	混合培养
生物条件	外植体

续表

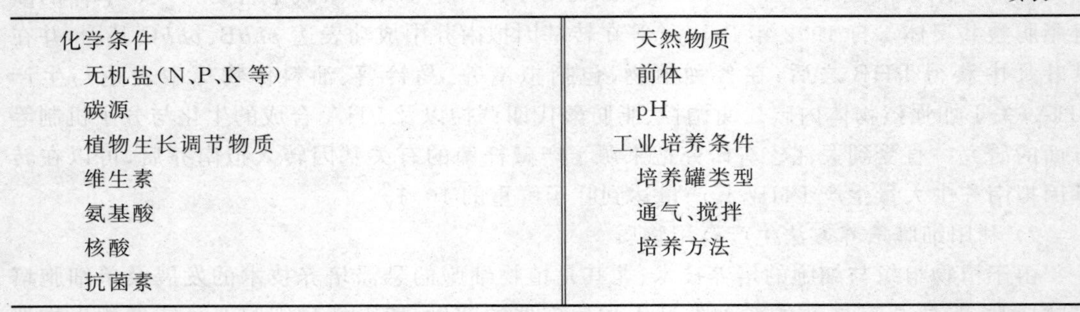

化学条件	天然物质
无机盐(N、P、K 等)	前体
碳源	pH
植物生长调节物质	工业培养条件
维生素	培养罐类型
氨基酸	通气、搅拌
核酸	培养方法
抗菌素	

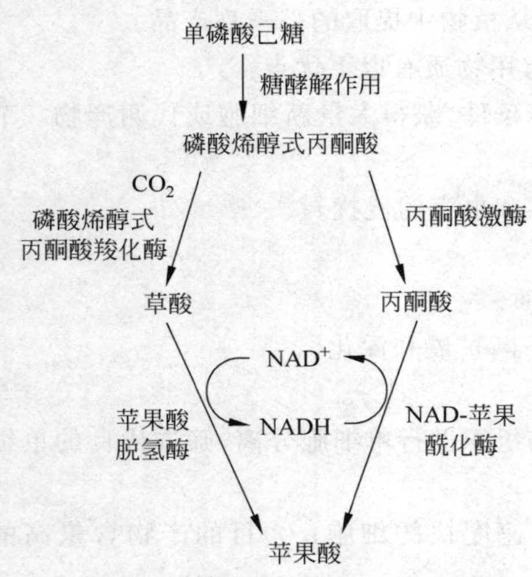

图 4-8 植物细胞中糖酵解途径示意图

提高培养细胞中次生代谢产物的产量，可以从生理学、生物化学和遗传学三方面进行考虑。

1）生理学

了解培养细胞的生理需要和次生代谢产物的累积规律，从而提供最佳的操作条件，包括培养基组成、培养方式、培养条件等。

2）生物化学

了解培养细胞中次生代谢产物的代谢途径和调节方式，通过加入前体或改变培养基成分等方法提高产量。植物细胞中糖酵解途径如图 4-8 所示。

3）遗传学

遗传学方面考虑着重在三个方面，即材料的遗传型、变异体的选择和材料的保存。

4.3.2 植物原生质体制备

植物原生质体是去掉细胞壁的、仅有质膜包围的、裸露的活植物细胞。

在植物细胞工程中，植物原生质体不但是植物细胞杂交的良好亲本，而且是植物细胞遗传工程的理想受体。此外，植物原生质体也是细胞生物学和分子生物学研究中的重要材料。

植物原生质体虽然没有细胞壁，但仍然可以进行植物细胞的各种基本生命活动，如蛋白质和核酸合成、光合作用、呼吸作用、通过质膜的物质交换等，从而有利于探讨许多细胞的生理问题。由于植物原生质体没有细胞壁，可以进行诱导融合，引入细胞器、大分子、外源遗传物质、低等生物等；对于进行各种细胞操作和遗传操作，它是理想的起始材料和受体。更重要的是：植物原生质体在离体培养条件下能够再生细胞壁，继而生长和分裂，形成愈伤组织，经诱导分化再生成完整植株，即植物原生质体仍然保持着细胞的“全能性”。图 4-9 归纳了植物原生质体的生物学意义。

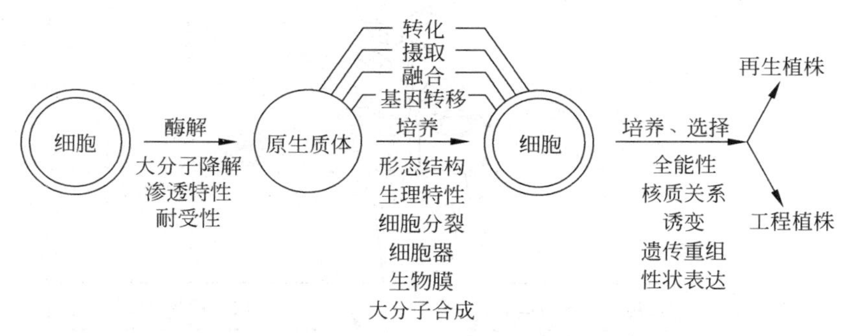

图 4-9 植物原生质体的生物学意义

1. 植物原生质体的基本特点

植物细胞外面包裹着一层坚硬的细胞壁。这一道天然的屏障阻挡着植物细胞的彼此融合,并给各种遗传操作带来极大困难。

从植物细胞工程的角度看,植物原生质体能有效地摄取多种外源颗粒,如DNA、质粒、病毒、细菌和其他细胞器。此外,由于原生质体已无细胞壁,因此,为研究细胞壁的生物合成提供了方便;质膜在生命活动中极为重要,由于原生质体质膜充分暴露,从而为研究细胞膜与信息的传递、能量的转换、物质的运输等基本现象之间的联系提供了可能。

在细胞器的移植中原生质体不但是良好受体,同时本身又是分离细胞内各种细胞器,如核、叶绿体、线粒体等的好材料。

因此,植物原生质体在细胞工程和生物学基础研究中具有重要地位(图4-10)。

2. 植物原生质体的制备

植物细胞壁的主要成分是纤维素,此外还有半纤维素、果胶质和少量的蛋白质等。在细胞生长和分化过程中细胞壁组分的比例会发生变化。不同植物和同一植物不同组织的细胞,其细胞壁的结构和组分不同。为了获得原生质体,就必须设法去除细胞壁,但同时不要影响原生质体的活力。

制备原生质体的方法有机械法和酶法两类。

1) 机械法

采用机械方法切除细胞壁,这是早期采用的方法。先将植物外植体(或愈伤组织、悬浮培养细胞)用糖或盐进行高渗处理,引起脱水,细胞质收缩,导致质壁分离。随后用组织捣碎机等高速运转的刀具随机切割细胞。最终可获得少量脱壁细胞。该法制得的原生质体活力低(损伤严重),数量少。

2) 酶法

采用不同种类的酶及其组合去除细胞壁,这是目前常用的方法。

1960年,英国诺丁汉大学的Cocking教授首先利用真菌纤维素酶,成功地制备了大量具有高度活性、可再生的番茄幼根细胞的原生质体,是一重大突破,也是酶法制备原生质体的新开端。

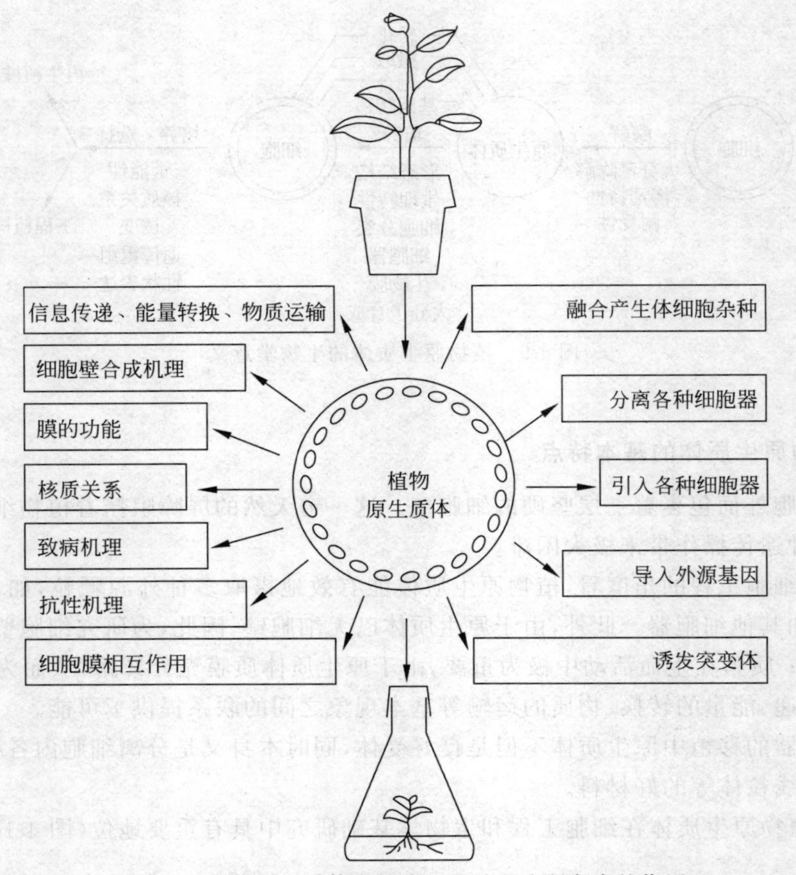

图 4-10 植物原生质体在细胞工程及理论研究中的作用

4.3.3 植物原生质体培养

植物原生质体的培养过程，一般要经历以下几个阶段：脱去细胞壁的原生质体→细胞壁再生→细胞分裂形成细胞团→愈伤组织（或胚状体）→分化形成芽和根→完整植株。

1）细胞壁再生

原生质体在合适培养基上培养后，首先其体积开始膨胀，叶绿体重新排列，并开始合成新的细胞壁，进而由球形变为椭球形。

2）分裂

培养几天后，细胞质增加并开始增殖，RNA、蛋白质等合成增加，开始第一次分裂，为使由原生质体再生的细胞能持续地分裂下去，应及时添加新鲜的低渗培养基，以适应不断长大和增多的细胞对营养的吸收。

3）愈伤组织或胚状体的形成

细胞不断分裂形成小的细胞团，并进一步发育形成愈伤组织。有些植物由细胞系形成胚状体，并在继续发育中形成极性，进而发育成植株。

4）植株再生

器官分化有两条途径：一是从愈伤组织诱导形态发生，为目前原生质体培养中的主要分化途径；二是通过原生质体再生细胞在培养中直接诱导胚状体，进而发育成完整植物。

4.3.4　植物原生质体融合

植物原生质体融合也称体细胞杂交。原生质体融合的结果是细胞内遗传物质重新组合，获得新的杂合细胞。

诱导两个不同植物原生质体融合的技术是开展细胞杂交的关键技术。原生质体也能发生自发融合，但在细胞工程研究中人们采用各种方法，大量地、有目的地促使原生质体融合。

1. 诱导融合的方法

诱导融合的方法大致可分为物理法和化学法。

物理法包括采用显微操作、离心、振动等机械力促进融合。近年来，采用电场刺激法也获得成功。

化学法就是用不同的试剂为诱导剂，如各种盐类、多聚化合物、生物胶及其降解物等。

化学法诱导融合，无需贵重仪器与特殊试剂，因此一直是细胞融合的主要方法。目前比较常用的是高 pH 高钙法和聚乙二醇法。

电融合方法，是采用施加电场的方法促进细胞融合。与化学法相比，不需要清洗诱导剂的步骤。如在无菌条件下进行融合，原则上电融合后就可以转入培养。目前使用的电融合法有微电极法和平行电极法。

影响诱导融合的因素很多，如原生质体的活力、生理状态、大小、亲本的密度比、诱导融合的步骤与操作、诱导剂的种类性质、稳压剂与洗涤液、保温的温度与时间等。

2. 膜融合与核融合

原生质体的融合过程首先是膜融合，生物膜融合是细胞生物学中重要的现象之一。

膜融合反应分为接触、诱导、融合和稳定四个时期。

钙、ATP 及三磷腺苷酶参与调节膜融合过程。

核融合是原生质体融合的关键一步。

在植物原生质体的融合过程中，除了产生双亲原生质体融合的异核体外，还能形成具有双亲不同比例的多核体、同源原生质体融合的同核体以及不同胞质来源的异胞质体等。

3. 杂合体的选择与鉴别

双亲本原生质体经融合处理后产生的杂合细胞，一般要经含有渗透压稳定剂的原生质体培养基（液体或固体）培养，再生出细胞壁后转移到合适的培养基中，待长出愈伤组织后按常规方法诱导其长芽、生根、成苗。在此过程中可对杂合细胞进行筛选鉴别。

常用的鉴别方法如下：

（1）显微镜鉴别　根据细胞的特征，如大小、色泽等，借助显微操作仪在显微镜下直接挑取，移置再生培养基上培养；

（2）互补法筛选　有遗传互补、生长互补、营养缺陷型互补、抗性互补、代谢互补等方法；

(3)细胞与分子生物学方法　有染色体核型分析、染色体显带分析、同工酶分析、核酸分子杂交分析、限制性内切酶切割片段分析等。

4.4　动物细胞工程

动物细胞工程涉及的主要技术有组织培养、细胞融合、细胞拆合、染色体或染色体组转移、基因转移等。其中技术最成熟、影响最大的当数细胞融合。

4.4.1　动物细胞培养

动物细胞的培养(也称组织培养)既有别于植物细胞培养，又有别于微生物的培养，难度很高。

动物细胞培养是将取自动物体的某些器官或组织的细胞，在模拟的体内生理条件下进行离体培养，使之存活和生长。

Harrison 于 1907 年成功地培养了蛙胚神经组织，被公认为动物组织培养真正开始的标志。20 世纪 40 年代，Carrel 和 Earle 分别建立了鸡胚心肌细胞和小鼠结缔组织 L 细胞系的培养技术，证实了动物细胞体外培养的无限繁殖力。50 年代，冈田善雄发现已灭活的仙台病毒可以诱使艾氏腹水瘤细胞融合，开创了动物细胞融合的新领域。60 年代，童第周等人在鱼类及两栖类动物中进行了大量的核转移工作，在核质关系研究方面作出了重大贡献。70 年代，Kohler 和 Milstein 创立了淋巴细胞杂交瘤技术，获得了单克隆抗体，免疫学取得重大突破。90 年代末，Wilmut 等用体细胞核克隆出了 Dolly 绵羊，将动物细胞工程推上了世纪辉煌的顶峰。

细胞培养是指离体细胞在无菌培养条件下的分裂、生长，在整个培养过程中细胞不出现分化，不再形成组织。

组织培养是指将取自动物体的某类组织，在体外培养并一直保持原本已分化的特性，该组织的结构与功能持续不发生明显变化。

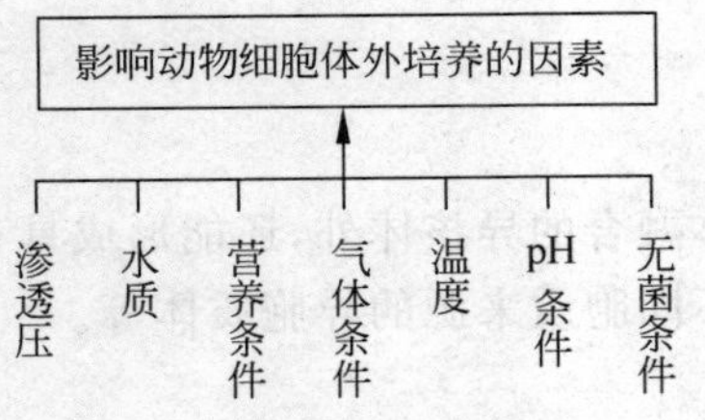

图 4-11　影响动物细胞体外培养的因素

根据细胞能否贴附于支持物上生长的特性，培养的细胞可分为悬浮型和贴附型两大类。

(1) 悬浮型细胞　生长时呈悬浮状态的细胞。

(2) 贴附型细胞　贴附在支持物上生长的细胞。营养、pH 及温度是细胞生长最重要的影响因素。

在体外培养动物细胞时，影响其存活、生长的因素如图 4-11 所示。

动物细胞培养的主要特点包括：

(1) 对营养要求高。需要在培养基中添加多种氨基酸、维生素、辅酶、嘌呤、嘧啶、激素和生长因子等，这些成分许多需要由血清、胚胎浸出液提供，不同批次间会有差别。

(2) 细胞对于培养环境的适应性较差，生长慢。

(3) 对培养环境要求严格。但由于其生长慢，条件严格控制不易。

(4) 难以在培养中持续保持原有细胞的功能、形态及分化特征等。

这些特点使得动物细胞的培养难度很高。

近年来,随着技术的不断优化与进步,培养各种动物细胞的能力也得到了长足进步,大规模动物细胞培养正在成为多种生物医药制备的重要途径。

4.4.2　动物细胞融合

细胞融合是指用自然或人工方法,使两个或多个不同的细胞融合成一个细胞的过程。细胞融合是研究细胞间遗传信息转移、基因在染色体上的定位以及创造新细胞株的有效途径。

1. 融合方法

细胞在体外培养条件下会自发融合,但频率极低,故需人为地采用一些手段,促进细胞融合。

下面介绍动物细胞融合的三条途径。

1) 病毒诱导融合

用作促融合的病毒有10多种(表4-8),但最有效的是副粘病毒,其中副流感病毒如仙苔病毒具有良好的诱导细胞融合的效果。

表4-8　诱导细胞融合的病毒

DNA病毒	RNA病毒
疱疹病毒	副粘病毒
单纯疱疹病毒	副流感病毒(仙苔病毒)
水痘病毒	流行性腮腺炎病毒
痘病病毒	麻疹病毒
兔痘病毒	呼吸道合胞病毒
	新城病毒
	致肿瘤病毒
	劳氏肉瘤病毒
	绵羊脱髓鞘病毒
	日冕病毒
	鸡支气管炎病毒

1958年冈田善雄报道,已灭活的仙苔病毒可诱发艾氏腹水瘤细胞融合,形成多核体细胞。它促进融合的机制是靠病毒表面含有神经氨酸酶的一些突起的作用。当病毒位于两个细胞之间,病毒突起上的神经氨酸酶即可降解细胞膜上的糖蛋白,使细胞膜局部凝集在病毒颗粒的周围,在高pH、高钙离子条件下局部细胞质膜即可发生融合。

2) 化学诱导融合

进入20世纪70年代后,由于病毒融合剂制备困难,不易重复和融合率较低等缺点,即转向化学融合剂的研究。

目前使用的化学融合剂包括:聚乙二醇(PEG)、聚乙烯吡咯烷酮、聚乙烯醇、聚甘油、磷脂酰胆碱、油酸、油胺和二价阳离子载体等。其中以PEG使用最为广泛。

1974年,Kao和Michayluk首先发现PEG可以诱导植物细胞融合。1975年Pontecorvo等将其用于哺乳动物的细胞融合，也获得成功，其融合率比用仙苔病毒高 100～300 倍。

PEG 诱导细胞融合的原理还不甚清楚。可能如同 Ca^{2+} 那样，PEG 可使细胞聚集在一起，当 PEG 浓度达 50%时，PEG 可能与邻近膜的水分相结合，使细胞之间只有几十个纳米的空间的水分被取代，由此降低细胞表面的极性，导致脂双层不稳定，引起细胞膜的融合（图 4-12）。

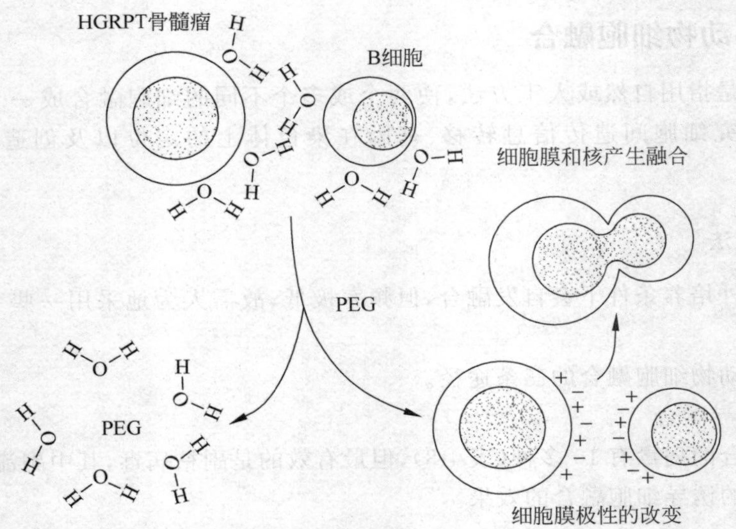

图 4-12　PEG 诱导细胞融合的可能机制

3）电激诱导融合

1987 年，Zimmerman 首先报道了细胞电融合现象。当细胞位于电融合室电解质溶液中，并对融合室施加交流电场时，电解质溶液中的细胞在电场中沿电力线方向排列成串。紧密排列的细胞在高幅脉冲电场的瞬时作用下，当细胞膜局部区域的双脂分子层受到的外电场压力作用超过它们作为有序排列的弹性作用时，导致该区域膜结构紊乱，出现许多穿膜微孔，细胞膜的通透性增加，而相邻细胞的紧密接触部位的微孔就有物质的交流，形成膜桥，继而产生细胞融合。当外电场撤销后，这些孔道可由细胞自行修复，细胞膜恢复正常的通透性和功能。即细胞膜在电场作用下发生可逆电穿孔。

如果外加电场增强至一定程度，穿孔细胞膜区域过大，细胞膜可能完全丧失对内外物质的选择性通透性，大分子外泄，膜功能又不能恢复，即使撤除外电场，细胞也会趋于死亡。

电融合技术在制备杂交瘤细胞方面展示了良好的应用前景，它克服了病毒或化学介导细胞融合的一些缺点，融合所需的细胞量可以相对减少，而融合率可提高到 10^{-3}，较 PEG 介导法高 $10～10^3$ 倍，不存在残留毒性，且操作简便，重复性好，过程可以控制，并免去了 PEG 融合中不同批号 PEG 之间的差异影响。

细胞电融合技术发展很快，已成为一门专门的技术。细胞电融合技术可分为非特异性细胞电融合技术和特异性细胞电融合技术。

非特异性电融合技术是指在进行细胞电融合时，细胞间的相互接触是无选择性的。这种无选择性的接触是由于交变电场中细胞极化形成串珠状排列的结果。交变电场的长时间作用可能损伤细胞，因此，人们发展了多种技术使细胞聚集和接触而处于一种损伤最小的环境中，包括利用磁铁分子、超声、凝集素、PEG 或蛋白酶等的处理，然后再用高压电脉冲使接触的细胞融合。

以往建立的各种病毒及化学诱导融合法,无法使选定的细胞之间进行特异的融合。电融合技术可先在交变电场中使细胞聚集接触和膜结构振动,然后再施以高压电脉冲使其融合,在一些特定情况下,可以使细胞之间发生选择性的结合,从而有可能实现特异性融合。

但由于高压脉冲造成的细胞可逆性击穿不具有选择性和特异性,特异性电融合技术仍受到一定限制。

2. 杂种细胞的筛选

两种亲本细胞经过融合后,可能会形成五种类型的细胞,即异型融合细胞(包括双核和多核)、两种同型融合细胞(双核或多核)以及未发生融合的两种亲本细胞(图 4-13)。

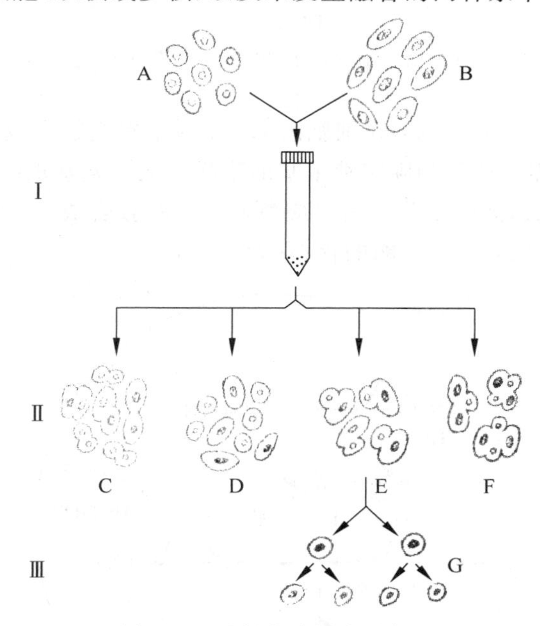

图 4-13 选择杂种细胞示意图

Ⅰ为 PEG 诱导细胞融合,Ⅱ为融合后形成四种类型细胞,Ⅲ为在选择性培养基中筛选杂种细胞。A、B 为两种类型的酶缺陷型亲本细胞,C 为两种同型融合细胞,D 为未融合的两种亲本细胞,E 为异型双核细胞,F 为异型多核细胞,G 为杂种细胞

筛选的一般原理是在培养过程中,利用选择性培养基,杀死后面的四种类型细胞。如图中 C、D 因不能合成 DNA 而死,异型多核细胞(图中 F)虽能合成 DNA,但因核分裂受阻而死亡,最后只剩下异型双核细胞,它既能合成 DNA,又能经核融合形成杂种细胞,具有生长与增殖的能力。

(1) HAT 选择系统

1964 年 Littlefield 等首先发明了 HAT 培养基的选择培养方法。

HAT(H,Hypoxanthine,次黄嘌呤; A,Aminopterin,氨基蝶呤; T,Thymidine,胸腺嘧啶脱氧核苷)筛选培养基是根据次黄嘌呤核苷酸和嘧啶核苷酸生物合成途径设计的。

细胞 DNA 生物合成有两条途径。一条是主要途径,即经由氨基酸及其他生物小分子合成的核苷酸，进而合成 DNA。当这条途径被氨基蝶呤(A)阻断时，还有另一条应急通路，即利用培养液中现有的次黄嘌呤(H)、胸腺嘧啶核苷(T)，在次黄嘌呤-鸟嘌呤磷酸核糖转移酶(hypoxanthine guanine phosphoribosyl transferase，HGPRT)和胸腺嘧啶核苷激酶(thymidine kinase，TK)作用下，利用补救途径合成 DNA(图 4-14)。

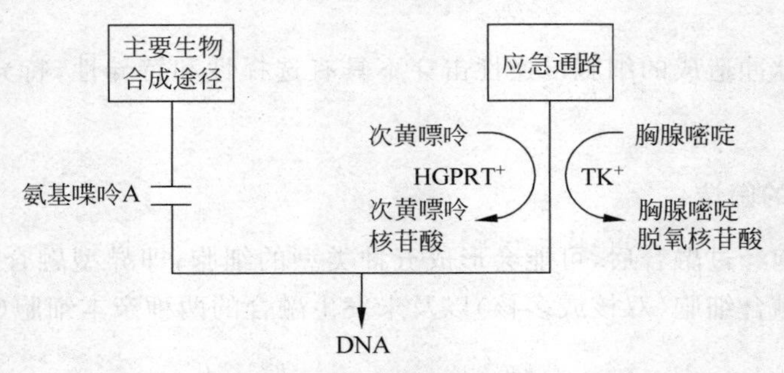

图 4-14　细胞内 DNA 的生物合成途径

HAT 筛选系统的基本原理为：在细胞内 DNA 的正常生物合成中，叶酸衍生物是必不可少的媒介物，它参与嘌呤环和胸腺嘧啶甲基的生物合成。氨基蝶呤是一种叶酸拮抗物，可以阻断 DNA 的正常合成，此时细胞内需由应急通路来补救合成 DNA，该途径需要 H、T 等 DNA 前体，并要有 HGPRT 和 TK 酶的存在(如图 4-15)。

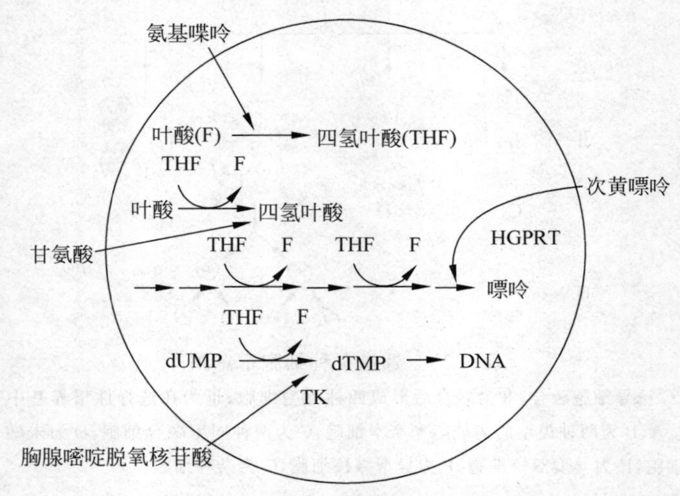

图 4-15　HAT 筛选系统的生化原理

Littlefield 用两种突变细胞株，一种失去 TK 酶，但保留 HGPRT 酶，另一种则正相反，缺乏 HGPRT 酶，而保留 TK 酶，在正常培养时，细胞可利用叶酸(folic acid)经主要途径合成 DNA，上述酶的缺失对细胞生存并无损伤。当主要合成途径被氨基蝶呤(A)阻断时，具有酶缺失的细胞不能增殖。若将这两种细胞融合，则只有杂交细胞能在 HAT 培养液中生存，因为每一种亲代细胞补充了另一种亲代细胞的酶缺失。因此，杂交细胞能在 HAT 筛选培养液中存活。没有融合的亲代细胞，或相同亲代细胞融合产生的同核体则不能存活，因为它们缺失 TK 酶或 HGPRT 酶。

(2) 抗药性选择系统

(3) 营养缺陷型选择系统

4.4.3 单克隆抗体的制备

哺乳动物细胞内有一套复杂的防御系统，用于保护自己不受有毒物质和病原物的侵害，其中一部分防御反应就是淋巴细胞经诱导产生特异性蛋白，这些蛋白可以在其他免疫系统蛋白的帮助下与外来物质结合，并抵消其生物学功能。这些特异性蛋白，就是抗体(antibody)，相对于抗体，诱发产生抗体的外来物质即称为抗原(antigen)。

抗体最早由德国微生物学家 Behring 发现，它们存在于人和脊椎动物的血清中，是这些生物体内免疫系统的重要组成部分。

1. 抗体的结构与功能

一个抗体分子(即免疫球蛋白)通常包括两个完全相同的轻链分子(L)和两个完全相同的重链分子(H)，轻链分子大约由 210 个氨基酸残基组成，相对分子质量约为 2.3×10^4，而重链分子由 450 个氨基酸残基组成，相对分子量约为 5.0×10^4，这 4 个链在氢键和二硫键共同作用下连在一起，形成一个“Y”字形结构(如图 4-16)。

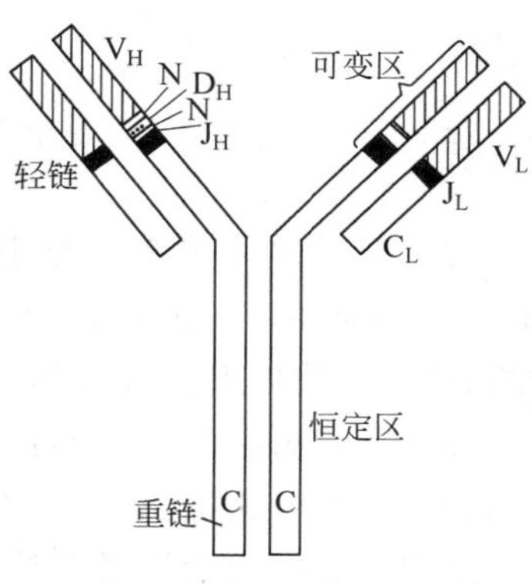

图 4-16 抗体的结构

在“Y”字形的两个支角上，重链和轻链的 N 端区域在一起构成了抗体的抗原识别位点，其上约 110 个氨基酸残基的排列顺序因抗体的结合特异性不同而变化，因而也称为可变区(variable region，V 区)。可变区提供抗原结合位点和特异性。抗体识别和结合抗原的位点包括 3 个互补决定区(complementary-determining region，CDR)，这 3 个互补决定区都位于两条重链和两条轻链 N 端的可变区内(V_H 和 V_L)。除了可变区外，抗体分子上还有恒定区(constant region，C 区)，重链分子上有 3 个恒定区(C_{H1}、C_{H2} 和 C_{H3})，轻链上有一个恒定区(C_L)，不同抗体分子的恒定区之间的差异只是一个或两个氨基酸残基。恒定区决定抗体在机体内如何发挥作用。如果用木瓜蛋白酶处理，可以将抗体分解成 3 个部分，即两个 Fab 片段和一个 Fc 片段。Fab 片段包括一条完整的轻链和重链的可变区以及重链恒定区 1，其中重链和轻链间由 C_L 和 C_{H1} 之间的一个二硫链连接；Fc 片段包括两条重链的 C_{H2} 和 C_{H3} 区域，两条重链片段间也有一个二硫链连接(图 4-17)。

Fab 片段保存有抗原结合活性和特异性，经过实验人们进一步发现，其实只要保留 Fab 片段上的两段可变区片段(V_H 和 V_L)，即可完全获得原抗体的抗原结合活性，这两个可变区合起来称为 Fv 片段，约占 Fab 片段 N 端的一半。由于是可变区，因此每个不同的抗体分子 Fv 片段区域的氨基酸序列都不同。

与 Fab 片段不同，Fc 片段没有抗原结合活性，但它是抗体结合抗原后激活机体免疫反应的主要部位，它主要激活以下免疫反应：

(1) 激活补偿功能系统，该系统可分解细胞膜，激活巨噬细胞，并且产生信号以激活免疫反应系统的其他组分。

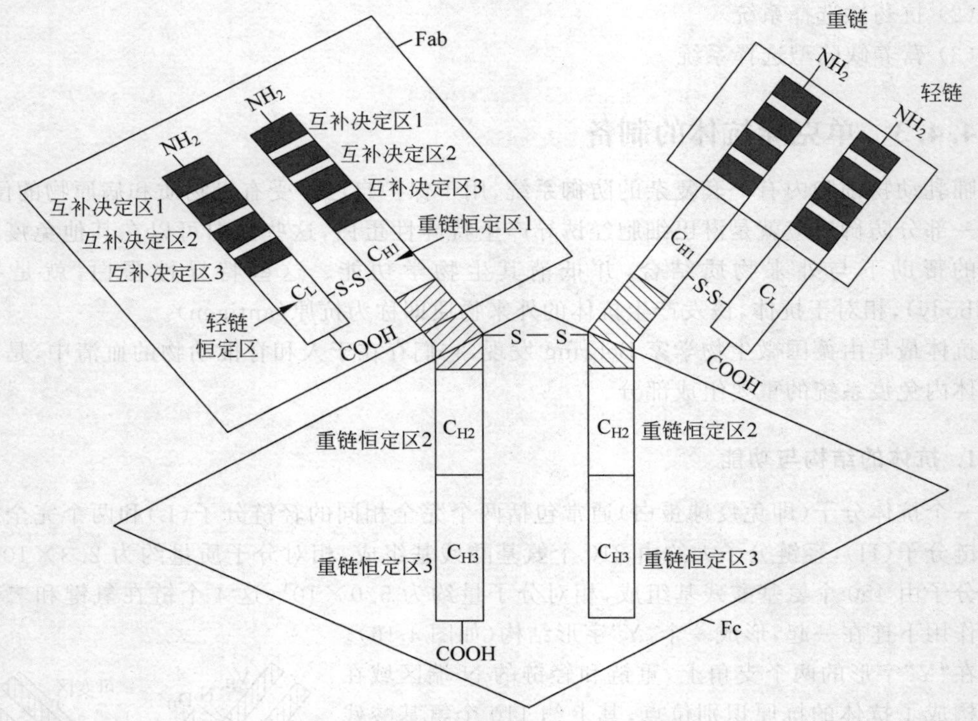

图 4-17 木瓜蛋白酶处理后抗体的结构

(2) 产生抗体依赖性细胞介导毒性(antibody-dependent cell-mediated cytotoxicity, ADCC)，抗体的 Fc 部分与一个 ADCC 效果细胞的受体结合后，该细胞可以释放出一些裂解物质，结合在抗体 Fab 部分的外源细胞。

(3) Fab 区域结合一个可溶性抗原后，抗体的 Fc 部分可结合巨噬细胞的 Fc 受体，使巨噬细胞吞食并毁灭抗原-抗体复合体。

从现代免疫化学技术来看，恒定区还提供了与二级试剂反应的重要部位。因为这些区域与抗原结合部位相距离很远，它们提供了一个与抗体结合而不影响抗原反应的区域。恒定区常作为最有效的二抗试剂结合的表位区。

抗体分子的功能结构对于蛋白质工程改造极为有利，因为人们可以通过分子间的功能区域互换来改变抗体的特性，比如交换抗原结合位点(Fab 或 Fv)和激活功能区域(Fc)。抗体的结构也很适合于接上其他分子(如毒素、淋巴细胞活素或生长因子等)，改造成为有特异识别能力的抗体分子。

2. 单克隆抗体

当某些外原生物(细菌等)或生物大分子(蛋白质)，即抗原进入动物或人体后，会刺激后者形成相应的抗体，引起免疫应答，从而将前者分解或清除。

因此，抗体分子是免疫系统反应的一个重要组分，抗体分子可以识别各种不同的外来抗原，同时激活宿主的防御系统。对每一个免疫刺激，每一个淋巴细胞都会合成并分泌一种单个抗体，这些抗体可以高度特异地识别免疫抗原的特定区域，即抗原决定簇。每种抗原的性质是由其表面的蛋白质类物质(决定簇)决定的,然而,抗原表面往往有很多种决定簇,可以引发机体产生相当多的针对每一个抗原决定簇的特异性抗体。

这些由同一抗原产生的不同的抗体统称为多克隆抗体。

这种情况给临床医学的诊断及治疗带来诸多不便。

哺乳动物和人体内有两类淋巴细胞,即T细胞和B细胞,前者能分泌淋巴因子(如干扰素),发挥细胞免疫功能,后者能分泌抗体,具有体液免疫作用。由于外部环境纷繁复杂,千差万别的抗原诱使B淋巴细胞群产生的抗体高达数百万种,不过每个B淋巴细胞都仅专一地产生,并分泌一种针对某种抗原决定簇的特异性抗体。显然,要想获得大量专一性抗体,就必须从某个特定B淋巴细胞培养繁殖出大量的细胞群体,即克隆。如此克隆出的细胞其遗传性高度一致。由它们分泌出的抗体称为单克隆抗体。

令人遗憾的是,B细胞虽能产生抗体,但却不能在体外生长繁殖。于是,人们想到创造一种杂交细胞,既包含B细胞的DNA以产生抗体,又包含另一相容性细胞类型的细胞分裂功能,使之能在体外培养液中生长。

3. 单克隆抗体制备

1975年,Kohler和Milstein利用肿瘤细胞无限增殖分生的特点,将B细胞与之融合,终于获得了既能产生单一抗体又能在体外无限生长的杂合细胞,在生物医学领域作出了重大贡献,由此荣获1984年诺贝尔奖。

淋巴细胞杂交瘤技术制备单克隆抗体的基本过程为:实验前数周用特异抗原免疫实验动物,使其脾内产生大量处于活跃增殖状态的特异B细胞。杀鼠取脾制备B细胞悬浮液。将鼠骨髓瘤细胞(HGPRT$^-$)和B细胞混合。细胞融合可以用仙苔病毒介导,也可以用PEG介导。细胞融合后转入HAT培养基中培养,由于B细胞天然地不能在体外增殖,而所用的骨髓细胞是HGPRT缺陷型,因此,只有杂交细胞可以在HAT培养基上生长(图4-18)。

4.4.4 细胞拆合

从不同的细胞中分离出细胞器及其组分,在体外将它们重新组装成具有生物活性的细胞或细胞器的过程称为细胞拆合。

细胞拆合的研究大多以动物细胞为材料,其中尤以核移植和染色体移植的工作令人瞩目。

1997年2月,英国科学家Wilmut在*Nature*上发表了他利用乳腺细胞的细胞核克隆出一只绵羊"多莉"(Dolly)的成果。"多莉"的诞生,既说明了体细胞核的遗传全能性,也翻开了人类以体细胞核竞相克隆哺乳动物的新篇章。"多莉"的克隆成功,在生物学和非生物学界都掀起了一场轩然大波,一时间"克隆"成为各媒体乃至全社会关注的焦点。此项技术因而荣登*Science*评出的1997年十大科学发现的榜首。

什么叫"克隆"?

简而言之,克隆就是无性繁殖。对于动物而言,克隆动物就是指不经过生殖细胞而直接由体细胞获得新的个体。目前,对于克隆的具体定义仍有争议。有人认为凡是不经过受精过程而获得新个体的方法就叫克隆。而另一些人则认为只有像在植物中那样,从一个具有全能性的体细胞直接再生出新个体才叫克隆。在目前的技术水平下,所有的高等动物细胞

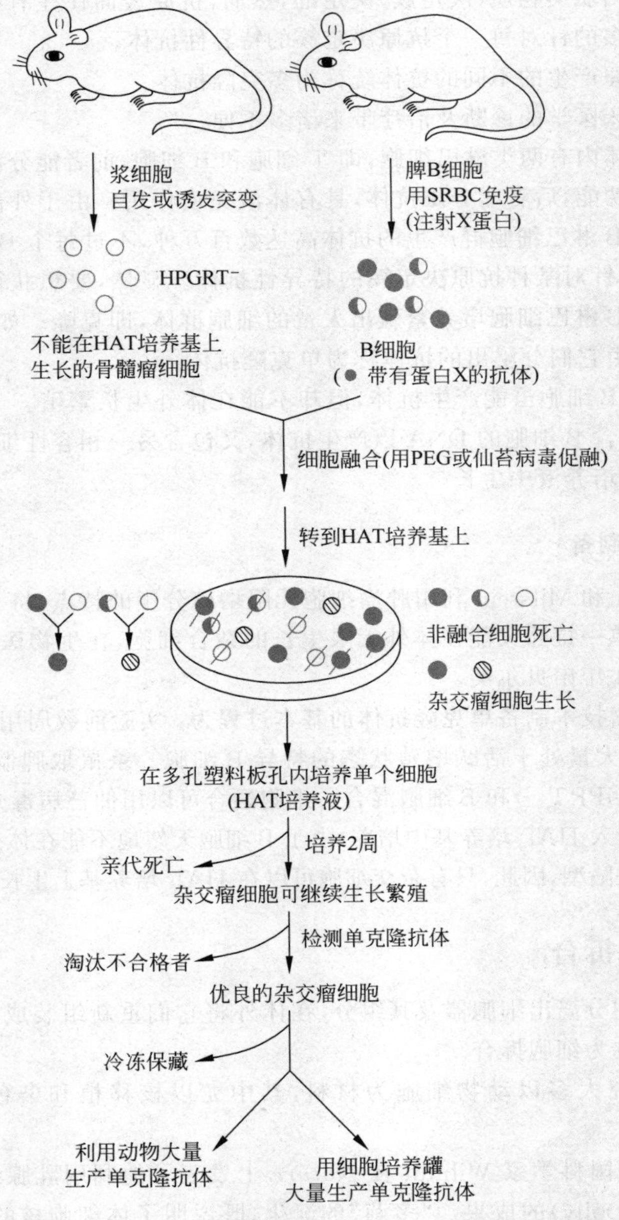

图 4-18　利用杂交瘤细胞制备单克隆抗体的过程示意图

都必须将其遗传物质转入卵细胞后才能再生，也就是说，必须借助于卵细胞的细胞质中的某些特殊物质才能进行正常的生长发育，而不能从体细胞直接再生出新的个体。因此，按后一种说法，现在的所谓“克隆”动物其实都不是真正意义上的“克隆”。

由于体细胞和受精卵一样都含有全部的遗传信息，因此，从理论上讲，从体细胞获得完整的动物个体是完全可行的。但由于动物细胞高度分化，它是否仍然保持发育的全能性，一直是学术界长期争论不休的问题。

下面结合克隆"多莉"的过程，介绍通过核移植从体细胞获得新个体的过程。

"多莉"的克隆过程为：先从一头6岁的芬兰母羊的乳腺中取出一个细胞，并在体外繁殖成为一个细胞系。从用药物刺激大量排卵的苏格兰黑面母羊体内取出卵细胞，移出卵细胞的细胞核，将乳腺细胞与无核的卵细胞融合，并开始增殖。将移核后开始发育的卵细胞植入第三头母羊(即代孕母羊)的子宫，最终产下发育完全的羊羔，这就是闻名世界的克隆羊"多莉"(图4-19)。

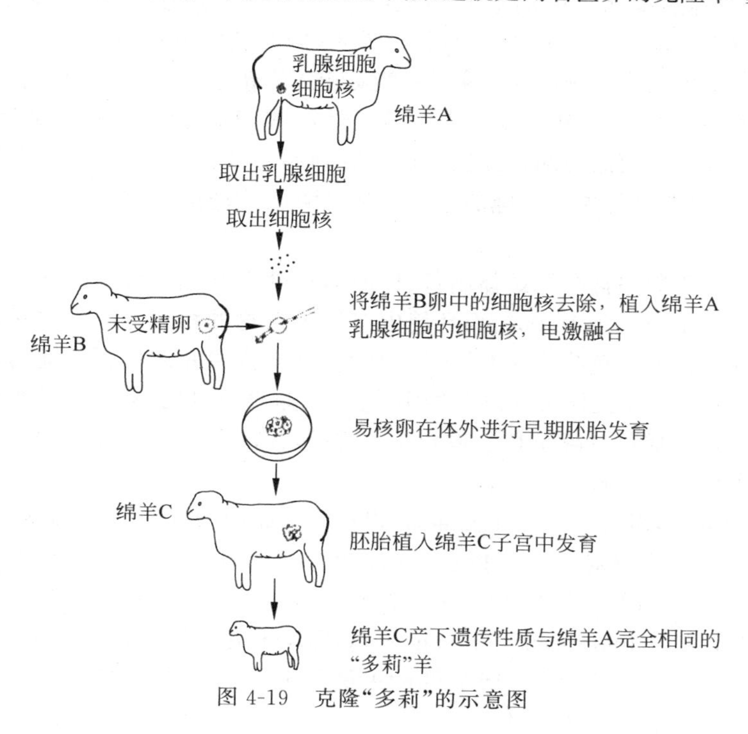

图4-19　克隆"多莉"的示意图

4.5　细胞融合技术在污染治理中的应用

作为现代生物技术之一的细胞融合技术，半个多世纪来有着突飞猛进的发展，其意义在于打破了传统依赖有性杂交和嫁接方法创造新种的界限，扩大了遗传物质的重组范围。细胞融合技术使种间、属间甚至动物与植物间的遗传物质组合成为可能。与目前备受关注的基因工程相比，细胞融合技术避免了分离、提纯、剪切、拼接等基因操作，具有投资少、有利于广泛开展研究和推广的优点。细胞融合技术在细胞遗传学、细胞核质关系、单克隆抗体以及远缘杂交育种等方面具有重要的意义。

在环境领域中，细胞融合技术在环境污染物的检测、难降解物质的降解、优良菌种的培育、抗性植物的培养等方面发挥着越来越重要的作用。随着细胞融合技术研究的不断深入，它的发展前景以及产生的影响将会日益突出；但细胞融合对基因的针对性不强，未知性和不确定性很大。在育种方面，细胞融合与传统育种方法和基因工程相结合，将成为今后的研究重点。例如，首先用诱变育种获得亲本再进行细胞融合，利用基因工程手段检测融合子中的目标基因，以进一步确认融合子筛选的正确性。

4.5.1 动物细胞融合技术的应用

动物细胞融合技术在环境领域主要用于生产单克隆抗体，进行环境中痕量污染物，如持久性有机污染物(persistent organic pollutants，POPs)、内分泌干扰物(endocrine disrupting chemicals，EDCs)等的检测。检测这些污染物的传统方法是色谱法(气相色谱或液相色谱)，检测样品的前处理过程较为复杂，且仪器昂贵，因此其应用受到限制。自 Hammock 将免疫检测方法应用于农药检测研究以来，免疫检测法开始应用于检测环境中的痕量污染物。尤其是以杂交瘤技术生产的单克隆抗体，其性质均一稳定，特异性强，交叉反应少，灵敏度高，可大量制备，为生产商品检测盒提供了极为有利的条件，已广泛应用于环境中污染物的检测。美国 EPA 目前已经颁布实施的环境污染物酶联免疫检测方法有 19 项，我国目前有 1 项。

免疫检测法的步骤包括抗原抗体制备、样品的前处理和免疫分析。通常具有免疫原性的物质相对分子质量应大于 10 000，而环境中有机污染物的相对分子质量一般小于 1 000，其本身不能诱导机体产生免疫应答，是半抗原物质。半抗原和载体蛋白通过共价键偶联后转化为完全抗原；单克隆抗体可通过免疫实验用鼠，融合其淋巴 B 细胞和骨髓瘤获得，得到的杂交瘤细胞即可生成单克隆抗体。淋巴 B 细胞具有特异性，骨髓瘤细胞容易生长，杂交瘤细胞具有二者的双重特性。

在免疫学分析前，需要提取与净化样品，以排除样品中的各种离子、脂肪、蛋白质和酚类物质以及样品的其他成分对免疫分析造成的影响。免疫分析方法主要包括放射免疫测定(radioimmunoassay，RIA)、酶联免疫吸附测定(enzyme linked immunosorbent assay，ELISA)、荧光免疫测定(fluorescence immunoassay，FIA)和化学发光免疫分析(chemiluminescen timmunoassays，CLIA)等。其中 ELISA 和 RIA 最常用，对于不同污染物的不同的抗体，检测限可达 μg/L、μg/kg、ng/L 和 ng/kg。

有研究者合成了西维因(carbryl，一种杀虫剂)的半抗原并对其进行了结构鉴定，将半抗原与牛血清白蛋白和卵清蛋白共价偶联分别制备免疫抗原和包被抗原。再将免疫的 Balb/c 小鼠脾脏细胞与 SP2/0 小鼠骨髓瘤细胞融合。在融合子的检测中，非竞争 ELISA 可以保证细胞培养上清液对包被抗原的识别。但是，并不是所有识别包被抗原的细胞上清液都对西维因有识别能力。因此，必须用竞争性 ELISA 法进一步筛选，以保证单克隆抗体对西维因的识别能力。只有对西维因识别能力较高的阳性细胞，才能做进一步的克隆。研究者同时采用竞争性和非竞争性 ELISA 法筛选阳性细胞，得到一株分泌西维因单克隆抗体的杂交瘤细胞。进一步分析该杂交瘤细胞的染色体，并以间接 ELISA 法检测了单克隆抗体免疫球蛋白的类型及其与西维因的亲合性和特异性，结果表明该单克隆抗体与西维因的亲合性较高，而与西维因结构类似物的交叉反应很小($<3\%$)，为其 ELISA 方法的建立提供了条件。Okuyama 等建立了检测人乳液中二噁英(polychlorinated dibenzo-p-dioxins，PCDD)和多苯并呋喃(polychlorinated dibenzofurans，PCDF)的单克隆抗体酶联免疫吸附(ELISA)分析方法。通过二氧杂芑 C1 和 C2 位点与牛血清蛋白的结合构造抗原，之后多次免疫 BALB/c 和 A/J 鼠，并用其脾细胞和 P3/NS1/1-Ag4-1 骨髓瘤细胞进行融合，5 次融合后，得到了杂交瘤细胞，该杂交瘤细胞产生的 D9-36 单克隆抗体，能够特异性识别主要的 PCDD 和 PCDF 的同系物，特异性较好。通过竞争性 ELISA 对其进行定量分析，结果表明，免疫分

析法的精度很高，2,3,7,8-TCDD 的检测为 1～100 pg/50 μL，对实际样品的检测结果与用高分辨率 GC-MS 得到的毒性当量结果一致。

清华大学的研究团队自 20 世纪 90 年代以来，开展了针对多种环境污染物，从完全抗原制备与评价、酶联免疫检测方法(ELISA)建立与评价、监测影响因素分析，到各种电化学、光学等传感器研发与应用的一系列研究工作。获得了微囊藻毒素、2,4-二氯苯氧乙酸 (2,4-D)、硝基苯类等多种污染物的高质量抗体，并已成功用于污染物检测。

4.5.2 植物细胞融合技术的应用

植物细胞融合主要应用在育种方面，以获得性状优良的品种，使植物或农作物在抗病虫害、产量以及产品品质等方面有所提高。从 1972 年 Carlson 等获得了烟草种间融合杂种、1978 年德国学者获得了马铃薯和番茄的细胞融合植物——薯番茄以来，已经获得了许多种间、属间杂种，包括大豆-烟草、拟南芥-白菜、烟草-颠茄、番茄-马铃薯、甘蓝-白菜。

在环境领域，植物细胞融合可用于培育抗性植物。Jourdan 等将雄性不育的 *Brassica oleracea* ssp. *botrytis*(花椰菜，染色体 $2n=18$)和有阿特拉津(除草剂)抗性细胞质且雄性可育的 *B. napus*(甘蓝型油菜，染色体 $2n=38$)体细胞进行融合，得到了 3 株融合子($2n=56$)和 6 株花椰菜胞质杂合子($2n=18$)，并检测其除草剂抗性。这些融合子和胞质融合子都具有来自阿特拉津抗性细胞质的叶绿体和线粒体，但是没有发现线粒体 DNA 的再结合。现场测定花椰菜胞质杂合子阿特拉津的耐受性，结果表明，当阿特拉津在 0.56～4.48 kg/hm^2 的施用量下，花椰菜胞质杂合子都未表现出异常，说明花椰菜胞质杂合子在阿特拉津残留浓度较高的环境中得以生长，具有潜在使用价值。

一些植物能够在金属污染的土壤中存活，并且能够在体内富集金属，这一过程称为植物提取(phytoextraction)或植物修复(phytoremediation)。除了较强的耐受力和富集能力外，这种植物还应该有较快的生长速度、较大的生物量，才能够快速吸收、转移污染物。十字花科天蓝遏蓝菜(*Thlaspi caerulescens*，阿尔卑斯山菥蓂)能够耐受锌和镉，其植株组织内可积累高 40 g/kg 的锌而未表现明显伤害，且能够在芽尖富集这两种金属，但是其较慢的生长率以及较小的植株尺寸使机械化收割难以进行，限制了其应用，因此需要培养有超富集功能、个体较大、生长迅速的植物，以缩短植物修复的时间、降低植物修复的费用。Brewer 等利用电融合对十字花科天蓝遏蓝菜和甘蓝型油菜(*Brassica napus*)进行体细胞电融合，目的是将前者的锌耐受和富集相关基因导入到更为大型的植物中。在最适融合条件下，种间融合子的生成概率可达 13%，未融合或自融合的十字花科天蓝遏蓝菜细胞不会在培养基中生长，通过考察愈伤组织对锌的耐受性筛选融合子，另外也可以通过延长培养时间观察其生长来筛选(甘蓝型油菜愈伤组织在培养 1 个月左右会吸附在容器壁上，而融合子不会)。17 株融合子通过 DNA 扩增片段长度多态性(AFLP)分析进行最后确认，这些融合子兼具两种亲株的 DNA 条带特性。融合子在土壤中生长了 4 个月，5 株开花，其形态介于两株亲本之间，一些融合子在高锌介质中能够存活，并能够富集锌和镉，结果显示，通过融合，锌富集的特征得到了传递。

4.5.3 微生物细胞融合技术的应用

1. 纤维素降解菌原生质体融合

在生物降解反应中,微生物之间的共生或互生现象普遍存在。可能是由于微生物间相互提供了彼此生长或发生降解反应所需的某种生长因子。对于这种有共生或互生作用的细胞,通过原生质体融合技术,可以将多个细胞的优良性状集中到一个细胞内。

两株脱氢双香草醛(与纤维素相关的有机化合物,简称 DDV)降解菌,*Fusobacterium varium* 和 *Enterococus faecium*,当它们单独作用时,在 8 d 内可降解 3%~10%的 DDV,混合培养时,降解率可达 30%,说明有明显的互生作用。将两株菌进行原生质体融合,融合细胞(FET 菌株)的降解率最高可达 80%。利用 Southern 印迹杂交技术检验,发现融合细胞中带有双亲细胞的 DNA 序列。将融合细胞 FET 和具有纤维素分解能力的革兰氏阳性菌白色瘤胃球菌(*Ruminococcus albus*)进行融合,将纤维素分解基因引入到 FET 菌株中,获得一株革兰氏阳性重组子,它具有 *Ruminococcus albus* 亲株 45%左右的 β-葡萄糖苷酶和纤维二糖酶活性,同时还具有 87% FET 降解 DDV 酶的活性。利用基因探针技术证实它是一个完全的融合子。

2. 芳香族降解菌的构建

Pseudomonas alcaligens CO 可以降解苯甲酸酯和 3-氯苯甲酸酯,但不能利用甲苯。*Pseudomonas putida* R5-3 可以降解苯甲酸酯和甲苯,但不能利用 3-氯苯甲酸酯。上述两菌株均不能利用 1,4-二氯苯甲酸酯。通过细胞融合,得到的融合细胞可以同时降解上述 4 种化合物。这一结果说明原生质体融合可以集中双亲的优良性状,并可产生新的性能。

将乙二醇降解菌 *Pseudomonas mendocina* 3RE-15 和甲醇降解菌 *Bacillus lentus* 3RM-2 中的 DNA 转化至苯甲酸和苯的降解菌 *Acinetobacter calcoaceticus* T3 的原生质体中,获得的重组子 TEM-1 可同时降解苯甲酸、苯、甲醇和乙二醇,降解率分别为 100%,100%,84.2%和 63.5%。此菌株用于化纤废水处理,对 COD 去除率可达 67%,高于三菌株混合培养时的降解能力。

4.6 抗性植物在生物修复中的应用

植物细胞工程的首要目的是获得各种符合人类需要的植物品种,其中以农作物占多数。早期的研究集中在培育高产量的新品种。现在人们研究得更多的则是将各种抗性基因转移到植物体内,以使它们获得对昆虫、病毒、除草剂、环境污染、衰老等的抗性。还可以人为地对植物花卉、果实进行修饰改造等。

目前已培育出多种抗性植物,如抗虫、抗病毒、抗除草剂、耐受环境压力(包括抗旱、抗热、抗寒等)等的改良植物。

4.6.1 植物对非生物胁迫应答的机制

非生物胁迫因子,特别是盐分和干旱,是制约植物生长发育、影响作物产量和质量的关键因子。这些非生物胁迫的共同点是它们都会导致植物细胞缺水,使细胞的水分平衡紊乱,还可以引起蛋白质等大分子变性,破坏植物细胞内的膜结构等。为了生存,植物在遇到非生物胁迫时不得不在形态和生理生化代谢上进行一些调整,以适应或忍耐环境胁迫。

干旱、盐、极端温度、氧化胁迫等经常互相关联,并且可以造成相似的细胞损伤。例如,干旱和盐浓度主要表现为渗透胁迫,破坏细胞的正常离子分布和动态平衡;而伴随着高温、高盐或干旱胁迫而来的氧化胁迫,可以使功能蛋白和结构蛋白变性。总之,这些不同的环境胁迫可以激活相似的细胞信号通路,引起相似的细胞应答,例如增加胁迫蛋白的产量、提高抗氧化剂基因的表达水平、增加可溶性物质的积累等。非生物胁迫可以导致植物发生一系列形态学、生理学、生物化学和分子水平的变化,影响植物的生长发育和产量。

植物对干旱、盐浓度、冷寒、高温和机械损伤等非生物胁迫的应答非常复杂(图 4-20),而且常常互相关联,这些非生物胁迫可以造成细胞的损伤并引起某些二次胁迫,如渗透胁迫和氧化胁迫。首先,各种胁迫刺激信号被质膜上的受体感知,并作为起始因子传递给 IP3 等第二信使。然后,由这些第二信使引发下游的信号转导,将信号传递给胁迫应答转录因子。最后,通过转录因子激活各种胁迫应答反应,包括激活细胞重建内部水分动态平衡的应答机制、积累相溶性溶质维持细胞渗透平衡、利用 Na^+/H^+ 逆向转运蛋白重建细胞内的离子动态平衡、依靠热激蛋白和胚胎晚期丰富蛋白修复被损伤的蛋白质和膜,从而使细胞产生胁迫耐受,存活下来。一旦细胞胁迫信号转导和基因激活过程出现一步或几步错误,最终将不可逆地破坏细胞内的动态平衡,使结构和功能蛋白质失活,导致细胞死亡。

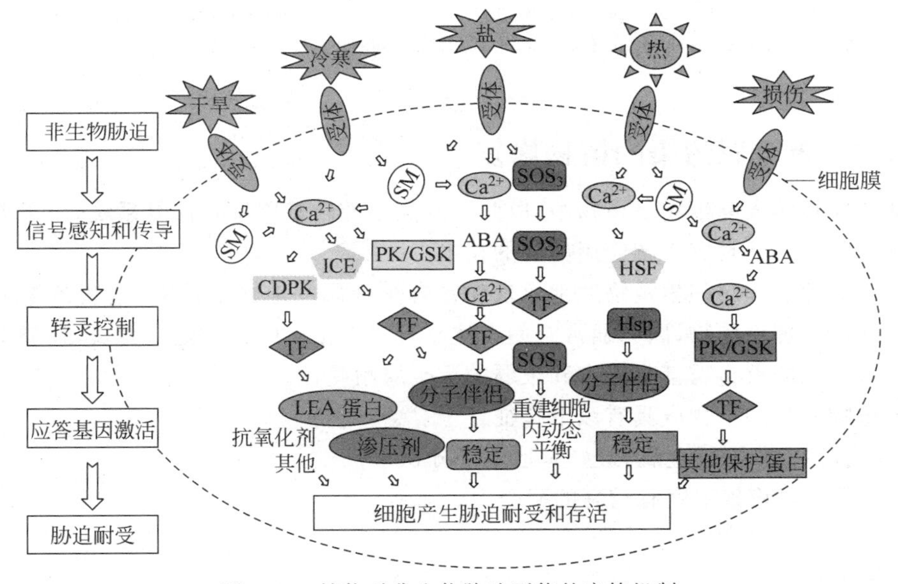

图 4-20　植物对非生物胁迫可能的应答机制

揭示植物对非生物胁迫应答的机理,需要综合利用功能基因组学、转录组学和蛋白质组学等手段,厘清非生物胁迫的信号转导通路,不断发现新的与胁迫耐受相关的基因,并应用于植物胁迫耐受的遗传改造,以期提高作物产量、改良作物品质和改善生态环境。例如对某一个胁迫应答组分(如转录因子)进行的遗传改造,则可以使植物的胁迫耐受能力大大提高。通过对参与胁迫应答的转录因子进行遗传转化,可以提高植物的胁迫耐受能力。

4.6.2 植物修复原理

植物修复是利用植物的一系列生理、生化过程部分或完全修复和消除污染土壤、水体和空气中的污染物。植物可通过吸附、吸收及超积累、转移、降解和挥发等方式降解和清除环境中的有毒物质(图 4-21)。同时,植物还可以与根际微生物协同作用实现对污染物的降解。近年来,人们研究了植物对污染物的吸收、转化和降解等机理,植物修复的应用日渐增多,有的已进行了大规模野外试验,取得了可喜的进展。

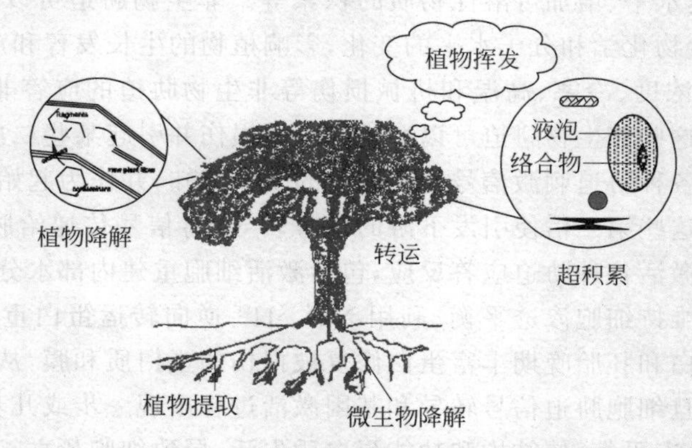

图 4-21　植物修复中可能涉及的各种过程

来源：Sureshl B,Ravishankar G A. Phytoremediation—A Novel and Promising Approach for Environmental Clean-up. Critical Reviews in Biotechnology,2004,24(2-3)：97～124

4.6.3 重金属污染的植物修复

将新的性状转入高生物量植物中,以此开发高效的转基因植物修复系统,用于重金属污染的土壤修复是一项具有广阔应用前景的技术。

耐金属的种群和超积累植物通常出现在富含重金属的地区。然而,这些植物不一定是植物修复所需的理想植物,因为通常它们个体小且只有很少的生物量。相反,长势很好的植物通常只有很低的重金属富集能力和很弱的重金属耐受性。

适合植物修复的植物应具有以下特征：

(1) 能够超量积累重金属,最好是地上部分积累；

(2) 对重金属积累浓度有较高的耐受力；

(3) 生长快,有高生物量；

(4) 易收割。

重金属耐受性和植物的超积累比高生物产量更为重要。

利用基因工程改良植物,调整植物吸收、运输和富集重金属的能力以及它们对重金属的耐受性,开拓了植物修复的新领域。利用基因工程技术设计耐受、积累金属的植物的一般策略如图 4-22 所示。

一般来说,每种重金属都需要特殊的分子机制来实现有效的超积累和超耐受性,使植物适合于植物修复。

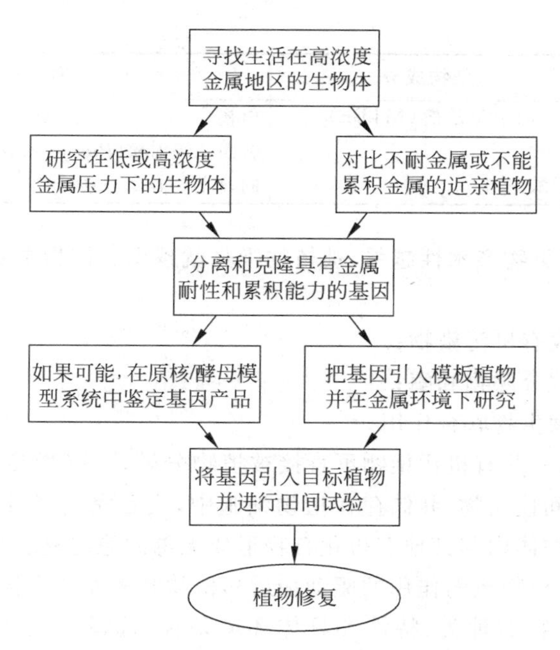

图 4-22　基因工程设计耐受、积累金属的植物的一般策略

4.6.4　有机污染物的植物修复

研究发现，自然界现存的植物类群中，有许多植物能对有机污染物进行吸收、富集、转化和降解。表 4-9 列出了一些能清除有机污染物的植物种类。

表 4-9　几类主要有机污染物、清除这些污染物的植物种类和清除机制

有机污染物种类	污染物成分	植物种类	作用机制
杀虫剂	氟乐灵、林丹	黑麦草（*Lolium perenne L.*）	吸收
	灭草松	黑柳（*Salix nigra*）	代谢降解
	滴滴涕（DDT）	鹦鹉毛（*Myriophylium aquaticum*）	代谢降解
	阿特拉津	美洲黑杨（*Populus deltoides*）	代谢降解
多环芳香烃、石油碳氢化合物（PAH/TPH）	汽油	绿萝（*Epiprennum aureum*）	代谢降解
	TPH	黑麦、大豆（*Glycine max*）	根际作用
	芘	苇状羊茅（*Festuca arundinacea*）	根际作用
	聚氯双苯（PCBs）	桑科植物（*Morus rubra*）、黑芥（*Brassica nigra*）	根际作用
	矿物油	柳树（*Salix matsudona Koldz*）	根际作用
爆炸物	三硝基甲苯（TNT）	眼子菜（*Potamogeton distinctus*）	代谢降解
	TNT、环三亚甲基三硝（RDX）、环四亚甲基四硝胺（HMX）	白杨内生真菌（*Methylobacterium* sp.）	代谢降解
	硝酸甘油（GTN）	烟草（Nicotiana tabacu，L.）	代谢降解
	HMX	紫花苜蓿（*Medicago sativa*）	代谢降解
	高氯酸盐	白杨（*Populus tremula*）	代谢降解

续表

有机污染物种类	污染物成分	植 物 种 类	作用机制
汽油添加剂	甲基-3-丙基-乙醚(MTBE)	白杨	树干挥发
		新西兰辐射松(*Pinups radiata D. Don*)	代谢降解
	苯甲酸三唑	向日葵(*Hellianthus*)	代谢降解

研究表明,有机污染物亲水性越强,被植物吸收就越少。植物主要通过三种机理去除环境中的有机污染物:

(1) 植物直接吸收有机污染物;

(2) 植物根系释放分泌物和酶;

(3) 植物和根际微生物联合作用。

在植物的作用下,一些有机污染物可直接被植物分解,其产物参与植物体的代谢过程,或转化成无毒性的中间代谢物,并储存在植物细胞中,或者完全降解,矿化成 CO_2 和 H_2O。有些有机污染物在植物体内与其他有机化合物形成无毒的稳定复合物。还有一些有机污染物经木质部分转运,由植物蒸腾作用的驱动最后从植物叶表面挥发掉。因此,在应用植物修复时,要综合分析污染物的种类、特性和具体环境条件,选择合适的植物种类并制订技术方案。

近年来,应用转基因技术将特定外源基因导入植物,以提高植物降解除草剂效率的研究也获得良好结果。表达人 CYP2B6 基因的水稻植株对除草剂呋草黄(ethofumesate)的降解作用至少增强了 60 倍。共表达大豆 CYP71A10 和 P_{450} 还原酶基因的烟草植株,对苯脲(phenylurea)型除草剂降解能力提高 20%～23%。这些转基因研究表明,通过表达单个目标基因或同一代谢途径中的多个目标基因,能够有效地提高植物修复有机污染物的能力。

目前植物修复技术所采取的途径多是种植单一的修复型植物,往往修复不彻底。高浓度的有机污染物以及由于拮抗或化感作用常引起修复型植物生长不良,生物量下降。未来应大力开发和培育高效修复型植物,这些植物应适应性强、生物量大、对多种目标污染物有降解能力。此外,还应研究建立应用多种植物混作和轮作等提高修复效率的技术途径。可以预见,随着相关基础理论研究的深入以及对已有植物清除污染物技术体系的整合和优化,植物修复将在改善人类生存环境、促进经济可持续发展中发挥更大的作用。

4.7 抗体技术在污染治理中的应用

4.7.1 抗体片段的开发

抗体与其目标分子的结合基本是按摩尔比 1∶1 进行的,用一个大的抗体去结合一个小的目标分子是不经济的。因此,构建一个抗体最小识别单元(minimum recognition unit,简称 MRU),即能高亲合性地与抗原相结合的最小分子质量的抗体片段,是非常重要的。抗体的片段越小,单位蛋白质的结合位点就越多,其制造成本就越低。

近年来,开发出了大量的抗体片段,例如图 4-23 所示抗体及其片段。

其中最常用的结构是基于单链 F_V(scF_V)的模件,其中重链可变区(V_H)和轻链可变区

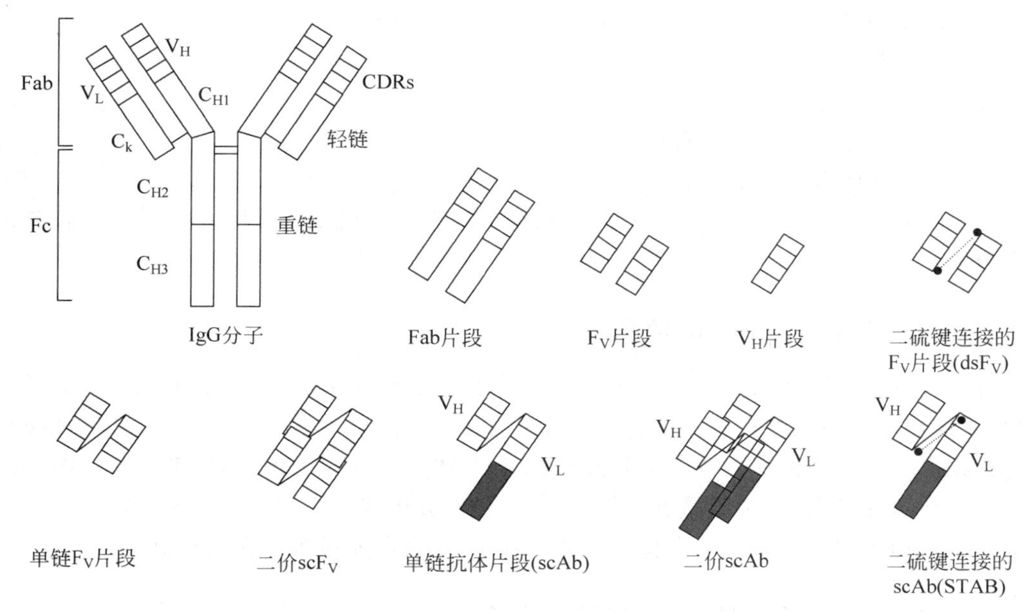

图 4-23　IgG 抗体及其不同抗体片段的结构

(V_L)通过柔性的多肽连接在一起，V_H 和 V_L 通过非共价键相互作用，多肽使两条链以正确的结构连接起来并且使其稳定性加强。

抗体及其抗体片段已广泛应用于医药工业，可以预见，它们在食品、化妆品、化工和环境等领域中也会起着越来越重要的作用。抗体作为键合剂和信号分子的可能应用总结于表 4-10。

表 4-10　抗体片段作为特殊的键合剂的应用

领　　域	应　　用
食品工业	抑制引起食品变坏的酶活性 在食品加工过程中保护敏感成分 改善(增加或掩盖)食品的芳香和异味 杀死微生物的防腐剂
化妆品	牙膏和洗漱剂中抗细菌和抗真菌剂 抑制引起身体异味的酶活性 防止头皮屑的特殊抗菌剂
洗涤剂	在加工过程中保护敏感成分 去除污垢、斑点
制造工业	产品与中间体的分离 过程用水的净化
环境保护	去除水中的微生物和病毒 去除水中的有机污染物 生物修复受污染的土地

抗体或抗体片段要得到广泛应用,必须满足下列条件:

(1) 能够大量生产;

(2) 生产成本尽可能低;

(3) 与目标分子的亲合力高;

(4) 在不良环境中稳定性好。

在表 4-10 中所列的各种潜在应用中,最富挑战性的应用领域是环境中有机污染物的监测和治理。

4.7.2 免疫分析和环境监测

有机合成化学工业的发展及其化合物的广泛应用导致环境污染日益加剧。欧盟已制定法规,要求饮用水中某些有机污染物的浓度小于 0.1 μg/L,这就要求有与之配套的日常检测分析技术。现行的标准方法有高效液相色谱(HPLC)、气相色谱(GC)和质谱(MS)法,但这些方法技术要求高,且费用昂贵。相比而言,免疫分析技术快速,简单,便宜。抗体片段作为信号分子和传感器可以应用于化学与微生物污染、食品质量等方面的检测。

4.7.3 去除微量持久性有机污染物

抗体片段大规模应用于产品的回收、分离或浓缩,或应用于生物治理要求使用循环免疫亲合技术。

有报道表明,用固定化 scAbs 处理含除草剂阿特拉津(atrazine)的废水,当废水通过固定化 scAbs 柱时,除草剂浓度从 120 μg/mL 降至 20 μg/mL,并且,抗 *P. aeruginosa* scAbs 能够专一有效地用于从牛奶中去除这类细菌。固定化 scAbs 柱可以循环使用 100 次而保持亲合力不下降。

1 kg scAbs 可处理 40 万 t 受微量阿特拉津污染的饮用水,使其浓度从 10 μg/mL 降至 0.1 μg/mL(欧盟条例的规定值)。处理成本与利用活性炭吸附法的费用相当(图 4-24)。

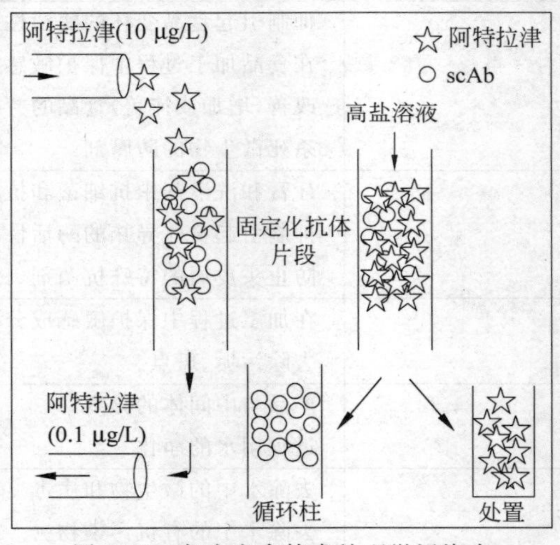

图 4-24 免疫亲合技术处理微污染水

4.8 微生物表面展示技术在重金属污染治理中的应用

4.8.1 微生物表面展示技术

微生物表面展示(surface display)技术是一种新兴技术,它使表达的外源肽(或蛋白质的结构域)以融合蛋白形式展示在噬菌体或微生物细胞的表面,被展示的多肽或蛋白质可以保持相对独立的空间结构和生物活性。可用于研究某些多肽或蛋白质(如受体、膜蛋白、抗原和抗体等)在哺乳类和细菌细胞表面的结构、性质和作用。随着展示技术的发展,人们可以更有效地认识、改造和创建各种生物大分子。

改造细胞表面结构,比改造细胞其他部位结构更容易实现,因此也就更接近实际应用。通过表面展示技术制备细胞表面吸附剂,有望在重金属污染去除和毒性有机污染物的脱毒等环境保护领域以及生物传感器和金属溶出等方面得到应用。

自 Smith 于 1985 年首次在 *Science* 上发表文章,提出噬菌体展示技术以来,微生物展示技术得到了关注,并不断发展进步,日趋成熟。噬菌体展示技术是将编码目的肽(此处肽广义地包括多肽和蛋白)的 DNA 片段通过基因重组的方法构建和表达在噬菌体(外壳蛋白或性纤毛)、细菌(外膜蛋白、菌毛及鞭毛等)或酵母(糖蛋白)等微生物的表面,从而使每个细胞只展示一种多肽。展示技术的一个重要特征和优点是靶分子肽与其 DNA 存在于一个细胞中。这样,通过 DNA 模板的制备和序列测定,就可以确定 DNA 序列,进而推断所编码的靶分子结合肽氨基酸组成。

对细菌外膜蛋白结构的研究表明,除了 C 端跨膜结构域有一段短的共有序列外,在其一级结构中并没有另外的拓扑信号。显然,装配和对外膜的定位是由三级结构的相互作用决定的。典型的外膜蛋白,像 PhoE,OmpA 和 LamB,它们折叠成反向平行的 β-折叠桶(β-sheet barrel),形成埋在外膜内的核心结构。多达 60 个氨基酸的外源肽可融合在外膜蛋白的胞外突环(extracellular loop)内,并且在大肠杆菌表面得到展示。更大的外源肽和蛋白质将会干扰 β-桶骨架,不能定位于合适的细胞表面,甚至破坏细胞的被膜结构。

当以一组随机多肽编码序列或基因插入表达载体进行表面展示时,其总体称为表面展示库(surface display library)。在展示库中,每一个噬菌体或细胞只展示一种序列的外源肽。表面展示技术将被展示的多肽或蛋白质与其基因联在一起,构成一个实体。因此,在得到某种多肽结构时也就获得了它的基因。

展示技术的一个非常有意义的应用领域是肽展示。通过目的肽的展示,可实现生物分子的固定化,这在重组疫苗的建立、酶的固定化和再生等领域有广泛的研究和应用。这种展示技术可以应用于开发活的细菌疫苗、筛选抗体库、生产细胞吸附剂以及制备完整细胞的生物催化剂。已有多种细胞表面展示系统构建成功,并开拓了一个称为细胞表面工程(cell surface engineering)的崭新研究领域(图 4-25)。

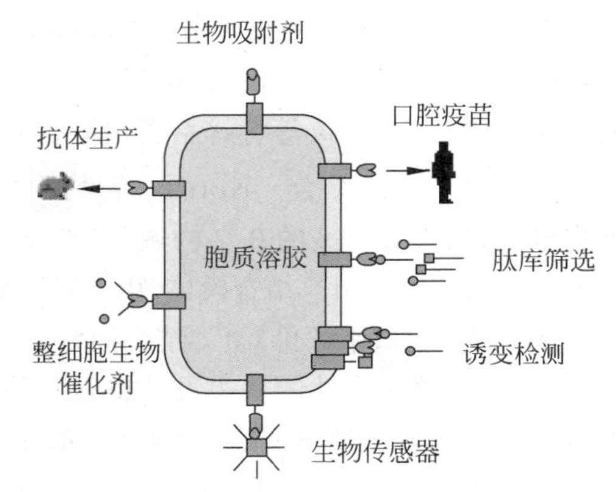

图 4-25 微生物细胞表面展示技术的应用

4.8.2 重金属污染治理

重金属污染一直是世界普遍存在的环境问题。重金属污染可用多种生物技术治理，微生物去除重金属的机理包括生物吸附、生物转化、沉淀等作用。

1. 天然金属结合蛋白的展示

许多生物含有金属硫蛋白（metallothioneins，MTs）、类金属硫蛋白、植物螯合素（phytochelatin，PCs）、金属抗性调节蛋白等金属结合分子，使得它们可以结合和耐受金属离子的作用。因此，天然金属结合蛋白是金属结合肽的一个重要来源。

在真核生物细胞内，主要通过螯合作用来限制细胞内具有反应活性的自由金属离子浓度。谷胱甘肽（GSH）、与GSH相关的植物螯合素以及富含半胱氨酸的金属硫蛋白（MTs）等物质是细胞用于固定金属离子的主要金属螯合肽。可以预期，将MTs展示在细菌的表面，能够增强细菌对金属的富集和耐受性。人们早期利用MTs在细胞内表达来提高细菌对金属结合能力的尝试是成功的。例如，在大肠杆菌细胞中表达这些肽，可以增加对金属的结合能力。Pazirandeh等的研究结果表明，过量表达 *Neurospora crassa* 金属硫蛋白的大肠杆菌可以有效地积累铜、镉和其他金属。Sousa等利用 *E. coli* 的LamB蛋白将源于酵母和哺乳动物的金属硫蛋白展示在大肠杆菌的外膜上，这种展示不影响LamB的拓扑结构，并且通过杂合蛋白的表达，可以使 *E. coli* 对 Cd^{2+} 的结合能力增加15～20倍。Kotrba等将人MT1A的N-端β-和C-端α-结构域分别克隆和展示在 *E. coli* 的LamB蛋白上。结果显示，表达LamB杂交蛋白，可以增强 *E. coli* 对二价重金属离子的富集，其中以 Cd^{2+} 为最高。然而，细胞质溶胶中的氧化还原代谢途径会干扰MTs在细胞内的表达。除非MTs与其他组分稳定结合，否则会很快被宿主的蛋白酶水解。更重要的是，MTs在细胞内表达，使积累的重金属不容易释放出来，从而妨碍生物吸附剂的循环利用。解决这个问题的明智之举是在细胞表面表达MTs。Sousa等在LamB序列的153位点插入MTs，显示了该技术的可行性。

2. 模拟肽的表面展示

在利用天然金属结合蛋白的同时，人们尝试模拟天然存在的金属蛋白酶、金属转运蛋白以及金属-多肽模体等的结构域。Yamamura等描述了一种模拟核糖核酸还原酶金属结合位点的模型肽片段Boc-Glu-Giu-Thr-Ile-His-Ome，该片段对 Zn^{2+} 的结合通过组氨酸和谷氨酸来完成。Klemba等将锌指蛋白结构 Cys_2His_2 引入一种新的蛋白中，显示了对 Zn^{2+}、Co^{2+}、Cd^{2+} 的高效结合。Kotrba等模拟自然界存在的金属结合位点，如蛋白质骨架原子、植物螯合素、人MT-2的β-结构域、锌指以及锌指类结构，将合成的七肽或八肽结合在棉载体上，测定和分析 Cd^{2+} 结合模体，用金属解离50%时的pH和所有可检测到的 Cd^{2+} 全部释放时的pH两个参数来评价 Cd^{2+} 结合能力。结果表明，Cd^{2+} 的结合与pH紧密相关。

此外，金属结合肽的从头设计也是一种颇有潜力的方法。例如，富含组氨酸和半胱氨酸等氨基酸残基的多肽对 Cd^{2+} 和 Hg^{2+} 的亲合力非常高。Sousa等利用这种方法将六聚组氨酸多肽展示在 *E. coli* 的外膜LamB蛋白表面，改善了对重金属的螯合能力，这种表面展示有六聚组氨酸多肽的 *E. coli* 可以吸附大量的金属离子，对 Cd^{2+} 的吸附和富集能力提高11

倍,但不能增加对 Cd^{2+} 的耐受性。而且六聚组氨酸多肽对 Cd^{2+} 无专一性,它同样可结合其他重金属,如 Ni^{2+},Cu^{2+},Zn^{2+}。Xu 和 Lee 将更长的多聚组氨酸多肽作为锚定模体展示在 *E. coli* 的外膜蛋白 OmpC 上,重组细菌的吸附容量可以达到 32 mmol Cd^{2+}/g 干重菌体。

3. 从噬菌体展示库中筛选肽并在微生物表面展示

新的金属结合肽也可以从噬菌体展示库中进行选择。人们将对 Cd^{2+} 亲合力最强的肽 His-Ser-Gln-Lys-Val-Phe 克隆到 *E. coli* 中,融合表达到外膜蛋白 OmpA 的细胞表面暴露区。结果表明,表达这种肽的微生物细胞,在含有毒性水平的 $CdCl_2$ 的生长培养基中的存活力增强,表面暴露的肽对 Cd^{2+} 具有较强的结合力。Schembri 等从菌毛展示系统中选择肽序列,克隆到 *E. coli* 中,使重组 *E. coli* 获得吸附不同金属氧化物,如 PbO_2、CoO、MnO_2、Cr_2O_3 的能力。同样,Kotrba 等将富含组氨酸(Gly-His-His-Pro-His-Gly)或半胱氨酸(Gly-Cys-Gly-Cys-Pro-Cys)、对汞有高亲合力的多肽锚定在 *E. coli* 的外膜蛋白 LamB 上,展示了这些肽的重组 *E. coli* 细胞,表现出对多种重金属的富集和耐受能力。

Barbas 等采用螯合琼脂糖凝胶,从半合成的组合噬菌体抗体库中直接筛选对 Ce^{3+}、Fe^{3+},Pb^{2+} 等金属离子具有配位作用和催化功能的金属抗体。Mejore 等利用噬菌体随机六肽库筛选 Zn^{2+},Cd^{2+} 金属离子结合肽。结果表明,经过四轮筛选,挑选出 22 个克隆进行测序,未发现 DNA 模式序列。将对 Cd^{2+} 亲合力相对最强的序列 His-Ser-Gin-Lys-Val-Phe,克隆到 *E. coli* 的外膜蛋白 OmpA 膜蛋白上,可以增强 *E. coli* 在含 Cd^{2+} 培养基中的存活能力。重组 *E. coli* 可在高达 1.2 mmol/L 的 Cd^{2+} 浓度下生长。Brown 利用 *E. coli* 的 λ 噬菌体受体的一个随机组分得到对氧化铁结合的肽段,然后利用细菌展示技术和重复多肽方法,从约 5×10^5 的肽库中筛选得对金和铬具有结合能力的重复多肽,并且,金属结合肽在脱离蛋白的情况下仍保留对金属的结合特性。Bae 等研究了另一类有趣的金属结合肽,即带有重复金属结合单元$(Gly\text{-}Cys)_n$-Gly 的合成植物螯合素(ECn),它们对 Cd^{2+} 的结合能力高于 MTs。表达 EC20 的细胞对 Cd^{2+} 的结合能力几乎是 MTs 的 2 倍。

除了实验室培养的 *E. coli* 菌株外,金属结合肽还表达在土壤细菌的表面,以延长它们在污染环境中的存活时间。Valls 等将小鼠 MT 与 *Neisseria gonorroeae* 的 IgA 蛋白酶的自动转移 β-结构域进行融合,并且展示在 *Pseudomonas putida* 和 *Ralstonia metallidurans* CH34 的细胞表面,结果表明,重组细胞对 Cd^{2+} 的结合力增加 3 倍。这种对金属结合能力的增加足以改进烟草植物 *Nicotiana betamiana* 在污染土壤中的生长和叶绿素的生产。

许多外源蛋白已经通过展示技术表达在革兰氏阳性菌和革兰氏阴性菌的细胞表面,并且应用于不同的领域。从实用的观点来看,革兰氏阳性菌具有的一些性质使之更适合用于细胞展示技术。首先,革兰氏阳性菌的表面蛋白,与革兰氏阴性菌相比,更易于插入一段外源蛋白质序列。对于革兰氏阳性菌而言,依赖于常规表面锚定机制的展示技术可以允许插入几百个氨基酸的异源蛋白区域。相反,革兰氏阴性菌的外膜蛋白仅有一些表面环可作为插入外源蛋白的"允许位点",并且通常只允许插入很短的外源蛋白。第二,革兰氏阳性菌更加明显的优越性是,将外源多肽正确展示在细胞表面只需经过单层膜的转移,而对于革兰氏阴性菌,表面展示需要经过细胞质膜转移并且与外膜正确地结合(图 4-26)。最后,考虑到对于细菌的实际处理,革兰氏阳性菌由于细胞壁较厚,更具有刚性,这是另外一个优点。然而,革兰氏阳性菌的一个潜在问题是其转化率较低。

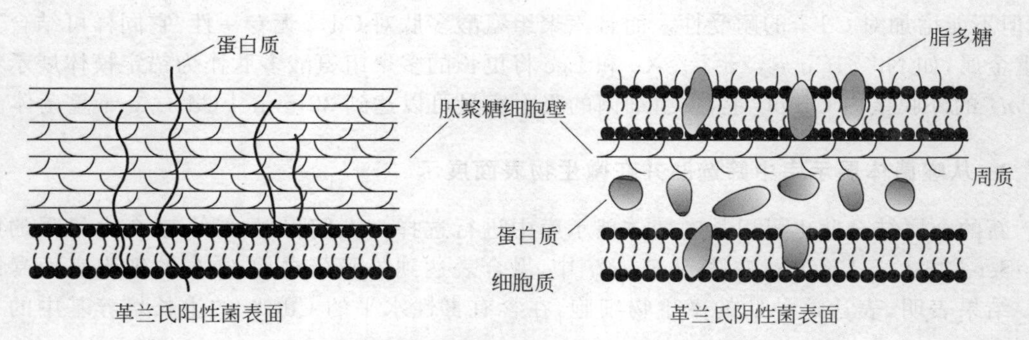

图 4-26 革兰氏阳性菌和革兰氏阴性菌细胞表面的差别示意图

由于酵母屏示的蛋白质紧密锚固在细胞壁上，可以耐受 SDS 等的抽提。同时具有酵母生长快的特点，在工业上具有很好的应用前景。例如，将不同特异的金属结合蛋白表达在酵母表面，构建基因工程微生物，可用于废水处理中吸附金属离子和放射性物质。将具有催化活性的酶固定在酵母细胞壁上，可以防止酶的不可逆抑制，再生酶的活性。表面展示技术日新月异，酵母展示系统也在不断地完善和改进，在多个领域得到广泛应用。真核细胞展示系统，对于哺乳动物蛋白质，尤其是人的蛋白质的展示具有独特的优越性。可以相信，随着展示技术的不断完善，展示技术在蛋白质分子研究方面也会发挥越来越重要的作用。

通过金属高效结合肽的肽库筛选和微生物展示用于重金属生物修复，为环境重金属污染的防治提供了一条崭新的途径。将金属结合肽直接展示在重金属修复环境微生物的表面，将使其呈现更强的作用。可用于重金属修复的微生物主要是真菌（酵母）和细菌。酵母是金属富集和固定化处理的良好微生物，一方面具有安全性，另一方面易于培养和生长。酵母细胞能够富集多种重金属，可在较恶劣的环境条件下保持对重金属的富集能力。另外，它可用于制备多用途生物修复酵母。细菌是金属结合肽的良好载体，自然界存在多种不同的金属修复菌，如氧化亚铁硫杆菌（*Thiobacillus ferroxidans*）、氧化硫硫杆菌（*Thiobacillus thiooxidans*）、硫酸盐还原细菌、恶臭假单胞菌（*Pseudomonas putida*）、铜绿假单胞菌（*Pseudomonas aeroginosa*）、节杆菌（*Arthrobacter* sp.）等。其他微生物，如藻类等，也可作为生物吸附剂用于重金属修复。

发酵工程

5.1 概述

发酵工程是一门具有悠久历史、又融合了现代科学的技术，是现代生物技术的重要组成部分，是生物技术产业化的重要环节。

发酵工程是将微生物学、生物化学和化学工程学的基本原理有机地结合起来，利用微生物，特别是经过改造的微生物（或其他生物细胞）的生长和代谢活动来生产各种有用物质的工程技术。由于它以培养微生物为主，所以又称微生物工程。

近年来，随着动植物细胞操作与培养技术的发展，动植物细胞、组织与器官等也成为发酵工程的培养对象，相关方法已在"细胞工程"一章中介绍。本章重点讨论微生物发酵工程。

5.1.1 发酵的含义

发酵（fermentation）最初来自拉丁语"发泡"（fervere）这个词，是指酵母作用于果汁或发芽谷物产生 CO_2 的现象。巴斯德研究了酒精发酵的生理意义，认为发酵是酵母在无氧状态下的呼吸过程，是"生物获得能量的一种形式"。也就是说，发酵是在厌氧条件下，糖在酵母等生物细胞的作用下进行分解代谢，向菌体提供能量，从而得到产物酒精和 CO_2 的过程。然而，发酵对不同的对象具有不同的意义。对生物化学家来说，它是指有机物分解代谢释放能量的过程。但对工业微生物家来说，它的意义就广泛得多，把利用微生物在有氧或无氧条件下的生命活动来制备微生物菌体或其代谢产物的过程统称为发酵。现在又扩展到培养生物细胞（动植物细胞和微生物细胞）来制得产物的所有过程。

5.1.2 发酵工业的回顾

早在几千年前，人们就开始从事酿酒、制酱、制奶酪等生产。然而人类在漫长的岁月中对发酵的本质一无所知，产物的生产也处在原始方式。直到 1675 年，荷兰人雷文虎克（Antony van Leeuwenhoek）发明了显微镜，才首次观察到大量活着的微生物（当时称为微动体）。被誉为微生物学鼻祖、发酵学之父的法国生物学家巴斯德（Pasteur）首次证明酒精发酵是酵母菌引起的，认识到发酵现象是由微生物所进行的化学反应，各种微生物在发酵过程中具有不同的生化反应，对发酵的生理学意义有了认识。

随后，柯赫（Koch）建立了单种微生物的分离和纯培养技术。另外，德国科学家布赫纳（Edward Buchner）阐明了微生物产生化学反应的本质。他用磨碎的酵母细胞制成酵母汁，加入大量蔗糖后，也发现有 CO_2 和乙醇形成，证明了任何生物都有引起产生发酵的物质（酶）。

从 19 世纪到 20 世纪 30 年代，微生物培养技术不断进步，促进了新的发酵产品不断出现，如乳酸、乙醇、甘油、丙酮、丁醇、柠檬酸、淀粉酶和蛋白酶等相继问世，但发酵技术本身并无很大的进步。此时的发酵大多数为使用原料来源简便、设备要求低的固态发酵和浅层液态发酵。这是一种生产工艺简单、规模小、操作粗放的开放式发酵。

发酵工程真正成为科学技术开始于 20 世纪 40 年代初抗生素大规模深层发酵工艺的建立。第二次世界大战期间，需要大量的青霉素，但因生产技术水平低下，难于满足需求，迫切需要提高生产效率、产量和质量，促使人们对发酵技术进行深入研究。人们开始改变固体表面培养，采用液体深层培养。为了解决深层培养的各种技术要求，如无菌、通气、混合等，开发了机械搅拌式的、可通入无菌空气的密封式发酵罐，利用这样的发酵罐和技术，再配以离心、溶剂萃取和冷冻干燥等技术，使青霉素的发酵水平从表面培养的发酵效价 40 单位/mL、收率 20%、产品纯度 20%的水平提高到发酵效价 200 单位/mL、收率 75%、产品纯度 60%，使发酵所需的占地面积、劳动强度、能量消耗等大大减少。随后，链霉素、金霉素等抗生素相继问世，抗生素工业迅速发展，使微生物发酵工业进入了一个崭新的发展阶段，同时也带动了其他发酵产品的发展。

20 世纪 60 年代初期，在开发微生物菌体为饲料蛋白的研究中，发酵工业取得了许多进展，开发出了氧传递效率高的加压喷射发酵罐和加压循环发酵罐。以石油为原料的发酵有了明显进步，可用于生产单细胞蛋白、有机酸（如柠檬酸、谷氨酸等），开辟了非粮食发酵技术新领域。这一时期的发酵特点是产品种类多，不但有初级代谢产物，如氨基酸、酶制剂、有机酸等，也有次级代谢产物，如抗生素、多糖等。发酵技术和工艺、优良菌种的选育技术有了较大发展，新产品、新工艺、新设备不断涌现，并得到广泛应用，使发酵工业发生了巨大变化。

70 年代发展起来的基因工程技术使发酵工业进入了新时期，随着基因工程技术的发展，人们可以按照预先的设计，在生物体外进行基因重组，并克隆到微生物细胞中，构建基因工程菌。利用工程菌，可以大量生产原来微生物所不能产生的物质，如胰岛素、干扰素、白细胞介素等。细胞融合技术也可以创造出许多具有特殊功能和多功能的新菌株，再通过发酵，生产新的有用物质，这些都是现代发酵工程的重要进展，使微生物发酵产品不断增加。发酵工艺现已扩展到动物和植物细胞的培养领域，使过去只能从动植物中提取的一些产品现在也能成为发酵产品。

基因工程、蛋白质工程、细胞融合等技术为人们开创了构建具有各种生产能力、性能优良的物种的新天地，为发酵工程增添了新的活力，使现代发酵产品的发酵水平得到极大提高。但是，充分发挥它们的作用，仍然需要依靠发酵技术的进展，如同有好种子并不一定能获得好收成一样。为使利用各种手段得到的新物种能够大量、高效、高质量地生产目的产物，要解决在大规模培养过程中必须解决的所有问题，这就是现代发酵工程的研究内容。

近年来，随着代谢调控技术、连续发酵技术、高密度培养技术、固定化细胞技术、反应器设计、发酵与分离偶联技术、在线检测技术、自控技术、产物的分离纯化等技术的发展，以及工艺、设备和工程研究的进步，发酵工业达到了一个新的高度，发酵工业的自动化、连续化已成可能。

仍以青霉素发酵为例，回顾一下在半个多世纪里的变化历程。在遗传育种、培养基改进、发酵工艺控制等方面进行了大量工作，用于生产的菌种的发酵效价逐年提高。特别是利用基因工程将青霉素生物合成过程中的关键酶的基因克隆到生产菌种中，利用代谢调控，控制发酵副产物的产生，经发酵动力学的深入研究，建立了发酵动力学模型，采用流加发酵的变湿发酵技术，利用计算机进行发酵过程控制，对碳源、氮源、前体、pH、搅拌速度、通气量、罐压、温度和溶解氧等诸多参数进行自动控制和关联控制，发酵罐体积已达到 500 m^3，发酵效价达到 7 万单位/mL，比早期提高了近 2 000 倍。在产品分离纯化上，收率达到 90%，产品纯度达 99.9%以上。可以看出，除遗传、基因工程育种大幅度提高菌种的生产能力以外，发酵工程的进步，如工艺技术、工程设备、检测控制等方面的发展对青霉素工业生产水平的提高起到了关键作用。

发酵技术虽有着悠久的历史，但作为现代科学概念的发酵工业是在 20 世纪 40 年代随着抗生素工业的兴起而得到迅速发展的，现代发酵工程又在传统发酵的基础上，结合了 DNA 重组、细胞融合、分子修饰和改造等新技术。现代发酵工业已形成完整的工业体系，包括抗生素、氨基酸、有机溶剂、多糖、酶制剂、单细胞蛋白、维生素、基因工程药物、核酸类物质以及其他生物活性物质等的生产。其产品在医药、食品、化工、轻工、纺织、环境保护等诸多领域获得广泛应用，成为与人们的衣、食、住、行、环境与健康等密切相关的产业。发酵工业已成为全球经济的重要组成部分。在有些发达国家，发酵工业的产值占国民生产总值的 5%，在医药产品中，发酵产品也占有重要位置，其产值占 20%。

发酵技术在环境保护领域中应用十分广泛，废水生物处理装置实际上可以看作一个大型发酵罐，有机污染物在微生物作用下，转化成 CO_2 和水。固体废物的堆肥，垃圾的填埋以及废物资源化等过程均为发酵过程。这些内容将在第 6 章进行专门讨论。

5.1.3　发酵工程的内容与特点

1. 发酵工程的内容

现代发酵工程不但生产酒精类饮料、醋酸和面包，而且生产胰岛素、干扰素、生长激素、抗生素和疫苗等多种医疗保健药物，生产天然杀虫剂、细菌肥料和微生物除草剂等农用生产物资，在化学工业中生产氨基酸、香料、生物高分子、酶、维生素和单细胞蛋白等。

发酵工程的内容包括生产菌种的选育，发酵条件的优化与控制，反应器的设计及产物的分离、提取与精制等。

从广义上讲，发酵工程由三部分组成：上游工程、发酵工程和下游工程。

1）上游工程

上游工程包括优良菌种的选育、最适发酵条件（pH、温度、溶氧和营养组成）的确定、营养物的准备等。

2）发酵工程

发酵工程主要指在最适发酵条件下，在发酵罐中大量培养细胞和生产代谢产物的工艺技术。要求有严格的无菌生长环境,包括发酵开始前采用高温高压对发酵原料和发酵罐以及各种连接管道进行灭菌的技术,在发酵过程中不断向发酵罐中通入干燥无菌空气的空气过滤技术,在发酵过程中根据细胞生长要求控制加料速度的计算机控制技术,还有种子培养与生产培养的不同工艺技术。

根据不同的需要,发酵工艺可分为:

(1) 分批发酵:即一次投料发酵;

(2) 补料分批发酵:即在一次投料发酵的基础上,补充一定量的营养,使细胞进一步生长,或得到更多的代谢产物;

(3) 连续发酵:不断地流加营养物,并不断地取出发酵液。

3) 下游工程

下游工程指从发酵液中分离和纯化产品的技术。包括固液分离技术(离心分离、过滤分离、沉淀分离等工艺)、细胞破壁技术(超声、高压剪切、渗透压、表面活性剂和溶壁酶等)、蛋白质纯化技术(沉淀法、色谱分离法和超滤法等),还有产品的包装处理技术(真空干燥和冰冻干燥等)。对发酵工业而言,还需要考虑发酵后的菌体与废物处理问题。

此外,在生产药物和食品的发酵工业中,需要严格遵守相关的食品和药物管理规定,并定时接受有关部门的检查监督。

2. 发酵工程的特点

20 世纪 70 年代,基因重组技术、细胞融合等生物工程技术的飞速发展,为人类定向培育微生物开辟了新途径,微生物工程应运而生。通过 DNA 重组或细胞工程手段,能按照人类设计的蓝图,创造出新的"工程菌"和超级菌。然后通过微生物的发酵生产出对人类有益的产品。

在生物界,微生物的比表面积(表面积与体积之比)、转化能力、繁殖速度、变异与适应性、分布范围等都远远超出其他生物,因此具有极强的自我调节、环境适应和自我增殖能力。在适宜的条件下,细菌 20 min 即可繁殖一代,24 h 后,一个细胞可繁殖成约 4×10^{21} 个细胞,细菌的繁殖速率比植物大 500 倍,比动物大 2 000 倍。

传统的发酵技术,与现代生物工程中的基因工程、细胞工程、蛋白质工程和酶工程等相结合,使发酵工业进入到微生物工程的阶段。

微生物工程包括菌种选育、菌体生产、代谢产物的发酵以及微生物机能的利用等。

现代微生物工程不仅使用微生物细胞,也可用动植物细胞发酵生产有用的产品,例如利用培养罐大量培养杂交瘤细胞,生产用于疾病诊断和治疗的单克隆抗体等。

生物工程和技术被认为是 21 世纪的主导技术,作为新技术革命的标志之一,已受到世界各国的普遍重视。生物工程将为人类应对所面临的环境、资源、人口、能源、粮食等危机和压力提供最有希望的途径,但生物工程真正能应用于工业化生产的,主要还是微生物工程(发酵工程)。基因工程、细胞工程、酶工程、单克隆抗体和生物能量转化等高科技成果,也往往通过微生物才能转化为生产力。

与传统化学工业相比,发酵工程有以下优点:

(1) 以生物为对象,不完全依赖地球上的有限资源,而着眼于再生资源的利用,不受原料限制。

(2) 生物反应比化学合成反应所需的温度要低得多，同时可以简化生产步骤，实现生产过程的连续化，大大节约能源，缩短生产周期，降低成本，减少对环境的污染。

(3) 可开辟一条安全有效地生产价格低廉、纯净的生物制品的新途径。

(4) 能解决传统技术或常规方法所不能解决的许多重大难题，如遗传疾病的诊治，并为肿瘤、能源、环境保护提供新的解决办法。

(5) 可定向创造新品种、新物种，适应多方面的需要，造福于人类。

(6) 投资小，收益大，见效快。

发酵工程在微生物纯培养技术日益成熟、密闭式发酵罐设计成功的基础上，采用现代工程技术手段，利用某些微生物的特定生理功能，在人工控制的环境下生产有用的化学产品，或直接把微生物应用于工业生产过程。

发酵工程的主体为利用微生物，特别是经 DNA 重组技术改造的微生物来生产有用物质。发酵工程的内容随着科学技术的进步而不断扩展和充实。现代发酵工程不仅包括菌体生产和代谢产物的发酵生产，还包括微生物机能的利用。

现代发酵工程需要两方面专家的通力合作，即分子生物学家负责分离、鉴定、改造甚至创造可在微生物内高效表达的基因，以应用于工业生产，此内容已在前面几章阐述过了。而生化工程技术人员则要保证改造过的微生物能在最适条件下大量生产，以获得最大的产率。

5.2　发酵的基本过程

发酵过程包括菌种制备、种子培养、发酵、产物提取精制等(图 5-1)。

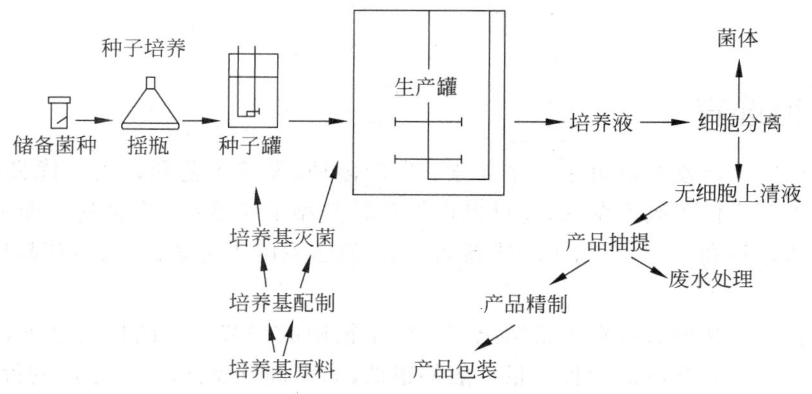

图 5-1　典型发酵基本过程示意图

发酵生产的具体过程一般为：

菌种(或生物细胞) → 种子制备 → 发酵 → 发酵液预处理 → 提取精制 → 成品检测 → 成品包装

1) 菌种

在进行发酵生产之前，必须从自然界分离得到能生产所需产物的菌种，并经分离、纯化及选育后，或是经基因工程改造后的“工程菌”，才能供发酵使用。为了能保持和获得稳定的高产株，还需要定期进行菌种纯化和育种，筛选出高产量和高质量的优良菌株。此外菌种保存也很重要，一般采用砂土管或冷冻干燥管保存。

2）种子制备

菌种种子制备是将固体培养基上培养出的孢子或菌体转入液体培养基中培养，使其繁殖成大量菌丝或菌体的过程。这是发酵工程开始的一个重要环节。

种子制备有不同的方式，比如采用摇瓶或种子罐；单级或多级，取决于菌种的性质、生产规模的大小和生产工艺的特点。发酵产物的产量与成品的质量、菌种性能和种子制备情况密切相关。

3）发酵

发酵是微生物合成大量产物的过程，是整个发酵工程的中心环节。发酵水平影响到以后的各个环节，无论是产物的产量或质量都与此有关。发酵是在无菌状态下进行纯种培养的过程，因此，所用培养基和培养设备都必须经过灭菌，通入的空气或中途的补料都是无菌的。转移种子也要采用无菌接种技术。

发酵罐内部的代谢变化（包括菌体形态、菌体浓度、底物浓度、氮含量、pH、溶解氧浓度、产物浓度等）是比较复杂的，特别是次级代谢产物（如抗生素）发酵就更为复杂，它受很多因素的控制。现在发展起来的生化工程这门学科专门研究的就是发酵罐内菌体代谢变化规律和控制方法，同时，也开发新型生物反应器，来满足发酵工程新的要求。影响发酵的因素错综复杂，又相互影响，相互制约，所以，要使发酵达到预期的结果，需要各方面密切配合和严格操作，精心管理。

4）产物提取与成品

发酵结束后，发酵液或生物细胞要进行分离和提取精制，以将发酵产物制成合乎要求的成品。

5.3 菌种选育

发酵工业的生产水平取决于三个要素：生产菌种、发酵工艺和设备。优良菌种的选育不仅为发酵工业提供了高产菌株，还可以提供各种类型的突变株，改善其生理生化特性，去除多余的代谢途径和产物，有利于合成新的产物，改善发酵工艺条件，提高产品质量，增加经济效益。

微生物代谢产物的合成在正常情况下皆处于精确的调节机制的控制之下，以免不必要的消耗。从自然界新分离的菌种产量一般都很低，如不进行改良，工业生产的价值较低。因为在正常的生理条件下，微生物依靠其代谢调节系统，趋向于快速生长和繁殖，但是，发酵工业的需要常与此相反，需要微生物能够积累大量的代谢产物。为此，需要采用各种措施来打破微生物原有的代谢途径，形成新的机制，从而大量积累人们所需的代谢产物。要达到此目的，主要措施是进行菌种选育和控制培养条件。

菌种选育的目的是改良菌种的特性，使其符合工业生产的要求。具体来说，工业微生物育种的目的有二：

(1) 提高其生产能力；

(2) 选育能适应工艺条件的菌种，如能利用廉价的发酵原料、能耐受某些化学消沫剂等。

菌种选育不仅需要微生物学、遗传学、生物化学和分子生物学的理论基础，而且也是应用性很强的实用技术，在菌种选育过程中要全面、辩证地分析问题，灵活而巧妙地将理论与技术结合。

传统菌种选育中，主要采用自然选育和诱变育种的方法，工作量大，带有一定的盲目性，属于经典的遗传育种范畴。

近20年来，由于分子生物学和分子遗传学的发展，基因工程、蛋白质工程、细胞融合、代谢工程等技术作为具有定向作用的育种方法，获得一定成功，受到了高度重视，由于这些新技术在前面章节中已有详述，本章仅将经典育种及其发展做一介绍。

5.3.1 菌种分离、筛选的原则与步骤

自然界中的微生物资源十分丰富，土壤、水、空气、腐败的动植物残骸都是微生物寄居和生长繁衍的场所。

菌种的分离，不仅是把混杂的各类微生物有效地分开，得到纯种，更重要的是依据实际使用要求，有的放矢、快速、准确地将能生产所需产物或具有某种生化反应性能的微生物从大量的微生物中挑选出来。可以设计在分离阶段便能识别所需菌种的方法，更多的情况是利用特定的方法分离并获得所需菌种后，再进行识别。

菌种分离过程中需考虑以下主要因素：

(1) 菌种的营养特性，要求其在发酵过程中能利用廉价、来源丰富的原料；

(2) 生长温度；

(3) 菌种的遗传和生产能力的稳定性；

(4) 菌种的转化能力和产物浓度要高；

(5) 菌体易从发酵液中分离，菌体本身无毒性，也不产生有毒产物。

一般的菌种分离纯化和筛选步骤如图5-2所示。

可以看出，筛选菌种的具体步骤可分为：采样、富集与分离、发酵与性能测定等几个步骤。

1. 采样

采样是筛选菌种中关系到能否获得有用菌种的几个关键步骤的第一步。

根据筛选的目的、微生物的分布、特性及生态环境关系等进行综合考虑，具体分析，确定采样方案。

土壤是微生物聚集的最主要场所，微生物的种群分布会因土壤的组成和含有的有机物的种类及数量的不同而异。例如，菜园和农田的耕作层土壤的有机质较丰富，常以细菌和放线菌较多；果园树根土壤中酵母菌的含量较高；动植物残骸及腐殖土中霉菌较多；豆科植物的根系土壤中，根瘤菌较多；油田和炼油厂附近的土层中能够分解代谢石油的微生物较多。

在采集土样时，土壤的表面和深层的微生物分布因植被、季节、温度、湿度以及通风、养分、水分、酸碱度和光照等不同都会有所不同。

此外，水，特别是江、河、湖、海以及被特种物质污染的水域是微生物生存的另一重要场所，也是分离获得高效降解微生物的重要采样地点。

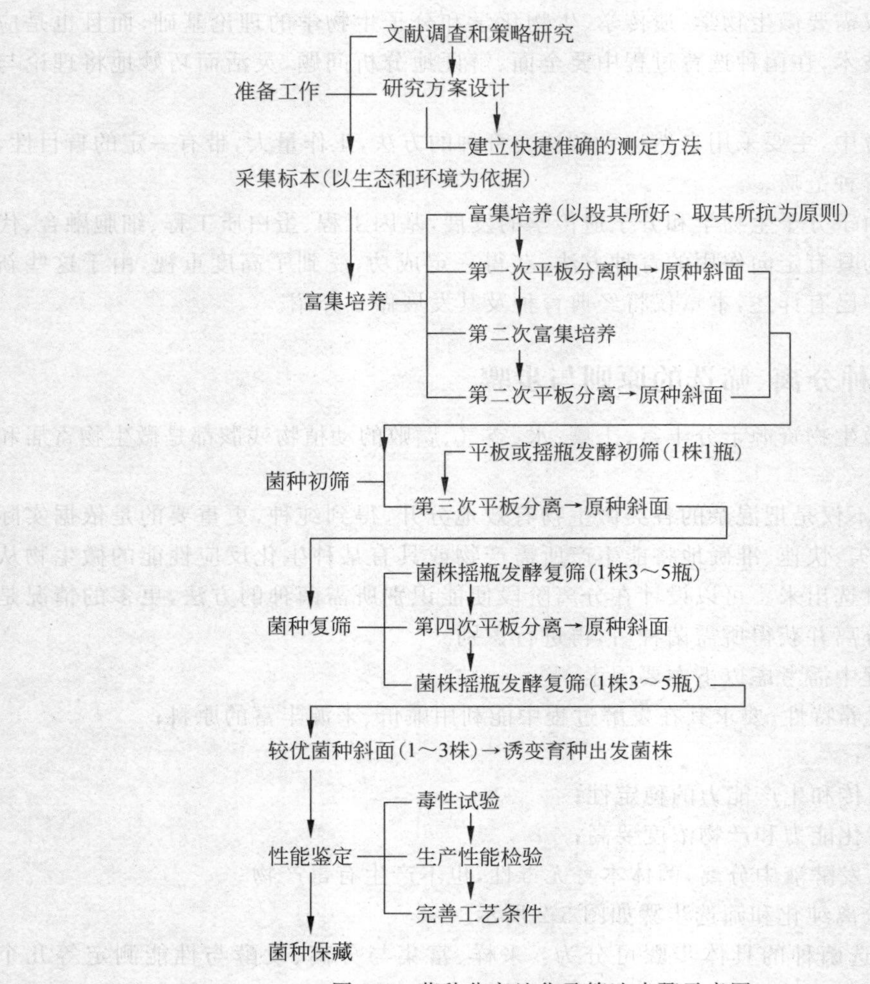

图 5-2 菌种分离纯化及筛选步骤示意图

近年来，由于极端环境微生物为人类提供了大量的具有特殊性能的酶和生物活性物质，高盐、高温、低温、酸碱性的土壤和水中生存的大量微生物已成为人们竞相开发的微生物资源。

2. 富集培养与分离

在自然界中微生物都是以许多种类混杂在一起生存。为了进行纯种培养，首先必须进行纯种分离。一般可采用平板划线法和稀释平板培养法。根据各种微生物的不同外观，挑取单个菌落，再反复划线培养就可得到纯种。

大多数情况下，在采集的样品中，目的微生物不一定是优势菌，数量有限，为了提高分离成功率，需要设法增加待分离菌的数目。因此，首先对样品在适当的培养基上进行富集培养，使样品中目的菌从劣势菌转化成人工环境中的优势菌，以便将它们从样品中分离出来。

富集培养又称为增殖培养，使用的方法需根据筛选目的而定，主要是利用不同微生物的生长增殖对环境和培养基的特殊要求进行富集培养和分离。通常又称施加选择压力的分离方法。

不同微生物生长对环境的物理和化学条件，如温度、pH、渗透压、盐分、氧气、碳源和氮源，以及其他必需的物质有不同的要求，控制这些条件使之有利于某类或某种微生物，而对其他微生物不利，再对培养时间加以控制，可以达到初步的分离和富集目的：

(1) 控制培养时的氧，可以将好氧微生物和厌氧微生物分开；

(2) 在高温下培养，可以将嗜热微生物与一般微生物分开；

(3) 在高 pH 或低 pH 下进行培养，可以将嗜碱、嗜酸的微生物与一般微生物分开；

(4) 使用高糖或高盐的培养基进行培养，可以将耐高渗透压的微生物，如酵母菌与其他微生物分开；

(5) 控制培养基中的唯一碳源或氮源，特别是碳、氮源的化学组成和形式，比如用淀粉或其他单糖作唯一碳源，用有机氮或无机氮作唯一氮源，或者用某一种特定的化合物为唯一碳源或氮源，均可使只利用该碳或氮源的微生物达到富集分离的目的。

也可在特定的培养基中添加能特定识别某种微生物菌落的指示剂，以及添加抑制其他微生物生长的各种抗生素或试剂。使用选择性培养基进行富集培养是最常用的方法。

在选择施加压力的富集培养中，由于微生物的生长会改变培养基的性质，从而可改变选择压力。特别是采用特定的碳或氮源或限制性基质为选择压力时，由于它们在培养过程中不断消耗，造成选择压力的改变，因而需要重复移植培养，再进行分离。

3. 发酵与性质测定

根据目标产品的不同，选择适当的发酵方式获得一定量的产品，再根据需要测定产品的特性，从而确定所选菌种是否性能优良。

5.3.2　自然选育

不经人工诱变，利用微生物的自然突变进行菌种选育的过程称为自然选育或自然分离。

变异的实质是 DNA 序列的变化，DNA 中 Watson-Crick 配对虽然是常规，但并不绝对化，导致 DNA 序列改变的因素有多种。

微生物自然突变有两种原因：

(1) 自然环境中存在的低剂量的宇宙射线、各种短波辐射、低浓度的诱变物质和微生物自身代谢产生诱变物质的作用，引起的突变；

(2) 四种碱基中，胸腺嘧啶(T)和鸟嘌呤(G)的 6 位酮基的烯醇式互变异构和胞嘧啶(C)和腺嘌呤(A)的 6 位氨基的亚氨式互变异构作用，在 DNA 的复制过程中，如果在瞬间互变异构，将使本应为 AT 和 GC 碱基对为主的正确复制发生错误。当 T 以稀醇式存在时，合成的 DNA 单链的相对位置上将是 G 而不是 A；若 C 以稀有的亚氨式出现，新合成的 DNA 单链的相对位置上将是 A 而不是 G，在 DNA 复制过程中发生的这种错误有可能引起自然突变。

在水溶液中，DNA 是柔性的，其糖苷键可以转动，使得各种各样的碱基配对成为可能。由此引起的 T ═G、C ═A、A ═G、T ═C 配对可以最终导致转换或颠换。

至于这类突变在什么条件下发生，却是很难预测的。因此，基因的自发突变也难于预知。据统计，这种自发突变的几率为 10^{-9}～10^{-8}。

自然选育是一种简便易行的选育方法，可以纯化菌种，防治退化，稳定生产，提高生产水平。但自然选育的效率低，菌种可能发生对生产有益的变化，也可能导致菌种退化。而且对于经诱变的突变株，在传代过程中，回复突变和退化的菌种往往占优势，只有经常性地进行分离选育，才能获得良好的效果，保证生产的正常进行。

5.3.3 诱变育种

自然突变的频率极低，不能满足育种工作的需要。如果通过诱变剂处理就可以大大提高菌种的突变频率，扩大变异幅度，从中选出具有优良特性的变异菌株。

诱变育种是诱发突变与随机筛选相结合的一项育种技术，它在工业微生物育种中使用最多，而且至今仍是菌种改良的重要手段。

诱变育种是人为地利用物理、化学等因素，使诱变的细胞内遗传物质染色体或 DNA 的片段发生缺失、易位、倒位、重复等畸变，或 DNA 的某一部位发生改变（又称点突变），从而使微生物的遗传物质 DNA 或 RNA 的化学结构发生变化，引起微生物的遗传变异。因此，诱发突变的频率远大于自然突变。

1. 突变诱发过程

从诱变剂的作用机理可知，诱变剂所造成的 DNA 分子的某一位置的结构改变称为前突变。例如，紫外线照射形成的胸腺嘧啶二聚体就是一种前突变，最常见的嘧啶二聚体有5,6-环丁烷嘧啶二聚体和嘧啶(6-4)嘧啶酮二聚体。

前突变可以通过 DNA 复制而成为真正的突变，也可以经过修复重新回到原来的结构，即不发生突变。许多环境因素可以影响突变的诱发过程，从而影响突变率。下面将讨论从诱变剂进入细胞到突变型出现的整个过程以及影响这一过程的主要因素。

1）诱变剂接触 DNA 分子前

诱变剂要进入细胞才能诱发突变，因此，细胞对诱变剂的透性将影响诱变效果。诱变剂在接触 DNA 之前要经过细胞质，细胞质的某些组分和某些酶可和诱变剂相互作用而影响诱变效果。

常用的诱变剂如表 5-1 所示。

烷化剂是极为重要的一类化学诱变剂，种类很多（见表 5-2）。

表 5-1 常用的诱变剂及其类型

物理诱变剂	化学诱变剂			生物诱变剂
	碱基类似物	与碱基反应的物质	在 DNA 中插入或缺失碱基	
紫外线 快中子 X 射线 γ 射线 激光	2-腺嘌呤 5-溴尿嘧啶 8-氮鸟嘌呤	硫酸二乙酯(DES) 甲基磺酸乙酯(EMS) 亚硝基胍(NTG) 亚硝基甲基脲(NMU) 亚硝基乙基脲(NEU) 亚硝酸(NA) 氮芥(NM) 4-硝基喹啉-1-氧化物(4NQO) 乙烯亚胺(EI) 羟胺	吖啶类物质 吖啶氮芥衍生物	噬菌体

表 5-2　常用烷化剂的种类

烷化剂	化学结构式	官能团	官能团数目
氮芥	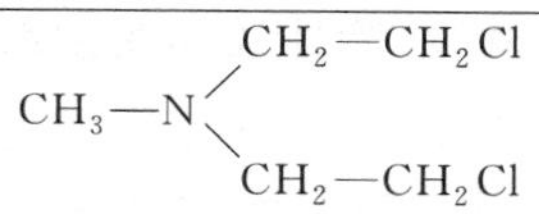 CH_2-CH_2Cl CH_3-N CH_2-CH_2Cl	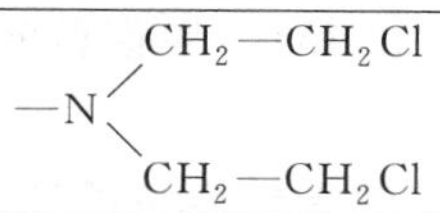 CH_2-CH_2Cl $-N$ CH_2-CH_2Cl	双
硫芥	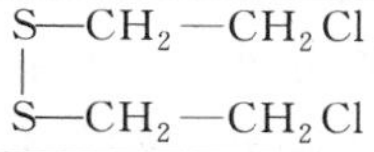 $S-CH_2-CH_2Cl$ $\mid$ $S-CH_2-CH_2Cl$	$-S-CH_2CH_2Cl$	双
氧化乙烯	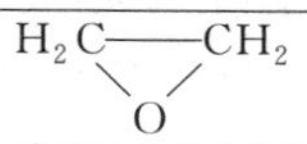 H_2C-CH_2 O	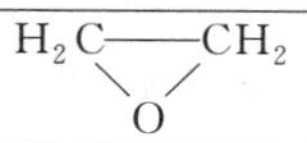 H_2C-CH_2 O	单
1,2,3,4-二环氧丁烷	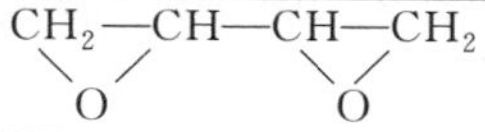 $CH_2-CH-CH-CH_2$ $O\quad\quad O$	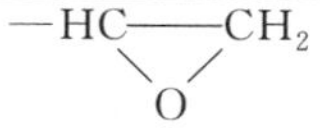 $-HC-CH_2$ O	双
乙烯亚胺	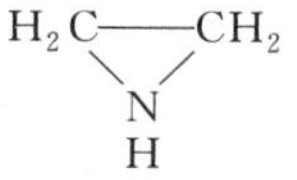 H_2C-CH_2 N H	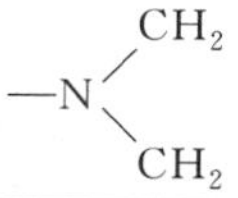 CH_2 $-N$ CH_2	单
硫酸二甲酯	$SO_2(OCH_3)_2$	$-SO_2OR$	单
硫酸二乙酯	$SO_2(OCH_2CH_3)_2$	$-SO_2OR$	单
甲基磺酸甲酯(MMS)	$CH_3SO_2OCH_3$	$-SO_2OR$	单
甲基磺酸乙酯(EMS)	$CH_3SO_2OCH_2CH_3$	$-SO_2OR$	单
重氮甲烷	$N\equiv N^+-CH_2^-$	$N\equiv N-R$	单
重氮乙烷	$N\equiv N^+-CH^--CH_3$	$N\equiv N-R$	单
N-亚硝基-*N*-甲基脲烷	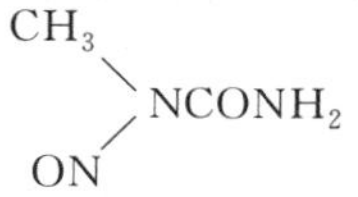 CH_3 $NCONH_2$ ON	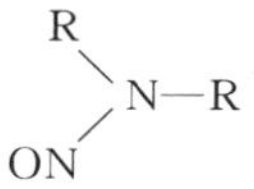 R $N-R$ ON	单
N-亚硝基-*N*-乙基脲烷	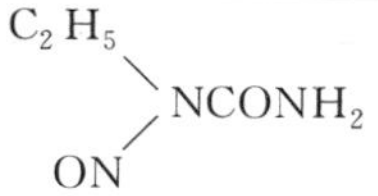 C_2H_5 $NCONH_2$ ON	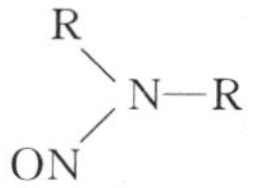 R $N-R$ ON	单
N-甲基-*N′*-硝基-*N*-亚硝基胍(NTG)	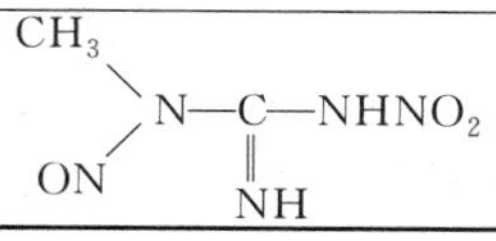 CH_3 $N-C-NHNO_2$ $ON\quad \Vert$ NH	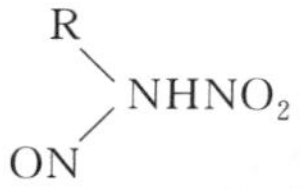 R $NHNO_2$ ON	单

突变的诱发还和基因所处的状态有关，而基因的状态又和培养条件有关。在培养基中加入诱导剂使基因处于转录状态，可能有利于诱变剂的作用。在转录时，DNA双链解开更有利于诱变剂作用。

2）DNA损伤的修复

上已述及，DNA序列的可变性是绝对的，不变是相对的。改变了的DNA序列有可能永久存在下去，或只能存在很短时间，甚至刚刚出现即被纠正过来。

DNA序列的可变性是物种形成和增加的基础，而不变的相对稳定性是物种稳定的基础。通常将DNA序列可修复的变化称为损伤。损伤主要是DNA序列在复制过程中在一条链上可以经修复系统改正的DNA序列的变化。突变是可以通过复制而遗传给子代的永久性DNA序列变化，这些可遗传的DNA序列的改变逃脱或躲过了修复系统，两条链都发生了改变，使某个或某些基因发生了改变。突变的后果有的是致死的，有的是非致死的，甚至是有益的，只有非致死的突变才能永久遗传。

DNA损伤的修复和基因突变有着密切的关系。DNA修复机制已知有光修复、切补修复、重组修复和SOS修复等。

(1) 光修复

早在20世纪60年代，人们就知道X射线、紫外线和γ射线可以引起5,6-嘧啶二聚体的形成。

光修复特指细菌受致死量的紫外线照射后，3 h内若再以可见光照射，则部分细菌又能恢复其活力的现象。其机制是400 nm左右的可见光可激活光复合酶，此酶高度专一切割因紫外线产生的嘧啶二聚体(图5-3(a))。高等哺乳动物没有这样的酶。

如果修复系统出现缺陷，那么1～2个嘧啶二聚体就可以置细菌于死地。如果修复系统正常，那么即使有约3 000个嘧啶二聚体，仍然有40%存活的机会。嘧啶二聚体的修复分为光复活和暗修复两种。

(2) 切补修复

暗修复又称核苷酸切除修复(nucleotides excision repair，NER)，是在四种酶(内切酶、外切酶、连接酶和聚合酶)的协同作用下进行DNA损伤修复。这四种酶都不需要可见光的激活。首先在胸腺嘧啶二聚体5′一端，在核酸内切酶的作用下造成单链断裂；其次在核酸外切酶的作用下切除胸腺嘧啶二聚体；再次在DNA多聚酶Ⅰ、Ⅲ的作用下进行修补合成；最后在DNA连接酶的作用下形成一个完整的双链结构(图5-3(b))。切补修复可以修复诸如无嘌呤嘧啶位点、胸腺嘧啶乙二醇、嘧啶二聚体、嘧啶(6-4)嘧啶酮光产物、链间交联等几乎一切DNA损伤，但不包括错误配对、脱氨基和单核苷酸插入。

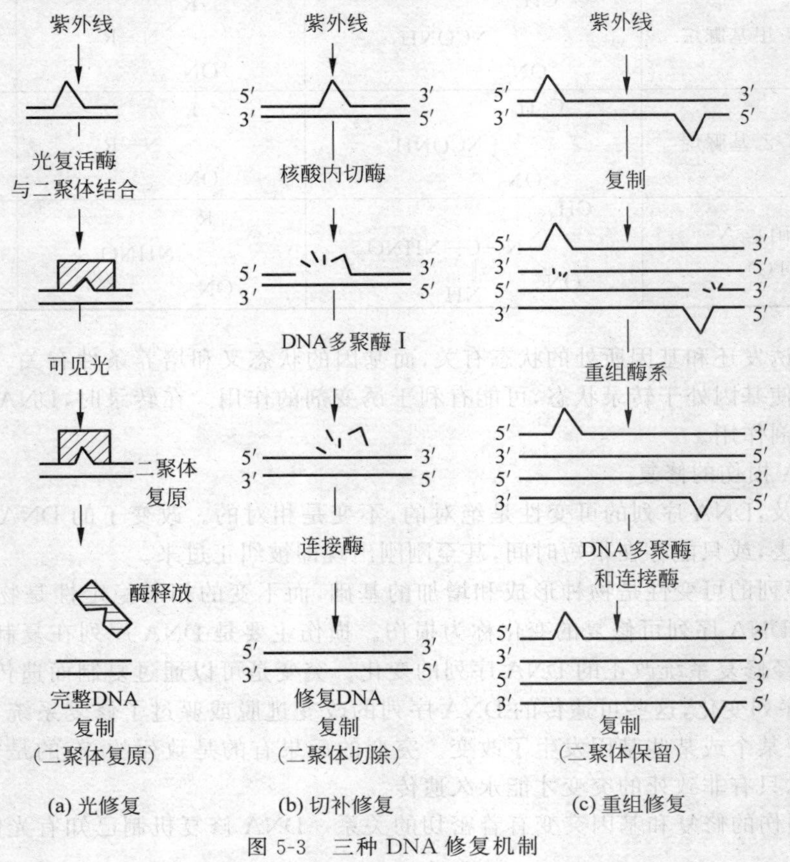

图5-3　三种DNA修复机制

(3) 重组修复

重组修复又称复制后修复,前面所述的切补修复为复制前修复。重组修复必须在DNA进行复制的情况下进行,故又称复制后修复。重组修复是在不切除胸腺嘧啶二聚体的情况下进行修复作用,以带有二聚体的单链为模板合成互补单链,可是在每一个二聚体附近留下一个空隙。一般认为通过染色体交换,空隙部位就不再面对着二聚体,而是面对着正常的单链,在这种情况下,DNA多聚酶和连接酶就能把空隙部分修复好(图5-3(c))。

(4) SOS修复系统

这是一种细胞DNA出现损伤或复制受到抑制而诱导产生的修复。当DNA受到诱变剂损伤而阻断DNA复制过程时,细胞出现呼救信号(save our souls,SOS)。DNA损伤相当于一个呼救信号,促进细胞中的有关酶系解除阻遏,而进行DNA的修复。

引起SOS反应的信号分子可能不是游离的ssDNA,而是损伤的dsDNA的ssDNA尾或缺口处ssDNA。在大肠杆菌中,RecA和LexA是SOS反应中的关键蛋白。RecA是同源重组不可缺少的蛋白质,但是救命比重组更为重要。因此,有人认为RecA的原初功能是SOS。LexA是一种阻抑蛋白,平时抑制SOS系统各种基因(其中包括RecA)的大量表达。一旦DNA受到损伤,ssDNA尾或ssDNA与RecA结合,激起RecA的蛋白酶活性,使LexA失去抑制,把受控的基因解放出来,进行DNA修复。当DNA修复完以后,ssDNA不复存在,RecA不再有蛋白酶活性,整个SOS系统恢复到原先的平静状态。

有人误认为SOS系统发生突变,DNA损伤得不到修复,将会提高突变频率。其实不然,如果RecA缺陷,突变频率将大大降低。其原因是DNA受到损伤,哪怕是轻伤,细胞就死了,无突变可言了。突变是在修复过程中发生的,修复不准确,就是突变。

简言之,SOS反应是由RecA蛋白和LexA阻遏物相互作用引起的。在修复过程中,DNA多聚酶在无模板的情况下进行DNA的修复合成,并将合成的DNA片段插入受损伤DNA的空隙处。SOS修复系统的修复作用容易导致基因突变,大多数经诱变所获得的突变来源于此修复系统的作用。

此反应广泛存在于原核生物和真核生物。此反应不仅有DNA修复作用,而且可以使系统变异,有些致癌物质正是通过SOS反应的诱导而产生癌变的。

3) 从前突变到突变

前突变形成后,细胞中几种修复系统会对它施加作用。从对突变诱发的影响看,修复系统可以分为两类。

(1) 校正差错　如光修复作用,切补修复和DNA多聚酶校正这三种修复作用具有校正差错的性质而不利于突变的诱发;

(2) 引起差错　如重组修复和SOS修复系统具有引起差错的性质而有利于突变的发生。

一切影响这些修复系统中的酶活性的因素都能影响由前突变向突变转化这一过程。例如,咖啡碱能抑制切补修复系统,因而可增强诱变作用;氯霉素能抑制细菌的蛋白质合成,从而抑制了依赖于蛋白质合成的SOS修复系统和重组系统,降低诱变率。相反地,一切有利于蛋白质合成的因素都有利于提高突变率。

可以看出,诱变前后的处理可影响诱变的效果,其原因主要有两个方面:

(1) 通过影响与DNA修复作用有关酶的活性而影响诱变效果;

(2) 通过使诱变的目的基因处于活化状态(复制或转录状态),使之更容易被诱变剂所作用,从而影响目的基因的突变率。

4) 从突变到突变型

突变基因的出现并不等于突变表型的出现,表型的改变落后于基因型改变的现象称为表型迟延。

表型迟延有分离性迟延和生理性迟延两种。

(1) 分离性迟延

分离性迟延实际上是经诱变处理后,细胞中的基因处于不纯的状态(野生型基因和突变型基因并存于同一细胞中),突变型基因由于属隐性基因而暂时得不到表达,需经过复制、分离,在细胞中处于纯的状态(一细胞中只有突变型基因,没有野生型基因)时,其性状才能得以表达。

(2) 生理性迟延

突变基因由杂合状态变为纯合状态时,还不一定出现突变表型,新的表型必须等到原来基因的产物稀释到某一程度后才能表现出来。而这些原有基因产物的浓度降低到能改变表型的临界水平以前,细胞已经分裂多次,经过了好几代,例如某个产酶基因发生了突变,可是细胞中原有的酶仍在起作用,细胞所表现的仍是野生型表型。只有通过细胞分裂,原有的酶已经足够稀释或失去活性时,才出现突变型的表型。

生理性迟延最明显的例子是噬菌体抗性突变的表达。噬菌体通过与特定的受体(如脂多糖、鞭毛和多种外膜蛋白等)结合来识别特异的细菌,这些受体多位于细胞膜上。当细菌产生一些人为的或自然的基因突变时,都有可能产生对噬菌体的抗性,使噬菌体无法识别该细菌。例如,*O*-甲基氨基磷酸酯(*O*-methyl phosphoramidate, MeOPN)是空肠弯曲菌噬菌体 F336 识别、感染空肠弯曲菌的必要受体。当空肠弯曲菌中编码 MeOPN 的基因 *cj*1421 由 9 个 G 突变为 10 个 G 时,MeOPN 不能被完整地表达,使噬菌体无法识别,从而产生对该噬菌体的抗性。但这种抗性并不会随着突变而立即表现,而是需要经过一段时间,获得足够的突变产物的表达后才会表现出来。

2. 诱变育种方案设计

诱变育种包括三个环节:

(1) 突变的诱发;

(2) 突变株的筛选;

(3) 突变高产基因的表达。

这三个环节相互联系,缺一不可。周密地设计一个选育工作方案对于育种工作十分重要。

1) 制定筛选目标

诱发突变是随机而不定向的,有可能出现多种多样变异性状的突变株。除考虑高产性状外,还要考虑其他有利性状。但所定筛选目标不可太多,要充分估计人力物力,考虑实现这些目标的可能性。

2) 制订筛选方案

方案设计的中心内容是确定诱变筛选流程。微生物诱变育种的一般流程如图 5-4 所示。

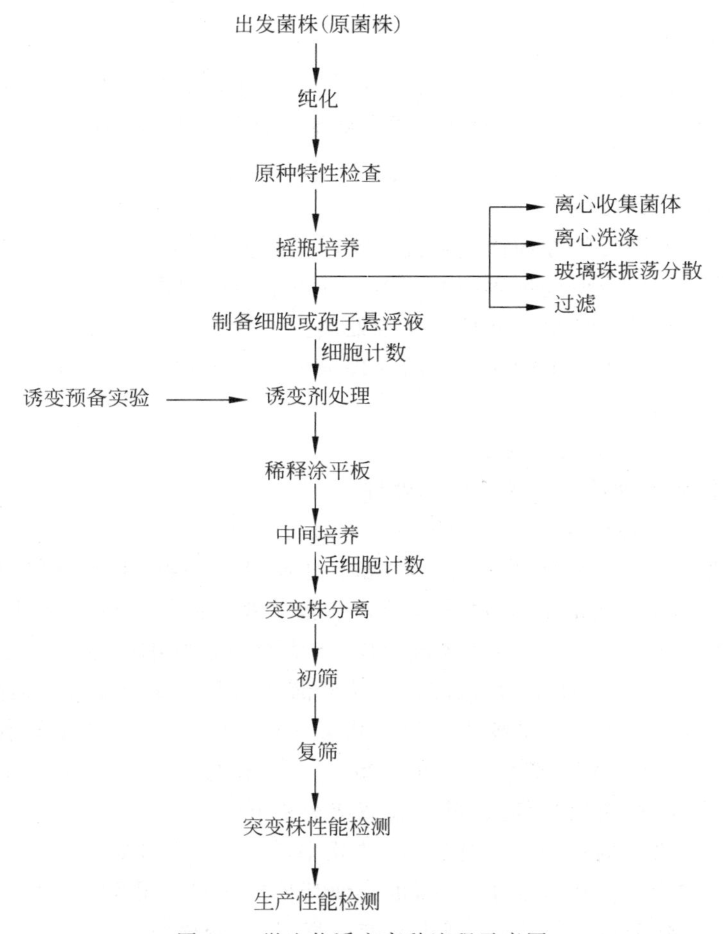

图 5-4　微生物诱变育种流程示意图

整个流程可按诱变与筛选两部分说明如下：

(1) 诱变过程

在诱变育种工作中，不仅要选好出发菌株，还需要适合的诱变方法与之配合。因此，单细胞或单孢子悬浮液的制备、诱变剂的剂量和浓度、处理时间、不同诱变手段的搭配、诱变后的处理和培养以及变异株的筛选等均需严格控制。

① 出发菌株

用来进行突变的出发菌株的性能对提高诱变效果极其关键，选择时应注意以下几点：

a. 选择纯种作为出发菌株，借以排除异核体或异质体的影响；

b. 选择出发菌株，不仅是选产量高的，还应考虑其他性状，如生长快，营养要求低，可利用廉价原料等；

c. 选择对诱变剂敏感的菌株，不但可以提高变异频率，而且高产突变株的出现率也大；

d. 可选择已经诱变过的菌株，因有时经诱变后菌株对诱变剂的敏感性提高，但生产中经过长期选育的菌株，有时会对诱变剂不敏感。

② 诱变剂的选择

诱变剂的选择主要根据已经成功的经验，诱变作用不但取决于诱变剂，还与菌种的种类和出发菌株的遗传性有关。

选择诱变剂时，应考虑诱变剂本身的特点，例如紫外线主要作用于DNA分子的嘧啶碱基，而亚硝酸则主要作用于DNA分子的嘌呤碱基。紫外线与亚硝酸复合使用，突变谱宽，诱变效果较好。

③ 影响诱变效果的因素

除了出发菌株的遗传特性和诱变剂会影响诱变效果外，菌种的生理状态、被处理菌株的预培养和后培养条件以及诱变过程中的外界条件等都会影响诱变效果。

诱变处理方法有单一诱变剂处理和复合处理。

复合处理是指用两种以上的诱变方法处理菌种。一般说来，复合处理要比单一处理效果好。复合处理包括：

a. 利用同一诱变剂多次重复处理；

b. 利用两种或多种诱变剂先后分别处理；

c. 利用两种或多种诱变剂同时处理或多次进行处理。

菌种的生理状态与诱变效果密切相关，如有些碱基类似物、亚硝基胍（NTG）等只对分裂中的DNA有效，对静止的或休眠的孢子或细胞无效；而另一些诱变剂，如紫外线、亚硝酸、烷化剂、电离辐射等能直接与DNA起反应，因而对静止的细胞也有诱变效应，而对分裂中的细胞更有效。因此，放线菌、真菌的孢子诱变前经培养稍加萌发可以提高诱变率。

进行诱变处理的细胞悬浮液要求为生理状态一致、分散均匀的单细胞或单孢子悬浮液。

在诱变育种中，诱变剂的剂量选择是关键。一般来说，诱变率随诱变剂量的增加而提高，但达到一定程度后，再提高剂量，反而会使诱变率下降。

关于诱变剂的最适剂量，有人主张采用致死率较高的剂量，如用99%～99.9%致死率的剂量。高剂量诱变可导致核发生变异，也会使其他的核破坏致死，形成较纯的变异菌落。高剂量会引起遗传物质的巨大损伤，减少突变恢复，促使变异株的稳定。但高剂量也会导致负变异株多。近年来，有人主张采用中等剂量，如75%～80%或更低的剂量，认为这种剂量不会导致太多的负变株和形态突变株，因而高产菌株出现率高。此外，采用低剂量诱变剂可能更有利于高产菌株的稳定。

诱变剂合适剂量的选择需在实践中加以确定。

诱变前后的培养条件对诱变效果有明显的影响。

在培养基中添加某些物质（如核酸碱基、咖啡因、氨基酸、氯化锂、重金属离子等）可以影响细胞对DNA损伤的修复作用，使之出现更多的差错，从而提高诱变率。

诱变率还受其他条件，如温度、氧气、pH、可见光等的影响。

(2) 筛选过程

一个菌种细胞群体经过诱变处理后，突变发生的频率很低，而且是随机的，所需要的突变株出现的频率就更低。因此，合理的筛选方法与程序是菌种选育的另一个重要问题。在此过程中，初步筛选又是关键性的一步。在抗生素产生菌的育种中一直采用随机筛选的初筛方法：即将诱变处理后形成的各单细胞菌株，不加选择地随机进行发酵并测定其产量，从中选出产量最高者进一步复试。这种初筛方法较为可靠，但随机性大，需要进行大量筛选。

诱变育种的基本筛选程序如图5-5所示。

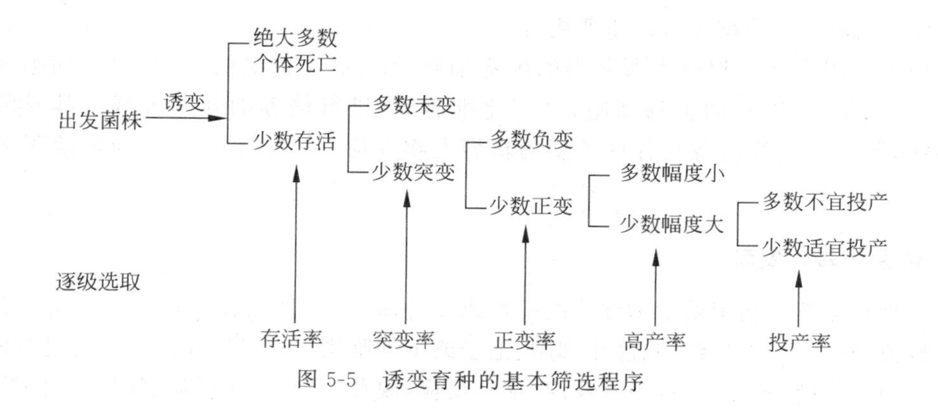

图 5-5 诱变育种的基本筛选程序

经诱变、初筛和复筛选育的高产突变株，还需进行菌株性能和生产性能的检验。

经诱变后，菌株性能可能发生变化，如可能成为营养缺陷型、抗性缺陷型、代谢缺陷型，此外，生长特性、菌体形态、代谢途径等也会发生变化。

5.4 发酵工艺

5.4.1 发酵类型

发酵工业涉及各式各样的发酵产品的生产(图 5-6)。但就产品的类型而言，发酵有下列几种主要类型。

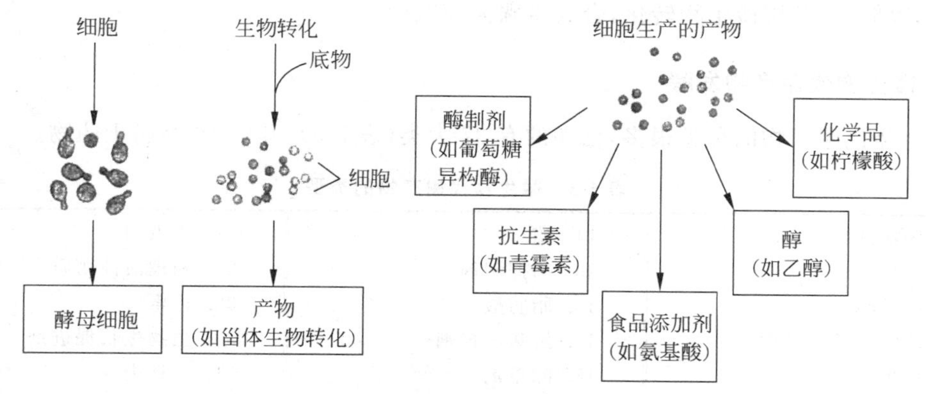

图 5-6 发酵法生产的物质

1. 微生物菌体发酵

这是以获得具有某种用途的菌体为目的的发酵。传统的菌体发酵工业包括用于制作面包的酵母发酵及用于人或动物食品的微生物菌体蛋白(单细胞蛋白)的生产。新的菌体发酵可用来生产一些药用真菌，如香菇类、冬虫夏草菌、灵芝等。有的微生物菌体还可以用作生物防治剂，如苏云金杆菌。

随着基因工程技术的发展，构建与创造了越来越多的具有优良特性的基因工程菌，工程菌的大规模培养成为发酵工程的重要内容。

这是指利用生物工程技术所获得的生物细胞,如 DNA 重组的"工程菌"、细胞融合所得到的"杂合细胞"以及动植物细胞、固定化细胞等,进行培养的新型发酵。其发酵产物多种多样,所用的发酵设备是各种类型的新型生物反应器。发酵工艺也与传统工艺有所不同。

2. 微生物转化发酵

微生物转化就是利用微生物细胞的一种或多种酶,把一种化合物转变成结构相关的更有经济价值的产物。生长细胞、静止细胞、孢子或干细胞均可进行转化反应。可进行的转化反应包括脱氢反应、氧化反应、脱水反应、缩合反应、脱羧反应、氨化反应、脱氨反应和异构化反应等。

生物转化最明显的特征是特异性强,包括反应特异性(反应的类型)、结构位置特异性(分子结构中的位置)和立体特异性(特殊的对映体)。生物转化与其化学反应相比具有许多优点,如反应条件温和,对环境污染小等。最古老的生物转化就是利用菌体将乙醇转化为乙酸的醋酸发酵。发酵工业上的生物转化包括异丙醇转化为丙醇,甘油转化为二羟基丙酮,葡萄糖转化为葡萄糖酸,进而转化成 2-酮基葡萄糖酸或 5-酮基葡萄糖酸以及山梨醇转化为 L-山梨糖等。其中把山梨醇转化成 L-山梨糖,再用两种菌株自然混合进行第二步发酵,直接将 L-山梨糖转化为 L-酮基-L-古龙酸,再经转化形成维生素 C,是我国研究成功的"维生素 C 两步发酵法"。最突出的微生物转化是甾类转化,甾类激素包括醋酸可的松等皮质激素和黄体酮等性激素,是用途很广的一大类药物。过去制造甾类激素采用单纯的化学方法,工艺复杂,收率很低,而利用微生物转化,合成步骤大为减少。

3. 微生物代谢产物发酵

微生物代谢产物的种类很多,已知的有 37 大类(表 5-3),其中 16 类属于药物。

表 5-3 微生物代谢产物的类型

1. 酸味剂	14. 酶	27. 杀虫剂
2. 生物碱	15. 酶抑制剂	28. 药理活性物质
3. 氨基酸	16. 脂肪酸	29. 色素
4. 动物生长促进剂	17. 鲜味增强剂	30. 植物生长促进剂
5. 抗生素	18. 除草剂	31. 多糖类
6. 驱虫剂	19. 杀虫剂	32. 蛋白质
7. 抗代谢剂	20. 离子载体	33. 溶剂
8. 抗氧剂	21. 铁运载因子	34. 发酵剂
9. 抗肿瘤剂	22. 脂类	35. 糖
10. 抑制球虫剂	23. 核酸	36. 表面活性剂
11. 辅酶	24. 核苷	37. 维生素
12. 转化甾醇和甾体	25. 核苷酸	
13. 乳化剂	26. 有机酸	

根据菌体生长与产物形成时期之间的关系，可以将发酵产物分为两类。

1）初级代谢产物

在微生物对数生长期所产生的产物，如氨基酸、核苷酸、蛋白质、核酸、糖类等，是菌体生长繁殖所必需的。这些产物叫初级代谢产物。许多初级代谢产物在经济上具有相当的重要性，因而形成了不同的发酵工业，如微生物酶、有机酸、维生素、多糖、氨基酸和核酸类等物质的发酵。其中，酶制剂在研究与应用中都具有举足轻重的作用（第 2 章有详细讨论），在有些书中会将微生物酶发酵单独列为一类。

由于初级代谢产物是供菌体生长繁殖使用的，所以野生菌株合成这些物质时，在产量满足自身的需要之后，就会通过许多调节机制，停止合成。为了提高发酵产物的产量，需了解菌株在合成产物中受哪些调节机制的控制，通过研究，修饰菌体的遗传基因和改良培养条件，以解除其控制，才能获得高产量。

2）次级代谢产物

在菌体生长静止期，某些菌体能合成在生长期中不能合成的、具有一些特定功能的产物，如抗生素、生物碱、细菌毒素、植物生长因子等。这些产物与菌体生长繁殖无明显关系，称为次级代谢产物。它们具有较大的经济价值。形成次级代谢产物的菌体生长时期称为生产期。在菌体低生长速率的连续培养中也会出现次级代谢，因而可认为次级代谢产物的形成是菌体缓慢生长或停止生长的情况下的一种特征，次级代谢与初级代谢并非独立的代谢途径，两者有密切的关系，初级代谢的中间体或产物往往是次级代谢的前体物或起始物（图 5-7）。

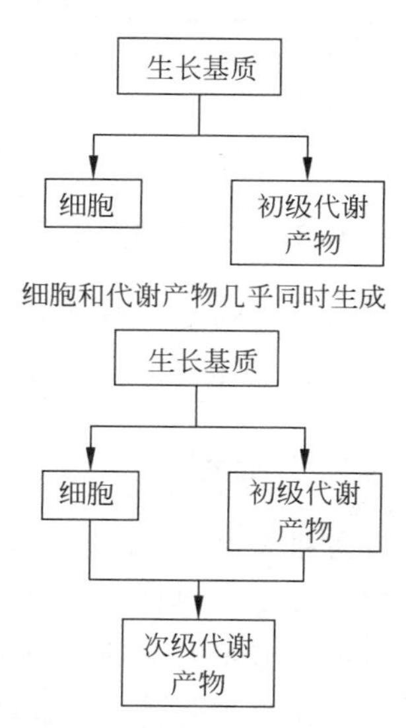

细胞和初级代谢产物生成后，细胞进一步将初级代谢产物转化为次级代谢产物

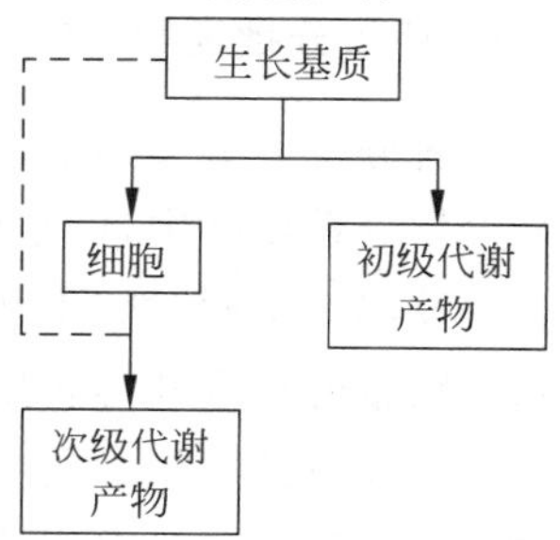

细胞生成后，进一步将生长基质转化为次级代谢产物

图 5-7　初级代谢产物和次级代谢产物的比较

5.4.2　发酵方法

在制备大量微生物的菌体或其代谢产物中，人们总是不断地发展和改进培养微生物的方法。按培养方式分，有表面培养法和深层培养法。表面培养法是将微生物在基质表面上进行培养的方法，随所用培养基形态的不同，它又分为固体表面发酵和液体表面发酵。深层培养法是以微生物细胞生长于液体培养基深层（好氧或厌氧）中进行培养的方法。

1. 表面发酵

将菌种接种到灭过菌的液体（或固体）培养基上，在一定温度下进行培养。一般地，好氧微生物菌体在液体表面上形成一层微生物膜，固体培养基上也能形成这种膜，经过一定时间培养后，菌体产生的代谢产物，或扩散到培养基中，或留在微生物细胞内，或两者都有，这要根据菌体和产物的特性而定，产物产量达到高峰后，进行提取。

该法劳动强度大，占地面积大，产量低，易污染，已被深层培养法所取代。但该法仍具有简单易行，投资少，适用于小型生产等特点，且对原料要求粗放。在某些产品的发酵生产中，仍采用此法，如农用抗生素赤霉素的生产，以麦麸为培养基进行固体发酵，其结果优于深层培养所得的结果，糖的转化率和产物产量都较高。

2. 深层发酵

深层发酵是微生物细胞在液体深层中进行培养的方法。

随供气方式的不同，好氧深层发酵可分为振荡培养和深层通气（搅拌）培养。

振荡培养，即所谓的摇瓶振荡培养，培养微生物所需的氧气是在外界空气与培养液在振荡时进行自然交换提供的。深层（搅拌）通气培养是强制通入无菌空气到密闭发酵罐中进行（搅拌）培养的方式，微生物所需的氧是外界通入空气中的氧经过溶解后提供的。深层发酵法具有生产效率高，占地小，可人为控制等优点，广泛应用于抗生素、维生素、有机酸、酶制剂等生产中。

5.4.3 发酵方式

微生物的发酵方式可分为分批发酵（batch）、补料分批发酵（fed-batch）和连续发酵（continuous fermentation）三种类型。

1. 分批发酵

分批发酵时，在灭菌的培养基上接种相应的微生物，然后不再加入新的培养基，经过若干时间发酵后再将发酵液一次放出。其特征为微生物的生长、各种营养物质的消耗和代谢产物的合成都时刻处于变化之中，整个发酵过程处于不稳定状态。

分批发酵是传统的发酵培养方式，其生产是间断进行的。每进行一次培养就要经过灭菌、装料、接种、发酵、放料等一系列过程。

2. 补料分批发酵

补料分批发酵又称半连续发酵，是介于分批发酵和连续发酵之间的一种发酵技术，是指在微生物分批发酵中，以某种方式向培养系统补加一定物料的培养技术。

在发酵的不同时间不断补加一定的养料，可以延长微生物对数期与静止期的持续时间，增加生物量的积累和静止期细胞代谢产物的积累。

补料在发酵过程中的应用，是发酵技术上的一个划时代的进步。补料技术本身由少次多量、少量多次，逐步改为流加。随着控制技术的发展，许多产物的发酵过程已实现了流加补料的计算机控制。

补料分批发酵可以分为两种类型：

（1）单一补料分批发酵；

（2）重复补料分批发酵。

在开始时投入一定量的基础培养基，到发酵过程的适当时期，开始连续补加碳源和（或）氮源和（或）其他必需基质，直到发酵液体积达到发酵罐最大工作容积后，停止补料，最后将发酵液一次全部放出。这种操作方式称为单一补料分批发酵，由于受发酵罐工作容积的限制，发酵周期只能控制在较短的范围内。

重复补料分批发酵是在单一补料分批发酵的基础上，每隔一定时间按一定比例放出一部分发酵液，使发酵液体积始终不超过发酵罐的最大工作容积，从而可以延长发酵周期，直至发酵产率明显下降，才最终将发酵液全部放出。这种操作方式既保留了单一补料分批发酵的优点，又避免了它的缺点。

补料分批发酵作为分批发酵向连续发酵的过渡，兼有两者的优点，并克服了两者的缺点。同传统的分批发酵相比，其优越性是明显的。首先，它可以解除营养基质的抑制、产物反馈抑制和葡萄糖分解阻遏效应。对于好氧发酵，它可以避免在分批发酵中因一次性投入基质过多而造成细胞大量生长，耗氧过多，以至通风搅拌设备不匹配的状况。在某些情况下还可以减少菌体生成量，提高产物的转化率。与连续发酵相比，它不会产生菌种老化和变异问题，其适用范围也比连续发酵广。

目前，运用补料分批发酵技术进行生产和研究的范围十分广泛，包括单细胞蛋白、氨基酸、抗生素、酶制剂、有机溶剂、有机酸等（表5-4）。

表5-4　采用补料分批发酵法生产的产品

产　　物	加入的底物
面包酵母	糖蜜（作为碳源）、氮源
青霉素及其他抗生素	葡萄糖、氨、前体物
谷氨酸及其他氨基酸	糖蜜（作为碳源）、氨
葡萄糖酸	葡萄糖、钙盐
维生素 B_2	糖蜜
维生素 B_{12}	葡萄糖、前体物质
青霉素	碳源
柠檬酸	碳源、硫氨
SCP	碳源、氨
蛋白酶、淀粉酶等酶类	碳源、氮源、诱导物

然而，补料分批法要解决的一个重要问题是向发酵罐中加入什么物质以及如何加入这些物质。目前在生产上还只是凭经验确定，或根据少数几次检测的静态参数设定控制点，带有一定的盲目性，很难同步地满足微生物生长和产物合成的需要，也不可能完全避免基质的调控反应。

3. 连续发酵

连续发酵，是指以一定的速度向发酵罐内添加新鲜培养基，同时以相同的速度流出培养液,从而使发酵罐内的液量维持恒定,微生物在稳定状态下生长。

连续发酵的控制方式有两种。一种为恒浊法(turbidostat),即利用浊度来检测细胞的浓度,由控制生长限制基质的流量来维持恒定的菌体浓度。另一种为恒化法(chemostat),它是以某种必需营养作为生长限制基质,通过控制其流加速率造成适应于这种流加条件的生长密度和生长速率,它与恒浊法的相同之处是维持一定的体积,不同之处是菌体浓度不是直接控制的,而是通过恒定输入的养料中的某一种生长限制基质的浓度来控制。

与分批发酵相比,连续发酵具有以下优点:

(1) 可以维持稳定的操作条件,有利于微生物的生长代谢,从而使产率和产品质量也相应保持稳定;

(2) 能更有效地实现机械化和自动化,降低劳动强度,减少操作人员与病原微生物和毒性产物接触的机会;

(3) 减少设备清洗、准备和灭菌等非生产占用时间,提高设备利用率;

(4) 连续发酵时细胞的生长状态更一致,产物生产的持续性更好;

(5) 生产同样量的产物,连续发酵所用的生物反应器体积比分批发酵的小;

(6) 由于灭菌次数减少,使测量仪器的探头寿命延长;

(7) 容易对过程进行优化,有效地提高发酵产率。

连续发酵的缺点如下:

(1) 对设备、仪器及控制元器件的要求较高,从而增加投资成本;

(2) 由于是开放系统,加上发酵周期长,容易造成杂菌污染;

(3) 在长期连续发酵中,微生物易发生变异;

(4) 黏性丝状菌菌体容易附在器壁上生长及在发酵液内结团,给连续发酵操作带来困难;

(5) 长时间维持工业规模生产的无菌状态是很困难的。

由于上述原因,连续发酵目前主要用于理论研究中,如发酵动力学参数的测定,过程条件的优化等,已经应用于工业生产的有单细胞蛋白生产、废水生物处理等。

将固定化细胞技术与连续培养方法相结合,是一种应用前景看好的方法,已用于生产丙酮、丁酸、异丙醇等重要工业溶剂。

5.5 发酵生物反应器

生物反应器是利用生物催化剂进行反应的设备。按照所使用的生物催化剂,生物反应器可分为酶反应器和细胞反应器两类。发酵罐可以是微生物细胞或酶反应器,是最重要的一类生物反应器。20 世纪 40 年代初,解决了纯种培养好氧微生物的发酵罐的设计问题,使青霉素生产工业化,带动了微生物发酵工业的发展。以发酵罐为主体,半个多世纪以来,已形成一整套生化工程设备,其进步表现在以下几个方面。

(1) 染菌率极低。现代发酵多为纯种培养，因为杂菌入侵将干扰正常生产。培养基的彻底灭菌、空气的灭菌、设备的严密度和科学管理形成了防止杂菌污染的基础。

(2) 发酵设备大型化。发酵罐的体积从几十立方米增加到几百至几千立方米，设备大型化有利于提高经济效益。

(3) 利用生物技术优化发酵过程，大幅度提高产量和降低成本。

(4) 改进后处理工艺和设备，采用先进设备提高产品的回收率和质量。

生物反应器一般都要求杜绝杂菌和噬菌体污染。为了便于清洗，消除灭菌死角，生物反应器的内壁及管道焊接部位都要求平整光滑，无裂缝、无塌陷。在工业生产中使用的生物反应器还要便于对反应器内的温度、pH、氧气含量等进行监测和控制。

目前，生物反应器主要包括以下几种基本类型。

(1) 搅拌式生物反应器(stirred tank reactor，STR)　内设搅拌装置(图 5-8(a))。

(2) 鼓泡柱式反应器(bubble column)　搅拌主要依赖于引入的空气或其他气体(图 5-8(b))。

(3) 气升式反应器(airlift reactor)　内设内置或外置的循环管道，由于引入气体的运动，使反应器内培养液进行混合，并保持循环流动(图 5-8(c)、(d))。

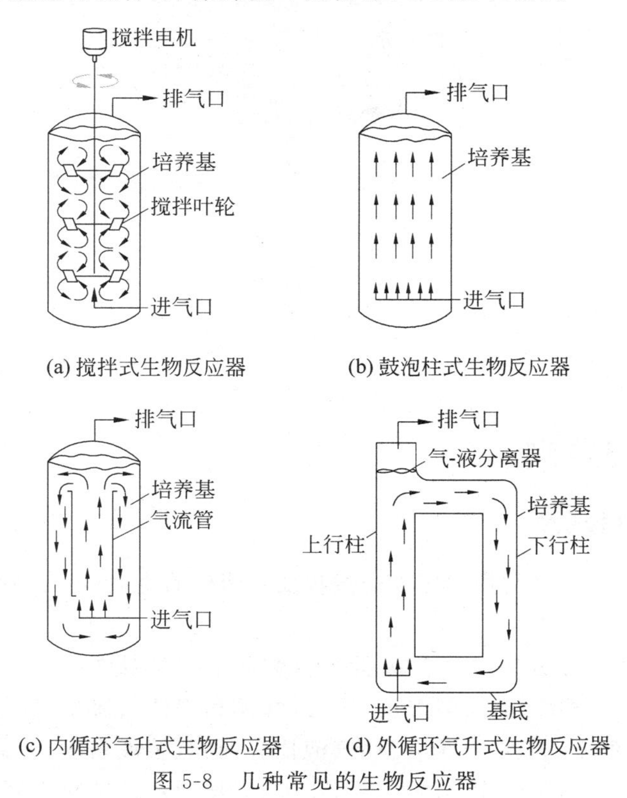

图 5-8　几种常见的生物反应器

最传统、至今使用最广泛的生物反应器是搅拌式反应器。工业上常用的发酵罐的结构如图 5-9 所示。

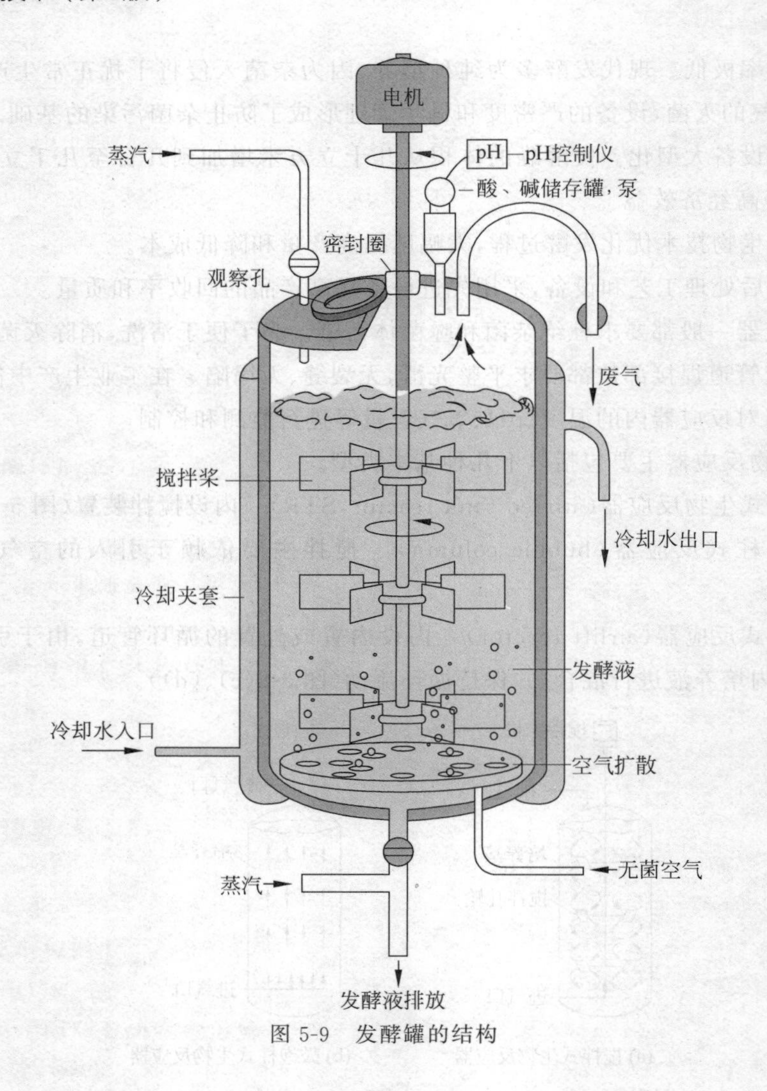

图 5-9　发酵罐的结构

5.6　发酵过程监测

5.6.1　监测参数

发酵过程监测是为了获得所给定发酵过程及其菌株的生理、生化特征数据，以便对过程实施有效的控制。

通常把发酵过程参数分为物理参数、化学参数和生物学参数。

物理参数包括：发酵产热、发酵温度、压力（气体和液体）、流量（气体或液体）、转速、转矩和功率输入、补料速率、黏度、气泡含量、气泡比表面积、溶液密度、液体表面张力、液位和液体体积、泡沫位等，这些参数中，发酵温度、压力、流量、转速、补料速度和泡沫位是发酵最重要的需随时检测和控制的参数。它们可以直接在线准确测量和控制。

化学参数包括：pH、溶解氧、氧化还原电位、二氧化碳溶解量、发酵尾气组成（二氧化碳、氧气和其他气体）、溶液成分［总糖、葡萄糖、蔗糖、淀粉、前体、产物、诱导物、中间代谢物、金属离子(钾离子、钠离子、钙离子)、铵离子、氨基酸、蛋白质、尿素、总氮、硫酸根离子、硝酸根离子、氯离子等],在这些化学参数中,pH、溶解氧和尾气组成可以在线直接测定,而溶液成分的测定一般难于在线进行。

生物学参数包括:生物量、细胞数、细胞大小及形态、生物素、酶活性、辅酶、ATP、ADP、AMP、细胞组分、蛋白质、核酸、细胞活性等。

为实现发酵过程的化学和生物学参数的在线检测,电极法和生物传感器的研究开发已成为重点,用于在线检测的葡萄糖、酒精和青霉素等的传感器已广泛应用于生产实践。

目前无法在线检测的化学和生物学参数,往往采用离线检测的方法,但检测时间长,所得数据无法用于实时控制。

此外,在发酵过程中还有一些间接参数是通过以上参数经计算得到的。如氧利用速率、二氧化硫释放率、呼吸强度、呼吸商、氧传递系数、比生成速率、菌体生长速率、产物得率等。它们是分析、判断和控制发酵过程的重要参数,如通过对发酵尾气组分分析获得的数据进行计算,可以得到耗氧速率、二氧化碳释放率和呼吸商,进而可计算出菌体浓度和基质消耗速率等。

上述参数的测量,可提供反映环境变化和细胞代谢生理变化的许多重要信息,作为研究和控制发酵过程的依据。

5.6.2 监测技术

1. 传感器监测技术

为适应自动控制的要求,发酵过程变量变化的信息,应尽可能通过安装在发酵罐内的传感器监测。如图5-10所示的核磁共振发酵反应器,可在线观察细胞内蛋白质、核酸合成。

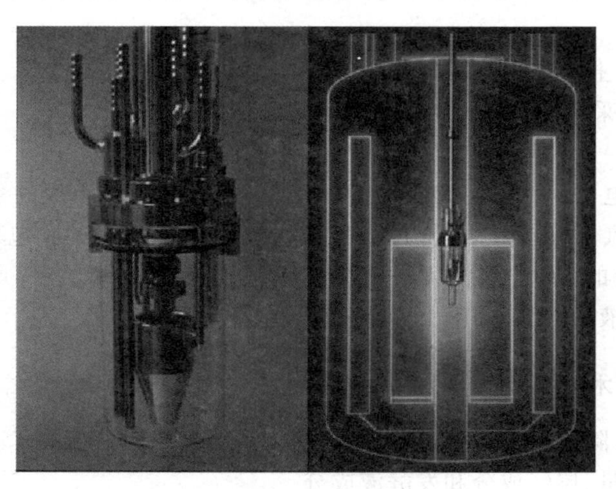

图5-10 核磁共振生物发酵反应器

引自"现代发酵工艺",瑞士比欧生物工程公司介绍

1) 发酵过程对传感器的要求

用于发酵过程监测的传感器,由于所面临的过程及检测对象的特殊性,除了常规要求外,还应满足一些特殊要求:

(1) 可靠性;

(2) 准确性;

(3) 精确度;

(4) 响应时间;

(5) 分辨能力;

(6) 灵敏度;

(7) 测量范围;

(8) 特异性;

(9) 可维修性;

(10) 发酵过程对传感器的特殊要求,如能承受高温灭菌,可防止培养基和细胞黏附在其表面等。

2) 发酵用传感器分类

按测量方式分类:

(1) 离线传感器;

(2) 在线传感器;

(3) 原位传感器;

按测量原理分类:

(1) 力敏传感器,包括各种压敏元件、压差元件等;

(2) 热敏传感器,包括测温元件和测热元件等;

(3) 光敏传感器,如光导纤维、光电管等;

(4) 磁敏传感器,利用各种磁效应的分析仪;

(5) 电化学传感器,以电化学反应为基础,将非电信号转换成电信号,如 pH 传感器等。

3) 发酵过程的主要在线传感器

(1) pH　一般采用原位蒸汽灭菌的复合 pH 传感器。

(2) 溶解氧　一般采用覆膜溶解氧探头,实际上是测定氧分压。

(3) 氧化还原电位　一般用 Pt 电极和 Ag/AgCl 参比电极组成的复合电极。

(4) 溶解性二氧化碳　由一支 pH 探头浸入被可穿透 CO_2 的膜包裹的碳酸氢盐缓冲溶液中组成,缓冲溶液的 pH 与被测发酵液中 CO_2 分压存在平衡关系,所以缓冲液的 pH 变化可间接表示发酵液中 CO_2 分压。

2. 其他监测技术

在发酵过程中,除使用上述传感器外,还引入了一些现代分析技术。发酵过程中最重要的监测项目有生物量、尾气成分和发酵液成分。

1) 生物量分析

生物量是发酵过程中极其重要的一个参数。发酵过程优化和控制由经验走向模型化,生物量的测定必不可少。目前,已有一些可直接用于监测生物量的在线传感器。

生物量测定方法有如下几种。

(1) 干重法　过滤一定量发酵液,将滤饼干燥至恒重。

（2）DNA含量　细胞中DNA含量大体保持不变，故发酵液中DNA含量可换算成生物量。

（3）黏度　主要用于指示丝状菌的生长与自溶，而与生物量不直接相关。

（4）浊度　测定混合液的光密度（O.D.），可换算成细胞浓度。

（5）沉降量或压缩细胞体积　用自然沉降或离心法测得沉降量或压缩细胞体积，可作为生物量的粗略估计。

（6）过滤探头　发酵液的过滤特性与细胞浓度及形态相关。

（7）荧光分析　细胞内呼吸链上的NADH在用360 nm光照射时可激发出在460 nm检出的特征荧光，由于NADH是与细胞的异化、同化和呼吸功能相联系的关键辅酶，故这一荧光反应可用来定量分析细胞活性或细胞浓度。

2）尾气分析

通常发酵尾气中O_2的减少和CO_2的增加是培养基中营养物质好氧代谢的结果，由这两种气体的在线分析所获得的耗氧速率（OUR）和CO_2释放速率（CER）是目前最有效的微生物代谢活性指示值。尾气分析仪器主要有如下几种。

（1）红外CO_2分析仪　最普通的CO_2分析仪是非色散红外分析仪。

（2）顺磁O_2分析仪　测量发酵尾气中O_2含量可利用顺磁氧分析仪。

（3）质谱仪　此为多成分气体分析的首选仪器。其主要优点是响应速度快，测量精度高，灵敏度高，稳定性好。缺点是价格较贵。

3）发酵液成分分析

发酵液成分的分析对于认识和控制发酵过程也是十分重要的。高效液相色谱（HPLC）具有分辨率高、灵敏度好、测量范围广、快速及选择性好等优点，目前已成为实验室分析的主导方法。

5.7　发酵动力学

发酵动力学是发酵工程的一个重要组成部分，它研究各种发酵过程中变量在活细胞的作用下的变化规律，以及各种发酵条件对这些变量变化速度的影响。

发酵过程动力学的研究有助于更加深入地认识和掌握发酵过程，为工业发酵的模拟、优化和控制打下理论基础。

5.7.1　发酵动力学研究内容

发酵过程的本质是细胞利用有机质中的化学能，并在其生长过程中产生的酶的催化下进行的生物化学反应。

发酵动力学以化学热力学和化学动力学为基础，对发酵过程各种物质的变化进行定量描述。

发酵动力学的研究内容主要包括：

（1）细胞生长和死亡动力学；

（2）基质消耗动力学；

(3) 氧消耗动力学；

(4) CO_2 生成动力学；

(5) 产物合成和降解动力学；

(6) 代谢热生成动力学。

5.7.2 发酵动力学研究方法

发酵是由多酶系统催化的极其复杂的生化反应，迄今对它的认识还很不完全。这就决定了发酵动力学研究的复杂性和不完全性。

为使研究具有一定的可行性和实用性，对发酵过程进行以下简化处理：

(1) 反应器内完全混合，即任何区域的温度、pH、物质浓度等变量完全一致；

(2) 温度、pH 等环境条件能够稳定控制，从而使动力学参数也保持相对稳定；

(3) 细胞固有的化学组成不随发酵时间和某些发酵条件的变化而发生明显变化；

(4) 各种描述发酵动态的变量对发酵条件变化的反应无明显滞后。

实验证明，上述假设与实际过程的偏差造成的影响并不十分严重，从而使发酵动力学的研究具有一定的可信度。

在以上假定的基础上，主要采用宏观处理法和质量平衡法进行发酵动力学的研究。

1. 宏观处理法

对发酵动力学的研究，可以在两个层次上进行：

(1) 深入细胞内部，研究其基因结构、表型、调控机制及其对代谢途径中各步反应的影响，得出的动力学模型称为结构模型；

(2) 把细胞看成一个均匀分布的物体，不管微观反应机制，只考虑各个宏观变量之间的关系，得出的动力学模型称为非结构模型。

目前，对发酵过程(特别是次级代谢产物的发酵过程)的微观反应机制还知之有限，而在宏观过程方面已积累了不少经验，故本章只讨论宏观处理法，建立非结构动力学模型。

2. 质量平衡法

根据质量守恒定律，对发酵过程中参与代谢反应的每一种物质，都可以列出如下质量平衡式：

物质在系统中积累速度＝物质进入系统的速度＋物质在系统中生成的速度－物质排出系统的速度－物质在系统中消耗的速度

5.7.3 微生物生长动力学

1. Monod 方程

微生物接种到灭菌的培养基之后，细胞数目并不立即增长，这一时期称为延迟期。这是因为细胞为适应新的环境，需要重新启动它们的代谢系统。在延迟期之后，对数期之前，细胞生长速度逐渐加快的时期称为加速期。

微生物生长的 6 个典型时期为：延迟期、加速期、对数期、减速期、稳定期和死亡期(图 5-11)。

在对数期，微生物的增长速率 dX/dt 与其比生长速率 μ 和生物量 X 的关系可表示为

$$\frac{dX}{dt}=\mu X \tag{5-1}$$

μ 是限制性产物（如碳源、氮源）浓度[S]、微生物的最大比生长速率 μ_m 和底物特异性常数 K_s 的函数，可表示为

$$\mu=\frac{\mu_m[S]}{K_s+[S]} \tag{5-2}$$

上式即为 Monod 方程，是应用最普遍的微生物生长动力学方程。Monod 方程曲线如图 5-12 所示。可以看出，K_s 是使 μ 达到 μ_m 值一半时的生长限制性底物浓度。当[S]→∞时，$\mu\to\mu_m$，说明 μ_m 只是理论上的最大生长潜力，实际上是不可能达到的。

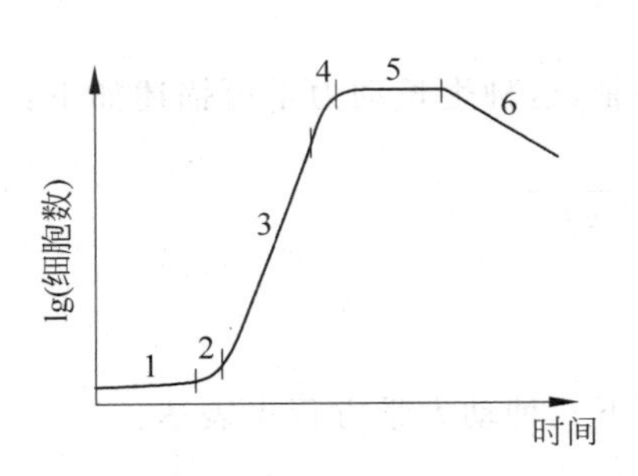

图 5-11 微生物分批培养生长曲线

1—延迟期；2—加速期；3—对数期；
4—减速期；5—稳定期；6—死亡期

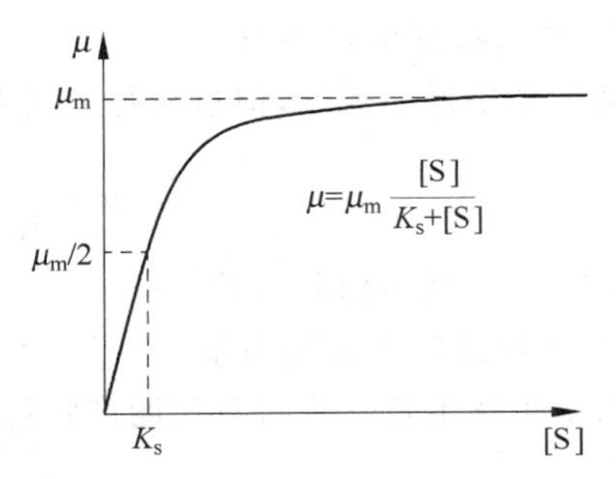

图 5-12 Monod 方程曲线

表 5-5 列出了一些微生物对应于不同生长限制基质的 K_s 和 μ_m。

在对数期末期，底物大多已被消耗，浓度可能会降至低于 K_s 值。当[S]<K_s 时，微生物进入减速期。由于在对数期末期培养基中所含的细胞数目很大，底物可能被迅速吸收利用，所以减速期可能会很短，甚至可能观察不到。

在减速期之后，由于某种关键底物（如碳源）被耗尽，或是一种或几种抑制生长的代谢产物积累，培养体系中细胞数目的增长逐渐停止，细胞进入稳定期。

在稳定期，虽然生物量保持一定，但细胞的代谢方式常常会发生巨大变化，在某些情况下会合成次级代谢产物，如大多数抗生素就是在这一时期合成的。这一时期的长短取决于具体的生物种类和生长条件。

表 5-5 一些微生物的 μ_m 和 K_s

微生物	生长限制基质	μ_m/h^{-1}	$K_s/(g/m^3)$
大肠杆菌（*Escherichia coli*）	葡萄糖	0.85	2.0～4.0
大肠杆菌（*Escherichia coli*）	乳糖		20.0
酿酒酵母（*Saccharomyces cerevisiae*）	葡萄糖	0.13	25.0
巴克红曲菌（*Monascus* sp.）	葡萄糖	0.13	154.8
木霉菌（*Trichoderma* sp.）	葡萄糖	0.13	43.2
产朊假丝酵母（*Candida utilis*）	氧	0.44	0.03
产朊假丝酵母（*Candida utilis*）	甘油		4.5

在死亡期里，细胞的能量耗尽，代谢停止。对绝大多数工业生产而言，发酵在细胞进入死亡期以前就停止了，所以收获细胞在死亡期之前进行。

2. 其他生长动力学方程

对实际发酵过程来说，Monod 方程能够完全适用的理想情况很少，下面介绍几种其他生长动力学方程。

1）双基质限制生长动力学

培养基中两种基质的浓度均较低时，共同限制微生物生长，此时，可采用下面方程描述：

$$\mu=\mu_{m}\left(\frac{[S_1]}{K_{s1}+[S_1]}\right)\left(\frac{[S_2]}{K_{s2}+[S_2]}\right) \tag{5-3}$$

2）基质抑制生长动力学

某种基质是必需的，但过量加入又对生长产生抑制，这种生长动力学可描述如下：

$$\mu=\frac{\mu_{m}[S]}{K_{s}+[S]+[S]^2/K_{i}} \tag{5-4}$$

式中：K_i——基质抑制常数。

3）产物抑制生长动力学

当微生物生长受到自身代谢产物抑制时，可用以下几种动力学方程来表达：

$$\mu=\frac{\mu_{m}[S]}{K_{s}+[S]}(1-K_i'[P]) \tag{5-5}$$

$$\mu=\frac{\mu_{m}[S]}{K_{s}+[S]}\exp(-K_i'[P]) \tag{5-6}$$

$$\mu=\frac{\mu_{m}[S]}{(K_{s}+[S])(1+K_i'[P])} \tag{5-7}$$

式中：K_i'——产物抑制常数；

[P]——产物浓度。

4）Contois 方程

对于菌体浓度较高，发酵液黏度较大，特别是丝状菌生长的情况，可采用 Contois 动力学方程式描述：

$$\mu=\frac{\mu_{m}[S]}{K_{X}X+[S]} \tag{5-8}$$

式中：K_X 为 Contois 饱和常数。

3. 细胞死亡动力学

微生物在培养过程中，由于基质限制，一部分细胞得不到必需的营养而死亡和自溶。自溶后释放的细胞物质可作为营养物质，满足部分活细胞生长和维持的需要。这种死亡动力学可描述如下：

$$\mu_{d}=\mu_{dm}\left(1-\frac{[S]}{K_{d}+[S]}\right) \tag{5-9}$$

式中：μ_d——细胞比死亡率；

μ_{dm}——细胞最大比死亡率；

K_d——细胞死亡常数。

图 5-13 给出了上式表达的细胞死亡动力学曲线，其中使比死亡率达到最大比死亡率一半时的基质浓度，即为细胞死亡常数。

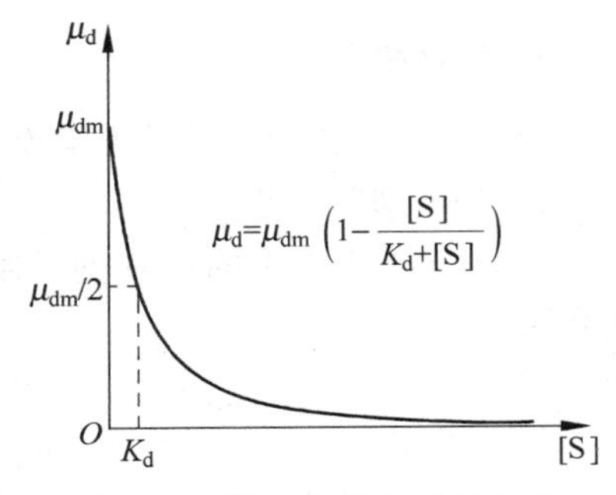

图 5-13 微生物培养过程中的死亡动力学曲线

5.7.4 产物形成动力学

微生物代谢产物，尤其是次级代谢产物的生物合成，是一个十分复杂的生化过程，它涉及所用菌株的基因型和表型、菌体的生长速率、形态和生理状态，并取决于各种营养基质、前体物和氧的供给及其他外部环境条件，而一些外部环境条件对菌株生长和生产能力的影响尚不十分清楚，因此，大多数研究只限于对宏观过程变量描述的非结构模型，下面简单介绍一些常见的产物合成动力学模型。

1. L-P 模型

这是由 Luedeking 和 Piret 提出的模型，这一经典模型普遍用于描述微生物代谢产物的形成。它把产物生产率看作是菌体生长率和菌体量的函数，用数学式表示为

$$\frac{d[P]}{dt}=k_1\frac{dX}{dt}+k_2X \tag{5-10}$$

式中：k_1——与菌体生长率有关的产物合成系数；

k_2——与菌体量有关的产物合成系数。

按 k_1，k_2 值的大小，可以将上述产物合成动力学分成以下三种类型：

(1) 当 $k_1>0$，$k_2=0$ 时，为生长耦联型；

(2) 当 $k_1>0$，$k_2>0$ 时，为部分生长耦联型或混合型；

(3) 当 $k_1=0$，$k_2>0$ 时，为非生长耦联型。

2. 菌龄模型

在次级代谢产物发酵中，产物合成滞后于细胞生长，但发酵后期随大部分细胞的老化并开始自溶而出现产率下降，由此可以推断产物合成只与一定菌龄范围内的细胞相联系。与菌龄相关的动力学模型如下：

$$\frac{d[P]}{dt}=k\frac{d}{dt}\int_{\theta_m}^{\infty}f(\theta,t)d\theta \tag{5-11}$$

或

$$\frac{d[P]}{dt}=k\left(\frac{dX}{dt}\right)_{(t-\theta_m)} \tag{5-12}$$

式中：k——与菌龄有关的系数；

θ——菌龄；

θ_m——细胞的成熟龄；

$f(\theta,t)$——时刻 t 时微生物细胞群体菌龄分布函数。

3. 生化模型

引入生长反应机制的动力学模型称为生化模型,主要形式有基质抑制模型和氧限制模型。

1)基质抑制模型

适用于过量基质的存在对产物的生物合成产生抑制或阻遏的发酵过程。其基本表达式为

$$\frac{\mathrm{d}[\mathrm{P}]}{\mathrm{d}t}=\frac{Q_{\mathrm{pm}}[\mathrm{S}]X}{K_{\mathrm{p}}+[\mathrm{S}](1+[\mathrm{S}]/K_{\mathrm{i}})} \tag{5-13}$$

式中:[P]——产物浓度;

[S]——基质浓度;

X——菌体浓度;

Q_{pm}——最大比生产率;

K_{p}——与基质抑制有关的产物合成系数;

K_{i}——基质抑制系数。

2)氧限制模型

氧限制模型适用于供氧不足、溶解氧浓度为产物合成限制因子的发酵过程,可用以下经验表达式描述:

$$\frac{\mathrm{d}[\mathrm{P}]}{\mathrm{d}t}=\frac{Q_{\mathrm{pm}}c_{\mathrm{L}}^{n}X}{K_{\mathrm{op}}X+c_{\mathrm{L}}^{n}} \tag{5-14}$$

式中:c_{L}——溶解氧浓度;

K_{op}——与氧限制有关的产物合成系数;

n——溶氧指数;

其他符号意义同前。

5.8 发酵过程优化及控制

发酵动力学的应用并不限于对发酵过程进行模拟,更重要的是对实施过程进行优化,以达到高产低耗的目的。

5.8.1 发酵过程的建模

发酵过程数学模型的建立是为了更好地开发发酵工艺,实现发酵过程的优化控制。

微生物发酵过程是十分复杂的生长代谢过程,既有一般化工过程的传质特点,又有生命体的代谢反应特点。因此,数学模型的建立很困难。微生物发酵过程的模型主要分为四类,即非结构模型、结构模型、分离模型和非分离模型(图 5-14)。

非结构模型建立在工程水平上,不考虑微生物细胞代谢过程中内部结构和组分的变化,将生物相作为单组分加以描述。

结构模型建立在细胞分子水平上,考虑代谢过程中的酶活性和营养成分等的变化,把生物相分成实际可测的或非规范化的两到多个化学组分进行描述。

分离模型强调微生物群体由个体组成,而其中每个个体有其各自的特性。

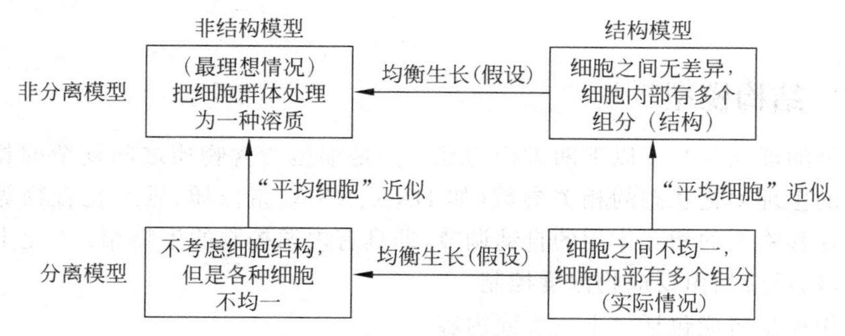

图 5-14　描述细胞群体的数学模型

非分离模型不考虑微生物个体，把细胞作为与外界环境相互作用的整体进行考虑。

实际发酵过程中，微生物的生长状态和各种生物物质的变化很难在线检测，其生长状态和阶段、生物反应系统的组成不能用简单的一个变量来表示，只能用修正的模型适应实际过程，或估计不可测量的变量和模型参数。

发酵过程的生物状态变量分为两种类型，即函数型状态变量和数值型状态变量。

函数型状态变量用于描述生化过程中生物生长的模型，它由专家知识系统确认。

数值型状态变量是指生物物质、基质、产物浓度、pH 等，通过这些数值型状态变量，运用专家系统确定函数型状态变量来确定发酵过程的生物状态。

5.8.2　非结构模型

非结构模型是研究较多，也是最重要的发酵过程模型，发酵过程非结构动力学模型一般包括：微生物生长模型、产物生成模型、基质消耗模型。

在发酵过程中，微生物、产物和基质之间的关系如图 5-15 所示。

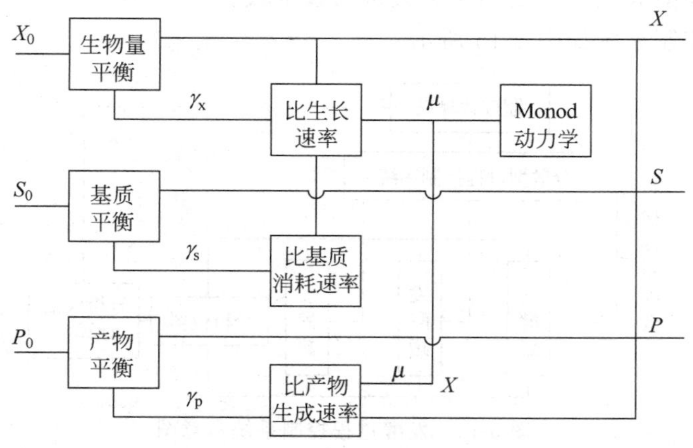

图 5-15　发酵过程参数之间的关系

对于连续发酵，在碳源限制条件下，宏观产率并不是常数，而是随稀释率变化，即随稀释率的下降而减小。

非结构动力学模型的形式很多，这类模型大都属于经验和半经验的，在形式上或多或少有相同之处。

5.8.3 结构模型

结构模型的建立是基于以下两方面考虑：一是细胞所含物质之间复杂的相互作用，其中包括细胞的生理生化状态的相关参数（如 DNA、RNA、蛋白质、碳水化合物等）和在环境条件改变时这些物质的相互作用的自动调节，即具有内源控制的生物相；二是非生物相，在此相中，所有的反应均由反应物浓度控制。

建立结构模型时应包括以下三方面内容：

(1) 对有关生物相的相关组分建立质量平衡方程；

(2) 对有关生物相中的生化反应建立相关的动力学方程；

(3) 建立单体平衡及必要的热力学约束条件。

结构模型的研究虽进展较快，但这类模型的理论和实践还很不完善。与非结构模型相比，对结构模型的研究要少得多，并缺乏实验数据的验证。由于结构模型复杂，建模时要考虑的因素繁多，且求解困难，因此在应用上远落后于非结构模型。

5.8.4 发酵过程控制

发酵过程控制是根据对过程变量的有效测量及对过程变化规律的认识，借助于由自动化仪表和计算机组成的控制器，操纵其中的一些关键变量，使过程向着预定的目标发展。

发酵过程控制包括三方面的内容：

(1) 和过程未来状态相联系的控制目的或目标，如要求控制的温度、pH、生物量浓度等；

(2) 一组可供选择的控制动作，如阀门的开、关，泵的开、停等；

(3) 一种能够预测控制动作对过程状态影响的模型，如用加入基质的浓度和速率控制细胞生长率时需要能表达它们之间相关关系的数学式。

目前常用的控制系统如图 5-16 所示。

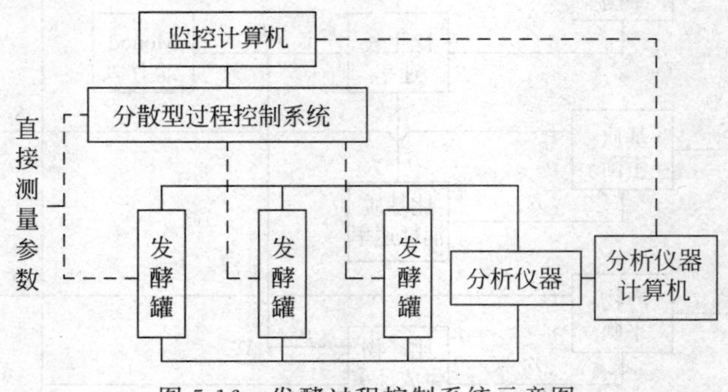

图 5-16 发酵过程控制系统示意图

它可对多个发酵罐同时进行控制：通过计算机控制取样装置，分别对多个发酵罐的液体和排出气体的组成进行自动分析，分析结果由分析仪器计算机直接送到发酵过程控制的监控计算机，对发酵过程实施优化控制。

随着计算机技术和控制理论的发展，计算机控制系统在发酵工业中的应用不断发展，实现了发酵过程参数的在线实时检测、记录、图形显示、数据自动存储、报表打印和环境参数的自动控制。也可依据控制程序或适当的模型或专家系统对发酵过程进行控制。这些为发酵过程的优化控制奠定了良好的基础。

过程监控计算机的作用有：

（1）在发酵过程中采集和存储数据；

（2）用图形或列表方式显示存储的数据；

（3）对存储的数据进行各种处理和分析；

（4）与检测仪表和其他计算机系统通信；

（5）对模型及其参数进行辨识；

（6）实施复杂的控制算法。

监控计算机应具有尽可能完善的功能和较高的可靠性、一定的升级能力、简单的运算要求、与其他系统的通信能力等。

5.9　下游处理

从发酵液中分离、精制有关产品的过程称为发酵生产的下游处理。

下游处理工艺由许多化工操作单元组成。下游处理过程一般可分为发酵液的预处理和固液分离、产物提取、精制及成品加工四个阶段。其一般流程如图5-17所示。

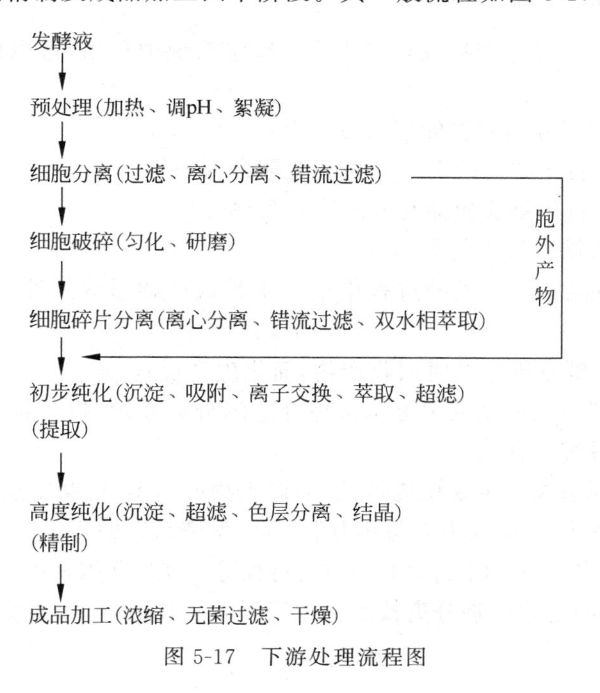

图5-17　下游处理流程图

1. 发酵液预处理和固液分离

预处理是为了改善发酵液的性质，以利于固液分液。常用的方法有加酸、加热、加絮凝剂等。固液分离常采用过滤、离心等方法。

如产物存在于细胞内,还需先对细胞进行破碎。常用的破碎方法有机械法、化学法和生物法。

2. 提取

提取的目的是产品浓缩和纯化。

常用的提取方法有:吸附法、离子交换法、沉淀法、萃取法、膜分离法等。

3. 精制

经过提取过程初步纯化后,滤液体积大大减小,但纯度提高不多,需要进一步精制。常用的方法有:沉淀、超滤、层析分离等。

4. 成品加工

经提取和精制后,根据产品的应用要求,还需要浓缩、无菌过滤和去除热源、干燥、加稳定剂等处理。

5.10 发酵与产物分离耦联技术

5.10.1 耦联方式

在反应过程中及时地将产物或有害物质从反应系统中移出,可以保证生化反应高效进行,简化下游处理。

根据生物反应器与分离装置的连接方式有:

(1) 原位耦联　将生物反应器与分离装置融合为一体;

(2) 异位耦联　将生物反应器与分离装置简单连接。

发酵与产物分离耦联技术的作用:

(1) 解除产物或副产物对发酵过程中细胞生长或产物形成的抑制作用,以提高发酵产量和生产效率;

(2) 从复杂的发酵系统中及时回收产物,简化生产过程。

实现发酵与分离偶联成功的关键是选择合适的分离技术,以保证产物或副产物及时地有选择性地从发酵系统中移出。

分离技术的选择取决于生物反应特性,如微生物的类型、代谢特点、培养基组成、发酵过程的 pH 及溶解氧变化、发酵动力学与热力学特性、发酵系统的流体力学性质、待分离的产物或副产物的物理化学以及生物学特性和经济可行性等。在这些因素中,后三种因素尤为重要。

原则上讲,已有的生物产物分离技术均可用于耦联技术中,如蒸发、萃取、膜分离、吸附、沉淀等技术。

5.10.2 耦联技术的应用

1. 真空发酵

在发酵过程中,对发酵罐抽真空减压,使发酵产物的沸点降低,易挥发组分从发酵液中分离出来，再通过冷却、吸附或吸收的方法将挥发性产物回收，以达到连续发酵同时连续回收产物的目的。真空发酵只适用于厌氧发酵，如酒精发酵、丙酮丁醇发酵。在技术上，真空发酵可采用原位真空发酵和异位真空发酵。

2. 气提发酵

利用氮气、氢气或二氧化碳等作为气提载体，通入发酵液中，将发酵产生的蒸气压大于水的挥发性产物携带出发酵罐，用冷却、吸附或吸收等方法将产物回收。载气经压缩后可以循环使用。此技术主要用于厌氧发酵。

气提发酵工艺简单，可直接利用发酵产生的大量二氧化碳作为廉价的气提剂。

3. 吸附发酵

在发酵过程中，加入对发酵过程产生的产物或副产物有特异性的吸附剂，使具有抑制作用的产物或副产物“脱离”发酵系统，达到回收产物或减少抑制作用的目的。最常用的吸附剂主要有离子交换剂、亲合吸附剂和一般的吸附剂。

根据耦联的技术特点，吸附发酵可分为原位吸附发酵和异位吸附发酵。

原位吸附发酵是指直接将吸附剂加到发酵液中，及时将发酵产物吸附于吸附剂上，发酵结束后，将吸附剂分离回收，洗脱后可得到一定纯度的产物。

异位吸附发酵是指在发酵过程中，将一部分发酵液引入吸附旁路进行产物吸附，并将吸附后的发酵液重新循环回发酵反应器中，达到吸附回收产物和解除产物抑制作用的目的。

4. 膜分离发酵

将膜分离与生物反应系统偶联的研究经历了几个发展阶段。早期是将膜分离设备与生物反应器连接在一起，采用异位膜分离发酵。近年来将膜分离设备与反应器合并，形成膜生物反应器，它兼有分离和反应两种功能，是分离与反应耦联最彻底的例子，也是原位分离发酵最典型的例子。

1）膜渗透与发酵耦联

膜渗透与发酵有多种耦联形式，如原位耦联、异位耦联、循环式耦联等（图5-18）。

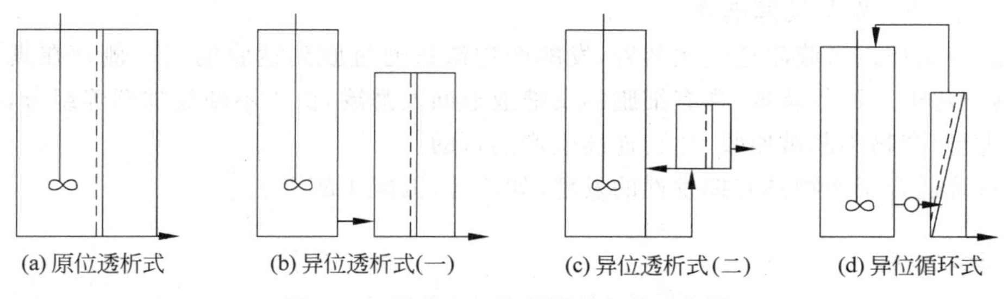

图5-18　膜分离与发酵耦联方式示意图

原位透析式是将膜置于发酵罐内，用膜隔出适当空间，小分子通过自由扩散渗透通过膜进入产物收集室，而细胞或其他大分子则截留在反应器部分。由于发酵过程不断搅拌，但膜两侧压力差很小，虽然膜堵塞及污染较小，但透出速率较低。大面积膜的机械强度和耐压性能差，难以构建大型装置。因此大规模应用难度大。

异位透析式是将透析装置置于发酵罐外，通过适当的管道将二者连接，构成异位膜透析发酵系统。发酵液依靠密度差或位差从发酵罐内流向膜透析装置。采用多透析室并联可增加膜面积，提高透析量。因此，构建较大的装置要比原位透析式容易。

异位循环式是将发酵罐直接与膜分离装置连接，发酵液可以在两者之间进行循环。发酵液循环可以采用连续式或间歇式。

2）膜生物反应器

将膜分离与发酵耦联，无论采用哪一种方式都是比较原始的耦联方式，其结构比较复杂，运转和操作也较为复杂。近年来，发展了将发酵罐与膜分离装置融合的膜生物反应器，即利用膜的阻留性能将生物催化剂限制在膜组件的固定空间，供给所需的底物和营养物，即可在固定空间内进行生物反应，而产生的产物透过膜，进入膜的另一侧空间，脱离生物催化剂，达到了生物反应与产物分离同时进行的目的。

膜生物反应器使用的膜可以是各种类型，如平板膜、管式膜、中空纤维膜等。由此组成的膜组件可以是卷曲膜组件、膜堆组件、圆盘膜组件、管式膜组件、中空纤维膜组件。在管式膜组件和中空纤维膜组件中，根据生物催化剂在器内空间中所处位置和液体流动方式，又可分为内压式和外压式。

膜的选用取决于要分离的发酵产物的分子大小。若发酵产物为生物大分子，如酶或其他蛋白质、多糖等，则选用微滤设备，也可以选用高截留分子量的超滤设备。其原则是保留细胞或生物催化剂，而产物能透过膜以达到分离的目的。

膜生物反应器操作简便，可连续化，可在无菌条件下运转，适用范围广。目前在水处理领域中也获得了应用。

但膜生物反应器也有其缺点：由于膜组件在使用过程中存在浓差极化现象，使得膜通量下降。特别当反应系统较复杂时，生物大分子或微粒会引起膜污染，通量下降更快。为维持正常运转，需要进行定期膜清洗，这要占用一定的生产时间和花费一定的费用。此外，膜反应器设备投资较高。

随着膜技术的不断发展，有关问题将逐渐得到解决，膜生物反应器的应用前景将更加广阔。

3）膜渗透蒸发与发酵耦联

发酵液循环进入膜渗透气化装置，发酵产物渗透通过膜到达膜的另一侧。在真空条件下，产物汽化进入回收装置，含有细胞的发酵液返回发酵罐，由于不断流加营养组分，使得发酵连续进行，产物不断被回收，达到连续生产的目的。

该系统适合于产物具有挥发性的发酵，如乙醇，丙酮丁醇等。

5. 萃取发酵

萃取是化工中典型的单元操作技术。在发酵工业中广泛用于分离抗生素、氨基酸、有机酸及其他发酵产品，为将萃取与发酵耦联奠定了基础。近年来发展的双水相萃取技术弥补了有机相萃取的不足，可用于萃取具有生物活性的生物大分子和其他生物活性物质，将其与发酵耦联开发出了具有高度生物相容性的耦联技术。

总之，发酵与产物分离耦联技术是一个新的研究热点，各种系统各有其优缺点，大多数离大规模工业应用还有相当的距离，尚需大量的研究。可以预见，该技术具有相当广阔的应用前景。

5.11　代谢控制发酵

5.11.1　代谢控制发酵的发展

在生命进化过程中，微生物细胞形成了完善的代谢调节机制，使细胞内复杂的生物化学反应高度有序地进行，并对外界环境的改变迅速作出反应。细胞代谢网络是由多种酶催化的系列反应系统、膜传递系统、信号传递系统组成的，并且是受精密调节、又相互协调的复杂体系。各种代谢是相互作用、相互转化、相互制约的一套完整、统一、灵敏的调节系统。

微生物的生命活动主要包括两种代谢途径，一种是分解代谢，另一种是合成代谢。它们是对立统一的。

分解代谢又称异化作用，是指由复杂的营养物质分解成简单化合物的过程；合成代谢又称同化作用，是指由简单化合物合成复杂的细胞物质的过程。

分解代谢和合成代谢统称新陈代谢，分解代谢和合成代谢的相互关联、相互制约成为细胞生命过程的基础。

新陈代谢具有三大特点：

(1) 生物反应都在温和条件下进行，大多为酶所催化；

(2) 反应具有顺序性；

(3) 具有灵敏的自动调节机制。

在一个活细胞内，生命物质种类甚多。据估计，一个大肠杆菌染色体DNA约有400万个碱基对，用于编码一个含500个氨基酸多肽的基因约有3 000个。然而，一个细胞内物质代谢的转换，犹如一个自动化的工厂。各种基因、结构蛋白、酶系统和代谢物等高度组织在一起，各种代谢反应错综复杂，相互制约、彼此协调，保持各种代谢物的浓度相对稳定和动态平衡，使细胞得以生长。细胞除具有内源性调节机制外，对外界反应也有自我调节能力，细胞受到离子、激素、代谢物等特异或非特异信息的刺激时，可以调整自己的酶活性水平、基因表达水平，作出正调节(激活)或负调节(抑制)，以适应外界环境的变化。

代谢控制发酵(metabolic control fermentation)是利用遗传学的方法或其他生物化学方法，人为地在DNA分子水平上改变和控制微生物的代谢，使有用目的产物大量生成和积累的发酵。

代谢控制发酵的出现与发展，代谢工程(metabolic engineering)的诞生，是与以下几方面密不可分的：

(1) 随着生物化学的发展，确立了代谢网络图，随着代谢途径研究的不断深入，发现了反馈调节机制，特别是酶的结构动力学阐明了多种酶活性调节的基本类型。

(2) 随着微生物遗传学的发展，发现了分解代谢途径操纵子(如乳糖操纵子)和合成代谢途径操纵子(如色氨酸操纵子)的调控机制，从而阐明了微生物代谢的调节机制。

(3) 随着分子生物学和分子遗传学的发展，可以人为地在DNA分子水平上改变微生物的代谢，多方面利用微生物的代谢活性，使微生物的生理特性按人为目的变化。通过诱变选育各种突变株，如营养缺陷突变株、结构类似物抗性突变株、营养缺陷的回复突变株、条件突变株等；通过转导、转化、杂交、原生质体融合等方法获得目的重组体；通过重组DNA技术构建工程菌株等。

（4）随着化学工程、系统分析方法与手段的发展，对发酵过程进行最优化控制，使目的产物大量积累。

利用微生物进行发酵的进展，如图5-19所示。

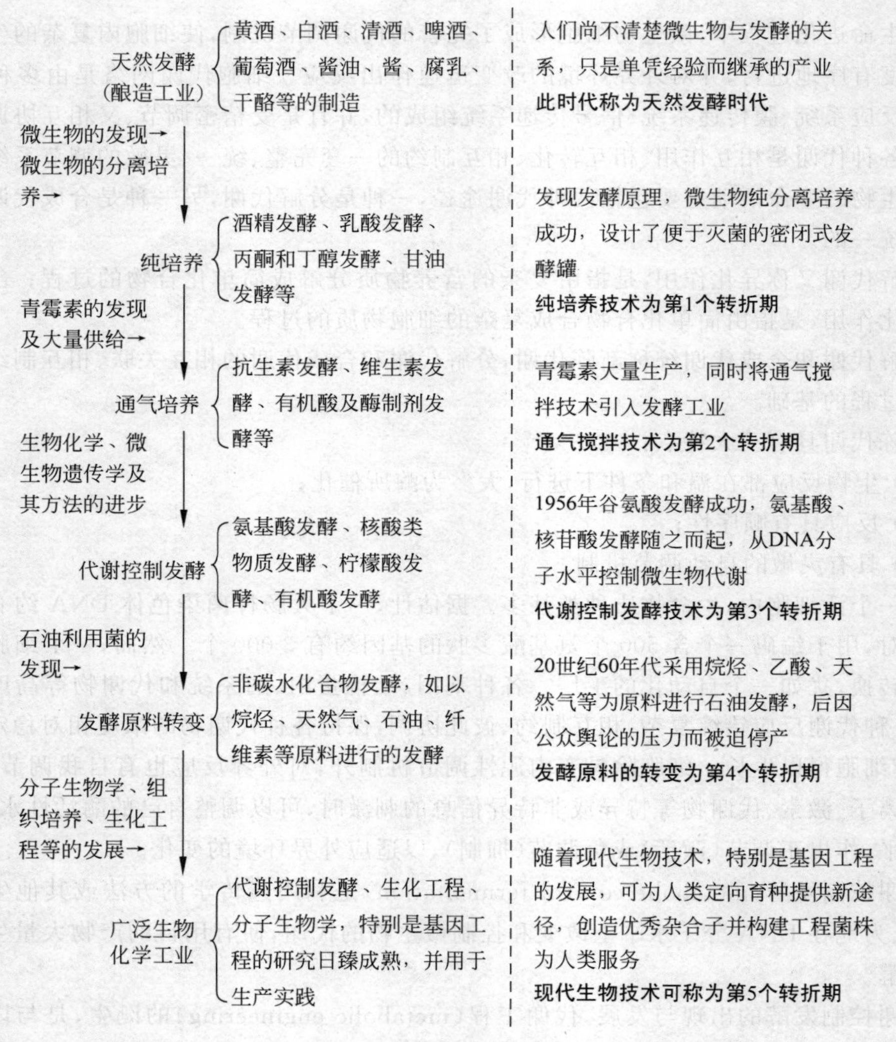

图5-19 利用微生物进行发酵的进展

5.11.2 代谢工程

1. 代谢工程的基本内容

随着代谢控制发酵理论的日臻完善，1991年，美国加州理工大学Bailey教授，在

Science 上撰文论述了代谢工程的应用、潜力和设计。同年，麻省理工学院 Stephanopoulos 和 Vallino 教授在 *Science* 上论述有关“过量生产代谢产物时的代谢工程”“代谢网络的刚性”“代谢流的分配、关键分叉点及速度限制步骤”等内容，提出了代谢工程的概念，标志着代谢工程的诞生。此后，1996 年召开了第一次国际代谢工程大会，1998 年 Stephanopouls 教授等出版了第一本代谢工程教科书。经过 20 多年的发展，代谢工程已形成比较完整的学科体系。从开始研究调控少数几种酶的合成途径，发展到今天已构建了大量生产高品质产品的高产菌株，用于生产几乎所有种类的有机化合物，极大地推动了微生物发酵工业的发展，既拓展了发酵产品的多样性，又降低了成本。

利用重组 DNA 技术和分子生物学相关的遗传学手段进行有精确目标的遗传操作，改变酶的合成与活性和输送体系的功能，甚至产能系统的功能，以改进微生物细胞某些方面的代谢活性的整套工作。

代谢工程的诞生，把原本散布在其他学科领域的理论与方法整合起来，集中针对发酵工程中的问题，开展研究。相应发展出多种定量测定代谢网络通量的方法，建立了一系列数学工具，总结出一系列调节代谢的理论与方法。

代谢工程的特征是关注于整体代谢途径而不是单个反应，即分析、检测与调控整体代谢网络，强调调控的定向性。代谢工程是随着 DNA 重组技术的出现而出现的，与传统方法相比，调控的准确度显著增加。

代谢工程的研究对象与内容主要包括：代谢分析、代谢设计、遗传操作与目的代谢活性的实现。

遗传操作部分的内容已在本书基因工程一章讨论；目的代谢活性的实现主要通过对发酵过程条件的调控等实现，已在本章前面几节讨论。本节将主要讨论代谢分析与代谢设计的相关内容。

2. 代谢网络及其分析

代谢网络分析是代谢工程的重要内容，是进行代谢设计的前提。细胞为维持正常的生理功能，当环境或细胞自身发生变化时，会通过代谢调节达到平衡。因此，将外源基因克隆到细胞内会造成代谢不平衡，而达不到预期目的。细胞表现出来的代谢刚性，是对细胞修饰的一种抗性。在用重组 DNA 技术对细胞进行修饰时，必须对代谢网络有所了解。

代谢分析的目的是定量表征代谢途径中酶的活性、代谢物、效应物和其他参数变化对通量的控制程度。分析内容包括：细胞内代谢物浓度、代谢稳定的状态条件、代谢流的方向、通量与关键节点等。

1）代谢网络

分解代谢途径、合成代谢途径和膜输送体系的有序组合构成代谢网络。广义的代谢网络包括物质代谢网络和能量代谢网络。代谢网络的组成取决于微生物的遗传性能和微生物细胞所处的环境(也就是取决于微生物细胞的生理状况)。代谢网络主要由其核心部分和两个在运行时间上有交叉的部分组成。它们分别是：①中心代谢；②指向中心代谢途径，并以中心代谢途径中间化合物为接口的途径(收敛途径)；③以中心代谢途径的中间化合物为起点，从中心代谢途径发散的途径(发散途径)。

代谢网络因对应的酶和蛋白质(也包括用于跨膜输送的载体和酶蛋白、调节蛋白等)的存在而得到体现，代谢网络是跨膜的。微生物的遗传物质是代谢网络存在的根据，微生物存在的环境条件是代谢网络存在的原因。可在一定范围内对代谢网络的遗传特性进行人为的修饰，从而有可能实现代谢途径（网络）的延伸和剪接。

2）代谢流

处于一定环境条件下的微生物培养物中，参与代谢的物质在代谢网络中按一定规律流动，形成微生物的代谢流。代谢流具备流体流动的一些基本属性，诸如方向性、连续性、有序性、可调性等，也可以接受疏导、阻塞、分流、汇流等“治理”，也可能发生“干枯”或“溢出”等现象。

3）载流途径和代谢主流

在一定的生理状态下，碳架物质在微生物的代谢网络中流经的主要途径，称为载流途径。以特定的初级代谢产物为目的产物的工业发酵要求微生物在形成目的产物期间让碳架物质相对集中地经载流途径流向目的产物，形成代谢主流，从而实现新基质的利用、新产品的开发、新合成技术的开发。

3. 细胞代谢的调节控制

微生物细胞具有高度适应环境和繁殖的能力。细胞的各种结构能协调地进行工作，对环境的刺激和信息作出反应，进行自我调节。细胞内这种调节控制作用主要靠两个因素，即参与调节的有关酶的活性和酶量，也就是反馈抑制和反馈阻遏（图 5-20）。

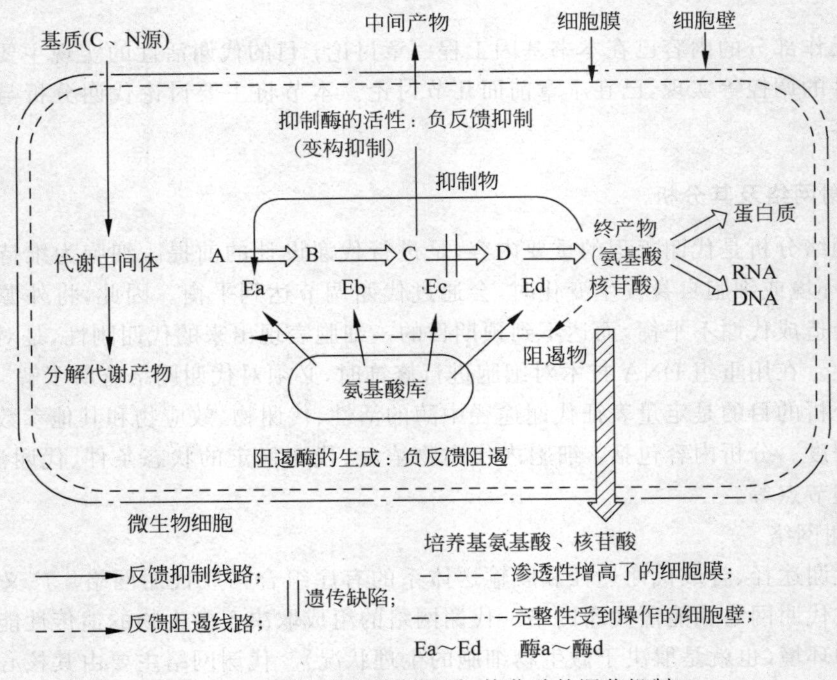

图 5-20　微生物细胞氨基酸、核苷酸的调节机制

根据代谢调控机制，酶的生物合成受基因和代谢物的双重调控（图 5-21）。一方面，酶的合成像普通蛋白质的合成一样，受基因的控制，由基因决定形成酶分子的化学结构；另一

方面，酶的合成还受代谢物（酶反应的底物、产物及其类似物）的控制和调节。

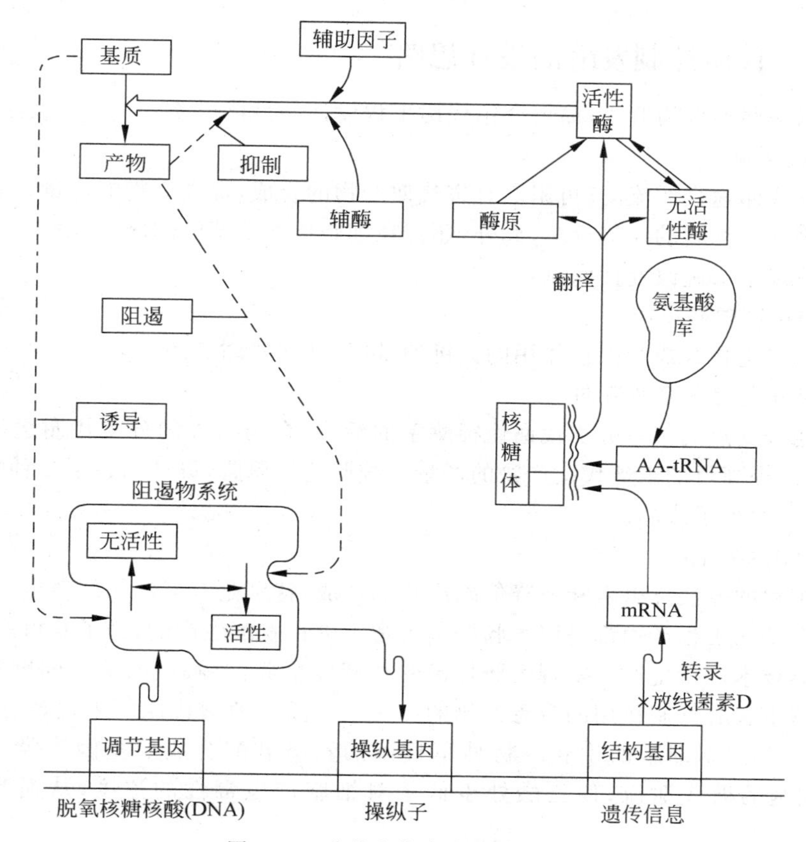

图 5-21 酶的生物合成和活性调控

按各种酶在代谢调节中的作用，可将酶分为：

（1）调节酶 常称关键酶，与代谢调节关系密切，包括变构酶、同功酶、多功能酶。

（2）静态酶 一般与代谢调节关系不大。

（3）潜在酶 指酶原、非活性型或与抑制剂结合的酶。

关键酶（key enzyme 或 switching enzyme）是参与代谢调节的酶的总称。它作为一个反应链的限速因子，对整个反应起限制作用。这些酶在代谢网络的枢纽之处形成支柱，对代谢流的质和量都起着制约作用。

选育某种目的产物的生产菌株，首先要了解这种物质的生物合成途径、关键酶及关键酶的调节机制。下面以氨基酸的生物合成为例进行讨论。

一般地，与氨基酸生物合成途径分支点有关的分支点酶（branching enzyme）可以成为关键酶，但关键酶并不都是分支点酶。关键酶的关键效应也只在特定的氨基酸生物合成过程中起作用，而在其他氨基酸的生物合成过程中则不起作用。

在每个氨基酸的生物合成途径中，都有一种以上的关键酶。生物合成的途径越长，关键酶的数目越多。关键酶中有的是变构酶，有的是同功酶，也有的是多功能酶。对代谢流影响最大的关键酶处于主导性的地位，常被配备在由同一前体物出发去生物合成多种氨基酸的关键点(key point)上。

5.11.3 代谢控制发酵的设计思路

本节将以一些实例为背景，简要介绍代谢工程设计的具体思路。

1）改变代谢流

改变分支代谢途径的流向，可阻断有害代谢产物的合成，提高产物的产量。其困难在于代谢网络的刚性及细胞的应答反应，此外，还存在细胞代谢平衡的问题。

通常采取以下措施改变代谢流：

(1) 加快速度限制反应

通过克隆对生物合成起限速作用的关键酶基因，加速代谢流的流动。

(2) 改变分支代谢途径流向

提高代谢分支点的某一分支代谢途径酶系的活力，在与另外的分支代谢途径的竞争中占有优势，可以提高目的末端代谢产物的产量。按照这种思路，设计构建了多种氨基酸高产代谢工程菌，并取得了成功。

(3) 构建代谢旁路

用代谢工程的方法可以阻断或降低副产物的合成，特别是有毒产物的产生。

目前许多基因工程产物都是以大肠杆菌为宿主进行发酵生产的，为了获得高产，往往采用高密度培养技术进行生产。实现大肠杆菌的高密度培养，要解决的关键问题之一是阻断或降低对细胞生长有抑制作用的有毒产物的产生。大肠杆菌糖代谢的末端产物乙酸，当达到一定浓度后会抑制细胞的生长。将枯草杆菌的乙酰乳酸合成酶基因克隆到大肠杆菌中，改变了细胞的糖代谢流，使乙酸处于低于对细胞产生毒性的浓度，从而实现高密度培养。

将运动发酵单孢菌(*Zymomonas moblilis*)的丙酮酸脱羧酶基因和乙醇脱氢酶基因克隆到大肠杆菌中，结果使转化子不积累乙酸而产生乙醇，乙醇对宿主细胞的毒性远小于乙酸。

(4) 改变能量代谢途径

上述利用代谢工程改变代谢流都是通过相关代谢途径的基因操作完成的。这是一种比较直接的方法。

间接的方法是通过改变能量代谢途径或电子传递系统去影响或改变细胞的代谢流。

将血红蛋白(VHb)基因克隆到酿酒酵母细胞中，血红蛋白通过影响电子传递链，间接影响到线粒体的乙醛歧化途径，结果酿酒酵母的乙醇产量明显提高。

将血红蛋白基因导入大肠杆菌或链霉菌中，不仅在限氧条件下可以提高宿主细胞的生长速率，而且可以促进蛋白质和抗生素的合成。这里表达的血红蛋白并不直接作用于生物合成途径，而是在限氧条件下提高了ATP的产生效率。

2）扩展代谢途径

通过引入外源基因，可以引申原来的代谢途径。

例如，为了提高淀粉发酵酒精的转化率，可以将淀粉酶基因导入啤酒酵母(*Saccharomyces cerevisiae*)，这样可以简化工艺，降低成本。但将小麦、大麦、水稻和哺乳动物的α-淀粉酶基因转入啤酒酵母中表达，其淀粉酶表达量太低，在2 mg/L以下。如果将巴斯德毕氏酵母(*Pichia pastoris*)中不受乙醇阻遏的醇氧化酶基因(AOX1)启动子用于表达淀粉酶基因，α-淀粉酶的分泌量高达 25 mg/L。这个工程菌可以有效地由淀粉直接发酵乙醇。

以纤维素、木质素为原料的代谢工程研究也取得了一些进展。

生产黄原胶的野油菜黄单胞菌（*Xanthomonas campestris*）不能利用乳清作碳源进行生产，但将大肠杆菌的 *lac* Yz 基因和 Lpp 核糖体结合点一起克隆到野油菜黄单胞菌中得到表达，使这株工程菌可以利用乳清进行黄原胶生产。

3）转移或构建新的代谢途径

（1）转移代谢途径

在真养产碱菌（*Alcaligenes eutrophus*）等一些细菌中，于限制生长和碳源过量条件下，在细胞内可大量积累聚羟基丁酸（PHB）或聚羟基烷酸（PHA）。这些聚合物可用于制备生物可降解塑料。

为了利用大肠杆菌生产 PHB，将真养产碱菌的 PHB 操纵子，包括 PHB 多聚酶、硫解酶和还原酶的基因克隆到大肠杆菌中，得到的重组大肠杆菌与真养产碱菌一样，当氮源耗尽时能积累 PHB，可达到细胞质量的 50%。

（2）构建新的代谢途径

芳香氨基酸发酵，代谢途径长，发酵产率低。Beckman 等将阻遏蛋白缺失突变株的苯丙氨酸酶基因（*phe*A）加在新的工程启动子之后，克隆到大肠杆菌中，并获得表达。用可诱导切离载体技术控制酪氨酸的合成，并解除了分支酸变位酶的反馈抑制，用氨基酸类似物抗性选择，得到的大肠杆菌工程菌，在 39℃ 发酵，产酸达 50 g/L 以上。

代谢工程的学科体系仍在不断发展之中，随着基因工程学、系统生物学、合成生物学、生物信息学等学科与相应技术的发展，与这些学科的交叉融合，将使代谢工程的发展迎来更辉煌的未来。

5.12　固态发酵及固体废弃物处理

5.12.1　固态发酵

某些微生物生长需水很少，可利用疏松而含有必需营养物的固体培养基进行发酵生产，称为固态发酵（solid state fermentation，SSF）。固态发酵是最古老的生物技术之一。微生物生长和代谢所需的氧大部分来自气相，也有部分存在于与固体基质混合在一起的水中，所以固态发酵常涉及气、固、液三相，使情况变得非常复杂。

我国传统的酿酒、制酱均属于固态发酵。此外，固态发酵还用于动植物废料的堆肥等。固态发酵所用原料一般为经济易得、富含营养物质的工农业生产的副、废产品，如麸皮、薯粉、高粱、玉米粉等。根据需要，有时还对原料进行粉碎、蒸煮等预加工，以促进营养物吸收，改善发酵生产条件，有时需加入尿素等营养物。固态发酵一般都是开放式的，因而不是纯培养，无菌程度要求不高。它的一般过程为：将原料预加工后再经蒸煮灭菌，然后添加一定量水分，接入预先培养好的菌种进行发酵，发酵成熟后适时出料，并进行适当处理，或进行产物的提取。固态发酵所需设备简单，操作容易，并可因陋就简、因地制宜地利用一些来源丰富的工农业副产物。该法的缺点是劳动强度大，不便于机械化操作，微生物品种少，生长慢，产品有限等。

在固态发酵中，对于生物反应器的设计除了氧的传递是一个限制性的因素外，更复杂和更重要的两个参数是温度和固体培养基的水含量。影响生物反应器设计的其他因素还有：

(1) 菌体的形态学及其对机械剪切力的抵抗性；

(2) 是否需要无菌发酵过程。

在分析各种各样的生物反应器各自的优点和缺点之前，应该特别指出，通常很多类型的反应器只能够在实验室水平运作，规模化生产时会由于生成大量热和系统的复杂性而变得复杂。

1. 固态发酵的特点

固态发酵又称固体发酵，是指微生物在没有或几乎没有游离水的固体的湿培养基上生长、繁殖、代谢的发酵过程。固态的湿培养基一般含水量在50%左右，但也有的固态发酵的培养基含水量为30%或70%等。培养基呈液态的微生物发酵过程称为液态发酵。固态发酵与深层液态发酵有很大的区别，前者的底物是固态的，几乎不溶于水，而后者的大部分底物溶解于水。固态发酵的特征，体现在它与液态发酵相比较的优、缺点方面(表5-6)。

表5-6 固态发酵与液态发酵相比较的优、缺点

优　点	缺　点
(1) 培养基含水量少，废水、废渣少，环境污染少，容易处理	(1) 菌种限于耐低水活性的微生物，菌种选择性少
(2) 消耗低，供能设备简易	(2) 发酵速度慢，周期较长
(3) 培养基原料多为天然基质或废渣，广泛易得，价格低廉	(3) 天然原料成分复杂，有时变化，影响发酵产物的质和量
(4) 设备和技术较简易	(4) 工艺参数难以检测和控制
(5) 产物浓度较高，后处理方便	(5) 产品少，工艺操作消耗劳力多，强度大

2. 固态发酵的数学模型

数学模型是优化生物过程的必要工具，数学模型不仅能指导生物反应器的设计和操作，而且能够对在发酵体系里发生的各种现象如何结合起来控制整个过程的操作提供借鉴。关于固态发酵的数学模型可以分为下列两种：宏观模型和微观模型。宏观模型涉及生物反应器的操作，它描述基质床的传质传热过程。微观模型涉及在颗粒表面和内部发生的各种现象，并不把生物反应器的操作作为一个整体来描述。显然，由于它们的重点不同，这两种数学模型对于生物反应器都非常重要。

固态发酵生物反应器的数学模型，描述不同的操作变量如何影响反应器的性能。生物反应器的模型由两个子模型组成：动力学子模型和平衡(传递)子模型。平衡(传递)子模型描述在生物反应器不同相内或相之间的传质传热，而动力学子模型描述微生物的生长速率与关键的环境参数的关系。因此，固态发酵的数学模型描述的是在固态发酵中发生的宏观和微观现象中各种因素的平衡，例如，微生物的生长和死亡动力学、热量平衡、质量平衡等。

Smits等提出了描述浅盘反应器中基质床的氧平衡关系的数学模型：

$$\frac{\partial C_{O_2}^{b}}{\partial t}=D_{O_2}^{b}\frac{\partial^2 C_{O_2}^{b}}{\partial^2 z}-r_{O_2} \tag{5-15}$$

式中：t——时间；

$C_{O_2}^{b}$——单位体积床层的氧浓度；

z——垂直坐标；

$D_{O_2}^{b}$——扩散率；

r_{O_2}——微生物摄入氧的速率。

Stuart 提出了描述转鼓式生物反应器中基质床的水质量平衡关系式：

$$\frac{\mathrm{d}MW}{\mathrm{d}t}=-kA_{sa}(C_{I}-C_{B})+r_{H_2O} \tag{5-16}$$

式中：M——基质干重；

W——床层水的含量；

k——质量传递系数；

A_{sa}——器壁和顶部空间空气的接触面积；

C_{I}——基质周围平衡的水蒸气浓度；

C_{B}——顶部空间的水蒸气浓度；

r_{H_2O}——水新陈代谢的速率。

5.12.2　固态发酵生物反应器类型及特征

用于固态发酵的反应器可分为 5 种：浅盘式生物反应器、填充床生物反应器、流化床生物反应器、转鼓式生物反应器和搅拌生物反应器。

1）浅盘式生物反应器(tray bioreactor)

这种类型生物反应器非常古老，是最简单的，特别适合酒曲的加工。以前家庭作坊常用这种类型发酵各种各样混合在一起的农业原材料。它由一个密室和许多可移动的托盘组成。托盘装有的固体培养基最大厚度有 0.15 m，放在自动调温的房间。这种技术用于规模化生产比较容易，这是由于只要增加托盘的数目就可以了。尽管这种技术已经广泛用于工业上(主要是亚洲国家)，但它需要很大的面积(培养室)，而且消耗很多人力。其结构如图 5-22 所示。

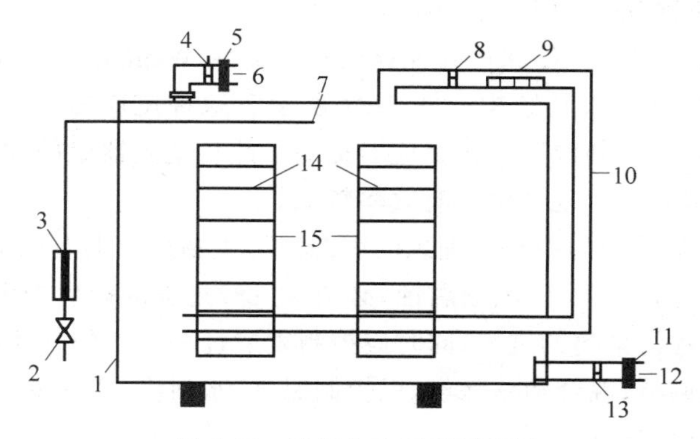

图 5-22　浅盘生物反应器简图

1—反应室；2—水压阀；3—紫外光管；4,8,13—鼓风机；5,11—空气过滤器；6—空气出口；7—湿度调节器；9—加热器；10—反应室外腔；12—空气入口；14—盘子；15—盘子支持架

德国 Prophyta 公司利用这类反应器在无菌状态生产生物杀虫剂。反应器是一个塔状

结构，里面装着穿孔的盘子，无菌空气可以穿过每一个盘。在每个盘子下面放有热交换器去除培养过程产生的热。

2）填充床生物反应器（packed-bed bioreactor）

填充床生物反应器是静置式反应器，这类反应器在设计上必须要使床层的干燥湿度均匀，因此，在空气入口必须通入饱和的空气。即使如此，仍不能避免水分蒸发，这是因为在空气进口和出口之间空气温度的增加使得空气的持水性增加。填充床生物反应器比浅盘式更易控制发酵参数。在大的浅盘反应器会出现中心缺氧和温度过高现象，而在填充床反应器可通过通气部分解决这些问题，但在空气出口仍会出现温度过高的情况。这种类型反应器没有搅拌器，受新陈代谢产生的热量限制，而且床层底部到顶部的温度梯度是不可避免的。

3）流化床生物反应器（fluidized-bed bioreactor）

通过流体的上升运动使固体颗粒维持在悬浮状态进行反应的装置称为流化床反应器。在流化床中，操作的难易主要取决于颗粒的大小和粒径分布。一般来说，粒径分布越窄的细小颗粒，越容易保持流化状态。相反，易聚合成团的颗粒，由于撞击、碰撞难以维持流化状态。在流化床生物反应器中，液体从设备底部的穿孔布水器进入，其流速足以使固体颗粒流态化。流出物从设备的顶部连续地流出。空气（好氧）和氮气（厌氧）可以直接从反应器的底部或通风槽引入。流化床生物反应器不存在床层堵塞、压力降大、混合不充分等问题。反应器中的固体颗粒可以和气相充分接触。

4）转鼓式生物反应器（rotary bioreactor）

转鼓反应器是一个包括基质床层、气相流动空间和转鼓壁等的多相反应系统。与传统固态发酵生物反应器不同的是：基质床层不是铺成平面，而是由处于滚动状态的固体培养基颗粒构成。菌体生长在固体颗粒表面，转鼓以较低的转速转动，加速传质和传热过程。

在某些情况下，菌丝体和培养基颗粒（特别是淀粉和黏性原料）会结成块。当鼓的转动速率增大时，剪切力的作用会影响菌丝体的生长。Alberto 等设计的转鼓式反应器由一个缓慢旋转的金属网丝制成的圆柱体组成。当圆柱体旋转时，载体和真菌与圆柱体顶部的空气接触，保证了适量的氧传递。

5）搅拌生物反应器（mixed bioreactor）

搅拌生物反应器有间歇搅拌和连续搅拌两种。荷兰 Wageningen 大学成功研究了一套连续混合的水平搅拌反应器，其结构如图 5-23 所示。这种反应器可以用于不同的生产目的，并且可以同时控制温度和湿度。该反应器提高了热传递到器壁的效率，但因为热只能通过器壁移出，所以该装置在大规模生产时效率较低。

生物反应器是发酵过程的中心。理想的固态发酵生物反应器有以下特征：

（1）用于建造的材料必须坚固、耐腐蚀，必须对发酵过程的微生物无毒。

（2）防止发酵过程污染物的进入，同时应控制发酵过程产生的气体释放。

（3）有效地通风调节、混合和移除热，以控制温度、水活度、气体的氧浓度等操作参数。

（4）维持基质床层内部的均匀性。

（5）总的固态发酵过程，包括培养基的制备、培养基的灭菌、产品回收之前生物量的灭菌、接种体的准备、生物反应器的安装和拆卸，应该操作方便。

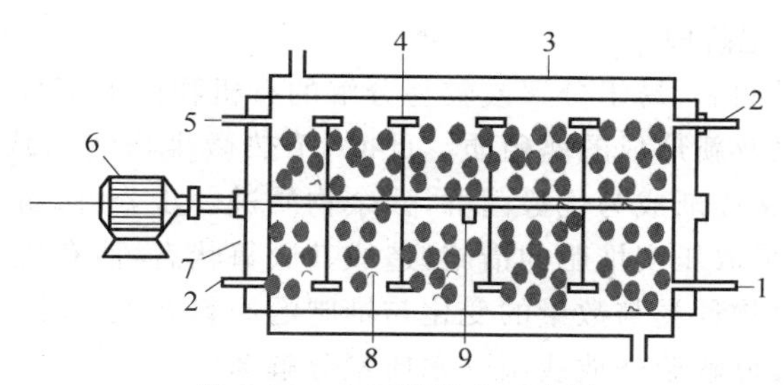

图 5-23 水平桨混合反应器

1—空气进口；2—温度探针；3—水夹套；4—桨；5—空气出口；
6—搅拌发动机；7—反应器；8—固体培养基；9—搅拌轴

5.12.3 堆肥

固态发酵领域的研究及其在环保领域中的应用取得了很大的进展，主要表现在生物燃料、生物农药、生物转化、生物解毒及生物修复等方面的应用。

固态发酵可用于发酵生产食品、酶、色素、抗生素、有机酸和风味化合物等。至今，工业用酶大多数采用深层液体发酵的方法生产，成本很高，使酶的应用受到限制。固态发酵生产酶是降低成本的好方法。例如，蛋白酶的固态发酵生产现在应用较广，可用各种类型的反应器生产，因而可替代深层液体发酵。

堆肥是依靠自然界广泛分布的细菌、真菌等微生物，有控制地促进可被生物降解的有机物向稳定的腐殖质转化的生物化学过程。堆肥可分为好氧堆肥和厌氧堆肥两种。

1. 好氧堆肥

好氧堆肥是在有氧条件下，通过好氧微生物的作用使有机废弃物达到稳定化，转变为有利于作物吸收生长的有机物的方法。堆肥的微生物学过程如下。

(1) 发热阶段

堆肥初期，主要由中温好氧的细菌和真菌利用堆肥中容易分解的有机物，如淀粉、糖类等迅速增殖，释放出热量，使堆肥温度逐渐升高。

(2) 高温阶段

堆肥温度上升到 50℃时即进入高温阶段。由于温度上升和易分解的物质减少，嗜热的纤维素分解菌逐渐代替了中温微生物。此时，堆肥中除残留的或新形成的可溶性有机物继续被分解转化外，一部分复杂的有机物，如纤维素、半纤维素等也开始迅速分解。

随着堆肥温度的变化，微生物的种类、数量也逐渐发生变化。在 50℃时，主要是嗜热性真菌和放线菌，如嗜热真菌属(*Thermomyces*)、嗜热褐色放线菌(*Actinomyces thermofuseus*)、普通小单胞菌(*Micromonospora vulgaris*)等。温度升至 60℃，真菌几乎完全停止活动，仅有嗜热性放线菌和细菌在继续活动，当温度升高至 70℃，大多数嗜热性微生物已不适应，相继大量死亡，或进入休眠状态。

高温时堆肥的快速腐熟起重要作用。同时，高温对杀死病原微生物也极其重要。一般地，在 50～60℃，持续 6～7 d，可较好地杀死虫卵和病原菌。

(3) 降温和腐熟保肥阶段

当高温持续一段时间后，易于分解或较易分解的有机物已大部分分解，剩下的是木质素等较难分解的有机物以及新形成的腐殖质。此时，嗜热微生物活动减弱，产热量减少，温度逐渐下降，中温微生物又逐渐成为优势菌群，残余物质进一步分解，腐殖质继续积累，堆肥进入腐熟阶段。此时，可采取压实堆肥的措施，造成其厌氧状态，使有机质矿化作用减弱，以免损失肥效。堆肥中微生物种类与数量的变化与堆肥的原料有关。堆肥中微生物相变化一般为“细菌、真菌→纤维素分解菌→放线菌→木质素分解菌”。

城市污水处理厂剩余污泥为原料的堆肥中，微生物相变化列于表5-7。

表5-7 污泥堆肥中的微生物相 10^5 个/(g干土)

微生物种类	堆制天数/d		
	0	30	60
好氧细菌	801	192	113
厌氧细菌	136	1.8	0.97
放线菌	10.2	5.5	3.7
真菌类	8.4	16.5	0.36
氨化细菌	34	240	44
氨氧化细菌	<43	14	0.37
亚硝酸氧化菌	0.08	>0.003	0.003
脱氮菌	1 300	9 900	200
好氧细菌/放线菌	78.5	349	30

可见，30 d堆肥后，细菌数量有所减少，但好氧细菌仍保持在10^7个/g干物质的数量级，厌氧细菌减少了约10^2倍，真菌数量没有明显变化，氨化细菌和脱氮细菌明显增加。堆肥至60 d，各类微生物的数量都下降了，但好氧的细菌仍占优势，真菌和放线菌较少。

好氧堆肥包括四个阶段：预处理、一次发酵、二次发酵和后处理。其主要工艺参数为：一次发酵含水率45%～60%，碳氮比(30～35)∶1，温度55～65℃，周期3～10 d；二次发酵含水率小于40%，温度低于40℃，周期30～40 d。

2. 厌氧堆肥

在不通气的条件下，将有机废弃物(包括城市垃圾、植物秸秆、剩余污泥等)进行厌氧发酵，制成有机肥料，使固体废弃物无害化的过程叫厌氧堆肥。

厌氧堆肥与好氧堆肥方法相同，但不设通气系统，温度低，腐熟及无害化所需时间较长。但该法简便省力，一般要求堆肥后一个月左右翻动一次，以利于微生物活动使堆料腐熟。

5.13 发酵工业的发展趋势

前已述及，发酵工程是生物工程的重要内容之一，是生物工程技术通向产业化的必由之路。发酵工业发展到今天仍方兴未艾，显示了其巨大潜力，其主要表现在以下两个方面。

1. 微生物资源的进一步开发和利用

微生物的遗传变异性及其生理代谢的可塑性都是其他生物难以比拟的，这一特点决定了其代谢产物的多样性。对微生物活性物质的筛选工作虽已进行多年，但多集中在抗细菌抗生素的筛选。其他生物活性物质如抗虫抗生素、免疫调节剂、酶抑制剂、作用于心血管系统的活性物质以及除草剂等，只是在近年来才引起人们的关注，开始较大规模的筛选。每年报道的这一类微生物代谢产物的数目也在不断增加，表明微生物资源的开发潜力巨大。

新的筛选思路与模型对开发微生物资源和增加发酵产品的品种是一关键性问题。没有新的筛选模型就没有新药，这已成为从事新药筛选者的座右铭。病理生化研究的进展，从分子水平上对许多疾病机理的了解，为设计新的筛选模型提供了思路。例如，血管紧张肽Ⅱ具有很强的血管收缩作用，是由血管紧张肽转化酶(angiotensin converting enzyme)将血管紧张肽Ⅰ转化而来的，针对此酶筛选的酶抑制剂有较好的降血压作用。

随着有关基础研究的不断深入，无疑将会有更多的新型筛选模型出现，加上分离纯化、理化分析和结构测定等各项技术的发展，新的微生物活性物质的筛选定会取得更大的成就。

2. 现代生物技术把发酵工业推向新水平

1953年，Watson和Crick发现DNA双螺旋结构，为基因重组奠定了基础。到20世纪70年代，在实验室中实现了基因转移。随着基因工程的发展，人们可以按自己的意志把外来目的基因克隆到容易大规模培养的微生物细胞中，通过微生物的大规模培养可以大量生产只有动物或植物才能生产的物质，如胰岛素干扰素、白细胞介素和多种细胞生长因子等。

在基因工程基础上发展起来的蛋白质工程、代谢工程等，使发酵工程的发展进入新的快速轨道。

发酵工艺的改进在发酵工业中的潜力仍不可忽视，例如对发酵过程的一些重要参数进行微机程序控制，就可以提高发酵的单位产量。

固定化活细胞连续发酵技术为发酵工业带来重大变化，这种工艺不仅能降低原材料的消耗，延长细胞合成产物的时间，简化发酵设备，而且有利于产物的分离纯化，该技术已用于酒精发酵工业化生产，取得了较好的效果。

基因工程和细胞工程等现代生物技术为发酵工程的发展提供了新思路、新技术，同时也提出了一些新的研究领域。如基因工程活性蛋白工程菌的发酵、工程菌和细胞融合菌株发酵的遗传稳定性等问题都有待进一步研究。同时发酵工程的发展又是提高许多现代生物技术产品工业化生产水平的重要环节。这些生物技术方方面面的发展应相辅相成，不可偏废。

微生物学、生物化学、有机化学和工程学等不同学科的相互渗透、不同学科专家的密切配合，是发酵工程技术不断发展的重要保证。

污染治理生物技术

6.1 生物处理技术概述

生物处理具有处理效率高、经济性好、环境友好等突出优点，是废物处理处置的首选技术。进入21世纪以来，荷兰Wageningen、比利时Ghent、美国Stanford等著名大学的学者率先倡导了污水处理新模式——污水资源化模式的探讨。国内2015年成立了“概念水厂”专家组，引领业界及全社会对污水资源化理念与技术的探讨。生物处理与转化技术在环境领域正处于重大变革的前夜。可以预见，在不远的未来，以生物技术为核心的污染物资源化转化技术将逐步走向应用。本章的重点仍在讨论生物处理技术，基本原理也适用于“资源化技术”。

生物降解是指由生物催化的复杂化合物的分解过程。生物处理就是在设计的工程设施内，利用生物降解与转化作用去除水、废水、固体废弃物、废气等介质中的污染物质，或将这些物质转化为低毒、无害物质。利用生物处理技术进行污染物的无害化处理已有近百年的历史。近年来现代生物技术得到了长足的发展，环境生物技术也相应成长为新学科的增长点，取得了许多引人注目的成绩。如在本书其他章节介绍的基因工程菌的构建，及其在污染物无害化过程中发挥的巨大作用及广阔的应用前景，使解决日益复杂的污染问题成为可能。

微生物分解有机物的能力是巨大的。生物处理中涉及的污染种类非常多，根据分子质量的大小可分为复杂的和简单的；根据浓度的高低可分为高浓度的和低浓度的；根据存在的形态可分为固态的、液态的和气态的；根据微生物对其的降解能力大小可分为易生物降解的、难生物降解的和不可生物降解的。根据污染物的特征不同，相应采用的生物处理方法也不同。

尽管生物处理已有很长的历史，但随着现代生物技术的发展、污染问题的发展、工程技术的进步，新的和改良的生物处理工艺仍不断涌现，大大拓展了生物处理的应用领域。归纳起来，这些进展主要源于：

(1) 现代生物技术的发展深化了人类对微生物特征的认识，提高了改变或强化微生物功能的能力，使得通过基因工程或人工驯化等手段获得高效工程菌成为可能；

(2) 改善微生物的生长环境，维持微生物量及活性的工艺手段的发展。

近年来，生物处理技术在以下几个方面取得了长足的进展：

(1) 提高了去除传统污染物，如BOD、悬浮物、氮和磷等的能力。

(2) 去除有毒有害有机化合物组分，如含氯有机溶剂、挥发性有机物、其他工业化合物等。

(3) 将一些特殊污染物降低到很低的浓度，如小于几 μg/L，甚至几 ng/L。

(4) 去除毒性，毒性可用各种生物测定方法测定。

(5) 被处理介质的拓展，如饮用水、地下水、含水层、土壤及空气等。

本章将介绍生物处理技术的原理及污染防治生物技术，包括废水生物处理技术、生物修复技术、固体废弃物的生物处理技术、大气污染物生物处理技术、有害有机及无机污染物生物处理技术等。

6.1.1　生物处理的基本原理

生物处理的主体是微生物。对微生物降解有机物机理认识的不断深入，促进了生物处理及生物修复技术的发展。生物降解过程的研究涉及多学科的多个研究领域，生物降解过程本身以微生物的代谢为核心，化合物在分解过程中则遵循化学原理，其危害和暴露过程对环境的影响是环境毒理学关心的内容。因而，阐明生物降解过程的原理及其在环境领域的应用意义是十分复杂的课题。

矿化(mineralization)是有机物生物转化的重要途径。矿化是将有机物完全无机化的过程，是与微生物生长包括分解代谢与合成代谢过程相关的过程。被矿化的化合物作为微生物生长的基质及能源。通常只有部分有机物被用于合成菌体，其余部分形成代谢产物，如 CO_2、H_2O、CH_4 等。矿化也可以通过多种微生物的协同作用完成，每种微生物在污染物的彻底转化过程中满足自身的生长需要。

共代谢(co-metabolism)是有机物转化中经常出现的途径，通常是由非专一性酶促反应完成的。与矿化不同，共代谢不导致细胞质量或能量的增加。因此，微生物共代谢化合物的能力并不促进其本身的生长。事实上，在这种条件下微生物需要有另一种基质的存在，以保证其生长和能量的需要。通常，共代谢使有机物得到修饰或转化，但不能使其分子完全分解。关于共代谢的机理目前尚不十分清楚，但共代谢现象的存在已得到普遍证实。

1. 好氧生物处理的基本原理

在有氧条件下，有机物在好氧微生物的作用下氧化分解，有机物浓度下降，微生物量增加，如图6-1所示。微生物将有机物摄入体内后，以其作为营养源加以代谢，代谢按两种途径进行。一为合成代谢，部分有机物被微生物所利用，合成新的细胞物质；一为分解代谢，部分有机物被分解形成 CO_2 和 H_2O 等稳定物质，并产生能量，用于合成代谢。同时，微生物的细胞物质也进行自身的氧化分解，即内源代谢或内源呼吸。在有机物充足的条件下，合成反应占优势，内源代谢不明显。有机物浓度较低或已耗尽时，微生物的内源呼吸作用则成为向微生物提供能量、维持其生命活动的主要方式。

在有机物的好氧分解过程中，有机物的降解、微生物的增殖及溶解氧的消耗这三个过程是同步进行的，也是控制好氧生物处理成功与否的关键过程。在不同的生物处理工艺中，有

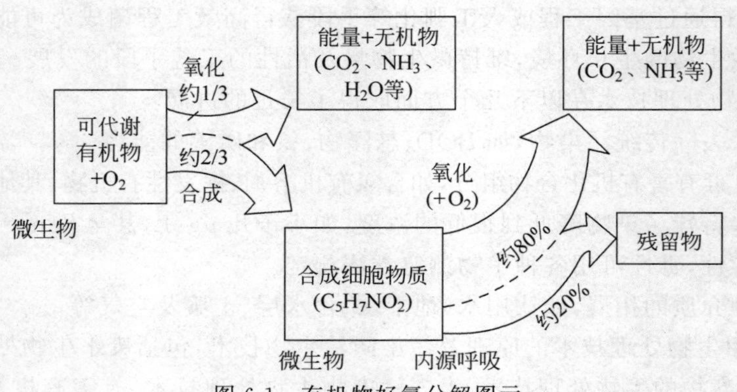

图 6-1　有机物好氧分解图示

机物的分解速率、微生物的生存方式、增殖规律，溶解氧的提供方式与分布规律均有差异，而关于好氧生物处理过程的研究及改良也是针对这三个关键过程开展的。

1）有机物的降解

（1）有机物的降解途径

有机物好氧生物降解的一般途径如图 6-2 所示。大分子有机物首先在微生物产生的各类胞外酶的作用下分解为小分子有机物。这些小分子有机物被好氧微生物继续氧化分解，通过不同途径进入三羧酸循环，最终被分解为二氧化碳、水、硝酸盐和硫酸盐等简单的无机物。

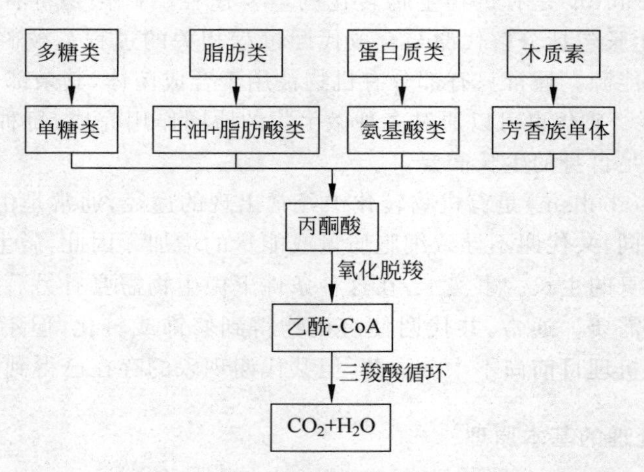

图 6-2　有机物好氧生物降解的一般途径

难降解有机物的降解历程相对要复杂得多。一般而言，难降解有机物结构稳定或对微生物活动有抑制作用，适生的微生物种类很少。不同类型难降解有机物的降解历程也不尽相同。已有一些相关的研究成果。许多难降解有机物的降解与微生物体内所携带的质粒有关。降解质粒编码生物降解过程中的一些关键酶类，抗药性质粒能使宿主细胞抵抗多种抗生素和有毒化学品。

（2）有机物降解动力学

关于有机化合物降解动力学已开展了许多研究工作。根据微生物降解对象、微生物生长方式、反应器形式、环境条件等的变化，动力学过程会有一定差异，动力学方程的形式、参数取值等也有差异。最常见的两种模型是指数模型(方程(6-1))与双曲线模型(方程(6-2))。

$$-\frac{\mathrm{d}c}{\mathrm{d}t}=Kc^{n} \tag{6-1}$$

式中：c——污染物浓度，mg/L；

t——反应时间，h；

K——降解速率常数，1/h；

n——反应级数，$n\geqslant 1$。

指数方程适用于均匀溶液中的化学反应。根据反应历程的不同，K，n 取值不同。该方程可以在相当大的范围内拟合污染物生物降解的数据。

当 $n=1$ 时，生物降解速率表示为

$$-\frac{\mathrm{d}c}{\mathrm{d}t}=Kc$$

此即为一级反应速率方程，表示反应速率与反应物浓度成正比。

双曲线方程(方程(6-2))适用于非均相的化学反应。在数学表达形式上与表示酶促反应动力学的米-门(Michaeles-Menten)方程相似。

$$-\frac{\mathrm{d}c}{\mathrm{d}t}=\frac{K_1 c}{K_2+c} \tag{6-2}$$

式中：K_1——随浓度增加的最大反应速率，1/h；

K_2——假平衡常数，mg/L。

2) 微生物的增殖

污染物处理过程中应用的微生物常常是多种微生物的混合群体，其增殖规律是混合微生物群体的平均表现。在温度适宜、溶解氧充足的条件下，微生物的增殖速率主要与微生物(M)与基质(F)的相对数量，即 F/M 相关。图 6-3 为微生物在静态培养状态下的生长曲线。随着时间的延长，基质浓度逐渐降低，微生物的增殖经历适应期、对数增殖期、衰减期及内源呼吸期。

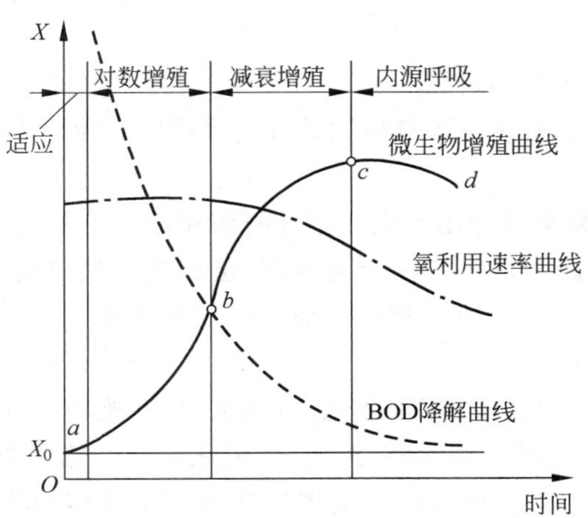

图 6-3　静态培养微生物生长曲线

当微生物接种到新的基质中时,常常会出现一个适应阶段。适应阶段的长短取决于接种微生物的生长状况、基质的性质及环境条件等。当基质是难降解有机物时,适应期相应会延长。对数增殖期 F/M 值很高,微生物处于营养过剩状态。在此期间,微生物以最大速率代谢基质并进行自身增殖,增殖速率与基质浓度无关,与微生物自身浓度成一级反应。微生物细胞数量按指数增殖:

$$N = N_0 2^n \tag{6-3}$$

式中:N,N_0——最终及起始微生物数量,个;

n——世代数,代。

随着有机物浓度的下降,新细胞的不断合成,F/M 值下降,营养物质不再过剩,直至成为微生物生长的限制因素,微生物进入衰减期。在此期间微生物的生长与残余有机物的浓度有关,成一级反应。随着有机物浓度的进一步降低,微生物进入内源呼吸阶段,残存营养物质已不足以维持细胞生长的需要,微生物开始大量代谢自身的细胞物质,微生物总量不断减少,并走向衰亡。

3) 溶解氧的提供

溶解氧是影响好氧生物处理过程的重要因素。充足的溶解氧供应有利于好氧生物降解过程的顺利进行。溶解氧的需求量与微生物的代谢过程密切相关。在不同的好氧生物处理过程和工艺中,溶解氧的提供方式也不同。如在废水好氧生物处理过程中,溶解氧可以通过鼓风曝气、表面曝气、自然通风等方式提供。在固体废物的处理过程中,溶解氧的提供又有不同方式及特点。

2. 厌氧生物处理的基本原理

厌氧生物处理是在无氧条件下,利用多种厌氧微生物的代谢活动,将有机物转化为无机物和少量细胞物质的过程。这些无机物质主要是大量生物气即沼气和水。沼气的主要成分是 2/3 的甲烷和 1/3 的二氧化碳。

自 20 世纪 60 年代,特别是 70 年代以来,随着污染问题的发展及科学技术水平的进步,科学界对厌氧微生物及其代谢过程的研究取得了长足的进步,推动了厌氧生物处理技术的发展。

1) 厌氧生物分解有机物的过程

如图 6-4 所示,复杂有机物的厌氧生物处理过程可以分为 4 个阶段。

(1) 水解阶段

复杂有机物首先在发酵性细菌产生的胞外酶的作用下分解为溶解性的小分子有机物。如纤维素被纤维素酶水解为纤维二糖与葡萄糖,蛋白质被蛋白酶水解为短肽及氨基酸等。水解过程通常比较缓慢,是复杂有机物厌氧降解的限速阶段。

(2) 发酵(酸化)阶段

溶解性小分子有机物进入发酵菌(酸化菌)细胞内,在胞内酶作用下分解为挥发性脂肪酸(VFA),如乙酸、丙酸、丁酸以及乳酸、醇类、二氧化碳、氨、硫化氢等,同时合成细胞物质。发酵可以定义为有机化合物既作为电子受体也作为电子供体的生物降解过程。在此过程中,溶解性有机物被转化为以挥发性脂肪酸为主的末端产物,因此这一过程也称为酸化。酸化过程是由许多种类的发酵细菌完成的。其中重要的类群有梭状芽孢杆菌(*Clostridium*)

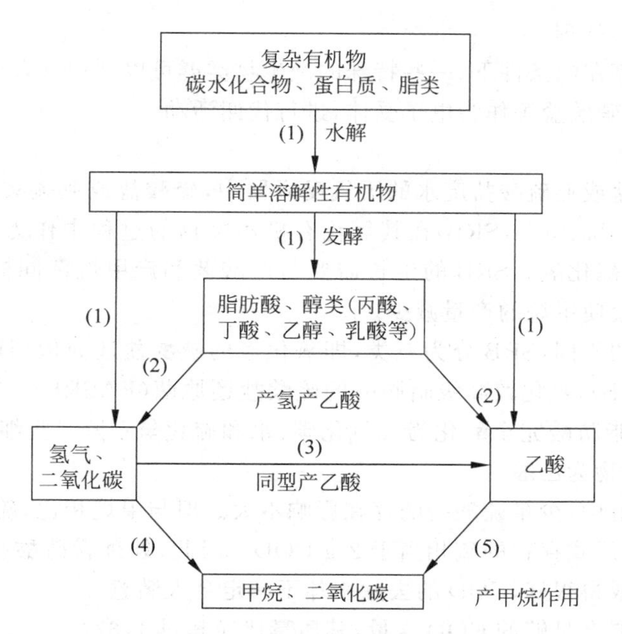

图 6-4　有机物厌氧分解过程

和拟杆菌(*Bacteriodes*)。这些菌绝大多数是严格厌氧菌，但通常有约1%的兼性厌氧菌生存于厌氧环境中，这些兼性厌氧菌能够起到保护严格厌氧菌，如产甲烷菌免受氧的损害与抑制的作用。

(3) 产乙酸阶段

发酵酸化阶段的产物丙酸、丁酸、乙醇等，在此阶段经产氢产乙酸菌作用转化为乙酸、氢气和二氧化碳。

(4) 产甲烷阶段

在此阶段，产甲烷菌通过以下两个途径之一，将乙酸、氢气和二氧化碳等转化为甲烷。其一是在二氧化碳存在时，利用氢气生成甲烷。其二是利用乙酸生成甲烷。利用乙酸的产甲烷菌有索氏甲烷丝菌(*Methanothrix soehngenii*)和巴氏甲烷八叠球菌(*Methanosarcina barkeri*)，两者生长速率有较大差别。在一般的厌氧生物反应器中，约70%的甲烷由乙酸分解而来，30%由氢气还原二氧化碳而来。

利用乙酸：$CH_3COOH \longrightarrow CH_4 + CO_2$

利用 H_2 和 CO_2：$H_2 + CO_2 \longrightarrow CH_4 + H_2O$

产甲烷菌都是严格厌氧菌，要求生活环境的氧化还原电位在$-150 \sim -400$ mV范围内。氧和氧化剂对甲烷菌有很强的毒害作用。

2) 水解处理

水解处理是指将厌氧过程控制在水解或酸化阶段，利用兼性水解产酸菌将复杂有机物转化为简单有机物。这不仅能降低污染程度，还能降低污染物的复杂程度，提高后续好氧生物处理的效率。

3）缺氧(anoxic)处理

在没有分子氧存在的条件下，一些特殊的微生物类群可以利用含有化合态氧的物质，如硫酸盐、亚硝酸盐和硝酸盐等作为电子受体，进行代谢活动。

(1) 硫酸盐还原

在处理含硫酸盐或亚硫酸盐废水的厌氧反应器中，硫酸盐或亚硫酸盐会被硫酸盐还原菌(sulfate reduction bacteria，SRB)在其氧化有机污染物的过程中作为电子受体而加以利用，并将它们还原为硫化氢。SRB的生长需要与产酸菌和产甲烷菌同样的底物，因此硫酸盐还原过程的出现会使甲烷的产量减少。

根据利用底物的不同，SRB分为三类，即氧化氢的硫酸盐还原菌(HSRB)，氧化乙酸的硫酸盐还原菌(ASRB)，氧化较高级脂肪酸的硫酸盐还原菌(FASRB)。在FASRB中，一部分细菌能够将高级脂肪酸完全氧化为二氧化碳、水和硫化氢；另一些细菌则不完全氧化高级脂肪酸，其主要产物为乙酸。

在有机物的降解中，少量硫酸盐的存在影响不大。但与甲烷相比，硫化氢的溶解度要高很多，每克以硫化氢形式存在的硫相当于2 g COD。因此，处理含硫酸盐废水时，有时尽管有机物的氧化已完成得很好，COD的去除率却不一定令人满意。

硫酸盐还原需要有足够的COD含量，其质量比应超过1.67。

(2) 反硝化

反硝化脱氮反应由脱氮微生物进行。通常脱氮微生物优先选择氧而不是亚硝酸盐作为电子受体。但如果分子氧被耗尽，则脱氮微生物开始利用硝酸盐，即脱氮作用在缺氧条件下进行。有关问题将在6.2.1节讨论。

在实际生物处理过程中，好氧、兼性、厌氧分解分别担任着各自的角色。在人工处理构筑物中，由于具备良好的工程措施，可以选择微生物的种类并控制相应的分解过程。例如，在活性污泥曝气池中具有选择优势的是好氧及兼性细菌，发生的主要分解反应是好氧分解。但在天然或半天然处理设施中，各种分解过程可能顺序发生或同时发生。例如，在固体废弃物的填埋处理过程中，有机物的分解往往最初以好氧分解开始，但在一些氧扩散条件差的位点会发生厌氧分解。因而实际处理过程中发生的生物降解过程原理往往是十分复杂的，远不似理想状态下那么简单。

6.1.2 微环境的概念及意义

微生物个体微小，每个微生物所处的环境也是微小的。从空间角度看，影响微生物生存状态的环境是微小的。微环境直接影响微生物的活动状态。由于微生物种群结构、物质分布和化学反应的不均匀性，菌胶团内部及生物膜内部存在多种多样的微环境，在其中生存着适宜种类的微生物，发生相应的生物化学反应。一般，在供氧充足的好氧生物反应器内，好氧性微环境占主导地位，好氧生物分解是其中的主流反应。但由于菌胶团结构和好氧速率变化的影响，氧传递和硝态氮传递的不均匀性，其中也可以存在一定比例的缺氧环境。例如，在活性污泥法的曝气池中，由于菌胶团内部及外部溶解氧环境的差异，硝化菌与反硝化菌在菌胶团外部与内部分布不均匀，可导致同时硝化反硝化现象的产生。又如，在厌氧颗粒污泥的微生态环境中，乙酸菌可以靠近利用氢的细菌生长，使氢很容易消耗掉，并使产乙酸过程顺利进行。因此，在分析污染物的去除机理时，微环境的影响是不容忽视的。近年来研发与应用的节能型污水处理技术，膜曝气生物反应器(MABR)，更充分地体现了微环境的作用。

6.1.3　微生物催化降解的必要条件

微生物催化生物降解过程发生的必要条件有：

(1) 存在含有某种降解酶的微生物。存在具有适当代谢潜力的微生物是必需的，但不足以保证生物降解发生。

(2) 微生物必须在目标化合物出现的环境中出现，尽管微生物存在于接近地表的所有环境中，但并非在特定环境中都存在具有适宜酶系统的微生物。

(3) 化合物必须是具有适宜酶的微生物可获得的。许多化合物在含有降解微生物的环境中长期存在，原因是微生物没有接近这些化合物的途径，如化合物与微生物处于不同的微环境中，化合物处于非水溶剂中或吸附于土壤表面。

(4) 如果产生降解的启动酶是胞外酶，酶作用的化学键必须暴露，以利于催化作用发生，这种条件并不是总能满足，因为许多有机物会发生吸附。

(5) 催化起始降解的酶如果是胞内酶，化合物分子则必须进入细胞内部的酶作用位点，或者胞外反应产物进入细胞内部进行进一步降解。

(6) 由于能作用于多种合成化合物的细菌或真菌种群或生物量起始浓度较低，环境条件必须适合具有活性潜力的微生物增殖。

6.1.4　影响生物降解的因素

影响微生物降解的因素主要包括微生物自身的活性、目标化合物的特征及环境条件的特点。

1. 微生物的活性

微生物的活性取决于微生物的种类、生长状态、环境因素等。不同种类的微生物对同一底物，如有机物或重金属的适应能力及分解或转化能力是不同的。处于不同生长期的微生物分解和(或)转化污染物的能力也有很大差别。微生物在生长最快的对数期，代谢最旺盛，活性最强，分解或转化污染物的能力也最强。

微生物的适应与驯化对其降解能力及活性也有重要影响。通过适应过程，一些较难降解的物质能诱导降解酶的合成，或由于自发突变而建立新的酶系，或不改变基因型，但显著改变其表现型，进行自我调节来降解转化污染物。

2. 目标化合物特征

通常，结构简单、分子质量小的化合物比结构复杂、分子质量大的化合物易降解，聚合物和复合物较难生物降解。如烃类化合物一般是链烃比环烃易降解，不饱和烃比饱和烃易降解，直链烃比支链烃易降解，支链烷基越多越难降解。碳原子上的氢都被烷基或芳基取代时，会形成生物阻抗性物质。

对一些特殊化合物而言，确定污染物质生物降解性及降解生成产物具有重要的应用意义。但迄今为止只建立了几种化合物结构对其生物降解性影响的一般规律，时常有例外情况出现，建立一般规律难度很大，还需要进行许多研究工作。

目标化合物的浓度对其生物降解也有重要影响，有些低浓度易降解的物质在高浓度时会抑制微生物的活性，导致降解速率降低甚至停止。有些物质，如重金属类本身对多数微生物有毒，较难被微生物转化。

3. 环境因素

(1) 营养

微生物生长除需要碳源外，还需要一些营养元素，如氮、磷、硫、镁等。此外，有些微生物没有能力合成足够数量的生长所需的氨基酸、嘌呤、嘧啶和维生素等特殊有机物。如果环境中这些营养成分一种或几种供应不足，微生物降解污染物的过程则会受到限制。

(2) 温度

温度影响酶反应动力学、微生物生长速度及化合物的溶解度等，对控制污染物的降解或(和)转化起关键作用。温度对微生物的生理活动的影响主要反映在两个方面：一是随着温度在一定范围内升高，细胞中的生物化学反应加快，增殖速率也加快；二是细胞组成物质，如蛋白质、核酸等对温度很敏感，如果温度大幅度升高并超过一定限度，会使微生物组织遭到不可逆破坏。不同种类的微生物对温度的适应能力有很大差别，生物处理中应用的微生物根据处理目标、工艺的不同种类也不同。

(3) pH

大多数微生物的适宜 pH 为 4～9，过高或过低的 pH 均会抑制微生物的活性。一般细菌和放线菌喜欢中性或微碱性环境，酸性条件有利于霉菌及酵母菌的生长。pH 同时也会影响污染物的性质，从而影响其降解过程。

(4) 氧

微生物降解转化污染物的过程可以是好氧的，也可以是厌氧的或兼性的。环境溶解氧条件、氧化还原电位的变化，会带来微生物种类及其呼吸方式的变化。表 6-1 列出了呼吸方式与氧化还原电位的关系。充足的溶解氧(分子氧)有利于促进好氧分解过程的进行。绝对厌氧分解，如甲烷菌对有机物的分解不容许氧(包括分子氧及结合氧)的存在。有些兼性菌可以利用结合氧，例如反硝化细菌可以利用 NO_3^- 作为电子受体将其转化为 NO_2^-，再以 NO_2^- 为电子受体最终将其转化为 N_2。

表 6-1　呼吸方式与氧化还原电位的关系

呼吸方式	氧化还原电位/mV	电子受体 → 产物
好氧呼吸	+400	O_2 → H_2O
硝酸盐还原和反硝化	−100	NO_3 → NO_2 / N_2
硫酸盐还原	−160～−200	SO_4 → H_2S
甲烷产生	−300	CO_2 → CH_4

6.1.5　生物处理过程控制

生物处理技术是微生物生态学在工程中的应用。过程控制在生物处理中起重要作用，最主要的过程控制措施有基质控制、细胞停留时间控制及过程负荷控制。通过这些控制措施使系统选择具有不同功能、不同数量的各种微生物，组成生态系统，实现处理目标。

1. 基质控制

基质的类型，如为电子供体或受体，决定着微生物种群的类型。因此，控制基质对选择微生物种群是很重要的。大多数传统废水中的污染物可以是电子供体或受体，特定微生物种群的选择可以通过提供其他类型的基质实现。例如，在一般的废水中 NH_4^+ 是电子供体，当供氧时，O_2 作为电子受体，硝化细菌则获得能量，并通过好氧氧化将 NH_4^+ 转化为 NO_3^-，使生物量增长。有机物，通常用生物化学需氧量 BOD_5 表示，是另一种作为电子供体的污染物。在好氧条件下，异养微生物以 O_2 作为电子受体，将 BOD 中的有机碳转化为 CO_2，同时生物量增加。从另一方面看，当没有外部提供的电子受体时，将自然选择产生一类发酵微生物，包括产甲烷菌。在这种情况下，BOD 被转化为气态 CH_4，从液相逸出。NO_3^- 是作为电子受体的污染物，当有适宜的电子供体存在时，它可以经反硝化作用被转化为气体 N_2。因此，培养反硝化细菌需要提供电子供体，如有机物、还原态的硫或 H_2。

2. 细胞停留时间控制

通过控制基质类型的方式选择出适宜的生物群落之后，必须控制生物量。生物量的控制可通过控制细胞停留时间实现。有两种途径控制细胞停留时间：一是沉淀并回流生物固体，二是使用生物附着生长系统。较长的细胞停留时间使世代周期长的微生物，如生长缓慢的硝化细菌、产甲烷菌等得以生长和维持。细胞停留时间控制可以用于选择或抑制一些生长缓慢的微生物。

3. 负荷控制

负荷也是控制生物过程的重要因素，负荷决定污染物与微生物的接触时间。负荷的概念包含动力学分析的内容。简单地说，对于具有回流系统的生物过程而言，负荷决定着系统的细胞停留时间，对于生物膜系统而言，它是一种单位表面积承担基质的特征速率，称为基质通量。

表 6-2 列出了一些生物处理系统常遇到的基质(包括作为电子供体或受体的基质)与细胞停留机制。值得注意的是，不同的系统常处理同类型的基质。

表 6-2　生物处理过程涉及的基质举例

生物处理工艺	电子供体	电子受体	细胞停留机制
曝气塘	BOD	O_2	系统容积
传统活性污泥法	BOD 和(或)NH_4	O_2	细胞回流
滴滤池	BOD 和(或)NH_4	O_2	生物膜
生物接触转盘	BOD 和(或)NH_4	O_2	生物膜
反硝化　⇒	BOD、H_2 或 S^{2-}	NO_3^-	细胞回流
厌氧滤池	BOD	BOD 或 CO_2	生物膜
厌氧污泥消化	BOD(污泥形态)	BOD 或 CO_2	系统容积
升流式厌氧污泥床反应器	BOD	BOD 或 CO_2	颗粒污泥表面的生物膜
堆肥	BOD(污泥或其他固体形态)	O_2	系统容积 细胞回流

在控制良好的工程设施，如废水、污泥生物处理构筑物内，可以通过工程措施实现良好的过程控制。但在其他一些生物处理反应器，如垃圾填埋场等，过程控制几乎难以实现。在这种情况下，总结已有设施的运转的经验，积累数据，寻找规律则具有特别重要的意义。

6.1.6 生物处理过程的重要结构

环境生物处理技术的发展是多方面的，这些发展在于揭示不同基质的结构、不同细胞成分的结构、不同细胞在混合微生物群体中的作用、微生物在处理过程的不同空间位置上的功能。因此，生物处理过程所涉及的重要结构分为四个水平，即分子（基质）、细胞、群体及反应器空间。

1. 基质的结构

表 6-3 列出了五种重要基质的特征，对这五种基质的特征及其生物降解机理的认识，随着生物处理技术的革新和发展不断深入。传统基质的定义是溶解性的限制生物生长的电子供体。这一概念有时延伸至电子受体。定义的关键是限制生物生长的溶解性分子。

表 6-3 五种重要基质的特征

1. 传统基质	4. 二级基质
a. 溶解性电子供体（有时是电子受体）	a. 对生物的生长及维持不起明显作用
b. 生长速率限制	b. 不是生长限制性基质
2. 颗粒态基质	c. 必须存在初级基质维持细胞生长
a. 不溶解，但是胶体	d. 可以降到很低的浓度
b. 必须先水解为可给态电子供体	5. 产生基质
c. 水解前必须经物理化学过程被微生物捕获	a. 细胞代谢的自然产物
3. 储存基质	b. 由产生代谢物质的细菌或其他细菌分解
a. 在微生物体内以多聚物形式储存	c. 难以生物降解部分的聚集
b. 作为电子及能源储备	
c. 随着环境条件的变化周期性形成和消耗	

胶体有机物是颗粒态基质。胶体在被吸收和氧化之前必须首先被微生物捕获并水解成为可给态基质。因此，相应的物理化学现象，如颗粒迁移、吸附、胞外酶水解等步骤影响颗粒基质的去除。由于生活污水及其他废水中胶体态有机物的浓度一般大于溶解态有机物浓度，因此研究胶体基质的降解过程是很重要的。

对于能够形成良好絮体的细菌及除磷细菌的筛选，内部储存基质的功能显得特别重要。在溶解性有机电子供体，如乙酸浓度很高，电子受体不足时，一些种类的细菌可以吸收电子供体并以不溶性的多聚物形式如聚羟基丁酸酯（PHB）在体内储存。当体外的电子供体消耗殆尽，同时存在电子受体时，这些体内储存的基质则被水解和氧化。因此，筛选这类具有体内储存基质的细菌时应交替提供电子供体过剩及缺乏的环境。这在实际应用中很重要，因为具有体内储存功能的细菌会形成良好的絮体并且能聚集超量的磷。

研究以极低浓度存在的有机化合物的生物降解过程需要引入初级基质和二级基质的概念。初级基质与传统营养物的概念一致，是微生物生长的限制性电子供体。而二级基质也是一种电子供体，但它的浓度过低，不足以单独作为基质维持其相应种类微生物的生存。二级基质的降解由利用初级基质生长的微生物完成，因此二级基质不是生长限制因素。

产生基质是细胞代谢过程中产生的物质。微生物释放的溶解性物质称溶解性微生物产物(soluble microbial products，SMPs)。一部分SMPs的形成与基质的利用量成比例，称为基质利用相关的产物(utilization-associated products，UAPs)。另一部分SMPs与基础代谢及活细胞的分解相关，称为生物量相关的产物(biomass-associated products，BAPs)。UAPs与BAPs统称为产生基质，大部分产生基质是可生物降解的，因而通过SMPs形成重要的碳源及电子流通道。目前还不十分清楚微生物对其产生基质的降解程度，或产生基质被另一种对组成细胞和SMPs的天然低浓度聚合物具有高亲合力的微生物分解的程度。

2. 细菌细胞内部的结构

表6-4列出了具有重要环境意义的细胞内部结构，有两个主要的类型，即内部基质与遗传物质。微生物反应通过多个步骤逐步将基质氧化分解，产生作为内部营养源的电子受体(NADH)和能量(ATP)。对外部基质利用的动力学过程受内部基质状态的影响，如内部NADH与NAD的比例的降低会加快电子供体的利用速度。而内部ATP与ADP的比例的降低会增加电子受体的利用速度。因此，用外部基质的利用速率描述的动力学过程方程(如Monod方程)中的参数往往不是常数。当电子受体与电子供体均处于不饱和状态时，内部基质对外部基质利用速率的影响则非常重要。

表6-4　细胞内部的重要结构

1. 内部基质	2. 遗传物质
a. 内部储存基质，如PHB和聚合磷酸盐	a. 不可移动的基础遗传物质
b. NADH与NAD的比例	b. 可移动的附属遗传物质
c. ATP与ADP的比例	

细胞的第二个重要结构是基因的遗传能力。基因编码所有的细胞功能，它储存在DNA中并通过DNA复制。大多数DNA储存在细菌细胞的染色体上，为不可移动的基础遗传物质。“不可移动”指染色体不会跨越细胞壁，“基础”指其编码细胞基本的生长功能及维持功能。

许多细胞含有染色体之外的遗传物质，包括质粒、转座子和病毒DNA，它们是可移动的附属遗传物质。其中最重要的是质粒。质粒是可移动的，它可以从一个细胞转移到另一个细胞。尽管质粒DNA是附属性的，但负责编码一些非常有用的反应，如卤代有机物和外源性化学物质(xenobiotic)的降解以及对抗生素和重金属的阻遏。质粒上降解基因及有害物质阻遏基因的发现对于生物处理技术的改进和发展具有深刻的影响。传统的过程控制，如基质控制、停留时间控制等不能保证分解极低浓度有害化合物的细菌的富集及维持。传统控制方法只能保证对染色体编码的微生物特征的选择，与质粒的存在没有特别关系。严格地说，如何选择质粒的出现尚不清楚。

3. 微生物种群的结构

微生物是各类环境生物技术中污染物转化的主要执行者，因此深入了解环境工程构筑物中的微生物群落的特性是理解污水生物处理本质的关键。

分子生物学方法尤其是高通量技术的发展，极大地提升了对微生物群落研究的范围与深度。特别是21世纪以来，不断出现与改进的高通量技术被陆续应用到环境领域，使我们对环境生物技术中涉及的各种微生物群落有了不断深入的认识，相关研究也成为环境领域的研究热点。可以预见，在不久的将来，这些研究将为环境工程构筑的设计与运行提供指导。

以对活性污泥（AS）的研究为例，目前研究关注的重点主要包括：①物种组成与结构；②功能微生物组成与结构；③核心物种；④稀有物种等。从指导构筑设计与运行的角度，研究的主要目标是揭示物种或功能微生物与系统功能间的关系及主要影响因素。从考察安全性的角度，研究的主要目标是发现与定量潜在风险物种与基因。

对微生物群落组成及结构的解析方法通常有考察群落的物种丰富度和α-多样性指数分析，考察群落间差异性的β-多样性分析，考察组内群落组成与组间群落组成是否具有显著性差异的相异性分析。相关计算公式见表6-5与表6-6。

（1）α-多样性指数分析

α-多样性指数是反映群落内物种数目和均匀度的重要指标。常用的α-多样性指数共分三类：第一类是对样品的物种丰富度的描述，如Richness，或对样品/区域的物种丰富度进行评估，如Chao1指数和Chao2指数；第二类是对样品中物种分布的均匀度的表征，如Pielou's index（J 指数）；第三类则是综合考量物种丰富度和均匀度后，对样品的多样性进行表征，如香农-威纳（Shannon-Weiner）多样性指数（H 指数）和辛普森相关指数（Simpson's index）。

除了通过计算上述相关指数对群落α-多样性进行评估外，还可根据各操作分类单元（OTU）的相对丰度绘制出排名-丰度曲线（Rank-abundance Curve），用以分析或比较微生物群落丰度分布的均匀程度。

表6-5 α-多样性常见指数及其生物学含义

指数名称	英文名称	公式	生态学含义
物种丰富度	Richness	S_{obs}	群落中物种的种类数目
Chao1指数	Chao1	$S_{\text{Chao1}}=S_{\text{obs}}+\frac{f_1(f_1-1)}{2(f_2+1)}$	根据个体数据估算物种总数（Colwell et al.，2012）
Chao2指数	Chao2	$S_{\text{Chao2}}=S_{\text{obs}}+\frac{q_1(q_1-1)}{2(q_2+1)}$	根据样品数据估算物种总数（Colwell et al.，2012）
物种均匀度	Evenness（Pielou Index，J）	$J=H/\ln S_{\text{obs}}$	群落中全部物种的个体数目分布情况
香农-威纳指数	Shannon-Weiner Index（H）	$H=-\sum_{i=1}^{S}P_i\ln P_i$	从物种丰富度和物种分布均匀度两方面评估群落多样性
辛普森相关指数	Inverse Simpson's Index	$1/(1-D)=1\Big/\left(1-\sum_{i=1}^{S}P_i^2\right)$	通过计算随机取到两个不同种的概率评估群落多样性

注：S_{obs} 为群落中观测到的OTU/功能基因的个数；f_1 为样品中序列条数为1的OTU数目，f_2 为样品中序列条数为2的OTU数目；q_1 为不同样品中序列条数为1的OTU数目，q_2 为不同样品中序列条数为2的OTU数目；P_i 指的是属于 OTU_i/功能基因 i 的个数与总OTU/功能基因个数的比值。

表 6-6　β-多样性常用指数及计算方法

指数名称	公　式	性　质	分析对象
Jaccard	$\dfrac{\sum A_i B_i}{\sum A_i^2 + \sum B_i^2 - \sum A_i B_i}$	定性	基于 OTU/功能基因的群落
Sorenson	$\dfrac{2\sum A_i B_i}{\sum A_i^2 + \sum B_i^2}$	定性	基于 OTU/功能基因的群落
Bray-Curtis	$\dfrac{2\sum \min(y_{jA}, y_{jB})}{\sum (y_{jA} + y_{jB})}$	定量	基于 OTU/功能基因的群落
unweighted Unifrac	$\dfrac{\sum_i^n b_i \mid A_i - B_i \mid}{\sum_i^n b_i}$	定性	基于系统发育信息的群落
weighed Unifrac	$\dfrac{\sum_i^n b_i \left\| \dfrac{A_i}{A_T} - \dfrac{B_i}{B_T} \right\|}{\sum_j^{n'} d_j \times \left(\dfrac{\alpha_j}{A_T} + \dfrac{\beta_j}{B_T} \right)}$	定量	基于系统发育信息的群落

注：$A_i B_i$ 为在样品 A 和样品 B 中同时存在的 OTU/功能基因个数；A_i^2、B_i^2 分别是样品 A 和样品 B 中存在的 OTU/功能基因个数；y_{jA}、y_{jB} 分别是 OTU/功能基因 j 在样品 A 和 B 的丰度；n 是系统发育树中枝的数目；b_i 是枝 i 的长度；A_i 和 B_i 分别是枝 i 在群落 A 和 B 中的数量；A_T 和 B_T 是群落 A 和 B 的序列总数；n' 代表 A、B 群落内不同序列的个数；d_j 表示从系统发育树的根部到序列 j 的距离；序列 j 在群落 A 和 B 中出现的次数分别使用 α_j 和 β_j 表示。

(2) β-多样性指数分析

β-多样性指数主要用于分析群落间组成(OTU、物种或功能基因等)的差异,常用相异或相似性系数进行表征。根据研究对象,β-多样性指数一般分为两类：一类是基于 OTU/功能基因等分类水平的群落差异性指数,另一类则是基于系统发育树的群落差异性指数。

基于 OTU/功能基因的群落比较常用的指数有 Jaccard,Sorenson 和 Bray-Curtis。其中 Jaccard 指数和 Sorenson 指数是定性的度量,只考虑每种 OTU/功能基因在群落中出现或者不出现；而 Bray-Curtis 指数同时考虑了 OTU 的丰度信息。

基于系统发育树的群落比较衡量的是两个群落的亲缘进化距离,广泛应用的是 unweighted-Unifrac 和 weighted-Unifrac 两种方法。其中 weighted-Unifrac 考虑了序列的丰度。

由于β-多样性指数可以用来表征两两样品间的差异,因此常与样品的地理信息相结合,探究微生物群落差异性随纬度的变化趋势或计算群落的空间周转率；或与环境信息相结合,探究环境变量对微生物群落结构的影响。

1) 活性污泥微生物多样性与组成

研究多样性与组成,是认识群落的基础。基于 16S rRNA 基因的 454 焦磷酸测序研究对活性污泥微生物群落中的数千至数万个个体进行了解析,检测到了数百个属,丰度较高的属种类众多,包括 Gp4、*Ferruginibacter*、*Prosthecobacter*、*Zoogloea* 和 Subdivision3_genera_incertae_sedis、Gp6 等；基于 16S rRNA 基因的寡核苷酸芯片 PhyloChip 对活性污泥微生物群落多样性的研究,检测到了数千个操作分类单位(OTU)。

2019 年发表了一个针对全球(覆盖亚洲、北美洲、南美洲、欧洲、非洲、大洋洲等 23 个国家)的污水处理厂(WWTPs)的研究,共检测了 1 200 个 AS 样品,对它们的 16S rRNA 的测序分析结果表明,全球 AS 微生物的丰度遵循对数正态分布,AS 群落的物种数约为 1.1×10^9 个;中国与美国的污水厂中的物种丰度接近,分别为 $4.6\times10^8\sim1.1\times10^9$ 个与 $3.9\times 10^8\sim1.0\times10^9$ 个。AS 微生物群落多样性较高,但 80%的序列利用现有数据库无法注释到种。认识 AS 群落仍任重道远。

研究发现,中国污水处理厂全国水平的 AS 群落各门类的丰度分布与其他空间尺度(如城市水平)下的分布相似:相对丰度超过 1%的门类有 9 个,其中 *Proteobacteria* 相对丰度最高,占 43.43%,其次是 *Bacteroidetes* 和 *Chloroflexi*,分别占 28.34%和 6.67%。另外,*Actinobacteria*、*Acidobacteria*、*Firmicutes* 和 *Planctomycetes* 的相对丰度也较高。与文献报道的其他地区 AS 群落中的优势门类基本保持一致,但除了 *Proteobacteria* 和 *Bacteroidetes* 外,其他优势门类的顺序略有不同。值得注意的是,*Nitrospirae* 在不同空间尺度下的 AS 群落中均有较高的相对丰度,*Nitrospirae* 是污水处理厂广泛存在的一类微生物,能够参与系统的硝化作用。此外,有 41 个门类的相对丰度不足 0.1%,除相对丰度最高的前 10 个门类外,其余 48 个门类的总相对丰度仅为 4.42%。每个样品 AS 微生物群落的 OTU 数目为 1 286~3 464 个,估算的 OTU 丰富度(Chao1)为 2 226~5 803 个;香农-威纳指数(H)为 4.37~6.73;辛普森相关指数为 15.76~260.27;均匀度(J)指数为 0.61~0.81。

基于功能芯片等分子生物学工具,对一些功能微生物种群的研究取得了很多进展,比如硝化微生物、菌胶团微生物、除磷菌等。

2) 核心物种

核心微生物群落的概念源于 Grime 对生物多样性的研究,是由区域内丰度较高的种群组成的。核心微生物因其存在较少受处理系统所在地理位置以及所采用的处理工艺、操作参数等的影响,可能在污染物的去除过程中发挥着重要作用,核心微生物的缺失可能会造成系统的运行故障。

目前对核心微生物并未有明确定义。2016 年 Saunders 等指出,分析核心微生物时不仅要考虑 OTU 的分布频率,还应结合 OTU 的丰度信息。

在一项针对全中国污水厂 AS 群落的研究中,综合了已有研究的定义方法,规定了两种核心微生物筛选方法:①相对丰度处于前 100 位同时在样品中的分布频率不小于 80%的 OTU;②相对丰度处于前 0.1%(33 个)同时在样品中的分布频率不小于 80%的 OTU。根据第一种筛选标准,全国 AS 核心微生物群落共包含 63 个 OTU,在纲水平上,有 15 个 OTU 来自 *Betaproteobacteria*,13 个 OTU 来自 *Sphingobacteriia*,9 个 OTU 来自 *Gammaproteobacteria*,6 个 OTU 来自 *Bacteroidia*,4 个 OTU 来自 *Alphaproteobacteria*,3 个来自 *Acidobacteria*_Gp4,2 个 OTU 来自 *Actinobacteria*,这些 OTU 共占核心 OTU 的 82.54%。根据第二种筛选标准,全国 AS 核心微生物群落共包含 26 个 OTU,在纲水平上,有 6 个 OTU 来自 *Gammaproteobacteria*,6 个 OTU 来自 *Sphingobacteriia*,5 个 OTU 来自 *Bacteroidia*,4 个 OTU 来自 *Betaproteobacteria*,其余 5 个 OTU 分别来自 *Deltaproteobacteria*、*Acidobacteria*_Gp4、*Ignavibacteria*、*Nitrospira* 和 *Actinobacteria*。

对比两种结果,两种方法得到的核心 OTU 虽然在数量上有所差异,但所属的纲基本一致。可根据样品情况以及研究目的择优选择筛选标准。但需要注意的是，方法2由于筛选的是相对丰度处于前0.1%的OTU，当样品的总OTU数目较少时，利用此方法最后保留的OTU数目可能会极小，不利于后续统计分析。

核心物种与功能物种的关系，尚待进一步研究。已有不少研究工作，基于共现性与相关关系，试图联系系统运行状况、各种环境参数变化导致的群落演替，以及群落变化与功能的关系，有一定意义与指示性。但深入的研究工作仍是努力方向。

3）毒力基因及抗生素抗性基因

污水处理厂几乎接收了所有人类制造的污染物，其中包括各类抗生素，抗生素抗性基因/细菌和致病菌等，是这类污染物的“汇”。现有的污水生物处理工艺主要去除物理和化学污染物，对生物污染物如致病菌、ARGs等的去除能力有限，这些污染物可通过污水排放以及污泥土地利用等方式回到自然环境，成为污染“源”，威胁人类和生态环境的健康。

2016年，一个采用基因芯片(Geochip 4.2)对我国由北至南7个城市(北京、大连、郑州、无锡、上海、长沙和深圳)19个污水处理厂的共计57个活性污泥样品的检测表明，共检测到13个毒力基因家族的1 610个毒力基因，其丰富度高于土壤样品(1 372个毒力基因)和深海海水样品(372个毒力基因)。共检测到来自807个物种(菌株)的1 903个ARGs。许多物种(菌株)与污染物的降解有关，如*Agrobacterium radiobacter* K84(GenBank：NC_011985.1)和*Nitrosomonas* sp. AL212(Gen-Bank：CP002552.1)，表明AS系统中的多种细菌都有可能携带ARGs，污水处理厂是ARGs的潜在储存库。相关问题值得进一步关注。

4. 过程的空间结构

过程空间提供了更大尺度的结构。空间结构包括生物结构与非生物结构。一般，在过程空间结构水平上，可以控制相应的基质、微生物及种群结构。表6-7列出了三个研究领域，相关研究可以加深对过程控制的认识。

表6-7　过程水平结构举例

1. 宏观与微观环境的建立
   a. 不同的电子受体：好氧、厌氧、缺氧区
   b. 低浓度或高浓度电子供体
2. 微生物与水的分离设备
   a. 改进沉淀池
   b. 膜
3. 难降解物质的去除
   a. 吸附
   b. 挥发

在处理过程中建立不同的生态环境区域是通过过程结构控制促进生物降解的典型例子。区域可以是物理意义上的不同位置也可以是时间序列上不同环境状态。

宏观与微观环境的建立是很重要的。最典型的例子是硝化反硝化工艺及同时硝化反硝化工艺，造成适合不同生物反应过程的宏观环境(好氧区、缺氧区)，在同一反应器内创造不同的宏观与微观环境，如图6-5所示。

生物膜内会形成不同的微生态环境，生物絮体内有类似的情况。在这种情况下，生物群

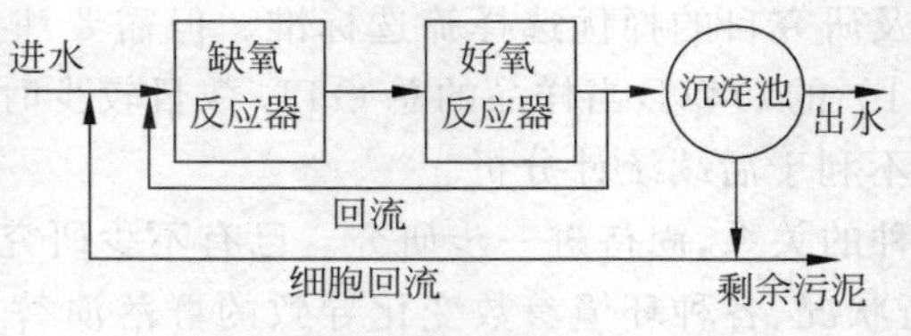

(a) 前置反硝化的宏观环境

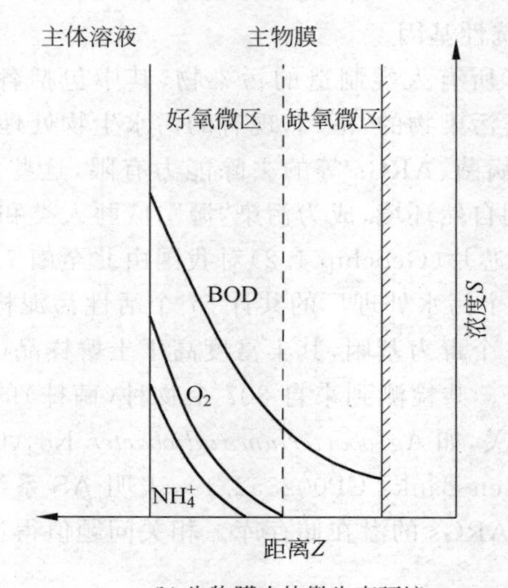

(b) 生物膜内的微生态环境

图 6-5　宏观及微观生态环境的建立

体并不在好氧及缺氧区之间循环，生物膜的不同深度处形成不同的微环境。精细地控制主体溶液中的溶解氧浓度即可保证生物膜内部的缺氧环境，使得好氧区产生的 NO_3^- 得以被微生物转化(图 6-5)。

表 6-7 中所列的第二方面的结构是泥水分离设施的改进。其中最具现代特点的改进是以膜分离代替传统的重力沉淀池。

第三方面是生物处理过程中难以去除的有机物的问题，两个最重要对策是挥发与吸附。当化合物的亨利常数大于 10^{-3} $\mathrm{atm \cdot m^3/mol}$ 时，在传统生物处理系统中，该化合物如果不能迅速通过其他途径消耗，则主要通过挥发去除。

辛醇-水分配系数 K_{ow} 较大(如 $\lg K_{ow}>3$)的有机化合物容易吸附到生物体上。吸附是物理化学过程，它与生物降解过程竞争，可能降低生物降解的速度。因此，一般认为可生物降解化合物的强烈吸附不利于降解。但对难降解有机物，吸附有利于系统的运行。可以通过缩短系统停留时间的方法，促进吸附的进行，使吸附的化合物迅速随剩余污泥离开系统，保证其他化合物的降解。

6.2　废水生物处理新技术

生物处理是废水处理中应用最广泛的技术。与处理其他对象如固体废弃物、废气等的生物处理技术相比，对水的生物处理技术的研究更加深入，技术也更加成熟。

自活性污泥法于1913年在英国试验成功并投入使用以来，已走过了百年的历程。随着污染状况的发展、科学技术的进步、环境标准的不断严格，革新的废水生物处理技术不断涌现，大大提高了生物处理的效率，拓展了废水生物处理技术的应用领域。其中最具代表意义的新技术与工艺当数膜-生物反应器（MBR）、厌氧氨氧化工艺（ANAMMOX）、膜曝气生物反应器（MABR）、移动床生物反应器（MBBR）、微生物燃料电池（MFC）等。

6.2.1　生物脱氮除磷

从世界范围看，进入20世纪70年代和80年代以来，随着水体富营养化问题的日渐突现，水质指标体系不断严格化的趋势使废水脱氮除磷问题成为水污染控制中广泛关注的热点。随着研究工作的进行，对脱氮除磷的生物学原理的认识不断深入，诞生了多种生物脱氮除磷新工艺，推动了废水生物脱氮除磷技术的发展，促进了废水生物处理技术的革新与改进。本节介绍其中的一些重要内容。

1. 生物脱氮的基本原理

废水中氮的主要形式是有机氮化合物（主要有蛋白质、氨基酸）和氨氮。有机氮通过氨化作用转化为氨氮。很多细菌、放线菌和真菌都具有氨化能力，称为氨化菌。氨化过程在生物处理过程中很容易进行。生物脱氮过程主要由两段工艺共同完成，即通过硝化作用将氨氮转化为硝酸盐氮，再通过反硝化反应将硝酸盐氮转化为气态氮从水中逸出。

1）硝化反应与微生物

硝化反应由一群自养好氧微生物完成。1872年Houzeau首次描述了硝化作用，硝化作用是指由硝化菌将氨氮氧化成硝酸盐氮的过程，这个过程必须在好氧条件下才能进行。1890年，Winogradsky通过研究发现，硝化过程可分为两个阶段，分别由亚硝化细菌和硝化细菌完成。第一步是由亚硝化菌（*Nitrosomonas*）将氨氮转化为亚硝酸盐（NO_2^-），亚硝化菌包括亚硝酸盐单胞菌属和亚硝酸盐球菌属。第二步是由硝化菌（*Nitrobacter*）将亚硝酸盐转化为硝酸盐（NO_3^-），硝化菌包括硝酸盐杆菌属、螺旋菌属和球菌属。这类菌利用无机碳化合物如CO_3^{2-}、HCO_3^-和CO_2作碳源，从NO_2^-的氧化反应中获得能量，两步反应均需在有氧条件下进行。反应式可表示为

$$NH_4^+ + 1.382O_2 + 1.982HCO_3^- \longrightarrow 0.982NO_2^- + 1.036H_2O + 1.891H_2CO_3 + 0.018C_5H_7O_2N$$

$$NO_2^- + 0.488O_2 + 0.01H_2CO_3 + 0.003HCO_3^- + 0.003NH_4^+ \longrightarrow NO_3^- + 0.008H_2O + 0.003C_5H_7O_2N$$

总反应式为

$$NH_4^+ + 1.86O_2 + 1.982HCO_3^- \longrightarrow 0.982NO_3^- + 1.044H_2O + 1.881H_2CO_3 + 0.021C_5H_7O_2N$$

硝化反应消耗碱度，其数值为7.14 $gCaCO_3/gNH_4^+$-N。亚硝化菌和硝化菌的特征总结于表6-8。

表 6-8 亚硝化菌和硝化菌的特征

项 目	亚硝化菌	硝化菌
细胞形状	椭球或棒状	椭球或棒状
细胞尺寸	1.0 μm×1.5 μm	0.5～1.0 μm
革兰氏染色	阴性	阴性
世代周期/h	8～36	12～59
自养性	专性	专性
需氧性	严格好氧	严格好氧
最大比生长速率 μ_m/h^{-1}	0.04～0.08	0.02～0.06
产率系数 Y/(mg 细胞/mg 基质)	0.04～0.13	0.02～0.07
饱和常数 K_s/(mg/L)	0.6～3.6	0.3～1.7

从硝化作用发现至今，科学家们对硝化作用的研究从未停止。2005 年以前一直认为氨氧化只能由氨氧化细菌完成，但随着海洋和土壤泉古菌宏基因组分析发现存在编码 α 氨单加氧酶亚基 *amo*A 的功能基因序列，及第一株具有氨单加氧酶所有基因的海洋古菌的分离培养有力地证实了古菌 *amo*A 基因与氨氧化作用之间的关系，从根本上改变了氨氧化主要由 AOB 主导这一观点。在一些水处理构筑物（比如土壤处理系统）中，甚至发现 AOA 而非 AOB 在数量与氨氧化活性上均占优势。

2015 年年底，3 个科研团队分别在不同环境中发现了 3 种不同的经过纯培养的细菌和 1 种未经纯培养的细菌均能够进行从铵到硝态氮的单步完全硝化过程，被称为全程氨氧化微生物（comammox），这些发现完全颠覆了统治科学界 100 多年的分步硝化过程，使得硝化作用和硝化微生物的研究再次成为热点。

目前研究中的全程氨氧化微生物分别来自于水生环境、地下深处的管壁和饮用水厂的生物活性滤池，尽管来源不同，但是它们均隶属于硝化螺菌属（*Nitrospira*），该属此前被认为只能氧化亚硝态氮为硝态氮。采用全基因组分析方法发现，它们具有用于氨氧化的氨单加氧酶（ammonia mono oxygenase，AMO）和羟胺脱氢酶（hydroxylamine oxidoreductase，HAO）的全套基因，而且还具有亚硝酸盐氧化所必需的亚硝酸盐氧化还原酶（nitrite oxidoreductase，NXR）基因，其中，氨单加氧酶是由 *amo*A、*amo*B、*amo*C 3 个亚基组成的三聚体膜结合蛋白。

最近的研究表明，全程氨氧化微生物广泛分布于除了海洋以外的其他环境，在自然及工程系统中都普遍存在，包括稻田和其他农业土壤、森林土壤、稻田水域、淡水环境如湿地、河床、含水层和湖泊沉积物及活性污泥和饮用水处理厂。它们可能在全球氮循环中发挥着作用，但是否可能形成以其为主的工程化氨氧化工艺尚不清楚。

2）反硝化反应

反硝化由一群异氧微生物完成，主要是将硝酸盐氮或亚硝酸盐氮还原成气态氮或氮氧化物，反应在无分子氧状态下进行。反硝化细菌包括假单胞菌属、反硝化杆菌属、螺旋菌属和无色杆菌属等。它们多数是兼性的，在溶解氧浓度极低的环境中可以利用硝酸盐中的氧作电子受体，有机物则作为电子供体提供能量并得到稳定化。由于反硝化微生物代谢功能的复杂性，全面认识这类功能微生物仍是十分艰巨的任务。反硝化过程产生部分碱度，为

3.47 $gCaCO_3/gNO_3$-N。以甲醇为碳源时反应式如下：

$$NO_3^- + 1.08CH_3OH + 0.24H_2CO_3 \longrightarrow 0.47N_2\uparrow + 1.68H_2O + HCO^- + 0.056C_5H_7O_2N$$

$$NO_2^- + 0.67CH_3OH + 0.53H_2CO_3 \longrightarrow 0.48N_2\uparrow + 1.23H_2O + HCO^- + 0.04C_5H_7O_2N$$

2. 生物除磷的基本原理

废水中磷的存在形态取决于废水的类型，最常见的是磷酸盐（$H_2PO_4^-$、HPO_4^{2-} 和 PO_4^{3-}）、聚磷酸盐和有机磷。在常规二级生物处理中，有机物的生物降解伴随着微生物菌体的合成，磷作为生物体的生长元素也成为生物污泥的组分，从水中去除。微生物正常生长时，活性污泥含磷量一般为干重的1.5%～2.3%，通过剩余污泥排放可以获得10%～30%的除磷效果。

污水除磷技术的发展起源于生物超量吸磷现象的发现。污水生物除磷就是利用微生物吸收的磷量超过微生物正常生长所需要的磷量的现象，通过生物处理系统设计或系统运行方式的改变，使细胞含磷量相当高的细菌体在系统的基质竞争中取得优势。在污水生物除磷工艺中包含厌氧操作段和好氧操作段，使剩余污泥的含磷量达到污泥干重的3%～7%，出水中磷含量明显下降。

1）除磷技术的发展

20世纪50年代到60年代初，Srinath等在污水处理厂的生产性运行中，观察到生物超量吸磷的现象。70年代所开展的研究工作弄清了生物除磷所需的运行条件，并有意识地将其工程化。80年代到90年代，通过全面的基础研究及生产性研究和工程运转经验的总结，污水生物除磷的理论及技术均获得了重大进展及突破。总的说来经历了以下几个阶段：

(1) 对具有明显除磷能力的污泥和生产性污水处理厂进行了观测和实验研究，证明了除磷作用的生物学本质和生物诱导化学沉淀的辅助作用；

(2) 认识到好氧区之前设置厌氧接触区，污泥进行厌氧-好氧交替循环的必要性，从而开发了多种生物除磷工艺流程，并开始工程化应用；

(3) 在实验研究和工程实践中认识到避免缺氧或好氧性电子受体（硝态氮或溶解氧）进入厌氧区的必要性，开发了优化生物除磷性能的工艺技术和运行技术；

(4) 认识到简单低分子质量（可快速生物降解）基质的作用及存在的必要性，引入了生物化学和生物力能学理论，使污水生物除磷技术进入了定量化模拟与优化阶段；

(5) 建立了污水生物除磷的数学模式。

2）除磷技术的微生物学和生物化学

前已述及，废水中磷的生物去除主要通过两种途径：一是微生物细胞合成中吸收部分磷；二是微生物以聚磷酸盐（poly-P）的形式超量储存（luxury uptake）磷。后者是生物强化除磷工艺（enhanced biological phosphate removal process，EBPR）的主要机理。

EBPR系统的基本特征是微生物在好氧区与厌氧区之间循环，废水自厌氧区进入系统，如图6-6所示。聚磷菌（polyphosphate accumulation organisms，PAOs）在系统中具有选择优势的原因是在厌氧区当活性污泥与废水混合时，能够从废水中吸收碳源的微生物将占优势，PAOs恰恰具有这种能力。PAOs可以通过水解体内储存的聚磷提供厌氧摄取磷的能量。因此，PAOs摄取碳源并将它们以聚羟基烷酸盐（polyhydroxyalkanoates，PHAs）的形式储存，同时降解聚磷释放正磷酸盐。在接下来的好氧区，PAOs 营好氧生长，利用储存的PHAs 作为碳源和能源，摄取正磷酸盐并将其转化为聚磷酸盐。由于 PHAs 是还原性胶体，它的合成需要有还原能。Wentzel 等(1991)指出两种获得这种还原能的途径：一是所谓 Mino 模式，还原能来自细胞体内糖原(glycogen)的分解；二是所谓 Comeau-Wentzel 模式，还原能来自乙酰辅酶 A(acetyl-CoA)经三羧酸循环的部分氧化(图 6-7)。

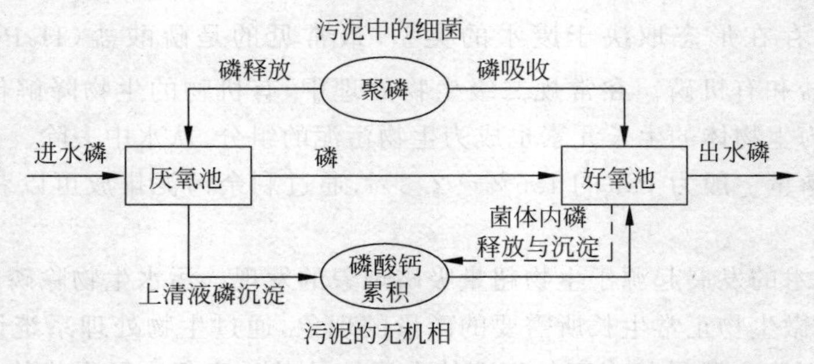

图 6-6 EBPR 系统中磷的循环与累积模式

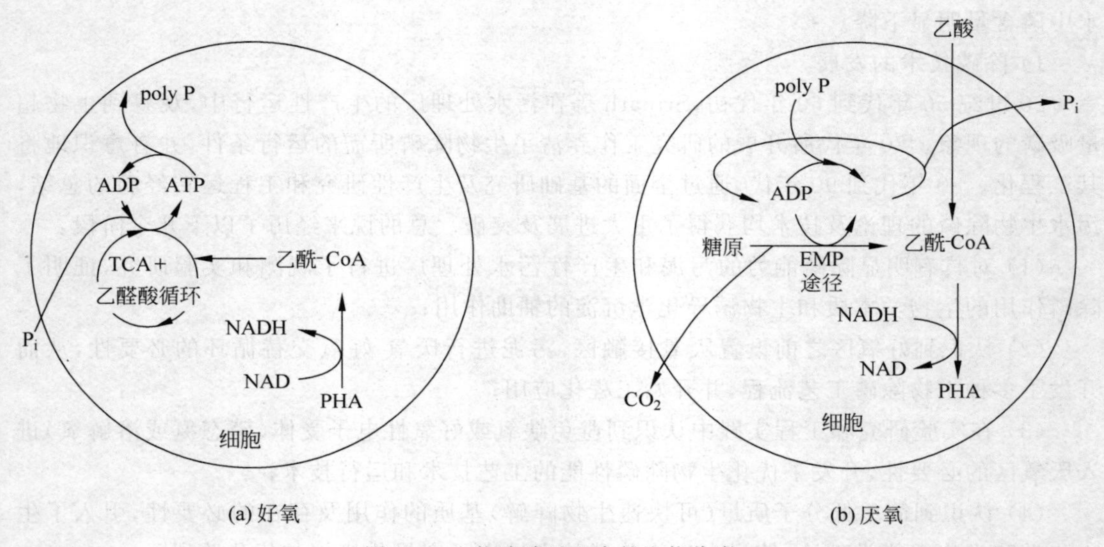

图 6-7 生物除磷过程中的生物代谢

在(a)好氧条件及(b)厌氧条件下磷、乙酸和 PHB 之间的关系

Fuchs 等(1975)最早提出生物除磷的能力主要来自不动细菌(*Acinetobacter*)的选择性增殖，这一结论得到了 Buchan(1983)和 Lotter(1985)后续研究工作的支持。但是，他们的研究方法都是培养记数的方法(culture-dependent methods)。Cloete 和 Steyn(1987)使用荧光抗体染色技术(fluorescent antibody staining technique)进行的研究表明，EBPR 系统中 *Acinetobacter* 的数量不足细菌总量的 10%。Wagner 等(1994)，Bond 等(1995)，Kampfer 等用基因探针 16s-rRNA 的研究也表明 EBPR 系统中 *Acinetobacter* 的数量不足细菌总量的 10%。从而证实了 *Acinetobacter* 不是 EBPR 系统的优势菌种。

对 EBPR 脱磷的生物学及生物化学方面的研究一直是研究者关注的热点，一些进展包括：

（1）EBPR 系统中的生物群体是多种多样的，存在几种主要的微生物种群。*Acinetobacter* 不一定是 EBPR 系统中起脱磷作用的优势菌种，在一些 EBPR 系统中，发现 *Tetrasphaera* 属占比达 20%～25%。

（2）形成 PHAs 所需的还原能主要来自内部储存的糖原的降解，而不是来自三羧酸循环。但不能排除部分还原能来自乙酰辅酶 A 经三羧酸循环部分氧化的可能性。

（3）内部储存糖原是保持微生物体内的氧化还原电位平衡以利于厌氧摄取多种有机物的关键。

（4）部分 PAOs 可以利用硝酸盐氮作为电子受体，已有成功利用这类微生物构建的除磷工艺。

（5）非聚磷糖原微生物（glycogen accumulating non-ploy-p organism，GAOs）的代谢途径与 PAOs 类似。唯一的区别是 GAOs 厌氧代谢基质时，利用体内储存糖原为唯一的能源。

（6）现有的形态学及生理学资料表明 PAOs 和 GAOs 是不同的微生物。

3）生物处理过程中除磷途径小结

研究结果表明，超量除磷主要是生物作用的结果，但生物超量除磷并不能完全解释某些条件下出现的除磷性能，生物诱导的化学除磷可能是生物除磷的补充。在生物除磷系统中磷的去除可能包括下列 5 种途径。

（1）生物超量除磷　处理系统的厌氧-好氧交替导致微生物群体功能的变化，使污泥含磷量可达到 3%～7%。

（2）正常磷的同化作用　微生物合成对磷的消耗。

（3）正常液相沉淀　系统中的 pH、阳离子浓度及各种沉淀抑制剂决定总的液相沉淀效率。

（4）加速液相沉淀　在厌氧条件下通过分解聚磷使磷从菌胶团中释放出来，造成厌氧条件下的高磷浓度，加速了磷的化学沉淀作用。

（5）生物膜沉淀　由细菌反硝化作用造成，使膜内 pH 升高，导致磷从液相进入无机相。

3. 几种典型的生物脱氮除磷工艺

1）生物脱氮工艺

生物脱氮工艺主要有三种类型，如图 6-8 所示。图 6-8(a)中有机物的氧化与硝化反应分别在两个构筑物中完成，被称为单独硝化工艺或分级硝化工艺。图 6-8(b)及图 6-8(c)中含碳有机物去除与硝化反应在同一反应器中完成，被称为碳氧化-硝化联合处理工艺。

单独硝化系统和联合氧化-硝化处理工艺都可以采用微生物悬浮型生长构筑物、附着生长型构筑物或复合生长型构筑物。表 6-9 列出了这两种工艺的特点。两种工艺对氧的需要量是不同的。

对于联合氧化-硝化工艺，为了保证硝化的进行，处理系统运行的泥龄较长，加之进水 BOD_5/TN 较高，使含碳有机物氧化分解至较低浓度的过程需要大量溶解氧。此工艺中所需氧 50%以上用于氧化分解有机物。分级硝化工艺中硝化部分需氧量占总需氧量的 70%以上。

多级生物脱氮系统（三级，图 6-8(a)；二级，图 6-8(b)）的实际应用流程如图 6-9 所示。在这样的系统中，反硝化单元进水中含碳有机物浓度很低，必须补充含碳有机物作为 NO_3^--N 反硝化的电子供体。可以甲醇、乙酸钠等作为反硝化的补充碳源。此外，由于硝化

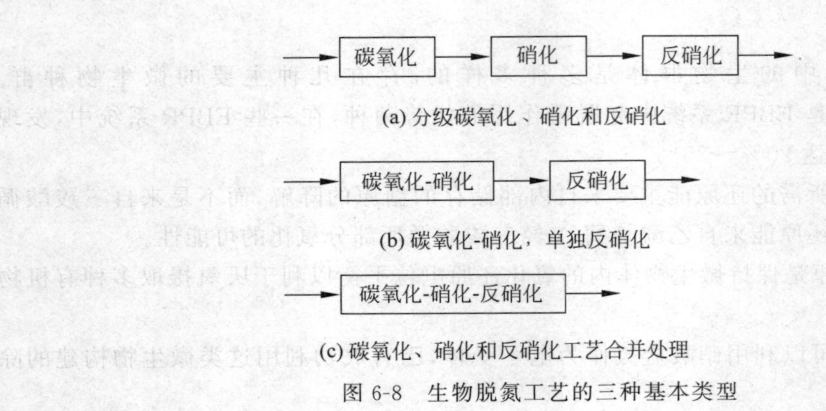

图 6-8 生物脱氮工艺的三种基本类型

过程消耗碱度，会使 pH 下降，降低硝化反应速度，一般需要补充碱度，调节 pH(图 6-9)。反硝化反应器可以采用微生物悬浮型生长构筑物、附着生长型构筑物或复合生长型构筑物。

表 6-9 两种硝化工艺特性的比较

工艺类型	优　点	缺　点
悬浮生长型联合氧化-硝化	含碳有机物氧化与氨氮氧化在同一构筑物内完成，工艺流程及设备简单；出水氨氮浓度可以很低；BOD_5/TN 高，易于控制污泥浓度	对有毒物质较敏感，操作稳定性中等，且与二沉池效率有关；在气候寒冷地区，池容较大
附着生长型联合氧化-硝化	含碳有机物氧化与氨氮氧化在同一构筑物内完成，工艺流程及设备简单；由于微生物附着生长在填料上，处理稳定性不受二沉池沉淀效率的影响	对有毒物质比较敏感，操作稳定性中等；除生物转盘外，出水 NH_4^+-N 浓度一般在 1～3 mg/L，在气候寒冷地区不宜采用
悬浮生长型分级硝化	可有效抑制有毒物质的影响，操作稳定；出水氨氮浓度可以很低	由于 BOD_5/TN 低，难以保持硝化反应构筑物内的污泥浓度；稳定性与二沉池效率有关；由于含碳有机物氧化与氨氮氧化在不同构筑物内进行，增加了构筑物数目和管理的复杂程度
附着生长型分级硝化	可有效抑制有毒物质的影响，操作稳定；由于微生物附着生长在填料上，处理稳定性不受二沉池沉淀效率的影响；温度对硝化反应影响较小	出水 NH_4^+-N 浓度一般在 1～3 mg/L，由于含碳有机物氧化与氨氮氧化在不同构筑物内进行，增加了构筑物数目和管理的复杂程度

图 6-8(c)所示为联合碳氧化-硝化-反硝化系统，将含碳有机物的氧化、硝化和反硝化在同一个活性污泥系统中实现，称为单级(one-sludge)生物脱氮系统。系统中只设一个沉淀池，不需要补充外加碳源，利用废水中的含碳有机物或微生物内源代谢产物作为 NO_3^--N 反硝化的电子供体。

单级脱氮系统有许多种工艺形式，如以微生物代谢产物为反硝化碳源的 Wuhrmana 工艺、以废水中含碳有机物为反硝化碳源的 Ludzack-Ettinger(MLE)工艺、改良 MLE 工艺、厌氧-缺氧-好氧(A^2/O)工艺、VIP(Virginia Initiative Plant)工艺和 UCT(University of Capetown)工艺等，上述这些工艺中只有一个缺氧池(区)。Bardenpho 生物脱氮工艺和改

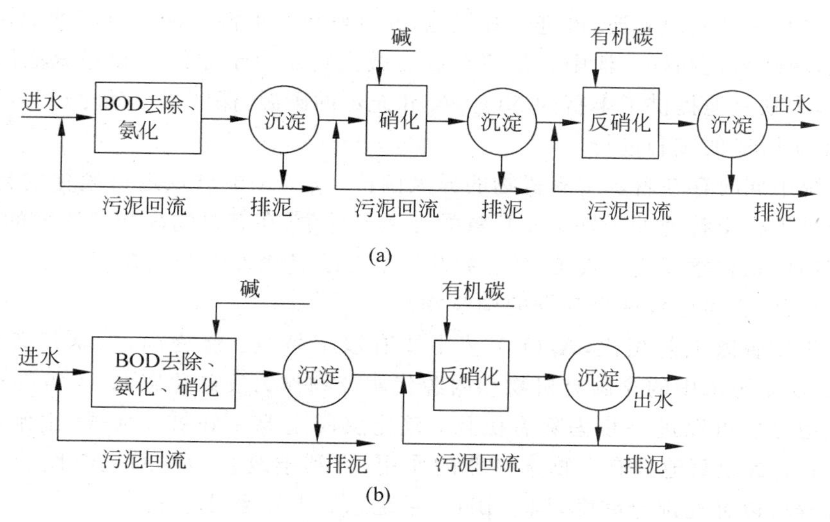

图 6-9　多级生物脱氮工艺流程

良 UCT 工艺有两个缺氧池(区)。此外,还有多缺氧区的单级生物脱氮系统,其他如氧化沟、序批式活性污泥反应器(SBR)等也属于单级活性污泥脱氮系统。

2) 生物除磷工艺

所有生物除磷工艺的一个共同特征是设置厌氧区,供聚磷菌吸收基质,产生选择性增殖。但大多数污水生物除磷工艺构造的设计变革都是基于硝化和反硝化方面的考虑,使系统在发生硝化的情况下也能保证良好的除磷功能。

按照磷的最终去除方式和构筑物的组成,现有的除磷工艺可以分为主流除磷工艺和侧流除磷工艺两种。侧流除磷工艺以 Levin 首先提出的 Phostrip 工艺为代表,该工艺结合了生物除磷与化学除磷,厌氧池不在污水的主流方向上,大部分磷通过化学沉淀去除。主流工艺的厌氧池在污水水流方向上,磷的最终去除通过剩余污泥排放实现。主流工艺有多个系列,包括 Bardenpho 系列、A/O 系列、SBR 系列及活性污泥系统运行改进等,基本上都是同时具有除磷脱氮功能的系统。

3) 几种典型脱氮除磷工艺

(1) 改良 Ludzack-Ettinger(MLE)工艺

改良 Ludzack-Ettinger(MLE)工艺(图 6-10)是一种有回流的前置反硝化生物脱氮系统,其中前置反硝化在缺氧(anoxic)条件下运行,含碳有机物的去除、含氮有机物的氨化和氨氮的硝化在好氧条件下运行。因此,该工艺也称为缺氧-好氧(A/O)生物脱氮流程。

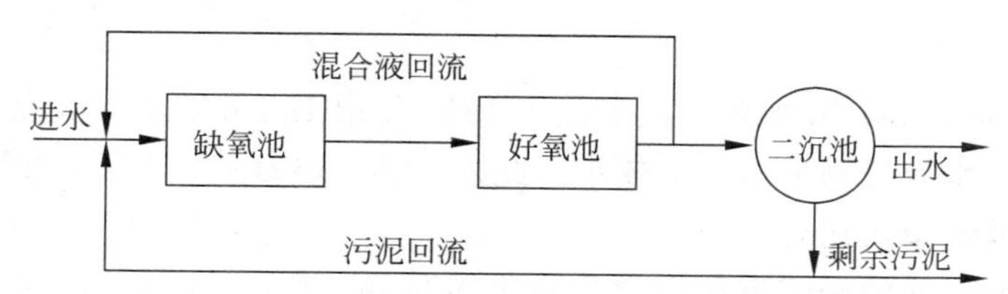

图 6-10　改良 Ludzack-Ettinger(MLE)(缺氧-好氧,A/O)生物脱氮工艺

流程中原水先进入缺氧池，再进入好氧池，并将好氧池的混合液与沉淀池的污泥一起回流到缺氧池，使缺氧池和好氧池中有足够数量的微生物。由于原污水和好氧池混合液直接进入缺氧池，为缺氧池提供了丰富的 NO_3^--N 和充足的碳源，保证了反硝化过程的碳氮比要求，进而保证了脱氮的顺利进行。

在此系统中同时存在着降解有机物的异氧菌群、反硝化菌群及进行硝化的自养型硝化菌群。混合微生物交替地处于好氧及缺氧的环境条件中，在有机物高与低浓度的条件下，分别发生不同的生物化学反应。A/O 系统的好氧池与缺氧池可以合建在同一个构筑物内，用隔墙将两池分开，也可建成两个独立的构筑物。

与多级生物脱氮工艺相比，A/O 工艺主要有以下特点：流程简单，基建费低，运转费低，电耗低；以原污水中的含碳有机物和内源代谢产物作为反硝化碳源，不需补充碳源；好氧池在缺氧池之后可以进一步去除有机物；硝化反应主要在好氧池完成，出水中 NO_3^--N 浓度会较高；前置缺氧池具有生物选择器的作用，有利于改善污泥的沉淀性能；缺氧池中的反硝化过程可以补充部分碱度，调节 pH。系统总氮去除率可达 88%。

(2) 厌氧-好氧(A/O)工艺

厌氧-好氧(anaerobic/oxic，A/O)工艺，又称为没有硝化的 A/O 工艺(图 6-11)，是组成最简单的生物除磷工艺。系统中污水和污泥顺次厌氧和好氧交替循环流动。典型的 A/O 系统包括活性污泥反应池和标准二次沉淀池，反应池分为厌氧区与好氧区，其中厌氧区占 20% 池容。两个反应区进一步分成体积相同的格产生推流式流态，一般情况下，厌氧区和好氧区均分为 2～4 格。污泥从二次沉淀池回流到厌氧区，部分富磷污泥以剩余污泥形式从系统排出，达到除磷目的。

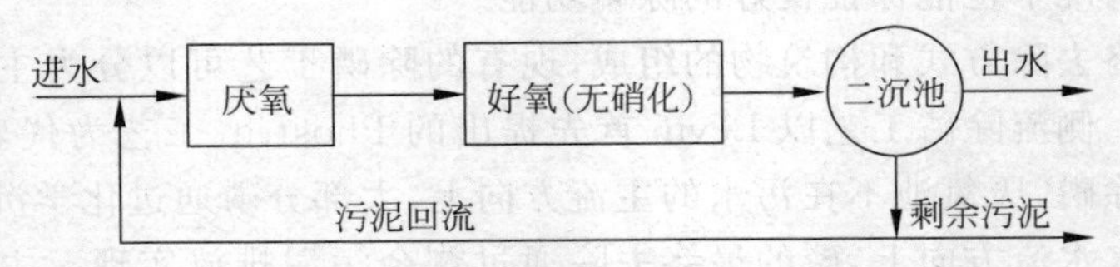

图 6-11 厌氧-好氧(anaerobic/oxic，A/O)工艺

厌氧-好氧(A/O)工艺强调进水与回流污泥混合后维持厌氧区的严格厌氧状态，避免厌氧区硝酸盐的存在，进入厌氧区第一格的硝态氮浓度要低于 0.3 mg/L，最好是 0.2 mg/L 以下。系统厌氧区的存在不仅有利于聚磷菌的选择性增殖，而且能抑制丝状菌的生长。活性污泥活性高、密实、沉淀性能好。污泥含磷量可以达到生物体干重的 6%。

工艺的典型设计停留时间为厌氧区 0.5～1.0 h，好氧区 1.5～2.5 h，MLSS 2 000～4 000 mg/L。

(3) Phostrip 工艺

图 6-12 所示为 Phostrip 工艺。该工艺于 1965 年由 Levin 提出。优点是出水总磷浓度低于 1 mg/L，受进水有机物浓度干扰较小。此外，大部分磷以石灰污泥的形式沉淀去除，污泥后续处置比高磷剩余污泥容易。

分流到厌氧释磷池的侧流流量通常是进水流量的 10%～30%。污泥在释磷池的平均停留时间为 5～20 h，一般为 8～12 h。

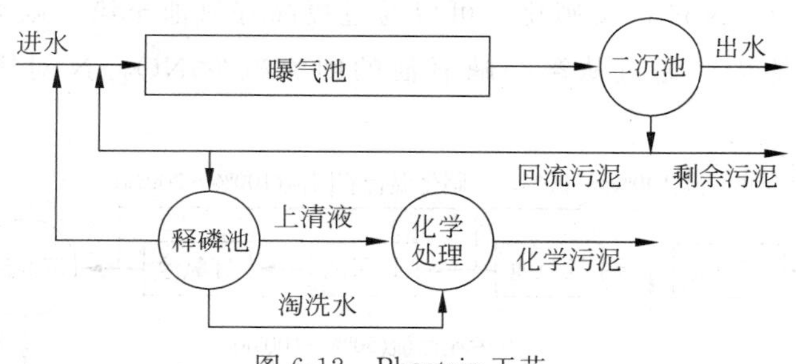

图 6-12　Phostrip 工艺

(4) A^2/O 脱氮除磷工艺

如图 6-13 所示，在厌氧-好氧(A/O)工艺的厌氧池之后增加一个缺氧池，并将沉淀池污泥回流到厌氧池，则形成典型的厌氧-缺氧-好氧即 A^2/O 工艺。该工艺的总停留时间与厌氧-好氧(A/O)工艺基本相同，且具有同时脱氮除磷功能。在实际运行中，高负荷运行状态可以取得良好的除磷效果。设计停留时间为缺氧区 0.5～1.0 h，好氧区 3.5～6.0 h。混合液回流比为 100%～400%，污泥回流比 10%～50%。

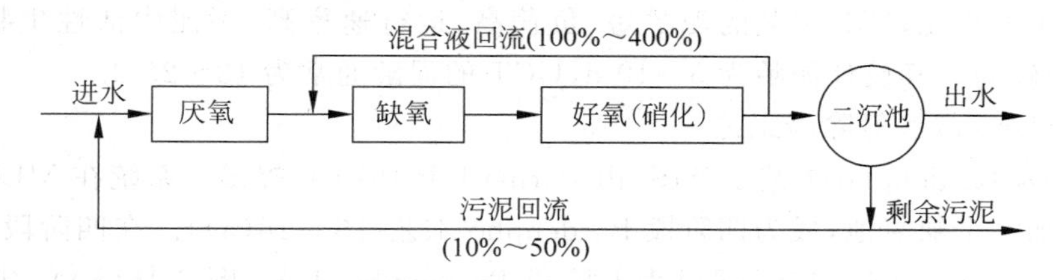

图 6-13　A^2/O 脱氮除磷工艺

(5) UCT 脱氮除磷工艺

图 6-14 所示为 UCT 脱氮除磷工艺。这种工艺与 A^2/O 工艺的区别在于沉淀池污泥不是回流到厌氧池，而是回流到缺氧池。这样可以防止硝酸盐氮进入厌氧池，破坏厌氧池的厌氧状态而影响系统的除磷效率，增加了从缺氧池到厌氧池的混合液回流，可以提高系统抗冲击负荷的能力。

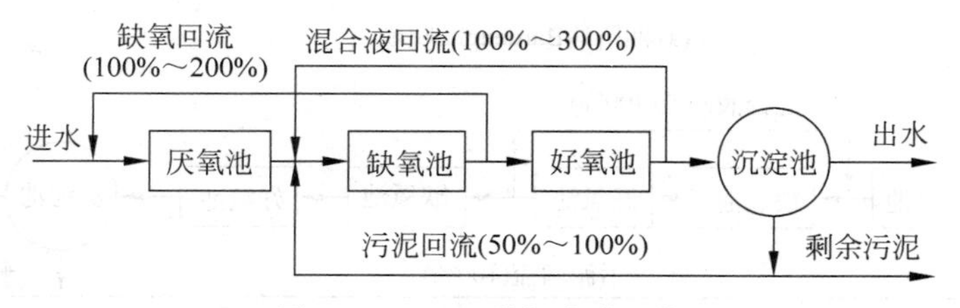

图 6-14　UCT 脱氮除磷工艺

改良 UCT 脱氮除磷工艺如图 6-15 所示，系统在 UCT 工艺的厌氧池和好氧池之间再增加一个缺氧池。系统中包括两个内回流。一个是从好氧池至第二缺氧池的内回流，另一个是第一缺氧池至厌氧池的内回流。这种工艺可以减少进入厌氧池的 NO_3^--N 量。第二缺氧池对由好氧池回流进入的 NO_3^--N 进行反硝化。第一缺氧池利用污水中的含碳有机

物对回流带入的 NO_3^--N 进行反硝化。可以通过提高好氧池至第二缺氧池的混合液回流比提高系统的脱氮能力。通过从第一缺氧池的回流减少 NO_3^--N 对厌氧池除磷功能的干扰。

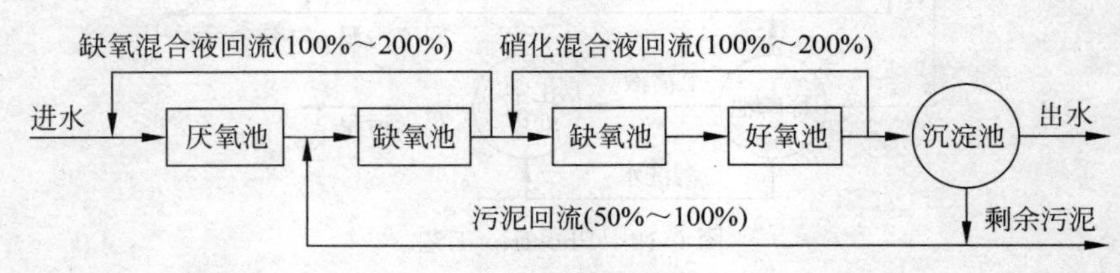

图 6-15　改良 UCT 脱氮除磷工艺

（6）VIP 脱氮除磷工艺

VIP 工艺流程与 UCT 工艺相同，也是单级活性污泥系统，可以同时去除水中的氮和磷。它们的区别在于以下两点：

① VIP 工艺中厌氧、缺氧、好氧反应器都分别由两个或多个完全混合的单池构成，可以提高磷的吸收和释放速率。

② 与 UCT 相比，VIP 工艺的泥龄短、负荷高、运行速率高，污泥中活性生物的比例增加，除磷速率较高。其设计泥龄为 5～10 d，UCT 的泥龄通常为 13～25 d。

（7）Bardenpho 脱氮除磷工艺

图 6-16 为 Bardenpho 工艺示意图，由 Barnard 于 1973 年提出。系统在 MLE 工艺的好氧池后再增加一个缺氧池，成为四阶段 Bardenpho 工艺（图 6-16（a））。在四阶段 Bardenpho 工艺的前端再增加一个厌氧池，即成为五阶段 Bardenpho 工艺（图 6-16（b））。所增加的厌氧池使五阶段 Bardenpho 工艺具有脱氮除磷功能。无除磷要求时工艺前端的厌氧池可以作为生物选择器，抑制丝状菌的繁殖。

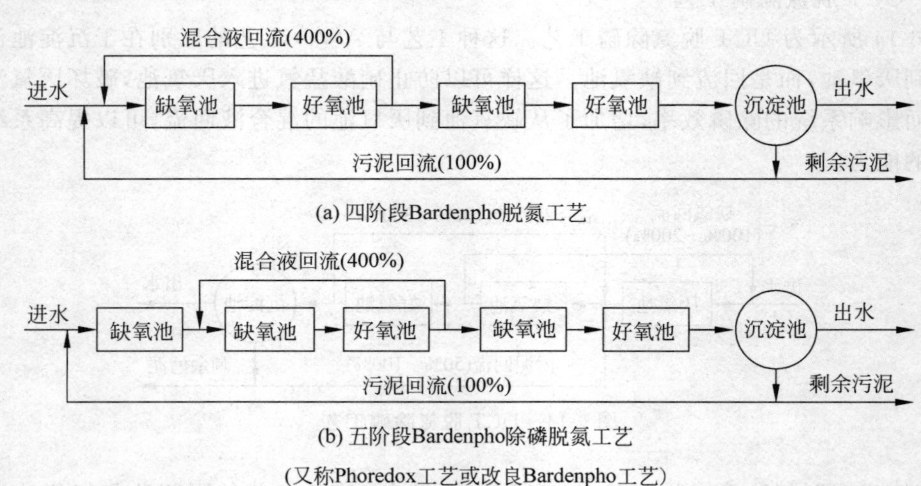

(a) 四阶段Bardenpho脱氮工艺

(b) 五阶段Bardenpho除磷脱氮工艺

(又称Phoredox工艺或改良Bardenpho工艺)

图 6-16　Bardenpho 脱氮除磷工艺

五阶段 Bardenpho 工艺的泥龄设计值一般是 10～20 d（以好氧段与缺氧段的污泥总量计）。一般在低负荷条件下运行，以提高脱氮率。

4. 生物脱氮原理的新认识及相应工艺

随着对微生物作用机理认识的深入及对实际污水处理工艺运行状况的认真分析，发现已有的废水脱氮除磷工艺仍存在以下问题：

(1) 硝化菌群增殖速度慢且难以维持较高生物浓度，特别是在低温冬季。因此造成系统总水力停留时间(HRT)较长，有机负荷较低，增加了基建投资和运行费用；

(2) 系统为维持较高生物浓度及获得良好的脱氮效果，必须同时进行污泥回流和硝化液回流，增加了动力消耗及运行费用；

(3) 抗冲击能力弱，高浓度氨氮和亚硝酸盐进水会抑制硝化菌生长；

(4) 为中和硝化过程产生的酸度，需要加碱中和，增加了处理费用。

20 世纪 80 年代以来的一些研究表明：生物脱氮过程中出现了一些超出人们传统认识的新现象，如硝化过程不仅由自养菌完成，异养菌也可以参与硝化作用；某些微生物在好氧条件下也可以进行反硝化作用；特别值得一提的是，有些研究者在实验室中观察到在厌氧反应器中 NH_4^+-N 减少的现象。这些现象的发现为水处理工作者设计处理工艺提供了新的理论和思路。

1) SHARON 工艺

SHARON(single reactor high activity ammonia removal over nitrite)工艺是由荷兰 Delft 技术大学开发出的脱氮新工艺。其基本原理为简捷硝化-反硝化，即将氨氮氧化控制在亚硝化阶段，然后进行反硝化(图 6-17)。前已述及，生物脱氮过程由两段工艺共同完成，即硝化与反硝化。硝化过程可分为两个阶段，分别由亚硝化细菌和硝化细菌完成。

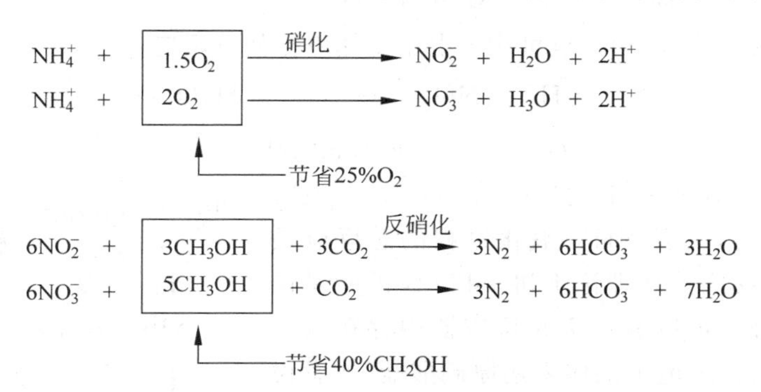

图 6-17 简捷硝化-反硝化节省消耗的碳源和能源

SHARON 工艺的基本特点是：

(1) 硝化与反硝化两个阶段在同一反应器中完成，可以简化工艺流程；

(2) 硝化产生的酸度可部分地由反硝化产生的碱度中和；

(3) 可以缩短水力停留时间(HRT)，减小反应器体积和占地面积。

如果将硝化过程控制在亚硝化阶段，实现简捷硝化-反硝化，则该工艺还具有下述优点：

(1) 可节省反硝化过程需要的外加碳源，以甲醇为例，NO_2^- 反硝化比 NO_3^- 反硝化可节省碳源 40%；

(2) 可减少供气量 25%左右，节省了动力消耗。

然而，将硝化阶段控制在亚硝化阶段的成功报道并不多见。这是因为硝化菌

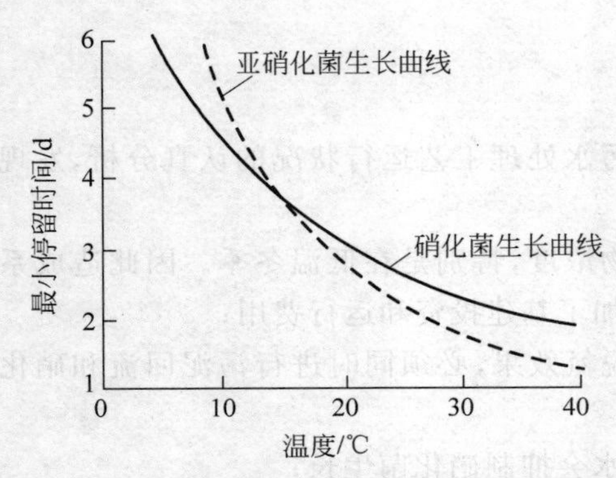

图 6-18 硝化菌和亚硝化菌的生长速率与温度和停留时间的关系

(*Nitrobacter*)能够迅速地将亚硝酸盐转化为硝酸盐。SHARON 工艺的成功在于：巧妙地应用了硝化菌(*Nitrobacter*)和亚硝化菌(*Nitrosomonas*)具有不同的生长速率，即在较高温度下，硝化菌的生长速率明显低于亚硝化菌的生长速率(图 6-18)。

因此，在完全混合反应器中通过控制温度和停留时间，可以将硝化菌从反应器中冲洗出去(wash out)，使反应器中亚硝化菌占绝对优势，从而使氨氧化控制在亚硝化阶段。同时通过间歇曝气，可以达到反硝化的目的。

2) ANAMMOX 工艺

在发现厌氧氨氧化现象之后，经过多次试验，1990 年，荷兰 Delft 技术大学 Kluyver 生物技术实验室开发出 ANAMMOX 工艺(AN aerobic AMMonium OXidation)。工艺关键是在厌氧条件下，以 NO_3^- 为电子受体，将氨转化为 N_2。最近的研究表明，NO_3^- 是一个关键的电子受体。由于该菌是自养菌，因此不需要添加有机物来维持反硝化。实验研究发现：厌氧反应器中 NH_4^+ 浓度的降低与 NO_3^- 的去除存在一定的比例关系。发生的反应可假定为

$$5\,NH_4^+ + 3\,NO_3^- \longrightarrow 4\,N_2 + 9\,H_2O + 2H^+$$

$$\Delta G^{\ominus} = -297\ \text{kJ/mol}\ NH_4^+$$

最近的研究还表明，NO_2^- 也可作为电子受体进行如下反应：

$$NH_4^+ + NO_2^- \longrightarrow N_2 + 2\,H_2O$$

$$\Delta G^{\ominus} = -358\ \text{kJ/mol}\ NH_4^+$$

根据化学热力学理论，上述反应的 $\Delta G^{\ominus} < 0$，说明反应可以自发进行，厌氧 NH_4^+ 氧化过程的总反应是一个产生能量的反应。从理论上讲，可以提供能量供微生物生长。因此，可以假定厌氧反应器中存在微生物，它可以利用氨作为电子供体来还原硝酸盐，或者说它可以利用硝酸盐作为电子受体来氧化氨。

ANAMMOX 工艺的可能途径如图 6-19 所示。

NH_4^+ 的氧化途径及反应自由能变化总结于表 6-10 所示。

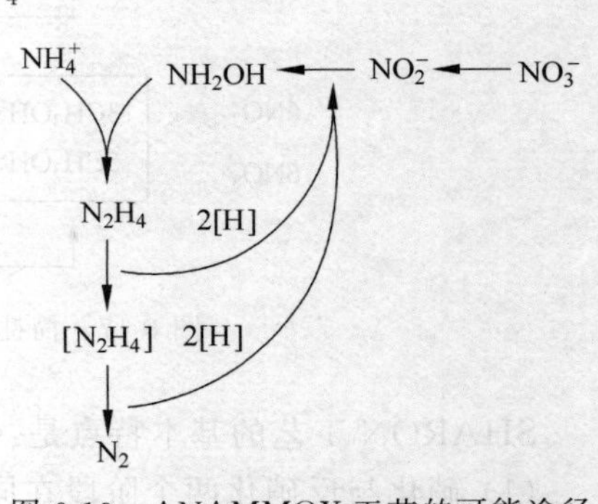

图 6-19 ANAMMOX 工艺的可能途径

表 6-10 NH_4^+ 的氧化途径及反应的吉布斯自由能

反应序号	反应方程式	$\Delta G^{\ominus}$/(kJ/mol NH_4^+)
1	$5NH_4^+ + 3NO_3^- \longrightarrow 4N_2 + 9H_2O + 2H^+$	−297
2	$NH_4^+ + NO_2^- \longrightarrow N_2 + 2H_2O$	−358
3	$10NH_4^+ + 2NO_3^- + 5O_2 \longrightarrow 6N_2 + 16H_2O + 8H^+$	−310

续表

反应序号	反应方程式	$\Delta G^{\ominus}/(kJ/mol\ NH_4^+)$
4	$2NH_4^+ + 2O_2 + H_2 \longrightarrow N_2 + 4H_2O + 2H^+$	−435
5	$8NH_4^+ + 6O_2 \longrightarrow 4N_2 + 12H_2O + 8H^+$	−316

2014年，荷兰Delft大学的Mark教授等(Lotti，Kleerebezem，Lubello，& van Loosdrecht，2014)将厌氧氨氧化微生物的经验分子式确定为$CH_{1.74}O_{0.31}N_{0.20}$，得到一个新的总反应：

$$NH_4^+ + 1.146NO_2^- + 0.071HCO_3^- + 0.057H^+$$
$$= 0.986N_2 + 0.161NO_3^- + 0.071CH_2O_{0.5}N_{0.15} + 2.002H_2O$$

厌氧氨氧化的发现是环境工程发展史上的一个极其重大的发现，对污水处理技术特别是脱氮技术的发展起到了极大的促进作用，它也是科学史上的一个重要成就。有研究表明，其对于全球氮循环的贡献高达30 %～50 %。

负责完成厌氧氨氧化过程的微生物，称为ANAMMOX菌，为革兰氏阴性菌，形态较为丰富，呈现球状、杆状等多种形状。ANAMMOX菌属于浮霉菌门(*Planctomycetes*)，包括5个属(目前已经发现10个种)。其细胞结构较为特殊，细胞中有一个大细胞器，称为厌氧氨氧化体，厌氧氨氧化功能也正是归因于该细胞器的存在。ANAMMOX菌的细胞呈红色，在菌群大量聚集时肉眼可见红色。与一般细菌生长繁殖快速不同，ANAMMOX菌生长速度非常缓慢，世代时间长达8～11 d。

3) 全自养脱氮工艺

全自养脱氮(deammonification或autotrophic ammonia removal)理论与工艺是在对污水处理工艺中发现的一些新现象进行深入分析的基础之上提出的。大部分研究目前仍处于实验室阶段，有些工艺已成功用于高氨氮废水的处理。其基本特征是参与脱氮过程的微生物均为自养微生物。

(1) 好氧自养反硝化(Aerobic deammonification)工艺

Hippen等于1997年在德国Mechernich地区的垃圾渗滤液(高氨氮)处理厂进行氮平衡研究时发现，该工艺中，氨转化为氮气的过程不需要按化学计量式消耗电子供体。他们发现，在限制DO的情况下，有超过60%的氨氮在生物转盘反应器中转化成N_2而得到去除。由于反应器中的DO始终保持在1.0 mg/L左右，进水中的总有机碳(TOC)很低(TOC质量浓度<20 mg/L)，且出水中的TOC质量浓度也没有明显减少，故不会存在明显的异养反硝化，整个氨氮转化为氮气的过程全部由自养菌完成。将这种特殊的转化过程命名为好氧反氨化(aerobic de-ammonification)，或称全自养脱氮。Helmer等将全自养脱氮的生物膜完全破碎以消除可能存在的厌氧区后，仍然观察到了很强的全自养脱氮反应，这表明全自养脱氮与厌氧氨养化有本质的区别。

Muller等也报道过自养硝化污泥在非常低的氧压力下(1 kPa或气相中约2.0% O_2)可以产生氮气。当溶解氧压力在0.3 kPa时，氨的最大氧化率达58%。然而，该过程还未实现稳定、可行的工艺设计。Binswanger等报道过利用生物转盘反应器通过硝化-反硝化工艺去除高浓度NH_4^+废水中的氨。结果表明：当表面负荷为2.5 gN/(m^2·d)时，去除速率达 90～250 gN/(m^3 · d)。在整个过程中,不需要添加任何可生物降解的有机碳化合物。瑞士的 Siegrist 等也有类似的发现。进一步的研究表明,全自养脱氮的能耗仅为常规硝化-反硝化脱氮能耗的 1/3,且无需添加有机碳源进行反硝化,处理费用大为降低。

目前,尚未分离出好氧反硝化菌,工艺涉及的微生物尚不清楚。反应机理的初步假定为:反应过程中生成的 NO_2^- 被 NAD^+ 还原,如图 6-20 所示。

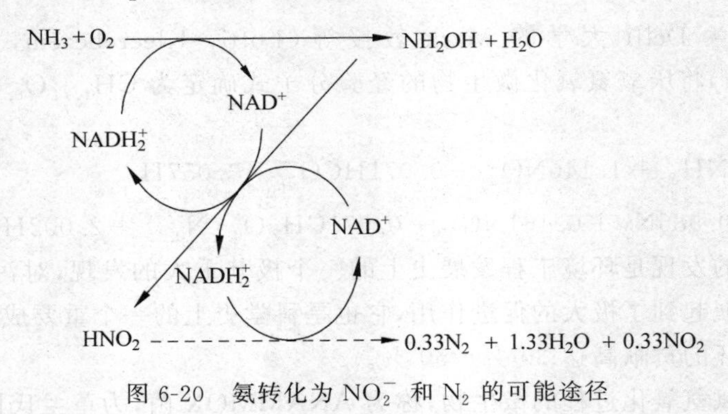

图 6-20 氨转化为 NO_2^- 和 N_2 的可能途径

(2) SHARON 工艺与 ANAMMOX 工艺结合实现全自养脱氮

SHARON 工艺可以通过控制温度、HRT、pH 等条件,在亚硝化自养菌作用下氨部分转化为 NO_2^-,使得出水 NH_4^+ 与 NO_2^- 比例为 1∶1。ANAMMOX 工艺则是在 Anammox 自养菌作用下,以 NO_2^- 作为电子受体,将 NH_4^+ 氧化为氮气。因此,以 SHARON 工艺作为硝化反应器,而 ANAMMOX 工艺作为反硝化反应器可实现全自养生物脱氮。

荷兰鹿特丹 Dokhaven 污水处理厂污泥消化上清液的成功处理就是利用了 ANAMMOX-SHARON 的组合工艺。Dokhaven 污水处理厂的试验表明,在 SHARON 反应器中 57%的氨氮进行亚硝化是 ANAMMOX 反应器中全部去除氨氮与亚硝酸氮的最佳转换率。同时发现,在 SHARON 反应器中氨氮的亚硝化率完全受 pH(6.5～7.5)控制,所以,通过控制 pH 可以达到理想的亚硝化转化率。采用这种组合工艺,具有以下特点:①污泥停留时间短;②与传统的硝化-反硝化过程相比,SHARON-ANAMMOX 工艺可使运行费用减少 90%,不产生 N_2O 有害气体,不需添加有机物,几乎不产生剩余污泥,节省占地 50%;③COD 和氮的去除各自分开,故这种组合工艺能发挥出最大效益。

(3) 限氧自养硝化-反硝化(OLAND)工艺

限氧自养硝化-反硝化(oxygen-limited autotrophic nitrification and denitrification, OLAND)是部分硝化与厌氧氨氧化相耦联的生物脱氮反应系统。它是由比利时根特大学微生物生态实验室于 1998 年开发研制的,该生物脱氮系统吸取了 SHARON、ANAMMOX 等先进生物脱氮工艺的优点,实现了生物脱氮在较低温度(22～30℃)下的稳定运行。目前主要采用两种反应器来研究 OLAND 系统,一种是一体化生物膜(RBC)反应系统;另一种是两阶段悬浮式膜生物反应系统(MBR)。OLAND 反应系统的关键是通过控制溶解氧在 0.1～0.3 mg/L,使部分的 NH_4^+ 被氧化成 NO_2^-,未氧化的 NH_4^+ 则以生成的 NO_2^- 为电子受体,被还原为氮气。该反应机理为由亚硝化菌(*Nitrosomonas*)催化的 NO_2^- 的歧化反应。该工艺涉及的化学反应、反应自由能及其与传统工艺的比较总结如表 6-11 所示。

表 6-11　OLAND 工艺与传统的硝化-反硝化工艺化学反应式及比较

工　　艺	$\Delta G^{\ominus}$/(kJ/mol N)
传统的硝化-反硝化工艺	
$NH_4^+ + 2O_2 \longrightarrow NO_3^- + H_2O + 2H^+$	−349.3
$NO_3^- + H^+ + 0.83CH_3OH \longrightarrow 0.5N_2 + 2.17H_2O + 0.83CO_2$	−546.1
$NH_4^+ + 2O_2 + 0.83CH_3OH \longrightarrow 0.5N_2 + 3.17H_2O + H^+ + 0.83CO_2$	−895.4
OLAND 工艺	
$0.5NH_4^+ + 0.75O_2 \longrightarrow 0.5NO_2^- + 0.5H_2O + H^+$	−217
$0.5NH_4^+ + 0.5NO_2^- \longrightarrow 0.5N_2 + H_2O$	−358.8
$NH_4^+ + 0.75O_2 \longrightarrow 0.5N_2 + 1.5H_2O + H^+$	−316
与传统工艺比较，OLAND 工艺可节省：	
O_2	62.5%
碱度	0
电子供体	100%

上述工艺，如 ANAMMOX、OLAND 等工艺，其基本原理为氨的氧化与 NO_2^- 的还原相偶联，从理论上讲并不新颖。早在 1972 年 Ritchie 等就已经从他们的研究中得出结论，认为脱氮中间产物 N_2O 既可以由氨和羟氨在好氧条件下产生，也可以由 NO_2^- 在好氧或厌氧条件下还原产生。众多研究表明：硝化过程中氮氧化物的产生随氧浓度的降低而增加。Poth 等从一系列 ^{15}N 同位素示踪实验发现：亚硝化菌（*Nitrosomonas europaea*）可利用 NO_2^- 作为终端电子受体进行反硝化，导致氮氧化物的产生。

(4) CANON(completely autotrophic nitrogen removal over nitrite)工艺

一体化完全自养脱氮系统(简称 CANON)是 2002 年由荷兰 Delft 技术大学提出的新型脱氮工艺。从反应机理和控制参数上看，CANON 工艺和 OLAND 工艺可认为是同一种脱氮工艺。CANON 工艺反应器实质上属于生物膜法，是通过控制溶解氧的浓度，使不同厚度生物膜分别处于好氧或厌氧状态，其实质仍是将 SHARON-ANAMMOX 相结合的工艺，其不同之处在于可在一个反应器中实现全自养脱氮。环境中的氨氮与溶解氧是决定 CANON 工艺的两个关键因素。CANON 工艺目前还处于研究阶段，没有真正应用到工程实践中。

全自养脱氮工艺具有传统生物脱氮工艺不可比拟的优点，从工艺形式来看，厌氧氨氧化工艺可分为分体式和一体式两种。分体式是在独立的曝气池中先将约一半的氨氮在氨氧化菌 AOB 作用下氧化产生亚硝酸盐，然后在另一个缺氧池中与 ANAMMOX 菌作用产生氮气。一体式是在一个反应池中同时完成上述两个过程。相比于分体式，一体式厌氧氨氧化工艺具有基建成本低、结构紧凑、运行控制简单、可避免亚硝酸盐积累造成的抑制、单位体积脱氮速率高等优点，因此发展迅速，成为最有潜力的低成本脱氮工艺。

短程硝化-厌氧氨氧化工艺在一些高浓度氨氮废水、污水污泥的处理中已有不少成功应用的案例。对中低浓度氨氮废水的处理，长期稳定运行仍是需要解决的问题。

4) 同步硝化反硝化

同步硝化反硝化生物脱氮是利用硝化菌和反硝化菌在同一反应器中同时实现硝化和反硝化得以脱氮。

(1) 同步硝化反硝化的特点

在同一处理系统中实现同步硝化反硝化过程，硝化反应的产物可直接成为反硝化反应的底物,避免了硝化过程中 NO_2^- 的积累对硝化反应的抑制,加速了硝化反应的速度;而且,反硝化反应中所释放出的碱度可部分补偿硝化反应所消耗的碱,能使系统中的 pH 相对稳定;另外,硝化反应和反硝化反应可在相同的条件和系统下进行,简化了操作的难度,实现同步硝化反硝化并达到两过程的动力学平衡,将大大简化生物脱氮工艺并提高脱氮效率,从而节省投资,提高处理效率。

(2) 实现同步硝化反硝化的机理

国内外有不少实验研究,对其机理已提出三种解释。

① 宏观环境理论

很早以前,在那些没有明显的缺氧及厌氧段的活性污泥工艺中,人们就多次观察到曝气系统中的氮的非同化损失,其损失量随控制条件的不同在10%~20%。一般而论,即使在好氧条件为主的活性污泥系统中,特别是采用点源性曝气装置或曝气不均匀时,往往会出现较大范围的局部缺氧环境,此为生物反应器的大环境,即宏观环境。例如,在生物膜反应器中,由于基质浓度和膜厚变化的影响,形成膜内的缺氧区,其他如 SBR 反应器及氧化沟等也存在类似的现象。事实上,在生产规模的生物反应器中,完全均匀的混合状态并不存在,因此在曝气阶段出现某种程度的反硝化即同步硝化反硝化的现象是完全可能的。

② 微环境理论

微环境理论是从物理学角度对同步硝化反硝化现象进行解释,该理论考虑活性污泥和生物膜的微环境中各种生态因子(如溶解氧、有机物及其他营养物质)的传递与变化,各类微生物的代谢活动及其相互关系,以及微环境的物理化学和生物条件或状态的变化。

微环境理论认为:由于氧扩散的限制,在微生物絮体或者生物膜内产生溶解氧梯度,即微生物絮体或生物膜的外表面溶解氧浓度高,以好氧硝化菌及氨化菌为主;深入絮体内部,由于氧传递受阻及外部氧的大量消耗,产生缺氧区,反硝化菌占优,从而形成有利于实现同步硝化反硝化的微环境。目前,该种理论解释同步生物脱氮现象已被广泛接受。

③ 微生物学理论

近几年好氧反硝化菌和异养硝化菌的发现,使得同步硝化反硝化更具有实质意义,它能使异养硝化和好氧反硝化同时进行,从而实现低碳源条件下的高效脱氮。

同步硝化反硝化为降低投资成本,简化生物脱氮技术提供了可能,在荷兰、德国已有利用同步硝化反硝化脱氮工艺的污水处理厂在运行。

6.2.2 高效生物膜处理系统

高效生物膜处理系统中,生物反应器内添加具有高比表面积的载体供微生物附着生长形成生物膜。在单位体积反应器内可以有很大的生物膜量,使得生物膜反应器具有较高的容积负荷、较短的水力停留时间和较小的体积。

传统的微生物附着型污水处理构筑物(生物滤池、生物转盘和淹没式生物滤池)的最主要缺点是需要庞大体积的填料或盘片面积,以保证填料和盘片上附着足够量的微生物,完成废水的处理。另一个问题是填料堵塞。

高效生物膜系统的最大潜力表现在流化生物膜反应器上。粒径小于 2 mm 的沙子、煤、活性炭、树脂等作为生物膜载体,在反应器内在自下而上注入的水流或气流带动下形成流化状态。流化状态可以避免脱落生物膜的堵塞,并加速基质在液相及生物膜内部的传质速率。

图6-21所示为流化生物膜反应器的三种主要型式。

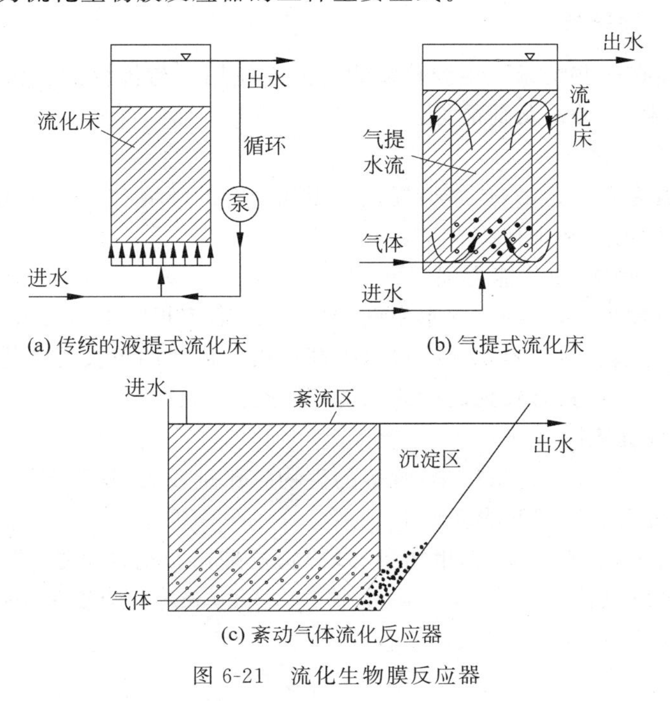

图6-21 流化生物膜反应器

在传统的液提式流化床中，上向流的流速通常由出水的回流循环控制，填料可以流化(或膨胀)至起始高度的10%到百分之几百。填料的膨胀使得空隙率提高。出水的回流使得载体的流化与进水负荷无关。

气提式流化床在反应器中心部位设置导流板，气体由中心注入，使得液体在导流板内部上升，外部下降，形成循环。上向流的液体使载体流化。载体的流化由注入气体量控制，与进水负荷无关。

紊动气体流化反应器，由紊动的气流形成液体的紊动使载体流化。

从概念上讲，流化可以在各种生物反应器内实现。实际上，气体及紊动气体流化多数情况下用于好氧生物反应器，其中供氧是必需的。气体可以循环时，厌氧反应器也可以用这样的方式运行。传统的液提式流化在厌氧反应器、反硝化反应器及好氧反应器中均有相应的应用。在多数情况下，会产生气体(CH_4、N_2)或提供气体(O_2)。因此，传统液提式反应器通常是三相的。

流化生物膜技术在以下三个方面仍需要作进一步的研究工作。

(1) 流态分布 特别是当反应器放大时，需考虑如何保持液流与气流的均匀分布，避免短流。在高效好氧反应器系统内需考虑如何提高液相充氧效率。

(2) 生物量分布和控制 过高的生物量导致载体分层及流失，过低的生物量使得低生长速率的微生物脱落，导致系统运行失败。因此，在高负荷时应控制快速生长菌的生长，低负荷时应防止低生长速率的微生物脱落。

(3) 生物膜流化床反应器结构型式 目前已有的结构型式对于实际应用而言过于复杂，需要建立这些型式与工程设计之间的联系。

1. 生物膜反应器特征

生物膜反应器在一些情景下得到较多的研究与应用。与传统活性污泥法相比，其操作简单，剩余污泥量少，抗冲击负荷能力强。

1）微生物相多样化

生物膜反应器为微生物增殖、繁衍提供了更加稳定的环境。使得世代期较长的微生物，如硝化细菌等，得以增殖和维持。

2）单位容积负荷高，净化能力强

由于微生物附着生长，生物膜含水率低，单位反应器容积内生物量可高达传统活性污泥法的5～20倍，使得系统单位容积负荷可以很高。由于世代期较长的硝化菌的生长繁殖，系统不仅能去除有机物，更具有较强的硝化功能，其净化功能提高。

3）污泥量少且沉淀性能好

生物膜反应器内悬浮生物量很少，脱落的生物膜比重较大，易于沉淀。

4）耐冲击负荷且能处理低浓度废水

因微生物附着生长，不易流失，生物量又较高，抗冲击负荷能力强，恢复快。此外，生物膜反应器还可以处理低浓度，如BOD_5浓度小于50～60 mg/L的废水，并取得良好的效果，出水BOD_5浓度小于5～10 mg/L。

5）易于管理

生物膜处于流化状态，不易堵塞。系统避免了污泥膨胀，出水水质容易控制。系统一般不需回流污泥，操作简单，管理方便。

对于厌氧生物膜反应器而言，它不仅适用于处理城市污水等低浓度有机污水，还可用于处理高浓度有机废水。系统抗冲击负荷能力强，并可用于多种有机废水的处理。

2. 几种高效膜生物反应器

1）曝气生物滤池(biological aerated filter，BAF)

曝气生物滤池是20世纪80年代末在欧美发展起来的一种新型微生物附着型污水处理技术。BAF起源于30年代初，80年代后逐渐广泛使用。近年来，该技术得到了较大发展，被证明是一种高效低耗、占地省的污水处理技术。

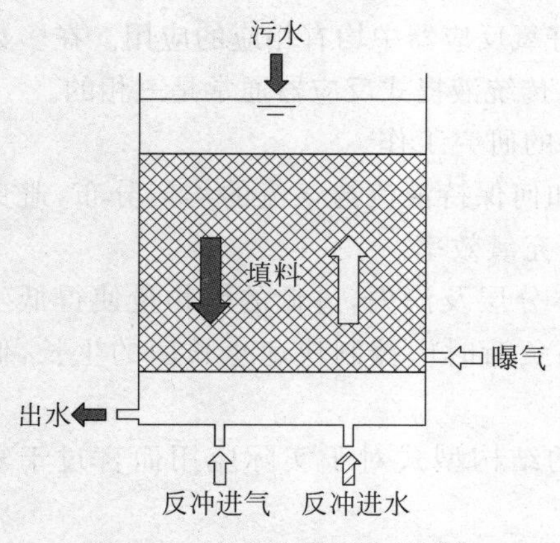

图6-22　下向流曝气生物滤池

BAF有上流式和下流式两种主要的反应器类型。各有不同的优缺点。

图6-22所示为一下向流BAF，其结构与给水处理中的普通快滤池相似。污水从池上部进入滤池，向下通过填料进入排水系统。空气扩散系统在排水系统上方20～30 cm处。由于水的运动方向与空气相反，因此系统充氧效率高。水的流动可以压缩填料，使得悬浮物去除效率很高。反冲洗首先去除滤料表层，也是污泥截流量最大的滤料部分的污泥，反冲效率高。

上向流系统的进水自池底部进入，顶部被清水覆盖,可以避免曝气产生的臭味。水力学特性好,不易堵塞,容许更高的滤速,处理周期较长。填料层上部设置隔网,避免滤料流失。

填料间隙有悬浮生长微生物,填料表面附着生长微生物。当填料间隙由于截留微生物,使空隙变小,水头损失超过预定值时,系统需要进行反冲洗。反冲洗可以采用气水结合的方式。反冲水中的脱落污泥,一般返回初沉池。

填料一般有三种类型:①密度大于水的填料(下沉);②密度小于水的填料;③结构型填料。前两种填料可以流动。天然材料有页岩、陶粒、沸石、砂等。合成材料有聚苯乙烯、聚乙烯颗粒等。第三种填料不能移动,一般为单元式,材料多为合成材料。

图6-23为BAF处理系统流程图。BAF工艺的优点是同时完成生物处理与固液分离,减小了占地面积,避免了污泥回流及二沉池沉淀效果不稳定的麻烦。系统操作与给水滤池类似,运行操作可以实现自动化。由于填料粒径小,比表面积大,附着生物量大,可达10~15 g/L甚至更高,BAF的容积负荷比高负荷生物滤池及曝气池都高。有研究表明,冬季BAF中填料上的生物膜变薄,密度增大,出水水质仍然稳定良好。

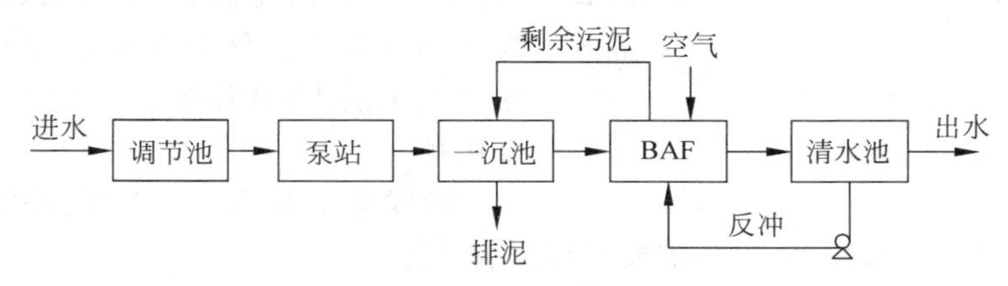

图6-23 BAF处理系统流程

在下向流系统中,微生物在上部1/3填料层中主要是好氧细菌,下部填料主要被硝化细菌占据。BAF既可用于有机物和悬浮物去除,也可用于氨氮的硝化,视水质及处理要求选择适当的负荷即可实现。

2) 生物流化床(biological fluidized bed)

流化床用于污水处理领域始于20世纪70年代初期。其基本特征是以砂、活性炭、陶粒等为载体填充于柱状反应器内,载体表面因附着生长生物膜而使其密度降低,当污水以一定流速自下而上在反应器内流动时,载体便处于流化状态。流化床使用的载体一般粒径较小,因此比表面积巨大,使床体内生物量很高。流化床常用载体见表6-12。

表6-12 流化床常用载体

载体	粒径/mm	密度/(g/cm^3)
石英砂	0.25~0.5	2.50
无烟煤	0.5~1.2	1.67
焦炭	0.25~3.0	1.38
颗粒活性炭	长度0.96~2.14 直径1.3~4.7	1.5
聚苯乙烯球	0.3~0.5	1.005

由于载体处于流化状态,强化了好氧生物处理过程中氧和基质在膜内的传递过程,并且可以有效地防止堵塞问题。生物流化床的突出优点是负荷高,处理效果好,占地面积小。

(1) 两相流化床

两相流化床以液流(污水)流动为动力使载体流化,在反应器内只有污水(液相)与作为生物载体的固相存在。按照污水进入流化床之前是否预曝气,两相流化床可能处于好氧状态或厌氧状态,前者主要用于去除废水中的有机物和氨氮,后者主要用于处理水中的有机物和用于脱氮处理等。

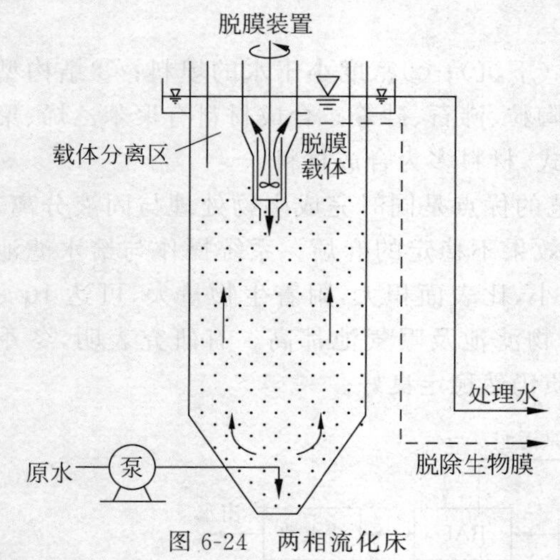

图 6-24 两相流化床

两相流化床主要由床体、载体、布水装置和脱膜装置组成(图 6-24)。载体是生物流化床的核心部分。载体床的填充高度一般为 0.7 m 左右。当流化床底部进入污水使床断面流速等于临界流化速度时,床体开始松动,载体开始流化;当进水流量不断增大使断面流速大于临界流速时,滤床高度不断增加;当滤床中载体不再为床体所承托而被液体流动产生的上托力所承托时,颗粒出现流化态。滤床的膨胀率通常为 20%～70%。颗粒在床中做无规则运动,滤床空隙率加大,载体颗粒整个表面均与污水充分接触。

脱膜对于两相流化床是至关重要的,有时单靠滤床载体之间的摩擦还不够,需要另设脱膜装置。

典型的两相流化床(好氧)工艺流程如图 6-25 所示。

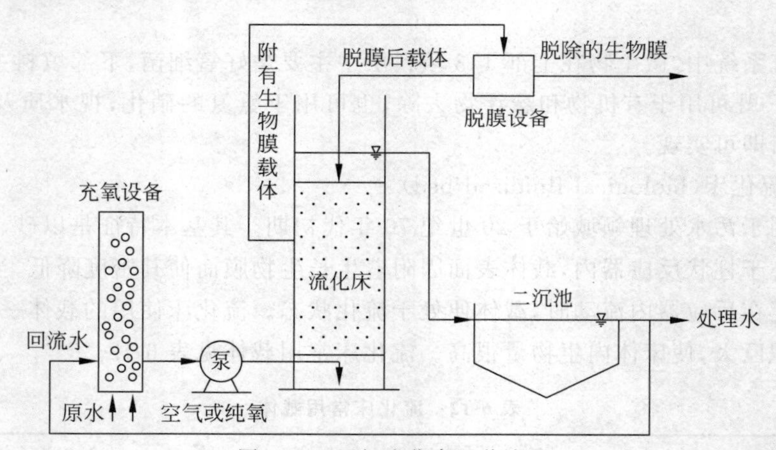

图 6-25 两相流化床工艺流程

(2) 三相流化床(three phase fluidized bed)

三相流化床以气体为动力使载体流化(图 6-26)。三相流化床中污水和空气均从底部进入床体,液相(污水)、固相(载体)和气相(空气)三相强烈紊动接触。载体颗粒间产生强烈的紊动摩擦,不需专门的脱膜设备。为了使载体流化,一般需要出水回流。三相流化床的关键技术是防止气体在床体内合并成大气泡,影响充氧效率。

(3) 厌氧流化床(anaerobic fluidized bed)

厌氧流化床也属于两相流化床(图 6-27)。不需设充氧设备,一般采用粒径 0.2～1.0 mm

的填料。流化床密闭，并设沼气收集装置。床内生物膜微生物浓度可达 20～30 kg VSS/m^3，基质与微生物接触充分，中温条件下负荷可高达 10～40 kg COD/(m^3·d)。

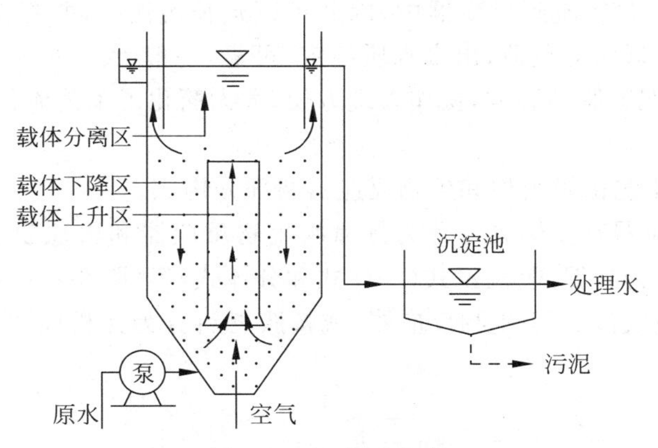

图 6-26　三相流化床

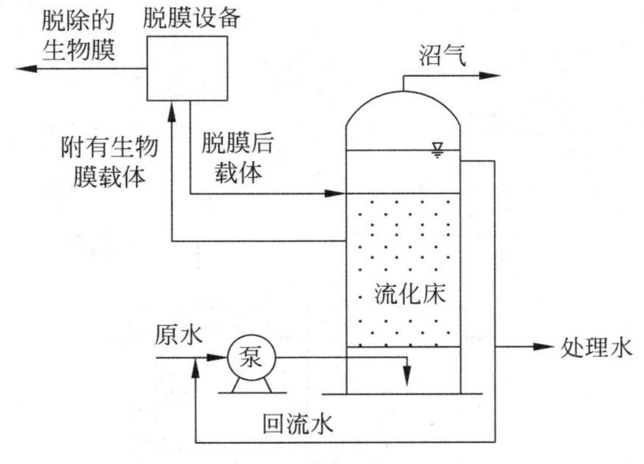

图 6-27　厌氧生物流化床

6.2.3　膜-生物反应器

膜-生物反应器(membrane bioreactor，MBR)最先用于微生物发酵工业，于 20 世纪 60 年代末用于污水处理。1969 年 Smith 等发表了题为"超滤膜分离活性污泥"的论文，被认为是膜-生物反应器的最早雏形。70 年代后期，日本研究者根据本国国土狭小，地价高的特点对膜分离技术在废水处理中的应用进行了大量开发和研究，使膜生物反应器开始走向实际应用。进入 80 年代以后，由于新型膜材料的出现和膜市场的迅速开发，对膜-生物反应器的研究方兴未艾，研究内容更加全面、广泛而深入，膜-生物反应器在废水处理中的应用受到越来越广泛的重视。目前，膜-生物反应器已经成功地应用于实际的污水处理工程，如中水道污水处理、粪便污水处理、城市生活污水处理、工业含油污水处理、垃圾渗滤液处理等。膜-生物反应器在给水处理中也有很多成功应用的例子。

1. 膜-生物反应器工艺的一般组成

膜-生物反应器是一种将污水的生物处理和膜过滤技术相结合的高效废水生物处理技

术。它把膜分离技术与生物技术结合起来，采用膜组件取代常规二级生化处理工艺中二沉池、砂滤、消毒等单元，用超（微）滤膜对曝气池出水直接进行过滤，活性污泥混合液中的悬浮固体可以完全被截流并回流到反应器中，因此可以延长污泥龄，并将微生物回流到反应器中，提高污泥浓度，降低污泥负荷，出水水质稳定、可靠，一般无须消毒。该工艺完全没有污泥流失，运行不受污泥膨胀的影响，操作管理方便，大大简化了工艺流程，弥补了常规处理的不足，应用前景十分广阔。

膜-生物反应器工艺由膜组件和生物反应器两部分构成。

根据膜-生物反应器有无供氧可分为好氧膜生物反应器和厌氧膜-生物反应器，根据膜组件设置的位置可分为外置式、浸没式（一体式和分体式）等（图 6-28（a）、（b）、（c））。也可以按膜孔径分为超滤膜或微滤膜-生物反应器，或按膜材料分为无机膜-生物反应器或有机膜-生物反应器。

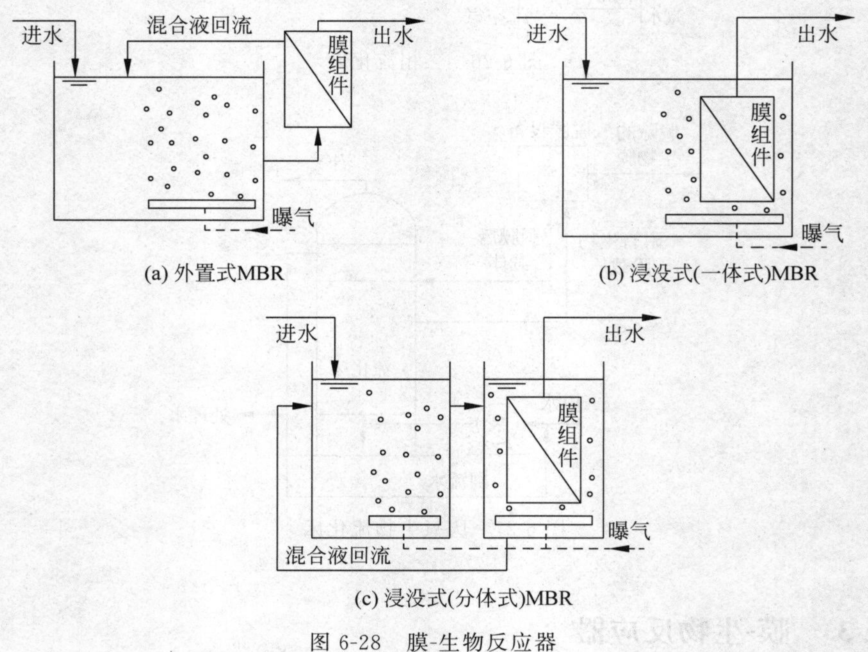

图 6-28　膜-生物反应器

外置式膜-生物反应器是指膜组件与生物反应器分开设置，采用加压的方式使生物反应器的混合液经泵加压后进入膜组件，在压力作用下，混合液中的液体透过膜成为系统出水。固形物、大分子物质等则被截流随浓缩液回流到生物反应器中。该技术较为成熟，早期使用较多，具有运行稳定可靠，操作管理容易，便于更换、清洗和增减膜组件等优点，但其循环量大，能耗高，并且泵的高速旋转产生的剪切力会使某些微生物菌体产生失活现象，故一直在很大程度上限制了其在水处理中的广泛应用。外置式膜-生物反应器应用的膜组件型式主要为管式和平板式。

浸没式膜-生物反应器可以分为浸没一体式（将膜组件直接放置于生物反应器内部，见图 6-28（b））与浸没分体式（将膜组件设置于独立的膜池中，见图 6-28（c））两种。从维护管理操作的角度考虑，大型工程中浸没分体式反应器应用更广泛。运行中通过真空泵或其他类型泵抽吸，得到过滤液。该系统采用负压操作，省去循环系统直接出水，相对能耗较低，运行动力费用低，因而近年来受到了更广泛的关注。但其膜通量小，膜表面切向流速小。一体式膜-生物反应器的膜组件型式多为中空纤维式。

2. 膜-生物反应器工艺的特点

相对于传统活性污泥法，膜-生物反应器具有以下优点。

(1) 对污染物的去除率高，抵抗污泥膨胀能力强，出水水质稳定，出水中没有悬浮物，是唯一的对污水进行生物处理后不需消毒的工艺。

(2) 膜-生物反应器实现了反应器污泥龄 SRT 和水力停留时间 HRT 的彻底分离，设计、操作大大简化。

(3) 膜的机械截流作用避免了微生物的流失，生物反应器内可保持高的污泥浓度，从而能提高体积负荷，降低污泥负荷，减少占地面积。

(4) 由于 SRT 很长，生物反应器又起到了“污泥消化池”的作用，从而显著减少污泥产量，剩余污泥产量低，污泥处置费用低。

(5) 由于膜的截流作用使 SRT 延长，营造了有利于增殖缓慢的微生物，如硝化细菌生长的环境，可以提高系统的硝化能力，同时有利于提高难降解大分子有机物的处理效率和促使其彻底的分解。

(6) 由于受到膜表面速度剪切力的影响，膜生物反应器内污泥絮体平均尺寸较小，污泥浓度高，有利于提高污泥的传质效率，传氧效率高达 26%～60%。

(7) 膜-生物反应器易于一体化，易于实现自动控制，操作管理方便。

但由于工艺本身的原因，膜-生物反应器也存在一些缺点，其中经济性问题是制约其发展的关键因素。但是，随着膜制造技术的不断进步及对高品质再生水需求的不断扩大，膜-生物反应器的应用也将日益广泛。

6.2.4　序批式反应器

随着自动监测与控制技术、设备的日臻成熟，序批式反应器(sequencing batch reactor，SBR)以其简单的反应器构造、灵活易变的操作方式，重新获得了国内外研究者的重视。

20 世纪 70 年代由美国人 Irvine 教授发起，日本、澳大利亚等国学者对 SBR 进行了重新评价和研究。特别是由于计算机控制的曝气、污泥回流等自动控制技术的发展，加上溶解氧测定仪、氧化还原电位计、液位计等对过程控制既经济、精度又高的自动监测仪表的应用，使得初期的 SBR 反应器间歇运行的复杂操作问题得以解决。由于没有堵塞之患的曝气器的开发，使曝气装置堵塞得到合理解决。随着研究的不断深入，该工艺方法的机理和优越性逐渐被认识，同时随着污水处理设施的小规模化、分散化发展以及氮、磷排放标准日益提高，能适应这种趋势的 SBR 工艺，得到了前所未有的发展，成为世界各国竞相开发的热门工艺。

SBR 的应用领域几乎包括了生活污水、工业污水在内的所有废水，既有低浓度的污水处理，也有中高浓度的填埋场渗滤液及受污染土壤的治理，反应器既有悬浮状也有生物膜反应器，运行方式既有好氧又有缺氧-厌氧的。

由于 SBR 工艺能灵活方便地实现缺氧、厌氧、好氧条件的任意组合，而厌氧过程与好氧过程结合可有效地处理难降解有机物，营养物和溶解氧浓度梯度的存在可强化优势菌种的生长，加上时间序列上的推流反应形式提高了反应速率，因此 SBR 在难降解有机物处理的研究中受到重视，成为处理难降解有机物极具潜力的一种工艺方法。

1. SBR 反应工序

SBR 是现行的连续式活性污泥法的一个变化形式，其反应机制以及污染物质去除机制同连续式基本相同，仅运行操作方式不一样。SBR 的基本运行模式由进水、反应、沉淀、出水和闲置等五个基本过程组成一个周期（图 6-29）。连续式是在空间上设置不同设施进行固定连续操作。与之相反，SBR 是在单一的反应器内，在时间上进行各种不同目的的操作。

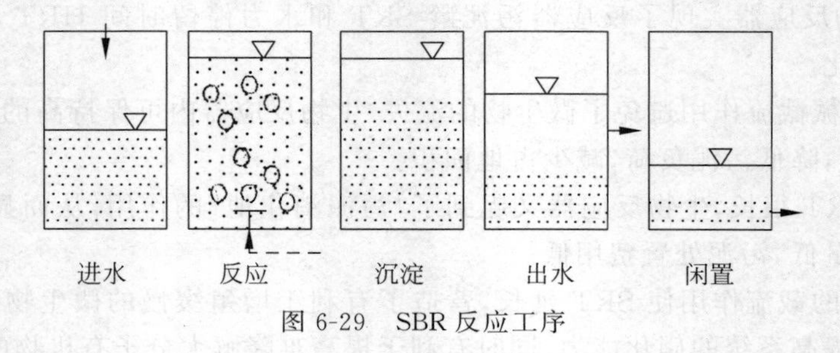

图 6-29 SBR 反应工序

间歇运行的 SBR 反应器，各工序具有以下特点。

(1) 进水工序 进水工序是反应器接纳原水的过程。进水之前，水位最低，池内剩有活性污泥混合液，起着污泥回流的作用。进水结束后，原水与反应器隔离，进水变化对反应器不再有任何影响。根据不同的处理目的，进水有三种策略：①非限制性（曝气进行好氧反应）；②半限制性（搅拌或间歇曝气创造缺氧条件）；③限制性（静置无搅拌和曝气）。在运行操作上可以选择各种各样的反应操作是 SBR 的最大特点。

(2) 反应工序 进水结束后进行曝气或搅拌是达到反应目的（去除 BOD_5 及脱氮除磷）的主要工序。为达到脱氮除磷的目的还可间歇曝气或搅拌以创造厌氧/缺氧条件。

(3) 沉淀工序 本工序作用相当于二沉池，反应结束时停止曝气和搅拌，活性污泥进行沉淀和上清液分离。与连续式相比，SBR 的沉淀工序采用静止沉淀，有更高的沉淀效率。

(4) 排水工序 排出沉淀后的上清液，此时水位最低，沉降的活性污泥大部分为下个处理周期的回流污泥使用，排出过剩的剩余污泥。池中还剩下一部分处理水，可起循环水和稀释水的作用。

(5) 闲置工序 根据需要，在下个周期之前可设置闲置工序。可搅拌或曝气以保持污泥活性。

2. SBR 特点

总体上，间歇运行的 SBR 在设计和运行的灵活性方面都超过了连续式运行。与连续式相比，SBR 作为污水处理方法具有以下特点：

(1) 工艺流程简单，构筑物少，造价低，占地省，设备费及运行管理费用低。

(2) 空间上完全混合，时间上完全推流。不需调节流量，静止沉淀，分离效果好，出水水质好。

(3) 运行方式灵活，可生成多种工艺路线，达到多种不同的处理目的，如脱氮除磷。同一反应器改变运行工艺参数就可以处理不同性质的废水。

(4) 可在一个反应器内同时实现脱氮除磷。可利用储存性反硝化、同时性反硝化及强化生物吸附作用。

(5) 耐冲击负荷高。进水结束后，原水与反应器隔离，进水水质水量的变化对反应器不产生影响。间歇进水、排放以及每次进水只占反应器体积的 2/3 左右，其稀释作用进一步提高了工艺耐冲击负荷的能力。

(6) 污泥活性高，易沉降，不易产生污泥膨胀。推流式、厌氧好氧交替且进水中基质浓度极高，有利于快速增长的非丝状菌生长，使活性污泥中快速生长的兼性菌占优势，其 RNA 的含量高于普通连续式活性污泥的 3 倍，而 RNA 含量取决于细菌的增殖速率，因此 SBR 反应池内污泥活性很高。

6.2.5　升流式厌氧污泥床

升流式厌氧污泥床(upflow anaerobic sludge blanket，UASB)是 20 世纪 70 年代中期由荷兰农业大学 Lettinga 教授首创的。由于该反应器内生物量大，承受容积负荷高(以 BOD_5 计，一般 10 kg/(m^3 · d)，甚至可高达 15～40 kg/(m^3 · d))，处理能力强，在世界各地得到广泛研究和应用。

UASB 构造如图 6-30 所示，主要由进水配水系统、反应区、三相分离器、气室和处理排水装置等组成。

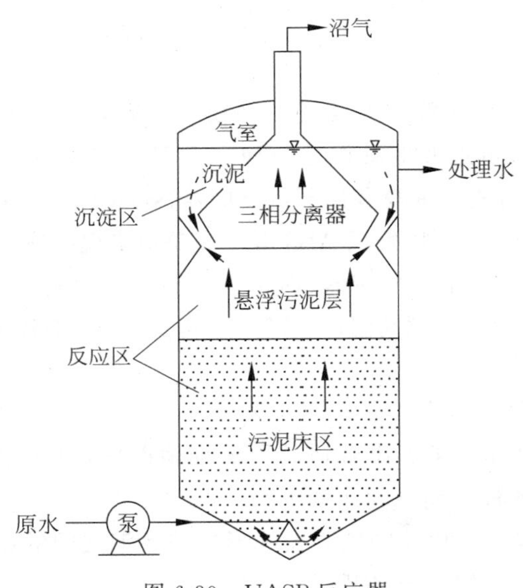

图 6-30　UASB 反应器

UASB 反应器成功的关键是污泥床内厌氧颗粒污泥的形成和稳定。颗粒污泥一般为相对规则的球状或椭圆状，直径多在 0.5～5.0 mm。颜色为黑色或深浅不同的灰黑色。湿密度在 1.025～1.080 g/cm^3。颗粒污泥的形成，有利于代谢物的交换，特别是有利于种间氢的转移，促进有机物的降解。此外，颗粒污泥易于与水分离，保证良好的出水水质。

厌氧颗粒污泥的形成是多种不同类型微生物种群聚集生长，并产生复杂的微生物种间协作关系和一定的空间分布，从而非常有利于微生物生长和有机物降解的过程。颗粒污泥的形成机理目前有不少研究和假说，如最早由 Lettinga 提出的“晶核学说”，其他学者提出的“电中和假说”“胞外多聚物假说”等，但目前尚无定论。

三相分离器是 UASB 结构中的关键部位。目前已有多项相关专利。

6.2.6 折流式厌氧反应器

折流式厌氧反应器（anaerobic baffled reactor，ABR）是 Bachmann 和 McCarty 等于1982年提出的一种新型高效厌氧反应器。ABR 反应器构造如图 6-31 所示，特点是：在反应器内设置竖向导流板，将反应器分隔成串联的几个反应室，每个反应室都是一个相对独立的上流式污泥床系统，其中的污泥可以以颗粒化形式或以絮状形式存在。水流由导流板引导上下折流前进，逐个通过反应室内的污泥床层，进水中的底物与微生物充分接触而得以降解去除。

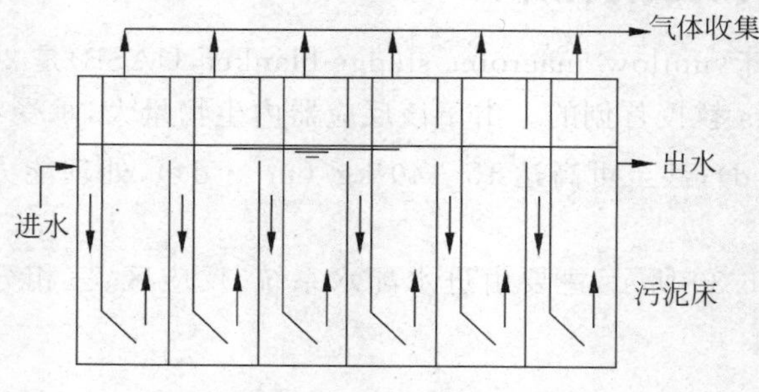

图 6-31 折流式厌氧反应器

虽然在构造上 ABR 可以看作是多个 UASB 反应器的简单串联，但工艺上与单个 UASB 显著不同。UASB 可近似地看作是一种完全混合式反应器，而 ABR 则更接近于推流式工艺。与 Letinga 提出的分阶段多相厌氧反应器（staged multi-phase anaerobic reactor，简称 SMPA）工艺思想参照对比，可以发现 ABR 几乎完美地实现了该工艺的思路要点。

实际上 SMPA 并非特指某个反应器，而是一种新工艺思想。据称，该工艺将适用于各类温度条件，从低温（＜10℃）直到高温（＞55℃）均可运行，对于各种含抑制性化合物的化工废水也能适应。

SMPA 的理论思路是：

（1）在各级分隔的单体中培养出合适的厌氧细菌群落，以适应相应的底物组分及环境因子（pH、H_2 分压值及各种代谢中间产物等）；

（2）防止在各个分隔开的单体中独立发展形成的污泥之间的相互混合；

（3）各个单体内的产气相互分隔开；

（4）工艺流程更接近于推流式，系统因而拥有更高的去除率，出水水质更好。

从上述的思路可以看出，SMPA 的理论依据来源于对厌氧降解机理的最新理解。Lettinga 指出，组成 SMPA 的单体反应器既可以是膨胀颗粒污泥床反应器（expanded granular sludge bed，简称 EGSB），也可以是 UASB。

ABR 反应器中，挡板构造在反应器内形成几个独立的反应室，在每个反应室内驯化培养出与该处的环境条件相适应的微生物群落。例如，ABR 用以处理葡萄糖为基质的废水时，第一格反应室经过一段时间的驯化，有可能形成以酸化菌为主的高效酸化反应区，葡萄糖在此转化为低级脂肪酸（VFA）。其后续反应室将先后完成各类 VFA 到甲烷的转化。通过热力学分析可以知道，细菌对丙酸和丁酸降解只有在环境 H_2 分压较低的情况下才能进行。有机物酸化阶段是厌氧降解产气中 H_2 的主要来源，产甲烷阶段几乎不产生 H_2。与单个 UASB 中酸化和产甲烷过程融合进行不同，ABR 反应器有独立分隔的酸化反应室，酸化过程产生的 H_2 以产气形式先行排除，因此有利于后续产甲烷阶段中的丙酸和丁酸代谢过程在较低的 H_2 分压环境下顺利进行，避免了丙酸、丁酸的过度积累所产生的抑制作用。由此可以看出，在 ABR 各个反应室中的微生物相是随流程逐级递变的。递变的规律与底物降解过程协调一致，从而确保相应的微生物相拥有最佳的工作活性。其次，同传统好氧工艺相比，厌氧反应器的一个不足之处是系统出水中 NH_4^+ 去除率很低，通常需要经过后续处理才能达到排放标准。而 ABR 的推流式特性可确保系统拥有更优的出水水质，同时反应器的运行也更加稳定，对冲击负荷以及进水中的有毒物质具有更好的缓冲适应能力。值得指出的是，ABR 推流式特点也有其不利的一面。与单级的 UASB 相比，在同等的总负荷条件下，ABR 反应器的第一格不得不承受远大于平均负荷的局部负荷。以拥有 5 格反应室的 ABR 为例，它的第一格的局部负荷为其系统平均负荷的 5 倍。如何降低局部负荷过载的不利影响还有待于深入探讨。

6.2.7　微生物燃料电池

20 世纪初首次出现了微生物燃料电池（microbial fuel cell，MFC）的概念。现代 MFC 起始于 1999 年发现的细菌不需要外源电子介体即可以产电的现象。2002 年美国宾夕法尼亚州立大学的 Logan 教授将 MFC 引入污水处理领域，作为污水处理同时回收能源的技术。由于其在污水处理和能量回收方面的潜在优势，21 世纪以来，受到了环境、能源等领域学者的广泛关注，研究投入与发表文章均成指数增长。但由于 MFC 产电效率一直未及可能源利用的水平，相当一部分学者将研究重点转向产电的原位利用的研究。比如将产电原位应用于推动碳氮磷的同步转化与资源回收等，取得了很多具有应用前景的创新成果。

MFC 是一种利用具有电化学活性的微生物对可降解物质的氧化作用，将化学能转化为电能的装置，其工作原理如图 6-32 所示。阳极室中的产电微生物氧化分解基质中的有机物

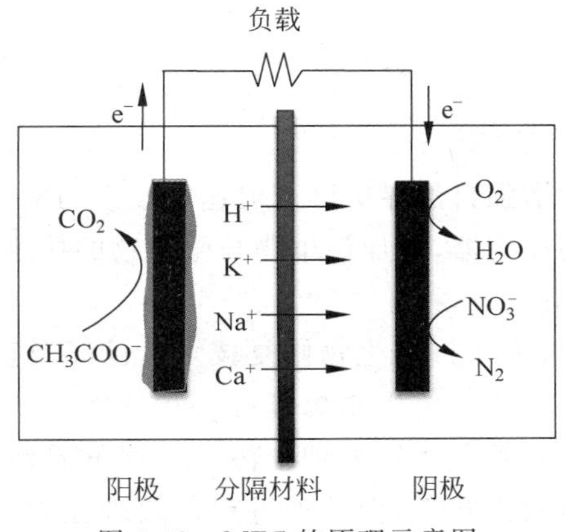

图 6-32　MFC 的原理示意图

（如葡萄糖、乙酸钠、废水等）产生电子和质子，其中电子通过微生物传递到阳极后，经过外电路到达阴极，产生电流，而质子在电解质中穿过分隔材料到达阴极，在阴极上电子受体（如O_2、NO_3^-、Fe^{3+}等）接受电子发生还原反应，形成闭合回路。

6.3 生物修复技术

6.3.1 生物修复技术基础

来自农田耕种、工厂废弃化学物质堆放、事故性排放、污泥处置等的大量合成有机物进入土壤，造成土壤环境及地下水的污染。自然条件下，土壤中存在着丰富的微生物种群，具有分解污染物质、净化环境的能力，这种净化过程实际上就是生物修复。但通常这类净化反应速度缓慢。生物修复并不是新概念，但20世纪90年代以来，由于污染问题的日益突出及各国环境标准不断严格化的发展趋势，使人们对污染场地生物修复技术给予了很多关注。

1. 生物修复的基本内容

生物修复（bioremediation）的基本定义为利用生物，特别是微生物催化降解有机污染物，从而修复被污染环境或消除环境中污染物的一个受控或自发进行的过程。生物修复的目的是去除环境中的污染物，使其浓度降至环境标准规定的安全浓度之下。

生物修复技术已成功地应用于清除或减少土壤、地下水、废水、污泥、工业废物及气体中的化学物质。能够用各类生物修复技术分解的化合物种类很多，其中石油及石油制品、多环芳烃（PAHs）、氯代烃如三氯乙烯（TCE）和四氯乙烯（PCE）、氯代芳香烃等受到了较多关注。它们广泛存在并对健康和生态环境具有明显的危害作用，对微生物的降解也比较敏感。金属尽管不能生物降解，但由于其可以通过微生物的转化作用而降低毒性，关于金属污染的修复技术也得到了较多关注。进入21世纪后，一些微量污染物，如药物与个人护理用品（PPCPs）、内分泌干扰物（EDCs）等的生物修复也逐步进入研究者视野。

应用生物修复技术的主要原因是因为价格与效应上的考虑。尽管任何一项污染物去除或降解技术都是较昂贵的，但生物处理相对较便宜。生物修复技术也常与其他修复方法联合使用，以更有效地分解和去除污染物质，且一般不产生二次污染。

2. 生物修复的主要方法

生物修复技术的重点研究方向是：

(1) 通过各种工程手段增强自然界中已有但速度缓慢的生物降解过程；

(2) 通过应用各类生物反应器，增加污染物与微生物的接触机会，创造最佳生物代谢反应条件，促进污染物快速转化。

随着研究及实践，已经开发了许多生物修复技术。已经及正在应用的生物修复技术种类很多，可以将它们大致分为①原位生物修复（in situ）及②异位（ex situ）生物修复两类。这种分类方法有时并不严格。原位生物处理中污染土壤不需移动，污染地下水不需用泵抽至地面。此方法的优点是处理费用低，但处理过程比较难控制。异位生物处理需要通过某种方法将污染介质转移到污染现场附近或之外，再进行处理。通常污染物搬动费用较大，但处理过程容易控制。

原位生物修复的主要技术手段是添加①营养物质，②溶解氧(提高微生物活性)，③微生物或(和)酶(强化污染物分解速率)，④表面活性剂(促进污染物质与微生物的充分接触)，⑤补充碳源及能源(保证微生物共代谢的进行，分解共代谢化合物)。根据被处理对象(如土壤、地下水、污泥等)的性质、污染物种类、环境条件等的区别，营养物质的添加方式也不同，将在下面相关部分分别介绍。

在异位生物修复中较多地应用了各类生物反应器。与原位生物处理一样，根据处理对象、处理工艺的要求，处理过程中常需要添加各种辅助有机物分解的物质。除前已述及的异位生物修复中污染物质搬动费用较高外，反应器的加工制造、控制系统的设置等也会增加异位生物修复的费用。但对一些难以处理，尤其是一些有毒化合物、挥发性污染物或浓度较高的污染物的处理，异位生物处理是不可替代的选择。

3. 应用生物修复技术的前提条件

用于解决实际污染处理问题，生物修复技术必须具备下列各项条件：

(1) 必须存在具有代谢活性的微生物；

(2) 这些微生物必须能以相当速率降解污染物，并使其浓度降低至环境要求的范围内；

(3) 降解过程不产生有毒副产物；

(4) 污染场地中的污染物对微生物无害或其浓度对微生物的生长不构成抑制，或可以对污染物进行稀释；

(5) 目标化合物必须能被生物利用；

(6) 污染场地或生物处理反应器的环境必须利于微生物生长或微生物活性保持，如提供适当的无机营养、充足的溶解氧或其他电子受体、适宜的温度及湿度，如果污染物被共代谢则还需提供碳源及能源；

(7) 处理费用应较低，至少要低于其他处理技术。

4. 影响生物修复的环境因素

影响微生物生长、活性及存在的因素很多，包括物理、化学及生物因素。这些因素影响微生物对污染物的转化速率，也影响生物降解产物的特征及持久性。在讨论影响生物修复的环境因素时特别要强调，污染现场环境条件的多样性对生物降解的影响是巨大的。如有研究表明，在43个水及土壤样品中，只有1个样品所含的TCE能够被土著微生物降解。2,4-二氯苯氧乙酸(2,4-D)在富营养化湖中(无机营养丰富)可以矿化，但在贫营养湖中却不能矿化。类似的例子很多。

在纯培养、高基质浓度下，细菌及真菌活性的研究资料已有很多，这为认识微生物的营养水平、遗传特性及代谢潜力提供了基础。但自然环境中细菌及真菌的生境千变万化，如污染场地可能没有充足的无机营养，缺乏重要的生长因子，温度及pH超出微生物的忍受范围，出现有毒物质等，这些均会减缓微生物的生长甚至导致它们的死亡。微生物可能受益于其他种类微生物的作用，也可能被其他微生物捕食。因此，实验室获得的资料往往不能简单地推广至实地应用。还必须研究自然环境下影响生物降解发生、速率及产物的因素。

1）非生物因素

影响有机物生物降解性（生物可给性）的最重要因素有温度、pH、湿度水平（对土壤而言）、盐度、有毒物质、静水压力（对土壤深层或深海沉积物）。

2）营养物质

异养微生物及真菌的生长除需要有机物提供的碳源及能源之外，还需要一系列营养物质及电子受体。

最常见的无机营养物质是氮及磷，在多数生物修复过程中需要添加氮及磷以促进生物代谢的进行。许多细菌及真菌还需要一些低浓度的生长因子，包括氨基酸、B族维生素、脂溶性维生素及其他有机分子。

3）电子受体

对好氧微生物而言，电子受体是 O_2。兼性厌氧微生物也可以利用硝酸盐、CO_2、硫酸盐、三价铁等作为电子受体分解有机物。

4）复合基质

污染环境中常存在多种污染物，这些污染物可能是合成有机物、天然物质碎片、土壤或沉积物中的腐殖酸等。在这样多种污染物与多种微生物共存条件下的生物降解过程与实验室进行的单一微生物分解单一化合物的情况有很大区别。

对一种化合物而言，另一种化合物的出现可能：

(1) 促进其降解，如水杨酸可以促进土壤中萘的矿化，苭可以促进地下水中咔唑的矿化；

(2) 抑制其降解，如五氯酚的降解速率在有酚或三氯酚存在时降低；

(3) 不产生影响，如葡萄糖的降解不受同时进行的乙酸降解的影响。

自然或污染环境中发生的上述现象的机理并未完全搞清，各种现象背后的机理各异。

5）微生物的协同作用

自然界存在为数众多的微生物种群，多数生物降解过程需要两种或更多种类微生物的协同作用。描述这种协同作用的主要机理有：

(1) 一种或多种微生物为其他微生物提供B族维生素、氨基酸及其他生长因素；

(2) 一种微生物将目标化合物分解成一种或几种中间有机物，第二种微生物继续分解中间产物；

(3) 一种微生物共代谢目标化合物，形成的中间产物不能被其彻底分解，第二种微生物分解中间产物；

(4) 一种微生物分解目标化合物形成有毒中间产物，使分解速率下降，第二种微生物以有毒中间产物为碳源将其分解，这与机理(2)相似，也可能与不同种属微生物间氢的转移有关。

6）捕食作用

环境中细菌或真菌浓度较高时，常存在一些捕食或寄生类微生物。寄生微生物中的有些种类可能引起细菌或真菌分解。这种捕食、寄生及分解作用可能影响细菌或真菌对污染物的生物降解过程。这种影响经常是破坏性的，但也有有利的情况。

7）种植植物

近年来，植物根际微生物的分解过程受到了较多关注。多数情况下植物的种植有利于生物修复的进行。

6.3.2 土壤污染的生物修复技术

1. 原位生物处理

1）土地处理（land farming 或 land treatment）

天然土壤中存在丰富的微生物种群，具有多种代谢活性。因此处理污染物的一个简单方法是依靠土著微生物的作用将污染物分解或去除。这种方法称为土地处理。这种方法用于石油工业废弃物处理已有多年的历史，也被用于处置多种类型的污泥、石油气厂的废弃物、含防腐油土壤及各类工业废弃物，如食品加工、纸浆及造纸、鞣革业等的废弃物。

当土著微生物不具有污染物降解能力或其数量较少，可以在污染场地投加具有分解活性的微生物，这种方法称作生物强化（bioaugmentation）。土著微生物经过长时间与污染物接触，最终可能获得降解能力，外加具有活性的微生物可以缩短污染物降解的滞后期。此外，应用此方法还可以根据污染场地的实际情况进行调整，如加入具有某几种特征的微生物以克服不良环境的影响。不良环境可能是极端 pH 环境、含重金属的土壤等。在这样的不良环境条件下土著微生物往往难以具备良好的降解特性。对于一些特殊污染物而言，它们只可能被工程菌所降解。在这样的条件下，添加具有降解活性的工程菌将促进生物降解过程的进行。

无论是否投加工程菌，应用生物修复技术处理污染土壤，尤其是石油类污染土地时，常常需要考虑下列问题：

(1) 微生物碳源充足但氮源、磷源或其他无机营养盐缺乏。通常需要添加营养物质。用作补充氮、磷营养源的物质常常是作为商品的农用肥料。肥料加入之前，首先要了解污染土壤中原有可用的氮、磷含量。营养物质的加入量一般要通过试验确定。加入营养物质促进生物降解，有时也被称为生物刺激（biostimulation）。但其并不总是有利的。实验室研究中曾发现氮源的加入对芳香烃及脂肪烃类化合物的生物降解有阻碍作用。

(2) 溶解氧供应不足。土壤空气中的氧自然扩散进入土壤的速度较慢，不能满足起主要作用甚至是唯一作用的好氧微生物代谢有机物的需要。解决这一问题可将土壤用适当的方法混合，如简单犁耕或更彻底的混合。也可以向土壤中通入湿空气以解决供氧问题，此方法在石油污染土壤的生物修复中已有成功使用的范例。

(3) 湿度也是限制微生物快速分解污染物的因素。表层土壤容易被风干，需要以某种方式补充水分以保持好氧微生物的最佳生存条件。

(4) pH 在有些条件下需要考虑。适于土壤生物修复的 pH 为 6.0～8.0，当污染物是碳氢化合物时尤其是这样。

实验室研究表明，添加低浓度表面活性剂，通常是阴离子或非离子表面活性剂，可以促进吸附于土壤表面的碳氢化合物或 DDT 的分解。实地研究也证实了添加阴离子表面活性剂能够促进土壤中碳氢化合物的生物降解。但实际应用表面活性剂时应注意有些表面活性剂在浓度高时有毒，有些可生物降解的表面活性剂会增大需氧量，有些由于价格因素难以使用。

土地处理对于石油及石油制品污染土壤的处理效率已被实验室内精确控制的实验及实

际处理实践所证实。有实验室研究表明，汽油、喷气燃料及加热用油内的碳氢化合物在用肥料、石灰处理过且模拟耕种过的土壤中浓度大幅度降低。又如在对某 120 m^2 被污染耕种土壤的研究中，发现经过 15 个月的生物修复，石油浓度降低 80%。另一项工作是处理储存与配送石油场地周围 12.7 万 m^2 的土壤，土壤污染时含 2 000～75 000 mg/kg 的石油烃类化合物，经过两个季节的处理，60%的土地已适于居住。

石油类污染物的生物降解主要是好氧分解过程，但厌氧分解也时有发生。有学者观察到发酵及反硝化过程中碳氢化合物的代谢。但对厌氧过程的了解比较少。

2）植物修复（phgtoremediation）

直接或间接利用高等植物分解有机物的技术被称为植物修复技术。这项技术引起了广泛关注。可用于土壤、某些情况下浅层沉积物中化合物的生物修复。植物修复过程包括植物对污染物质的吸收及植物根部及根部附近土壤中微生物对污染物的分解。

植物根部附近的土壤被称为植物根际（rhizosphere），它包括根及附近土壤的表面，大量微生物，特别是有细菌在此生长。根际环境的特殊之处是其含有大量由植物根系不断分泌的小分子化合物，这些化合物作为极易利用的碳源和能源供微生物生长。根际环境中的氧浓度及无机营养物浓度等也与周围土壤不同。需要注意的是，对于生物修复而言，不同植物根际的微生物种群的大小、活性、种类组成均有较大差异。

一些研究表明，在控制条件下，植物对生物修复有益。有一项研究将烷烃与多环芳烃的混合物加入 400 g 置于容器中的土壤中，然后在其中种上黑麦草（*LoliumAperenne*），结果（表 6-13）表明，种植黑麦草可以提高碳氢化合物的去除速率及去除量。另一项在温室内进行的实验表明，种植苏丹草、摇摆草、苜蓿等可以提高芘的降解速率。

表 6-13　黑麦草对土壤中碳氢化合物去除的影响

时间/周	碳氢化合物总浓度/(mg/kg)	
	未种植	种植
0	4 330	4 330
5	3 690	2 140
12	2 150	605
17	1 270	223
22	792	112

植物对有机物降解的促进作用还有许多实验证据。所涉及的植物包括豆、麦子、水稻、麦草、玉米等。污染物包括农药、五氯酚、表面活性剂、2,4-二氯苯氧乙酸、2,4,5-三氯苯氧乙酸、除草剂等。多数实验是在实验室或温室中进行的，但也有实地研究的例子，如一项持续三年的对比实验表明，种植水牛草可以提高萘的降解速率及降解总量。

植物对生物降解作用的促进程度是不同的。有些植物的促进作用明显，有些不明显，甚至有些会有不利作用。因此选择正确的植物非常重要。很明显，被选植物首先要能在目标化合物存在的环境中生长，并能适应污染场地的其他环境条件，如有毒重金属、非水相液体（NAPLs）、不良排水状态、高盐度、极端 pH 环境等。生长速度快的多年生植物更有优势。植物根系的形态很重要，根系发达即根际环境范围的深度、密度大者较好。

植物修复技术的主要优点是其费用与其他生物处理技术相比较低。当污染土壤的深度在 1～2 m 或更深一些时，此技术有相当的保证性。但这种技术并不适用于吸附力极强或已经老化或处于螯合状态的有机物的修复。植物修复通常速率较低，需要时间较长。

3）生物通风（bioventing）及生物喷雾（biosparge）

生物通风，是在土壤含水层之上即不饱和层通入空气，为好氧微生物提供最终电子受体。一般做法是在污染场地上打井，通入空气或抽真空。

这种技术在碳氢化合物的生物修复中得到了应用。但如果被处理化合物的蒸气压太高，挥发太快，可能尚未降解即挥发了。渗透性太差的土壤对氧的扩散阻力大，难以保证好氧微生物的氧需求，不宜采用此技术。另外，应防止通入空气时将挥发性化合物组分携带到未污染的土层中去。

这项技术在实际生物修复中的应用情况已有全面评价。例如有一片被柴油污染的土壤，面积为 11 500 m^2，深度为 20 m。在两年的实验中大部分土壤中的柴油浓度降低了 55%～60%。实验还表明，90%的柴油被生物降解了，只有小部分挥发。这项技术还成功地应用于含燃料油、发动机油、单一芳香烃土壤的生物修复。

生物喷雾是与生物通风相似的技术，不同的是将空气通入地下水位以下，即通入饱和层。通入空气的目的不仅是提供氧，还要将饱和土层内的挥发性有机物转移到不饱和土层内，使之在微生物的作用下得到降解。此外，一部分有机物在饱和层内通入空气的状态下得到降解。这项技术已成功地用于降低土壤中 JP-4 喷气燃料的浓度，现场地下水位 12 m，土壤及地下水中的燃料浓度分别减少了 46%和 97%。

2. 土壤异位生物修复

1）生物反应器

在某些条件下，尤其当土壤污染较为严重或污染物质较难控制和分解时，需要采用一些工程措施，如利用生物反应器。

（1）特制生物床反应器

一个用于土壤修复的特制生物床反应器（prepared bed reactor）包括供水及营养物喷淋系统、土壤底部的防渗衬层、渗滤液收集系统及供气系统等（图 6-33）。在美国超级基金（Superfound）污染土壤生物修复计划中使用了许多这类反应器。处理对象主要是多环芳烃、BTEX（苯、甲苯、乙基苯、二甲苯）或多环芳烃与 BTEX 的混合物。使用衬层及渗滤液收集系统的目的是防止污染物或代谢中间产物被渗流水带入地下，污染地下水。渗滤液送到附近其他生物反应器内进一步处理。如果处理过程中可能产生有害气体，反应器可用塑料篷封闭起来。

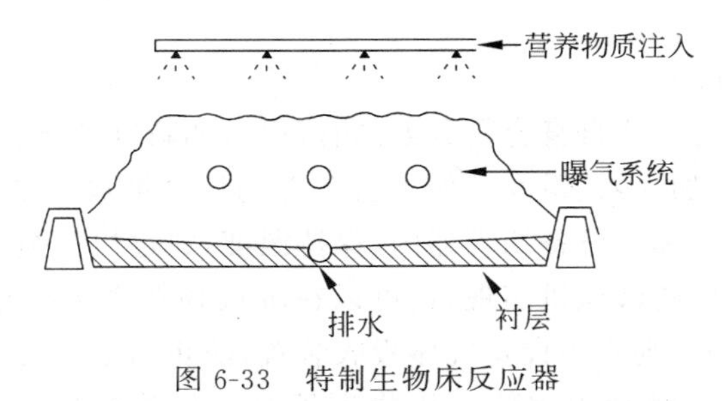

图 6-33　特制生物床反应器

（2）泥浆反应器

将污染土壤与液体混合起来形成泥浆，引入反应器进行处理。泥浆反应器（slurry bioreactor）可以是具有防渗衬层的简单水塘，也可以是精细设计制造的反应器（图 6-34），污染物在其中充分混合，与活性污泥法反应器相似。许多运行参数，如溶解氧、pH、温度、混合状态等均可以控制。反应器还可以设置气体收集装置。

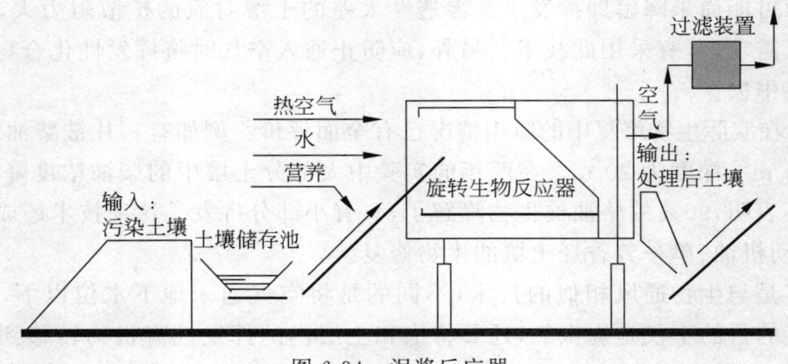

图 6-34　泥浆反应器

许多实验研究表明，泥浆反应器可以有效地分解 PAHs、杂环化合物、杂酚油中的酚（停留时间 3～5 d），但相对分子质量高的 PAHs 降解较慢。在一项实际处理中，将一个 7.5 万 L 的移动式反应器运至现场，加入 23 m^3 三硝基甲苯（TNT）污染的土壤，加入等体积的水制成泥浆，加入淀粉使土著微生物分解淀粉时消耗溶解氧形成厌氧环境，经处理 TNT 浓度从 3 000 mg/kg 降至低于 1 mg/kg。好氧泥浆反应器已应用于碳氢化合物污染土壤的生物修复。

在泥浆反应器中有时也会添加表面活性剂，以促进微生物与污染物的充分接触，加速污染物的降解。

2）土壤堆积（soil piles）

土壤堆积有时也称为生物堆积（biopiles），是一种略微复杂些的土壤修复技术。将含污染物的土壤挖掘出来，堆放在不透水的衬层上，衬层可以截留渗滤液。在堆放的土壤中设置通气管道，通入空气或氧气或抽真空以促进污染物的好氧降解。含有营养物质的液体施用于土壤表面，以促进微生物活性，渗滤液被收集并循环于堆积土壤中。如果被处理的化合物或代谢产物是挥发性的且具有毒性，则要采用一定方法，如活性炭吸附法收集释放气体。土壤堆积法已有成功应用的例子，如生物修复含碳氢化合物、五氯酚（PCP）等污染物的污染土壤。

3）堆肥（compositing）

堆肥是将污染物质与一些自身容易分解的有机物，如新鲜稻草、木屑、树皮、用作家禽饲料的稻草等混合堆放，并加入氮、磷及其他无机营养物质。堆放的形状一般是长条状的，也可以将物料放入一个具有曝气设备的容器内，保持湿度，通过机械搅拌或某种供气设备提供氧气。曝气可以通过简单的鼓风机实现，也可以在堆放物料底部设布气系统。如果曝气会引起挥发性有毒气体释放，则必须设置气体吸收装置，防止污染空气。当处理有毒有害化合物时最好使用容器。微生物利用固体有机物生长时会释放热量，使温度上升。保持高温（50～60℃）比低温有宜于生物降解的进行。然而，对于一些有害化学物质而言，温度不能超过50℃。

堆肥的方法已应用于处理被氯酚污染的土壤。物料露天堆放成长条状,夏季温度高时,物料中多种氯酚的浓度显著下降,寒冷季节时氯酚转化速率减慢。有一项研究用堆肥方式处理含有TNT、六氢化-1,3,5-三硝基-1,3,5-三嗪(RDX)、八氢化-1,3,5,7-四硝基-1,3,5,7-四吖辛因(HMX)三种炸药的沉积物,三种炸药均被生物降解,浓度显著下降。

6.3.3 地下水污染的生物修复技术

从世界范围看,许多地区的地下水受到了不同程度的污染,我国地下水污染现状也十分严峻。污染物既有有机物也有无机物。对有机物污染的地下水多采用原位修复技术,对无机物污染的地下水一般需要采用异位修复技术,即将被污染地下水抽至地面再行处理。地下水中的无机污染物主要有金属、放射性物质、硒化合物及无机营养物质。

1. 地下水原位修复

地下水的原位生物修复方法是向含水层内通入氧气及营养物质,依靠土著微生物的作用分解污染物质。这一方法也称为生物恢复(biorestoration)。迄今为止,该技术应用的对象主要是含石油烃类化合物的地下水。地下储油罐泄露,导致地下水中出现苯、甲苯、乙基苯及二甲苯。这些BTEX化合物原本存在于汽油相之中,它们具有毒性,且以持续不断的方式进入水体。原因是这些化合物有相当的溶解度,能不断地从汽油相转移到水相。

营养盐最佳加入量需要通过实验确定,以避免营养盐量加入过多或过少。营养盐过少,导致生物转化速率较慢。营养盐过多,则生物量剧增,导致含水层堵塞,生物修复作用停止。保证生物最佳活性的三种营养源是氮、磷及溶解氧。它们是限制土著微生物活性的因素。含氮、磷的盐类溶解在地下水中并在污染区域内循环。加入营养盐的方法是将营养液通过注射井注入饱和含水层(图6-35),或利用入渗渠加入到不饱和含水层或表面土层(图6-36)。也可以从取水井将水抽出,并在其中加入营养物质然后从注射井注入含水层,形成循环。

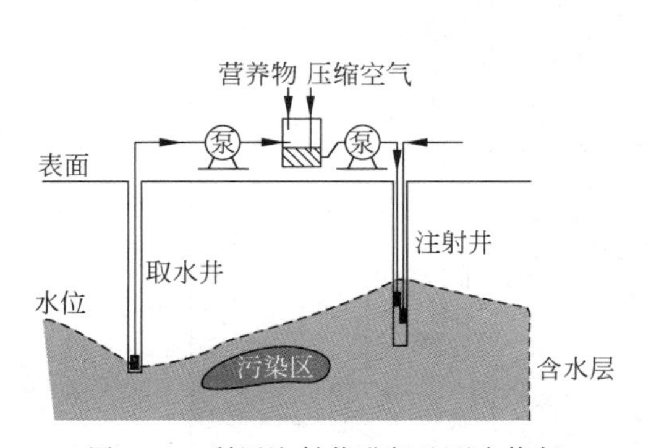

图6-35 利用注射井进行地下水修复

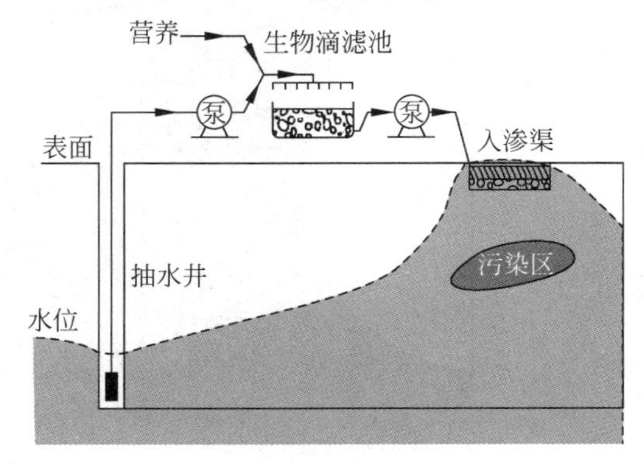

图6-36 利用生物滴滤池修复地下水

污染物,尤其是碳氢化合物的快速生物降解通常由好氧菌完成,因此必须提供充足的溶解氧,以维持它们的活性。即使在最佳条件下,地下水中的溶解氧浓度也很低,自然复氧速度很慢。氧在水中的溶解度较低,使生物修复过程中补充氧的人工措施效率也不高。这使得供氧问题成为生物修复技术中需要认真考虑的重要问题。

在地下水生物修复的研究与应用中，开发了一些供氧的非传统方法。

(1) 利用过氧化物，如 MgO_2、CaO_2、过氧化氢等所含的氧在介质中缓慢持续释放。例如土壤中的 MgO_2 会按下列反应缓慢释放 O_2：

$$MgO_2 + H_2O \xlongequal{\quad} Mg(OH)_2 + 1/2\ O_2$$

在一项研究中，沿污染地下水流经的地方设置井，将固体 MgO_2 加到井内，使 BTEX 的浓度从 17 mg/L 降至 3.4 mg/L。

(2) 利用硝酸盐、硫酸盐、三价铁等的结合氧

有些微生物可以利用氧以外的分子，如硝酸盐作为电子受体，在兼性水体中分解有机物（图 6-37）。硝酸盐在水中的溶解度很高，价格也很便宜，但它在饮用水中浓度超过 10 mg/L 时，自身即成为污染物。此外，硝酸盐完全还原产生的氮气可能替换含水层中的孔隙水，造成导水能力下降。已有成功地利用此法处理含 BTEX 地下水的例子，由于污染现场含水层缺乏溶解氧。将污染地下水抽出，加入 KNO_3 及其他营养物，再通过渗入渠回灌到污染土层。促进了兼性微生物的活性，使污染物得到分解，检测井中 BTEX 减少了 99%。

硫酸盐及三价铁也可以作为某些微生物降解有机物的电子受体（图 6-37）。它们在天然及合成有机物的生物降解中均能发挥作用。但实际工程应用硫酸盐受到一些限制，因为硫酸盐还原的最终产物 H_2S 对微生物、人类、高等动物及植物均有毒。三价铁在实际应用中会受到难以混合均匀的限制。

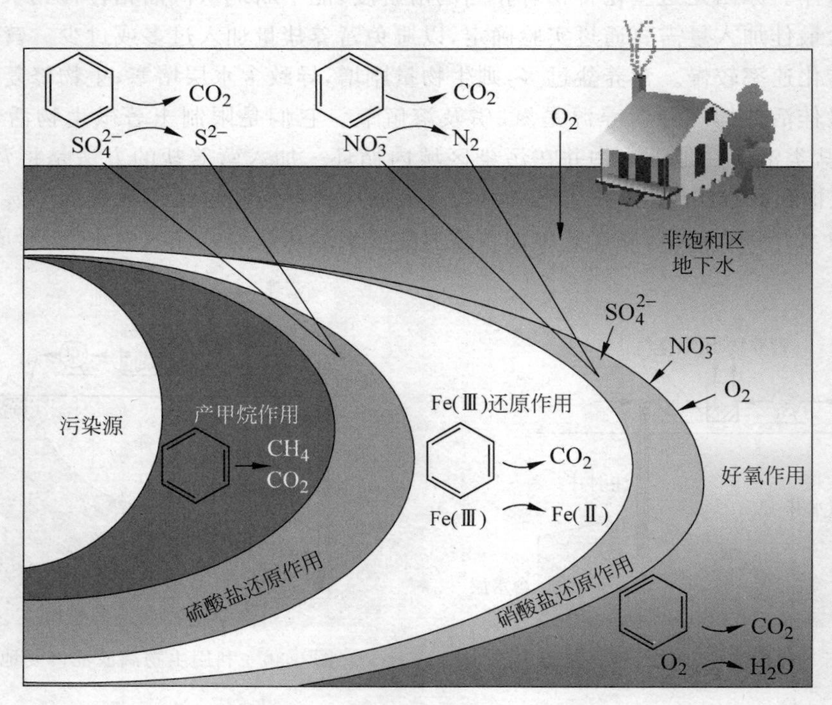

图 6-37 石油污染含水层的生物修复

引自：Derek R. Lovley. Anaerobes to the Rescue. Science, 2001, 293: 1444～1446

已成功地完成了很多项污染地下水的生物修复工作。一项进行了三年的处理被汽油装置

污染的地下水的研究表明，BTEX平均浓度从210 μg/L降至4 μg/L，苯平均浓度从115 μg/L降至1.6 μg/L。另一项针对汽油装置污染的地下水的工作中，在补充H_2O_2、氨氮及磷酸盐条件下，经过10个月的生物修复，水中已检测不到石油烃类化合物。已成功应用此技术处理的污染物还有PCP、三氯乙烯(TCE)等。在处理TCE的过程中除了添加无机营养外，还添加了甲醇作为微生物生长的碳源及能源。

2. 生物反应器的应用

与原位生物恢复结合使用时，反应器可以是移动式的，可移到现场处理抽至地面的污染地下水或洗涤污染土壤的冲洗水(图6-36)。反应器依据处理水的产生方式可以连续运行，也可以间歇运行。一个常被人们提起的例子是1991年开展的一项工作。某处木材防腐剂喷涂装置污染了周围的地下水，主要污染物是PCP。污染水被抽出地面，调节pH，加入营养物质，投入到具有控温装置的反应器里，PCP在其中得到充分分解。

各类在废水处理中应用的生物反应器均可以在地下水修复中得以应用，反应器的型式及操作方式可根据具体问题进行选择。

6.3.4 生物修复技术发展方向

1. 微生物修复技术

微生物修复技术是生物修复技术中研究与应用最多的技术。深入研究微生物修复机理，开发高效微生物菌剂、酶制剂等是今后研究的重点关注方向。改造微生物是环境生物技术的研究热点，如何在生物修复过程中保证工程微生物的使用高效与安全性也是必须研究解决的问题。

进入21世纪以来，土壤微生物燃料电池(MFC)修复技术进入研究者的视野。方法的核心是向污染土壤提供阳极和阴极，这两个电极可以看作是“永不被消耗”的电子供体和电子受体。还原性污染物，如石油烃，在阳极不断被氧化降解产生电子，电子传递到阴极再还原电子受体，在这个过程中，电子的定向移动产生了电流。该技术具有一定优势，但大面积应用仍有不少限制因素。

2. 植物生物修复技术

我国从20世纪90年代即开始了植物修复技术的研究，目前一些技术已经进入推广使用阶段。由于植物生长慢、生物量小，修复周期长，从研究与应用角度看，筛选与采用各种生物学手段改良物种，获得高耐受、高累积与转化植物一直是也会持续是研究热点。

3. 动物修复技术

动物修复是采用环境中的某些低等动物吸收、降解或转移土壤污染物，以达到土壤修复目标。已经有研究关注蚯蚓、鼠类等大型动物的重金属修复作用。但整体而言，动物本身耐受能力有限，修复技术可能带来一些负面影响。需要更多的研究工作，探讨其修复过程的环境效应与影响。

6.4 固体废弃物生物处理及处置技术

6.4.1 概述

固体废弃物是指在社会生产、流通、消费等一系列过程中产生的一般不再具有进一步使用价值而被丢弃的以固态和泥状存在的物质。固体废弃物的危害主要表现在以下几个方面:①侵占土地;②污染土壤、水体及大气;③影响环境卫生。其中有害废物具有毒性、易燃性、腐蚀性、反应性和放射性。它们对环境的恶劣影响已成为国际公认的严重环境问题。

固体废弃物有多种分类方法,按其性质可分为有机废物和无机废物;按形状可分为固体的(颗粒状、粉状、块状)和泥状的(污泥);通常为便于管理,按来源分为矿业固体废弃物、工业固体废弃物、城市垃圾、农业废弃物和放射性固体废弃物。

White-Hunt 曾对固体废弃物处理技术的发展历史进行过详细回顾。最早的技术可以追溯到公元前 5000 至公元前 3000 年的新石器时代。目前,废物无害化处理工程已发展成为一门崭新的工程技术,如垃圾焚烧、卫生填埋、堆肥、粪便的厌氧发酵、有害废物的热处理和解毒处理等。其中卫生填埋、堆肥、粪便厌氧发酵等方法属于生物处理的方法。生物技术的进步使其在固体废弃物无害化处理领域内的应用日渐广泛,从传统的堆肥技术到各种先进厌氧发酵技术、生物能源回收技术等。特别是有害废物无害化过程中生物技术的应用取得了长足的进步。从世界范围看,对固体废弃物采用的策略逐步从无害化处理向回收资源和能源方向发展,生物技术的进步为这一发展方向提供了有效手段。

6.4.2 堆肥

堆肥(composting)是在控制条件下,使来源于生物的有机废物发生生物稳定作用(biostablization)的过程。废物经稳定化作用形成的堆肥(compost),是一种腐殖质含量很高的疏松物质,故也称"腐殖土"。废物经过堆肥化,体积一般可减少 30%~50%。

适用于堆肥化处理的废物主要有城市垃圾、粪便、城市及某些工业废水处理过程中产生的污泥、农林废物等。

现代化的堆肥工艺,特别是城市垃圾堆肥工艺大多是好氧堆肥。堆肥系统温度一般为 50~65℃,最高可达 80~90℃。

厌氧堆肥系统中,空气与发酵原料隔绝,堆制温度低,成品肥中氮素保留较多,但堆制周期长,需要 3~12 个月,异味强烈,分解不够充分。

好氧堆肥法的原理是以好氧菌为主对废物进行氧化、吸收与分解。参与有机物降解的微生物包括两类,即嗜温菌和嗜热菌。废物的降解过程可以分为三个阶段。堆制初期,堆层中呈中温(15~45℃),为中温阶段。此时,嗜温菌包括细菌、放线菌,真菌活跃,利用可溶性物质如糖类、淀粉迅速繁殖,堆层温度上升。当堆层温度上升到 45℃以上便进入高温阶段。从堆肥发酵开始,约一周时间,堆层温度即可达 65~70℃,或者更高。此时嗜温细菌逐渐死亡,嗜热性真菌和细菌活跃,前一阶段残留和分解过程形成的溶解性有机物继续分解,半纤维素、纤维素、蛋白质等复杂有机物开始强烈分解。70℃以上,大量微生物死亡或进入休眠状态。随着生物可利用有机物的逐步耗尽,微生物进入内源呼吸阶段,活性下降,堆层温度下降，进入降温阶段。此时嗜温菌再度占优势，使残留难降解有机物进一步分解，腐殖质不断增多且趋于稳定，堆肥进入腐熟阶段。

堆肥化的方法主要有间歇堆积法及连续堆积法。间歇堆积法是我国长期以来沿用的方法，堆积前要对原料进行预处理，每周要翻动1～2次，全部堆积约需30～90 d。现代化的堆肥多采用成套密闭式机械连续堆制，使原料在一个专门设计的发酵器或生物稳定器(biostabilizer)内完成动态发酵过程，然后将物料运往发酵室堆成堆体，再静态发酵。机械连续堆制具有发酵快，堆肥质量高，能防气味，杀死全部细菌，堆肥粒度整齐等一系列优点。

6.4.3　填埋技术

填埋法是将固体废弃物铺成一定厚度的薄层，加以压实，并覆盖土壤。

填埋法可以作为：

(1) 固体废弃物的最终处置方法，处置过程中产生的渗滤液需要进一步处理；

(2) 产生甲烷气体的厌氧反应器；

(3) 工业废水的厌氧滤床及污泥的处理方法。

1. 填埋生物反应器生态系统特征

向大型化发展的固体废弃物填埋场既是处理效率有保证、经济合理、技术可靠，又是适合环境要求的处理方法。填埋场实际是一个大型生物反应器。为保护地表水、地下水及周围土地，需要设置渗滤液及生物气体收集及处理装置等反应器辅助装置。

填埋生物反应器形成的生态系统与其他生态系统，如海水、淡水沉积物系统、厌氧消化反应器等均不同。沉积物系统通常是富含电子受体、缺乏电子供体的体系，在某些短时段具有浓度较高的、多样化的电子受体。厌氧消化反应器系统的电子供体数量与填埋系统相当，但其系统相对均匀得多。

填埋系统的极度不均匀特征表现在系统水平及垂直单元均具有空间及时间上的不均匀性上。形成这种不均匀特征的原因有以下几点：

(1) 固体废弃物组分及性质有差异，运输方式不同，填埋地点或单元环境条件不同；

(2) 一些参数，如温度、产生气体、液体、氧化还原电位、pH、酶活性、电子受体，介质间液体的产生及流动，此外还有其他一些控制因素，如水溶解度、脂-水分配系数、挥发性、分子大小、形状、电荷、官能团等；

(3) 穿越好氧-缺氧界面、固-液界面、气-液界面、固-气界面的双向扩散。

图6-38为填埋场生态系统的简单描述。

系统内各种参数的不均匀性，使系统内相应富集着各种生物，尤其是微生物种群，存在相应的相互联系。在缺氧条件下，即使对最简单的化合物的最终矿化，每一种微生物也只起部分氧化作用。尽管系统内多种微生物的基因库使系统具有相当的稳定性，但系统还是会受到较强的影响。这种影响可以是正面的，也可以是负面的，如电子供体或受体的影响。

在微生物附着生长的有机及无机固体废弃物表面也表现出选择压方面的差异，相应产生多样化的生物种群及种群间的联系。生物膜的生长伴随着粘液物质的分泌，限制了胞外酶及产物的扩散，形成一定的整体性。这种作用使微生物在空间上有相应的不均匀性。

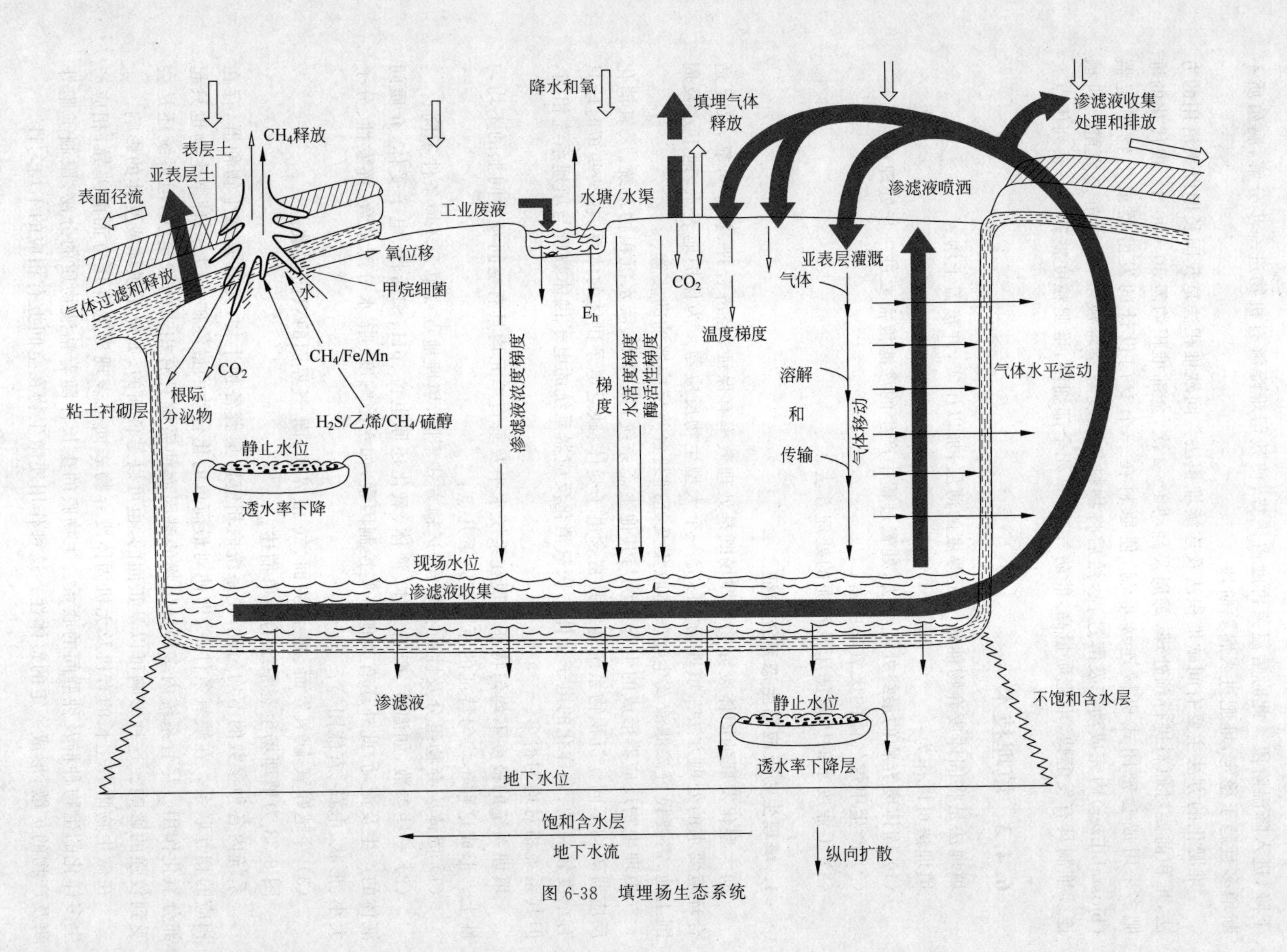

图 6-38　填埋场生态系统

面对这样复杂的生态系统，随着各种分子生物学检测技术的快速发展，对此复杂生态系统的认识也在不断深化，对其控制、开发与推广应用也逐步走向科学化。

2. 代谢机理

随着人们生活水平的不断提高，固体废弃物组分中难降解化合物不断增加，外源化学物质(xenobiotic)也在增加。在固体废弃物的发酵过程中，这些分子的代谢可能需要结构酶及诱导酶的作用。共氧化、质粒、突变及其他遗传基因转移作用均可能发生(图 6-39)，但由于固体废弃物介质的不均匀性、发酵过程的复杂性、涉及生物种类演替的多变性，许多机理还不是很清楚。

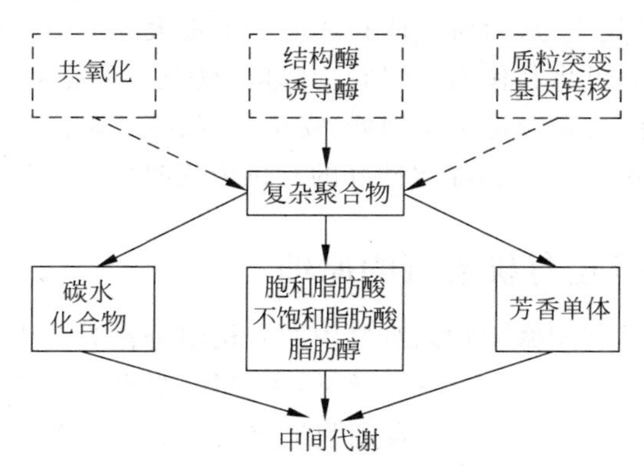

图 6-39　固体废弃物中聚合物的代谢

1) 好氧代谢

固体废弃物置入填埋场后，伴随着物理化学作用，首先发生的是易降解有机物的好氧代谢分解过程。可生物降解组分被各种生物，包括无脊椎动物(壁虱、千足虫、线虫等)及微生物(细菌、真菌)好氧代谢。在氧浓度不成为限制因素时，混合基质的利用逐渐转向大分子物质的序列代谢及缓慢降解。这一阶段的持续时间变化很大，取决于多种因素，如填埋的操作方式，包括前处理方式、填层压实方式及过程等。

固体废弃物中可以好氧分解的组分主要有纤维素、半纤维素、木质素、葡聚糖和果聚糖、脂肪类有机分子。它们的代谢过程多数需要多种酶的协同作用及微生物的共代谢作用。其过程由于多种微生物的参加及固体废弃物成分的多样化而十分复杂。

在好氧代谢过程中可以观察到温度的明显上升，同时会生成非生物性难降解分子，如腐殖质。温度升高的最高纪录达 80℃，使温度成为填埋过程的指示参数之一。初期温度的升高有利于微生物活性的增强，温度每升高 5℃，微生物分解氧化速率上升 10%～20%。但温度的升高也会产生降低氧溶解度的负面影响。CO_2 的产生对代谢过程也有影响，它会使 pH 降低，但可能促进聚合物的水解。微生物代谢过程产生的水分子对系统水的平衡贡献很大。

2) 厌氧代谢

随着好氧代谢的进行，填埋层中的溶解氧不断减少，环境选择压向有利于兼性厌氧菌生长和富集的方向转化。氧化还原电位进一步下降，绝对厌氧菌生长，并继续进行污染物的代谢过程。

与好氧代谢不同，缺氧条件下的代谢往往需要混合菌群的共代谢作用，每种微生物只对特定化合物起部分氧化作用，直至其完全分解为二氧化碳和甲烷。对固体废弃物缺氧条件下的分解机理的认知相对不足。

固体废弃物厌氧代谢与废水处理中的厌氧代谢相似，需要关注污染物的水解过程。

6.5 大气污染的生物治理技术

随着有机合成工业和石油化学工业的迅速发展，进入大气的有机化合物越来越多，这类物质往往带有恶臭，不但对感官有刺激作用，而且不少有机化合物具有一定毒性，产生"三致"（致癌、致畸、致突变）效应，从而对人体和环境产生很大的危害。微生物对各类污染物均有较强、较快的适应性，并可将其作为代谢底物降解、转化。同常规的有机废气处理技术相比，生物技术具有效果好、投资及运行费用低、安全性好、无二次污染、易于管理等优点，尤其在处理低浓度（小于 3 mg/L）、生物降解性好的有机废气时更显其优越性。

6.5.1 生物法净化有机废气的原理

有机废气生物净化是利用微生物以废气中的有机组分作为其生命活动的能源或其他养分，经代谢降解，转化为简单的无机物（CO_2、水等）及细胞组成物质。与废水生物处理过程的最大区别在于：废气中的有机物质首先要经历由气相转移到液相（或固体表面液膜）中的传质过程，然后在液相（或固体表面生物层）被微生物吸附降解（图 6-40）。

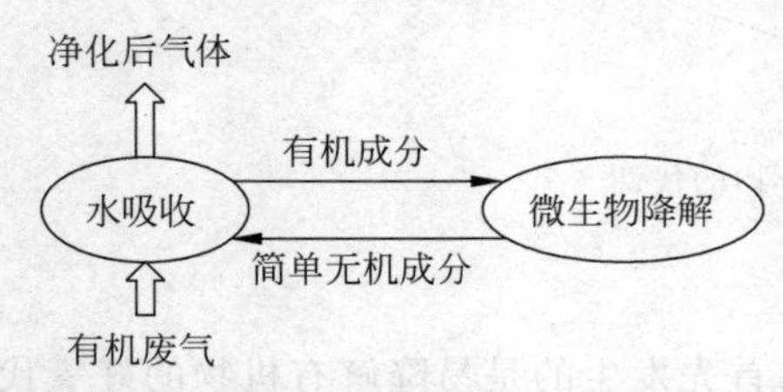

图 6-40　微生物净化有机废气模式图

由于气液相间有机物浓度梯度、有机物水溶性以及微生物的吸附作用，有机物从废气中转移到液相（或固体表面液膜）中，进而被微生物捕获、吸收。在此条件下，微生物对有机物进行氧化分解和同化合成，产生的代谢产物一部分溶入液相，一部分作为细胞物质或细胞代谢能源，还有一部分（如 CO_2）则进入到空气中。废气中的有机物通过上述过程不断减少，从而得到净化。

6.5.2 有机废气生物处理的工艺与应用

根据微生物在有机废气处理过程中存在的形式，可将处理方法分为生物吸收法（悬浮态）和生物过滤法（固着态）两类。生物吸收法（又称生物洗涤法）即微生物及其营养物配料存在于液体中，气体中的有机物通过与悬浮液接触后转移到液体中而被微生物降解。生物过滤法则是微生物附着生长于固体介质（填料）上，废气通过由介质构成的固定床层（填料层）时被吸附或吸收，最终被微生物降解，较典型的有生物滤池和生物滴滤池两种形式。

1. 生物吸收法

生物吸收法装置由一个吸收室和一个再生池构成，如图 6-41 所示。

生物悬浮液（循环液）自吸收室顶部喷淋而下，使废气中的污染物和氧转入液相（水相），实现质量转移。吸收了废气中组分的生物悬浮液流入再生反应器(活性污泥池)中,通入空气充氧再生。被吸收的有机物通过微生物氧化作用,最终被再生池中活性污泥悬液除去。生物吸收法处理有机废气,其去除效率除了与污泥的MLSS浓度、pH、溶解氧等因素有关,还与污泥的驯化与否、营养盐的投加量及投加时间有关。福山等在气体净化处理的实验中发现,当活性污泥浓度控制在5 000~10 000 mg/L、气速小于12 m/h,装置的负荷及去除率均很理想。日本一铸造厂采用此法处理含胺、酚和乙醛等污染物的气体,设备采用两段洗涤塔,装置运行十多年中一直保持较高的去除率(高于95%)。德国开发的二级洗涤脱臭装置,臭气从下而上经二级洗涤,浓度从2 100 mg/L降至50 mg/L,且运行费用极低。

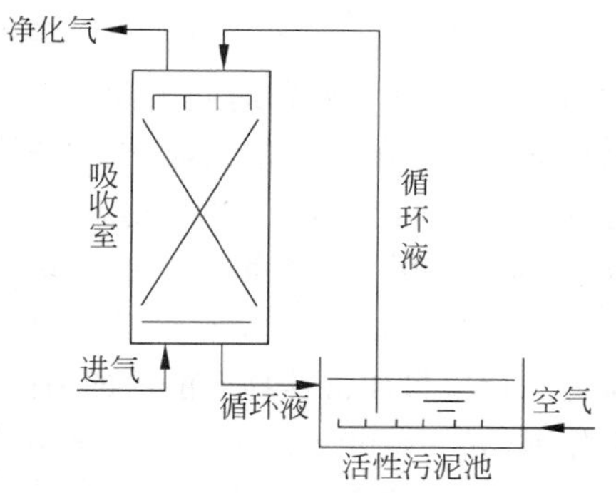

图6-41 生物吸收法示意图

生物吸收法中气、液两相的接触方法除采用液相喷淋外,还可以采用气相鼓泡。一般地,若气相阻力较大可用喷淋法,反之液相阻力较大则用鼓泡法。鼓泡与污水生物处理技术中的曝气相似,废气从池底通入,与新鲜的生物悬浮液接触而被吸收。由此,许多文献中将生物吸收法分为洗涤式和曝气式两种。日本某污水处理厂用含有臭气的空气作为曝气空气送入曝气槽,同时进行废水和废气的处理,脱臭效率达99%。

2. 生物滤池

生物滤池(biofilter)处理有机废气的工艺流程如图6-42所示。

具有一定温度的有机废气进入生物滤池,通过0.5~1 m厚的生物活性填料层,有机污染物从气相转移到生物层,进而被氧化分解。生物滤池的填料层是具有吸附性的滤料(如土壤、堆肥、活性炭等)。生物滤池因其较好的通气性和适度的通水和持水性,以及丰富的微生物群落,能有效地去除烷烃类化合物,如丙烷、异丁烷,对酯及乙醇等,生物易降解物质的处理效果更佳。

Jennings及其同事于20世纪70年代初,在Monod方程的基础上提出了生物滤池中单组分、非吸附性、可生化降解的气态有机物去除率的数学模型。随后,Ottengraf等依据吸收操作的传统双膜理论,在Jennings的数学模型基础上进一步提出了目前世界上公认影响较大的生物膜理论(图6-43)。

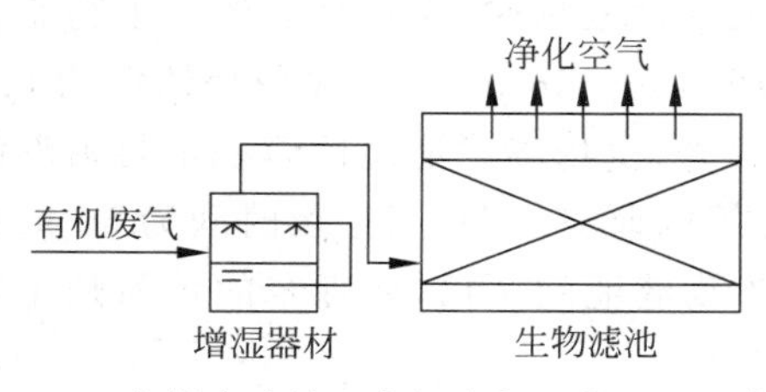

图6-42 生物滤池处理有机废气工艺流程示意图

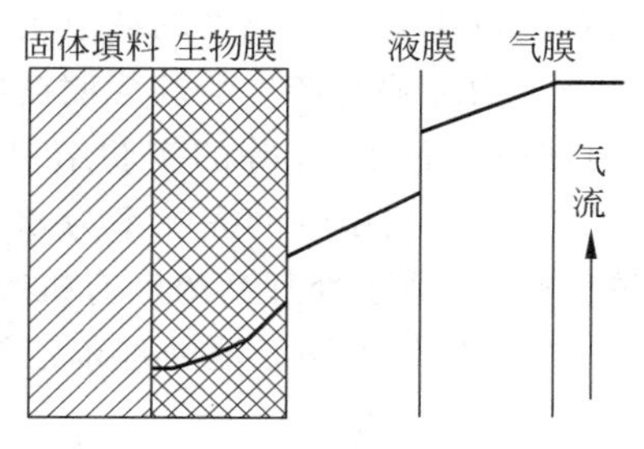

图6-43 生物膜理论示意图

另外，Hodge 等采用堆肥作填料净化处理含乙醇蒸气的废气，当进气负荷（BOD_5）不高于 90 g/(m·h)、停留时间为 30 s 时，去除率达 95%以上。Cox 等以珍珠岩为滤料，选用驯化筛选后的真菌降解苯乙烯，气体浓度为 800 mg/m^3、流量为 43 L 时，处理效率达 99%，同时测得 CO_2 浓度为 18 833 mg/m^3。Corsi 等在 154 mm 实验装置上，以苯及其同系物（甲苯、乙苯和二甲苯）为净化处理对象，在操作温度 20.8℃、空塔气速 28～30 m/h、停留时间 1.82～1.96 min 的实验条件下，以堆肥、土壤和木屑为载体进行了实验，比较了被处理气体通过三种填料加营养物质前后的去除效率，结果发现，堆肥对气体中苯系物一直保持较高的去除率（90%～99%），土壤和木屑在没有加营养物质的情况下去除效果较差，加营养物质后，去除率可达 99%。

3. 生物滴滤池

生物滴滤池（biotrickilng filter）处理有机废气的工艺流程如图 6-44 所示。

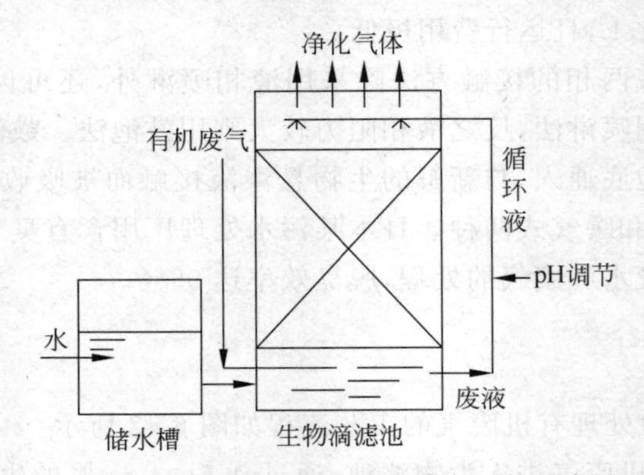

图 6-44　生物滴滤池处理有机废气系统示意图

生物滴滤池与生物滤池的最大区别是在填料上方喷淋循环液，设备内除传质过程外还存在很强的生物降解作用。与生物滤池相似，生物滴滤池使用的是粗碎石、塑料、陶瓷等一类填料，填料的表面是微生物区系形成的几毫米厚的生物膜，填料比表面积一般为 100～300 m^2/m^3。这一方面为气体通过提供了大量的空间，另一方面，也使气体对填料层造成的压力以及由微生物生长和生物膜疏松引起的空间堵塞的危险性降到了最低限度。与生物滤池相比，生物滴滤池的反应条件（pH、温度）易于控制（通过调节循环液的 pH、温度），而生物滤池的 pH 控制则主要通过在装填料时投配适当的固体缓冲剂来完成。一旦缓冲剂耗尽，则需更新或再生滤料。温度的调节则需外加强制措施来完成。故在处理卤代烃、含硫、含氮等通过微生物降解会产生酸性代谢产物及产能较大的污染物时，生物滴滤池比生物滤池更有效。Hartmans、Diks 等的实验结果表明，气速为 145～156 m/h、二氯甲烷浓度为 0.7～1.8 g/m^3 时，二氯甲烷的去除率为 80%～95%。另外，生物滴滤池单位体积填料附着的微生物浓度较高，适于处理高浓度有机废气。Tonga 等的研究表明，当停留时间为 50 s、处理效率为 90%时，生物滴滤池处理苯乙烯的负荷是生物滤池的 2 倍，处理苯的负荷是生物滤池的 3 倍以上。

另外，Pedersen 等在直径 70 mm 生物滴滤池中进行了低浓度甲苯废气的净化处理研究，得到甲苯的最大生化去除量为 45 mg/L。

6.5.3 生物法净化有机废气的现状及需解决的问题

工业废气排放可能引起局部、区域乃至更大范围大气中的有机废气含量上升，其造成的环境问题引发了全球关注。进入21世纪以来，我国大气污染防治力度不断提升，对有机废气进行处理的研究也日趋活跃。在众多处理方法中，生物法由于其运行费用低、操作简单、无二次污染、应用范围广等特点，是值得研究并具有应用价值的新技术。

国外利用生物法处理有机废气的研究是从20世纪80年代初逐渐开展的，最初应用在堆肥场和动物脂肪加工厂产生的有机废气脱臭处理方面。21世纪以来，利用生物法对有机废气进行处理的研究有了很大进展。如Neal等人利用生物滤池，对小试堆肥场地中甲苯的去除率达到96%～99%。Singh等人利用聚氨酯填料，在生物滤池中实现了对甲苯的高效去除，去除率接近99.9%。并且，已有研究报道生物滤池对丙烷、丁烷、苯乙烯、苯酚、氯乙烯和甲醇等有去除作用。我国在利用生物法处理有机废气的研究中起步较晚，尽管如此，我国科学家目前也已在很多方面进行了深入的研究，包括：生物法处理有机废气原理，生物法处理有机废气过程中所需微生物群落，生物法处理废气过程中所需设备等。

不同成分、浓度及气量的有机废气适用的处理系统有所差别。生物吸收法适用于处理净化气量较小、浓度大、易溶且生物代谢速率较低的废气；对于气量大、浓度低的废气处理则以生物滤池系统为宜；而负荷较高以及污染物降解后会生成酸性物质的废气处理则适用于生物滴滤池系统。在目前的有机废气生物净化实践中，以运行操作简单的生物滤池系统使用得最多，日本、德国、荷兰、美国等国家生物法处理有机废气的设备与装置开发已呈商品化趋势并且应用效果较好，对混合有机废气的去除率一般在95%以上。

有机废气生物处理是一项新的技术，由于生物反应器涉及气、液、固相传质及生化降解过程，影响因素多而复杂，有关的理论研究及实际应用还不够深入、广泛，很多问题需要进一步探讨与研究。

1. 填料特性研究

对于生物滤池和生物滴滤池来说，深入研究填料的特性、开发性能优异的新型填料是非常必要的。填料的比表面积、孔隙率与单位体积填充量不仅与生物量相关，还直接影响着整个填充床的压降及堵塞情况。更重要的是，气态污染物的降解要经历从气相到液、固相的传质过程，污染物在两相中的分配系数是整个装置是否可行的决定因素。有研究表明，填料对污染物分配系数有较大影响，Hodge、Liu等用生物滤池处理乙醇蒸气时发现，采用颗粒活性炭作为填料时乙醇的分配系数是以堆肥作为填料时的2.5～3倍。此外，还应进一步改善填料的物理性能和使用寿命，以节省投资和能耗。

2. 菌种特性研究

利用生物法处理易降解的有机废气相对简单，提高生物法对难降解有机废气的处理能力还有很大研究与开发空间。可在原有菌种的基础上，通过实验确定菌种的最适生长条件，提高反应器的处理能力；或通过驯化筛选的方法，挑选出对有机废气的高效降解菌；还可以利用基因工程与细胞工程等技术改良与制造高效降解菌。

3. 反应模型研究

通过对反应模型的研究,提出决定反应速率的因素,可以有效地控制和调节反应速率,最终提高污染物的净化效率。尽管 Ottengraf 等提出了较为著名的生物膜理论,但该理论的提出是建立在以生物滤池为研究对象的基础上,此理论对于生物吸收法和生物滴滤池净化有机废气的过程不适用。在实际研究中发现,许多实验数据都不能与上述理论模型相吻合,一些现象也难以利用上述理论作出解释。这主要是由于生物滤池中存在相对稳定的液膜,而生物吸收法和生物滴滤池中由于循环液的流动性,无法产生类似的稳定液膜。目前,生物法处理有机废气过程中可使用的经验模型较少,针对实际过程中出现的多相非均匀流的情况可采用计算流体力学(CFD)的方法进行进一步研究。

4. 工艺优化研究

目前,生物法主要用于处理低浓度有机废气。针对一些难降解的有机废气,已有一些研究在反应器的层面改善传质效果,或使用联合工艺如电化学耦合生物法来增强系统对难降解有机废气的处理能力。此外,如何在工艺中实现自动控制,提高对各参数的控制能力,降低维护费用和发生故障的次数也需进一步研究。

5. 动态负荷研究

目前,绝大多数研究报道中采用的研究对象主要是单一组分(或几个简单组分的组合)的气体,气体负荷的变化也是非常有顺序的、平稳的,且气体流速较低,而针对非常态负荷气流、多组分复杂混合气的研究较少。但在实际应用中,实际废气的气量、成分经常变化,且可能含有难降解或有毒性的物质。加强对动态负荷的研究非常有实际意义,对解决实际运行中出现的问题、完善处理工艺有重要作用。

6.6 二氧化碳的生物-化学转化技术

随着世界继续向低碳或无碳能源技术过渡,仍然需要减少化工生产行业的碳排放。今天,世界上许多化学制品都是从化石燃料中提炼出来的。将二氧化碳(CO_2)电化学转化为化学原料提供了一种将废物排放转化为有价值产品的方法,从而闭合了碳循环。当与可再生能源相结合时,这些产品可以产生负碳排放的净足迹,有助于将二氧化碳封存成可用的商品。近年来,随着选择性、效率和反应速率的提高,用于 CO_2 还原的电催化材料的研究和开发日益深入。在全球化学工业中,二氧化碳可以制成多种化学产品,如醇类、含氧化合物、合成气和主链烯烃。由于这些产品的生产规模很大,因此转向可再生能源生产可能会对碳减排产生重大影响。

CO_2 中的 C 原子处于最高氧化态,性质较稳定,具有较高的化学转化能壁垒,转化过程需要大量的能量。依据 CO_2 的结构及性质特点,目前 CO_2 转化技术可分为化学转化技术和生物转化技术。随着科学技术水平的不断提高,生物转化技术兴起并发展起来,它利用微生物等来转化 CO_2,具有绿色低碳、可持续发展的优点。

以 CO_2 为原料进行转化具有以下优势:①储量丰富且无毒无害;②储存、运输、使用相对安全，成本低；③清洁可再生；④为光合作用固定 CO_2 提供辅助手段，实现碳循环。

CO_2 化学转化技术包括以下几种：

6.6.1　辐射还原技术

辐射还原方法是通过对 CO_2 进行射线照射来实现的。反应原理是对 CO_2 进行射线照射，以射线能量作为反应能量来源。在质子源存在时，CO_2 可以被激发转化为甲酸、甲醛等产物。美国科学家 Garrison 研究了水体系中 CO_2 的辐射化学转化。1951 年，他利用回旋加速器产生的 40 MeV 的氦离子束研究了 CO_2 辐射固定和转化；1952 年，他研究了 Fe^{2+} 离子存在下水溶液中 CO_2 转化的辐射化学。这些研究为溶液体系中 CO_2 的辐射化学还原奠定了基础。1955 年，美国科学家 Harteck 和 Dondes 采用氡或核反应堆为电离辐射源，研究了电离辐射下固态及气态 CO_2 的转化。1960 年，奥地利科学家 Getoff 利用 Co-60 γ 射线源对 CO_2 进行辐照还原，获得了甲醛、乙醛、甲酸、草酸和乙二醇等产物，当改变辐射剂量和溶液 pH 时，产物的产量会发生变化。日本学者 Fujita 等探索了在含 Fe^{2+} 的悬浮水溶液中，辐射剂量以及添加剂对反应产物的选择性和产率的影响，获得了 H_2、CO、CH_4、C_2H_6、C_3H_8、n-C_4H_{10}、C_2H_4、C_3H_6 和 C_4H_8 等多种化合物。

对于辐射还原 CO_2，CO 是重要的研究产物。增加辐射剂量，CO 的产量显著升高。添加 Cu^{2+} 离子和 Ni^{2+} 离子对反应影响较大，CO 的量有显著的提升，增加剂量率也有助于提高 CO 产量。

6.6.2　催化转化技术

可利用催化剂来降低反应所需的活化能，达到加快 CO_2 转化反应的目的。CO_2 分子在化学性质上呈惰性，在正常条件下很难转化，因此越来越多的研究趋于发现稳定性高、效率高、成本低的新型催化剂，从而促进 CO_2 分子的化学转化。很多研究结果表明，均相催化体系可以实现 CO_2 分子的活化，使其转化为系列高附加值化学品。目前，常用催化剂主要有碱性催化剂、杂多酸催化剂、过渡金属和稀土金属类催化剂。

6.6.3　热化学还原技术

热化学还原 CO_2 主要有加氢还原和甲烷重整两种途径。CO_2 加氢还原是一个放热反应，还原产物为 CH_3OH 或 CH_4，在常温常压下即可发生。但是，如果要保持比较有效的转化及反应速率，则需要在高温（500～800 K）及高压（1～5 MPa）下进行。这个工艺所存在的问题不在于反应，而是在于 H_2 的来源。制取 H_2 所消耗的能量有可能比所得到的燃料更高，出现得不偿失的现象。如果反应的主要目的是 CO_2 减排，那 H_2 则需要通过无 CO_2 排放的方式获得。这些都限制了该方法的大规模应用。

CO_2 与 CH_4 反应生成 CO 和 H_2 的反应，其标准吉布斯自由能大于 0，因此要使这个反应顺利进行，反应需要在高温（900～1 200 K）下进行。这个反应还会产生焦炭，会导致催化剂的失活。因此，此反应的挑战之处在于降低反应的高能耗，以及产生焦炭导致的催化剂中毒。

6.6.4 电化学还原技术

使用外加电场作为主要的能量来源，选择合适的电压、电解质及催化剂，反应的电压、温度均可控制，电子来源充分，可实现多电子的还原过程。

电化学还原是一种有效转化 CO_2 的途径。它具有如下优点：①可有效克服 CO_2/CO_2^- 的高氧化还原电位，常温常压下即可实现反应，反应条件温和，操作简单；②反应产物可控，可通过控制反应条件以及催化剂种类实现产物的选择性生成；③能耗低，在过电位很低时即可发生反应；④能量来源广泛，因此一些清洁能源（如风能等）即可作为电力来源；⑤效率高，目前报道的最高法拉第效率超过 90%。

在电解质和催化剂的作用下，CO_2 得到电子，生成还原产物。该过程由多电子、多质子同时参与，可得到甲烷、甲醇以及多种烃类化合物。CO_2 还原为不同产物的反应所需吉布斯自由能不同，这决定了不同电化学还原反应的标准电极电势有较大差别。

电化学催化转化 CO_2 具有巨大优势，可以通过控制电极电势及反应温度来控制反应过程；可以在反应过程中形成 CO_2 的循环转化与利用；反应系统具有结构紧凑、模块化、随需应变的特点，易于规模化应用。然而，电化学还原技术的发展仍然存在巨大挑战，如溶剂在高还原电位下容易发生分解反应，催化剂活性低，产物的选择性低和稳定性差等。优化系统设计，同时开发效果更好的催化剂，是电化学还原技术的发展方向（图 6-45）。

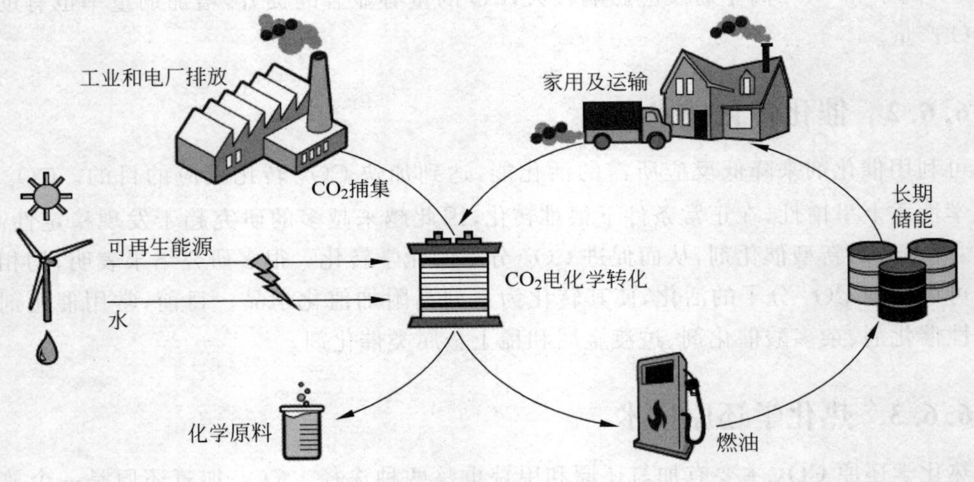

图 6-45　电化学转化 CO_2 的途径

目前，普遍认为电化学还原的主要过程如图 6-46 所示。反应包括水合和还原两个过程。CO_2 首先溶入溶液中形成水合态 CO_2(aq)，再在电极表面转化为吸附态 CO_2(ad)。第二个过程是吸附态 CO_2(ad)的加电子还原过程，主要包括起始的加电子形成自由基负离子 $\cdot CO_2^-$(ad)，$\cdot CO_2^-$(ad)可加质子形成甲酸，也可脱掉氧原子 O 形成吸附态 CO(ads)，CO(ads)可从电极表面脱出形成 CO 气体，也可以作为初级产物继续反应，生成其他高附加值燃料（图 6-47）。

H2O
HER
H2
CO2
CO2R
CO
合成气
费托合成
柴油
生物合成
乙醇
COR
CO2R
COR
C2H4
塑料
CO2R
Sabatier反应器
RNG
CO2R

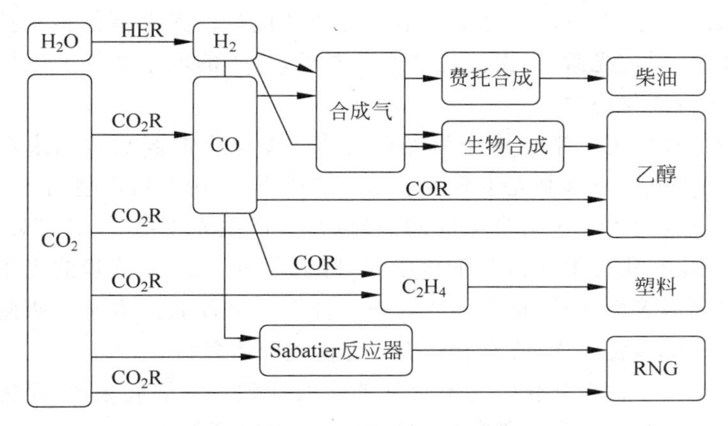

图 6-46 可再生化学合成的途径和选择性

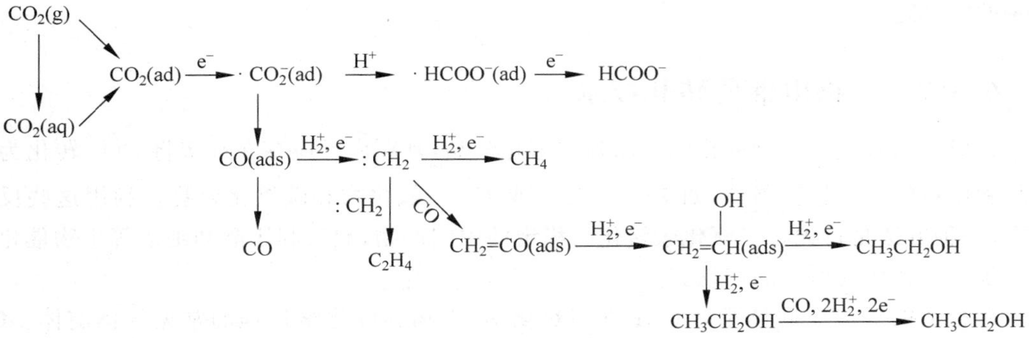

CO2(g)
CO2(aq)
CO2(ad)
e−
· CO2−(ad)
H+
· HCOO−(ad)
e−
HCOO−
CO(ads)
H2+, e−
: CH2
H2+, e−
CH4
: CH2
CO
CO
C2H4
CH2=CO(ads)
H2+, e−
OH
CH2=CH(ads)
H2+, e−
CH3CH2OH
H2+, e−
CH3CH2OH
CO, 2H2+, 2e−
CH3CH2OH

图 6-47 CO_2 电化学反应主要路径图

6.6.5 光化学转化技术

类似于植物的光合作用,利用催化剂将自然界的光能转化为化学能,用光来诱导反应的进行。太阳能光催化还原 CO_2 是直接利用光诱导 CO_2 还原,反应所涉及的产物种类取决于整个过程中转移电子的数量。光化学转化 CO_2 产物主要有 CO、HCHO、HCOOH、CH_3OH、C_2H_5OH、CH_4 等。

催化剂对 CO_2 还原产物的转化率有显著影响,因而利用催化剂提高光化学转化技术的选择性和效率至关重要。目前,对光化学转化技术中所用催化剂的光敏感性进行了大量研究,转化率不断提高。针对光化学转化技术研究的新方向是利用半导体材料将 CO_2 转化为碳氢化合物燃料的人工光合作用开发,利用具有特定性质的光催化剂提高光化学转化技术转化率。

6.6.6 光电催化转化技术

光电化学还原与电化学还原类似,所不同的是光电化学还原法利用的能量来源是光能(如太阳能)。如果能将太阳能收集转化系统与电化学还原系统结合起来而又不对两个系统的效率造成削减的话,这个方法在降低成本上有独特优势。光电催化转化技术是光化学与电化学催化的发展,通过光激发,由催化剂产生电子,产生的电子在外加电压的作用下到电极表面对 CO_2 进行催化还原。

光电催化转化技术是以半导体作为光电极或改变电极的表面状态来加速光电化学反应,并通过外加偏压电场来抑制光生载流子复合的过程,常用的负极包括 SiC、GaP、ZnTe 等半导体材料。当电极受到大于禁带宽度的照射后,会产生光生电子-空穴对,不同于光化学转化技术,光电催化转化技术通过外加偏电压,降低了 e^-/h^+ 复能量的光子合率。电子与空穴分离后向半导体表面移动,被半导体表面所俘获。被俘获的电子与吸附在催化剂表面的 CO_2 发生还原反应,将 CO_2 还原成有机化合物或液体燃料。

光电催化转化技术是在光化学与电化学催化的基础上发展起来的,是完善人工光合作用过程中的一项重要进展。光电催化转化技术近年来得到越来越多的关注,并具有广泛的应用前景,但光能转化具有效率低(1%~3%)、电子和空穴复合率较高的劣势,是目前亟待解决的问题之一。

6.6.7 生物电催化转化技术

合成气电合成和生物催化制备高附加值化学品,其顺序反应存在许多将 CO_2 转化为化学品和燃料的顺序反应路径,如单(C1)或多碳($C2^+$)氧化物和碳氢化合物。利用这些反应序列,一种方法是首先将二氧化碳转化为稳定的中间产物,然后利用酶和细菌等生物催化剂进一步将其转化为所需的产物。

在合适的反应中间体中,CO 是许多热化学、生物和电化学过程的常见气体前体。CO 与 H_2 的混合物可以作为费托合成(FT 合成)或发酵过程的原料。例如,FT 合成生产柴油是一个工业成熟的过程。利用酶和细菌进行生物催化合成气发酵可以产生更有用的化学物质,如乙酸、丁酸、乙醇、丁醇和可生物降解的聚合物,如聚羟基脂肪酸酯(PHAs)。FT 合成反应的生产速率更高,生产成本更低,但碳排放量更大,而生物催化路线产生的排放量较少,并可以合成特种化学品。在短期内整合电催化和生物催化过程是一种很有前途的方法。

利用银基或金基催化剂(图 6-48 左上),可以高选择性地将二氧化碳转化为合成气。也可以利用铜、锡或钯基催化剂(图 6-48 左下),将二氧化碳转化为各种碳氢化合物和含氧产物。利用基因工程酶和细菌,可以以这些产品为原料,将其转化为更为复杂的商品化学物质(图 6-48)。

化学生产工艺向无废物排放工艺的转变将依赖多种技术的结合。电催化可在整个化学品供应链中实施,可包括基本原料的电合成、结合生物催化过程的高附加值精细化学品以及传统热催化途径等。电催化工艺的经济性将在很大程度上取决于可再生电力的可用性和价格、原料和传统石化制造的区域成本、碳捕获技术的成熟度以及向低碳工艺过渡的社会、政治和经济激励。

随着电化学技术的成熟和对转化大量小分子的认识的加深,生产可再生化学品的可能性将成倍增加。氢电解槽代表了第一代清洁燃料技术;二氧化碳电解槽有望成为第二代燃料和化学品生产设备,而刚刚起步的氮气还原制氨领域可能代表了可再生肥料生产的未来。

这项技术要真正打入石化市场,仍面临许多科学和工程挑战,但近年来的进展表明,这

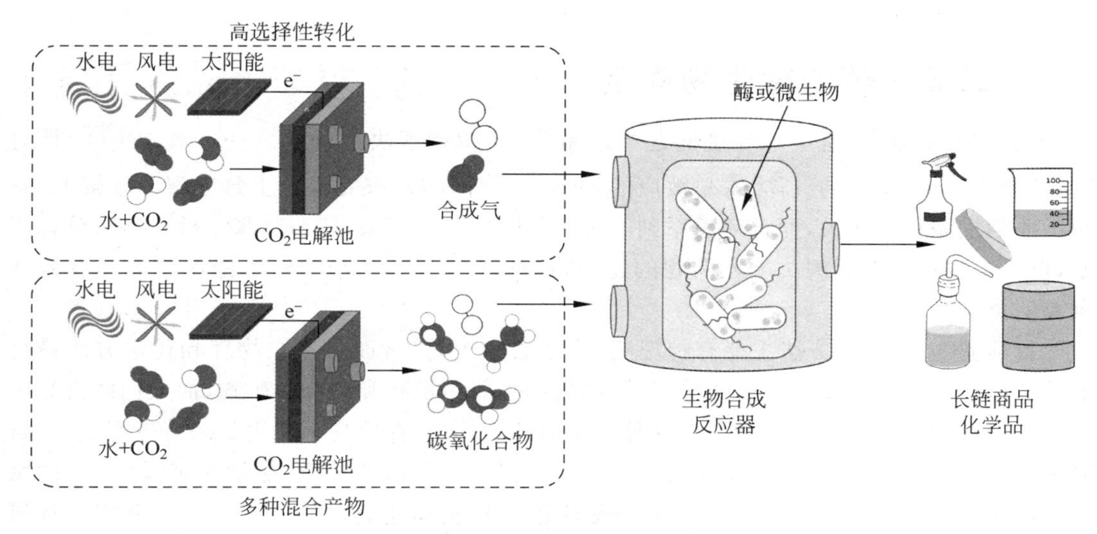

图 6-48　生物电催化合成长链商品化学品的途径

引自：De Luna P，Hahn C，Higgins D，Jaffer SA，Jaramillo TF，Sargent EH，What would it take for renewably powered electrosynthesis to displace petrochemical processes? Science，2019，364 (6438)，3506

些挑战是可以克服的。随着社会发展和新的运作模式出现，持续的市场机会将可能出现。尽管面临技术挑战，但复杂、成熟和高度关联的石化行业也存在相当大的经济壁垒。尽管面临这些挑战，但太阳能和风能等可再生能源技术的采用和发展提供了一条有希望的途径。

6.6.8　利用二氧化碳合成高价值聚合物

图 6-49 给出了利用二氧化碳合成的高附加值聚合物。二氧化碳和环氧化合物可以共聚，得到脂肪族聚碳酸酯。低分子量聚碳酸酯多元醇可用于制备泡沫塑料、涂料和黏合剂，而高分子量聚碳酸酯可用作硬质塑料或弹性体。

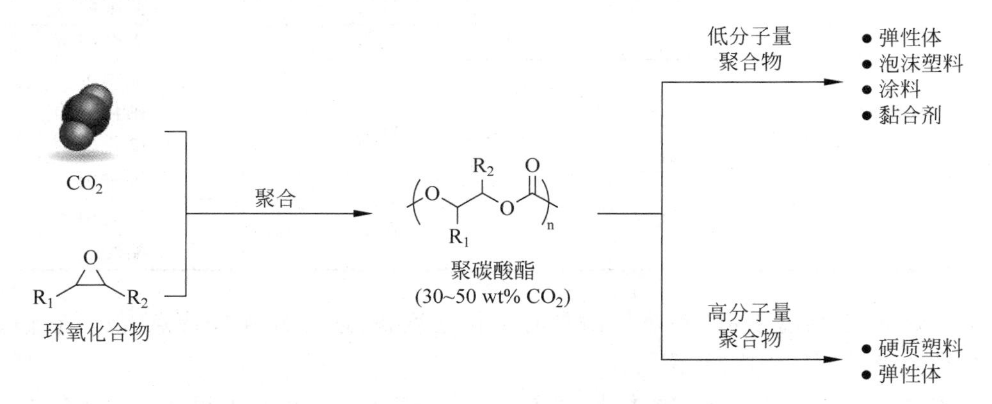

图 6-49　利用二氧化碳合成的高价值聚合物

6.7 二氧化碳的微生物固定

大气"温室效应"是全球环境问题中最重要、最亟待解决的问题之一。其中 CO_2 是对"温室效应"影响最大的气体,占总效应的 49%。另外,CO_2 又是地球上最丰富的碳资源,它与工业的发展密切相关,而且还关系到能源政策问题。近年来,能源紧张,资源短缺,公害严重,世界各国都在探索解决上述问题的途径,因此,CO_2 的固定在环境、能源方面具有极其重要的意义。

目前 CO_2 的固定方法主要有物理法、化学法和生物法,而大多数物理和化学方法最终必须依赖生物法来固定 CO_2。固定 CO_2 的生物主要是植物和自养微生物,而人们的目光一般都集中在植物上。但地球上存在各种各样的环境,尤其在植物不能生长的特殊环境中,自养微生物固定 CO_2 的优势便显现出来。因此从整个生物圈的物质、能量流来看,CO_2 的微生物固定是一支不能忽视的力量。本节就固定 CO_2 的微生物种类、固定机理、基因工程研究及其应用方面进行简要介绍。

6.7.1 固定 CO_2 的微生物

固定 CO_2 的微生物一般有两类:光能自养型微生物和化能自养型微生物。前者主要包括藻类和光合细菌,它们都含有叶绿素,以光为能源、CO_2 为碳源合成菌体物质或代谢产物;后者以 CO_2 为碳源,能源主要有 H_2、H_2S、$S_2O_3^{2-}$、NH_4^+、NO_2^-、Fe^{2+} 等。固定 CO_2 的微生物种类如表 6-14 所示。

表 6-14 固定 CO_2 的微生物种类

碳源	能源	好氧/厌氧	微生物
二氧化碳	光能	好氧	藻类 蓝细菌
		厌氧	光合细菌
	化学能	好氧	氢细菌 硝化细菌 硫化细菌 铁细菌
		厌氧	甲烷菌 醋酸菌

由于微藻(包括蓝细菌)和氢细菌具有生长速度快、适应性强等特点,故对它们固定 CO_2 的研究及开发较为广泛、深入。

培养微藻不仅可获得藻生物体,同时还可产生氢气和许多附加值很高的胞外产物,是蛋白质、精细化工和医药开发的重要资源。国内外已大规模生产的微藻主要有:小球藻(*Chlorella*)、螺旋藻(*Spirulina*)、栅列藻(*Scenedesmus*)和盐藻(*Dunaliella*)等。另外,还有许多微藻(主要是蓝藻和绿藻)的遗传育种和培养技术也取得了很多进步,如聚球藻(*Synechococcus*)、紫球藻(*Porphyridium*)、褐指藻(*Phaeodoctyium*)、四片藻(*Tetraselmis*)、鱼腥藻(*Anabaene*)、衣藻(*Chlamydomonas*)、念珠藻(*Nostoc*)等。

氢氧化细菌是生长速度最快的自养菌，作为化能自养菌固定 CO_2 的代表，已引起人们的高度重视。目前已发现的氢氧化细菌有 18 个属，近 40 个种，如表 6-15 所示。

表 6-15　固定 CO_2 的氢氧化细菌

菌　属	革兰氏阳性(＋)/阴性(－)	固氮能力	适宜生长温度/℃
Alacligenes	－	－	30～37
Aquaspirillum	－	－	30～37
Arthrobacter	＋	－	30～37
Azospirillum	－	＋	30～37
Bacillus	＋	－	50～70
Colderobacterium	－	－	70
Derxia	－	＋	30～37
Flavobacterium	－	－	50
Hydrogenobacter	－	－	70
Hydrogenobacter	－	－	30～37
Microcyclus	－	＋	30～37
Mycobacterium	－	－	30～37
Nocardia	＋	－	30～37
Paracoccus	－	－	30～37
Pseudomonas	－	－	30～37 或 50
Renobacter	－	＋	30～37
Rhizobium	－	＋	30～37
Xanthobacter	－	＋	30～37

其中，两株氢细菌，海洋氢弧菌(*Hydrogenovibrio marinus*)和氢嗜热假单胞菌(*Pseudomonas hydrogenovora*)在最适温度下(37℃和 52℃)，其最大比生长速率分别为 $0.67\ h^{-1}$ 和 $0.73\ h^{-1}$。Igarashi 和 Nishibara 等筛选的噬氢假单胞菌(*Pseudomonas hydrogenovora*)和海洋氢弧菌(*Hydrogenovibrio marinus*)在固定 CO_2 的同时还可分别积累大量的胞外多糖和胞内糖原型多糖。另外，还可利用真养产碱菌(*Alcaligenes eutrophus* ATCC17697T)固定 CO_2 生产聚-3-羟基丁酸酯(PHB)。

总之，随着新型固定 CO_2 的微生物不断被发现以及现代微生物育种技术的应用，将不断地选育出高效固定 CO_2 的新菌种，在固定 CO_2 的同时，实现 CO_2 的资源化。

6.7.2　微生物固定 CO_2 的生化机制

CO_2 固定的途径始于对绿色植物的光合作用固定 CO_2 的研究。1954 年，卡尔文等提出了 CO_2 固定的途径——卡尔文循环(Calvin cycle)。后来发现这个循环在许多自养微生物中均存在。但研究也表明，自养微生物固定 CO_2 的生化机制除了卡尔文循环外，还有其他的一些途径。已比较清楚的微生物固定 CO_2 的生化途径主要有以下几种：

1. 卡尔文循环

卡尔文循环一般可分为三部分：①CO_2 的固定；②固定的 CO_2 的还原；③CO_2 受体的

再生。其中由 CO_2 受体 5-磷酸核酮糖到 3-磷酸甘油酸是 CO_2 的固定反应；由 3-磷酸甘油醛到 5-磷酸核酮糖是 CO_2 受体的再生反应，这两步反应是卡尔文循环所特有的。一般光合细菌和蓝细菌都是以卡尔文循环固定 CO_2。另外，在嗜热假单胞菌、氧化硫杆菌、排硫杆菌、氧化亚铁硫杆菌、脱氮硫杆菌等化能自养菌中均发现了卡尔文循环的两个关键酶，即 1,5-二磷酸核酮糖羧化酶和 5-磷酸核酮糖激酶。整个卡尔文循环过程如图 6-50 所示。

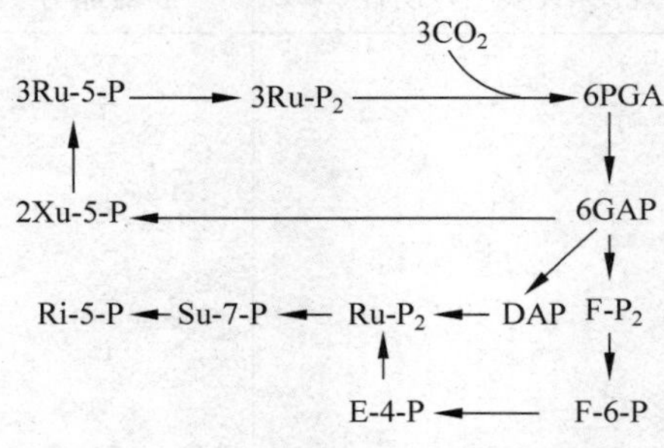

图 6-50　卡尔文循环过程

$Ru\text{-}P_2$：1,5-二磷酸核酮糖；GAP：3-磷酸甘油醛；PGA：3-磷酸甘油酸；
GAP：磷酸二羟丙酮；$F\text{-}P_2$：1,6-二磷酸果糖；F-6-P：磷酸果糖；
E-4-P：4-磷酸赫藓糖；Xu-5-P：5-磷酸木酮糖；
Ri-5-P：5-磷酸核糖；Ru-5-P：5-磷酸核酮糖

2. 还原三羧酸循环

从图 6-51(a)可以看到，这个循环旋转一次，便有 4 分子 CO_2 被固定。嗜热氢细菌(*Hydrogenobacter thermophilus*)、绿色硫磺细菌(*Chlorobiu limicola*)、嗜硫化硫酸绿硫菌(*Chlorobim thiosulfatophilum*)等都是以还原三羧酸循环固定 CO_2。

3. 乙酰辅酶 A 途径

以乙酰辅酶 A 途径固定 CO_2 的过程如图 6-51(b)所示。

甲烷菌、厌氧乙酸菌等厌氧细菌一般以乙酰辅酶 A 途径固定 CO_2。

4. 甘氨酸途径

厌氧乙酸菌从 CO_2 合成乙酸的生化机制一般有两种，除上述的乙酰辅酶 A 途径外，还有图 6-52 所示的甘氨酸途径。

总之，微生物固定 CO_2 的机理很复杂，不仅仅是上述四种。据报道，从一些极端微生物中，如高温光合细菌 *Choroflexus* 和高温嗜酸菌 *Acidianus* 发现了固定 CO_2 的有机酸途径。

6.7.3　微生物固定 CO_2 的应用

CO_2 是有机质及化石燃料燃烧的产物，它一方面是造成温室效应的废物，另一方面又是巨大的可再生资源。据统计，全世界仅化石燃料一项就产生 CO_2 57 亿 t/a。因此 CO_2 的资源化研究已引起人们极大的关注。其中，自养微生物在固定 CO_2 的同时，可以将其转化

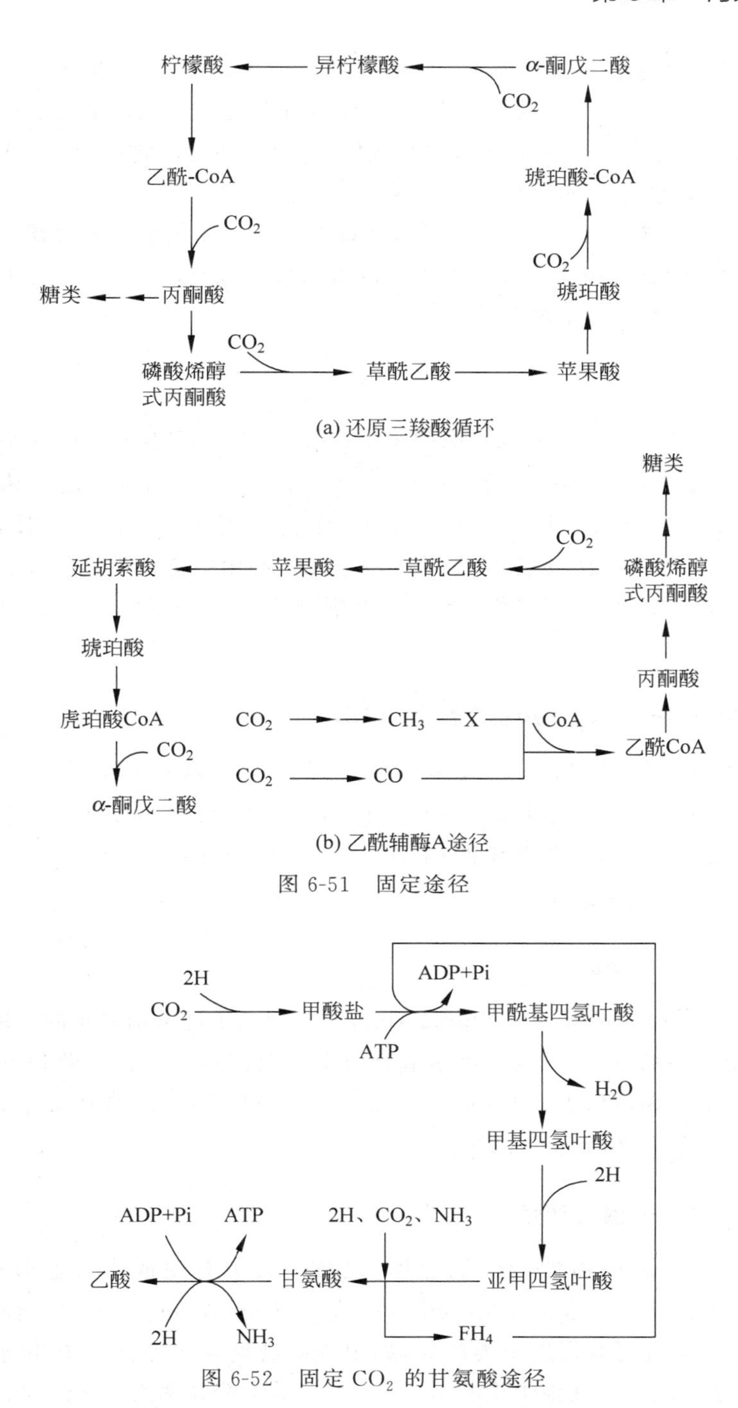

(a) 还原三羧酸循环

(b) 乙酰辅酶A途径

图 6-51　固定途径

图 6-52　固定 CO_2 的甘氨酸途径

为菌体细胞以及许多代谢产物，如有机酸、多糖、甲烷、维生素、氨基酸等。

1. 单细胞蛋白(SCP)

利用二氧化碳生产单细胞蛋白较有潜力的微生物主要是菌体生长速度快的微型藻类及

氢氧化细菌，如真养产碱菌（*Alcaligens eutrophus*）以 CO_2、O_2、H_2 及 NH_4^+ 等为底物合成的菌体，其蛋白含量可高达 74.29%～78.7%；嗜热氢细菌（*P. hydrogenthermophila*）的蛋白含量为 75%，而且这些氢细菌的氨基酸组成优于大豆，接近动物性蛋白，具有良好的可消化性。Yaguchi 等分离的可在 50～60℃下能够快速生长的高温蓝藻（*Synechococcus* sp.）倍增时间仅为 3 h，蛋白含量 60%以上。另外，在日本已经产业化生产螺旋藻（*Spirulina*）、小球藻（*Chlorella*）等微藻。由于藻体含有丰富的蛋白质、脂肪酸、维生素、生理活性物质等而作为健康食品及医药制品远销海内外。

2. 乙酸

现已发现利用 CO_2 和 H_2 合成乙酸的微生物有 18 种，醋杆菌属（*Acetocterium*）5 种，鼠孢菌属（*Sporomusa*）5 种，梭菌属（*Clostridium*）4 种，还有 4 种尚未鉴定。其中产酸能力最强的是醋杆菌（*Acetobacterim* BR-446），在 35℃、厌氧、气相 CO_2 与 H_2 的体积为 1∶2 的条件下摇瓶培养 BR-446，其最大乙酸浓度可达 51 g/L。利用中空纤维膜反应器和海藻酸钙包埋法培养 BR-446，其乙酸生产速率和乙酸浓度分别为 71 g/(L·d)和 4.0 g/(L·d)，2.9 g/L 和 4.0 g/L。

3. 生物降解塑料——聚 β-羟基丁酸酯（PHB）

利用真养产碱杆菌（*Alcaligenes eutrophus* ATCC17697），以 CO_2 为碳源，在限氧条件下闭路循环发酵系统中培养至 60 h，其菌体浓度高于 60 g/L，PHB 达 36 g/L。当采用两级培养法时（先异养生长，然后在自养条件下积累 PHB），PBH 的生产速率可达 0.56～0.91 g/(L·h)，PHB 浓度达 15.23～23.9 g/L。

4. 多糖（polysaccharide）

革兰氏阴性细菌（*Pseudomonas hydrogenovora*）在限氮条件下培养至静止期（30℃、76 h），可分泌大量的胞外多糖（12 g/L），其单糖组成为半乳糖、葡萄糖、甘露糖和鼠李糖。从海水中分离出的海洋氢弧菌（*Hydrogenovibrio marinus* MH-110），在限氧条件下培养 53 h，胞内糖原型多糖含量达 0.28 g/g 干细胞。

5. 可再生能源——藻类产烃

藻体中储藏着巨大的潜能，有“储能库”之称。其中有望成为工业藻种的有葡萄藻（*Bothyococcus braunii*）、小球藻（*Chlorella*）和盐藻（*Dunaliena salina*）三种。许多研究者发现，提高 CO_2 的浓度可以促进藻类产烃，如用透明玻璃管培养葡萄藻并通以含 1% CO_2 的空气，在对数期产烃量占细胞干重的 16%～44%，最大产烃率为 0.234 g/(d·g 生物量)，而在 12 h∶12 h 光暗比室外培养盐藻，产烃率可达 0.35 g/(L·d)。

6. 甲烷

从目前分离到的甲烷细菌的生理学特性可以看出，绝大多数甲烷菌都可以利用 CO_2 和 H_2 形成甲烷，而且个别嗜热菌产甲烷活性很高，如在中空纤维生物反应器中利用嗜热自养甲烷杆菌(*Methanobacillus thermoauttrophicum*)转化 CO_2 和 H_2，该反应器可保持菌体高浓度及长时间产甲烷活性，甲烷及菌体产率分别为 33.1 L/(L 反应器·d)和 1.75 g 细胞/(L 反应器·d)，转化率 90%。在搅拌式反应器中利用詹氏甲烷球菌(*Methancoccus jannaschii*)，80℃连续转化 H_2 和 CO_2(4∶1)，菌体和甲烷的最大比生产速率分别达到 0.56 h^{-1} 和 0.32 mol/(g·h)。

能够固定转化 CO_2 的微生物种类繁多，固定机理也比较复杂，但有望实现工业规模的目前主要是微藻和氢氧化细菌。前者存在的最大难点是如何提高密度，促进微藻生长和代谢；后者则是如何开发经济且无副产(或少副产)CO_2 的氢源。提高微生物固定 CO_2 的主要方法有：

(1) 利用基因工程技术构建高效固定 CO_2 的菌株；

(2) 开发具有高光密度的光生物反应器；

(3) 高效且经济的制氢技术。

CO_2 是不活泼分子，化学性质稳定。开发高效固定 CO_2 的微生物(生物催化剂)，则可以实现在温和条件下转化 CO_2 为有机碳，而且微生物在固定 CO_2 的同时，还可获得许多附加值很高的产品，因此温室气体 CO_2 的微生物固定在环境、资源、能源等方面将发挥极其重要的作用。

6.8　有害有机污染物的现代生物处理技术

有害化合物(hazardous chemicals)的共同特点是具有致畸、致突变和致癌作用。其中大部分是人工合成有机物。近年来引起广泛关注的是外源性化学物质(xenobiotic)，主要包括杀虫剂、除草剂、洗涤剂、溶剂等。溶剂的主要成分为石油化工产品的中间产物。

6.8.1　有害有机污染物降解的生态学基础

1. 微生物种群的协同作用

某些有害化合物在自然界中可能会经自然形成的微生物群体的协同作用而缓慢降解，关于多种有机化合物被多种多样的微生物降解及有机化合物在环境中经过生物及非生物过程的联合作用被降解的报道已有很多。但这些有害化合物对微生物群体来说仍然是新的挑战。微生物有可能通过多种途径来改变自身的结构信息，以获得对这类化合物的降解能力。一般来说，这需要一个漫长的过程来实现。与目前大量使用的运用现代技术合成的异型生物质相比，依靠微生物的自然进化过程显然远不能满足要求，而且长此以往将会造成整个生态系统的失衡。因此，研究一些可以使微生物群体在较短时间内获得降解该类异型生物质能力的方法就显得非常重要和迫切。

显然，在处理此类物质或含此类物质的有机废物时，采用传统的环境治理技术和方法已远不足以解决问题。为此，世界各国的科学工作者们做了大量工作，这包括通过长时间的驯化来得到具有一定降解能力的微生物群体；从特定的环境中分离纯化得到某些具有特定降解能力的微生物；通过基因工程手段来改造微生物，以使其具有特定的降解能力。这些微生物可以用于工程构筑物的启动。制备为菌剂，可以用作工程构筑物的抗冲击负荷制剂，也可在自然环境修复中使用。

在前面的章节中已经阐述了构建基因工程菌的作用和意义。在对有害化合物降解的研究中，人们逐渐发现混合培养比纯培养具有潜在的优势，特别在对大多数以混合培养为基础的传统废物处理系统（如活性污泥系统、厌氧消化反应器）进行比较研究后，在这一点上的认识得到了进一步明确。当侧重点放在需将有害有机物彻底矿化为 CO_2（好氧条件下）或 CO_2、CH_4、H_2S、N_2（厌氧条件下）时，混合培养就显得更为重要。因为单个生物不可能具有彻底矿化异型生物质的能力，而许多纯培养研究发现，在生物降解过程中会有毒性中间体累积，因此彻底矿化通常要求一个或一个以上营养菌群（如发酵-水解菌群、产硫菌群、产乙酸菌群以及产甲烷菌群等），通过多步反应将有毒化合物转化为无害终产物。

生物降解的起点是通过富集和筛选技术提高混合培养对有毒化合物的脱毒能力。微生物学家和基因工程学家对纯培养的研究是为了了解我们目前尚未明了的微生物脱毒的基本生化机理及其途径，由此得到了一些提纯的酶（如加氧酶和脱卤酶）及其相应的基因图谱。

与有毒化合物降解能力有关的不同种属之间的相互关系对混合培养十分重要。因为在建立一个有害化合物的代谢反应序列和了解单个微生物种或属在促进异型生物质生物降解中的协同作用时，必须了解对混合微生物之间的相互关系。下面将重点讨论混合培养中微生物菌群的生态学地位。

2. 微生物菌群的生态学功能

前已述及，混合培养比微生物纯培养能更有效地进行脱毒。随着分子生物学技术的快速发展，对微生物群落组成与功能的认识也逐步深入。对难降解物质降解与转化群落的研究一直是热点。基于单一微生物、两两微生物或更多微生物组合体系的研究工作，对在群落中个体微生物的角色与功能有了一些认识。但仍有一些问题需要深入研究，如实验室条件培养的群落在复杂环境中的行为，功能冗余微生物的行为规律等。

1）微生物群落的功能

许多有毒有害化合物的生物降解能通过两种或两种以上微生物的连续代谢活动实现。在这样的生物降解过程中，微生物组成成员分别发挥着不同的作用。

依据不同的代谢作用，可以将微生物群落分为 7 种：

（1）提供特殊营养物；

（2）去除生长抑制产物；

（3）改善单个微生物的基本生长参数（条件）；

（4）对底物协调利用；

（5）共代谢；

（6）氢（电子）转移；

（7）提供一种以上初级底物利用者。

2）微生物群落的生物降解功能

以协同代谢作用为基础的上述前 3 种微生物群落对于简单有机化合物的降解很重要，而包含微生物之间联系的后 4 种群落与较为复杂的有机化合物及异型生物质的代谢有关。

（1）提供特殊营养物

这类微生物群落的例子是，Stirling 等（1976）用环已烷富集分离得到的一个含有诺卡氏菌属(*Nocardia*)以及假单胞菌属微生物的群落,在该含两个菌属的群落中,*Nocardia* 能够单独氧化环己烷,但它只有在假单胞菌也存在的情况下才能生长,这表明 *Nocardia* 要求有生长因子,特别是生物素的存在。在 55～60℃条件下,从土壤中分离得到可在环己烷上生长的嗜热微生物菌群,该菌群能够在含环己烷的限制性无机培养基中生长,但其单个菌属则不能生长。在其他研究中也表明,嗜热菌群通常需要来自外部的有机生长因子。

(2) 去除生长抑制产物

第二类相互作用的代表是 Wilkinson 等从以甲烷生产单细胞蛋白的微生物中分离得到的 4 种微生物组成的群落。甲醇只有在被群落中存在的生丝微菌属(*Hyphomicrobium* sp.)消耗后,才不会对同化甲烷的假单胞菌起抑制作用。该群落中的其余两个成员是黄杆菌属(*Flavobacterium* sp.)和不动杆菌属(*Acinetobacter* sp.)。与硫酸盐还原及硫化物氧化有关的一个重要群落也具有产物抑制的排除作用。

(3) 改善单个微生物的基本生长参数(条件)

从苔黑酚(3,5-二羟基甲苯)中富集得到的一个由 3 种微生物组成的群落,包括降解苔黑酚的一株假单胞菌,另两个为短杆菌属(*Brevivacterium*)和短小杆菌属(*Curtobacterium* sp.)。它们只有在假单胞菌作为初级降解者存在时才能在苔黑酚上生长。该群落是第三类微生物群落的代表,它建立在改善单个微生物的基本生长参数的基础上。

(4) 对底物协调利用

建立在联合或协同代谢降解基础上的第四类微生物群落在有害化合物的降解中极为重要,其群落微生物成员不具备单独转化或降解有毒化合物的能力,而它们结合成的群落却能将化合物彻底矿化,其原因可能是单独菌种不具备一整套完整的有害化合物的降解酶系或基因成分。一个从除草剂茅草枯(Dalapon)上分离得到的多成员微生物群落,其对茅草枯的降解速率比单个降解速率之和还高 20%。Gunner 和 Zuckerman 报道了节杆菌属(*Arthrobacter* sp.)与链霉菌(*Streptomyces* sp.)降解土壤中杀虫剂二嗪农(diazinon)的协同代谢活性。两种微生物单独存在时均不能以二嗪农(diazinon)为唯一碳源进行生长。从降解表面活性剂 LAS(线性烷基苯磺酸盐)的活性污泥中富集得到的微生物群落由恶臭假单胞菌(*Pseudomonas putida*)、产碱假单胞菌(*Pseudomonas alcaligenes*)、球型节杆菌(*Arthrobacterglobiformis*)和粘质沙雷氏菌(*Serratia marcescens*)四种微生物组成,当两个成员或所有成员存在时,LAS 的降解和开环速率远远高于单个菌种单独存在时。有趣的是,该群落只有在四种菌都存在时才形成菌胶团,而菌胶团能够吸附化合物并促进化合物与降解微生物之间的接触。一个从土壤中分离得到的混合微生物群落显示出对苯乙烯的降解能力,在混合培养物中检测到了如苯乙醇、苯乙酸等中间产物,苯乙酸则由群落中的一种不能单独以苯乙烯为唯一碳源生长的微生物进一步代谢,在这些实验中,加入 4-叔丁基邻苯二酚(4-tertbutylcatechol)用于防止苯乙烯的自由基通过聚合作用形成聚苯乙烯。该混合培养物显示具有降解聚合物的能力。

(5) 共代谢

第五类微生物群落建立在共代谢的基础上。通常,在一种底物上生长的多种微生物能够在一个或一系列反应中转化或降解另一种共同底物,而上述反应与微生物能量的产生、碳的同化以及生物合成或生长没有直接关系。由于设计理想的富集或筛选程序比较困难,所以对共代谢还了解得不够清楚。值得指出的是,微生物群落中的某个微生物代谢产生的化合物,虽然其自身可能不能进一步利用,但群落中其他微生物却可能将其作为代谢底物。如果这些微生物不能利用该初始代谢底物,则对相互作用的群落而言是一个潜在的阻碍。

环烷烃能在自然界土著微生物的混合培养中被稳定代谢,但微生物纯培养时生长很差,可能其降解需要微生物群落的存在。例如,从广泛使用的农药对硫磷中富集分离得到的混合培养物,主要包括假单胞菌(*Pseudomonas*)、黄单胞菌属(*Xanthomonas*)和 *Brevibacterium*,它们都不能单独利用对硫磷作为生长的碳源与能源。

(6) 氢(电子)转移

第六类微生物群落形成的基础是微生物种属间电子(H_2 或甲酸盐)或其他营养盐的转移,作用的原理是微生物在厌氧条件下需要积累过剩还原价的受体。这类群落的典型例子是在发现由两种紧密结合微生物组成的甲烷生成群落 *Methanobacillus omelianski* 时得到的。该群落中,一种微生物是将乙醇氧化成乙酸和氢的"S 微生物",另一种是利用氢将 CO_2 还原为甲烷的产甲烷菌 *Methanobacterium*。它们的相互关系使得乙醇代谢可以连续进行,而甲烷的生成可以避免抑制性高浓度氢的累积。在厌氧环境下分离得到的类似群落还有许多,在其他的厌氧混合培养中,互生微生物将乙醇和脂肪酸降解为乙酸盐和甲酸盐,而后者被产甲烷菌继续降解。

已有报道表明,厌氧菌群能够降解许多芳香烃类。已分离得到的一组产甲烷菌群,可以在硝酸盐与硫酸盐缺乏的条件下将苯甲酸盐降解为甲烷和 CO_2。Healy 和 Young 从木质素芳香化合物中分离得到一组微生物群落,并且证实了其对芳香化合物,如邻苯二酚、肉桂酸、腐殖酸、苯酚、原儿茶酸(protocatechuic acid)、丁香醛和香草醛的开环作用。有研究表明,在反硝化的混合培养条件下,苯、甲苯、乙苯和二甲苯能够被降解。此外,对组成氯代苯甲酸降解菌群的三种微生物的研究表明,其中 DCB-1(一种脱氯微生物)将氯代苯甲酸脱氯,然后 BZ-2(一种苯甲酸降解菌)将苯甲酸降解为乙酸、氢和 CO_2,第三种微生物则是产甲烷菌 *Methanosprillum*(Strain PM-1)。

对于自然产生的复杂有机分子,如木质素和果胶,降解的潜在可能性已有报道。如以氢和甲酸盐转化为基础的厌氧菌群对有机酸和乙醇的降解潜力已被证实。在混合厌氧培养系统中,也发现不同菌种间氢与甲酸盐的转化具有比较重要的意义。也有报道发现将五氯酚(PCP)矿化为甲烷和 CO_2 的稳定颗粒厌氧菌群,该菌群主要包含共营养的产乙酸菌与产甲烷菌。

(7) 提供一种以上初级底物利用者

最后一类微生物群落存在的基础是有一种以上初级利用者存在。如通过连续富集培养得到含一种以上菌种的稳定菌群,该菌群中的多种菌均能够在所提供的唯一碳源和能源上生长,并完全代谢废物,为初级代谢菌。初级菌群中还存在次级微生物,为了获得自由竞争的稳定状态和避免培养物的流失,两者之间必然存在着相互作用。在除草剂对硫磷和苯甲酸中分离得到了这一类菌群,发现对硫磷被该菌群降解的速度远高于其初级微生物纯培养的情况,而这些初级微生物对整个菌群的降解成功可能非常重要。应用连续富集技术从河口沉积物中分离得到一类降解除草剂 Fenuron(*N*,*N*-二甲基苯-*N*-苯基脲)的微生物群落,包括三种 *Coryneforms* 菌、一种假单胞菌和一种 *Alcaligenes* sp. 菌。

对有害化合物而言,还很少有证据表明分离得到的微生物群落能在自然界中像在实验室内一样存在和起作用。但存在这样的可能性,即特定的微生物群体迅速结合形成一个特殊群落，以适应生物体外的特定环境与代谢挑战。

6.8.2　卤代烃类降解

卤代有机化合物被大量应用于各类工农业生产中，如化工合成中间体、润滑剂、绝缘剂、传热介质、增塑剂、农药等。每年全世界氯代苯的产量估计为 80 万 t，与碳氢化合物相比，卤原子的引入使卤代有机化合物的生物降解性大大降低。例如，短链烃是易于生物降解的，而氯代烷烃是难生物降解的，一般需要较长的启动时间才能开始降解。这类化合物最终进入环境以后，由于其难降解的化学结构，使它们在自然界中长期存在。用生物学或进化时间尺度的术语来说，微生物还没有足够的时间进化出降解这类化合物所必需的酶，但在特定条件下，微生物可以通过其具有较宽专一性的酶将这些化合物生物转化。

1. 卤代有机物在好氧混合培养条件下的微生物降解

许多与废物降解有关的代谢系统都利用分子氧。微生物对氧的需求有两种用途：一种是在有机底物氧化释放出电子和产生能量时用作最终电子受体；另一种是氧作为生化反应的底物并在进一步的代谢中被结合到有机产物中。氧的代谢重要性在于其高氧化还原电位(+0.86 V)，在正常条件下，氧是惰性的，O_2 的低反应活性是其电结构造成的。氧可以通过外部电子作用形成高反应性激发态，只有在激活以后才能与有机底物稳定反应。现在已知有约 100 种加氧酶可以催化 O_2 结合到有机物中。根据氧被结合进有机物的原子数，加氧酶可分成两类，双加氧酶催化氧分子的两个原子的插入，单加氧酶催化氧分子的一个原子的插入，而其余的氧被还原成水。

1) 卤代芳烃

卤代芳香化合物的生物降解是指其芳香环开裂形成中间代谢物及其有机卤素的矿化。生物降解的唯一重要限速步骤是卤素取代基从有机化合物中的脱除，它主要通过以下两种途径发生：

(1) 在降解的初期通过还原、水解或氧化分解去除机理消除卤素；

(2) 生成非芳香结构产物后通过自发水解脱卤或β-氧化消去卤化氢。

芳环(arene)-卤素键被认为是化学惰性的，且难以发生亲核取代反应，而水解通常要求极强的碱性条件，在强碱存在时，失去质子促使卤素离子脱除形成芳环，然后在亲核条件下转化为芳香化合物。在卤代芳香化合物中含有吸电子取代基，如—NO_2 或—SO_3H 时，亲核取代需要经过两步额外的消去机理。因为要求高活化能(氯苯 $E_a \geqslant 167.5$ kJ/mol)的强的亲核催化剂，所以微生物不可能含有直接水解碳-卤素键的酶系。因此，脱卤通常只有在卤代化合物经过转化形成不稳定碳-卤素键后才能进行。下面对两种不同脱卤途径进行讨论。

① 先脱卤后开环

Johnston 等报道了一株假单胞菌将 3-氯苯甲酸催化脱卤为 3-羟基苯甲酸和 2,5-二羟基苯甲酸。1975 年，Chapman 又发现几株微球菌可以将 4-氯苯甲酸转化为 4-羟基苯甲酸。而后又有几例相似的发现。1984 年，Mark 和 Muller 等用$^{18}O_2$ 和 $H_2{}^{18}O$ 进行脱氯反应，发现碳-卤素键的开裂与水有关而与 O_2 无关。图 6-53 为 3-和 4-氯苯甲酸水解脱氯的途径，在黄杆菌属（*Flavobacterium* sp.）和氯酚红枝杆菌（*Rhodococcus chlorophenolicus*）对五氯酚的降解中也同样发现氯被羟基取代的现象。

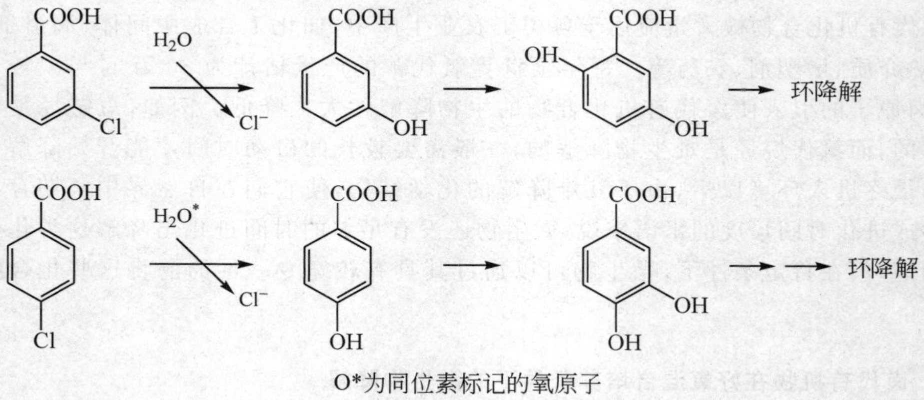

O*为同位素标记的氧原子

图 6-53　3-和 4-氯苯甲酸的水解脱氯

由双加氧酶催化的脱氯过程是卤代芳香化合物脱卤的另一个分支途径，氧被空间选择性地引入芳香环中并自发脱卤。Goldman 等报告了假单胞菌代谢氟代苯甲酸的机理，该微生物通过非选择性的苯甲酸-1,2-双加氧酶催化 2-氟-1,2-二氢-1,2-二羟基苯甲酸反应。在该反应中，占多数的 2-氟苯甲酸（大于 85%）自发脱氟生成邻苯二酚，并通过 3-氧己二酸（3-oxoadipate）途径进一步降解。这种从 2-氟-1,2-二氢-1,2-二羟基苯甲酸消除氟的途径可能是由加氧酶脱卤催化的，该酶的作用是将氧引入苯甲酸。这类反应通常要求有催化靠近羧基的羟基化反应的酶系参加。

② 先开环后脱卤

由于卤代芳香化合物不进行亲核反应，则可能在卤代芳烃初步转化为非芳香中间产物形成较弱碳-卤素键以后发生脱卤反应。该途径的共同特点是卤素去除都在卤代芳香化合物被转化为 3-氯邻苯二酚以后，开环过程都涉及催化非卤代同系物的降解酶，此时由于碳-卤素键较弱而脱卤自发进行。

大多数卤代芳香化合物都通过卤代邻苯二酚降解，而 3 位的异构体可能是主要代谢物。氯苯、氯苯胺、氯苯甲酸和包括五氯酚、氯酚乙酸[2,4-D,2,4,5-T（2,4,5-三氯苯氧乙酸）和 2-甲基-4-氯酚乙酸（MCPA）等]的氯酚以及氯代联苯，都最终被转化为氯代邻苯二酚。以酚乙酸为例，各类土壤细菌通过断裂醚键，将 2,4-D 转化为 2,4-二氯酚。所有利用卤代芳香化合物的细菌体系都利用邻位断裂途径的酶，而间位途径的关键酶，2,3-双加氧酶被 3-氯邻苯二酚生成的酰基氯不可逆地抑制了活力（图 6-54）。

2）卤代脂肪烃

卤代脂肪族化合物的广泛使用所造成的污染及其对生物的毒性已受到重视，通常认为作为脱油脂洗涤剂的氯代溶剂不能用传统的废水生物处理方法降解。几种最常见的有机挥发性化合物为：四氯乙烯（PCE）、三氯乙烯（TCE）、1,1,1-三氯乙烷（TCA）、顺-1,2-二氯乙烯（1,2-DCE）。这些化合物能在环境中持久存在并稳定迁移到地下水中。目前主要处理方法为将水抽至地表由曝气塔处理或用活性炭吸附去除，但这些方法成本较高且只是简单地

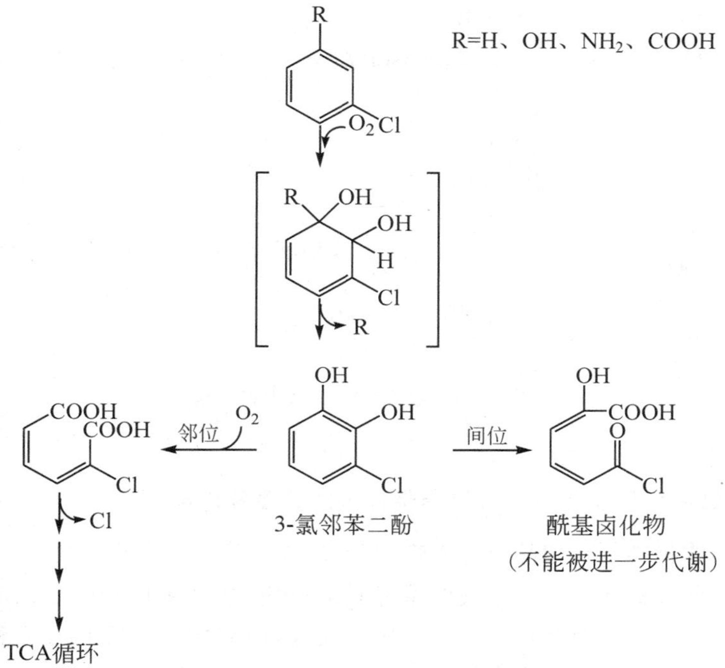
R
R=H、OH、NH2、COOH
O2
Cl
R
OH
OH
H
Cl
R
OH
COOH
COOH
邻位
O2
OH
Cl
Cl
间位
OH
COOH
O
Cl
Cl
3-氯邻苯二酚
酰基卤化物
(不能被进一步代谢)
TCA循环

图 6-54　开环后脱卤素

将污染物从一个相(水)转移到另一相(空气)中。

卤代有机化合物通常不易于被生物降解,例如,三氯乙烯(TCE)的半衰期为 300 d。但卤代化合物在特定条件下能被微生物降解,例如从暴露于天然气中的土壤中分离到的细菌能够氧化三氯乙烯,氯乙烯能够在微生物混合培养或纯培养下降解,而这些微生物本身具有代谢甲烷、丙烷、苯酚、甲苯和氨的能力。

卤代脂肪烃的氧化模式主要有以下两种:

(1) 利用烷烃的细菌通过加氧酶将分子 O_2 引入到有机分子中。加氧酶分为两种:单加氧酶与双加氧酶,它们在卤代烷烃氧化中的作用已经得到阐明,碳-碳双键的环氧化作用(epoxidation)或氧化作用被认为是卤代乙烯氧化的第一步,环氧化的中间产物可以自发通过一系列反应生成二氯乙酸、乙醛酸(glyoxylic acid)或其他一碳化合物。研究表明,在酸性条件下,三氯乙烯(TCE)环氧化物被转化为乙醛酸和二氯乙酸,而在碱性条件下,则生成一氧化碳与甲酸。甲烷营养菌群和其他好氧菌似乎能够通过单加氧酶或双加氧酶共代谢降解一些氯代甲烷、氯代乙烷、氯代乙烯。总的结论是,其氧化速率与化合物的氯取代程度成反比,高氯代化合物如四氯乙烯(PCE)难以被氧化,而氯乙烯(vinyl chloride, $CH_2{=}CHCl$)比二氯乙烯代谢快得多。

(2) 卤代脂肪烃的另一种氧化模式是一些能以这类化合物为唯一碳源和能源的微生物以卤代脂肪烃为初始底物代谢。例如,许多假单胞菌和 *Hyphomicrobium* 能将氯代烷烃作为初始底物代谢。研究表明,氯代烷烃的完全代谢有 3 种不同途径,见图 6-55。

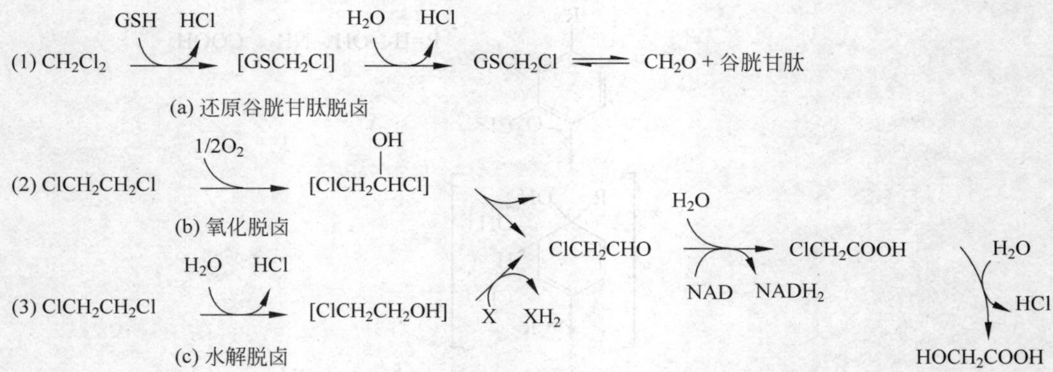

$$CH_2Cl_2 \xrightarrow[\text{(a) 还原谷胱甘肽脱卤}]{GSH \quad HCl} [GSCH_2Cl] \xrightarrow{H_2O \quad HCl} GSCH_2Cl \rightleftharpoons CH_2O + \text{谷胱甘肽} \quad (1)$$

$$ClCH_2CH_2Cl \xrightarrow[\text{(b) 氧化脱卤}]{1/2O_2} [ClCH_2CH(OH)Cl] \quad (2)$$

$$ClCH_2CH_2Cl \xrightarrow[\text{(c) 水解脱卤}]{H_2O \quad HCl} [ClCH_2CH_2OH] \xrightarrow{X \quad XH_2} ClCH_2CHO \quad (3)$$

$$ClCH_2CHO \xrightarrow[NAD \quad NADH_2]{H_2O} ClCH_2COOH \xrightarrow{H_2O \quad HCl} HOCH_2COOH$$

图 6-55 氯代烷烃的微生物降解

2. 卤代有机化合物在厌氧混合培养条件下的微生物降解

对厌氧微生物种类与代谢的研究发现,它们能降解许多有害化合物。值得注意的是,厌氧菌可以进行一些好氧条件下未发现的特殊脱毒反应,如高氯代脂肪烃、芳烃的还原脱氯,芳环到脂环结构的转化以及开环的还原作用。此外,厌氧微生物降解方法和方案已被发展用于混合培养体系去除残余有毒有机物的评价、监测和控制等方面。

1) 卤代芳烃

1982 年,有研究发现了卤代芳烃在厌氧混合培养下还原脱卤的现象。卤代苯甲酸在混合产甲烷菌富集培养下部分或全部降解为甲烷、CO_2 和盐酸。对卤代苯甲酸和卤代酚衍生物的一些研究发现,脱卤作用是一个氧敏感过程,一些卤素相继从芳烃上被还原脱除,在厌氧脱卤过程中没有比初始底物毒性更强的中间产物生成。以下分别以几种典型的卤代芳烃为例介绍其厌氧降解过程。

(1) 氯代苯甲酸

氯代苯甲酸长期被用作降解研究的典型化合物,因为它们是危险化合物之一,也是一些污染物,如多氯联苯(PCBs)、氯酚的降解中间产物,或是一些除草剂的组成成分。研究表明,在厌氧污泥混合培养中,85%的 3-氯苯甲酸被降解为 CH_4 和 CO_2,其中间产物为苯甲酸。另一些研究表明,底泥或污泥混合培养菌落可将一、二和三卤代苯甲酸脱卤,有趣的是,所有间位的氯被专一性地脱除。

从污泥中获得的将 3-氯苯甲酸脱氯的混合微生物中,分离得到了 7 种微生物,有 5 种是对碳流和电子流起主要作用的。它们分别为:DCB-1,脱氯微生物,生成苯甲酸;BZ-2,苯甲酸降解菌,生成 H_2 和乙酸;耗氢产甲烷菌 *Methanospirillum* 和 *Methanobacte-rium* 以及乙酸型产甲烷菌 *Methanothrix*,后者利用乙酸生成 CO_2 和 CH_4。DCB-1 是在脱氯纯培养中的一种厌氧菌,被命名为蒂杰氏脱硫念珠菌(*Desulfomonile tiodjei*)。

(2) 氯酚类

五氯酚(PCP)是氯酚中研究最广泛的,它们作为杀虫剂和除草剂在稻田与甘蔗田中应用较广。在洪水冲刷过的稻田中,发现五氯酚能够还原脱氯,其邻位与对位氯比间位氯更容易脱除。

在造纸和纸浆废水中，氯代芳烃，包括氯酚、氯代邻苯二酚和氯代邻甲氧基苯酚(chlorognaiacols)，在厌氧流化床反应器中可以被转化和降解。在新鲜污泥和微生物富集培养中都发现氯代邻苯二酚，如4-氯间苯二酚(4-chlororesorcinol)的还原脱氯作用，添加酵母浸膏或色氨酸酶(Trypticase)可以将脱氯速率从1.1 μmol/(mg·g)提高到2.6 μmol/(mg·g)，将延滞期从3周缩短为2 d。氯酚在厌氧反应器中比在曝气池或活性污泥法中去除要快得多。

已证实，氯酚在新鲜污泥中的降解经过邻位的还原脱氯。在分批培养中五氯酚(PCP)被逐步转化为3,4,5-三氯酚(3,4,5-TCP)、3,5,-二氯酚(3,5-DCP)、3-氯酚(3-CP)，最终代谢为CH_4和CO_2。因而五氯酚(PCP)脱氯是在邻位发生的，3,4,5-三氯酚通过相同途径生成4-氯酚。

图6-56所示为特定环境中获得的厌氧混合培养物颗粒在UASB反应器中对五氯酚的降解过程。反应经过2,4,6-三氯酚和4-氯酚最后转化为CH_4和CO_2。这些数据表明，间位脱氯是脱氯的起始步骤。在UASB反应器中，当颗粒污泥对五氯酚浓度的提高适应后，反应连续运行并回流，温度28℃，五氯酚的脱氯与降解速率达到0.4 g/(L反应器污泥床体积·d)。

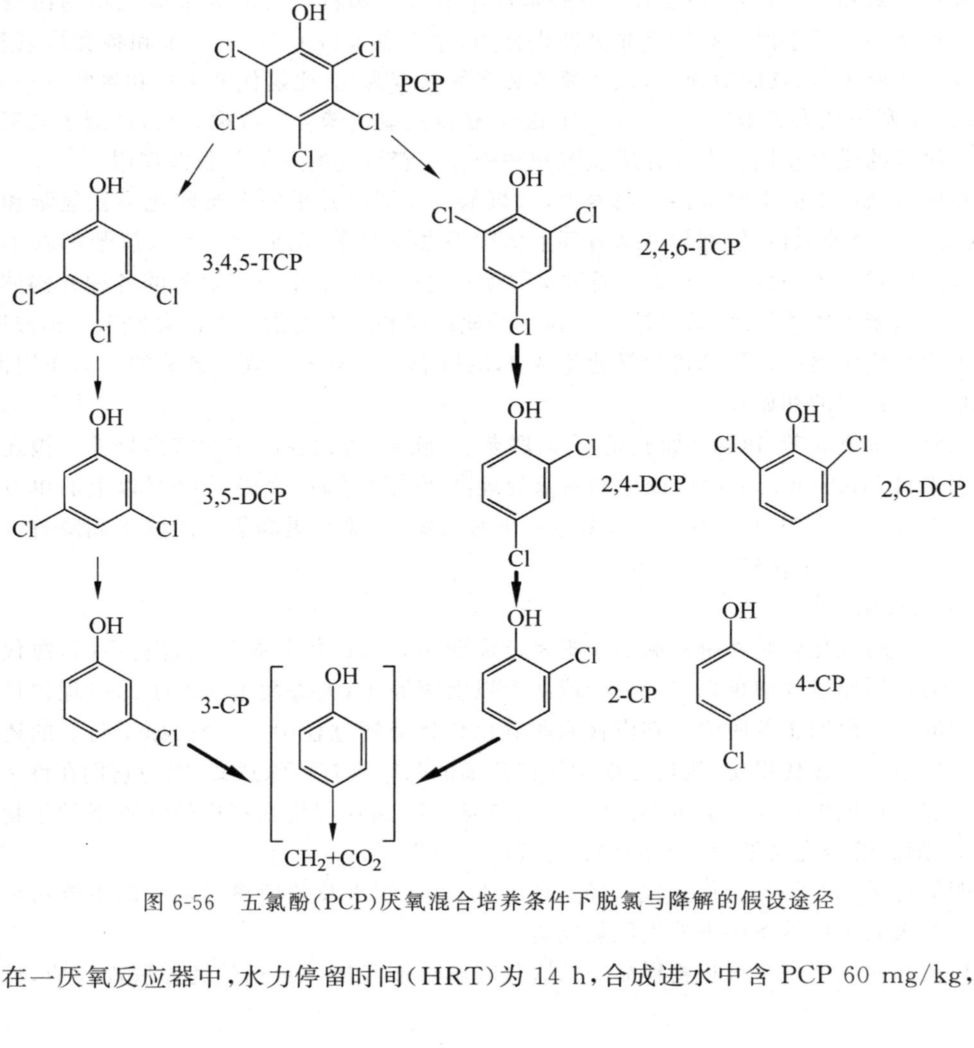

PCP

3,4,5-TCP

2,4,6-TCP

3,5-DCP

2,4-DCP

2,6-DCP

3-CP

2-CP

4-CP

CH_2+CO_2

图6-56　五氯酚(PCP)厌氧混合培养条件下脱氯与降解的假设途径

在一厌氧反应器中，水力停留时间(HRT)为14 h，合成进水中含PCP 60 mg/kg，厌氧出水中 PCP 未检出，连续运行，时间达 200 d 以上。当体系被抑制时，可以检测出一些中间产物，如 2,4,6-三氯酚、2,4-二氯酚和 4-氯酚，这表明还原脱氯最初发生在间位，这是厌氧菌群催化的一个主要途径。在分批培养研究中，2,4,6-三氯酚和 2,4-与 2,6-二氯酚不抑制厌氧颗粒污泥的生物催化，而 3,4,5-三氯酚毒性较大，3,5-二氯酚也有毒性。用放射性标记（^{14}C）的五氯酚开展的试验表明，75%的五氯酚被转化为$^{14}CO_2$ 和$^{14}CH_4$，这类具有特殊产甲烷厌氧颗粒污泥的五氯酚处理反应器，对处理氯代有机物污染的地下水和填埋渗滤液具有潜在应用价值。

另一项厌氧降解氯酚的研究表明，补充葡萄糖碳源对 2,4,6-氯酚的降解有明显的促进作用。推测氯酚的降解途径是：2,4,5-三氯酚→2,5-二氯酚和 3,4-二氯酚→3-氯酚；2,4,6-三氯酚→2,4-二氯酚→4-氯酚。研究分离到 3 株以 2,4,5-三氯酚和 2,4,6-三氯酚为目标代谢物的菌株，它们对氯酚具有较强的降解能力。通过脂肪酸分析对菌株进行了鉴定，分别是绿铜假单胞菌（*Pseudomonas aeruginosa* ds105）、绿铜假单胞菌（*Pseudomonas aeruginosa* ds56）、蜡样芽孢杆菌（*Bacillus cereus* ds56）。

（3）氯苯类

催化氯苯和多氯联苯（PCBs）还原脱氯的厌氧混合菌群有可能为水体沉积物污染问题提供一种生物处理手段。高氯代非极性化合物，如六氯苯（HCP）、三氯苯和各类多氯联苯，可以发生还原脱氯，其脱氯速率，以六氯苯和多氯联苯为例，比氯代苯甲酸和氯酚低得多。

Bailie 利用从大湖地区（the Great Lakes）获得的氯代苯分布数据，分析推测了厌氧沉积物中六氯苯的脱卤作用。发现在厌氧沉积物中存在着缓慢的六氯苯脱卤作用。

在厌氧条件下的下水道污泥培养中，六氯苯在 3 周内几乎完全被转化为三氯苯和二氯苯，脱氯经过两种途径，但都包括从芳环上依次消去氯原子，几乎所有的六氯苯都以 1,3,5-三氯苯的形式积累。1,3,5-三氯苯通过次要途径进一步脱氯生成二氯苯的各种异构体。三氯苯经二氯苯生成单氯苯，该反应活性在硫酸盐还原和产甲烷条件下都会发生。相似地，在厌氧生物膜反应器中六氯苯可以转化生成 1,3-和 1,2-二氯苯。就六氯苯的脱氯作用而言，乙酸是一个较好的初始碳源。

高氯代多氯联苯（PCBs，如五联苯、六联苯、二联苯）可以在沉积物富集培养中被还原脱氯。用来自 Hudson 河的混合微生物菌落处理高氯代联苯时，生成了 60%以上的单氯联苯和 20%以上的二氯联苯。由于好氧微生物不对五氯、六氯和更高氯代的联苯起降解或脱氯作用，因而这一点是比较有意义的。

2）卤代脂肪烃

卤代脂肪族化合物降解的起始步骤是还原脱卤。与卤代芳香族化合物不同，卤代脂肪族化合物在还原过程中可以失去一个或两个以上卤原子，失去两个卤原子的机理包括与双键相邻的两个卤原子的脱除。在卤代脂肪族化合物降解过程中，一个卤原子与氢的还原脱除占重要地位。氯代甲烷、氯代乙烷和氯代乙烯的归宿具有特殊意义，因为它们在许多地表层及亚表层环境中代表一类重要的污染物。1981 年，卤代甲烷在产甲烷条件下的生物转化被证实，随后的研究又发现氯乙烯和氯乙烷的脱卤作用。

四氯乙烯（TCE）与其他氯代乙烯是地下水、工业废水及填埋渗滤液中的主要污染物之一。可在厌氧纯培养条件下发生脱氯反应。

氯仿和四氯甲烷在沉积物样品中的厌氧降解可能经历一步初始还原脱卤反应，然后生

成 CO_2。卤代脂肪族化合物，包括四氯化碳、氯仿、三氯乙烷和四氯乙烷、四氯乙烯，在下水道污泥和地下水中厌氧区的产甲烷菌混合培养中可以被还原脱氯。还原型铁卟啉也显示出对上述一些化合物的脱氯作用。

6.8.3　农药降解

现代农业的发展建立在大量化学合成农药广泛使用的基础之上。农药，包括杀虫剂、除草剂、杀菌剂等，在防治农作物的病虫害、草害及家庭卫生、消灭害虫、疾病等方面作出了巨大贡献。但不可否认的是，农药从使用开始，就污染了自然环境，给人们身体健康带来了不利影响。

各种化学农药的共同特性是：①有毒性，对农作物的害虫、病菌、病毒或杂草有杀灭或抑制作用；②在自然界中比较稳定，不易分解，有足够长的有效期；③不易溶于水（以免很快被雨水或灌溉水带走），具有脂溶性，以便易于渗透进入害虫、病菌或杂草体内。既然农药对靶标动物、植物、微生物有灭杀或抑制作用，就很难避免对其他动物、植物、微生物和人类的伤害。

进入环境中的农药有些是可以生物降解的，如有机磷农药。有些则是难以生物降解的，如有机氯农药。环境因子，如土壤的 pH、温度、含水量、有机质含量、黏度及气候等均影响农药的降解。例如，在高温湿润、土壤有机质含量高和土壤偏碱性的地区，农药就容易被降解，微生物的降解作用占据主导地位。

1. 农药分子结构与微生物降解的关系

图 6-57 为几种农药的结构。农药因其在分子结构及理化性质方面不同，对生物降解的敏感性差别很大。芳香族化合物，如 2,4-二氯苯氧乙酸、4-氯-2-甲氧基苯氧乙酸、2-(4-氯-2-甲氧基苯氧基)丙酸、3,6-二氯-o-对甲氧基苯甲酸都是氯代化合物，它们在自然环境中的难降解程度不同。苯环上连接的氯原子数目和位置影响生物降解。苯环上取代氯的数目越多，降解越困难。以氯的位置而言，苯环上间位取代的类型最难降解，因此 2,4,5-T 的生物降解比 2,4-D 要难得多。在 20 d 内，2,4,5-T 几乎未被降解，但 2,4-D 在 10 d 内已降解了 90%以上。从苯氧羧酸类的脂肪酸侧链来看，凡属 ω-苯氧羧酸的侧链都很容易经 β-氧化而脱去，但 α-苯氧羧酸的侧链代谢则不易。许多研究表明，1-^{14}C 标记或 2-^{14}C 标记 2,4-D 的乙酸基团形成$^{14}CO_2$ 比 2,4-D 苯环上^{14}C 标记产生$^{14}CO_2$ 要快得多。Boy 等（1983）研究了具有不同取代基的苯酚化合物在消化污泥中完全降解所需的时间（表 6-16）。结果邻位、间位、对位硝基酚和甲氧酚较易消失，而氯酚和甲基酚所需时间较长。就是具有同一取代基的苯酚化合物，由于取代位置不同，其消失时间也不同。芳香环的羟基化和开环均受取代基的影响。除草剂苯胺灵施用后很快会被微生物产生的酰胺酶分解，以至需添加酰胺酶抑制剂才能发挥其药效。但带有一个叔胺基团的毒草胺，却不受酰胺酶的攻击，在土壤中能够存在相当长的时间。与 DDT 相比，甲氧 DDT 更容易被降解，其对位甲氧基可通过脱烷基而去掉，DDT 由于对位是氯取代基，其生物及化学稳定性远远大于甲氧 DDT。C. Lyons 等（1983）报道，在好氧条件下，苯胺及其苯环不同位置氯取代苯胺的降解速率依次为苯胺、3-氯苯胺（3CA）、4-氯苯胺（4CA）、3,4-二氯苯胺（3,4DCA）（递减）。在厌氧条件下，苯胺、3CA、3,4DCA 的降解速率基本相近，且相对速率较高。但 4CA 降解较慢。总的来说，结构

中带有易失电子取代基（如—OH、—COOH、—NH_2）的芳香族化合物要比带有易得电子取代基（如—NO_2、—SO_3H、—Cl）的芳香族化合物更易氧化降解。

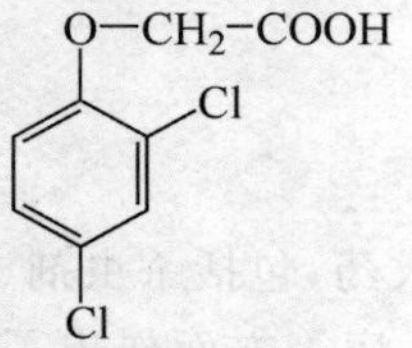

2,4-D 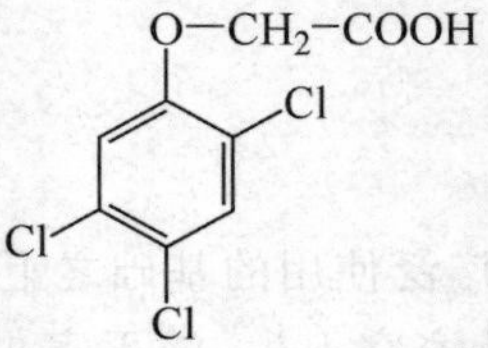　2,4,5-T 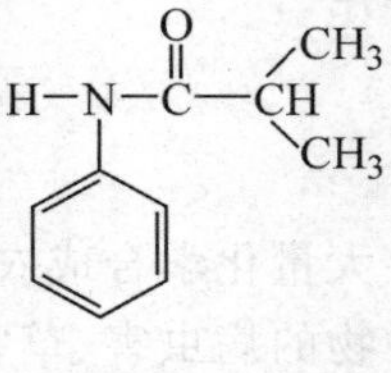　苯胺灵 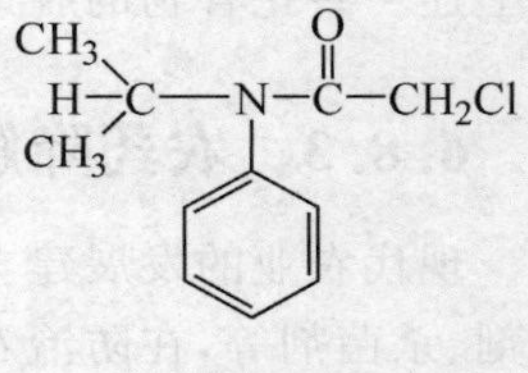　毒草胺

图 6-57　2,4-D、2,4,5-T、苯胺灵、毒草胺的分子结构图

表 6-16　具有不同取代基的苯酚完全降解所需的时间

化合物	时间/周		
	邻位	间位	对位
氯苯酚	3	7	①
甲氧酚	2	1	1
甲基酚	①	7	3
硝基酚	1	1	1
苯　酚		2	

① 8 周后仍存在。

如果进入环境，有机分子的降解将变得更加复杂，比如其结构中含有脂肪族以及芳环、烷烃环或杂环部分，要预测它们的降解模式是十分困难的。如果分子通过能够被微生物酶降解的酯键、酰胺键或醚键相连，最初的攻击反应通常发生在这些部位，产生的中间产物随后被降解。如果这样的攻击反应不能发生，降解则往往从分子末端脂肪烃开始。如果末端降解被复杂分支或其他取代基阻遏，攻击可能始于芳环末端。有些情况下，农药分子的一个部分对生物降解是敏感的，其他部分是难降解的。有一些酰替苯胺除草剂可被微生物酰胺酶打断，分子的烷基部分被矿化（转变成 CO_2 和水）。芳环部分由于连有氯取代基而使其结构趋于稳定，能抵抗微生物的矿化作用，但氨基基团可以参与各种生化和化学反应，结果使得这些除草剂生成极其复杂的多聚物和复合物。图 6-58 表示酰替苯胺除草剂敌稗的一些转化产物。微生物分泌的酰替苯胺酶断下酰胺部分，随后将其矿化。释放出的 3,4-二氯苯胺（DCP）经微生物氧化酶和过氧化物酶作用，发生二聚、多聚形成高度稳定的残留物，如 3,3′,4,4′-四氯偶氮苯（TCAP）和相关的偶氮化合物。这样的转化反应发生的原因有待研究探讨。它们可能在具有多种催化功能的微生物酶识别并作用于人工合成的残留物时偶然发生。某些情况下，就微生物本身而言是对残留物进行脱毒，但是最终这种合成转化作用增加了农药的稳定性和对环境的冲击，因为有一些合成产物对高等生物是有毒的或致突变的。

2. 农药浓度与微生物降解的关系

农药的种类不同对微生物的影响不同。农药的浓度同样影响其生物降解。有些农药在低浓度范围时对微生物是无毒害的，甚至可以刺激某一类微生物的生长。但在高浓度时，一般均会影响土壤中微生物的代谢活性。

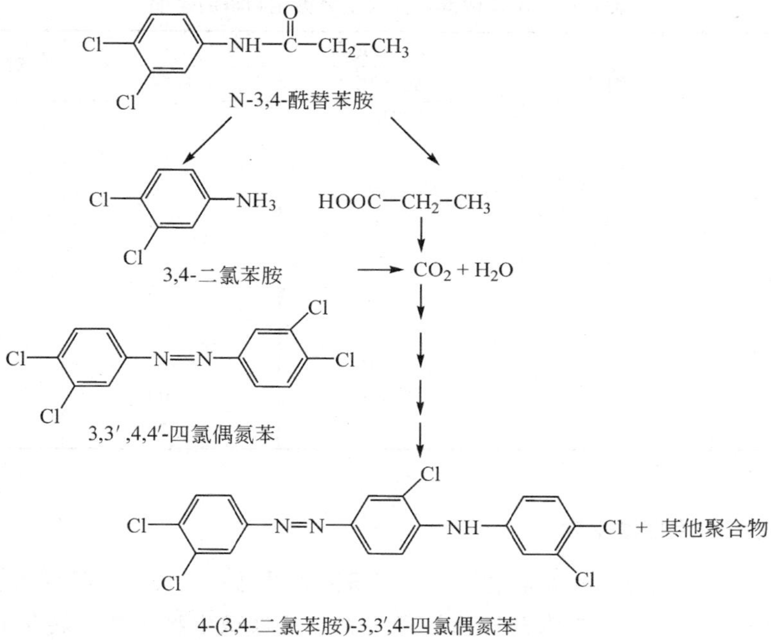

N-3,4-酰替苯胺

3,4-二氯苯胺

$HOOC-CH_2-CH_3$

$CO_2 + H_2O$

3,3′,4,4′-四氯偶氮苯

+ 其他聚合物

4-(3,4-二氯苯胺)-3,3′,4-四氯偶氮苯

图 6-58　酰替苯胺除草剂敌稗的微生物转化途径

表 6-17 列举了几种农药对土壤中主要的微生物群的毒害浓度范围。Bellwick 等对草原土样中不同起始浓度^{14}C 标记的 2,4-D 的降解情况进行了检测。56 d 后，起始浓度为 500 mg/L 的 2,4-D，剩余大约 90%。相比之下，起始浓度为 10 mg/L 时，只剩余 8%。Parber 等报道，在沙性沃土中，2,4-D 起始浓度(1.3～134 mg/L)与活性降解的延滞期直接相关。采用^{14}C 标记的 2,4-D 的研究结果表明，在不同土壤中高浓度的 2,4-D(5 000 mg/L 和 20 000 mg/L)抑制土壤微生物的降解作用。Bollen(1954)用 200 mg/L 的对硫磷处理土壤，酵母菌和细菌的数量明显增加。这种刺激作用的产生，一方面是由于农药抑制了某一类敏感微生物的生长，结果使得不敏感或能够降解它的相应菌群由于减少了竞争对手而大量繁殖，另一方面是死亡的菌体为存活的微生物提供了营养，促进其生长。但当浓度增加到 5 000 mg/L 时，会产生不良影响，微生物数量显著下降。Mancinelli 和 Shulls 在研究高浓度(0～6 000 mg/L)有机氯杀虫剂 DDT、DDD、DDE、狄氏剂、艾氏剂、七氯、氯丹、高丙体六六六和毒杀芬混合物对混合土壤细菌生物量的长期影响时发现，菌群中革兰氏阳性菌(G^+)菌数大幅度下降，革兰氏阴性菌(G^-)借助于外壁层脂多糖保护，受杀虫剂毒害的程度较低。耐受高浓度杀虫剂的细菌，细胞壁加厚，膜脂含量增加。Bothling 等的研究发现，过低的有机化合物的浓度也会影响自然生态环境中微生物菌群对其的降解作用。起始浓度为 47 pg/mL～47 μg/mL 的对氯苯甲酸和氯乙酸的生物降解速率随浓度的降低显著下降。当 2,4-二氯苯氧乙酸、α-萘-*N*-甲基氨基甲酸或由后者形成的萘酚以 2～3 ng/mL 或更低的起始浓度存在时，几乎不被微生物矿化，但起始浓度较高时，在 6 d 中，有 60%或以上被转变为 CO_2。据此推断，自然生态环境中，极低浓度的化合物可能是限制其生物降解的一个主要因素。值得注意的是，尽管有机化合物以极低的浓度或痕量的浓度存在于环境中，但它们可以经由食物链富集放大，最终危及许多物种和人类的生命安全。

表 6-17 不同浓度农药对主要微生物群的影响

农药名称	浓度/(mg/L)			对菌群的影响
	细菌	放线菌	真菌	
棉隆	150	150	150	有毒
威百亩	60	—	60	有毒
代森纳	50	—	50	有毒
五氯酚	2 000	2 000	2 000	有毒
艾氏剂	100	—	100	无毒
氯乙异丙嗪	70	70	75	无毒
DDT	100	—	100	无毒
二嗪农	40	40	40	无毒
六六六	1 000	1 000	1 000	无毒
氯双乙嗪	70	70	70	无毒

3. 降解农药的活性微生物

微生物是农药转化的重要因素之一。各国研究人员已从土壤、污泥、污水、天然水体、垃圾场和厩肥中分离到降解不同农药的活性微生物。活性微生物主要以转化和矿化两种方式,通过胞内或胞外酶直接作用于周围环境中的农药。值得注意的是,尽管矿化作用是清除环境中农药污染的最佳方式,但研究表明,自然界中此类微生物的种类和数目相当缺乏。然而转化作用却相当普遍。某一特定属种以共代谢的方式实现对农药的转化作用,同一环境中的其他微生物则以联合代谢的方式最终完成对它的完全降解。Munnecke 等报道,由 9 种细菌组成的混合培养物能够以对硫磷为唯一碳源和能源生长。对于 2-(4-氯-2-甲氧基苯氧基)丙酸的降解(至少达到开环的水平),混菌培养是必需的。在已分离和描述的细菌中,以假单胞菌、黄杆菌、无色杆菌和产碱杆菌为代表的 G^- 性菌占了主导地位。特别令人关注的是,这些菌株中大多数含有降解性质粒。1978 年,Fisher 等从争论产碱菌中首次分离出对除草剂 2,4-D 和 2-甲基-4-氯苯氧乙酸降解起决定性作用的 pJP1 质粒。同年,Thacker 等报道了凸型假单胞菌中能够降解杀虫剂烟碱的 NIC 质粒。1981 年,Don 和 Pemperton 从争论产碱菌和真养产碱菌中分离到 6 种 2,4-D 降解质粒。许多质粒具有广泛的宿主范围,几乎不受限制地在所有 G^- 菌中转移。土壤微生物菌群间降解能力的传递,加速了微生物菌群的进化,自然选育出新的基因型微生物,扩大了 G^- 菌群中的降解基因库,最终推动了各种有机污染物的降解。

除了从土壤中分离高效活性降解菌外,采用基因工程技术定向选育改良新菌,制造工程菌株的研究也取得了很多进展。构建的多功能农药残留物降解菌的降解活性明显高于本菌。

多数农药的微生物降解研究是在实验室纯培养系条件下进行的,这与自然性态中农药的降解行为相去甚远。消除农药在环境中的积累仍是一项艰巨的任务。

6.8.4 洗涤剂降解

合成洗涤剂用途广泛,几乎涉及家庭生活及工农业生产的各个方面,合成洗涤剂使用后大部分以乳化胶体状废水排入自然界。合成洗涤剂的主要成分是表面活性剂。根据表面活性剂在水中的电离性状，合成洗涤剂可分为阴离子型、阳离子型、非离子型和两性电解质型四大类。其中以阴离子型合成洗涤剂应用最为普遍。我国近年来生产的合成洗涤剂多属阴离子表面活性剂，以直链烷基苯磺酸钠(LAS)为主，其产量占合成洗涤剂总产量90%左右。

含LAS废水主要有以下特点：

(1) 废水中除含有表面活性剂LAS和其乳化携带的胶体性污染物外，还含有混合助剂、漂白剂和油类物质。污水中的LAS以分散和胶粒表面吸附两种形式存在。

(2) 废水一般偏碱性，pH一般8～11。废水中LAS含量有的高达上千毫克每升，如洗毛废水。有的只有十几毫克每升，如洗浴废水。COD值差异也很大。

(3) 废水中的LAS会造成大量不易消失的泡沫。

洗涤剂在水中的分解速率，主要取决于微生物的作用条件，并与洗涤剂中表面活性剂的化学结构有关。阴离子表面活性剂中，高级脂肪链最易受微生物的分解。其分解过程是，最初高级脂肪链经微生物作用形成高级醇类，然后进一步分解为二氧化碳和水。代谢的第一步均发生在烷基侧链末端甲基上，使甲基生成醇、醛，最后生成羧酸(图6-59)。此反应需要在有氧条件下进行。

$$RCH_2CH_3 \xrightarrow{+O_2} RCH_2CH_2OH \longrightarrow RCH_2CHO \longrightarrow RCH_2COOH$$

图6-59　烷烃的氧化途径

烷基苯磺酸的生物降解很可能生成苯甲酸或苯乙酸(图6-60)：

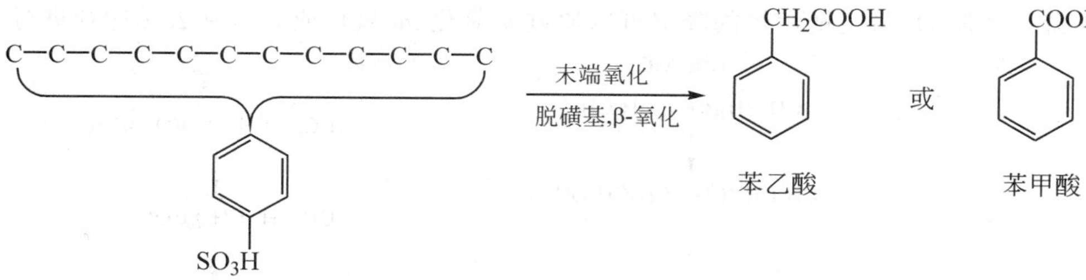

C—C—C—C—C—C—C—C—C—C—C—C

SO_3H

末端氧化

脱磺基,β-氧化

CH_2COOH

苯乙酸

或

COOH

苯甲酸

图6-60　烷基苯磺酸的生物降解途径

苯甲酸或苯乙酸可进一步由单氧合酶代谢为双酚类(如邻苯二酚)，然后双氧合酶使苯环破裂。苯环与末端甲基的距离越远，其烷基分解越快。

生物法是处理LAS废水的主要方法，包括活性污泥法、生物膜法等。可降解LAS的菌种包括邻单胞菌属的革兰氏阴性杆菌、黄单胞菌属的革兰氏阴性短杆菌等。一般废水处理条件下，LAS的去除率为80%～95%。有研究表明，用生物接触氧化法处理LAS废水，其去除率可保持在93%以上，最高可达98.8%。LAS在曝气处理时易产生大量泡沫，影响氧传递效率。因此，在好氧处理前，可采用不完全厌氧进行预处理。

合成洗涤剂污染水体时，除了表面活性剂带来的问题之外，其他多种助剂带来的环境问题也不容忽视。其中聚磷酸盐的问题较为突出。关于磷的去除已在前面讨论过。

6.8.5 石油污染物治理

石油是重要的能源物质，在石油开采、运输、加工、使用等过程中均可能产生对环境的污染。据统计，由于战争、海难及其他事故，每年都有数千甚至上万吨石油泄漏到海中。此外，也不乏石油泄漏问题引起水体、土壤等污染的例子。这类问题在世界范围引起了科学界广泛关注。

1. 生物降解

从来源上看，原油是远古时代的动物残骸经长期环境作用产生的物质，因而从原则上看，石油及其产品是能够被微生物尤其是细菌及真菌所分解的。在微生物学领域内，对原油生物降解问题的研究至少已经开展了50多年。已经发现细菌、真菌及酵母菌中有70个属的200多个种，可以生活在石油中，并经过生物氧化降解石油。

1）石油组分的生物降解

石油成分的代谢途径已研究得比较清楚。根据石油组分化学性质的差别，它们可以被直接矿化或经共代谢途径分解。

（1）烷烃（alkanes）

一般的烷烃可以通过单一末端氧化（momoterminal）、双末端氧化或称ω-氧化（diterminal或ω-oxidation）、亚末端氧化（subterminal）途径降解（图6-61）。烷烃（n个碳）的分解通常从一个末端的氧化形成醇开始，然后继续氧化形成醛（aldehyde）和羧酸（carboxylic acid），羧酸经过β-氧化形成乙酸乙酰辅酶A（AcCoA），羧酸链不断减短，形成两个碳的乙酸。乙酸从烷烃链上分离，经中心代谢途径分解为CO_2。支链的存在会增加微生物氧化降解的阻力，带支链烷烃的降解可以通过α-氧化、ω-氧化或β-碱基去除途径进行。

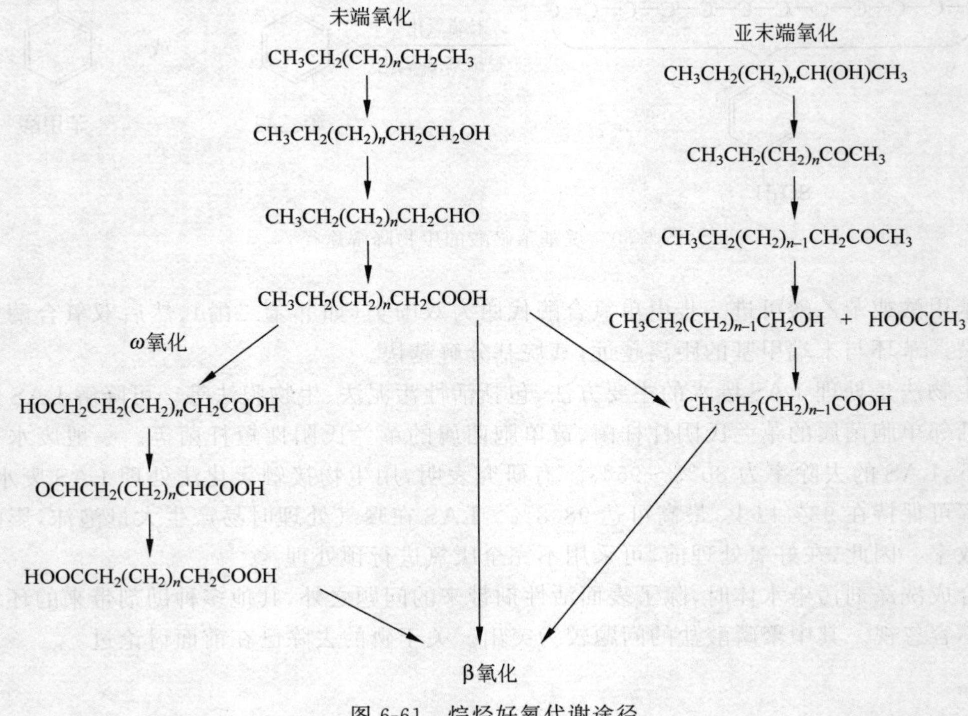

图6-61 烷烃好氧代谢途径

没有取代基的环烷烃是原油的主要成分，它对微生物的降解抗性较大，能在环境中滞留较长时间。尽管由于各种原因环境中广泛存在环烷烃，自然界却几乎没有利用环烷烃生长的微生物，但环烷烃的共代谢现象普遍存在(图 6-62)。环烷烃被一种微生物代谢形成的中间产物，如烷醇或烷酮可以作为其他微生物的生长基质，进一步开环。具有碱基取代基的环烷烃可以作为微生物生长基质。

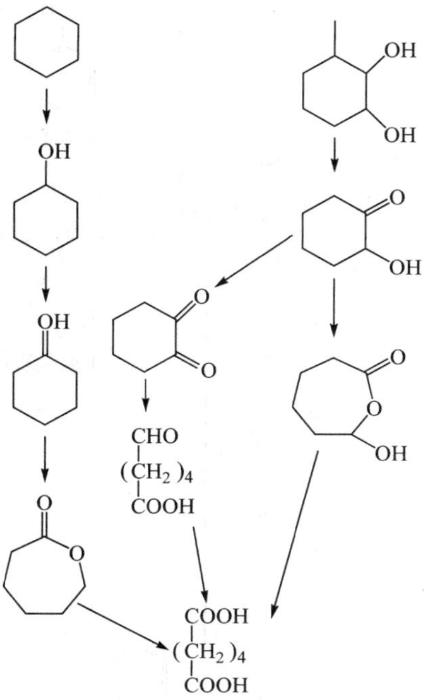

(2) 芳香烃

化石燃料油中的芳香烃化合物可能带有烷基或杂原子如氧、氮或硫原子取代基。自然界广泛存在以芳香烃化合物为生长基质的微生物，具有代谢聚合芳香烃及其烷基衍生物等化合物的能力。这些化合物包括苯、甲苯、4～5 个环的化合物，如苯并(a)蒽、苯并芘等。图 6-60 描述了芳香及聚合芳香化合物在好氧微生物作用下的代谢途径。最初的氧化是在双加氧酶的作用下结合分子氧中的两个原子氧形成顺二羟基醇(*cis*-dihydrodiol)，之后失去两个氧原子形成邻苯二酚。邻苯二酚在邻位或间位开环(图 6-63)，形成的中间代谢产物经中心代谢途径分解。

OH

OH

O

O

OH

OH

O

OH

O

O

O

O

OH

CHO

$(CH_2)_4$

COOH

COOH

$(CH_2)_4$

COOH

图 6-62　环烷烃降解途径

厌氧条件下芳香烃化合物生物降解已有一些研究工作。实验证明，在发酵、反硝化、硫酸盐还原、二价铁还原条件及产甲烷条件下芳香烃化合物可以发生降解。产甲烷菌可以降解芳香烃化合物，但发酵细菌先将有机化合物分解为甲烷菌能够利用的简单基质是至关重要的。关于芳香烃类化合物的厌氧代谢途径也有些假说，相关书籍中有介绍。

石油的分解过程主要是好氧过程。进入水体及土壤下层的石油在厌氧条件下能保存多年。但一些研究也发现了碳氢化合物在厌氧条件下分解的现象，这方面的研究工作还不多。

2) 环境因素对烃氧化微生物的影响

尽管石油及其产品的生物降解理论上可行，但在实际情况中由于各种因素的影响却遇到了许多困难。其中环境因素的影响是很重要的，有时是决定性的。

(1) 碳氢化合物种类

石油是多种碳氢化合物的复合体，一般而言，C_{10}～C_{18} 范围的化合物较易分解。烯烃最易分解，烷烃次之，芳烃难，多环芳烃更难，脂环烃类对微生物作用最不敏感。烷烃中，C_1～C_3 化合物如甲烷、乙烷、丙烷只能被少数具有高度专一性的微生物所利用。直链烃容易降解，而支链烃抗性较强。碳原子数 30 以上的化合物很难分解。芳香烃常与沉积物相结合，降解较为复杂。因此不同产地，甚至同一产地不同年代或时间生产的原油，所含烃类物质组成会有相当差异，它们被微生物降解的速率也会有很大差别。

(2) 烃类化合物的溶解度

烃类化合物在水中的溶解度较低，随链长及分子质量的增加溶解度降低。降解烃的细菌并不进入油滴内部，集中在油水界面上分解油滴。有学者提出乳化有利于微生物降解。

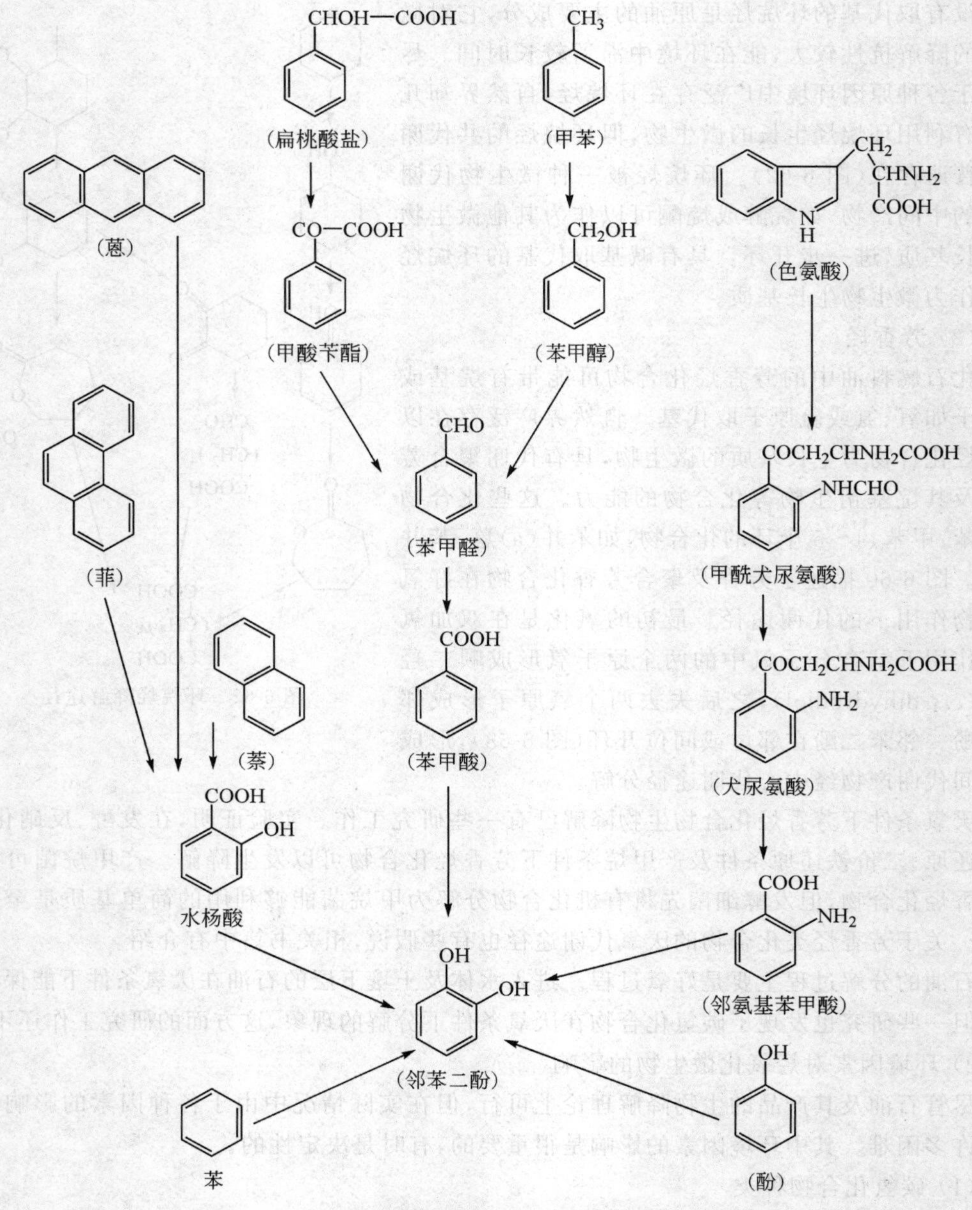

图 6-63 芳香烃化合物好氧代谢途径

（3）不同微生物种群对原油的降解能力不同

降解石油的微生物种类很多，已知大约有200种以上。在天然水域中细菌占优势，以假单胞菌（*Pseudomonas*）的一些种、棒状杆菌属（*Corynebacterium*）、分枝杆菌属（*Mycobacterium*）、微球菌属（*Micrococcus*）和无色杆菌属（*Achrbmobacter*）为主。降解石油的真菌也很多，主要包括青霉菌、曲霉菌、穗霉菌、蠕孢霉菌、拟青霉菌等丝状真菌，及酵母菌中一些种类。

不同污染现场的环境条件不同，存在的微生物种属会有差异，对原油的分解代谢能力也会有差别。实验室有关石油降解问题的研究多以纯种微生物为对象，尤其是关于代谢途径的研究。实际环境中总是多种微生物共存，共代谢现象普遍存在，代谢途径也会多样化，多种微生物的共存有利于原油的分解已得到证实。

(4) 温度及压力

烃类的降解受温度与压力的影响。一般温度升高分解速率加快，压力加大分解速率减慢。

(5) 溶解氧

烃类化合物的降解主要在好氧条件下完成。据计算，1 g 油中各组分完全矿化为 CO_2 和 H_2O 需溶解氧 3～4 g。在石油污染环境生物修复过程中往往需要补充溶解氧以促进石油的微生物分解。

(6) 营养盐

原油的主要成分是碳氢化合物。对微生物而言，石油污染会引起碳源过量，氮、磷及其他营养盐不足。添加氮、磷等营养物质多数情况下可以促进油的生物降解。

2. 生物修复

土壤及地下水中石油污染的生物修复已在上面一节讨论过。

石油泄漏造成海洋污染事件中最著名的当数 1989 年 3 月 24 日 Exxon Aldez 号油轮在美国 Alaska 州 Prince William Sound 附近触礁，4 200 万 L 原油泄漏，造成的大面积海水污染。首先采取的措施是用刮油器将水中的浮油收集起来，之后为解决大面积油污染问题开展了大量研究工作和实地修复努力。这项清除海岸原油污染的工作是迄今为止进行的规模最大的野外生物修复。

在这项修复中，营养盐的加入起了重要作用。要求加入的营养盐具有如下性质：其形式必须易于被微生物利用；不受潮汐、风暴作用的影响，保持在海岸线上；对土著微生物无毒。尝试了多种氮、磷营养盐，选用了亲油性肥料 EAP22^{TM}，其中氮源是含尿素的油酸，磷源是三磷酸酯。于 1989 年第一次向海域投加了氮、磷营养，两周后表层海岸石油明显去除，又经过一到两周后底层石油去除。EAP22^{TM} 的亲油性使其容易与表层油结合，不易沉到水底，为解决下层水体及沉积物的污染问题又选用了一种缓慢释放的含氮磷胶囊(Customblen^{TM})。泄漏事故 16 个月后的定量分析表明，60%～70%的石油被降解。之后，又对 117 km 海岸进行了处理，1990 年对其他区域投加了肥料。1991 年对仍含油的个别区域进行了处理。

6.9 重金属的生物处理技术

重金属通常指相对密度大于 4～4.5 的元素。在环境领域中重金属常被分为 3 类：

(1) 有毒重金属，Pb、Cd、Hg、Zn、Cu、Ni、Cd、As；

(2) 贵金属，如 Pd、Pt、Ag、Au 等；

(3) 放射性核素，如 Co、Sr、Cs、U、Th、Ra、Am 等。

重金属在工业领域的广泛应用和生产，使重金属资源出现了相对短缺。伴随而来的另一严峻问题是环境受到了重金属的污染，震惊世界的“水俣病”和“骨痛病”事件就是由于重金属汞和镉的污染而引起的。

表 6-18 列出了一些生产和使用重金属元素的主要工业部门，这些部门排放的废水中可能含有重金属离子，需要特别关注，进行适当的处理。

表 6-18　生产和使用重金属的主要工业部门

工业部门	重　金　属	可能含有的其他干扰物
采矿	以阳离子形式存在：Cu、Zn、Pb、Mn、U 等	Fe、Al
	以阴离子形式存在：Cr、As、Se、V 等	硫酸根、磷酸根
电镀	Cr、Ni、Cd、Zn	Fe，表面活性剂
金属加工	Cu、Zn、Mn	Fe、Al，表面活性剂
燃煤发电	Cu、Cd、Mn、Zn 等	Fe、Al
核工业	U、Th、Ra、Sr、Eu、Am 等	Fe
特殊部门	Hg、Au 及其他贵金属	

重金属是对生态环境危害极大的一类污染物，其进入环境后不能被生物降解，而往往是参与食物链循环并最终在生物体内积累，破坏生物体正常生理代谢活动，危害人体健康。

重金属的毒理毒性特点表现为 5 点：①在天然环境中长期存在，毒性长期持续；②某些重金属在微生物作用下可转化为毒性更强的金属有机化合物；③通过生物富集浓缩，参与食物链循环，在生物体内积累，破坏生物体正常生理代谢活动，危及人类，生物富集倍数可高达成千上万倍，成为重金属污染的突出特点；④重金属无论用何种处理方法都不可能降解，只会改变其化合价和化合物种类；⑤即使浓度很低，重金属也可以产生毒性，一般重金属产生毒性是 1.0～10 mg/L，毒性较强的重金属如汞、镉等毒性浓度在 0.001～0.1 mg/L。

因此，如何有效地处理重金属废水、回收贵重金属是环保领域中的一个突出问题。治理重金属污染的方法涉及物理的、化学的、生物的各种方法。传统处理方法包括化学沉淀法、化学氧化还原法、离子交换法、膜处理法和电化学法等。这些方法中，一方面，有些处理效果不好，难以满足越来越严格的废水排放标准；另一方面，有些在经济上不可行，很大程度上限制了它们的实际应用。各种方法的优、缺点如表 6-19 所示。

表 6-19　传统的去除重金属技术的优、缺点

方　法	优　点	缺　点
化学沉淀和过滤	简单，便宜	对高浓度废水分离困难，效果较差，会产生污泥
化学氧化和还原	无机化	需要化学试剂
	无机化	生物系统速率慢
电化学处理	可以回收金属	价格较贵
反渗透	出水好，可以回用	需要高压，膜容易堵塞，价格较贵
离子交换	处理效果好	对颗粒物敏感，树脂价格较贵
	处理效果好，金属可以回收	

续表

方　　法	优　　点	缺　　点
吸附	可以利用传统的吸附剂(活性炭)	对某些金属不适用
蒸发	出水好,可以回用	能耗高,价格较贵,产生污泥

利用生物技术,即利用微生物、动植物体进行污染修复或治理是重金属污染治理研究的主流方向。生物吸附法是利用某些生物体本身的化学结构及成分特性来吸附溶于水中的金属离子,再通过固液两相分离来去除水溶液中金属离子的方法。由于其高效、廉价的优点获得了较多的研究与应用。

6.9.1　生物吸附原理

1. 概述

重金属污染可用多种生物技术治理,微生物去除重金属的机理包括生物吸附、生物转化、沉淀等作用,如图6-64所示。在某些情况,如大流量低浓度有毒金属离子的去除、金属混合物中微量有毒成分的分离、贵金属的富集以及金属生物催化剂中污染抑制剂的消除等,需要使用具有高亲合力和专一性的金属吸附剂。生物吸附技术可以满足这一要求。通过生物分子在微生物表面的展示,不仅可增进微生物对金属的富集,而且菌体周围金属浓度的提高有利于金属离子与其他细菌结构成分(脂多糖、细胞质及外周胞质等)的作用,增加不同系统中金属与微生物的结合。

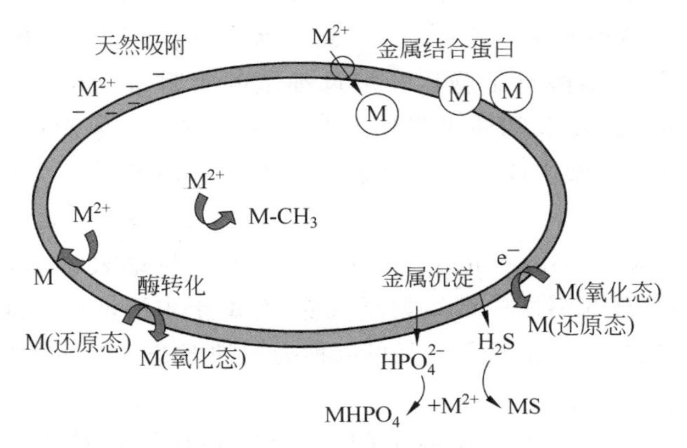

图6-64　微生物去除重金属的机理

生物吸附概念最早是由Ruchhoft在1949年提出来的,他利用活性污泥去除水中的放射性元素钚(Pu),并认为Pu的去除是由于微生物的繁殖形成具有较大面积的凝胶网,而使微生物具有吸附能力的结果。大量研究结果表明,一些微生物,如细菌、真菌、酵母和藻类等对金属有很强的吸附能力。

通常所说的生物吸附仅指失活微生物的吸附作用,而微生物活细胞去除金属离子的作用一般称为生物累积。因此生物吸附过程不包括生物的新陈代谢作用和物质的主动运输过程。生物活细胞作吸附剂时,这些作用可能会同时发生。一般认为生物具有的吸附能力与其细胞壁的结构、成分密切相关。

生物吸附主要是生物体细胞壁表面的一些具有金属络合、配位能力的基团起作用，如巯基、羧基、羟基等基团。这些基团通过与吸附的金属离子形成离子键或共价键来达到吸附金属离子的目的。与此同时，金属有可能通过沉淀或晶体化作用沉积于细胞表面，某些难溶性金属也可能被胞外分泌物或细胞壁的腔洞捕获而沉积。由于生物吸附与生物的新陈代谢作用无关，因此将细胞杀死后，经过一定的处理，使其具有一定的粒度、硬度及稳定性，更便于储存、运输和实际应用。

生物积累主要是利用生物新陈代谢作用产生的能量，通过单价或二价离子的转移系统把金属离子输送到细胞内部。由于有细胞内的累积，生物积累的去除效果可能比单纯的生物吸附好。但是，由于废水中要去除的金属离子大多是有毒、有害的重金属或放射性金属，它们会抑制生物的活性，甚至使其中毒死亡，并且生物的新陈代谢作用受温度、pH、能源等诸多因素的影响，因此生物积累在实际应用中受到很大限制。

2. 生物吸附机理

重金属离子与微生物细胞相互作用机制十分复杂，与重金属离子本身的特性、生物体细胞的状态（活性/非活性）、周围环境条件密切相关。下面根据金属离子被吸附除去的位置不同，来介绍微生物细胞与重金属离子的相互作用机理。

1）细胞外富集/沉淀

某些微生物可以产生具有络合或沉淀金属离子的胞外物质，如蓝细菌分泌的多糖等胞外聚合物（EPS），某些白腐真菌可以分泌柠檬酸（金属螯合剂）或草酸（与金属形成草酸盐沉淀）。在EPS研究中，有头细菌的研究最多，如动胶菌、蓝细菌、硫酸盐还原菌以及活性污泥，但是对真菌、酵母、藻类的研究相对较少。Suh等比较了酿酒酵母和真菌 *A. pullulas* 对 Pb^{2+} 的吸附。结果发现，活酵母细胞比死酵母细胞的吸附量大，初始吸附速率低；但是，*A. pullulas* 活细胞的吸附量和初始吸附速率都比死细胞大。他们认为，*A. pullulas* 分泌的胞外聚合物是导致两种微生物吸附性能差异的原因。EPS对 *A. pullulas* 吸附的 Pb^{2+} 的贡献率超过90%。

絮凝型酿酒酵母菌株（flocculent strain）可以在细胞壁表面分泌一种称为凝集素（lectin）的蛋白质，使菌株在溶液中产生絮凝效应，有助于水溶液中金属离子的去除。凝集素可以通过EDTA洗脱，从这个意义上又可以称为一种EPS。然而在某些反应条件下这种絮凝性消失。

Soares等发现，在活酵母吸附铜离子的过程中（铜离子毒性强，暴露于200 μmol/L Cu^{2+} 下5 min，95%的细胞已经失去活性），会释放出可以大量与铜络合的含氮的低分子质量化合物（在UV 260 nm具有吸收）以及无机磷酸盐，这可能是 Cu^{2+} 诱导细胞原生质膜的脂类过度氧化，使质膜发生选择性损伤的结果。这样尽管会增大细胞的通透性，但降低了细胞对 Cu^{2+} 的吸收，在利用活细胞修复重金属污染时需要考虑。他们没有检测到溶液中有蛋白质，这说明细胞没有破裂。酵母吸附 Pb^{2+} 时不释放这些物质，吸附 Cd^{2+} 时仅释放少量无机磷酸盐，这与金属离子浓度及其毒性有关。

2）细胞表面吸附沉淀

金属离子通过与细胞表面，特别是与细胞壁组分（蛋白质、多糖、脂类等）中的化学基团（如羧基、羟基、磷酰基、酰胺基、硫酸酯基、氨基、巯基等）的相互作用，吸附到细胞表面，该过程可能涉及的机制包括离子交换、表面络合、物理吸附(如范德华力、静电作用)、氧化还原或无机微沉淀等。

(1) 细胞表面组分的作用　利用甲醇、甲醛对废弃酵母进行修饰,发现羧基酯化作用和氨基甲基化作用严重降低了酵母对 Cu^{2+} 的吸附。戊二醛修饰没有什么影响,可能与其带有多种功能团有关。羧基吸附 Pb^{2+}、巯基吸附 Ag^{+} 的作用也得到证实。上述结果间接证明了细胞壁上蛋白质和糖类在生物吸附中的作用。蛋白质对金属离子具有强烈亲合力,除掉细胞壁中的蛋白质会使金属去除率下降 29.5%。溶液的 pH 可以影响细胞表面,特别是蛋白质的荷电性质,使其与金属阳离子竞争的水合氢离子,成为生物吸附中最重要的影响因素。研究表明,酵母细胞壁中的成分,如葡聚糖、甘露聚糖以及几丁质,对 Cu^{2+}、Co^{2+}、Cd^{2+} 的吸附容量都高于细胞壁,而且,细胞壁外层(甘露聚糖蛋白质层)比内层(葡聚糖-几丁质层)具有更重要的吸附作用。Simmons 和 Singleton 却指出,与完整细胞相比,分离出的细胞壁对 Ag^{+} 的去除贡献率低。不同菌龄细胞对 Ag^{+} 的吸附,主要与酵母内部成分的变化有关,而受细胞壁的影响很小。

(2) 离子交换机制　Brady 和 Duncan 在研究酵母吸附 Cu^{2+} 过程中,观察到细胞 70% 的 K^{+} 快速释放,随后,60% 的 Mg^{2+} 缓慢释放。这说明细胞表面吸附机理之一是离子交换。Vasudevan 等发现,失活质子化酵母吸附 Na^{+}、K^{+}、Ca^{2+}、Mg^{2+} 离子的过程伴随 H^{+} 离子释放。定量计算结果表明,一价金属(Na^{+}、K^{+})主要因质子交换机理被吸附(Na^{+}、K^{+} 吸附量与 H^{+} 离子释放量相当);二价金属(Ca^{2+}、Mg^{2+})的吸附量高于单价金属,吸附机理不限于质子交换。Kratochvil 和 Volesky 认为,离子交换是许多非活性真菌和藻类吸附金属离子的主要机理,而且,首先是羧基、其次是硫酸酯基和氨基,在生物吸附重金属离子中发挥了重要作用。

(3) 表面络合机制　细胞表面功能基团中的氮、氧、硫、磷等原子,可以作为配位原子与金属离子配位络合。据报道,Zn^{2+}、Pb^{2+} 可以与真菌 *P. chrysogenum* 表面的磷酰基和羧基形成络合物。溶液中出现的阴离子(EDTA、SO_4^{2-}、Cl^{-}、PO_3^{3-} 等)可以与细胞竞争重金属阳离子,形成络合物,从而降低金属离子的吸附量,这也可以从另一方面反映出络合机制的存在。

(4) 氧化还原机制　有研究表明,贵金属离子(Au^{3+}、Rh^{3+}、Pd^{2+}、Pt^{4+}、Ag^{+})可以被失活细菌或酿酒酵母细胞表面还原为相应的零价金属颗粒。利用 X 射线衍射(XRD)、红外光谱(IR)以及光电子能谱(XPS)技术,研究废弃酵母吸附 Au^{3+} 的结果表明,还原性糖(细胞壁肽聚糖层的多糖水解产物)半缩醛基团中的自由醛基,可以作为电子供体,将 Au^{3+} 原位还原为 Au^{0}。

(5) 无机微沉淀机制　这是易水解金属常见的吸附机理之一,例如 Pb^{2+} 的生物吸附。Marques 等报道,在非活性酵母吸附过程中,无缓冲水溶液体系的 pH 升高(从最初 4.5~5.0 升高到 7.0~8.0),导致形成沉淀,这是 Cu^{2+}、Cd^{2+}、Pb^{2+} 去除的部分或主要机理。实际上,Pb^{2+} 在反应之初即通过沉淀被快速去除(在 pH 4.5 时)。

3) 胞内吸附/沉淀/转化

活细胞新陈代谢能量将金属离子输送到细胞内部并沉积或转化,该过程涉及金属离子的运输机制和内部解毒机制。当系统中有过量金属离子存在时,活细胞可通过减少运输、阻渗等作用来降低金属在胞内的积累,从而减轻金属对细胞的毒性,构成细胞抗性。葡萄糖可以增强酵母对金属的吸收，也许与增强细胞膜转运蛋白的动力有关。不过，葡萄糖增强酵母对 Cr^{3+} 的吸收则与葡萄糖耐受因子 GTF（是低分子质量含 Cr^{3+} 络合物）有关。酿酒酵母对金属离子的运输机制以及金属离子敏感性调节机制，在分子水平上的研究已获得许多进展。

金属离子进入细胞后，通过区域化作用（compartmentalization）分布在细胞内的不同部位，可将有毒金属离子封闭（如进入液泡或线粒体）或与热稳定蛋白结合，转变成为低毒的形式，是更有效的解毒方式。据报道，活酵母吸收的 Sr^{2+}、Co^{2+} 积累于液泡中，Cd^{2+} 和 Cu^{2+} 位于酵母的可溶性部分。液泡缺陷型酵母对 Zn^{2+}、Mn^{2+}、Co^{2+}、Ni^{2+} 的敏感性增加，吸附量降低；但是，对 Cu^{2+}、Cd^{2+} 的吸附与野生型则没有明显的区别。胞内金属硫蛋白（metallothioneins，MT）相对分子质量低（2 000～10 000），富含半胱氨酸，可被金属 Cd^{2+}、Cu^{2+}、Hg^{2+}、Co^{2+}、Zn^{2+} 等诱导，并与这些金属结合。酿酒酵母菌中的金属硫蛋白（相对分子质量 6 500）只能经铜诱导产生，故称之为 Cu-MT 或酵母 MT。除金属硫蛋白外，具有储备、调节和解毒胞内金属离子的细胞硫醇还包括谷胱甘肽（glutathione，GSH）、植物凝集素（phytochelatins）和不稳定硫化物（labile sulfide）。GSH 是典型的低分子质量硫醇，是内生性 S 和 N 的一种保存形式，具备金属解毒功能。酵母中的 GSH 占细胞干重的 1%。与野生型酵母相比，GSH 缺陷型对 Te^{4+}、Zn^{2+}、Co^{2+}、Cu^{2+}、Mn^{2+}、Ni^{2+}、Cr^{3+} 的抗性没有明显改变，但增加了对 Se、Cd^{2+} 的敏感性以及吸附量，这说明酿酒酵母对 Te^{4+}、Zn^{2+}、Co^{2+}、Cu^{2+}、Mn^{2+}、Ni^{2+} 和 Cr^{3+} 的抗性不依赖于细胞硫醇化合物 GSH 活性，但 GSH 发挥了对 Se^{4+}、Cd^{2+} 解毒作用。

微生物还能通过氧化还原、甲基化和去甲基化等作用转化重金属，构成了某些金属还原菌对重金属（Cr^{6+}、U^{6+}、Te^{3+}、Co^{3+}、Se^{6+}、Pu^{3+}、Hg^{2+}，Mn^{4+}）的抗性和解毒机制。利用这些氧化还原作用，可以修复重金属污染。As（Ⅴ）的解毒机制之一是 As（Ⅴ）还原为 As（Ⅲ），该过程由砷酸盐还原酶催化。As 的抗性转运蛋白包括酵母 Acr3p 和 Ycf1p，它们提供了对 As（Ⅲ）的抗性。

在理解重金属离子-细胞相互作用机理的基础上，利用基因工程技术（包括细胞表面展示技术）来改善生物体的生物吸附性能，已经取得了进展。

6.9.2 生物吸附剂

1. 生物吸附剂的选择

常用生物吸附剂如表 6-20 所示。

表 6-20 生物吸附剂的种类

序号	种类	生物吸附剂
1	生物质	纤维素、淀粉、壳聚糖、植物秆
2	细菌	枯草杆菌、地衣型芽孢杆菌、氰基菌、生枝动胶菌
3	酵母	啤酒酵母、假丝酵母、产朊酵母
4	霉菌	黄曲霉、米曲霉、产黄青霉、白腐真菌、黄绿青霉、黑曲霉、芽枝霉、黑根霉、毛霉属
5	藻类	褐藻、鱼腥藻、墨角藻、小球藻、岩衣藻、马尾藻、节囊叶藻、海带

尽管许多生物材料能与重金属结合，但只有与金属结合能力强和选择性高的生物材料才能用于实际的生物吸附处理。生物吸附领域的第一个挑战就是从极多的可用的廉价生物材料中选择最具有发展前景的生物种类。人们对大量的不同种类的生物体在不同条件下的金属结合能力进行了研究。表6-21列出了几种具有吸附金属能力的生物种类，其吸附容量与合成阳离子交换树脂相当。

表6-21　生物吸附剂及其吸附容量

生物吸附剂	吸附容量/(meq/g)
Ascophyllum sp.	2～2.5
Eclonia radiata	1.8～2.4
Rhizopus arrhizus	1.1
Sargassum sp.(马尾草)	2～2.3
commerical resins(商业树脂)	0.35～5.0
peat moss(泥炭)	4.5～5.0

研究所用的生物吸附剂有的来自于实验室规模的培养，有的来自于一些发酵工业的废弃微生物，还有的来自于天然的水体环境中(如马尾藻等)，也有的用活性污泥作为生物吸附剂进行研究。

生物吸附剂的选择应从操作可行性及经济性等方面考虑：

(1) 吸附和解吸速率快；

(2) 生产成本低，可重复使用；

(3) 具有理想的粒度、形状、机械强度，便于在连续系统中使用；

(4) 与水溶液的两相分离应高效、快速、廉价；

(5) 具有选择性；

(6) 再生时吸附剂损失量小，经济上可行。

2. 生物吸附剂的预处理

对生物吸附剂进行一些物理、化学预处理，如用酸、碱浸泡或加热处理等，可以不同程度地改变其吸附能力。

Ting等对*Saccharomyces cerevisiae*吸附Cd^{2+}、Zn^{2+}的性能进行了对比研究。发现经过预处理(加酸煮沸、加碱煮沸、高压蒸汽、甲醛浸泡)的酵母细胞的吸附能力增强了。没经过预处理的细胞的吸附量只有1.9 μmol Zn^{2+}/g和1.6 μmol Cd^{2+}/g，而经过预处理的细胞的吸附量增加到了2.2～3.0 μmol Zn^{2+}/g和2.0～2.8 μmol Cd^{2+}/g。Ting等经过分析认为预处理使细胞的比表面积增大而导致了吸附量的增加。

吴涓等在研究白腐真菌对Pb^{2+}的吸附时，发现经过碱处理的白腐真菌的吸附能力可以大大提高。在最佳条件下(0.1 mol/L的NaOH溶液浸泡40 min)吸附量可以达到23.66 mg/g，较未经任何处理的白腐真菌的吸附量(16.06 mg/g)大大提高。碱处理可以去除细胞壁上的无定形多糖，改变葡聚糖和甲壳质的结构，从而允许更多的Pb^{2+}吸附在其表面上。同时NaOH可以溶解细胞上一些不利于吸附的杂质，暴露出细胞上更多的活性结合位点，使吸附量增大。此外NaOH还可以使细胞壁上的H^+解离下来，导致负电性官能团增多，吸附量也会增大。

Matheickal 等发现 *Durvilllaea potatorum* 经过预处理后（用 $CaCl_2$ 溶液浸泡后加热干燥）对 Cd^{2+} 的吸附量大大提高，达到了 1.12 mmol/g，远高于其他一些吸附剂的吸附量（小于 0.6 mmol/g）。强度试验、浸出性试验和膨胀性试验发现，经过预处理的微生物的物理稳定性也优于未经过处理的微生物，更适合实际操作的需要。

6.9.3 生物吸附的影响因素

影响生物吸附的因素很多，宏观上讲，包括生物吸附剂和被吸附离子本身的物理化学性质以及各种环境条件。以下将介绍 pH、温度、离子强度等环境条件对生物吸附的影响。

1. pH

由于 H^+ 与被吸附阳离子之间的竞争吸附作用，水溶液的 pH 是影响饱和吸附量的主要因素。所谓竞争吸附作用是指当溶液的 pH 很低时，H_3O^+ 会占据大量的吸附活性位点，从而阻止阳离子与吸附活性点的接触，导致吸附量的下降。但是 pH 过高也不利于生物吸附，原因是当 pH 过高时，很多金属离子会生成氢氧化物沉淀，从而使生物吸附无法顺利进行。一般认为，对大多数金属离子而言，生物吸附的最佳 pH 为 5～9。

2. 温度

研究表明，虽然温度过高或过低都会使饱和吸附量略有降低，但是总的来说温度对生物吸附的影响不如 pH 那样明显。并且由于升温会增加运行成本，因此在生物吸附过程中不宜采用高温操作。

3. 离子强度

目标金属离子以外的其他金属阳离子对生物吸附的影响主要体现在竞争吸附效应上。溶液中的阴离子也会对生物吸附产生影响，这主要是因为一些阴离子会与金属离子生成络合物，从而阻止生物吸附剂对金属离子的吸附，并且所生成络合物的稳定常数越大，这种影响越明显。

4. 竞争吸附

在实际应用中，很少有只含一种金属离子的废水，因此研究多种离子共存状态下的生物吸附性能非常必要。

由于生物吸附主要依靠生物吸附剂细胞壁表面上的化学基团来完成，因此对一个含两种或两种以上的金属离子的溶液，若不同种金属能被同一基团吸附，则其间的竞争就会不可避免地发生，这会导致某一种金属的吸附量比其单独存在时减少。若不同种金属被不同的化学基团吸附，则某一种金属的吸附量比其单独存在时没有显著的变化。

Pearson 在 1963 年根据金属离子配位能力的不同将金属离子分为三类：A 类，硬离子（"hard" ions）；B 类，软离子（"soft" ions）；C 类，边缘离子（borderline ions）。一般来说，硬离子，如 Na^+、Mg^{2+}、Ca^{2+} 等，易与含有氧原子的配位基配合，如 OH^-、HPO_4^{2-}、$RCOO^-$

等。而软离子，如 Hg^{2+}、Cd^{2+}、Pb^{2+} 等，易与诸如 CN^-、RS^-、SH^-、NH_2^- 等配位基以共价键配合。边缘离子的配位能力介于上述二者之间。根据上述理论，Tsezos 等把金属离子两两组合成五组（软-软，硬-硬，软-硬，软-边缘，硬-边缘），进行了竞争吸附的系统研究。通过研究发现：

（1）同类金属离子间发生显著的竞争吸附；

（2）不同类的金属离子间的竞争吸附效果不明显；

（3）其他类离子对边缘离子的吸附有一定影响。

牛慧等利用非生长产黄青霉，研究了 Zn^{2+}、Cd^{2+}、Cu^{2+}、Au^{3+} 这四种金属离子对 Pb^{2+} 吸附量的影响，结果发现 Cu^{2+}、Au^{3+} 对 Pb^{2+} 的吸附量无影响，Cd^{2+} 的存在使 Pb^{2+} 的吸附量略有增加，而 Zn^{2+} 的作用正相反。

吴涓等的结论与上述结论有不一致的地方。他们研究了白腐真菌对 Pb^{2+} 的吸附，发现 Zn^{2+}、Cd^{2+}、Cu^{2+} 三种离子当与 Pb^{2+} 共存时，均会使 Pb^{2+} 的吸附量减少。

如何用多参数的数学模型来描述多种金属离子间的竞争吸附是生物吸附研究中的一个重要方向。

6.9.4　生物吸附动力学

有学者认为生物吸附过程可以分为两个阶段。第一阶段发生在细胞壁表面，主要以物理吸附和离子交换过程为主。这一阶段进行得很快。第二阶段也称为主动吸附，主要以化学吸附为主，金属离子在这一阶段可以通过主动运输进入细胞内部。这一阶段要消耗细胞新陈代谢所产生的能量，进行得很慢。

Raokarna 等研究了 *Neurospora crassa* 对 Co^{2+} 的吸附。发现吸附开始 24 h 后，吸附量可达到饱和吸附量的 90%～95%。在 48 h 后，吸附已经基本完成。Xie 等研究了 *Z. ramigera* 对 Cu^{2+}、Ni^{2+}、Co^{2+}、Zn^{2+} 的吸附，指出吸附过程在开始后的 15 min 内可以完成 80%～90%。Brady 等研究了酿酒酵母（*Saccharomyces cerevisiae*）对 Cu^{2+} 的吸附。通过分析吸附量-时间关系曲线，发现整个吸附过程分为两个阶段，第一阶段进行相当快，而第二阶段进行得很慢。特别当 Cu^{2+}/吸附剂＜100 nmol/mg 时，第二阶段根本不发生。所以，Brady 认为这两个阶段是相互独立的两个过程。

Philip 等通过研究 *Pseudomonas aeruginosa* 对 Cu^{2+} 的吸附得出与 D. Brady 等同样的结论。Philip 等认为整个吸附过程（两个阶段）可以在 24 h 内完成，其中第一阶段主要是金属离子与细胞壁间的离子交换过程。Philip 还用电镜观察了吸附后的细胞，发现细胞内部确实有金属离子的存在，这从另一个方面证实了第二阶段的存在。

生物吸附金属离子的过程，常用 Lagergren 准一级速率方程、准二级速率方程来描述，二者都是基于固相吸附容量。

Lagergren 准一级速率方程：

$$\frac{dq_t}{dt}=k_1(q_e-q_t) \tag{6-4}$$

式中，q_e 为细胞吸附金属离子的平衡吸附量，mmol/g；q_t 为在反应 t 时刻金属离子的吸附量，mmol/g；k_1 为准一级速率方程常数，1/h。积分后利用边界条件 $t=0$ 到 $t=t$ 以及 $q=0$ 到 $q=q_e$，得到如下积分表达式：

$$\lg(q_e - q_t) = \lg q_e - \frac{k_1}{2.303}t \tag{6-5}$$

初始吸附速率 v_1(mmol/(gh)):

$$v_1 = k_1 q_e \tag{6-6}$$

准二级速率方程,由 Ho 等提出:

$$\frac{dq_t}{dt} = k_2(q_e - q_t)^2 \tag{6-7}$$

上式中,k_2 是准二级速率方程常数,g/(mmol·h)。根据边界条件 $t=0$ 到 $t=t$ 以及 $q=0$ 到 $q=q_e$,得到如下积分表达式:

$$\frac{1}{q_e - q_t} = \frac{1}{q_e} + k_2 t \tag{6-8}$$

将式(6-8)重排,得到:

$$q_t = \frac{t}{\dfrac{1}{k_2 q_e^2} + \dfrac{t}{q_e}} \tag{6-9}$$

令初始吸附速率 v_2(mmol/(g、h))为

$$v_2 = k_2 q_e^2 \tag{6-10}$$

将式(6-8)代入式(6-7),得到准二级速率方程的线性表达式:

$$\frac{t}{q_t} = \frac{1}{v_2} + \frac{t}{q_e} \tag{6-11}$$

从报道的大多数生物体细胞吸附重金属离子的过程来看,准二级速率方程比准一级速率方程能更好地拟合细胞对离子的吸附过程,这说明质量扩散步骤对吸附速率的影响可以忽略,限速步骤是化学吸附过程。准二级速率方程拟合失活质子化酵母对 Ni 的吸附,线性相关系数大于 0.97,当 Ni(Ⅱ)初始浓度从 10 mg/L 增加到 200 mg/L,平衡吸附容量从 2.23 mg/g 增加到 9.31 mg/g,速率常数值 k_2(g/(mg·min))从 2.15×10^{-2} 下降到 8.27×10^{-3},而初始吸附速率 v_2(mg/(g·min))从 0.717 增加到 0.107。失活质子化酵母吸附 Cd^{2+} 的过程,取决于水溶液中细胞可获得的金属离子浓度,并且表现为四个阶段,每个阶段都符合准二级速率方程,初始吸附速率逐级降低。

Singh 等报道了微生物吸附 Ni^{2+}、Cr^{6+} 也符合准二级动力学方程。同时发现,初始吸附速率与离子初始浓度不成比例,颗粒内扩散速率参数与离子初始浓度没有直接关系,表明外部质量转移以及颗粒内扩散都不是限速步骤。

Madrid 等发现,CH_3Hg^+ 在 2~3 min 内完全被酵母吸附,不出现饱和现象;但 Hg^{2+} 的积累就慢得多,3 h 后仅吸附去除 20%。Hg 在 24 h 内的吸附过程符合 Michaelis-Menten 方程。

基于 Cr^{6+} 在 pH=2 以下的还原机理,Park 等提出了一种简单形式的速率方程,拟合了四种失活真菌(包括酿酒酵母)对 Cr(Ⅵ)的生物吸附过程:

$$\frac{d[Cr]}{dt} = k[Cr][OC] \tag{6-12}$$

式(6-12)中[Cr]、[OC]分别代表 Cr(VI)和能还原 Cr(Ⅵ)的等价有机化合物(mmol/L),k

是吸附速率常数。拟合结果证实：Cr(Ⅵ)是通过氧化还原反应去除的。

Dodic 等利用 KEKAM(Kolmogorov-Erofeev-Kozeeva-Avrami-Mampel)方程描述活酵母对 Zn 的吸附动力学，平均相关系数为 0.96。KEKAM 是由俄罗斯科研小组提出的可描述局部化学反应的一种模型。

6.9.5　生物吸附应用中需注意的问题

1. 生物吸附剂的形式对金属去除率的影响

对生物吸附现象的研究表明，与合成的离子交换树脂极为类似，生物吸附剂也可制成不同的离子形式，通过酸、盐或碱洗生物吸附剂可将其制成氢型(H 型)或 Ca^{2+}、Mg^{2+}、Na^{+} 等饱和型。因此，为保证生物吸附柱的最佳工作效果，用何种离子形式的吸附剂去除金属及用何种化学药剂洗脱金属的问题值得研究。

吸附柱的整体工作效果与吸附和再生时形成的离子交换带的长度和形状有很大的关系(图 6-65)。交换带在吸附柱的重金属饱和部分与含新鲜生物吸附剂的部分之间形成。当生物吸附剂进行吸附或再生时，交换带与液流同向沿柱移动(通常向下)。当吸附饱和带达到柱尾时，出流中的金属浓度突然增大，吸附柱的服务期结束——这是穿透点。穿透发生之前的时间是柱的服务期。显然，柱中的动态离子交换带越短，柱的服务期越长，柱中的被充分利用的吸附剂部分越大。相应地，对于饱和吸附柱的解吸过程，动态离子交换带越短，再生越有效，为一条陡的穿透曲线。这时，吸附的金属以很高的浓度从柱中流出到少量的洗脱液中。

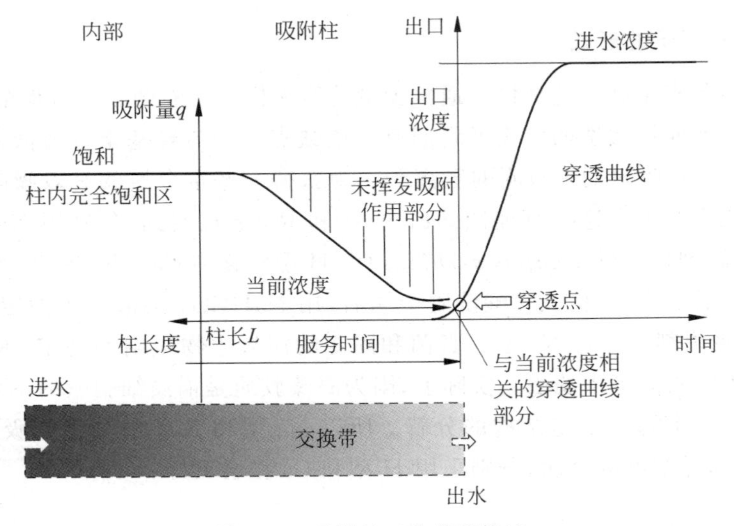

图 6-65　吸附柱工作状况描述

当金属穿透吸附柱时，在柱的出口端检测到与柱内当前浓度相同的金属浓度，此时吸附柱的服务期结束。然而此时吸附柱交换带的吸附容量并没有完全饱和，因此应减小交换带的大小。

不同的吸附剂对吸附质的亲合力不同，应用时必须考虑这种差异。如当吸附 B 饱和再吸附 A 时，会出现两种不同的运行状况，可以在柱的穿透曲线形状中反映出来(图 6-66)。如果 A 的亲合力大于 B 的亲合力，柱中形成的吸附带短且沿柱移动时保持形状不变。而当

B的亲合力大于A的亲合力时，柱中形成的吸附带长且沿柱移动时趋于变宽。这表明，只有在吸附质的亲合力高于已在柱内饱和吸附质的亲和力时，才能实现高效率的吸附柱吸附容量利用和再生。因此，在选择吸附质或再生液的离子形式时，必须保证A的亲合力大于B的亲合力。

因为生物吸附过程是一个有毒重金属被无毒物种置换的过程，所以氢、重金属和轻金属在亲合力序列中的相对位置决定了离子形式和再生剂的适宜形式。系统研究与建立包括重金属、轻金属和氢等对于给定生物吸附剂的亲合力序列，对于生物吸附剂的应用是有益的。

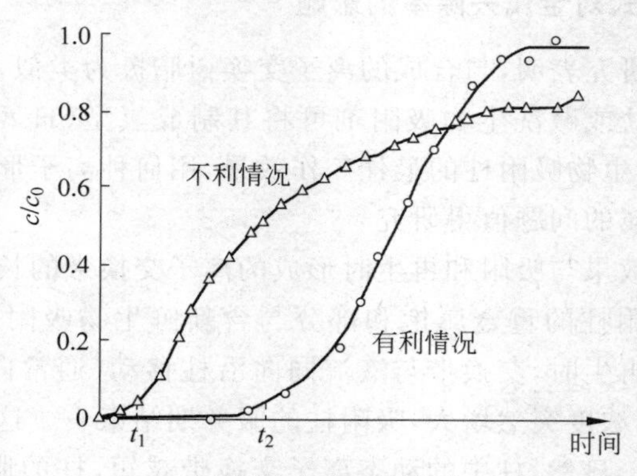

图 6-66　实测的生物吸附柱穿透曲线

不利的穿透曲线形状是平缓和有较长拖尾的，表明柱内交换带长，交换容量浪费大。理想的穿透曲线形状是较陡峭的，表明柱内交换容量利用充分。

2. 选择羟基离子的形式

羟基对氢离子有很高的选择性。通常少量的稀无机酸就能彻底地将重金属从生物吸附剂上解吸下来。然而用酸洗的生物吸附剂有一些缺点——与羟基亲合力低，重金属不能置换被H^+饱和的生物吸附剂中吸附的氢离子。为获得一些重金属的有效吸附去除率，在工作前要求部分或完全中和这些官能团。Fourest 和 Roux 观察到，分别用$NaHCO_3$溶液和水洗，将生物吸附剂根霉(*Rhizopus arrhizus*)由H型转化为Ca/Mg型，生物吸附柱的吸附力增加3倍多。类似地，其他人在酸洗脱金属后，用$NaHCO_3$溶液再生固定在多矾珠中的泥炭-地衣生物吸附剂。尽管Na型的真菌和固定的泥炭生物吸附剂稳定，但Na型的海藻胶质被从海藻生物吸附剂中滤去。实际上，因为海藻胶质是褐藻细胞壁的主要组分，所以它的溶解可能导致整个海藻细胞结构的分解。所以Na型和K型海藻生物吸附剂是不稳定的，对高浓度的和低浓度的金属，分别采用H型和Ca型会更好。

3. 废水组分的影响

生物吸附法的可行性和有效性不仅取决于生物吸附剂的性质，而且取决于废水组分。污水处理中新技术的可靠性常由处理特定工业废水中试试验的成功与否确定。在倾向于使用生物吸附法的潮流中，有时会忽视试验的作用，废水组分的复杂性常常给生物吸附处理带来一些限制或潜在的风险。

大多数工业废水含不止一种有毒重金属。所以柱中的生物吸附剂存在离子净化的竞争，几种有毒重金属争夺数量有限的吸附位。在实际应用中，当柱的出水中一种有毒物种的浓度超过规定界限时，必须立即停止生物吸附柱的工作。由离子交换的理论和实践可知，最先从柱中流出的物类与树脂的亲合力低。所以生物吸附柱的工作期由进水中亲合力最低的重金属决定。

如果工业废水中含影响有毒金属吸附的无毒物质时，生物吸附柱的工作期变短。用生物吸附法处理采矿废水（如酸性采矿废水）时，应特别考虑铁的不同离子形态。尽管 Fe^{2+} 能与有毒金属竞争生物吸附剂中的吸附点，但 Fe^{3+} 常以悬浮固体的形式出现。这就要求认真评价处理采矿废水的生物吸附法的适用性。应保证吸附剂对有毒金属的选择性大于对 Fe^{2+} 的。而且，应检测进水中悬浮固体量对吸附柱效果的影响。

具有代表性的一类废水是含有大量某种重金属离子及少量低浓度的其他一种或多种金属离子的废水。典型的例子是由用过的锌电解槽中排出的含痕量 Cu^{2+} 和 Al^{3+} 的稀释的电镀废水和铜矿产生的含大量 Cu^{2+} 和痕量 Cd^{2+}、Ni^{+} 和 Mn^{2+} 的废水。通常，仅以高浓度的有毒金属为去除对象，期望这种金属的浓度和亲合力决定生物吸附法的系数。然而，因为柱中有离子交换的竞争，所以在目标金属的泄漏点之前，出水中的一种或几种痕量金属会超过允许限度，所以柱的服务期会减短。然而，不是所有的超限都导致柱的服务期减短。

4. 吸附模型

模型，在将技术从实验室应用于实际的过程中起着重要作用。好的模型不仅有助于分析和解释实验数据，而且可预测条件变化时系统的相应变化。生物吸附柱处理的分析可通过传统的基于颗粒状活性炭（GAC）吸附的 Bohart-Adams 吸附模型进行。这个模型假定吸附率与 GAC 的吸附能力和吸附质浓度成正比。可通过作服务期对不同流速和柱长度下的床深度的曲线来分析小规模柱的效果。尽管模型提供了一种简单而全面的运行和计算小规模实验的方法，但它的有效性受到实验条件的限制。而且模型假定废水中只存在一种污染物。最后离子交换和 GAC 吸附之间本质的不同限制了这种模型在生物吸附中的运用。例如 Bohart-Adams 吸附模型不能预测 pH、吸附剂离子形式、进水组分和进水浓度的变化对吸附柱处理效果的重要影响。由于上述原因，Bohart-Adams 吸附模型不能用来解释由实验室规模的生物吸附柱得到的结果。然而，小试的方法论和数据的计算对于扩大生物吸附柱的规模具有指导意义。

Klein、Tondeur 和 Helfferich 发展了快速评价多组分离子交换柱法的平衡柱模型（ECM）。ECM 能预测树脂或生物吸附剂的最小使用率、离子从柱中流出的顺序等。ECM 假定可忽略离子进出吸附剂的传质限制，这与实际不符，所以这种模型不能预测柱的准确服务期。但是因为 ECM 不止限于单组分系统，只需所含物的平衡常数，使用简单，所以它很有用。在为特定废水选择生物吸附剂的初期常用它快速计算生物吸附剂的使用率和浓度超限的出现和可能。

包括传质限制的用于离子交换的较完善的柱模型由 TanH 和 Spinner 提出。理论上，这种传质模型（MTM）能预测被生物吸附去除的所有物质的泄漏曲线和再生中得到的洗脱曲线，然而，要解这个模型的方程需要特定的计算机程序，而且要知道系统中所有物质的传质系数。这些常数值可估算，特殊的可由模型拟合实验数据得到。这种模型的主要优点是能模拟和预测柱在不同的条件下的效果，包括不同的流速、技术组分、柱尺寸、床的多孔结构和生物吸附剂的离子形式。所以这种模型有助于工程师选择进行实验的条件和模拟根据实验结果作出最终设计的效果，从而将生物吸附处理的规模扩大。

6.9.6 重金属阴离子的生物吸附

大多数研究以重金属阳离子的去除为主，但在生物吸附领域，也开展了生物对阴离子的吸附的研究。如，有团队研究了壳聚糖颗粒去除 MoO_4^{2-} 的特性，吸附量达 700 mg/g。为防止壳聚糖颗粒在酸性条件下溶解，用戊二醛部分地交联它。泥炭和海藻对 Cr(Ⅵ)去除的研究已取得令人振奋的结果。据报道，生物去除 Cr(Ⅵ)的最适 pH 为 1.5～2.5。进一步的研究表明，尽管部分 Cr(Ⅵ)被生物吸附，但相当量的 Cr(Ⅵ)被转化为 Cr(Ⅲ)。对于 Cr(Ⅵ)的吸附，Sharma、Foster 和 Kratochvil 建议用离子交换机理，生物中的酸性和弱碱性的基团吸附溶液中的 $HCrO_4^-$ 离子，释放 OH^-。认为 Cr(Ⅵ)转化为 Cr(Ⅲ)是因为 pH 对 $HCrO_4^-$-Cr^{3+} 离子对还原电位的作用。然而，需要更多的研究来证明这个机理和发展阴离子吸附的数学模型。因为许多剧毒金属(Se、Cr、Mo 等)以阴离子形式存在，所以阴离子生物吸附的研究有其发展前景。

6.9.7 重金属污染的植物修复

植物修复是利用植物去除环境中污染物的技术。由于其代谢特性，微生物一直是特别受到关注的生物类群。研究表明，利用植物对环境进行修复即植物修复是一个更经济、更适于现场操作的去除环境污染物的技术。植物修复是 20 世纪 90 年代兴起的，逐渐成为生物修复中的一个研究热点。很多研究表明利用适当的植物不仅可去除环境的有机污染物，还可去除环境中的重金属和放射性核素。并且植物修复适用于大面积、低浓度的污染位点。由于植物修复有其一系列优点，相关的研究很多，有的已进行了野外试验并获得了应用。

植物具有生物量大且易于后处理的优势，因此利用植物对金属污染位点进行修复是解决环境中重金属污染问题的一个很有前景的选择。美国一家植物修复技术公司的创始人之一 Ilya Raskin 认为，植物修复所取得的最大的进步是去除环境中的重金属。植物对重金属污染位点的修复有三种方式：植物固定、植物挥发和植物吸收。植物通过这三种方式去除环境中金属离子。

1. 植物固定

植物固定是利用植物及一些添加物质使环境中的金属流动性降低，生物可利用性下降，使金属对生物的毒性降低。Cunningham 等研究了植物对环境中土壤铅的固定，发现一些植物可降低铅的生物可利用性，缓解铅对环境中生物的毒害作用。然而植物固定并没有将环境中的重金属离子去除，只是暂时将其固定，使其对环境中的生物不产生毒害作用，没有彻底解决环境中的重金属污染问题。如果环境条件发生变化，金属的生物可利用性可能又会发生改变。因此植物固定不是一个很理想的去除环境中重金属的方法。

2. 植物挥发

植物挥发是利用植物去除环境中的一些挥发性污染物，即植物将污染物吸收到体内后又将其转化为气态物质，释放到大气中。有人研究了利用植物挥发去除环境中汞，即将细菌体内的汞还原酶基因转入芥子科植物（*Arabidopsis*）中，这一基因在该植物体内表达，将植物从环境中吸收的汞还原为单质 Hg，使其成为气体而挥发。另有研究表明，利用植物也可将环境中的硒转化为气态形式（二甲基硒和二甲基二硒）。由于这一方法只适用于挥发性污染物，应用范围很小，并且将污染物转移到大气中对人类和生物有一定的风险，因此它的应用将受到限制。

3. 植物吸收

植物吸收是研究最多并且最有发展前景的一种利用植物去除环境中重金属的方法，它是利用能耐受并能积累金属的植物吸收环境中的金属离子，将它们输送并储存在植物体的地上部分。植物吸收需要能耐受且能积累重金属的植物，因此研究不同植物对金属离子的吸收特性，筛选出超量积累植物是研究的关键。根据美国能源部规定，能用于植物修复的最好的植物应具有以下几个特性：①即使在污染物浓度较低时也有较高的积累速率；②能在体内积累高浓度的污染物；③能同时积累几种金属；④生长快，生物量大；⑤具有抗虫抗病能力。经过不断的实验室研究及野外试验，人们已经找到了一些能吸收不同金属的植物种类及改进植物吸收性能的方法，并逐步向商业化发展。

植物修复技术在21世纪取得了长足的进步。针对不同种类的重金属、不同类型的环境条件，已筛选或改良了多种不同种类的超富集植物，并用于研究与应用。如有课题组在尾矿库泄漏导致的土壤污染修复工程中，利用超富集植物，将其中的镉、铅等重金属含量降低至可种植桑树的水平。

污染预防生物技术

7.1 化石燃料的生物脱硫

7.1.1 硫的形态及脱硫方法

化石燃料含有大量的硫化物(无机硫和有机硫),在燃烧过程中,这些硫化物会生成SO_2。化石燃料的大量使用已经造成了严重的空气污染。

降低机动车燃油硫含量的法规早在 20 世纪 90 年代就已经出台,21 世纪变得更加严格,如表 7-1 所示。在欧盟国家,2005 年燃油的硫含量要降低到 50 mg/L,美国政府制定了更加严格的标准,汽油含硫量低于 30 mg/L,柴油含硫量低于 15 mg/L。在日本,柴油的含硫量将要从 1997 年的 500 mg/L 减少到 2007 年的 50 mg/L。然而,无论是政府,还是石油炼制公司,他们都认识到仅仅利用传统的加氢脱硫(hydrodesulfurization,HSD)难以满足这一严格的环境标准,而建造和运行高程度脱硫的设备极其昂贵。

表 7-1 机动车燃油含硫量的限定值

年 份	国家或地区	燃 油	目前的限定值/(mg/L)	计划的限定值/(mg/L)
1993	美国	高速公路用柴油	2 500	500
1996	新加坡	柴油	5 000	2 500
	印度	柴油	8 000	5 000
	欧盟	柴油	3 000	500
1997	日本	柴油	2 000	500
1998	中国台湾	柴油	5 000	500
2000	韩国	柴油	2 000	500
	泰国	柴油	5 000	500
	欧盟	柴油	500	350
	美国	CAAA 汽油	400	50~100
	欧盟	汽油	500	350

续表

年　份	国家或地区	燃　油	目前的限定值/(mg/L)	计划的限定值/(mg/L)
2005	欧盟	柴油	350	50
2006	美国	柴油	500	15
	美国	汽油	300	30
2007	日本	柴油	500	50

1．硫的存在形式

煤炭是我国最主要的一种一次能源，煤中通常含0.25%～7%的硫。

煤中的硫分为可燃硫和不燃硫。不燃硫主要是硫酸盐，可燃硫又分为无机硫和有机硫，可燃硫经燃烧生成SO_x随烟气排入大气，是引起酸雨的主要物质。

黄铁矿(FeS_2)是煤炭中无机硫存在的主要形式，占60%～70%，有机硫则以二苯噻吩和硫醇的形式存在，占30%～40%，而硫酸盐的含量极少且易洗脱。

煤脱硫的方法分为燃烧前脱硫、炉内脱硫和烟气脱硫。目前可以进入工业化的技术多为物理和化学方法，其中最成熟的是烟气湿法脱硫技术，该法脱硫率可达90%以上。尽管这些方法效率高，但其设备及运行费用很高，特别是废液二次处理问题突出，仅在美国、德国、日本等一些发达国家应用。为此，探索技术先进、费用经济的脱硫技术成为环保工作注目的焦点。

目前，利用微生物在煤燃烧之前脱除其中的硫化物在国内外引起重视。与物理和化学方法相比，该法具有投资少，运转成本低，能耗少，可专一性地除去极细微地分布于煤中的硫化物，减少环境污染等优点。

煤的微生物脱硫是由生物湿法冶金技术发展而来的。它是在常温常压下，利用微生物代谢过程的氧化还原反应达到脱硫的目的。目前，对黄铁矿脱硫率可达90%，有机硫脱除率达40%。

1947年，Colmer和Hinkle发现，无机化能自养菌——氧化亚铁硫杆菌(*Thiobacillus ferrooxidans*)能够促进煤中黄铁矿的氧化和分解。20世纪50年代，开始了煤炭微生物脱硫应用研究。Zurabina(1959年)和Silverman(1963年)进行了使用氧化亚铁硫杆菌脱除煤炭中黄铁矿的研究。在以后的几十年里，在微生物脱硫方面进行了大量的工作，其中包括对细菌与煤炭中黄铁矿相互作用的机理研究，能够用于脱硫的菌种及其对黄铁矿氧化能力的研究，细菌生长动力学及细菌与黄铁矿相互作用动力学研究等。80年代，国外开始把微生物脱硫研究工作转向应用性研究和实验，并成立了一些公司。1991年，意大利的Eni Chem-Anic煤矿开展了微生物浸出法脱硫的连续性试验研究，建成了一个处理能力为50 kg(干煤)/h的微生物脱硫的中试厂，该装置的运行为工业放大提供了基础数据，标志着煤炭微生物脱硫工作正由实验室走向应用。研究结果充分证明了微生物脱硫技术的可行性和脱硫效率。

微生物脱除煤中有机硫的研究始于20世纪70年代末期，目前已有三种有效的细菌被筛选出：

(1) Chandra等于1979年首次报道了一种异养菌，可在二苯噻吩(dibenzothiophene,

DBT)基质上繁殖,可除去20%的有机硫(10 d,30℃);

(2) Gokcay和Yurteri利用的一种嗜热细菌,在25 d的培养期内可脱除土耳其褐煤中50%～57%的有机硫和90%～95%的黄铁矿硫;

(3) Kargi和Robinson利用的嗜酸热硫化叶菌(*Sulfolobus acidocaldarius*),可除去煤中近10%的有机硫(28 d,70℃)。

近年来,在美国能源部的主持下,对上述菌株进行了分离、纯化和突变体筛选,并用于脱除煤中的有机硫,取得了可喜的进展。

化石燃料中有机硫的存在形态如图7-1所示。

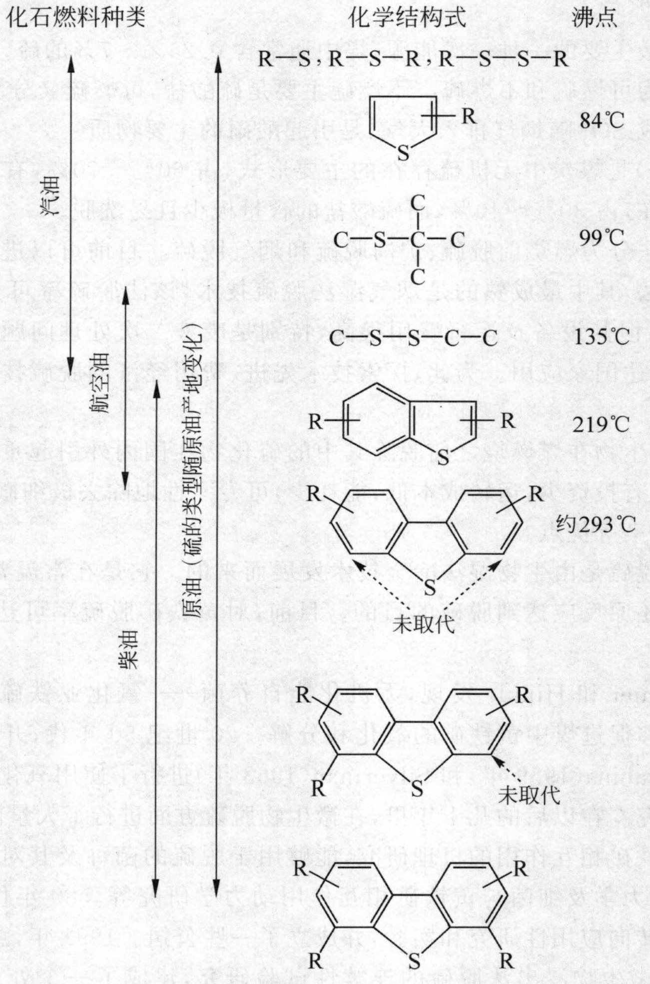

图7-1 化石燃料中有机硫的存在形态

煤中硫以无机硫和有机硫两种形态存在,无机硫主要为黄铁矿(FeS_2),有机硫主要以三种形式存在,即噻吩基(C_4H_4S—),巯基(—SH)或硫醇,单链硫(—S—)、过硫链(—S—S—)和多硫链(—S_x—)。

2. 脱硫方法及其比较

煤炭的脱硫技术总体上分为燃烧前脱硫、燃烧中脱硫和燃烧后脱硫三种。

燃烧前脱硫技术主要包括通过在高硫煤中配入低硫煤的配煤技术和通过洗选减少硫分、灰分以降低 SO_2 的排放的选煤技术，目前配煤技术还有待于进一步完善。

燃烧中脱硫技术主要指添加固硫剂的型煤技术和炉内喷入钙系脱硫剂的粉煤燃烧技术，这类技术可脱硫50%～60%，但效率不高，并存在有易结渣、磨损和堵塞的问题。

燃烧后脱硫技术又称烟气脱硫技术，发达国家研究利用得比较多。该法效率较高，但成本也较高。

对于我国这样的发展中国家来说，煤的燃烧前脱硫，尤其是通过选煤来降低煤的硫含量具有非常重要的意义。选煤是洁净煤技术的源头技术，既能脱硫又能脱灰，同时还可以提高热能利用效率，并且选煤的费用又远远低于燃烧中脱硫和燃烧后脱硫。

煤的燃烧前脱硫又分物理法、化学法和生物法三种。

物理法脱硫是依据煤炭颗粒与含硫化合物的密度、磁性、导电性及其悬浮性不同而开发的去除煤中无机硫的方法，其优点是过程简单，已经有大规模的生产应用。缺点是不能同时去除煤中有机硫，而且无机硫的晶体结构、大小及分布影响脱硫效果和煤炭回收率。

化学法的原理是通过氧化剂把硫氧化，或者是将硫置换而达到脱硫的目的。它最大的优点是能脱除大部分无机硫（不受硫的晶体结构、大小和分布的影响）和相当部分的有机硫，其缺点是必须采用高温高压并使用腐蚀性沥滤剂，因此过程能耗大、设备复杂。到目前为止，因经济成本太高未能投入实际应用。

生物法的原理是利用微生物能够选择性氧化有机或无机硫的特点，去除煤炭中的硫元素，它的优点是既能除去煤中的有机硫又能除去无机硫，且反应条件温和，设备简单，成本低。

7.1.2 脱硫微生物及脱硫机理

1. 煤炭脱硫微生物

自发现硫杆菌属的氧化亚铁硫杆菌（*Thiobacillus ferrooxidans*）能够氧化黄铁矿以来，研究人员一直在寻找其他一些也能够应用于脱硫的微生物，期望能够得到高效脱除煤炭中无机硫和有机硫的微生物。经过数十年的研究，目前对煤炭中存在的黄铁矿硫最有效的脱硫菌种是氧化亚铁硫杆菌（*Thiobacillus ferrooxidans*）和氧化硫硫杆菌（*Thiobacillus thiooxidans*），对煤炭中存在的有机硫，目前最有效的菌种是假单胞菌属（*Pseudomonas*）的CB1和硫化叶菌属的 *Sulfolobus acidocaldarius*。表7-2总结了国内外报道的用于脱硫的微生物。

表7-2 煤炭脱硫微生物

菌属	举例
硫杆菌属（*Thiobacillus*）	*T. ferrooxidans* *T. thiooxidans* *T. acidop Hilus* *T. thermopHilic*

续表

菌　属	举　例
细小螺旋菌属(*Leptospirillum*)	*L. ferrooxidans*
硫化叶菌属(*Sulfolobus*)	*S. acidocaldarius* *S. brierleyi*
假单胞菌属(*Pseudomonas*)	*P. aeroginosa* *P. beijerinckia* CB1
贝氏硫细菌属(*Beggiatoa*) 埃希氏菌属(*Escherichia*)	

上述主要脱硫微生物的生长特性如表 7-3 所示。

表 7-3　几种主要脱硫微生物的生长特性

	最适温度/℃	最适 pH	营　养	能　源	脱硫形态
T. ferrooxidans	25～35	2～3	自养	单质硫、硫化物、2 价铁	黄铁矿
T. thiooxidans	25～30	2～3	自养	单质硫、硫化物	黄铁矿
S. acidocaldarius	60～70	1.5～2.5	兼性、自养	单质硫、硫化物 2 价铁、有机硫	黄铁矿 有机硫
Acidicanus *Brierieyt*	60～70	1.5～2.5	兼性、自养	单质硫、硫化物 2 价铁、有机硫	黄铁矿 有机硫
Pseudomonas	25～35	中性	异养	有机物	有机硫
Escherichia	中温	中性	异养	有机物	有机硫

可以看出,用于脱除煤炭中黄铁矿硫的细菌都属于化能自养型微生物,而异养型微生物只能脱除煤炭中有机硫。对兼性自养型微生物,则对煤炭中的无机硫和有机硫都有脱除效果,其能量来源可以是单质硫、硫化物和二价铁,也可以是有机物。

2. 微生物脱硫机理

煤中无机硫以黄铁矿为主,有机硫则种类较多,结构复杂。通常以 DBT 为模型化合物来表征微生物对煤中有机硫的脱除机理,而以煤炭中黄铁矿的脱除过程来表征对无机硫的脱除机理。

1) 无机硫的脱除机理

关于微生物对黄铁矿的作用机理,目前有两种观点:①认为微生物的生化反应有助于硫化物在水中的溶解,称为细菌浸出脱硫;②认为改变矿物表面性质使黄铁矿溶于水中,称为微生物助浮脱硫。

(1) 微生物浸出脱硫法的机制

煤的物理结构以及脱硫过程中可能发生的化学和微生物反应如图 7-2 所示。微生物对黄铁矿的直接氧化仅仅发生在煤颗粒的外表面及其内部的大孔里(3～5 μm),此处微生物可以与黄铁矿直接接触。煤颗粒内部的黄铁矿,仅仅能够通过 Fe^{3+} 扩散进入其微孔,借助化学氧化来溶解。在微孔外面微生物再将 Fe^{2+} 氧化成 Fe^{3+},使氧化过程得以继续进行。

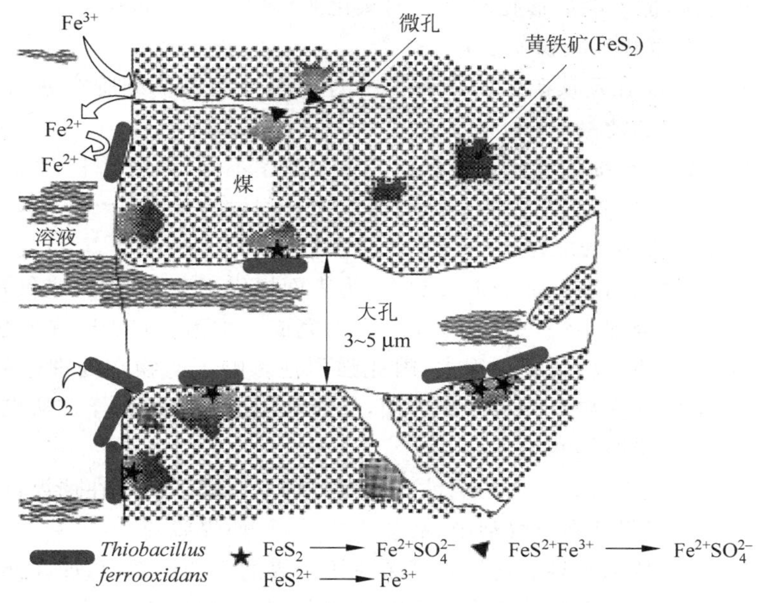

图 7-2　煤的双态孔结构及黄铁矿的氧化

引自：Höne H J, Beyer M, Ebner H G, Klein J, Jüntgen H. Microbial desulphurization of coal: development and application of a slurry reactor. Chem Eng Technol, 1987, 3: 173～179

该方法的原理是，利用某些嗜酸耐热菌在生长过程消化吸收 FeS_2 等的作用，从而促进黄铁矿氧化分解与脱除，硫的脱除率可达 90%以上，但时间较长。

一般认为微生物对黄铁矿脱硫的脱除机理分为直接机理和间接机理，相应于微生物对 FeS_2 中硫的直接氧化和先将 Fe^{2+} 氧化为 Fe^{3+}，再由 Fe^{3+} 将 FeS_2 中硫间接氧化的过程：

$$2FeS_2 + 7O_2 + 2H_2O \xrightarrow{\text{微生物}} 2FeSO_4 + 2H_2SO_4 \tag{7-1}$$

$$2FeSO_4 + 1/2O_2 + H_2SO_4 \xrightarrow{\text{微生物}} Fe_2(SO_4)_3 + H_2O \tag{7-2}$$

$$FeS_2 + Fe_2(SO_4)_3 \xrightarrow{\text{微生物}} 3FeSO_4 + 2S \tag{7-3}$$

$$2S + 3O_2 + 2H_2O \xrightarrow{\text{微生物}} 2H_2SO_4 \tag{7-4}$$

微生物附着在黄铁矿的表面使黄铁矿氧化，把硫氧化成硫酸（反应式(7-1)），由此生成的 2 价铁氧化成 3 价铁（反应式(7-2)），这是直接作用。被氧化成 3 价的铁，反过来作为氧化剂作用于黄铁矿，再生成 2 价铁和单质硫（反应式(7-3)），一方面 2 价铁再被细菌氧化（反应式(7-2)），另一方面生成的单质硫被氧化成硫酸（反应式(7-4)），这一连串的氧化还原反应被称为间接作用。

两种途径的相对重要性目前还有争议，但有较多证据支持直接机理：

① 在煤中黄铁矿氧化初期，黄铁矿氧化细菌首先释放出 SO_4^{2-}，而非 Fe^{2+} 离子；

② 在黄铁矿表面出现了细胞大小的腐蚀斑点；

③ 用能够氧化铁，但不能酶催化氧化硫的氧化亚铁螺菌（*L. ferrooxidans*）纯培养处理黄铁矿，发现有元素硫沉积在黄铁矿上；

④ *T. ferrooxidans* 在黄铁矿上比在 Fe^{2+} 上生长具有更高的细胞产率，相应于硫氧化比亚铁氧化可获得更多的能量；

⑤ Fe^{3+} 氧化黄铁矿与细菌氧化黄铁矿的动力学速率不同，细菌比 Fe^{3+} 快。

据此，直接机理已用于微生物脱除黄铁矿的放大过程设计。

(2) 微生物助浮脱硫法的原理

许多细菌能自行地吸附在固体表面，或是因为表面提供了营养成分，或仅是简单地吸附以防被水流冲走。这种吸附很快，一般 15 min 内即完成。细菌一般吸附在矿物的晶格凹陷处。细菌的表面化学性质与矿物差别很大，因此强烈地影响了矿物在处理过程中行为。由于微生物能选择性地粘附在矿石和黄铁矿表面，故能利用微生物通过浮选从煤中脱硫（这种选择性与细菌特殊的外膜结构有关）。

当煤破碎至一定粒度时，大部分的黄铁矿从煤中解离出来。由于在选煤过程中，煤粒和黄铁矿都具有疏水性，能附着在空气泡上，故能产生共浮，使煤脱硫。

微生物浮选法脱硫技术是将氧化铁硫杆菌应用于煤的浮选体系中，如在浮选柱（选煤设备）中加入该细菌后，因为微生物的亲水性和微生物的迅速粘附，黄铁矿表面由疏水性变为亲水性。因此，在煤的浮选过程中，黄铁矿不能附着在空气泡上，即失去浮选性能。以上过程可用图 7-3 表示。

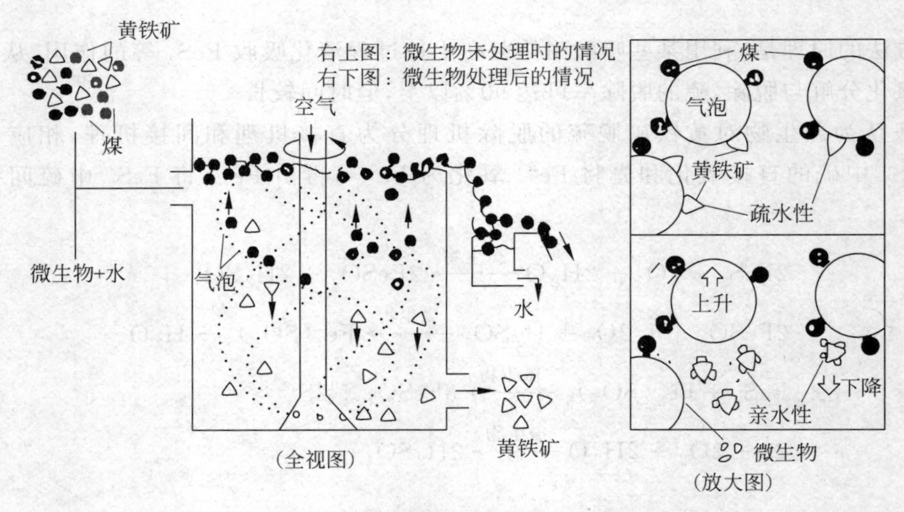

图 7-3 微生物助浮脱硫过程示意图

2）有机硫的脱除机理

煤中有机硫主要以噻吩基（C_4H_4S—）、巯基（—SH—）、硫醚（—S—）和多硫链（—S_x—）等形式存在于煤的大分子结构中，为分子水平分散，通过物理方法很难脱除。煤中有机硫的脱硫机制与黄铁矿脱硫完全不同，被认为是由于微生物酶的作用，切断了碳硫键。对煤中有机硫起作用的微生物主要为细菌，如 *Sulfolobus acidocaldarius*（硫化叶菌）、*Acidianus brierleyi*（布氏酸菌）和 *Pseudomonas*（假单胞菌）。

以 DBT 为模型化合物的脱硫机理分为两种：

(1) 以硫代谢为目的的 4S 途径；

(2) 以碳代谢为目的的 Kodamakht 途径。

其代谢机理如图 7-4 所示。

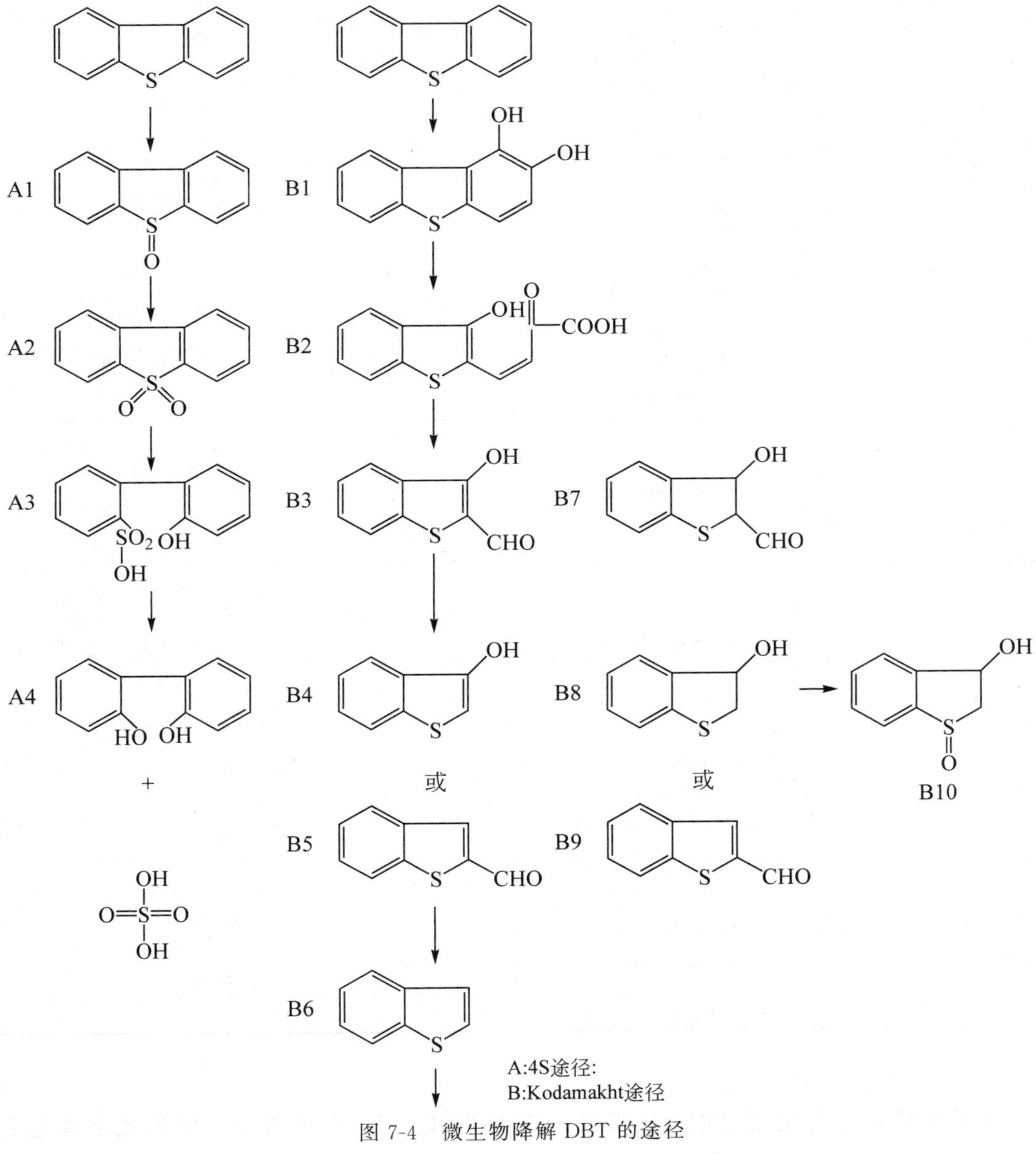

A:4S途径:
B:Kodamakht途径

图 7-4 微生物降解 DBT 的途径

可见，在 4S 途径中，DBT 中的硫经过四步氧化，最终生成 SO_4^{2-} 和 2，2-二羟基联苯。4S 途径直接将有机硫原子以 SO_4^{2-} 的形式从有机物中除去，对碳原子骨架不发生降解，使有机碳含量保持不变，相对于煤的热值损失小。对于 Kodamakht 途径，微生物以 DBT 中的碳为代谢对象，使 DBT 的芳环结构分解，但有机硫原子仍残留在分解产物中。相对于煤来说，由于芳环的分解和溶出，使煤中的含碳量明显下降，煤质结构将有较大程度的破坏，其热值损失较大。

微生物对 DBT 的代谢产物列于表 7-4。

表 7-4 微生物对 DBT 的代谢产物

氧化方式	微生物	氧化产物
噻吩核不变，只对外围芳环氧化，形成水溶性化合物	*Ps. alkaligenes* *Ps. stulzeri* *Ps. putida*	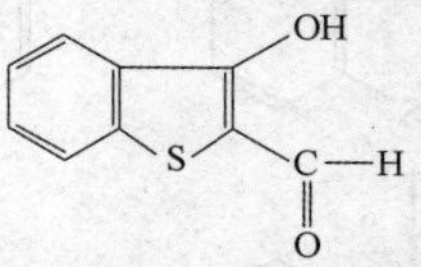 OH, S, C—H, O
	Ps. aeruginosa	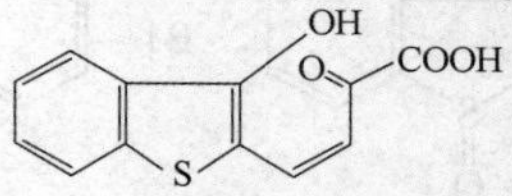 OH, O, COOH, S
将 DBT 中的硫部分氧化，或部分降解芳环	*Ps. abikonensis* *Ps. jianii* *Rhizobium* sp. *Acinetogacter* sp.	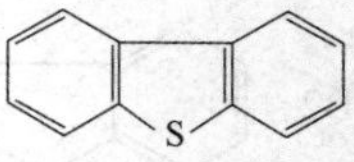 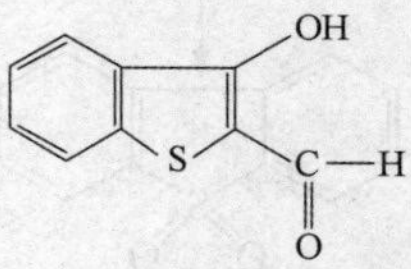 S; OH, S, C—H, O
	Ps. putida	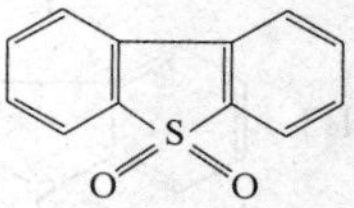 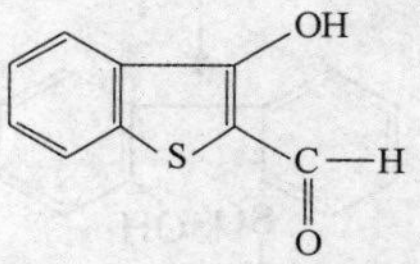 S, O, O; OH, S, C—H, O
	Beyerinckia sp.	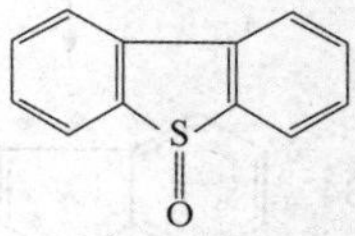 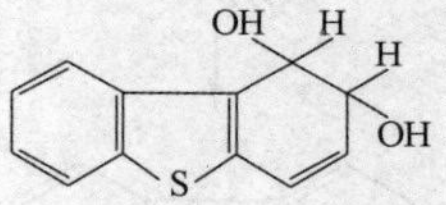 S, O; OH, H, H, OH, S
	Cunninghamella elegans *Rhizopus arrhiozus* *Mortierella isabellina*	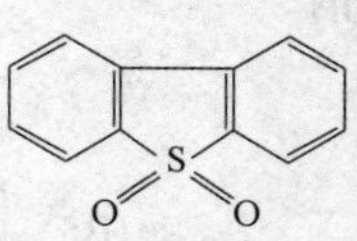 S, O, O
将 DBT 中的硫氧化为 SO_4^{2-}	*Ps.* sp. CB1 *S. acidocaldarius* *Corynebcterium* sp. SY1	SO_4^{2-} SO_4^{2-} SO_4^{2-} 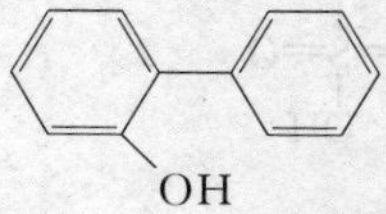 OH
	Brevibacterium sp. DO	SO_4^{2-}、CO_2、H_2O

3）微生物脱硫活性比较

生物脱硫研究的主要目的是开发工业化的脱硫工艺，要求微生物脱硫比活性达到 1.2～3 mmol DBT/(g 干重菌体·h·L)。不同微生物的脱硫活性列于表 7-5。

表 7-5 不同脱硫微生物的比活性

微生物种类	比活性/μmol/(g 干重菌体·h·L)
Rhodococcus erythropolis KA2-5-1，野生型	74
Rhodococcus erythropolis KA2-5-1，野生型	50

续表

微生物种类	比活性/μmol/(g 干重菌体·h·L)
Rhodococcus erythropolis KA2-5-1,克隆 dsz 基因	280
Rhodococcus erythropolis KA2-5-1,克隆 dsz 基因	250
Rhodococcus erythropolis IGTS8	72
Rhodococcus erythropolis XP	4
Mycobacterium sp. GB	49
Mycobacterium sp. X7B	4
Mycobacterium sp. G3. 野生型	178
Mycobacterium sp. G3. hsp60 启动子＋硫酸盐	35
Mycobacterium sp. G3. hsp60 启动子	211
Pseudomonas delafieldii R-8	11
Pseudomonas delafieldii R-8,野生型	16
Pseudomonas delafieldii R-8,＋Al_2O_3	40
Pseudomonas delafieldii R-8	13

值得注意的是,文献报道中脱硫微生物的活性大多以 μ mol/(g 干重菌体·h·L)为单位,因此便于进行比较。但是,研究条件并非完全一样。一些研究者利用模拟系统,将 DBT 模型化合物溶于溶剂/油相中,而另一些研究者利用实际的石油产品。在有些情况下,通过定量测定脱硫产物 2-HBP 的浓度来计算脱硫速率,而在另外一些情况下,人们直接测定硫的浓度,这时需要进行相应的单位换算。单位换算时,即使实验的石油样品中含有复杂有机硫化物的混合物,一般也假设有机硫化物为 DBT,相对分子质量为 184。

自然界中微生物的脱硫活性相对较低,利用基因工程技术可以对微生物进行改造,提高其脱硫活性。有研究表明,将 *R. erythropolis* KA 2-5-1 的 *dsz* 基因克隆到 *Escherichia coli* 里,可以使生物脱硫的最大活性从 50 提高到 250 μ mol/(g 干重菌体·h·L)。

土著的 *Rhodococcus* 用于生物脱硫,反应速率慢,稳定性差,适用范围窄,难以用于工业化脱硫。美国 Energy Biosystems 公司花费 5 000 万美元用于该菌株的特性研究及基因改造,主要研究内容包括菌株选育、生理生化特性、脱硫基因的操纵等,最终获得了基因重组微生物 *Rhodococcus erythropolis* IGTS8(ATCC 53968),并开发出了生物脱硫新工艺。图 7-5 给出了美国 Energy Biosystems 公司从 1990—1997 年研制的微生物脱硫速率的增加情况。

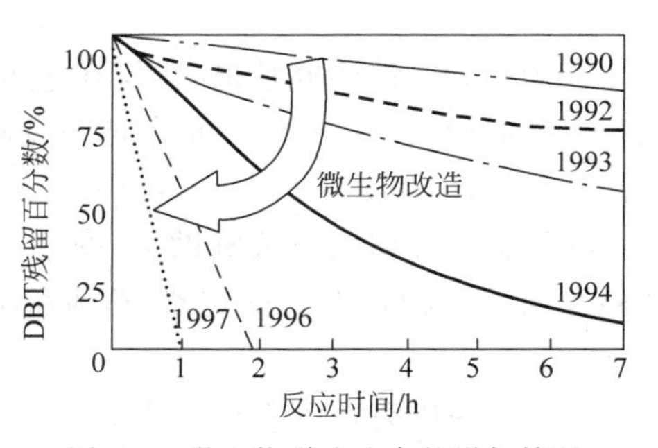

图 7-5 微生物脱硫速率的增加情况

引自:McFarland B L. Biodesulfurization. Current Opinion in Microbiology,1999,2:257～264

7.1.3 微生物脱硫工艺及其特性

微生物法脱除黄铁矿的试验已达中试规模,脱除有机硫的试验仍处于实验室阶段。新的概念和方法还在不断提出,但煤的微生物脱硫专利技术尚为数不多。

1. 微生物浸出脱硫法

这是利用微生物的作用把黄铁矿分解为铁离子和硫酸，硫酸溶于水中被排出的脱硫方法。该法是在煤上撒上含有微生物的溶液，水浸透在煤中实现微生物脱硫。生成的硫酸在底部从煤中除去。这种方法装置简单，经济，操作容易，但处理时间长。

微生物浸出脱硫的工艺流程如图 7-6 所示。

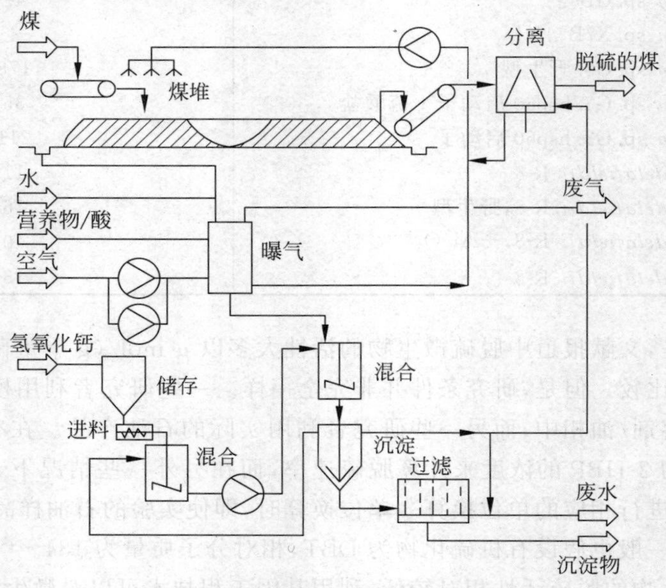

图 7-6　微生物浸出脱硫的工艺流程图

引自：Beyer M，Klein J，Vaupel K，Wiegand D. Microbial desulphurization of coal：Calculations and costs. Bioprocess Engineering，1990，5：97～101

基于实验室的研究结果，建议在工业规模上利用大的帕丘卡桶（Pachuca tank）反应器进行煤浆脱硫处理。煤浆反应器的主要功能是维持黄铁矿氧化微生物合适的生长条件，包括温度、pH、传质等（图 7-7）。

在欧盟合作研究框架资助下，在意大利 Porto Torres 进行了煤生物脱硫的中试实验。实验利用 7 个帕丘卡桶反应器，总体积为 45 m^3，处理能力为 50 kg/h，主要实验结果总结如下：

（1）黄铁矿去除率达到 90%时所需要的停留时间似乎比摇瓶实验建议的短 50%（约为 4 d）；

（2）不影响黄铁矿去除一级反应动力学的最大煤浆密度似乎远大于文献报道的值，煤浆高达 40 g/mL 也没有降低黄铁矿的比去除速率；

（3）*Thiobacillus ferrooxidans* 在脱硫过程中没有起主要作用，混合培养物中的 *Leptospirillum ferrooxidans* 似乎在细菌浸出硫化物中起更为重要的作用。

为了更有效地浸出脱硫，可采取空气搅拌式反应器。这种装置是把粉碎了的煤与含微生物的反应溶液在空气泡中进行搅拌脱硫，这比机械搅拌对微生物损伤小，同时因为能迅速供给微生物生长必需的二氧化碳和氧，可以加快浸出速度及增强浸出效果，缩短了处理时

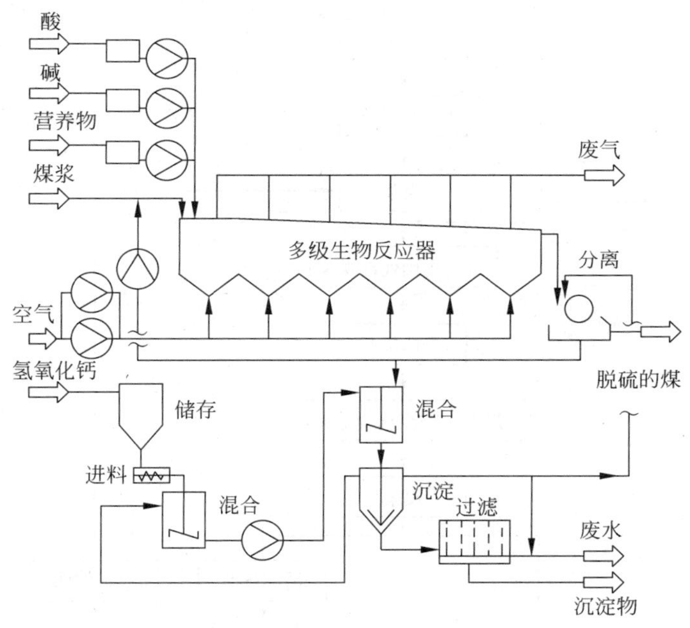

图 7-7　煤浆脱硫的工艺流程图

引自：Beyer M, Klein J, Vaupel K, Wiegand D. Microbial desulphurization of coal: Calculations and costs. Bioprocess Engineering, 1990, 5: 97～101

间。用此反应器，18～28 d 能脱去黄铁矿 90%～95%的硫。此外还有管道式、水平转鼓式等反应器。

为了使该技术投入实际使用，必须解决装置的腐蚀、废液处理、营养成分的循环以及菌株的稳定性等许多问题。目前的微生物菌种使数十微米大小的黄铁矿完全溶解需 1～2 周的时间。

2. 微生物助浮脱硫

从上面的介绍可以看到，浸出法脱硫要溶解黄铁矿需要花 1～2 周的时间，要求煤粒细小。一个用煤的火力发电厂每天将几千吨的煤脱硫，此法不适用。为了处理大量的煤，必须把脱硫的时间缩短，为此，人们研究出把煤的物理洗选技术之一的浮选法和微生物处理相结合的方法。

微生物浮选法在浮选设备内进行。该方法是把煤粉碎成微粒与水混合，在其悬浊液的下面吹进微气泡，使煤和黄铁矿的微粒浮在水中，附着在气泡上。由于空气的浮力，两者一起浮在水面上不能分开。此时将微生物放在溶液中，微生物应仅能附着在黄铁矿上，于是黄铁矿的表面变成亲水性，能溶于水，难以附着在气泡上就下沉到底部，从而把煤和黄铁矿分开。这样可以只处理黄铁矿的表面，所以脱硫时间只需要数分钟即可，从而大幅度缩短了处理时间。此外该法在把煤中的黄铁矿脱硫时，灰分也可同时沉底，所以也具有脱去灰分的作用(图 7-8)。

像其他物理分离方法一样，微生物助浮脱硫法要求黄铁矿完全从煤中分离。因此，此技术对于细煤粒是有意义的，目前许多工作都集中在煤粒 0.1 mm 以下的分选。其中最好的

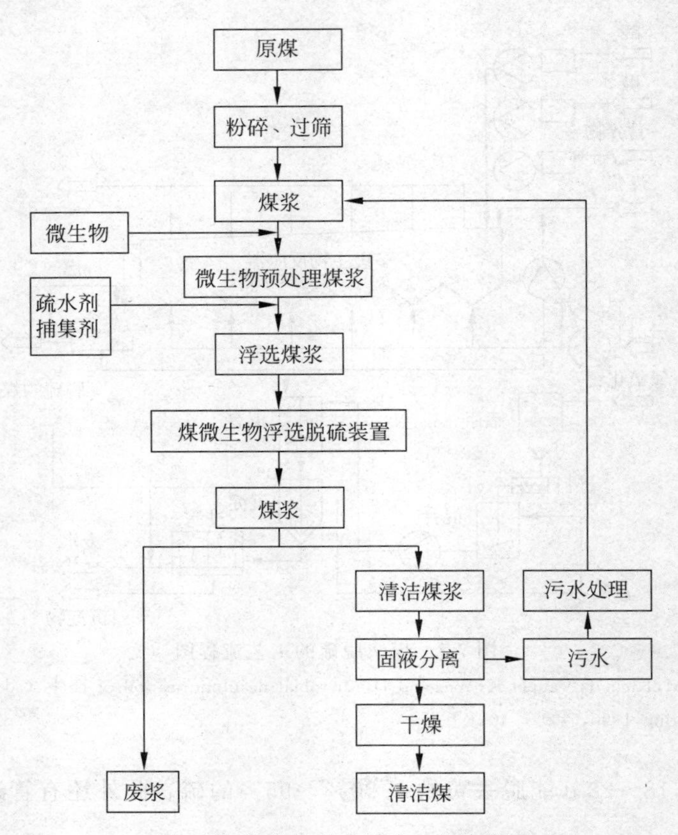

图 7-8 微生物浮选脱硫工艺路线图

工艺为浮选柱浮选。

由于浮选柱同其他浮选设备相比，具有浮选剂用量少甚至可以不用浮选药剂的优点，所以微生物浮选法脱硫几乎都在浮选柱中进行。

以下对微生物浮选法脱硫的主要影响因素作一详细的介绍。

影响微生物浮选法煤炭脱硫效果的主要因素有：煤的粒度、孔隙率和煤浆浓度、溶液中微生物的浓度、微生物与黄铁矿表面接触（作用）时间、介质的 pH 及温度等。

（1）微生物浓度

微生物浮选法脱硫效果与微生物在黄铁矿表面的吸附有关。Zobell 提出的微生物吸附模型包括两个阶段：快速可逆吸附和时间控制不可逆吸附，可用下式表示：

$$B+S \rightleftharpoons [BS]^{*} \longrightarrow BS$$

这里反应物 B 和 S 分别为溶液中的微生物和固体表面点，$[BS]^{*}$ 为亚稳态微生物——表面结合体，BS 为稳态微生物——表面点结合体。可见微生物在矿物表面的吸附与微生物的浓度有关，微生物浓度越高，黄铁矿表面的微生物覆盖面越大，黄铁矿由疏水性转变为亲水性效果越好，微生物浮选法脱硫效果就越好。当微生物在黄铁矿表面的覆盖率超过一定值时，黄铁矿将完全受到抑制，从而实现脱硫。对于粒度为 200～300 目的黄铁矿，此值为 25%。

(2) 微生物接触时间

微生物能很快地吸附在黄铁矿表面上。微生物浮选法脱硫时，微生物接触时间只需要几十秒钟至几分钟，随后脱硫效果与时间几乎无关。Ohmura 等研究证明，当氧化亚铁硫杆菌加入浮选煤浆后，这些细菌在几秒钟内即能吸附在黄铁矿的表面。Townsley 等研究表明，当黄铁矿与氧化亚铁硫杆菌接触 2.5 min，其浮选性能就会被抑制。Zeky 和 Attia 也报道了煤中以黄铁矿形式存在的硫，在浮选前用氧化亚铁硫杆菌处理 5～10 min 后，90%的硫都能被脱除掉。

(3) 介质 pH 及温度

在一般情况下，与微生物浓度对脱硫效果的影响相比，介质 pH 及温度对微生物浮选法脱硫影响较小。许多研究表明，在较佳的微生物浓度时，介质温度在 10～40℃，介质 pH 在 2.0～11.0 内变化，脱硫效果几乎保持最好不变。如在 20℃，氧化亚铁硫杆菌浓度为 1.0×10^{9} 个细胞/mL，接触时间为 25 min，介质 pH 在 2.0～11.0 内变化时，通过微生物浮选法，98%以上的黄铁矿都能从煤中脱除掉。但介质 pH 及温度超过这些范围时，微生物浮选法脱硫效果有所降低。这表明该技术具有较强的适应性。

3. 微生物脱有机硫的研究

在微生物脱有机硫方面，Isbister 等曾采用 *Pseudomonas putida* 的突变株 CB1 在一个日处理量为 1 135 kg 煤的中试装置上进行试验，生物反应器为简单的空气搅拌槽。在一个煤处理量为 4.54 kg/d 的小型装置上对各种煤进行试验，有机硫的脱除率为 10%～29%。

Kargi 提出一个两步脱硫过程，采用嗜热的 *S. acidocaldarius*，首先在 70℃和 pH 2.5 的条件下，用 4～6 d 的时间将黄铁矿脱除。然后，再用 4 周时间脱除有机硫，第二步所需微生物菌种在含 DBT 的介质中单独培养，反应在厚度为 0.2 m 的浅池中进行。

目前对脱有机硫细菌的研究主要在两个方面：

(1) 对土著微生物进行驯化，以诱导出其脱有机硫的特性；

(2) 采用基因工程技术对微生物进行基因遗传变异，开发出新的脱硫菌株。

一种全新的脱硫途径，即采用酶脱除煤中的有机硫也正在进行研究。将超细煤粉(小于 50 μm)进行泡沫浮选，首先脱除黄铁矿硫，然后经初步弱氧化作用后，再利用酶处理来降低有机硫含量。利用无细胞酶抽提物进行煤脱硫，即“逆向胶团生物催化工艺”，实验采用不溶于水的有机介质、表面活性剂、水和 *T. fereooxidans* 或酶组成的多相介质，已成功地应用于伊利诺伊 5 号煤的脱硫研究。

4. 脱硫动力学

煤生物脱硫实验大多在实验室规模进行，在控制工艺参数的反应器中处理精细粉碎的煤浆，反应器的体积在升的数量级。反应器包括搅拌罐反应器、气升式反应器、帕丘卡桶反应器以及管式回路反应器等。摇瓶实验适用于较小规模的实验室研究。通常，大多数研究工作集中于煤的适应性、微生物菌种以及反应条件等方面。在浸出实验中，黄铁矿氧化程度一般用溶解的铁或硫酸盐来描述，以计算煤中黄铁矿的总去除率。基于脱硫前后煤中硫含量的变化来计算脱硫率，实际上并不多见。尽管不同的研究者利用的实验条件不同、煤的品质不同、含硫量不同、煤中黄铁矿不同，但一般来说，当反应时间为 8～28 d 时，各种不同品质的煤，其黄铁矿去除率可以达到 80%～92%。

5. 脱硫工艺特性

微生物脱硫可以在煤矿的制煤厂进行，也可以在燃煤电厂进行。在不同的运行条件下，利用中温 *Thiobacillus* 混合培养物时，黄铁矿的氧化速率大多在 100～800 gS/(m^3 · d)（表 7-6）。有些文献报道，利用嗜热微生物时黄铁矿的氧化速率可能要高得多（表 7-7）。

表 7-6 煤生物脱硫实验的工艺特性

煤的种类	无机硫质量分数/%	颗粒尺寸/μm	煤浆密度/%（质量比）	温度/℃	（黄铁矿最大去除率/%）/（持续时间/d）	最大氧化速率/(mgS/(L · d))
摇瓶实验						
USA，Pittsburgh	1.1	149～250	20	25	90/14	40
FRG，PlaBhofsbank	3.74	70～40	10	28	79/28	128
USA，New Mexico	1.95	＜37	25	35	83/n. g.	774
USA，Ohio	4.1	＜37	25	35	77/n. g.	378
USA，Hard coal	4	74～43	32	25	90～98/8～12	371
USA，Hard coal blend	4.2	＜74	20	23	88/23	1 218
USA，New Mexico	2	＜37	10	35	90/10	446
UK，Wales	3	50	20	30	96/20	451
生物反应器实验						
USA，Illinois2	1.9	＜74	20	28	90/16	100～200
Coal refuse	10.5	147～417	3.3	28		600
FRG，PlaBhofsbank	3.6	＜500	10	30	90/14	338
USA，UK，FRG	0.6～2.5	＜100	up to 20		80～90/9	n. g.
FRG，Hard coal	1.0	＜500	10	25	80/14	380

n. g. —数据未给出。

引自：Klein J，Beyer M，van Afferden M，et al. Coal in Biotechnology. In：Rehm H J，Reed G，ed. Biotechnology，Vol. 6b. Verlag Chemie，Weinheim，1988. 497～567

表 7-7 利用嗜热微生物脱硫实验的工艺特性（质量比）

煤的种类	无机硫质量分数/%	颗粒尺寸/μm	煤浆密度（质量比）/%	（温度/℃）/菌株	（黄铁矿最大去除率/%）/（持续时间/d）	最大氧化速率/(mgS/(L · d))
USA，Clarion 4-A	1.8	＜200	5	70/S	n. g.	300
USA，Hard coal	2.1	104～147	10	75/S	76/16	74.4
Coal refuse	10.5	104～147	10	75/S	n. g.	374
USA，Ohio	4	＜38	25	55/T	n. g.	2 166
Lignite	1.5	53～177	10	50/T	90/25	n. g.

n. g. —数据未给出；

T—嗜热 *Thiobacillus* sp.；

S—*Sulfolubus acidocaldarius*。

引自：Klein J，Beyer M，van Afferden M，et al. Coal in Biotechnology. In：Rehm H J，Reed G，ed. Biotechnology，Vol. 6b. Verlag Chemie，Weinheim，1988. 497～567

7.1.4　微生物脱硫的经济性分析

煤的生物脱硫目前还没有大规模的工业化应用，因此，目前的经济性分析基于实验室研究及中试研究的结果。推荐使用的微生物主要有 *Thiobacillus ferrooxidans* 和 *Sulfolobus acidocaldarius*，一般要求的停留时间较长，需要的反应器比较大。

美国设计了一座处理能力为 8 000 t/d 的生物脱硫工厂，使用的微生物为 *Thiobacillus ferrooxidans*，利用一个深 6 m、面积为 320 m^2 的池子作为反应器。在这样大的反应器中，维持合适的操作条件，如将 pH、温度、溶解氧、混合以及煤浆的稳定性等控制在适宜的范围，几乎是不现实的。然而，设备的投资相当低，对于 *Thiobacillus ferrooxidans* 来说，操作的温度范围为 20～28℃，脱硫过程中释放的热量可以保持反应器处于该温度范围。为防止过热导致微生物活性下降，多余的热量必须除去。当利用 *Sulfolobus acidocaldarius* 时，操作温度一般要求在 60～80℃，此时需要加热措施。处理成本估计为 27 马克/t 煤。

荷兰 Delft 大学进行了处理能力为 275 t/d 的中试规模研究，反应时间仅为 9 d(上述美国的中试研究反应时间为 28 d)，因此反应器体积可以大大减小。处理成本估计为 35～53 马克/t 煤。

瑞典的一项研究利用年处理能力为 20 万 t/t 煤的中试厂来估算投资和运行成本，利用的微生物菌种为 *Sulfolobus acidocaldarius*，工艺过程的温度控制在 70℃。结果表明，总的成本为 84～115 马克/t 煤。

德国的一项研究比较了两种不同处理工艺，处理能力约为 422 t/d，对于堆积浸滤工艺，运行成本约为 54 马克/t 煤。一个更为详细的可行性研究表明，对于煤浆反应器处理工艺，处理能力为 300 t/d，停留时间为 10 d，总的成本约为 120 马克/t 煤。在 Porto Torres 进行的中试实验表明，停留时间为 5 d，处理能力为 10 万 t/a，总的成本约为 80 马克/t 煤。

为便于比较，上述研究成果的基本资料总结列于表 7-8。

表 7-8　煤生物脱硫的成本估算

工　艺	煤浆，28℃	煤浆，30℃	煤浆，70℃	煤堆	煤浆，30℃	煤浆，30℃
加工量/(t/d)	8 000	275	550	420	300	300
颗粒尺寸/μm	<74	<100		<50 000	<500	<60
反应器体积/m^3	600 000	12 500	19 000～43 000		14 000	14 000
占地面积/m^2				30 000		
黄铁矿质量分数/%	2	0.5	0.8～1.6	0.6	1	2
煤浆浓度/%(质量体积比)	20	20	20		20	20～40
滤淋量/(m^3/d)				241.250		
停留时间/d	18	9	10～22	28	10	5
黄铁矿去除率/%	90	90	60～90	82	80	90
投资/马克/t①	38	100～130	24～45	70	210	210
运行①/马克/t	27	35～53	84～115	54	121	80

① 包括水电费、人工费及其他。

引自：Klein J. Technological and economic aspects of coal biodesulfurisation. Biodegradation，1998，9：293～300

7.1.5　微生物脱硫的现状及发展

国内外对微生物煤脱硫技术已做了大量的研究工作，以美国最为先进。许多国家正在开展的微生物煤炭脱硫技术研究,正从以微生物为对象的基础研究逐渐发展到以工艺流程设计和总体设计为目的的应用研究。许多技术正向工业化方向努力。近年来,美国、荷兰、德国、捷克等国报道了半工业化或工业性实验,捷克于1991年统计了北部波西米亚三个露天煤矿用氧化亚铁硫杆菌脱褐煤中硫的结果,其效果非常显著,脱硫前分别含无机硫0.21%,0.47%和3.85%,含有机硫0.64%,1.08%和1.89%,经微生物脱硫5 d后,分别含无机硫0.02%,0.10%和1.30%;经微生物脱硫8 d后分别含有机硫0.55%,0.53%和1.80%;无机硫脱除率平均为78.5%,有机硫脱除率平均为23.4%。日本报道了CWM(煤水混合物)中同时脱硫脱灰的方法,即在CWM制造系统中,加入微生物来同时脱硫脱灰。该方法非常有效和适用。若使用于日本国内火力发电厂,可提高CWM的输送效率,并省去燃烧后的脱硫脱灰处理工序。我国这方面的研究起步较晚,还只限于实验室研究。

由于有机硫的脱硫机理尚不十分清楚,得到微生物也比较困难,所以有机硫方面的基础研究较多,而应用研究方面多偏重于无机硫的去除。浸出法煤炭脱硫反应时间较长,此方法适用于对储煤期较长的煤炭进行脱硫,但不宜用于大量煤炭处理。微生物浮选法脱硫反应时间非常短,适于大量的煤炭处理,可用于煤炭浆制造工艺中。目前微生物浮选法已用于煤炭浆的脱硫。

关于生物脱除煤中硫的工作尽管已取得突破性进展,但研究仍大多处于实验阶段,距工业化生产还存在一定的距离,将生物技术用于煤炭加工还存在一系列的困难和问题,有待解决:

(1) 加工前的破碎煤的费用高;

(2) 微生物繁殖慢,反应时间长,一般需要几天或几周,而细菌浸出可达几个月,难以保证脱硫工艺的稳定性,需开发高效率的连续工艺,并提高微生物稳定性;

(3) 微生物和生物催化剂对温度十分敏感,在大规模生产中,传热问题是一个非常棘手的问题;

(4) 脱硫后的硫氧化产物需进一步处理,且费用高;

(5) 煤是一种非均质的物质,对于煤中有机硫的检测还缺乏一种确定的方法;

(6) 煤炭中某些杂质对微生物有毒性,会抑制微生物的生长和作用。

针对以上问题,人们考虑从以下几个方面来解决:选育驯化高效脱硫菌,利用遗传工程学的原理构建对脱硫有特殊效果的工程菌,对脱硫液进行综合处理回收,实现无废排放,防止二次污染。

微生物脱硫的焦点主要集中在菌种的开发上。目前的方向是,通过遗传工程来改进微生物和酶的性质,使之能承受更多的重金属、更高的盐浓度、更宽的pH和温度范围,更能适应低溶解度反应物的反应,而且要简化制备方法,降低成本。

在脱硫过程中,对微生物有害的各种金属可能会从煤中溶解出来。因此有人探讨了汞对微生物生长的危害,发现氧化硫杆菌有耐汞的基因,并成功地选育出耐汞菌株。

现已明确黄铁矿的脱硫与微生物具有的氧化硫能力的酶系有关,若能阐明这些酶系的遗传信息,有助于提高微生物的脱硫能力。

7.2 化石燃料的生物脱氮

化石燃料中的含氮化合物在燃烧过程中形成的氮氧化物可导致空气污染,形成酸雨,并且在原油提炼过程中导致催化剂中毒而影响产量。因此,利用微生物降解化石燃料中的含氮化合物以解决上述污染问题十分重要。

7.2.1　化石燃料中的含氮芳香族化合物

原油是各种有机分子的混合物，包括烷烃、芳烃和含硫、含氮的杂环芳香族化合物。含硫和含氮芳香族化合物的存在会影响和限制原油的应用。

原油中的含氮化合物分为两类：一类为非碱性分子，包括吡咯、吲哚，但它们大多与咔唑的烷基衍生物混合；另一类是碱性分子，大部分是吡啶和喹啉的衍生物(见图7-9)。

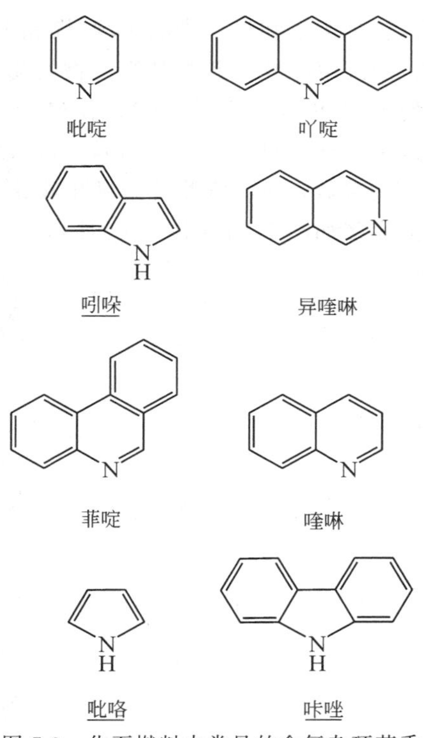

图7-9　化石燃料中常见的含氮杂环芳香化合物(下画线者为非碱性物质)

原油中总含氮量平均约为0.3%，其中非碱性化合物占70%～75%。鉴于现有高质量低沸点的原油在减少，目前已有用高氮低挥发性油来替代的趋势。

从页岩沉积层中产生的经干馏而得到的石油通常含有高浓度的氮化合物(含氮量达0.5%～2.1%)。页岩油生产过程中产生的废物也会严重污染环境。研究发现，*Pseudomonas aeruginosa* 可以降解页岩油中的喹啉和甲基喹啉，同时保持燃料中碳氢化合物的热值。这种方法提高了页岩油质量，保留了它们的燃烧值，而且可以清除那些可能产生环境污染的物质。

由煤产生的液体化石燃料也有和页岩同样的问题，其中含大量的氮污染物(氮的总含量为1%～2%，主要是有机氮)，它们也同样可以用微生物法脱氮，不过目前研究较少。

土壤和地下水经常被石油中的杂环芳烃和木材防腐剂污染。咔唑是煤焦油、杂酚油中的主要含氮杂环芳香化合物。咔唑是一种非常有用的工业原料，可用于染料、药品、杀虫剂、塑料等行业，同时它的使用也会引起环境污染。

在大气、河流沉积物、地下水等一些被污染的地方已经发现了咔唑及衍生物。

从环境中去除这种芳香氮化合物的主要机理是微生物转化。

7.2.2　含氮污染物的生物转化

含氮芳香化合物可以用高温、高压下的氢化处理工艺从石油中除掉。但是这个过程既昂贵又危险，而且会改变原油中许多其他成分。利用微生物去除原油中的含氮芳香化合物可以在常温常压下进行，目前关于微生物降解含氮化合物的研究主要集中在降解石油中的非碱性化合物，特别是咔唑及其烷基衍生物方面，一是因为它们是氮的主要成分，二是碱性氮化合物可以很容易地利用萃取除去。

含氮芳香族化合物的微生物转化可以从几个方面减轻对催化剂的破坏作用。咔唑可以完全代谢为二氧化碳并部分转化为微生物菌体，或转换成邻氨基苯甲酸或其他中间产物。这些化合物对催化剂的破坏作用比氮化合物的破坏作用要小，而且许多极性中间产物可以容易地萃取除去。

关于生物降解含氮芳香族化合物的研究报道不多。已有的研究表明：可以从废水污泥和被各种废水和烃污染的土壤、煤和页岩液化工厂分离出能够降解石油中含氮物质的微生物。能降解咔唑及其烷基衍生物的几种假单胞菌已分离出来。有报道，一些其他微生物也能使非碱性含氮化合物矿化，包括 *Bacillus*、*Xanthomonas*、*Burkholderia*、*Comamonas*、*Beijerinckia*、*Mycaobacterium*、*Serratia* 等。

大多数含氮化合物降解的生物化学途径没有得到深入研究，微生物代谢咔唑和喹啉的可能途径如图 7-10 和图 7-11 所示。

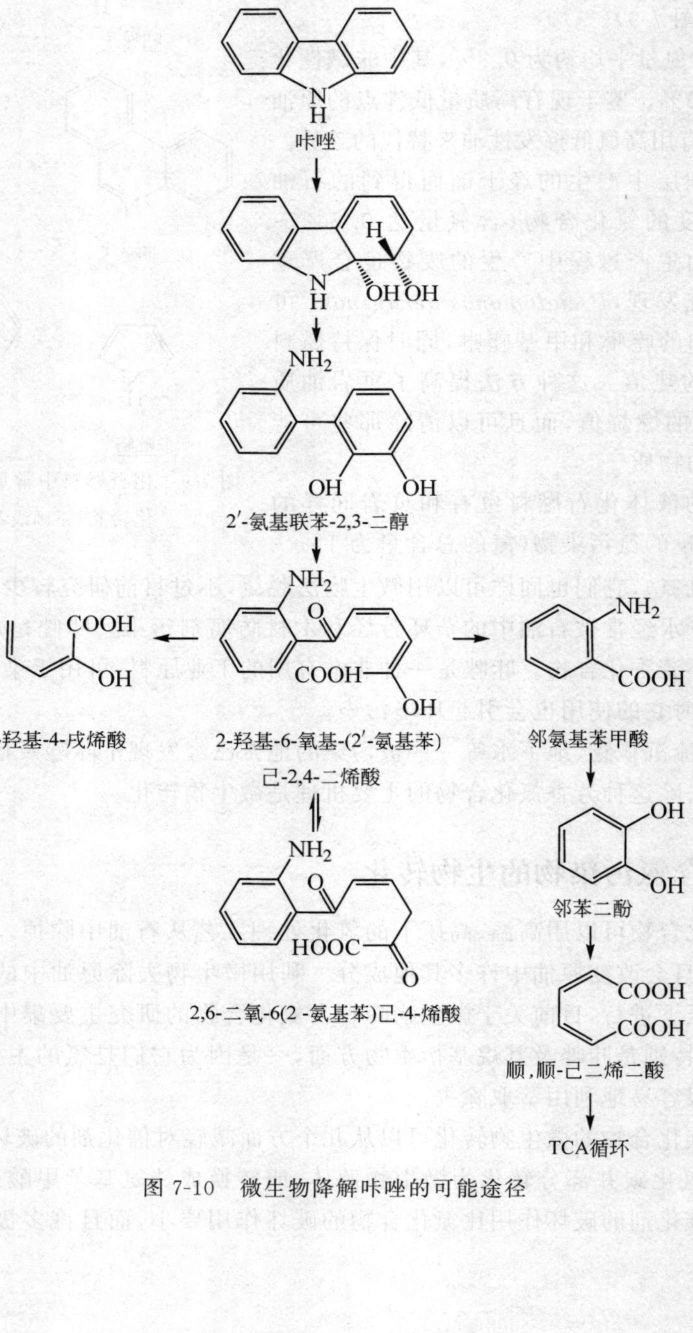

咔唑

2′-氨基联苯-2,3-二醇

2-羟基-4-戊烯酸

2-羟基-6-氧基-(2′-氨基苯)己-2,4-二烯酸

邻氨基苯甲酸

邻苯二酚

2,6-二氧-6(2-氨基苯)己-4-烯酸

顺,顺-己二烯二酸

TCA循环

图 7-10 微生物降解咔唑的可能途径

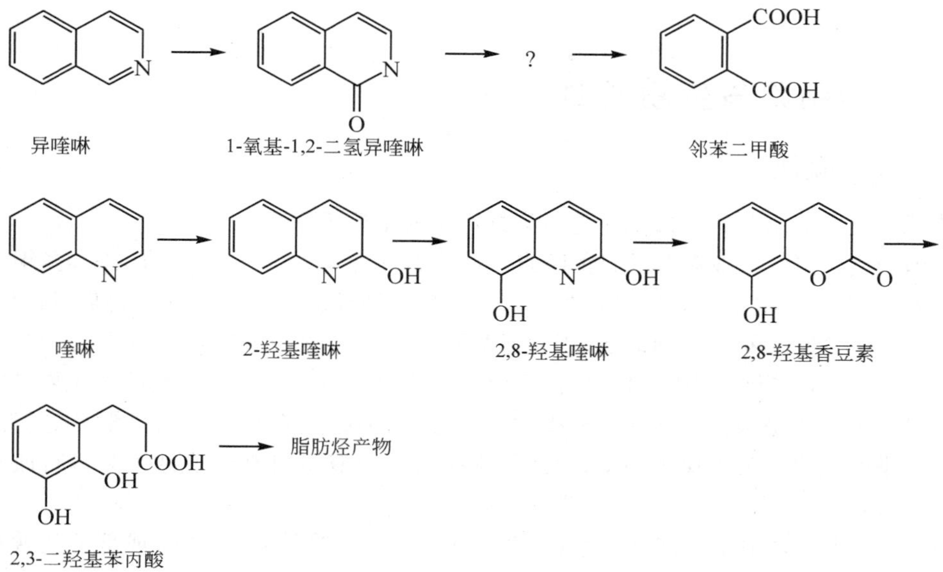

异喹啉 → 1-氧基-1,2-二氢异喹啉 → ? → 邻苯二甲酸

喹啉 → 2-羟基喹啉 → 2,8-羟基喹啉 → 2,8-羟基香豆素 → 2,3-二羟基苯丙酸 → 脂肪烃产物

图 7-11 喹啉生物转化的可能途径

7.2.3 生物技术用于化石燃料脱氮

微生物降解含氮化合物的进一步开发和应用可以按照以前微生物除硫过程的经验来考虑。

石油中含氮化合物的微生物代谢有两种潜在的应用：一是除氮，以消除燃料燃烧后氮氧化物的排放，现在大部分氮氧化物的排放来源于燃料在高温中燃烧后的排放物；另一个是消除炼油过程中催化剂的中毒。

燃料中与氮有关的碳氢化合物的损失量将影响除氮处理的经济效益。现在采用的咔唑生物降解途径类似于煤中 DBT 生物降解的 Kodamakht 途径，将导致咔唑大部分燃烧值的损失。

咔唑氮转化为邻氨基苯甲酸，然后回收，也许是一种合理的途径，这种酸可用于色氨酸的合成等方面。

近期内把咔唑转换成对炼油催化剂抑制作用较弱一些的物质似乎更为可行。这样可以保留燃料中所有的碳，避免后续处理和损失燃烧值。能够进行咔唑生物降解途径中的第一步反应的突变株或重组菌株将被采用。开发这些处理过程，需要对咔唑生物降解的中间物质对催化剂产生的影响进行更加深入细致的研究。

微生物处理过程还没有大范围应用于烃类加工。越来越严格的关于化石燃料中的氮和硫含量的限制条例要求将芳香族化合物的浓度降至足够低的程度。尽管采用传统的烃加工方式可以达到这个要求，但是成本很高，而且会改变石油燃料中的其他组分。所以人们对微生物处理方式产生了兴趣。微生物除氮处理可提高传统炼油催化加工的效率。

石油中含氮或含硫化合物的微生物氧化早已为人所知。对微生物处理方式的最新的生物化学研究，导致了高活性的微生物的出现，这些微生物可以降解化石燃料中的各种污染物。基于这些微生物的除硫工艺的试验研究和工业开发已在顺利进行。我们可以预见，石油中含氮组分的降解也将是很有效益的。如果克服了目前的主要技术障碍，研究出既能除硫又能降解氮的双效微生物处理技术，将使微生物炼油处理过程在更大的领域得到应用。

7.3 生物制浆与生物漂白

7.3.1 概述

造纸工业中的制浆和漂白工序是污染物产生的主要工序。

我国的制浆造纸工业有其独自的特点。我国是一个森林资源不足的国家，多年来主要依靠发展稻草、麦草等草类原料制浆造纸来满足日益增长的需要。而草类制浆问题很多，首先是草类中杂细胞较多，长纤维较少，因而通常需要3 t麦草才能出1 t纸，另外，秸秆中含有较大量硅和其他杂质，影响了国外通行的碱回收工艺的应用，成为我国环境污染的主要难题。

制浆造纸工业是国民经济的重要支柱产业之一，但也是森林、能源、化学品等资源消耗和环境污染的大户。为了保护环境，发达国家投入大量资金对制浆造纸工艺进行改造。常用的方法有：

(1) 利用木素降解菌处理纤维原料，来降低机械法制浆的能耗，代替或部分代替污染严重的化学法制浆；

(2) 利用木聚糖酶制剂作为纸浆漂白助剂，既可减少漂白废液污染，又可减少漂白剂用量，降低生产成本，效益显著，且易于工业化。

在用植物材料进行化学制浆与化学漂白过程中，含有大量木质素、半纤维素和有害物质的废液被排放到江河湖泊中，造成严重的环境污染和生态破坏。多年来，人们不懈地努力，试图开拓出无污染的高效率的制浆造纸新工艺，以减少污染，保护环境。

高速发展的生物技术已被引入到制浆造纸工业中，其中最具吸引力和挑战性的是生物制浆与生物漂白。因为造纸工业废水主要由蒸煮黑液和漂白废液组成，采用生物制浆与生物漂白可以有效减少这些废液的产生。利用微生物酶类进行生物制浆与生物漂白具有很大的优势和潜力。微生物极易生长繁殖，酶催化反应具有高度专一性，反应条件温和，并且高效无污染。

深入开展制浆造纸过程中的生物技术研究，开发生物制浆、生物漂白等相关技术，将给中国的制浆造纸工业带来革命性的影响，最终创建出一个资源综合利用、全封闭无排污的新型纤维利用综合产业来。

7.3.2 生物制浆

与化学法相比，机械法制浆可以大大提高纸浆得率，从而节省大量林木资源。但是，磨木浆的能量消耗很大，而且成品纸的强度等质量性能不如硫酸盐浆，因而限制了这项技术的发展。生物技术的引入有助于解决这些问题。

生物制浆法很快在欧洲和北美的30余家大型纸厂得到应用，成为生物技术在造纸工业应用最成功的一例。目前，加拿大已有约10%的硫酸盐法纸浆厂采用了酶法助漂新工艺。丹麦和美国等多家酶制剂厂商，纷纷推出了专门用于纸浆处理的木聚糖酶和纤维素酶新产品。

1987年，在美国政府和Weaver工业公司等造纸企业的支持下，由美国农业部林产研究所联合威斯康星大学、明尼苏达大学等研究机构，组建了生物制浆财团，开展了长期深入的研究工作。他们选出了一株能快速生长并选择性地从木材中除去木素的白腐菌(*Ceriporiopsis subvermispora*)，把它接种到用蒸汽简单灭过菌的木片上，用强制通风的办法来控制温度和湿度，培养2周后，用于热机法制浆，已完成了50 t规模的实验。结果显示，不仅可以节省能耗38%，提高设备生产能力，而且可以明显改善成品纸的强度性能（断裂指数提高22%，撕裂指数提高35%，抗张指数提高9%）。目前他们正在努力加快新技术的产业化，并力图将该技术的应用范围扩大到亚硫酸盐浆、硫酸盐浆，乃至非木材浆中去。

7.3.3 生物漂白

木质素是造纸工业中有效利用纤维素的最大障碍。在化学制浆过程中，大部分木质素可从木材、草类或其他粗原料的纤维中除去，但还残留3%～12%，这部分残留的木质素会造成纸浆褐色，并降低纸张的强度。因此，需要对纸浆进行漂白。多年来，造纸行业一直沿用化学漂白法对纸浆进行漂白。

传统的化学漂白法采用多段的氯或二氧化氯漂白工艺及碱提取工艺来去除木质素，在废水中会有大量氯代有机物，且大多具有致癌致畸作用，造成严重的环境污染。

80年代初，西方工业国家工业污染控制战略出现了重大变革，以污染预防取代了污染治理。芬兰率先将生物预漂白技术引入制浆造纸工业中。

近年来，随着生物技术的迅速发展，木质纤维素降解真菌以及酶逐渐被引入漂白流程中，成为目前应用最为广泛的漂白方法之一。

最初的研究表明，利用白腐菌 *Plchrysosporium* 对硫酸盐浆进行漂白处理时，这种真菌虽然能降低纸浆中的木质素含量，但同时也进攻纤维素，导致纸张强度降低。也有的真菌不破坏纸张的强度，这可能是因为用该真菌处理能增强纤维细胞间的连结。由于真菌处理周期较长，并且不能完全避免真菌对纤维素的降解，从而限制其大规模的工业应用。因此，直接利用酶进行助漂就应运而生了。

7.3.4 生物漂白的几种酶

1. 木聚糖酶

利用木聚糖酶可以提高纸浆的可漂性。用木聚糖素酶处理阔叶木浆和针叶木浆，可分别节约有效氯20%～25%和15%～20%。木聚糖酶似乎对所有类型的纤维都有助漂作用（图7-12）。

木聚糖酶可用于纸浆在氯气、二氧化氯、臭氧、氧及过氧化氢等的漂前预处理段。在漂白木浆时应用木聚糖酶，一个最显著的优点就是降低二氧化氯用量，提高白度，减少AOX的产生量。北美和欧洲许多硫酸盐浆厂已进行工业性试验，表明经木聚糖酶预处理可降低化学浆漂白成本达20%，可降低漂白负荷5%～20%。

木聚糖酶预处理用于桉木、松木、蔗渣硫酸盐浆及麦草浆漂白流程中取得了良好效果，木聚糖酶预处理对麦草化机浆白度及可漂性的改善也有一定的作用。木聚糖酶不能漂白纸浆，而是改变纸浆的结构。木聚糖酶的作用机理目前尚不大清楚，有几种不同的假说：①木聚糖酶进攻LCC(lignin-carbohydrate complex)化学键，脱除与木素有化学连接的木聚糖；②水解部分在蒸煮过程中再沉积在纤维表面的木聚糖。这两种作用均可提高细胞壁内包围木素的可扩散性。另外也有研究发现木聚糖酶处理可脱除纸浆中的发色基团。

利用 *Streptomyces* sp. QG-11-3 木聚糖酶处理纸浆的扫描电镜照片（图7-13(b)）表明，

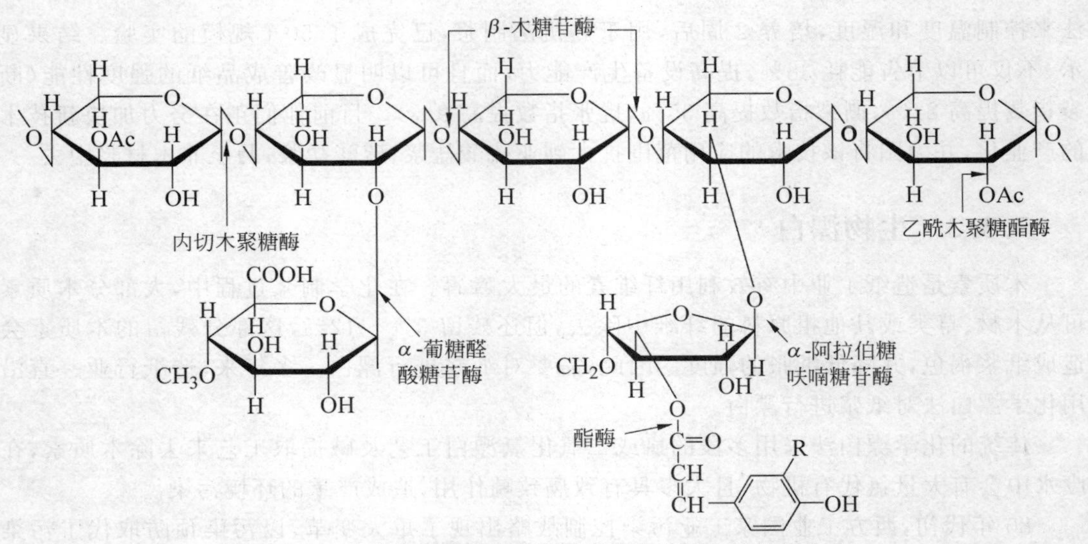

图 7-12　木聚糖的结构及木聚糖酶攻击木聚糖可能的位点

酶预漂白处理可以在未处理纸浆的光滑表面上(图 7-13(a))形成一些微孔结构，这样可以使随后处理阶段的氯气和其他化学试剂进入纤维内部(图 7-13(c))。因此，酶预漂白似乎是促进纸浆漂白的重要步骤，木聚糖酶可以减少氧化剂用量 20%～40%，当 *Streptomyces* sp. QG-11-3 在桉树纸浆表面生长时，微生物菌丝体可以进入纤维内部(图 7-13(d))。

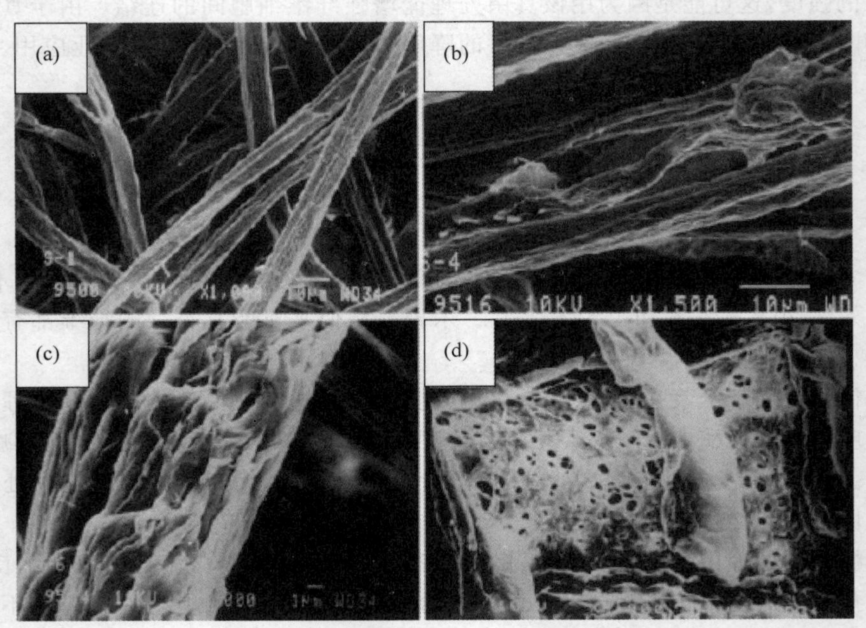

图 7-13　桉树纸浆的扫描电镜照片

(a) 未处理的桉树纸浆，表面光滑；(b) 利用从 *Streptomyces* sp. QG-11-3 提取的木聚糖酶处理过的桉树纸浆，显示开始膨胀，纸浆微纤维分离；(c) 利用从 *Streptomyces* sp. QG-11-3 提取的木聚糖酶处理，然后用 4.5% Cl_2 进行化学处理的桉树纸浆；(d) *Streptomyces* sp. QG-11-3 生长在桉树纸浆纤维上，显示了微生物菌丝体在桉树纸浆上的穿透程度木聚糖酶的来源比较多，目前已经发现多种细菌和真菌能产生半纤维素降解酶，如表 7-9 所示。大多数的木聚糖酶都能够水解各种不同来源的木聚糖，只是最终产物有所不同。木聚糖水解的主要产物有木聚二糖、木聚三糖和各种木聚低取代物。取代物的链长度和结构取决于木聚糖酶的作用模式。

表 7-9　各种微生物生产的木聚糖酶的特性

	微生物	相对分子质量/10^3	最适		稳定		pI	K_m/(mg/mL)	v_{max}/(μmol/(L·min·mg))
			pH	温度/℃	pH	温度/℃			
细菌	*Acldobactertum capsulatum*	41	5	65	3～8	20～50	7.3	3.5	403
细菌	*Bactllus* sp. W-1	21.5	6	65	4～10	40	8.5	4.5	—
细菌	*Bactllus ctrculans* WL-12	15	5.5～7	—	—	—	9.1	4	—
细菌	*Bactllus stearothermophtlus* T-6	43	6.5	55	6.5～10	70	7.9	1.63	288
细菌	*Bactllus* sp. BP-23	32	5.5	50	9.5～11	55	9.3	—	—
细菌	*Bactllus* sp. BP-7	22～120	6	55	8～9	65	7～9	—	—
细菌	*Bactllus polymyxa* CECT 153	61	6.5	50	—	—	4.7	17.1	112
细菌	*Bactllus* sp. K-1	23	5.5	60	5～12	50～60	—	—	—
细菌	*Bactllus* sp. NG-27	—	7,8.4	70	6～11	40～90	—	—	—
细菌	*Baclus* sp. SPS-0	—	6	75	6～9	85	—	—	—
细菌	*Bactllus* sp. AR-009	23.48	9～10	60～75	8～9	60～65	—	—	—
细菌	*Bactllus* sp. NCIM 59	15.8,35	6	50～60	7	50	4,8	1.58, 3.50	0.017,0.742
细菌	*Cellulomonas ftml*	14～150	5～6.5	40～45	—	—	4.5～8.5	1.25～1.72	—
细菌	*Cellulomconas* sp. N. C. LM. 2353	22,33,53	6.5	55	—	—	8	1.7,1.5	380,690
细菌	*Mtcrococcus* sp. AR-135	56	7.5～9	55	6.5～10	40	—	—	—
细菌	*Staphylococcus* sp. SG-13	60	7.5,9.2	50	7.5～9.5	50	—	4	90
细菌	*Thermoanaerobacterlum* sp. JW/SL-YS 485	24～80	6.2	80	—	—	4.37	3	—
细菌	*Thermotoga marltlma* MSB8	40,120	5.4,6.2	92～105	—	—	5.6	1.1,0.29	374.476 0
真菌	*Acrophtalophora natnlana*	17	6	50	5	50	—	0.731, 0.343	—
真菌	*Aspergtllus nlger*	13.5～14.0	5.5	45	5～6	60	9	—	—
真菌	*Aspergtllus kawachtl* IFO 4308	26～35	2～5.5	50～60	1～10	30～60	3.5～6.7	—	—
真菌	*Asppergtllus nldulans*	22～34	5.4	55	5.4	24～40	—	—	—
真菌	*Aspergtlus ftschert* Fxnl	31	6	60	5～9.5	55	—	4.88	5.88

续表

	微生物	相对分子质量/10^3	最适		稳定		pI	K_m/(mg/mL)	v_{max}/(μmol/(L·min·mg))
			pH	温度/℃	pH	温度/℃			
真菌	*Aspergtllus sofae*	32.7，35.5	5,5.5	60,50	5～8，5～9	50,35	3.5，3.75	—	—
真菌	*Aspergtllus sydowll* MG 49	30	5.5	60	—	—	—	—	—
真菌	*Cephalosporium* sp.	30,70	8	40	8～10	—	—	0.15	—
真菌	*Fusarlum oxysporum*	20.8，23.5	6	60,55	7～10	30	—	9.5,8.45，8.7	0.41,0.37
真菌	*Geotrtchum candidum*	60～67	4	50	3～4.5	45	3.4	—	—
真菌	*Paectlomyces vartoll*	20	4	50	—	—	5.2	49.5	—
真菌	*Pentctlltum purpurogenum*	33,23	7,3.5	60,50	6～7.5，4.5～7.5	40	8.6，5.9	—	—
真菌	*Thermomyces lanugtnosus* DSM 5826	25.5	7	60～70	5～9	60	4.1	7.3	—
真菌	*Thermomyces lanugtnosus*-SSBP	23.6	6.5	70～75	5～12	60	3.8	3.26	6 300
真菌	*Trichoderma harzianum*	20	5	50	—	40	—	0.58	0.106
真菌	*Trichoderma reeset*	20,19	5～5.5，4～4.5	45,40	3～8.5，2.5～8.5	—	9,5.5	3～6.8，14.8～22.3	—
酵母菌	*Aureobasldium pullulans* Y-2311-1	25	4.4	54	4.5	55	9.4	7.6	2 650
酵母菌	*Cryptococcus albldus*	48	5	25	—	—	—	5.7,5.3	—
酵母菌	*Trichosporon cutaneum* SL409	—	6.5	50	4.5～8.5	50	—	—	—
放线菌	*Streptomyces* sp. EC 10	32	7～8	60	—	—	6.8	3	—
放线菌	*Streptomyces* sp. B-12-2	23.8～40.5	6～7	55～60	—	—	4.8～8.3	0.8～5.8	162～470
放线菌	*Streptomyces* T7	20	4.5～5.5	60	5	37～50	7.8	10	7 610
放线菌	*Streptomyces thermovtolaceus* OPC-520	33,54	7	60～70	—	—	4.2,8	—	—
放线菌	*Streptomyces chattanoogensts* CECT 3336	48	6	50	5～8	40～60	9	4,0.3	78.2,19.1
放线菌	*Streptomyces vtrtdtsporus* T7A	59	7～8	65～70	5～9	70	10.2～10.5	—	—
放线菌	*Streptomyces* sp. QG-11-3	—	8.6	60	5.4～9.2	50～75	—	1.2	158.85
放线菌	*Thermomonospora curvata*	15～36	6.8～7.8	75	—	—	4.2～8.4	1.4～2.5	—

利用木聚糖酶进行纸浆预漂已经进入实际应用阶段。然而,木聚糖酶用于纸浆预漂仍有许多需要改进的地方。

首先,第一代木聚糖酶大部分在弱酸性 pH 4～6、中等温度 40～60℃有活性。由于工厂生产中纸浆经洗涤后,pH 和温度都比较高,在进行木聚糖酶预处理前需要调节酸度和温度,给生产带来诸多不便,因此寻找出耐热和耐碱的木聚糖酶,对适应目前工厂中流行的漂白流程具有重要意义。利用耐热菌可以培养出在高温下稳定而且作用效率高的木聚糖酶。一种从极耐热菌 *T. maritima* 中分离出的木聚糖酶,在漂白过程中能稳定存在于 92℃的环境中,并且已经进行了扩大生产。

其次,由于单纯的木聚糖酶能够脱除低分子质量的半纤维素,从而增加纸浆的黏度,因此有效的木聚糖酶应不含或少含纤维素酶。

用木聚糖酶对纸浆进行预漂白,可以减少随后的化学漂白用氯量 30%～40%,废液中有机氯化物与毒性物含量显著减少。到目前为止,用于生物预漂白的木聚糖酶经历了三代发展,从第一代酸性酶,第二代中性酶,到第三代碱性酶。目前,对第三代木聚糖酶的研究与应用正进入高峰期,采用基因工程与蛋白质工程手段获得性质优良的耐热耐碱木聚糖酶已成为研究热点,期望在不久的将来,重组酶会更有效地应用于漂白工艺中。

木聚糖酶处理工艺是通过降解除去纸浆表面再沉积的半纤维素等方式来帮助化学漂剂漂白的。由于木聚糖酶和甘露糖酶不能直接降解纸浆中的木素,它们对纸浆可漂性的提高是有限的。因此,木聚糖酶只能起助漂的作用,不能真正替代化学漂剂。生物预漂白并不能完全替代化学漂白,能减少污染却不能最终消除污染。要从根本上消除氯漂白废液的污染,还需进行生物漂白,即完全采用生物手段除去纸浆中残留的木质素。随着木质素生物降解研究的深入,人们发现纸浆白度的提高与真菌作用过程中所产生的木质素降解酶有关。近年来,利用各种木质素酶进行生物漂白的研究正在迅速兴起,人们期望利用木质素酶对木质素的直接作用来实现生物漂白。许多实验室都在努力研究非木聚糖酶的漂白用酶,涉及的酶类包括木素过氧化物酶、锰过氧化物酶、漆酶和纤维二糖脱氢酶等。白腐真菌主要分泌 3 种与木质素降解相关的氧化性酶,分别是漆酶(laccase)、锰过氧化物酶(MnP) 和木素过氧化物酶(LiP),它们均可直接降解木质素。产木质素分解酶的白腐真菌如表 7-10 所示。这 3 种木质素降解体系中,以漆酶-介体系统最具潜在应用前景,成为近年来的研究热点。

表 7-10　产木质素分解酶的重要的白腐真菌

白腐真菌	木质素分解酶
Coriolus versicolor	木质素过氧化物酶
Phlebia radiata	锰过氧化物酶
Pleurotus ostreatus	锰过氧化物酶
Pleurotus sajucaju	
Pleurotus sanguineus	
Cyathus bulleri	木质素过氧化物酶
Coriolus pruinosum	锰过氧化物酶
Phanerochate chrysosporium	锰过氧化物酶
Ceriporiopsis subvermispora	锰过氧化物酶

续表

白腐真菌	木质素分解酶
Dichomitus squalens	漆酶
Lentinus edodes	
Panus tigrinus	
Rigidoporus lignosus	
Polyporus varius	木质素过氧化物酶
Bjerkandera adusta	
Daedaleopsis confragora	
Pycnoporus cinnabarinus	漆酶
Qudemansiella radicata	木质素过氧化物酶 漆酶
Pleurotus florida	
Polyporus pletensis	
Polyporus brumalis	
Phlebia tremellosus	
Phlebia ochraceofulva	
Bjerkandera adusta	芳香醇氧化酶
Pleurotus eryngii	藜芦醇氧化酶
Pleurotus ostereatus	藜芦醇氧化酶
Coriolus versicolor	
Pleurotus sajorcaju	

2. 漆酶

漆酶(laccase)是一种含铜的多酚氧化酶,几乎可以从所有的分解木质素的真菌中获得,许多霉菌或更高等植物中也可能产生漆酶。至少 20 种漆酶得到了分离和纯化。该酶是一种氨基酸残基在 500 个左右的单体酶,一般为酸性蛋白质,有 4 个铜离子,形成 3 个活性区域;表面一些氨基酸被不同程度地糖基化。晶体结构和其他一些波谱学研究解释了其空间结构和可能的电子传递机制。

漆酶可以氧化多种化合物,同时将 O_2 还原为 H_2O。根据对漆酶光谱学、动力学和晶体衍射的研究,漆酶催化底物的方式可能为:底物结合于酶活性中心的Ⅰ型铜原于位点,通过 Cys-His 途径将其传递给三核位点,该位点进一步把电于传递给结合到活性中心的第二底物氧分子,使之还原为水。整个反应过程需要连续的单电子氧化作用来满足漆酶的充分还原,还原态的酶分子再通过四电子转移传递给分子氧,因此漆酶又被称为分子电池。在此过程中,氧的还原很可能分两步进行,两个电子转移产生过氧化氢中间体,该中间体在另外两单电子作用下被还原为水。

漆酶的主要产生菌是 *T. versicolor*。过去,一般认为漆酶的氧化还原电位低,不能攻击构成木质素结构 90%以上的非酚木质素结构,而只能氧化降解木质素中的酚型结构单元。漆酶作用于木质素的氧化途径如图 7-14 所示。

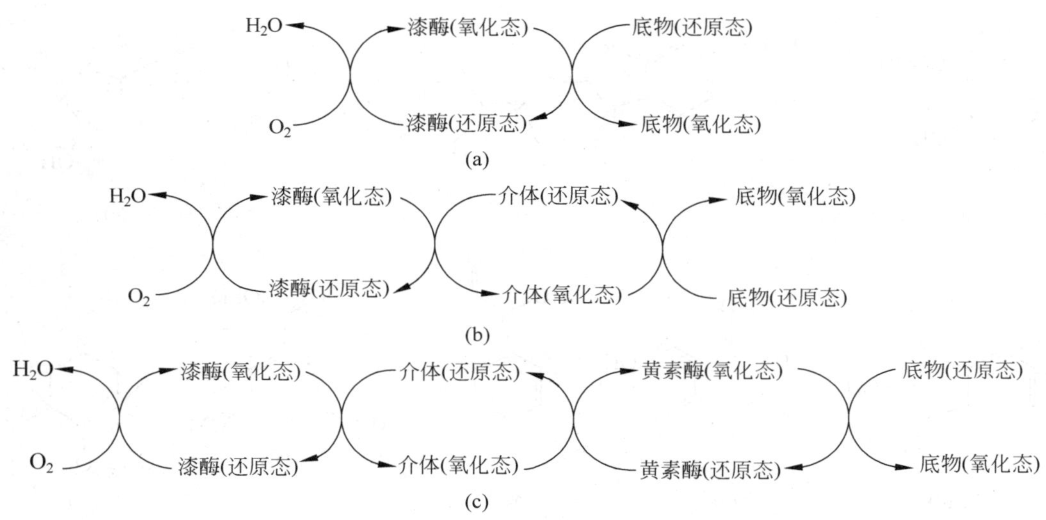

图 7-14　漆酶催化氧化木质素的循环过程示意图

(a) 存在化学介体；(b)和(c)不存在化学介体

研究发现，当有可起氧化还原介体作用的简单有机化合物存在时，漆酶不仅能氧化非酚结构，而且能使硫酸盐浆脱木质素和脱甲氧基。这是由于漆酶在氧气存在的条件下，能将介体转化成共介体，这种共介体由于尺寸较小，能够渗透进入纤维，与木质素反应(图 7-15)。

(1) 漆酶的净反应

$$2\text{底物-}H_2 + O_2 \longrightarrow 2\text{底物(氧化态)} + 2H_2O$$

(2) 漆酶与介体的作用

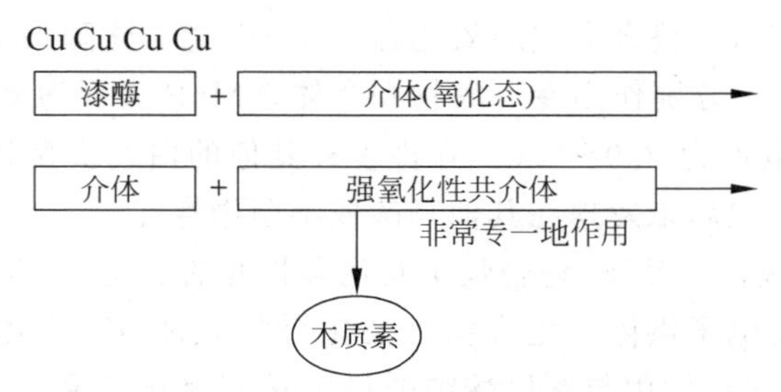

图 7-15　漆酶与介体作用于木质素的可能机理

由于介体对漆酶漂白的重要作用，对介体的研究也逐渐增多。目前研究较多的介体有1-羟基苯并三唑(1-hydroxybensotriazol，HBT)。已知用于漆酶漂白的人工合成介体见图 7-16。

除人工合成介体外，从真菌生物体系中分离天然介体的工作也在进行中。美国佐治亚大学的研究者发现，一株漆酶产生菌朱红密孔菌(*Pycnoporus cinnabarinus*)可以产生自己的氧化还原介体 3-羟基邻氨基苯甲酸(3-hydroxyanthranilic acid，3-HAA)。漆酶加 3-HAA 系统不仅能氧化非酚模式化合物，而且能降解合成的木质素。

日本的一家实验室报道，利用漆酶进行生物漂白，可以去掉 50%～60%的残余木质素，减少氯漂白 50%～60%，然而，离真正意义的生物漂白还有一段距离。

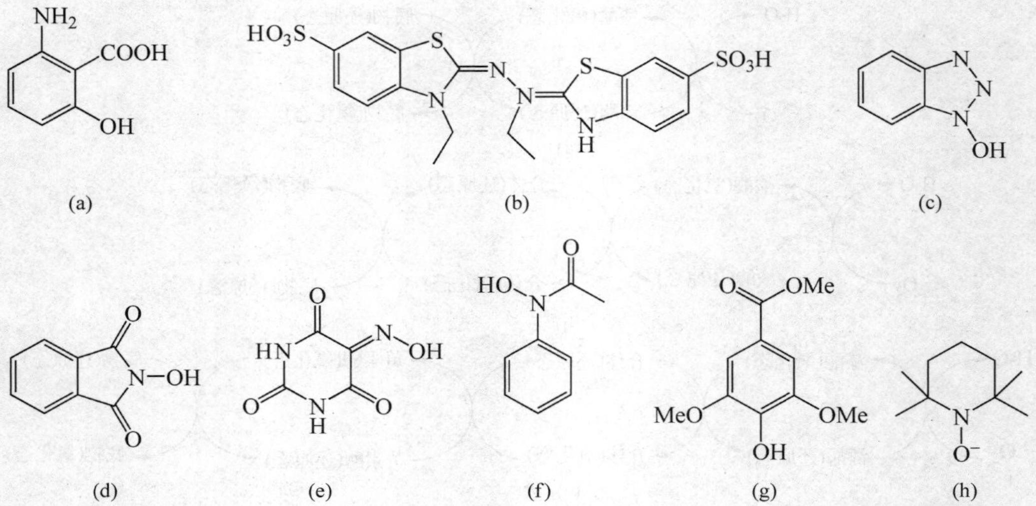

图 7-16　漆酶的部分介体

漆酶应用于生物漂白近年来取得了很大的进展。漆酶同木聚糖酶共同处理纸浆，比单独使用漆酶有效。在漆酶漂白时加入表面活性剂可以增加木质素的溶出，提高纸浆的白度并且对于提高漆酶的稳定性也有好处。

3. 锰过氧化物酶

锰过氧化物酶(MnP)是一种包含有血红素的糖蛋白酶，首次在 *Phanerochaete* 中发现，后来发现多种白腐真菌都能分泌该酶。MnP 由于氧化还原电位较低，只能氧化酚型木质素结构。在某些螯合剂如有机酸、草酸、丙二酸等的作用下，MnP 能将 Mn(Ⅱ)氧化成 Mn(Ⅲ)，然后与有机酸螯合，该螯合形式的氧化态 Mn(Ⅲ)能氧化降解纸浆中的酚型木质素结构。它利用 Mn^{2+}/Mn^{2+} 分别作为专一底物和介体。MnP 表现为多种形式，其相对分子质量为 3 800～5 000，等电点为 2.9～7.0。在许多种其他的白腐真菌以及分解垃圾的担子菌中也发现有 MnP 存在，但尚未发现在其他真菌或细菌中存在。

MnP 的催化过程包括天然酶、化合物Ⅰ及化合物Ⅱ的氧化还原状态(图 7-17)。在还原反应中，Mn^{2+} 是必需的电子供体。化合物Ⅰ及化合物Ⅱ被 Mn^{2+} 还原，而 Mn^{2+} 被氧化为 Mn^{3+}，Mn^{3+} 离子通过螯合作用与有机酸结合稳定在高氧化还原态。螯合的 Mn^{3+} 反过来作为可扩散的氧化还原介体氧化酚类化合物。这个反应过程可通过附加硫醇类、脂类、不饱和脂肪酸或它们的衍生物得以促进。同时 MnP 本来无法作用的化学键也可以断裂。

在真菌漂白过程中，MnP 起作用的证据有：

(1) 在漂白速度最快时，MnP 的活性出现高峰；

(2) 当过氧化氢和 Mn(Ⅱ)的量不足时，真菌漂白的效果会下降；

(3) 在漂白过程中，真菌能分泌草酸盐和乙醛酸，这是 Mn(Ⅱ)的潜在的螯合剂。

MnP 漂白纸浆时，螯合态的 Mn(Ⅲ)是残余木质素的氧化剂。它的氧化还原电位、稳定性及电荷密度都将影响次生壁(图 7-18 和图 7-19)中残余木质素的氧化效率。MnP 处理对单糖(如阿拉伯糖、葡萄糖、甘露糖)和以醚键连接到木质素纤维素碎片上的香豆酸没有明显的作用。锰过氧化物酶作用于木质素的氧化途径如图 7-20 所示。

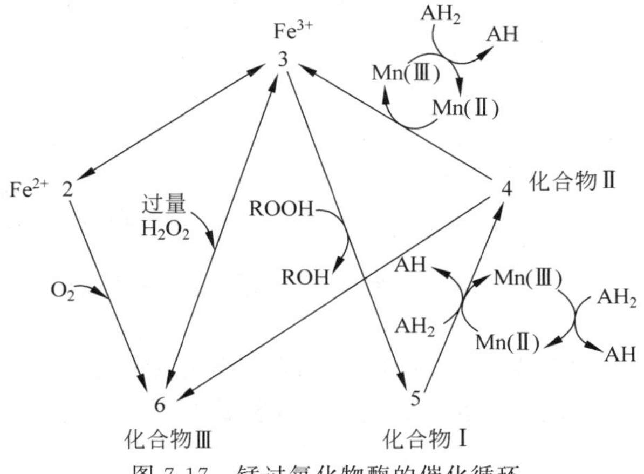

图 7-17　锰过氧化物酶的催化循环

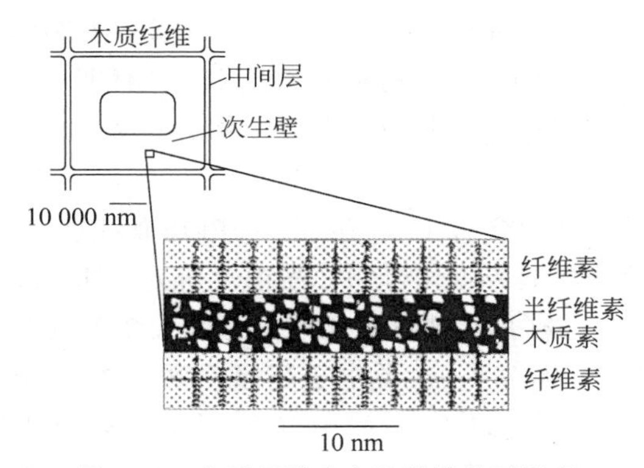

图 7-18　木质纤维次生壁的横截面模型

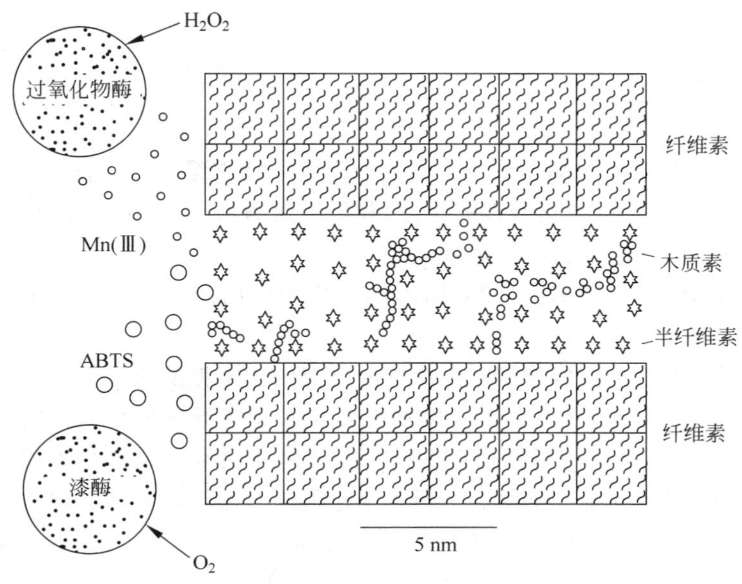

图 7-19　纸浆纤维截面与一些酶分子的比较模型

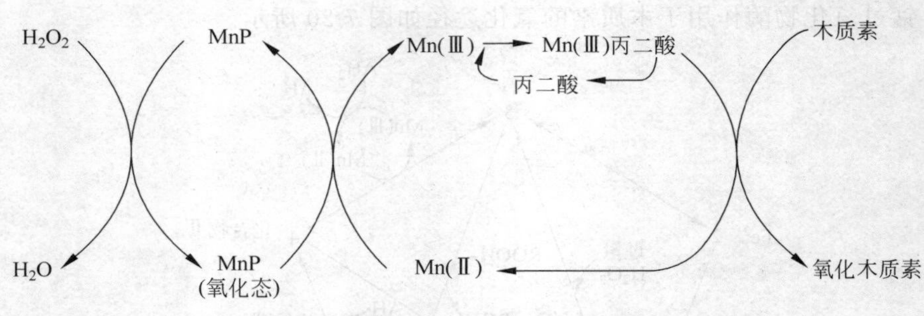

图 7-20 锰过氧化物酶作用于木质素的氧化途径

MnP 漂白存在的问题主要是大规模生产困难以及对高温和高浓度过氧化氢(高于 0.1 mmol/L)的敏感,而一定浓度的过氧化氢是保持螯合剂活性所必需的。

4. 木素过氧化物酶

木素过氧化物酶(lignin peroxidase, LiP)于 1983 年被发现存在于白腐真菌 *Phanerochaete chrysosporium* 中。木素过氧化物酶(LiP)有非常高的氧化还原电位,是迄今为止发现的唯一可以单独氧化降解非酚型木素结构的过氧化物酶,但其漂白效果并不尽如人意。

木质素过氧化物酶是一系列含有 1 个 Fe(Ⅲ)卟啉环血红素辅基的同功酶,其最重要的特点是能氧化富含电子的非酚型芳香化合物。光谱学研究表明,LiP 有 5 种氧化状态,自然状态的 LiP 含有高度自旋的 Fe(Ⅲ),被过氧化氢氧化失去 2 个电子形成 LiP(Ⅰ)。LiP(Ⅰ)经单电子还原形成 LiP(Ⅱ),再经过一次单电子还原回到自然状态,完成催化循环。LiP 需要过氧化氢参与催化过程,在催化过程中,酶中 Fe^{3+} 首先被过氧化氢氧化形成 LiP 化合物Ⅰ,该化合物与另一芳香族化合物(如藜芦醇)反应,形成 LiP 化合物Ⅱ以及一种芳香族自由基。LiP 化合物Ⅱ与芳香族底物进一步反应,使酶恢复到其初始状态,由此催化过程得以不断进行。

7.3.5 发展趋势

在用于造纸工业的微生物酶类研究上需在以下几方面继续进行工作:

(1) 选育高产木聚糖酶(包括酸性和中性)和纤维素酶菌种,达到产业化水平;

(2) 筛选多种生产过氧化物酶的菌种;

(3) 利用木聚糖酶进行生物漂白预处理,减少化学漂白用氯量和废液中的有毒氯化物含量;

(4) 利用基因工程等手段构建用途广泛的耐高温的木聚糖酶工程菌。

木质素的结构非常复杂,并且在纸浆中木质素与木聚糖形成复合体紧密地附着在纤维上,难以除去。因此,仅依赖于一种酶的作用远远不够,利用木聚糖酶与木质素酶两种酶的共同作用有望完全降解掉纸浆中残留的木质素,实现真正意义的生物漂白。尽管目前还难以预测漆酶-中介物系统用于纸浆漂白的技术离商业化还有多远,但不少人都认为这可能是制浆造纸工业实际应用的下一个生物工艺。

可以看出，生物制浆技术日趋成熟，已经接近产业化；而利用木聚糖酶的酶法漂白技术已经在造纸工业中得到工厂规模的实际应用。因此，利用微生物酶在造纸工业中实现生物制浆与生物漂白，代替污染严重的化学法，将有广阔的应用前景。

7.4　矿冶生物技术——微生物湿法冶金

某些微生物能有效地把金矿、铜矿和铁矿中的金属选择性地溶解，这一过程称为生物浸取，或称为生物冶金。

运用微生物浸出金属已有百余年的历史，真正在矿冶工业上使用湿法冶金是从铜的细菌浸出开始的。20世纪80年代对难浸金矿石进行细菌预氧化的工业实践大大推进了微生物技术在矿冶中的应用。微生物技术在低品位金属矿、难浸金矿、矿冶废料处理等方面具有巨大潜力。

据记载，1670年西班牙的Rio Tinto从含硫化铜的矿石中浸出铜。微生物浸出金属硫化物的最早报告发表于1922年。

在微生物湿法冶金中起着重要作用的微生物 *Thiobacillus ferrooxidans*，最先于1947年从煤矿酸性矿坑水中分离得到。事实上，该微生物能够从自然界中有硫化物的酸性环境中找到。

湿法冶金的工艺条件易于控制，设备要求简单，成本比较低廉。

1958年，用细菌产生的硫酸高铁溶液溶浸贫矿石，成功地回收了铜。至1967年，全世界利用细菌法溶浸得到的铜占整个铜产量的20%。目前，在细菌浸铜基础上已发展到利用微生物法提取多种金属，如铀、钴、钼、铋、锌、锰、铅、硒、砷、铊、镉等。

Thiobacillus ferrooxidans 浸出金属的基本反应如图7-21所示。

A. 硫化物氧化

$$S^{2-} \longrightarrow S^0 \longrightarrow SO_3^{2-} \longrightarrow SO_4^{2-}$$

(A) 金属浸出

$$MS \longrightarrow MS^{2+} + SO_4^{2-}$$

$$ZnS \longrightarrow Zn^{2+} + SO_4^{2-}$$

B. 亚铁离子氧化

$$Fe^{2+} \longrightarrow Fe^{3+}$$

(A+B)金属浸出

$$FeS_2 \longrightarrow Fe^{3+} \longrightarrow 2SO_4^{2-}$$

$$CuFeS_2 \longrightarrow Cu^{2+} + Fe^{3+} + 2SO_4^{2-}$$

C. 铁离子作为氧化剂　=　间接浸出

$$Fe^{2+} \longrightarrow Fe^{3+}$$

$$MS + 2Fe^{3+} \longrightarrow M^{2+} + 2Fe^{2+} + S^0$$

$$FeS_2 + 2Fe^{3+} \longrightarrow 3Fe^{2+} + 2S^0$$

$$UO_2 + 2Fe^{3+} \longrightarrow UO^{2+} + 2Fe^{2+}$$

图7-21　*Thiobacillus ferrooxidans* 浸出金属的基本反应

在加拿大、俄罗斯、印度等国广泛应用细菌法溶浸铀矿。利用细菌浸矿，可以从其他方法所不能提取的低品位铀矿石（0.01%～0.05% U_3O_8）中回收铀，而其成本仅为其他方法的一半。用细菌法溶浸镍矿石 5～15 d，可浸出镍 80%～96%，而无菌溶浸镍的提取率仅为 9.5%～12%。细菌法浸出贫锰矿的锰达 69%。细菌浸矿的另一个用途是从煤矿中浸溶除去煤中所含黄铁矿中的硫，即煤的生物脱硫。

7.4.1 湿法冶金所用微生物

目前所用的微生物多为化能自养型细菌，大多能耐酸，甚至在 pH 小于 1 时仍能生存。有的细菌能氧化硫磺及硫化物，从中获取能量以供生存，如氧化硫硫杆菌（*T. thiooxidans*）；有的细菌可氧化铁及铁化合物，如氧化亚铁硫杆菌（*T. ferrooxidans*）。

表 7-11 列出了几种在湿法冶金工业中应用的细菌及其特征。

表 7-11 矿冶工业应用的几种主要细菌特征

特性	氧化硫硫杆菌	蚀固硫杆菌	氧化亚铁硫杆菌	氧化硫亚铁杆菌	氧化亚铁铁杆菌	硫化裂片菌
细菌大小	0.5 μm×1.0 μm	0.5 μm×(1.5～2)μm	0.5 μm×1.0 μm	0.5 μm×(1～1.5)μm	0.6 μm×(1～1.6)μm	0.8～1 μm
运动性	+	+	+	+	+	−
鞭毛	单鞭毛	端生鞭毛	端生鞭毛	端生鞭毛	端生鞭毛	无
革兰氏染色	阴性	阴性	阴性	阴性	阴性	阴性
生长温度	28～30℃	28℃	30℃	32℃	15～20℃	55～85℃
pH	2～3.5	6	2.5～5	3	3.5	0.9～5.8
需氧情况	+	+	+	+	+	+
利用 CO_2	+	+	+	+	+	+
利用 NH_4^+、NO_3^-	+	+	+	+	+	+
利用 S	+	+	+	+	+	+
利用 Fe^{2+}	−	−	+	+	+	
利用 $S_2O_3^{2-}$	+	+	+	+	−	
主要产物	SO_4^{2-}	SO_4^{2-}、$S_2O_3^{2-}$	Fe^{3+}、SO_4^{2-}、$S_2O_3^{2-}$	SO_4^{2-}、Fe^{3+}	Fe^{3+}	SO_4^{2-}

自然界中常见的硫细菌列于表 7-12。

表 7-12 常见的硫细菌

菌属	特征	举例
Desulfovibrio	弧状，$SO_4^{2-} \longrightarrow H_2S$，生长于还原环境	*Desucfovibrio* *Desucfotoniaculum*
Thiobacilus	杆状，$S^{2-} \longrightarrow S^0 \longrightarrow SO_4^{2-}$，生长于氧化环境	*T. ferrooxidans* *T. thiooxidans* *T. thioparus* *T. denitrificans* *T. concretivorus*
Beggiatoa	丝状体，$H_2S \longrightarrow S^0$	*Beggiatoa gigantea*
Thiothrix	丝状，$S^{2-} \longrightarrow S^0 \longrightarrow SO_4^{2-}$	*Thiothrix*

续表

菌属	特征	举例
Thioploca	丝状，$S^{2-} \longrightarrow S^0 \longrightarrow SO_4^{2-}$	*Thioploca*
Thiotacidus Intermedius	混合营养型，根据条件可自养或异养，或介于两者之间	*T. intermedius*
Th. perometabocis	化能异养，同化有机碳，又能从还原硫氧化物中得能量	*T. perometabolis*
Chromatiaceae	紫色硫细菌，球、杆状，厌氧	*Chromatium* *Thiopedia* *Lamprocystis*
Chcorobiaceae	绿色和褐色硫细菌，厌氧	*Thiospirillum* *Chrorotium* *Pelodictyon*
Chcoroflexaceae	丝状，滑动绿细菌	*Chcoroflexus*
Cyanobacteria	蓝细菌，$S^0 \longrightarrow H_2S$	*Oscislatoria*

T. ferrooxidans 生长在无机硫化物上的活性受环境因素的影响很大。当维持最适浸出条件时，可以达到金属最大浸出速率。

pH、温度、营养物浓度、Fe^{3+}浓度、矿石的粒度及表面积、浸渣、表面活性剂和有机溶剂、氧化还原电位以及细菌对特定基质的适应性等因素都会影响金属的浸出速率。

微生物对金属的转化作用有：氧化作用、还原作用和甲基化作用（表7-13）。

表7-13 微生物对某些重金属的转化作用

转化作用类型	金属	微生物
氧化作用	As(Ⅲ)	假单胞菌、放线菌 *Arsenitoxidant*
	Sb(Ⅲ)	*Stibiobacter*
	Cu(Ⅰ)	*Thiobacter ferrooxidans*
还原作用	As(Ⅴ)	小球藻
	Hg(Ⅱ)	假单胞菌、埃希氏菌、曲霉
	Se(Ⅳ)	棒杆菌、链球菌
	Te(Ⅳ)	沙门氏菌、志贺氏菌、假单胞菌
甲基化作用	As(Ⅴ)	曲霉、毛霉、镰孢霉、产甲烷拟青霉
	Cd(Ⅱ)	假单胞菌
	Te(Ⅳ)	假单胞菌
	Se(Ⅳ)	假单胞菌、曲霉、假丝酵母、青霉
	Sn(Ⅱ)	假单胞菌
	Hg(Ⅱ)	芽孢杆菌、产甲烷菌、曲霉、脉胞霉
	Pb(Ⅱ)	假单胞菌、气单胞菌

7.4.2 微生物湿法冶金原理

目前，已有几种不同类型工业规模的微生物浸出技术用于从低品位矿石中提取金属，包括废矿堆浸出、原位浸出、槽浸技术等。一般流程如图 7-22 所示。

微生物湿法冶金的基本原理如图 7-23 所示。

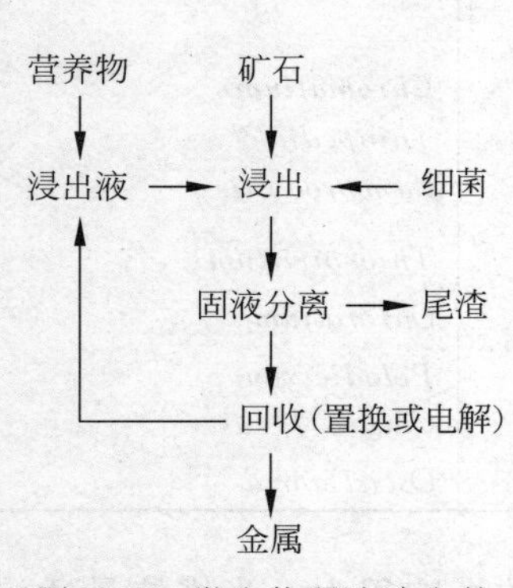

图 7-22 微生物湿法冶金的基本流程

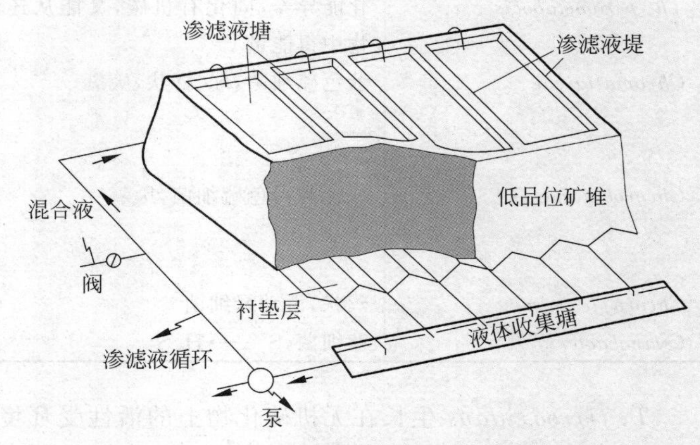

图 7-23 微生物湿法冶金的基本原理

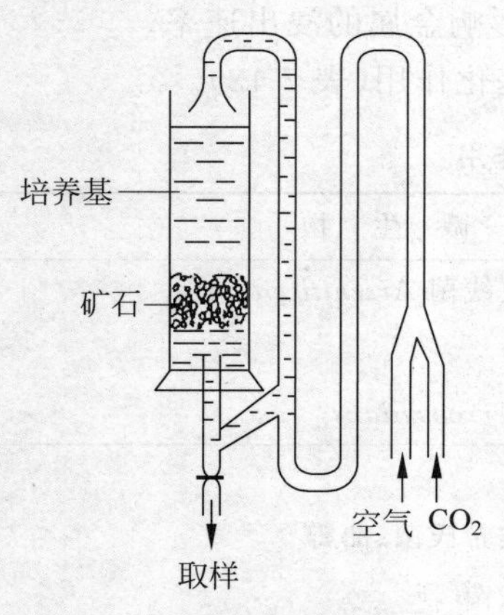

图 7-24 气升渗滤器示意图

气升渗滤器是在浸出实验中使用最为普遍的装置（图 7-24）。

破碎的矿石装到渗滤器总容积三分之一。在侧臂通入压缩空气，使溶液提升到柱顶。使用前，在压缩空气中让二氧化碳占优势。气升过程中，浸出液中主要充有氧和二氧化碳，供微生物进行氧化作用和生长。

地下矿体也可以直接进行原位微生物浸出。目前微生物浸出技术已用于黄铁矿、黄铜矿、铀矿以及铅、锌硫化矿等的细菌浸出。

利用细菌浸出铜在工业生产上是可行的，我国铜官山铜矿采用的细菌浸铜工艺已取得良好效果。微生物浸出铜的原理如图 7-25 所示。

7.4.3 难浸金矿石的微生物处理

近年来，难浸金矿石的微生物处理日益受到重视。

生物技术在提取金，尤其是处理“难浸”金矿方面的应用将前景广阔，可用于含金硫化矿石、含砷金矿石、含铜金矿石的生物浸取以及溶液中金的生物富集等。

易浸金矿石可用重选法或直接氰化法回收其中的金，难浸矿石则需在氰化浸出前进行预处理。

“难浸”是由矿物学和化学因素造成的，采用直接氰化工艺不能取得高的金回收率。

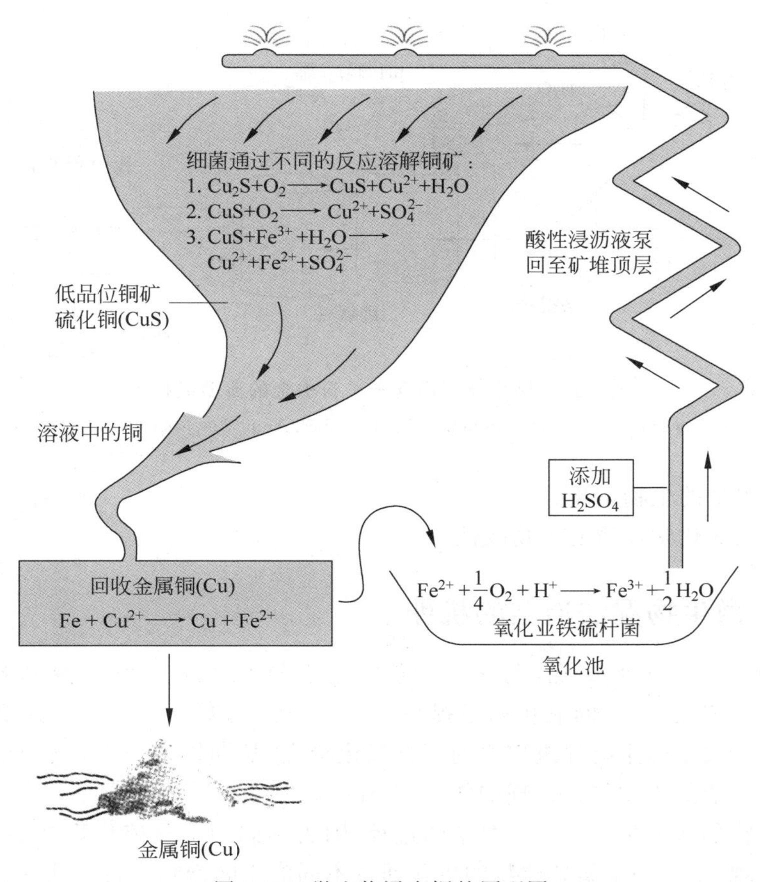

图 7-25　微生物浸出铜的原理图

难浸金矿石的难浸原因有：

(1) 机械包裹，微细金粒被包裹在矿石中；

(2) 化学包裹；

(3) 覆膜；

(4) 耗氰物质多等。

难浸金矿石的处理方法有加压氰化法、熔烧、真空蒸馏法、化学氧化法、稀硝酸-氯化钠浸出法等。

难浸金矿石的生物浸出，就是利用生物技术来强化或取代现有的处理方法。

微生物浸出含金矿石中金的典型流程如图 7-26 所示。

在第一阶段，反应罐通常并联，以保证足够的时间让微生物生长，使微生物细胞数量达到稳态而不被冲洗出去。经过粉碎的矿石加入反应罐，保持悬浮在水中，并加入少量的化肥级的$(NH_4)_2SO_4$ 和 KH_2PO_4。矿石氧化反应是放热反应，因此，必须采取冷却措施。反应过程中需要通入大量的空气，并进行剧烈的搅拌，以保证矿石处于均匀悬浮状态，并顺利转入下一级反应罐。

微生物在提取金方面的作用有：

(1) 生物浸出；

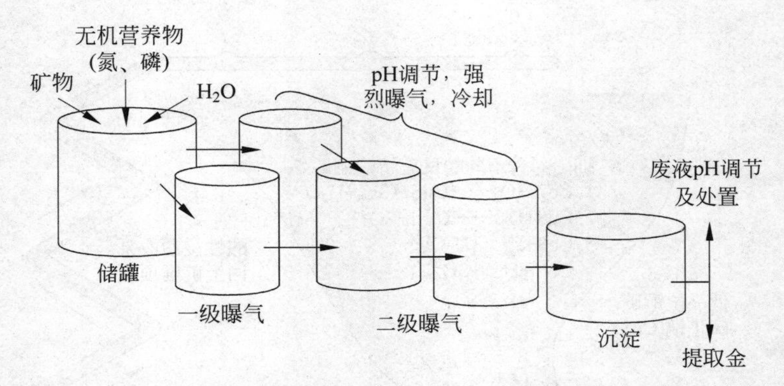

图 7-26　微生物浸出含金矿石中金的典型流程图

引自：Rawlings D E. Heavy metal mining using microbes. Annu Rev Microbiol,2002,56：65～91

（2）溶液中金的生物富集；

（3）矿石表面化学性质的生物改性。

7.4.4　微生物湿法冶金的机理

早在1970年人们就发现，与 Fe^{2+} 的纯化学氧化反应（利用溶解氧）相比，*At. ferrooxidans* 可以使 Fe^{2+} 的氧化速率提高50万～100万倍。反应产生的 Fe^{3+} 可以化学氧化硫化物矿。关于微生物促进矿物的生物氧化机理，长期以来一直存在着直接机理和间接机理之争。可能的生物氧化机理如图7-27所示。

金属硫化物的溶解是一个非常复杂的过程，因为不同的金属硫化物有不同类型的晶体结构。研究发现，不同的金属硫化物的氧化通过不同的中间产物进行。此外，不同的铁氧化细菌可能利用不同的氧化方式。例如，*At. ferrooxidans* 氧化铁的能力受三价铁的抑制，并且被高氧化还原电位所抑制，而 *L. ferrooxidans* 氧化铁的能力受三价铁的抑制程度要小得多，即使在高氧化还原电位状态下，反应也可以继续进行。据报道，*At. ferrooxidans* 和 *L. ferrooxidans* 与矿物（如黄铁矿）表面的亲合力非常强，它们能够迅速地附着到矿物表面。*At. ferrooxidans* 和 *L. ferrooxidans* 产生的胞外多糖（EPS）对微生物附着到矿物表面起非常重要的作用。EPS层使细菌附着到矿物表面并形成基底，细菌在上面分裂繁殖并最终形成生物膜。据估计，EPS层中铁含量高达53 g/L，可能形成了某种铁的络合物。含铁的EPS层可以作为氧化反应进行的场所。在这一过程中，Fe^{3+} 被氧化成 Fe^{2+}，然后被铁氧化细菌重新氧化成 Fe^{3+}：

$$14Fe^{2+}+3.5O_2+14H^{+}\longrightarrow 14Fe^{3+}+7H_2O$$

微生物促进的 Fe^{2+} 的再氧化，能够导致矿物表面EPS中pH的局部升高，这有助于矿物的溶解。

如前所述，不同的金属硫化物，通过不同的中间产物进行氧化，因此，金属硫化物的溶解反应并不相同。对于酸不溶性的金属硫化物，如黄铁矿（FeS_2）、辉钼矿（MoS_2）和 WS_2，其氧化反应为硫代硫酸盐机理；而对于酸溶性的金属硫化物，如ZnS、$CuFeS_2$ 和PbS，其氧化反应为聚硫化物机理。

在硫代硫酸盐机理中，溶解反应通过 Fe^{2+} 进攻酸不溶性的金属硫化物进行，硫代硫酸

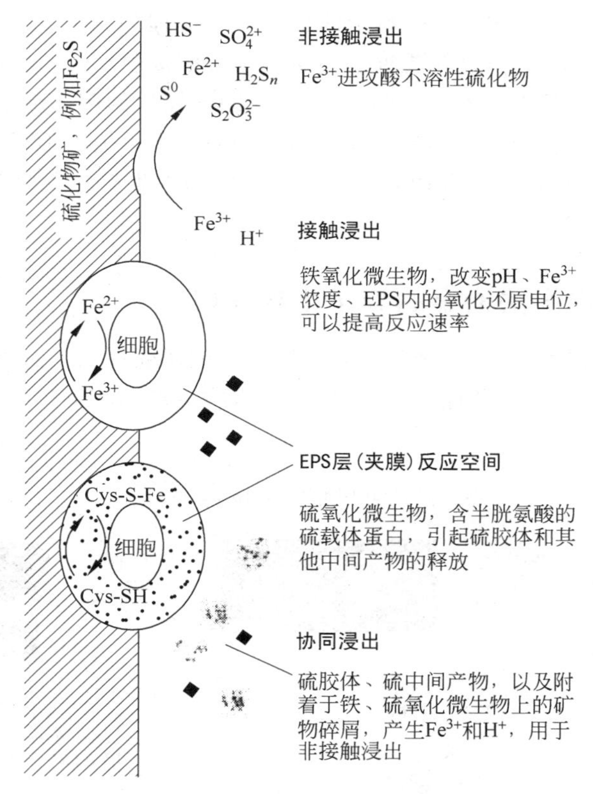

图 7-27　黄铁矿氧化机理示意图

引自：Rawlings D E. Heavy metal mining using microbes. Annu Rev Microbiol，2002，56：65～91

盐是主要的中间产物，硫酸盐是主要的终产物，以黄铁矿为例，反应可以表示如下：

$$FeS_2 + 6Fe^{3+} + 3H_2O \longrightarrow S_2O_3^{2-} + 7Fe^{2+} + 6H^+$$

$$S_2O_3^{2-} + 8Fe^{3+} + 5H_2O \longrightarrow 2SO_4^{2-} + 8Fe^{2+} + 10H^+.$$

在聚硫酸盐机理中，酸溶性的金属硫化物的溶解通过 Fe^{3+} 和 H^+ 的组合作用进行，元素 S 是主要的中间产物。元素 S 相对稳定，但也可能被硫氧化细菌氧化成硫酸盐。ZnS 是酸溶性金属硫化物的例子：

$$MS + Fe^{3+} + H^+ \longrightarrow M^{2+} + 0.5H_2S_n + Fe^{2+} \ (n \geqslant 2)$$

$$0.5H_2S_n + Fe^{3+} \longrightarrow 0.125S_8 + Fe^{2+} + H^+$$

$$0.125S_8 + 1.5O_2 + H_2O \longrightarrow SO_4^{2-} + 2H^+$$

微生物在溶解金属硫化物中的作用是提供硫酸，形成 H^+ 进攻矿物并使铁离子保持在三价氧化状态，氧化攻击矿物。微生物破坏黄铁矿晶体结构的可能机理包括：

（1）质子与硫化物反应形成 SH^-；

（2）从硫化物价带提取电子，释放出金属离子和含硫化合物；

（3）硫化物中已经存在的断裂的化学键引起更大面积的溶解；

（4）与聚硫化物或形成金属络合物的试剂反应；

（5）由于多电子提取和高浓度三价铁离子引起的黄铁矿去极化，导致电化学溶解。

非常清楚，机理(1)、(2)和(3)相当于间接机理；机理(4)涉及硫载体的参与；在机理(5)中，高浓度 Fe^{3+} 是必需的，这就要求细胞与矿物表面接触。

在黄铁矿的氧化过程中，*At. ferrooxidans* 的EPS层里的胶体硫会逐渐增多，并且大部分会释放出去。巯基丙氨酸提供的具有反应活性的硫醇可以极大地帮助黄铁矿溶解。来自黄铁矿的游离的—SH可以与巯基丙氨酸分子中的巯基发生反应，这样，黄铁矿就会消耗巯基丙氨酸，并且释放出Fe-S物种。

7.4.5 微生物湿法冶金的分子生物学研究

现代分子生物学技术的发展，为生物冶金微生物的研究提供了有力的手段。基因组学、蛋白质组学、宏基因组学以及代谢组学，在研究微生物攻击和溶解矿物方面将起到十分重要的作用(图7-28)。

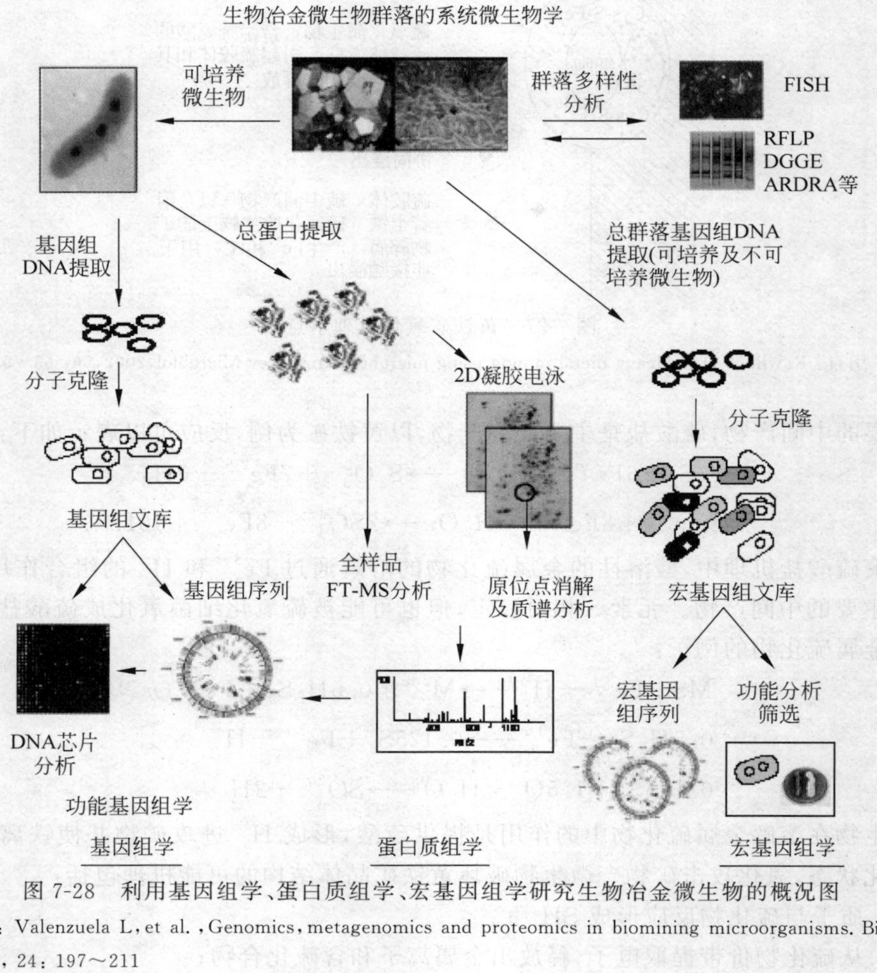

图7-28 利用基因组学、蛋白质组学、宏基因组学研究生物冶金微生物的概况图

引自：Valenzuela L, et al., Genomics, metagenomics and proteomics in biomining microorganisms. Biotechnol Adv, 2006, 24: 197～211

分子生物学技术与微生物冶金过程的物理化学、地质学和矿物学等方面结合起来，对于改进工艺过程、提高其效率，将发挥重要作用。

7.5　生物合成替代化工合成

清洁生产是一项实现经济与环境协调持续发展的环境策略，是 21 世纪工业污染防治的战略性措施。

清洁生产是指将综合预防的环境策略持续应用于生产过程和产品中，以减少对人类和环境的风险。对生产过程而言，清洁生产包括节约原材料和能源，淘汰有毒原材料，并在全部排放物和废物离开生产过程以前减少它们的数量和毒性。对产品而言，清洁生产的战略重点是在产品的整个生命周期过程中，即从原材料获取到产品的最终处置过程中，减少各种不利影响。

清洁生产技术的研究在国内外备受关注。生物技术作为当代高新技术，已形成了具有巨大经济效益和社会效益的产业。生物过程以酶促反应为基础，作为催化剂的酶是一种蛋白质，因此，生物反应过程通常是在常温、常压下进行的。另外，酶对底物有高度的专一性，因此，生物转化的效率高，副产物少。这与需要高温、高压条件的化工过程相比，反应条件大大简化，因而投资省，费用少，消耗低，且效果好，过程稳定，操作简便。同时，在多数情况下，它还可和其他技术结合使用。基于生物技术的清洁生产过程代替传统的化学过程可以降低污染，有利于实现工艺过程生态化或无废生产，真正实现清洁生产的目标。据美国环保局估算，美国现有的化学工业若有 5%为生物过程取代，污染防治费用可降低约 1 亿美元。

另外，生物技术的产品或副产品基本上都是可以较快生物降解的，并且都可以作为一种营养源加以利用。用生物制品代替可以取代的化学药物、化石能源、人工合成物等，有助于把人类活动产生的环境污染降至最低程度，使经济发展进入可持续发展的轨道。

本节以微生物法合成丙烯酰胺为例说明生物合成的应用。

1. 丙烯酰胺的生产方法

丙烯酰胺的生产路线是以丙烯腈为原料于水相中在催化剂的作用下进行水合反应生成丙烯酰胺。按催化剂及催化方式的不同，丙烯酰胺的生产方法可分为：

(1) 采用硫酸作催化剂，称为硫酸水合法；

(2) 用铜作催化剂，称为催化水合法，该方法是目前最通用的方法；

(3) 用生物酶或微生物作为催化剂的催化法，为生产丙烯酰胺生产的最新工艺。

(1) 硫酸水合法

1960 年，美国首先采用等摩尔比的丙烯腈和水，在硫酸的存在下，于 80～100℃进行水合反应，先生成丙烯酰胺硫酸盐，然后再用碱中和，结晶分离出丙烯酰胺产品和副产品硫酸铵。该方法的特点是易制成丙烯酰胺结晶产品，但主要缺点是原料丙烯腈等消耗高，产品纯度低，收率低，产生大量含丙烯酰胺的硫酸盐和废液，污染环境，该法目前已基本淘汰。

(2) 催化水合法

70 年代初，美、日两国先后开发了利用骨架铜系列催化剂，使丙烯腈与水直接反应生成丙烯酰胺的工艺。该方法比硫酸水合法产品纯度高，收率高，已实现了大规模的工业化生产，是目前世界上生产丙烯酰胺的主要方法，但存在的问题是反应在高温及高压下进行(100～130℃)，反应过程的一次转化率低(仅为 80%左右)，需回收未反应完的丙烯腈，工艺流程较长，产品需经过精制，存在一些微量铜离子及齐聚物和共聚物而影响产品的质量。

（3）微生物催化水合法

微生物催化法是将某些特定的微生物所含有的腈水合酶，经细胞固定后，制成生物催化剂来催化水合生成丙烯酰胺。微生物催化法是继以上两个工艺之后的第三代生产丙烯酰胺的新技术，是以生物酶催化技术取代传统的化学催化反应过程来生产大宗化工原料的典型范例。该技术具有高活性、高选择性、高收率、低能耗和低成本等特点，丙烯腈反应完全，无齐聚物和共聚物等副产物，更没有铜离子等杂质，工艺过程在常温常压下进行，"三废"少。

（4）酶催化水合法

利用丙烯腈水合酶和酰胺酶两步酶转化法是合成丙烯酰胺的最新工艺。

铜催化水合法、微生物水合法和酶法三种工艺生产丙烯腈的流程图见图7-29。

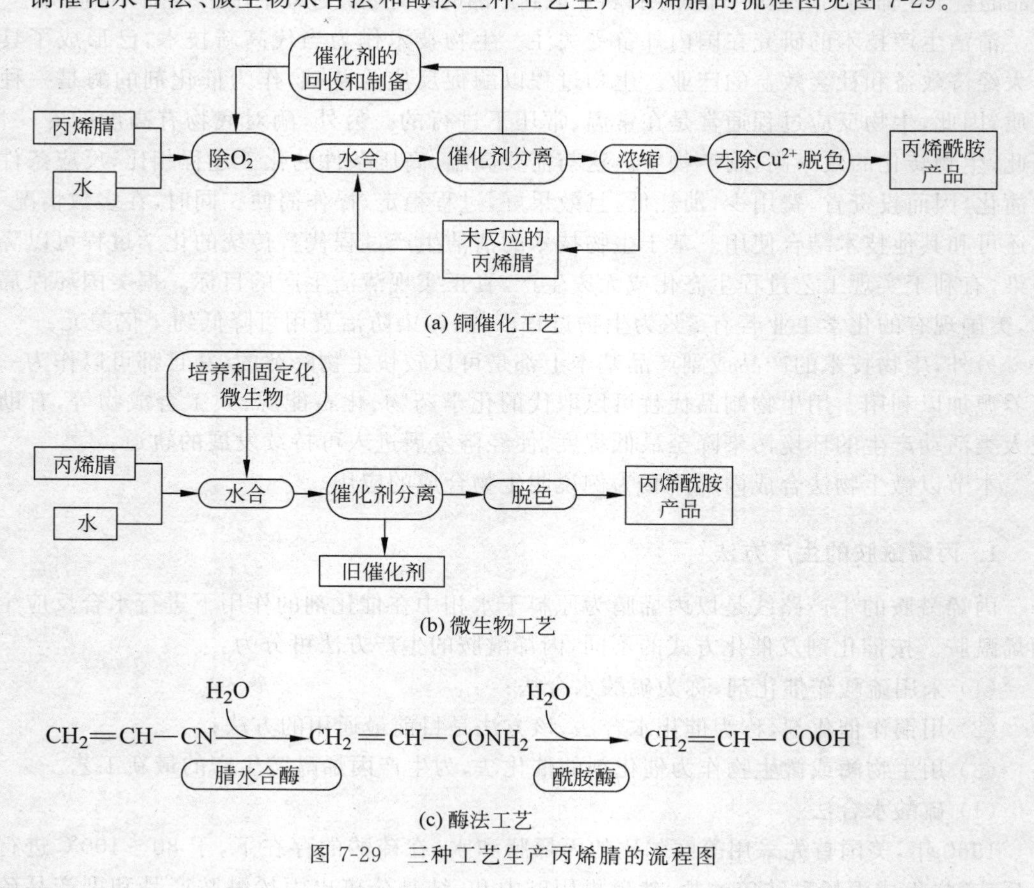

图7-29　三种工艺生产丙烯腈的流程图

日本日东化学工业公司于1985年建成了年产4 000 t丙烯酰胺的微生物催化工艺生产线，后经菌种选择及菌种酶催化活性的提高，1991年已扩产到了年产万吨级规模。

我国化工部上海生物化学工程研究中心"八五"期间完成了微生物催化法生产丙烯酰胺的中试研究，建成年产3 000 t的工业性试验装置，目前正在山东胜利油田建设每年万吨规模的生产线。

表7-14列出了日本三菱公司的铜催化法工艺、日本日东公司的微生物催化法工艺及化工部上海生物化学工程研究中心的微生物催化法工艺的有关技术经济指标对照。

表 7-14　不同方法生产丙烯酰胺的比较

比较项目	比较内容	日本铜催化法	日本微生物催化法	中国微生物催化法
工艺条件	催化剂	铜系催化剂	固定化细胞生物催化剂，菌种酶活性 2 480 国际单位/毫升发酵液	固定化细胞生物催化剂，菌种酶活性 2 857 国际单位/毫升发酵液
	反应器	悬浮床反应器	釜式串联搅拌反应器	釜式并联搅拌反应器
	反应温度，压力	120～125℃，0.2～0.3 MPa	12～18℃，常压	10～25℃，常压
	反应介质	高纯度去离子水并需脱氧	去离子水	去离子水
生产能力		1 万～4 万 t/a	2 万 t/a	1.2 万 t/a
主要技术指标	丙烯腈单耗	0.76	0.76	0.76
	丙烯腈一次转化率	80%～99.9%	≥99.9%	≥99.9%
	产品液浓度	50%	50%	30%～40%
	反应介质	脱盐水	0.1%丙烯酸纯水溶液	脱盐水
	反应器能力		96.15 t AM/m^3	111.11 t AM/m^3
	反应液后处理	70℃蒸发浓缩及离子交换	泡沫分离＋超滤	闪蒸＋超滤

以含丙烯水合酶为生物催化剂的微生物催化法生产丙烯酰胺，在常温常压下进行，而以化学法生产则需在高温下进行，工艺流程长，因此，与化学法相比，微生物催化法生产工艺要节能和节省投资约 50%。

微生物催化法生产丙烯酰胺过程中，产生“三废”少，而化学法生产过程中，在催化剂再生、产品后处理（离子交换树脂的再生）等操作中将产生大量的酸、碱废液。因此，微生物催化法有利于环境保护。

2. 丙烯酰胺的主要用途

丙烯酰胺主要用于制造水溶性聚合物——聚丙烯酰胺。在丙烯酰胺的聚合过程中，通过调节分子质量以及引进各种离子基团，可以得到各种特定性能的功能高分子聚合物。低分子质量的聚丙烯酰胺是分散材料的有效增稠剂或稳定剂；高分子质量时则是重要的絮凝剂，它可以制作出亲水而水不溶性的凝胶，对许多固体表面和溶解物质有良好的粘附力。因而聚丙烯酰胺能广泛应用于絮凝、增稠、减阻、凝胶、粘结、阻垢等领域。从 20 世纪 60 年代起，非离子、阴离子、阳离子和两性丙烯酰胺聚合物的工业应用一直稳定增长，广泛用于污水及饮用水处理、造纸、石油开采、矿冶、建材、纺织等行业以及用于提高石油采收率和用作吸水性树脂。

（1）在水处理中的应用

聚丙烯酰胺的酰胺基团可与许多物质亲和，吸附形成氢键生成絮团，加速杂质粒子沉降，因而聚丙烯酰胺是目前世界上应用最广、效能最高的高分子有机絮凝剂，其品种有阳离子、阴离子及非离子型，适用于不同的用途及不同的处理对象。

（2）在造纸工业中的应用

聚丙烯酰胺在造纸工业中主要应用于两方面：一是提高填料、颜料等的存留率以降低原材料的流失和对环境的污染；二是提高纸张的强度（包括干强度和湿强度）。另外，使用聚丙烯酰胺还可以提高纸的抗撕性和多孔性，以改进视觉和印刷性能。

(3) 在采油工业中的应用

高分子质量的聚丙烯酰胺不仅是一种高效絮凝剂，也是一种极其优良的增稠剂，在油田石油开采中可作为多种用途的添加剂，如用作钻井液、压裂液及用于聚合物驱油以提高石油采收率。

① 用作钻井液添加剂　钻井液在石油开采中用作钻井泥浆性能调整剂，而聚丙烯酰胺的作用是调节钻井液的流变性，携带岩屑、润滑钻头有利钻进，减轻设备磨损等，并能防止发生井漏和坍塌。

② 用作聚合物驱油　聚合物驱油(即三次采油)是通过在注入水中加入一定量的高分子聚丙烯酰胺来增加注入水的黏度，改善油水黏度比，以达到提高原油采收率的目的。聚丙烯酰胺作为“三次采油”的驱油剂，可提高石油采收率 10%以上，平均注入 1 t 聚丙烯酰胺，可增产原油 150～400 t。

③ 用作堵水剂　在采油过程中，常产生水浸问题，需要堵水。聚丙烯酰胺类化学堵水剂对油和水的渗透能力的作用具有选择性，并具有很好的堵水性能而不影响采油。

(4) 在矿冶中的应用

采矿过程中通常使用大量的水，最后须从水中分离有用固体矿物，并将废水净化回用。应用聚丙烯酰胺絮凝剂，可促使有用的固体矿物很快下沉，从而提高生产效率，减少尾矿流失和水消耗，降低设备和加工成本，减少环境污染。

世界上丙烯酰胺(AM)的生产能力已达 39 万 t/a，聚丙烯酰胺生产能力达 31.3 万 t/a，主要生产厂家在美国、欧洲及日本。

① 美国

美国有 10 余家丙烯酰胺及聚丙烯酰胺生产厂，较大规模的有四家，年生产能力达 10 余万吨。美国的丙烯酰胺 87%用于制造聚丙烯酰胺，其余用于生产 N-羟甲基丙烯酰胺。

水处理是美国聚丙烯酰胺的最大市场，约占总量的 67%，主要用于原水净化及城市和工业污泥、工业废水的处理，其余主要用于制造纸浆和纸。

② 西欧

西欧的丙烯酰胺及聚丙烯酰胺年产量约 6 万 t，其中选矿用 0.25 万 t/a，造纸用 0.56 万 t/a，石油工业用 0.1 万 t/a，纺织工业用 0.1 万 t/a，水处理用 2.8 万 t/a，其他行业约 2 万 t/a。

③ 日本

日本丙烯酰胺及聚丙烯酰胺年产量为 5 万 t，其最大用途是用于造纸工业，约占总耗量的一半，水处理领域的应用为 2 万 t/a，并有较大量的产品出口。

我国自 20 世纪 60 年代开始生产丙烯酰胺和聚丙烯酰胺，生产厂家约 60 多家，自大庆引进了年产 5 万 t 的生产线后，目前的生产能力约在 8 万 t/a，并且产品主要用于石油工业。随着大庆油田、胜利油田的聚合物驱油技术的开发及应用成功，聚合物驱油已成为我国东部油田保持稳产的重大技术措施之一。

我国提出可持续发展战略的目标中，控制和治理水污染是环境保护的重要环节，预计聚丙烯酰胺化学药剂在我国水处理方面的应用将有很大的增加。

生物技术与能源

8.1 概述

能源是人类赖以生存的物质基础之一，是地球演化及万物进化的动力，它与社会经济的发展和人类的进步生存息息相关。如何合理地利用现有的能源资源这一问题，始终贯穿于社会文明发展的整个过程。能源的人均占有量及使用量，是衡量一个国家现代化水平的重要标志之一。

能源分为不可再生能源和可再生能源。

不可再生能源是指地球现有的三大化石原料，即煤、天然气和石油（包括核能）等。

可再生能源是指太阳能、风能、地热能、生物质能、海洋能和水电能等。

能量是维持生命的基本要素。任何一个生态系统，都由太阳提供其能源。能量转移的第一步发生在光合作用的过程中，植物在生长的同时，把光能转化为化学能。草食动物利用植物中的能量，反过来，草食动物又是肉食动物的能量来源。原始人类所需的所有能量，几乎都来自于食物，这与其他动物并没有什么不同。在狩猎-采集文明时期，人类所消耗的能量几乎都来自于植物和动物，用来当作食物、工具以及燃料，对化石燃料的需求不多。

在人类历史初期，人类就开始利用其他形式的能源，使自己的生活更加舒适。他们种植植物、驯养动物，以提供更加可靠的食物来源，再也不必仅仅依赖于采集野生植物和狩猎来维持生存。驯养的动物还为运输、耕种及其他工作提供能源，木材则充当燃料来取暖和烹饪。最终，人们只是以一些简单的技术来利用生物质能，如制造工具或者提炼金属。图 8-1 是一幅埃及古墓中的浮雕图，显示了人类文明进化史中一个重要的进步。利用家养的动物，人类可以利用自身肌肉以外的其他力量。

化石燃料是由生活在几百万年前的植物、动物以及微生物的残骸形成的（这些燃料中的能量与木材一样，都来自太阳能）。在 28 600 万～36 200 万年前的石炭纪时期，地球的气候比现在更温暖、更湿润，适合形成大量的煤炭沉积物。石油和天然气主要由单细胞的海洋生物形成，它们的残骸在海底大量沉积，经过上百万年后，变得非常密集。来自沉积层上部的

图 8-1　畜力

来源：Eldon D, et al. Environmental science. 9th ed. McGraw-Hill, 2004, 175

热量和压力，最终使有机质转变成石油，经过蒸馏作用形成气体。自从机器代替了人的体力以来，世界的主要能源也转变为远古时代形成的化石燃料，如图 8-2 所示。

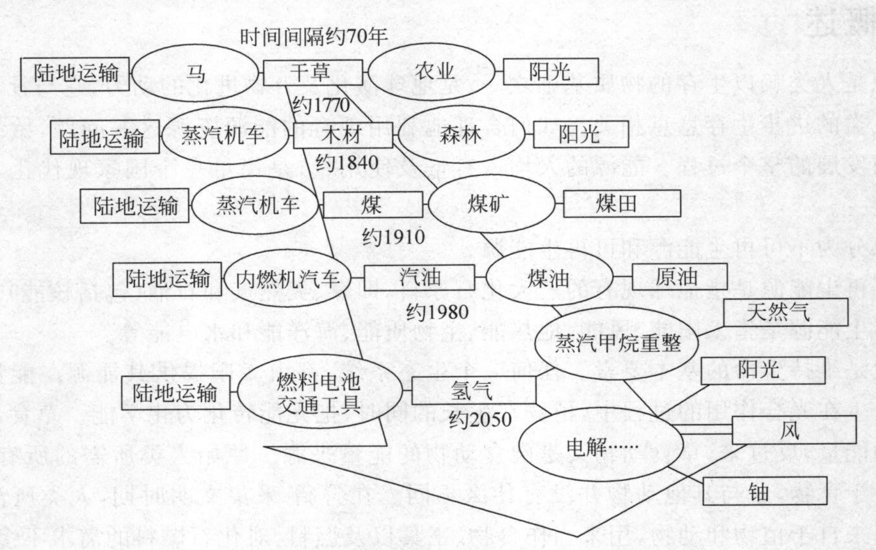

图 8-2　人类陆地运输所用能源的变化历程

煤炭，是人类历史上第一种被广泛使用的化石燃料。在 18 世纪初期，在世界上一些易于开采煤矿的地区，开始使用这种新燃料，并参与了一场被称为工业革命的重要变革。工业革命起源于英国，并传播到欧洲大部地区和北美地区。工业革命涉及发明机器，并利用机器来替代制造业和运输业中的人力和畜力。工业革命的核心是蒸汽机的发明，它将热能转换为动能，使人类可以大规模地开采煤炭。在蒸汽机发明之前，煤矿的开采很不经济。蒸汽机的能源来自于木材或者煤炭，而木材在大多数情况下迅速被煤炭代替。因此，那些没有煤炭资源的国家，或者煤炭资源不容易开采的国家，没有参与工业革命。

在工业革命之前，欧洲和北美以乡村为主，在家庭作坊小规模地生产商品。随着机器及煤炭使用日益便利，机械生产方式替代了家庭作坊生产。由于迅速扩展的工厂需要稳定增长的劳动力供应，人们开始离开农场，在工厂的周围聚集，乡村变为城镇，城镇变为城市。城市中煤炭的广泛使用，导致大气污染逐步严重。尽管发生了这些变化，工业革命仍然被看作人类史上一次重大的进步。能源消耗增加，经济得到增长，人民开始富裕。在二百年间，工业化国家的人均日能源消耗增长了 8 倍。这些能源主要来自于煤炭。然后，一种新的能源——石油，开始被发现。

大多数工业社会，希望能够持续获得价格可以承受的能源供应。能源价格越高，商品和服务就会变得越昂贵。因此，为了控制物价，很多国家都为其能源工业提供补贴，并且人为地将能源价格维持在较低的水平。化石燃料的国际贸易，对世界经济和政治有很大影响。燃料的价格过低会鼓励能源的高消耗。

经济增长和廉价的能源供应之间存在直接联系。随着廉价的、易开采的、使用效率高的化石燃料的供应，从工业革命开始，以化石燃料代替人力和畜力的过程得到加速发展。使用廉价的化石燃料，可以使工人生产更多的产品或者服务，这样，生产力得到提高，从而在欧洲和北美以及其他工业化国家形成了前所未有的经济增长。

纵观人类利用能源的历史，可以发现，能源利用的总趋势是从高碳低氢的燃料转向低碳高氢的燃料（图 8-3）。

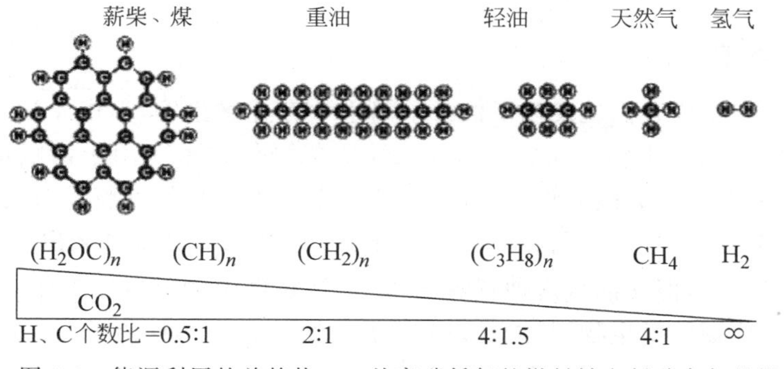

图 8-3　能源利用的总趋势——从高碳低氢的燃料转向低碳高氢的燃料

随着地球上化石燃料能源的不断耗尽，寻找、改善及提高可再生能源利用率和开发新能源技术，以最大限度地开采不可再生能源，很可能仍然是今后几十年内人类获取能源的主要方法。虽然以水力、潮汐、风力为动力的发电设备及太阳能捕获器、地热等已在为人类提供一定的能源，但距人类对能源的需求还相差甚远。利用新技术创造更多的能源并代替不可再生的化石燃料，用于满足人类生存的需求，将是人类寻找新能源的明智的做法。事实上，这些新技术实际上已经和正在被人类所利用，其中即包括利用生物技术生产能源。

从目前市场能源消耗的品种及消耗速度分析，利用生物技术提高不可再生能源的开采率及创造更多的可再生能源将是今后能源生产的有效技术之一。生物技术与能源的研究及开发已越来越受到各国的重视，并已有大量的人力、物力投入。在不远的将来，能源主要来自生物技术的看法将成为事实。

8.2 微生物与石油开采

在世界范围内,用常规采油技术只能采出地下油藏30%~40%的原油。如何提高采收率,从地下采出更多的原油,多年来一直是世界许多国家不断研究的课题。微生物提高原油采收率(microbial enhanced oil recovery,MEOR)是继热力驱、化学驱、聚合物驱等传统的方法之后的一项综合性技术,该技术利用微生物的有益活动及代谢产物来提高原油采收率。与其他三次采油技术相比,MEOR具有适用范围广、工艺简单、投资少、见效快、功能多、费用低、不损伤油层和无污染等优点,是目前最具发展前景的一项提高原油采收率的技术。

油藏通常由砂石、石灰石或白云石的沉积物组成。油岩中的空隙、裂缝和断裂带中充满了油、气和水。不同油藏的地质条件(沉积环境、源岩和原油成熟度)及理化特征(如温度、pH、盐浓度、压力等)差异很大。世界上大部分油藏中的油气是可以生物降解的。人们推测油藏中存在有土著微生物,但迄今为止还没有直接的微生物学证据表明地下深层油藏中存在微生物。油藏经注水开采后,大量微生物可能随注水进入油藏并生存下来,可能改变油藏的地质化学环境。尽管采用注水开采原油,但是氧气不大可能直接随注入水进入地下深层油藏,因此地下油藏主要处在厌氧环境。

8.2.1 油藏微生物

早在20世纪20年代人们就发现了油井采出水中存在微生物,但由于技术限制而无法进一步开展油藏中厌氧微生物学研究。Hungate厌氧操作技术应用于油藏微生物学研究后,人们认识到了油藏中厌氧微生物的多样性,并根据生理生化特性将其分为发酵菌、硝酸盐还原菌、铁还原菌、硫酸盐还原菌和产甲烷古菌等。尽管有人从油井采出水中分离到了降解石油烃的好氧微生物,但在油藏这种特殊环境中,好氧微生物难以正常生长繁殖。所以,能够在油藏中生长代谢的微生物,只能是以硝酸盐、硫酸盐、三价铁离子、二氧化碳和有机酸等作为电子受体的营厌氧呼吸或发酵的厌氧菌。

1. 发酵菌

发酵菌是一类能发酵糖、氨基酸、长链有机酸等复杂有机物产生H_2、CO_2、乙酸等短链有机酸的细菌和古菌的总称。大部分发酵菌可以还原亚硫酸盐或硫产生H_2S。发酵菌特别是嗜热发酵菌,在地下油藏中分布广泛。在不同的油藏条件可以分离出不同种属的发酵菌,但随着油藏温度升高,可分离出的菌株数随之降低。从各种油藏中分离的发酵菌主要包括热袍菌属(*Thermotogales*)、热球菌属(*Thermococcus*)、嗜热厌氧杆菌属(*Thermoanaerobacter*)、嗜盐厌氧菌属(*Haloanaerobium*)等。

热袍菌属细菌是一群独特的极端嗜热微生物,16S rDNA序列分析表明,它们在进化树上是非常古老、进化缓慢的一个分支,具有特征性的鞘状结构。热袍菌目中的石油神袍菌属(*Petrotoga*)细菌全部从油井采出水中分离出。

热球菌属菌都是嗜热古菌,主要分布在高温油藏中,生长温度80~90℃,还原硫产H_2S,发酵产物为乙酸、丙酸和丁酸等短链有机酸,这也避免了产H_2带来的反馈抑制作用。

从油藏分离出的嗜热厌氧杆菌以硫代硫酸盐作为电子受体，发酵葡萄糖产乙醇、乙酸、H_2 和 CO_2。前面提到的发酵菌都是嗜热和极端嗜热菌，而从油藏中分离的嗜盐厌氧菌属则是中度嗜盐的嗜温菌，乙酸、H_2 和 CO_2 为发酵葡萄糖的主要产物。

从油藏中分离出的发酵菌还原硫代硫酸盐产 H_2S，这一反应在硫的地球生物化学循环过程中起着重要作用，同时为认识和防治油井设备腐蚀提供了新的视角。对于发酵菌在油藏中的生态功能，人们还知之甚少，但其发酵碳水化合物、氨基酸等有机物产酸产气的特性，可以应用在微生物采油中。通过改变油水张力、增加油藏气压以增强油的流动性来提高采收率。

2. 硝酸盐还原菌

从油藏分离到的硝酸盐还原菌大都为新属，这也许暗示着油藏中蕴藏有大量被忽视的微生物。*Garciella nitratireducens* 和 *Petrimonas sulfuriphila* 是专性厌氧菌，还原硝酸盐，也可以发酵若干种糖类化合物和有机酸。其他都是兼性菌，利用有机酸生长，如 *Petrobacter succinatimandens* 在氧或硝酸盐存在条件下，利用延胡索酸、丙酮酸、琥珀酸、甲酸、乙醇、酵母浸取液生长。

油藏中硫酸盐还原菌生长产生 H_2S，会导致油气品质降低。向油藏中注入硝酸盐和硝酸盐还原菌或激活土著硝酸盐还原菌，可以抑制硫酸盐还原菌的生长，并可以生物转化已存在的 H_2S。

3. 铁还原菌

Fe(Ⅲ)的氧化物和氢氧化物广泛存在于地下，包括油藏中，它们的价态很容易发生改变。在厌氧环境，特别是高温厌氧环境中，铁还原菌可以利用它们作为电子受体。这类微生物一般靠近进化树的底部。油藏中发现的一株嗜热铁还原细菌（*Deferribacter thermophilus*），可利用乙酸盐等有机酸和 H_2 为电子供体，以 Fe(Ⅲ)、Mn(Ⅳ)和硝酸盐作为电子受体。从油藏中分离的另一株腐败希瓦氏菌（*Shewanella putrefaciens*），能以 H_2 或甲酸盐作为电子供体，还原氢氧化铁。据报道，深层油藏中许多不同类型的嗜热和超嗜热厌氧菌，都能够还原 Fe(Ⅲ)。油藏中铁还原菌可以利用地热反应或发酵反应产生的 H_2 作为电子供体，以乙酸（发酵菌降解复杂有机物的产物）作为碳源生长，代谢途径多样。

4. 硫酸盐还原菌

硫酸盐还原菌是一类以硫酸盐为电子受体、严格厌氧的细菌或古菌。它们能将硫酸盐、硫代硫酸盐、亚硫酸盐、单质硫等还原为硫化氢。从油藏中分离到的硫酸盐还原菌，可利用多种不同电子供体，主要包括以下几类：

(1) 在地质变化、金属腐蚀以及采油过程中形成的 H_2；

(2) 油藏形成早期和原位高温水解产生的脂肪酸；

(3) 好氧细菌在利用石油烃生长的过程中形成的极性有机副产物；

(4) 石油烃。

根据分子系统发育学，即 16S rDNA 序列分析，硫酸盐还原菌可以分成 4 类：G^- 嗜温菌、G^+ 产芽孢硫酸盐还原菌、嗜热硫酸盐还原菌和嗜热硫酸盐还原古菌。

从油藏中分离到的G^-嗜温菌多属于脱硫弧菌属(*Desulfovibrio*)；嗜盐脱硫肠状菌属(*Desulfotom aculumhalophilum*)产内生芽孢，中度嗜盐(最适生长盐浓度4%～6%)，还原硫酸盐、亚硫酸盐和硫代硫酸盐产生H_2S，不还原硫、延胡索酸盐和硝酸盐；从油藏发现的两株*Desulfacinum*，最适生长温度都是60℃，均可以化能异养和化能自养生长(H_2+CO_2)；嗜热硫酸盐还原古菌主要分布在古球状菌属(*Archaeoglobus*)。Stetter等从油藏中发现了类似于古球状菌的硫酸盐还原菌，在85℃时能在以原油为唯一碳源的富集培养基中生长，并推测在地下深层油藏可能存在超嗜热古菌。

油层水通常含有乙酸、丙酸、丁酸等短链有机酸以及地热反应或发酵细菌降解产生的H_2，这为硫酸盐还原菌生长提供了营养物质。在不同的矿化度和温度下都可生长繁殖的硫酸盐还原菌产生的H_2S，增加了油气中的硫含量，从而降低了原油品质；并与金属离子形成沉淀抑制油水分离，对采用化合驱的油田来说，会使聚丙烯酰胺黏度下降而导致化学驱失效。

5. 产甲烷古菌

产甲烷古菌是一类极端厌氧古菌，广泛分布于淡水和海水沉积物、地热环境、土壤、动物肠胃及瘤胃、厌氧污泥消化器和传统的发酵酿酒窖池等厌氧生境中。产甲烷古菌和其他细菌形成一种特殊的互营关系，持续降解生物质并接受末端电子产生甲烷。处于厌氧生物链最末端的产甲烷古菌，在生物圈碳元素循环中起着重要作用。

从油藏中分离出的产甲烷古菌，按营养类型可分为以下几种：

(1) 氢营养型：氧化H_2还原CO_2产生甲烷，也包括能氧化甲酸的产甲烷古菌。

嗜温和嗜热氢营养型产甲烷古菌轻度或中度嗜盐，如耐盐甲烷卵圆形菌(*Methanocalculus halotolerans*)可在0～12%(质量分数)NaCl、25～45℃条件下生长。热自养甲烷球菌(*Methanococcus thermolithotrophicus*)在0.6%～9.4%(质量分数)NaCl、17～62℃条件下生长，最适生长温度60℃。

(2) 甲基营养型：利用甲基化合物(依赖或不依赖H_2作为电子供体)产生甲烷。

嗜盐甲烷嗜盐菌属(*Methanohalophilus euhalobius*)的最适生长条件是37℃、pH 6.8～7.3、NaCl 5.8%，生物素、钙镁离子是生长的必需因子。甲烷八叠球菌(*Methanosarcina siciliae*)也是轻度嗜盐菌，利用甲醇、甲胺和二甲基硫。

(3) 乙酸营养型：利用乙酸产甲烷。许多学者观察到，乙酸营养型产甲烷古菌在富集培养物中存在，但尝试分离乙酸营养型产甲烷古菌都没有成功。因此推测油藏中只存在氢营养型和甲基营养型产甲烷古菌。然而，微生物分子生态学研究表明，乙酸营养型产甲烷古菌存在于低温、低盐、未注水的油藏中。

处于厌氧生物链最末端的产甲烷古菌，其新陈代谢可以解除生物链的末端抑制，使得一系列的生化反应持续不断地进行。对微生物采油而言，油藏中产甲烷古菌的生长繁殖可以促使发酵菌等微生物更好地生长繁殖，其代谢活动可改变油层中的微环境，从而提高采油率。

根据产甲烷富集培养物降解长链烷烃产甲烷和受石油烃污染的地下含水层烃的厌氧生物降解产甲烷作用，有人提出针对某些油田的开采难度，把油藏中残留的石油烃生物转化为CH_4(油藏变气藏)，以提高原油利用率。这在微生物学原理上具有可行性。

8.2.2　微生物采油的发展历史

1895 年 Miyoshi 记载了微生物作用于烃类的现象；1936 年 Bastin 等证实了油层水中存在着硫酸盐还原菌等生理菌群；同年，Beckman 提出了细菌采油设想；1943 年，Zobell 申请了把细菌直接注入地下以提高石油采收率的专利；1946 年，他又提出了一套应用厌氧硫酸盐还原菌进行二次采油的现场实施方案；1947 年，Beck 进行了首次工业试验；1953 年，Zobell 进行了利用其他类型的细菌提高原油采收率的实验研究；此后 Zobell 又进行了多方面的研究，奠定了细菌采油的基础；1954 年，美国在阿肯色州成功地进行了一次利用细菌大规模地下发酵提高石油采收率的现场试验。从 20 世纪 50 年代起，苏联和东欧一些国家也对 MEOR 进行了深入的研究。结果表明 MEOR 对低产井效果很好。1986 年，美国国家石油和能源研究所选择位于俄克拉荷马州的 Delawere Childers 油田，开展了微生物驱油的试验。第一轮试验表明，所注入的微生物能在地层中生长繁殖并产生有用的产物，原油产量提高 13%以上。在第一轮试验的基础上，他们扩大了试验面积，于 1990 年 6 月，在同一油田进行了第二轮试验，注微生物后原油产量增加了 19.6%。俄罗斯从 1988 年开始在 Romashkinskoe 油田进行了通过激活地下土著微生物提高石油采收率的试验。他们在对地层中土著微生物分析的基础上，针对性地选择营养物和空气随注水作业一起将其注入到油层中。结果表明，组菌浓度较注入前升高，油井产量也随之提高。英国、加拿大、澳大利亚、波兰等国也都开展了相应的研究试验工作。

我国于 1955 年就开始了微生物勘探石油的研究工作。20 世纪 60 年代中期，研究细菌代谢多聚糖类等增稠剂；70 年代主要开展生物表面活性剂方面的研究；“七五”期间，开展了多方位的研究工作，包括：

(1) 微生物地下发酵提高采收率的研究；

(2) 生物表面活性剂的研究；

(3) 生物聚合物提高采收率的研究；

(4) 注水油层微生物活动规律及其控制因素的研究。

通过上述研究工作，筛选出了厌氧发酵糖蜜产生 CO_2、H_2 和 C_2～C_3 有机酸的微生物菌株，并在大庆油田进行了试验。研制出了槐糖脂、鼠李糖脂、海藻糖脂、多糖脂等 4 种糖脂型生物活性剂体系；分离筛选出了黄原胶生产菌种(其增黏性、耐温性、抗盐性和驱油效率与性能良好)；研究了注水油层微生物在油层特定条件下生长规律。

从 1997 年开始，大港油田率先在国内开展了微生物驱油现场试验。到目前为止，大港油田实施微生物采油技术在本油田已累计增油 2×10^4 t。

8.2.3　微生物勘探石油

油气田中的气态烃可借助扩散方式抵达地面。

在地表底土中存在能利用气态烃为碳源的微生物，并且这些微生物在土壤中的含量与底土中的烃浓度存在对应的关系，所以可作为勘探地下油气田的指示微生物。

随着微生物培养技术及菌数测定方法的不断改进，利用微生物勘探石油这项技术得到迅速发展。美国、苏联、波兰、匈牙利和日本等国家采用此法进行油区及非油区、已知油区及未知油区的勘探及普查,获得了满意的效果。

据报道,在用微生物勘探确认的16个油矿中,其中有10个油气田,3个无开采价值的油气田(仍有少量的油气),油气区确定准确率100%,有投产价值的准确率也高达80%左右。

有研究报道表明:用微生物法调查近70个地区,分析了7 000~8 000个样品,发现近150个可能存在有油气田的位置,钻探其中50个,有22个与钻井中所获的资料完全一样,15个与钻井资料部分相似,准确率为50%~65%。

有人提出用油田上的醇氧化菌作为指示菌,但该菌很容易在非油区中的获得。

Butler的研究报道表明:把能利用气态烃的氧化菌的细胞浆提取液注入动物体内,并提取含抗体的血清,然后用其与待测土壤洗涤液作用。如果能得到正的结果,则表示土壤中存在利用烃的微生物,可从中进一步判断地下是否存在油气田。这种免疫勘探石油的方法比直接测定利用烃类物质的微生物所需的方法要复杂些。

在国外,应用微生物法勘探石油的做法已成较大的规模。

近十几年来,随着计算机应用的普及和先进分析技术的不断涌现,勘探石油的技术也随之日益更新且准确率不断地提高。但利用微生物勘探石油这一项生物工程技术仍是一项行之有效的辅助性并具有科学性的技术。

8.2.4 微生物二次采油

在石油开采过程中,钻油井并建立一个开放性的油田是开采石油的首选采油技术。石油通过油层的压力自发地沿着油井的管道向上流出、喷出或被抽出。但是这种方法靠油层的自身的压力来采油,其采油量仅仅占油田石油总储存量1/3左右,其余石油就需要借助其他采油技术才行。

强化注水是二次采油广泛应用的有效增产措施,注水的主要目的是进一步提高油层的压力。多年来现场开采的增产实例已证实注水能使采油量由原来占油田储存油气量的30%提高到40%~50%。此外,利用微生物采油也是二次采油的重要技术之一。

微生物采油的目的是利用微生物技术以获得更多的石油开采量。

微生物采油的基本原理是:利用微生物能在油层中发酵并产生大量的酸性物质以及H_2、CO_2、CH_4等气体的生理特点,使微生物产气可增加地层压力,提高采油率;产生的酸性物质可溶于原油中,降低原油的黏度。此外,微生物还可产生表面活性剂,降低油水的表面张力;有些微生物可以把高分子碳氢化合物分解成短链化合物,使之更加容易流动,避免堵住油井输油通道。

例如,硫磺弧菌属和梭状芽孢杆菌属中的许多种类微生物能在油层上生长繁殖,并代谢产生一定量的酸及H_2、CO_2等气体,改善油层的黏度及增加气压,从而使油田中剩余的油继续向上喷。在油田现场进行的半工业性试验表明:采油量可提高20%~25%,有时高达30%~34%。

美国得克萨斯州一口40年井龄的油井中,加入蜜糖和微生物混合物,然后封闭,经细菌发酵后,井内压力增加,出油量提高近5倍。澳大利亚联邦科学研究院和工业研究所组织的地学勘探部也曾利用细菌发酵工艺使油井产量提高近50%,并使增产率保持了一年。英国某公司也曾在英格兰南部的石油开发区中用细菌发酵技术使产油率提高近20%。

8.2.5 微生物三次采油

尽管利用气压、水流、微生物产酸及释放气体和内热技术等方法均能提高石油开采率，但油层中仍有占原油田总油气量的30%～40%需要设法进一步开采。因此又有三次采油的措施。

在微生物三次采油工艺中，主要是利用分子生物学技术，构建能产生大量的CO_2和甲烷等气体的基因工程菌株或选育产气量高的活性菌株，把这些菌体连同它们所需的培养基一起注入到油层中，使这些微生物在油层中不仅产生气体增加井压，而且还能分泌高聚物、多糖等表面活性剂，降低油层表面张力，使原油从岩石中、沙土中松开，黏度减低，从而提高采油量。

利用微生物发酵产物作为稠化水驱油，可以进一步降低石油与水之间的黏度差，减轻由注入的水不均匀推进所产生的死油块现象，使注入水在渗透率不一致的油层中均匀推进，增加水驱的扫油面积，从而提高油田的采油率并延长油井的寿命。

地层堵塞是降低采油量的一种常见的现象，其原因是在注入油田的水中含有各种各样的微生物，其中能利用石油的微生物种类较多，再加上油田中存在着某些微生物生长的良好环境，因而大量菌体繁殖及菌体代谢产物的沉积，造成了地层渗透率发生变化，并造成地层堵塞，影响产油量。

影响地层渗透率的主要菌群有硫酸盐还原菌、腐生菌、铁细菌、硫细菌等，其中影响最大的是硫酸盐还原菌。该菌能把硫酸盐还原成H_2S。H_2S与亚铁结合生成FeS黑色沉淀。此外，该菌还能作用于硫酸盐和含钙的盐类生成白色硫酸钙沉淀。这些沉淀物很容易引起地层堵塞现象，它不仅影响采油量，还可能使整个油井报废。消除微生物所造成地层堵塞的有效方法之一是采用酸化的方法，在注入油田的水中加入能产酸并能在地层发酵生长的微生物，通过微生物代谢产酸来消除地层堵塞现象。此外，也可以用产酸菌大量发酵含酸性的代谢产物，例如柠檬酸、硫酸等，然后把这酸性物质加入到将注入油田的水中，提高注入水的酸度，从而减轻堵塞现象，提高采油率。

可利用乳酸杆菌属(*Lactobacillus*)中的一些菌株发酵葡萄糖，生成葡聚糖；或利用肠膜状明串株菌(*Leuconstic mesenteriodes*)发酵生产葡聚糖。把葡聚糖加入注入油田的水中，使油、水之间黏度差降低，从而提高产量。此外，还可利用黄胞杆菌属(*Xanthomonas*)发酵生产多糖。多糖经加入甲醛改性后，可作为增粘剂与水混合注入井中。该混合物具有耐热的特点，能进一步增强油、水之间的溶解度，减少产生死油块现象，因而产油率比用葡聚糖增黏剂会更高。

1981年，美国因利用微生物发酵技术而多产油2 000万桶，价值6亿美元。1989年，苏联提出了有效开采石油的新技术，即在钻井的同时给油层注入细菌，通过菌体发酵的代谢产物来减小水和油的黏度差及增加水排油的能力，从而大大提高了原油的流动性，提高了石油的开采率。

在加拿大艾伯塔省，1/3的油井及东海岸50%的油井的油层中有许多窄孔，油层温度60℃，适合细菌繁殖，均可用细菌采油法开采。据资料报道，英国科学家已获得一株能在92℃的氢气、二氧化碳环境下生存的厌氧菌。这种细菌能够在油层深部和温度较高、压力较大的原油中生长，为进一步开采油田深部区域的油提供了新的技术。

显然，微生物发酵技术为提高油层的采油量提供了有效的措施。

8.2.6 微生物采油机理

微生物采油不但包括微生物在油层中的生长、繁殖和代谢等生物化学过程，而且包括微生物菌体、微生物营养液、微生物代谢产物在油层中的运移，以及与岩石、油、气、水的相互作用引起的岩石、油、气、水的物性改变。

1. 微生物改变原油的组成并降低其黏度

微生物以石油中的正烷烃为碳源生长繁殖，从而改变原油的碳链组成。微生物的增加能大大减少储层、井眼和设备表面的原油结蜡的温度和压力。微生物生长时释放出的酶可降解原油，使原油碳链断裂，高碳链原油变为低碳链原油，使重质组分减少，轻质组分增加，凝固点和黏度均可降低。这不仅会改善原油在油层中的流动性，而且会使原油品质得到改善。大港油田、青海油田的试验证明，微生物作用后原油高碳烃密度减少，原油组成改变。

2. 微生物改变驱油环境

微生物通过以下作用可以改变驱油环境。

（1）生物表面活性剂

微生物表面活性剂组分主要为十六烷酸、十七烷酸和十八烷酸。生物表面活性剂会降低油水界面张力，同时，生物表面活性剂会改变油藏岩石的润湿性，从亲油变成亲水，使吸附在岩石表面上的油膜脱落，油藏残余油饱和度降低，从而提高采收率。

（2）生物气

绝大多数微生物在代谢过程中都会产生气体，如二氧化碳、氢气、甲烷等。这些气体能够使油层部分增压并降低原油黏度，提高原油流动能力；溶解岩石中的碳酸盐，增加渗透率；使石油膨胀、体积增大，有利于驱出原油，增加产量。同时，气泡还会增加水流阻力，提高注入水波及体积。

（3）酸和有机溶剂

微生物产生的酸主要是相对低分子质量的有机酸（甲酸、丙酸），也有部分无机酸（硫酸）。它们能溶解碳酸盐，一方面增加孔隙度，提高渗透率；另一方面，释放二氧化碳，提高油层压力，降低原油黏度，提高原油流动能力。产生的醇、有机酯等有机溶剂，可以改变岩石表面性质和原油物理性质，使吸附在孔隙岩石表面的原油被释放出来，并易于采出地面。与此同时，微生物在发酵原油过程中的其他代谢产物，也有利于改善原油黏度，增加岩石孔隙度，从而提高原油产量。

（4）生物聚合物

微生物在油藏高渗透区的生长、繁殖及产生聚合物，使其能够有选择地堵塞大孔道，增大扫油系数和降低水油比。在水驱中增加水的黏度，降低水相的流动性，提高波及系数，增大扫油效率。在地层中产生的生物聚合物，能在高渗透地带控制流度比，调整注水油层的吸水剖面，增大扫油面积，提高采收率。微生物注入水驱油层后，生长繁殖的菌体和代谢产物与重金属形成沉淀物，具有高效堵水作用，封堵率可达到99%（纯菌体的封堵效果只能达到25%）。这对于非均质油藏的堵水调剂效果较好，可提高原油产量和采收率；由于封堵了高渗透条带，还有助于减少注水量。

3. 微生物的直接作用

通过在岩石颗粒表面上生长、繁殖而占据孔隙空间，用物理的方法驱出石油，改变碳氢化合物的馏分。微生物能粘附到岩石表面，在油膜下生长，最后把油膜推开，使油释放出来。

8.2.7 采油微生物的选育及性能评价

菌种筛选是MEOR技术的关键。早期目标是筛选能适应地层环境的菌种，提供适当的有机营养物(如糖蜜)，使微生物的生长代谢产物作用于地层中的残余油。随后菌种筛选主要向两方面发展：①提高菌种耐温性，以适合更广的油藏范围；②只提供部分无机营养物，希望以原油为碳源，降低注入营养物的成本。

大部分油田筛选和应用的菌种是烃类氧化菌系，可降解部分正构烷烃，对原油有一定降粘作用，适合30～60℃的温度。也有些工艺不需要筛选菌种，如土著微生物驱油、活性污泥驱油。

1. 菌种筛选的原则

菌种筛选的原则主要考虑以下方面：

(1) 厌氧条件下能够生存并以原油为营养物；

(2) 能够降解石蜡或者大分子烷烃及其他有机物质；

(3) 能产生气体(氢气、甲烷等)；.

(4) 能产生表面活性剂；

(5) 能产生有机溶剂(甲醇、乙醇、丙醇、丙酮等)；

(6) 能产生有机酸(甲酸、乙酸、丙酸、乳酸等)；

(7) 极限温度低于120℃；

(8) 极限矿化度低于150 000 mg/L。

2. 菌种的性能评价

菌种筛选出来以后，要对其进行试验，评价其生物学特征、代谢产物、稳定性及对油藏环境的适应性等，对混合菌还要进行菌株复配试验。菌种性能评价主要考虑以下几个方面。

(1) 分析原油被微生物发酵前后的变化

将微生物与原油共同培养后分离出原油，测试原油被发酵前后的变化，包括：①测试发酵前后的黏度、凝固点、含蜡量等物性变化；②用蒸馏法测试组分变化，发酵后轻馏分增加越多，说明微生物作用越好；③用色谱法分析正构烷烃组分变化，反映出原油流动性的变化，也可以通过测定主峰碳的变化或咔唑类化合物的变化来确认原油降解程度；④用色谱柱分离法分析各族组分相对含量变化，了解微生物对哪些组分影响较大。

(2) 分析菌液的变化

在有原油存在的环境中培养微生物，测试菌液作用前后的有机酸含量、油水界面张力变化，可以确定菌液中微生物产生的代谢产物以及用气相色谱分析来测定产生气体的量、组成和性质。对代谢产物中生物表面活性剂的分析研究较多，包括影响其产生的因素，对原油的作用效果及其成分等，但都停留在单项成分的定性或定量分析上。

（3）岩心驱油试验研究

驱油试验研究是评价微生物性能、定量确定微生物提高采收率程度的重要研究手段。试验过程是：将填砂岩心管或岩心抽空饱和地层水→原油驱赶水→水驱原油到一定程度后注入一定浓度的微生物菌液和营养液→在油层温度下恒温3～7 d→再用水驱岩心→计算提高采收率程度。

国外除填砂岩心外，多采用标准的贝雷（Berea）岩心实验，实验方法基本相同。国外微生物驱油试验多采用填砂岩心。胜利油田微生物中心用填砂岩心对该中心的微生物进行驱油实验，结果表明，微生物驱可提高采收率15%左右。

8.2.8 油藏微生物分子生态学研究

常规的培养方法只能筛选出不到1%的微生物，以至于无法全面认识环境中的微生物多样性。微生物分子生态学为全面理解环境中微生物群落结构和多样性提供了新的手段和方法。微生物分子生态学方法多是建立在对ssu RNA基因，特别是16S rDNA分子系统发育学研究的基础上。油藏微生物分子生态学研究，主要包括以下几种技术。

（1）荧光技术　以荧光为基础的显微技术主要有：荧光标记蛋白质测定总菌数、活菌数以及荧光原位杂交技术（FISH）。

（2）基于PCR的技术　对样品中的细菌DNA进行扩增，通过分析DNA的多样性确定微生物的多样性。主要技术有：PCR-RFLP方法、PCR-SSCP方法和PCR-DGGE方法等。

（3）RLFA谱图分析技术　通过分析样品中构成细菌细胞膜的重要物质——磷酯脂肪酸，推算出其中的微生物含量。

除此之外，目前还开发出一些新方法，共同点是不需要培养微生物，而直接应用化学方法分析微生物细胞的组成物质，从而确定微生物的含量或其种类。总之，通过微生物分子生态学研究，可以较准确地掌握微生物在油藏中的变化情况，以便进一步控制油藏中微生物的生态结构及其变化。

近年来，国内外学者逐渐把微生物分子生态学方法引入到油藏微生物的研究。

Orphan等从高温油藏采出水中提取总DNA，并构建了2个16S rDNA文库。一个文库采用细菌通用引物扩增构建，只有8.8%的克隆类似古菌，没有发现类似真核生物的克隆，细菌多样性高而古菌多样性低，大部分克隆都类似于从油藏中分离到的细菌和古菌；另一文库采用古菌引物扩增构建，克隆主要由类似于产甲烷古菌16S rDNA占主导，只有极少部分克隆类似热袍菌目中的古菌。Osmolovskaya等采用放射性标记、寡核苷酸芯片技术和可培养方法，研究了陆相高温油藏嗜热微生物群落，富集培养物中发现有不同生理类群的嗜热、极端嗜热好氧和厌氧菌，发酵菌占主导，分离的15株菌主要分布在热袍菌属、嗜热厌氧杆菌属、脂肪芽孢杆菌属、石油神袍菌属、高温套管菌属和热球菌属。利用寡核苷酸芯片技术分析的结果基本与分离出的微生物吻合，但也发现了未培养出的微生物的存在。Grabowski等利用地质化学方法、常规可培养方法和分子生态学方法，研究了低温、低盐、未注水油藏微生物多样性。结果表明可培养的厌氧菌（同型产乙酸菌、硝酸盐还原菌、硫酸盐还原菌、产甲烷古菌）在其群落中占优势，同型产乙酸菌数量超过硫酸盐还原菌和乙酸营养型产甲烷古菌。

油藏微生物学及分子生态学在油藏中的应用逐渐受到国内外学者的重视。分子生态学方法的出现与应用，极大提高了人们对微生物多样性的认识。然而，传统的可培养技术仍然是不可或缺的，它不仅促使人们全面了解微生物的生理功能，而且进一步促使人们了解微生物群落功能和结构的关系。通过改变培养基组成、模拟原位生境、改善培养技术等手段，可以分离许多以前认为不可培养的微生物。此外，微生物分子生态学虽然增强了人们对环境微生物群落结构和生物多样性的理解，但是要进一步探究生物群落结构和生态功能的关系，仍有很长的路要走。

8.2.9　微生物采油技术的应用

微生物采油技术是将定向筛选的可降解稠油微生物及激活体系或高效生物菌剂注入地层，通过内外源微生物及其产生的各种代谢产物作用进行强化采油。

微生物采油过程中，一方面利用微生物菌体直接对地层石油产生影响；另一方面利用微生物在岩石表面吸附，改变岩石孔隙表面的润湿性等。同时，有些细菌能利用烃类物质作为营养成分，从而改变烃类支链或破坏主链的结构而降解原油，使原油黏度和凝固点下降（表8-1）。

表8-1　原油降解微生物的代谢产物及其作用

产物类型	作　用
气体（CO_2，CH_4，H_2，H_2S）	溶解石油中的一些重组分如胶质等，降低石油的不流动性，溶解孔隙中重质组分，增加油相渗透率
有机酸	溶解钙质胶结物，提高岩石渗透率，能与孔隙中灰质反应产生 CO_2、可降低原油黏度，分散黏土矿物，并使黏土运移，降低渗透率
有机溶剂（丙醇、正（异）丁醇、酮类、醛类）	溶解原油中的蜡质与胶质，降低原油黏度，深解孔隙中重质组分，增加油相渗透率
生物表面活性剂	降低表面张力，提高驱油率，分散乳化原油，降低原油黏度，改变岩石润湿性，降低油相稳定性，降低岩石憎水性，去除岩石孔道壁面中的油膜
生物聚合物	提高驱动相黏度，改善流动比，堵塞大孔道，分流作用，提高原油分流量，堵塞大孔度，分流注水
生物体（细胞）	提高岩石孔隙的润湿性，降低原油凝固点及黏度，乳化原油，降解原油，黏附烃类

1. 适用于微生物采油技术的油藏条件

油藏的物理化学性质对微生物的生长、繁殖和代谢活动具有决定性的影响。油藏的深度、压力、温度，地层水化学组成和原油类型都是微生物生存活动的影响因素。表8-2列出了能够进行微生物采油的油藏筛选标准。

表8-2　微生物采油的油藏筛选标准

项　目	美国能源部标准	国内专家推荐标准
油层深度/m	100～4 000	—
油层厚度/m	≥1	$<10\times10^4$

续表

项　目	美国能源部标准	国内专家推荐标准
油层温度/℃	20～80	30
渗透率/mD	≥50	≥150
孔隙度/%	12～25	17～25
油层压力/MPa	<40.0	—
矿化度/($mg \cdot L^{-1}$)	<60 000	<30 000
地下原油黏度/(mPa·s)	10～500	100
含水率/%	40～95	60～80

2. 微生物采油技术的应用方式

微生物采油技术从施工方式上可以分为微生物单井吞吐及微生物驱油(图 8-4)。目前已经在胜利油田、新疆油田、辽河油田、大港油田、华北油田等主要稠油产地进行了一定规模的试验或生产,并取得了较好的经济收益。

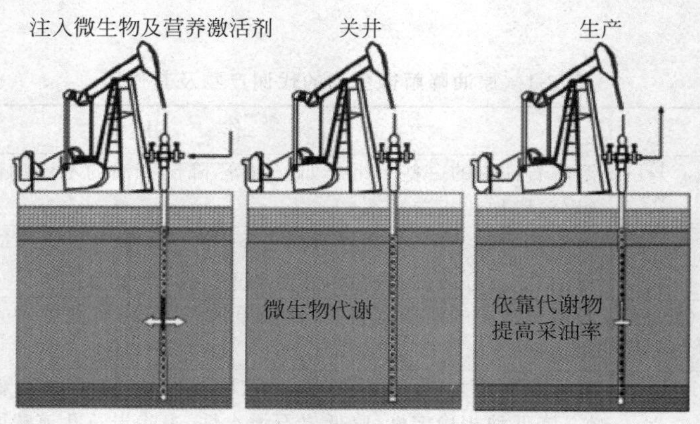

(a) 微生物单井吞吐

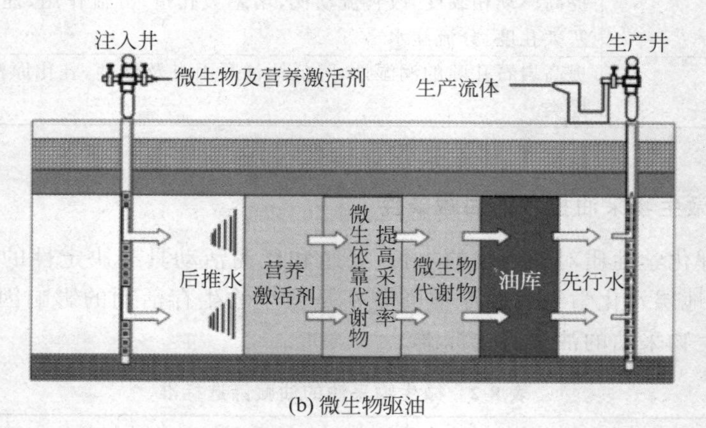

(b) 微生物驱油

图 8-4　微生物采油技术的应用方式

3. 微生物采油技术的应用现状及未来方向

微生物采油技术具有成本低、环境友好等特点，受到各大油田的青睐。

稠油是重要的石油资源，约占石油总资源量的53%。我国稠油资源储量丰富，每年的稠油产量约占原油总产量的10%。随着开采年限的增加，稠油在改善热采开发效果、提高采收率、降低能耗、提高探明储量动用率等方面都面临较大的技术挑战。

利用高效稠油降解菌对稠油进行降解，利用代谢生物表面活性剂对稠油进行乳化降黏等微生物采油技术，已在国内外各大油田进行了一定的现场试验，取得了很好的应用效果。由于国内特、超稠油都经历了注高温蒸汽吞吐或驱替，油藏内源微生物群落结构复杂，稠油微生物采油技术仍需深入研究和广泛应用，优化微生物应用的条件与体系，发挥其成本低、环境友好的特点。

针对稠油微生物采油技术的发展现状，可以从以下几个方面深化研究：

(1) 通过优化营养激活剂，有选择性地激活油藏中的优势内源微生物，通过微生物驱，提高稠油采收率；

(2) 筛选出能以原油为碳源，对稠油具有乳化降解功能的外源微生物，将营养激活剂与外源微生物一起注入油藏中进行微生物吞吐采油；

(3) 内源微生物、外源微生物以及化学降黏剂的复配使用，可以实现菌种间的优势互补，最大限度发挥菌剂乳化降黏作用。

8.3 有机废弃物生产乙醇

8.3.1 燃料乙醇的优势

从目前人类正在开发的许多产能的技术和效益来看，乙醇很可能是未来的石油替代物。乙醇作为燃料的优点有：

(1) 产能效率高；

(2) 在燃烧过程中不生成有毒的一氧化碳，其污染程度低于其他常用燃料所造成的污染；

(3) 可通过微生物发酵大量生产，其成本相对较低。

因而，利用乙醇替代化石燃料很容易被人们所采纳和推广。

世界生物乙醇产量的变化趋势如图8-5所示。

乙醇发酵实际上是一种相当传统的工艺，一直被人们认为是人类首次利用微生物发酵工艺的范例之一。乙醇发酵所需的原材料可选用蔗糖或淀粉，发酵所需的微生物主要是酵母菌。酵母菌含有丰富的蔗糖水解酶和酒化酶。蔗糖水解酶是胞外酶，能将蔗糖水解为单糖(葡萄糖、果糖)。酒化酶是参与乙醇发酵的多种酶的总称，酒化酶是胞内酶，单糖必须透过细胞膜进入细胞内，在酒化酶的作用下进行厌氧发酵反应，转化成乙醇及CO_2，然后通过细胞膜将这些产物排出体外。

生物质发酵生产乙醇的原料主要有三种：

(1) 糖质材料，如甘蔗、甜菜等作物的汁液以及废糖蜜等；

(2) 淀粉材料，如玉米、马铃薯等；

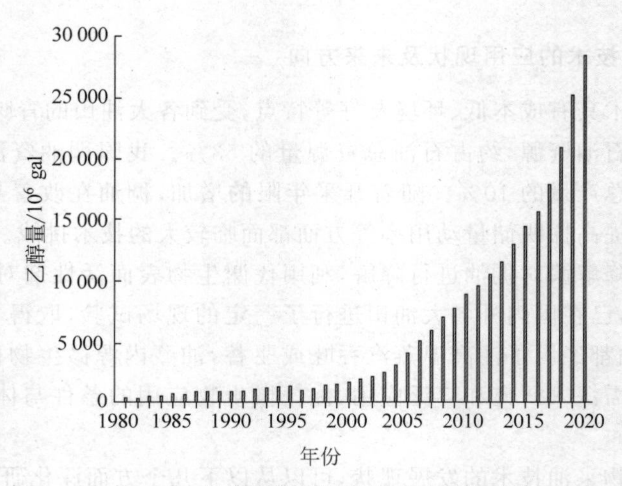

图 8-5 世界生物乙醇产量的变化趋势

来源：Schubert C. Can biofuels finally take center stage? Nature Biotechnology，2006，24(7)：777～784

(3) 纤维素材料，如农业和林业废弃物、城市固体垃圾、草本和木本植物、未充分利用的森林产品等。

利用糖类和淀粉质原料生产乙醇是工艺很成熟的传统技术，已经商业化，但是由于糖类和淀粉类生物质(如玉米)等价格较高，产量增加有限，酒精生产成本高，阻碍了这类物质生产乙醇对汽油的取代。纤维素生物质，主要为农林废弃物和城市固体垃圾，量大，来源广，价格低，用它们来生产乙醇，可望大幅度降低成本。在非耕地上大量种植速生林，还可以增加植被，改善生态系统。利用农林废弃物和固体垃圾可以减轻环境污染。因此利用纤维素生物质生产酒精的生物发酵技术成为近二三十年来人们研究的热点问题之一。美国能源部从 20 世纪 80 年代就开始研究使用非粮食类生物质，如农作物秸秆等生产乙醇。

在纤维素生物质转化生产乙醇的过程中，主要涉及三个步骤。

(1) 热化学预处理，其目的是去除木质素、溶解半纤维素或破坏纤维素的晶体结构，使木质纤维素的结构能适于随后的水解(特别是酶降解)；

(2) 利用纤维素酶和半纤维素酶进行水解糖化，生成可发酵的糖类；

(3) 利用特殊的微生物对糖类进行发酵生产乙醇(图 8-6)。

乙醇发酵所需的原料依所使用的菌株而定。己糖发酵所用的菌株主要是酵母菌，可进行发酵的己糖有葡萄糖，此外，果糖、甘露糖及半乳糖也能被利用。一般认为，半乳糖是一种比较难利用的糖。如果用双糖或多糖类，则要先水解形成单糖后才能发酵。通常在用米曲霉或黑曲霉等糖化前，将多糖水解为单糖或简单的糖类(如麦芽糖、蔗糖等)，再接种酵母菌进行酒精发酵。酵母菌发酵生成乙醇的生化过程是厌氧途径。在工业发酵上常用的菌株有啤酒酵母(*Saccharomyc cerevisiae*)、葡萄酒酵母(*S. uvarum*)、酒精酵母等。

太阳能转化为化学能的生物材料中最理想的是甘蔗。其产能有效系数高达 2.6%(理论值为 6.0%)。据有关资料报道，每公顷耕地平均可产甘蔗干物质 35～40 t，其所产生的能量相当于 14.5 t 石油或 24～26 t 煤所产生的热值。巴西是盛产甘蔗的国家，也是一个利用发酵工艺生产乙醇替代部分石油的典型国家。

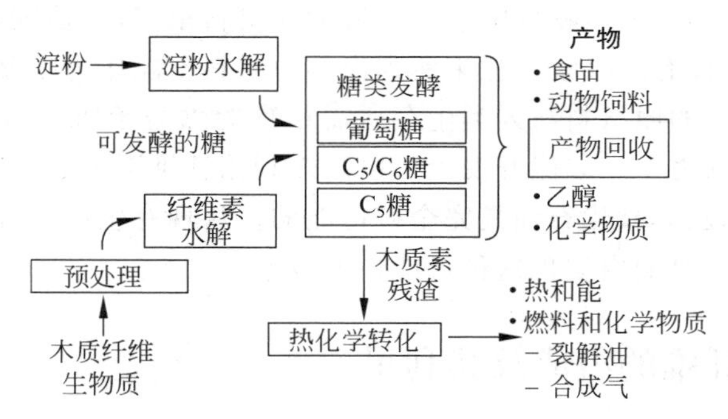

图 8-6 纤维素生物质转化生产乙醇的步骤

来源：Gray K A, Zhao L S, Emptage M. Bioethanol. Current Opinion in Chemical Biology, 2006, 10：141～146

据估计，巴西全国总的燃油的需求量，只要将其土地资源的 0.3%用于生产能加工成乙醇的农作物就可以满足。

显然，在某些国家利用发酵技术生产乙醇来替代石油燃料的做法是可行的。

乌拉圭种植 65 万 hm^2 的甜高粱，并用于发酵生产酒精，其产量可替代大约 45%的石油。这 65 万 hm^2 土地只相当该国领土面积的 4%，并不会影响用于产粮和饲养牲畜所需的土地。

非洲的马拉维杜瓜酒厂早在 1982 年就投产生产乙醇，并用作燃料。其年产量为 1 000 万 L。该国每年所需的汽油量仅 5 000 万 L，可满足市场所需汽油量的 20%。

此外，发达国家也种植一些适合其本国气候的燃料农作物。如澳大利亚、美国、瑞士和法国，也开始利用大量农作物残余物及森林的废弃物进行发酵生产乙醇。

在当前世界人口相当密集的时代，可利用的土地资源日益减少，粮食供应仍是一大问题，以粮食为原料大规模生产乙醇可能要受到限制。另外，粮食成本较高，这样就可能增加乙醇生产的成本，价格明显高于石油价格。表 8-3 列出了可用于微生物发酵生产乙醇的原料。

表 8-3 微生物发酵生产乙醇的原料

淀粉类	纤维素类	糖 类	其 他
禾谷类	木材	蔗糖	菜花
玉米	木屑	转化糖	葡萄干
高粱	废纸	甜高粱	香蕉
小麦	森林残留物	糖蜜	
大麦	农业残留物	糖甜菜	
压榨产品	固体废物	饲料甜菜	
面粉饲料	产品废物	糖蔗	
碎玉米饲料		乳浆	
淀粉		葡萄糖	
木薯			
土豆			

可以看出,虽然能用于微生物发酵生产乙醇的原材料很多,但多数原料都是可供人及动物使用的粮食和食品,仅有纤维素一栏中所列出的原材料不能作为粮食及饲料之用。因此,如何解决乙醇发酵所需的原材料与人类生存所需粮食的供需矛盾,是评价如何发展生产乙醇代替石油的基本依据之一。如能开发出可以高效利用纤维素来代替粮食作为生产乙醇的原材料的技术,那么用乙醇替代石油是完全有可能的。从现有生产乙醇的技术来分析,生物技术是最有希望在较短时期内实现这种可能性的技术。

8.3.2 木质纤维的组成及其利用

1. 木质纤维的成分

木质纤维构成了植物细胞壁,对细胞起保护作用,其主要有机成分包括纤维素、半纤维素与木质素(图 8-7)。纤维素含量最大,占质量的 40%～50%,而半纤维素占 20%～40%。其余部分主要是木质素和少量提取物。不同种类纤维素生物质成分有差异,见表 8-4。

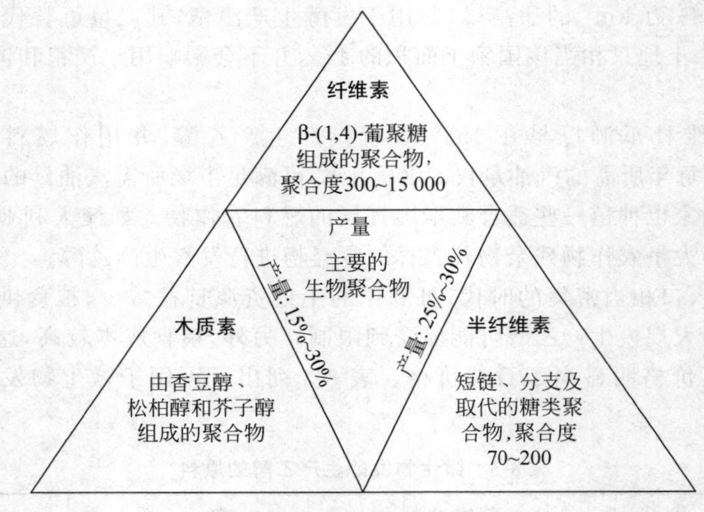

图 8-7 木质纤维的三大成分

表 8-4 几种纤维素生物质的主要组成 %

种类	纤维素质量分数	半纤维素质量分数	木质素质量分数
硬木	40～55	24～40	18～25
软木	40～50	25～35	25～35
农业废弃物	38.0	32.0	17.0
玉米芯	45.0	35.0	15.0
草	25～40	35～50	10～30
麦秸	30.0	50.0	15.0
树叶	15～20	80～85	0
报纸	40～55	25～40	18～30
桦树	40.0	39.0	19.5

续表

种类	纤维素质量分数	半纤维素质量分数	木质素质量分数
松树	44.0	26.0	27.8
稻秸秆	32.1	24.0	12.5
甘蔗渣	33.4	30.0	18.9
棉花	80～95	5～20	0

细胞壁中的半纤维素和木质素通过共价键联结成网络结构，纤维素镶嵌在其中。纤维素属于大分子多糖，由葡萄糖脱水通过β-1,4-葡萄糖苷键连接而成得直链聚合体，链两端组成不同，一个是还原端，另一个是非还原端，聚合度大(3 500～10 000)。纤维素大分子之间通过大量氢键连接在一起形成晶体结构的纤维素束，使得纤维素的结构稳定，不溶于水，无还原性，只有在催化剂存在的情况下纤维素水解才能显著地进行。常用的催化剂是无机酸和纤维素酶，由此分别形成了酸水解工艺和酶水解工艺。纤维素经水解可生成葡萄糖。半纤维素是由不同的多糖构成的混合物，这些多聚糖由不同的单糖聚合而成，分子链短且带有支链，上面连接有不同数量的乙酰基和甲基，聚合度低，所含糖单元数在60～200，无晶体结构，较易水解。水解产物包括两种五碳糖(木糖和阿拉伯糖)和三种六碳糖(葡萄糖、半乳糖和甘露糖)。各种糖所占比例随原料而变化，一般木糖占一半以上。以农作物秸秆和草为水解原料时还有相当数量的阿拉伯糖生成(可占五碳糖的10%～20%)。一般的酒精酵母可发酵葡萄糖、半乳糖、甘露糖，但不能发酵木糖和阿拉伯糖。木质素是由苯基丙烷结构单元通过碳-碳键连接而成的三位空间高分子化合物，结构非常稳定不能被水解为单糖，且在纤维素周围形成保护层，影响纤维素水解。木质素的有效降解成为重要的研究课题。不过木质素中氧含量低，能力密度(27 MJ/kg)比纤维素的(17 MJ/kg)高，水解中留下的木质素残渣常用作燃料。

1) 木质素

木质素是由苯丙烷亚基组成的不规则的近似球状的多聚体，它是不可溶的高分子质量(相对分子质量大于1.0×10^5)分子。木质素中没有任何规则的重复单元或易被水解的键(图8-8)。

木质素中的苯丙烷单元中的芳香环之间由很多不同的化学键连接在一起。木质素的物理和化学性质是由木质素合成过程中的最后一步决定的，该过程的最后一步是非酶促的自由基加合反应，这步反应在很大程度上是随机的，因而造成了木质素分子的不规则性。在植物中，木质素通过化学键与半纤维素连接，然后包裹在纤维之外，形成纤维素。正是由于木质素的存在使得植物具有一定的硬度，能够抵抗机械压力和微生物侵染。

2) 半纤维素

半纤维素是由五碳糖和六碳糖组成的短链异源多聚体(图8-9)。半纤维素主要可以分为三类：

(1) 木聚糖(它的骨架由聚β-1,4-木糖构成，其侧链则由阿拉伯糖、葡糖酸、阿拉伯酸组成)；

(2) 甘露聚糖(包括葡糖苷露聚糖、半乳甘露聚糖)；

(3) 阿拉伯半乳聚糖。

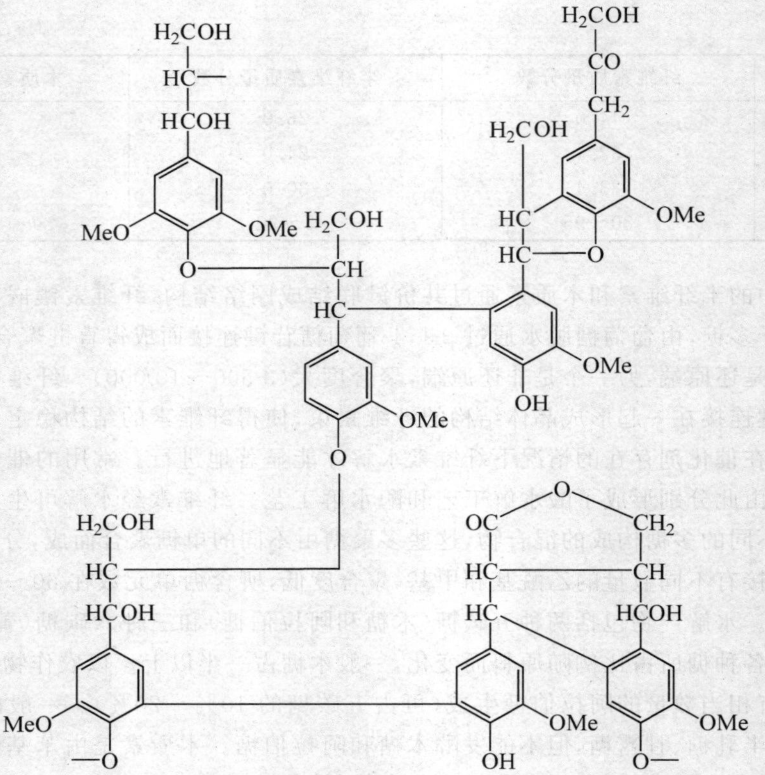

图 8-8　木质素结构示意图

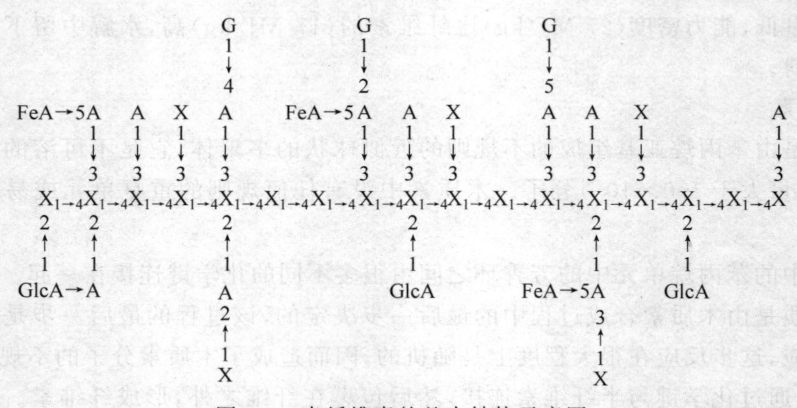

图 8-9　半纤维素的基本结构示意图

A—阿拉伯糖；FeA—阿魏酸；G—半乳糖；GlcA—葡萄糖醛酸；X—木糖

引自：Kevin A Gray，Lishan Zhao，Mark Emptage. Bioethanol. Current Opinion in Chemical Biology，2006，10：141～146

半纤维素的性质通常由木质纤维材料的来源所决定，例如，木糖半纤维素在硬木中特别普遍，葡糖甘露聚糖则广泛存在于软木中。

3）纤维素

木质纤维中最简单的成分是纤维素，它也是生物圈中最大的多聚体。纤维素是构成植物细胞壁的主要成分，它是一种高分子多糖，可占植物干重的 20％～40％（表 8-5）。

表 8-5 几种木质纤维材料的组成比较 %

名 称	纤维素质量分数	半纤维素质量分数	木质素质量分数
桦树(birch)	40.0	39.0	19.5
棉花(cotton)	80～95	5～20	无
松树(pine)	44.0	26.0	27.8
稻秸秆(rice straw)	32.1	24.0	12.5
甘蔗渣(sugar cane bagasse)	33.4	30.0	18.9

纤维素是由葡萄糖通过β-1,4-糖苷链连接而成的直链多聚物,通常一条链中可含 1 万多个葡萄糖分子(图 8-10)。

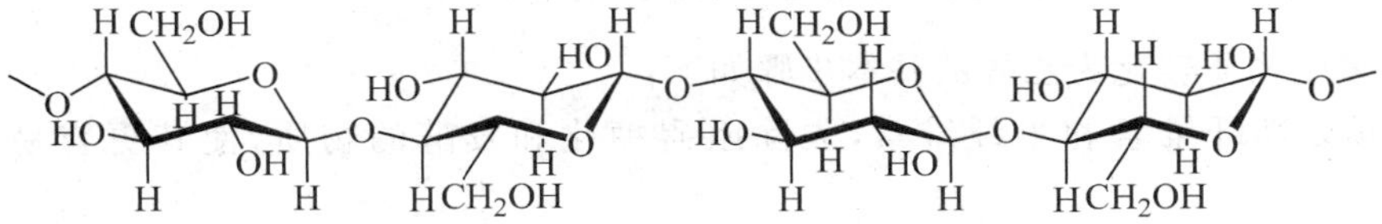

图 8-10 纤维素的结构示意图

纤维素和淀粉一样都能被水解为葡萄糖,但是它们的结构大不相同。淀粉是植物用来储存能量的物质,因此其残基的排列要避免形成紧密有序的结构,使水可以很容易地通过这一松散的结构,有利于水解反应的进行,因此它可溶于水且易被淀粉酶和葡糖淀粉酶水解。而纤维素作为植物支持结构的主要组成部分,其葡萄糖亚基排列紧密有序,形成类似晶体的不透水的结构,因此纤维素不能溶于水,难以水解。由此可见,虽然纤维素完全由葡萄糖分子构成,但是它不能被动物和人类所消化吸收,无法作为动物和人类的直接营养源。

但是,纤维素仍是储存葡萄糖的一种重要形式,因此它大有希望成为许多有用的产品,如乙醇的来源。但是在利用纤维素之前,必须把它从木质素和半纤维素的复合物中释放出来,对于多数木质纤维来说,这需要强酸、强碱或高温、高压处理。无论采取哪种方法,都必须消耗相当多的能量。这在工业生产上是十分不经济的。

2. 木质纤维的利用

由木质素、半纤维素和纤维素按不同的比例混合形成的木质纤维结构构成了植物的支持系统,这类物质的相对分子质量很大,是农业和木材工业中的常见废弃物,人类正努力寻找利用它们的有效方法,将其转化为一种新的资源。随着人口的不断膨胀,地球资源面临枯竭的危险,因此可再生资源的利用受到越来越广泛的关注。木质纤维正是一种很有前途的可再生生物资源。目前的研究表明,木质纤维经过化学或生物处理后,可转化为各种各样的产品,其种类之多几乎囊括了所有石油化工产品,见表 8-6。

表 8-6 木质纤维的主要转化产物

成 分	转 化 产 物
纤维素	葡萄糖、酒精等醇类、有机酸类、微生物蛋白等
半纤维素	五碳糖、糖醛、酒精等
木质素	香草素、二甲基硫醚、苯酚等

木质纤维可以分为以下三类：

（1）初级纤维，包括从植物中获取的纤维类物质，如棉花、木材和干草等。

（2）农业废弃物，指农作物经加工后剩余的植物材料，如稻草、谷物秸秆、水稻壳、甘蔗渣、动物粪便和木材残留物等。

（3）日常生活的废弃纤维产品，如废纸和其他废弃的纸制品等。

木质纤维的年产量巨大，因而是一种巨大的资源物质。人们正在不懈地努力以寻找能有效降解纤维素和半纤维素的途径。人们已经采用很多化学和酶学的方法用来处理木质纤维，但迄今为止成功的方法很少。

8.3.3 纤维素生物质的预处理及水解

纤维素生物质转化为乙醇的基本步骤如下：

（1）预处理纤维素和半纤维素，去除阻碍糖化和发酵的物质，使其更容易被降解和发酵；

（2）用酸或酶水解聚合物成单糖；

（3）用乙醇发酵菌发酵六碳糖和五碳糖成乙醇；

（4）分离和浓缩发酵产物—— 乙醇。

基本步骤主要包括纤维素的水解和发酵两步，其基本工艺流程见图 8-11。

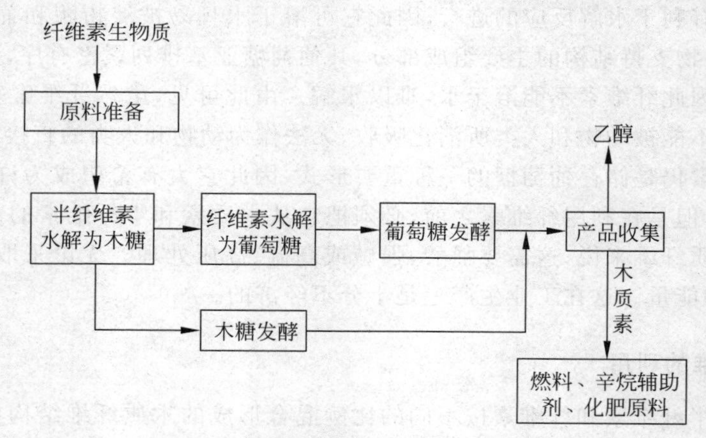

图 8-11 纤维素生物质转化为乙醇的流程图

1. 纤维素生物质的预处理技术

纤维素被难以降解的木素所包围，纤维素本身存在复杂的结晶结构，使纤维素降解酶难以起作用。因此生物质直接酶水解时效率很低，需要采取预处理措施，去除木质素、溶解半纤维素或破坏纤维素的晶体结构，从而促进其接近表面，提高水解率，使木质纤维素的结构能适于随后的水解（特别是酶降解）。预处理方法应满足以下条件：

（1）可促进糖的生成或有利于后面的酶水解；

（2）避免碳水化合物的降解和损失；

（3）避免产生对水解及发酵有害副产物；

(4) 经济上合理。

纤维素生物质原料预处理的方法很多,见表8-7。近年来发展迅速的蒸汽爆裂法、稀酸预处理等技术可高效破坏植物纤维结构,提高微生物的降解转化速率,是有前途的预处理技术。由于木质素、半纤维素组成的巨大差异,目前没有一个普遍适用的预处理方法。开发廉价高效的纤维素生物质预处理技术是该技术成败的关键之一。

表8-7 纤维素生物质原料预处理方法的比较

方法		基本原理	特点
物理法	机械粉碎	机械力作用降低生物质粒度和结晶性	所需能耗较大
	热解法	在高温下,纤维素及其衍生物生成各种小分子	温度低,分解速度减慢,并产生低挥发性副产品
	高能辐射法	辐射氧化可引发分子链断裂	处理后的粉末纤维素类物质没有胀润性,且体积小,可以提高基质浓度,得到较高浓度的糖化液,但是设备成本高、能耗大
化学法	碱处理	对分子间交联木聚糖半纤维素和其他组分的酯键的皂化作用,木质素能溶解于碱性溶液,用稀氢氧化钠或氨破坏木质素结构	效果取决于原料中木质素的含量,目前氨法预处理受重视,其效果好,氨易挥发,因此通过加热可容易地回收,并回收纯度较高木质素,用作化工原料
	高浓度强酸	结晶纤维素在较低温度下可完全溶解于72%硫酸或42%盐酸中	有效水解纤维素,但腐蚀性大,危害人体,要求用耐腐蚀容器,回收酸困难大
	稀酸预处理	水中水合氢离子可和纤维素上的氧原子结合使其不稳定,纤维素长链即在该处断裂	该技术发展较为完善;有较高反应速率,明显提高纤维素水解率;在中温条件下,糖的分解导致直接糖化具有较低的产率;在高温条件下,纤维素水解适合采用稀酸预处理;稀酸水解法降低了反应条件,且可以提高木聚糖转化成木糖的转化率;稀酸法的费用要比许多物理化学预处理方法高;另外,预处理完成之后要中和剩余的酸以便进行下面的酶水解或发酵过程
	臭氧法	可分解木质素和半纤维素	可有效去除木质素,在常温常压下进行,不产生有害物质;但需臭氧量大,成本高,不实用
物理化学法	蒸汽爆裂法	高温高压使木质素软化,再迅速降压造成纤维素晶体的爆裂,使木质素和纤维素分离	该过程中细胞结构破坏;纤维素结晶度和聚合度下降;半纤维素通过自水解作用转变成单糖和寡糖;纤维素-半纤维素-木质素的结构破坏;部分木质素的β-芳醚键断裂且木质素发生部分缩合作用;能耗低,可间歇或连续操作,适合于硬木和农作物秸秆,但对软木效果差;缺点是木糖损失多,且产生对发酵有害的物质
	氨纤维爆裂法	高温高压下固体原料与液态氨反应,同样经过一定时间后突然开阀减压使纤维素晶体爆裂	氨需回收;不产生有害物质,半纤维素中的糖损失少;但经此处理的半纤维素并未分解,需另用半纤维素酶水解,故处理成本较大
	CO_2爆裂法		以CO_2取代氨,但效果没有氨好

续表

方　法	基本原理	特　点
生物法	利用可降解木质素的微生物有白腐菌、褐腐菌、软腐菌等真菌	从成本和设备角度出发，生物法预处理显示了独特的优势，可用专一的木质酶处理原料，分解木质素和提高木质素消化率，但是速度太慢，尚在研究阶段
联合法	稀硫酸或 SO_2 湿润生物质-蒸汽爆裂	预处理效率提高，加上水洗几乎能除去所有半纤维素
	高温机械磨碎或碱-机械磨碎	

2. 纤维素的水解

目前，国内外许多生产乙醇的高活性菌株均不能直接利用纤维素作为发酵底物。必须对所含纤维进行一系列预处理，转化成微生物可利用的糖类，例如蔗糖、葡萄糖等。水解（糖化）过程破坏纤维素和半纤维素中的氢键，将其降解成可发酵性单糖——五碳糖和六碳糖（图 8-12）。

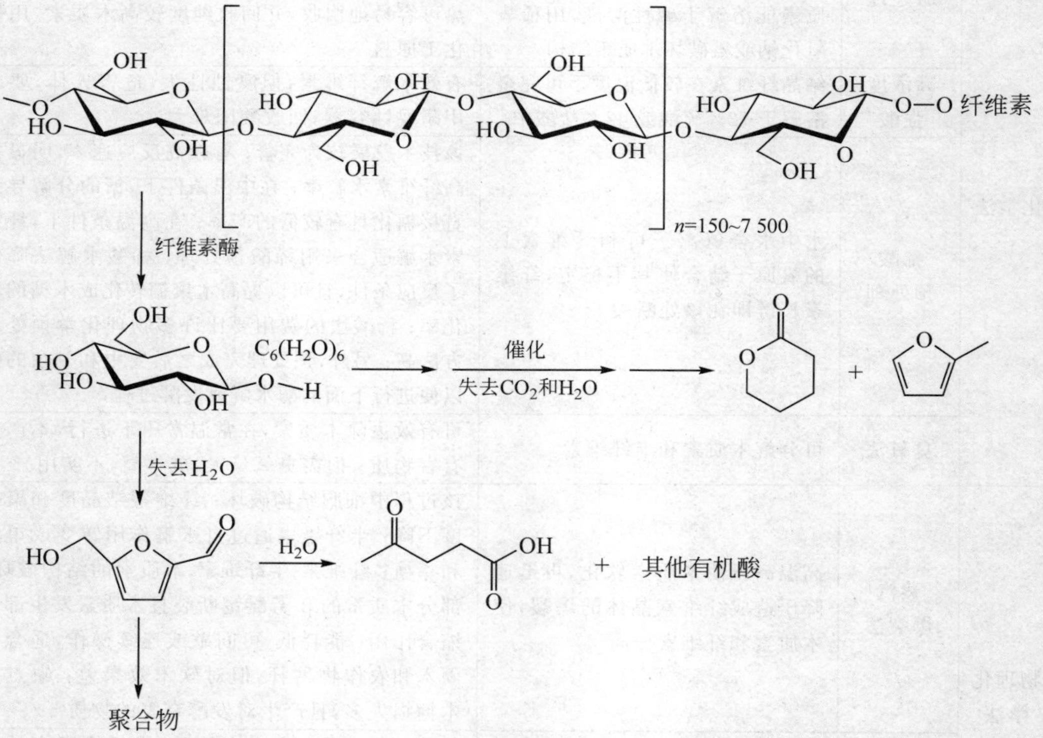

图 8-12　纤维素的脱水和脱羧反应

纤维素的水解方法有酸碱水解和酶水解。但纤维素类物质的酸解中存在不少问题，例如：

（1）酸解条件苛刻，对设备有很强的腐蚀作用，需要耐酸碱的设备；

(2) 会生成有毒的分解产物如糖醛、酚类物质；

(3) 酸解成本较高等。

碱解法水解纤维素成糖类也存在类似的问题。因此，酸碱水解法不适合用于水解纤维素作为微生物发酵生产乙醇的底物。

降解纤维素成为糖类组分的另一种方法是酶水解法。酶水解工艺包括原料预处理、酶生产和纤维素水解等部分。

1) 纤维素酶水解工艺的特点

酶水解法可在常压下进行，微生物的培养与维持仅需较少的原料，减少了过程的能耗。酶有很高的选择性，可生成单一产物，能得到很高的产率(>95%)。由于酶水解时基本上不必外加化学药品，且仅生成很少的副产物，所以提纯过程相对简单，也避免了污染。不过由于酶水解的预处理需较高的设备和操作成本，在一定程度上降低了其相对于酸水解的优越性。

目前存在的主要问题是：纤维素酶的生产效率低，成本很高，难以广泛使用，限制了纤维素生物质制酒精技术的实用化。因此纤维素酶生产中的两个关键问题是筛选和培养能高效产酶的微生物和开发低成本产酶的工艺。

2) 纤维素酶及纤维素降解机理

纤维素酶是降解纤维素成为葡萄糖单糖所需的一组酶的总称，是包括内切葡聚糖酶(1,4-β-D-葡萄糖水解酶)、外切葡聚糖酶(1,4-β-D-葡萄糖纤维二糖水解酶)和β-葡萄糖苷酶等组分在内的起协同作用的多组分酶系。

在纤维素酶的作用下，纤维素可最终被水解为葡萄糖。这个过程，在工业上称为纤维素的糖化(图8-13)。

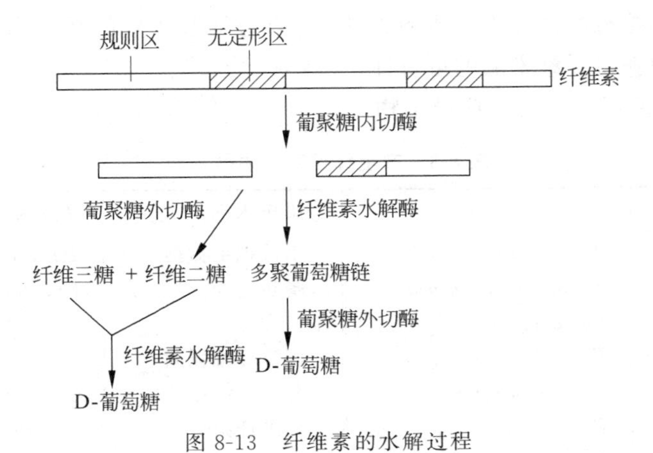

图8-13　纤维素的水解过程

在多种微生物中，纤维素酶是一种被称为纤维素小体的多功能复合蛋白的一部分。该复合蛋白位于细胞的外表面，含有下列几种酶：

(1) 葡聚糖内切酶　它可以在纤维素的无定形区催化相邻葡萄糖分子β-1,4-糖苷键的水解，从中间切断纤维素链；

(2) 葡聚糖外切酶　它可以从纤维素缺刻部分的非还原末端开始降解纤维素分子，其降解产物是葡萄糖、纤维二糖和纤维三糖；

（3）纤维素水解酶　它是常见于可水解纤维素的真菌中的一种葡聚糖外切酶，可以从纤维素分子的非还原末端切去10个以上的葡萄糖残基；

（4）β-葡糖苷酶或纤维二糖酶　它能将纤维二糖或一糖转化为葡萄糖。

目前较为普遍接受的纤维素降解机理是协同机理，即内切葡聚糖酶首先进攻纤维素的非结晶区，形成外切纤维素酶需要的新的游离末端，然后外切纤维素酶从多糖链的非还原端切下纤维二糖单位，而β-葡萄糖苷酶水解纤维二糖或纤维糊精，形成葡萄糖，完成协同反应。需注意的是该机理假说没有说明协同作用的起始反应如何发生，特别是关于天然纤维素结晶区的降解机制不清楚，因此协同理论还有待完善或提出新的假说。

3）产纤维素酶的微生物

虽然动物和人类难以利用纤维素作为直接营养物质，但是许多细菌和真菌都能在多种酶的共同作用下水解纤维素，以此为营养源，这些酶统称为纤维素酶。

传统意义上，纤维素酶的来源主要是真菌，不过也观察到一些厌氧原生动物和粘菌可降解纤维素。大多数厌氧真菌和少数好氧真菌能分泌胞外纤维素酶。研究较多的真菌是木霉，如 *Trichoderma reesei*，*T. viride*，*T. coningli*。曲霉和青霉素也可产生较高活力的纤维素酶。中温真菌 *Trichoderma reesei* 以及 *Phanerochaete chrysosporium* 产生的内切酶 EG 有两个结构域：催化域和结合域。外切酶 CBH 与 EG 协同作用可以溶解高分子质量的纤维素分子。EG、CBH 均糖基化，最佳活性条件为酸性。*P. chrysosporium* 可产生几种β-葡萄糖苷酶，而 *T. reesei* 只有一种同工酶。还有几种嗜温真菌，纤维降解速率比 *T. reesei* 快，最佳活性条件是 55～80℃，pH 5.0～5.5。在所有好氧纤维素降解菌中，对纤维单胞菌属、假单胞菌属和链霉菌属的菌都做了很好的研究。其他已知厌氧纤维素降解微生物有瘤胃细菌、真菌和原生动物。细菌的纤维素酶和真菌的纤维素酶具有显著不同的性质，它必须在细菌与纤维素相接触的情况下才水解纤维素，因为细菌产生的是胞内酶。重组 DNA 技术增加了从细菌中获得纤维素酶的可行性。

表 8-8 为产生纤维素酶的一些微生物。

表 8-8　产生纤维素酶的微生物

真菌类		康氏木霉	*T. koningii*
黑曲霉	*Aspergillus niger*	韦氏拟毛盘孢	*Pestalotiopsis westerdijkii*
血红栓菌	*Trametes sanguinea*	嗜热毛壳	*Chaetomium thermophile*
卧孔菌	*Poria* sp.	细菌类	
伊利亚青霉	*Penicillium iriensis*	深黄纤维弧菌	*Cellvibrio fulvus*
绳状青霉	*P. funiculosum*	普通纤维弧菌	*C. vulgaris*
多变青霉	*P. variabile*	纤维杆菌	*Cellulomonas* spp.
变色多孔菌	*Polyporus versicolor*	荧光假单胞杆菌	*Pseudomonas fluorescens*
乳白耙齿菌	*Irpex lacteus*	瘤胃球菌	*Ruminococcus* spp.
腐皮镰孢菌	*Fusarium solani*	放线菌类	
绿色木霉	*Trichoderma viride*	链霉菌	*Streptomyces* spp.
木质素木霉	*T. lignorum*	高温放线菌	*Thermoactinomycete* spp.

4）纤维素酶基因的改造

利用天然的能水解纤维素的微生物来降解纤维素的速度很慢，而且常常得不到彻底的水解产物。因此，人们试图通过基因工程的方法获得具有更高的纤维素酶活性的重组微生物。为了实现这一设想，必须首先从原核或真核生物中分离得到编码具有活性的纤维素酶基因。目前对纤维素酶的基因、分子结构和功能研究等取得了很大进展，可指导纤维素酶基因工程新菌株的构建。目前嗜热梭菌及芽孢杆菌产纤维素酶引起人们重视。

克隆得到的纤维素酶基因有很多用途。

如果能够找到基因中与纤维素结合的区域，就可以为纯化重组融合蛋白提供方便；还可以在生物体内表达有活性的纤维素酶，使废弃的纤维素转化为有用的产品，如乙醇等。

典型的纤维素酶的结构可分为3个区域：催化区域，富含Pro、Ser、Thr残基的铰链区，纤维素结合区域。催化和结合区域可以独立发挥功能，这种功能上的分离使人们可以仅克隆纤维素结合区域作为融合蛋白编码序列的一部分，另一部分基因则编码商品蛋白。融合蛋白可以通过纤维亲合柱进行纯化，只有融合蛋白能够结合在纤维素柱上，然后可以在适当条件下将融合蛋白从柱上洗出。

选择合适的蛋白酶切去纤维素结合区域，得到纯化了的商品蛋白，这个系统在原理上与免疫亲合层析相似，但成本要低得多(图8-14)。

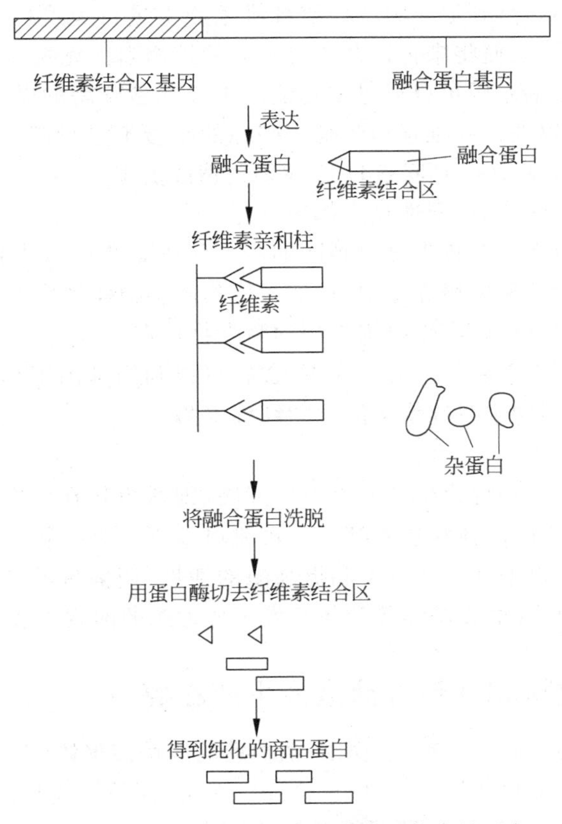

图8-14 利用纤维素亲合柱分离纯化商品蛋白

采用下列简单有效的分离技术，人们从原核生物中克隆了编码葡聚糖内切酶的基因：

(1) 构建能分解纤维素的原核生物的基因文库，在含有抗性的选择性平板上培养宿主菌——大肠杆菌；

(2) 菌落在含羧甲基纤维素(CMC)的平板上，37℃培养几小时。羧甲基纤维素是一种可溶性的纤维素衍生物。37℃培养后，能够产生并分泌葡聚糖内切酶的菌落周围的羧甲基纤维素会被部分水解，而只能产生葡聚糖内切酶但不能将它分泌出来的菌落周围的底物不能被水解，因为羧甲基纤维素无法进入细胞；

(3) 羧甲基纤维素的水解区域可通过刚果红染色观察到。首先，加入刚果红(它对细菌无毒)，然后加入 NaCl 溶液。刚果红可以选择性地与高分子纤维素结合并显红色，它与分子质量低的多糖的结合力较弱，显黄色。NaCl 可以使显色稳定。如果细菌能分泌葡聚糖内切酶，该菌落周围呈黄色，其他未被分解的羧甲基纤维素显红色。

利用这一技术，人们从 *Streptomyces*、*Clostridium*、*Thermoanaerobacter*、*Thermomonsopora*、*Erwinia*、*Pseudomonas*、*Cellvibrio*、*Ruminococcus*、*Cleulomonas*、*Fibrobacter*、*Bacillus* 等微生物中成功地分离出了编码葡聚糖内切酶的基因。

简单的平板染色法不能检测出非分泌型的葡聚糖外切酶的存在，因此，一般采用免疫学方法筛选带有重组的葡聚糖外切酶的基因的克隆。该法的缺点是需要特异性的抗体，优点是能够检测非分泌型的蛋白。该法的检测过程为：首先将细胞在原位裂解(如用氯仿熏蒸法)，然后将胞内的蛋白转移到尼龙膜或硝酸纤维素膜上进行免疫检测。在进行裂解之前，每个菌落都应留有备份，以便将来可以此为母本大量扩增阳性克隆。

原核生物 β-葡糖苷酶基因可以通过构建能产生 β-葡糖苷酶的微生物的基因库而获得。基因文库构建好后，可以在以纤维素作为唯一碳源的平板上进行筛选。表达 β-葡糖苷酶的克隆可以在含底物 5-溴-4-氯-3-吲哚-β-D-吡喃葡萄糖或麦康凯-纤维素琼脂的培养基上进行筛选。用上述两种方法筛选时，阳性克隆都呈红色。

上述方法的一个前提是要首先分离到能够产生纤维素酶的微生物。最简便的方法是：将滤纸片浸入含碳很少的液体培养基中，再加入待测微生物样品培养。如果滤纸片被切断，则说明所检测的样品中有可以产生纤维素酶的微生物存在。

野生型微生物的纤维素酶的活力往往不太高，可以利用基因工程或蛋白质工程对其进行诱变，以获得具有较强的水解纤维素能力的纤维素酶。

5) 纤维素酶的生产

纤维素酶生产有适于小规模生产的固态发酵法(即微生物在没有游离水的固体基质上生长)和适于大规模生产的液体深层发酵法。目前很多研究者从事这方面的改进工作，包括对微生物的选择和培养以增加酶的产率和提高酶的活性，用廉价的工农业废弃物作为微生物培养基质，试验各种形式的发酵器等。还开发了各种酶的回收方法(超滤、再吸附等)。

8.3.4 利用淀粉和其他含糖废液生产乙醇

淀粉是植物中主要的储存多糖，它由 D-葡萄糖的线性多聚体(直链淀粉)及分支多聚体(支链淀粉)组成。直链淀粉通过 $1\times10^{2}\sim4\times10^{5}$ 个 D-葡萄糖残基由 α-1,4 键线性连接而成；支链淀粉由含有 17～32 个 D-葡萄糖残基的短直链通过 α-1,4 及 α-1,6 键连续或极少数的 α-1,3 键连接构成。支链淀粉具有高分支的结构，一般可含 $1\times10^{4}\sim4\times10^{7}$ 个 D-葡萄糖残基，分支程度及直链淀粉与支链淀粉的比例随淀粉的种类、形成时间的长短不同而不同。

制糖工业、食品加工业产生的各种废渣、废液中通常都含有淀粉。这些废渣、废液可通过一些简单的处理后用以生产菌体蛋白或作为饲料。制糖工业所产生的废糖蜜还可用于生产各种食用或药用酵母。例如,采用连续培养工艺利用制糖工业的含糖废液生产酿酒酵母,干酵母菌体产量可达 5.4 kg/(m^3 · h)。除生产酵母类真菌外,还可利用这种含糖废液生产白地霉、禾本科镰孢菌等其他种类的真菌。另外,含糖工业废渣、废液还是工业上大规模生产果糖和乙醇的重要原料。

1. 利用淀粉和其他含糖废液生产乙醇

淀粉主要用于食品业和养殖业。淀粉在转化为乙醇之前,通常要水解为低分子质量的物质(图 8-15)。

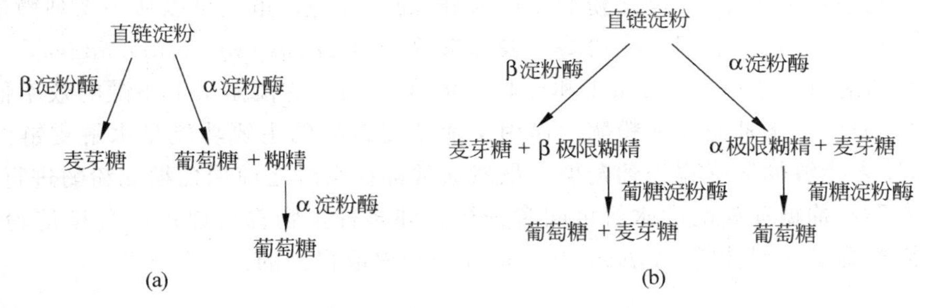

图 8-15 淀粉的水解过程

在淀粉的水解转化过程中最重要的酶是 α 淀粉酶、葡糖糖化酶和葡糖异构酶,这三类酶的用量大约占现代工业中全部酶制剂的 30%左右。

由淀粉生产乙醇是由酶催化和非酶催化反应所组成的多步过程(图 8-16)。

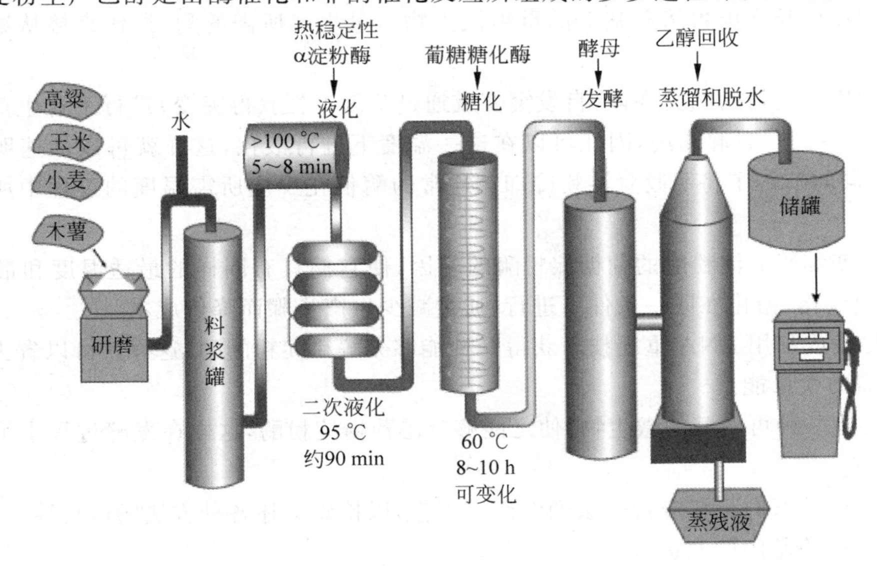

图 8-16 淀粉生产乙醇的工艺流程示意图

来源:Schubert C. Can biofuels finally take center stage? Nature Biotechnology,2006,24(7):777~784

(1) 胶化反应 通过高压熏蒸谷物粉末(通常是玉米粉,它含有 40%的淀粉)使淀粉的表面区域暴露出来,使其更易于被进一步水解,该过程的产物是胶状物质,因此称为胶化过程。

(2) 水解反应　明胶状淀粉冷却至50～60℃时,加入α淀粉酶。在这一液化步骤中,胶状淀粉在酶的作用下其α-1,4键水解,形成低分子质量的多糖。由于高温能使该酶催化反应更快地进行,同时高温下酶分子也能有效地进入明胶化的淀粉,因此该反应对温度有一定的要求。

(3) 糖化反应　加入葡糖糖化酶,在该酶的作用下,反应物发生糖化,即多糖完全水解。上述反应的终产物是葡萄糖,它可以通过发酵转化为乙醇。

α淀粉酶可随机地水解直链或支链淀粉中的α-1,4键,生成的产物是葡萄糖、麦芽糖、麦芽三糖以及一系列糊精(支链淀粉的交连部分)的混合物。虽然可以从一系列微生物中提取得到α淀粉酶,但是工业用α淀粉酶一般都来源于 *Bacillus amyloliquefaciens*。

葡糖淀粉酶可以水解α-1,3、α-1和α-1,6键,但是由于它酶解α-1,4键的效率低于α淀粉酶,因此一般用它来补充α淀粉酶的作用。葡糖淀粉酶的主要功能是水解支链淀粉中的分支结构,使之能够彻底降解为葡萄糖。虽然通常都在发酵之前用葡糖淀粉酶进行水解,但是实际上发酵与葡糖淀粉酶的水解可同时进行。许多种生物都可以产生葡糖淀粉酶,但常用的葡糖淀粉酶是从黑曲霉(*Aspergillus niger*)中提取得到的。

2. 利用DNA重组技术改进乙醇生产

以谷物为原料生产乙醇时,其成本主要由生产过程中所使用的酶来决定。这些酶通常只能使用一次,因此对这些酶的改进可能会成为降低乙醇生产成本的重要因素,人们可通过以下多种途径达到此目的:

(1) 利用生长在廉价培养基上的重组微生物大量生产所需的酶,这比直接从组织中提取成本更低。

(2) 利用α淀粉酶的突变体(自发突变或通过基因工程获得突变)进行工业生产。该突变体可在80～90℃时起作用,因此可以在这一温度下进行液化,这样就可以加速明胶状淀粉的水解,同时节约了将明胶状淀粉冷却至通常的酶催化反应所需温度的过程中所消耗的能量。

(3) 改变编码α淀粉酶的葡糖淀粉酶的基因,使它们具有同样的最适温度和最适pH,因此可以使液化、糖化在同一条件下进行,通过减少生产步骤而降低成本。

(4) 寻找或利用DNA重组技术获得一种能够分解粗淀粉的酶,这样就可以省去明胶化过程中所需的大量能量。

(5) 寻找一种可发酵的微生物,使之能够分泌葡糖淀粉酶,这样在发酵过程中可以不再添加淀粉酶。

各国的科学家们正在进行一系列的研究工作,以检验上述各种方法的可行性。

1) α淀粉酶基因的改造

人们已从一系列不同的细菌中分离得到了编码α淀粉酶的基因,这些细菌包括 *Bacillus amyloliquefaciens*、耐高温的 *B. stearothermophilus*。

该基因的分离过程可简述如下:提取细菌的DNA,将用Sau3A Ⅰ酶解得到的片段连接到用 *Bam* HⅠ消化的质粒pUB110上。pUB110有单一的 *Bam* HⅠ位点,同时带有卡那霉素抗性基因。得到的连接产物转入无α淀粉酶活性的枯草杆菌中,通过卡那霉素抗性基因筛选重组菌。将所有重组菌在固体培养基上进行培养，待形成菌落后，将平板暴露于碘蒸气中。能够产生α淀粉酶的菌落周围会出现明显的透明圈，表明该菌落周围的淀粉已经被水解。淀粉-碘实验的阳性结果说明，α淀粉酶是在自身的启动子的作用下转录的，因为质粒载体上没有启动子；同时说明该基因上带有分泌信号，因为底物淀粉是不能穿过细胞膜的大分子的。

由于可以从多种来源得到α淀粉酶基因，因此研究人员可以据此对基因进行加工，使之适应于不同工业过程的需要。

在由淀粉生产乙醇的过程中，为了省去糖化的步骤，研究人员从真菌 *Aspergillus awamori* 中分离得到了葡糖淀粉酶基因，然后将此基因克隆到一个可在酿酒酵母(*Saccharomyces cerevisiae*)中生长的质粒中，该质粒中带有酵母烯醇化酶基因(ENO1)的启动子和转录终止信号，含有该重组质粒的酿酒酵母既能产生有活性的葡糖淀粉酶，又具有发酵功能，可以将淀粉转化为乙醇。

遗憾的是，这种重组菌体虽然在实验室里非常成功，但它并不适合于工业生产。其原因是该菌体不能耐受高浓度的乙醇，其葡糖淀粉酶 cDAN 的表达效率不高及含有外源基因的质粒容易丢失。这些问题可以通过以下方式进行解决：

(1) 可以从质粒中删去 ENO1 启动子中一段约 175 bp 的负调控区域，将葡糖淀粉酶的表达量提高大约5倍。

(2) 可以删除质粒中的酵母 ars，再加入与酵母染色体的某一段具有同源性的一段 DNA，这样使该质粒变为整合载体，可以将完整的葡糖淀粉酶基因整合到酵母染色体的特定位置并稳定遗传下去。

(3) 可以选用能耐受高浓度乙醇的其他酿酒酵母菌株(如啤酒酵母)作为受体细胞，然后用整合载体转化该酵母菌株。

通过采取上述改进措施，研究人员得到了两个新的酵母株系，它们比野生型的能水解淀粉的酵母具有更强的淀粉水解能力，同时能够使可溶性淀粉发酵。其中的一种称为 *Sacchromyces diastaticus*，它与酿酒酵母的亲缘关系很密切(表8-9)。另一种来源于啤酒酵母，但是它含有整合的葡糖淀粉酶基因，它比带有含葡糖淀粉酶基因的多拷贝质粒的实验室菌株具有更大的优越性。因为后者的质粒不能稳定存在于宿主菌中，而且其质粒中的葡糖淀粉酶基因不能被诱导表达。

表8-9 不同酵母菌株对可溶淀粉发酵的比较

酵母株	糖类利用率	乙醇产量/($g\cdot L^{-1}$)
实验室株	5%	<0.1
转入质粒的实验室株	68%	75.6
酿酒商株	<1%	3.1
带整合基因的酿酒商株	93%	118.2

2) 寻找新的工业发酵用菌

虽然目前工业发酵生产乙醇几乎全部使用酵母，但 *Zymomonas mobilis* 仍不失为很有潜力的工业用菌。*Zymomonas* 是革兰氏阴性杆状细菌，它能够通过发酵将葡萄糖、果糖和蔗糖转化为乙醇，而且产量很高。历史上，*Zymomonas* 在热带地区曾被用作酿制果酒的发酵微生物,例如一种墨西哥的日常饮料即用 *Zymomonas* 进行发酵生产,这种饮料是由龙舌兰树液发酵而成的奶状粘稠果酒,其乙醇含量为 3%～5%。

Zymomonas 与酿酒酵母生产乙醇能力的比较如表 8-10 所示。

表 8-10 两种生产乙醇微生物的比较

名 称	蔗糖→乙醇转化效率	乙醇产速率 /($g^{-1}\cdot h^{-1}$)	pH 范围	最适温度/℃
酿酒酵母(*S. cerevisiae*)	96%	0.67	2.0～6.5	30～38
运动发酵单胞菌(*Zymomonas mobilis*)	96%	5.67	3.5～7.5	2.5～30

虽然 *Zymomonas* 与酿酒酵母的其他性质大致相同,但前者生成乙醇的速度比后者更快。可是一些生物上、技术上的因素限制了 *Zymomonas* 在工业生产中的广泛应用:

(1) 能被它用作碳源的物质较少;

(2) 宿主克隆载体难以在其细胞内稳定遗传,即难以用 DNA 重组技术对它进行改造;

(3) 野生型的 *Zymomonas* 有许多常用抗生素抗性。这就限制了在克隆过程中利用抗生素进行筛选的可能性。

人们成功地在 *Zymomonas* 中引入了几种外源基因。多数工作集中在扩大 *Zymomonas* 的底物范围上,例如编码分解乳糖、淀粉、纤维素、木糖和纤维二糖的酶的基因已经转入 *Zymomonas*。重组菌都能在不同程度上表达外源基因,但是所有的重组菌都不能以新的碳源作为唯一碳源,可见给 *Zymomonas* 增加新的代谢能力并非易事。但是仍有一些科研工作者认为,可以将 *Zymomonas* 改造为能将废弃物如乳浆、淀粉、纤维素等转化为乙醇的重组菌株,并在工业生产中广泛使用。

多数纤维素酶基因最初都是在大肠杆菌中克隆和表达的。但在实际生产中需要在其他一些有用的微生物中引入纤维素酶基因。例如,目前已将纤维素酶基因转入能有效地将糖转化为乙醇的微生物酿酒酵母和 *Zymomonas mobilis* 中,以检验可否利用这些重组菌直接将纤维素转化为乙醇。

细菌的葡聚糖内切酶和外切酶基因在 *S. cerevisiae* 的启动子和信号肽的控制下,构建在同一质粒载体上,然后转入 *S. cerevisiae*。重组菌可向培养基分泌保留有 70%活性的葡聚糖内切酶和外切酶。这两种酶共同作用能够分解滤纸和木浆中的纤维素,向混合物中加入 β-葡萄糖苷酶可以提高两种酶分解底物的速度和程度,即减少产物中纤维二糖的积累,阻止它对葡聚糖外切酶和内切酶的终产物的抑制作用。

人们已经对 β-葡萄糖苷酶在纤维素水解过程中的作用进行了详细的研究。纤维二糖可抑制纤维素的进一步水解,葡萄糖则可抑制纤维二糖的进一步水解。目前已从真菌 *Trichoderma reesei* 中分离得到了编码 β-葡萄糖苷酶的基因,并将其克隆到多拷贝质粒中,然后转入到 *T. reesei* 中,转化了的菌株与未转化的菌株相比,其 β-葡萄糖苷酶的活性和产量都提高了 5.5 倍,它降解微晶纤维素(纤维素的一种衍生物)的速度也提高了 33%。这一结果表明:β-葡萄糖苷酶可以促进纤维素的水解。将 β-葡萄糖苷酶基因转入野生型的具有水解纤维素能力的微生物中就可以获得高效水解纤维素的重组菌株。

8.3.5　利用纤维素生产乙醇的发酵工艺

纤维素生产乙醇涉及两个主要步骤，即纤维素糖化和乙醇发酵，这两个步骤由两个不同层次的生物反应构成。前者由纤维素酶参与完成，属于蛋白质层次上的酶反应，是生物转化制乙醇过程中的限速步骤；后者由酵母菌参与完成，属于活细胞层次上的微生物反应，相对于前者而言，是一种成熟的技术。

在纤维素糖化过程中，纤维二糖、葡萄糖等酶解产物不断积累，当其浓度超过一定水平后就开始抑制纤维素酶的活性，且抑制作用随浓度的增加而越来越强，从而导致酶解反应速率下降。

工业上利用微生物由纤维素生产乙醇主要有三种工艺：单独水解和发酵法（又称为间接法）、直接微生物转化法和同时糖化和发酵法。

1．单独水解和发酵法（SHF）

该方法将酶的生产、纤维素水解和葡萄糖发酵三个过程分开进行。

首先利用一种微生物水解纤维素，收集酶解后的糖液，再利用酵母发酵生产乙醇（图 8-17）。

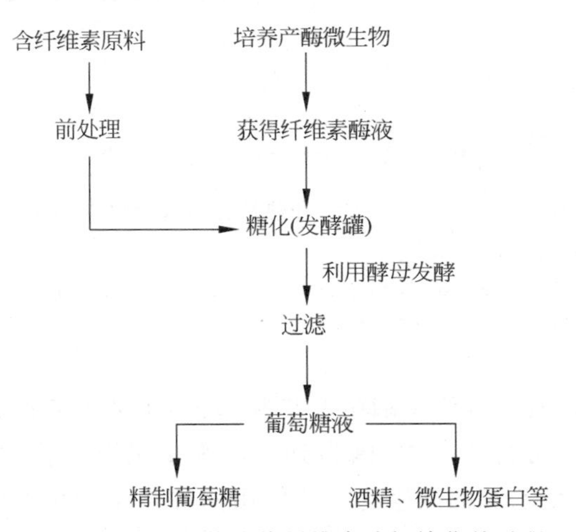

图 8-17　利用间接法将纤维素酶解糖化的过程

该法中常用木霉的纤维素酶来水解纤维素。用纤维素水解后的糖液进行发酵，其乙醇产量可达到 97 g/L，但这种方法中纤维素需先用氢氧化钠进行预处理，因而成本较高。

该法的主要优点是各步骤分开进行可以使它们之间的相互影响最小化，但是，即使酶的负载量很高，纤维素酶也会受到糖积累的抑制。

2．直接微生物转化法（DMC）

完全水解纤维素需要葡聚糖内切酶、纤维二糖水解酶和 β-葡萄糖酶这三种酶的协同作用。能产生这三种酶并分泌到体外的微生物大多是真菌，而不是细菌，如正青霉菌（*Enpenicilum jaoanicum*）、木霉（*Trichoderma*）和疣孢青霉（*Penicillum verrubsum* WA30）。显然，如果利用上述菌株对纤维素进行直接发酵，就不需要对纤维进行酸碱预处理。

直接微生物转化是指同一微生物完成纤维素的水解、糖化和乙醇发酵的生产过程。该法把酶生产、纤维素水解和糖发酵结合在一个容器内进行。

混合发酵法是目前探讨直接利用纤维素发酵乙醇的热点之一，也是潜在的最有发展前途的技术。它可避免用酸碱法和酶法处理纤维素转化为糖时所引发的部分问题。直接法中常用的微生物是热纤梭菌（*Clostridium thermocellum*）。这种细菌能分解纤维素，并使纤维二糖、葡萄糖、果糖等发酵。水解和发酵的最适温度为56～64℃，最适pH为6.4～7.4。该过程的主要产物除乙醇外，还有醋酸和乳酸。虽然热纤梭菌能分解纤维素，但乙醇产量低（50%）。经过诱变改造的重组热纤梭菌用于发酵，其乙醇产量可达9 g/L，醋酸产量也能达到9 g/L。热硫化氢梭菌（*Clostrium thermohydrosulopaircum*）不能利用纤维素，但乙醇产量相当高。因此，如把热纤梭菌与热硫化氢梭菌这两种微生物进行混合培养，直接发酵，其乙醇产量可大大提高（图8-18）。

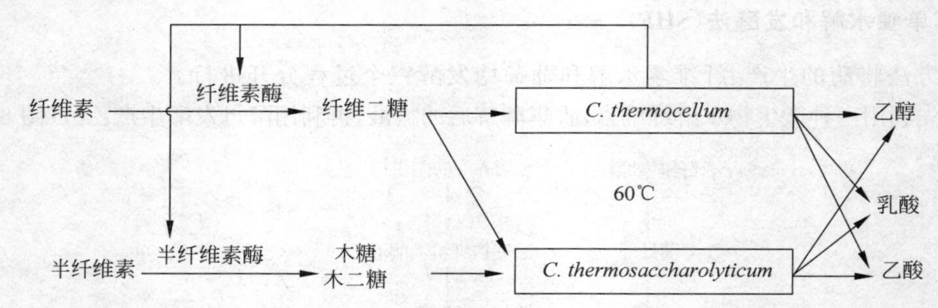

图8-18 热纤梭菌（*Clostridium thermocellum*）和热硫化氢梭菌（*Clostrium thermohydrosulopaircum*）混合培养生产乙醇

来源：Demain A L，Newcomb M，Wu J H D. Cellulase，Clostridia，and Ethanol. Microbiology and Molecular Biology Reviews，2005，69(1)：124～154

DMC的优点是可以省略纤维素酶生产步骤，发酵工艺所需的设备简单，成本低。但是DMC在今天仍是一个不可行的方法，因为到目前为止仍没有找到既可以产高活性的纤维素酶又可以发酵产高浓度乙醇的微生物。若使用两种微生物生产纤维素酶，并把纤维素和半纤维素分解形成的糖发酵为乙醇，但是两种微生物除生产乙醇外，还生产其他产品，比SHF和SSF产量低。

3. 同时糖化和发酵法（SSF）

为降低酒精生产成本，在20世纪70年代开发了同时糖化和发酵工艺（SSF）。

该法利用一种可产生纤维素酶的微生物和酵母在同一容器中连续进行纤维素的糖化和发酵，除水解和发酵在一个容器内进行以外，同时糖化和发酵过程的顺序与单独水解和发酵过程实际上是相同的（图8-19）。在该工艺过程中，纤维素水解后产生的葡萄糖可以被不断地用于发酵，由于发酵罐内纤维素水解速率远远低于糖发酵速率，因此酵母和酶的同时存在会使容器内糖的积累降到最低，这样就降低或消除了高浓度葡萄糖对纤维素酶活性的产物抑制，提高了水解效率，但与此同时却带来了酒精对纤维素酶的抑制。

与单独水解和发酵过程相比，SSF的生产速度、产量和乙醇的浓度都较高。此外，还减

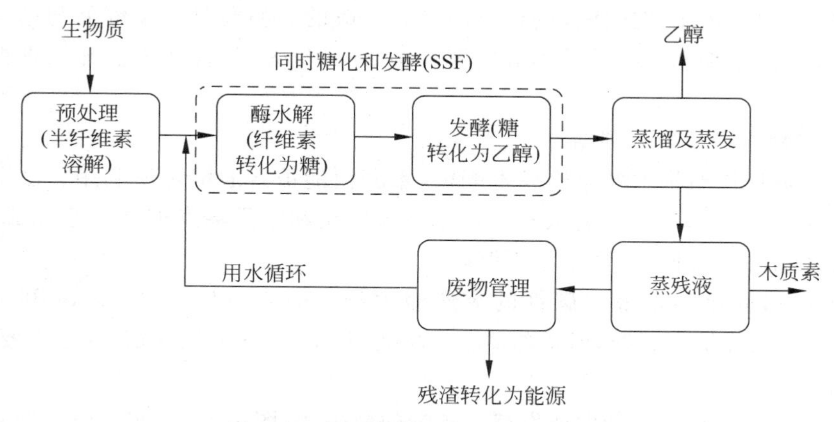

图 8-19　同时糖化和发酵工艺流程图

少了容器的数量，降低了杂菌污染的机会。但是，SSF 工艺的主要问题是水解和发酵所需的最佳温度不能匹配，水解的最佳温度在 45～50℃，而发酵的最佳温度在 28～30℃。因此，在同一个特定的反应器中，要解决生物过程中普遍存在的中间产物与最终产物的反应条件相互制约、难以协调以致不能完成预计过程的矛盾，是十分困难的。在实际工艺中，SSF 常在 35～38℃下操作，这一折中处理使酶的活性和发酵的效率都不能达到最大。目前有学者致力于耐热酵母或耐热细菌的分离和培养，或改善培养条件，或设计非等温 SSF 工艺，但问题尚未完全解决。并且酒精浓度高也会抑制酶活性。

在上述三种工艺中，同时糖化和发酵工艺是最有前途的生产低成本燃料乙醇的技术路线。

8.3.6　生物质发酵生产乙醇的发展前景

纤维素生物质制乙醇工艺中的发酵和以淀粉或糖为原料的发酵有很大不同，因为前者水解液中常含有对发酵微生物有害的组分并含有较多的木糖。同时，纤维素生物质营养元素缺乏。因此，纤维素发酵制乙醇需要解决以下问题：

1）减轻或消除发酵原料中有害物的影响

纤维素水解液中的有害组分大部分来自纤维素和半纤维素水解副产品，如乙酸、甲酸、乙酰丙酸。在强烈水解条件下 1%～5%木质素水解生产有机酸、酚类和醛类化合物，对微生物影响也较大。目前研究了很多方法来降低有害组分，如稀释法、过量加碱法、水蒸气脱吸法、活性炭吸附法。另一类解决方法是提高微生物对有害组分的抵抗力。如 *E. coli* 有抗乙酸和甲酸的能力，能以乙酸为碳源；酵母 *S. cerevisiae* 能以糠醛为碳源，经过适应性培养的微生物能增强对有害组分的抵抗力；通过基因工程开发能抗有害组分的微生物，一旦成功可简化酒精生产工艺过程，产生很高的经济效益。

2）五碳糖的发酵

目前，与其他酵母、真菌或细菌相比，酿酒酵母（*S. cerevisiae*）仍是发酵葡萄糖产生乙醇最有效的酵母。但半纤维素构成了生物质的相当部分，其水解产物为以木糖为主的五碳糖。木糖的存在对纤维素酶有抑制作用，将木糖及时转化为酒精对生物质的高效率酒精发酵是非常重要的，是决定该工艺经济性的重要因素。一般的酒精酵母可发酵葡萄糖、半乳糖、甘露糖，但不能发酵木糖和阿拉伯糖等五碳糖。从 20 世纪 80 年代初人们开始重视五碳糖的发酵。

目前有三种途径发酵五碳糖。

（1）用木糖异构酶将木糖异构成木酮糖，木酮糖能被普通酵母所利用。已筛选出不少适用于木酮糖发酵的酵母。还有人提出使木糖异构化和木酮糖发酵在一起完成的工艺，由于二者要求最佳 pH 不同，该法效率不够高。

（2）寻找和驯化能发酵五碳糖的天然微生物。如 *Candida shehatae* 和 *Pachysolen tannophilus*，可以降解五碳糖，但是葡萄糖产率比 *S. cerevisiae* 低 5 倍，并且需要供氧，对酒精耐受力差。

（3）利用基因工程技术开发能发酵五碳糖的微生物（图 8-20）。将编码木糖降解酶基因和木糖醇脱氢酶基因克隆入 *S. cerevisiae*，可降解木糖。天然的 *Z. mobilis* 能发酵葡萄糖，对木糖不起作用；几种天然的 *E. coli* 能利用葡萄糖和木糖，但代谢产物除酒精和 CO_2 外，还包括大量的乙酸、乳酸、琥珀酸和氢。将 *E. coli* 的木糖基因克隆并表现在 *Z. mobilis* 中，使后者获得了几种必要的酶，从而具备了代谢木糖的能力。目前重组基因的 *Z. mobilis* 和 *E. coli* 都被广泛用于生物质制乙醇的工艺中。基因工程技术是五碳糖发酵的最有希望的技术，随着菌种的培育，木糖的发酵效率已经接近葡萄糖。

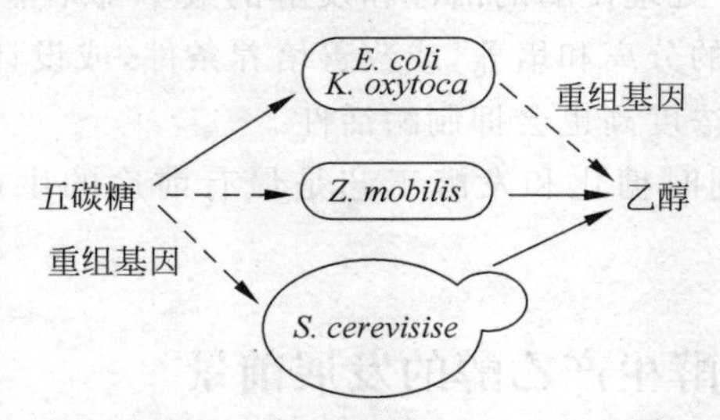

图 8-20 利用基因工程技术开发能够发酵五碳糖制乙醇的微生物

来源：Hahn-Haegerdal B, Galbe M, Gorwa-Grauslund M F, et al. Bio-ethanol—the fuel of tomorrow from the residues of today. Trends in Biotechnology, 2007, 24(12): 549～556

3）木质纤维素营养较缺乏，发酵中需投加营养物

目前已研究出玉米浸出液等三种工业营养物。进一步降低营养物质成本是未来的发展方向。

在纤维素乙醇发酵中还应注意的其他问题包括：

（1）葡萄糖发酵微生物的筛选和培育。要求繁殖快，活性高，耐高酒精浓度，抗杂菌等。一般用酵母。

（2）发酵条件的选择，包括温度、pH、溶解氧浓度等。

（3）发酵设备的设计和使用。如细胞循环和固定细胞发酵是常用增加细胞密度的方法，从而提高酒精产率。

由于纤维素生物质量大、成本低廉，利用纤维素生物质生产乙醇技术发展潜力巨大。经过二、三十年的研究和积累，纤维素生物质生产乙醇技术有了较大进步，利用微生物由纤维素生产乙醇有着广阔的应用前景。但是，目前还有一些问题，主要是纤维素分子难于被酶水解。酶水解速度远远低于淀粉和其他糖类化合物的水解速度。按现有的发酵工艺来分析，直接利用酶水解纤维素发酵生产乙醇，对酶的重复利用率低，致使糖解酶化过程中的酶耗量过多，生产周期较高，生产效率低，成本高等。显然，这些不利因素是限制利用纤维素生产乙醇的关键问题，严重地困扰着大规模工业生产的普及。

纤维素生物质生产乙醇技术的研究与开发，应在以下几方面加强：

(1) 开发廉价高效的木质纤维预处理技术。

(2) 以基因工程手段对产纤维素酶的微生物进行改造，提高酶的产量。

(3) 建立天然纤维素全酶解的条件。

(4) 改善纤维素酶生产技术。

(5) 利用固定化酶等技术，使酶能够反复使用，提高其利用效率。

(6) 对发酵有害物质的脱除和五碳糖的高效率转化发酵。

(7) 在分子水平上深入研究纤维素、半纤维素和木质素结构和生物降解机理。

(8) 改进工艺，减少工艺过程中可能产生的对酶的产物抑制，优化生产工艺流程。

(9) 研制新型生化反应器。

(10) 开发能够直接作用于天然高聚合纤维素的微生物，争取省去预处理过程。

(11) 解决目前存在的污染严重和生产成本高的问题。

在基因工程应用于乙醇发酵研究方面，主要采用两种技术：

(1) 把能水解纤维素的一个葡聚糖内切酶基因和一个 β-葡萄糖苷酶基因，克隆在能产生乙醇的菌株中，并研究该菌株利用纤维素作为原料的情况。

(2) 把能产生乙醇的基因克隆到能降解纤维素，但不能生产乙醇的菌中。例如，把运动发酵单胞菌的丙酮酸脱羧酶基因和乙醇脱氢酶基因转移到不能生产乙醇的克雷伯氏氧化杆菌(*Klebsiella axytoca*)中，就可以直接发酵纤维素生产乙醇。

随着微生物混合发酵及纤维素酶的基因克隆与表达的深入研究，可以预计，在不远的将来，有可能解决直接利用纤维素发酵乙醇所面临的问题，从而摆脱石油缺乏的困境。

8.4 微生物燃料电池

8.4.1 微生物燃料电池工作原理

微生物燃料电池(MFCs)可以将微生物代谢中产生的电子传递给电极，产生电流，从而把还原性有机底物中的能量直接转化为电能。微生物燃料电池作为一种具有应用前景的可再生能源生物技术，正日益受到人们的关注。此外，微生物燃料电池和有机废水的资源化利用相结合，使其进一步具有清洁能源生产和环境治理的双重意义。

利用微生物燃料电池从有机质产电的历史可以追溯 20 世纪 70 年代，甚至更早。并且使用微生物燃料电池处理生活污水的设想也于 1991 年实现。但是，仅是在近几年微生物燃料电池的研究，才得以使其功率输出获得大幅度提高，从而具备了实际应用的可能。Reimers 等(2001)证明，可以利用海底沉积物构成微生物燃料电池，这一发现对微生物燃料电池研究具有极大的启发意义。Bond 和 Lovley(2003)首次报道微生物产电主要是由吸附在电极上的细胞完成的，电极还原可以支持微生物的生长。Rabaey 等(2003)通过采用短电极间距、大面积离子交换膜和铁氰化钾阴极电解液，实现了 4 310 mW/m^2 的高功率输出。将微生物燃料电池和废水处理相结合，在去除 80%废水 COD 的同时，获得最大功率 26 mW/m^2。

MFCs 将可以被生物降解的物质中可利用的能量直接转化成为电能。要达到这一目的，只需要使细菌从利用它的天然电子传递受体，例如氧气或者硝酸盐，转化为利用不溶性的电子受体，比如 MFC 的阳极。这一转换可以通过使用膜或者可溶性电子穿梭体来实现。然后电子经由一个电阻器流向阴极，在那里电子受体被还原(图 8-21)。

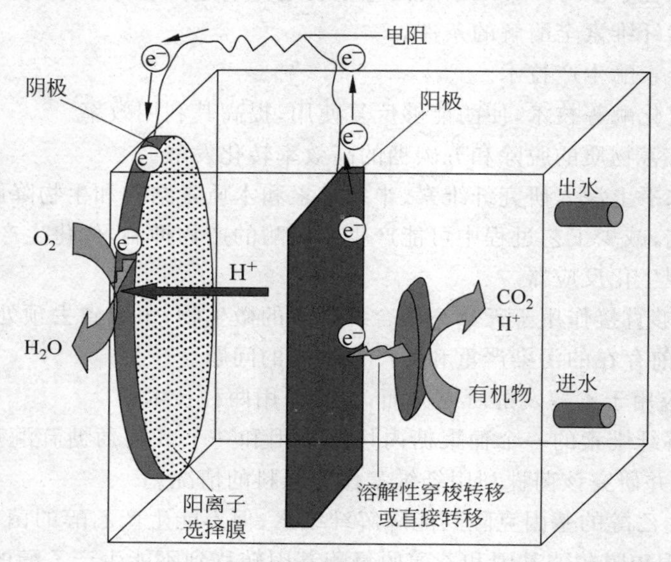

图 8-21 微生物燃料电池的工作原理

与其他利用有机物产能的技术相比较，微生物燃料电池具有以下一些优势：①MFCs 将底物中的化学能直接转化为电能，能量转化效率较高；②MFCs 可以在常温甚至低温的环境条件下运行；③MFCs 的尾气主要组分是二氧化碳，不需要进一步的净化处理；④MFCs 不需要能量输入，因为阴极可以被动曝气；⑤MFCs 在缺少电力设施的地区具有广泛应用的潜力。

8.4.2 微生物燃料电池中的微生物代谢反应

为了评价细菌的发电能力，需要确定控制微生物电子和质子流动的代谢途径。除底物的影响外，电池阳极的电位也决定着细菌的代谢。增加 MFCs 的电流会降低阳极的电位，导致细菌将电子传递给更具还原性的化合物。因此阳极电位将决定细菌最终电子穿梭的氧化还原电位，同时也决定代谢的类型。根据阳极电位的不同，能够区分一些不同的代谢途径：高氧化还原代谢，中等到低氧化还原代谢，发酵。目前报道的 MFCs 中的微生物包括好氧型、兼性厌氧型和严格厌氧型。

当阳极电位高时，细菌在氧化代谢过程中能够使用呼吸链。电子及其相伴随的质子传递需要通过 NADH 脱氢酶、泛醌、辅酶 Q 或细胞色素。研究表明，各种电子呼吸链的抑制剂可以抑制 MFCs 中电流的产生。在 MFCs 中通常可以观察到利用氧化磷酸化的过程，其能量转化效率高达65%。MFCs中常见的微生物包括假单胞菌(*Pseudomonas aeruginosa*)、微肠球菌(*Enterococcus faecium*)及*Rhodoferax ferrireducens*。

其他可替代电子受体(如硫酸盐)的存在会降低阳极电位,电子则可能储存在这些组分中。研究表明,利用厌氧污泥接种时,可以观察到甲烷的产生,说明在这种情况下细菌并没有利用阳极。如果没有硫酸盐、硝酸盐或其他电子受体的存在,并且阳极维持低电位,则发酵成为主要代谢过程。例如,在葡萄糖的发酵过程中,涉及的可能的反应是:

$$C_6H_{12}O_6+2H_2O = 4H_2+2CO_2+2C_2H_4O_2$$

或

$$C_6H_{12}O_6 = 2H_2+2CO_2+C_4H_8O_2$$

上面的化学反应方程式表明,从理论上说,六碳底物中最多只有1/3的电子能够用来产生电流,而其他2/3的电子则保存在形成的发酵产物(如乙酸和丁酸)中。

代谢途径的变化,与已观测到的氧化还原电位的数据相结合,为了解"微生物的电动力学"(microbial electrodynamics)提供了基础。MFCs在外部电阻很小的情况下工作时,在生物量积累时期,仅产生很小的电流,因此阳极电位很高(即MFCs的电池电位低),其结果是选择兼性好氧菌和厌氧菌。微生物一旦生长,其代谢周转率(表现为电流水平)将升高。适中的阳极电位将有利于兼性厌氧微生物的生长。然而,专性厌氧微生物仍然会被阳极室的氧化电位所抑制,也可能受到跨膜渗透过来的氧气的影响。如果外部电阻高,阳极电位将会降低,此时只能选择兼性厌氧微生物及专性厌氧微生物。

常见的微生物反应如表8-11所示。

表8-11 常见的微生物反应

氧化还原反应	标准电极电位/mV
$2H^++2e^-\longrightarrow H_2$	−420
铁氧化还原蛋白(Fe^{3+})$+e^-\longrightarrow$铁氧化还原蛋白(Fe^{2+})	−420
$NAD^++H^++2e^-\longrightarrow NADH$	−320
$S+2H^++2e^-\longrightarrow H_2S$	−274
$SO_4^{2-}+10H^++8e^-\longrightarrow H_2S+4H_2O$	−220
丙酮酸$^{2-}+2H^++2e^-\longrightarrow$乳酸$^{2-}$	−185
$FAD+2H^++2e^-\longrightarrow FADH_2$	−180
延胡索酸$^{2-}+2H^++2e^-\longrightarrow$丁二酸	+31
细胞色素b(Fe^{3+})$+e^-\longrightarrow$细胞色素b(Fe^{2+})	+75
泛醌$+2H^++2e^-\longrightarrow$泛醌$H_2$	+100
细胞色素c(Fe^{3+})$+e^-\longrightarrow$细胞色素c(Fe^{2+})	+254
$NO_3^-+2H^++2e^-\longrightarrow NO_2^-+H_2O$	+421
$NO_2^-+8H^++6e^-\longrightarrow NH_4^++2H_2O$	+440
$Fe^{3+}+e^-\longrightarrow Fe^{2+}$	+771
$O_2+4H^++4e^-\longrightarrow 2H_2O$	+840

反应的自由能可以根据下式进行计算:

$$\Delta G=-nF\Delta E$$

式中:n——转移的电子数;

F——法拉第常数,96 485 c/mol;

ΔE——电子供体与电子受体之间的电位差。

细菌通过将电子从还原性底物(如葡萄糖)转移到电子受体(如氧)获得能量。细菌通过产电获得的能量可以按下式计算：

$$E = Pt$$

式中：P——功率，W；

t——时间，s。

功率取决于电压与电流，$P=VI$。根据欧姆定律 $V=IR$(R 为电阻)，电阻两端的电压为

$$V = E^0 - \eta_a - \eta_c - IR$$

式中：E^0——电池的最大电压；

η_a，η_c——电极上的过电位损失；

IR——电解液阻力造成的电压损失。

微生物燃料电池中电子转移过程中的电压损失如图 8-22 所示。

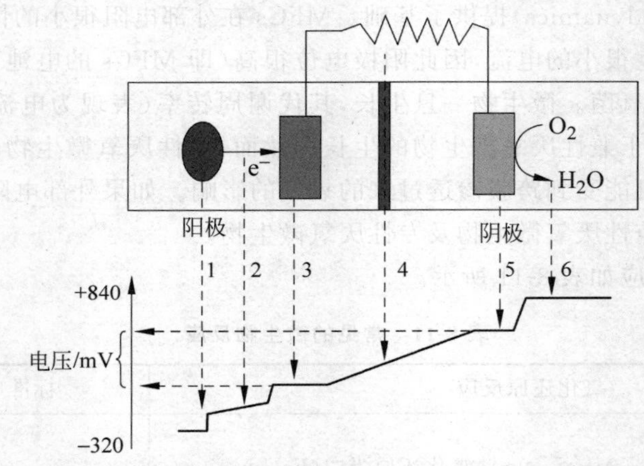

图 8-22 微生物燃料电池中电子转移过程中的电压损失

1—细菌电子转移引起的损失；2—电解液阻力引起的损失；3—阳极上的损失；4—电池阻力损失(有用的电势差)及膜阻力损失；5—阴极上的损失；6—电子受体还原引起的损失

8.4.3 微生物燃料电池中的电子传递机制

电子向电极的传递需要一个物理性的传递系统以完成电池外部的电子转移。电子传递可以利用可溶性的电子穿梭体，也可以利用膜结合的电子穿梭复合体来实现。氧化性的、膜结合的电子传递是通过呼吸链中的复合体完成的。利用这种途径传递电子的细菌有如 *Geobacter metallireducens*、*Aeromonas hydrophila* 及 *Rhodoferax ferrireducens*。

MFCs 中鉴定出的许多发酵性微生物都具有氢化酶，例如 *Clostridium butyricum* 和 *Enterococcus faecium*。氢化酶可能直接参与电子向电极的转移过程。细菌可以使用可溶性的组分将电子从细胞内的化合物中转移到电极的表面，同时该化合物被氧化。在很多研究中，人们向反应器中添加氧化还原介体，如中性红、劳氏紫(thionin)和甲基紫萝碱(viologen)。细菌也能够自己产生一些氧化还原介体，主要通过两种途径：一是产生可以被可逆还原的有机化合物(次级代谢物)，二是产生可以被氧化的代谢中间物(初级代谢物)。

很多细菌，例如 *Shewanella putrefaciens* 和 *Pseudomonas aeruginosa*，通过第一种途径产生氧化还原介体。这些微生物产生的介体会影响 MFCs 的性能，甚至干扰胞外电子的传递过程。使 *Pseudomonas aeruginosa* 中负责产生氧化还原介体的相关基因失活，会导致产生的电流降低近 20 倍。一种细菌产生的氧化还原介体也能够被其他种类的细菌用于传递电子。通过第二种途径，即利用初级代谢中间物如 H_2 或者 H_2S 作为电子传递介体。例如，利用 *E. coli* K12 产生氢气，然后被浸泡在生物反应器中的由聚苯胺保护的铂催化电极重新氧化。通过这种方法可以获得高达 1.5 mA/cm^2 的电流密度。同样，利用 *Sulfurospirillum deleyianum* 将硫还原为硫化物，然后再由铁重新氧化为氧化程度更高的中间物。

微生物燃料电池的核心是电子从细胞内传递到电极的过程。根据这一过程的差异，微生物燃料电池可分为三类：

Ⅰ类燃料电池　在电催化电极上氧化微生物的发酵产物，如 H_2 和甲醇，从而产生电流；

Ⅱ类燃料电池　需要向阳极培养液中加入能够穿过细菌细胞的人工氧化还原中间体，利用这些中间体实现电子从细胞向电极的传递；

Ⅲ类燃料电池　利用能够直接将电子转移到电极的金属还原微生物（如 *Geobacteraceae* sp. 和 *Shewanellaceae* sp.），实现电子的传递。

考虑微生物燃料电池产电的效率、成本和连续运行的需要，Ⅲ类无氧化还原介体的微生物燃料电池成为最具发展前景的技术。

以葡萄糖为有机物，三种类型的微生物燃料电池中电子传递机理如图 8-23 所示。

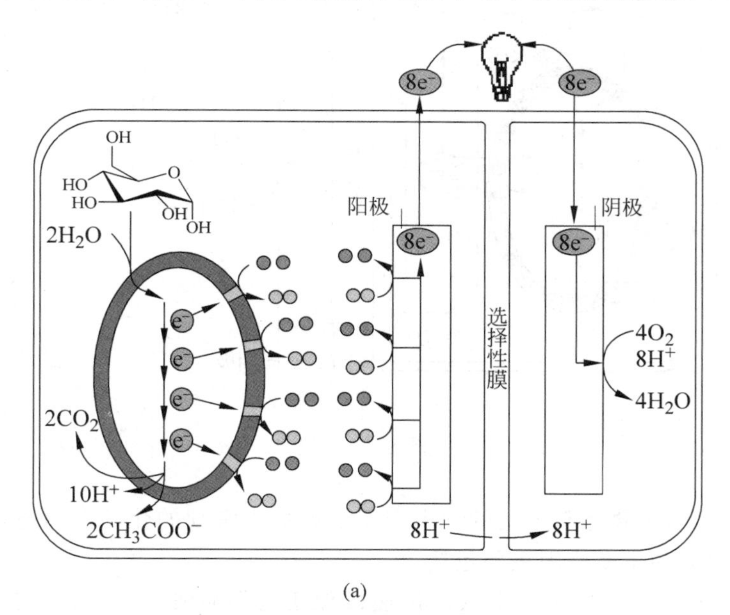

(a)

图 8-23　微生物燃料电池中电子传递机理

(a) Ⅰ类燃料电池：发酵微生物将葡萄糖转化为终产物 H_2，H_2 在阳极上发生反应产生电子和质子；

(b) Ⅱ类燃料电池：电子穿梭介体接受电子并将其传递到阳极，介体通过氧化还原过程不断地被循环利用；

(c) Ⅲ类燃料电池：葡萄糖被氧化成 CO_2，电子直接传递到电极表面

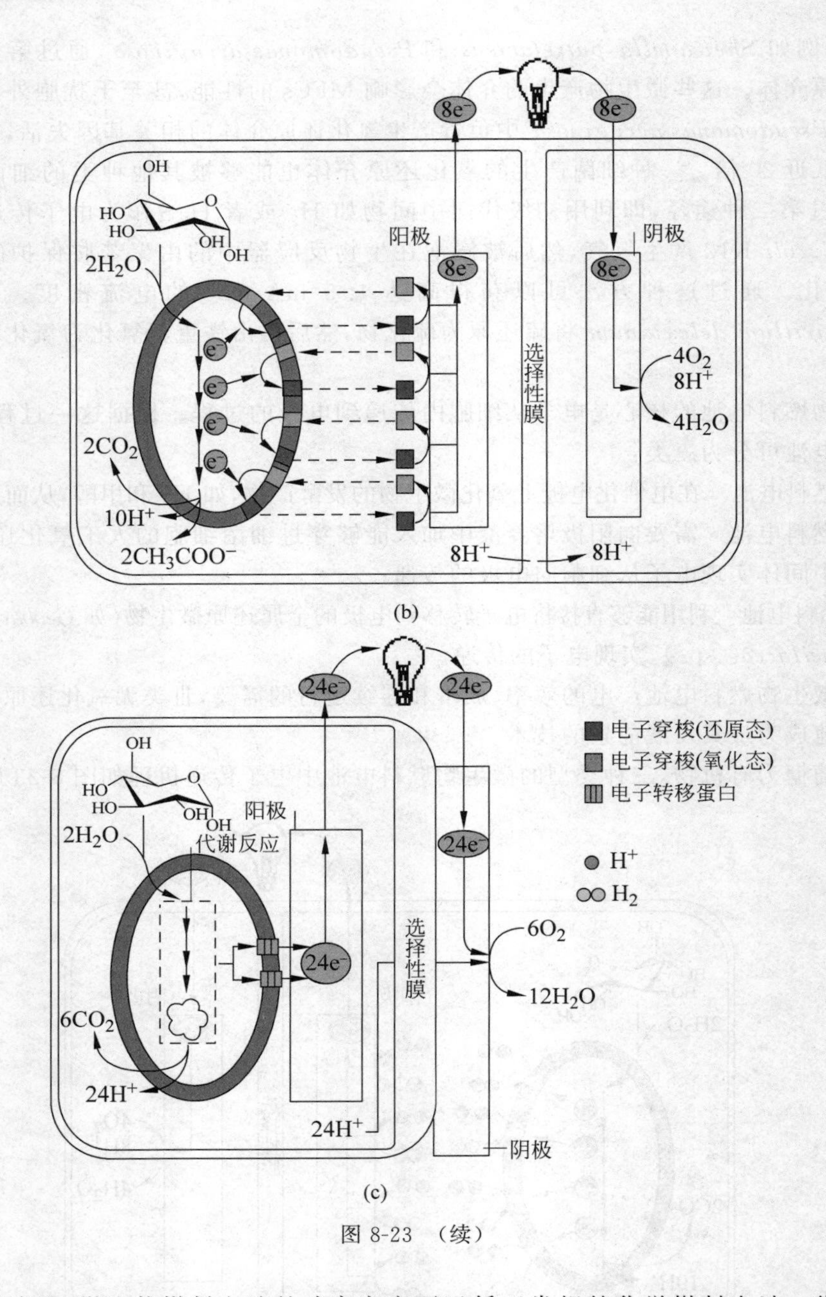

(b)

(c)

图 8-23 （续）

到目前为止，微生物燃料电池的功率密度要远低于常规的化学燃料电池。微生物燃料电池产电效率较低的主要原因主要包括：

（1）对电子从微生物细胞到电极的传递机理还远不够清楚，难以对这一过程进行调控和优化；

（2）微生物燃料电池的结构设计不够合理；

（3）微生物燃料电池的材料，包括阴阳极材料和质子交换膜，性能不够理想；

（4）微生物燃料电池的操作条件未得到优化等。

这些问题的解决也正是微生物燃料电池研究的发展趋势。

微生物燃料电池将可再生能源的产生和废水治理结合起来，具有十分重要的意义，其研究成果将积极推动可再生能源技术的发展，同时为废水和其他废弃物的资源化利用提供了新的思路。

8.5　微生物制氢

氢是一种能量密度高、无污染、用途广泛的理想的能源，在将来可能部分或甚至完全替代传统的化石能源。氢能作为一种可再生的能源，取之不尽、用之不竭，完全符合可持续发展战略。它具有以下优点：①燃烧产物无污染；②质量轻，热值高；③含量丰富；④化学结构简单。

目前，传统的制氢技术主要包括采用化石燃料制氢和电解水制氢两条途径，前者需要消耗大量的石油、天然气和煤炭等不可再生资源，后者需要消耗大量的电能，两种方法成本高昂，难以摆脱对化石燃料的依赖（图 8-24）。

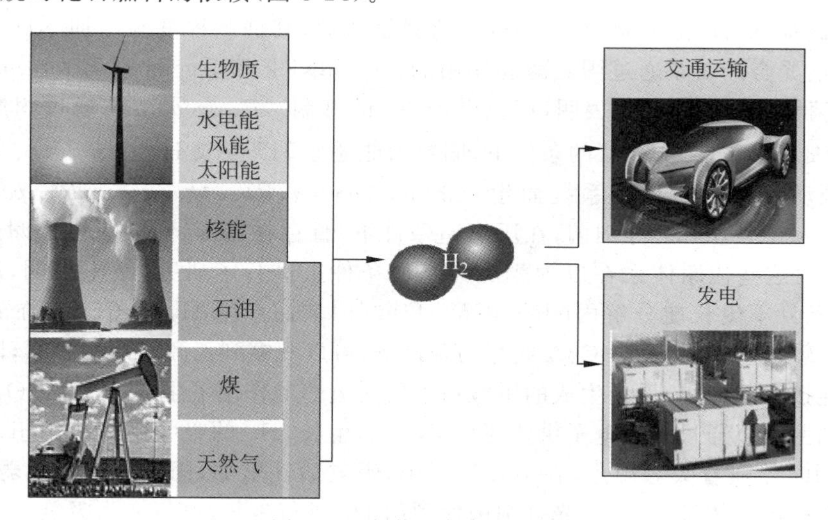

图 8-24　氢能的制备和利用

相对于传统的制氢方法，生物制氢具有清洁、节能和不消耗矿物资源等突出优点。生物制氢是一条能够利用可再生资源的环境友好的途径，它具有反应条件温和、过程清洁和不消耗矿物资源等优势。生物制氢包括利用厌氧和兼性厌氧细菌、光合细菌、蓝细菌和绿藻制氢等方式。

目前生物产氢的方法主要分以下两类：①光合生物产氢；②厌氧发酵产氢。其中光合生物又主要包括光合细菌、蓝细菌和绿藻。

8.5.1　光合微生物产氢

1. 光合细菌产氢

1）光合细菌产氢特性

光合细菌是一类厌氧微生物，它可以利用多种有机或无机来源的还原力还原 CO_2。它们均为原核生物，具有细菌叶绿素 a，只含一个光合系统，营不放氧的光合作用，以此区别于蓝细菌的具两个光合系统的放氧光合作用。

Gest 等首次报道了光合细菌深红红螺菌(*Rhodospirillum rubrum*)在厌氧光照下能利用有机质作为供氢体产生分子态的氢，此后人们进行了一系列的相关研究。目前研究表明，有关光合细菌产氢的微生物主要集中于红假单胞菌属(*Rhodopseudomonas*)、红螺菌属(*Rhodospririllum*)、梭状芽孢杆菌属(*Clostridium*)、红硫细菌属(*Chromatium*)、外硫红螺菌属(*Ectothiorhodospira*)、丁酸芽孢杆菌属(*Trdiumbutyricum*)、红微菌属(*Rhodomicrobium*)等 7 个属的 20 余个菌株。其中研究和报道最多的是红假单胞菌属，在该属中，对 7 个种的 10 多个菌株进行过产氢相关的研究。

光合细菌的氢代谢与三种酶有关——固氮酶、氢酶和可逆氢酶(甲酸脱氢酶)。光产氢与固氮酶有关，暗产氢与可逆氢酶有关，吸氢现象与氢酶有关。光合产氢是这三种酶共同作用的结果。

Gest 和 Kamen 观察到光合细菌在光照条件下，谷氨酸作为氮源培养时有 H_2 释放，但以铵盐、N_2 为氮源时，产氢受到抑制，这表明光合细菌中有关氮代谢的酶与产氢有关。在光照情况下，添加 NH_4^+ 能抑制 *Rs. rubrum* 的固氮活性，其抑制程度与添加 NH_4^+ 的量成正比，这也表明光合产氢是通过固氮酶起作用的。Chadwick 和 Irgens 对 *Ectothiorhodospira vacuolata* 菌株产氢的研究也表明，产氢受到 N_2 的抑制。*E. vacuolata* 通过固氮酶以空气中的 N_2 为氮源生长，在缺 N_2 的条件下，固氮酶能还原 H^+ 生成 H_2。

通过调动各种能量代谢系统而生长的 *Rs. rubrum*、*Rp. sphaeroides*、*Rh. palustris*、*Rp. vividis*、*T. roseopersicina* 等细菌，在厌氧暗条件下，且存在乙醇、醋酸时可代谢产生 H_2 和 CO_2。有人对这些代谢体系在以丙酮酸为基质条件下进行了研究，结果表明，*Rs. rubrum* 在暗、厌氧条件下生长能分解丙酮酸、醋酸、蚁酸、丙酸而产生 H_2 和 CO_2。在 *Rs. rubrum* 的抽出液与磷酸丙酮酸、乙酰 CoA 共存的条件下，可以观察到乙酰磷酸的积累，因此发现丙酮酸甲酸连接酶的作用，反应生成的甲酸在甲酸脱氢酶的作用下生成 H_2 和 CO_2。

光合细菌可以通过氢为电子供体还原 CO_2 而生长，H_2 的吸收由氢酶承担。在光产氢的过程中同时伴随着吸氢现象，在培养过程中，吸氢活性增加，固氮酶活性减弱，产氢量减少。一旦有机供氢体被消耗完，光合细菌便利用 H_2 进行生长，产氢变为吸氢。

2）光合细菌产氢机制

光合细菌的光合放氢几乎存在于所有被研究的紫色非硫细菌中。该过程由固氮酶催化，需要提供能量和还原力。与蓝细菌和绿藻不同，光合细菌的光合作用仅提供 ATP，并不提供还原力(图 8-25)。与产氢有关的 FDH，催化非产能反应，受 O_2、NO_3^- 等的阻遏，由另外一种反向电子传递产生。在限氮或产氢条件下，有机物氧化产生的电子传递给 Fd 使之还原，固氮酶的铁蛋白(固氮酶还原酶)在接受还原型 Fd 传来电子的同时使之氧化再生。在 ATP 和 Mg^{2+} 的作用下，铁蛋白活化形成还原型的固氮酶还原酶-ATP_ Mg^{2+} 复合物。该复合物再将电子转移给固氮酶的铁钼蛋白使之成为有活性的固氮酶，这时，固氮酶在没有合适底物时，将 H^+ 作为最终电子受体使其还原产生分子 H_2，反应方程式如下：

$$2H^+ + 4ATP + 2e^- \longrightarrow H_2 + 4(ADP + Pi) \quad (8\text{-}1)$$

在暗条件下，光合细菌可利用葡萄糖和有机酸(包括甲酸)厌氧发酵产生 H_2、CO_2。黑暗发酵休止细胞在暗处有较高的放氢活性，光照时放氢活性下降 25%左右，而且 CO 抑制发酵休止细胞的放氢，20%CO 几乎完全抑制放氢。这种现象说明黑暗条件下的产氢可能

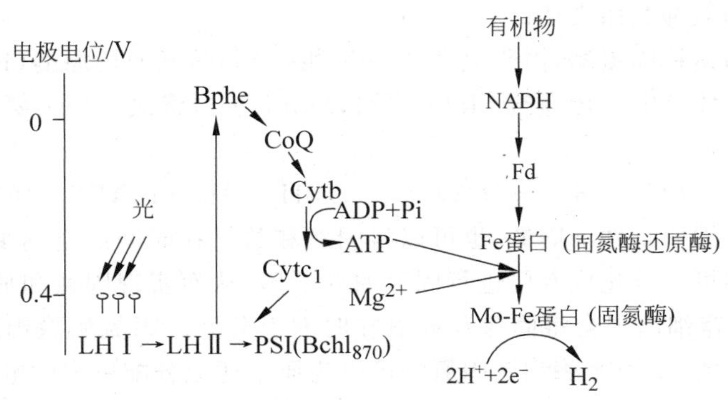

图 8-25　光合细菌的光合放氢途径

PSI—光反应中心；LH—复合体Ⅰ和Ⅱ；Bchl—细菌叶绿素；Bphe—细菌脱镁叶绿素；CoQ—泛醌；Cytb，Cytc—细胞色素 b，c

与固氮酶无关，而是由氢酶催化。

常见的产氢细菌总结于表 8-12。

表 8-12　产氢的细菌

拉　丁　名	中　译　名
Clostridium butyricum	丁酸梭菌
Clostridium acetobutylicum	丙酮丁醇梭菌
Clostridium perfrigens	产气荚膜梭菌
Eschcrichia coli	大肠杆菌
Rhodospirillum rubrum	深红红螺菌
Ectothiorhodospira vacuolate	液泡外硫红螺菌
Rhodopscudomonas sp.	红假单胞菌属
Rhodobacter sp.	红假杆菌属
Cyanobacteria	蓝细菌
Rhodopscudomonas capsulatc	荚膜红假单胞菌

2. 蓝细菌产氢

蓝细菌具有下述特征：①能够直接光解水放氢，将太阳能转化为氢能；②生长营养需求低，只需空气(CO_2 和 N_2 分别作为碳源和氮源)、水(电子和还原剂来源)、简单的无机盐和光(能源)。

蓝细菌制氢作为一种有前途的生物制氢方式，多年来一直受到人们的重视。

1）蓝细菌产氢特性

蓝细菌是一类能够进行产氧光合作用的原核生物。蓝细菌具有与革兰氏阴性菌相似的细胞壁结构和组成，与真核细胞叶绿体相似的光合作用单元。蓝细菌中参与氢代谢的酶主要有固氮酶、吸氢酶和可逆氢酶(或称双向氢酶)，其中，固氮酶在催化固氮的同时催化氢的产生，吸氢酶可氧化固氮酶放出的氢，可逆氢酶既可以吸收也可以释放氢气。蓝细菌放氢是这三种酶共同作用的结果。固氮酶、吸氢酶和可逆氢酶对氧都非常敏感，可以被空气中的氧和光合作用放出的氧抑制而失活。

常见的固氮酶是钼固氮酶，由固氮酶（MoFe 蛋白）和固氮酶还原酶（Fe 蛋白）组成。Fe 蛋白将外部电子供体的电子传递给 MoFe 蛋白，MoFe 蛋白将氮还原为氨，同时催化质子的还原：

$$N_2 + 8H^+ + 8e^- + 16ATP \longrightarrow 2NH_3 + H_2 + 16ADP + 16P_i$$

蓝细菌可以在无氧条件下固氮，也可以将固氮和放氧在时间或空间上分离。有些丝状蓝细菌的营养细胞可以分化成专门进行固氮的异形胞，从而实现固氮和放氧在空间上的分离；有些非异形胞蓝细菌则会将固氮和放氧在时间上分开。固氮酶除钼固氮酶外，还包括钒固氮酶和铁固氮酶，钒固氮酶和铁固氮酶可以为质子还原分配更多的电子，因而具有比钼固氮酶更强的放氢能力。

氢酶可以催化反应 $2H^+ + 2e^- \longleftrightarrow H_2$，蓝细菌吸氢酶和可逆氢酶都是 NiFe 氢酶。吸氢酶存在于所有固氮的单细胞和丝状蓝细菌中。吸氢酶与膜相结合，在一些丝状蓝细菌中仅在异形胞中表达，在营养细胞中没有或仅有极少活性。吸氢酶对氢的回收具有三方面功能：①通过氧氢反应（Knallgas 反应）提供 ATP；②去除氧气，保护固氮酶免于失活；③为固氮酶和其他细胞活动提供电子。在丝状蓝细菌中，吸氢酶和固氮酶具有密切的联系。

可逆氢酶在固氮和不固氮蓝细菌中广泛存在。可逆氢酶是可溶的或松散地结合在膜上。可逆氢酶是由氢酶（HoxH 和 HoxY）和硫辛酰胺脱氢酶（HoxU 和 HoxF）两部分组成的杂四聚体酶，是组成型酶。可逆氢酶和固氮作用不相关，可逆氢酶可能是蓝细菌在厌氧环境下释放多余还原力的介体，或作为摒除光合作用光反应产生的低电势电子的电子阀。

2）蓝细菌产氢机制

蓝细菌产氢分为两类：一类是固氮酶催化产氢，另一类是氢酶催化产氢。

固氮酶遇氧会失活，对于产氢同时放氧的蓝细菌来说，固氮放氢机制因种而异。

A. cylindrina 是一种丝状好氧固氮菌，细胞具有营养细胞和异形胞图 8-25 两种类型。营养细胞含光系统Ⅰ和Ⅱ，可进行 H_2O 的光解和 CO_2 的还原，产生 O_2 和还原性物质。产生的还原性物质可通过厚壁孔道运输到异形胞，作为氢供体用于异形胞的固氮和产氢。异形胞只含有光合系统 I，具有较厚细胞壁的特性，为异形胞提供了一个局部厌氧或低氧分压环境，从而使固氮放氢过程顺利进行（图 8-26）。

无异形胞单细胞好氧固氮菌，其产氢也由固氮酶催化。由于没有防氧保护机构，产氢只能发生在光照与黑暗交替情况下。光照条件下，细胞固定 CO_2 储存多糖并释放氧气；黑暗厌氧条件下，储存的多糖被降解为固氮产氢所需电子供体。

对氢酶产氢研究相对较少。沼泽颤藻（*Oscillatoria limnetica*）是一类无异形胞兼性好氧固氮丝状蓝细菌，其光照产氢过程由氢酶催化，白天光合作用积累的糖原在光照通氩气或厌氧条件下水解产氢。钝顶螺旋藻（*Spirulina platensis*）可在黑暗厌氧条件下通过氢酶产氢。

3）蓝细菌产氢速率

Benemann 和 Weare 于 1974 年发现了 *Anabaena cylindrica* 在光下和氩气环境中的放氢现象。至今，蓝细菌放氢研究已有 30 多年历史。目前，蓝细菌氢的产率尚未达到实际应用的要求，光能转化效率小于 1%。一般认为，10%或更高的光能转化效率是大规模制氢所需要的。

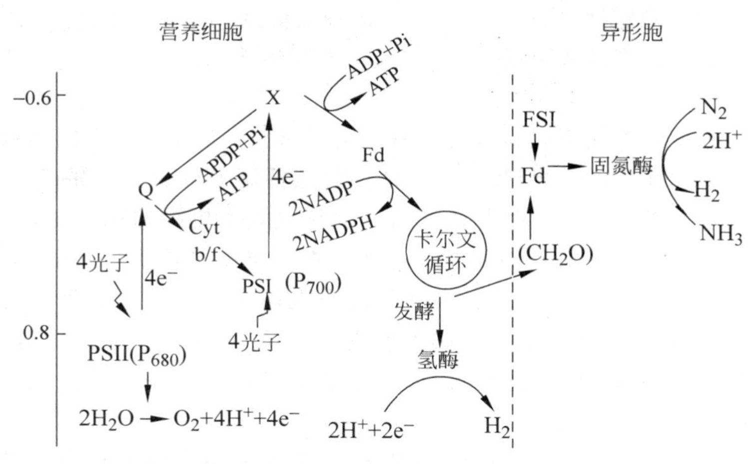

图 8-26 蓝细菌的固氮产氢和氢酶产氢机制

用于放氢研究的蓝细菌包括丝状异形胞蓝细菌、丝状非异形胞蓝细菌、单细胞不固氮蓝细菌和海洋蓝细菌等10多个属的蓝细菌。比较深入的放氢研究主要是针对少数 *Anabaena* 属和 *Nostoc* 属异形胞蓝细菌，如 *A. cylindrica*、*A. variabilis* 和 *Nostoc* PCC 73102，以及个别 *Synechococcus* 属和 *Synechocystis* 属的蓝细菌。异形胞蓝细菌在空气环境中生长和在氩气环境中测定时，比较典型的产氢速率介于0.17～4.2 μmol H_2 mg/(chl a·h)。不过，蓝细菌产氢受到培养过程和放氢测定过程多种因素的显著影响，同一株蓝细菌在不同的生长和测定条件下，其产氢速率可能相差10倍之多。*A. variabilis* ATCC 29413 在限制光强下和气相条件 25%N_2、2%CO_2 和 73%Ar 下生长，在氮营养压力下(当 N_2 由 25%下降至 5%时)，产氢速率可达45.18 μmol H_2 mg/(chl a·h)。丝状异形胞蓝细菌具有比较完善的光合放氧和固氮放氢的分离机制以及较高的产氢速率，是非常有前途的产氢光合微生物之一。

单细胞不固氮蓝细菌能够表现出一定的利用可逆氢酶放氢的能力，尤其是 *Gloeobacter* PCC 7421，其产氢速率可与某些异形胞蓝细菌相当(1.38 μmol H_2 mg /(chl a·h))。蓝细菌在黑暗缺氧条件下发酵产氢的速率比较低。

4) 蓝细菌产氢的影响因素

蓝细菌产氢需要适宜的环境条件，包括光强、气相组成、培养基营养组成、温度和盐度等。对于固氮酶介导的放氢，由于固氮酶活性要求比最佳生长更高的光强，适当提高光强往往可以增加产氢。对于异形胞蓝细菌，由于吸氢酶可消耗固氮酶放出的氢，N_2 是固氮酶放氢的竞争性抑制剂，O_2 可导致可逆氢酶失活并促进氧氢反应，蓝细菌在空气条件下放氢难以被检测到。所以，蓝细菌放氢一般在氩气环境中进行，或在空气或氮气中补充固氮酶和吸氢酶的气体抑制剂(CO 和 C_2H_2)中进行。另外，添加有机化合物往往可以促进放氢，外源氮源的存在则可抑制固氮酶合成和产氢。

固定化培养可以保护蓝细菌细胞及其酶的活性，降低其因受环境条件干扰而导致的失活，从而提高其产氢的速率和稳定性。蓝细菌固定化培养最常用的载体包括琼脂凝胶、海藻酸盐凝胶、聚氨酯泡沫和聚乙烯泡沫。Park 等在一柱式光生物反应器中采用聚乙烯泡沫固定的 *A. azollae* 实现了连续6天产氢，Markov 等利用中空纤维固定的 *A. variabilis* 实现了5个月连续产氢，产氢速率为0.02～0.2 mL H_2/(mg 干重·h)。采用连续培养也可以提高蓝细菌产氢的速率和稳定性，Lichtl 等采用恒化系统对 *N. flagelliforme* 进行连续培养，以利用其在对数生长期较高的固氮酶活性，结果在连续培养条件下产氢速率可达分批培养的4 倍之多。

采用某些生理生化方法可以显著促进蓝细菌产氢。异形胞蓝细菌的净放氢是固氮酶放氢和吸氢酶耗氢共同作用的结果，提高固氮酶活性或抑制吸氢酶活性都有利于产氢的增加。含钒不含钼的培养条件可以诱导某些蓝细菌表达放氢效率更高的钒固氮酶，从而产生更大量的氢气。Dawar 等发现在培养基中提高镁离子浓度和添加果糖，*Nostoc* sp. ARM 411 异形胞的量可以增大 3 倍，其固氮酶活性和产氢能力也相应提高。蓝细菌吸氢酶辅基中包含镍，镍是吸氢酶合成和具有催化活性的必需组成，采用镍限制条件可以抑制吸氢酶活性，从而显著促进产氢。另外，同步培养也可能成为促进蓝细菌 *Synechococcus* sp. 产氢的途径。

5）菌株筛选和突变株构建

蓝细菌具有广泛多样的生存环境和遗传背景，考察不同生境来源的蓝细菌可能分离获得具有高产氢能力的菌株。不过，筛选高产菌株的研究还不多见。Howarth 和 Codd 比较了 9 株单细胞不固氮蓝细菌的放氢和吸氢能力。Kumar 和 Kumar 分离了 11 个属 20 个种的固氮和不固氮蓝细菌，考察了它们的生理特征和在不同条件下的产氢能力。结果发现，*Nostoc* 属和 *Anabaena* 属各有一个种表现出依赖于光和固氮酶的好氧产氢能力。在 Ar+1%CO_2 下培养时，所有检测菌株均可产氢。三个属（*Plectonema*、*Oscillatoria* 和 *Spirulina*）的蓝细菌表现出依赖于氢酶的产氢能力。

采用化学诱变或基因工程方法，使吸氢酶基因失活，可以使固氮酶放出的氢不被氧化回收，从而提高蓝细菌氢的产率。Mikheeva 采用亚硝基胍诱变方法获得两株 *A. variabilis* ATCC 29413 氢代谢缺陷突变株 PK84（吸氢酶和可逆氢酶缺陷）和 PK17R（吸氢酶缺陷），它们的生长特征和异形胞的量与野生型相同，但放氢速率显著提高。在连续培养 PK84 和 PK17R 时，它们产氢的速率分别是野生型的 4.3 倍和 1.4 倍，并且在氮营养压力条件下（当 N_2 由 25%下降至 5%时），其产氢速率分别达到 167.60 μmol H_2/(mg chl a·h)和 59.18 μmol H_2/(mg chl a·h)。Happe 等构建的 *hup SL* 缺失的 *A. variabilis* ATCC 29413 吸氢酶缺陷株 AVM13 在固氮条件下产氢速率显著增大(68 μmol H_2/(mg chl a·h))，比野生型高 3 倍。Lindberg 等对缺少可逆氢酶的 *N. punctiforme* ATCC 29133 采用插入突变构建了 *hup L*$^-$ 突变株，从而获得不具有任何氢酶的菌株 NHM5。将 NHM5 在固氮条件下培养，可以观察到其能够在空气条件下放氢(14 μmol H_2/(mg chl a·h))，而野生型则不放氢。Masukawa 等构建了 3 株 *Anabaena* sp. PCC 7120 的氢酶突变株，即吸氢酶缺陷株 *hup L*$^-$、可逆氢酶缺陷株 *hox H*$^-$ 和吸氢酶可逆氢酶缺陷株 *hup L*$^-$/*hox H*$^-$，结果发现，*hup L*$^-$ 和 *hup L*$^-$/*hox H*$^-$ 突变株产氢量相当，最大产氢速率是野生型的 4～7 倍，*hox H*$^-$ 突变株产氢量则比野生型低 15%～33%。由此他们认为，是吸氢酶基因的破坏，而不是可逆氢酶基因的破坏，促进了 *Anabaena* sp. PCC 7120 氢的产生。蓝细菌吸氢酶缺陷突变株的高产氢能力，使它们在光生物反应器产氢的研究中获得了应用，其产氢能力也被进一步证实。

6）蓝细菌在光生物反应器中产氢

蓝细菌产氢在光生物反应器中的放大是其走向应用的必经环节。简易高效的光生物反应器的设计，是蓝细菌产氢研究的一个重要方面，光生物反应器产氢特征的研究将为蓝细菌大规模产氢及其优化提供依据。关于蓝细菌在光生物反应器中产氢已进行了一些很有意义的探索性研究。蓝细菌产氢光生物反应器主要采用管式光生物反应器，另有采用柱式等光生物反应器的报道。反应器培养采用的菌株主要是 *Anabaena* 属蓝细菌，尤其是 *A. variabilis* 及其吸氢酶缺陷突变株 PK84。

Tsygankov 等采用 10 mm 内径的聚氯乙烯管制成实验室规模的 4.35 L 螺旋状管式光生物反应器，此反应器具备良好的表面积体积比（200 m^2/m^3）以及良好的生化和环境参数的计算机控制系统，实验证明了反应器高速率产氢的可能性。Tsygankov 等考察了 *A. variabilis* ATCC 29413 及其吸氢酶缺陷突变株 PK84 在上述管式光生物反应器中分批培养时产氢的特征。Borodin 等研究了在此光生物反应器中在 12 h 光照（36℃）和 12 h 黑暗（14～30℃）交替进行模拟户外自然条件的情况下，利用 *A. variabilis* PK84 产氢的特征，结果 PK84 在 2.5 个月连续培养过程中可以稳定产氢。

Fedorov 等首次在完全户外条件下在 4.35 L 螺旋状管式光生物反应器中培养 *A. variabilis* PK84，分批培养时最大产氢速率达到 80 mL H_2/h，反应器最大光能氢能转化效率在阴天和晴天分别为 0.33% 和 0.14%，连续培养时产氢速率在 36 天实验过程中可以维持在 25～35 mL H_2/h。Tsygankov 等进一步研究了在户外条件下 *A. variabilis* PK84 在 4.35 L 光生物反应器中产氢的特征，连续培养时氢的产量可达 1.1 L H_2/d，最高光能氢能转化效率可达到 0.094%。他们发现，产氢速率和光能转化效率主要依赖于温度（在 14～30℃范围内）和光强，温度提高可明显促进氢的产生和光能转化效率的提高，光强增大对产氢有促进作用，但对光能转化效率有负面影响。这些结果证明了利用 *A. variabilis* PK84 在户外自然条件下在光生物反应器中产氢的可能性。

另外，Lindblad 等在 1.9 L 计算机控制的管式光生物反应器中连续培养 *Anabaena* PCC 7120 及其吸氢缺陷突变株 AMC414，结果表明，突变株产氢速率高于野生菌株，它们的最大产氢速率分别为 45 μmol H_2/(mg chl a · h) 和 20 μmol H_2/(mg chl a · h)，突变株在通空气条件下仍可产氢，并且产氢速率随光强增大而增大。他们在 4.35 L 螺旋状管式光生物反应器中在户外条件下培养 AMC414，表现出持续产氢能力，最大产氢为 14.9 mL H_2/(L · h)，太阳能转化为氢能的最大效率为 0.042%。

利用蓝细菌产氢是理想的生物制氢方式之一。蓝细菌产氢取决于菌株的遗传背景和产氢的环境条件。目前，蓝细菌氢的产率和光能转化效率尚未达到实际应用的要求，但已进行的研究工作为进一步提高蓝细菌产氢的效率奠定了基础。蓝细菌产氢的主要障碍在于：产氢的酶受氧的抑制；产生的氢被吸氢酶消耗；氢的产率较低。提高蓝细菌产氢效率需要在蓝细菌遗传、生理和培养等方面进行广泛深入的研究，这包括分离和研究更多新的蓝细菌，如采用时间分离策略进行光合和固氮的蓝细菌、共生固氮的蓝细菌以及具有异养能力的蓝细菌等，以获得具有更高固氮酶或放氢氢酶活性的蓝细菌菌株；对蓝细菌进行基因工程改造，如使吸氢酶失活、使固氮酶和放氢氢酶对氧稳定和高水平表达等；以及产氢培养条件的优化，包括某些生理调节方式的采用和适宜的光生物反应器的设计。值得注意的是，蓝细菌可逆氢酶在进行催化作用时仅需要较少的代谢能量，在理论上具有比固氮酶更强的放氢能力，蓝细菌可逆氢酶的放氢能力值得深入研究和利用。

8.5.2 厌氧发酵产氢

厌氧发酵生物产氢过程有四种基本途径：混合酸发酵、丁酸型发酵、乙醇型发酵和

NADH 途径，如图 8-27 所示。

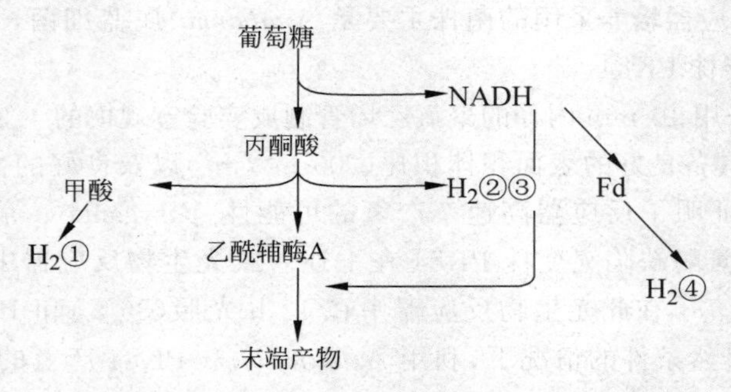

图 8-27 厌氧发酵产氢的四种基本途径

①混合酸发酵途径；②丁酸型发酵途径；③乙醇型发酵途径；④NADN 途径

从图 8-26 中可以看出，葡萄糖在厌氧条件下发酵生成丙酮酸（EMP 过程），同时产生大量的 NADH 和 H^+，当微生物体内的 NADH 和 H^+ 积累过多时，NADH 会通过氢化酶的作用将电子转移给 H^+，释放分子氢。而丁酸型发酵、乙醇型发酵和混合酸发酵途径均发生于丙酮酸脱羧作用中，它们是微生物为解决这一过程中所产生的"多余"电子而采取的一种调控机制。

1. 混合酸发酵产氢途径

以混合酸发酵途径产氢的典型微生物主要有埃希氏菌属（*Escherichia*）和志贺氏菌属（*Shigella*）等；主要末端产物有乳酸（或乙醇）、乙酸、CO_2、H_2 和甲酸等。

其总反应方程式可以用下式来表示：

$$C_6H_{12}O_6 + H_2O \longrightarrow CH_3COOH + C_2H_5OH + 2H_2 + 2CO_2$$

由图 8-28 可以看出，在混合酸发酵产氢过程中，由 EMP 途径产生的丙酮酸脱羧后形成甲酸和乙酰基，然后甲酸裂解生成 CO_2 和 H_2。

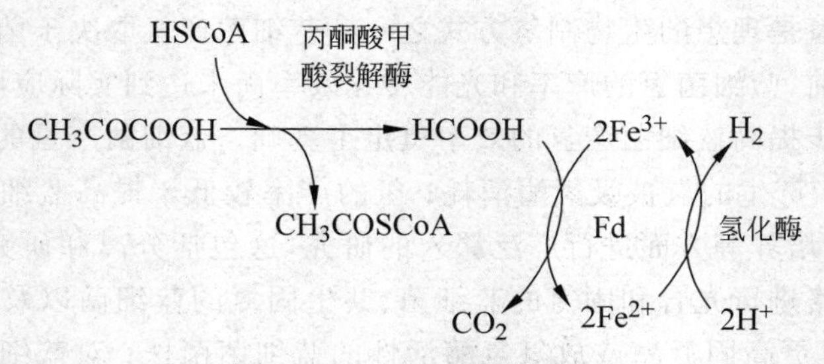

图 8-28 混合酸发酵产氢途径

2. 丁酸型发酵产氢途径

以丁酸型发酵途径进行产氢的典型微生物主要有梭状芽孢杆菌属（*Clostridium*）、丁酸弧菌属（*Butyrivibrio*）等；其主要末端产物有丁酸、乙酸、CO_2 和 H_2 等（图 8-29）。

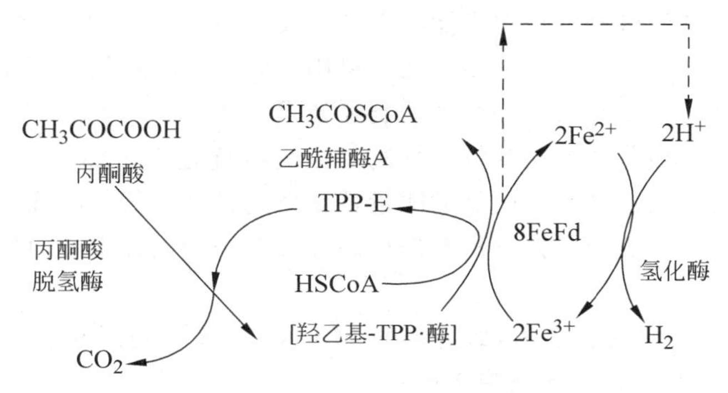

图 8-29　丁酸型发酵产氢途径

丁酸型发酵产氢的反应方程式可以表示如下：

$$C_6H_{12}O_6 + 2H_2O \longrightarrow 2CH_3COOH + 4H_2 + 2CO_2$$

$$C_6H_{12}O_6 \longrightarrow CH_3CH_2CH_2COOH + 2H_2 + 2CO_2$$

从图 8-28 可以看出，在丁酸型发酵产氢过程中，葡萄糖经 EMP 途径生成丙酮酸，丙酮酸脱羧后形成羟乙基与硫胺素焦磷酸酶的复合物，该复合物接着将电子转移给铁氧还蛋白(ferredoxin，简写为 Fd)，还原的铁氧还蛋白被铁氧还蛋白氢化酶重新氧化，产生分子氢。

3. 乙醇型发酵产氢途径

以乙醇型发酵途径进行产氢，其主要末端产物有乙醇、乙酸、CO_2、H_2 和少量丁酸。

乙醇型发酵的产氢途径与丁酸型发酵产氢途径相同。它们的不同之处是在不同 pH 和氧化还原电位下，产氢后得到的乙酰辅酶 A 有三种后续的发酵类型。

4. NADH 途径

丁酸型发酵和混合酸发酵是两种直接产氢途径，而 $NADH/NAD^+$ 则是一种平衡调节途径(图 8-30)。在微生物的新陈代谢过程中，经 EMP 途径产生的 NADH 和 H^+ 一般均可通过与丙酸、丁酸、乙醇或乳酸等发酵相偶联而得以再生，从而保证 $NADH/NAD^+$ 平衡。但当 NADH 和 H^+ 的再生相对于其形成较慢时，必然要产生 NADH 与 H^+ 的积累。对此，生物有机体必须采取其他调控机制，如在氢化酶的作用下，通过释放分子氢以使 NADH 与 H^+ 再生，反应方程式如下：

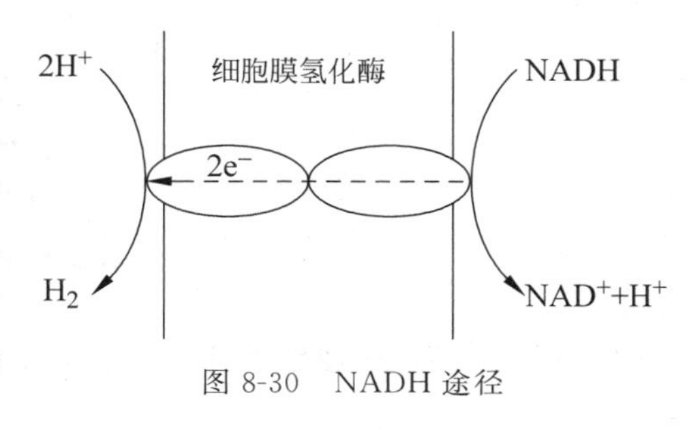

图 8-30　NADH 途径

$$NADH + H^+ \longrightarrow H_2 + NAD^+$$

8.5.3 固定化微生物产氢

全球性能源危机使得人们不断寻找新的能源物质，正在研究和开发的新能源，除太阳能外，生物能源也得到了发展，如已付诸实践的有甲烷、乙醇生产。

氢作为一种无污染、可再生的理想能源而被开发利用。日本、德国已研制以氢气为燃料的汽车——氢气发动机汽车，并且采用合金材料用于储氢。随着氢气用途日益广泛，氢气的用量也迅速增加，因而亟待寻求经济合理的制氢技术。

据报道，利用光合细菌产氢比其他生物制氢法更有优越性。如光合细菌的放氢速率比蓝细菌要高 2 个数量级，比异养菌产氢的能量转化率高且产生氢气的纯度高。

目前，对光合细菌产氢的研究已从基础性研究转向了应用技术方面的研究，研究主要集中在两个方面：

(1) 寻找产氢量高的光合细菌，如日本的 Miyake 等筛选到产氢紫色非硫光合细菌，平均产氢速率为 18.4 μL/(h · mg 细胞干重)。

(2) 致力于产氢工艺的研究，使光合细菌产氢技术不断向实用化阶段迈进。

由于微生物体内与产氢系统有关的酶，如氢化酶和固氮酶都不稳定，因此很难利用微生物细胞连续地产生氢气。固定化细胞技术为连续生物制氢提供了可能。

1. *Clostridium butyricum* 细胞产氢机理

众所周知，丁酸梭状芽孢杆菌(*Clostridium butyricum*)可以利用葡萄糖产生氢。代谢途径为：葡萄糖经过 Embden-Meyerhof-Parnas(EMP)途径，转化为 2 分子丙酮酸、2 分子 $NADH_2$，反应式为

$$C_6H_{12}O_6 \longrightarrow 2CH_3-\overset{\overset{\displaystyle O}{\|}}{C}-COOH + 2ATP + 2NADH_2$$

丙酮酸通过铁氧还蛋白的氧化还原酶作用，生成乙酰 CoA、CO_2 和还原的铁氧还蛋白。被还原的铁氧还蛋白，在氢化酶作用下生成氢，如图 8-31 所示。

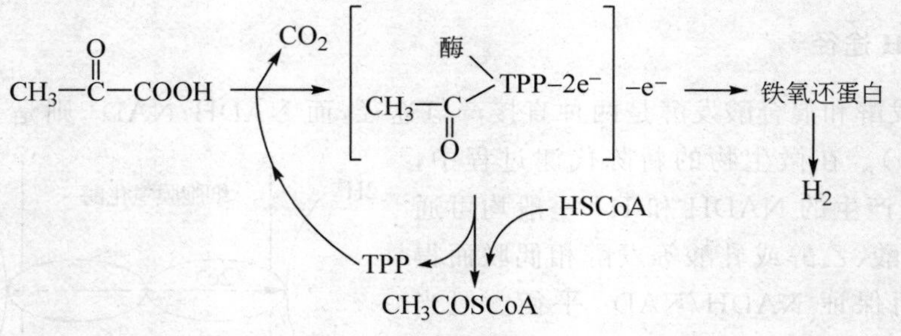

$$CH_3-\overset{\overset{\displaystyle O}{\|}}{C}-COOH \longrightarrow \left[\ \begin{matrix}\text{酶}\searrow \\ CH_3-\underset{\underset{\displaystyle O}{\|}}{C}\nearrow\end{matrix} TPP\text{-}2e^-\ \right]\text{-}e^- \longrightarrow \text{铁氧还蛋白} \longrightarrow H_2$$

CO_2　HSCoA　TPP　$CH_3COSCoA$

图 8-31　梭状芽孢杆菌中丙酮酸脱羧作用

1 mol 葡萄糖，在理想条件下可生成 4 mol 氢。

2. 固定化 *Clostridium butyricm* 细胞产氢

Karube 等利用聚丙烯酰胺凝胶包埋固定化 *Clostridium butyricum* 细胞进行产氢试验。他们对固定化条件、产氢的最适条件进行了研究。结果表明：无论是游离细胞，还是固定化细胞，均能代谢葡萄糖产生有机酸，固定化细胞与游离细胞所产生的有机酸没有本质区别，均为甲酸、乙酸、丁酸和乳酸。但细胞经固定化后，产氢的 pH 稳定性增加，游离细胞在 pH 小于 5 时即停止产氢，而固定化细胞仍然保持产氢活性。游离细胞和固定化细胞产氢

的最适温度均为 37℃。

他们采用分批培养方式研究了氧对丁酸梭状芽孢杆菌 *Clostridium butyricum* 细胞产氢的影响。实验方法为：将游离细胞的固定化细胞于 37℃下置空气中培养 24 h，测定产氢量。然后，离心分离游离细胞，将游离细胞和固定化细胞重新悬浮于新鲜培养基中，于 37℃下再次培养 24 h，结果如图 8-32 所示。

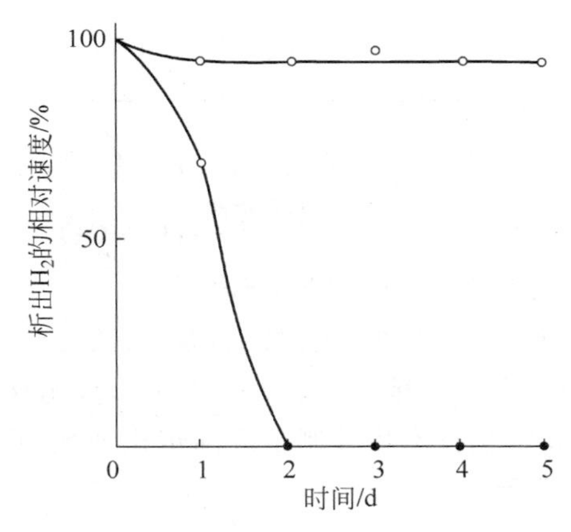

图 8-32 O_2 对丁酸梭状芽孢杆菌产氢的影响

天然细胞(0.2 g，湿重)，固定化细胞(0.2 g，湿重)置入含 0.25 mol/L 葡萄糖的 0.1 mol/L 磷酸缓冲液(pH 7.7)中，37℃时，培养 24 h；(●—●)表示天然细胞；(○—○)表示固定化细胞

结果表明，固定化细胞在好氧条件下(37℃，溶解氧达到饱和)仍然保持产氢活性，而且产氢量与厌氧条件下的几乎相等。这说明，细胞经固定化后，其氢化酶系统稳定性提高，产氢体系得到了保护，免受 O_2 的毒害影响，能够连续产生氢。

固定化细胞和游离细胞置于厌氧条件下，于 37℃下培养 24 h，以分批方式进行了连接产氢的实验，结果如图 8-33 所示。

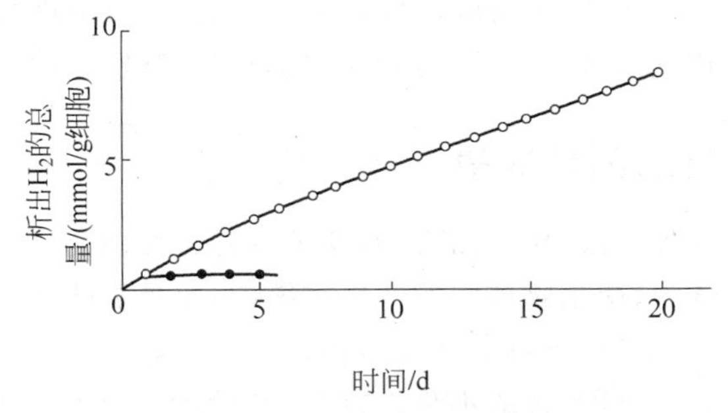

图 8-33 固定化细胞连接产氢

天然细胞(●—●)和固定化整细胞(○—○)均在厌氧条件下培养。两种细胞(0.2 g，湿重)于 37℃下，均在含 0.25 mol/L 葡萄糖的磷酸缓冲液(0.1 mol/L，pH 7.7)中培养

结果发现，游离细胞在第二次培养后，只放出极微量的氢，而固定化细胞连接产氢达 20 d 以上，且产量逐步增加。这种固定化细胞在 5℃保存 1 个月后，产氢活性没有明显变化，表明储藏稳定性良好。

由于葡萄糖的成本高，无法用于实际生产。近年来，开始利用工业废水代替葡萄糖，这样，既处理了废水，又生产了能源。不同废水产氢结果比较于表 8-13。

表 8-13　不同废水产氢结果

废水种类	比产氢速率/(mL/(g 菌体·h))
葡萄糖溶液（对照）	1.23
酒精工业废水	1.61
食品加工废水	0.40
屠宰场废水	0.18

研究表明，深红色红螺菌（*Rhodospirillum rubrum*）能催化下列反应生成氢气：

$$CO + H_2O \xrightarrow{\text{深红色红螺菌}} H_2 + CO_2$$

$$\Delta G^{\ominus} = -20.1\ \text{kJ/mol}$$

该菌株生长时需要钨光和 CO_2 以外的碳源（如糖、乙酸等），而且由 CO_2 转换成 H_2 的速度也很慢。有人分离出一株芽孢杆菌属（*Bacillus* sp.），该菌株能在无光照条件下催化产氢。为提高其生产率，利用固定化技术将其制备成固定化细胞，并利用不同的生物反应器进行连续反应，结果如表 8-14 所示。

表 8-14　*Bacillus* sp. 在不同的生物反应器中的产氢能力

生物反应器	气体停留时间/min	CO_2 转化率/%	H_2 产率/(mmol/(L·min))
连续搅拌罐反应器	10.0	85.0	2.10
固定化细胞填充柱反应器	23.0	55.0	0.60
固定化细胞滴滤床反应器			
逆流式操作	11.0	86.5	1.96
顺流式操作	5.4	86.0	3.96

结果表明，在固定化细胞滴滤床反应器（trickle bed reactor）中进行顺流（co-current）操作时，反应可以在 5.4 min 内完成，CO 转化率达 86.0%，产氢率最高，达 3.96 mmol/(L·min)。

8.5.4　生物产氢的前景展望

纵观生物技术研究的各阶段，比较而言，对藻类及光合细菌的研究要远多于对发酵产氢细菌的研究。传统观点认为，微生物体内的产氢系统（主要是氢化酶）很不稳定，只有进行细胞固定化，才可能实现持续产氢。因此，迄今为止，生物产氢研究中大多采用纯菌种的固定化技术。然而，该技术也有不可忽视的不足。首先，细菌的包埋技术是一种很复杂的工艺，且要求有与之相适应的菌种生产及菌体固定化材料的加工工艺，使产氢成本大幅度增加。另外，细胞固定化形成的颗粒内部传质阻力较大，使细胞代谢产物在颗粒内积累而对生物产生反馈抑制和阻遏作用，从而会使生物产氢能力降低。再者，包埋剂或其他基质的使用，势必会占据大量有效空间，使生物反应器的生物持有量受到限制，从而限制了产氢率和总产量的提高。现有试验大多为实验室内进行的小型试验，采用批式培养方法居多，利用连续流培养产氢的报道较少。试验数据也为短期的试验结果，连续稳定运行期超过 40 d 的研究实例就少见报道。即便是瞬时产氢率较高，长期连续运行能否获得较高产氢量尚待探讨，因此要达到工业化生产水平尚需多年的努力。

目前生物产氢需要解决的问题主要可概括为以下几个方面：

(1) 氢气形成的生物化学机制研究。进一步深入、准确地表达氢气的代谢途径及调节机制，为提高光合产氢效率及其他方面的研究提供基础。

(2) 高产菌株的选育。优良的菌种是生物产氢成功的首要因素，目前还没有特别优良的高产菌株的报道，需要加强常规筛选和基因工程筛选方面的研究。

(3) 光的转化效率及转化机制方面的研究。光能是光合生物产氢的唯一能源，需要深入研究光能吸收、转化和利用方面的机理，提高光能的利用率，以加快生物产氢的工业化进程。

(4) 原料利用种类的研究。研究资源丰富的海水以及工农业废弃物、城市污水、养殖场废水等可再生资源，同时注重以污染源为原料进行光合产氢的研究，既可降低生产成本又可净化环境。

(5) 连续产氢设备及产氢动力学方面的研究。

(6) 氢气与其他混合气分离工艺的研究。

(7) 副产物利用方面的研究。光合产氢时原料的转化率很低，在提高氢气转化率的同时研究其他有用副产品的回收和利用，是降低成本、实现工业化生产的有效途径。

当今世界，对促进经济和环境协调发展，实施可持续发展战略已形成共识。寻求可再生的新能源，已成为人类迫切需要解决的难题。氢气由于其清洁、高效和可再生等特点，将成为 21 世纪应用最为广泛的替代能源之一。而生物产氢技术，其重要意义是毋庸置疑的，其发展前景是令人鼓舞的。我们有理由相信，在不远的将来，生物产氢的产业化生产将会成为现实，该项技术的研究开发及推广应用，必将带来显著的经济、环境和社会效益。

8.6　微生物产甲烷

甲烷气可产生机械能、电能及热能。目前甲烷已作为一种燃料源，并通过管道输送到用户，供给家庭及工业使用或转化成为甲醇作为内燃机的辅助性燃料。天然气气源是由远古时代的生物群体衍变而来的，通过钻井开采获得，是一种不可再生的能源。在地表也存在甲烷，它主要来自于天然的湿地、稻根及动物的肠内发酵后释放。

8.6.1　产甲烷的生化机理

厌氧降解过程十分复杂，涉及众多的微生物种群。各微生物种群都有相应的营养底物，并产生各自的代谢产物。微生物种群之间通过直接或间接的共营养关系，相互影响，相互制约，组成一个复杂的共生网络系统，现在通常称为微生态系统。

对复杂有机物的厌氧降解过程的解释，早期通行的是两阶段理论，认为有机物的厌氧消化过程分为不产甲烷的发酵细菌和产甲烷的细菌共同作用的两阶段过程。第一阶段常被称作酸性发酵阶段，即由发酵性细菌把复杂的有机物进行水解和发酵(酸化)，形成脂肪酸(挥发酸)、醇类、CO_2 和 H_2 等；第二阶段常被称作碱性或甲烷发酵阶段，由产甲烷细菌将第一阶段的一些发酵产物进一步转化为 CH_4 和 CO_2。

两阶段理论简要地描述了厌氧生物处理过程，但没有全面反映厌氧消化的本质。研究表明,产甲烷菌能利用甲酸、乙酸、甲醇、甲基胺类和 H_2/CO_2,但不能利用两碳以上的脂肪酸和除甲醇以外的醇类产生甲烷,因此两阶段理论难以确切地解释这些脂肪酸或醇类是如何转化为 CH_4 和 CO_2 的。

1979 年,Bryant 等提出了厌氧消化的三阶段理论。与两阶段理论模式相比较,Bryant 强调了产氢产乙酸过程的作用与地位,把它们独立划分为一个阶段。其中的产氢产乙酸菌与产甲烷菌之间存在着互营共生关系。

在第一阶段,复杂有机物经过水解和发酵转化为脂肪酸、醇类等小分子可溶性有机物,如多糖先水解为单糖,再通过酵解途径进一步发酵成乙醇和脂肪酸,如丙酸、丁酸、乳酸等代谢产物。蛋白质则先被水解成氨基酸,再经脱氨基作用产生脂肪酸和氨;在第二阶段,以上产物通过产氢产乙酸细菌的作用转化为乙酸和 H_2/CO_2;最后,产甲烷细菌利用乙酸和 H_2/CO_2 产生 CH_4。在众多的代谢产物中,仅无机的 H_2/CO_2 和有机的“三甲一乙”(甲酸、乙酸、甲醇、甲基胺类)可直接被产甲烷细菌利用,而其他的代谢产物不能为产甲烷细菌直接利用,它们必须经过产氢产乙酸细菌进一步转化为氢和乙酸后,才能被产甲烷细菌吸收利用。乙酸是产甲烷阶段十分重要的前体物,许多试验表明,在厌氧反应器中大约有 70% 的 CH_4 来自乙酸的裂解。

Zeikus 等提出了厌氧消化的四阶段理论,他们在三阶段理论的基础上增加了同型耗氢产乙酸过程,即由同型产乙酸细菌把 H_2/CO_2 转化为乙酸。但这类细菌所产生的乙酸往往不到乙酸总产量的 5%,一般可忽略。三阶段理论和四阶段理论实质上都是二阶段理论的补充和发展。目前在废水处理工程中研究厌氧消化时仍以二阶段理论为主。

在三阶段、四阶段理论基础上,近年来对厌氧机理的研究已经进一步揭示了厌氧降解过程中的物质和能量转化流通途径(图 8-34)。目前相对了解较清楚的步骤有 9 个,每个步骤都是由特定的微生物参与,并在它们特有的酶促作用下完成的。各个步骤如下。

(1) 不溶性有机高分子物质在细胞外酶作用下水解成可溶性的有机物单体。其中蛋白质水解成氨基酸,碳水化合物(如淀粉、纤维素等)水解成糖类,脂肪水解成长链可溶性脂肪酸和糖类。

(2) 有机物单体发酵降解,产物为氢气、甲酸、重碳酸盐、丙酮酸盐、乙醇以及各类挥发性低级脂肪酸(如乙酸、丙酸、丁酸等)。

(3) 专性产氢产乙酸菌将简单有机物氧化成氢气和乙酸。

(4) 同型产乙酸菌利用氢气将重碳酸盐还原生成乙酸。

(5) 简单有机物氧化为重碳酸盐和乙酸,参与的细菌为硝酸盐还原菌和硫酸盐还原菌。

(6) 由硝酸盐还原菌和硫酸盐还原菌将乙酸盐氧化为碳酸盐。

(7) 由硝酸盐还原菌和硫酸盐还原菌进行氢气或甲酸的氧化。

(8) 乙酸发酵产甲烷,主要参与细菌为产甲烷八叠球菌(*Methanosarcina*)和产甲烷丝菌(*Methanothrix*),该步骤产生的甲烷量占总甲烷量的 70%。

(9) 重碳酸盐还原产甲烷,参与细菌为氢氧化产甲烷细菌,产生的甲烷量占总甲烷量的 30%。

厌氧过程中,各种不同底物降解的最终产物均为甲烷,因此,产甲烷菌在系统中最为重要。在中温条件下,上述第 8 步主要参与细菌,即产甲烷八叠球菌和产甲烷丝菌的生长速度慢,其倍增时间长达 24 h。又由于该步骤完成 70% 的甲烷生成总量,因此,在一般条件下,全系统的速度限制步骤是乙酸发酵产甲烷过程。在低温条件下，水解反应速度大大降低，成为全系统的限制因子。

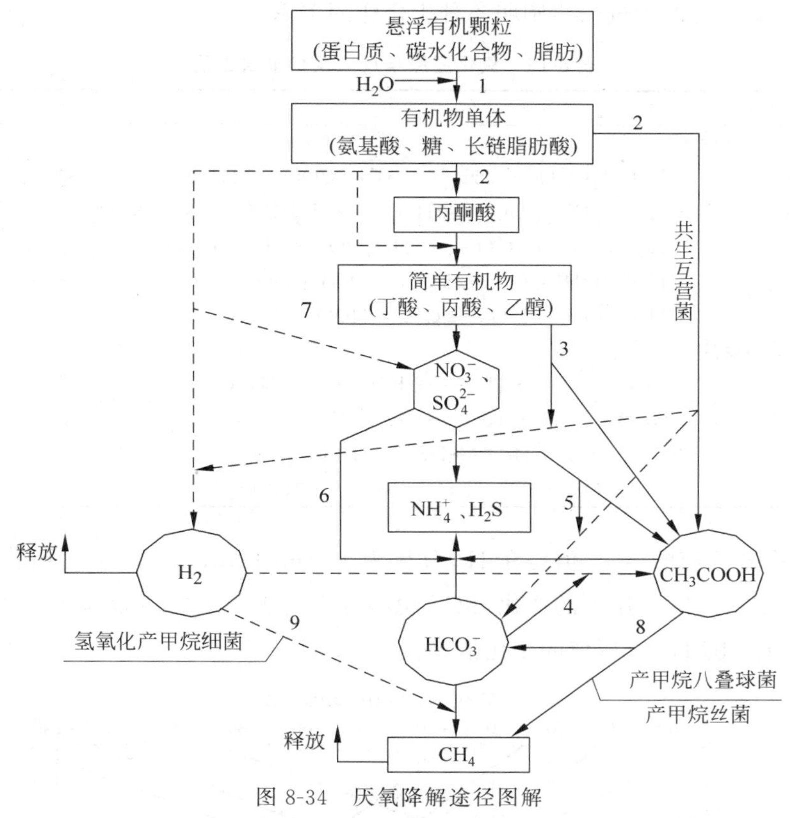

图 8-34　厌氧降解途径图解

注：图中虚线(------)表示细菌种间氢传递；数字1～9表示各反应步骤

8.6.2　厌氧反应热力学分析

微生物降解有机物的过程，在本质上是一系列的氧化还原生物化学反应过程。在这个过程中，微生物直接或间接地利用反应产生的能量维持自身的新陈代谢作用。生物降解有机物过程中，微生物通过各种形式的氧化剂(电子受体)氧化有机物，释放出可供其利用的能量。各种氧化剂氧化有机物所能释放出的能量差别很大，由高到低依次是

$$O_2 > NO_3^- > MnO_2 > OH^- > SO_4^{2-} > CO_2$$

理论上，微生物所能利用的能量越高，相应的细胞产率也越大。好氧生物处理中的氧化剂是氧气，而厌氧生物处理过程中的氧化剂则以 CO_2 为主，微生物所能利用的能量远小于好氧过程。这正是厌氧过程中微生物细胞的产率系数(一般小于0.1)远小于好氧过程中微生物细胞的产率系数(约0.5)的原因。

类似的机理也可用于解释厌氧过程中存在 NO_3^- 和 SO_4^{2-} 时，产甲烷菌的活性受抑制的现象。因为在存在诸如 NO_3^- 和 SO_4^{2-} 等替代电子受体时，硝酸盐还原菌和硫酸盐还原菌将表现出比产甲烷菌更强的底物(氢气、乙酸等)获得竞争力。因此，产甲烷菌生长受抑

制，产气也以 H_2S 为主。

表 8-15 所列的是这些转化反应的氧化还原半反应及其相应的标准自由能。表 8-15 中的方程式与数据将有助于进一步阐明各种生化作用关系。

表 8-15　氧化还原半反应及标准自由能

氧化还原半反应		$\Delta G^{\ominus}$/kJ
氧化（供给电子的反应）		
丙酸→乙酸	$CH_3CH_2COO^- + 3H_2O \longrightarrow CH_3COO^- + H^+ + HCO_3^- + 3H_2$	+76.1
丁酸→乙酸	$CH_3CH_2CH_2COO^- + 2H_2O \longrightarrow CH_3COO^- + H^+ + 2H_2$	+48.1
乙醇→乙酸	$CH_3CH_2OH + H_2O \longrightarrow CH_3COO^- + H^+ + HCO_3^- + 3H_2$	+9.6
乳酸→乙酸	$CH_3CHOHCOO^- + 2H_2O \longrightarrow CH_3COO^- + H^+ + HCO_3^- + 2H_2$	−4.2
乙酸→甲烷	$CH_3COO^- + H_2O \longrightarrow CH_4 + HCO_3^-$	−31.0
还原（接受电子的反应）		
HCO_3^-→乙酸	$2HCO_3^- + 4H_2 + H^+ \longrightarrow CH_3COO^- + 4H_2O$	−104.6
HCO_3^-→甲烷	$2HCO_3^- + 4H_2 + H^+ \longrightarrow CH_4 + 3H_2O$	−135.6
SO_4^{2-}→HS^-	$SO_4^{2-} + 4H_2 + H^+ \longrightarrow HS^- + 4H_2O$	−151.9
SO_4^{2-}→H_2S	$CH_3COO^- + SO_4^{2-} + H^+ \longrightarrow H_2S + 2HCO_3^-$	−59.9

表 8-15 中各反应的 $\Delta G^{\ominus}$ 值是在 H_2 分压为 1 atm（1 atm＝101.325 kPa）下计算的结果。随着反应式中 H_2 分压值的变化，$\Delta G^{\ominus}$ 也将发生变化。图 8-35 反映了上述各个氧化还原半反应的 $\Delta G^{\ominus}$ 随 H_2 分压值的变化情况。

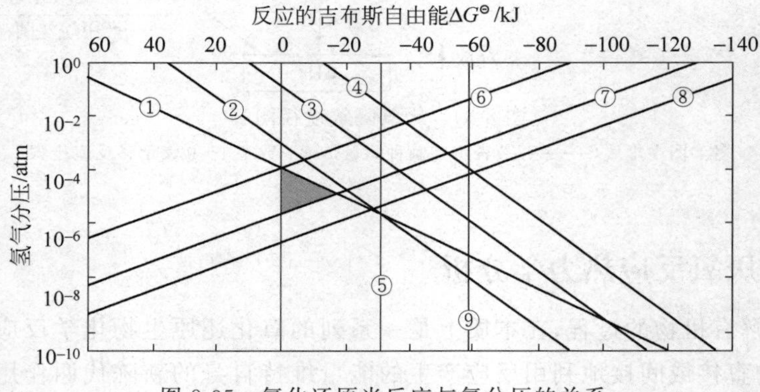

图 8-35　氧化还原半反应与氢分压的关系

说明：图中灰三角区为产甲烷区，各特征线编号与半反应编号对应

由图 8-35 可知，由于 H_2 作为产物或反应物存在于众多的产甲烷产乙酸过程中（除编号⑤、⑨反应为乙酸裂解成甲烷和二氧化碳外），反应中 H_2 浓度的高低将从热力学条件上决定各反应能否进行，并确定各反应的优先程度。反应热力学可行的条件是 $\Delta G^{\ominus}$ 为负值。

如图 8-35 所示，反应产物包含 H_2 的半反应，随着 H_2 分压的降低，反应的自由能 $\Delta G^{\ominus}$ 的数值下降，反应趋于可行。例如，反应①：丙酸→乙酸，热力学可行的 H_2 分压值为 10^{-4}atm 以下；反应②：丁酸→乙酸，热力学可行的 H_2 分压值为 10^{-3}atm 以下。当 H_2 分压值为 10^{-4}atm 时，反应⑧和⑨的 $\Delta G^{\ominus}$ 均为小于反应⑤的 $\Delta G^{\ominus}$ 负值，显示⑧、⑨反应过程热力学上优于反应⑤，这与硫酸盐还原菌和硝酸盐还原菌在存在硝酸盐和硫酸盐条件下所显示出相对于产甲烷菌的竞争优势是相符合的。

8.6.3　厌氧消化过程的微生物学

厌氧消化过程的各个阶段分别由相应的细菌完成。根据划分的降解阶段，参与的细菌主要有：①水解酸化菌群；②产氢产乙酸菌群；③同型产乙酸菌群；④产甲烷菌群。

1. 水解酸化菌群

在厌氧消化系统中，水解酸化细菌的功能表现在两个方面：①将大分子不溶性有机物在水解酶的催化作用下水解成小分子的水溶性有机物；②将水解产物吸收进细胞内，经细胞内复杂的酶系统催化转化，将一部分有机物转化为代谢产物，排入细胞外的水溶液里，成为参与下一阶段生化反应的细菌群(主要是产氢产乙酸细菌)可利用的基质(主要是脂肪酸、醇类等)。

2. 产氢产乙酸菌群

在第一阶段的发酵产物中有许多重要的有机代谢产物，如三碳及三碳以上的直链脂肪酸、二碳及二碳以上的醇、酮和芳香族有机酸等。据实际测定和理论分析，这些有机物至少占发酵基质的50%以上(以COD计)。这些产物最终转化成甲烷，就是依靠产氢产乙酸细菌的作用。

3. 同型产乙酸菌群

在厌氧条件下能产生乙酸的细菌有两类：一类是异养型厌氧细菌，能利用有机基质产生乙酸；另一类是混合营养型厌氧细菌，既能利用有机基质产生乙酸，也能利用分子氢和二氧化碳产生乙酸。前者是酸化细菌，后者就是同型产乙酸细菌。

4. 产甲烷菌群

产甲烷菌是参与厌氧消化过程的最后一类也是最重要的一类细菌群。它们和参与厌氧消化过程的其他类型细菌的结构有显著的差异。产甲烷菌的细胞壁中缺少肽聚糖，而含有多糖、多肽或多肽-多糖的囊状物。产甲烷菌从分类学上讲属于古细菌。

产甲烷菌迄今已经分离得到了40余种，它们的形态各异，常见的有球状、杆状和螺旋状等。一般反应器中常见的产甲烷菌有：产甲烷短杆菌属、产甲烷杆菌属、产甲烷球菌属、产甲烷螺菌属、产甲烷八叠球菌属和产甲烷丝菌属。

产甲烷菌能利用的能源物质主要有五种，即 H_2/CO_2、甲酸、甲醇、甲胺基类和乙酸(也有报道说，产甲烷微菌目中的一些菌株还能氧化二碳及二碳以上的醇和酮)。绝大多数产甲烷菌能利用 H_2/CO_2，而且有几种只能利用 H_2/CO_2；有两种产甲烷菌能利用乙酸；在有氢气存在的条件下，仅能利用 HCOOH 和 CH_3OH 的各一种；几种八叠球菌能利用较多的基质。

8.6.4　实际应用

可以看出，甲烷生产是一个复杂过程，有若干种厌氧混合菌参与该反应过程。在自然界中，最有效的甲烷厌氧发酵场所是牛的瘤胃，但这种发酵场所的厌氧发酵条件一直在变化，其原因是发酵过程一直受大量的细菌、原生动物及真菌调控，反应机理较复杂。然而，实际上小型化甲烷生产过程中并不一定需要很高深的生物技术及复杂的发酵工艺设备，而且发酵所需的原材料容易得到。但是，大规模甲烷生产就需要对发酵过程中的温度、pH、湿度、材料的输入及输出和平衡等参数进行严格控制，需要较高深的生物技术，才能获得最大的甲烷生产量。

表 8-16 是农村常用于发酵生产甲烷的原材料及沼气的产量。

从表 8-16 可看出，甲烷生产所需材料几乎都来自农家天然有机肥，所需发酵反应进行的装置结构相当简单，建造成本低，因此很适合在农村进行小规模家庭式甲烷生产。生产沼气的场所不管规模大小都可把它看成是一个生物反应器。发酵所获得沼气是一种可燃的混合气，即 50%～80%体积的甲烷、15%～45%二氧化碳及 5%水及微量气体组成。在理想状态下，10 kg 的干燥有机物能产生 3 m^3 气体。

表 8-16 农村常用发酵生产甲烷的原料及沼气产量

原料名称	每吨干物质产沼气量/m^3	甲烷含量/%
猪粪	600	55
牲畜粪便	300	60
酒厂废水	500	48
废物污泥	400	50
麦秆	300	60
青草	630	70

8.7 合成气生物转化成化学品和燃油

8.7.1 概述

利用生物发酵技术，可以将 CO_2、CO 和 H_2 为主要组分的合成气转化为有价值的化学品和燃料，具有过程稳定，并对抑制物具有较好的耐受性等优点。

生物质热解气化是在部分缺氧且高温的条件下，将生物质转化为气态产物（如 H_2、CO_2 和 CO 等）的过程。合成气的组分随热解气化的工艺条件而变，例如，以氧气或水蒸气为气化剂时，气态产物主要为 CO 和 H_2，但该工艺成本较高；以空气为气化剂时，合成气含有体积分数为 15%～22%的 CO、8%～12%的 H_2、10%～15%的 CO 以及 50%左右的 N_2，存在的主要问题是热值低（低于 5 MJ/m^3，沼气约 20 MJ/m^3，天然气约 35 MJ/m^3），不适合作为城市居民作为燃气使用。

我国农作物秸秆的产量相当可观，对其进行资源化利用也十分必要。通过热化学法将生物质转化为合成气，再通过生物发酵法将合成气进一步转化为化学品和燃料，能够更有效地利用生物质能。

此外，合成气的来源丰富，不仅可通过生物质原料的气化得到，也可利用钢厂等工业产生的废气，具有重要的社会、经济和环境效益，其开发利用受到广泛关注。

合成气作为一种廉价而丰富的化工原料，可以通过生物发酵制取多种产品，包括氢气、甲烷、多种挥发性有机酸（乙酸、丁酸、乳酸等）和醇（乙醇、丁醇）等化学品和生物燃料（图 8-36）。

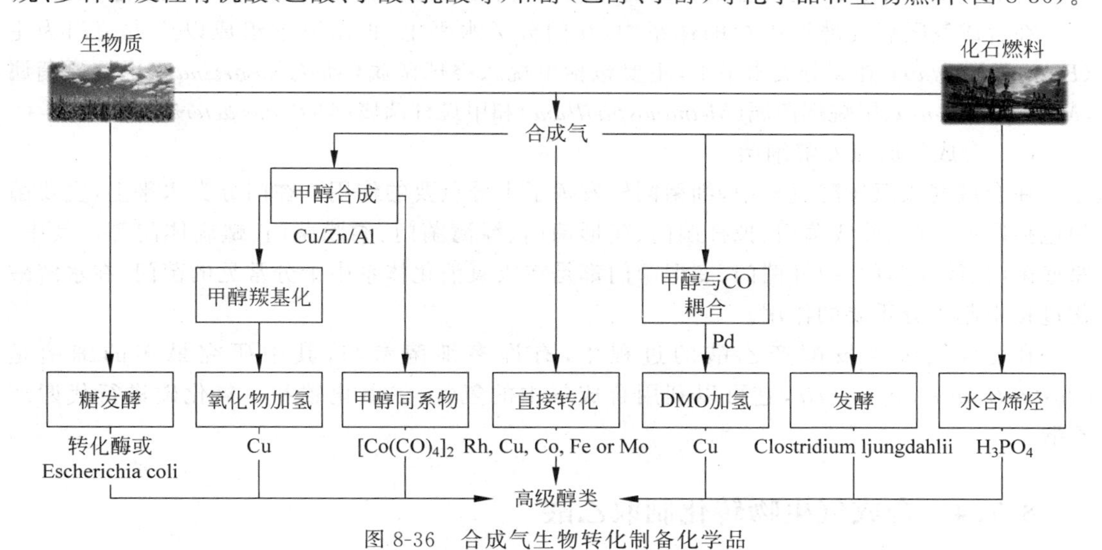

图 8-36　合成气生物转化制备化学品

8.7.2　合成气生物转化及其优点

合成气的化学转化，需要在高温、高压下进行，同时 CO 和 H_2 的比例需要固定，并且催化剂易中毒。

与化学转化相比，微生物转化合成气制取化学品和生物燃油，具有以下主要优点：

(1) 转化过程在常温、常压下进行，能耗和设备成本都较低；

(2) 生物催化的酶具有选择性，可以定向转化，减少副产物；

(3) 微生物对合成气中的污染物具有一定的耐受性，不需要对合成气进行预处理，减少了合成气的净化成本；

(4) 合成气的生物转化，不需要严格控制 CO 和 H_2 的比例。

8.7.3　合成气生物转化的微生物

一系列微生物能够代谢合成气并产生有机物。这些微生物普遍存在于土壤、海洋沉积物和粪便等多种生境中，呈现出各种形态（如杆状、球菌或螺旋体），具有广泛的生长温度（嗜冷、嗜中温或嗜热），并表现出对分子氧的不同耐受性。合成气发酵微生物还具有多种代谢能力，可以形成多种产物，如乙酸、乙醇、丁醇、丁酸、甲酸、H_2、H_2S 和甲烷等。尽管一些产甲烷菌可以利用合成气产生多碳有机物，但绝大多数合成气发酵微生物是产乙酸菌（acetogens），是一种厌氧菌。通过 Wood-Ljungdahl（WL）途径，也称为还原性乙酰辅酶 A 途径，同化二氧化碳。尽管我们主要关注合成气在产乙酸菌中的自养转化，但在异养生长过程中，Wood-Ljungdahl 途径也很活跃。

(1) 合成气厌氧发酵古菌

产甲烷古菌是合成气厌氧发酵产甲烷过程中的重要微生物。产甲烷古菌对氧气非常敏感，很难在有氧气存在的环境中存活，只有极少数可以在有少量氧气存在的环境中短暂存活。合成气的厌氧发酵是将合成气中的一氧化碳、二氧化碳和氢气转化为甲烷的过程。

在合成气厌氧发酵产甲烷的体系中，在门分类水平上，古菌群落组成以广古菌门为主（*Euryarchaeota*）；在属分类水平上，主要包括甲烷八叠球菌属（*Methanosarcina*）、甲烷囊菌属（*Methanoculleus*）、甲烷螺菌属（*Methanospirillum*）和甲烷杆菌属（*Methanobacterium*）等。

（2）合成气厌氧发酵细菌

在合成气厌氧发酵过程中，细菌同样发挥了十分重要的作用。在门分类水平上，主要菌种包括厚壁菌门、放线菌门、拟杆菌门、变形菌门、绿湾菌门、柔膜菌门、螺旋体门等。其中，厚壁菌门、放线菌门、拟杆菌门、变形菌门都是在厌氧消化体系中十分常见的菌门，在水解酸化过程中起十分重要的作用。

在合成气厌氧发酵产乙酸的过程中，有许多细菌参与，其中研究最多的细菌是 *Clostridium ljungdahlii*，它可以利用合成气中的氢气、二氧化碳和一氧化碳进行代谢产乙酸。

8.7.4 合成气生物转化制取乙酸

乙酸广泛用做调味料和酸味剂。同时，乙酸可以作为许多微生物的碳源，因此可用来生产其他发酵产品。此外，乙酸是微生物燃料电池生产电能的首选底物。

产乙酸微生物可以利用生物酶将 CO、CO_2 和 H_2 催化转化为乙酰辅酶 A（acetyl-CoA），进而转化为有机酸和醇等。乙酰辅酶 A 和一氧化碳脱氢酶（carbon monoxide dehydrogenase，CODH）分别是重要的中间产物和关键酶，因此，这条途径也称为乙酰辅酶 A 途径或者 CODH 途径，如图 8-37 所示。

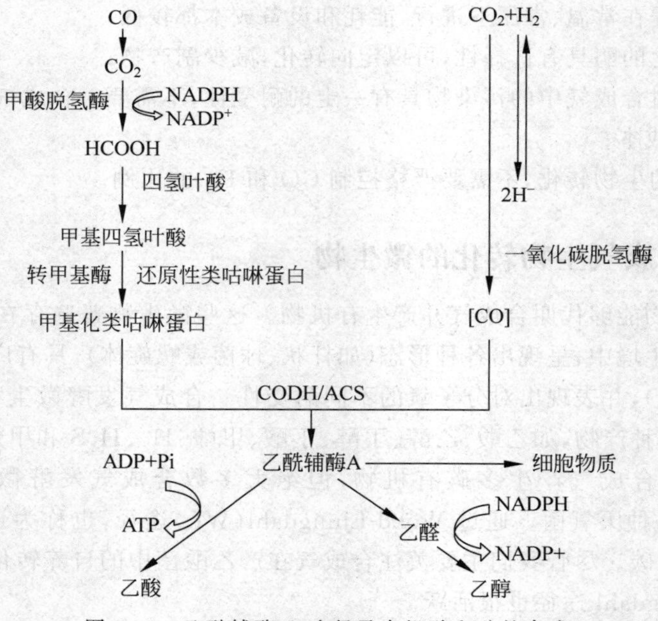

图 8-37 乙酰辅酶 A 途径及有机酸和醇的合成

乙酰辅酶A途径需要在绝对厌氧条件下进行，该途径包含甲基分支和羰基分支两个分支，在还原力的作用下，CO和CO_2消耗ATP还原为甲基和羰基。

甲基分支中，CO_2首先被还原为甲酸，该反应是一个甲酸脱氢酶催化的可逆反应，产生的甲酸是一种前体物质，随后在甲酰四氢叶酸合成酶的催化作用下，与四氢叶酸结合生成甲酰四氢叶酸。甲酰四氢叶酸进而在一系列酶的作用下被还原为甲基四氢叶酸。在甲基分支的最后一步，甲基四氢叶酸与还原性的类咕啉蛋白，在转甲基酶的作用下形成甲基化的类咕啉蛋白。

羰基分支中，CODH将CO_2还原为CO。

CODH有两种形式：①单功能酶，主要是将CO氧化成CO_2，进而转化为甲酸等；②双功能酶，不仅能够将CO_2还原为CO，还能催化甲基、CO和辅酶A生成乙酰辅酶A，因此，又称为一氧化碳脱氢酶/乙酰辅酶A合成酶(carbon monoxide dehydrogenase/acetyl-CoA synthase，CODH/ACS)。

在最后合成乙酰辅酶A的反应中，羰基、甲基化的类咕啉蛋白和辅酶A，在CODH/ACS催化下合成乙酰辅酶A。

基于合成代谢和分解途径，乙酰辅酶A可以用作细胞的碳源和能量。

在合成代谢途径中，乙酰辅酶A首先被羧基化为丙酮酸，随后被转化为磷酸烯醇丙酮酸。磷酸烯醇丙酮酸盐是合成氨基酸、核苷酸、脂肪和碳水化合物等细胞物质的重要中间物质。因此，乙酰辅酶A是形成细胞物质的理想前体物质。

在分解代谢途径中，乙酰辅酶A通过一系列的反应产生ATP和乙酸，细胞利用ATP并处于生长状态。在产乙醇的系统中，乙酰辅酶A首先在乙醛脱氢酶的作用下，利用NADPH形成乙醛，进而在乙醇脱氢酶的催化作用下，将乙醛转化为乙醇。因此，该途径中没有ATP的生成，细胞也不增殖。

能够利用合成气产生乙酸的微生物主要包括：*Acetobacterium bacchi*，*Acetobacterium woodii*，*Archaeoglobus fulgidus*，*Butyribacterium methylotrophicum*，*Clostridium autoethanogenum*，*Clostridium ljungdahlii*，*Clostridium carboxidivorans*，*Clostridium drakei*，*Clostridium ragsdalei*，*Eubacterium limosum*，*Desulfotomaculum kuznetsovii*，*Desulfotomaculum thermobenzoicum subsp. Moorella thermoacetica*，*Moorella thermoautotrophica*，*Oxobacter pfennigii*，*Peptostreptococcus productus*等。

8.7.5　合成气生物转化制取乙醇

乙醇是一种常见的有机化合物，可用于制取乙酸、饮料等，同时也是一种优质燃料，每千克完全燃烧可以产生30 MJ的能量。乙醇是一种清洁能源，将一定量的乙醇加到汽油中，可以提高混合物的含氧量和辛烷值，大幅降低汽车尾气中的有害气体。此外，乙醇也广泛用作有机溶剂、消毒剂等。因此，利用微生物转化合成气制取乙醇，可以有效缓解资源短缺和环境污染等问题。

目前，能以合成气为原料来源进行生长和代谢的微生物大多属于厌氧微生物，且多以产乙酸菌为主，代谢产物也主要为乙酸，能够利用合成气产生乙醇的微生物则相对较少。

常见的能够利用合成气产生乙醇的微生物主要包括：*Acetobacterium bacchi*，*Butyribacterium methylotrophicum*，*Clostridium ljungdahlii*，*Clostridium autoethanogenum*，*Clostridium carboxidivorans*，*Clostridium drakei*，*Clostridium ragsdalei*，*Eubacterium limosum*等。其中，*Eubacteriumlimosum* KIST612、*Clostridiumljungdahlii* 和 *Clostridium carboxidivorans* 的全基因组序列已测定完成。

Butyribacterium methylotrophicum 是厌氧菌，能够以 100% 的 CO、H_2+CO_2、甲酸、甲醇和葡萄糖等为底物进行生长。

Clostridiumljungdahlii 为严格厌氧的革兰氏阳性细菌，细胞呈杆状，周生鞭毛，具有运动性，外面包裹一层 0.1～0.2 μm 厚的衣被，芽孢不常见，是目前合成气乙醇发酵研究得最多、非常有潜力的合成气乙醇发酵微生物，它能够以合成气中主要组分 CO、H_2/CO_2 为底物进行生长，也能以丙酮酸和单糖类为底物生长。

Clostridium carboxidivorans 是具有选择性的高产合成气乙醇发酵微生物，为革兰氏阳性菌，杆状，细胞直径 0.5 μm，长度 3 μm，以单个或成双出现，能游动，有鞭毛，较少观察到芽孢，芽孢通常位于细胞的末端膨大处。以 CO 为碳源生长的菌落为白色不透明，边缘呈叶状，1～2 周后直径为 2～4 mm。*Clostridium carboxidivorans* 可代谢利用的底物非常广泛，可以 CO、H_2/CO_2 为底物进行生长，产物主要有乙酸、乙醇、丁酸和丁醇等。

厌氧微生物利用合成气发酵产生乙醇，主要通过乙酰辅酶 A（acetyl-CoA）途径完成。为了纪念 Wood 和 Ljungdahl 两位科学家在阐明该途径上所做的重大贡献，该途径也称为 Wood-Ljungdahl 途径（图 8-38）。

乙酰辅酶 A 是该途径中物质和能量代谢的重要中间物质，通过合成代谢途径可转化为细胞物质（图 8-39）。另外，在磷酸转乙酰酶和乙酸激酶的作用下，乙酰辅酶 A 可转化成乙酸，乙酸还原得到乙醇。乙酰辅酶 A 也可在乙醛脱氢酶作用下生成乙醛，乙醛在乙醇脱氢酶催化下生成乙醇。整个 Wood-Ljungdahl 途径中，生成乙酸会产生一分子的 ATP，但合成甲酰四氢叶酸过程又会消耗一分子 ATP，因此净生成的 ATP 为零。

微生物自养生长所需的 ATP 由电子传递产生，CO 或 H_2 的氧化反应可向电子传递链提供质子和电子，电子传递过程所产生的跨膜质子梯度促使 ATP 合成酶作用产生 ATP。

8.7.6 合成气生物转化制取氢气

氢气是一种清洁且燃烧热量高的优质能源。目前利用微生物产氢的主要方式有混合发酵和纯菌株发酵两种。在利用合成气发酵产氢气的过程中，提高 CO 的百分比有利于提高反应产氢气的速率，但同时高浓度的 CO 也会显著抑制厌氧发酵过程。

有少量古菌微生物可以直接利用一氧化碳生长，但大多数产甲烷古菌，其活性在高浓度一氧化碳的环境中将受到抑制。微生物（如 *Carboxydothermus hydrogenformans*）在利用 CO 产氢的过程中，CO 不仅可作为碳源、电子供体，还可提供能量。在生物转化产氢过程中，CO 被单功能的 CODH 氧化为 CO_2，并产生 ATP。微生物利用 CO 和 H_2O 发酵产氢的过程如图 8-40 所示。

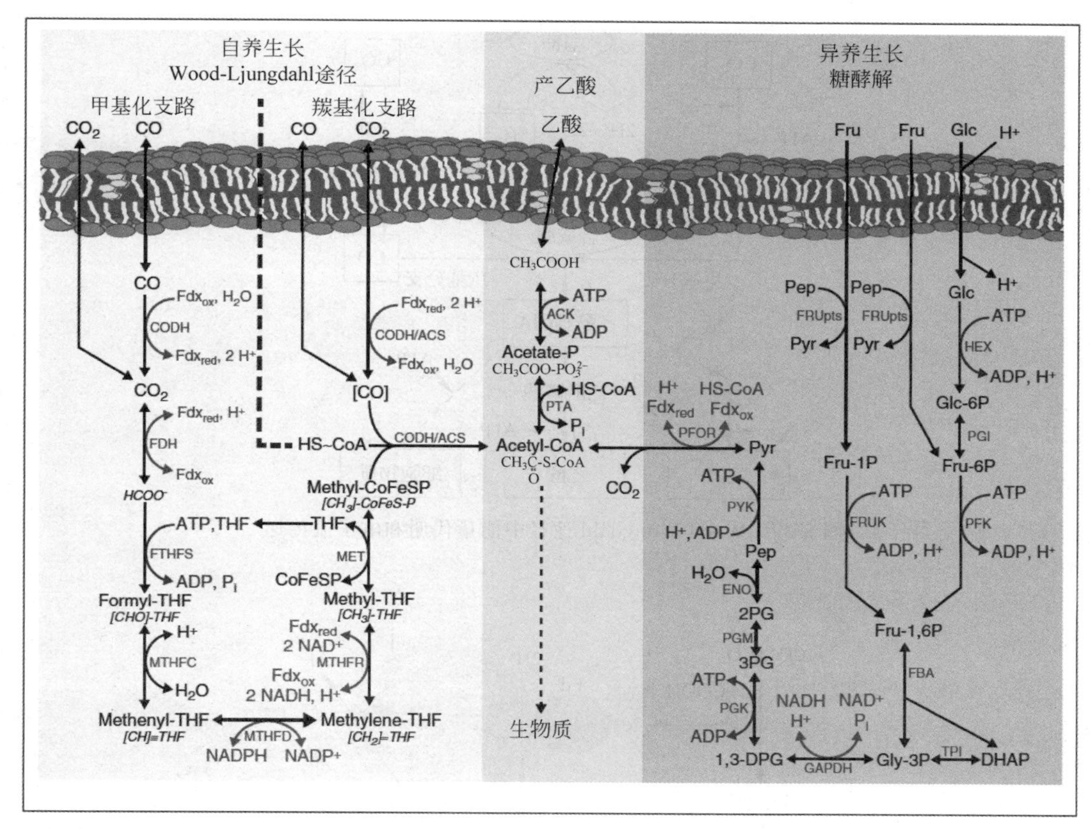

图 8-38　*Clostridium ljungdahlii* 自养与异养代谢途径

Acetate-P—乙酸磷酸盐；CoA 为辅酶 A；CoFeSP 为钴铁硫蛋白；THF 为四氢叶酸；Fdxox 为氧化的铁氧化还原蛋白；Fdxred 为还原的铁氧化还原蛋白；Pyr 为丙酮酸；Pep 为磷酸烯醇式丙酮酸；2PG 为 2-磷酸甘油酸；3PG 为 3-磷酸甘油酸；1,3-DPG 为 1,3-二磷酸甘油酸；DHAP 为磷酸二羟丙酮；Gly-3P 为甘油 3 磷酸；Fru-1,6P 为 1,6-二磷酸果糖；Fru-6P 为 6-磷酸果糖；Glc-6P 为 6-磷酸葡萄糖；Glc 为葡萄糖；Fru-1P 为 1-磷酸果糖；Pyr 为丙酮酸；Pep 为磷酸烯醇式丙酮酸；Fru 为果糖。

酶的缩写词：ACK—乙酸激酶；PTA 为磷酸转乙酰酶；MET 为甲基转移酶；MTHFR 为亚甲基四氢叶酸还原酶；MTHFD 为亚甲基四氢叶酸脱氢酶；MTHFC 为亚甲基四氢叶酸环化水解酶；FTHFS 为甲酰四氢叶酸合成酶；FDH 为甲酸脱氢酶；CODH/ACS 为一氧化碳脱氢酶/乙酰辅酶 A 合成酶；PFOR 为丙酮酸铁氧还蛋白氧化还原酶；PYK 为丙酮酸激酶；ENO 为烯醇化酶；PGM 为磷酸甘油酸变位酶；PGK 为磷酸甘油酸激酶；GAPDH，甘油醛-3-磷酸脱氢酶；TPI 为磷酸丙糖异构酶；FBA 为果糖二磷酸醛缩酶；FRUK 为果糖激酶；PFK 为磷酸果糖激酶；PGI 为磷酸葡萄糖异构酶；HEX 为己糖激酶；FRUpts 为果糖磷酸转移酶系统。

引自：Latif H，Zeidan AA，T Nielsen AT，Zengler K，Trash to treasure：production of biofuels and commodity chemicals via syngas fermenting microorganisms，Current Opinion in Biotechnology 2014，27：79～87

微生物发酵产氢的方式主要有两种，一种是混合微生物发酵，另一种是纯菌株发酵。

发酵产氢的微生物种类繁多，按照产氢微生物的最适生长温度划分，可分为嗜温菌，适宜温度为 30～40℃，如 *Rubrivivax gelatinosus*，*Rhodopseudomonas palustris*，*Rhodospirillum rubrum*，*Citrobacter* sp. 等；嗜热菌，适宜温度为 55～70℃，如 *Carboxydothermus hydrogenformans*，*Carboxydocella sporoproducens*，*Carboxydibrachium pacificus*，*Carboxydocella thermoautotrophica*，

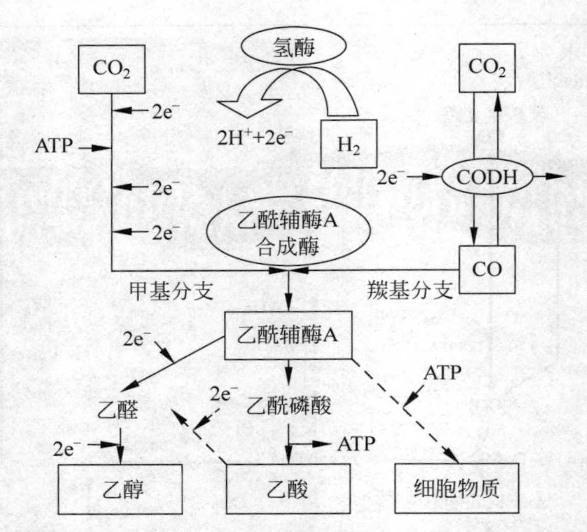

图 8-39 Wood-Ljungdahl 途径中能量代谢和电子流传递

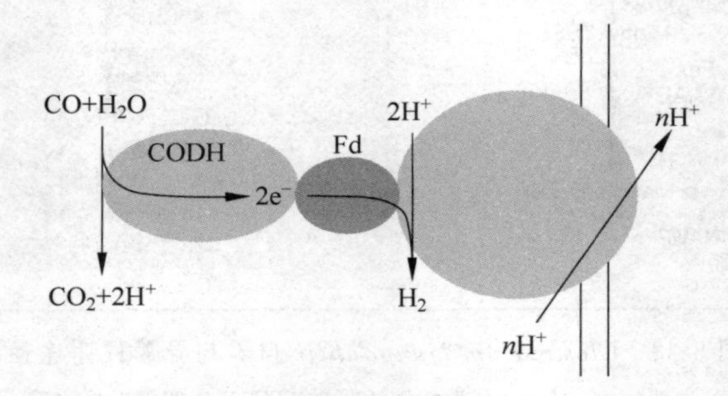

图 8-40 CODH 催化氧化 CO 生成 H_2 的示意图

引自：Henstra AM, Sipma J, Rinzema A et al., Microbiology of synthesis gas fermentation for biofuel production, Current Opinion in Biotechnology, 2007, 18: 200～206

Thermincola carboxydiphila，*Thermincola ferriacetica*，*Thermolithobacter carboxydivoransb*，*Thermosinus carboxydivorans*，*Desulfotomaculum carboxydivorans* 等。

8.7.7 合成气生物转化制取甲烷

甲烷是最简单的有机物，在自然界中分布广泛，是天然气、沼气等的主要成分，也是导致温室效应的主要气体之一。

在微生物作用下，可以将合成气中的 CO、H_2 和 CO_2 等转化为甲烷，产甲烷过程包括一系列步骤，并有多种酶参与，主要是通过产甲烷古菌的厌氧发酵作用，将合成气转化为甲烷。合成气厌氧发酵转化为甲烷的过程，可能是将 CO 和 H_2、CO_2 直接转化为甲烷，也可能是将一氧化碳、氢气转化为乙酸，通过乙酸转化为甲烷（图 8-41）。

在 CO_2 还原途径中，CO_2 首先被还原为甲酰基，与甲烷呋喃（MF）的氨基基团共价连接形成 CHO-MF。在该过程中，甲酰甲烷呋喃脱氢酶（Fdh）利用还原的铁氧化还原蛋白（Fd_{red}）提供电子，并得到氧化的铁氧化还原蛋白（Fd_{ox}），Fd_{ox} 随后利用 H_2 为电子供体，再

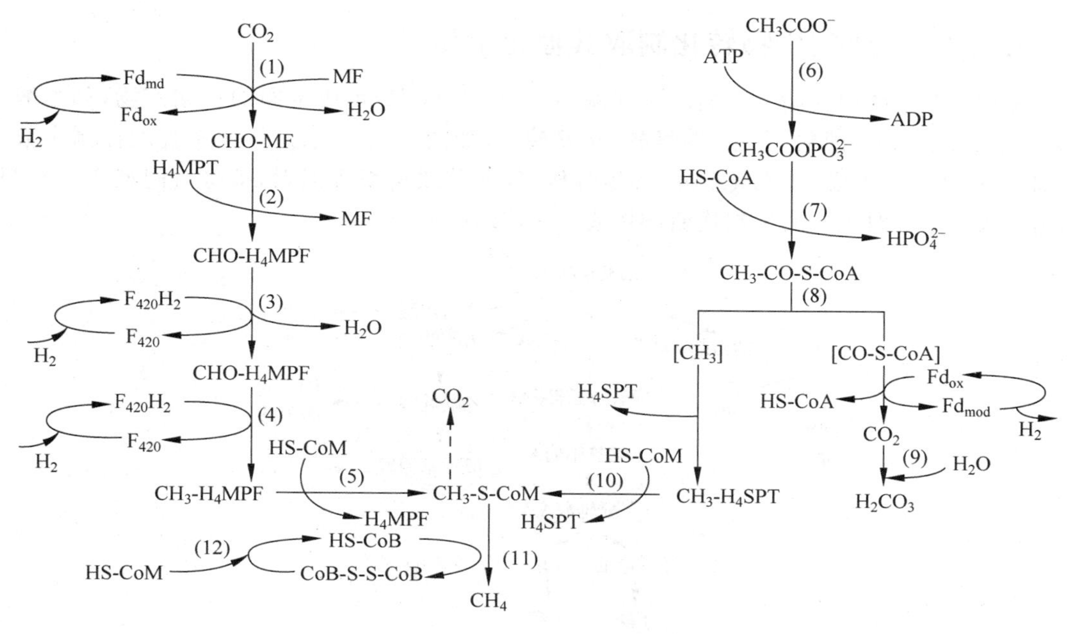

图 8-41 产甲烷的两种生化代谢途径

转化为 Fd_{red}。接着在四氢蝶呤甲酰转移酶的催化作用下，CHO-MF 形成 CHO-H_4MPT。生成的 CHO-H_4MPT 在甲酰四氢甲烷蝶呤脱氢酶和甲酰四氢甲烷蝶呤还原酶的催化下，以辅酶 F_{420} 和 H_2 为电子供体完成反应(3)和(4)。最后，在辅酶 M-甲基转移酶(M_{tr})的催化作用下完成反应(5)，形成 CH_3-S-CoM，伴随着甲基的转移会产生钠离子浓度梯度，用于 ATP 的合成。

在乙酸途径中，*Methanosarcina* 和 *Methanosaeta* 能够利用乙酸途径产甲烷，它们通过裂解乙酸、还原甲基碳产生 CH_4，同时氧化其羧基产生 CO_2。其中，*Methanosarcina* 可以通过图 8-40 中的反应(6)和反应(7)消耗 1 分子 ATP 催化乙酸转变为乙酰辅酶 A；而 *Methanosaeta* 可以通过乙酰辅酶 A 合成酶并消耗 2 分子 ATP 来催化乙酸转化为乙酰辅酶 A。在反应(8)中，将 Fd_{ox} 作为电子受体，乙酰辅酶 A 在 CODH/ACS 的催化作用下产生 CO_2、CH_3-H_4SPT 以及 Fd_{red}。产生的 CO_2 在碳酸酐酶的催化作用下与 H_2O 反应生成碳酸，以减少细胞质内多余的 CO_2，提高甲烷的含量。生成的 CH_3-H_4SPT 在四氢八叠甲烷蝶呤甲基辅酶 M 转移酶的催化作用下生成 CH_3-S-CoM，产生钠离子浓度梯度，用于合成 ATP。最终，通过两种途径产生的 CH_3-S-CoM 将通过反应(11)和(12)生成 CH_4。

能够利用合成气产甲烷的微生物主要包括：*Rhodopseudomonas gelatinosa*, *Rhodospirillum rubrum*, *Peptostreptococcus productus*, *Clostridium barkeri*, *Eubacteriumlimosum*, *Clostridium glycolicum*, *Clostridium difficile*, *Clostridium mayombei*, *Clostridium pasteurianum*, *Clostridium butyricum*, *Methanosarcina barkeri*, *Methanothrix soehngenii*, *Methanobacterium*, *Methanothermus*, *Methanococcus*, *Methanocaldococcus*, *Methanomicrobium*, *Methanocorpusculum*, *Methanobacterium themoautotrophicum*, *Methanobacterium themoautotrophicum* 等。

8.7.8 合成气生物转化制取其他化学品

由同型产乙酸菌代谢合成的乙酰辅酶 A 还可以进一步生成不同的代谢产物，如乙醇、丁酸、丁醇、丁二醇、丙酮、乳酸、缬氨酸、亮氨酸等，如图 8-42 所示。代谢系统的控制参数，例如，pH、基质的组成、合成气组分、气体分压、气液传质速率等因素，都将对同型产乙酸菌利用合成气发酵时生成的末端代谢产物造成一定的影响。

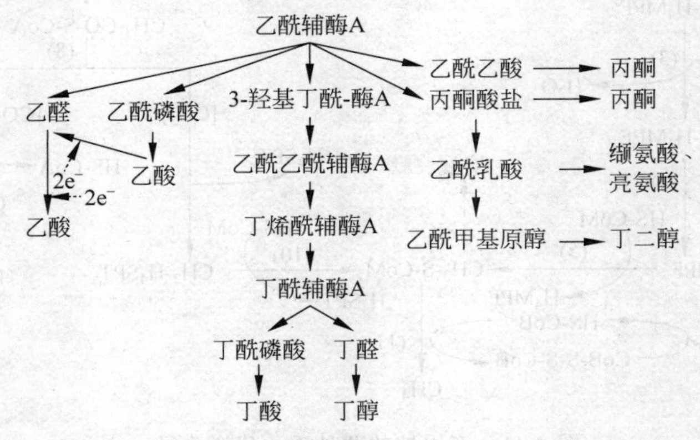

图 8-42 5 乙酰辅酶 A 途径的末端代谢产物

8.7.9 合成气发酵反应器

合成气厌氧发酵涉及到气体底物、培养液和微生物细胞等组成的气、液、固三相反应过程，由于合成气中的 H_2 和 CO 在水中的溶解度较低，因此，提高产甲烷的效率，其关键就在于提高气液传质效率。

对于受传质影响的合成气发酵而言，反应器型式的选择非常关键。合成气生物发酵的各种类型反应器如图 8-43。

搅拌罐式反应器，其搅拌桨能够将大气泡打碎成小气泡，有效提高传质速率。该类反应器的单位体积搅拌功率（P/V）与 K_La 值（体积传质系数）和空塔气速（U_g）有关，提高 U_g 或 P/V 均能有效提高 K_La 值，但提高空塔气速会使气体底物的转化率降低，所以，通常采用高单位体积搅拌功率来获得高 K_La 值。但搅拌功率增加意味着能耗增加，这在一定程度上限制了搅拌罐式反应器在工业规模上的应用。

柱式反应器，如气升式反应器和滴流床反应器，不需要机械搅拌，比搅拌罐式反应器的能耗要低，较容易获得高 K_La 值。滴流床反应器通常为填充床，细胞可固定于固体填料上，气体连续通过时，液体向下滴过填料，气体可以向上（逆流）或向下（顺流）流动，气液流速都比较低。滴流床反应器也可以获得较高的 K_La 值。但该反应器的实际应用很少，因为微生物生长容易导致反应器堵塞，此外，也存在反应器的混合性能不佳，pH 不易控制等不足。

合成气生物发酵中,通常采用搅拌罐式反应器,或使用中空纤维膜生物反应器等,以提高其气液传质速率。

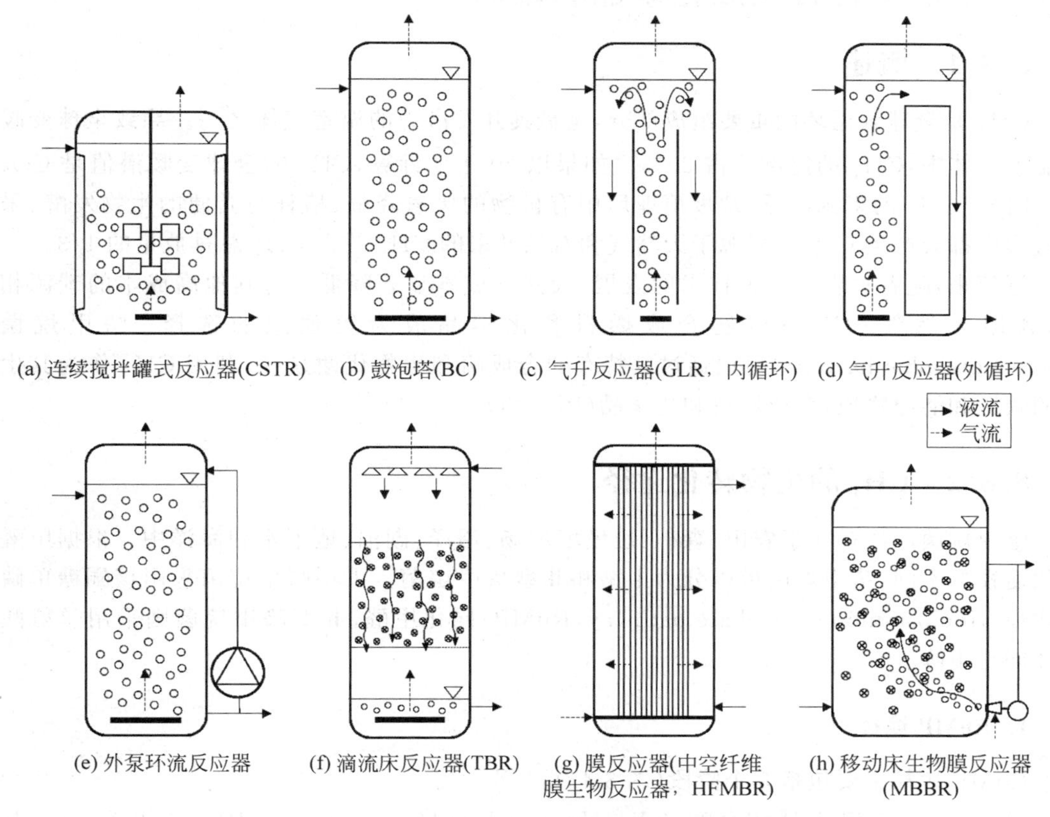

图 8-43　合成气生物发酵的各种类型反应器

引自：Stoll I. K. Boukis N.，Sauer J.，Syngas fermentation to alcohols：Reactor technology and application perspective，Chem. Ing. Technol. 2020，92：125～136

8.7.10　展望

合成气发酵取得了一些进展,但在高气液传质速率反应器研制、高效发酵微生物构建等方面,还存在一些关键技术瓶颈亟待突破。未来,合成气发酵技术需要在以下几个方面加强：

(1) 微生物改造。利用现代分子生物学手段,一方面选育高耐受、高产的合成气发酵菌株,另一方面拓展发酵产物,将合成气发酵代谢产物从乙醇、乙酸和丁醇等常见产物,拓展到其他高附加值燃料和化学品。

(2) 发酵工艺优化。进一步优化发酵工艺,采用高效微生物发酵、渗透气化膜分离等工艺技术手段,提高合成气发酵的效率和产率。

(3) 反应器研发。开发新型、高气液传质速率反应器,耦合实时在线监测技术,对合成气发酵过程进行实时、动态监测,以更好地指导高效反应器研发。

8.8 甲烷生物转化成化学品和燃油

8.8.1 概述

CH_4 是全球碳循环的重要组成部分，是最具开发潜力的温室气体之一。导致全球变暖的温室气体中，CH_4 的比例约占 20%。如果以 20 年期计算，CH_4 的全球变暖潜值是 CO_2 的 86 倍。CH_4 的来源广泛，垃圾填埋厂中有机物的厌氧降解、秸秆与粪便的生物发酵、采煤过程中都会产生 CH_4。来源于天然气和石油开采的 CH_4 约占 CH_4 总排放量的 1/3。

近年来，随着页岩气开采技术的发展，天然气成本显著降低。与其他高成本的碳源相比，利用天然气（CH_4）生物合成燃料和化学品成为较理想的选择。嗜甲烷菌(methanotrophic bacteria)可以通过其特有的合成酶和生物代谢途径，利用 CH_4 作为其生长的碳源和能源物质，合成燃料和化学品(图 8-44)。

8.8.2 CH_4 的生物转化途径

嗜甲烷菌广泛存在于农田、森林、垃圾填埋场、沼泽、湖泊、地下水和海洋中。根据甲醛同化途径的不同，嗜甲烷菌可以分为Ⅰ型和Ⅱ型嗜甲烷菌。Ⅰ型嗜甲烷菌采用核酮糖单磷酸途径(ribulose monophosphate pathway，RuMP)同化甲醛，Ⅱ型嗜甲烷菌则采用丝氨酸途径同化甲醛。

1. RuMP 途径

RuMP 途径主要包括 3 个阶段(图 8-45)：

(1) 在 3-己酮糖-6-磷酸合酶(3-hexulose-6-phosphate synthase，HPS)作用下，甲醛与 5-磷酸核酮糖(ribulose 5-P，Ru5P)缩合产生 6-磷酸己酮糖(hexulose 6-P，Hu6P)，6-磷酸-3-己酮糖激酶(6- phospho-3-hexuloisomerase，PHI)催化 Hu6P 异构化产生 6-磷酸果糖(fructose 6-P，F6P)；

(2) F6P 断裂形成 3-磷酸甘油醛(glyceraldehyde 3-P，GAP)和磷酸二羟丙酮(dihydroxyacetone phosphate，DHAP)，DHAP 进入细胞中心途径合成细胞组分；

(3) GAP 和 F6P 在转酮醇酶催化下反应生成 5-磷酸木酮糖(xylulose 5-P，Xu5P)和 4-磷酸赤藓糖(erythrose 4-P，E4P)，E4P 在转醛醇酶催化下与另一个 F6P 反应生成 7-磷酸景天庚酮糖(septulose 7-P，S7P)和 GAP。

第三阶段的产物 S7P 和 GAP 通过醛缩酶的催化作用生成 Xu5P 和 5-磷酸核糖(ribose 5-P，Ri5P)，Xu5P 和 Ri5P 分别在磷酸核酮糖 3-差向异构酶和 5-磷酸核糖异构酶的催化作用下再生成 Ru5P。由于 RuMP 途径的所有反应均是放能的，所以同化甲醛的效率比丝氨酸途径或核酮糖二磷酸途径高。

2. 丝氨酸途径

丝氨酸循环开始于亚甲基四氢叶酸的羟基化反应及甘氨酸合成丝氨酸的反应(图 8-46)，丝氨酸进一步转化生成 2 分子 2-磷酸甘油酸，其中 1 分子被同化进入细胞，1 分子转化生成

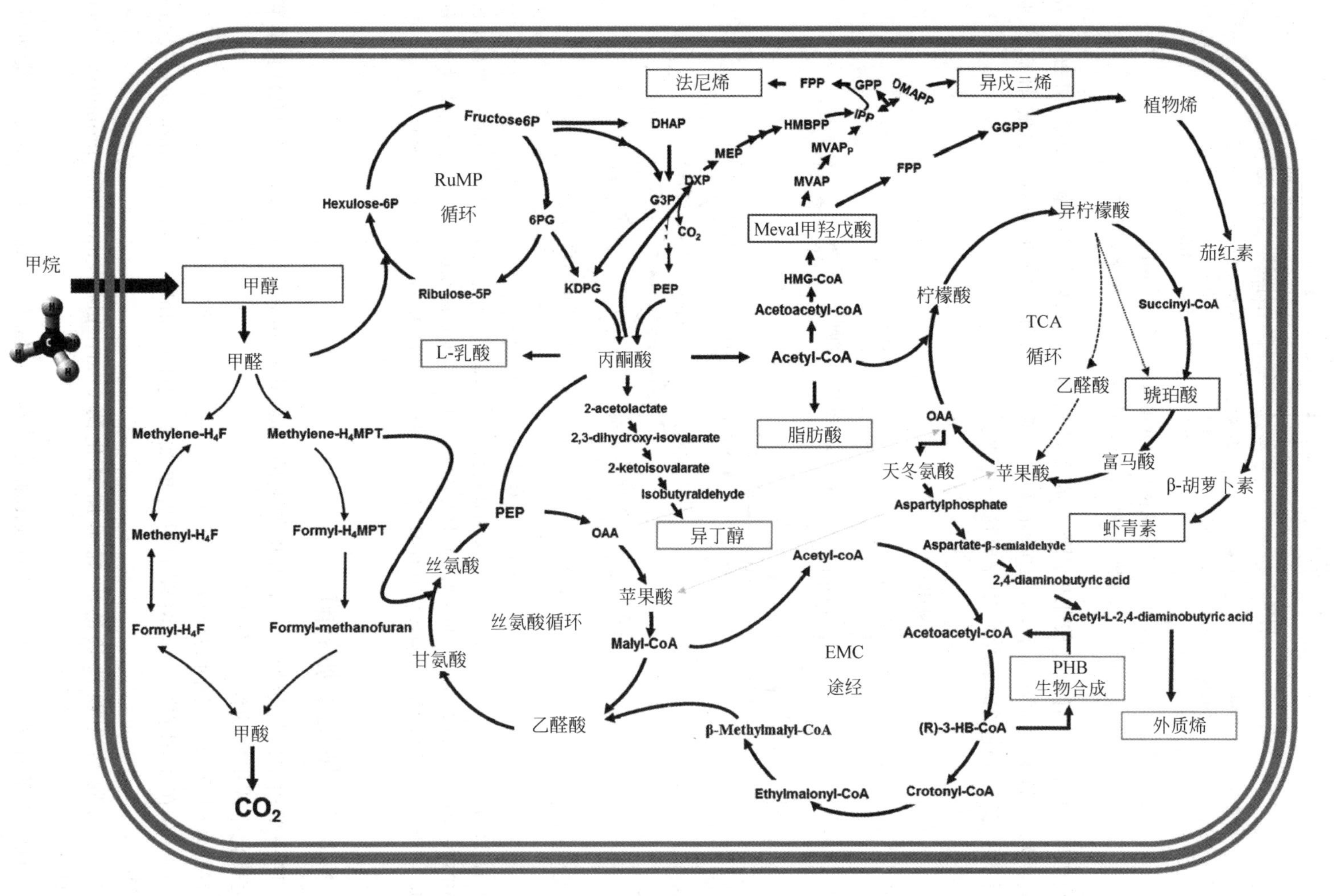

图 8-44　甲烷生物转化成化学品和燃料的代谢途径

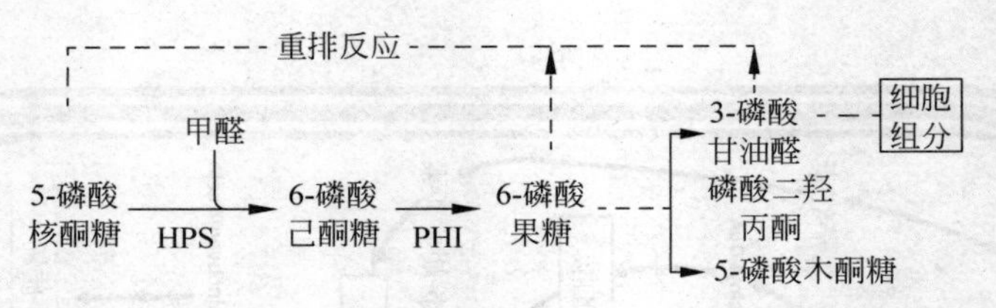

图 8-45 嗜甲烷菌核酮糖单磷酸途径(RuMP)

HPS—3-己酮糖-6-磷酸合酶；PHI—6-磷酸-3-己酮糖激酶

磷酸烯醇丙酮酸，后者通过羧化作用产生草酰乙酸，接着生成苹果酸和苹果酰辅酶 A，在苹果酰辅酶 A 裂解酶的作用下，苹果酰辅酶 A 生成乙醛酸和乙酰-辅酶 A。乙酰-辅酶 A 通过乙丙基甲酰亚胺途径的氧化作用完成这一过程。

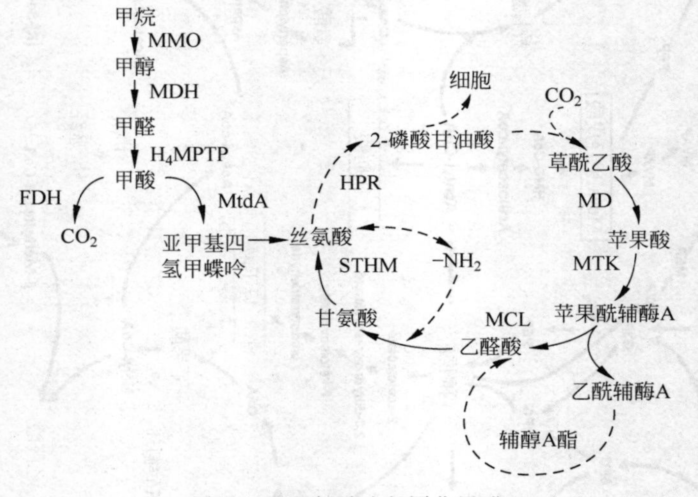

图 8-46 丝氨酸途径同化甲醛

图中，虚线箭头表示用于生物合成反应代谢物可能的出口点，带阴影英文缩写为关键酶。MDH—甲醇脱氢酶；H_4MPTP—亚甲基四氢；MtdA—亚甲基四氢甲蝶呤脱氢酶；FDH—甲酸脱氢酶；STHM—丝氨酸羟甲基转移酶；HPR—羟丙酮酸还原酶；MD—苹果酸脱氢酶；MTK—苹果酸硫激酶；MCL—苹果酰辅酶 A 裂解酶

8.8.3 甲烷单加氧酶

嗜甲烷菌中的特定酶——甲烷单加氧酶(methane monooxygenases，MMO)具有催化甲烷氧化生成甲醇的作用(图 8-47)。

MMO 具有 2 种不同的类型：

(1) 存在于细胞质中可溶性的甲烷单加氧化酶(soluble methane monooxygenases，sMMO)；

(2) 与膜结合颗粒状的甲烷单加氧化酶(particulate methane monooxygenases，pMMO)。

目前，许多研究集中在甲烷单加氧化酶的结构与功能上，探讨其活性位点及代谢机制。不同的单加氧化酶具有不同的最适反应条件，包括温度、pH 和溶液中离子的种类等。研究

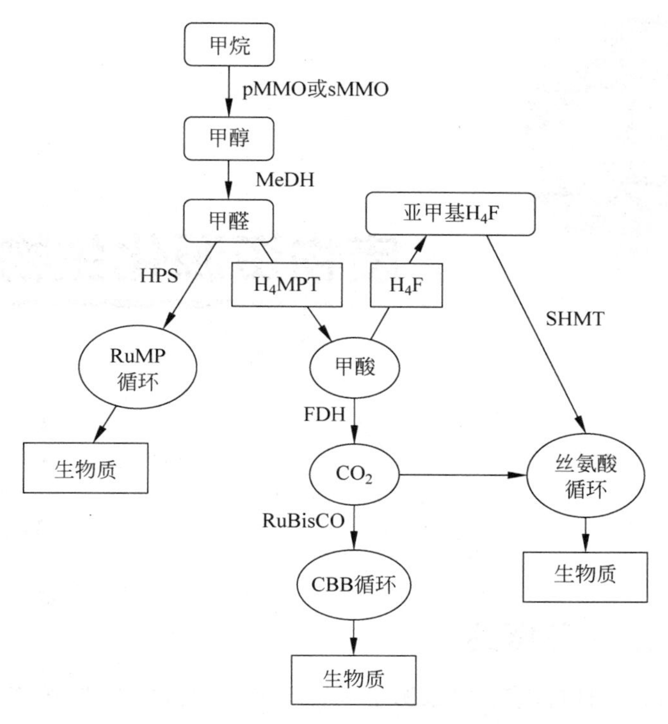

图 8-47　甲烷催化氧化过程

H_4F—四氢叶酸通路；H_4MPT—四氢青 opter 素途径；MeDH—甲醇脱氢酶；RuBisCO—核酮糖 1,5-二磷酸羧化酶

发现，如果铜离子的浓度较高，则 pMMO 的活性占主导地位，而 sMMO 只有在低铜离子浓度时才能高效表达。

需要注意的是，MMO 催化甲烷氧化生成甲醇的过程具有 O_2 依赖性。在 O_2 受限的条件下，嗜甲烷菌生长不受影响，同时会促进甲烷向其他产品和 H_2 的转化(图 8-48)。

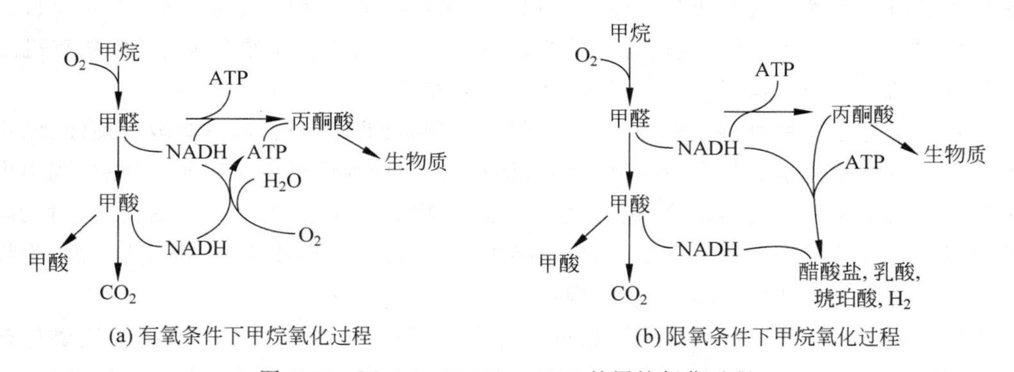

图 8-48　*M. alcaliphilum* 20Z 的甲烷氧化过程

嗜甲烷菌具有独特的代谢途径和关键合成酶系，可以利用 CH_4 作为唯一碳源合成生物燃料及化学品，为实现高效 C1 气体工业生物转化提供新策略。

废物资源化生物技术

9.1 生物基化学品概述

人类使用的高分子材料，或直接来源于天然动植物(例如，棉花、苎麻、蚕丝等)，或经过对天然动植物原料化学改性(例如，硝化纤维、醋酸纤维素、硫化橡胶等)。20 世纪以前，几乎所有的高分子材料都是生物基的(bio-based，基于生物资源)。到了 20 世纪 70 年代，由于石油化学工业的发展，高分子材料逐渐变为石油基的(petroleum-based)，即从石油工业中获得单体原料，经过聚合反应得到高分子材料。到了 21 世纪，随着石化资源的日益减少，人们又重新对“生物基”高分子材料产生了兴趣。从这个意义上讲，“生物基”并不是一个新概念。但这并不意味着要重复前人已经走过的老路，经过近百年的理论发展，有了更为系统的研究方法以及各种先进的研究手段，人们对“生物基化学品”赋予了新的含义，不仅仅停留在从动植物原料中获得单体，或进行简单的改性，而是利用现代生物技术手段，从有机废物生产得到新的高分子材料，例如，聚羟基烷酸、聚乳酸等。

生物质资源是一种可再生资源，可用于制备化学品、液体燃料等，具有取材便捷、储量巨大等优势。生物基化学品是利用谷物、豆科、秸秆、竹木粉等可再生生物质为原料，利用生物技术制造的新型材料和化学品等，包括生物合成、生物加工、生物炼制过程获得的生物醇、有机酸、烷烃、烯烃等基础生物基化学品，也包括生物基塑料、生物基纤维、糖工程产品、生物基橡胶以及生物质热塑性加工得到塑料材料等。

生物基化学品按其所含的碳原子数可以分为以下几类(图 9-1)：C1 体系：主要包括甲烷、甲醇等；C2 体系：主要包括乙醇、醋酸、乙烯、乙二醇等；C3 体系：主要包括乳酸、丙烯酸、丙二醇等；C4 体系：主要包括丁二酸、富马酸、丁二醇等；C5 体系：主要包括衣康酸、木糖醇等；C6 体系：主要包括柠檬酸、山梨醇、甘露醇等。生物基化学品具有绿色、环境友好、资源节约等特点，无论从国家能源安全的需求，还是从化工原料的多元化来看，采用绿色生物工艺制造生物能源与生物基产品，逐步成为引领当代世界科技创新和经济发展的又一新的主导产业。生物基化学品与生物基材料的研发、工艺改良与规模化生产，已成为产业发展的重点方向。

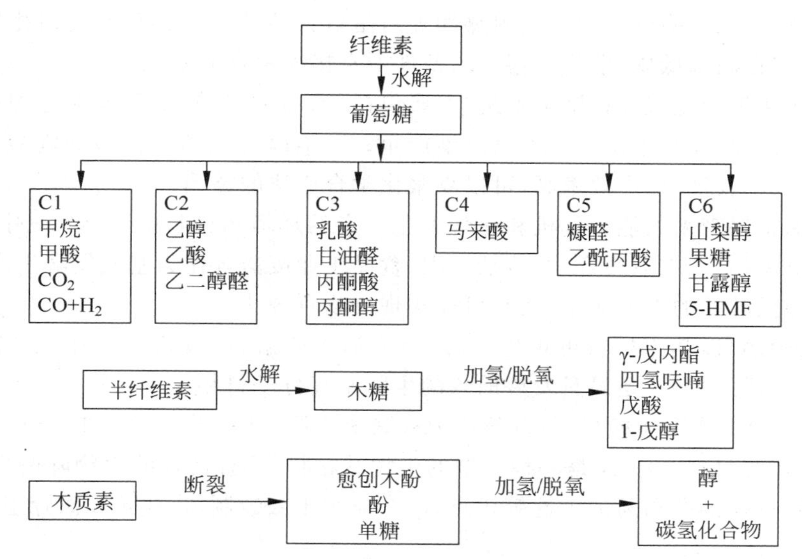

图 9-1　从木质纤维素生物质中可能获得的生物基化学品

生物基聚合物，如聚对苯二甲酸二元醇酯、聚乳酸等的市场占有率不断增加。生物基材料的应用也正在从高端的功能性和医用材料向大宗生物基工业材料转移。服装、垃圾袋、日用塑料制品、农用地膜等已经实现应用。随着生物技术的进步，生物基材料及原料的合成技术不断创新，成本持续下降，材料的性能不断提高，对传统石化材料的竞争力不断增强。

9.2　聚乳酸

9.2.1　概述

乳酸(lactic acid)的分子式为 $CH_3CH(OH)COOH$，又名 2-羟基丙酸，是一种重要的有机酸。乳酸可作为原料、添加剂、防腐剂、消毒剂、调节剂等，在酿造、食品、化妆品、医药等行业中发挥着重要作用。乳酸的生产主要有化学合成和生物发酵两种方法，前者采用乙醛和氰化氢反应制得乳腈后再水解生成乳酸。后者则是以葡萄糖、蔗糖、糖蜜等为基质，采用生物发酵技术制取乳酸。在相当长的一段时期，由于石油化工的发展，乳酸的生产过程过多地依赖于化学合成。

近年来，以发酵工艺生产乳酸，尤其是 L—乳酸的研究，又重新受到了重视。主要原因包括：

(1) 化学合成工艺生产乳酸所需要的乙醛、氰化氢等原料，主要来自于石油的裂解。随着石油资源危机，以可以再生的自然资源为原料，采用生物技术制备乳酸，可以减少对石油资源的依赖。淀粉、纤维素是最大的可再生资源，采用这些可再生资源生产乳酸具有广阔的应用前景。

(2) 塑料制品引起的白色污染，已成为社会最为关心的环境问题之一，目前可生物降解塑料的研究与开发方兴未艾。

聚乳酸(polylactic acid,PLA)是一种完全可再生的材料,具有良好的可生物降解性及优良的使用特性(如透明性、高强度、耐热性等),是取代传统塑料的理想的可生物降解塑料之一,可由乳酸在高温低压、催化剂存在的条件下直接缩聚合成聚乳酸。

化学合成法生产乳酸存在诸多不足,主要包括:①生产成本高,乙醛和氢氰酸来自石油裂解,石油危机导致原料不足;②环境污染严重;③难以合成单一构型的乳酸。微生物发酵条件温和,成本较低,生产效率高,可以克服化学合成法的弊端。

随着石油枯竭带来的能源危机和化学工业引发的环境污染日益严重,采用富含淀粉和纤维素的有机废物,如农业废弃物、造纸污泥、食品工业废渣等作为基质发酵生产乳酸,不仅可以大幅度降低乳酸的生产成本,而且可以实现废物资源化。

聚乳酸(PLA)以其原材料可再生,制品废弃后可降解,以及良好的加工性能和力学强度,受到非常广泛的关注,是最具发展前景的生物基高分子材料。

PLA 被称为工业万能材料,可以替代 PS(聚苯乙烯)、PP(聚丙烯)和 ABS(丙烯腈丁二烯苯乙烯)等传统材料。PLA 是一种新型的生物基材料,具有良好的生物降解性、生物相容性、热稳定性、抗溶剂性和易加工性等优点,广泛应用于服装制造、建筑和医疗卫生等领域。

9.2.2 乳酸发酵微生物

乳酸菌可以利用葡萄糖为基质发酵生产乳酸。由于普通的乳酸菌株产生的乳酸常为 L-型、D-型和 DL-型共存,因此需要筛选、培育出高效的产 L-乳酸的菌株。虽然乳酸菌的种类很多,但产 L-乳酸的菌株不多。

1. 乳酸菌

发酵法是工业化生产乳酸的主要方法,约 90%的乳酸是通过微生物发酵获得,其中工业应用最多的是乳酸菌(lactic acid bacteria, LAB)。LAB 以单糖(葡萄糖、果糖、半乳糖)、双糖(蔗糖、麦芽糖、乳糖)为底物发酵产乳酸,从生化代谢机制上可分为同型乳酸发酵和异型乳酸发酵。同型乳酸发酵产物只有乳酸(达到 80%以上),主要微生物有乳酸乳球菌(*Lactococcus lactis*)、德氏乳杆菌(*Lactobacillus delbruechii*)、干酪乳杆菌(*Lactobacillus casei*)、瑞士乳杆菌(*Lactobacillus helveticus*)等。异型乳酸发酵产物中除乳酸外,还有乙酸、乙醇、CO_2 等副产物,主要微生物包括明串珠菌(*Leuconostoc*)、乳酸杆菌(*Lactobacillus*)、双歧杆菌(*Bifidobacterium*)等。

2. 根霉菌

根霉菌(*Rhizopus*)在乳酸工业生产中也有应用,能够生产高光学纯的乳酸,主要包括米根霉(*Rhizopus oryzae*)、黑根霉(*Rhizopus nigricans*)、华根霉(*Rhizopus chinensis*)、行走根霉(*Rhizopus stolonifer*)、小麦曲霉(*Rhizopus ritici*)和美丽根霉(*Rhizopus elegans*)等,其中 *Rhizopus oryzae* 生产乳酸能力最强。与 LAB 相比,*Rhizopus* 的底物范围更广,可以利用富含木质纤维素的生物质原料发酵生产乳酸。但是,野生根霉菌不能充分利用生物质材料,乳酸产量较低,限制了其在乳酸发酵中的广泛应用。

3. 其他产乳酸的微生物

能够产乳酸的微生物，除了 LAB 和 *Rhizopus* 外，还有大肠杆菌（*Escherichia coli*）、酵母菌（*Saccharomyces*）、芽孢杆菌（*Bacillus*）以及微藻（microalgae）等。利用基因工程手段改造产乳酸微生物，能够拓宽底物范围，提高乳酸产率。例如，将牛的乳酸脱氢酶（L-LDH）编码基因整合到 PDC1 启动子上，构建一株乙醇发酵途径缺陷型假丝酵母（*Candida boidinii*），在最适条件下，分批发酵 48 h，乳酸产量可以达到 85.90 g/L，产率为 1.79 g/(L·h)。将乳酸片球菌（*Pedicoccus acidilactici*）的 L-乳酸脱氢酶基因导入大肠杆菌，构建工程菌 *E. coli* JH12，该菌以 6%的木糖为单一碳源发酵，乳酸产率 0.60 g/(L·h)，产量达到 34.73 g/L，纯度为 98%。

大肠杆菌和酵母菌，因其遗传背景相对清楚，对营养成分要求低，已成为工业化生产乳酸的模式微生物。Joseph 等构建了一株共表达转转运蛋白（lldp）和来源植物乳杆菌（*L. plantarum*）的 LDH 蓝藻（*Synechocystis* sp.）PCC6803，经过 18 d 的培养，乳酸浓度为 0.17 mmol/L。藻类在有氧有光的条件下利用 CO_2，积累淀粉；在无氧无光的条件下，将淀粉转化成乳酸等有机物，提供了一种新的乳酸生产途径。

9.2.3 利用可再生资源发酵生产乳酸的特点

利用可再生资源生物发酵生产乳酸，常采用的原料为富含淀粉、纤维素、半纤维素、木质素等可降解的聚糖类物质。通常分为 2 个阶段：

(1) 预处理阶段。先采用物理方法对原料进行机械粉碎与筛分，或加入酸、碱、次氯酸钠等试剂，以降低其结晶性。再利用生物或化学方法进行水解，将原料转化为能够被乳酸菌利用的糖类物质（主要为葡萄糖）。

(2) 乳酸发酵阶段。在乳酸菌的作用下，将糖类物质进一步转化为乳酸。

自然界中可以产生乳酸的微生物很多，但产乳酸能力强，能应用到工业中的只有乳酸菌和根霉菌。乳酸菌特点包括：产酸迅速，副产物少，营养要求简单，耐高温。良好的发酵条件可以避免杂菌污染，加速发酵过程，提高产率，便于产物提取。

采用可再生资源生物发酵生产乳酸，关键在于：①提高原料预处理阶段的水解效率；②选育发酵阶段高产乳酸的微生物。

9.2.4 乳酸发酵生产工艺

随着生物技术、环境技术的不断进步，乳酸发酵技术得到进一步提高。目前，利用可再生资源及废物发酵生产乳酸的研究，主要集中于以下几个方面：高效的预处理方法、乳酸菌株的筛选培养、发酵工艺的选择与优化以及产物的提取与纯化等。

1. 原料的预处理

利用可再生资源或有机废物进行乳酸发酵，首先要对原料进行预处理。将原料中含有的纤维素或淀粉等转化为乳酸发酵所需的糖类（主要为葡萄糖）。先将原料进行粉碎，再经水解作用将淀粉、纤维素大分子液化后或直接转化为葡萄糖。水解通常可以采用酸解和酶解。

酸解指在硫酸、盐酸的强酸作用下将原料中的淀粉、纤维素物质等水解为葡萄糖，可以在常温常压、也可以在高温高压下进行。常温常压所需设备简单，但水解效率低、反应时间长。高温高压可以在较短的时间内得到较好的水解效果，但一般需要耐酸、耐热、耐压的特殊设备。在酸解过程中，条件的控制对酸解效率影响很大。如果条件控制不当，水解产生的糖有可能发生进一步的分解或聚合，同时还会产生一些抑制微生物生长的有害物质（如糠醛等），影响后续的发酵过程。

酶解指在胞外水解酶的催化作用下，将原料中的淀粉、纤维素物质等水解为葡萄糖。对纤维素基原料而言，一般利用纤维素水解酶直接进行糖化，转化为葡萄糖。对于淀粉基原料，水解通常分为 2 步：①液化。利用淀粉酶将淀粉分子中的 α-1，4-糖苷键断开，转化为可溶性淀粉即糊精；②糖化。利用葡萄糖淀粉酶将糊精转化为葡萄糖。

酶法水解具有设备简单、反应条件温和、原料糖化率高、副产物少以及污染环境少等优点，是生物发酵预处理工艺今后发展的重要方向。但采用酶法水解淀粉、纤维素类废物，其关键在于筛选出高效的产酶微生物。目前，淀粉酶的生产技术较为成熟，而产纤维素酶的高效菌株是当前研究的热点。

产纤维素酶的微生物主要有木霉属（*Trichoderma*）、曲霉属（*Aspergillus*）和青霉属（*Penicillium*）等，其中最重要的有里氏木霉（*T. reesei*）和黑曲霉（*A. niger*）等。影响酶解效果的主要参数包括温度、pH、反应时间、原料经磨碎后的颗粒粒度等。

2. 乳酸发酵工艺

以可再生资源及有机废物为原料发酵生产乳酸工艺，可分为单行发酵和并行发酵两大类（图 9-2）。单行发酵是常规的发酵工艺，即将原料预处理与乳酸发酵分开进行；并行发酵是指在一个反应容器中同时进行酶解糖化过程与发酵过程，称为 SSF（Simultaneous Sacchrification and Fermentation）工艺。

与单行发酵相比，并行发酵有较多优点，如工艺操作简单。液化过程产生的葡萄糖可立即在发酵过程中被乳酸菌所利用，可以克服水解酶的产物抑制作用，从而加快水解并促进整个发酵过程的进行。此外，对淀粉基原料而言，还可以同时进行液化、糖化和发酵反应过程。

图 9-2 中，路径 1 为乳酸的常规发酵工艺。路径 2 为糖化与发酵并行工艺（SSF）。由于淀粉酶法糖化比较缓慢，如果能够边糖化边发酵乳酸，可以充分利用设备，缩短发酵周期；另外，有些乳酸菌（如德氏乳酸杆菌）发酵温度在 50℃以上，与淀粉糖化酶反应温度（60℃）较接近，pH 要求也相差不大，这是 SSF 用于发酵乳酸的有利之处。路径 3 则是将淀粉的液化与 SSF 过程结合起来，同时反应。但是由于酶法液化所需温度较高（通常 85～90℃），反应时间短，所以与糖化和发酵的操作条件不尽相同，该法尚需进一步研究。

3. 乳酸提取与纯化

可再生资源或有机废物成分复杂，发酵生产乳酸后发酵液中含有大量的残糖、蛋白等副产物，增加了提取和纯化的难度。乳酸提取和纯化工艺不仅直接决定生产成本，更与产品质量密切相关。

乳酸提取与纯化的传统工艺是钙盐结晶法。

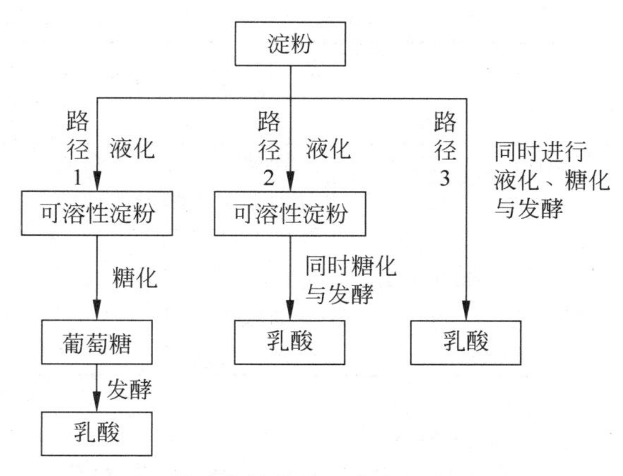

图 9-2　利用淀粉发酵生产乳酸的工艺流程

传统的提取与纯化工艺易于控制、工艺成熟，但存在工艺流程长、单元操作多、原料消耗多且产品得率较低等不足。因此，目前开发了一些新的乳酸分离技术，主要有电渗析法、超滤法、溶剂萃取法、离子交换法等，这些方法不仅可以将发酵液中的乳酸连续除去，截留大分子物质，还可以将截留下来的乳酸菌返回到发酵罐重新使用，提高菌株的利用效率。

9.2.5　利用有机废物发酵生产乳酸

工业化生产乳酸主要以葡萄糖或粮食作物(如玉米、小麦、大米、马铃薯等)为原料。为了解决成本高、污染重的问题，近年来以有机废物为底物进行微生物乳酸发酵受到关注。利用废弃物发酵生产乳酸，可以实现降低乳酸生产成本及废物资源化的双重目的。

1. 农业废弃物的种类

农业有机废物的主要成分为木质纤维素，是地球上分布最广、含量最丰富的可再生资源，由纤维素、半纤维素、木质素组成。木质纤维素不能被微生物直接利用，但在酶或酸的作用下，降解成以葡萄糖、木糖、纤维寡糖、低聚木糖为主的混合糖液，即可成为微生物发酵产乳酸的底物。

中国作为一个农业大国，农作物资源丰富、分布广泛，农产品收获之后所产生的农业有机废物(玉米渣、土豆渣、麦麸、麦糠、农作物秸秆以及废弃的甜菜叶、茎等)数量大、利用率低，随意丢弃和焚烧导致严重的环境污染。以农业有机废物为底物进行乳酸发酵生产，不仅可降低成本，实现可再生资源有效利用，又能解决废弃物的处理和污染问题。

以不同的农业有机废物为底物，可以利用多种微生物，采用不同发酵工艺生产乳酸，如表 9-1 所示。

表 9-1　微生物利用农业有机废物在不同发酵工艺下生产乳酸情况

农业有机废物	菌　　株	发酵工艺	乳酸含量/(g/L)	乳酸产量/(g/g)	乳酸产率/(g/(L·h))
玉米淀粉	*Lrhamnosus* HG 09	分批发酵	57.61	0.46	1.60
西米淀粉	*Enterococcus faecium* No. 78	连续发酵	16.6	0.93	1.105

续表

农业有机废物	菌　　株	发酵工艺	乳酸含量/(g/L)	乳酸产量/(g/g)	乳酸产率/(g/(L·h))
木薯渣	*Lcasei* NCIMB 3254	分别糖化发酵	83.8	0.96	1.40
米糠	*Ladelbrueckn* IFO 3202	分别糖化发酵	28.0	0.28	0.78
大豆粉水解液	*Lcasei* LA-04-1	分别补料发酵	162.5	0.897	1.69
小麦麸皮水解液	*Lbifermentans* DSM20003T	分批发酵	62.8	0.83	1.2
菊芋块茎	*Lcasei* G-02	分别糖化发酵	141.2	0.936	4.7
苜蓿	*Ldefbrneckii* NRRL B-445	分别糖化发酵	35.4	0.35	0.75

例如，美国的聚合物生产企业 Cagill Dow 公司开发出将玉米渣作为起始原料，商品化生产 PLA 的技术。首先将分选、磨碎后的玉米渣经水解，发酵生成 L-乳酸，再转化成丙交酯，然后聚合为 PLA。以麦麸为原料经机械粉碎稀酸预处理后，用纤维素酶和干酪乳酸菌进行同时糖化发酵，发酵液乳酸含量可达 40.5 g/L。

2. 农业废弃物的预处理

农业有机废物原料种类多样，木质素含量高，在作为底物投入发酵设备前，一般需要经过预处理。首先，对原料进行机械粉碎与筛分，或者加入酸、碱、次氯酸钠等试剂，降低其结晶度，增加原料的疏松性。其次，对木质纤维素进行水解。木质纤维素结构复杂，只有在无机酸或酶等催化剂作用下才能发生水解。其中，酸水解已经成功得到应用，原材料经烯酸处理后，半纤维素和木质素几乎全部水解为单糖。例如，采用浓度为 1.2% 稀硫酸，处理 60 min 时，50%～66% 的木聚糖被水解为木糖。与酸处理方法相比，微生物产生的酶，能够除去木质素以解除对纤维素的包裹作用。酶解条件温和、能耗低、无污染、选择性高，且产物单一，具有取代化学方法的潜力。

3. 农业废弃物的生物转化效率

农业有机废物，如农作物秸秆、稻壳、甘蔗渣、玉米芯等，来源丰富、价格低廉，是宝贵的资源。但是，如果处理不当，可能造成环境污染。因此，农业有机废物的高效生物转化是实现变废为用的关键。例如，以大豆茎为原材料，利用乳酸产生菌混合培养进行发酵，可以将乳酸转化率提高到 71%。将玉米芯经氢氧化钠预处理后，利用乳酸菌发酵，乳酸产率可达到 300 g/kg。以酶法处理后的木薯渣为碳源，利用 *L. delbrueckii* NCIM 2025 发酵生产乳酸，99% 的总糖被转化成乳酸。以土豆淀粉废水和玉米淀粉废水作为生产底物，利用少根根霉(*Rh. arrhizus* DAR36017)生产乳酸，当淀粉浓度为 20～60 g/L，发酵 40 h 后，乳酸产量为可达 19.5～44.3 g/L，相应得率为 0.85～0.96 g/g。利用 *Bacillus* 与 *Rhizopus* MK-96-1196 混合培养，可以直接转化玉米芯生产乳酸，在未添加任何纤维素酶制剂的情况下，100 g/L 未经处理的粗原料可以生产 24 g/L 乳酸。利用纤维素酶生产菌与乳酸生产菌混合培养，直接转化纤维素生产乳酸是一个新的发展方向。

目前，农业废物原料生物转化乳酸，存在原料利用率低、纤维素酶用量大、产物的浓度低及产品不易分离的问题，导致生产成本过高，难以大规模生产。因此，提高酶活性、筛选优良菌株、开发新的发酵工艺，以减低生产成本，实现高效乳酸转化，需要进一步研究。

许多渔业贝类废弃物也可以用来生产乳酸，如渔业加工及食用后丢弃的虾壳和蟹壳等。对这些甲壳进行粉碎、干燥，再经化学和生化处理得到甲壳素。利用甲壳素生产乳酸也有研究报道。例如，以糖化水解后的贝类加工废弃物作为底物，接种 *Lactobacillus plantarum*，在一定温度(30℃)、pH (6.1)下进行发酵 24 h，乳酸产率约 80%。

甲壳素在自然界每年的生物合成量仅次于纤维素，我国有着广阔的海岸线和大面积的水产养殖场，甲壳素资源非常丰富。如果能有效地利用贝类有机废物，进行糖化和发酵，可以为乳酸及聚乳酸的生产提供丰富的可再生原料。

9.2.6　聚乳酸的合成与应用

乳酸是合成聚乳酸的单体，是一种重要的化学品，可用于生产烷基乳酸、丙二醇、环氧丙烷、丙烯酸和聚乳酸等(图 9-3)。乳酸是一种具有较大市场空间和发展潜力的化工原料，具有很高的商业价值。

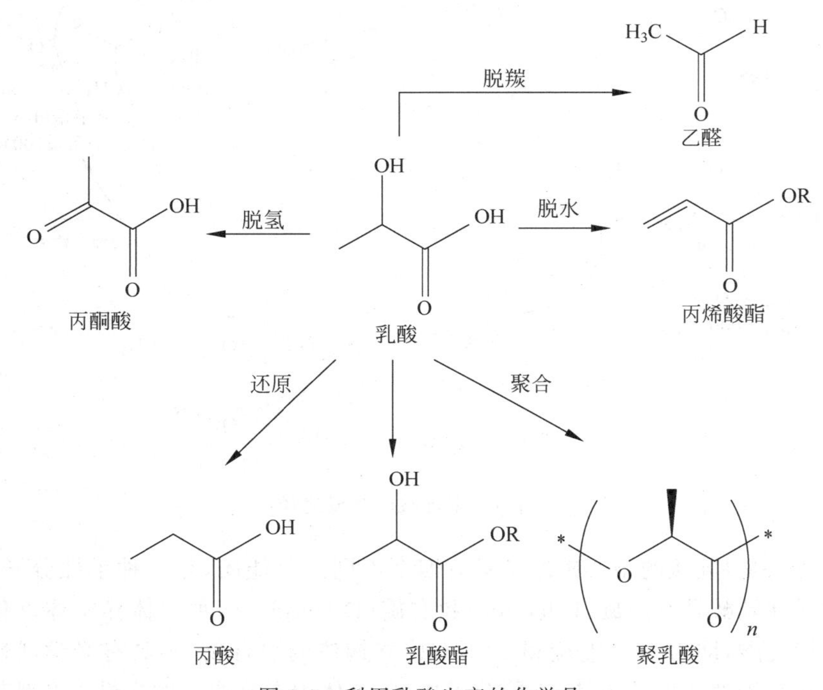

图 9-3　利用乳酸生产的化学品

聚乳酸是一种重要的生物可降解塑料原料，通常采用 2 种合成方法获得：①直接生产法，即用乳酸一步聚合；②以丙交酯为基础的 2 步法，即先合成乳酸的二聚体丙交酯，再经开环聚合形成聚乳酸。由乳酸合成聚乳酸的途径如图 9-3 所示。

聚乳酸的主要合成路线并不是由单体乳酸直接逐步缩聚而得，因为缩聚法需要用到溶剂，涉及溶剂的回收，生产成本较高。为了获得高分子量聚乳酸，缩聚法还需在高温和真空条件下不断去除聚合反应过程中产生的水，使体系的含水量保持在痕量水平以下。

目前，合成聚乳酸主要采用的工艺路线是丙交酯开环聚合。开环聚合需要用到特殊的中间体——丙交酯(lactide)，为乳酸的二聚体。该工艺首先对乳酸进行缩聚，得到低分子量乳酸预聚体。因为只需要得到低分子量的聚乳酸，所有对除水要求并不严格，温和条件下除水即可。随后，低分子量聚乳酸预聚体在催化剂的作用下解聚，得到环状二聚体丙交酯，再通过蒸馏得到聚合级的丙交酯。纯化后的丙交酯无需溶剂，通过开环聚合就能得到高分子量的聚乳酸。相比于逐步缩聚法，该工艺不涉及溶剂的使用，也不需要高温高真空下的除水操作，经济环保，是聚乳酸生产的主要工艺路线（图 9-4）。

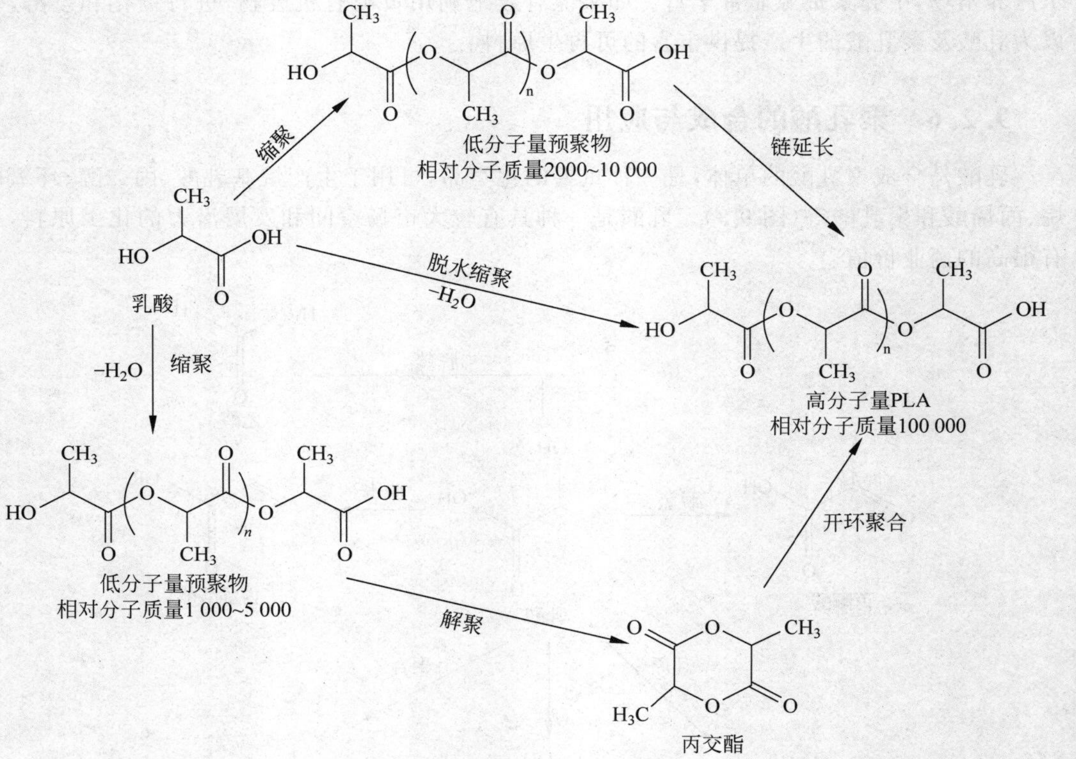

缩聚
低分子量预聚物
相对分子质量2000~10 000
链延长
乳酸
脱水缩聚
$-H_2O$
$-H_2O$ 缩聚
高分子量PLA
相对分子质量100 000
低分子量预聚物
相对分子质量1 000~5 000
开环聚合
解聚
丙交酯

图 9-4 聚乳酸的合成途径

值得注意的是，乳酸的中心碳原子具有四个不同的官能团，是一种手性分子，具有光学活性。光学活性乳酸具有左旋（L-lactide）和右旋（D-lactide）两种立体异构体。化学合成得到的为外消旋乳酸，即为 50％左旋和 50％右旋立构体的混合物，不具有光学活性。开环聚合通常采用具有光学活性的单体，不同分子质量、单体中右旋成分的含量以及骨架中的序列结构，都会对聚乳酸的性能产生影响。例如，高左旋成分的单体，通过开环聚合可以得到结晶性的聚乳酸；而单体中若右旋成分较高，得到的则是非晶态的聚合物。

利用可再生资源和有机废物发酵生产乳酸，有利于废物资源化和环境保护，但要使该技术在实际中得到应用，尚有许多问题需要深入研究。例如，利用纤维素成分生物转化生产乳酸，产率较低。如果纤维素的酶促合成技术能够有较大的突破，那么纤维素将会得到充分利用。

9.3　生物基塑料

9.3.1　概述

根据原料来源不同，塑料分为石油基塑料和生物基塑料。石油基塑料来源于不可再生的石油资源，生物基塑料的原料为天然可再生生物资源。随着石油资源的消耗以及日益严重的环境污染问题，生物基塑料日益受到人们的青睐。与石油基塑料相比，生物基塑料具有原料种类丰富、可再生和生产过程环保等优点。

可生物降解塑料（biodegradable plastics）不等同于生物基塑料（bio-based plastics），两者本质上是不同的。目前生物基塑料大部分是可降解塑料，有些生物基塑料是不可降解的。生物基塑料占据原料优势，采用合成生物学先进技术，可通过优化合成过程、提高合成效率，得到精确化、多功能化及可控的合成途径。因此，在推行低碳经济的当今世界，生物基塑料具有广阔的市场应用前景。

石化工业中，约80%（按质量计）非燃料工业的化学副产品用于制造各种高分子聚合物。截至2015年，全球累计塑料产量超过8.3 Gt，产生6.3 Gt塑料废料，按平均塑性密度计算，这些塑料废物的体积高达约5.9 km^3，其中仅21%被回收利用或焚烧，其余79%进入垃圾填埋场和自然环境中作为废物堆积，某些类型的塑料需要数百年才能降解，环境危害越来越大。预计到2050年，塑料废物将达到12 Gt。塑料废料的迅速积累，推动了对可再生塑料的需求，利用可持续生产可降解生物塑料替代不可降解的塑料，这是不断扩大的循环生物经济的一部分。

目前市场上生物基塑料商业化种类较多，占据较多的生物基塑料为可生物降解的PHA（聚羟基烷酸酯）和PLA（聚乳酸）两种生物聚合物，也是生物基塑料制品增长的主要产品。PHA作为聚合物家族的重要组成，技术较为成熟，已经实现商业化。PLA被称为工业万能材料，可以替代PS（聚苯乙烯）、PP（聚丙烯）和ABS（丙烯腈丁二烯苯乙烯）等传统材料。新型的生物基材料PHA和PLA与传统石油基塑料结构完全相同，除生产原料外，生产设备的初始至终端均完全相同。

当前国内外市场上，技术成熟的生物基单体主要有丁二酸、丁二醇、乳酸和丙二醇等。为更好地推动生物基塑料的发展，欧洲一些国家和组织通过立法推动生物基塑料的应用和市场发展。

高等植物、微藻和蓝藻，可利用太阳能生产用于合成多种生物降解塑料的原料。生物降解塑料和生物基塑料是一种可行和有吸引力的替代品，可以在数月或数年内被降解成二氧化碳和水，不产生有害副产品。生物基原料的多样性为生产可再生塑料提供了机会，生物炼制和转基因策略可以支持新兴的循环生物经济。

9.3.2　生物基聚合物和单体原料

植物和细菌可以为生物塑料的生产提供丰富的天然生物基聚合物和单体原料。图9-5总结了目前开发的生物基塑料的主要类型，包括利用淀粉、聚羟基烷酸酯（PHAs）、聚乳酸（PLA）、纤维素生产的塑料，利用乙醇生产的可再生聚乙烯、聚氯乙烯（PVC）以及利用蛋白质生产的聚合物塑料等。

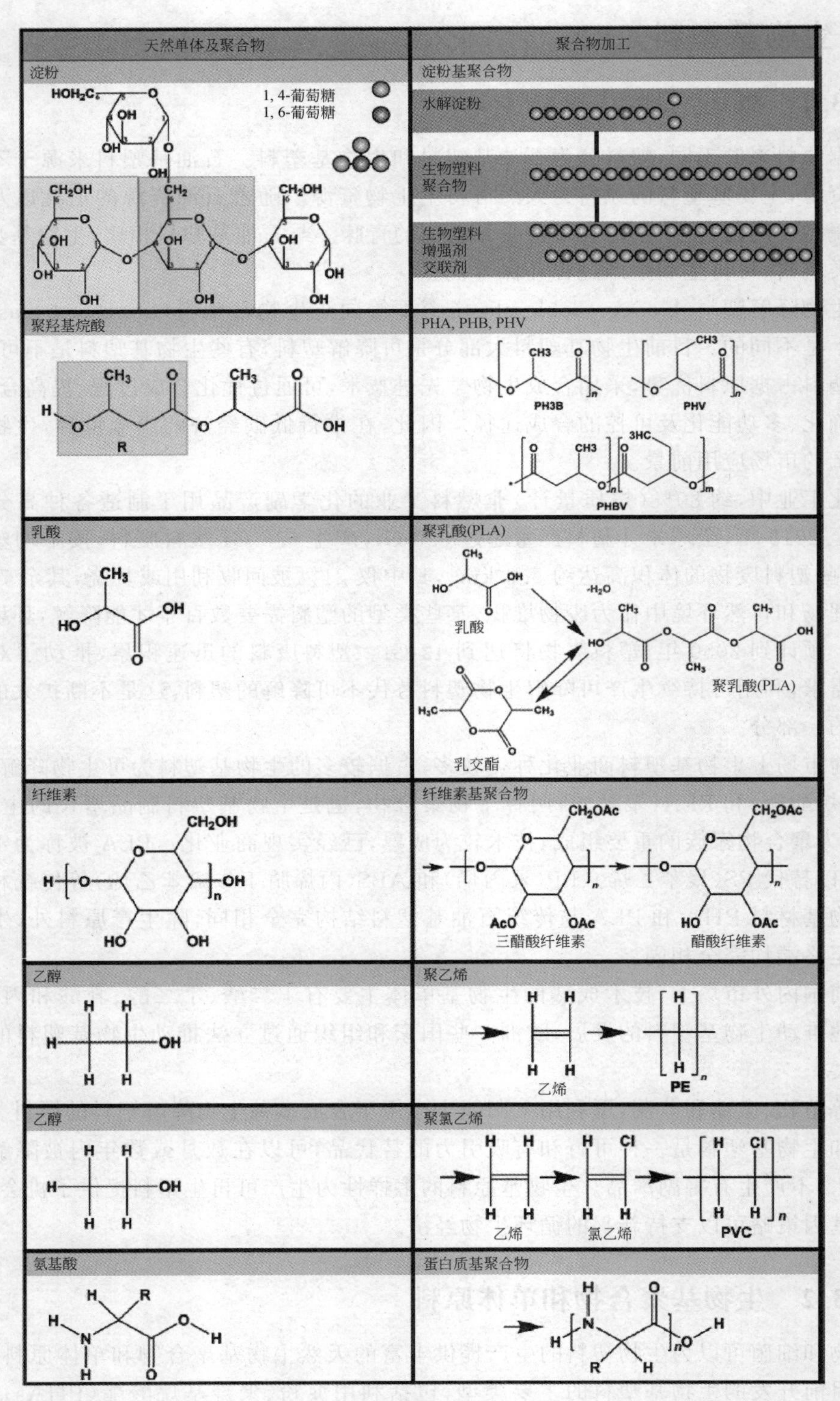

图 9-5 主要的生物基塑料类型

图 9-5 列出了生产每种生物塑料的原料(天然单体和聚合物)及其化学式，包括淀粉基聚合物、聚羟基烷酸酯(PHA)(包括聚羟基丁酸酯 PHB、聚羟基戊酸酯 PHV、聚(3-羟基丁酸酯-co-3-羟基戊酸酯)PHBV)、聚乳酸(PLA)、纤维素基聚合物、聚乙烯(PE)、聚氯乙烯(PVC)和蛋白质基聚合物。这些单体和聚合物可以来源于高等植物以及微藻和蓝藻。

图 9-5 还总结了由天然单体和聚合物合成生物塑料的转化过程。由于单体可以混合、交联，通过化学改性提高性能，所以塑料加工过程中还要引入增塑剂、稳定剂、填料、加工助剂和着色剂等添加剂，以生产具有不同物理特性(例如熔点、密度、保质期、生物降解性、抗紫外线性能、透明度、热塑性塑料与热固性塑料)的各种塑料。这些不同的塑料在水体中、土壤中和堆肥系统中的可降解性也不同。

影响生物塑料降解的最重要因素包括温度、湿度和微生物。堆肥系统中关于生物塑料降解，包括降解所需的时间、生物塑料排放的二氧化碳百分比以及残留的有毒物质如图 9-6 所示。

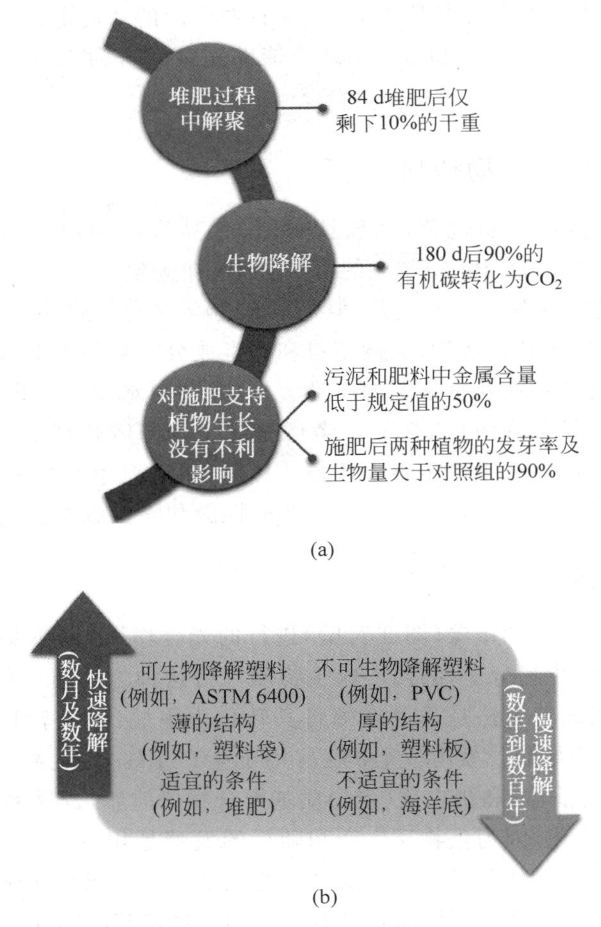

图 9-6　生物塑料的降解

图 9-6(a)汇总了生物塑料降解性认证的关键国际标准，这些标准具有几乎相同的要求。图 9-6(b)给出了生物塑料聚合物的降解机理。现行监管框架根据产品的生物降解性而不

是其组分进行分类,这对于由多种生物塑料组成的复合材料的降解特别重要。

生物塑料包括可生物降解塑料和不可降解塑料,两者对于可持续发展都很重要。不可降解生物塑料可作为碳汇(carbon sink),有望在开发可持续的基础设施方面发挥越来越重要的作用(如利用塑料生产的市政供水管道、下水道管道、建筑材料和屋顶材料以及路面材料等),提供不断扩大的、长期的碳汇,支持急需的二氧化碳减排任务。可以通过立法认证来加快在这些行业里利用生物基塑料(例如生物基聚乙烯)替代石油基塑料,使这类基础设施有资格获得碳信用(carbon credits)。

可生物降解塑料可用于生产二氧化碳中性的产品,这些产品可完全生物降解,以尽量减少其对环境的影响。从理论上讲,塑料降解的时间尺度可以根据产品用途进行调整。在这方面,无论是指导生物基塑料的设计过程,还是对一个新兴的生物基塑料行业的可持续发展,国家立法和国际标准也是至关重要的。

需要制定严格控制的工业堆肥系统标准(图 9-6(a)),同时也需要适当考虑生物塑料在庭院堆肥以及在陆地和水环境中的降解,以应对日益广泛的环境退化。具体来说,必须改进塑料制品,使其在工业堆肥、陆地和水生系统中能够完全降解为二氧化碳和水,并且不会释放有毒副产物(图 9-6(b))。

9.3.3 藻类合成生物塑料

石油化工生产的塑料食品包装,如软饮料瓶、食品容器和由聚对苯二甲酸乙二醇酯(polyethylene terephthalate, PET)制成的食品托盘,在天然环境中会长期存在,至少超过90 年。尽管全球的塑料回收率稳步上升,但仍只有 20%左右。此外,降解通常是不完全的,并且在许多情况下会形成有害产物,如微塑料和有毒成分。从理论上讲,可以控制生物基塑料的配方,提供符合特殊用途及货架期的产品。例如,塑料水瓶可以设计为有 2~5 年的保质期,并可以在特定条件下降解(图 9-6)。考虑全球生物降解塑料需求的一半以上是用于包装材料,这种包装可能在未来产生重大效益。然而,对于竞争激烈的生物基塑料市场,生物技术和加工技术的进步,对于提高生物基塑料的性能和降低成本至关重要。

1. 生物质转化成甲烷

植物、蓝藻(图 9-7(a))和微藻(图 9-7(b))进行的光合作用,驱动太阳能还原二氧化碳,并最终产生一组复杂的生物分子,共同形成生物质。将这种生物质原料与现有的石化基塑料工业相连接,或许最简单方法是通过发酵将其转化为甲烷(图 9-7(b)),因为甲烷可以转化为生物基塑料的生产原料。实际上,甲烷可用于生产 PHAs、乳酸(PLA 的前体)、乙醇(bio-PE 和 bio-PVC 的前体)和蛋白质(蛋白质基聚合物的前体)。这种方法的优点是,可以使投资及运行成本最小化,因为生物质生产和随后的发酵是相对简单的低成本过程。它的缺点是,在产生这些复杂生物分子过程中所利用的大部分太阳能及其获得的价值,在转换回甲烷的过程中又失去了,必须利用甲烷重新合成不同生物基塑料的前体分子。然而,它提供了一种简单有效的方法,来启动可再生的生物塑料的生产,并可能演变成一种中间方法,将复杂的生物分子转化为更长链的分子,并减少能量损失。

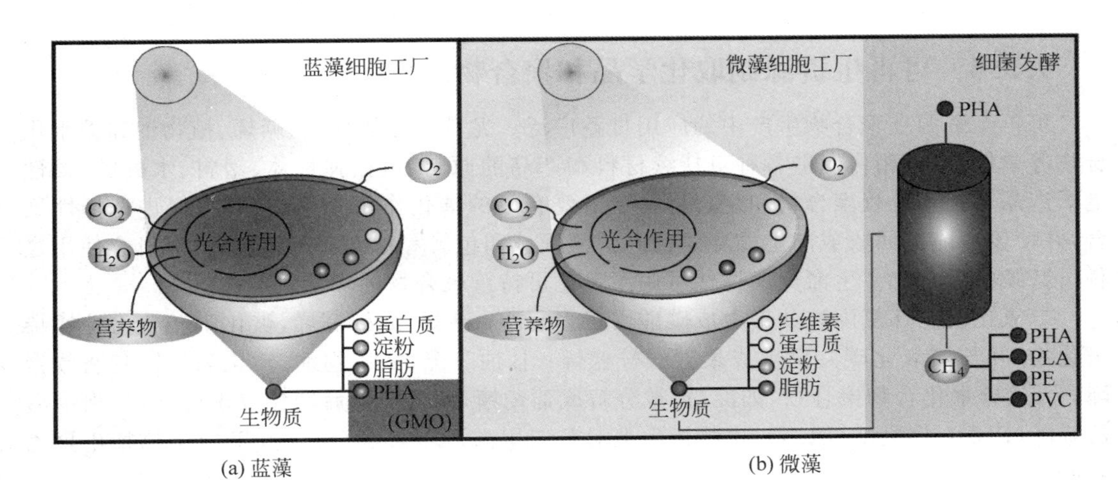

(a) 蓝藻 (b) 微藻

图 9-7 藻类利用太阳能驱动生物基塑料生产的路线

GMO—转基因生物；PE—聚乙烯；PHA—聚羟基烷酸酯；PLA—聚乳酸；PVC—聚氯乙烯

2. 生物炼制方法

使用生物精炼方法可以从生物质中分离出生物分子组分(图 9-7)。人们正在开发基于细胞机械裂解和水热液化的过程，以破坏生物质细胞，并释放出蛋白质、脂质、碳水化合物、核酸等组分，在可能的情况下，还可以释放出纤维素或其他有价值的细胞壁材料。然后，利用这些组分合成各种不同的生物基塑料的原料(图 9-5)。这种方法的成功关键在于能够实现成本效益，尽管将从生物质中分离出其组成部分所需的成本相对较高，通过建立纯产品的联合生产，有望实现这一过程的价值。例如，蓝藻可以用作共同生产多羟基丁酸酯(PHB)、动物饲料、色素、甲烷和肥料的原料；又如，通过真菌水解和微藻培养，对食品废物的生物精炼设计，可以产生增塑剂、乳酸和动物饲料，只有将生产重点放在高附加值的增塑剂和乳酸上，才能实现经济可行性。从相同来源的生物质生产多种生物基塑料，有助于抵消其分离和纯化所需的相对较高的成本。

进行详细的技术经济分析及建立生命周期分析建模工具，可以快速跟踪生物炼制系统并进行优化，开发充满活力的商业模式并降低风险。通过这些建模方法，有可能确定最有价值的和最没有价值的生产流，与之相关的投资和运行成本，并规划生物炼制过程，以提供良好的经济(如盈利能力)、社会(如能源效率)和环境(如温室气体排放)效益。

3. 转基因生物生产细胞系

转基因蓝藻可以直接利用太阳能来促进 PHA 的生产(图 9-7(a))，随着 CRISPR (clustered regularly interspaced short palindromic repeats)技术的发展，对微藻进行改造可以提高其光捕获效率并获得特定的生化途径。当然，特定代谢途径的基因工程可以生产新的前体分子，使下一代生物基塑料具有更广泛的物理和化学性质。因此，使用转基因生物可以提高加工效率并降低成本。此外，与以农作物为基础的生产相比，微藻和蓝藻转基因作物可以在封闭系统中生产，在生产过程中它们可以被有效地破坏。

9.3.4 可再生资源制取化学品和聚合物

可再生资源在聚合物生产中的应用日益广泛。尤其是二氧化碳、萜烯、植物油和碳水化合物等单体，可以用作制造各种可持续材料和产品的原料，包括弹性体、塑料、水凝胶、柔性电子产品、树脂、工程聚合物和复合材料。需要有效的催化作用来生产单体，促进选择性聚合，并使废料能够回收或向上循环。在高价值领域和包装等基础应用领域，都有机会使用这种可持续的聚合物。生命周期评估可用于量化可持续聚合物的环境效益。

二氧化碳与环氧丙烷共聚生成碳酸丙烯多元醇；萜烯，如柠檬烯，被化学转化为柠檬烯氧化物，并与二氧化碳共聚生成聚碳酸柠檬烯；甘油三酯，从植物油，转化为长链脂肪族聚酯；天然碳水化合物聚合物，如淀粉，被分解成葡萄糖，葡萄糖随后转化成聚合物，如聚糠酸乙烯酯（PEF）、聚乳酸（PLA）、生物衍生聚对苯二甲酸乙二醇酯（bio）PET 或生物衍生聚乙烯（bio）PE。

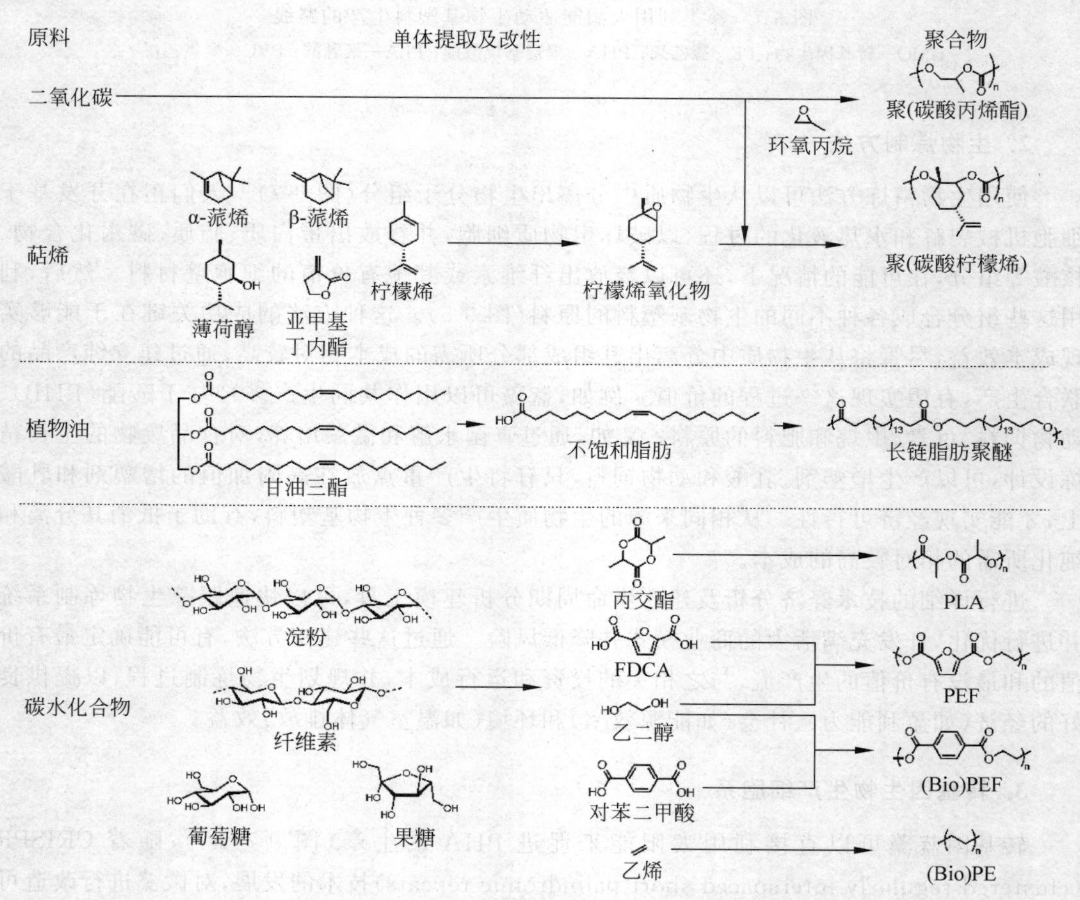

图 9-8 在聚合物生产中替代石化产品作为原材料的选择

引自：Zhu YQ，Romain C，Williams CK. Nature，2016，540：354～362

甘蔗和玉米等植物是蔗糖或淀粉的良好来源，它们可以转化为单体，包括丙交酯、琥珀酸和 2，5-呋喃二甲酸（FDCA）。将单体聚合，分别制备聚乳酸（PLA）、聚丁二酸丁二醇酯（丁二醇酯）或聚糠酸乙烯酯（PEF）。聚羟基脂肪酸（PHA）可以直接由葡萄糖生物合成。

纤维素纤维可用于增强复合材料，用作水凝胶或电子用柔性基板(图 9-9)。

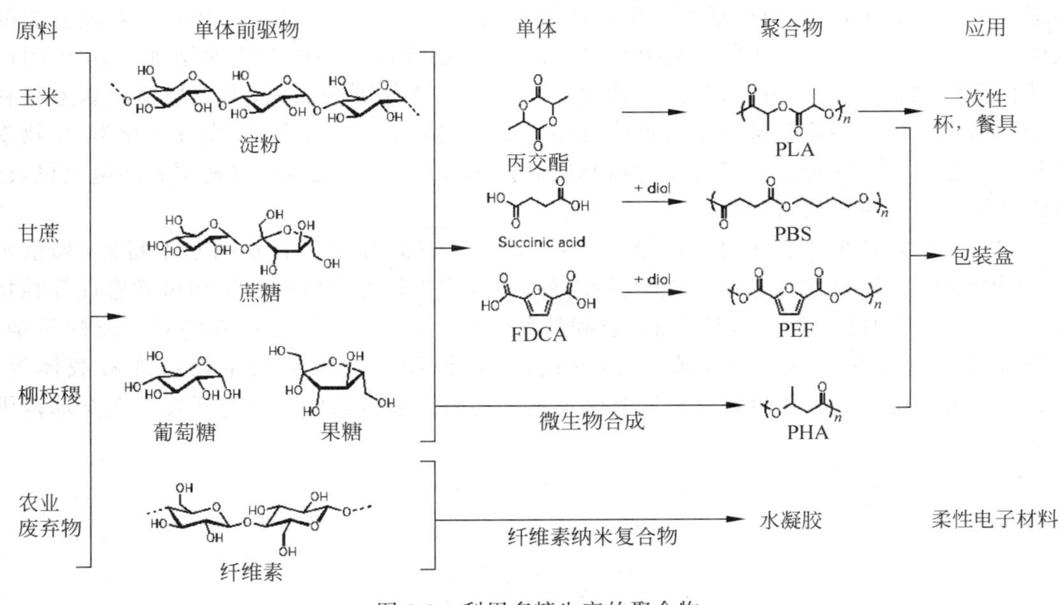

图 9-9 利用多糖生产的聚合物

9.4 可生物降解塑料 PHAs

9.4.1 PHAs 的结构及性质

塑料具有密度小、强度高、耐腐蚀、价格低廉等优良特性，在人类生活及工农业生产中获得了广泛的应用。然而，塑料垃圾在填埋、焚烧等处理过程中已暴露出种种弊端。目前，塑料垃圾以每年 2 500 万 t 的速度在自然界中积累，严重威胁和破坏着人类生存环境。人类环保意识的加强促使许多国家十分重视可降解塑料的研究与开发，种种可降解塑料不断问世。

可降解塑料主要包括光降解塑料、淀粉基生物可降解塑料、微生物发酵合成的生物降解塑料、天然高分子合成的生物降解塑料等，可降解塑料的分类如图 9-10 所示。从中长期发展来看，可从源头解决“白色污染”问题的可生物降解塑料，将会越来越受到重视。

在众多的可降解塑料中，完全生物降解塑料作为治理或减轻一次性塑料废弃物对环境造成污染的根本措施，备受西方国家青睐，在有些国家已经陆续颁布了一些法规，禁止使用某些塑料制品。可生物降解塑料的研究力度正在逐步增大。目前，国外已经商品化的可生物降解塑料的主要种类有脂肪族聚酯、淀粉-聚乙烯、热塑性淀粉共混物、聚乳酸和聚己内酯等，其生产能力从几千到几万吨不等。

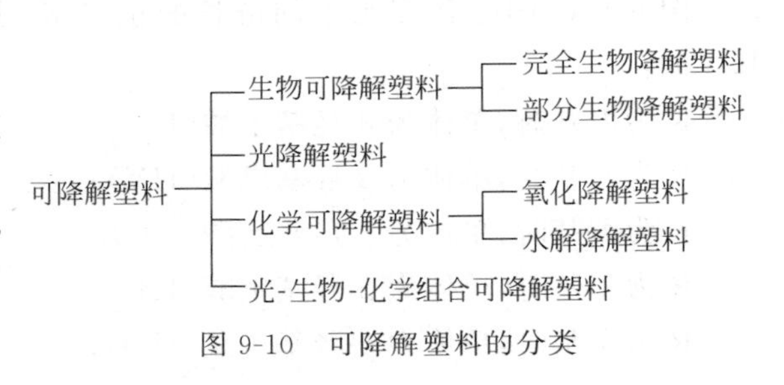

图 9-10 可降解塑料的分类

以聚-β-羟基烷酸(polyhydroxyalkanoates，PHAs)为原料制造的新型塑料，可被多种微生物完全降解，开发应用前景十分乐观。1926 年，法国的 Lemoigne 首次从巨大芽孢杆菌(*Bacillus megatherium*)细胞中提取得到聚-β-羟基丁酸(PHB)。此后，在上百种细菌中发现PHAs，其中包括革兰氏阳性菌和阴性菌。近10年来，与PHAs合成有关的微生物学、生物化学、分子生物学研究以及PHAs的物理性质的研究迅速增加。其中PHB在理化性质、加工特性及分子遗传、生物化学等方面的研究更为深入，为生物聚酯新型材料的开发利用提供了理论基础。生物可降解塑料的研究是一个环境科学、高分子化学、生物学交叉的全新领域。这种新型高分子材料利用高技术合成，能有效地缓解资源和环境危机，已被许多国家列为重点投资项目。

PHAs作为有光学活性的一种脂肪族聚酯，除具有高分子化合物的基本特性(如憎水性、气体阻隔性、压电性和非线性光学活性)外，还具有生物可降解性和生物可相容性等独特优点。因此，用PHAs制作各种容器、袋和薄膜等，可大大减少这些废弃物对环境的污染。此外，PHAs还可用作医药方面的骨骼替代品、骨板和长效药物的生物可降解载体等。PHAs应用于可植入人体生物材料和光学材料等高附加值方面的研究与开发正在全球范围内展开。

PHAs的结构如图9-11所示。

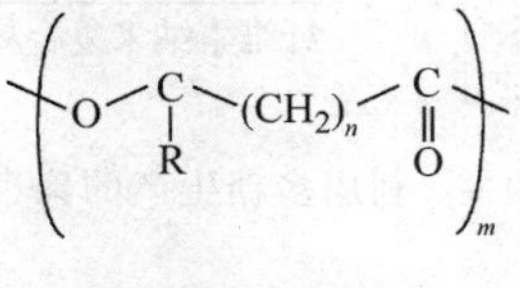

(a) PHAs的一般结构

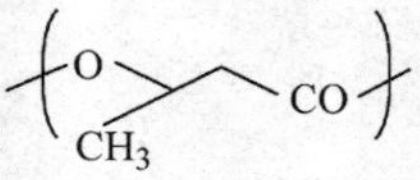

(b) PHB

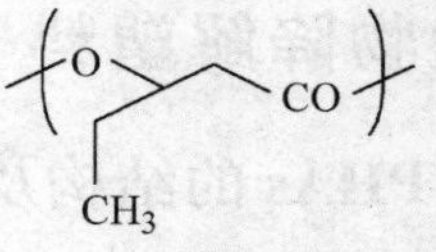

(c) PHV

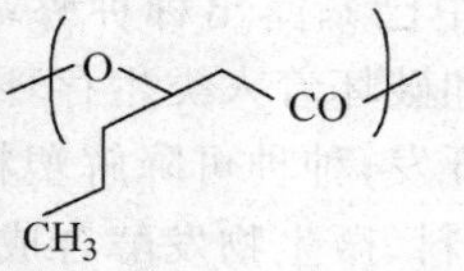

(d) PHE

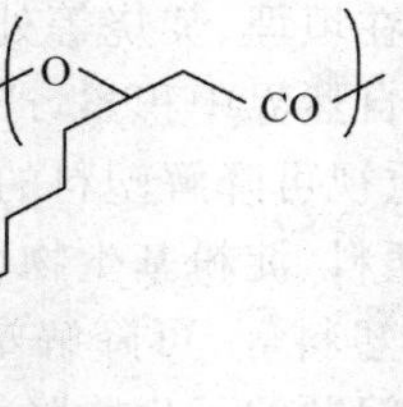

(e) PHO

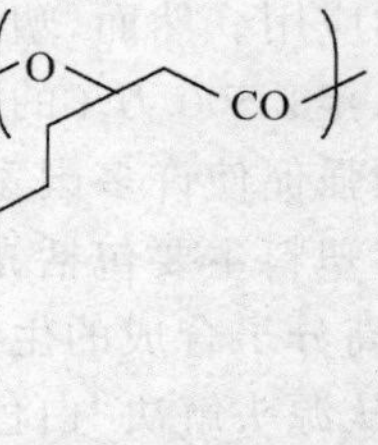

(f) PHD

图9-11 PHAs的结构

图9-11(a)中：R多为不同链长的正烷基，也可以是支链的、不饱和或带取代基的烷基。如：

R为甲基时，单体为β-羟基丁酸(HB)；

R为乙基时，单体为β-羟基戊酸(HV)；

R为丙基时，单体为β-羟基己酸(HC)；

R为丁基时，单体为β-羟基庚酸(HH)；

R为戊基时，单体为β-羟基辛酸(HO)；

R 为己基时，单体为 β-羟基壬酸（HN）；

R 为庚基时，单体为 β-羟基癸酸（HD）；

R 为辛基时，单体为 β-羟基十一酸（HUD）；

R 为壬基时，单体为 β-羟基十二酸（HDD）；

n 为单体的数目。

所以，R 为甲基时，其聚合物为聚 β-羟基丁酸（PHB），R 为乙基时，其聚合物为聚 β-羟基戊酸（PHV），其他依次类推。此外，在一定条件下两种或两种以上的单体还能形成共聚物，其典型代表是 3HB 和 3HV 组成的共聚物 P（3HB-co-3HV），又写为 PHBV，其结构如图 9-12 所示。

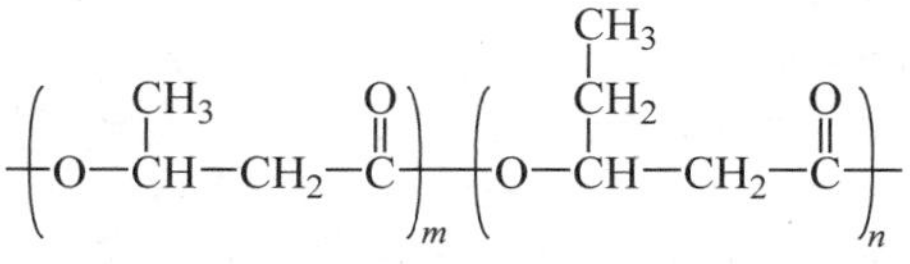

$$\left[O-CH(CH_3)-CH_2-C(=O) \right]_m \left[O-CH(CH_2CH_3)-CH_2-C(=O) \right]_n$$

图 9-12　PHBV 的结构

多种微生物在一定条件下能在胞内积累 PHAs 作为碳源和能源的储存物。由于 PHAs 具有低溶解性和高分子质量，它在胞内积累不会引起渗透压的增加。因而，它们是一类理想的胞内储藏物，比糖原、多聚磷酸或脂肪更加普遍地存在于微生物中。

至今为止发现的所有 PHAs 几乎都是线状的 β-羟基烷酸的聚酯。β 碳原子的手性决定了这些多聚物具有光学活性，所有的组成单位仅以 R 构型存在，就是说，从聚合物化学角度看，所有这些多聚物是完全等规立构的。采用溶剂法从不同细菌中提取的多聚物，有些多聚物的相对分子质量可高达 2×10^6，该值与约 20 000 的聚合度相对应。每个 PHAs 颗粒含有数千条多聚体链。这些多聚物的物理化学性质和机械性能如韧度、脆性、熔点、玻璃态温度和抗溶剂性等与单体的组成有极大的关系。例如 PHBV 共聚物中 β-羟基戊酸组分的增加可使熔点从 180℃（PHB 均聚物）降至 75℃（PHBV 共聚物中 HV 组分为 30%～40%，以摩尔分数表示）；从 *P. oleovorans* 中提取的含长链重复单位的 PHAs 在丙酮或乙醚中是可溶的，而 PHB 在上述溶剂中不能溶解。

至目前为止，大多数有关细菌生产的 PHAs 的物理化学性质的研究是针对 PHB 和 PHBV 两种聚合物进行的。PHB 是 100%立体专一性的，所有的不对称碳原子都是 D(−)构型，因而 PHB 是高度结晶的晶体，结晶度的范围在 55%～80%，其在物理性质甚至分子结构上与聚丙烯（PP）很相似，例如熔点、玻璃态温度、结晶度、抗张强度等，而相对密度大、透氧率低和抗紫外线照射以及具有光学活性、阻湿性和压电性等则是 PHB 的优点。PHAs 和聚丙烯的性能比较见表 9-2。

表 9-2　PHAs 和聚丙烯的性能比较

性　　质	PP	PHB	P(3HB-co-3HV)		P(3HB-co-4HB)		P(4HB)
			9%HV	25%HV	10%HB	64%HB	
熔点/℃	171～186	171～182	162	137	159	50	53
玻璃态温度/℃	−15	5～10					
结晶度[①]	65%～70%	65%～80%					
相对密度/(g/cm^3)	0.905～0.904	1.23～1.25					
相对分子质量/10^5	2.2～7	1～8					

续表

性　质	PP	PHB	P(3HB-co-3HV)		P(3HB-co-4HB)		P(4HB)
			9%HV	25%HV	10%HB	64%HB	
相对分子质量分布	5～12	2.2～3					
弯曲模量/GPa	1.7	3.5～4	1.9	0.7		30	149
抗张强度/MPa	39	40	37	30	24	17	104
断裂伸长	400%	6%～8%			242%	591%	1 000%
抗紫外线照射	差	好					
抗溶剂	好	差					
透氧率/($cm^3/(m^2 \cdot atm \cdot d)$)②	1 700	45					
生物降解性	不可降解	可降解	可降解	可降解	可降解	可降解	可降解

① 用摩尔分数表示。

② 1 atm=101.325 kPa。

从表 9-2 中可见,PHB 的机械性能包括弯曲模量(3.5～4 GPa)和抗张强度(40 MPa)与聚丙烯相近,但其断裂伸长仅为 5%,比聚丙烯的值(400%)要低得多,因而 PHB 较脆和发硬,但这可通过与适量 HV 共聚而补偿。从表 9-2 中还可以看出,随着 PHBV 中 HV 组分的增加,聚合物的强度降低而韧性增加,且共聚物的熔点随着 HV 组分的增加而降低,使得较易对其进行热加工处理。另外,单体 4HB 的聚合物或 3HB 与 4HB 的共聚物 P(3HB-co-4HB)则是高弹体,且其生物降解的速度比均聚 PHB 或 PHBV 更快。

PHB 的工业化应用主要存在两个缺点:一是 PHB 具有较差的熔化稳定性,其分解温度约为 200℃,该温度与其熔点(约 175℃)相近;二是在环境条件下储存数日后,PHB 易发脆。对于第一个缺点,可通过在发酵过程中加入 3HV 的前体合成 PHBV 共聚体或将 PHB 与其他多聚物相混合使用来解决;而对于第二个缺点,最近的研究发现,PHB 的老化问题可通过简单的淬火处理来较大程度地解决。

PHAs 的生物降解性和生物相容性是许多化学合成塑料所不具备的。PHAs 这类热塑性聚酯可纺丝、压膜或注塑,在工业上可用作各类包装材料等,在医药方面的应用由于其生物相容性可作外科缝线、骨骼代用品或骨板,术后无需取出。除作为塑料外,还用于化学合成光学活性物质的手性前体,特别是合成药物和昆虫信息素。

PHAs 的用途见表 9-3。

表 9-3　PHAs 的用途

1. 医药上的应用	2. 工业上的应用
外科缝线、肘钉等	容器、瓶、袋、薄膜等包装材料
骨骼替代品和骨板	妇女卫生用品、尿布等
血管替代品	音响设备的薄膜
伤口敷料	光学活性物质来源,制造立体专一性衍生物
由于压电效应促进骨骼生长	3. 农业上的应用
长效药物的生物降解载体	农用薄膜
	长效除锈剂、抗真菌剂、杀虫剂或肥料的生物降解载体

研究还发现,PHB 的降解产物 D(−)-3-羟基丁酸是一种普遍存在于高等动物中的中间产物,在原核生物和真核生物中发现的含有 100～200 个单体的小分子量 PHB,具有作为细胞膜离子通道组成的作用,并且在人体的血浆中也检测到它的大量存在。因而,有理由相

信，植入哺乳动物组织的 PHB 不会对机体产生毒性。

9.4.2 合成 PHAs 的主要微生物

PHB 最初是由 Lemoigne 于 1925 年首先发现的，随后他从巨大芽孢杆菌(*Bacillus megaterium*)中分离并鉴定了该物质，并阐明了该菌形成孢子时产生 PHB，研究还发现褐球固氮菌(*Azotobacter chroococcum*)产生 PHB 并在包囊形成之前降解。20 世纪 50 年代末人们对生长条件对 PHB 代谢的影响进行了研究，发现 PHB 生成的量随着生长培养基中碳氮比的增加而增加，即 PHB 的积累是在某种营养物受限制的不平衡生成条件下发生的，这是一个重要的发现。1974 年，Wallen 和 Rohwedder 报道了从活性污泥的氯仿萃取液中测定到含 3HB 和其他 3-羟酰基单体的杂聚物的存在，从而研究的领域由 PHB 扩展到 PHAs。1983 年有专利报道用微生物合成 PHBV 共聚物，而且它比 PHB 均聚物有某些更好的特性。此后，有关 PHAs 的研究报道越来越多。

能产生 PHAs 的微生物分布极广，包括光能和化能自养及异养菌，计 65 个属中的近 300 种微生物。积累有 PHAs 的微生物能很容易通过用苏丹黑或尼罗蓝染色来鉴别。目前研究较多的用于合成 PHAs 的微生物有产碱杆菌属(*Alaligenes*)、固氮菌属(*Azotobacter*)和红螺菌属(*Rhodospirilum*)等。它们能分别利用不同的碳源产生不同的 PHAs。

作为生产 PHAs 的商业用途菌株，应该具备以下基本性能：

(1) 有对廉价碳源的利用能力；

(2) 生长速度快；

(3) 对底物转化率高；

(4) 胞内聚合物含量高；

(5) 聚合物分子质量大。

最初用来生产 PHAs 的菌种主要有真养产碱杆菌(*Alcaligenes eutrophus*)、固氮菌和甲基营养菌等。固氮菌和甲基营养菌虽然能分别以废糖蜜和甲醇为原料，但前者 PHB 产量低，后者 PHB 分子质量较小，因而被淘汰。

目前，对 PHAs 生产菌种的改良，主要集中于提高菌种对多种原料的利用能力和转化率、提高聚合物胞内含量以及改变细胞特性以利于提取等方面，其中，构建能合成 PHAs 的重组 *E. coli* 是一个热门研究方向。为了便于比较，表 9-4 总结了利用 *A. eutrophus* 和重组 *E. coli* 生产 PHB(或 PHBV)的特点。

表 9-4 利用 *A. eutrophus* 和重组 *E. coli* 生产 PHB 的比较

A. eutrophus	重组 *E. coli*
1. 生长较快	1. 生长快，发酵周期短
2. 容易培养(培养基和条件相对简单)	2. 有较成熟的高密度细胞培养技术
3. 胞内聚合物含量高	3. 胞内聚合物积累量大
4. 易调节共聚比，生产共聚物较易	4. 能利用多种碳源
5. 聚合物分子质量大	5. 胞内无聚合物降解酶因而分子质量大
6. 分子质量分布控制较难	6. 胞内聚合物颗粒大、结晶度高
7. 提取相对较困难	7. 易提取
8. 已有工业化产品	8. 在复杂培养基下胞内聚合物才能高积累

目前，PHAs 中研究最多、被认为最具工业化前景的是聚羟基丁酸酯(简称 PHB)和聚羟基戊酸酯(简称 PHV)。同时，由于 PHB 和 PHV 可聚合成共聚物(简称 PHBV)，并且共

聚比可在生物合成过程中进行控制和调节，而不同共聚比的 PHBV 在熔点、抗拉强度等性能方面有所不同，具有更好的性能和更宽的应用领域，故 PHBV 的研究也备受人们关注。尽管在 20 世纪 80 年代初，英国帝国化学公司(ICI)已经成功地生产出 PHBV 并投放欧洲市场，但与化工合成塑料相比，其高昂的生产成本显然不利于大规模推广应用。鉴于此，国内外学者在围绕降低 PHBV 生产成本和提高产品质量方面开展了大量的研究工作。

目前，发酵生产仍是获得聚酯生物可降解塑料的主要手段，但价格昂贵，约每千克 15 美元。英国 ICI 公司和美国 Monsanto 公司都以微生物发酵方式生产聚酯材料的生物可降解塑料。西方许多公司、大学、研究单位一直致力于发现新的天然菌或构建基因工程菌，寻找合适底物，改进发酵工艺，降低生产成本，但要达到聚乙烯产品的价格，仍需要艰苦的探索。

PHB 合成关键酶基因的克隆及转基因植物的获得，为大规模生产 PHB 提供了契机，有望像生产淀粉、油脂一样生产 PHB。

9.4.3 合成途径及关键酶

PHB 可以作为许多细菌的碳源、能源物质，而且 PHB 的积累可以增强细菌对紫外线、干燥、渗透胁迫等恶劣因子的抵抗力。有些细菌，如 *Alicaligenes eutuophs*、*Protomonas extorquens*、*Pseudomonas oleovorans* 等，在碳源丰富而缺乏某种营养成分如 N、P、K、Mg、O 或 S 时累积 PHB。有些细菌不需要限定某种营养成分就可以累积 PHB，如 *A. latus* 及含有 *A. eutrophus* PHA 合酶的重组 *Escherichia coli*。

PHB 的合成途径主要有两条，即三步合成途径和五步合成途径。其中三步合成途径见图 9-13。

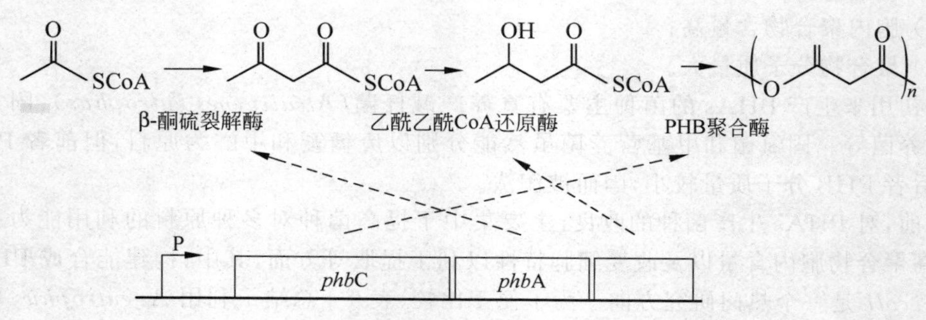

图 9-13 PHB 的生物合成途径

大多数微生物，如 *A. eutrophus*、*Azotobacter bejerinii*、*Zoogloea ramigera* 等通过三步代谢途径合成 PHB。

第一步：β-酮硫裂解酶(EC 2. 3. 1. 16)催化乙酰 CoA 生成乙酰 CoA；

第二步：在依赖 NADPH 的乙酰 CoA 还原酶(EC1. 1. 1. 36)的作用下把乙酰 CoA 还原成 D-(—)-3-羟基丁酰 CoA；

第三步：单体的 D-(—)-3-羟基丁酰 CoA 由 PHB 聚合酶催化聚合生成 PHB。

其中 β-酮硫裂解酶受游离辅酶 A 的强烈抑制。在非胁迫条件下，游离辅酶 A 含量高，因而抑制了 β-酮硫裂解酶的合成，同时阻碍了 PHB 的积累。当能源物质充足而缺乏某种营养成分时，游离辅酶 A 含量可能很低，β-酮硫裂解酶执行催化功能，PHB 就可以顺利合成。

从乙酰 CoA 合成 PHB 的三种途径如图 9-14 所示。

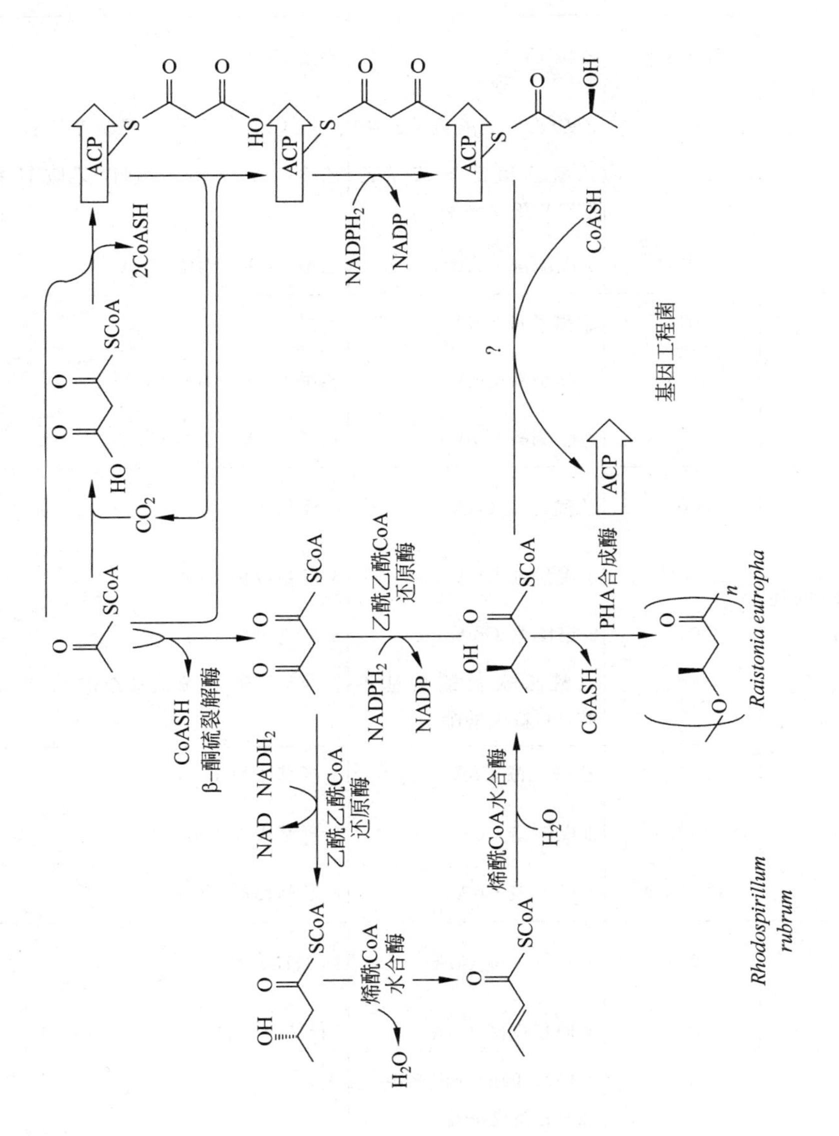

图 9-14　从乙酰 CoA 合成 PHB 的三种途径

PHB生物合成中几种酶的动力学特性参数见表9-5。

表9-5　PHB生物合成中几种酶的动力学特性参数

酶	K_m/(mmol/L)	底　物	产　物
硫解酶(缩合) *Z.ramigera*	0.33	乙酰乙酰CoA	乙酰乙酰CoA
硫解酶(硫解) *Z.ramigera*	0.024	乙酰CoA	乙酰CoA
	0.46	乙酰乙酰泛酰巯基乙胺	乙酰CoA+乙酰-泛酰巯基乙胺
	0.073	乙酰乙酰泛酰巯基乙胺-11-新戊酸酯	乙酰CoA+乙酰-泛酰巯基乙胺-11-新戊酸酯
	(50%)①	3-戊酮酰CoA	乙酰CoA+丙酰-CoA
R.eutropha	0.044	乙酰乙酰CoA	乙酰CoA
	(3%)②	3-戊酮酰CoA	乙酰CoA+丙酰CoA
	(0)②	3-己酮酰CoA	乙酰CoA+丁酰CoA
依赖于NADPH的还原酶 *Z.ramigera*	0.002	乙酰乙酰CoA	3-羟基丁酰
	0.002	3-戊酮酰CoA	3-羟基戊酰CoA
	0.010	3-己酮酰CoA	3-羟基己酰CoA
	0.99	乙酰乙酰-泛酰巯基乙胺-11-新戊酸酯	3-羟基丁酰-泛酰巯基乙胺-11-新戊酸酯
R.eutropha	0.005	乙酰乙酰CoA	3-羟基丁酰CoA
	(18%)②	3-戊酮酰CoA	3-羟基戊酰CoA
	(3.6%)②	3-己酮酰CoA	3-羟基己酰CoA
PHB聚合酶 *R.eutropha*	0.72	3-羟基丁酰CoA	P(3HB)
	1.63	3-羟基戊酰-CoA	PHV
	ND③	3-羟基丁酰-泛酰巯基乙胺-11-新戊酸酯	无

① V_{max} 相对于乙酰乙酰CoA的值。

② 相对于乙酰乙酰CoA和3-羟基丁酰CoA的相对活性。

③ ND，没有测定。

在*A.eutophus*中同时存在五步合成途径。首先，β-酮硫裂解酶催化乙酰CoA生成乙酰乙酰CoA；其次，依赖NADPH的乙酰乙酰CoA还原酶催化L-(+)-3-羟基丁酰CoA的形成；L-(＋)-3-羟基丁酰 CoA 经过两个立体专一的烯酰基 CoA 水合酶先后作用而转变成 D-(－)-3-羟基丁酰 CoA，最后聚合生成 PHB。

现已从二十多种细菌中克隆到 PHA 合酶基因，其中从 *A. eutophus* 中分离的 PHB 合成关键酶的策略和方法最为典型。有三个实验室分别采用不同的策略从 *A. eutophus* 中分离到包含 phbA（β-酮硫裂解酶）、phbB（依赖 NADPH 的乙酰乙酰 CoA 还原酶）和 phbC（PHB 合酶）的 DNA 片段。

Dennis 等通过部分酶切 *A. eutophus* H16 的基因组 DNA 建立一个 Cosmid 文库，通过分析克隆的β-酮硫裂解酶活性，进一步找到同时表达依赖 NADPH 的乙酰乙酰 CoA 还原酶和 PHB 合酶的克隆。

Schubert 等利用转座获得 PHB 阴性突变体，克隆 Tn5∷mob 的 *Eoc*RⅠ酶切限制性片段，从 λL47 基因文库中获得完整基因。

Peoples 和 Sinskey 等用从 *Z. ramigera* 分离到的酮硫裂解酶基因作为异源探针，从建立的 pUC 文库中筛选到三个基因，他们还通过 *A. eutophus* H16 PHB 阴性突变体的结合互补分离到这三个基因。

phbA 基因（1.2 kb）编码一个 41 kD 蛋白，3-酮硫裂解酶由四个 41 kD 亚基组成。

phbB 基因（760 bp）编码一个 26 kD 蛋白，依赖 NADPH 的乙酰乙酰 CoA 还原酶由四个 26kD 亚基组成。

phbC 基因（1.8 kb）编码一个 65 kD 蛋白，其亚基数目前还不清楚。

A. eutophus 中合成 PHB 的三个基因位于同一个操纵子上，由共同的启动子调控表达。现在这三个基因已被克隆到大肠杆菌及其他菌株中，进而获得可利用不同底物的菌株生产 PHB。

PHB 合酶是控制 PHB 合成的最关键酶，但此酶难于纯化且纯化后不稳定。Gerngross 等成功地从重组 *E. coli* 中提纯此酶至同质状态。研究表明，PHB 合酶的结构特性类似脂肪酶合酶，活性中心位于 319 位的半胱氨酸上。

根据 PHA 合酶的一级结构及其底物特异性可将其分为三类：

第一类是催化合成短链 PHAs 的合酶，如 *A. eutophus* 的合酶，此类合酶有 37%～39% 的氨基酸同源性；

第二类是催化中等链 PHAs 的合酶，如 *P. oleovorans* 和 *P. putida* 的合酶，两者的氨基酸同源性为 54%～58%；

第三类合酶是在 *Chromatium vinosum* 和 *Thiocapsa violacae* 中发现的，氨基酸组成与前两类相比只有 21%～27% 的同源性，这样 phbC 基因编码的蛋白链比前两类短 35%～40%。

从不同的底物合成 PHAs 的途径如图 9-15 所示。

图 9-15 中表示了由 3 种丰富的碳源（葡萄糖、CO_2 和三酰甘油酯）转化成 PHAs 的生化途径。从左到右分别为利用氨基酸中间代谢产物、柠檬酸循环、聚酮化合物合成、脂肪酸从头合成和脂肪酸 β-氧化途径合成 PHAs。

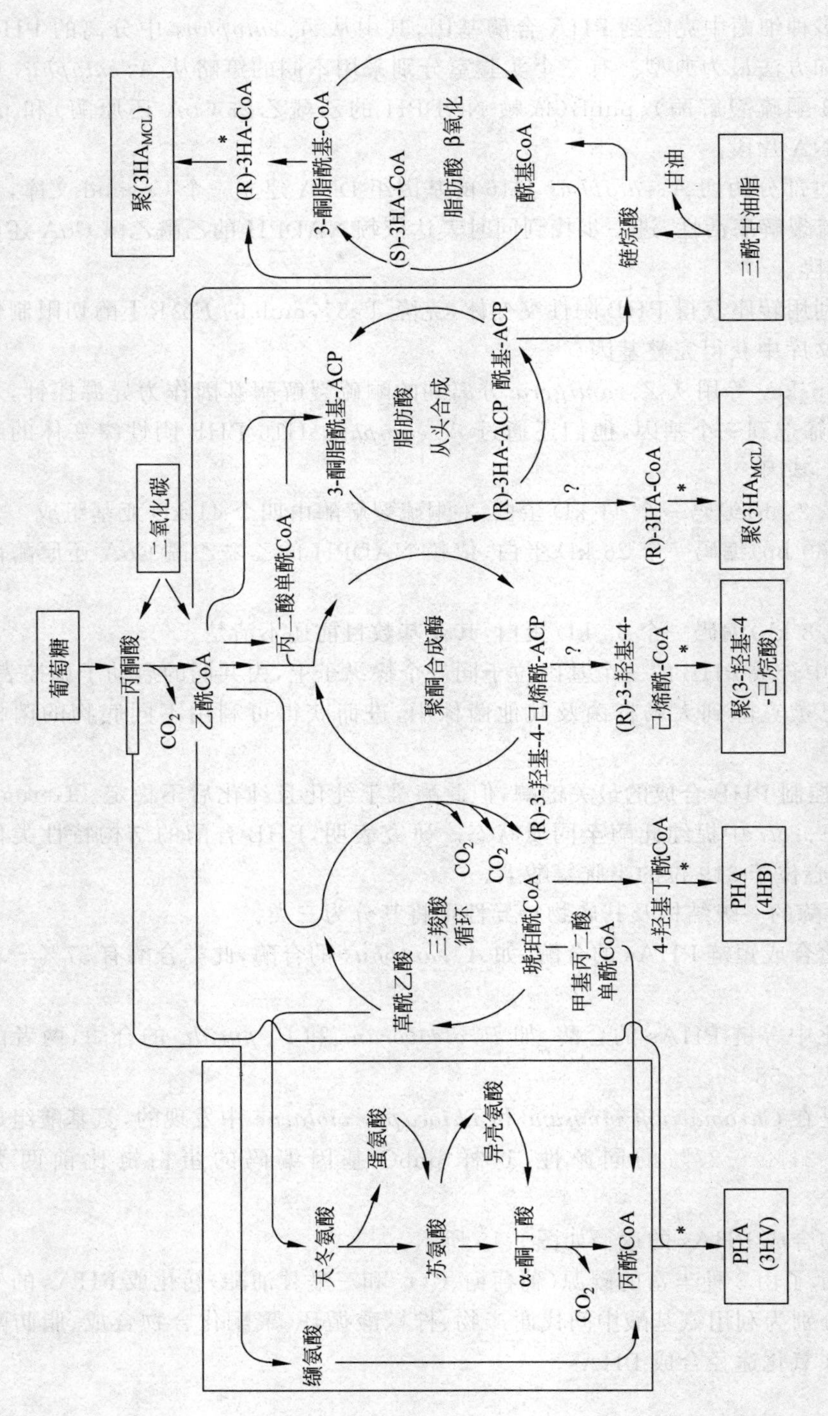

图 9-15 从不同的底物合成 PHAs 的途径

9.4.4 PHAs 生产工艺

1. 细菌发酵生产 PHB

由于 PHAs 只在细胞内积累,要实现其最大生产,必须做到:

(1) 尽可能提高细胞密度;

(2) 保证高的胞内积累量;

(3) 缩短发酵周期以提高生产强度。

目前在 PHAs 发酵中应用最多的是流加培养方法。近年来国内外有关 PHB 的部分研究结果列于表 9-6。

表 9-6 PHB 生产比较

菌 种	基 质	培养方法	培养时间/h	细胞干重/(g/L)	PHB 含量/%	生产能力/(g/(L·h))
A. eutrophus	葡萄糖	流加发酵	30	122	65	2.64
A. eutrophus	$H_2/O_2/CO_2$	循环气体	40	91.3	67.8	1.55
重组 *E. coli*	葡萄糖	流加发酵	42	117	76	2.11
A. eutrophus	葡萄糖	反馈控制	40	117	71.6	2.1
A. eutrophus	高果糖浆	流加发酵	50	20	34.5	0.318
A. eutrophus	葡萄糖	流加发酵	72	50	77	0.58
A. eutrophus	葡萄糖	流加发酵	—	—	78.6	0.24
A. eutrophus	葡萄糖	流加发酵	52	71	79.4	1.08

自然条件下,产 PHB 的细菌中 PHB 含量为 1%～3%。在碳过量、氮限量的控制发酵条件下,PHB 含量可达细胞干重的 70%～80%。1975 年英国帝国化学公司(ICI)开始采用 *A. eutophus* 的一个突变体生产 PHB。1981 年,他们在限磷而其他盐过量、含葡萄糖和丙酸的培养基上培养利用葡萄糖的 *A. eutophus* 突变体使其产生 P(3HB-3HV),终产量可达菌体干重的 70%～80%。后来由 Zeneca 公司推向市场,以细菌发酵方式年产 P(3HB-3HV) 1 000 t,价格约每千克 15 美元。细菌发酵生产价格较高,但在医药业仍有市场。改变发酵底物或菌株,可获得性状、物化特性更优良的聚合物或渗入新的功能基因,以生产出相应由脆硬到强韧的生物聚合物。

细菌发酵生产的进一步目标就是改变细菌遗传结构,制造新型聚合物,提高产量,降低成本。降低底物的价格可以明显降低成本,合适底物的选择可通过两种途径来解决:一是将 PHB 合成关键酶基因移植入其他可以利用便宜底物的菌株中;二是将底物利用基因转入 PHB 生产菌株中。第一种方法似乎更有希望。

1987 年,弗吉利亚 James Madison 大学的 Dennis 成功地从 *A. eutophus* 中克隆到合成 PHB 的基因,并转入 *E. coli* 中。他们还发现一种 *E. coli* 突变体,细胞比正常细菌大 10 倍,导入 PHB 合成关键酶,PHB 产量可能提高 10 倍。虽然 PHB 产量平均较低,约 70%,*E. coli* 也不像 *A. eutophus* 那样能从糖和有机酸生产 PHB,而且不能直接利用丙酸等生成 P(3HB-3HV),但 *E. coli* 却可以利用各种碳源,如葡萄糖、蔗糖、乳糖、木糖等,故可选择便宜的底物进一步降低成本。同时,遗传工程菌也可以在分子水平进行“修饰裁剪”,人为控制产物结构。美国、德国、奥地利等国家对建立这样一种塑料工厂表现出极大的兴趣。1989年英国ICI公司利用Dennis组建的工程菌生产的PHB占菌体干重80%以上。奥地利维也纳大学在构建大肠杆菌基因工程菌的同时，引入热敏噬菌体溶解基因，可使细菌易裂解释放PHB，降低了提取成本。

尽管研究人员已经对PHB(或PHBV)生产菌的选育与改良、发酵过程的优化控制、提取技术、降解性能和应用前景进行了广泛的研究，但已有报道尚未能解决以下4个关键问题：

(1) 菌种对丙酸的低转化率，导致PHBV的生产成本高；

(2) 聚合物分子质量分布范围较宽，且不易控制；

(3) 现有的提取技术难以实现高收率和高产品纯度，且污染较大；

(4) 聚合物性能与化工合成塑料相比，尚有较大差距。

因此，有必要在实验室中对上述问题进行深入研究，为PHB(或PHBV)工业化打下坚实的理论基础。从PHB(或PHBV)工业化的需要来看，开发下列技术对解决上述4个难点将会起到关键的作用：

(1) 丙酸转化率高、生长速度快的*A. eutophus*的定向育种技术；

(2) 以高生产强度、高转化率、高聚合物含量、聚合物分子质量大和分布窄相统一为目标的流加发酵技术；

(3) 高基质选择性、高聚合物含量、分子质量分布可控制的重组*E. coli*的构建技术，及重组*E. coli*工业化生产聚合物的工艺条件；

(4) 确定聚合物生物工艺与降解性能的相关性；

(5) 低成本、高产品质量的非有机溶剂清洁提取技术；

(6) 聚合物分子设计、修饰和共混加工技术。

发酵法生产PHB工业化必须具备的条件见表9-7。

表9-7 发酵法生产PHB工业化必须具备的条件

条件	降低成本因素	提高质量因素
菌种	1. 利用廉价基质 2. 胞内聚合物含量高 3. 生长速度快 4. 易于培养 5. 改造菌种特性以利于提取	1. 聚合物分子质量大 2. 分子质量分布窄 3. 共聚物中HV组分高
工艺	1. 高生产强度、高转化率和高胞内含量 2. 提高反应器中传氧性能，降低能耗 3. 有利于产物提取的工艺条件优化	
提取	1. 非有机溶剂提取 2. 提取产率高，提取剂可回用 3. 操作简单、提取步骤少 4. 易于工业化 5. 环境污染小 6. 投资少	1. 分子质量降低少 2. 纯度高
性能改进	与其他可降解材料共混	1. 进行侧链修饰，增大分子质量 2. 采用淬火工艺，解决脆性大和易老化问题

2. 植物生产 PHB

植物转基因技术不仅是生命科学基础理论研究的有力手段，同时也为实现高效、优质、高产农业提供了捷径。利用转基因技术改良作物蛋白质、淀粉、脂肪的成分，提高营养价值，增强植物抗逆境能力和瓜果耐储能力，培育抗病虫和抗除草剂的工程植株，已在农业生产中显示出了巨大的经济效益。现在可以利用植物作为生物反应器生产次生代谢产物、激素、抗体和多肽活性物质。但目前大多数物质在转基因植物中表达量不高，且纯度远远低于微生物发酵系统。然而，植物系统可以对真核蛋白进行正确的翻译后加工，形成有活性的分子，且不需要复杂的发酵产物后加工过程，而且自身底物丰富，不需要昂贵的发酵底物，成本相对低廉。以乙酰 CoA 为底物生产 PHB，产量在理论上可以达到以淀粉、油脂为底物时的水平。因此，利用转基因植物生产 PHB，以生物降解塑料取代化学合成塑料，根治“白色污染”的前景乐观。

1992 年，美国科学家首次进行了植物生产 PHB 的尝试，并将 CaMV35s 启动子控制的 *A. eurtoophus* PHB 合成途径中的 *phb*B、*phb*C 导入拟南芥中，利用植物本身的酮硫裂解酶合成了一定量的 PHB，颗粒大小、形状与细菌中的相似。虽然 PHB 合成量很少，约 100 μg/g，但转基因植株生长却严重受阻，PHB 颗粒在胞质、液泡，甚至核内出现，但质体内不存在。phbB、phbC 基因缺少特异性表达的信号，应该在胞质内表达。而液泡、核中却有 PHB 颗粒存在，这表明 PHB 颗粒可能穿越液泡膜、核膜。胞质内乙酰 CoA 含量少，并生成丙二酰 CoA、乙酰乙酰 CoA，这些都是植物体内重要化合物类黄酮、植物激素、甾醇等内源生成物的前体。PHB 的合成竞争乙酰 CoA，同时核内 PBH 颗粒的存在有可能干扰核的正常功能（图 9-16）。

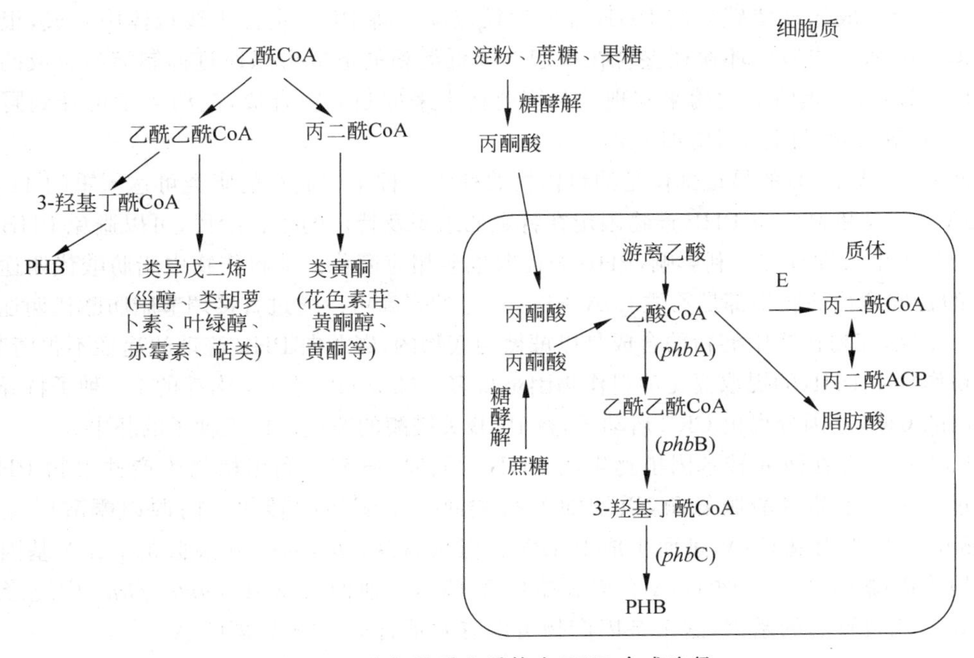

图 9-16　在细胞质和质体中 PHB 合成途径

用油菜重复以上试验,结果植株生长发育受阻,PHB含量很低。这一阶段产物分析表明,PHB合成量还不足以进行生化分析,通过细胞悬浮培养后分析发现植物中产生的PHB与细菌合成的PHB在化学结构、物理性质上均相同。

Somervilles研究小组于1994年改进了策略,将PHB定位于质体。质体中富含乙酰CoA,而且质体内可容纳大量淀粉,暗示着同样可以储存大量的PHB。他们分别在*phb*B、*phb*A、*phb*C基因上连入一段编码豌豆叶绿体Rubisco小亚基转运肽的DNA片断,将表达产物定位于质体,通过杂交手段将三个基因在同一株拟南芥菜中表达。结果PHB累积量高达干重的14%,而且转基因植株发育正常。

第一代含PHB基因的转基因植物中,质体中没有PHB产物,表明PHB颗粒不能穿过质体双层膜。因此将PHB定位于质体的另一个优点就是不会造成PHB的泄漏而干扰植物的正常生理功能,也不会阻碍一些内源机制的运转。但是研究发现,植株幼叶成长期PHB含量超过300～400 μg/g时,在后期(50～60 d后)叶片有轻微的黄化现象。PHB颗粒积累太多可能对叶绿体的正常功能有不利的影响。有趣的是,在扩展叶中,并非所有叶绿体累积PHB,而老叶中几乎所有叶绿体都含有PHB,且老叶中PHB的水平是扩展叶的8～13倍。

英国Zenica公司将*phb*A、*phb*B、*phb*C基因导入了油菜,利用Rubisco小亚基转运肽将三个基因定位于叶绿体中表达,提高了PHB产量。

美国Monsanto公司的科研人员正在同时进行转基因油菜和大豆生产PHB的研究。

淀粉类作物的产量一般比较高。块茎或块根往往作为储藏器官,非再生所必需。向马铃薯、甘薯、萝卜等作物中移植PHB合成途径,可以在块茎或块根中合成PHB。但是淀粉的合成是以蔗糖而非乙酰CoA作为底物,因而碳源向PHB转化的途径不很清楚。德国的Trethewey利用马铃薯在块茎的胞质和线粒体中合成PHB,并进行代谢调节的研究,试图负调节淀粉合成途径使碳源向PHB合成途径流动。将PHB定位于线粒体中合成,很可能是将糖酵解和三羧酸循环途径整合在一起。降低淀粉的形成可以通过抑制淀粉合成的关键酶ADP-Glucose焦磷酸化酶来实现。利用此技术来抑制淀粉合成,淀粉含量可降到野生型的5%,蔗糖的含量因此而增加。

然而,合成PHB的最佳部位是油料作物的种子。种子中储存的脂类可达干重的44%,乙酰CoA含量特别高。将PHB产物限定在特定的组织及特定的生长阶段,可以避免PHB产物对植物整个生长发育的不利影响,PHB的提取也会相应简化。油料作物中脂肪酸代谢途径与PHB的合成途径的底物都是乙酰CoA,PHB产量的提高可以通过直接调节脂肪酸代谢途径来实现。相反,淀粉作物中淀粉的合成是以蔗糖为底物的,碳源向PHB流动的途径不很清楚,而且淀粉作物中PHB的提取要比油料作物困难得多。Nawrath等从拟南芥的12s种子特异性储藏蛋白的CRB基因分离出CRB启动子,将PHB关键酶的表达定位于种子的胚中。

Padgette等在研究转基因植物生产PHB的同时,研究了利用植物生产共聚物PHBV。他们过量表达了苏氨酸脱氨酶,以增加苏氨酸向β-丁酮酸的转化。内源丙酮酸脱氢酶将β-丁酮酸转化为丙酰CoA,进而生成PHBV。但从*A. eurtoophus*中克隆的phbA基因不能有效地将丙酰CoA和乙酰CoA合成β-酮戊酰CoA。他们又从*A. eurtoophus*中克隆了另一个β-酮硫裂解酶的基因,这个基因产物可以有效地合成β-酮戊酰CoA。

3. 提取技术

目前，PHAs生物合成的费用仍然很高，难以进行大规模的工业生产。在PHAs生产成本中，生产原料约占40%，从细胞中提取PHA约占30%。由于PHAs以颗粒状态存在于细胞中，分离提取比较困难，从降低成本角度来考虑提取技术就显得十分有意义。

在PHAs提取的研究中，PHB的提取方法研究得最多，主要有有机溶剂法、次氯酸钠法、酶法、表面活性剂-次氯酸钠法。近年来一些新的、改良的PHB提取方法也有报道，如氨水法、氨水-溶剂法和表面活性剂-络合剂法等。

这些方法提取PHB的基本原理为：①利用提取液中的化学物质对PHB和细胞物质不同的溶解性，将PHB与其他细胞物质分离；②破坏细胞膜的稳定性，让胞内物质容易释放出来。

PHB的提取技术主要涉及两个问题：

(1) 方法的合理性　主要表现在提取率、纯度、提取过程是否对PHB的结构产生影响，从实验室到工业生产放大的可行性，操作是否方便，预处理及后处理是否复杂，环境污染程度等。

(2) 过程的经济性　表现在提取所用材料的费用、能量消耗以及设备投资等。

各种PHB提取方法的比较归纳列表于9-8中。

表9-8　各种PHB提取方法的比较

提取方法	提取温度/℃	提取时间/h	纯度/%	提取率/%	相对分子质量
氯仿	25	24	98	36	402 000
氯仿	61.5	2	97	62	327 000
丙酮预处理/氯仿	61.5	2	98	72	326 000
次氯酸钠	30	1.5	90	88	216 000
次氯酸钠/氯仿	30	1.5	97	82	310 000
酶法/表面活性剂	55/100	3	96	—	—
氨水①	40/50	0.5	86～91	—	—
氨水②	45	1	79.70	67.00	—
氨水/氯仿②	45	1	95.59	63.65	—
表面活性剂/络合剂	50	1/6	98.7	93.3	316 000

① 菌种为重组大肠杆菌；② 菌种为活性污泥。

可以看出，氯仿法、次氯酸钠/氯仿法、氨水/氯仿法以及表面活性剂/络合剂法提取出的PHB纯度高，其中表面活性剂/络合剂法的提取率也很高，达到93.3%，并且提取过程中产生的废水可以循环利用，降低了成本和环境污染，是目前最好的方法之一。此外，多种方法的结合处理，可以有效地提高PHB的纯度、提取率和分子质量，例如，用丙酮对冷冻干燥过的菌体进行预处理有利于有机溶剂对胞内物质的提取，提取率得到了提高；氨水/氯仿法也使得PHB的提取率得到了很大的提高。

除了利用化学物质的各种性能之外，在PHB的提取过程中还可以考虑使用一些物理方法。将发酵体系加热沸腾后，马上转移到−5℃的冰箱里进行冷冻，可以增加细胞的脆性。

处理程序多固然可以提高PHB的纯度，但同时也增加了处理的复杂程度和费用，如何将两者有机地结合，既提高纯度、提取率，又使得费用增加较少，对环境的污染较少，还有待进一步研究解决。

9.4.5 PHAs合成的代谢工程

PHAs作为一种可生物降解塑料，可以利用可再生资源为材料制造。从代谢工程的角度考虑，PHAs还是很好的模型化合物。聚合物的单体组分依赖于宿主细胞的PHA合成酶（聚合酶），同时还取决于羟酰辅酶A硫代酸酯前体物。反过来，该前体物又依赖于细胞内的代谢途径和外部供给的外部碳源的种类。PHAs单体的生物合成途径，取决于细胞体内的一些重要代谢途径，如三羧酸（TCA）循环、脂肪酸降解（β-氧化）以及前体物的脂肪酸合成，此外，还涉及一些关键的代谢产物（如乙酰辅酶A）和辅酶（如NADPH）（图9-17）。

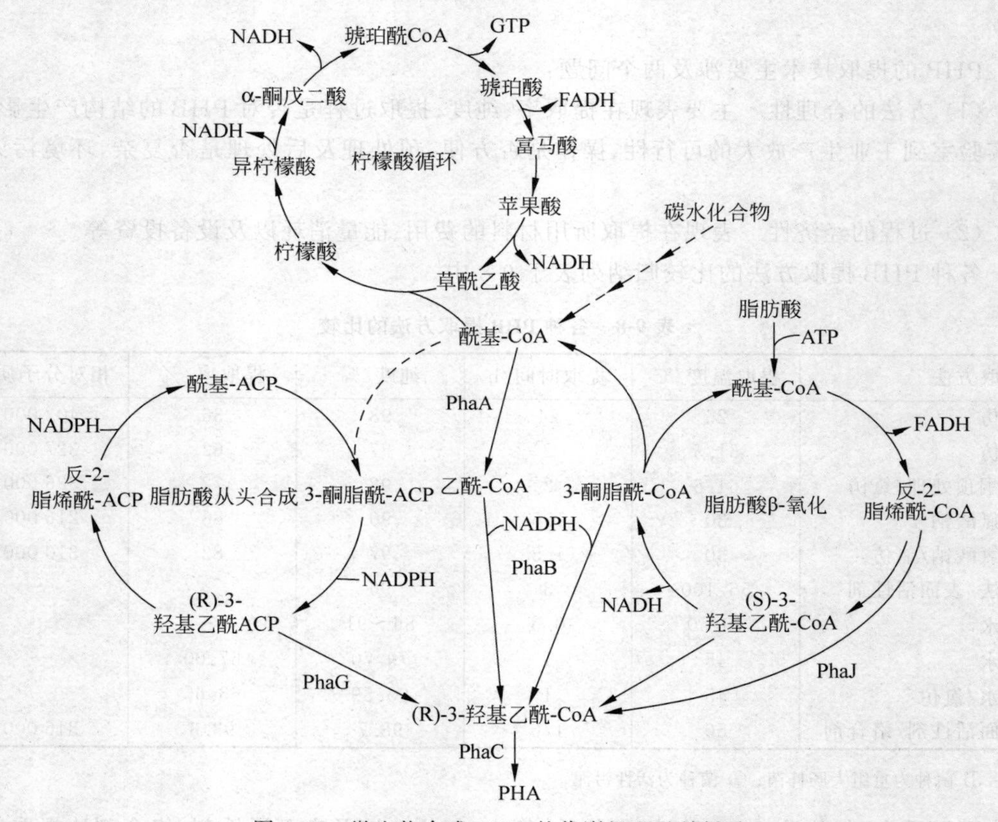

图9-17 微生物合成PHA的代谢机理及关键酶

PHA合成过程中涉及的主要酶用黑体表示。缩写分别代表：PhaA—β-酮硫裂解酶；PhaB—(R)-3-酮脂酰CoA还原酶（对于PHB生物合成，该酶为乙酰乙酰CoA还原酶）；PhaC—PHA合成酶或聚合酶；PhaG—(R)-3-羟基乙酰；ACP,CoA转酰酶；PhaJ—(R)-烯酰-CoA水合酶。虚线表示中间代谢步骤没有涉及的反应

利用代谢工程的原理，可以生产一系列不同结构和性质的PHAs生物聚合物，所采用的策略包括外部底物调节、添加抑制剂、重组基因表达、宿主细胞基因组调控、PHA合成酶的蛋白质改造等，这些方法可以单独使用，也可以联合使用（图9-18）。此外，数学模型以及分子生物学方法也可以用来阐明代谢工程系统，确定性能改善的目标。

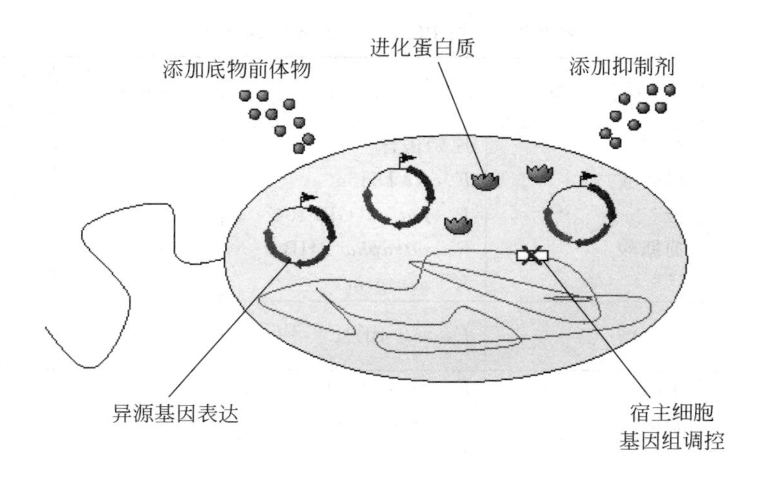

图 9-18　PHAs 合成的代谢工程策略

引自：Aldor I S, Keaslingy J D. Process design for microbial plastic factories: metabolic engineering of polyhydroxyalkanoates. Current Opinion in Biotechnology, 2003, 14: 475～483

PHAs 代谢工程的首要目标包括控制决定聚合物材料性质(如单体的组分、链的长度及共聚物的微观结构)以及最佳产率的各种因素。对于 PHAs 生产,代谢途径工程为我们提供了以低成本、高产率发酵合成新性能 PHAs 聚合物的可能。

在代谢工程的研究中,PHAs 是首先研究的目标化合物之一,有大量的相关文献报道。植物也是大量生产 PHAs 的最经济的、环境友好的宿主。然而,与室外的农田相比,在生物反应器中更容易控制环境因素,因此,利用微生物宿主可以更精确地调节单体的组分和 PHAs 的性质。此外,与植物相比,对微生物更容易进行遗传操作,碳源的选择性也要灵活得多(对于植物则只能是 CO_2)。因此,下面主要集中于讨论细菌生产 PHAs 方面的内容。

由于 PHAs 合成酶的关键作用,其作用机制和性质对细菌合成 PHAs 的类型是非常重要的。不过,因为很难获取羟基脂肪酸辅酶 A 和高纯度的合成酶,对合成酶的底物特异性研究一直面临困境。虽然合成酶底物特异性是由其本身的生理环境决定的,但还是可以用分子手段来研究其在其他环境中的情况(表 9-9、表 9-10、表 9-11)。异源表达的结果是大多数合成酶具有特异性,即使在不同的底物环境中也不发生改变。不过,这种分析特异性的方法不是直接的而只能是一种预测,这种预测不能把所有的特殊条件下的单体环境模拟出来。这种方法对 PHAs 合成酶的不确定性带来了一个问题。最终合成的 PHAs 的组成是由 PHAs 合成酶的特异性决定的？还是由前体提供途径决定的？或者两者都有作用？这个问题在以下几个方面具有重要性：

(1) 大多数假单胞菌有不止一个合成酶基因,用原始宿主体内表达不能区分这些合成酶;

(2) 在不同的生理环境中,PHAs 合成酶表达的结果有可能会发生很大的变化,导致合成的 PHAs 的组成也不同。

例如,*Thiocapsa pfennigii* 的 PHAs 合成酶在不同的宿主中会有很宽的体内底物特异性。另外,最近对 *R. eutropha* 合成酶的分析表明,它在体内还可以接受中长链的单体。对合成酶的机制研究发现,在 PHAs 的延长过程中,合成酶处于双体聚合物形式。有的研究者对合成酶专门设计了体内分析系统对其进行系统的突变研究,不过依然没有解决这个问题。

表 9-9 一型 PHA 合成酶表达情况

来源菌种	碳源	表达宿主	表达结果	
			组成	质量分数/%
Chromobactertum vlolaecum	脂肪酸 糖 葡糖酸	原始菌株	4,5	2～50
		E. coli DH5α		痕量
		P. putida GPP104		痕量
		R. eutropha PHB-4	4,5,6	2～50
		K. aerogenes		30～80
Alcaltgenes latus DSM1124	葡萄糖	*E. coli* BL21	4	50
Rhodonptrllum rubrum	果糖	*R. eutropha* DSM541	4,5	
	脂肪酸	*P. putida* GPP104	4,5	
Alcaltgenes eutrophus	脂肪酸	*E. coli*	4	80
	葡糖酸	*E. coli fad* mutants	4～12	27
	脂肪酸	*Rhodoccus opacus* PD630	4,5	8.7
	葡糖酸	*Pseudomonas* sp.	4	0～77
Aeromonas cavlae	脂肪酸	*R. eutropha* PHB-4	4,6	50
		P. putida GPP104	4,6	50
	十二酸	*E. coli* HB101	4,6	8.4
		E. coli LS5218		38
		E. coli DH5α		28
	葡萄糖	*E. coli* HB101	4	11

表 9-10 二型 PHA 合成酶表达情况

来源菌种	碳源	表达宿主	表达结果	
			组成	质量分数/%
P. restnovorans	癸酸钠(0.4 g/dL)	*E. coli* DH5α	6,8,10,12,14	5
P. ctronelloits	葡糖酸	*P. putida* GPP104	6,8,10,12	20～40
P. mendoctna			6,8	40
Pseudomonas sp. DSM1650			6,8,10,12	20～60
		P. putlda GPP104	6,8,10,12,4	50,12
Pseudomonas sp. GP4BH1		*R. eutropha* H16-PHB-4	4	25～70
P. aerugtnosa PAO1	葡糖酸	*P. putida* GPP104	6,8,10,12	60
	葡糖酸	*R. eutropha* PHB-4	4,6,8	3～6
		Aratxdopds thahana	6～16	0.5
	十六烷	*Rhodccoccus opacus* PD630	6～12	34
	葡萄糖、癸酸	*E. coli* LS1298	6～12	7
	葡糖酸	*E. coli* JM109	4	
	葡糖酸、癸酸	*E. coli* LS1298	4,10	
		P. fragt	6,8,10,12	10

续表

来源菌种	碳源	表达宿主	表达结果	
			组成	质量分数/%
Pseudomonas sp. 61-3	葡糖酸、脂肪酸	*R. eutropha* PHB-4	4,6,8,10,12	50
	葡糖酸、脂肪酸	*R. eutropha* PHB-4	4～12	32
	油	*P. putida* GPP104	4～12	40
	十二酸	*E. coli* HB101	6,8,10	8.1
	二十二酸	*E. coli* LS5218	4,6,8,10	29
P. oleovorans	辛酸	*P. oleoorans* POMC1	6,8,10	50
		*E. coli*193MC1	6,8,10	12
	十六烷酸	*E. coli*	6,8,10	20
	葡糖酸,癸酸	*P. fragt*	6,8,10,12	10

表 9-11 三型 PHA 合成酶表达情况

来源菌种	表达宿主	表达结果	
		组成	质量分数/%
Thlacapsa pfenntglt	*E. coli* JM109	4,5	68

在 P(3HB) 合成途径中,体内的乙酰辅酶 A 和自由辅酶 A 的浓度对聚合物合成的调节起到关键作用。有研究显示,P(3HB)的合成速率由 PhbA 和 PhbB 控制,而其胞内含量由合成酶决定。PhaR 是在 *Paracoccus denitrificans* 中发现的一个调节蛋白,参与对附近的 PHA 包含体附着蛋白的基因表达的调控。关于 PHAs 在假单胞菌合成中的调控机制,至今仅知道其单体的来源途径为脂肪酸的β-氧化和从头合成途径。最近有人在研究一些编码转录调控因子的基因,例如,来源于 *Pseudomonas* sp. 6123 的 *phb*R 基因、来源于 *P. putida* KT2442 的 *pha*S 基因和来源于 *P. oleovorans* 和 *P. putida* 的 *pha*F 基因。

来自不同微生物的涉及 PHAs 合成的许多基因和操纵子已经被克隆和鉴定。*E. coli* 是研究不同 PHAs 合成相关基因的模式生物系统,在其中已经研究了很多不同的基因和代谢途径。*E. coli* 提供了一种容易理解的生理环境,可以用来利用不同的代谢途径从普通碳源中生产不同组成的 PHAs。

自从 *R. eutropha* 的 *phb*CAB 操纵子在重组 *E. coli* 中成功地表达合成 P(3HB)以来,P(3HB2*co*23HV)、P(3HB2*co*23HHx)和 P(3HB2*co*24HB),甚至中长链等多种 PHAs,利用异源表达技术,在野生或突变 *E. coli* 菌种中表达了不同的 PHAs 合成酶基因。利用 *E. coli* 生产 PHAs 的另一个好处是,由于它本身不能合成 PHAs,所以没有胞内 PHAs 降解酶,这样就可以生产出分子质量较高的 PHAs。

有的研究把酵母、蓝藻、植物和昆虫细胞作为 PHAs 潜在的生产者并获得了成功。出于经济考虑,植物和蓝藻是最有可能的候选者。在不久的将来,PHAs 就可能不是生产出来的,而是从转基因植物中收获得到了。

9.4.6 PHB 的降解及 PHB 解聚酶

PHB 能被土壤及海水中存在的许多微生物所降解。一般在厌氧污水中降解最快,在海水中降解最慢。PHBV 在好氧污水污泥中的降解情况如图 9-19 所示。PHBV 共聚物制成的塑料瓶在好氧污水污泥中培养(20℃)，从左至右，分别为处理 0,2,4,6,8,10 周后的降解情况。

图 9-19 PHBV 在好氧污泥中的降解情况

PHB 的生物降解机制可分为两步：

第一步是 PHB 表面的—OH 和—COOH 基团数量增加；

第二步是细菌解聚反应，酶将高聚物降解成单体。

较低的 pH 能阻止聚合物的分解。假单胞菌的解聚酶可将 PHB 降解为 3HB 单体、二聚体和三聚体，从而进入细胞参与代谢。3HB 二聚体进入细胞内，诱导该假单胞菌产生并释放更多的 PHB 解聚酶。色谱分析表明：PHB 分解产物有 β-羟基丁酸、乙酰乙酸和少量乙酸。有氧情况下，除产生极少量 β-羟基丁酸外，大多被氧化为二氧化碳和水。

A. faecalis、*Pseudomonas lemoignei*、*Comamonas acidovorans*、*C. testosteroni* 和 *Paecilomyces lilacinus* 等微生物都可以向培养基中分泌 PHB 解聚酶，而且从同一种菌的培养基中又可以分离到几种不同的解聚酶。解聚酶蛋白质结构主要由 3 个部位组成，即催化部位(C 域)、纤连蛋白Ⅲ型组件类似部位(F 域)、底物结合部位(S 域)。此外，还存在一个分泌解聚酶所需的信号肽。F 域连接催化部位和底物结合部位，由 90 个氨基酸组成，这一区域与真核细胞外基质蛋白类似。在 *P. lemoignei* 的 5 种解聚酶中，4 种含有一富含苏氨酸的区域，而在 *Comamonas* sp. 解聚酶中却不存在。Nojiri M. 等在 1997 年利用 *A. faecalis* 的解聚酶组建结构域缺失、倒位、嵌合及额外 F 域突变体，发现缺失 F 域后解聚酶水解活性丧失。重组结构域以 *P. lemoignei* 解聚酶的富含苏氨酸域代替 F 域及组建额外 F 域获得突变体，PHB 水解活性及 PHB 结合活性都和野生型相同。

当以 P(3HB)、P(3HB-co-3HV)等作为唯一底物时，*Comamonas acidororans* 就可以向培养基中分泌 PHB 解聚酶，从 *Comamonas acidovorans* 基因组文库克隆到此基因，编码 494 氨基酸的蛋白质(MW 51018)，酶的相对分子质量为 48 628，包括 C 域、F 域和 S 域 3 部分。几种微生物，如 *Comamonas testosteroni*、*Comamonas* sp. *A. faecalis* 等的解聚酶的基因已被克隆到 *E. coli* 中。在 *E. coli* 中表达的 PHB 解聚酶催化性质与野生型 PHB 解聚酶

基本相同。序列分析表明，*A. faecalis* PHB解聚酶基因为1 905 bp，635个氨基酸残基，相对分子质量65 208，与其他的PHB解聚酶相比，其底物结合部位分为两部分，即与PHB专一结合的部分和与PHV专一结合的部分，两部分有一连接区域相连。

不同种类的PHAs，随着其中HB和HV的比例不同，其物理特性也相应变化。如当P(3HB-co-4HB)共聚物中4HB由40%增至100%时，其拉伸强度从17 MPa增加到104 MPa，PHB解聚酶分解共聚物的速率却随HB的上升而降低。Mukai等采用3种PHB解聚酶来分解不同的共聚物：P(3HB-co-4HB)、P(3HB)和P(3HB-co-4HV)，两种解聚酶来自*P. lemoignei*的培养物的上清液，另一种来自*A. faecalis* T1。结果发现3种解聚酶的降解趋势十分相似，但P(3HB-co-4HB)的降解速率最快，P(3HB-co-4HV)降解最慢。

9.4.7　PHB生产的前景及展望

PHB本身有其缺陷，如低的热稳定性、硬脆性等，作为工业材料尚有不足之处，而且共聚物韧性的提高也很有限。选择合适的增塑剂或者与其他天然高分子化合物共混或复合，可以弥补PHB的不足，所以生产PHB的关键还在于产量的提高。选择合适的植物作为受体是非常关键的，利用高产的作物生产PHB势必与农业争地，选择耐盐碱植物不仅可以获得PHB，还可以改造盐碱滩涂，节省农业耕地。

利用不同的方法生产PHAs的策略如图9-20所示。

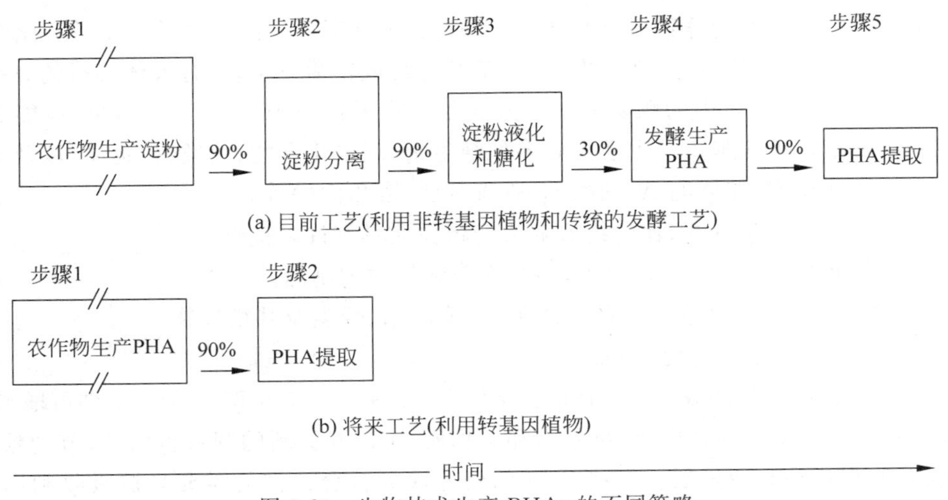

图9-20　生物技术生产PHAs的不同策略

(a) 利用非转基因植物生产淀粉，转化成葡萄糖，然后发酵生产PHB；

(b) 直接从转基因农作物中提取PHB。两种方法涉及的主要步骤、生产时间及生产规模如图所示。生产规模用方框的高度表示。除微生物转化葡萄糖为PHB的收率为30%以外，其他各步骤的收率均在90%左右

目前PHB及其共聚物的生产仍以发酵为主，价格昂贵。利用DNA重组技术获得优良菌株，并采用先进的发酵、纯化技术有可能使PHAs的价格降到每千克4美元。转基因植物生产PHB的成功，有望将PHB的价格降至低于石油产品聚乙烯的水平。尽管存在细菌基因在植物体中表达及功能实现的困难，以及底物运输等障碍，从已获得的转基因植株及PHB含量的大幅度提高来看，利用植物资源生产PHAs前景乐观。然而，植物生产PHB依

然存在着许多问题,要实现植物中异己代谢途径畅通而不影响原有代谢途径是不可能的,况且生产PHB的底物又是三大代谢途径中的乙酰CoA,所以,要提高PHB的产量,对淀粉及脂肪代谢途径进行负调节是必要的,而这又必然影响植物的生长发育。因而必须合理控制碳源流向的比例,使植物既能正常生长发育,又能最大比例地提高PHB储存量。

9.5 生产单细胞蛋白

9.5.1 概述

单细胞蛋白(single cell protein,SCP)是通过培养单细胞生物而获得的生物体蛋白质,又称微生物蛋白,包括细菌、放线菌中的非病源菌、酵母菌、霉菌和微型藻类等。可利用各种废物,如碳水化合物、碳氢化合物、石油加工副产品等,在适宜的培养条件下生产微生物蛋白。

"单细胞蛋白"一词由美国麻省理工学院(MIT)的Carroll Wilson教授于1966年首先提出,于1967年在MIT召开的第一届世界单细胞蛋白会议上,将微生物菌体蛋白统称为单细胞蛋白,同时明确单细胞蛋白可作为人类生产和生活中新的蛋白资源。

单细胞蛋白,按生产原料不同,可以分为石油蛋白、甲醇蛋白、甲烷蛋白等;按产生菌的种类不同,又可以分为细菌蛋白、真菌蛋白等。1967年在第一次全世界单细胞蛋白会议上,规定将微生物菌体蛋白统称为单细胞蛋白。

单细胞蛋白所含的营养物质极为丰富。其中,蛋白质含量高达40%~80%,比大豆高10%~20%,比肉、鱼、奶酪高20%以上;氨基酸的组成较为齐全,含有人体必需的8种氨基酸,尤其是谷物中含量较少的赖氨酸。一般成年人每天食用10~15 g干酵母,就能满足对氨基酸的需要量。单细胞蛋白中还含有多种维生素、碳水化合物、脂类、矿物质,以及丰富的酶类和生物活性物质,如辅酶A、辅酶Q、谷胱甘肽、麦角固醇等。

工业化大规模生产SCP,比传统农业生产蛋白质具有许多优越性:

(1) 比农业生产需要的劳动力少,不受季节和气候的制约。

(2) 原料来源广泛,如农产品的下脚料、工业废水、烃类及其衍生物。

(3) 可用占地有限的情况下获得高产。

(4) 生产周期短,生产效率高。在适宜条件下,细菌0.5~1 h,酵母1~3 h即可增殖1倍。

(5) SCP含有丰富的蛋白质、维生素和矿物质,可以开辟新的饲料蛋白源,节约粮食,减少环境污染,促进畜牧业发展。有些SCP的营养成分符合人体的需要且被吸收利用,可以直接制作成食品。

(6) SCP的生产可使人类摆脱大自然的束缚,是发展工业化生产蛋白质的途径。

用于生产单细胞蛋白的微生物种类很多,包括细菌、放线菌、酵母菌、霉菌、藻类以及某些原生生物。这些微生物通常要具备下列条件:所生产的蛋白质等营养物质含量高,对人体无致病作用,味道好并且易消化吸收,对培养条件要求简单,生长繁殖迅速等。

单细胞蛋白的生产过程比较简单:在培养液配制及灭菌完成以后,将它们和菌种投放到发酵罐中,控制好发酵条件,菌种就会迅速繁殖;发酵完毕,用离心、沉淀等方法收集菌体,最后经过干燥处理,就制成了单细胞蛋白成品。

以纯培养的微生物作为食物始于第一次世界大战期间,当时德国为了解决粮食问题,开展了利用小球藻、酵母作为粮食资源的研究。用木糖生产食用酵母，第一次工业化生产了SCP作为人们的食品。随后发展了从造纸工业的亚硫酸盐废液制造饲料酵母。20世纪60年代，英国B. P.公司利用微生物脱去石油中的蜡，同时生产饲料酵母作为副产品，从此石油酵母问世。随后，发展到利用甲烷、甲醇、乙醇、乙酸等为原料生产SCP。

以各类农业、林产或家畜工业的废弃物生产SCP的技术正在迅速兴起，其中利用废糖蜜最为突出。

甘蔗、甜菜糖厂的废糖蜜，造纸厂的亚硫酸盐废液、纤维素水解液，酒精废液，食品发酵废液等，均可用于生产SCP。

据报道，一座占地面积约10亩(1亩≈666.6̇ m^2)的年产1万t SCP的微生物工厂，相当于18万亩耕地生产的大豆蛋白，3 000万亩草原饲养牛羊生产的动物蛋白。

微生物(*Fusarium graminearum*)与动物生产蛋白质的速率列于表9-12。

表9-12 微生物与动物生产蛋白质速率的比较

	食物(1 kg)	产物	
		蛋白质/g	总质量/g
母牛	饲料	14	68(牛肉)
猪	饲料	41	200(猪肉)
鸡	饲料	49	240(鸡肉)
Fusarium graminearum	碳水化合物+无机氮	136	1 080(湿细胞质量)

目前，我国排放大量的高浓度有机废水。例如：每生产1 t酒精产生12～15 t废水，其中含糖近200 kg；每生产1 t啤酒产生12～20 t废水，其中BOD_5高达24～40 kg。这些废水绝大部分未经利用，直接排放或处理后排放，造成严重的环境污染，并使得大量资源浪费。

利用这些废水生产SCP，可以实现综合治理，变废为宝，有利于相关工业的持续发展。此外，还可以节省大量耕地。

9.5.2 单细胞蛋白的化学组成

微生物菌体的70%～85%为水分，干物质中的主要成分是糖类、蛋白质、核酸、脂类及灰分(表9-13)。

表9-13 微生物细胞的化学组成(占干物质的百分比) %

微生物类别	碳水化合物	蛋白质	核酸	脂类	灰分
酵母	25～40	35～60	5～10	2～50	3～9
丝状真菌	30～60	15～50	1～3	2～50	3～7
细菌	15～30	40～80	15～25	5～30	5～10
小球藻	10～25	40～60	1～5	10～30	6

各种成分随微生物的种类、培养基组成、培养条件、生长时间的不同而有所不同。例如，脂类含量与培养基的碳氮比关系很大，核酸含量在对数生长期最高。将微生物菌体用作食品的饲料时，对蛋白质和脂类的含量有较高的要求。微生物菌体中粗蛋白的含量在细菌中一般为干重的40%～80%，在酵母菌中为35%～60%，在丝状真菌中稍低，为15%～50%

（表 9-14）。

表 9-14 微生物细胞和传统食品中的氮含量和蛋白质含量 %

来 源	氮的质量分数	粗蛋白（氮质量分数×6.25，干重）	来 源	氮的质量分数	粗蛋白（氮质量分数×6.25，干重）
丝状真菌	5.8	31～50	牛肉	13～14.4	81～90
藻类	7.5～10	47～63	鸡蛋	5～6	31～38
酵母	7.5～8.5	47～53	大米	1.2～1.4	8.8
细菌	11.5～12.5	72～78	面粉	1.6～2.2	10～13.8
牛奶	3.5～4.0	22～25	玉米粉	1.1～1.5	6.9～9.4

至于蛋白质的氨基酸组成，微生物蛋白中一般除含硫氨基酸不足外，其他各类的氨基酸含量都是比较丰富的，总的含量稍差于鱼粉，但优于大豆。所含维生素有 B_2、B_4 以及 β-胡萝卜素、麦角固醇，但 B_{12} 稍嫌不足。另外，磷、钾含量丰富，但钙的含量较少。因此，若在微生物蛋白中补充甲硫氨酸（含硫）、维生素 B_{12} 和钙，则可获得与鱼粉同样的营养效果。例如，以玉米作猪饲料时，蛋白质效价（动物增重/蛋白质消耗量）只有 0.15，而添加 1%和 5%酵母时效价可分别增至 0.73 和 2.11。

由此可见。单细胞蛋白可以作为优质的饲料添加剂，能有效地促进鱼、虾、猪、鸡的生长。

干酵母中典型氨基酸组成及含量见表 9-15，酵母所含的典型元素见表 9-16。

表 9-15 干酵母中典型氨基酸组成 %

组 成	蛋白质质量分数	FAO① 规定的蛋白质含量	组 成	蛋白质质量分数	FAO① 规定的蛋白质含量
丙氨酸	3.3～3.5		赖氨酸②	6.5～6.9	4.2
精氨酸	5.3～5.6		蛋氨酸②	1.0～1.3	4.2③
天冬氨酸	4.4～4.7		苯丙氨酸②	4.2～4.6	2.8
半胱氨酸	0.4～1.0		脯氨酸	3.5～3.6	
谷氨酸	14.7～15.2		丝氨酸	5.0～5.1	
甘氨酸	4.7～5.1		苏氨酸②	5.3～5.7	2.6
组氨酸	1.8～1.9		色氨酸②	1.1～1.3	1.4
异亮氨酸②	4.6～5.7	4.2	酪氨酸②	3.3～3.4	2.8
亮氨酸②	6.7～7.3	4.8	缬氨酸②	6.2～6.5	4.2

① FAO 指食品和农业组织；

② 必需氨基酸；

③ 包括半胱氨酸在内。

表 9-16 酵母的典型元素组成 %

组 成	质 量 分 数	平 均	组 成	质 量 分 数	平 均
碳（C）	45.0～49.0	47.0	氢（H）	5.0～7.0	6.0
氧（O）	30.0～35.0	32.5	氮（N）	7.1～10.8	8.5
磷（P_2O_5）	1.9～5.5	2.6	钾（K_2O）	1.4～4.3	2.5

续表

组　成	质量分数	平　均	组　成	质量分数	平　均
钙(CaO)	0.005～0.2	0.05	镁(MgO)	0.1～0.7	0.4
铅(Al_2O_3)	0.002～0.02	0.005	硫(SO_4)	0.01～0.05	0.03
氯(Cl)	0.004～0.1	0.02	铁(Fe_2O_3)	0.005～0.012	0.007
铜(Cu)	0.001～0.01	0.002	硅(SiO_2)	0.02～0.2	0.08

微生物蛋白产品的主要用途有：①作为人类食品；②作为饲料；③作为工业原料(微生物培养基成分、合成纤维的亲水剂、各种填料、增稠剂、乳化剂及稳定剂等)。

不同微生物生产的单细胞蛋白的组分比较列于表9-17。

表9-17　细菌、真菌和藻类生产的单细胞蛋白组分的比较

组　分	质量分数/%		
	藻类	真菌	细菌
真实蛋白	40～60①	30～70①	50～83①
总氮(蛋白质+核酸)	45～65①	35～50①	60～80①
赖氨酸	4.6～7.0①	6.5～7.8①	4.3～5.8①
蛋氨酸	1.4～2.6①	1.5～1.8①	2.2～3.0①
脂肪/脂	5～10①	5～13①	8～10①
碳水化合物	9	NA	NA
胆汁色素和叶绿素	6	NA	NA
核酸	4～6①	9.70	15～16①
矿物质	7	6.6	8.6
氨基酸	NA	54	65
灰分	3	NA	NA
水分	6.0	4.5～6.0①	2.8
纤维	3	NA	NA

① 产率随底物种类、微生物种类及培养条件变化。

NA—未检测。

引自：Anupama P Ravindra. Value-added food: Single cell protein. Biotechnology Advances,2000,18: 459～479

黑曲霉(*Aspergillus niger*)细胞的氨基酸含量与联合国粮农组织(FAO)制定的标准非常相符(表9-18)。

表9-18　黑曲霉(*Aspergillus niger*)生产的SCP的氨基酸组分及与FAO标准的比较　%

	缬氨酸	亮氨酸	异亮氨酸	赖氨酸	蛋氨酸	苯丙氨酸	胱氨酸	酪氨酸
FAO标准	4.20	4.80	4.20	4.20	2.20	2.80	2.80	2.80
Aspergillus niger	4.36	6.80	3.75	4.50	0.35	5.70	痕量	3.00

9.5.3　生产单细胞蛋白的微生物

人们已经应用一系列的微生物,包括细菌、酵母、真菌、海藻和放线菌来生产单细胞蛋白。微生物比任何动物都能更有效地合成蛋白质,不同生物的倍增时间如表9-19所示。

表 9-19　不同生物的倍增时间

生　物　体	时　　间	生　物　体	时　　间
细菌和酵母菌	20～120 min	霉菌和藻类	2～6 h
草本植物	1～2 周	鸡	2～4 周
猪	4～6 周	小牛	1～2 月
婴儿	3～6 月		

生产 SCP 的微生物种类较多，根据原料不同，可以分为如下几类：

(1) 利用碳水化合物为原料发酵生产 SCP，如酿酒酵母利用葡萄糖、蔗糖为碳源，假丝酵母以戊糖为碳源，木霉、青霉以纤维素为碳源；

(2) 利用碳氢化合物为原料生产 SCP，以假丝酵母菌产率最高；

(3) 利用甲醇为原料生产 SCP，以细菌为主，如甲烷单胞菌、假单胞菌等；

(4) 利用乙醇为原料生产 SCP，以酵母菌，如假丝酵母为主，其次是细菌和霉菌；

(5) 利用甲烷为原料生产 SCP，以细菌为主，如甲烷假单胞菌等；

(6) 利用二氧化碳为碳源，氢为能源生产 SCP，如氢单胞菌；

(7) 利用光能生产 SCP，如小球藻、螺旋藻及光合细菌等。

不同的微生物具有不同的生理特性，在选择时应视具体情况而定。

一般地，细菌生长速度快，蛋白质含量高，能利用糖类和烃类，但细菌个体小，分离困难，且蛋白质不如酵母菌易于消化吸收。

丝状真菌易于回收，但生产速度慢，蛋白质含量较低。

藻类的缺点是其纤维质的细胞壁不易为人体消化。

酵母菌个体大，易于分离、回收，且蛋白质易于吸收，目前生产上采用较多。

生产单细胞蛋白的微生物总结于表 9-20。

表 9-20　生产单细胞蛋白的微生物

微　生　物		利用的原料
细菌	甲烷假单胞菌(*Pseudomonas methanica*)	甲烷
	嗜甲烷单胞菌(*Methanomonas methanica*)	甲烷
	氢单胞菌(*Hydrogenomonas*)	二氧化碳
	不动杆菌	粗柴油
	黄纤维单胞菌(*Cellulomonas flavigena*)	蔗渣、废纸
	产碱杆菌	蔗渣
	溶纤维毛壳菌(*Chaetominum cellulolyticum*)	木质纤维素
	假单胞菌(*Pseudomonas* sp.)	甲醇废水
	乳酸菌(*Lactobacillus* sp.)	乳清液
	氢细菌(*Hydrogenomonas* sp.)	氢气
	诺卡氏菌(*Nocardia* sp.)	废弃饲料
酵母菌	解脂假丝酵母(*Candida Lipolytica*)	烷烃、液体石蜡
	热带假丝酵母(*Candida tropicalis*)	粗柴油
	产朊假丝酵母(*Candida parafinica*)	烷烃
	酿酒酵母(*Saccharomyces cerevisae*)	糖蜜
	克鲁维酵母(*Kluyveromyces* sp.)	乳清液

续表

微生物		利用的原料
霉菌	黑曲霉(*Aspergillus niger*)	玉米加工废弃物
	溜曲霉(*Aspergillus tamarii* NO 827)	纸浆废纤维、甜菜渣
	拟青霉(*Penicilapsis* sp.)	角豆浸汁
	米曲霉(*Aspergillus oryzae*)	咖啡废水、甜菜渣
	拟真霉(*Paecilomyces varioti*)	亚硫酸盐废液
	木霉(*Trichoderma reesei*)	亚硫酸盐纸浆废液
	白地霉(*Geotrichum Candidum*)	酒糟
	灰黄链霉菌(*Streptomyces griseoflavus*)	纸浆废液
	绿色木霉(*Trichoderma viride*)	甘蔗渣
	禾本镰孢菌(*Fusarium graminearum*)	废糖蜜、淀粉渣
藻类	小球藻(*Chlorella pyrenoidosa*)	二氧化碳
	小球藻(*Chlorella regularis*)	二氧化碳
	栅列藻(*S. quadricauda*)	二氧化碳
	螺旋藻(*Spirulina platensis*)	二氧化碳

不同的微生物生产单细胞蛋白的各种参数比较见表 9-21。

表 9-21　藻类、细菌和真菌生产单细胞蛋白各种参数比较

参数	藻类	细菌	真菌(酵母)	真菌(霉菌)
生长速率	低	最高	比较高	低于细菌和酵母菌
底物	阳光、二氧化碳或无机营养液	范围广	范围广	主要为木质纤维素
pH 范围	一直到 11	5～7	5～7	3～8
培养	池塘、生物反应器	生物反应器	生物反应器	生物反应器
污染风险	高	需要预防	低	如果 pH 小于 5，则最低
含硫氨基酸	低	缺乏	缺乏	低
核酸去除	—	需要	需要	需要
毒素	—	革兰氏阴性菌产生内毒素	—	很多霉菌会产毒枝菌素

微生物蛋白同传统的动植物蛋白相比有许多优点。首先是微生物生长快，所以蛋白产量高。根据计算，体重为 500 kg 的食用牛，每天能增加 0.48 kg 蛋白质(牛肉)；在相同时间里，同样质量的酵母菌可产生 1 000 kg 以上的蛋白质。池塘里单细胞藻类每年每亩能生产 750 t(干重)蛋白质，此产量比大豆高出 10～15 倍，比玉米高出 25～50 倍。其次是微生物的蛋白质含量高，且氨基酸组成齐全，并富含维生素，因而营养价值大。

利用微生物生产单细胞蛋白的优点如下：

(1) 在最佳条件下，微生物能以惊人的速率生长，一些微生物的生产量每隔 0.5～1 h 能加倍。

（2）微生物比植物和动物更容易进行遗传操作；对它们更宜于大规模筛选高生长率的个体，更容易实施转基因技术。

（3）微生物有相当高的蛋白质含量，蛋白的营养价值高。

（4）微生物能在相对小的连续发酵反应器中大量培养，占地小，不依赖气候。

（5）微生物的培养基来源很广泛，低廉，特别是可利用废料，如有些能利用植物的“残渣”——纤维素作原料。

9.5.4 生产单细胞蛋白的原料

由于自然界微生物资源十分丰富，因此，能用于生产 SCP 的原料多种多样。大多数有机废弃物都有可能作为底物生产 SCP。用于生产 SCP 的常见废弃物包括：

（1）农业废弃物，需经粉碎、碱处理以提高可消化性。

（2）烃类及其衍生物，包括石油烃、天然气及其氧化物如甲醇、乙醇、乙酸等。

（3）高浓度有机废水，如造纸工业的亚硫酸盐纸浆废液、制糖工业废水、酿造业废水、乳品工业废水、屠宰场废水等。

（4）固体废弃物，包括城市有机垃圾、造纸厂废弃物、酿造废弃物酒糟、水产加工废弃物、食品加工中的废物等。

（5）工业废气，如工业上排放的二氧化碳可用来培养微藻类；石油加工厂废气中的烷烃，可先转化成酒精、甲醇、乙酸等，再用以生产 SCP。

生产单细胞蛋白可利用的有机废料见表 9-22。

表 9-22 利用有机废料生产单细胞蛋白

工业	主要的底物	微生物	最终产物	用途
乳品业	乳糖	保加利亚乳酸杆菌	乳酸铵、SCP	牲畜饲料
		脆壁酵母	SCP、酒精	饲料、食品、能源
		多孢丝孢酵母、假丝酵母	油、SCP	食品、饲料
		脆壁克鲁维酵母	酒、醋、SCP	食品
		球拟酵母	伏特加、香槟	食品
		酶	糖浆	白酒、啤酒
	乳糖＋蔗糖	酿酒酵母	酒	食品
食品加工业 麦片和食糖	混合糖类	季也蒙假丝酵母、克洛德巴利酵母	SCP	食品
		汉逊酵母、酿酒酵母	SCP	食品
	蔗糖或葡萄糖	产朊假丝酵母	SCP	食品、饲料
	蔗糖、葡萄糖、果糖和棉子糖	酿酒酵母、产朊假丝酵母	酵母	食品
	淀料	曲霉、头孢霉、根霉、酶 青霉、曲霉、木霉、地霉	SCP、葡萄糖	食品、饲料

续表

工　业		主要的底物	微　生　物	最终产物	用　途
食品加工业	水果与蔬菜	混合糖类	胚芽乳酸杆菌、保加利亚乳酸杆菌、液化链球菌	乳酸	饲料
		混合糖类及乳酸	酿酒酵母、脆壁克鲁维酵母、产朊假丝酵母	SCP、蔗糖酶	食品、饲料
			产朊假丝酵母	SCP	食品、饲料
		葡萄糖、果糖和蔗糖	毕赤酵母	SCP	食品、饲料
		葡萄糖、果糖、蔗糖和山梨糖醇	脆壁克鲁维酵母	SCP	食品、饲料
		葡萄糖和果糖	酿酒酵母、产朊假丝酵母、鲁氏酵母	SCP	食品、饲料
		还原糖、粗蛋白和渣淀粉	双孢子蘑菇、粗柄羊肚菌	蘑菇	食品
			臭曲霉	SCP、淀粉酶	饲料、食品
			保加利亚乳酸杆菌、嗜热乳酸杆菌、嗜酸乳酸杆菌	乳酸铵、SCP	牲畜饲料
			扣囊拟内孢霉、绿色木霉、产朊假丝酵母、融粘帚霉	SCP	食品、饲料
		混合糖类	混合乳酸菌、链孢霉	SCP	饲料
	肉类	胶原蛋白	巨大芽孢杆菌	SCP	饲料
酿酒业		还原糖	黑曲霉	SCP、柠檬酸	食品、饲料
			产朊假丝酵母、酿酒酵母、双孢子蘑菇、羊肚菌	SCP、蘑菇	食品
			产朊假丝酵母、粘红酵母	SCP	食品、饲料
纸浆和造纸业		纤维素	纤维杆菌、粉状侧孢霉	SCP	饲料
			绿色木霉、酿酒酵母	酒精、SCP	饲料
			绿色木霉	SCP	饲料
农业(草秆)		纤维素和半纤维素	溶纤维素毛壳霉	SCP	食品、饲料

适合于生产SCP的有机物需满足的条件如下：

(1) 价廉；

(2) 易于被微生物降解；

(3) 原料能常年可靠地供应并能够安全、经济地储存；

(4) 能经济地将原料运往工厂；

(5) 质量稳定且可预测。

9.5.5　单细胞蛋白生产工艺

1. 亚硫酸盐纸浆废液生产SCP

在纸浆造纸工业中，纸浆蒸煮过程产生的亚硫酸盐废液中所含的物质主要是有机物，包括：

(1) 不同磺化程度的与高分子聚合的木质磺酸；

(2) 半纤维素分解的产物；

(3) 以单糖及多糖解聚的中间物的形态而存在的纤维素，挥发性有机酸(甲酸、乙酸)，酒精(乙醇和甲醇)，树脂，糖醛等。

亚硫酸盐废液组成中有机物含量达87%～90%，其中糖占22%～28%，其余是矿物质。

有机物中除木质素很难被生物氧化外，其余物质如碳水化合物、蛋白质、脂肪、有机酸、酒精等很容易被微生物转化。

从亚硫酸盐废液制取单细胞蛋白的生产主要采用芬兰纸浆和造纸研究所开发的 Pekilo 工艺，其流程如图 9-21 所示。

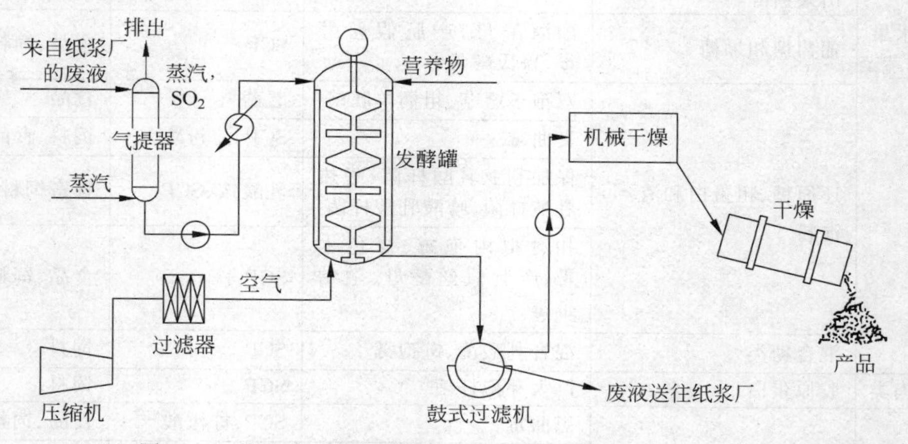

图 9-21　从亚硫酸盐废液制取单细胞蛋白的 Pekilo 工艺流程

该过程包括三个基本工序：除去 SO_2、好氧发酵和产物回收。

除去 SO_2 是十分必要的，因为 SO_2 浓度大于 30 g/L 时会抑制酵母菌的生长。

用石灰沉淀法形成 $CaSO_4$ 沉淀可除去释放出的 SO_2。从气提塔顶部回收的 SO_2 经冷凝后也可重新用于木浆制造中的酸煮解。

好氧发酵是关键部分，亚硫酸盐制浆过程中半纤维素水解形成的糖类是微生物生长的主要碳源，发酵过程中需补充氮源、磷源及金属离子，并维持 pH 在 4.5～6.0，此时，微生物细胞生长迅速。在最适条件下，其倍增时间约 1.5 h，因而产热量很大，应通过热交换器控制发酵温度在 36℃左右。

产物回收过程包括菌体分离、洗涤、灭菌、干燥及包装。

2. Waterloo 单细胞蛋白生物转化法

该工艺是由加拿大 Waterloo 大学的 Moo-Young 等开发的。工艺的基本流程如图 9-22 所示。

Waterloo 单细胞蛋白生物转化的综合流程图如图 9-23 所示。

该工艺的特点如下：

(1) 采用价廉、易得的纤维质为底物；

(2) 生产营养价值高且核酸含量低的真菌蛋白；

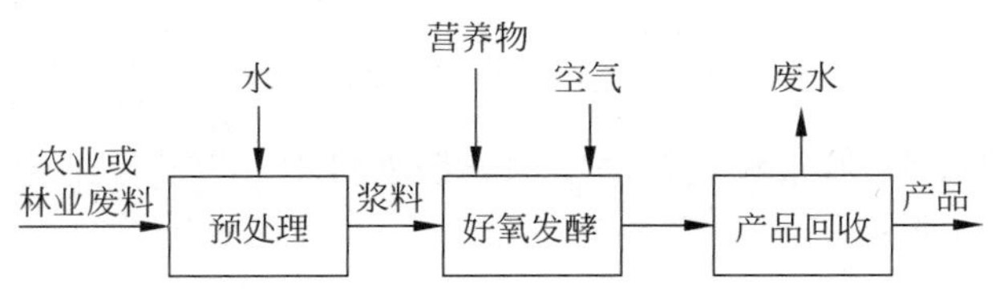

图 9-22　Waterloo 生物转化法示意图

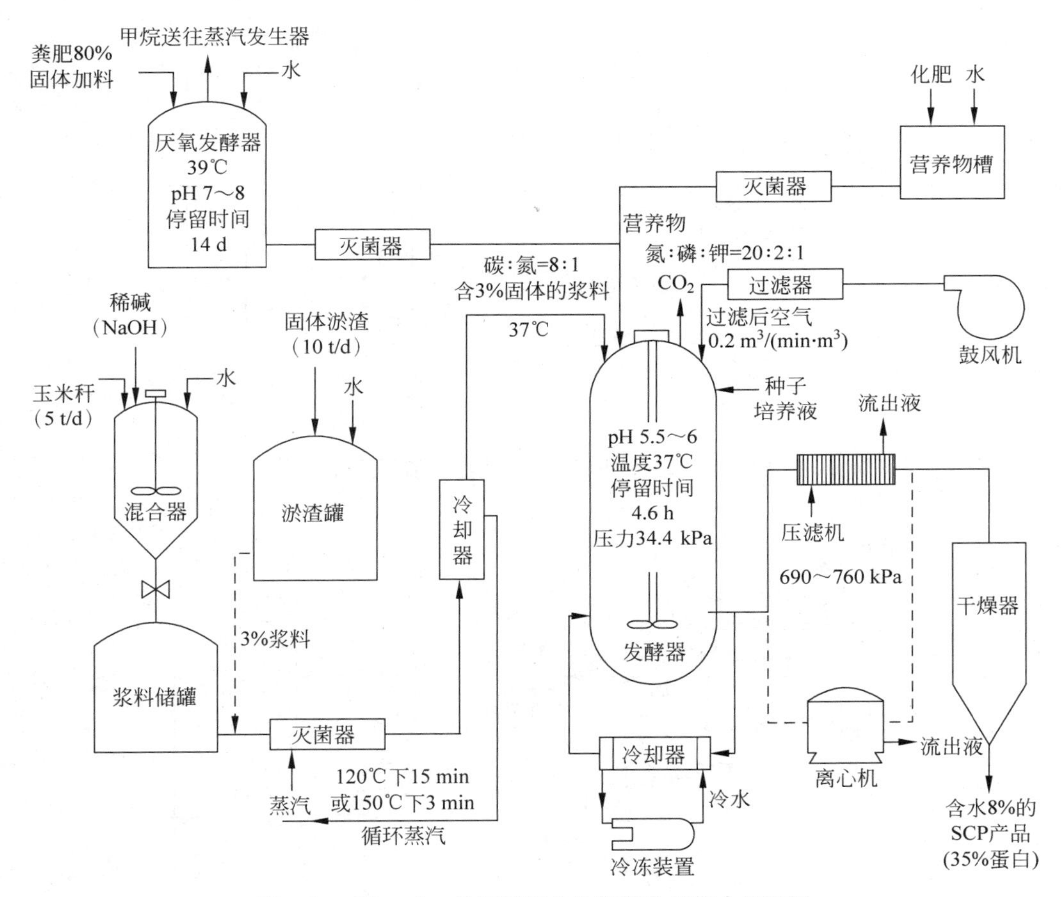

图 9-23　Waterloo 单细胞蛋白生物转化的综合流程图

(3) 生产费用低。

整个工艺流程分为三部分：原料预处理、发酵和产品回收。

(1) 预处理　包括原料破碎、水解、灭菌。

(2) 发酵　通过培养真菌溶纤维素毛壳霉(*Chaetominum cellulolyticum*)，进行纤维素分解，并得到菌体。pH 控制在 5.5～6，发酵罐中的平均停留时间为 4～12 h，加料中碳氮比为 8∶1，温度 37℃。

(3) 产品回收　即分离和干燥。

3. 其他工艺

利用高浓度有机废水、城市垃圾及动物饲养场废料均可生产单细胞蛋白，其工艺流程分别如图 9-24 和图 9-25 所示。

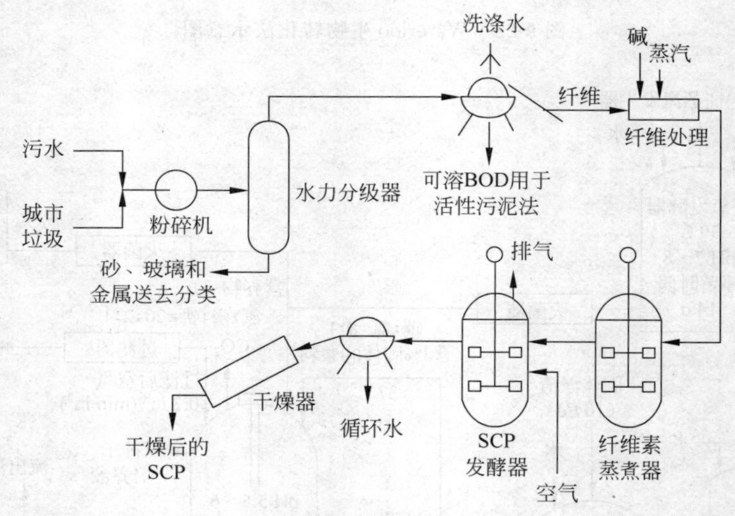

图 9-24　利用城市垃圾生产单细胞蛋白

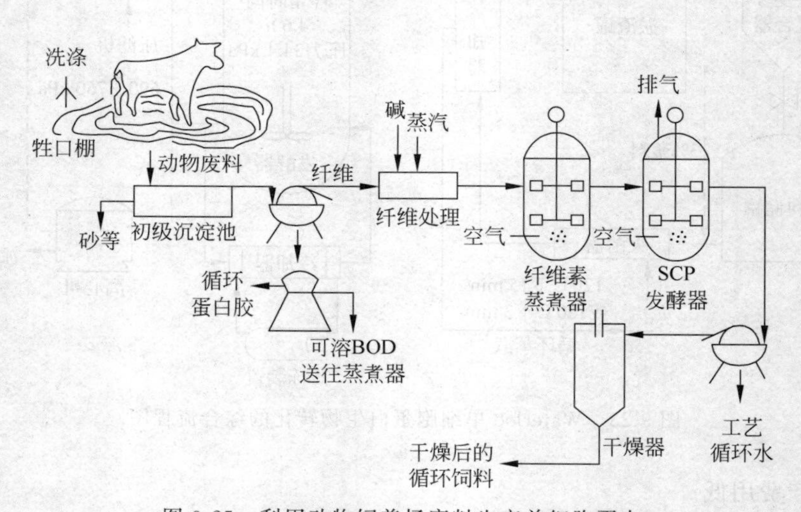

图 9-25　利用动物饲养场废料生产单细胞蛋白

这些工艺流程按其主要功能均可分为预处理、发酵和产品回收三个部分。

SCP 生产已转向多层次利用资源、消除污染、改善生态环境的工艺中。生产原料已从普通的发酵废水、废渣转向利用农副产品的下脚料，如淀粉、纤维素以及工业废水、废气，这些原料廉价易得，有助于实现污染零排放的目标。

9.5.6　单细胞蛋白中核酸的去除

单细胞蛋白中含有丰富的营养物质，但其中核酸含量过高。单细胞蛋白饲料另一个重要指标是核糖核酸(RNA)含量。SCP作为人类食品,其核酸含量高是有害的。通常细菌和酵母中RNA含量都较高,而一般真菌和螺旋藻中含量则较低。细菌细胞中含核酸10%～18%,酵母(干基)6%～11%。与此相比,肉类只有2%。人如果从饮食中摄入过多RNA,会造成血液中尿酸含量上升。由于尿酸在生理pH条件下是微溶的,它会在关节上沉淀或析出晶体,造成痛风或风湿性关节炎。如果尿酸在尿中含量大于溶解度,则会在泌尿系统中沉积成结石。人从食品摄入的核酸含量安全水准为每日2 g。所以SCP作为人类食品的蛋白质源,必须降低核酸的含量。因此,降低菌体RNA含量成为必不可少的工艺环节。

如果SCP供人类食用,就需进一步处理以除去核酸。这是因为人体内没有尿酸酶,尿酸酶能把尿酸氧化成可溶且可排泄的代谢物。

食品中核酸转化为尿酸的过程如下:

$$\text{食品核酸} \xrightarrow{\text{胰汁中的核酸酶}} \text{解聚的产物} \xrightarrow{\text{肠酶}} \text{核苷酸(鸟嘌呤、腺嘌呤)} \longrightarrow \text{尿酸}$$

有人认为尿酸的溶解度小限制了它在尿中的排放,因而导致其在组织中和关节连接处的沉积,造成类似于痛风的情况,从而限制了含有核酸的SCP供人类食用。对于健康的成人,核酸的安全摄入量约为2 g/d。表9-23总结了用来降低单细胞蛋白中核酸含量的方法。

表9-23　降低单细胞蛋白中核酸含量的方法

方　　法	优　　点	缺　　点
生长和细胞生理学(限制生长速率,限用某种底物)	仅适用于发酵设计	降低成本作用有限
催化水解	简单,快速	有质量损失,需添加氮和盐类,pH过高不利
化学萃取	简单,快速,能除去聚合的RNA	有化学残渣,质量和氮均有损失
细胞破裂(物理分离,酶催化,化学处理)	只用于需要蛋白浓缩液时	不经济,需其他特殊处理
外源核糖核酸酶(RNaes)	快速,简单,酶选择性好	酶的成本高、来源少,有干物质损失
内源RNase,热振荡,阴离子交换等	简单,细胞直接由发酵器中产生,不需添加化学药品	失重,慢,只能处理某些细胞

9.5.7　单细胞蛋白的安全性与营养评价

1. 安全性评价

单细胞蛋白饲料作为动物饲料,其安全性与营养性必须进行严格评价。联合国粮农组织(FAO)、世界卫生组织(WHO)、国际标准化组织(ISO)等有关国际组织建立了单细胞蛋白委员会,对其进行专门的评价工作。

安全性评价是关系到单细胞蛋白能否作为饲料和食品的首要问题。联合国蛋白质咨询组(PAG)对其安全性评价作出规定为:生产用菌株不能是病原菌;不产生毒素;对生产原料也提出一定要求,例如,石油原料中多环芳香烃含量低;农产品来源的原料中重金属和农药残留含量不能超过要求;在培养条件和产品处理中要求无污染、无溶剂残留和热损害;最终产品应无致病菌、无活细胞、无原料和溶剂残留。对最终产品还必须进行小动物(小白鼠和大白鼠)毒性试验。美国食品药物管理局(FDA)同时规定,必须对致癌性多环芳香族化合物、重金属、真菌毒素及微生物的病源性、感染性、遗传性等进行充分评估。这些试验通过以后,还要进行人的临床试验,测定 SCP 对人的可接受性和耐受性。

2. 营养性评价

单细胞蛋白通过安全性评价后,还要进行营养性评价。

从 SCP 的化学成分,特别是从氨基酸组成,可以得到营养价值的信息。从其氨基酸组成看,在微生物蛋白质中除含硫氨基酸不足,如蛋氨酸低以外,其他则能保持平衡,赖氨酸等含量最高,见表 9-24。

表 9-24 SCP 粗蛋白质含量与氨基酸组成

	粗蛋白质含量/(g/100)	氨基酸组成/(g/16 gN)											
		异亮氨酸	亮氨酸	苯丙氨酸	苏氨酸	色氨酸	缬氨酸	精氨酸	组氨酸	赖氨酸	胱氨酸	蛋氨酸	含硫氨基酸
鱼粉	66.2	4.7	7.6	4.2	4.3	1.2	5.3	5.8	2.4	7.7	0.9	3.0	3.9
豆饼	45	5.4	7.7	5.1	4.0	1.5	5.0	7.7	2.4	6.5	1.4	1.4	2.8
酵母(正烷烃)	60~62	4.9	7.3	4.5	5.0	1.2	6.0	5.2	2.0	7.1	1.3	1.6	2.9
酵母(甲醇)	58~60	4.7	7.2	4.3	4.8	1.2	5.2	5.0	2.1	6.5	1.5	1.9	3.4
酵母(纸浆废液)	46	5.2	6.2	4.6	3.8	1.1	5.7	5.0	2.0	6.2	—	1.1	—
细菌(甲醇)	72	4.8	7.6	3.6	4.6	1.0	5.6	5.0	2.0	6.8	0.7	2.5	3.2
霉菌(纸浆废液)	56~63	4.3	6.9	3.7	4.6	1.2	5.1	—	—	6.4	1.1	1.5	2.6

对 SCP 的营养价值,除根据化学分析数据外,最终评价取决于生物测定。生物测定有两种评价方法,即生长法和氮平衡法。生长法测定的是蛋白质效率比(PER)。其定义是,生长中动物每摄入一单位质量的蛋白质所获得的体重。以酪蛋白蛋白质效率为 2.5 作对照。氮平衡法是确定蛋白质的生物价(BV)。生物价是指被生物吸收的蛋白质与留在动物体内供生长和维持生命部分的比例。BV 值高则说明蛋白质的质量高。表 9-25 列举了 SCP 的营养价值。

表 9-25 SCP 的营养价值

蛋白质源	生物价/%
鸡蛋	100
牛奶	93
燕麦片	79
碎玉米	72
马铃薯	69

续表

蛋白质源	生物价/%
酿酒酵母(酒厂)	58～69
酿酒酵母(干)	52～87
解脂假丝酵母(烃+0.03%蛋氨酸)	91
解脂假丝酵母(烃)	61
产朊假丝酵母(亚硫酸纸浆废液)	52～48
产朊假丝酵母(亚硫酸纸浆废液+0.03%蛋氨酸)	88
巨大芽孢杆菌破碎细胞	70
巨大芽孢杆菌全细胞	62
镰刀菌	70～75
小球藻(栅藻)	54

SCP的维生素B_2、B_6、β-胡萝卜素、麦角甾葸醇含量丰富，磷和钾含量丰富，钙较少。补充蛋氨酸，营养价值显著提高。酵母蛋白中赖氨酸较多，用食用酵母作补充物，可将面粉、玉米谷物蛋白质的生物价提高。

9.5.8 单细胞蛋白生产中应该考虑的问题

随着人口的增长和生活水平提高，全球对高质量、富含蛋白质食品的需求将继续增加。水产养殖有助于满足部分需求，成为增长最快的动物蛋白产业。然而，它面临的一个关键挑战是寻找一种可持续的、可再生的蛋白质成分。单细胞蛋白产品，基于微生物或藻类生物量的蛋白质膳食，具有满足这一需求的潜力。

海产品、野生捕捞和水产养殖，是世界上最大的动物蛋白产业(2013年为1.89亿t)1990年以来，野生捕捞量一直稳定在大约9 000万t，因此，所有的增长量几乎都来自水产养殖。事实上，在过去20年中，与家禽养殖的年增长率为4%相比，水产养殖业的年增长率约为7%，且高于任何动物蛋白行业。

饲料是畜牧业生产中的主要成本，而蛋白质成分尤其主导着水产养殖饲料成本。因此，高效的饲料，尤其是蛋白质转化，对于管理生产成本和促进水产养殖的可持续发展至关重要。水产养殖物种的饲料转化率较低，每千克食用海产品的饲料转化率(feed conversion ratios，FCRs)为1.1～1.6 kg，家禽为1.4～1.8 kg，猪肉为2.6～4.4 kg，牛肉为3.5～9 kg。因此，水产养殖更有助于可持续的动物蛋白产业，单细胞蛋白将发挥重要作用。

水产养殖物种的粗蛋白含量一般较高，介于35%～60%(质量分数)，而陆生家畜的粗蛋白含量为12%～26%(质量分数)。此外，许多水产养殖市场是肉食性物种，而大多数陆生家畜是草食性动物。因此，与许多水产养殖物种相比，植物性蛋白质成分更适合陆生动物。历史上，鱼粉(即磨碎的、干的饲料鱼及其废物)一直是水产养殖中的首选蛋白质成分，因为其具有高含量的粗蛋白、高含量的必需氨基酸等。

单细胞蛋白饲料的研究已有一段历史，取得了令人瞩目的研究成果和巨大的经济效益。目前，各国科学家在对原料性质、菌种选育、发酵工艺学、营养学和毒理学等方面进行了广泛而系统的研究，重点集中在原料的适当预处理、利用DNA分子重组技术构建新的菌种以及发酵工艺理论模型的建立，以便于从理论上推导出微生物发酵的最优条件。这方面的研究定会对资源紧张、环境污染起到缓解作用。

微生物的培养不受季节、气候和地区的限制，所以微生物蛋白生产易于实现工业化。但是单细胞蛋白的广泛使用还存在如下一些问题：

（1）单细胞蛋白中的核酸含量很高，这可能会危害某些生理功能紊乱症患者的健康；

（2）有毒性物质存在的可能性（如从培养基中吸收重金属，微生物自身产生毒素等），因此人们必须花费大量资金、人力、物力进行质量检测；

（3）由于微生物在人类消化管中消化得很慢，可能会使一些食用者产生消化不良或过敏症状；

（4）单细胞蛋白比其他来源的蛋白质，如大豆蛋白等更昂贵。

单细胞蛋白能否成功地投入使用的关键是成本问题。如果能找到一种经济的方法从工农业生产、生活废弃物中生产单细胞蛋白，则单细胞蛋白的生产就可以广泛用于污染治理的过程中。为了达到上述目的，还需进一步研究不同微生物的生长特性、遗传代谢特征、生产出的单细胞蛋白的适口性及安全性等。

SCP 生产中应该考虑的问题包括：

（1）生产所用菌种应增殖速度快，对营养要求低且广谱，易于培养，可连续发酵，菌体收量大；

（2）原料价廉，能够大量供给，或直接利用工农业废料；

（3）菌体分离回收容易；

（4）不易被杂菌污染；

（5）生产过程排放废水少；

（6）菌体蛋白质含量高，氨基酸组成好；

（7）无毒性、病原菌及致癌物质；

（8）适口性好；

（9）易于储藏、包装。

环境生物监测与安全性评价

10.1 生物传感器简介

传统的环境监测方法通常采用离线分析方法，其缺点是分析速度慢，操作复杂，且需要昂贵仪器，不适宜进行现场快速监测和连续在线分析。建立和发展连续、在线、快速的现场监测体系尤其重要。

生物传感器实际上是一类特殊的化学传感器。国际纯粹和应用化学联合会(IUPAC)对化学传感器的定义为：一种小型化的、能专一和可逆地对某种化合物或某种离子具有应答反应，并能产生一个与此化合物或此离子浓度成比例的分析信号的传感器。生物传感器与传统的化学传感器和离线分析技术(如 HPLC 或质谱)相比有着许多不可比拟的优势，如选择性高，灵敏度高，稳定性较好，成本低，能在复杂体系中进行快速在线连续监测。它在环境保护领域里有着广阔的应用前景。

生物传感器是将生物感应元件的专一性与能够产生与待测物浓度成比例的信号传导器结合起来的分析装置。产生信号的来源包括：质子(H^+)浓度的变化；一些气体，如氨和氧气的排放或吸收；光的释放、吸收或反射；热的释放；生物质的改变等。换能器通过电化学、热学、光学或压电学的方法将这个信号转变成可以测量的信号，如电流、电势、温度变化、光吸收或生物质的增加等，这个信号能够进一步被放大、处理与定量。

最早问世的生物传感器是酶电极。1962 年 Clark 和 Lyons 最早提出酶电极的设想，他们把酶溶液夹在两层透析膜之间形成一层薄的液层，再紧贴在 pH 电极、氧电极和电导电极上，用于监测液层中的反应。Updike 和 Hicks 首先开发了固定化酶传感器。此后关于不同底物酶电极的报道相继出现。20 世纪 70 年代中期，人们注意到酶电极的寿命一般都比较短，提纯酶的价格也比较昂贵，而各种酶多数来自微生物或动植物组织，因此就开始研究酶电极的衍生物：微生物电极、细胞器电极、动植物组织电极以及免疫电极等新型生物传感器，使生物传感器的类型大大增多。

10.1.1 生物传感器的基本组成和工作原理

生物传感器由敏感元件，即生物元件和信号传导器组成。下面列出了各种用来制作生物传感器的生物元件和传导器。原则上讲，任何一种信号都可以与适当的传导器结合起来，制造出具有操作性能的传感器。

(1) 生物元件　生物体、组织、细胞、细胞器、细胞膜、酶、酶组分、感受器、抗体、核酸、有机物分子。

脱氧核酶(deoxyribozyme，DNAzyme 或 DNA enzyme)是利用体外分子进化技术制得的具有催化活性和结构识别能力的单链 DNA，可以作为一种新型生物敏感元件。1994 年，Breaker 和 Joyce 最先通过体外筛选获得了一种以 Pb^{2+} 为辅因子催化断裂 RNA 的单链 DNA 分子，这类具有催化活性的 DNA 分子称为 DNAzyme 或 DNA enzyme。这一工作，拓展了 DNA 的功能，也丰富了酶的种类，使酶的本质不仅限于蛋白质和 RNA，是酶学研究过程中又一次重要的突破。截至 2000 年，尚未发现天然的 DNAzyme，而人工合成的 DNAzyme 已有 100 多种。以 DNAzyme 为敏感元件，构建的金属离子监测传感器已逐步从研究走向应用。

另一种新型生物敏感元件，是核酸适配子(aptamer)。核酸适配子是指能形成一定空间结构并与目标物质特异性结合的 RNA 或单链 DNA。其可以结合的物质包括蛋白质、小分子、金属离子甚至全细胞。1990 年，Ellington 等从随机 RNA 文库中，用体外筛选技术获得了与小分子染料结合的 RNA 序列。同年，Tuerk 等从随机 RNA 文库中筛选出了与噬菌体 T4 DNA 酶特异性结合的 RNA 序列。根据 Aptagen 公司网站的数据，截至 2019 年年初，已筛选出的 Aptamer 已有 540 多种。

(2) 传导器　电势测量式、电流测定式、电导率测量式、阻抗测定式、光强测量式、热量测定式、声强测量式、机械式、“分子”电子式。

生物传感器的选择性取决于它的生物敏感元件，而生物传感器的其他性能则和它的整体组成有关。

生物传感器基本原理如图 10-1 所示。

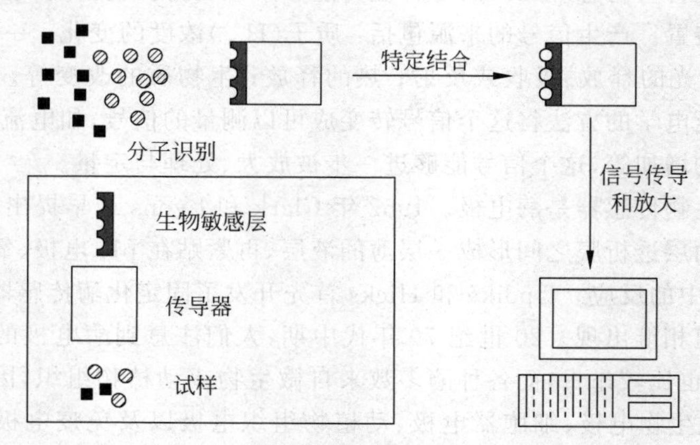

图 10-1　生物传感器基本原理示意图

生物传感器的工作原理主要决定于敏感元件(分子识别单元)和待测物质之间的相互作用,有以下几种类型。

(1) 将化学变化转化为电信号 例如酶传感器。酶能催化底物发生反应,从而使特定物质的量有所增减。用能把这类物质的量的改变转换为电信号的装置和固定化的酶结合,即可组成酶传感器。常用的这类信号转化装置有Clark型氧电极、过氧化氢电极、氢离子电极、其他离子选择性电极、氨气敏电极、二氧化碳气敏电极、离子敏场效应晶体管等。

(2) 将热变化转化为电信号 固定化的生物材料与相应的被测物作用时常伴有热的变化,把反应的热效应借热敏电阻转化为阻值的变化,后者通过放大器的电桥输入到记录仪中。

(3) 将光效应转化为电信号 有些酶如过氧化氢酶,能催化过氧化氢-鲁米诺体系发光。将过氧化氢酶膜固定在光纤或光敏二极管的前端,再和光电流测定装置相连,即可测定过氧化氢的含量。许多酶反应都伴随过氧化氢的产生,例如葡萄糖氧化酶在催化葡萄糖时产生过氧化氢,如把葡萄糖氧化酶和过氧化氢酶一起做成复合酶膜,则可用上述方法测定葡萄糖。

(4) 直接产生电信号方式 这种方式可使酶反应伴随的电子转移、微生物细胞的氧化直接通过电子传递的作用在电极表面上发生。

除上述四种外,随着科学技术的发展,基于新的原理的生物传感器将不断出现。如2010年之后,原子力显微镜与精密检测技术的发展,推动了微悬臂梁免疫传感器(microcantilever-based immunosensor,MBI)的研究。基本原理是原子力显微镜的微悬臂梁表面抗原与抗体特异性反应,会导致悬臂弯曲,这一微小变化,可以采用光学杠杆法准确检测。具体过程是,将激光束打在微悬臂梁的表面,经表面反射出的光束通过位置敏感探测器(position sensitive detector,PSD)接收。当悬臂弯曲时,接收到的激光光束会随之在PSD的表面移动,光束移动的距离与悬臂弯曲成比。也可以通过检测压阻效应导致的电阻率变化检测。原理是半导体材料在外加应力的作用下产生应变时,其会随之发生改变。2015年有研究者报道了他们采用上述原理构建的呋喃丹检测传感器,可准确检测蔬菜中的呋喃丹浓度,检测准确率高于传统检测手段。2017年有研究报道了针对动物源食品中残留磺胺类药物的检测,研发的借表面等离子体子共振(surface plasmonresonance, SPR)传导器的微悬臂梁免疫传感器,实现了磺胺类药物快速、灵敏、稳定检测,重复使用性也达到较高水平。

10.1.2 生物传感器的分类

生物传感器一般可从以下三个角度进行分类:

1) 根据传感器输出信号的产生方式

被测物与分子识别元件上的敏感物质相作用以产生传感器输出信号的方式有两类。

一类是被测物与分子识别元件上的敏感物质具有生物亲合作用,即二者能特异性地结合,同时引起敏感材料的生物分子结构和(或)固定介质发生物理变化,例如电荷、厚度、温度、光学性质等,这类传感器称为生物亲合型生物传感器。它的反应式可用如下通式表示:

$$\underset{\text{底物}}{S} + \underset{\text{受体}}{R} \rightleftharpoons SR$$

另一类是底物与分子识别元件上的敏感物质相作用并产生产物，信号转化器将底物的消耗和产物的增加作为输出信号，这类传感器称为代谢型或催化型生物传感器，其反应形式如下：

$$\underset{\text{底物}}{S} + \underset{\text{受体}}{R} \rightleftharpoons SR \longrightarrow \underset{\text{生成物}}{P}$$

2）根据生物传感器中分子识别元件上的敏感物质

分子识别元件上所用的敏感物质有酶、微生物、动植物组织、细胞器、抗原和抗体等。根据所用的敏感物质可将生物传感器分为酶传感器、微生物传感器、组织传感器、细胞传感器、免疫传感器等。

3）根据生物传感器的信号转化器

生物传感器的信号转化器有电化学电极、离子敏场效应晶体管、热敏电阻、光电转化器、声表面滤波器(SAW)等。据此又将生物传感器分为电化学生物传感器、半导体生物传感器、测热型生物传感器、测光型生物传感器、测声型生物传感器等。

生物传感器的分类如图 10-2 所示。

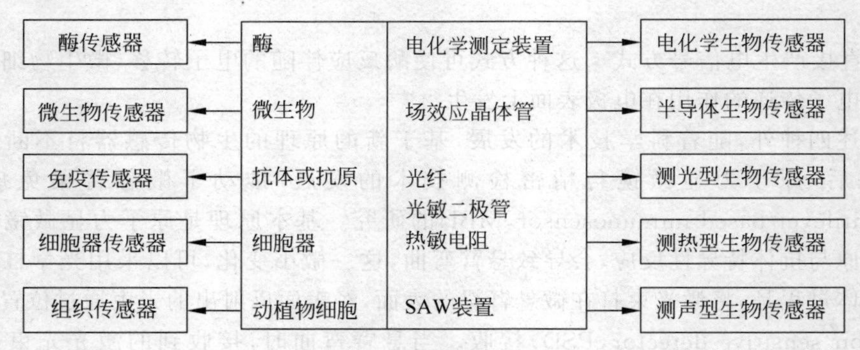

图 10-2 生物传感器的分类

表 10-1 列出了几种生物传感器，其中酶传感器和微生物传感器等多种传感器已经在各领域得到应用。

表 10-1 各种生物传感器

生物传感器	敏感材料	转换器	检测对象
酶传感器	酶固定膜	膜式 O_2 电极 H_2O_2 电极 pH 玻璃电极 CO_2 电极 NH_3 电极	葡萄糖等 胆固醇等 中性脂质等 氨基酸等 尿素等
细胞器传感器	线粒体 肝微粒体膜	膜式 O_2 电极 膜式 O_2 电极	NADH SO_2
微生物传感器	微生物膜	膜式 O_2 电极 膜式 H_2 电极 pH 玻璃电极 CO_2 电极	糖类等 BOD 等 头孢菌素等 谷氨酸等
组织传感器	蛙表皮	Ag/AgCl 电极	Na^+

续表

生物传感器	敏感材料	转换器	检测对象
免疫传感器	抗体(抗原)膜	Ag/AgCl 电极	血型等
	抗体(抗原)/TiO_2 电极		HCG 等
	抗体膜(酶标识)	膜式 O_2 电极	AFP 等
	核糖体(抗体)	离子电极	梅毒抗体等
酶热敏电阻	酶固定化膜(粒子)	热敏电阻	ATP 等
酶免疫热敏电阻	抗体膜(粒子)	热敏电阻	免疫球蛋白等
发光酶传感器	酶固定化膜	光电倍增管	葡萄糖等
发光免疫传感器	抗体膜(酶标识)	光电倍增管	免疫球蛋白等
微悬臂梁传感器	抗体	压阻半导体光位置敏感探测器	农药等

10.1.3　生物传感器的特点

生物传感器这种新的检测手段与传统的分析方法相比具有如下的优点：

(1) 生物传感器是由选择性好的生物材料构成的分子识别元件，因此一般不需要样品的预处理，它利用优异的选择性把样品中的被测组分的分离和检测统一为一体，测定时一般不需加入其他试剂。

(2) 由于它的体积小，可以实现连续在线监测。

(3) 响应快，样品用量少，且由于敏感材料是固定化的，可以反复多次使用。

(4) 传感器连同测定仪的成本远低于大型的分析仪器，便于推广普及。

10.2　生物传感器在环境监测中的应用

10.2.1　BOD 生物传感器

生化需氧量(biochemical oxygen demand，BOD)是表征有机污染程度的综合性指标，广泛应用于水体污染监测和污水处理厂的运行控制。BOD 的定义是：在微生物的作用下，将单位体积水样中的有机物氧化所消耗的溶解氧量，其单位是 mg/L。BOD 可以间接表示可生物氧化的有机物量，是水污染控制领域最广泛采用的检测参数。

目前，国内外均主要采用 5 天 20℃培养法测定水样中的 BOD 值。步骤主要包括水样采集、充氧、培养、测定等。简单地说，就是将水样密封于试验瓶中，在 20℃±1℃于暗处培养 5 天，然后分别测定样品培养前后的溶解氧，这两者之差即为 5 天的生化需氧量 BOD_5。这种方法有许多不足之处，如测定周期长，操作复杂，重现性差，干扰性大，不宜现场监测等。因此，迫切需要一种操作简单、准确、快速、自动化程度高、适用范围广的新方法来测定 BOD。

BOD 的其他测定方法主要有库仑计法、短时日法、平台值法、相关估算法和瓦呼仪法等。这些方法基本上是基于一些经验公式，而且操作过程较为复杂，测定过程也不够稳定，因此一直没得到推广应用。

1977 年，Karube 等首次利用微生物传感器原理成功地研制了 BOD 测定仪。该仪器由固定化土壤菌群与氧电极构成，可在 15 min 内测得废水的 BOD 值。但由于微生物酶对固定化微生物膜的破坏，10 天后，此传感器便失去活性。

BOD 生物传感器已经得到了较广泛的研究与应用。下面主要介绍生物传感器快速测定 BOD 的工作原理、识别元件及其制备、换能器、测量过程及条件的优化等。

1. BOD 传感器的基本组成

BOD 传感器利用的是生物传感器的原理，以微生物作为敏感材料，当含有一定浓度缓冲液的水样进入测量室时，水样中的有机物与微生物接触并被微生物分解。微生物在分解有机物的过程中会消耗水中的溶解氧，导致溶解氧浓度降低，利用相应的换能器可以检测到溶解氧浓度的变化，产生相应的信号。这一信号变化的大小与测量室样品中 BOD 值存在一定的线性关系，通过对信号进行处理，可以得到水样的 BOD 值。BOD 生物传感器，其基本组成主要包括生物识别元件、反应器和换能器，如图 10-3 所示。

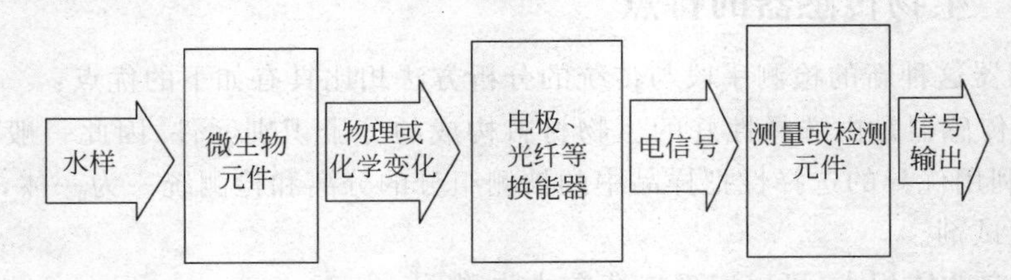

图 10-3　BOD 生物传感器的基本组成

2. 生物识别元件

生物识别元件是 BOD 生物传感器的核心部件，主要是氧化有机物需要的微生物。生物识别元件在很大程度上决定了 BOD 传感器的性能和测定的准确性。BOD 传感器识别元件包括对有机物具有广谱分解能力的单一微生物，例如 *Saccharomyces cerevisiae*、*Hansenula anomala*、*Trichosporon cutaneum*、*Arxula adeninivorans* LS3、*Pseudomonas putida*、*Serratia marcescens* LSY4、*Photobacterium phosphoreum*、*Pseudomonas fluorescens*、*Klebsiella* sp.、*Bscillus subtilis*、*Torulopsis candida*、*Thermophilic bacteria*、*Escherichia coli* 等。对于活的微生物构成的敏感元件，即使在不使用时，也要对其中的微生物进行保存和培养。已经建立了多种保存微生物的方法，比如：将其保存于无营养物的 40℃ 磷酸缓冲液中。也有研究利用热灭活细胞作为敏感元件。在 280℃ 左右的温度下，将微生物杀死，终止细胞的代谢活动，同时保存细胞中酶的活性，制成具有细胞壁的无活性细胞，达到敏感元件高效和易保存的效果，避免了使用前对微生物的活化。

单一菌种由于微生物确定，对一定种类的有机物分解程度较为一致，因此由它所制成的敏感元件具有性能稳定、重现性好等优点。但与混合微生物相比，单一菌种对有机物的广谱性较差，对于成分差异很大的实际废水，往往信号差异很大。混合菌种对有机物具有广谱性好、识别性强、活性高等优点。也有很多学者采用混合菌种，例如活性污泥来制备生物识别元件。但混合菌群内部微生物相复杂，可能存在竞争、捕食等关系，且菌种保存条件要求较高。

酶具有很高的生物催化活性，也可以制成生物识别元件。1988 年 Reiss 等成功地将

α-淀粉酶等与 *Trichosporon cutaneum* 共同固定化，制备生物识别元件，以提高 BOD 传感器在测定高含量淀粉废水时的响应能力及精确度。在他们所构建的 BOD 传感器的测量过程中，水样中的淀粉等高聚物首先被酶陆续地催化分解为低聚物或有机物单体，形成可生物降解的小分子有机物，然后被识别元件中的微生物所利用，从而产生信号来指示水样中的 BOD 值。实验结果表明，生物敏感元件在连续工作的条件下，寿命为 1 个月；在储存条件下，寿命为 2 个月。同时，用该传感器测量含有土豆淀粉的废水，所得到的 BOD 值与传统 5 天培养法所得到的 BOD_5 值具有良好的线性关系。

发光细菌也可以作为 BOD 传感器的识别元件。有报道表明，利用发光细菌 *Photobacterium phosphoreum* 构造微生物识别元件，微生物和有机物进行生化反应会发出特殊的荧光，这种光的强度可以用来指示废水中有机物的浓度，从而得到水样的 BOD 值。也有学者利用 *Escherichia coli* 作为生物识别材料，这种微生物能够在降解和代谢水样中的有机物时发出荧光，荧光的强度与其吸收的有机物量有直接的线性关系，利用由光电倍增管和光度计组成的荧光检测设备，对这种微生物所发出的荧光进行检测，可以很精确地得到水样中的 BOD 值。利用发光细菌所构建的 BOD 传感器具有准确度高的优点，但需要较长的测量时间，而且这种细菌需要较高的温度来保持其代谢活性，因此测量速度较慢、生物识别元件寿命较短是其主要不足。

用于 BOD 生物传感器的微生物的种类及其特性总结于表 10-2。

表 10-2　用于 BOD 生物传感器的微生物及其基本特性

微生物名称	存在状态	微生物类别	测量时间/min	量程/(mg/L)
Escherichia coli	活细胞 活细胞 活细胞	细菌 细菌 发光细菌	15 2.5 h <2 h	0～200 2.2～11 3～200
Saccharmyces cerevisae	活细胞	真菌	15	0～200
Trichosporon cutaneum	活细胞	真菌	10～15 <10 7～20 3～7	0～1 000 <90 0.2～18 10～60
Hansenula anomala	活细胞	真菌	15～20	0.01～0.2
Serratia marcescens LSY4	活细胞	细菌	15	
Arxula adeninivorans LS3	活细胞	真菌	70 s(反应时间) 5(恢复时间)	0～1 600
Pseudomonas putida	活细胞	细菌	2～15	0.5～10
Klebsiella sp.	活细胞	细菌	15(反应时间) 20(恢复时间)	0～450
Proteus vulgaris	活细胞	细菌	60	19～150
Trichosporon cutaneum 和 *Bacillus subtilis*	热死细胞	细菌，真菌	40	0～80
活性污泥中分离出来的“BOD 种子”	热死细胞 ls	混合菌种	40～45	0～100 000
Bacillus subtilis	活细胞	细菌	25	0～20 000

续表

微生物名称	存在状态	微生物类别	测量时间/min	量程/(mg/L)
活性污泥	活细胞	混合菌种	60 s(反应时间) 10(恢复时间)	0～50
从污水中分离得到的细菌	活细胞	混合菌种	30	1～60
无介质的生物燃料电池细菌(MFC)	活细胞	混合菌种	60	0～100
	活细胞	混合菌种	1 h 以上	0～200
海水中分离得到的细菌	活细胞	混合菌种	20	2～5(海水)
	活细胞	混合菌种	10～15	0～30(海水)
	活细胞	混合菌种	3(10 mg/L)	0.2～40(海水)
	活细胞	混合菌种	4(2 mg/L)	0.2～30(海水)

在分离到合适的微生物后,采用各种固定化微生物的手段,就可以制得 BOD 传感器所需的识别元件。已经研制成功的 BOD 传感器,其识别元件的固定化大多利用聚乙烯醇(PVA)、聚(氨基甲酰)磺酸盐(PCS)以及硝酸纤维膜等。当废水进入反应器后,会渗透扩散到微生物膜内部,其中的微生物对废水中有机物进行分解,从而产生信号的变化。这种结构的传感器称为生物膜式 BOD 传感器,其构造如图 10-4 所示。

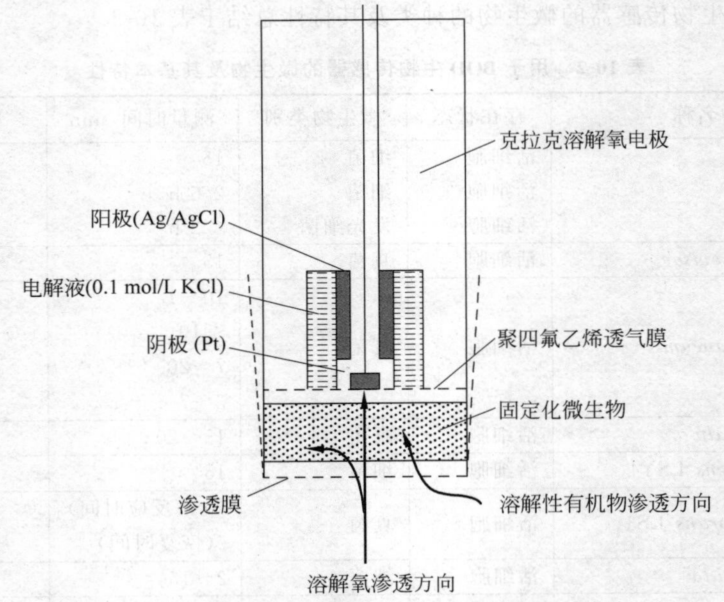

图 10-4 生物膜式 BOD 传感器的基本构造

这种类型的传感器,由于存在微生物膜,水样和其中的有机物以及溶解氧分子在渗透扩散过程中存在较大的传质阻力,甚至一些大分子有机物不能穿过微生物膜进行反应,同时,溶解氧浓度在渗透过程中衰减严重,导致测定结果的重现性和稳定性差。

作者发明了一种反应器式 BOD 传感器,成功地解决了这一问题。利用聚乙烯醇(PVA)对微生物进行固定,制成微生物小球,从而得到识别元件,将识别元件悬浮分散在反应器中进行反应,这样由于 PVA 颗粒比表面积大,并且具有多孔结构,因此与生物膜式反应器相比，溶解氧、有机物分子的扩散阻力大大减少，并且与微生物的接触充分，提高了测定结果的稳定性和准确性。这种反应器式 BOD 传感器的结构如图 10-5 所示。

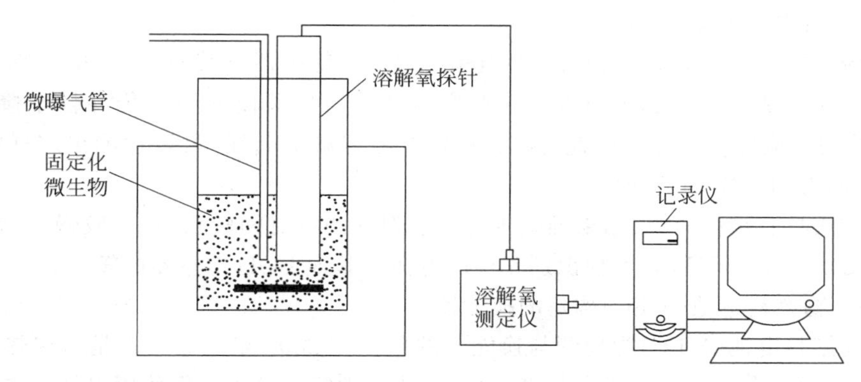

图 10-5　反应器式 BOD 传感器的基本构造

3. 换能器(传导器)

设计 BOD 传感器的主要问题之一是如何把微生物降解水中有机物产生的变化转换成可以检测的信号，并通过换能器将信号扩大输出，最终得到所测样品的 BOD 值。因此，BOD 传感器的换能器作为整个传感器的重要组成部分，其主要作用是识别并处理生化反应中产生的某些物质或微生物的浓度变化，并将其转化成可以定量表示的信号输出。

1）溶解氧(DO)电极

BOD 传感器中应用最广泛的换能器是 1956 年 Clark 利用安培电流计改进而成的 Clark 溶解氧电极。这种溶解氧电极是一个双电极系统，它利用银针作阳极，用金或铂针与可透氧的膜连接组成阴极。将溶解氧电极放置于待测水样中，通过比较初始和反应达到平衡后溶解氧浓度或电极输出电流的变化，计算出水样的 BOD 值。

由于 BOD 是与水中溶解氧浓度直接相关的参数，因此用溶解氧电极作为换能器，具有简单、直接、稳定性好、适应范围广等优点，目前在 BOD 传感器中应用最为普遍。但是，溶解氧电极的精确度没有光纤传感器高，并且随着工作时间的延长，存在一定的漂移，即所测得的溶解氧或者输出的电流值会不断减小，从而影响测量的准确性，这是溶解氧电极存在的主要问题。

2）光纤换能器

除了电化学换能器外，以光信号变化为指示信号的光纤换能器，也是一种重要的换能器。Chee 等(2000)利用日本 ASR 公司提供的光纤传感器制成了 BOD 传感器。在不同浓度的溶解氧条件下，这种换能器能够产生不同的荧光，得到不同的电流，从而间接反映出水样中的 BOD 值。这种传感器适合于低 BOD 值(最低检出限达到 0.5 mg/L) 水样的测量，其测定所得的 BOD 值与传统 5 天培养法所得的 BOD_5 值具有良好的相关性，相关系数达到 0.971。

Preininger 等(1994)也报道了利用光纤换能器测量荧光细菌在氧化有机物过程中产生的荧光信号，从而计算水样中 BOD 值。

与安培电流传感器比较，光纤生物传感器具有长时间操作稳定性、不需要消耗溶解氧、不需要参比单元、不受样品流速和扰动程度影响等优点。光纤传感器原理为制造小型 BOD 传感器提供了一种选择。

3）压电晶体(SPQC)系统

一种新型的不需要对微生物进行固定化的 BOD 传感器。其原理是，微生物在将水样中的有机物代谢成无机物或离子时，由于溶解氧的消耗而使介质的传导性下降，从而使 SPQC 系统的感应频率下降。因此，通过建立电流-溶解氧曲线，可以检测出水样中的溶解氧浓度，进而得到水样 BOD 值。

这种方法具有结构简单、结果准确等优点。但其测定时间较长、速度较慢，通常在 37℃ 条件下需要 2.5 h。而且，其生物识别元件的寿命比其他 BOD 传感器的短。

4）以生物燃料电池(MFC)构建的换能器

以生物燃料电池(MFC)为检测与换能器的研究在 2000 年之后一直是研究热点。2018 年，有多个课题组发表了相关研究成果。如，天津大学等报道了他们使用以低成本活性炭做生物阴极的单室 MFC 构建的 BOD 快速测定系统，接种采自城市污水生物处理系统的污泥，检测 BOD 的范围为 80～1 200 mg/L，响应时间 50h，采用数值积分法辅助或针对浓度较低的水样检测，时间可以缩短至几小时。日本金泽大学的一个研究组，研发了采用火焰氧化不锈钢阳极(FO-SSA)的电化学系统，用采自处理养猪废水的活性污泥工艺中的污泥构建反应体系，检测养猪废水中的 BOD，结果与采用碳布阳极相比，缩短了检测时间，可低至 1 h。

Kim 等(2003)利用生物燃料电池细菌 *Shewanella putrefaciens* 构建了 BOD 传感器。这种细菌具有电化学活性。在他们的研究中，利用这种细菌作为阳极，将水样中的有机物作为燃料进行氧化，氧化过程中产生的电子直接流动到阴极，这样就克服了氧在水中溶解度小的局限，同时增强了生化反应的指示信号。另外，在他们所设计的 BOD 传感器中，反应器采用了连续流的方式，这为利用 BOD 传感器进行在线监测提供了条件。

Catterall 等(2001)利用该原理研制了 BOD 生物传感器。他们利用铁氰化物作为合成电子受体，以解除氧的溶解度低的限制。这类 BOD 传感器具有生物识别元件寿命长、信号强、精确度高等优点。其缺点是测定时间较长(通常在 1 h 以上)。

5）其他信号处理方式

Hassapis(1991)研究了一种方法，利用连续流反应器，通过调节水样的稀释比，使反应器中溶解氧的消耗维持在一个恒定的水平，通过稀释比的变化来计算水中的 BOD 值。在德国 STIP Isco 公司已经商业化的 BOD 传感器 BIOX-1010，就是利用这个原理所设计的。这一类型的设备在一些水厂获得了应用。

4. BOD 传感器的测量过程

BOD 传感器的测定主要依赖于生化反应，因此测定条件对反应过程的影响比较大。微生物和水样所处的环境条件，如温度、pH、反应时间、清洗/恢复时间等，直接影响其测定结果。

测定时间和清洗时间的长短，与敏感元件中微生物种类、活性、反应器结构设计、温度、pH 等因素有关。一般地，用单一菌种制成的敏感元件，所需要的测定和清洗时间比较长；而用混合菌种(如活性污泥、微生物群落等)制成的敏感元件，由于微生物适应性强，因此所需要的测定时间和清洗时间比较短。生物膜式传感器由于存在比较大的传质阻力，与比表面积大、分散悬浮的反应器式传感器相比，测定时间和清洗时间要长。

目前研制的BOD传感器，由于在设计上存在较大差异，因此测定速度也差别较大，短到1 min以内，长至1 h以上。

5. 部分商业化的BOD传感器

世界上第一台商业化BOD传感器，于1983年由Nisshin Denki公司研制成功。从那时起，人们对BOD传感器进行了多方面的改进，不断有新产品投放市场。

部分商业化BOD传感器的性能和基本指标如表10-3所示。

表10-3　部分商业化的BOD生物传感器的基本组成与性能

型号和制造商	（长×宽×高/mm×mm×mm）/（质量/kg）	系统组成	测定时间/min	量程/(mg/L)	精确度参数
220A、220B、220-X 天津赛普公司	540×370×225/18	生物膜 溶解氧电极	8	2～4 000	≤5% （标准差）
C1-BOD-3000	(470×490×330)/27	生物膜	30	0～1 000	≤±5%
C1-Alpha-1	(370×350×300)/14	溶解氧电极	30	0～20	≤±3%
Bio-100 北京中西远大公司	(600×720×420)/55		3～4	0～20 000	1 mg/L（敏感度）
DKK BOD sensor 7842 DKK Corporation（日本）		生物膜 间歇反应器	5	0～60	<±5%
BODypoint Aucoteam（德国）		生物膜 连续流系统	<1	5～500	<±10%
ARAS Dr. Lange GmbH（德国）		生物膜 间歇反应器	1～3	2～300	<±5%
BIOX-1010 STIP Isco公司 （德国）		具有稀释系统的生物反应器	3～15	5～1 500 20～1 500 20～100 000	±3%
RODTOX 2000 Kelma（比利时）		呼吸型	20～40	0～500 000	<±5%
QBOD metre & EZ-BOD metre Bioscience公司 Bethlehem（美国）		呼吸型	20	0.5～300 0.5～5 000	±10%
BOD-BioMoitor LAR Analytik & Umweltmesstechnik （德国）		呼吸型	15～60 3～5	0～50 0～200 000	±5%

6. 存在的主要问题及发展趋势

迄今为止，不少国家针对利用生物传感器快速测定BOD制定了相应的标准，并进行了相关的技术说明。BOD传感器特别是一些新型传感器仍处于实验室研究阶段，距普遍应用还有相当的距离，少数商业化产品也存在一些问题。生物传感器快速测定 BOD 的主要问题如下：

(1) 微生物培养的不稳定性，使传感器不能保持良好、稳定的运行。

(2) 不同菌种对不同有机物的降解能力不同，使其响应和重现性不同，从而只适合于定点水系的测量。对于特定水样和许多实际废水，还应进行有针对性的研究，如微生物种类、标准溶液及其标准曲线、生物识别元件的制备等。

(3) 微生物膜电极的响应时间较长，为缩短响应时间，需要选用新的更有效的微生物固定化材料、方法。

(4) 微生物的活性会逐步降低，每次测量后需要进行活化处理，且固定化微生物颗粒或微生物膜的一致性或互换性差。因此，每次更换新的微生物敏感元件后，需要重新调整和校正工作曲线，测定过程繁琐。

(5) 测量一些含有毒有害有机物的样品时，微生物缺乏抵抗性，测量结果与实际情况会有一定的偏差。

以上不足在一定程度上限制了 BOD 生物传感器的工业化应用，因此，迫切需要开发适合实际情况、性能优异、价格合理的 BOD 快速测定仪。

纵观 BOD 传感器的研究历史、现状和实际使用的需要，未来对它的研究将主要集中在以下几个方面：

(1) 在微生物选择方面，力求拓宽对多种废水的测定范围，满足更多行业的使用需要。

(2) 制作活性高、选择性强的生物敏感元件，提高仪器的稳定性。

(3) 简化生物敏感元件的更新方法，提高仪器的使用便利性。

(4) 对微生物膜或固定化微生物的方法进行研究，保证敏感元件的一致性。

(5) 研究合适的水样预处理方法，提高传感器的响应能力和速度，更真实准确地反映水样的 BOD 水平。

(6) 开发更合理、更先进的换能器和信号处理设备，例如半导体光纤技术、压电晶体技术等新的传导技术的应用，以及传感器的微型化、便携化和实用化。

BOD 生物传感器可以缩短 BOD 测定时间，节省人力、物力和财力，具有高选择性、高灵敏度、较好的稳定性和低成本，更重要的是能及时为管理部门和决策部门提供科学决策的依据，便于掌握水体污染状况，了解工业废水和生活污水排放现状（尤其是事故的发生）。同时，也可以为工业企业的污水治理、污水处理厂的运行管理及时提供参考。

10.2.2 免疫传感器

免疫传感器是一种亲合传感器，基于抗体与特殊抗原间的分子识别，因此反应灵敏、选择性高，作为一种新兴的分析方法，用于检测环境中低浓度的污染物具有优势。

1. 免疫传感器的原理

免疫传感器的原理是基于固定在换能器表面的生物分子（抗体/抗原）与待检测的污染物之间的相互作用，产生可以检测的信号。免疫传感器具有较高的专一性和灵敏度。在液相，抗体分子（Ab）专一性地与抗原（Ag）可逆结合，形成免疫复合物（Ab-Ag），平衡式如下：

$$Ab + Ag \underset{k_d}{\overset{k_a}{\rightleftharpoons}} Ab\text{-}Ag$$

式中：k_a 和 k_d 分别为结合和离解速率常数。

反应的平衡常数(或亲合常数)可以表示为

$$k = k_a/k_d = [Ab\text{-}Ag]/[Ab][Ag]$$

液相中抗体与抗原结合的平衡动力学研究表明，抗体与抗原的结合与离解都相当迅速。反应平衡的方向取决于总的亲合力，即非共价的吸引力和排斥力之和。免疫复合物的 k_d 值一般较低，在 $10^{-6} \sim 10^{-12}$，而亲合力较高，k 值一般为 10^4。固定在免疫传感器固体基质上的抗体，其反应动力学特性与其在液相中特性不同。生物分子固定在固体表面，一方面会改变其本身的反应特性，如反应速率常数；另一方面，还会改变固体的表面特性，如表面电荷、疏水性等。在免疫传感器中，在换能器表面发生反应，形成免疫复合物会引起一些物理性能的变化，如电性能和光学性能。抗体或抗原均可以固定在换能器载体表面形成敏感元件。非标记的和标记的免疫传感器原理示意图如图 10-6 和图 10-7 所示。

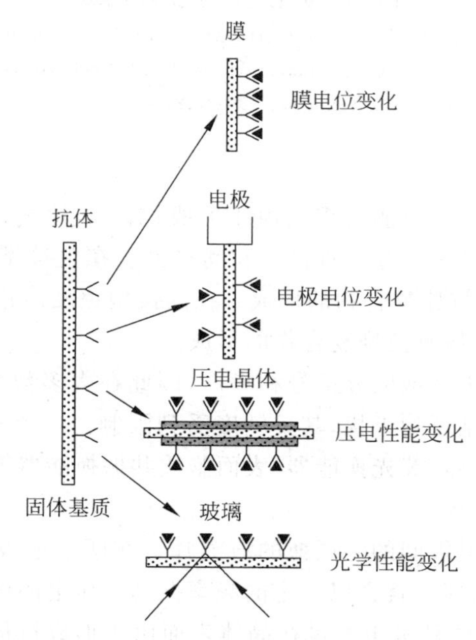

图 10-6　非标记免疫传感器的原理

抗原(▼)与抗体(Y)涂层表面结合，引起表面物理性能的改变，通过换能器转换为可以检测的电信号

引自：Suri C R, Raje M, Varshney G C. Immunosensors for Pesticide Analysis: Antibody Production and Sensor Development. Critical Reviews in Biotechnology, 2002, 22: 15～32

2. 免疫传感器的类型

在换能器表面形成免疫复合物会引起物理或化学性能的改变，从而导致电子、离子、热、光等方面的变化。免疫传感器中换能器的作用是将这些物理或化学性能的变化转换为可以检测的信号，然后进行放大、处理和检测。

用于免疫传感器的换能器应该具有如下特征：结构紧凑，响应快速，性能可靠。

根据使用的换能器不同，免疫传感器可以大致分为以下 4 种类型。

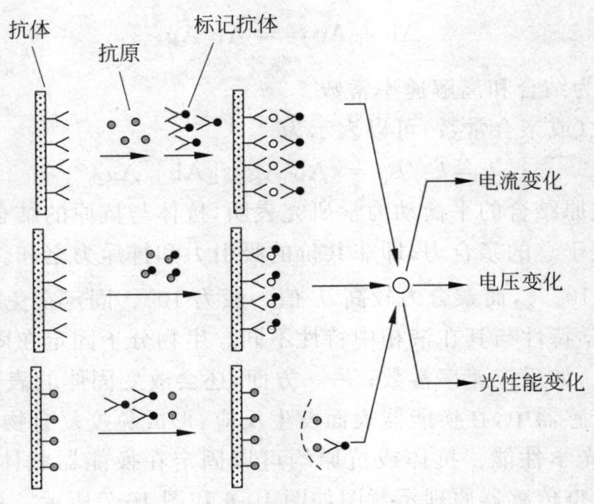

图 10-7　标记免疫传感器的原理

待分析物的浓度与换能器表面涂层上的标记抗体（Y）或标记抗原（●）的量有相关性

引自：Suri C R，Raje M，Varshney G C. Immunosensors for Pesticide Analysis：Antibody Production and Sensor Development. Critical Reviews in Biotechnology，2002，22：15～32

1）光学免疫传感器

光学免疫传感器基于测量换能器表面由于形成抗体-抗原复合物引起的光学性能的变化。光学免疫传感器可以进一步分为直接型和间接型。在直接型免疫传感器中，信号的产生取决于换能器表面抗体-抗原复合物的形成。在间接型免疫传感器中，利用不同的标记物（如荧光载体、色素载体）来检测免疫复合物的形成。

间接免疫传感器可以更好地区分信号和噪声，因此在大多数情况下更灵敏。而直接免疫传感器由于受非专一性结合的干扰，其灵敏度受到限制。广泛利用的光学换能器主要包括光纤换能器、猝灭波换能器、荧光换能器、表面胞质共振换能器等。

2）压电晶体免疫传感器

压电晶体是两个金属电极间的一层薄的石英片。在两个电极间施加电压，石英片里会形成电场，当置于电子振荡器中就会以一定的频率振动。压电晶体的振荡频率与质量有关。利用压电装置作为敏感元件是基于测量在晶体表面由于形成抗体-抗原复合物引起的质量微小变化。在经过化学修饰的压电晶体表面引入待检测的污染物，形成免疫复合物，使晶体的质量增加，导致晶体的振荡频率减小。利用该法可以检测出 ng 量级的污染物。

压电晶体表面质量变化（Δm）会引起基本振动频率（F）发生改变，共振频率的变化（ΔF）可以用下式表示：

$$\Delta F = -kF^2 \Delta m / A$$

式中：ΔF——共振频率的变化，Hz；

k——比例常数，与石英晶体的密度和切割方式有关；

F——石英晶体的基本振动频率，MHz；

Δm——沉积涂层的质量，g；

A——晶体的涂层面积，cm^2。

浸没在液相中的石英晶体，其振动频率还受液体的密度(ρ)和黏度(η)的影响，可以用下式表示：

$$\Delta F=-2.26\times 10^{-6}F^{3/2}(\rho\eta)^{1/2}$$

3）电化学免疫传感器

在电化学换能器中，抗体-抗原复合物的形成会改变电极表面的离子浓度或电子密度，选择相应的电极可以测量这些变化。电化学传感器的换能器分为电流型、电压型、电导型和电容型。这些换能器可以分别测量电流、电压、电导和电容的变化。

4）微机械免疫传感器

利用表面化学技术进行硅的微加工，为开发超敏感的显微免疫分析装置提供了新的机会。微机械免疫传感器利用悬臂作为力学传感器，通过原子力显微镜(AFM)进行测量。该传感器可以将在悬臂表面由于形成免疫复合物产生的信号转化为机械运动，灵敏度非常高。有几种偏转方法可用于测量微悬臂产生的偏转，如光学杠杆、电容传感器和压电敏感悬臂。

3. 免疫传感器的生物敏感元件

环境中污染物的相对分子质量大多在1 000以下，通常是非免疫性的，除非与某些大分子，如蛋白质连接，否则不能引起免疫性反应。因此，必须对这些小分子(半抗原)进行修饰，与大分子(载体)相连接，以形成稳定的载体-抗原复合物。这种复合物可以对污染物产生抗体。

1）抗体的开发

抗体是能够专一性识别抗原的特殊蛋白质分子。免疫传感器中使用的抗体的质量对检测反应的专一性和灵敏度影响非常大。不同种类的抗体、抗原应用于不同的免疫传感器。多克隆抗体(pAbs)由具有不同专一性和亲合力的抗体分子组成，可以很方便地从动物血清中得到。单克隆抗体(mAbs)可以利用细胞杂交技术大量生产，还可以选择具有所需亲合力的抗体。重组DNA技术也可以用于构建抗体。抗体基因可以在不同的宿主系统中克隆和表达，因此可进一步改进免疫分析的灵敏度和重现性。抗体-抗原的相互作用涉及多种作用力，如氢键、疏水性、范德华力等。在免疫分析中，可以使用多克隆抗体、单克隆抗体和重组抗体，抗体的选择取决于多种因素，包括抗体的生产成本、抗体的专一性和灵敏度、抗体筛选的难易程度等。

2）半抗原设计

半抗原是靶分子的衍生物，含有附着到载体蛋白上的合适的基团。污染物经常是非免疫性的，并且一次只与一个抗体结合。为了产生对污染物的抗体，污染物分子首先必须与载体蛋白分子连接，使其具有免疫性。如果靶分子含有—NH_2，—COOH，—CHO，—SH等基团，那么可以直接与载体蛋白质连接；如果污染物分子不含这些基团，在与载体蛋白结合之前必须进行修饰。设计与载体蛋白连接的半抗原非常重要，它决定了制备针对污染物分子的特殊抗体的质量。半抗原分子的设计一方面要模拟化合物的结构，另一方面必须含有能够与载体蛋白形成共价连接的活性基团。半抗原的结构变化要尽可能小，以保证在分析系统中未经修饰的半抗原也能够被抗体识别。半抗原应该最大程度地保留靶分子的化学结构和空间构型。

3）半抗原与载体蛋白的结合

半抗原的官能团决定了其与载体蛋白的结合方式，通常利用的结合基团包括胺基、羧基、羟基、巯基等。但是，在与载体蛋白结合时，半抗原的稳定性是一个重要因素。最常用的载体蛋白包括牛血清蛋白（BSA）、卵清蛋白（OVA）、伴清蛋白（CONA）、甲状腺球蛋白（TG）、免疫球蛋白（Ig）、纤维蛋白原等。半抗原-蛋白质的特性会影响靶分子专一性抗体的产生。

4）免疫方法

获得免疫产生 pAbs 或 mAbs 的一般方法是注入免疫原。剂量随动物的种类而变，范围为 50～1 000 μg。然后收集血清，分离 pAbs。对于 mAbs，则需要将获得免疫的动物的脾细胞与合适的骨髓瘤细胞融合，通过广泛的筛选得到分泌所需 mAb 的克隆。抗体的纯化通常用饱和硫酸铵沉淀法，然后通过蛋白质 A 柱层析。

5）交叉反应性和专一性

抗体与待检测物质结构类似的代谢产物的交叉反应经常发生，这是免疫检测中存在的一个主要问题。可以利用专一性强的多克隆或单克隆抗体来尽可能降低反应的交叉性，因为这些抗体上识别靶分子以外的类似物和代谢产物的结合部位少。在免疫分析中，为了降低背景噪声，必须封闭载体上蛋白质的结合位点，以防止非专一性的结合。最常用的试剂有牛血清蛋白（2%～5%）、动物血清（10%）、血红蛋白（1%～5%）、酪蛋白（1%～2%）、脱脂牛奶（5%～10%）、明胶（0.1%～3%）、吐温 20（0.05%～0.5%）、乙醇胺（10%）等。需要注意的是，封闭试剂不能与抗体探针发生交叉反应。脱脂牛奶或酪蛋白价格便宜、背景噪声值低，广泛用作各种免疫反应的封闭试剂。封闭试剂的选择及反应条件与待检测物质的种类和分析系统的灵敏度等因素有关。

4. 免疫传感器的应用

免疫传感器在很大程度上依赖于所使用的针对靶分子的抗体。在免疫传感器中通常将特殊的抗体涂在换能器载体表面，抗体与待分析物质结合产生可以检测的信号。根据待分析物质以及换能器的形式，可以选择不同的检测方法。在直接检测方法中不需要进行标记，待检测物质具有可检测的特征。农药分子与抗体的结合也可以通过竞争免疫分析方法检测。该方法检测换能器表面抗体与标记的和未标记的抗原之间的竞争作用。

Steegborn 等利用直接免疫分析方法测定了阿拉特津。抗阿拉特津的抗体与固定在压电晶体表面的阿拉特津相互作用，产生的信号可以被直接检测出，检出限为 50 ng/L。Guilbault 等利用基于压电晶体的免疫传感器检测了环境中的阿拉特津。Skladal 等研究了利用压电晶体免疫传感器检测了 2,4-D。压电晶体免疫传感器检测小分子污染物的主要问题有：灵敏度低，背景值高。Dzantiev 等利用电化学免疫传感器检测 2,4-D 和 2,4,5-T，检测限约为 50 ng/mL，血清蛋白不产生干扰。Krogers 等利用类似的免疫传感器定量分析了土壤中的 2,4-D。Baumner 等利用竞争免疫分析方法测定了实际环境样品中的阿拉特津。免疫传感器在农药检测中的应用列于表 10-4。

表 10-4 用于农药检测的免疫传感器

检测类型	检测成分	检测限
压电型	有机磷、氨基甲酸酯	0.5 nmol/L
压电型	阿拉特津	0.03 μg/L

续表

检测类型	检测成分	检　测　限
压电型	阿拉特津	0.1 μg/L
压电型	对硫磷	ppb 级
电位型(FET)	2,4-D	1.0 μg/L
电位型	苯乙酸	5.0 μmol/L
光学型(EW)	Imazetaphyr	0.3 μg/L
荧光(FPIP)	阿拉特津	0.1 ng/mL
SPR	阿拉特津	0.05 ppb
SPR	2,4-D	3 ng/mL
电化学型	2,4-D	50 ng/mL
比色计	阿拉特津	0.3 ng/mL
CCD 图像	Terbutylazine	0.2 ng/mL

注：FET—场效应管；EW—猝灭波；SPR—表面胞质共振；FPIP—荧光极化免疫分析探针；CCD—电偶装置。

基于免疫的分析方法简单、灵敏、费用低，适用于环境中低浓度污染物的检测。一些传感器已经获得了实际应用。

10.2.3　DNA 生物传感器

生物传感器在环境监测中起着越来越重要的作用。固定化生物层与目标污染物之间的专一性作用是设计生物传感器的理论基础，基于生物(酶、微生物等)催化和免疫原理的生物传感器已在环境领域中获得了广泛应用。然而利用核酸探针为敏感元件的传感器在环境监测中的开发应用仍处于非常年轻的阶段。分子生物学与生物技术的进展为研究 DNA 生物传感器提供了可能。与酶和抗体不同，核酸识别层十分稳定，并且易于合成或再生以供重复使用，预计其在环境分析领域将起着十分重要的作用。

DNA 传感器除可用于受感染微生物的核酸序列分析、微量污染物的监测外，还可用于研究污染物与 DNA 之间的相互作用，为解释污染物毒性作用(包括致畸、致癌、致突变作用)机理提供了可能。

1. 核酸杂交生物传感器的原理

DNA 序列分析为检测环境微生物和病原菌提供了基础。传统的 DNA 序列分析基于电泳分离与放射性同位素(^{32}P)检测相结合，费时费力，不适用于日常和快速的环境分析，尤其是现场检测。21 世纪以来开发的用于 DNA 序列分析的杂交生物传感器可以大大地减少分析时间，简化分析手续，可用于快速现场监测，如自来水厂突发性污染事故的分析等。

核酸杂交生物传感器的理论基础是 DNA 碱基配对原理。高度专一性的 DNA 杂交反应与高灵敏度的电化学检测器相结合形成的 DNA 杂交生物传感器。在 DNA 杂交生物传感器检测过程中，形成的杂交体通常置于电化学活性指示剂(如氧化/还原活性阳离子金属络合物)溶液中，指示剂可强烈但可逆地结合到杂交体上(图 10-8)。由于指示剂与形成的杂交体结合，产生的信号可以用电化学法检测。

DNA 杂交生物传感器可用于环境样品的微生物检测，如水体中病原菌 *Cryptosporidium*

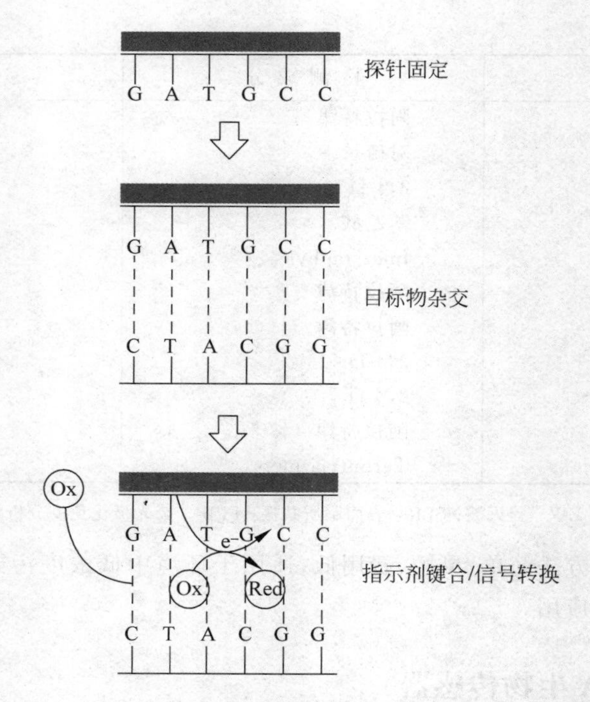

图 10-8 电化学 DNA 生物传感器杂交检测原理示意图

Ox—氧化; Red—还原

的测定、*Escherichia coli* 的测定。

这类传感器的研究内容包括核酸探针固定化的优化、杂交反应条件、指示剂的结合与检测等。

杂交过程并不是一个简单的液相中探针与 DNA 片段按碱基配对规则形成双链的反应。

影响杂交的因素很多,特别要注意影响杂交反应动力学和效率的因素,包括杂交时间、离子强度、探针长度和序列、杂交温度等,以保证其高度专一性和灵敏度。

合适长度的 DNA 片段有利于探针与之杂交,DNA 分子中任何带正电荷或负电荷的残基都会影响杂交效率。此外,在有利于杂交双链形成的条件下,探针分子本身也有利于形成自身双链的二级结构甚至三级结构,使靶序列不易被检测到。解决杂交中诸多问题的一个重要办法是用肽核酸(peptide nucleic acids)PAN 代替 DNA 作为探针。

Nielsen 等研究了以 PNA 作为探针的另一类传感器。肽核酸是以肽为骨架的一种新型的 DNA 模拟物,具有与 DNA 和 RNA 结合的高度亲合性及良好的稳定性,并能方便地固相合成。

其骨架由重复的 N-(2-氨乙基)-甘氨酸通过酰胺键相连而成。在 PNA 中,中性的准肽链(pseudopeptide chain)代替了 DNA 中的戊糖-磷酸骨架。由于没有带电荷的磷酸基团,杂交时不需要盐离子以抵消 DNA 链之间的静电排斥,这样 DNA 与 PNA 更易靠近而形成杂交分子,并且形成的 PNA-DNA 杂交分子的稳定性和碱基配对的特异性得到极大提高。PNA-DNA 形成碱基配对的结构式如图 10-9 所示。

2. 污染物的检测

利用DNA不同识别模式来设计DNA传感器，除常用的DNA碱基配对杂交原理外，还可利用污染物的毒性作用(如致癌、致突变)来设计新的环境生物传感器。

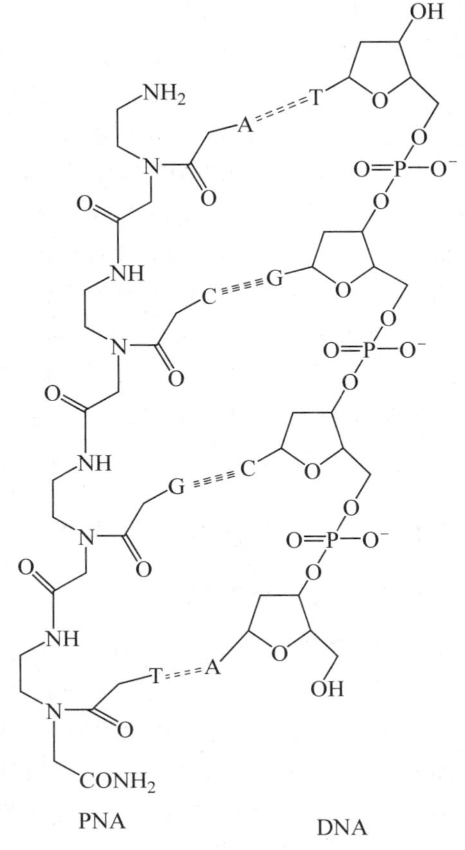

图10-9　PNA与DNA的碱基配对

Pandey等研究了一种DNA传感器来检测芳香族化合物。他们用固定化的双链DNA分子层作为识别元件，当目标污染物芳香化合物存在时，溴化乙锭指示剂流动注射响应信号的减弱，可用来测定目标污染物。

Palecek等将电极浸泡在修饰溶液中，让生物大分子强烈地，且不可逆地吸附在电极表面，以此来制备核酸修饰滴汞电极，并用于研究DNA与药物和蛋白质之间的相互作用。

利用污染物与DNA在核酸修饰碳电极表面的相互作用可以检测环境中的有毒物质。利用双链DNA(ds DNA)层与芳香胺之间的键合作用，设计的一种新型的亲合电化学生物传感器，用于检测芳香胺类化合物，检测限可达到纳摩尔量级。图10-10显示了利用该传感器分析受污染地下水样品的结果。经过非常短的预浓缩时间(3 min)后，当加入4×10^{-7} mol/L和8×10^{-7} mol/L 2-氨基蒽时，传感器检测出两个氧化峰值(B、C的Ⅱ)。未受2-氨基蒽污染的天然地下水不产生检测信号峰。峰Ⅰ大约在+1.0 V处，为DNA鸟嘌呤残基的氧化峰。可以看出，随着芳香胺浓度升高，阴极鸟嘌呤峰逐渐变弱。这是由于芳香胺与ds DNA键合导致鸟嘌呤部分变化引起的。

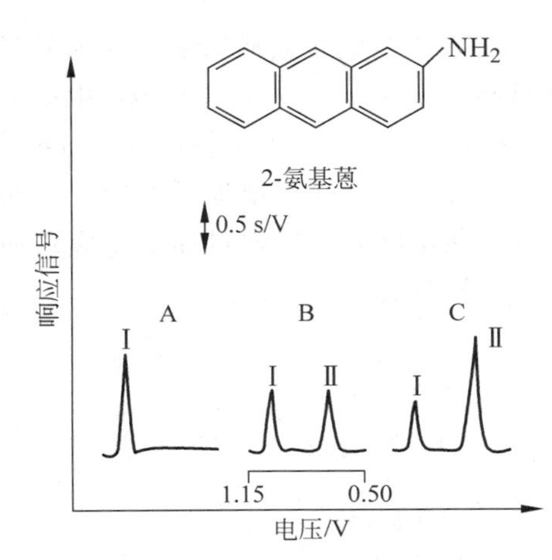

图10-10　DNA碳电极生物传感器测定受污染地下水中的2-氨基蒽

DNA生物传感器还可用于检测环境中的肼类化合物。将ds DNA修饰电极置于该类化合物中，由于N-甲基鸟嘌呤形成，引起鸟嘌呤峰减弱(因为鸟嘌呤的氧化是通过N_7位置进行的)。这种鸟嘌呤响应峰的抑制与肼类物质的浓度相关性很好，从而为检测环境中微量肼类物质污染提供了一种方便快捷的方法。

DNA内在响应的变化还可用于检测DNA的物理损伤。

分析评价DNA辐射损伤的方法越来越引人注意，Palecek等的早期研究工作是利用滴汞电极的

极化曲线来分析 γ-辐射和紫外辐射对 DNA 的损伤。该法依赖于辐射剂引起的 DNA 双螺旋结构的构型和结构的微小改变与 DNA 电化学响应的灵敏度。

后续的致力于利用阴极 DNA-鸟嘌呤的信号改变来开发微结构传感器芯片，用于检测辐射损伤。该传感器还可用于筛选会引起 DNA 损伤的化学试剂。

DNA 生物传感器除用于检测外，还可用于研究污染物与 DNA 之间的相互作用，用于解释不同污染物的毒性作用机理。例如，DNA 传感器可用于实时研究 DNA 与化学诱变剂之间反应的动力学，在污染物与 DNA 结合相对强度方面提供有用信息，解释污染物-DNA 键合的专一性，或探讨 DNA 结构变化。

DNA 生物传感器为生物传感器家族中添加了新的成员，广义而言，DNAzyme、Aptamer 均可视为 DNA 相关的敏感元件。DNA 传感器的实现需要正确地选择核酸探针并将其固定化，以及 DNA 识别信号的有效转换及检测。毫无疑问，随着该项技术的不断深入研究和日臻成熟，DNA 生物传感器将成为环境污染监测领域中的一个重要手段。

10.2.4 其他生物传感器

1. 酚类微生物传感器

炼油、煤气洗涤、炼焦、造纸、合成氨、木材防腐和化工等废水中常含有酚类化合物，各国普遍采用 4-氨基安替比林光度法分析这一类高毒物质，但硫化物、油类、芳香胺类等干扰其测定。用酶电极安培传感器检测酚类化合物时，电极表面的酶分子被氧（当酶是酚氧化酶，如酪氨酸酶、漆酶时）或过氧化氢（当酶是过氧化氢酶时）氧化，接着被酚类化合物重新还原，酚类主要转化为苯醌或酚自由基，这些产物通常具有电化学活性，能在相对于饱和甘汞电极(SCE)0 V 以下的电位还原，还原电流正比于溶液中酚类化合物的浓度。这种传感器结构简单，能防止高分子产物在电极表面的积累，且电极操作在电化学测量的最佳范围 −0.2～0 V(对 SCE)，此时噪声低，背景电流小，大大降低了检测限，干扰反应也少。用于全自动流动注射或液相色谱系统，该酶传感器能检测复杂的环境样品，准确度高，检测限可低于 μg/L 水平。

用来检测苯酚浓度的酶电极所使用的酶有两类：一类属于含铜蛋白质家族——苯酚氧化酶，可以从真菌、马铃薯等物种中获得；另一类为从酵母(*Trichosporon cutaneum*)中提取的黄素蛋白苯酚 2-单氧合酶。这类酶的不足之处是需要 NADPH 作为电子供体。NADPH 的功能是还原酶的 FAD 修补基团使酶能与氧结合（氧化苯酚）。这样就增加了使用成本和复杂程度，使这种酶不太适合制造酶电极。苯酚氧化酶的催化反应可以通过如下反应式加以说明（酪氨酸酶作催化剂将 3,4-二羟基苯丙氨酸氧化成苯丙氨酸醌）：

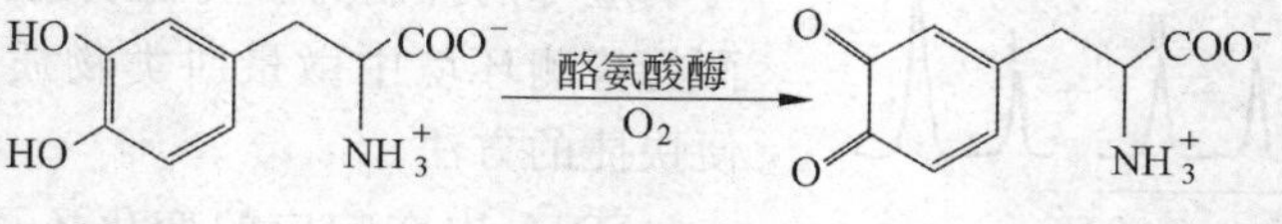

3,4-二羟基苯丙氨酸　　　　苯丙氨酸醌

由于此过程需要氧气，所以酶促反应的速度可以直接用 Clark 型氧传感器进行监测。这种氧传感器的主要部件是一对插入到某种电解质溶液中的电极，这些电解质溶液通过透

气性的憎水膜与待测溶液分开。

2. 阴离子表面活性剂传感器

生活污水中烷基苯磺酸(LAS)这类阴离子表面活性剂比较多,它们的自然降解性差,在水面产生不易消失的泡沫,并消耗溶解氧,甚至能改变污水处理装置中活性污泥的微生物生态系统。利用能降解LAS的细菌,Nomura等研制出一种用来探测阴离子表面活性剂浓度的生物传感器,它包括能降解LAS的细菌和一个氧电极。其工作原理为:当阴离子表面活性剂存在时,细菌的呼吸作用增加,导致溶解氧变化。

3. 水体富营养化监测传感器

研究表明,水体富营养化主要由蓝细菌(*Cynobacteria*)的大量增殖引起。用生物传感器可实现对水体富营养化的在线监测。由于蓝细菌的细胞体内有藻青素(phycocyanin)存在,其显示出的荧光光谱不同于其他的微生物,用对荧光敏感的生物传感器就能监测蓝细菌的浓度,可以预报藻类急剧繁殖的情况。

4. 生物传感器检测硝酸盐、亚硝酸盐及氨氮

生物传感器可用来分析水中含有的硝酸盐、亚硝酸盐及氨氮等。

Kobos研究了测定硝酸盐的细菌膜电极,以细菌细胞作为多酶反应的媒介。硝酸根在细菌细胞的硝酸盐还原酶和亚硝酸盐还原酶的作用下发生如下反应:

$$NO_3^- + NADH \longrightarrow NO_2^- + NAD^+ + H_2O$$

$$NO_2^- + 3NADH \longrightarrow NH_3 + 3NAD^+ + 2H_2O$$

用一个氨敏电极可以检测产生的氨,把含有所需酶的固氮菌株耦合到一个氨敏电极中,从而得到一个对硝酸盐敏感的细菌式传感器。许多测定硝酸盐的其他方法,会受到一些常见离子的干扰,如氯化物、高氯酸盐、氯酸盐、铁、硫酸盐和草酸盐等,为了消除这些物质的影响,测定之前,总要进行预处理。这种细菌式电极,相对地不受离子的干扰,因为它是以气敏电极为基础,气敏电极对离子不响应。

亚硝酸还原酶在电子传递体存在下,可使亚硝酸盐还原成铵盐:

$$NO_2^- + 6e^- + 8H^+ \longrightarrow NH_4^+ + 2H_2O$$

Kiang等报道用亚硝酸还原酶膜与氧电极偶联,静态测定亚硝酸盐浓度,获得成功。将亚硝酸还原酶固定化后,添加到要测定的亚硝酸盐溶液中,再结合氨电极进行检测。其线性范围可达$1\times10^{-4}\sim5\times10^{-2}$ mol/L,酶活性可稳定3周,在pH=8.2时,浓度高于亚硝酸盐1倍的SO_4^{2-}、SO_3^{2-}、NO_3^-、ClO_4^-等均无干扰。

氨是环境监测中经常要检测的一个指标。用复合玻璃电极和透气膜组成的氨气敏电极检测氨时,需在强碱条件下进行(pH>11),有些挥发性化合物如胺等会干扰测定。已有报道,由固定化硝化菌聚四氟乙烯透气膜和氧电极所组成的电极可用于氨的检测。硝化菌可以氨作为唯一能源并按下式消耗氧:

$$2NH_3 + 3O_2 \longrightarrow 2HNO_2 + 2H_2O$$

氨的浓度可以通过检测附着在氧电极上的固定化微生物的呼吸量来测定。在pH 9.0、温度30~38℃下,电极的响应时间为8 min左右,若用脉冲法测定,响应时间仅为4 min,检测的最大浓度为 42 mg/L，最小浓度为 0.1 mg/L。实验证明电极可连续测定 1 400 次，使用 2 周以上。

5. 检测有毒有害物质的生物传感器

生物传感器不仅可用来检测水质的常规污染指标，还可用于检测某种或某一类污染物。

利用聚球蓝细菌（*Synechococcus*）细胞制成的生物传感器可用于检测水体中除草剂。该方法非常简单，可迅速提供河流污染的信息，适于在线监测。

该传感器的基本原理是检测细胞中光合成电子传输系统，当有污染物存在时，会对传输系统产生干扰。这种传感器可连续检测麦绿隆、利谷隆等，检测限可达到 200 μg/mL。该传感器还可用于检测其他除草剂，如腈、三嗪、双氨基甲酸酯、哒嗪、硝基苯醚、尿嘧啶和 N-酰苯胺等。

用于检测杀虫剂的最常见的酶是神经酶乙酰胆碱酯酶，它能催化乙酰胆碱水解成胆碱和乙酸。有机磷是杀虫剂中的一大分支，其中包括对硫磷、马拉硫磷、甲氟磷酸异丙酯等，它们能与酶结合成非常稳定的共价物磷酸基酶，从而阻碍酶的活性。乙酰胆碱酯是一种神经介质，它在神经腱中产生，如果过量的话，将会非常有害。所以必须通过乙酰胆碱酶的催化作用迅速分解乙酰胆碱以使神经腱为下一次的神经刺激的传输做准备。将固定化乙酰胆碱酯制成的生物传感器放入含有杀虫剂的试样中就可以测量出酶活性的抑制程度。Goodson 和 Jacobs 首先制成了基于这种酶的电极。他们将酶固定在开孔的聚氨基甲酸酯泡沫垫片上，然后将这个垫片置于铂电极的表面。当酶活性降到某一程度以后可以很方便地更换垫片。为了检测抑制剂的浓度，使用的底物为人工合成的丁基硫胆碱酯。乙酰胆碱酯酶能将硫酯水解成电活性很高的硫醇（硫醇能在铂阳极表面迅速地氧化成二硫化物）。当酶不受抑制时，就会输出一个最大的稳定信号；当溶液中含有抑制剂时，这个信号的大小就会降低一个与抑制剂浓度成比例的量。这个反应可总结如下：

$$C_3H_7COS{-}R \xrightarrow{\text{乙酰胆碱酯酶}} C_3H_7COOH + R{-}SH$$

$$2R{-}SH \xrightarrow{\text{Pt 电极}} RS{-}SR + 2H^+ + 2e^-$$

$$R{=}CH_2CH_2N^+(CH_3)_3$$

原则上讲，重金属离子作为一个总体可以利用任何具有—SH 催化基团的酶来检测。重金属离子和硫醇基的结合会使酶的催化活性降低。Gayet 和他的同事们筛选出了许多适合对金属离子进行检测的氧化酶。这些酶用戊二醛固定在 UltraBind US 450 亲合膜的表面，然后将吸附有酶的膜放置在溶解氧传感器的上面，这样做成的探头就可以用来测定重金属离子的浓度。他们研究发现，有可能用这种探头测定的重金属离子为 Hg^{2+} 和 Ag^+。以用丙酮酸氧化酶制成的生物传感器为例，当溶液中 $HgCl_2$ 的浓度为 1.0 μmol/L 或者 $AgNO_3$ 的浓度为 0.1 μmol/L 时，响应基线会降低 50%（酶活性降低 50%）。当这种酶生物传感器的酶失活时，可以用 10 mmol/L 的 EDTA 进行清洗，这样就可以实现这种传感器的重复使用。

可以利用细菌发光传感器检测污染物的急性中毒。发光细菌以其独特的生理特性成为一种较理想的指示生物。利用发光细菌检测污染物的毒性，检测时间短（15 min），灵敏度高，为世界各国广泛利用。我国 1995 年也将这一方法作为环境毒性检测的标准方法。

6. 空气和废气监测传感器

1) CO_2 传感器

常规的电位传感器,常会有各种离子和挥发性酸的干扰。Shiroaki 等利用自养微生物和氧电极组成 CO_2 传感器。这种传感器对浓度在 3%～12%的 CO_2 有线性响应,灵敏度高,寿命可达一个月以上,可以进行连续自动在线分析。Suzuki 等利用半导体技术研究出一种使用更为方便的 CO_2 生物传感器。

2) 亚硫酸盐传感器

NO_x 和 SO_2 是酸雨和酸雾形成的主要原因。用常规方法检测这些化合物的浓度十分复杂,因此,简单适用的生物传感器应运而生。Karube 等用亚细胞类脂类(subcellularorganelle)——含亚硫酸盐氧化酶的肝微粒体(hepticmicrosome)和氧电极制成安培型生物传感器,用于测定亚硫酸盐。相当于 2.7 mg 蛋白量的类脂质被固定在醋酸纤维膜上,该膜附着于氧电极两层聚四氟乙烯气体渗透膜之间。当 SO_2 或 SO_3 样品溶液经过氧电极表面时,微粒体在氧化样品的同时消耗氧,引起电极周围溶解氧的降低,使传感器的电流随着时间的延长而急剧减小,直至 10 min 后达到稳定状态。在 SO_2 或 SO_3 的浓度小于 3.4×10^{-4} mol/L 时,电流与 SO_2 或 SO_3 的浓度呈线性关系,最小检测浓度为 0.6×10^{-4} mol/L。30 次实验的标准偏差为 0.3×10^{-4} mol/L。用类脂质作为生物传感器的敏感元件,克服了分离亚硫酸氧化酶的困难,但类脂质的寿命仍取决于其中的亚硫酸氧化酶,在冷冻−20℃的储存条件下,其活性可保持 6 个月,但在 37℃下使用和保存时,该传感器的寿命只有 2 天,能满足 20 次分析。用硫杆菌属和氧电极制作出的微生物传感器,比 Karube 等制作的传感器要稳定,硫杆菌被固定在两个硝化纤维膜之间,由于亚硫酸盐存在时微生物的呼吸作用会增加,相应溶解氧的下降即可被测出。

3) 甲烷传感器

甲烷是一种清洁燃料,但空气中甲烷含量在 5%～14%时具有爆炸性。从自然界中分离并进行纯培养的甲烷氧化细菌,如鞭毛甲基单胞菌(*Methylomonas flagellata*),利用甲烷作为唯一碳源进行呼吸。将鞭毛甲基单胞菌用琼脂固定在醋酸纤维膜上,制备出固定化微生物反应器(每个反应器固定有 300 mg 细胞)用以测定甲烷。该生物传感器由固定化微生物传感器、控制反应器和两个氧电极构成。当含甲烷的样品气体传输到固定化细菌池时,甲烷被微生物吸收,同时微生物消耗氧,使得反应器中溶解氧的浓度降低,电流开始下降;当微生物消耗的氧与氧从样品气到固定化细菌的扩散之间达到平衡时,电流下降会达到一平衡状态,稳态电流的大小取决于甲烷的浓度。当空气通过反应池时,传感器电流在 1 min 内恢复至初始状态。分析甲烷气总共需时间 2 min。甲烷浓度低于 6.6 mmol/L 时,电极间的电流差与甲烷浓度呈线性关系,最小检测浓度为 13.1 μmol/L。该传感器系统可用于大气中甲烷含量的快速、连续监测。

生物传感器由于具有连续在线监测的优点,目前在我国环境监测中具有广泛的应用前景。随着具有实用价值的半导体技术、压电晶体技术等新传导技术的应用,生物传感器将向微型化、便携化、实用化发展。

10.3 PCR 技术

10.3.1 概述

聚合酶链式反应(polymerase chain reaction,PCR)是近年来分子生物学领域中迅速发展和广泛应用的一种技术。PCR 技术能快速、特异地在体外扩增所希望的目的基因或 DNA 片段,是基因扩增技术的一次重大革新,它可以将极微量的 DNA 特异地扩增上百万倍。

1. PCR 的最早设想

核酸研究已有 100 多年的历史。20 世纪 60 年代末 70 年代初,人们致力于研究基因的体外分离技术。Korana 于 1971 年最早提出核酸体外扩增的设想:“经过 DNA 变性,与合适的引物杂交,用 DNA 聚合酶延伸引物,并不断重复该过程便可克隆 tRNA 基因。”由于当时的基因工程还处于摇篮时期,这项工作没有受到重视。

2. PCR 的实现

1985 年,美国 Cetus 公司的 Mullis 等发明了具有划时代意义的聚合酶链式反应,其原理类似于 DNA 的体内复制,只是在试管中给 DNA 的体外合成提供合适的条件——模板 DNA、寡核苷酸引物、DNA 聚合酶、合适的缓冲体系、DNA 变性、复性及延伸的温度与时间。当时的 PCR 技术须在每次变性和退火后,扩增反应前重新加入 DNA 聚合酶。

3. PCR 的改进

Mullis 最初使用的 DNA 聚合酶是大肠杆菌 DNA 聚合酶Ⅰ的 Klenow 片段,其缺点是:

(1) Klenow 酶不耐高温,90℃会变性失活,每次循环都要重新加入。

(2) 引物链延伸反应在 37℃下进行,容易发生模板和引物之间的碱基错配,其 PCR 产物特异性较差,合成的 DNA 片段不均一。此种以 Klenow 酶催化的 PCR 技术,虽然比传统的基因扩增具备许多突出的优点,但由于 Klenow 酶不耐热,在 DNA 模板进行热变性时,会导致此酶失活,每加入一次酶只能完成一个扩增反应周期,给 PCR 技术操作程序添了不少困难。这使得 PCR 技术在一段时间内没能引起足够重视。

1988 年初,Keohanog 改用 T_4 DNA 聚合酶进行 PCR,其扩增的 DNA 片段很均一,真实性也较高,只有所期望的一种 DNA 片段。但每循环一次,仍需加入新酶。

1988 年,Saiki 等从温泉中分离的一株水生嗜热杆菌(*Thermus aquaticus*)中提取到一种耐热 DNA 聚合酶。该酶具有以下特点:

(1) 耐高温,在 70℃下反应 2 h 后其残留活性超过原来的 90%,在 93℃下反应 2 h 后其残留活性是原来的 60%,在 95℃下反应 2 h 后其残留活性是原来的 40%,不必在每次扩增反应后再加新酶。

(2) 大大提高了扩增片段特异性和扩增效率,增加了扩增长度(2.0 kb)。由于提高了扩增的特异性和效率,因而其灵敏性也大大提高。为与大肠杆菌多聚酶Ⅰ的 Klenow 片段区别,将该酶命名为 Taq DNA 聚合酶(Taq DNA polymerase)。该酶的发现使 PCR 被广泛应用。

1993 年,Mullis 由于这项工作,获得了诺贝尔奖。

10.3.2　PCR 反应原理

PCR 可以看成一项酶促合成 DNA 技术,类似于生物体内 DNA 的复制过程,是一项 DNA 体外合成技术。PCR 的特异性依赖于与靶序列两端互补的寡核苷酸引物。

PCR 由变性、退火、延伸三个基本反应步骤构成:

(1) 模板 DNA 的变性

模板 DNA 经加热至 93℃左右一定时间,使模板 DNA 双链或经 PCR 扩增形成的双链 DNA 解离,形成单链 DNA,以便与引物结合,为下轮反应作准备。

(2) 模板 DNA 与引物的退火(复性)

模板 DNA 经加热变性成单链后,温度降至 55℃左右,引物与模板 DNA 单链的互补序列配对结合。

(3) 引物的延伸

将温度调至 DNA 聚合酶的最适温度,DNA 模板-引物结合物在 Taq DNA 聚合酶的作用下,以 dNTP 为反应原料,根据碱基互补的原则,按照模板 DNA 序列组成,从引物的 3′端开始,逐一将 dNTP 聚合上去,合成一条新的与模板 DNA 链互补的半保留复制链。

重复变性—退火—延伸三个过程,就可获得更多的“半保留复制链”,而且这种新链又可成为下次循环的模板。每完成一个循环需 2～4 min,2～3 h 就能将待扩增目的基因扩增放大几百万倍。到达平台期所需循环次数取决于样品中模板的拷贝数。

不同物种的 DNA,由于其碱基组成不同,解链所需的温度也不相同。

DNA 聚合酶催化 DNA 合成的前提是需要有引物。

PCR 过程中,要控制好退火温度刚好允许两条完全互补的单链 DNA 结合,此时,会出现两种情况:

(1) 两条模板 DNA 单链重新结合;

(2) 单链 DNA 模板与互补的引物结合。

实验只需要后一种结合物,为此,引物质量应大大超过模板 DNA 的量。

引物的延伸靠 DNA 聚合酶的作用,延伸温度要在酶的最适温度。

反应结束后,引物成为新链的一部分。

PCR 过程典型的三个步骤(DNA 变性、引物与模板退火、引物延伸)称为一个循环,如图 10-11 所示。

10.3.3　PCR 反应的五要素

参加 PCR 反应的物质主要有五种,即 PCR 反应的五要素,分别为模板、引物、酶、dNTP 和 Mg^{2+}。

1. 模板核酸

模板核酸的量与纯化程度,是 PCR 成败与否的关键环节之一。

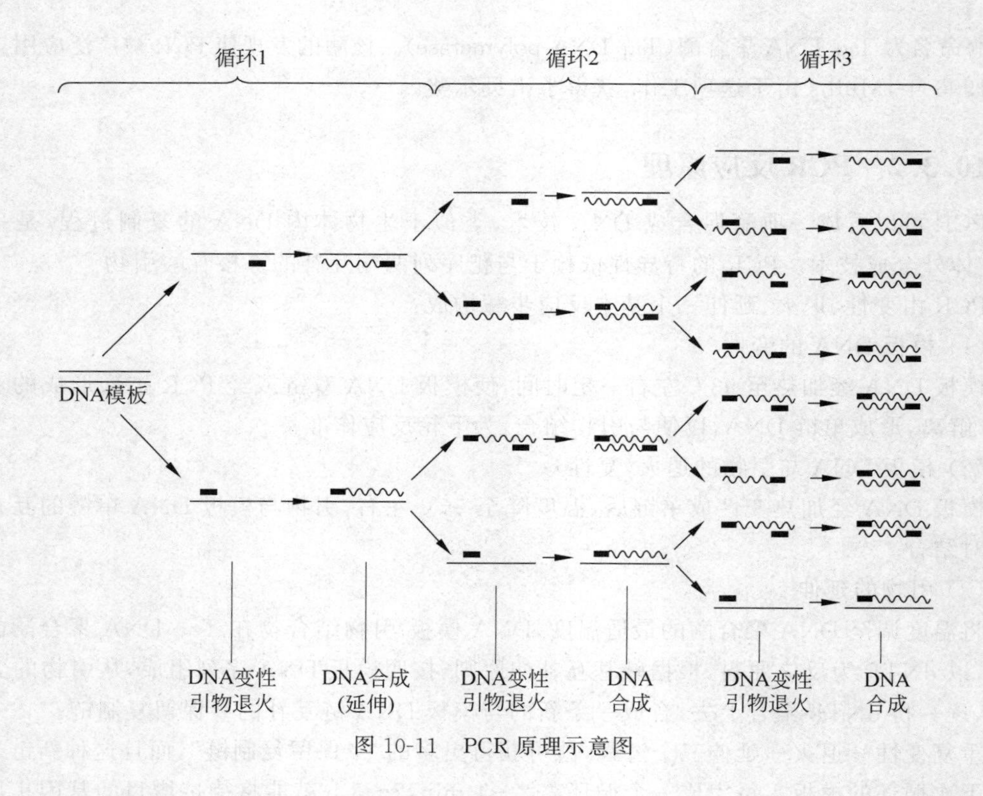

图 10-11　PCR 原理示意图

模板对 PCR 反应效果的影响有两个方面：

（1）模板的纯度　一般来说，PCR 对模板纯度的要求不是很高，但在模板 DNA 溶液中，不能有影响扩增反应的物质存在，如蛋白酶、核酸酶、尿素、十二烷基磺酸钠、EDTA 等。

（2）模板 DNA 的量　模板 DNA 量太多，会使扩增反应失败。

传统的 DNA 纯化方法通常采用 SDS 和蛋白酶 K 来消化处理标本。

SDS 的主要功能是溶解细胞膜上的脂类与蛋白质，从而溶解膜蛋白而破坏细胞膜，并解离细胞中的核蛋白，SDS 还能与蛋白质结合而沉淀。蛋白酶 K 能水解消化蛋白质，特别是与 DNA 结合的组蛋白，再用有机溶剂酚与氯仿抽提掉蛋白质和其他细胞组分，用乙醇或异丙醇沉淀核酸。提取的核酸即可作为模板用于 PCR 反应。

RNA 模板提取一般采用异硫氰酸胍或蛋白酶 K 法，要防止 RNase 降解 RNA。

2. 引物

引物是与待扩增 DNA 片段两端互补的寡核苷酸，其本质是单链 DNA 片段。

引物的序列是根据所希望扩增的 DNA 片段而设计的，通常在 DNA 片段两端，各合成一条。PCR 的特异性由引物的 DNA 序列决定。引物互补于所需扩增 DNA 片段的两端，使 DNA 片段的扩增只限于引物之间的部位。

引物是 PCR 特异性反应的关键，PCR 产物的特异性取决于引物与模板 DNA 互补的程度。理论上，只要知道任何一段模板 DNA 序列，就能按其设计互补的寡核苷酸链作引物，利用 PCR 就可将模板 DNA 在体外大量扩增。

设计引物应遵循以下原则：

(1) 引物长度 一般引物含有15～30个碱基。引物的长短主要根据研究目的而设计，常用为20个碱基左右。

(2) 引物扩增跨度 以200～500个碱基为宜，特定条件下可扩增长至10 kb的片段。

(3) 引物碱基 引物的碱基组成一般为G+C占40%～60%。G+C太少扩增效果不佳，G+C过多易出现非特异条带。ATGC最好随机分布，一般引物之间不能有两个以上的碱基互补，特别是3′端，引物之间的碱基互补会形成引物二聚体。应尽量避免5个以上嘌呤或嘧啶的连续排列，避免GC序列重复而产生的回文序列。

(4) 引物3′端的碱基，特别是最末及倒数第二个碱基，应严格要求配对，以避免因末端碱基不配对而导致PCR失败。PCR扩增时，是从引物的3′端开始按照5′→3′的方向延伸，因此，引物3′端的碱基必须与模板的碱基互补，才能有效地延伸。

(5) 引物中有或能加上合适的酶切位点，被扩增的靶序列最好有适宜的酶切位点，这对酶切分析或分子克隆很有好处。对引物5′端与模板互补程度的要求相对不及3′端严格。有时候可以在引物的5′端加上特殊的序列。例如，可以加上限制性内切酶识别序列，扩增后的产物，可以用限制性内切酶切割，酶切后的产物可直接与载体重组，进行基因工程的研究。在引物的5′端加上放射性标记物或生物素标记物，PCR的产物可用作探针，用于核酸的检测。

(6) 引物的特异性 引物应与核酸序列数据库的其他序列无明显同源性。每条引物的浓度为0.1～1 μmol/L或10～100 pmol/L，以最低引物量产生所需要的结果为好，引物浓度偏高会引起错配和非特异性扩增，且可增加引物之间形成二聚体的机会。

引物与模板退火的温度和所需的时间取决于引物的碱基组成、长度和溶液中引物的浓度。退火通常在55～72℃下进行，在标准的引物浓度(0.2 μmol/L)下，几秒钟即可完成退火。提高退火温度可以提高引物与模板结合的特异性。如果引物中G+C含量小于50%，退火温度应低于55℃。

3. DNA聚合酶

Mullis等创立PCR技术时使用的酶是大肠杆菌DNA聚合酶Ⅰ的大片段，即Klenow片段，也有人用噬菌体T_4DNA聚合酶，这两种酶的共同缺点是对热不稳定，DNA的合成反应只能在37℃下进行。PCR循环的解链温度都在90℃以上，故每个循环之间要加入新的DNA聚合酶，使得整个实验很繁琐和昂贵。同时在37℃，引物与DNA模板之间会出现非特异性结合，导致很多非特异性DNA片段的扩增。水生嗜热菌(*Thermus aquatics*)的DNA聚合酶的发现解决了上述问题，从而促进了PCR技术的发展。

Taq DNA聚合酶目前应用较为普遍。其功能是：以dNTP为原料，以单链DNA为模板，从结合在模板DNA引物的3′端为出发点，按5′→3′的合成方向，沿着模板顺序合成DNA新链，但它没有3′→5′外切酶活性，即没有校正功能，因此，在聚合反应中，有可能将错误的核苷酸接合上去。据估计，这种错配率约为每周期2×10^{-4}个核苷酸。

Taq DNA聚合酶能耐受DNA再次解链时的高温，可以循环利用。Taq DNA聚合酶在95℃的半衰期为35 min。

催化典型的PCR反应约需酶量2.5 U(指总反应体积为100 μL时)，浓度过高可引起非特异性扩增，浓度过低则合成产物量减少。

4. dNTP 的质量与浓度

dNTP 是 dATP、dCTP、dGTP、dTTP 的总称。

dNTP 的质量、浓度与 PCR 扩增效率有密切关系，dNTP 呈颗粒状，如保存不当易变性失去生物学活性。dNTP 溶液呈酸性，使用时应配成高浓度后，以 1 mol/L NaOH 或 1 mol/L Tris-HCl 的缓冲液将其 pH 调节到 7.0～7.5，小量分装，-20℃冰冻保存。多次冻融会使 dNTP 降解。

PCR 扩增体系中，每种 dNTP 的浓度为 50～200 μmol/L。尤其要注意 4 种 dNTP 的浓度要相等（等物质的量配制），如其中任何一种浓度不同于（偏高或偏低）其他几种时，就会引起错配。浓度过低又会降低 PCR 产物的产量。

dNTP 能与 Mg^{2+} 结合，络合溶液中的 Mg^{2+}，使游离的 Mg^{2+} 浓度降低。而且大于 200 μmol/L 的 dNTP 会增加 Taq DNA 聚合酶的错配率。如果 dNTP 的浓度达到 1 mmol/L 时，则会抑制 Taq DNA 聚合酶的活性。

5. Mg^{2+} 浓度

Mg^{2+} 对 PCR 扩增的特异性和产量有显著的影响，在一般的 PCR 反应中，各种 dNTP 浓度为 200 μmol/L 时，Mg^{2+} 浓度为 1.5～2.0 mmol/L 为宜。

游离的 Mg^{2+} 激活 Taq DNA 聚合酶的活性。Mg^{2+} 浓度太低，会降低 Taq DNA 聚合酶的活性，特异性扩增的敏感性下降，使反应产物减少；Mg^{2+} 浓度太高，反应特异性降低，会导致非特异性扩增产物产生。

10.3.4 PCR 反应体系与反应条件

标准的 PCR 反应体系：

10×扩增缓冲液	10 μL
4 种 dNTP 混合物	各 200 μmol/L
引物	各 10～100 pmol
模板 DNA	0.1～2 μg
Taq DNA 聚合酶	2.5 U
Mg^{2+}	1.5 mmol/L
加多重蒸馏水至	100 μL

PCR 反应条件主要包括反应温度、反应时间和循环次数。

1. 温度与时间的设置

基于 PCR 原理三步骤而设置变性—退火—延伸三个温度点。在标准反应中采用三温度点法，双链 DNA 在 90～95℃变性，再迅速冷却至 40～60℃，引物退火并结合到靶序列上，然后快速升温至 70～75℃，在 Taq DNA 聚合酶的作用下，使引物链沿模板延伸。对于较短靶基因（长度为 100～300 bp 时）可采用二温度点法，除变性温度外，退火与延伸温度可合二为一，一般采用 94℃变性，65℃左右退火与延伸（该温度下，Taq DNA 酶仍有较高的催化活性）。

1）变性温度与时间

变性温度低，解链不完全是导致 PCR 失败的最主要原因。一般情况下，93～94℃时 1 min 足以使模板 DNA 变性；若低于 93℃则需延长时间。但温度不能过高，因为高温环境对酶的活性有影响。若不能使靶基因模板或 PCR 产物完全变性，就会导致 PCR 失败。

2）退火（复性）温度与时间

退火温度是影响 PCR 特异性的较重要因素。变性后温度快速冷却至 40～60℃，可使引物和模板结合。由于模板 DNA 比引物复杂得多，引物和模板之间的碰撞结合机会会远远高于模板互补链之间的碰撞机会。退火温度与时间，取决于引物的长度、碱基组成及其浓度，还有靶基序列的长度。

对于 20 个核苷酸、G+C 含量约 50%的引物，选择 55℃为最适退火温度的起点较为理想。引物的复性温度可通过以下公式计算，以选择合适的温度：

$$T_m(\text{解链温度}) = 4(G+C) + 2(A+T)$$

$$\text{复性温度} = T_m - (5\sim10℃)$$

在 T_m 值允许范围内，选择较高的复性温度可大大减少引物和模板间的非特异性结合，提高 PCR 反应的特异性。复性时间一般为 30～60 s，足以使引物与模板之间完全结合。

3）延伸温度与时间

Taq DNA 聚合酶的生物学活性如下：

- 70～80℃ 150 核苷酸/（s · 酶分子）；
- 70℃ 60 核苷酸/（s · 酶分子）；
- 55℃ 24 核苷酸/（s · 酶分子）。

高于 90℃时，DNA 合成几乎不能进行。

PCR 反应的延伸温度一般选择在 70～75℃，常用温度为 72℃，过高的延伸温度不利于引物和模板的结合。PCR 延伸反应的时间，可根据待扩增片段的长度而定，一般 1 kb 以内的 DNA 片段，延伸时间 1 min 是足够的。3～4 kb 的靶序列需 3～4 min；扩增 10 kb 需延伸至 15 min。延伸时间过长会导致非特异性扩增带的出现。对低浓度模板的扩增，延伸时间要稍长一些。

2. 循环次数

循环次数决定 PCR 扩增程度。PCR 循环次数主要取决于模板 DNA 的浓度。一般的循环次数选为 30～40 次，循环次数越多，非特异性产物的量亦随之增多。

10.3.5　PCR 反应特性

1. PCR 反应动力学特性

从理论上讲，PCR 反应产物按指数增长，所以命名为聚合酶链式反应。

PCR 的三个反应步骤反复进行，使 DNA 扩增量呈指数上升。反应最终的 DNA 扩增量可用下式计算：

$$Y = (1+X)^n$$

式中：Y——DNA 片段扩增后的拷贝数；

X——Y 平均每次的扩增效率；

n——循环次数。

平均扩增效率的理论值为100%，因此，PCR 进行 n 个循环后，产量为 2^n 个拷贝，如 30 个循环后，即 $n=30$ 时，若 $X=100\%$，则 $Y=2^{30}=1\,073\,741\,824(>10^9)$，即扩增量为 2^{30} 拷贝，大于 10^9 个拷贝。但在实际反应中平均效率达不到理论值，若 $X=80\%$，则 $Y=1.8^{30}=45\,517\,159.6(>10^7)$。由此可见，其扩增的倍数是巨大的，将扩增产物进行电泳，经溴化乙锭染色，在紫外灯(254 nm)照射下一般都可见到 DNA 的特异扩增区带。

反应初期，靶序列 DNA 片段的增加呈指数形式，随着 PCR 产物的逐渐积累，被扩增的 DNA 片段不再呈指数增加，而进入线性增长期或静止期，即出现“停滞效应”，这种效应称平台效应，与 PCR 扩增效率、DNA 聚合酶的种类和活性、非特异性产物的竞争等因素有关。大多数情况下，平台期的到来是不可避免的。

PCR 扩增产物可分为长产物片段和短产物片段两部分。短产物片段的长度严格地限定在两个引物链 5′端之间，是需要扩增的特定片段。短产物片段和长产物片段是由于引物所结合的模板不一样而形成的，以一个原始模板为例，在第一个反应周期中，以两条互补的 DNA 为模板，引物是从 3′端开始延伸，其 5′端是固定的，3′端则没有固定的止点，长短不一，这就是“长产物片段”。进入第二周期后，引物除与原始模板结合外，还要同新合成的链(即“长产物片段”)结合。引物在与新链结合时，由于新链模板的 5′端序列是固定的，这就等于这次延伸的片段 3′端被固定了止点，保证了新片段的起点和止点都限定于引物扩增序列以内、形成长短一致的“短产物片段”。不难看出“短产物片段”是按指数倍数增加，而“长产物片段”则以算术倍数增加，几乎可以忽略不计，这使得 PCR 的反应产物不需要再纯化，就能保证足够纯 DNA 片段供分析与检测用。

2. PCR 反应特异性

1）特异性强

影响 PCR 的反应特异性因素如下：

(1) 引物与模板 DNA 特异正确的结合；

(2) 碱基配对原则；

(3) Taq DNA 聚合酶合成反应的忠实性；

(4) 靶基因的特异性与保守性。

其中引物与模板的正确结合是关键。引物与模板的结合及引物链的延伸是遵循碱基配对原则的。聚合酶合成反应的忠实性及 Taq DNA 聚合酶耐高温性，使反应中模板与引物的结合(复性)可以在较高的温度下进行，结合的特异性大大增加，被扩增的靶基因片段也就能保持很高的正确度。如果再选择特异性和保守性高的靶基因区，其特异性程度会更高。

2）灵敏度高

PCR 产物的生成量是以指数方式增加的，能将皮克(1 pg$=10^{-12}$ g)量级的起始待测模板扩增到微克(1 μg$=10^{-6}$ g)水平。能从 100 万个细胞中检出一个靶细胞；在病毒的检测中，PCR 的灵敏度可达 3 个 RFU(空斑形成单位)；在细菌学中最小检出率为 3 个细菌。

3）简便、快速

PCR 采用耐高温的 Taq DNA 聚合酶，一次性地将反应液加好后，即在 DNA 扩增液和水浴锅上进行变性—退火—延伸反应，一般在2～4 h完成扩增反应。扩增产物一般用电泳分析。

4）对标本的纯度要求低

不需要分离病毒或细菌及培养细胞，DNA粗制品及总RNA均可作为扩增模板。可直接用临床标本，如血液、体腔液、洗漱液、毛发、细胞、活组织等粗制的DNA扩增检测。

3. PCR产物分析

PCR产物是否为特异性扩增，其结果是否准确可靠，必须对其进行严格的分析与鉴定，才能得出正确的结论。PCR产物的分析，可依据研究对象和目的不同而采用不同的分析方法。

1）凝胶电泳分析

利用PCR产物电泳、EB溴乙锭染色、紫外仪下观察，可以初步判断产物的特异性。PCR产物片段的大小应与预计的一致，特别是多重PCR，应用多对引物，其产物片断都应符合预计的大小，这是最基本的标准。

琼脂糖凝胶电泳：通常应用1%～2%的琼脂糖凝胶，供检测用。

聚丙烯酰胺凝胶电泳：6%～10%聚丙烯酰胺凝胶，电泳分离效果比琼脂糖好，条带比较集中，可用于科研及检测分析。

PCR产物的电泳检测时间一般为48 h以内，有些最好于当日电泳检测，大于48 h后带型不规则甚至消失。

2）酶切分析

根据PCR产物中限制性内切酶的位点，进行相应的酶切、电泳分离后，获得符合理论的片段，此法既能进行产物的鉴定，又能对靶基因分型，还能进行变异性研究。

3）分子杂交

分子杂交是检测PCR产物特异性的有力证据，也是检测PCR产物碱基突变的有效方法。

4）Southern杂交

在两引物之间另合成一条寡核苷酸链（内部寡核苷酸）标记后作探针，与PCR产物杂交。此法既可作特异性鉴定，又可以提高检测PCR产物的灵敏度，还可以知道其分子质量及条带形状，主要用于科研。

5）斑点杂交

将PCR产物点在硝酸纤维素膜或尼龙薄膜上，再用内部寡核苷酸探针杂交，观察有无着色斑点，主要用于PCR产物特异性鉴定及变异分析。

6）核酸序列分析

这是检测PCR产物特异性的最可靠方法。

4. PCR常见的问题及分析

1）假阴性，不出现扩增条带

PCR反应的关键环节有：①模板核酸的制备；②引物的质量与特异性；③酶的质量及活性；④PCR循环条件。

寻找原因亦应针对上述环节进行分析研究。

（1）模板　①模板中含有杂蛋白质；②模板中含有Taq酶抑制剂；③模板中蛋白质没

有消化除净,特别是染色体中的组蛋白;④在提取制备模板时丢失过多,或吸入酚;⑤模板核酸变性不彻底。

在酶和引物质量好时,不出现扩增带,极有可能是标本的消化处理、模板核酸提取过程出了问题,因而要配制有效且稳定的消化处理液,其程序亦应固定,不宜随意更改。

(2) 酶失活　需更换新酶,或新旧两种酶同时使用,以分析是否因酶的活性丧失或不够而导致假阴性。需注意的是,有时忘了加 Taq 酶或溴乙锭。

(3) 引物　引物的质量、浓度以及两条引物的浓度是否对称,是 PCR 失败或扩增条带不理想、容易弥散的常见原因。有些批号的引物合成质量有问题,两条引物一条浓度高,一条浓度低,造成低效率的不对称扩增,对策为:①选定一个好的引物合成单位。②关于引物的浓度,不仅要看光密度(OD)值,更要注重用引物原液做琼脂糖凝胶电泳,一定要有引物条带出现,而且两引物带的亮度应大体一致;如一条引物有条带,一条引物无条带,此时做 PCR 有可能失败,应和引物合成单位协商解决;如一条引物亮度高,一条亮度低,在稀释引物时要平衡其浓度。③引物应高浓度小量分装保存,防止多次冻融或长期放冰箱冷藏,导致引物变质、降解失效。④引物设计不合理,如引物长度不够,引物之间形成二聚体等。

(4) Mg^{2+}浓度　Mg^{2+}浓度对 PCR 扩增效率影响很大。浓度过高可降低 PCR 扩增的特异性;浓度过低则影响 PCR 扩增产量,甚至使 PCR 扩增失败而不出扩增条带。

(5) 反应体积的改变　通常进行 PCR 扩增采用的体积为 20 μL、30 μL、50 μL 或 100 μL,应用多大体积进行 PCR 扩增,应根据不同目的而设定。在用小体积如 20 μL 后,再用大体积时,一定要摸索条件,否则容易失败。

(6) 物理原因　变性对 PCR 扩增来说相当重要,如变性温度低,变性时间短,极有可能出现假阴性。退火温度过低,可导致非特异性扩增而降低特异性扩增效率;退火温度过高,影响引物与模板的结合而降低 PCR 扩增效率。有时还有必要用标准温度计,检测扩增仪或水溶锅内的变性、退火和延伸温度。温度也是导致 PCR 失败的原因之一。

(7) 靶序列变异　如靶序列发生突变或缺失,则影响引物与模板特异性结合。靶序列某段缺失使引物与模板失去互补序列,其 PCR 扩增是不会成功的。

2) 假阳性

出现的 PCR 扩增条带与目的靶序列条带不一致,有时其条带更整齐,亮度更高。主要原因可能有:

(1) 引物设计不合适　选择的扩增序列与非目的扩增序列有同源性,因而在进行 PCR 扩增时,扩增出的 PCR 产物为非目的性的序列。靶序列太短或引物太短,容易出现假阳性。需重新设计引物。

(2) 靶序列或扩增产物的交叉污染　这种污染有两种原因:

一是整个基因组或大片段的交叉污染,导致假阳性。这种假阳性可用以下方法解决:①操作时小心,防止将靶序列吸入加样枪内或溅出离心管外;②除酶和不能耐高温的物质外,所有试剂或器材均应高压消毒,所用离心管及进样枪头等均应一次性使用;③必要时,在加标本前,反应管和试剂用紫外线照射,以破坏存在的核酸。

二是空气中的小片段核酸污染,这些小片段比靶序列短,但有一定的同源性,可互相拼接,与引物互补后,扩增出 PCR 产物,而导致假阳性的产生,可用巢式 PCR 方法来减轻或消除。

3）出现非特异性扩增带

PCR扩增后出现的条带与预计的大小不一致，或大或小，或者同时出现特异性扩增带与非特异性扩增带。非特异性条带的出现，究其原因：一是引物与靶序列不完全互补，或引物聚合形成二聚体；二是Mg^{2+}浓度过高，退火温度过低，以及PCR循环次数过多；三是酶的质和量，往往是一些来源的酶易出现非特异条带而另一来源的酶则不出现，酶量过多有时也会出现非特异性扩增。其对策有：①必要时重新设计引物；②减少酶量或调换另一来源的酶；③降低引物量，适当增加模板量，减少循环次数；④适当提高退火温度或采用二温度点法(93℃变性，65℃左右退火与延伸)。

4）出现片状拖带或涂抹带

PCR扩增有时出现涂抹带或片状带或地毯样带。其原因往往是因为酶量过多或酶的质量差，dNTP浓度过高，Mg^{2+}过高，退火温度过低，循环次数过多等。其对策有：①减少酶量，或调换另一来源的酶；②减少dNTP的浓度；③适当降低Mg^{2+}浓度；④增加模板量，减少循环次数。

10.3.6　定量PCR

1. 实时荧光定量PCR

1）概述

传统PCR技术进行DNA检测时，需要对PCR产物进行染色处理和电泳分离，且不能准确定量。实时荧光定量PCR在PCR反应体系中加入荧光结合染料或特异性探针，利用荧光信号的变化，实时动态监测整个PCR进程，最后通过标准曲线和循环阈值(cycle threshold，C_T)实现对DNA模板的定量分析。荧光定量PCR具有灵敏度和准确性高，重复性好，操作便捷等优点，因此被广泛应用于分子诊断、动植物检疫、食品安全检测、环境监测等方面的定量分析中。

2）基本原理

荧光定量PCR以荧光共振能量转移原理为基础。由于荧光化学物质的加入，荧光信号强度随着PCR反应的进行和产物的逐渐积累而不断增加，最终可获得一条荧光扩增曲线。扩增曲线包括三个阶段：基线期、扩增期和平台期。只有在扩增期，PCR产物量的对数值与起始模板量之间存在线性关系，因此可利用此阶段进行定量分析。荧光信号阈值和C_T值是荧光定量PCR定量分析的基础，一般使用PCR的前15个循环的荧光信号作为荧光本底信号，荧光阈值的缺省值是3～15个循环的荧光信号的标准偏差的10倍。循环阈值(C_T)是指PCR反应体系内的荧光信号达到设定的阈值时所经历的循环数。每个DNA模板的C_T值与该模板的起始拷贝数的对数存在线性关系，起始拷贝数越多，C_T值越小。利用不同已知起始拷贝数的标准品做出的标准曲线即可对目标DNA进行定量。

3）高通量荧光定量PCR

虽然荧光定量PCR技术在基因的定量研究中发挥了极大的作用，但单次PCR反应只能针对一种基因，其通量亟需提高。在这种情况下，高通量实时荧光定量PCR技术应运而生。相较普通定量PCR，高通量荧光定量PCR单次反应可超过5 000个，可同时定量分析多种基因。例如，中国科学院城市环境研究所朱永官课题组建立的高通量定量PCR测试研究平台，可同时检测 244 种抗生素性基因，极大提高了分析效率和研究的深入性。

2. 数字 PCR

1）概述

尽管实时荧光定量 PCR 技术已广泛应用于基因的定量分析中，但该技术易受到扩增效率的影响，不能保证循环阈值恒定不变。因此荧光定量 PCR 的定量仍是“相对定量”，其准确度和重现性不能满足低拷贝数变异分析、微小差异基因表达分析等的要求。与实时荧光定量 PCR 相比，数字 PCR 的定量不依赖于扩增曲线的循环阈值 C_T，不受扩增效率的影响，也无需建立标准曲线，可以实现绝对定量。

2）基本原理

将稀释到单分子水平的样品分配到大量独立的反应体系中，在每个反应单元中分别对 DNA 模板进行 PCR 扩增。扩增结束后对每个反应单元的荧光信号进行采集，有荧光信号的反应单元记为“1”，无荧光信号则记为“0”。理论上，有荧光信号的反应单元数目等于目标 DNA 分子的拷贝数，通过直接计数或泊松分布公式计算得到样品的原始浓度或含量（图 10-12）。

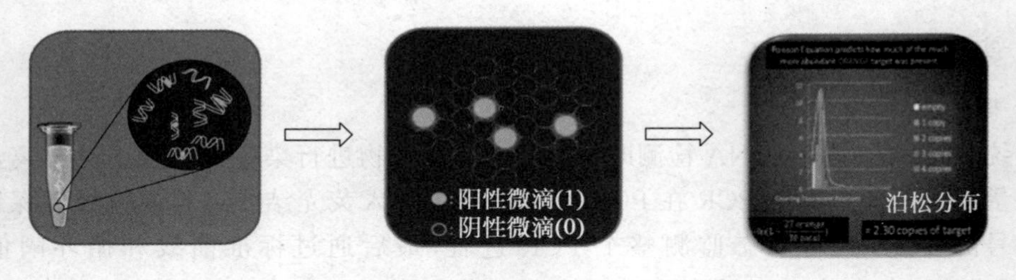

图 10-12 数字 PCR 基本原理[2]

泊松分布公式校准：通常情况下，每个数字 PCR 反应单元中可能包含两个或两个以上的目标 DNA 分子，需用泊松概率分布公式进行校准：

$$e^{-\lambda}\frac{\lambda^k}{k!},\quad k=0,1,2,\cdots$$

式中，λ 为每个反应单元中所含目标 DNA 分子的平均拷贝数（浓度）；p 为在一定的 λ 条件下，每个反应单元中所含 k 个拷贝目标 DNA 分子的概率。

λ 由样品的稀释倍数 m 决定：

$$\lambda = cm$$

式中，c 为样品的原始拷贝数（浓度）。当 $k=0$（不含目标 DNA 分子）时，上式可简化为：

$$p = e^{-\lambda} = e^{-cm}$$

式中 p 可以看作是无荧光信号的反应单元数与反应单元总数的比值，即

$$\frac{n-f}{n} = e^{-cm}$$

式中，n 为反应单元总数；f 为有荧光信号的反应单元数。上式两边取对数(ln)得到下式：

$$cm = \ln\left(1-\frac{f}{n}\right)$$

10.3.7　特殊目的 PCR

PCR 技术问世以来，以其简便、快速、灵敏、特异等优点受到分子生物学界的普遍重视，广泛应用于基因工程、临床检验、环境监测及生物进化过程中的核酸水平的研究等众多领域，发展十分迅速。

基于 PCR 的基本原理，适应不同的检测需要，在方法上进行了大量的改进，拓宽了使用范围。下面简要介绍一些改进的 PCR 方法。

1. 不对称 PCR

PCR 扩增的是双链 DNA 的两条链，而 DNA 序列分析只需要其中一条链。因此有人设计了不对称 PCR(asymmetric PCR)用于产生单链 DNA。

不对称 PCR 是用不等量的一对引物，PCR 扩增后产生大量的单链 DNA(ss DNA)。这对引物分别称为非限制引物与限制性引物，其比例一般为(50～100)∶1。在 PCR 反应的最初 10～15 个循环中，其扩增产物主要是双链 DNA，但当限制性引物(低浓度引物)消耗完后，非限制性引物(高浓度引物)引导的 PCR 就会产生大量的单链 DNA。不对称 PCR 的关键是控制限制性引物的绝对量，需多次摸索优化两条引物的比例。还有一种方法是先用等浓度的引物 PCR 扩增，制备双链 DNA(ds DNA)，然后以此 ds DNA 为模板，再以其中的一条引物进行第二次 PCR，制备 ss DNA。不对称 PCR 制备的 ss DNA，主要用于核酸序列测定。

2. 反向 PCR

通常经 PCR 扩增后，位于一对引物之间的 DNA 序列的拷贝数可以呈指数增加，而位于这对引物以外的 DNA 序列则少量被扩增。

反向 PCR(reverse PCR)是用反向的互补引物来扩增两引物以外的未知序列的片段，而常规 PCR 扩增的是已知序列的两引物之间 DNA 片段。实验时选择已知序列内部没有切点的限制性内切酶对该段 DNA 进行酶切，然后用连接酶使带有黏性末端的靶序列环化连接，再用一对反向的引物进行 PCR，其扩增产物将含有两引物外未知序列，从而对未知序列进行分析研究。由于引物方向与正常 PCR 所用的正好相反，故称反向 PCR(图 10-13)。

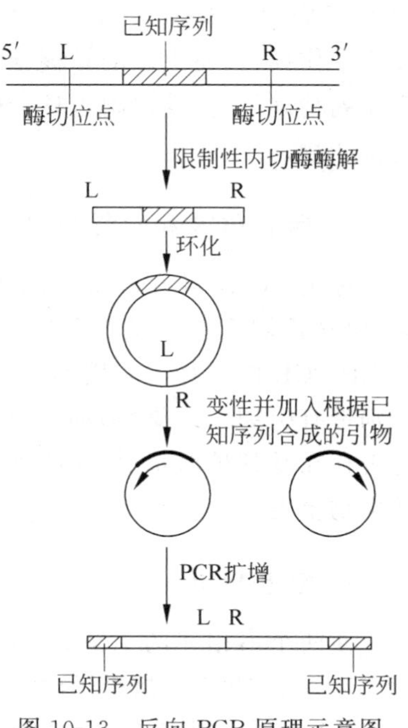

图 10-13　反向 PCR 原理示意图

3. 逆转录 PCR

逆转录 PCR(retro-transcription PCR，RT PCR)指的是以 RNA 为模板，经逆转录获得与 RNA 互补的 DNA 链，即 cDNA，然后以 cDNA 链为模板进行 PCR 反应。

4. 锚定 PCR

锚定 PCR(anchored PCR)特别适用于扩增那些只知道一端序列的目的 DNA。在未知序列一端加上一段多聚 dG 的尾巴，然后分别用多聚 dC 和已知的序列作为引物进行 PCR 扩增。

5. 原位 PCR

原位 PCR 是 Hasse 等于 1990 年建立的，就是在组织细胞里进行 PCR 反应，它结合了具有细胞定位能力的原位杂交和高度特异敏感的 PCR 技术的优点。原位 PCR 既能分辨鉴定带有靶序列的细胞，又能标出靶序列在细胞内的位置，在分子和细胞水平上研究疾病的发病机理、临床过程及病理的转归有重大的实用价值。其特异性和敏感性高于一般的 PCR。

6. 连接酶链式反应

连接酶链式反应(ligase chain reaction，LCR)是 Backman 于 1997 年为检出靶基因序列中的点突变而设计的，是一种新的 DNA 体外扩增和检测技术，主要用于点突变的研究及靶基因的扩增。

LCR 的基本原理为利用 DNA 连接酶特异地将双链 DNA 片段连接，经变性—退火—连接三步骤反复循环，从而使靶基因序列大量扩增。其程序为：在模板 DNA、DNA 连接酶、寡核苷酸引物以及相应的反应条件下，首先加热至一定温度(94～95℃)使 DNA 变性，双链打开，然后降温(65℃)退火，引物与互补的模板 DNA 结合并留下一缺口，如果与靶序列杂交的相邻的寡核苷酸引物与靶序列完全互补，DNA 连接酶即可连接封闭这一缺口，则 LCR 反应的三步骤(变性—退火—连接)就能反复进行，每次连接反应的产物又可在下一轮反应中作模板，使更多的寡核苷酸被连接与扩增。若连接处的靶序列有点突变，引物不能与靶序列精确结合，缺口附近核苷酸的空间结构发生变化，连接反应不能进行，也就不能形成连接产物。

7. 标记 PCR 和彩色 PCR

标记 PCR(labelled primers，LP-PCR)是利同位素或荧光素对 PCR 引物的 5′端进行标记，用来检测靶基因是否存在。彩色 PCR(color complementation assay PCR，CCAPCR)，是 LP-PCR 的一种。它用不同颜色的荧光染料标记引物的 5′端，因而扩增后的靶基因序列分别带有引物 5′的染料，通过电泳或离心沉淀，肉眼就可根据不同荧光的颜色判定靶序列是否存在及其扩增状况，此法可用来检测基因的突变、染色体重排或转位，进行基因缺失及微生物鉴定等。

8. 重组 PCR

使两个不相邻的 DNA 片段重组在一起的 PCR 称为重组 PCR(recombinant PCR)。Mullis 等于 1986 年报道了由 PCR 扩增的两个 DNA 片段通过重组后再经延伸而制备出新的 DNA 分子。其基本原理为将突变碱基、插入或缺失片段，或一种物质的几个基因片段均设计在引物中，先分段对模板扩增，除去多余的引物后，将产物混合，再用一对引物对其进行

PCR扩增。其产物将是一重组DNA。

9. 多重PCR

一般PCR仅应用一对引物，通过PCR扩增产生一个核酸片段，主要用于单一致病因子等的鉴定。多重PCR(multiplex PCR)，又称多重引物PCR或复合PCR，它是在同一PCR反应体系里加上两对以上引物，同时扩增出多个核酸片段的PCR反应，其反应原理、反应试剂和操作过程与一般PCR相同。

多重PCR的特点有：

(1) 高效性　在同一PCR反应管内同时检出多种病原微生物，或对有多个型别的目的基因进行分型，特别是用一滴血就可检测多种病原体。

(2) 系统性　多重PCR很适合成组病原体的检测，如肝炎病毒、肠道致病性细菌、性病、无芽孢厌氧菌、战伤感染细菌的同时检测。

(3) 经济简便性　多种病原体在同一反应管内同时检出，大大节省时间，节省试剂，节约经费，为临床提供更多更准确的诊断信息。

10. 免疫-PCR

免疫-PCR(immuno-PCR)是一种灵敏、特异的抗原检测系统。它利用抗原-抗体反应的特异性和PCR扩增反应的极高灵敏性来检测抗原，尤其适用于极微量抗原的检测。

免疫-PCR试验的主要步骤有三个：

(1) 抗原-抗体反应；

(2) 与嵌合连接分子结合；

(3) PCR扩增嵌合连接分子中的DNA(一般为质粒DNA)。

该技术的关键环节是嵌合连接分子的制备。在免疫-PCR中，嵌合连接分子起着桥梁作用，它有两个结合位点，一个与抗原抗体复合物中的抗体结合，一个与质粒DNA结合，其基本原理与ELISA和免疫酶染色相似，不同之处在于，其中的标记物不是酶而是质粒DNA，在操作反应中形成抗原抗体-连接分子-DNA复合物，通过PCR扩增DNA来判断是否存在特异性抗原。

免疫-PCR优点有：

(1) 特异性较强　因为它建立在抗原抗体特异性反应的基础上；

(2) 敏感度高　PCR具有惊人的扩增能力，免疫PCR比ELISA敏感度高10^5倍以上，可用于单个抗原的检测；

(3) 操作简便　PCR扩增质粒DNA比扩增靶基因容易得多，一般实验室均能进行。

11. LA-PCR

PCR反应有时会出现错配现象，因而在PCR克隆、变异导入等实验中需加以注意。使用*Taq* DNA聚合酶进行PCR扩增时，通常可扩增几kb的DNA，超过10 kb则比较困难。使用*Taq* DNA聚合酶进行PCR产物克隆及食品、环境卫生检验时，扩增量常常达不到要求。为解决以上难题，TaKaRa在对聚合酶、缓冲液及反应条件等进行深入研究的基础上，开发了LA-PCR(long and accurate PCR)技术。运用该技术可大量正确地扩增长达40 kb

的 DNA 片段。LA-PCR 技术扩展了 PCR 的应用范围，可在基因组解析、基因诊断、长片段 DNA 的克隆及变异导入等方面发挥优势。

LA-PCR 的关键是具有 3′→5′外切酶活性的耐热性 DNA 聚合酶。在 PCR 过程中，当有错误的碱基摄入时，反应性能大幅度下降，*TaKaRa Ex Taq* 和 *TaKaRa LA Taq* 依靠 3′→5′外切酶活性可将错配的碱基除去，从而延伸反应能顺利地进行下去，使长链 DNA 的扩增成为可能(图 10-14)。

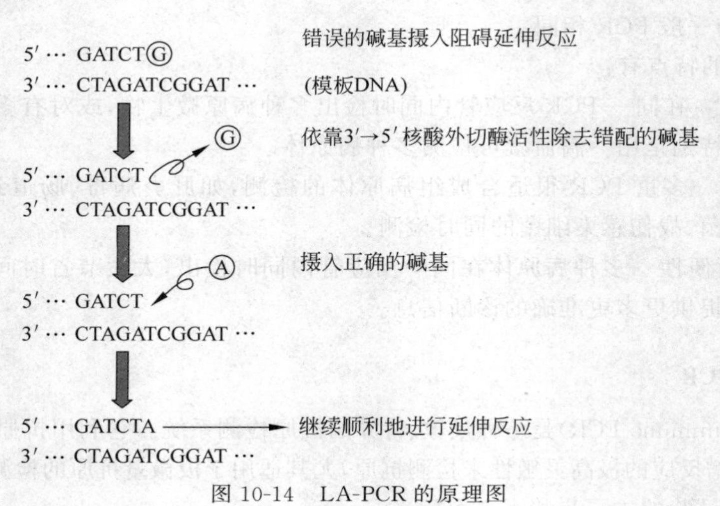

图 10-14 LA-PCR 的原理图

12. Hot Start PCR

Hot Start PCR 法是提高 PCR 特异性的最重要方法之一。这种方法可以防止在 PCR 反应的第一步因引物的错配或引物二聚体的形成而导致的非特异性扩增，从而可以提高目的 DNA 片段的扩增效率。*TaKaRa Taq* Hot Start Version、*TaKaRa Ex Taq* Hot Start Version、Prime STAR HS DNA polymerase 是抗体和 DNA 聚合酶的混合制品。抗体在高温加热前与聚合酶相结合，抑制聚合酶的活性。在 PCR 反应最初的 DNA 变性步骤，抗体变性、聚合酶活性恢复。

Hot Start PCR 法的原理如图 10-15 所示。

PCR 技术一直在不断发展进步之中，仍不断有新的 PCR 技术方法问世，比如在高通量测序中经常使用的桥式 PCR 等。但基本原理是不变的，改进方向主要在引物设计、标记方式、检测方式等方面。

10.3.8 PCR 技术在环境检测中的应用

PCR 技术在环境微生物检测中的应用主要体现在以下两个方面：

(1) 应用 PCR 技术研究某一特定环境中微生物区系的组成，进而了解其群落动态变化；

(2) 应用 PCR 技术监测环境中特定种群(如致病菌、工程菌等)的动态变化。

应用 PCR 技术检测环境样品中特定微生物种群的基本步骤：

(1) 从环境样品中提取核酸(DNA 或 RNA)；

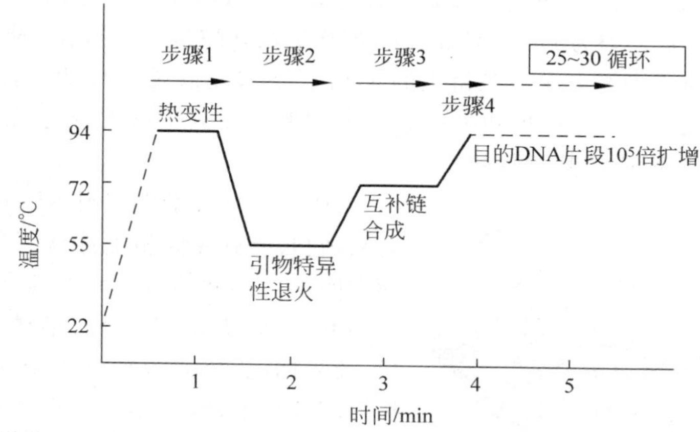

图示说明：

- - - - 此区域有可能进行引物与模板的非特异性退火或引物之间退火，形成引物二聚体，造成DNA的非特异性扩增。此时如果使用与抗体结合的DNA聚合酶，聚合酶活性将被抑制，不发生聚合反应，可以避免DNA的非特异性扩增。

—— 抗体变性，聚合酶活性恢复。

图 10-15　Hot Start PCR 的原理图

(2) 以提取的 DNA 或 RNA 样品为模板进行 PCR 扩增；

(3) 对 PCR 反应产物进行检测与分析。

10.4　DNA 芯片技术

10.4.1　概述

DNA 芯片(DNA chip)是用硅、玻璃等材料，经光刻、化学合成等技术微加工而成的，大小 1 cm^2 左右的芯片，又称为生物芯片(bio-chip)、DNA 阵列(DNA arrays)、微芯片(microchip)、寡核苷酸微芯片(aligonucleotide microchip)等。其突出特点有：高度并行性、多样性、微型化和自动化。

DNA 芯片可以用来对生物样品进行分离、制备、预浓缩，还可以作为微反应池进行 PCR(polymerase chain reaction)、LCR(ligase chain reaction)等反应。最为引人注目的是，芯片上制成多种不同的 DNA 阵列，即可用于核酸序列的测定及基因突变检测。

DNA 芯片技术的出现给生命科学、医学、化学、新药开发、司法鉴定、环境监测等领域带来了一场革命，广为各国学术界和工业界所瞩目，并得到了很多应用。

关于 DNA 芯片的设想可追溯到 1989 年，当时美国 Affymetrix 公司的科学家利用光刻法与光化学合成法相结合，在一块平滑的玻璃片上，用不同的分子构建出一个高密度网络。开始，他们把某些蛋白质堆放在玻璃片上，一名叫斯蒂芬·福多(S. P. A. Fodor)的年轻科学家立即看出了采用 DNA 的可能性，他意识到，芯片上的 DNA 分子就好像一条条细细的分子"维可牢(velcro)"("维可牢"是一种尼龙刺粘搭链，两面相合即粘住，一扯即分开，用以替代服装上的纽扣等)，可选择性地与某些基因，即 DNA 的短片段结合，从而检查出变异型基因。福多在理论上推定，让未知的DNA样品与分布在DNA芯片上已知的DNA序列接触，就能对其作出鉴定。因为DNA双螺旋的两条单核苷酸链总是遵循“碱基互补”的原则配对，即一条链上的A总是与另一条链上的T相结合，C也总是与G相结合。因此，当一条链上的碱基序列确定之后，即可推知另一条链上的碱基序列。这类带有已知DNA序列的芯片就能检测突变基因或碱基的各种改变。

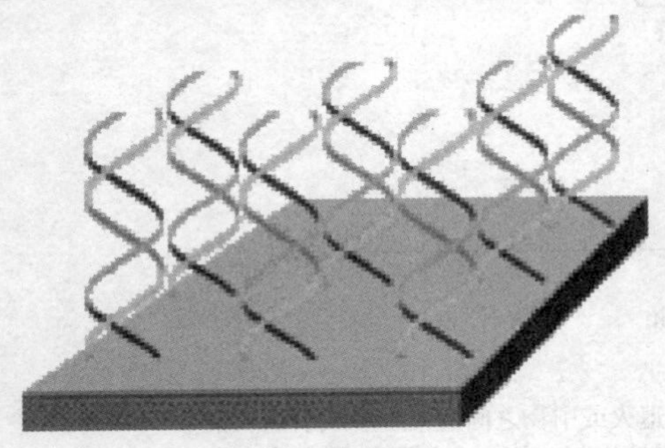

图10-16　DNA芯片原型

DNA芯片技术由美国Affymetrix首先发展起来，它是受到在固相支持物上合成多肽的启发而发明的。1996年底，美国Affymetrix公司结合照相平版印刷、计算机、半导体、寡核苷酸合成、荧光标记、核酸探针分子杂交和激光共聚扫描等高新技术，研制创造了世界第一块DNA芯片(图10-16)。

DNA芯片本身是一种专门刻制和加工的仅为1 cm^2 左右大小的玻璃片，它被嵌在一小块胶片上。芯片被分隔成许许多多的小格，每一小格大约只有一根头发丝的一半那么细，小格上特殊交联分子与一个由20个左右核苷酸的DNA探针相连。一般的芯片保持有40万个小格，更多的可达到160万格。每一格上的DNA探针都各不相同。

在对DNA样品分子检测时，从细胞中提取的DNA样品用一种或若干种限制酶进行酶切，这些酶切片段被荧光染料标记并熔解成为单链，然后被滴加到芯片上去与DNA探针杂交。凡是与芯片上的探针互补的酶切片段便牢固地结合在特定的小格中，而那些与芯片上各探针都不能互补的酶切片段就会被洗脱掉。接下来，用一种特制的激光扫描器对芯片上小格和荧光进行扫描与解读。解读的信息被输入到计算机中，由专门的程序软件进行分析，最终获得被检测样品的序列信息。

DNA芯片是将生命科学研究中所涉及的不连续的分析过程(如样品制备、化学反应和分析检测)，利用微电子、微机械、化学、物理、计算机技术，在固体芯片表面构建的微流体分析单元和系统，使之连续化、集成化、微型化。

DNA芯片技术主要包括四个基本要点：芯片方阵的构建、样品的制备、生物分子反应和信号的检测。

(1) 芯片制备　先将玻璃片或硅片进行表面处理，然后使DNA片段或蛋白质分子按顺序排列在芯片上。

(2) 样品制备　生物样品往往是非常复杂的生物分子混合体，除少数特殊样品外，一般不能直接与芯片反应。可将样品进行生物处理，获取其中的蛋白质或DNA、RNA，并且加以标记，以提高检测的灵敏度。

(3) 生物分子反应　芯片上生物分子之间的反应是芯片检测的关键一步。通过选择合适的反应条件使生物分子间反应处于最佳状况，减少生物分子之间的错配比率。

(4) 芯片信号检测　常用的芯片信号检测方法是将芯片置入芯片扫描仪中，通过扫描以获得有关生物信息。

基因芯片技术由于同时将大量探针固定于支持物上，所以可以一次性对样品大量序列进行检测和分析，从而解决了传统核酸印迹杂交技术操作繁杂、自动化程度低、操作序列数量少、检测效率低等问题。而且，通过设计不同的探针阵列，使用特定的分析方法可使该技术具有多种不同的应用价值，如基因表达谱测定、实变检测、多态性分析、基因组文库作图及杂交测序等。

10.4.2　DNA 芯片的类型

目前已有多种方法可以将寡核苷酸或短肽固定到固相支持物上。这些方法总体上有两类，即原位合成(*in situ* synthesis)与合成点样两类。支持物有多种，如玻璃片、硅片、聚丙烯膜、硝酸纤维素膜、尼龙膜等，但需经特殊处理。作原位合成的支持物，在聚合反应前要先使其表面衍生出羟基或氨基(视所要固定的分子为核酸或寡肽而定)并与保护基建立共价连接；作点样用的支持物，为使其表面带上正电荷以吸附带负电荷的探针分子，通常需包被氨基硅烷或多聚赖氨酸等。

DNA 芯片形式非常多，按基质材料分类，有尼龙膜、玻璃片、塑料、硅胶晶片、微型磁珠等；按所检测的生物信号种类分类，有核酸、蛋白质、生物组织碎片甚至完整的活细胞；按工作原理分类，有杂交型、合成型、连接型、亲合识别型等。

DNA 芯片根据其基片(substrate)的不同，可以分为无机片基和有机合成物片基。前者主要包括半导体硅片和玻璃片，其上的探针主要以原位聚合的方法合成；后者主要有特定孔径的硝酸纤维膜和尼龙膜，其上的探针主要是预先合成后通过特殊的微量点样装置或仪器滴加到片基上去(表 10-5)。

表 10-5　基因芯片的主要类型及其简要特点

片　　基	探针固定方式	探针密度	显色及检测方式
刚性片基，如玻片、半导体硅片等	原位合成 (*in situ* synthesis)	高	荧光、激光共聚焦扫描、生物传感器等
薄膜片基，如尼龙膜等	预先合成后点样 (off-chip synthesis)	低	荧光

DNA 芯片按其性能及用途，可分为三种主要类型：

(1) 固定在聚合物基片(尼龙膜、硝酸纤维膜等)表面上的核酸探针或 cDNA 片段，通常用同位素标记的靶基因与其杂交，通过放射显影技术进行检测。这种方法的优点是所需检测设备与目前分子生物学所用的放射显影技术相一致，相对比较成熟。但芯片上探针密度不高，样品和试剂的需要量大，定量检测存在较多问题。

(2) 用点样法固定在玻璃板上的 DNA 探针阵列，通过与荧光标记的靶基因杂交进行检测。这种方法点阵密度有较大的提高，各个探针在表面上的结合量也比较一致。

(3) 在玻璃等硬质表面上直接合成的寡核苷酸探针阵列，与荧光标记的靶基因杂交进行检测。该方法把微电子光刻技术与 DNA 化学合成技术相结合，可以使 DNA 芯片的探针密度大大提高，减少试剂的用量，实现标准化和批量化生产，有十分重要的发展潜力。

10.4.3　DNA 芯片的构建

DNA 芯片的加工工艺是微电子工业和其他加工工业中比较成熟的一些微加工工艺(如

光学掩模光刻技术、反应离子刻蚀、微注入模塑和聚合膜浇注法)，在玻璃、塑料、硅片等基底材料上加工出用于生物样品分离、反应的微米尺寸的微结构，如过滤器、反应室、微泵、微阀门等微结构。然后在微结构上进行必要的表面化学处理，再在微结构上进行所需的生物化学反应和分析。

1. 原位合成法

原位合成法基于组合化学的合成原理，通过一组定位模板来决定基片表面上不同化学单体的偶联位点和次序(图 10-17)。原位合成法制备 DNA 芯片的关键是高空间分辨率的模板定位技术和固相合成化学技术的精巧结合。已有多种模板技术用于基因芯片的原位合成，如光去保护并行合成法、光刻胶保护合成法、微流体模板固相合成技术、分子印章多次压印原位合成法、喷印合成法。原位合成法可以发挥微细加工技术的优势，很适合制作大规模 DNA 探针阵列芯片，实现高密度芯片的标准化和规模化生产。美国 Affymetrix 公司制备的基因芯片产品在 1.28 cm×1.28 cm 表面上可包含 30 万个 20～25 寡核苷酸探针，每个探针单元的大小为 10 μm×10 μm。其实验室芯片的阵列数已超过 100 万个探针。

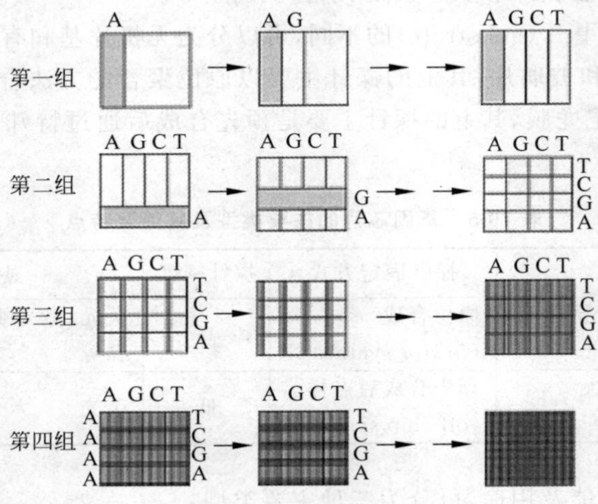

图 10-17　DNA 芯片原位合成原理图

原位合成法主要采用光引导聚合技术(light-directed synthesis)(表 10-6)，它不仅可用于寡聚核苷酸的合成，也可用于合成寡肽分子。光引导聚合技术是照相平版印刷技术(photolithography)与传统的核酸、多肽固相合成技术相结合的产物。半导体技术中曾使用照相平版技术法在半导体硅片上制作微型电子线路。固相合成技术是多肽、核酸人工合成中普遍使用的方法，技术成熟且已实现自动化。二者的结合为合成高密度核酸探针及短肽阵列提供了一条快捷的途径。

表 10-6　光引导聚合技术简要说明

支持物	相关技术	照射光	去保护方法及效率	每步聚合效率
硅片或玻片	照相平版	可见光	酸去保护，98%	98%
硅片或玻片(需预处理)	印刷技术	电子射线等	光去保护，92%～94%	92%～94%

这里以合成寡核苷酸探针为例描述该技术的主要步骤。首先使支持物羟基化，并用光敏保护基团将其保护起来。每次选取适当的蔽光膜使需要聚合的部位透光，其他部位不透光。这样，光通过蔽光膜照射到支持物上，受光照部位的羟基解保护。因为合成所用的单体分子一端按传统固相合成方法活化，另一端受光敏保护基的保护，所以发生偶联的部位反应后仍旧带有光敏保护基团。因此，每次通过控制蔽光膜的图案（透光与不透光）决定哪些区域应被活化，以及所用单体的种类和反应次序，就可以实现在待定位点合成大量预定序列寡聚体的目的（图 10-18）。

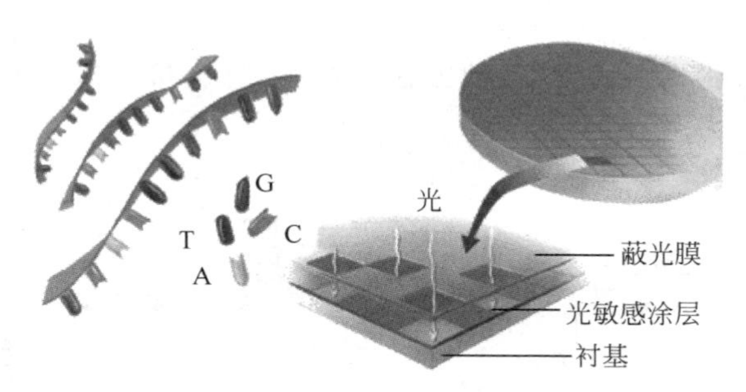

图 10-18 DNA 芯片合成新方法

该方法的主要优点是可以用很少的步骤合成极其大量的探针阵列。例如，合成 4^8(65 536)个探针的 8 聚体寡核苷酸序列仅需 4×8＝32 步操作，8 h 就可以完成。如果用传统方法合成然后进行点样，那么工作量将是巨大的。同时，用该方法合成的探针阵列密度可高达到 $10^6/cm^2$。该方法看来比较简单，实际上并非如此。主要原因是，合成反应每步产率比较低，不到 95%。而通常固相合成反应每步的产率在 99%以上。因此，探针的长度受到了限制。而且由于每步去保护不很彻底，致使杂交信号比较模糊，信噪比降低。为此，有人将光引导合成技术与半导体工业所用的光敏抗蚀技术相结合，以酸作为去保护剂，使每步产率增加到 98%。原因是光敏抗蚀剂的解离对光照度的依赖是非线性的，当光照度达到特定的阈值以上时保护剂就会解离。所以，该方法同时也解决了由于蔽光膜透光孔间距离缩小而引起的光衍射问题，有效地提高了聚合点阵的密度。另据报道，利用波长更短的物质波，如电子射线去除保护，可使点阵密度达到 $10^{10}/cm^2$。

除了光引导原位合成技术外，有的公司，如美国 Incyte Pharmaceuticals 等使用压电打印法（piezoelectric printing）进行原位合成。其装置与普通的彩色喷墨打印机并无两样，所用技术也是常规的固相合成方法。做法是将墨盒中的墨汁分别用四种碱基合成试剂替代，支持物经过包被后，通过计算机控制喷墨打印机将特定种类的试剂喷洒到预定的区域上。冲洗、去保护、偶联等则与一般的固相原位合成技术相同。如此类推，可以合成出长度为 40～50 个碱基的探针，每步产率也较前述方法高，可达到 99%以上。

尽管如此，原位合成方法仍然比较复杂，除了在基因芯片研究方面享有盛誉的 Affymetrix 等公司使用该技术合成探针外，其他中小型公司大多使用点样法。

2. 点样法

DNA 芯片点样法首先按常规方法制备 cDNA（或寡核苷酸）探针库，然后通过特殊的针头和微喷头,分别把不同的探针溶液,逐点分配在玻璃、尼龙或者其他固相基底表面上不同位点,并通过物理和化学的结合使探针固定于芯片的相应位点。这种方式较灵活,探针片段可来自多个途径,除了可使用寡聚核苷酸探针,也可使用较长的基因片段以及核酸类似物探针(如 PNA 等)。探针制备方法可以用常规 DNA 探针合成方法,或 PCR 扩增的 cDNA 文库等。固定的方式也多种多样。点样法的优越性在于可以充分利用原有的合成寡核苷酸的方法和仪器或 cDNA 探针库,探针的长度可以任意选择,且固定方法也比较成熟、灵活性高,适合于研究单位根据需要自行制备科研型基因芯片,制作点阵规模较小的商品基因芯片。

点样法制造 DNA 芯片一般有三种方法:光蚀刻法、接触式点涂法、化学喷射法,如图 10-19 所示。

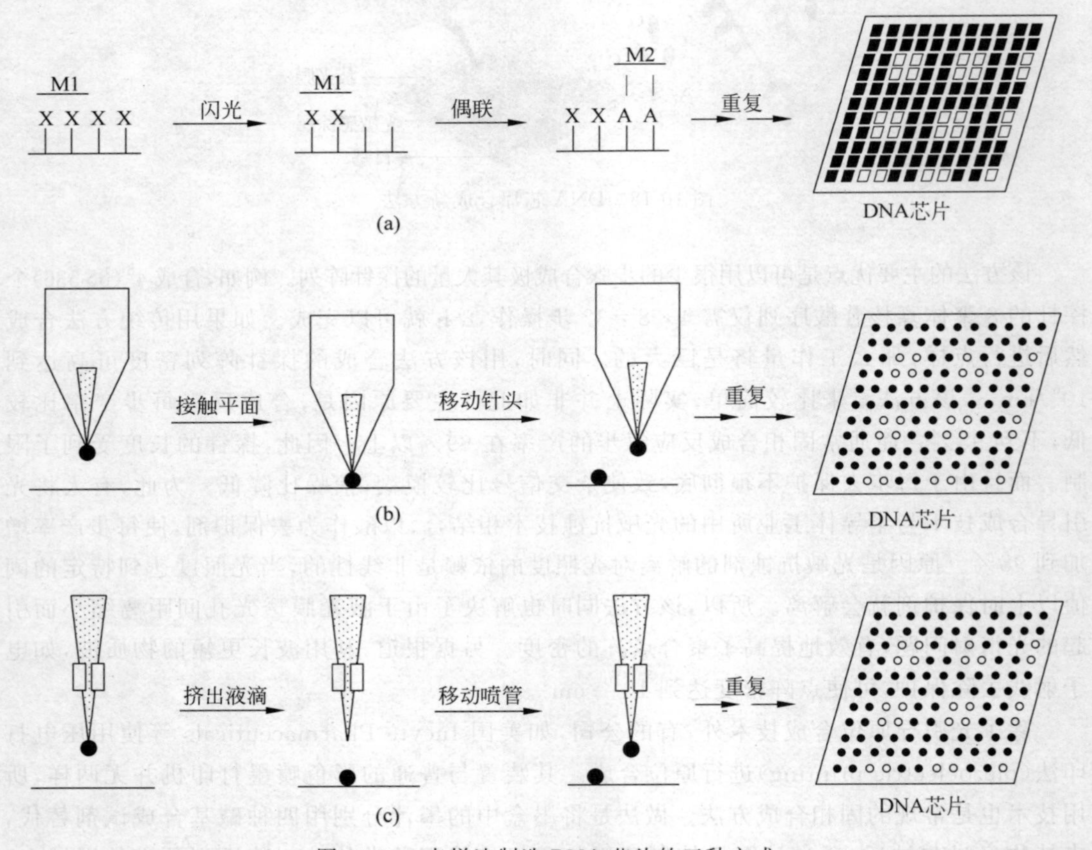

图 10-19 点样法制造 DNA 芯片的三种方式

光蚀刻法主要由美国 Affymetrix 公司采用,是将原位固相化学合成多肽方法移植到在微芯片上直接合成二维空间寡核苷酸阵列,需应用光敏性保护基团及光刻掩模,图 10-19(a)阐明了在芯片上直接合成寡核苷酸阵列的原理。

首先,在固相载体上接上一个光敏性羟基保护基团—X,光刻掩模 M1 使得固相载体上暴露部分的—X 基团经光照而脱除并产生活性羟基,然后,一个 3′带活化羟基(5′—OH 仍以—X 保护)的核苷酸与载体上的羟基偶联,使载体上挂上第一个核苷酸(图中为 A)再应用光刻掩模 M2；按上述步骤选择性地脱保护、偶联，即可接上第二个核苷酸。当芯片上的羟基全部接上第一个核苷酸后，可将掩模旋转 90°，再按上述合成步骤进行反应，逐个接上不同的核苷酸，直至所需的寡核苷酸链长度。许多这样的不同序列的片段就构成 DNA 方阵。光蚀刻法的优点在于精确性高，缺点是制造光掩蔽剂既费时又昂贵。

Affymetrix 制造的 DNA 芯片如图 10-20 所示。

第二种是斯坦福大学使用的接触式点涂法。该方法通过使用高速精密机械手所带的移液头与玻璃芯片表面接触，并将探针定位点滴到芯片上(图 10-19(b))。

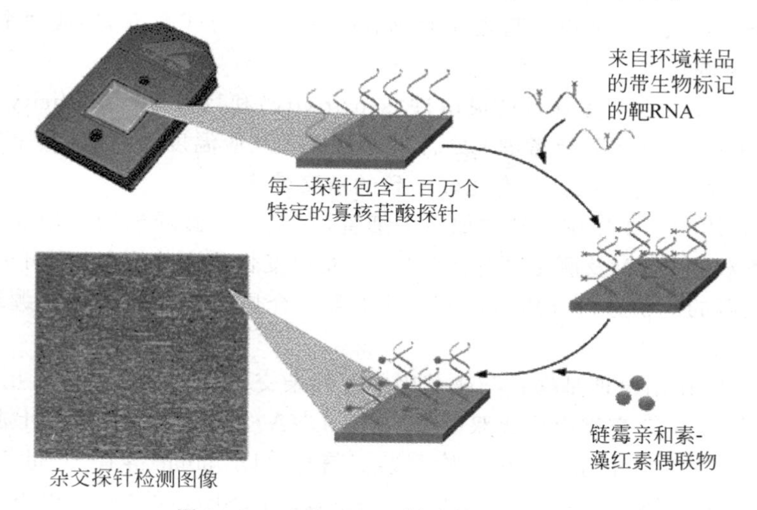

图 10-20 Affymetrix 制造的 DNA 芯片

这个过程的关键在于方阵中各点都已电极化，从而能用可控电场将事先合成并经生物素标记的寡核苷酸固定到各点上。整个过程虽然看来十分繁琐，但在现代高效率机器人的帮助下，大规模利用这种技术生产 DNA 芯片已成为现实。它的优点在于：芯片制造速度快、成本低，而且芯片之间制造误差小；其缺点在于：与原位合成法相比，构成方阵的 DNA 片段需事先合成、纯化，以及在制造 DNA 芯片前必须将如此大量具有微小差别的片段分别保存。

第三种方法是 Incyte Pharmaceutical 公司所采用的化学喷射法，它是将事先合成好的寡核苷酸探针喷射到芯片上指定的位置来制作 DNA 芯片。

其原理类似于目前所用的喷墨打印机。打印机头在方阵上移动，在方阵每点上电流使喷头放大，并将装有某种碱基的试剂滴出 1 μL 到晶片表面，然后固定。在洗脱和去保护后，另一轮寡核苷酸的延伸就可继续进行。这种合成方式的各步收率超过常规的多孔玻璃(controlled pore glass，CPG)合成法，一次可以合成 40～50 个碱基长度的寡核苷酸。大量的寡核苷酸就可构成方阵，见图 10-19(c)。该法由于不需要与载体表面直接接触，故有很高的效率。

10.4.4 DNA 芯片的作用原理

DNA 芯片的基本原理是将不同序列的小片段 DNA 分子有序地排列在一块玻璃、硅或滤膜等固体载体上，以此作为生物信息的存储载体，运用荧光检测及计算机软件进行数据的比较和处理，可以进行如基因表达分析、基因的多态性（polymorphism）检测、DNA 测序和在基因组范围内进行基因型分析等，具有高效和高信息量的优点。荧光检测技术包括共聚焦激光扫描和电荷耦合器（charge-coupled device，CCD）图像处理技术，即由激光共聚焦显微镜（CLSM）或光电倍增管进行激光诱导荧光扫描，得到不同辉度的荧光图像，用杂交后的荧光强度表示核酸的量。由计算机进行数据的自动化处理和定量分析。DNA 芯片的分子杂交原理与 Southern 和 Northern 分子杂交是相同的，都是利用 DNA 的碱基配对和序列互补原理，即两条寡聚核苷酸链以碱基之间形成氢键配对（A 与 T 配对，形成两个氢键；G 与 C 配对，形成三个氢键）。

DNA 芯片需要综合考虑探针的灵敏性（sensitivity）和特异性（specificity），避免非特异性杂交干扰结果；此外，还需要考虑 GC 含量以及退火反应温度，以保证整个芯片可在相同条件下进行杂交实验，所有探针都有比较一致的杂交效率。

第一类微芯片的主要作用原理类似于毛细管，在刻蚀的微通道内充填非变性聚丙烯酰胺，可用于分离双链 DNA 及测定其片段长度，若充填变性聚丙烯酰胺，则可分离单链 DNA（如对测序反应后的产物进行分离），羟丙基纤维素等介质也可在微通道内缠绕成筛网型结构，用以分离 DNA 片段。

第二类芯片的作用原理是探针与靶基因的互补杂交，不同来源，但序列互补的两条单链 DNA（ssDNA）可发生杂交反应形成双链 DNA（dsDNA）。将其中之一（探针或靶基因）先行标记（有时也在杂交反应中标记），可以检测杂交信息。Drmanac 等在 20 世纪 80 年代末即提出了利用杂交进行测序（sequencing by hybridization，SBH）的概念，以下举例说明其原理。设有一个六核苷酸的靶基因，序列为 ATTGCT，现以包含三核苷酸阵列的微芯片（内有 $4^3=64$ 种核苷酸的探针阵列）与之进行杂交反应。

根据图 10-20 进行排序，可得六核苷酸序列为 TAACGA，由此可知待测 DNA 的原序列为 ATTGCT。

利用杂交反应原理还可以进行突变基因检测，即所谓 MDBH（mutation detection by hybridization）方法。

10.4.5 DNA 芯片的功能

第一类微芯片主要用于样品的制备及分离。有微过滤器、微泵、微阀、微芯片毛细管等。微芯片毛细管用于电泳分离 DNA 具有很高的效率，有文献报道，此类芯片可分辨长度仅相差一个碱基的 DNA 片段。除上述用途外，利用硅-玻璃复合芯片（硅片上刻蚀出微反应池，上覆钻好孔的玻璃片）可进行 PCR、LCR 等反应，与芯片毛细管体系联合使用，可使“样品制备→化学反应→产物检测”过程在芯片上连续进行，这种连续过程属典型的微型全化学分析系统（miniaturized total chemical analysis）。由于这种芯片可一次性使用，使 PCR 反应发生污染的可能性减小，且需时短，样品及试剂的耗量少，装置便携，整个系统集成化、自动化。

第二类芯片上布满了 DNA 探针阵列，此种探针不是序列相同的单一探针，而是多种不同序列的探针的集合，是一个微型的“探针池”。它的一次检测，即可完成用常规探针需几十次、几百次检测才能完成的任务。这一点对根据 SBH 原理进行较大片段 DNA 的测序，以及运用 MDBH 方法同时检测多种突变基因至关重要。

10.4.6　DNA芯片信号检测系统及数据分析

对于在芯片上进行的核酸等物质的分离过程，以及固定在芯片上的探针与溶液中的靶分子间的相互作用，需要有高灵敏度的信号检测系统及数据分析与处理系统(图10-21)。

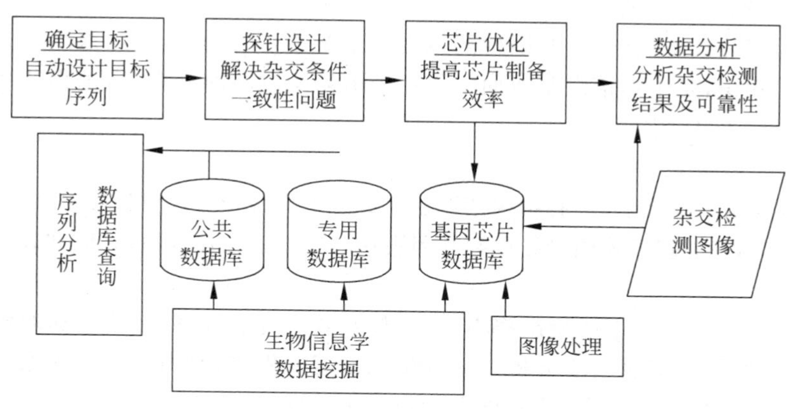

图10-21　基因芯片设计及信息处理

1. 信号检测系统

(1) 激光共焦荧光检测系统

该系统工作原理是将表面布满探针阵列的芯片反转置于恒温流动池上，池内为含有荧光标记的靶分子的溶液，激发光从芯片背面射入，并在芯片与溶液界面聚焦，发射荧光由成像显微镜再通过一系列滤色器，最终到达检测器(如光电倍增管)。那些未结合到芯片探针上的标记分子由于不在聚焦部分，发射光即不能被检测到。检测时，通过激光扫描或平移流动池，即可得到杂交产物的二维荧光图像。该检测系统适合在芯片上进行的MDBH和SBH分析过程中应用，如能进一步提高分辨率，将为SBH的广泛应用奠定基础。

(2) 化学发光及反应检测系统

该系统已应用于硅-玻璃芯片，用不同的光度计测量发射光，结果由电荷耦合摄像装置(charge-coupled device，CCD)记录。

(3) 电化学发光检测系统

该系统有可能为芯片上DNA分子定量检测创造条件。在硅-玻璃芯片上插入一个金属膜作为阴极，以及一个在玻璃表面镀有铟锡氧化物的阳极。由电化学反应产生的光信号通过透明的玻璃阳极，再由光电倍增管检测。

(4) 光寻址电位计传感器检测系统

该系统是第一种用于硅芯片上DNA定量检测的商业化检测系统。

(5) TaqMan系统

该系统利用Taq酶5′→3′内切活性，将寡核苷酸探针的5′端标以内淬灭染料，3′端则以磷酸酯封闭，杂交反应与酶切反应产生的DNA的量成比例，可通过光电倍增管或CCD摄像来检测芯片上发生的PCR产物的量。该系统若与多荧光染料标记系统结合，可用于芯片上PCR产物的定量检测。

以上各检测系统原理不同，用于不同类型的芯片。在微芯片的发展中，不断得以改进与完善，为微芯片多样化用途奠定基础。

2. 芯片数据分析

1）芯片数据分析流程

随着基因芯片技术的普及，基因检测数据大量产生，如何充分利用这些数据并从中提取有用的生物学知识，是生物信息学所面临的一个迫切问题。简要来说，生物芯片数据分析流程大体可分成以下几个阶段。

（1）扫描与图像识别

一张芯片完成杂交实验，经扫描仪读取后生成图形文件，经过划格、确定杂交点范围、过滤背景噪声等图像识别过程，才能最终得到基因表达的荧光信号强度值，并以列表形式输出。

（2）数据预处理

由于杂交荧光标记效率或检出率不平衡、位置效应等多种因素，原始提取信号需要进行均衡和修正处理后，才能进一步分析。这一步通常需要先进行背景校正，去除不均匀背景光强影响及信噪比较低的信号点，然后再进行归一化处理。

一般来说，对于单色 DNA 芯片，这一步相对容易；而双色 DNA 芯片则需要考虑不同染料（Cy3、Cy5）对于 mRNA 染色效率的差异。

（3）数据分析

在前一步基础上，需要根据基因表达状况与事先设定的条件，对基因进行分类处理。具体来说，又可分为寻找差异表达基因和寻找共表达基因两种。

所谓差异表达基因，是指在预先设定的不同实验条件下，表达量出现显著差异的基因。而共表达基因则是指在不同实验条件下，表达模式或表达量相似的基因。

为确保实验结果的可靠性，实际生物学研究中，经常采用 RT-PCR 之类低通量表达分析手段，对选择出来的基因进行进一步验证。

值得指出的是，以上给出的只是一个大体流程。实际数据分析过程中，经常需要根据前一步分析结果和实际生物学问题来制定下一阶段分析策略。同时，考虑基因表达动态性和时间相关性，即使对于同一种细胞类型，不同条件下转录表达情况也会有差异。因此，分析基因表达数据时，必须同时参考具体实验条件的描述，通常称这些描述实验条件的数据为元数据。典型的元数据包括实验方案、实验材料、图像处理方法和数据归一化方法等信息。

芯片技术除了能对基因的差异表达进行分析外，还可直接对功能基因进行分类和定量。比如，基于功能基因的 GeoChip 芯片技术可直接提供样品中各类别功能基因的信号值，无需再通过其他分子生物学手段进行进一步确认，仅需要对获得的数据进行预处理后，根据实验目的，采用相应的生物信息学及统计学相关方法进行分析即可，如多样性分析、相异性分析和排序分析等。

2）芯片分析软件包简介

芯片分析过程繁复，且涉及复杂的统计计算，需要综合运用多种数学与计算机工具。为方便生物学家研究，相关研究人员已开发了许多专用芯片分析软件。

（1）Bioconductor

Bioconductor 是基于统计学软件包 R 的芯片分析软件包，其主要目的是为生物信息学研究人员提供一组表达数据分析工具。Bioconductor 的开发起始于 2001 年，主要由美国 Fred Hutchinson 肿瘤研究中心、哈佛医学院以及哈佛公共健康研究院开发。

(2) dChip

dChip(DNA-chip analyzer)由哈佛大学生物统计系开发，是综合性芯片分析软件。dChip 运行在 Windows 平台上。

(3) TM4

TM4 是一组由 TIGR 公司开发的生物芯片分析工具包，可同时支持双色和单色 cDNA 芯片，以及 Affymetrix 的单色寡核苷酸芯片分析。TM4 提供了对于芯片实验流程的全面支持，大大方便了用户使用。

(4) BASE

BASE 是一个基于 Web 的芯片数据管理与分析平台。与上述主要基于单机的分析软件包不同，BASE 的设计目标是提供一个可以供多人协同工作的平台。因此，BASE 在数据管理方面投入了很多精力，将芯片数据管理与芯片数据注释融为一体，用户可以通过浏览器方便地查询实验进度，观察实验结果，并及时和其他相关人员分享信息。

同时，BASE 也提供了一组简单的工具，供研究人员对数据进行一些快速分析。BASE 中包含了一个基于 Java Applet 的三维可视化工具，可供用户从多个角度查看数据分析结果。

(5) Matlab Bioinformatics Toolbox

Matlab 是经典的科学计算软件，由美国 MathWorks 公司开发。它集数值运算、符号运算及图形处理于一体，广泛应用于工程和科学计算。最新版 Matlab 7 附带 Bioinformatics Toolbox，是 Matlab 第一个专门针对生物信息应用而开发的工具箱。

除了上述几种芯片数据分析软件包外，目前使用较多的还有显示和统计分析 DNA 芯片基因表达数据的 BRB-arraytool 集成软件包、对芯片数据进行存储管理的 MADAM 软件包以及对芯片数据进行统计分析的 BAGEL 软件包。此外，一些高校和研究所还开发了针对芯片数据的网络在线分析平台，能够更加方便快捷地进行芯片数据的预处理和分析。

随着大规模基因组测序的完成，生物学家开始从相对静态的基因组研究转向更为动态的基因表达过程研究。通过对不同细胞类型之间表达模式差异的研究，可以从动态的角度刻画出一幅生命活动的“动画”，来进一步探索生命的奥秘。随着 DNA 芯片数据的迅速增加，只有善用计算机这个高效的工具，协助研究人员对数据进行分析，从中提取信息并最终转化为知识，才能适应后基因组时代的研究现状。DNA 芯片数据处理和知识挖掘，也必然依赖于计算机科学技术的发展及其在生物信息学领域中的应用。

10.4.7　DNA 芯片技术的应用

1. 测序

这是 DNA 芯片技术最早的用途。其原理是依靠短的标记寡核苷酸探针与靶 DNA 杂交，利用杂交谱重组靶 DNA 序列。可以用图 10-22 来说明。在一块基片表面固定了序列已知的八核苷酸的探针。当溶液中带有荧光标记的核酸序列 TATGCAATCTAG 与基因芯片上对应位置的核酸探针产生互补匹配时，通过确定荧光强度最强的探针位置，获得一组序列完全互补的探针序列。据此可重组出靶核酸的序列。这是一种可行的方法。它可一次测定较长片段的DNA序列。

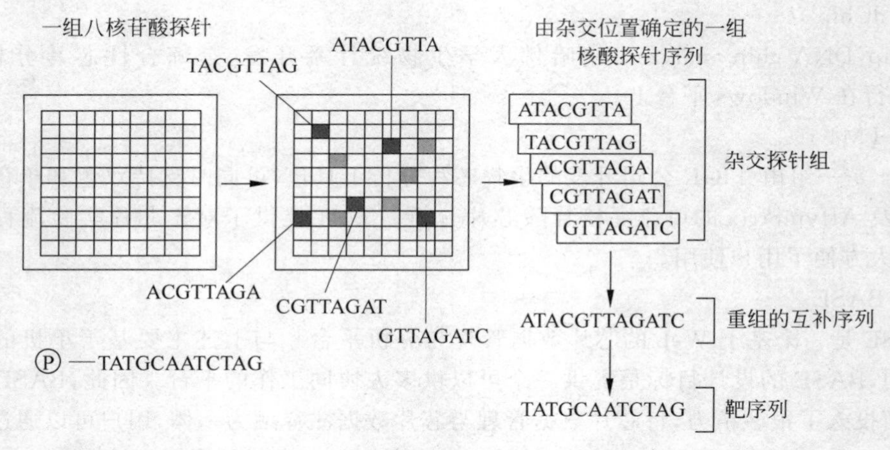

图 10-22 DNA 芯片的测序原理图

2. 传统基因表达芯片

传统基因芯片常用于检测一组细胞中全部基因在特定时刻的表达谱。换言之，基因表达产生的mRNA含量，就是DNA芯片要检测的指标。通过将提取的总mRNA反转录为cDNA并杂交到具有不同基因探针的DNA芯片上，就可得到不同基因在不同条件、不同发育阶段下的表达情况，如图10-23所示。

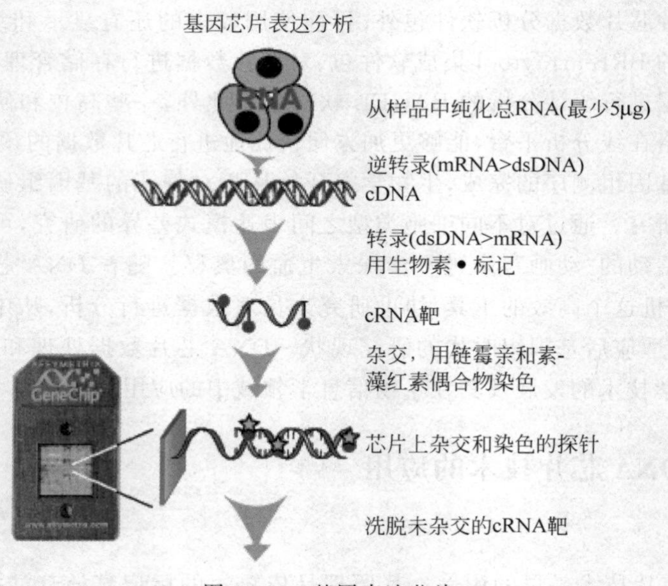

图 10-23 基因表达芯片

通过比较不同条件下的基因表达谱差异，可发现与某种疾病或者特殊处理相关的特定类型基因，并可进一步用于临床诊断或基因工程等。目前，基因表达芯片已广泛用于各个方面，如在医学研究中比较肿瘤细胞与正常细胞间、动物服用药物前后等不同情况下基因表达差异，在植物学研究中研究抗旱、抗病种系与普通种系的基因表达差异等。以双色DNA芯片系统进行基因表达量检测实验为例，一般DNA芯片实验步骤包括以下几步。

（1）准备杂交样品，一般分别从样品细胞和对照细胞中提取。

（2）提取的mRNA通过反转录得到更稳定的cDNA，在这个过程中分别对样品细胞和对照细胞加入不同荧光染料（双色芯片实验）或者生物素（单色芯片实验）进行标记。

（3）两种样品同时杂交到制作好的芯片上，芯片上每个点都与分别标记有两种不同荧光的样品竞争结合。

（4）通过激光扫描仪器可以获得每个点的荧光强度，荧光强度范围为0～65 536（2^{16}）。在这个步骤中，应注意实际荧光强度测量值是可以调节的，应该有意识地控制大多数样品荧光强度处在总体范围中间偏上位置，太高易产生太多过饱和值，强度超过上限（通常为65 536），扫描仪器无法测量；太低则容易受随机误差干扰。例如，若随机误差强度为50，信号强度为100，则信噪比过低；反之，若信号强度为10 000，信噪比大大加强。

（5）整合两种不同颜色强度可得到虚拟图谱，绿色点表示处理后的细胞中该基因表达量高，红色点反之，黄色点表示处理前后表达水平相当，而黑色点则说明两个颜色标记的样品均无表达。

DNA芯片作为一种高通量实验技术，不可避免地存在较大误差，也难以像传统生物学实验那样给出确定结果。因而，最初DNA芯片技术主要用于获得大规模基因表达谱。然而，mRNA表达水平仅仅是基因调控的结果，没有代谢途径等信息，只能得到一个表达谱，而无法解释为什么会有这样的表达谱。比如同样是在光照条件下高表达基因，有些基因可能处于光信号传导通路上游，直接受光诱导；而有些基因则可能由联系光通路以及其他代谢途径的关键转录因子激活。这种信息必须结合其他相关知识及实验才能获得。

DNA芯片高通量的特点，同时也意味着相对高的误差。所以一般来说，需要重复多次实验才能通过统计学方法得到比较接近真实的结果。但是，目前DNA芯片实验成本还相对较高，对实验条件要求也很高，因而如何通过改进统计学模型和方法提高DNA芯片数据处理质量就显得尤为必要。

3. 转录情况分析

将不同条件下从某生物体中转录出来的所有mRNA经标记成为探针后，再与代表它所有基因而制成的寡核苷酸/PNA方阵杂交。通过分析杂交位点及其信号强弱，就可得出不同情况下每个基因是否已表达及表达多少。

由于转录情况分析直接涉及功能基因（表达基因），它已成为DNA芯片研究中的一个重点和热点。由于在人类基因组中只有大约3%的序列能有表达，直接通过测序等手段来了解功能基因的情况相当费时、费力。改用功能基因转录出来的mRNA与微方阵杂交以研究功能基因，其效率可提高30倍以上。据估计，一个由10万个cDNA构成的微方阵可通过一次杂交对整个人类基因组的表达情况进行检测。

4. 基因诊断与基因药物的设计

从正常人的基因组中分离出DNA并与DNA芯片方阵杂交，可得到标准图谱。从病人基因组中分离DNA并与方阵杂交就得到病变图谱。通过这两种图谱的比较、分析，就可以得出病变的DNA信息：DNA突变发生在何部位，属于什么样的序列突变。得出正确的诊断后，就可针对病变的靶序列设计基因药物，以改变靶序列的表达情况，达到治疗疾病的目的。

目前DNA芯片在疾病诊断方面已有产品面市。美国Affymetrix公司生产了检测逆转录酶基因的HIV芯片以供判断样本是否携带艾滋病毒，通过检测p53基因是否有突变以判断患癌症可能性的芯片，还有能诊断有无药物代谢缺乏症的细胞色素p450芯片。

5. 不同基因型细胞的表型分析

以酵母细胞为例，为分析各基因的功能，用含20～40 bp长度的不同顺序的DNA盒(DNA cassette)分别替代各功能基因，产生不同基因型酵母。再将它们共同接种到培养液中，在不同培养条件下培养。由于不同基因型的酵母有不同的生长优势或劣势，在培养一段时间后会产生某种基因品系酵母的富集或消失。将培养基内所有细胞的DNA与芯片上的方阵杂交，产生基因杂交图谱。对图谱进行分析就可推断出被替代基因的功能情况。

6. 后基因组研究

基因组测序以后，对未知基因的功能研究是一个十分诱人的后基因组研究课题。斯坦福大学的Davis研究小组利用DNA芯片对酵母缺失突变株进行定量分析，以确定酵母全序列完成后新发现的开放阅读框(open reading frame，ORF)的生物学功能。应用基因打靶技术产生多个ORF缺失突变株酵母，并在缺失ORF旁侧引入20个核苷酸的标志序列作为缺失ORF的身份标志，称为“分子条形码”(molecular bar code)。分子条形码可与DNA芯片上探针杂交，以便于筛选。这样ORF功能测试可通过一次杂交及用同一生长选择培养条件完成，大大提高了效率和准确性。DNA芯片技术将来可能应用于人类基因组测序完成后对未知的ORF生物功能的研究，这可能会对深刻认识生命现象及药物设计带来重大影响。

7. 环境科学研究

1）毒物靶标的筛选

靶标筛选的关键问题是选择合适的靶标和提高筛选效率。基因芯片作为一种高度集成化的分析手段在环境领域有着广阔的应用前景。基因芯片可以从疾病及药物两个角度对生物体的多个参数同时进行研究，以发掘、筛选靶标(疾病相关分子)并同时获得大量其他相关信息。利用基因芯片可以比较正常组织及病变组织中大量相关基因表达的变化，发现疾病相关基因作为药物筛选的靶标。

2）污染物毒性的分类与分级

cDNA芯片或寡核苷酸芯片可以用于基因表达分析，包括基因组DNA的序列变化分析、筛选DNA突变的个体或基因多态性研究。基因芯片技术用于毒物(或药物)作用下受体基因组目标模式的变化研究，具有并行解释上千种基因的能力，为研究化学物质或药物对生物系统的影响提供了新的认识工具。

组织中基因表达的变化可以是病理学、生理学或环境暴露的结果。这些变化可以利用cDNA或寡核苷酸芯片进行研究，直接比较处理和未处理的两种RNA样品的基因表达谱图，获得分析结果。芯片技术可以用于确定单独的或混合的毒性物质的遗传毒性，并测定低剂量下的毒性影响。根据基因芯片测定的基因表达谱图，对暴露到不同类型毒性物质的基因表达信号进行分析和比较，结合并发的毒性响应，DNA 芯片技术能够直接对毒物的影响进行分类和分级。根据测定的毒物信号获得一系列基因表达变化信息，在甄别处理样品与未处理样品基因诱导和抑制信号的基础上，交叉分类所有实验数据，并选择交叉样品系列的不同信号评价毒性，根据响应信号的不同，评价原型毒物的等级。

3）毒性机制及剂量效应关系的确定

在环境科学领域，cDNA 芯片技术可以用于确定有毒物质的潜在风险。基因芯片可以评价模型系统，通过体内和体外实验来比较基因表达的变化，以此确定影响结果。在那些确定的模型系统中，用已知毒性物质处理，如多环芳烃、生殖毒素、氧胁迫和雌激素化合物，毒性物质导致的信号响应将改变基因芯片上基因表达的信号，这些信号代表组织或分子对毒性物质的响应。分子对不同毒性物质的反应，将诱导很多对毒性产生响应的指示基因的表达变化。而且一套基因表达对一类特殊化合物的响应是特定的，这种方法尤其适于低剂量毒物实验。据报道，利用 cDNA 芯片研究人类脊髓细胞对电离辐射响应，对处理和未处理细胞的荧光标记 RNA 杂交，然后通过计算机分析，发现了基因表达水平的相对变化。48 个序列、30 个未确定的响应基因，明显地受电离辐射的影响，这些被电离辐射及其他胁迫诱导的一系列基因，包括以前被表征过的基因存在于 12 种人类组织细胞中。这种响应广泛地存在于不同起源的组织与不同背景的基因中，并发现两个新的电离辐射响应基因。由已知毒性物质确定的响应基因，可以通过利用未知的、疑似的毒性物质处理同样的系统，根据其产生的信号与一个或多个标准信号进行比较来确定。这可以标记确定化合物是否为潜在的致突变、致畸、致癌物或毒物，并通过反应信号传导途径的确定来阐明毒性的反应机理。

基因表达的变化是由于毒性物质作用的结果，包括直接的和间接的毒物暴露。肝毒素能够通过不同的机制引起肝损伤，基因芯片技术可以用来确定毒性相关的基因转录。如将经过标记的人类肝细胞暴露于四氯化碳溶液中，然后杂交到人类 cDNA 芯片上，结果发现，47 个不同基因的表达，均因肝毒素的影响上调或下调 2 倍以上，其中白细胞介素 8 上调 7 倍。四氯化碳引起 HepG2 细胞中白细胞介素 8 的 mRNA 表达快速增加，而且这种增加与延后的白细胞介素 8 蛋白水平的增加直接相关，由此可以推测肝毒素的作用机制。在很多情况下，利用基因芯片技术测定基因表达的变化，可以使毒性指标更特征化、更灵敏、更易测量。通过对毒性诱导的基因表达谱图进行测定和比较，可以确定毒性，并推测其反应机制。

4）改进生物评价方法

基因与环境相互关系的研究，需要考虑对多因子疾病，如癌症、糖尿病、心脏病、哮喘和神经紊乱等进行评价。个体的基因组成可以影响人体暴露到环境后患病的危险性，基因芯片可以反映出环境胁迫下来自不同个体的基因表达发生的变化，确定新的致突变、致畸、致癌物和药物的毒性，改进现有的检验模型，了解毒物的反应机理。基因表达信号能够测定不同类型的组织特异基因，而且通过那些特征信号能够筛选出新的化合物。通过基因芯片可以迅速评价不同个体对环境胁迫的响应。这有助于生物评价方法的选择或替代性生物方法的发现，同时减少实验时间，降低成本以及减少对实验动物的使用。将芯片技术与标准的生物评价方法相结合，可以显著提高生物评价的灵敏性和判断性。牛津大学的 Pennie 等构建了 Tox Blot 芯片，对基因芯片技术应用于毒性机制和毒性预测进行了研究。利用 Tox Blot

芯片能够进行有关内分泌的破坏、肝细胞毒性及胰岛素敏感化合物骨髓毒性的研究。基因芯片可以减少毒理学实验对实验动物的依赖，允许使用较低剂量的毒物进行实验，使得实验更接近于人类暴露的水平，而各种动物评价方法是无法实现如此低剂量实验的。通过研究暴露于毒性物质的持续时间与产生的基因表达谱图的相关性，基因芯片可用于研究急性与慢性毒性之间的相关性，并确定毒物的其他作用。传统评价化学毒素暴露安全性的方法，建立在测定组织毒性水平或其他毒性指标的基础上。由于基因表达是一个灵敏的结点，基因芯片技术测定的基因表达，可以作为新的生物指标或更准确地确定暴露毒性。有学者对暴露于 PAHs 和其他污染物环境中的波兰燃煤锅炉操作工人的血液、淋巴系统基因表达进行了研究，结果表明，基因表达可以被其他因素所影响，如食物、健康状况、个人习惯等，但搞清这些因素的影响，必须完成大量处理样品与对照样品的比较。一个新的研究领域，基因毒理学正在发展起来，研究基因差异与毒物易感性的关系。在人类对疾病易感性个体变化的认识上，基因毒理学将产生巨大的推动作用。

5）环境微生物研究

环境微生物研究的难点是通常无法准确地定性和直接定量地检测环境中可能存在的众多微生物种群。分子生物学技术的广泛应用，使研究者能够对环境微生物的许多遗传学特征进行检测，例如 DNA 探针技术可以用来检测某些特定的代谢过程，鉴别环境中的不同微生物群体。而能够与小亚单位（small subunit，SSU）rRNA 互补的特异性 DNA 探针的应用，为微生物群体分类提供了基础。然而，探针与多种环境中样品的分子杂交过程繁琐。此外，某些检测方法还需要对样品中因量太少而难以定量的靶核酸进行扩增（如 PCR 等）。因此，迫切需要一种技术，可以有更大的检测样本容量和更高的灵敏度。DNA 芯片的迅速发展恰好为这一要求提供了一个可靠的技术平台。

国外主要公司生产的 DNA 芯片及其用途如表 10-7 所示。

表 10-7　国外主要公司生产的 DNA 芯片及其用途

制造公司	方阵构建方式	杂交步骤	读出方式	主要用途
Affymetrix（Santa Clara，California）	在硅片上光蚀刻原位合成 20～25 聚寡核苷酸，并分割成 125 cm^2 或 525 cm^2 芯片	30～40 个碱基长度的样品 cDNA 或反义 RNA 与 1 万～20 万个寡核苷酸构成的方阵杂交	荧光标记	表达检测、多态性分析、诊断
Brax（Cambridge，UK）	事先合成寡核苷酸再移入芯片上	标记的核酸与“万能”芯片上 1 000 个寡核苷酸构成的方阵杂交	质谱	分析、表达检测、新基因识别
Hyseq（Sunnyvale，California）	500～2 000 个 cDNA 样品“印”到 0.6 cm^2 或 18 cm^2 的薄膜上，事先合成的五聚寡核苷酸“印”到 1.15 cm^2 的玻璃片上	8 000 个七聚寡核苷酸与 cDNA 样品构成的方阵杂交 10 kb 样品 cDNA 与“万用”芯片的 1 024 个寡核苷酸构成的方阵杂交	同位素标记、荧光	表达检测、新基因识别、大规模测序、多态性分析、诊断

续表

制造公司	方阵构建方式	杂交步骤	读出方式	主要用途
Incyte Pharmaceuticals (Palo Alto, California)	PCR 片段压电印刷进行原位合成	标记 RNA 与≤1 000 个寡核苷酸/PCR 片段构成的方阵杂交	荧光或同位素标记	表达检测、多态性分析、诊断
Molecular Dynamics (Sunnyvale, California)	500～5 000 个碱基长的 cDNA“印”到 10 cm^2 的承物玻璃片上	200～400 个碱基长的标记 cDNA 与 1 万个 cDNA 构成的方阵杂交	荧光	表达检测、新基因识别
Nancgen(San Diego, California)	预先合成 20 个碱基长的寡核苷酸置于硅片电极化位点，并分割为 1 cm^2 芯片	25、64、100、400 个寡核苷酸构成的方阵与 200～400 个碱基长的样品 cDNA 杂交	荧光	诊断、短序列重复识别
Protogene Laboratories (Palo Alto, California)	40～50 个碱基长度寡核苷酸“印”到 9 cm^2 玻璃片上构成方阵	≤8 000 个位点组成的方阵与 200～400 个碱基长的标记核酸样品杂交	荧光	表达检测、多态性分析
Sequenom(Hamburg, Germany & San Diego, California)	约 20～25 个碱基长的寡核苷酸“印刷”而成方阵	核酸样品与 250 个寡核苷酸构成的方阵杂交	质谱	新基因识别、诊断
Synteni(Fremont, California)	500～5 000 碱基长的 cDNA“印”到 4 cm^2 的玻璃载片上	200～400 个碱基长度的样品 cDNA 与≤1 万个 cDNA 构成的方阵杂交	荧光	表达检测、新基因识别
The German Cancer Instiute(Heidelberg, Germany)	用 f-moc 或 t-boc 化学方法原位合成 PNA 微芯片	与 8 cm×12 cm 大小的芯片上 1 000 个位点构成的方阵杂交	荧光、质谱	表达检测、诊断

DNA 芯片技术的应用前景是乐观的，但目前在技术上还存在一些问题。如 DNA 芯片上原位合成探针难免有错误核苷酸掺入及混入杂质，这样可使整个杂交背景增高，降低特异性。另一个问题是复杂的寡核苷酸存在的高级结构和自身配对会影响与靶 DNA 杂交，或形成不稳定杂交二聚体都会影响结果分析。另一个显而易见的缺点是该技术需要昂贵的设备，例如激光共聚焦显微镜、DNA 合成仪以及制造光刻掩模费用较高。

10.5 分子标记技术

10.5.1 分子标记的概念及种类

组成 DNA 分子的 4 种核苷酸，在排列次序或长度上的任何差异都会产生 DNA 分子的多态性。分子标记(molecular marker)就是指根据基因组 DNA 存在丰富的多态性而发展起来的、可以直接反映生物体在 DNA 水平上的差异的一类新型的遗传标记。

1980 年 Botstein 等首先提出 DNA 限制性片段长度多态性(restriction fragment length polymorphism, RFLP)可以作为遗传标记，开创了直接应用 DNA 多态性作为遗传标记的新阶段。Mullis 等 1986 年发明了聚合酶链式反应(polymerase chain reaction,PCR),于是直接扩增 DNA 的多态性成为可能。20 世纪末至 21 世纪初,分子标记技术得到长足发展,相继出现了多种分子标记技术。依据多态性检测手段,大致可将目前已有的分子标记分为三大类:

(1) 基于 Southern 分子杂交技术的分子标记,如 RFLP 等;

(2) 基于 PCR 技术的分子标记,如随机引物扩增多态性 DNA(random amplified polymorphic DNA,RAPD)等;

(3) 结合 PCR 和 RFLP 技术的分子标记,如扩增片段长度多态性(amplified fragment length polymorphism,AFLP)等。

另外,还有以 DNA 序列分析为核心的分子标记,如表达序列标记(expressed sequence tag,EST)和单核苷酸多态性(single nucleotide polymorphism,SNP)等。

10.5.2 DNA 指纹图谱分析

DNA 是一切生命(病毒除外)的遗传基础,决定着生物性状。不同物种的遗传差异,在 DNA 水平上表现为碱基序列的不同,这些不同通常不会由于个体的生长和环境的改变而改变。将不同物种用 DNA 限制性内切酶或 PCR 引物随机扩增,产生的 DNA 片段长度不同,呈现出电泳谱带的差异,这种差异是特定物种所特有的,称为指纹图谱。

20 世纪 80 年代初期,人类遗传学家相继发现,在人类基因组中存在高度变异的重复序列,并命名为小卫星 DNA。它以一个基本序列(11～60 bp)串联排列,因重复次数不同而表现出长度上的差异。1987 年,人们利用人工合成的寡核苷酸(2～4 bp)作探针,探测到高度变异位点,即所谓的微卫星 DNA。以小卫星或微卫星 DNA 作探针,与多种限制性内切酶的酶切片段杂交,所得个体特异性的杂交图谱,即为 DNA 指纹。DNA 指纹技术作为一种遗传标记有以下特点:

(1) 具有高度特异性　不同的个体或群体有不同的 DNA 指纹图。同一物种两个随机个体具有完全相同的 DNA 指纹图的概率为 3 000 亿分之一(即 3×10^{-11});两个同胞个体具有相同图谱的概率也仅仅为 200 万分之一(即 2×10^{-6})。

(2) 遗传方式简明　DNA 指纹图中的区带是可以遗传的。这些区带遵循简单的孟德尔遗传方式。

(3) 具有高效性　高分辨率的 DNA 指纹图通常由 15～30 条带组成,即一个 DNA 指纹探针或引物能同时检测基因组中数十个位点的变异性。

用于 DNA 指纹分析的分子标记技术有 RFLP、RAPD、AFLP、STS、CAPs 和 SSR 等,它们曾在微生物群落分析中发挥过重要作用,但随着高通量测序技术的快速发展,这些传统分子生物学技术由于检测通量太低,已经使用不多,但仍有一些实验室在一些研究中采用这些技术。

1. 限制性片段长度多态性

限制性片段长度多态性(RFLP)是 1974 年 Grodzicker 等创立的,是发展最早的分子标记技术。RFLP 技术的基本原理是基因组 DNA 在限制性内切酶作用下,产生大小不等的 DNA 片段。它所代表的是基因组 DNA 酶切后产生的片段在长度上的差异,这种差异是由于突变增加或减少了某些内切酶位点造成的。因此，凡是可以引起酶切位点变异的突变，如点突变(新产生和去除酶切位点)和一段DNA的重组(如插入和缺失造成酶切位点间的长度发生变化)等，均可导致RFLP的产生。该技术包括以下基本步骤：DNA的提取，用限制性内切酶切割DNA，用凝胶电泳分开DNA片段，把DNA片段转移到滤膜上，利用放射性标记的探针显示特定的DNA片段(通过Southern杂交)，分析结果。

RFLP作为遗传标记具有其独特性：

(1) 标记的等位基因间是共显性的，不受杂交方式制约，即与显隐性基因无关；

(2) 检测结果不受环境因素影响；

(3) 标记的非等位基因之间无干扰。

RFLP技术的主要缺陷是克隆可表现基因组DNA多态性的探针较为困难。

2. 随机扩增多态性DNA

运用随机引物扩增寻找多态性DNA片段可作为分子标记，这种方法即为随机扩增多态性DNA(RAPD)。

RAPD技术是由Willam和Welsh等人于1990年在PCR技术基础上建立的，它利用一系列(通常数百个)不同的随机排列碱基顺序的寡聚核苷酸单链(通常为10聚体)为引物，对所研究基因组DNA进行PCR扩增，聚丙烯酰胺或琼脂糖电泳分离，经EB染色或放射性自显影检测扩增产物DNA片段的多态性，这些扩增产物DNA片段的多态性反映了基因组相应区域的DNA多态性。RAPD所用的一系列引物DNA序列各不相同，但对于任一特异的引物，它同基因组DNA序列有特异的结合位点。这些特异的结合位点在基因组某些区域内的分布如符合PCR扩增反应的条件，即引物在模板的两条链上有互补位置，且引物3′端相距在一定的长度范围之内，就可扩增出DNA片段。因此，如果基因组在这些区域发生DNA片段插入、缺失或碱基突变，就可能导致这些特定结合位点分布发生相应的变化，而使PCR产物增加、缺少或发生分子质量的改变。通过对PCR产物检测即可检出基因组DNA的多态性。分析时可用的引物数很大，虽然对每一个引物而言其检测基因组DNA多态性的区域是有限的，但是利用一系列引物则可以使检测区域几乎覆盖整个基因组。因此RAPD可以对整个基因组DNA进行多态性检测。

RAPD与PCR、RFLP、DNA指纹图技术相比，有如下特点：

(1) 可在未知受试物种任何分子生物学背景下，直接对基因组进行多态性分析。该技术不需DNA探针，设计引物也不需要知道序列信息；扩增引物没有物种的限制，一套引物可用于不同物种基因组分析。

(2) 扩增引物没有数量上的限制，用一个引物就可扩增出许多片段，可以囊括基因组中所有位点(一般来说，一个引物可扩增6～12条片段，但对某些材料可能不能产生扩增产物)，总的来说，RAPD在检测多态性时是一种相当快速的方法。

(3) 技术简单。RAPD分析不涉及Southern杂交、放射自显影或其他技术，一次RAPD扩增实际就是一次简单的PCR反应，可进行大量样品的筛选。

(4) 不与RFLP分析相比较，RAPD所需模板DNA量极少。一般来说，一次扩增只需10～50 ng DNA，这对于濒危动植物的基因组分析是十分有效的。

(5) 成本较低，因为随机引物可在公司买到，且价格不高。

(6) RAPD 标记一般是显性遗传(极少数是共显性遗传),这样对扩增产物的记录就可记为“有/无”,但这也意味着不能鉴别杂合子和纯合子。

RAPD 分析中存在的最大问题是重复性不太高,因为在 PCR 反应中条件的变化会引起一些扩增产物的改变;但是,如果把条件标准化,还是可以获得重复结果的。此外,由于存在共迁移问题,在不同个体中出现相同分子质量的带后,并不能保证这些个体拥有同一条(同源)片段;同时,在胶上看见的一条带也有可能包含了不同的扩增产物,因为所用的凝胶电泳类型(一般是琼脂糖凝胶电泳)只能分开不同大小的片段,而不能分开有不同碱基序列但有相同大小的片段。

3. 扩增片段长度多态性

扩增片段长度多态性(amplification fragment length polymorphism,AFLP)技术是1995 年荷兰科学家 Zabeau 和 Voe 等建立的,是在 PCR 和 RFLP 的基础上发展起来的一种检测 DNA 多态性的新方法,AFLP 的基本原理是基因组 DNA 先用限制性内切酶切割,然后将双链接头连接到 DNA 片段的末端,通过选择在 3′端分别添加 1~3 个选择性碱基的不同引物,选择性地识别具有特异配对顺序的酶切片段与之结合,从而实现特异扩增。然后用聚丙烯酰胺凝胶电泳将扩增的 DNA 片段分离。它结合了 RFLP 和 PCR 技术特点,具有 RFLP 技术的可靠性和 PCR 技术的高效性。由于 AFLP 扩增可使某一品种出现特定的 DNA 谱带,而在另一品种中可能无此谱带产生,因此,这种通过引物诱导及 DNA 扩增后得到的 DNA 多态性可作为一种分子标记。由于 AFLP 将 RAPD 技术的随机性与专一性扩增巧妙地结合在一起,因而检出的多态性标记较多,AFLP 技术具有如下优点:

(1) 所需 DNA 量少(仅需 0.5 μg) 也可以作用于线粒体 DNA。

(2) 多态性检测能力高 AFLP 既能检测酶切位点不同造成的多态性,又能检测随机选择碱基造成的多态性。

(3) 简单、高效 RFLP 每次只能分析已知少数几个位点,而 AFLP 一次选择扩增就能比较几十甚至上百个位点。

(4) 分辨率高 AFLP 扩增片段短,片段多态性检出率高,而 RFLP 片段相对较大,内部多态性往往被掩盖。

(5) 可靠性好 AFLP 由于是特定引物扩增,退火温度高,因而假阳性低,重复性好。

当然,AFLP 技术也有缺点:

(1) AFLP 技术受到专利保护,试剂盒昂贵,成本较高。

(2) 对 DNA 的纯度和内切酶的质量要求较高,技术要求高。

现在一般都采用银染和荧光标记的方法来代替放射性同位素标记,因而避免了辐射伤害。RFLP 是第一代分子标记,RAPD 是第二代,而 AFLP 则是第三代分子标记,该技术集 RFLP、PCR 和 RAPD 的优点于一身,并且克服了 RFLP 和 RAPD 的缺点。目前 AFLP 和 SSR 被认为是构建“饱和”图谱的有力工具。

10.5.3 变性梯度凝胶电泳法

变性梯度凝胶电泳法(denaturing gel gradient electrophoresis,DGGE)分析 PCR 产物,如果突变发生在最先解链的 DNA 区域,检出率可达 100%,检测片段可达 1 kb,最适范围为

100～500 bp。基本原理为当双链DNA在变性梯度凝胶中运动到与DNA变性温度一致的凝胶位置时，DNA发生部分解链，电泳迁移率下降，当解链的DNA链中有一个碱基改变时，会在不同的时间发生解链，通过影响电泳速度变化的程度而被分离。由于该技术是利用温度和梯度凝胶迁移率来检测，需要一套专用的电泳装置，合成的PCR引物最好在5′末端加一段40～50 bp的GC夹，以利于检测发生于高熔点区的突变。

在DGGE的基础上，又发展了用温度梯度代替化学变性剂的TGGE法（温度梯度凝胶电泳，temperature gradient gel electrophoresis，TGGE）。DGGE和TGGE均有商品化的电泳装置，操作也较简便，适合于大样本的检测筛选。

10.6　荧光原位杂交技术

荧光原位杂交（fluorescence in situ hybridization，FISH）技术是20世纪70年代后期生物学领域发展起来的一项新技术。该技术利用非放射性的荧光信号对原位杂交样本进行检测，它将荧光信号的高灵敏度、安全性，荧光信号的直观性和原位杂交的高准确性结合起来，通过荧光标记的DNA探针与待测样本的DNA进行原位杂交，在荧光显微镜下对荧光信号进行辨别和计数，从而对样本进行检测。

10.6.1　基本原理及特点

FISH的基本原理，就是用标记了荧光的单链DNA（探针）和与其互补的DNA（玻片上的标本）退火杂交，通过观察荧光信号在染色体上的位置来反映相应基因的情况。根据碱基互补配对的原则，可以利用核酸分子杂交技术直接探测溶液中、细胞组织内或固定在膜上的同源核酸序列。核酸分子杂交的高度特异性以及检测方法的高度灵敏性，使核酸杂交技术广泛应用于环境微生物的检测，并对它们的存在、分布、丰度和适应性等进行定性和定量分析。

FISH技术曾多用于染色体异常的研究，之后随着FISH技术所应用的探针种类的不断增多，特别是全Cosmid探针及染色体原位抑制杂交技术的出现，使FISH技术不仅应用在细胞遗传学方面，而且还广泛应用于肿瘤学研究，如基因诊断、基因定位等。

FISH技术与同位素原位杂交技术相比，FISH技术具有以下优点：

(1) 操作简便，探针标记后稳定，一次标记后可使用2年；

(2) 方法敏感，能迅速得到结果；

(3) 在同一标本上，可同时检测几种不同探针；

(4) 可用于分裂期细胞染色体数量及基因改变的研究。

10.6.2　FISH的发展历程

FISH是“fluorescence in situ hybridization”的简称，恰好是英文的“鱼”字。按照此技术本身的含义，更形象的表达应是“FISHing”——钓鱼，即可以用它在整个人类基因组中钓取目的基因。美国Le Bean博士在一篇关于FISH技术的综述中曾用过这样一个著名的题目——One FISH，Two FISH，Red FISH，Blue FISH。这个题目既生动形象，又准确无疑地概括了此技术的发展过程与未来走向。

1. One FISH

这是FISH的第一个阶段。20世纪70年代,Pardue等报道了这样一种技术,即采用DNA或RNA探针,通过原位杂交的方法,将特定的DNA或RNA序列在细胞或染色体上显示出来。最初是采用同位素标记的方法,通过放射自显影,将已结合在靶位上的探针显示出来,经过后来的改进,FISH的敏感度已达到可在染色体上定位单基因拷贝的程度。

2. Two FISH

FISH的第二个阶段是在克服了同位素应用的不便之后发展起来的。其主要改进是标记的材料,包括荧光酶、地高辛、生物素等荧光物质得到了广泛的应用。这些材料的应用还为同时检测不同的探针提供了可能性,从单一的原位杂交(One FISH)发展成了多重的原位杂交(Two FISH)。今天生物学家所提到和用到的FISH,指的主要就是这个阶段形成的技术。

3. Red FISH,Blue FISH——M-FISH

顾名思义,"Red""Blue"指的是不同的颜色。更准确地说,这一类FISH技术可以统称为M－FISH;"M"分别代表英文单词的"Multi-color""Multiplex"和"Multi-target"三种类型。这一技术提供了多至24种不同的颜色,能同时一次性检测基因组的全部染色体。

M-FISH的特点是:可将多次繁琐的FISH实验和多种不同的应用目的在一次性的M-FISH实验中完成。在实践中,当实验样品少或时间不足时,这个方法尤显优越性。而且,由于目前的M-FISH是基于自动化分析程序,因而为今后加速分析染色体异常等常规应用打下了基础。

10.6.3 FISH的主要步骤

核酸杂交以碱基配对原理为基础,利用寡核苷酸探针与靶细胞专一性结合进行生物分析。核酸杂交的基本实验步骤为:细胞固定、杂交(其专一性和严格性依赖于杂交温度和时间、盐浓度、探针长度及其浓度)、洗脱(去除与靶细胞没有结合的和非专一性结合的物质)以及检测(图10-24)。

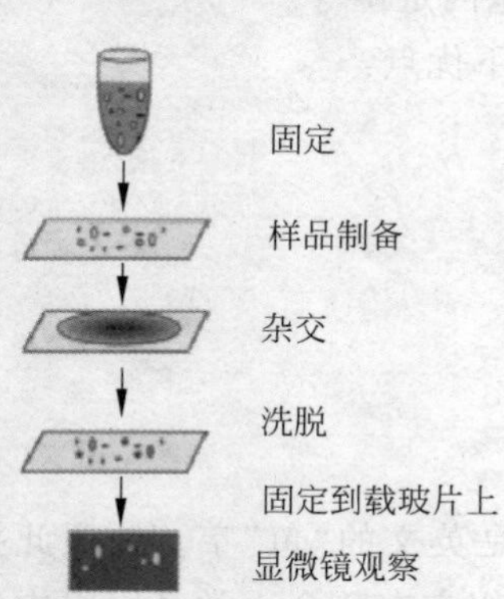

图10-24 FISH的主要步骤

简单地说,FISH技术分为四个主要步骤:

(1) 将染色体、细胞或组织固定;

(2) 将探针与固定材料上的靶序列(DNA或RNA)进行杂交;

(3) 洗脱;

(4) 检测杂交的结果。

在这些过程中,涉及许许多多的参数,其中任何一个参数不当都有可能造成高背景、低信号或降低检测的灵敏度。

10.6.4　探针及其标记

核酸杂交技术是利用寡核苷酸探针来检测互补的核酸序列。探针可以针对DNA，也可以针对RNA。根据细菌的种属和细胞的生理状态不同，细胞内核糖体的数目会发生变化，并且核糖体与细胞的生长速率直接相关。利用对rRNA（主要是16S和23S rRNA）序列专一的探针进行杂交，已经成为微生物鉴定的标准方法。截至2018年，RDP公布的已知16S rRNA数据已超过3 356 809个，为系统发育水平等研究提供了大量的有用信息。

探针是能够与特定核苷酸序列发生特异性结合的、已知碱基序列的核酸片段。它可以是长探针（10～1 000 bp），也可以是短核苷酸片段（10～50 bp），可以是从RNA制备的cDNA探针，也可以是PCR扩增产物或人工合成的寡核苷酸探针。探针既可以用放射性核苷酸标记，也可以用非放射性分子标记。核酸杂交试验并不要求探针与靶核酸序列之间百分之百地互补。有限数目的非互补碱基对的存在是可以接受的。

一些寡核苷酸探针可以从市场上买到。为了保证杂交反应较高的专一性，探针长度一般为15～30个碱基。早期的原位杂交（in situ hybridization，ISH）利用放射性标记探针进行杂交物的检测。目前关于rRNA的原位杂交研究几乎都是利用荧光标记的核苷酸探针进行检测。

用作FISH探针的DNA可来自质粒、噬菌体、粘粒、PAC、BAC或YAC等多种载体，原则上大于1 kb，以便于杂交和在荧光显微镜下辨认。DNA的质量直接影响探针标记的效率，但按常规方法抽提的DNA，其质量已足以用于探针标记，不需进行特殊处理。

杂交所用的探针大致可以分为三类：

(1) 染色体特异重复序列探针　例如卫星、卫星Ⅲ类的探针，其杂交靶位常大于1 Mb，不含散在重复序列，与靶位结合紧密，杂交信号强，易于检测；

(2) 全染色体或染色体区域特异性探针　由一条染色体或染色体上某一区段上极端不同的核苷酸片段所组成，可由克隆到噬菌体和质粒中的染色体特异大片段获得；

(3) 特异性位置探针　由一个或几个克隆序列组成。

与放射性标记相比，荧光标记具有以下特点：反应灵敏；杂交细胞可以直接在荧光显微镜下观察；杂交产物稳定、安全；检测时间短；可以进行多重标记；操作简便等。荧光素和罗丹明染料是最常用的荧光色素标记物，常见的荧光染料还包括香豆素类、芘类、菁染料、噻嗪染料等。

FISH探针按标记方法可分为直接标记和间接标记。

用生物素（biotin）或地高辛（digoxingenin）标记称为间接标记。间接标记是采用生物素标记的dUTP（biotin-dUTP）经过缺口平移法进行标记，杂交之后用耦联有荧光素的抗体进行检测，同时还可以将荧光信号进行放大，从而可以检测500 bp的片段。间接标记的探针杂交后需要通过免疫荧光抗体检测方能看到荧光信号，因而步骤较多，操作麻烦，其优点是在信号较弱或较小时可经抗原抗体反应扩大。

直接用荧光素标记DNA的方法称为直接标记。直接标记法是将荧光素直接与探针核苷酸或磷酸戊糖骨架共价结合，或在缺口平移法标记探针时将荧光素核苷三磷酸掺入。直接标记法在检测时步骤简单，但由于不能进行信号放大，因此灵敏度不如间接标记法。由于直接标记的探针杂交后可马上观察到荧光信号，省去了烦琐的免疫荧光反应，不再需要购买荧光抗体，也由于荧光的亮度和抗淬灭性的不断改进和提高，直接标记的荧光探针越来越成为首选。

FISH 技术的不足之处是，荧光容易淬灭，而且检测荧光标记需要昂贵的荧光显微镜。但由于它的优点大大超过其不足之处，因而被广泛地应用于科研与临床检验。尤其值得一提的是，FISH 在人类基因组计划中扮演了非常重要的角色，几乎是基因组作图中不可缺少的技术。

10.6.5 FISH 技术检测水体中大肠菌群

对于总大肠菌群这一组微生物，不可能设计出专一性的 16S rRNA 探针。这是因为，水的卫生学检验上定义的大肠菌群包含了在分类学上属于不同属的一组细菌。因此，开发的探针主要是针对肠杆菌科（*Enterobacteriaceae*），而不是总大肠菌群。肠杆菌科由一大群形态相似的革兰氏阴性小杆菌组成，包括埃希氏菌属（*Escherichia*）、沙门氏菌属（*Salmonella*）、志贺氏菌属（*Shigella*）。这些微生物兼性厌氧，能够发酵糖类产酸，通常不产气，周生鞭毛，可以运动。这些细菌通常栖居在人和动物的肠道，也存在于土壤和水域中。沙门氏菌和志贺氏菌是食物和水传播的肠道病原菌。

对于检测 *E. coli* 的 rRNA 的探针序列，可以从一些文献中查到，例如，EC1531 探针与 23S rRNA 序列互补，由 20 个核苷酸组成，C+G 含量为 55%。已经成功地应用于水样品中 *E. coli* 检测的寡核苷酸探针如表 10-8 所示。

表 10-8　用于检测环境样品中 *Enterobacteriaceae* 和 *E. coli* 的寡核苷酸探针

探　针	探针序列(5′—3′)	rRNA 靶位置	专一性
ENTERO	CATGAATCACAAAGTGGTAAGCGCC	16S,1458～1482	*Enterobacteriaceae*
ENT1	CCGCTTGCTCTCGCGAG	16S,1273～1289	*Enterobacteriaceae*
EC1531	CACCGTAGTGCTCGTCATCA	23S,1531～1550	*E. coli*
COLINSINTU	GAGACTCAAGATTGCCAGTATCAG	16S,637～660	*E. coli*
PNA	GCAAAGCAGCAAGCTC	16S,71～86	*E. coli*

FISH 技术似乎是细胞水平上的一种高度专一性检测方法。然而，由于饮用水中营养物浓度非常低，细菌处于饥饿状态。因此，FISH 技术用于饮用水的细菌卫生学检测时存在一些限制因素。这些因素大多与细菌染色体含量较低有关。在营养饥饿状态下，细菌的染色体含量降低，因而细胞中的 16S rRNA 减少，导致荧光杂交信号减弱。这也许是很少在文献中看到 FISH 方法用于饮用水中微生物研究的原因。为了增强饥饿细胞的杂交信号，人们研究了一些荧光增强方法，例如，多重探测（在传统的 FISH 技术中采用的是单标记探针探测）、生物素-亲合素标记等方法均可用于增强由饥饿细胞导致的弱杂交信号。Prescott 等报道了利用肽核酸（peptide nucleic acid，PNA）作为探针进行原位杂交，检测自来水中的 *E. coli*。杂交结果与利用传统的平板计数法得到的结果一致。PNA 是一种合成的核酸，用肽骨架取代了核酸中的戊糖-磷酸骨架，是一种新型的 DNA 模拟物，具有与 DNA 和 RNA 结合的高度亲合性和良好的稳定性。利用 PNA 代替 DNA 作为探针的优点主要有：可以更好地抵御核酸酶的进攻，杂交与盐浓度无关，专一性更高，探针序列可以更短，杂交的灵敏度更高等。由于 PNA 探

针与靶位置的结合更强，杂交反应可以在较短的时间(30 min)完成。PNA探针除用于*E. coli*的检测外，还没有用于饮用水中大肠菌群或病原菌的检测。在该探针用于大肠菌群杂交计数前，需要针对不同的分析样品进行探针的选择和杂交条件的优化。

利用FISH技术检测饮用水的微生物污染时，另一个主要问题是细胞的存活力。细胞中rRNA的含量与细胞的生长速率直接相关。然而，微生物细胞内rRNA的含量并不能完全反映出其生理状态。即使细胞失去培养能力后，细胞内少量的rRNA分子还可以保留相当长一段时间。例如，*S. aureus*和*E. coli*经过热灭活或紫外线辐照后，48 h后还可以检测出细胞内的rRNA。

利用FISH方法进行饮用水的卫生学检测，其专一性强，操作简单。可以作为饮用水中大肠菌群检测和计数的替代方法，它可以在1天内给出定量检测的结果。该方法的专一性取决于寡核苷酸探针的专一性和杂交反应条件的严格性。但是，探针序列的确定仍然是费时费力的工作，并且，FISH方法不能用于在系统发育上不确定的微生物，例如大肠菌群。在这种情况下，可以考虑利用在系统发育上与之关系最密切的、系统发育上确定的肠杆菌科(*Enterobacteriaceae*)作为代替指标，指示水体被粪便污染的情况。

10.7　分子生物学方法在废水微生物研究中的应用

生物处理是污水处理中最经济有效且应用最普遍的方法。微生物是污水生物处理系统中去除污染物的主体，它们可以以活性污泥絮体或生物膜的形式存在，参与常规污染物(碳、氮、磷)和微量污染物(内分泌干扰物、抗生素抗性等)的去除和代谢等过程。认识活性污泥微生物群落是认识污水生物处理本质的前提，有助于指导污水处理系统的优化设计与稳定运行。然而微生物具有数量巨大、个体微小、多样性丰富、可培养性低等特征，采用经典培养法对微生物群落开展研究十分困难。新一代分子生物学方法尤其是高通量技术的发展，极大地扩大了对微生物群落的研究范围与深度，促使大量不可培养菌的发现；生物信息学方法的发展为大数据处理提供了极大便利，推动了微生物群落规律的揭示。

10.7.1　分子生物学方法提供的信息

利用分子生物学方法可以直接探询微生物种群中人们感兴趣的微生物的基因信息，而这些信息是采用传统的分析方法不可能获得的。利用分子生物学方法可以省去对微生物的选择培养以及利用形态特征鉴定微生物存在的偏差。

1. 分子方法探询的基因目标

与建立在某些表型特性基础上的细胞富集培养方法不同，分子生物学方法直接针对微生物群落的基因信息，测定的是细胞DNA或RNA的碱基序列。

分子生物学方法以不同类型的DNA或RNA为目标，这取决于需要哪种信息。表10-9总结了检测目标以及每个目标能够提供的信息。为了确定群落中的微生物在系统发育中的身份，以rRNA(通常是16S rRNA)或用于编码rRNA的基因为分子检测的目标。表型潜力，如对某种特殊基质的降解能力，可以通过在DNA上寻找相关基因来进行检测。已经得到表达的表型潜力可以通过检测mRNA或蛋白质产物(如酶)来证明。

表 10-9 分子生物学方法探询的目标

目　标	获得的信息
核糖体(r)RNA	系统发育身份,它们是什么?
DNA 上编码 rRNA 的基因	系统发育身份,它们是什么?
DNA 上的其他基因	表型潜力,它们能够做什么?
mRNA	表型活性,它们正在做什么?
蛋白质或其他报告产物	表型活性或发育系统身份,它们是什么?或它们正在做什么?

根据研究的需要,可以利用适当的分子方法来探询表 10-9 给出的基因目标,从这些基因分析中可以得到所需的信息。基因探询的目标如图 10-25 所示。图 10-25 总结了微生物细胞将 DNA 中的遗传密码转录和翻译成蛋白质分子的机制。

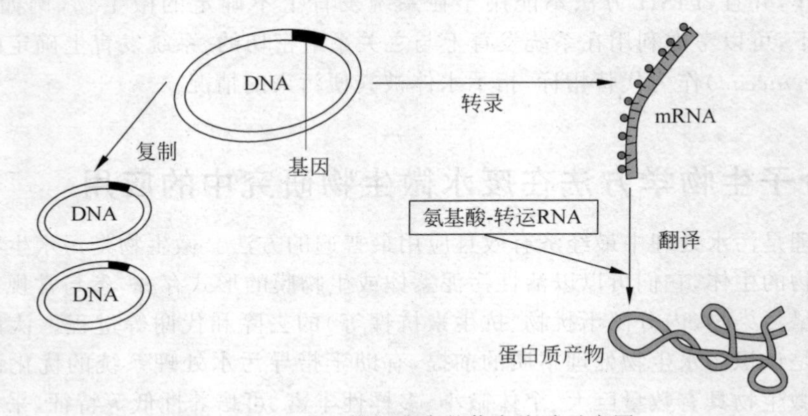

图 10-25　微生物细胞内的信息流动示意图

DNA、mRNA、rRNA 和蛋白质产物均可以作为分子方法探询的基因目标。

2. 以 rRNA 为基因目标的优点

核糖体 RNA(rRNA)是目前用于构建生物系统发育树比较可靠的基因目标,可以提供微生物群落中某一特定微生物丰度方面的信息。目前最常用的基因目标是 rRNA,这是因为:

(1) rRNA 是组成核糖体的主要成分,核糖体是蛋白质的合成场所。

(2) 生物细胞内含有大量的核糖体,因此 rRNA 相对来说容易检测到。

(3) 由于 rRNA 被包埋于核糖体中,因而相对较为稳定。

(4) 细菌和古细菌的小亚单位 rRNA,即通常所说的 16S rRNA,大约含 1 600 个碱基对,这 1 600 个碱基对可以提供足够的进化信息。从中选择 15～20 个碱基对序列的寡核苷酸片断用作探针,可以检测和鉴定多种微生物。

(5) 从环境样品中分离出 rRNA 并用于微生物系统发育、种类鉴定、多态性及多样性研究的方法已经全面建立。利用 rRNA 序列研究微生物群落特征的方法总结如图 10-26 所示。

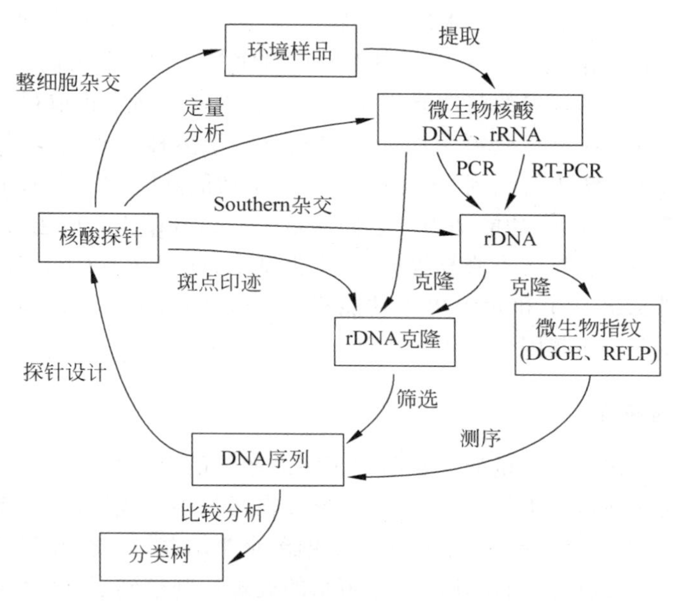

图 10-26　利用 rRNA 序列研究微生物群落特征的方法

3. 分子信息及其应用方式

从图 10-26 可以看出，微生物细胞拥有一个复杂的信息流动网络，并用来决定其类型和控制其行为。这些信息在 DNA 中编码。DNA 编码的基因并不实际承担任何细胞工作，如能量产生或合成。相反，通过精确的、多步骤机制解码 DNA 上的信息，并最终生成各种工作分子，如催化细胞内生化反应需要的酶。

目前常用的分子生物学方法有核酸杂交、变性梯度凝胶电泳和限制性片段长度多态性等技术。核酸杂交技术的一个缺点是只有对已被分离并已测序的微生物才能够放心使用。截至目前，自然界中的微生物仍只有少数能够被分离、培养。此外，即使已分离的微生物也并不能很好地代表自然环境中最重要的微生物。无论微生物是否已被分离或已完成测序，具有能提供微生物群落多样性指纹信息的分子生物学技术是非常有用的。指纹分析技术的基本原理是针对人们感兴趣的微生物，利用 PCR 技术对编码其指定功能的 DNA 进行选择性扩增。被选定的功能可以是普遍功能，也可以是高度特异性功能。

可以从两个方面来应用从基因目标获得的信息。第一种方式是系统发育和表型。系统发育是指遗传密码本身，而表型是指当基因得到表达产生蛋白质后细胞表现出的某些功能。第二种方式是从探询基因目标得到微生物生态方面的知识，进而解决一些基本问题。

10.7.2　在废水微生物研究中的应用

1. 活性污泥中微生物多样性的研究

弄清微生物多样性和组成，是认识污水生物处理过程与微生物生态学规律的基础。自 1995 年以来，基于 16S rRNA 基因库分析，人们对活性污泥和生物膜处理系统中微生物多样性进行了较广泛的研究，取得了长足的进展，第 6 章简要介绍了 2019 年在 Nature

Microbiology 上发表的关于全球污水厂微生物群落多样性与分布格局研究的结果，对多样性、主要物种等均作了介绍。除采用 16SrRNA 测序技术外，采用高通量功能基因芯片 Geochip、宏基因组等工具开展的与功能相关的微生物多样性研究也取得了很多成果。有研究表明城市污水处理系统微生物群落功能基因和分类学多样性很高。基于 GeoChip 4.2，在深圳 3 个活性污泥系统中检测到 38 584～40 654 个功能基因，在 MBR 和 OD 系统中分别检测到 33 117 个和 35 060 个功能基因。它们涵盖了 GeoChip 4.2 所包含的所有基因类别，即参与碳、氮、磷循环和有机污染修复等的 16 个类基因；基于 GeoChip 5.0，在 MBR 和 OD 系统中分别检测到 57 859 个和 60 038 个功能基因，它们涵盖了 GeoChip 5.0 所包含的所有基因类别，包括 12 类功能基因。

2. 丝状细菌的研究

在活性污泥中存在一定数量的丝状菌对于污泥絮体的形成是重要的，但是，出现大量的丝状菌对于废水处理则是有害的，因为它们会导致在污泥中形成泡沫，或者使二沉池中活性污泥的沉降性变差（引起污泥膨胀）。许多丝状细菌难于培养，因此，在很长时间内人们对于丝状菌了解不多。据报道，人们在处理生活污水的处理厂观察到了 30 多种不同形态特征的丝状菌，在处理工业废水的活性污泥中观察到了约 40 多种其他形态特征的丝状菌。

Hugenholtz 及其同事利用透视电子显微镜（TEM）和定量 FISH 技术研究了活性污泥中的丝状菌。一些研究者还利用显微操作技术富集和分离丝状微生物，然后进行 16S rRNA 基因序列分析。这些研究结果清楚地表明，一些分类学上相距较远的细菌通常具有在光学显微镜下难以分辨的相同形态特征。因此，对丝状菌根据其形态特征进行分类提出了强烈的置疑。在活性污泥中，有些丝状菌可以呈现出非丝状菌的生长形式。因此，仅仅根据形态特征进行鉴定有时是不可靠的。

基于丝状菌的 16S rRNA 基因序列，人们开发出了一套用于直接鉴定活性污泥中丝状菌的定位于 rRNA 的寡核苷酸探针。Reyes 等利用寡核苷酸探针和抗体染色技术，定量地研究了活性污泥中丝状菌与污泥形成泡沫的关系。改进丝状菌的原位鉴定和定量分析方法，开发丝状菌的有效控制技术，都需要进一步了解这些微生物生态生理方面的知识。Nielsen 等利用显微放射性自显影分析仪（MAR）研究了 *Microthrix parvicella* 的生理学特性。该微生物为革兰氏阳性菌，难以进行纯培养，细胞表面疏水，是在脱氮除磷的废水处理厂中极易引起泡沫和污泥膨胀的一类丝状菌，且很难根据其形态特征进行鉴定。MAR 分析结果表明，与活性污泥中其他细菌不一样，在厌氧条件下，*M. parvicella* 能够吸收并储存长链脂肪酸；在随后的好氧条件下，将其进一步代谢。这种生理特性决定了在脱氮除磷的工艺中，在厌氧与好氧交替运行的条件下，该微生物比活性污泥中的其他大多数细菌具有竞争优势。利用最近开发的 FISH 和 MAR 组合技术，人们有可能研究丝状微生物的原位生理特性及其单细胞生长形式。Nielson 等利用这种方法，系统揭示了处理工业废水的活性污泥中 *Thiothrix* spp. 的原位生理特性。

3. 脱氮微生物的研究

氨氮是生活污水中主要的含氮化合物（尿素极易水解形成氨），在污水处理厂中通过微生物的硝化和反硝化作用去除。尽管在教科书中仍然认为，*Nitrosomonas europaea* 和

Nitrobacter spp. 是主要的氨氧化细菌和亚硝酸氧化细菌，但是，实际情况要复杂得多。

用于氨氧化菌多样性分析的分子生物学方法是基于 *amo*A 基因（编码所有氨氧化细菌中氨单加氧酶亚单位的活性位点）和/或 16S rRNA 基因分析。200 余个 *amo*A 基因片断的比较序列分析结果显示，属于 β-*Proteobacteria* 的各种氨氧化菌大量存在于废水处理厂的硝化活性污泥中，除 *N. europaea*、*Nitrosomonas eutropha*、*Nitrosococcus mobilis* 外，还有 *Nitrosomonas marina* 等。*amo*A 分析结果表明，与其他生态系统不一样，在这些硝化活性污泥中，*Nitrosospira* 属的氨氧化菌并不重要。这些发现与氨氧化菌种群组成的定量 FISH 分析结果是一致的。值得注意的是，非生理活性的氨氧化菌也能够被 FISH 方法检测出，因为这些细菌即使在不利的环境条件下，细胞内也会有高含量的核糖体。利用 MAR-FISH 技术和 ^{14}C 同位素标记的碳酸氢盐作底物，可以精确地测定有生理活性的氨氧化菌。利用定量 PCR 技术和 FISH 技术，人们完成了氨氧化菌的分子工具箱。据此，可以推测出复杂样品，包括活性污泥中这些细菌的绝对细胞浓度。这些方法，如果与专一性合适的引物或探针结合，可以成为非常有价值的工具，用于确定废水处理厂设计和运行中的一些重要参数。

2006 年，Park 等人以 *amoA* 作为标记，在 5 个污水处理系统中最先检测到了 AOA 的存在。这几个系统的共同特征是低溶解氧（<0.2 mg/L），长 HRT（>24 h）。在随后的一段时间内，研究者将注意力转向低溶解氧、低氨氮和长停留时间的污水处理系统，在全世界各地多处活性污泥中均发现了 AOA 的存在。在部分污水处理系统中，AOA 的数量甚至远大于 AOB。然而相对于 AOB 而言，AOA 在污水处理系统中的分布并不广泛，其存在性受较多因素的影响。

分子生物学分析结果表明，在大多数废水处理厂中，*Nitrospira*-类，而不是 *Nitrobacter* spp.，是占优势的亚硝酸氧化菌。研究表明，在其他生态系统，如饮用水配水系统或土壤中，这些 *Nitrospira*-类亚硝酸氧化菌也起着重要作用。

Daims 等利用 MAR-FISH 技术研究了活性污泥中 *Nitrospira*-类亚硝酸氧化菌的生态生理特性。结果发现这些细菌可以利用碳酸氢盐，并且同时吸收丙酮酸。*Nitrospira*-类亚硝酸氧化菌对于氧气和亚硝酸具有高底物亲合力、低生长速率。因此，在废水处理厂中，在底物限制条件下，它们能够竞争过 *Nitrobacter*。这个假说也可以解释为什么当亚硝酸盐浓度暂时较高时，*Nitrobacter* 和 *Nitrospira* 可以在反应器中共存。2015 年以来，在 *Nature* 等杂志上发表了一系列文章，指出了 *Nitrospira* 的单步全程硝化能力，拓展了对其的认识。

在生物脱氮过程中，硝化作用产生的硝酸盐被反硝化菌还原为氮气。与氨和亚硝酸氧化不同，在细菌和古菌域中，能够利用硝酸盐（和亚硝酸盐）进行厌氧呼吸的微生物广泛存在。因此，不可能利用 16S rRNA 序列方法来预测系统中实际起反硝化作用的微生物。虽然相当多的具有反硝化能力的细菌已经从废水处理厂中得到分离和纯化，并且在这些处理系统中大量存在。但事实上，我们仍然不知道在废水处理厂中，哪些微生物在反硝化过程中起主要作用。因为仅仅检测出这些微生物并不能反映它们在实际进行的反硝化中的作用。在活性污泥中鉴定和测量反硝化菌的活性，还要依靠基因序列分析以及对亚硝酸还原酶（*nir*S 和 *nir*K）转录状况的分析。也有人利用 MAR 技术在反硝化条件下，对活性污泥中能够吸收乙酸盐的细菌进行计数。FISH 和 MAR 技术相结合，可以对活性污泥中的反硝化细菌进行鉴定。初步研究结果表明，在处理工业废水的活性污泥工艺中，β-*Proteobacteria* 可能在反硝化菌中占有较大的比例。

4. 除磷微生物的研究

生物强化除磷(enhanced biological phosphorous removal,EBPR)工艺在废水处理厂得到了广泛应用,但工艺运行过程中经常出现故障。分子生物学研究表明,以前人们认为的传统的除磷微生物 *Acinetobacter*,在 EBPR 工艺中并不起除磷作用。然而,直到最近,人们才在实验室规模的反应器中鉴定出聚磷菌(phosphate-accumulating organisms,PAOs)是与 *Rhodocyclus* 有关的 β-*Proteobacteria*。人们基于克隆基因库,根据与 *Rhodocyclus* 有关的 16S rDNA 序列,设计出了专一性的分子探针,用于除磷微生物的研究。Kawaharasaki 等通过比较探针标记的细胞数目和含聚磷酸盐的细胞数目后认为,在 EBPR 除磷工艺中,*Microlunatus phosphovorus* 占整个含聚磷酸盐的细胞数目的 1/3。利用基于从除磷活性污泥样品的 16S rDNA 克隆基因库构建专一性探针,结合细胞内聚磷酸盐颗粒的特殊染色技术,人们可以利用显微镜对除磷微生物进行原位观察和鉴定。Hesselmann 等采用这种方法,利用对 β-*Proteobacteria* 专一的探针,鉴定了实验室规模的除磷反应器中占优势的微生物种群。这些 *Rhodocyclus*-类细菌,在中试和生产性规模的 EBPR 过程中也大量存在,并且对除磷有贡献。研究表明,β- *Proteobacteria* 的其他细菌对 EBPR 也有贡献。在 EBPR 性能恶化的系统中,会出现一些非聚磷的球菌,通常以四联体的形式聚积。起初,这些细菌被称为 G-细菌,在以乙酸为基质的反应器中占优势。随后,这些细菌被称为聚糖原菌(glycogen-accumulating organisms,GAOs)。这些微生物在好氧段利用 PHA 合成糖原,在厌氧段以此作为还原力和能源,利用葡萄糖和乙酸合成 PHA。在 EBPR 系统中,这些微生物会与聚磷菌竞争底物,有可能导致除磷系统的破坏。

利用分子生物方法可以在原位研究废水生物处理过程中微生物群落的组成,跟踪活性污泥中一些起关键作用的微生物,提供有关活性污泥中微生物种群的基因信息,这对于深刻理解废水生物处理的原理,提高处理系统的性能以及开发新的处理工艺极为重要。

有效应用分子生物学方法评价废水生物处理过程,有几个方面需要注意:

(1) 分子生物学方法是一种现代分析技术,可以提供利用传统方法不能得到的关于微生物群落结构以及这些微生物如何起作用等方面的详细信息。

(2) 传统的测量指标,如 BOD、VSS、TKN 等是必需的,因为它们可以反映废水中污染物的特性以及处理效果。

(3) 分子生物学方法只是传统分析方法的重要补充,而不能取代它们。这两种方法相互结合、相互补充,可以提供废水生物处理过程的全方位信息。

新的环境分子生物学技术,如环境生物芯片技术、宏基因组技术等,已经开始得到人们的关注。毫无疑问,这些新的技术将会在废水处理微生物学研究中发挥重要作用。

10.8 现代生物技术的安全性问题

10.8.1 生物安全简介

以转基因生物为代表的现代生物技术的迅速发展,为解决人类在新世纪面临的食品、健康和环境等重大问题开辟了新途径,也是世界经济的增长点。与此同时,转基因生物安全问题也引起各国政府的重视。国际社会围绕转基因生物安全性问题的激烈争论从未停止，争论的实质并不局限于纯粹的科学问题，而是包括科学、经济、政治、贸易、宗教、伦理等诸多方面的复杂问题。我国的生物安全管理工作，主要由科技部、国家环保总局、农业部、卫生部、国家药品监督管理局、国家林业局、国家质量监督检验检疫总局、国家知识产权局等部门协调进行。

生物安全涉及对转基因生物、病原微生物、外来有害生物等生物体可能产生的潜在风险或现实危害的防范和控制。生物安全是一个系统的概念，从实验室到田间、到餐桌，从研发活动到经济活动、社会活动，从个体安全到区域安全、生态安全、国家安全。生物安全又是一个动态的概念，它所涉及的内容有一定的时间和空间范围，并且随着自然界的演进、社会和经济活动的变化而变化。当前人们最关注的问题是转基因植物安全和外来生物的入侵。

尽管人类社会长期以来一直安全地使用生物技术产品和工艺，但是，随着生物技术日新月异地发展，尤其是基因工程技术的发展，人们对其可能产生的后果越来越忧心忡忡。

生物技术的安全性很早就引起人们的争论，人们的担忧主要在以下几个方面：

(1) 用于研究某些传染病的致病微生物都带有特殊的致病基因，如果从实验室逸出并扩散，有可能造成可怕疾病的流行；

(2) 克隆技术应用在人类身上，可能对人类自身的进化产生影响；

(3) 利用基因工程技术创造出的新物种可能具有极强的破坏力；

(4) 转基因植物对人类和环境造成的长期影响难以预料；

(5) 生物技术的发展将不可避免地推动生物武器的研制与发展。

这些忧虑在理论上都是有一定道理并且都有其现实基础的，因此，从生物技术诞生起，人们就对其密切关注并采取防护措施。

10.8.2　转基因生物安全

转基因生物主要是指利用基因工程或重组DNA技术改变基因组结构的生物，包括转基因植物、动物和微生物。其应用涉及农林业、医药卫生、工业、海洋、环境等不同领域。转基因生物及其产品在研究、试验、生产、应用等全过程中对人类健康和生态环境可能造成潜在的风险与危害。转基因生物安全性涉及对这些可能造成的潜在风险与危害进行评价、防范和管理。

转基因生物安全工作一般包括安全性的研究、评价、管理与交流等方面，其中安全性评价(又称风险评价)是安全管理的基础和核心，其主要目的是从技术上分析生物技术及其产品的潜在危险，确定安全等级，制定防范措施，防止潜在危害。由于基因工程工作所涉及的生物及其基因种类、来源、结构、功能、用途和接受环境等方面均有很大的不同，所以其安全性评价采取个案评审的原则，即对于每项基因工程工作和每个转基因产品，根据受体生物、基因操作、转基因生物的特性、转基因产品的预期用途和接受环境等，综合评价其对人类健康和生态环境可能造成的潜在危险，确定其安全等级，提出相应的监控措施。

1. 转基因生物安全的法律、法规

为保证生物技术的健康发展，我国制定了一系列生物安全相关的法规、规章。1993年12月24日，国家科学技术委员会(现国家科学技术部)第17号令发布了《基因工程安全管

理办法》，明确规定要对所有基因工程工作，包括实验研究、中间试验、工业化生产以及遗传工程菌释放和遗传工程产品使用，进行统一管理；规定了对基因工程工作的安全管理实行安全等级控制分类和归口审批的制度，还规定了有关申报手续、安全控制措施和法律责任；并决定成立全国基因工程安全委员会，负责基因工程安全监督和协调。这个管理办法是第一个对全国基因工程生物安全管理的部门规章。

为适应生物技术发展的新形势和加入世贸组织后生物安全管理的需要，2001 年 5 月 23 日，国务院第 304 号令颁布了《农业转基因生物安全管理条例》，将农业转基因生物安全管理从研究试验延伸到生产、加工、经营和进出口，并明确规定对农业转基因生物实行安全评价制度、标识管理制度、生产许可制度、经营许可制度和进口安全审批制度。该条例还规定，国务院建立农业转基因生物安全管理部际联席会议制度，由农业、科技、环境保护、卫生、外经贸、检验检疫等有关部门的负责人组成，负责研究、协调农业转基因生物安全管理工作中的重大问题；农业部负责全国农业转基因生物安全的监督管理工作；设立农业转基因生物安全委员会，由从事农业转基因生物研究、生产、加工、检验检疫以及卫生、环境保护等方面的专家组成，负责农业转基因生物的安全评价工作；卫生部门依照《食品卫生法》的有关规定，负责转基因食品卫生安全的监督管理工作；从境外引进或者向我国出口农业转基因生物的，引进单位或者境外公司应当凭农业部颁发的农业转基因生物安全证书和相关批准文件，向口岸出入境检验检疫机构报检，经检疫合格后，方可向海关申请办理有关手续；农业转基因生物在我国过境转移的，货主应当事先向国家出入境检验检疫部门提出申请，经批准方可过境转移。这是我国第一个国家层次的生物安全法规，该条例的颁布标志着我国对农业转基因生物安全开始进入从研究、试验到生产、加工、经营和进出口活动的全过程管理阶段。

为配合国务院《农业转基因生物安全管理条例》的实施，农业部制定了《农业转基因生物安全评价管理办法》、《农业转基因生物进口安全管理办法》和《农业转基因生物标识管理办法》等 3 个规章，分别对农业转基因生物安全管理的安全评价制度、进口安全审批制度和标识管理制度做出了具体的规定。

与转基因生物安全相关的其他法律有《进出境动植物检疫法》、《进出口商品检验法》、《卫生检疫法》、《食品卫生法》等。相关的部门法规有国家药品监督管理局 1998 年修订的医药行业的《药品生产质量管理规范》、1999 年 4 月发布的《新生物制品审批办法》；卫生部发布的《新资源食品卫生管理办法》；农业部 1996 年发布的《兽用生物制品管理办法》；2001 年颁布了《农业转基因生物安全管理条例》，2017 年颁布了这一条例的修订版等。

2. 转基因生物安全评价

安全性评价是转基因生物安全管理的基础和核心。随着生物技术的发展，转基因技术可以使基因在动物、植物和微生物之间相互转移，甚至可以将人工设计合成的基因导入生物体中进行表达。由此产生的新性状或者转基因生物对人类健康和生态环境是否安全，如何确保安全应用，都需要通过科学的评价来确定。农业是转基因技术主要的应用领域。建立农业转基因生物安全评价制度，是世界各国的普遍做法，也是国际《卡特赫纳生物安全议定书》的主要内容。安全性评价是对转基因生物可能对生态环境和人类健康构成的潜在风险进行评估，在风险与效益利弊平衡的基础上做出决策。农业转基因生物安全评价主要包括生态环境安全和食品安全两个方面。通过安全评价，可以将农业转基因生物可能带来的潜在风险降到最低程度，从而保障人类健康和动植物、微生物安全，保护生态环境，为农业转基因生物研究、生产和应用提供依据，同时也向公众证明农业转基因生物的研究和应用是建立在科学基础之上的，有利于转基因技术的健康发展。

10.8.3　生物入侵及其控制

1. 概述

随着全球经济一体化，国际贸易、旅游业和交通业迅速发展，外来生物的入侵不断加剧。外来危险生物入侵会危及生物多样性，影响农林渔业安全生产，威胁人类健康，成为全球面临的共同问题，引起了世界各国政府、国际社会的广泛关注。外来危险生物的入侵对我国农林业安全生产带来的严重经济损失以及对生物多样性的严重威胁，受到了高度重视。加入WTO后，面临的外来农林危险生物入侵的压力也将越来越大。加强对农林危险生物的入侵与成灾及控制方法的研究，发展早期预警与预防、检测与控制技术，是解决这一问题的根本途径。

外来物种是指超出其自然分布范围以外的种群。但就大多数物种种群而言，“自然分布”的概念在进化的时间尺度及生态的空间尺度上难以准确认定。因此，大部分个案研究范围将外来物种定义为：无意识地传入/引进，在空间上以国土疆界或以地理障碍生态区（外来、空间尺度），时间上近期发生（时间尺度），后果上导致生态与经济损失（入侵）。外来生物的入侵一般分为传入、定居与种群建立、潜伏、传播/扩散、成灾等阶段。由于外来生物的入侵呈现出一个有序的过程，因此，各个阶段的研究应根据各个阶段的特点有所侧重。危险的外来生物一旦入侵，根除与控制极为困难。在脱离原产地的生物因子限制或快速适应性进化的情况下，往往会在入侵地大暴发，并成为持久性的生物灾害，导致农林牧渔业生产的巨大损失。

据不完全统计，近几十年来，入侵我国的杂草大约有100余种，农作物病虫害约60余种，其中对农林业生产与生物多样性造成严重危害的约30余种。例如，松材线虫 *Bursaphelenchus xylophilus* 于1982年在南京中山陵风景区的黑松上首次发现。随后，该虫迅速扩散到江苏（南京、镇江）、广东（深圳）、浙江（象山、舟山）、山东（长岛）、安徽（黄山）、台湾、香港等地，并猖獗成灾。1982—1991年，全国松材线虫的发生面积达3.8万hm^2，松树感病死亡140万株，损失木材5万m^3。1996年，全国发生面积4.1万hm^2，仅浙江省就病死松树173万株；1997年发生面积上升到5.7万hm^2；1998年增至7.24万hm^2；1999年约7.4万hm^2。江苏省是松材线虫病的发生区，1998年共清理枯死木和衰弱树47.1万株，烧毁病枝梢7 100 t。1998年，美国正式要求我国对所有出口美国的木包装材料实施严格检疫处理。仅此一项，就直接影响我国对美贸易出口量的1/3～1/2，造成的损失达170亿美元。

美洲斑潜蝇 *Liriomyza sativae* Blanchard，1994年在我国海南、广东首次发现，之后，全国已有26个省、市、自治区发现了该虫，发生面积超过100万hm^2。1995年山东省瓜菜受害损失达11.7亿元，四川省损失达2.4亿元，云南省6 700 hm^2绝收。

紫茎泽兰 *Eupatorium adenophorum* Sprengel，属世界性恶性多年生杂草。大约于20世纪40年代由中缅边境传入我国云南省，现已在西南地区的云南、贵州、四川、广西、西藏等省广泛分布，并仍在以每年大约 60 km 的速度，随西南风向东和北传播扩散。

飞机草 *Chromolaena odorata*，原产中美洲，大约于新中国成立前后由东南亚传入云南省西南与西部地区，现已遍布云南、海南等地，而且每年还以 50 km 的速度向北扩展。飞机草严重危害原生植被与草场。该草繁殖力强，生长旺盛，密集成丛或成片，在植被严重破坏的地段、陡坡、火烧迹地与农隙地形成片状优势分布。通常生于海拔 500～1 500 m，其中尤以 800 m 左右地段为最多。

水葫芦 *Eichhornia crassipes*，又称凤眼兰或凤眼莲，雨久花科，凤眼莲属，原产南美。我国大约于 20 世纪 30 年代作为饲料、观赏植物和防治重金属污染的植物引种，并广为种植，后逸为野生，成为恶性杂草。已广泛分布于华北、华东、华中和华南的大部分省市，其中尤以广东、云南、江苏、浙江、福建、四川、湖南、湖北和河南南部为重，而且还在继续快速向周边地区蔓延、扩散。昆明滇池 1 000 hm^2 的水面上布满水葫芦，使得滇池内很多水生生物处于灭绝边缘。20 世纪 60 年代以前，滇池主要的水生植物有 16 种，水生动物 68 种，但到了 80 年代，大部分水生植物相继消亡，鱼类也从 68 种下降到 30 种。昆明市政府每年投资 50 万～80 万元进行人工打捞，但始终难以控制其发展。水葫芦的大量扩散蔓延已造成了严重的社会、经济和环境危害。具体表现在：堵塞航道，影响水上运输业和旅游业的发展；污染水质，降低水中的溶解氧，对渔业构成了严重威胁。水葫芦虽然能够吸附水中某些有害物质，但难以转化这些物质，因此植株死亡后，这些有害化学物质重新又回到水中，构成二次污染。水葫芦会排挤本地水生植物，破坏生物多样性，因为葫芦生长速度较快，与本地植物竞争光、氧和生长空间，使大量本地水生植物种群密度降低，甚至灭绝，为蚊蝇等卫生害虫提供大量的栖息场所，构成了对当地居民健康的威胁。

对主要外来入侵动植物，我国目前采取了人工防治、生物防治、化学防治、农业防治、机械防治和综合治理的措施。人工防治主要用于豚草、水葫芦、水花生、大米草、薇甘菊等外来入侵植物。陕西西安、咸阳和辽宁锦州等地，通过采用人工剪除幼虫网幕、高截树头成功控制了美国白蛾。广东省成功开展了松突圆蚧的生物防治工作，1988 年从日本引进的花角蚜小蜂在广东成功控制了松突圆蚧的危害。到 1993 年放蜂总面积达 73.83 万 hm^2，雌蚧被寄生率 40%～50%。截至 2000 年年底，已有 7 种专一性天敌昆虫被成功地引入控制水花生、普通豚草、三裂叶豚草、水葫芦、紫茎泽兰五种外来有害植物，其中 5 种天敌昆虫在当地已经建立种群，南方水域中的水花生已基本得到控制。化学防治是防治斑潜蝇、稻水象甲等外来害虫的最主要的方法，也取得了一些效果。

2. 我国对入侵杂草的控制

对入侵我国的豚草、水葫芦、空心莲子草、紫茎泽兰、薇甘菊、大米草等主要入侵生物的分布与危害进行了较为系统的调查研究；划分出了重灾区与一般发生区；进一步明确了豚草与其他植物竞争的能力、空心莲子草生态型的分化、紫茎泽兰与薇甘菊的扩散趋势。在完善寄主专一性测定、风险评估及生物生态学特性研究的基础上，通过野外释放取得了良好的控制效果。进一步发展了豚草的竞争替代控制技术、水葫芦的综合治理技术体系。在湖南临湘县、浙江温州地区分别建立了豚草与水葫芦大面积控制释放区。

3. 我国对入侵农林昆虫的控制研究

利用RAPD技术建立了危害我国的主要斑潜蝇种类，包括美洲斑潜蝇、南美斑潜蝇、番茄斑潜蝇等的快速、准确鉴别方法，明确了美洲斑潜蝇在不同温度下的飞行能力和不同日龄对飞行能力的影响，以及温度对南美斑潜蝇发育、产卵、取食和寿命的影响。开展了斑潜蝇寄生性天敌种类调查、优势天敌的生物学特性研究。对斑潜蝇的发生危害及其综合治理技术进行了系统研究，阐明了美洲斑潜蝇的生物学特性与区域生态分布规律，组建了以农业生态与黄板诱杀为基础的综合防治技术，为美洲斑潜蝇入侵的控制提供了技术支撑。

4. 我国对主要入侵植物病害的控制研究

我国开展了松材线虫及媒介昆虫的生物学、生理生化和遗传学研究，阐明了其发生流行规律，明确了松材线虫病在我国的可能发生区。对松材线虫和拟松材线虫进行了形态、致病性、酶谱、分子标记及遗传多样性等多方面的比较研究，开发了生态模拟现实（ecologically stimulated reality，ESR）的技术，该技术不仅可以计算“危险入侵生物的生态风险”的概率，而且可以“超时空”地进行危险入侵生物的生态学试验。

10.9　现代生物技术的伦理问题

现代生物技术与传统生物技术的最根本区别在于前者是在基因水平上进行操作，改变已有的基因，改良甚至创造新的物种。这是一项开创性的工作。因此，很难预料这一新技术将会带来什么后果，这也是现代生物技术自问世以来就备受关注、争议不断的重要原因。

人类在基因领域已经取得了巨大的进步，并通过基因工程在改变自然以服务于人的需要方面进展迅速。但是，在很长一段时间内，人类对基因工程的哲学伦理学方面的问题重视不够。这有两方面的问题：一方面，在改造自然和征服自然的哲学观下，基因工程引发了许多生态问题，特别是极大影响了生物多样性，而生物多样性正是自然可持续发展的基础；另一方面，基因工程引发了许多社会伦理问题，从克隆技术到人类基因组的重大发现以来，这一问题正日益突出，而与这一进程相比，人类相应的社会伦理体系却没有建立起来。

基因伦理学包括两方面的内容：①生态伦理学，②社会伦理学。基因的生态伦理学主要考虑规范和协调基因工程与生态环境之间的矛盾；基因的社会伦理学主要考虑规范和协调基因工程与社会伦理方面的矛盾。基因伦理学的创立和发展，不仅不会妨碍自然科学的发展，反而会进一步增进人们关于科学本质的认识，也会有助于人们对真理、规律、因果性有全新认识。

10.9.1　生态伦理问题

生态伦理学主要是出于生物多样性的考虑，对植物基因研究工作进行规范和合理约束。21世纪，植物基因的研究取得了长足进步，这些进步推动了一系列农业革命，而尤以粮食革命为重。但是，这种以植物基因优化为基础的革命，却导致了物种多样性的破坏。例如，它使人们食用的粮食从5 000多种锐减到150多种。与此类似的是，化肥对增产和缩短生长期起了举足轻重的作用,但也造成了土壤板结和地表破坏。同样的情况也发生在动物基因的研究与应用中。例如,试管牛和试管羊为人们控制生物性别提供了基础,这一技术使人类有可能实现对生物种群的控制。对某一种群来说,雄性数量不需要很多,但雌性数量却举足轻重。根据自然法则,雄雌出生概率大致相当,因此,如果尽量增大雌性数量和减少雄性数量势必造成种群的雄雌比例失衡,从而造成自然生态失衡。当这种技术应用于人类时,问题就会更大。关于克隆技术的讨论表明,基因的克隆技术一旦用于人类,可能带来或引起的麻烦远远超过我们的想象。

从技术上讲,人们最为关心的几个问题是:

(1) 外源基因引入生物体,特别是人体后是否会破坏调节细胞生长的重要基因,是否会激活原癌基因,出现一些人们难以预料的后果;

(2) 基因工程是否会导致极强的难以控制的新型病原物的出现;

(3) 基因工程菌进入环境后对自然生态平衡的影响。

虽然目前对这些问题尚无明确的答案,但世界各国政府都对基因操作制定了严格的规定。

10.9.2 社会伦理问题

除技术问题外,现代生物技术还可能引起一系列社会伦理问题。

首先,这一技术受到了宗教界人士的强烈反对;其次,还受到来自动物保护组织的强大压力,他们认为,用动物作为模型进行各种基因操作是对其生存权的极大损害;素食主义者也同样感到自己的人权被现代生物技术侵犯了,因为通过生物技术在植物中表达动物蛋白,将转基因植物在市场上出售,就会使他们非自愿地摄入动物蛋白,从而违背了素食的信条。

此外,随着人类基因组计划的飞速进展,很多有识之士担心现代生物技术的进展将会给种族主义者提供种族歧视的新借口。事实上,这种担心不无道理,科学家们于 1996 年从白种人的基因组中分离得到一种具抗 HIV 感染功能的蛋白编码序列,而迄今为止,尚未在其他人种中找到这一基因的同源序列。

值得注意的是,随着基因技术的发展,“天才论”、“血统论”有可能死灰复燃。“天才论”、“血统论”的问题在哲学史上由来已久,柏拉图在《理想国》中,就曾以金、银、铜等为血统论的合理性做了说明,这也在很长时期内存在于人类社会的历史中,而且至今存在于不同的人种间。但像凡·高、爱因斯坦等许多已被证明的“天才”,在基因上可能恰恰是有缺陷的。事实上,利用基因技术也很难造出各方面能力均衡的所谓各方面都正常的人。

对生殖细胞进行基因操作,可以进行基因治疗,消灭遗传病,但也会给人类提供无限改变自身的可能性,甚至可能达到“改造人种”的程度,这将会引起十分可怕的后果。

争论得沸沸扬扬的“克隆人”问题同样向人们提出了十分严峻的伦理学问题。

随着染色体检测技术的成熟,在妊娠期间就可以检验出胎儿的性别及是否有严重的基因缺陷,这一技术的广泛应用是否会带来性别比例失衡等社会问题呢?

此外,将含有人类基因的生物体作为动物饲料是否道德,例如,用基因工程技术修饰过的酵母生产有药用价值的人类蛋白,生产后的废酵母再用于动物饲养。

过去,人们对基因工程技术的担忧主要集中在安全方面,近来,道德和伦理方面的争论越来越在决策过程中起着重要作用。转基因技术因其技术上的非自然性而让许多公众担心。有人认为,转基因技术是对自然生殖隔离的一次根本性突破。自然通过进化过程产生生殖隔离防止不同物种间的遗传作用,这是“神圣不可侵犯的”。

从分子生物学家的观点看,基因仅仅是一些普遍存在于各种细胞、同时适合于进行遗传操作的有机分子的特定集合,因而在不同生物种属间进行转基因不会有什么伦理问题。但问题并不那么简单。因此,在进行各种遗传操作之前,必须以遵守国家规定与道德规范为前提。

参考文献

Aldor I S, Keasling J D. Process design for microbial plastic factories: metabolic engineering of polyhydroxyalkanoates[J]. Current Opinion in Biotechnology, 2003, 14: 475-483.

Alexander M. Biodegradation and Bioremediation. 2th ed. Academic Press, 1999.

Angenent L T, Karim K, Al-Dahhan M H. Production of bioenergy and biochemicals from industrial and agricultural wastewater[J]. Trends in Biotechnology, 2004, 22: 477-485.

Afzali S, Rezaei N, Zendehboudi S. A comprehensive review on enhanced oil recovery by water alternating gas (WAG) injection [J]. Fuel, 2018, 227: 218-246.

Bajpai P, Biological Bleaching of Chemical Pulps, Critical Reviews in Biotechnology, 2004, 24: 1-58.

Beg Q K, Kapoor M, Mahajan L et al. Microbial xylanases and their industrial applications: a review[J]. Appllied Microbiology and Biotechnology, 2001, 56: 326-338.

Brown L R. Microbial enhanced oil recovery (MEOR) [J]. Current Opinion in Microbiology, 2010, 13: 316-320.

Chen C, Wang J L. Biosorption of uranium by immobilized *Saccharomyces cerevisiae* [J]. Journal of Environmental Radioactivity, 2020, 213: 106158.

Chen C, Wang J L. Uranium biosorption by immobilized active yeast cells entrapped in calcium-alginate-PVA-GO-crosslinked gel beads [J]. Radiochimica Acta, 2020, 108: 273-286.

Colombo B, Calvo M V, Sciarria T P. Biohydrogen and polyhydroxyalkanoates (PHA) as products of a two-steps bioprocess from deproteinized dairy wastes [J]. Waste Management, 2019, 95: 22-31.

Culpepper M A, Rosenzweig A C. Architecture and active site of particulate methane monooxygenase [J]. Critical Reviews in Biochemistry and Molecular Biology, 2012, 47: 483-492.

Demain A L, Newcomb M, Wu J H D. Cellulase, Clostridia, and Ethanol[J]. Microbiology Molecular Biology Reviews, 2005, 69: 124-154.

Das M, Patra P, Ghosh A. Metabolic engineering for enhancing microbial biosynthesis of advanced biofuels [J]. Renewable and Sustainable Energy Reviews, 2020, 119: 109562.

De Luna P, Hahn C, Higgins D, Jaffer S A, Jaramillo T F, Sargent E H. What would it take for renewably powered electrosynthesis to displace petrochemical processes [J]? Science, 2019, 364 (6438), eaav3506.

Dinesh G H, Nguyen D D, Ravindran B, et al. Simultaneous biohydrogen (H2) and bioplastic (poly-β-hydroxybutyrate-PHB) productions under dark, photo, and subsequent dark and photo fermentation utilizing various wastes [J]. International Journal of Hydrogen Energy, 2020, 45: 5840-5853.

Fry J C, Gadd G M, Jones C W. Microbial Control of Pollution[M]. Cambridge University Press, 1992.

Gianfreda L, Rao M A. Potential of extra cellular enzymes in remediation of polluted soils: a review[J]. Enzyme and Microbial Technology, 2004, 35: 339-354.

Gray K A, Zhao L, Emptage M. Bioethanol, Current Opinion in Chemical Biology, 2006, 10: 141-146.

Karam J, Nicell J A. Potential Applications of Enzymes in Waste Treatment[J]. Journal of Chemical Technology and Biotechnology, 1997, 69: 141-153.

Gallezot P. Conversion of biomass to selected chemical product [J]. Chemical Society Reviews, 2012, 41: 1538-1558.

Gandini A, Lacerda T M. From monomers to polymers from renewable resources: recent advances [J]. Progress in Polymer Science, 2015, 48: 1-39.

Guo X, Wang J L. A general kinetic model for adsorption: Theoretical analysis and modeling [J]. Journal of Molecular Liquids, 2019, 288, 111100.

Hakemian A S, Rosenzweig A C. The biochemistry of methane oxidation [J]. Annual Reviews in Biochemistry, 2007, 76: 223-241.

Hamme J D V, Singh A, Ward O P. Recent advances in petroleum microbiology [J]. Microbiology and Molecular Biology Review, 2003, 67: 503-549.

Henstra A M, Sipma J, Rinzema A, et al. Microbiology of synthesis gas fermentation for biofuel production [J]. Current Opinion in Biotechnology, 2007, 18: 200-206.

Jones S W, Karpol A, Friedman S, et al. Recent advances in single cell protein use as a feed ingredient in aquaculture [J]. Current Opinion in Biotechnology, 2020, 61: 189-197.

Klein J. Technological and economic aspects of coal biodesulfurisation [J]. Biodegradation, 1998, 9: 293-300.

Kohli K, Prajapati R, Sharma B K, Bio-based chemicals from renewable biomass for integrated biorefineries [J]. Energies, 2019, 12, 233.

Ioannidou S M, Pateraki C, Ladakis D, et al. Sustainable production of bio-based chemicals and polymers via integrated biomass refining and bioprocessing in a circular bioeconomy context [J]. Bioresource Technology, 2020, 307: 123093.

Lambert S, Wagner M. Environmental performance of bio-based and biodegradable plastics: the road ahead [J]. Chemical Society Reviews, 2017, 46: 6855-6871.

Latif H, Zeidan A A, T Nielsen A T, et al. Trash to treasure: production of biofuels and commodity chemicals via syngas fermenting microorganisms [J]. Current Opinion in Biotechnology, 2014, 27: 79-87.

Madigan M T, Martinko J M, Parker J. Biology of Microorganisms, 9th ed. [M]. Prentice-Hall, Inc. , 2000.

Madison L L, Huisman G W. Metabolic Engineering of Poly(3-Hydroxyalkanoates): From DNA to Plastic [J]. Microbiology Molecular Biology Reviews, 1999, 63: 21-53.

Molitor B, Mishra A, Angenent L T. Power-to-protein: converting renewable electric power and carbon dioxide into single cell protein with a two-stage bioprocess [J]. Energy and Environmental Science, 2019, 12: 3515-3521.

Patel J, Borgohain S, Kumar M, et al. Recent developments in microbial enhanced oil recovery [J]. Renewable and Sustainable Energy Reviews, 2015, 52: 1539-1558.

Philp J C, Bartsev A, Ritchie R J, et al. Bioplastics science from a policy vantage point [J]. New Biotechnology, 2013, 30: 635-646.

Ragauskas A J, Williams C K, Davison B H. The Path Forward for Biofuels and Biomaterials[J]. Science, 2006, 311: 484-489.

Raina M, Maier I L, Chales P G. Environmental Microbiology[M]. Elsevier Science, 2000.

Ravindra A P. Value-added food: single cell protein[J]. Biotechnology Advances, 2000, 18: 459-479.

Rawlings D E. Heavy metal mining using microbes[J]. Annual Review in Micorbiology, 2002, 56: 65-91.

Ritala A, Hakkinen S T, Toivari M, et al. Single cell protein-state-of-the-art, industrial landscape and patents 2001-2016 [J]. Frontier of Microbiology, 2017, 8: 2009.

Schubert C. Can biofuels finally take center stage[J]. Nature Biotechnology, 2006, 24: 777-784.

Senior E. Microbiology of Landfill Sites[M]. CRC Press Inc, 1990.

Smith J E. Biotechnology. 4th[M]. Cambridge University Press, 2004.

Stoner S L. Biotechnology for the Treatment of Hazardous Waste[M], Lewis Publishers, 1994.

Suresh B, Ravishankar G A. Phytoremediation—A Novel and Promising Approach for Environmental Clean-up[J]. Critical Reviews in Biotechnology, 2004, 24: 97-124.

Safdel M, Anbaz M A, Daryasafar A, et al. Microbial enhanced oil recovery, a critical review on worldwide implemented field trials in different countries [J]. Renewable and Sustainable Energy Reviews, 2017, 74: 159-172.

Sen R. Biotechnology in petroleum recovery: the microbial EOR [J]. Progress in Energy and Combustion Science, 2008, 34: 714-724.

Shanmugam S, Ngo H H, Wu Y R. Advanced CRISPR/Cas-based genome editing tools for microbial biofuels production: A review [J]. Renewable Energy, 2020, 149: 1107-1119.

She H, Kong D, Li Y, Hu Z, Guo H. Recent advance of microbial enhanced oil recovery (MEOR) in China [J]. Geofluids, 2019, 1-16.

Spierling S, Knüpffer E, Behnsen H. Bio-based plastics-a review of environmental, social and economic impact assessments [J]. Journal of Cleaner Production, 2018, 185: 476-491.

Stempfle F, Ortmann P, Mecking S. Long-chain aliphatic polymers to bridge the gap between semicrystalline polyolefins and traditional polycondensates [J]. Chemical Reviews, 2016, 116: 4597-4641.

Stoll I K, Boukis N, Sauer J. Syngas fermentation to alcohols: Reactor technology and application perspective [J]. Chemie Iingenieur Technik, 2020, 92: 125-136.

Tchobanoglous G, Theisen H, Vigil S. Intrgrated Solid Wase Management-Solid Wastes: Engineering Principles and Management Issues[M]. McGraw-Hill Inc., 2000.

Valenzuela L, Chi A, Beard S et al. Genomics, metagenomics and proteomics in biomining microorganisms [J]. Biotechnology Advances, 2006, 24: 197-211.

Vogelstein, B., Kinzler, K. W. Digital PCR. Proceedings of the National Academy of Sciences of the United States of America [J], 1999, 96: 9236-9241.

Wang J L, Chen C. Biosorption of heavy metal by *Saccharomyces cerevisiae*: a review[J]. Biotechnology Advances, 2006, 24: 427-451.

Wang J L, Chen C. Biosorbents for heavy metals removal and their future [J]. Biotechnology Advances, 2009, 27: 195-226.

Wang J L, Guo X. Adsorption isotherm models: Classification, physical meaning, application and solving method [J]. Chemosphere, 2020, 258, 127279.

Wang J L, Guo X. Adsorption kinetic models: Physical meanings, applications, and solving methods [J]. Journal of Hazardous Materials, 2020, 390, 122156.

Wang J L, Yin Y N. Biohydrogen Production from Organic Wastes [M]. 2017: Springer: Singapore.

Wang J L, Yin Y N. Fermentative hydrogen production using pretreated microalgal biomass as feedstock [J]. Microbial Cell Factory, 2018, 17: 22.

Wang J L, Yin Y N. Fermentative hydrogen production using various biomass-based materials as feedstock [J]. Renewable & Sustainable Energy Reviews, 2018; 92: 284-306.

Wang J L, Yin Y N. Progress in microbiology for fermentative hydrogen production from organic wastes [J]. Critical Reviews in Environmental Science and Technology, 2019, 49: 825-865.

Yang G, Wang J L. Fermentative hydrogen production from sewage sludge [J]. Critical Reviews in Environmental Science and Technology, 2017, 47: 1219-1281.

Yang G, Wang J L. Various additives for improving dark fermentative hydrogen production: A review [J]. Renewable & Sustainable Energy Reviews, 2018, 95: 130-146.

Youssef N, Elshahed M S, McInerney M J. Microbial processes in oil fields: culprits, problems, and opportunities [J]. Advances in Applied Microbiology, 2009, 66: 141-251.

Zhao C C, Wang J L, Goodenough J B. Comparison of electrocatalytic reduction of CO_2 to HCOOH with different tin oxides on carbon nanotubes [J]. Electrochemistry Communications, 2016, 65: 9-13.

Zhao C C, Wang J L. Electrochemical reduction of CO_2 to formate in aqueous solution using electro-deposited Sn catalysts [J]. Chemical Engineering Journal, 2016, 293: 161-170.

陈坚. 环境生物技术应用与发展[M]. 北京：中国轻工业出版社，2001.

陈石根,周润琦.酶学[M].上海：复旦大学出版社,2001.
程树培.环境生物技术[M].南京：南京大学出版社,1994.
冯叶成,王建龙,钱易.废水生物脱氮技术的新进展[J].微生物学通报,2001,28：88-91.
郭勇.酶工程原理与技术[M].北京：高等教育出版社,2005.
龚永平，郝中香，陈珍容,等.微滴式数字 PCR 绝对定量应用研究进展[J].中国预防兽医学报，2017(08)：88-92..
何忠效,静国忠,许佐良,等.现代生物技术概论[M].2 版.北京：北京师范大学出版社,2002.
贺淹才.基因工程概论[M].北京：清华大学出版社,2008.
金长振.酶学的理论与实际[M].香港：雪谷出版社,1989.
静国忠.基因工程及其分子生物学基础[M].北京：北京大学出版社,1999.
瞿礼嘉等.现代生物技术[M].北京：高等教育出版社,2004.
李艳.发酵工程原理与技术[M].北京：高等教育出版社,2007.
罗九甫,李志勇.生物工程原理与技术[M].北京：科学出版社,2006.
马文漪,杨柳燕.环境微生物工程[M].南京：南京大学出版社,1998.
齐义鹏.基因工程原理和方法[M].成都：四川大学出版社,1988.
萨克林.酶化学：影响与应用[M].金道森,等译.北京：科学出版社,1991.
宋思扬,楼士林.生物技术概论[M].北京：科学出版社,1999.
田波.植物基因工程[M].济南：山东科学技术出版社,1996.
田洪涛.现代发酵工艺原理与技术[M].北京：化学工业出版社,2007.
王恩德.环境资源中的微生物技术[M].北京：冶金工业出版社,1997.
王建龙.DNA 生物传感器在环境监测中的应用[J].生物化学和生物物理进展,2001,28：125-128.
王建龙.核酸杂交技术在水处理微生物学研究中的应用[J].中国给水排水,2003,19：23-27.
王建龙.生物固定化技术与水污染控制[M].北京：科学出版社,2002.
王建龙.生物脱氮新工艺及其技术原理[J].中国给水排水,2000,16：25-28.
王建龙.微生物表面展示技术及其在环境污染治理中的应用[J].中国生物工程杂志,2005(增),112-117.
王建龙.微生物脂酶及其在环境生物技术领域中的应用[J].生命的化学,2000,20：93-94.
王建龙,张悦,施汉昌,等.生物传感器在环境污染物监测中的应用[J].生物技术通报,2000,3：13-18.
王建龙,章一心.生物传感器 BOD 快速测定仪的研究进展[J].环境科学学报,2007,27：1066-1082.
王建龙,陈灿.重金属生物吸附[M].北京:科学出版社,2015.
吴建平.简明基因工程与应用[M].北京：科学出版社,2005.
吴乃虎.基因工程原理[M].北京：科学出版社,1998.
熊振平.酶工程[M].北京：化学工业出版社,1989.
熊宗贵.发酵工艺原理[M].北京：中国医药科技出版社,1995.
许根俊.酶的作用原理[M].北京：科学出版社,1983.
许智宏.植物生物技术[M].上海：上海科学技术出版社,1998.
杨开宇,孟广振.基因表达调控与生物技术中的酶学[M].北京：科学出版社,1990.
喻国策,王建龙.蓝细菌制氢研究进展.中国生物工程杂志[J],2005,25：86-91.
袁勤生.现代酶学[M].上海：华东理工大学出版社,2007.
魏小芳,许颖,罗一菁,等.稠油微生物冷采技术研究进展 [J].化学与生物工程,2019,36:1-6.
张今.分子酶学工程导论[M].北京：科学出版社,2003.
张克旭.代谢控制发酵[M].北京：中国轻工业出版社,1998.
周晓云.酶学原理与酶工程[M].北京：中国轻工业出版社,2005.
朱玉贤,李毅.现代分子生物学[M].北京：高等教育出版社,1997.
邹国林,朱汝.酶学[M].武汉：武汉大学出版社,1997.